TRAITÉ

DE

PALÉONTOLOGIE.

II.

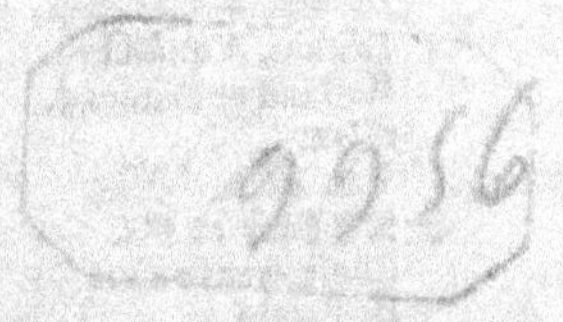

TRAITÉ

DE

PALÉONTOLOGIE

OU

HISTOIRE NATURELLE DES ANIMAUX FOSSILES

CONSIDÉRÉS DANS LEURS RAPPORTS

ZOOLOGIQUES ET GÉOLOGIQUES

PAR

F.-J. PICTET,

Professeur de zoologie et d'anatomie comparée
à l'Académie de Genève.

—

SECONDE ÉDITION,

REVUE, CORRIGÉE, CONSIDÉRABLEMENT AUGMENTÉE,

Accompagnée d'un atlas de 110 planches grand in-4°.

—

TOME DEUXIÈME.

A PARIS,

CHEZ J.-B. BAILLIÈRE,

LIBRAIRE DE L'ACADÉMIE IMPÉRIALE DE MÉDECINE,

RUE HAUTEFEUILLE, 19;

A LONDRES, CHEZ H. BAILLIÈRE, 219, REGENT-STREET;

A NEW-YORK, CHEZ H. BAILLIÈRE, 290, BROADWAY;

A MADRID, CHEZ C. BAILLY-BAILLIÈRE, CALLE DEL PRINCIPE, 11.

1854

TRAITÉ

DE

PALÉONTOLOGIE.

QUATRIÈME CLASSE.

POISSONS.

Les poissons paraissent, au premier abord, devoir présenter moins d'intérêt que les mammifères et les reptiles. Leur uniformité apparente, leur vie aquatique qui nous empêche de bien connaître leurs habitudes, leur multitude même, sont autant de circonstances qui semblent rendre leur étude peu attrayante. Le paléontologiste n'a pas non plus à reconstruire de ces êtres bizarres ou gigantesques qui excitent la curiosité et frappent l'imagination; et l'on ne trouve pas dans l'histoire de cette classe des genres perdus qui aient acquis la célébrité dont jouissent quelques mammifères et quelques reptiles.

Mais si l'intérêt d'une étude est en raison des enseignements qu'elle fournit et des questions générales qu'elle tend à résoudre, aucune classe du règne animal ne peut en paléontologie rivaliser avec celle des poissons. Aucune ne fournit des résultats plus remarquables dans la comparaison des êtres qui l'ont représentée aux diverses époques géologiques. Cette classe est la seule de tout l'embranchement des vertébrés qui ait vécu dès les premiers âges du monde, et dont on puisse par conséquent trouver des débris dans tous les terrains stratifiés. Elle est donc plus propre qu'aucune autre à jeter du jour sur les lois de succession des êtres organisés, et sur les relations qu'ont eues entre elles les nombreuses faunes qui ont successivement peuplé notre terre.

Cependant cette branche importante de la paléontologie a été négligée jusqu'au moment où M. Agassiz en a posé les bases par la publication de son magnifique ouvrage sur les poissons fossiles, dans lequel ce savant et ingénieux naturaliste a su à la fois refaire à nouveau la classification des poissons, décrire une multitude d'espèces et déduire les nombreuses conséquences théoriques qui découlent de la comparaison des faits.

Les poissons sont des vertébrés ovipares à sang froid, à respiration branchiale et vivant dans l'eau. Toute leur organisation est disposée pour la natation, et elle s'écarte en tant de points de celle des vertébrés supérieurs, que je dois entrer ici dans quelques détails pour montrer quels sont les caractères que peuvent fournir les organes solides et pour indiquer quelle nomenclature j'ai adoptée pour les pièces osseuses.

Du squelette des poissons. — On peut distinguer dans le squelette la *colonne épinière* et ses *apophyses*, les *nageoires impaires*, les *nageoires paires*, et la *tête*.

La *colonne épinière* se présente dans l'embryon du poisson sous la forme d'une *corde dorsale*, c'est-à-dire qu'elle est primitivement un cylindre gélatineux, uniforme, non divisé, étendu depuis la tête jusqu'à la queue et entouré d'une gaine fibreuse. Le développement de la vie amène ordinairement son ossification et sa division. Le phosphate de chaux se dépose en formant des

anneaux distincts qui correspondent aux corps des vertèbres. Ces anneaux, formés probablement dans l'origine
de deux parties concentriques, se développent jusqu'à
se toucher les uns les autres par leurs faces articulaires,
tout en restant séparés. Les corps des vertèbres sont en
général biconcaves.

Cette ossification de la corde dorsale et sa division
en anneaux ou corps distincts n'ont pas toujours lieu ;
quelques poissons conservent à l'état adulte la corde
dorsale indivise, ayant ainsi d'une manière permanente
une disposition qui n'est que passagère chez le plus
grand nombre. Dans la nature actuelle on peut citer
comme exemple de cette organisation, les cyclostomes,
les esturgeons, les chimères, les lépidosirens, etc. Parmi
les fossiles les exemples paraissent plus nombreux, et
une grande partie des ganoïdes ont eu aussi leur corde
dorsale gélatineuse. Il y a en outre cette différence entre
les fossiles et les vivants, que parmi ces derniers tous
ceux qui ont la corde dorsale non divisée ont un squelette cartilagineux ; tandis que parmi les fossiles on
trouve un grand nombre de véritables poissons osseux
chez lesquels cette disposition est évidente [1].

La moelle épinière longe la partie supérieure des
corps des vertèbres ; elle est protégée par des sortes
d'arceaux ou de fourches appuyées sur ces corps par
leur partie bifide et terminées en haut par une pointe
unique [2]. Ces pièces osseuses, qui sont en même
nombre que les corps des vertèbres, ont reçu divers
noms. Elles correspondent aux *lames tectrices* des vertèbres des animaux supérieurs ; elles sont les *neurapo-*

[1] Pl. XXXIV, fig. 10, et pl. XXXVI, fig. 10.
[2] Pl. XXXI, fig. 1, 1.

physes de M. Owen, et les *arcs neuraux* de quelques autres anatomistes.

A la partie inférieure des corps on voit des pièces semblables, destinées à protéger les gros vaisseaux sanguins. Elles ont été nommées *hémapophyses* par M. Owen; ce sont les *arcs hémaux* [1].

Dans le développement embryonnaire l'endurcissement des arcs neuraux et hémaux précède ordinairement celui du corps de la vertèbre. La plupart des poissons finissent par avoir les uns et les autres ossifiés. Dans quelques uns (plusieurs ganoïdes fossiles) les arcs s'ossifient seuls et les corps restent mous. Dans un très petit nombre (quelques squales) les corps s'ossifient et les arcs restent cartilagineux. Quelquefois même sur une corde dorsale indivise on ne voit que des pièces détachées, rudiments des arcs neuraux non développés en ogive. On pourrait citer encore plusieurs degrés intermédiaires.

M. Heckel [2] a fait des observations intéressantes sur ces divers états de la colonne épinière des poissons et en a déduit quelques caractères propres à éclairer la classification.

Il a fait remarquer que la terminaison de cette colonne épinière vers la queue présente des types assez différents dans la forme des dernières vertèbres et dans celle de leurs apophyses.

Les ganoïdes osseux vivants, et probablement tous les ganoïdes fossiles, même ceux qui ont comme eux la colonne épinière ossifiée, ont les vertèbres terminales très imparfaites, et en partie cartilagineuses. Les premières traces d'ossification apparaissent sur les *côtés* de

[1] Pl. XXXI, fig. 1, 2.

[2] *Sitzungs Bericht Wiener Akad.*, juillet 1850, p. 143, et novembre, p. 358.

la corde dorsale, avant la formation des apophyses épineuses et des arcs hémaux et neuraux. Ce fait se lie probablement à la circonstance que les ganoïdes acquièrent pendant toute leur vie de nouvelles vertèbres.

Les téléostéens ont une organisation fort différente. Dans les uns (¹) une partie notable de la corde dorsale reste pendant toute la vie du poisson sans divisions vertébrales et s'unit avec un système d'os en toit tout particuliers, qui, appuyés sur la vertèbre qui les précède, la dépassent en arrière, présentent l'apparence d'une apophyse épineuse supérieure ou d'un osselet porte-nageoire, et se lient avec les apophyses épineuses, au moyen d'un processus vertical. Le canal médullaire longe cette portion de la corde dorsale, et ces deux organes sont ordinairement unis en une masse cartilagineuse en forme de cône allongé. Les rayons de la nageoire caudale, à l'exception des fulcres supérieurs, naissent tous en dessous de la corde dorsale, et chaque vertèbre terminale est biconcave comme les antérieures. A ce type appartiennent, parmi les poissons fossiles, les thrissops, les tharsis, les leptolepis, les chirocentrites, etc.; et parmi les vivants, les salmones, les scopélides et les ésoces. Ils ont tous des arcs hémaux et neuraux insérés dans des fossettes des corps des vertèbres. Les clupes, les cyprinoïdes et les loches ont les mêmes caractères généraux, mais les arcs et les os en toit sont soudés aux vertèbres.

Les autres téléostéens ont l'extrémité de la colonne épinière ossifiée jusqu'à l'extrémité, et le dernier corps de vertèbres possède seul une cavité conique qui renferme la fin de la corde dorsale. A ce type appartiennent la plupart des téléostéens vivants.

(¹) M. Heckel en fait son groupe des *Sleguri*.

M. Heckel a encore montré qu'il y a de nombreux degrés entre les cordes dorsales complétement nues et les colonnes épinières ossifiées. Ces degrés sont dus au fait que j'ai rappelé plus haut, c'est-à-dire à ce que les arcs neuraux et hémaux s'appuient sur la corde par des épatements ou plaques osseuses. M. Heckel les a désignés sous le nom de demi-vertèbres (*halbwirbel*). Tantôt ces épatements sont presque nuls ; tantôt les demi-vertèbres forment des plaques arrondies assez marquées ; tantôt leur bord se couvre de dentelures ; quelquefois enfin elles se découpent en digitations qui engrènent les unes dans les autres et recouvrent presque complétement la corde [1]. Ces divers degrés se trouvent dans les pycnodontes [2] et concordent d'une manière remarquable avec leur histoire géologique. Les pycnodontes du trias ont la corde dorsale presque nue, ceux des terrains jurassiques ont des demi-vertèbres assez développées, et ceux des terrains tertiaires ont des demi-vertèbres engrenées par des digitations.

Dans d'autres ganoïdes les demi-vertèbres se développent assez pour se recouvrir. La demi-vertèbre supérieure est dépassée par la demi-vertèbre inférieure, en sorte que l'os est double sur le milieu de la corde dorsale. Cette forme a été observée dans les genres *sauropsis*, *lepidotus* et *pholidophorus* [3], et paraît spéciale à l'époque jurassique.

Les arcs neuraux et les arcs hémaux peuvent se terminer à leur partie pointue par des apophyses épineuses

[1] La figure 7 de la planche XXXVI représente des demi-vertèbres à épatements latéraux arrondis, la figure 8 des épatements dentés, et la figure 9 des demi-vertèbres unies par des digitations engrenées.

[2] Cette organisation se retrouve dans plusieurs autres ganoïdes fossiles.

[3] La figure 11 de la planche XXXIV montre ces demi-vertèbres supérieure (*a*) et inférieure (*b*) ; la figure 12 les représente dans leur position relative.

plus ou moins développées et qui acquièrent des proportions considérables dans quelques poissons très élevés.

Les vertèbres antérieures portent ordinairement des *côtes* (pl. XXXI, fig. 1, 3) ; ces organes sont attachés sur les rudiments des arcs hémaux [1] dont les deux pièces constituantes ne se réunissent pas pour former l'arc ou l'ogive, mais restent écartées de chaque côté. Ces côtes sont souvent surmontées d'un petit osselet rappelant les apophyses qui lient entre elles les côtes des oiseaux (fig. 1, 4).

Quelques poissons présentent en outre des *apophyses musculaires* ou arêtes fines, souvent bifides, attachées aux vertèbres, aux côtes, ou aux arcs neuraux et hémaux. Elles ne paraissent être que des productions osseuses des feuillets tendineux qui séparent les muscles.

Les *nageoires impaires* ou verticales ne sont qu'une dépendance de la colonne épinière. Dans l'embryon elles forment une sorte de frange autour du corps, qui n'a d'abord aucun appui solide ; elle commence vers la tête, passe sur la queue en s'arrondissant et se termine vers le foie. La suite du développement produit des rayons pour soutenir la membrane et divise la nageoire continue en lambeaux. Le poisson adulte a ainsi plusieurs nageoires impaires, les dorsales (souvent uniques) sur le dos (pl. XXXI, fig. 1, 5 et 6), la caudale qui devient fréquemment fourchue (fig. 1, 7) et l'anale, rarement double, entre l'anus et la queue (fig. 1, 8).

Les nageoires impaires sont portées par des osselets

[1] Les pièces qui portent les côtes ne sont point les apophyses transverses. Il est facile de suivre leurs passages et de voir qu'elles sont évidemment les rudiments des arcs hémaux. Les apophyses transverses existent dans un très petit nombre de poissons (polyptères, quelques pleuronectes).

attachés d'une part aux rayons de ces nageoires et de l'autre au sommet des arcs neuraux pour la nageoire dorsale (fig. 1, 9) et des arcs hémaux pour la nageoire anale (fig. 1, 10). Ils ont été nommés *osselets interapophysaires*, *osselets surépineux*, *osselets interépineux*, *rayons porte-nageoires* ; ils sont en général en même nombre que les rayons de la nageoire et souvent plus nombreux que les vertèbres qui leur correspondent. Ils existent quelquefois sans porter de nageoires. Dans la caudale on ne les distingue pas, et ils se soudent avec les arcs hémaux et neuraux.

Dans quelques poissons fossiles (pl. XXXII, fig. 11, *a*), il y a un rang d'osselets de plus, qui ont été nommés *osselets surapophysaires*, et qui sont intermédiaires entre les rayons des nageoires et les rayons porte-nageoires. Cette organisation n'a aucun exemple dans la nature actuelle.

Les pycnodontes ont des osselets supplémentaires très remarquables (pl. XXXVI, fig. 5). Ce sont de longues arêtes qui naissent d'une pièce écailleuse dermale et qui se prolongent obliquement en arrière en croisant les rayons porte-nageoires. Tantôt ils existent depuis la nuque jusqu'à la nageoire dorsale ; tantôt ils règnent sur toute la longueur du dos. Je reviendrai sur leur compte en traitant des pycnodontes.

Les rayons des nageoires se présentent sous deux formes principales. Les uns sont pointus, d'une seule pièce (pl. XXXI, fig. 1, 5) en forme d'épines solides ; ils portent le nom de *rayons épineux*. Les autres, ou *rayons mous*, sont divisés à l'extrémité en forme de balai (fig. 1, 6) et sont composés de pièces articulées. Il est rare que les premiers existent seuls ; ils sont ordinairement placés en avant et suivis par des rayons mous ;

ils caractérisent les poissons acanthoptérygiens. Les rayons mous existent souvent seuls ou précédés d'une seule épine, et les poissons, que cette disposition caractérise, ont reçu le nom de malacoptérygiens.

Quelquefois on observe de grands rayons osseux recouverts d'émail, qui forment de véritables défenses. Ils se trouvent souvent fossiles et isolés, et ont reçu le nom d'*ichthyodorulites*. Les uns ont une facette d'articulation à leur base et ont appartenu à des poissons osseux. Les autres, dépourvus d'articulation, étaient suspendus dans les chairs par une partie taillée en biseau, et ont protégé des poissons cartilagineux.

La nageoire dorsale est tantôt simple, tantôt double ou triple; tantôt aussi composée d'une nageoire proprement dite, et de fausses nageoires ou pinnules disposées en arrière. Elle a quelquefois des rayons libres en avant.

La nageoire anale est presque toujours simple. Quelques poissons vivants ont cependant des fausses nageoires sous la queue comme sur le dos. De rares poissons fossiles (diptériens, quelques célacanthes) ont deux nageoires anales.

La nageoire caudale présente des modifications plus importantes. Dans tous les poissons osseux vivants, la colonne épinière s'arrête vers la base de cette nageoire (pl. XXXI, fig. 1, 7), les corps de vertèbres se raccourcissent, se resserrent et s'atrophient en continuant à correspondre au-dessus et au-dessous avec des arcs hémaux plus ou moins symétriques et avec des rayons de nageoires qui forment un lobe supérieur à peu près semblable au lobe inférieur. Les poissons caractérisés par cette organisation ont reçu le nom de poissons *homocerques*.

Dans plusieurs poissons cartilagineux vivants et dans une foule de poissons fossiles, la colonne épinière se prolonge, dans le lobe supérieur de la queue, jusque près de son extrémité et fournit des rayons de nageoires dont les plus longs constituent le lobe inférieur. Cette inégalité des lobes caractérise les poissons *hétérocerques*. Je montrerai plus bas la singulière concordance qui existe entre cette organisation et l'histoire géologique des poissons (pl. XXXV, fig. 12 et 13.)

Les *nageoires paires* sont au nombre de quatre, formant deux paires. Les pectorales (pl. XXXI, fig. 1, 11) sont les plus fixes dans leur place; elles sont portées par une ceinture presque complète, ou arc pectoral, composé de deux branches réunies ensemble en dessous et attachées en haut aux côtés postérieurs de la tête. Ces nageoires manquent rarement.

Les nageoires ventrales (fig. 1, 12) sont portées par un os horizontal double qui représente le bassin. Leur place est variable. Tantôt (et c'est probablement leur position normale) elles sont situées en arrière de l'abdomen et caractérisent les poissons *abdominaux* (pl. XXXIII, fig. 1 et 2, etc.). Tantôt la pièce qui les porte vient s'unir en arrière de l'arc pectoral, de manière à amener ces nageoires sous la partie antérieure du corps et à caractériser les poissons *thoraciques* (pl. XXXI, fig. 1). Tantôt elles dépassent cette place et viennent se mettre sous la gorge, et forment ainsi des poissons *subbrachiens* ou *jugulaires*. Ces nageoires sont plus sujettes à disparaître que les pectorales.

La *tête* est la partie du squelette qui a soulevé le plus de discussions. Mais les questions les plus importantes sont restées sans lien direct avec la paléontologie, et nous n'avons aucune raison de nous occuper ici de la composition de la tête en vertèbres, non plus que des homologies des os du crâne. Cette partie de la tête n'a jusqu'à présent guère fourni de caractères pour la classification des poissons (¹). Les os de la face, plus visibles, plus développés, plus faciles à observer, ont joué un rôle plus important.

Le *crâne* n'est composé dans les poissons les moins parfaits que d'une enveloppe cartilagineuse. Dans les plagiostomes cette enveloppe un peu endurcie reste indivise et sans sutures. Dans les poissons osseux, autour du crâne cartilagineux se développent des os distincts qui se soudent plus ou moins au cartilage. Ces os se rapportent assez bien à ceux des animaux supérieurs, sauf que quelques-uns d'entre eux se multiplient. Par exemple, les os frontaux se présentent dans les poissons en trois paires: frontaux principaux, antérieurs et postérieurs. Les sphénoïdes et les occipitaux sont dans le même cas.

Les os du crâne n'influent pas beaucoup par leurs modifications sur les formes du poisson, et ils jouent en conséquence, comme nous l'avons dit, un rôle secondaire dans la classification et dans la description des poissons fossiles. Beaucoup d'entre eux sont constamment cachés par les os de la face, et parmi ceux qui sont ordinairement visibles nous signalerons seulement :

Les *frontaux principaux* (pl. XXXI, fig. 2; pl. XXXII, fig. 1, n° 1) (²), qui déterminent la forme du profil et qui

(¹) M. Agassiz a seul essayé de tirer des caractères des os du crâne isolés ; il a dû le faire pour l'étude des poissons de l'argile de Londres. Malheureusement ce travail, exécuté postérieurement à la publication de ses *Recherches sur les poissons fossiles*, n'est connu que par des extraits très incomplets.

(²) J'ai fait figurer une tête de truite (pl. XXXII, fig. 1) et une tête de perche (pl. XXXI, fig. 2), pour montrer la disposition des os de la tête, et principalement de la face. J'ai numéroté les pièces avec les mêmes chiffres qu'ont adop-

occupent la partie frontale située au-dessus de l'orbite.

Les *pariétaux* (n° 7), qui forment des épines postérieures, quelquefois assez caractéristiques, en se joignant aux *occipitaux externes* (n° 9);

Les *occipitaux supérieurs* (n° 8), qui portent souvent des crêtes saillantes, et dont la forme détermine celle de la nuque.

Parmi ceux qui sont encore visibles, mais peu importants, on peut citer les *frontaux antérieurs* (n° 2) et *postérieurs* (n° 4), les *nasaux* (n° 3), et les *écailles du temporal* (n° 12).

La face est comme le crâne tout à fait cartilagineuse dans les poissons les moins parfaits (cyclostomes etc). Elle est encore très simple dans les plagiostomes et composée seulement d'une mâchoire supérieure et d'une mâchoire inférieure plus endurcies, suspendues au-dessous de la tête. On remarque en outre quelques petites pièces cartilagineuses d'une homologie douteuse. Dans les poissons osseux les os deviennent nombreux et compliqués.

La bouche est formée en haut par les *os intermaxillaires* (*id.*, n° 17), et par les *maxillaires* (*id.*, n° 18). Ces deux os varient par leur position. Tantôt, comme dans la truite (pl. XXXII, fig. 1), ils conservent en quelque sorte la même position que dans les mammifères, l'intermaxillaire restant vers la ligne médiane et le maxillaire continuant le bord de la bouche et portant aussi des dents. Tantôt, comme dans la perche (pl. XXXI, fig. 2),

tés MM. G. Cuvier, Meckel et Agassiz, car ces numéros sont maintenant en quelque sorte consacrés par l'usage, et plusieurs auteurs les emploient même sans autre désignation pour citer les os. Quelques pièces du crâne n'étant pas visibles dans nos profils, il en résulte que plusieurs numéros n'ont pas pu être placés, mais ils se rapportent à des os dont on n'a tiré jusqu'à présent aucun caractère paléontologique.

l'intermaxillaire forme seul le bord et le maxillaire est rejeté en arrière. Quelques cas intermédiaires se trouvent entre ces deux dispositions : quelquefois aussi le maxillaire est plus subordonné encore, petit et comme atrophié (balistes, etc.).

La face palatine de la bouche est formée par le *vomer*, les *palatins* et les *ptérygoïdiens*. Tous ces os portent quelquefois des dents.

La cavité orbitaire est entourée d'un cercle de petits os squameux (*id.*, n° 19), qui commencent depuis le coin antérieur de l'œil jusqu'au temporal. Ces os ont été nommés *sous-orbitaires* par Cuvier. M. Agassiz les désigne sous le nom d'*os jugal*. Leur forme varie beaucoup et peut fournir des caractères d'une observation facile.

Les parties antérieures de la face sont liées à celles que nous allons décrire, intérieurement par les ptérygoïdiens et extérieurement par l'*os transverse* (*id.*, n° 24), qui joint l'arc mandibulaire à l'os carré.

La *mâchoire inférieure* est composée de trois pièces de chaque côté. Celle qui porte les dents et qui forme les bouts de la mâchoire est l'*os dentaire* (*id.*, n° 34). Elle est soutenue par l'*os articulaire* (*id.*, n° 35), qui s'étend jusqu'à l'articulation; l'angle postérieur est complété par un petit os accessoire, qui est l'*angulaire* (*id.*, n° 36).

Cette mâchoire inférieure est portée par un arc mandibulaire, association de pièces assez compliquée que l'on désigne aussi sous le nom de *suspenseur de la mâchoire inférieure*. Il commence vers le temporal et descend plus ou moins verticalement en arrière de l'orbite jusqu'à l'articulation de la mâchoire inférieure.

Il est composé en haut du *mastoïdien* de M. Agassiz,

(*temporal* de Cuvier, *id.*, n° 23), précédé en bas par la *caisse du temporal* (*id.*, n° 27). Les noms de ces deux os montrent qu'on les considère généralement comme faisant partie du crâne. En bas, l'articulation est supportée par l'*os carré* d'Agassiz (*os jugal*, Cuvier, *id.*, n° 26), dans une entaille duquel s'insinue le *tympano-malléal* d'Agassiz (*symplectique*, Cuvier, *id.*, n° 31). L'arc formé par ces quatre os est fortifié en arrière par le *préopercule* (*id.*, n° 30), dont la forme, les dentelures et les épines sont une source abondante de caractères génériques et spécifiques. Ses rapports avec les autres os du suspenseur de la mâchoire ont été employés pour caractériser des familles, et en particulier les siluroïdes.

En arrière du suspenseur de la mâchoire sont les os operculaires qui couvrent l'ouverture des branchies. Le principal ou supérieur est l'*opercule* proprement dit (*id.*, n° 28). Il est bordé en bas par le *sous-opercule* (*id.*, n° 32), et ce dernier os est précédé par l'*interopercule* (*id.*, n° 33).

L'appareil respiratoire, contenu sous le crâne et entre les os de la face, est composé de quatre arcs branchiaux de chaque côté, attachés à la face inférieure du crâne par des petits os *pharyngiens supérieurs*, quelquefois suspendus dans la paroi supérieure de l'œsophage, quelquefois articulés au crâne. Ils se réunissent en avant vers la base de la langue et sont protégés par l'opercule et par l'appareil *branchiostège*, dont les rayons (*id.*, n° 43), sont ordinairement visibles sur les côtés de la face.

Dentition des poissons. — Les dents des poissons sont loin de fournir des caractères aussi précis que celles des mammifères. Soit que la science soit moins avancée en ce qui les concerne, soit que leurs variations se lient d'une manière moins constante avec le genre de vie, elles ne jouent qu'un rôle secondaire dans la classification.

Elles peuvent se trouver sur presque tous les os ou cartilages qui entrent dans la composition de la bouche. Les intermaxillaires, les maxillaires, le sphénoïde, le vomer, les palatins, les ptérygoïdiens, les pharyngiens, les arcs branchiaux, la langue et la mâchoire inférieure, peuvent en porter. Aucun poisson n'en présente cependant à la fois sur tous ces os.

M. Agassiz les distingue, sous le nom de *dents de préhension* et de *dents molaires*, en deux catégories dont les limites ne sont pas toujours très exactement tranchées.

Les *dents de préhension* sont en général coniques, quelquefois aplaties en forme d'incisives. Les dents coniques sont tantôt isolées, tantôt rapprochées. On désigne sous le nom de dents en *cardes* celles qui sont grandes et serrées, de dents en *râpe* des dents moins hautes mais encore fortes, de dents en *brosse* celles qui sont fines et déliées, de dents en *velours* les très petites qui sont plus sensibles au toucher qu'à la vue. Quelques dents plates sont comprimées en fer de lance, en couteau, en lancette, etc. Leur pourtour peut être crénelé, dentelé, hérissé de pointes, etc.

Les *dents molaires* sont aplaties et à couronne large, du reste de même nature que les dents de préhension. Elles servent à broyer. Quelquefois elles sont sous la forme de grandes plaques ou de pavés. Dans quelques poissons elles se soudent pour former de grosses dents en apparence uniques.

Chaque dent est composée d'un tissu médullaire central, à canaux distincts et d'une substance dentaire ou *dentine*, dure, périphérique ; cette dernière est traversée par des tubes calcigères disposés d'une manière variable. Souvent cet appareil est recouvert par de l'*émail*; on observe rarement du *cément*.

On peut, dans la composition des dents, distinguer plusieurs types. Les pycnodontes, raies, téléostéens, requins, etc., ont une dentine simple, à tubes rayonnants et une cavité pulpaire simple. D'autres (lépidostéides) ont une dentine plissée autour d'une cavité pulpaire terminée par une surface de même forme, à peu près comme les ichthyosaures. Dans quelques uns (myliobates, cestraciontes, etc.) des plis analogues sont plus rapprochés au centre, en sorte que la cavité pulpaire disparaît ; les canaux médullaires sont parallèles entre eux et à l'axe de la dent ; chacun d'eux est entouré de tubes calcigères rayonnants. D'autres poissons, enfin, appartenant à la fois au type des téléostéens et à celui des cartilagineux, ont des dents de préhension à canaux réticulés, c'est-à-dire une dentine traversée par des tubes sans ordre apparent et recouverts par un émail épais.

Les dents ne sont jamais insérées dans l'os qui les porte, c'est-à-dire qu'il n'y a pas de véritable gomphose. Elles sont ou ankylosées ou soutenues par les gencives et fixées par des ligaments ; plusieurs reposent sur des socles. Les dents des poissons osseux n'ont jamais de véritable racine ; celles des poissons cartilagineux présentent une base élargie, arrondie et formée d'un tissu spécial. On distingue facilement ces deux groupes de dents lors même qu'on les trouve isolées, car dans les dernières la base de la dent est régulière, pleine, arrondie, tandis que dans les premières elle est creuse ou présente des traces de rupture.

Des écailles. — L'étude des écailles est d'une haute

importance pour la paléontologie, car ces organes sont fréquemment conservés, cachent quelquefois le squelette, et fournissent souvent seuls des caractères distinctifs. Leur variabilité les rend d'ailleurs très propres à cet usage, et l'on trouve chez eux des détails d'organisation faciles à apprécier, qui peuvent jouer un rôle utile dans la classification.

Les écailles de la plupart des poissons vivants sont composées d'une substance cornée dans laquelle on voit des lignes d'accroissement concentriques, disposées autour d'un point qui n'est pas situé ordinairement sur le centre exact de l'écaille. Ces lignes, vues au microscope, sont souvent granulées. Des sillons qui rayonnent du même point coupent les lignes concentriques et sont plus visibles sur les bords. Ils varient de grandeur et d'évasement, et n'occupent souvent qu'une portion de la surface.

Une analyse plus minutieuse montre que l'écaille est composée de deux couches. L'inférieure est continue et composée de lames superposées; la supérieure, plus dure, plus cassante et plus transparente, porte les ornements et est formée de lames imbriquées. Les lignes concentriques paraissent résulter de l'inégalité de développement de cette couche supérieure qui porte en outre des aspérités variées.

Les écailles cornées appartiennent à deux types. Les unes (*poissons cycloïdes*) ont les bords régulièrement arrondis ou simplement ondulés, les lignes concentriques simples et les aspérités de la couche supérieure peu marquées (pl. XXXII, fig. 2 à 4). Les autres (*poissons cténoïdes*) ont le bord postérieur en forme de scie dentelée, les lignes concentriques disposées de même et la couche superficielle hérissée au bord postérieur de piquants ou de dentelures qui les rendent âpres au toucher, et qui quelquefois sont grandes et très visibles à l'œil nu (pl. XXXI, fig. 3 et 5).

Quelques poissons vivants (lépidostées et polyptères), et un grand nombre de poissons fossiles (ganoïdes) présentent des écailles formées sur un tout autre type. Elles sont composées d'un écusson osseux et d'une couche d'émail. Le premier est parfaitement caractérisé au microscope par ses corpuscules fusiformes ; il a tous les autres caractères physiques et chimiques des os, et est composé de lames superposées. La couche d'émail est formée d'une substance dure et cassante, sans structure apparente et semblable à du verre (pl. XXXIV, fig. 7, 9, etc.).

Beaucoup de poissons manquent d'écailles proprement dites. Dans les uns la peau est nue. Dans d'autres elle est protégée par de petites esquilles dentelées (chagrin des requins) ou par des boutons creux portant en leur centre une sorte de dent recourbée (boucles des raies).

Chaque écaille est fixée sur la peau dans une sorte de poche du chorion, de manière que son bord antérieur ou bord caché s'avance librement dans cette poche et que son bord postérieur ou visible soit retenu par un repli de la peau. Elles sont disposées par rangées qui présentent diverses modifications, et le plus souvent elles sont imbriquées de manière à se recouvrir en partie.

Tantôt des écailles quadrangulaires sont accolées par leurs bords supérieurs et inférieurs, et recouvertes par les bords des écailles de la série transversale qui les précède (ganoïdes). On remarque des variétés dans cette disposition : les bords par lesquels les écailles de la même série se touchent peuvent être joints par une suture droite, ou taillés en biseau, ou assujettis par des pointes (voyez pl. XXXIV, XXXV et XXXVI).

Tantôt les écailles ont une imbrication plus serrée, de sorte que chaque écaille d'une série transversale recouvre celle qui est au-dessous, et qu'en outre, comme dans le cas précédent, les écailles de chaque rangée transversale recouvrent celles de la rangée qui les suit (cténoïdes et cycloïdes).

On remarque ordinairement vers le milieu des flancs une série longitudinale d'écailles un peu différente des autres, percées d'un trou ou portant un petit tube. Elles forment la *ligne latérale*.

Quelques poissons, appartenant principalement à la division des ganoïdes, présentent sur les rayons antérieurs de leurs nageoires (dorsale, anale et surtout caudale), des appendices assez remarquables auxquels on a donné le nom de *fulcres* et qui tiennent à la fois de la nature des rayons des nageoires et de celle des écailles. Ils sont insérés soit sur le bord antérieur des nageoires dorsales et anales ou des nageoires paires, soit plus fréquemment encore sur le bord supérieur et le bord inférieur de la nageoire caudale; ils sont acuminés, implantés obliquement sur les rayons et en avant d'eux, la pointe tournée en haut et en arrière (pl. XXXIV, fig. 7, etc.).

Quelquefois on peut voir facilement leurs rapports avec les écailles, et, en observant la base de la nageoire, s'assurer que les écailles de la ligne médiane, en s'allongeant et en s'apointissant, passent peu à peu à l'état de fulcres. Quelquefois aussi ils ont beaucoup plus l'apparence des rayons de nageoires.

Ces fulcres peuvent fournir quelques caractères de classification, soit par leur présence ou leur absence, soit par leur disposition. Tantôt ils forment une seule rangée impaire et médiane, tantôt ils sont disposés deux à deux et forment une rangée double. Ce dernier cas est celui du lépidostée, le seul ganoïde osseux vivant chez lequel ces organes existent.

La classification des poissons a été l'objet de diverses tentatives plus ou moins heureuses. La méthode de Lacépède, qui se fondait surtout sur la position des nageoires, rompait évidemment les rapports naturels. Celle de Cuvier, qui prenait pour caractères principaux l'ouverture et la forme des branchies, et la nature des rayons de la dorsale, était meilleure, mais laissait encore à désirer. Celle qu'a proposée M. Agassiz, et qui est fondée sur la nature des écailles, a fait faire un grand pas à la science; mais elle a dû être modifiée dans ce qu'elle a de trop systématique. Les dernières améliorations sont principalement dues aux travaux de M. J. Müller, qui, en prenant dans les classifications précédentes ce qu'elles ont de bon, a introduit quelques modifications importantes.

M. Agassiz a le premier fait remarquer que l'on peut trouver dans les téguments des poissons des caractères d'une haute importance. Les écailles, en effet, sont d'une observation facile; la nature de la fossilisation des poissons les conserve dans la plupart des terrains, et l'expérience démontre qu'elles concordent avec l'ensemble de l'organisation, et créent souvent des divisions naturelles. Ce fait n'étonnera point si l'on réfléchit à l'accord constant qui existe entre les divers organes, et à la généralité du principe de concordance des caractères dont j'ai parlé dans le premier volume. Toute l'étude du règne animal nous montre combien, en général, les téguments extérieurs sont le reflet de l'organisation intime.

En se basant sur cette étude des écailles, M. Agassiz a divisé les poissons en quatre ordres.

Les PLACOÏDES, dont la peau porte des plaques osseuses disposées irrégulièrement et terminées en dessus par des pointes ou des crochets. Tantôt ces plaques ont une large base et un crochet très fort, comme dans les raies ; tantôt elles ne forment que des petites esquilles dentelées qui rendent la peau âpre, comme chez les squales. Le squelette de ces poissons est cartilagineux.

Les GANOÏDES, dont les écailles sont anguleuses et revêtues d'une couche d'émail. Ces écailles s'unissent par leurs bords d'une manière très régulière. Le squelette est moins osseux que dans les ordres suivants ; il est même cartilagineux dans plusieurs genres.

Les CTÉNOÏDES, qui ont des écailles cornées, sans émail, et dont le bord postérieur est dentelé ou pectiné comme les dents d'un peigne. Leur squelette est osseux.

Les CYCLOÏDES, qui ont aussi des écailles cornées et sans émail, mais dont le bord postérieur est simple. Leur squelette est aussi osseux.

Le principal mérite de cette classification est d'avoir fixé l'attention sur la nature des écailles des lépidostées et des polyptères, associés à tort aux clupes, par Cuvier ; d'avoir montré que la plupart des poissons anciens ont le même système de téguments, et d'avoir réuni tous ces poissons en un ordre distinct (ganoïdes). Cette observation a servi de point de départ aux faits si singuliers que M. Agassiz, aidé par une meilleure méthode, a pu constater dans l'histoire paléontologique des poissons. On pourrait dire avec raison que c'est le trait de génie qui domine l'ensemble de son bel ouvrage sur les poissons fossiles.

On peut cependant ajouter que cette classification, ne tenant compte que d'un seul caractère, est trop systématique. Elle a dû être contestée dans certaines parties, et sans rien ôter de son mérite principal, il est nécessaire de lui faire subir quelques modifications importantes. Ainsi que je l'ai dit plus haut, M. J. Müller [1] a proposé une nouvelle distribution qui conserve ce que celle de M. Agassiz a de meilleur, et qui paraît plus conforme aux principes de la méthode naturelle.

On peut objecter à la classification de M. Agassiz :

1° Que l'ordre des cténoïdes et celui des cycloïdes sont très peu différents l'une de l'autre et ne peuvent pas faire des divisions équivalentes aux ganoïdes et aux placoïdes. Cette objection, que j'avais déjà signalée dans ma première édition, a engagé M. J. Müller à réunir ces deux ordres sous le nom de téléostéens.

2° Que l'ordre des ganoïdes, tel que l'admet M. Agassiz, a des limites trop étendues, et qu'en particulier les sclérodermes, les lophobranches et les siluroïdes ont bien plus les caractères des poissons osseux normaux (téléostéens) que ceux des lépidostées et des polyptères.

3° Que quelques types exceptionnels (lamproies, amphioxus, etc.) ne peuvent être compris dans aucun des quatre ordres de M. Agassiz et doivent devenir le type de divisions équivalentes, malgré le petit nombre d'espèces qui les représentent. L'importance des modifications organiques, qui peut seule servir de guide, semble rendre nécessaire cette modification.

En conséquence de ces objections M. J. Müller divise les poissons en six sous-classes :

1° Les Sirénoïdes, qui ont toute leur vie des poumons

[1] Müller, *Arch. d'hist. nat. de Wiegmann*, 1845, p. 91, et *Ann. des sc. nat.*, trad. de M. Vogt, 3ᵉ série, t. IV, p. 5.

et des branchies, et qui sont rapportés, par la plupart des auteurs aux batraciens urodèles.

2° Les Téléostéens, ou poissons osseux normaux.

3° Les Ganoïdes.

4° Les Elasmobranches, ou *Selachii*, correspondant à peu près à l'ordre des placoïdes de M. Agassiz.

5° Les Marsipobranches, ou Cyclostomes, comprenant les lamproies, c'est-à-dire des poissons cartilagineux, à mâchoires non ossifiées, remplacées par un anneau également cartilagineux, sans arcs branchiaux solides, sans nageoires paires, etc.

6° Les Leptocardii, ou poissons dépourvus de cœur, mais à système vasculaire musculaire, à cerveau confondu avec la moelle épinière, etc. Cette sous-classe ne renferme que le genre *Amphioxus*.

Dans l'application de cette méthode se présente une difficulté, c'est de fixer les limites de la sous-classe des ganoïdes. M. Agassiz appelait ainsi tous les poissons osseux (ou cartilagineux à os de la tête distincts) qui sont protégés par des écailles osseuses ou par des plaques dures en pavé, et leur en associait plusieurs qui ont la peau nue. J'ai dit plus haut que ces limites trop étendues faisaient réunir aux vrais ganoïdes des poissons qui ont évidemment une analogie plus grande avec les téléostéens.

Il est très difficile de trouver des caractères précis et constants pour remplacer ceux qu'admettait M. Agassiz. Les caractères anatomiques n'ont pu être vérifiés que sur les ganoïdes vivants, qui sont très peu nombreux, et ce n'est que par des hypothèses plus ou moins probables qu'on peut les supposer dans l'immense série des poissons fossiles.

M. J. Müller met en première ligne la structure du

bulbe aortique (1). Cette cavité, placée à la base de l'aorte, présente constamment deux valvules dans les poissons osseux; elle en a un grand nombre formant plusieurs séries dans les plagiostomes et les chimères (placoïdes), et dans l'esturgeon, le lépidostée et le polyptère, qui sont les seuls genres certains de ganoïdes vivants. M. J. Müller propose donc de se servir de ce caractère comme limite principale et essentielle de l'ordre des ganoïdes et de réunir sous ce nom tous les poissons qui ont à la fois des valvules multiples et des os du crâne distincts, ce dernier caractère les séparant des élasmobranches ou placoïdes.

M. Vogt a depuis lors constaté que le genre remarquable des *Amia*, qui vit dans les rivières de l'Amérique méridionale, a aussi des valvules multiples. Il devra être réuni aux ganoïdes.

Cette limite une fois établie, il n'a pas été jusqu'à présent possible de trouver dans les parties solides des caractères constants qui, se liant d'une manière certaine avec l'organisation du cœur, pussent la faire préjuger lorsqu'on ne connaît que le squelette ou les écailles. On comprend donc que si le caractère différentiel proposé par M. Müller est bon en lui-même, il n'en est pas moins vrai que dans l'application, et surtout en ce qui concerne la paléontologie, on sera souvent fort embarrassé pour décider si un poisson est un ganoïde.

Mais si l'on ne peut pas trouver un lien *certain* entre les parties solides et l'organisation anatomique des ganoïdes, on peut découvrir un certain nombre de caractères accessoires qui, sans être constants, sont fréquents,

---

(1) M. Müller discute aussi l'entrecroisement des nerfs optiques et l'existence d'une branchie operculaire. Je n'ai pas insisté sur ces caractères, qui ne sont pas non plus visibles dans les poissons fossiles.

et qui, s'ils ne peuvent pas assurer une détermination incontestable, peuvent au moins la rendre probable.

La nature des téguments est dans ce cas. Elle ne peut pas fournir des caractères constants; car, parmi les cinq genres de ganoïdes actuels, deux sont revêtus d'écailles osseuses en pavé régulier, un (esturgeon) est couvert de grosses plaques écartées, un est nu (spathulaire), et un est couvert d'écailles semblables à celles des cycloïdes (amia). Mais par une analogie probable on peut établir :

Que tous les poissons revêtus d'écailles osseuses en pavé régulier sont des ganoïdes : ce pavé est composé de séries dans lesquelles chaque écaille est unie par son bord à celle qui la précède;

Que tous les poissons dont les écailles sont revêtues d'émail sont des ganoïdes;

Qu'il est *possible* qu'il y ait des ganoïdes à écailles sans émail (à cause des amias).

Le squelette peut de même donner quelques bons caractères, mais aucun n'est rigoureusement constant. On peut, par une analogie semblable, établir de même :

Que tous les poissons *osseux* à colonne épinière sous forme de corde dorsale indivise sont des ganoïdes;

Que tous les poissons *osseux* à queue hétérocerque appartiennent à la même division ;

Que tous les poissons dont les nageoires portent des fulcres sont également des ganoïdes.

Il est plus douteux que l'existence d'os selets surapophysaires soit un caractère de ganoïdes, car on ne les retrouve pas dans la nature vivante.

De cette analyse il résulte que l'on peut donner comme caractères essentiels aux ganoïdes : des valvules multiples au bulbe aortique, des nerfs optiques non

entrecroisés, des branchies libres et couvertes d'un
opercule, des nageoires ventrales abdominales.

On peut y ajouter les caractères suivants, qui sont
fréquents, mais non constants : des écailles couvertes
d'émail, des nageoires munies de fulcres, une queue
souvent hétérocerque, une colonne épinière fréquemment en forme de corde dorsale indivise. Le squelette
peut être cartilagineux ou osseux.

Ces caractères suffisent, dans la grande majorité des
cas, pour placer avec certitude un poisson dans cette
sous-classe. Il n'y a, en réalité, d'incertitude que pour
quelques genres dont nous avons fait la famille des
leptolépides, et qui ont des écailles minces, imbriquées comme les téléostéens, où la couche d'émail est
difficile à constater, un squelette osseux, une queue
homocerque, pas de fulcres, etc. Ces poissons sont-ils
voisins des amias? ou ressemblent-ils à ceux de nos
mers? telle est une question insoluble dans l'état actuel de la science. On les a, en général, rangés parmi les
ganoïdes parce que leurs contemporains appartiennent
à cette sous-classe. Mais, comme l'ont fait observer tous
ceux qui se sont occupés de ce sujet, il faut se garder
ici contre une pétition de principes évidente, qui consisterait à déclarer ganoïdes les poissons des terrains
antérieurs au lias, à cause de leur gisement, pour en
conclure que *tous* les poissons des terrains anciens
sont des ganoïdes.

Histoire paléontologique des poissons. La comparaison de l'époque d'apparition et de développement des
sous-classes dans lesquelles nous avons divisé les poissons fournissent quelques résultats remarquables.

Il faut exclure de cette comparaison celles des sirénoïdes, des cyclostomes et des leptocardiens, dont on

n'a pas trouvé de représentant fossile. Il ne reste donc que les *téléostéens*, les *ganoïdes* et les *placoïdes*.

Les poissons ont été les plus grands animaux des mers les plus anciennes, et l'on peut dire qu'ils ont été les rois de l'époque primaire. Au commencement de l'époque secondaire, ils ont commencé à partager la domination avec les reptiles; mais dès le milieu de cette époque, ils ont été subordonnés à cette classe, et ont servi de nourriture aux genres gigantesques que nous avons indiqués dans le volume précédent.

La première remarque que l'on peut faire, est que les diverses faunes des poissons sont séparées par des caractères plus tranchés que ceux qui distinguent en général les faunes des animaux inférieurs. Les mêmes genres ne se conservent pas dans un grand nombre de terrains successifs; et l'on ne voit pas, comme dans les mollusques, par exemple, certaines formes se retrouver dans la presque totalité des formations. Chaque type semble avoir été créé pour un temps plus restreint, et l'ensemble de la création d'une époque diffère ordinairement beaucoup des autres.

Un des faits les plus remarquables est que, quelque nombreuses que soient les populations de poissons des époques anciennes, on ne retrouve, dans les terrains antérieurs à la craie, aucun genre identique avec ceux de la création actuelle. Tous ces poissons anciens diffèrent de ceux que nous pouvons observer aujourd'hui par des caractères plus importants que de simples différences spécifiques.

Le nombre des genres éteints reste encore considérable dans des formations relativement récentes. Ainsi au Monte Bolca, qui est un dépôt correspondant à l'origine de l'époque tertiaire, la moitié au moins des genres ne vivent plus aujourd'hui. Ainsi encore dans les dépôts tertiaires plus récents on trouve plusieurs genres perdus.

Cet état de choses est bien différent de ce qui existe pour les mollusques ; car, dans cet embranchement, les terrains primaires contiennent quelques genres identiques avec les genres actuels, et les terrains tertiaires n'en ont que bien peu qui aient disparu de nos mers ou de nos continents. L'analogie est plus grande avec les reptiles qui présentent à peu près les mêmes faits dans les terrains anciens ; mais nous avons vu plus haut que les faunes tertiaires ne renferment presque aucun genre perdu de cette classe.

Si, au lieu de comparer les genres, on étudie les divisions supérieures, on trouvera des résultats également intéressants. Des trois sous-classes que j'ai indiquées plus haut, deux seulement se retrouvent dans les terrains antérieurs à la craie, les placoïdes et les ganoïdes (¹) ; l'autre, celle des téléostéens, n'apparaît pour la première fois qu'avec l'époque crétacée, et augmente d'importance jusqu'à nos jours. En d'autres termes, depuis la première création jusqu'à la fin de l'époque jurassique, aucun poisson n'a eu des écailles cornées et minces analogues à celles qui recouvrent tant de poissons actuels ; tandis qu'aujourd'hui ces poissons à écailles cornées forment la partie la plus essentielle de la faune ichthyologique dont ils représentent peut-être les quatre cinquièmes.

Le reste consiste principalement en placoïdes, aux-

(¹) A moins toutefois, comme je l'ai dit, que les leptolépides ne soient les téléostéens. Il faudrait, dans ce cas, faire remonter l'origine de cette sous-classe jusqu'au lias, et remplacer dans ce paragraphe le mot *crétacé* par le mot *jurassique*.

quels se joint un nombre très restreint de ganoïdes. Il est remarquable de voir combien les faunes anciennes ont différé de cet état actuel du globe. Les terrains les plus anciens ne renferment presque que des ganoïdes, aujourd'hui si rares, et n'ont aucun représentant de la sous-classe qui est actuellement la plus abondante. Ces ganoïdes restent nombreux jusqu'à la fin de l'époque jurassique, pendant laquelle les placoïdes deviennent plus fréquents. Ces derniers se continuent pendant la période crétacée, où apparaissent les téléostéens, et les ganoïdes diminuent rapidement.

La comparaison des ordres et familles, qui se composent des trois sous-classes, fournit des résultats non moins curieux qui ressortiront mieux de l'histoire détaillée des poissons. Je dois en particulier attirer l'attention sur les faits suivants.

Les formes ordinaires des poissons osseux actuels sont relativement récentes. Ainsi, tandis que nous voyons de nos jours que la nageoire ventrale peut être abdominale, thoracique ou jugulaire, nous ne trouvons dans les poissons antérieurs à la craie que des ventrales abdominales. La nageoire dorsale y est aussi bien plus rarement divisée; la forme du corps est moins comprimée, etc.

La forme de la queue présente aussi une singulière modification. Aujourd'hui elle est homocerque dans tous les poissons osseux, et hétérocerque dans plusieurs poissons cartilagineux. L'étude des fossiles montre : 1° que tous les poissons antérieurs au lias, osseux ou cartilagineux, ont eu une queue hétérocerque (sauf les genres sans nageoires caudales); 2° que depuis et y compris le lias, tous les poissons osseux (sauf de très rares exceptions) ont eu une queue homocerque.

De ces divers faits et de ceux que renfermeront les
pages suivantes, on peut tirer des conclusions théoriques
qui confirment tout à fait celles que nous avait fournies
l'histoire paléontologique des animaux supérieurs.

On trouve ici des preuves très puissantes de la spécialité des fossiles dans les divers terrains, preuves qui
sont d'autant plus remarquables que les poissons se
trouvent dans tous. Sur plus de mille espèces de poissons fossiles que l'on connaît maintenant, aucune n'a
été trouvée identique avec une espèce vivante ([1]), et aucune n'a passé d'un terrain à un autre. Ce résultat est
d'autant plus important que la vérité en est incontestable,
même pour l'époque tertiaire, tandis que pour les mollusques un grand nombre d'auteurs affirment le contraire. Les poissons des terrains récents sont ordinairement trouvés complets, et leur distinction spécifique
peut être faite avec bien plus de rigueur que celle des
mollusques dont on ne connaît que les coquilles. J'ai
déjà montré plus haut que même les genres ont souvent
participé à cette spécialité remarquable, et la perfection
d'organisation des poissons rend ces faits encore plus
intéressants que dans les animaux inférieurs.

Nous trouverions encore dans l'histoire des poissons
bien des arguments contre l'hypothèse de la transition
des espèces les unes dans les autres. Les téléostéens ne
peuvent pas avoir leur origine dans les poissons qui ont
existé avant l'époque crétacée, et il est impossible de
les faire venir des placoïdes et des ganoïdes, qui les ont
précédés. L'histoire de chaque famille montrera en
abondance des exemples analogues. Le lien des faunes,

____

([1]) Je ne parle pas ici des espèces mal connues, indiquées seulement par
des dents ou par des fragments incomplets, et qui, à cause de cette imper-
fection même, sont citées dans plusieurs terrains.

comme dit M. Agassiz, n'est pas matériel, mais réside dans la pensée du Créateur.

On trouve en particulier une preuve très frappante contre la succession des faunes par transition des espèces, dans le fait que l'on voit fréquemment des genres tout à fait spéciaux à une époque y apparaître dès l'origine par une multitude d'espèces. Si les théories que j'ai combattues étaient vraies, les choses ne se passeraient pas ainsi, et l'on verrait une espèce être la souche des autres, et les précéder par conséquent dans son apparition.

C'est dans la classe des poissons que l'on a cherché les preuves les plus fortes en faveur de la sixième loi que nous avons indiquée (t. I, p. 69). L'ordre d'apparition des divers types de cette classe rappelle plus souvent peut-être que dans les autres les phases du développement embryonnaire. Les trois caractères sur lesquels M. Agassiz a le plus insisté à cet égard sont : la persistance de la corde dorsale, bien plus fréquente dans les poissons anciens ; la forme du corps plus déprimée dans les poissons anciens et dans les embryons, plus comprimée dans les poissons récents adultes ; la division imparfaite des nageoires et la duplicité de l'anale qui semblent rapprocher quelques poissons anciens de l'état embryonnaire où le corps est entouré d'une nageoire continue. Ce dernier point me paraît bien controversable.

Nous trouvons aussi dans cette série de faunes quelques enseignements sur l'état de la terre aux époques anciennes.

Les poissons des premières époques diffèrent, comme nous l'avons vu, par leurs formes, de ceux que nourrissent aujourd'hui nos mers ; mais rien dans ces différences n'autorise à admettre que les conditions de la vie n'aient pas été les mêmes. On peut, au contraire, reconnaître avec une très grande probabilité, que les poissons ont eu dans tous les temps une organisation générale tout à fait analogue à celle des poissons modernes, et qu'ils ont eu besoin à peu près des mêmes circonstances extérieures. On en peut conclure que la température des eaux a dû être à peu près la même qu'actuellement, et qu'il est impossible qu'à aucune époque elle se soit élevée d'une manière notable au-dessus de ce qu'elle est aujourd'hui dans les parties les plus chaudes du globe. On peut aussi en inférer que ces mêmes eaux n'ont pas pu charrier des matières étrangères nuisibles, ou trop abondantes ; il est probable que les anciennes espèces avaient, comme celles d'aujourd'hui, besoin d'une certaine limpidité et pureté dans les mers.

L'étude des poissons fossiles semble prouver aussi que dans les premiers âges du globe les eaux n'ont pas été aussi salées qu'aujourd'hui, et surtout que les différences entre les eaux douces et les eaux salées étaient moins prononcées. On n'a encore trouvé aucune preuve qu'il y ait eu des eaux de nature différente avant la fin de l'époque jurassique, vers laquelle les terrains wealdiens ont été déposés. Des preuves nombreuses semblent montrer que ces terrains ont été formés par des eaux saumâtres ; car, comme nous l'avons déjà vu en traitant des reptiles, ils renferment des débris de genres qui sont aujourd'hui marins, mêlés avec d'autres qui vivent actuellement dans les eaux douces. Ce n'est guère que depuis l'époque tertiaire que l'on peut distinguer avec précision les dépôts d'eau douce des dépôts marins.

Je terminerai en indiquant dans les divers terrains,

quelles sont les principales localités où l'on a trouvé des poissons fossiles.

Le terrain stratifié le plus ancien que l'on connaisse, le terrain silurien, en renferme des débris qui ont principalement été recueillis dans les roches de Ludlow.

Le terrain dévonien en a fourni de plus nombreuses espèces. Les vieux grès rouges de plusieurs localités des îles Britanniques et des formations analogues de Russie et d'Allemagne, telles que celles des environs de Riga, de l'Eifel, etc., sont principalement remarquables sous ce point de vue. La faune ichthyologique reconstruite au moyen de ces débris est une des plus remarquables par les formes bizarres et les caractères spéciaux des êtres qui la composent.

Dans les terrains houillers, les calcaires carbonifères d'Armagh, de Bristol, etc., sont très riches en poissons; les environs d'Autun en France, de Wettin en Allemagne, etc., en renferment aussi plusieurs. Une des localités les plus célèbres, ce sont les carrières de Burdie-House, des environs d'Edimbourg, dont les productions intéressantes ont fourni matière à de nombreuses discussions géologiques et paléontologiques.

Le zechstein du Mansfeld est, parmi les terrains inférieurs, une des localités les plus anciennement connues. Les poissons de ce gisement, qui sont conservés dans des schistes cuivreux, existent dans la plupart des collections. Les dépôts analogues de Richelsdorf en ont aussi fourni plusieurs espèces.

Le terrain triasique, et en particulier le muschelkalk, contiennent aussi des ossements de poissons. Les environs de Lunéville et quelques gisements d'Allemagne sont particulièrement connus. On peut citer aussi le grès bigarré de Deux-Ponts en Bavière.

Dans les terrains jurassiques, le lias renferme une quantité immense d'espèces de poissons. Les environs de Lyme-Regis, si célèbres par leurs ichthyosaures et plésiosaures, sont aussi très intéressants sous le point de vue des poissons. Les lias du Wurtemberg en renferment aussi, ainsi que ceux de divers pays.

Les calcaires lithographiques de Solenhofen et de Kelheim sont un des gisements les plus célèbres, soit par le nombre des espèces, soit par leur parfaite conservation. La collection du comte de Münster, qui fait partie maintenant du musée de Munich, est en particulier très remarquable pour les poissons de ces localités.

Les calcaires lithographiques de Cirin, dans le département de l'Ain, dont l'âge paraît le même que celui des gisements précédents, ont fourni à M. Thiollière des matériaux non moins intéressants et d'une admirable conservation. Parmi les autres terrains jurassiques on peut citer diverses oolithes, comme celles de Caen, de Stonesfield, etc., les marnes kimméridgiennes, les terrains jurassiques supérieurs de la Suisse, les calcaires de Purbeck, etc.

Les terrains crétacés renferment dans diverses localités des dents et des débris de poissons; on en a trouvé surtout dans les grès verts supérieurs et dans les craies moyennes et supérieures. La France, l'Angleterre et l'Allemagne sont riches en débris de ce genre. Le mont Liban renferme aussi des gisements très intéressants qui contiennent des poissons de cette époque.

C'est au commencement de l'époque tertiaire que l'on doit, à ce qu'il paraît, rapporter deux gisements célèbres qui ont fourni une quantité considérable d'espèces. Ce sont :

Les ardoises des environs de Glaris, qui ont été longtemps considérées comme appartenant à des époques bien plus anciennes, et qui ont été plus tard rapportées à l'époque crétacée et maintenant aux terrains nummulitiques.

Les dépôts calcaires du Monte Bolca, le plus riche de tous les gisements connus, qui paraissent avoir été formés à peu près à la même époque.

Les terrains tertiaires plus récents présentent aussi plusieurs localités assez riches. Dans l'étage éocène on peut en particulier citer l'argile de Sheppy et quelques gisements de calcaire grossier en France, et en particulier dans les environs de Paris. Les plâtrières d'Aix en Provence renferment de nombreux poissons d'eau douce, d'une conservation parfaite. Dans les étages plus récents, la localité la plus célèbre est celle des marnes d'OEningen, près de Schaffhouse, qui sont aussi un dépôt d'eau douce. La mollasse de Suisse a fourni un grand nombre de dents de poissons placoïdes.

On trouve les poissons conservés de diverses manières. Tantôt, et c'est un cas fréquent, le squelette est complet et tous les os, restés en place, permettent de reconstruire l'espèce avec une grande sécurité. C'est ce qu'on voit souvent pour les poissons de Solenhofen, du Monte Bolca, d'Aix, d'OEningen, etc. Souvent les écailles elles-mêmes sont conservées, et dans certains cas on a leur série complète. Cette conservation est surtout fréquente dans les poissons ganoïdes, à cause de la dureté de l'émail qui recouvre leurs écailles. Les poissons du Mansfeld, du vieux grès rouge d'Angleterre, etc., en présentent des exemples remarquables. Ces cas et divers autres ont été, comme je l'ai dit ailleurs (t. I, p. 29), invoqués comme preuve en faveur des cataclysmes subits et violents.

Fréquemment aussi les poissons ne sont conservés que par fragments. C'est ce qui arrive le plus souvent pour tous les poissons cartilagineux dont le squelette se détruit et dont les parties plus dures subsistent seules. C'est aussi le cas de tous les poissons dans certaines formations, où ils ont été probablement longtemps charriés et macérés avant que d'être enfouis. Les pièces que l'on trouve le plus souvent dans ces cas-là sont les dents et les rayons durs de quelques nageoires. Plusieurs espèces et même quelques genres ne sont connus que par ces éléments incomplets. Les dents, observées depuis longtemps, ont reçu divers noms : ainsi celles des squales se nommaient *glossopètres*, parce qu'on les comparait à des langues pétrifiées. Les rayons des nageoires sont connus sous le nom d'*ichthyodorulites*; on en trouve beaucoup dans les terrains anciens.

Il nous faut maintenant passer en revue la longue série des poissons fossiles. Si l'on voulait suivre l'ordre d'apparition, il faudrait commencer par les ganoïdes et terminer par les téléostéens; mais la méthode que j'ai suivie jusqu'à présent, d'aller du plus parfait au plus imparfait, me force à terminer par les placoïdes, qui ont un squelette cartilagineux et un système nerveux dont le cervelet est rudimentaire. Les ganoïdes, quoique ayant quelques affinités avec les sauriens, se rapprochent des placoïdes par leur squelette peu osseux. Je commencerai donc par les poissons téléostéens, qui sont les plus parfaits.

1re SOUS-CLASSE.

POISSONS TÉLÉOSTÉENS.

Les poissons téléostéens sont caractérisés par leur squelette complétement ossifié, par leurs écailles cornées et imbriquées, sans émail, à bord postérieur arrondi, par leurs branchies portées sur des arcs osseux, toujours protégées par un opercule et par des rayons branchiostéges. Leur bulbe aortique n'a constamment que deux valvules et leurs nerfs optiques s'entrecroisent.

Cette sous-classe, qui renferme la presque totalité des poissons osseux de nos jours, a eu, comme je l'ai dit plus haut, une apparition relativement récente. Elle manque à toutes les premières périodes géologiques et ne commence à paraître qu'avec l'époque crétacée. Il faut toutefois observer que si plus tard on réunit aux téléostéens [1] les poissons que nous avons désignés sous le nom de léptolépides, il faudra aussi modifier cette assertion, et admettre que les téléostéens ont apparu pour la première fois dans les mers qui ont déposé le lias.

J'ai plutôt suivi, pour la classification de ces poissons, la méthode de M. Agassiz que celle de M. J. Müller, en la modifiant cependant dans quelques points. J'ai été décidé par la considération que les caractères proposés par M. Müller ont l'inconvénient de ne pas pouvoir être observés sur les fossiles, sans qu'on puisse dire d'une manière incontestable qu'ils sont les plus importants. L'existence des dents pharyngiennes et la communication aérienne de la vessie natatoire sont dans ce cas; rien ne démontre, ce me semble, la supériorité

---

[1] Voyez p. 26 de ce volume.

de ces caractères, qui sont d'ailleurs d'une application impossible en paléontologie.

Je dois faire remarquer, au reste, que les résultats de ces deux méthodes s'écartent beaucoup moins que leurs principes. Ainsi il n'y a pas de discussion possible sur les plectognathes et les lophobranches, qui, dès qu'on les transporte dans la sous-classe des téléostéens, doivent évidemment former des ordres distincts. Les acanthoptérygiens de M. Müller correspondent aux cténoïdes de M. Agassiz, moins les pleuronectes et plus les cycloïdes acanthoptérygiens. Les physostomes du premier de ces anatomistes sont identiques avec les cycloïdes malacoptérygiens du second (abdominaux et apodes).

Les divergences portent donc seulement : 1° Sur les pleuronectes, qui doivent, ce me semble, former un ordre distinct, soit à cause de leur défaut de symétrie, soit parce que ce sont les seuls cténoïdes malacoptérygiens. Ils font pour M. Müller partie de l'ordre des *Anacanthini*.

2° Sur les ganoïdes, qui pour M. Müller forment avec les pleuronectes un ordre distinct, et que nous réunissons aux cycloïdes malacoptérygiens.

3° Sur les labroïdes et les scombrésoces, qui, à cause de leurs dents pharyngiennes, forment un ordre spécial (*Pharyngognathes*), et que nous laissons avec M. Agassiz dans celui des cycloïdes acanthoptérygiens.

4° Sur les siluroïdes, qui sont des physostomes pour M. Müller et des ganoïdes pour M. Agassiz, et que nous considérons comme formant un ordre distinct, par des motifs tirés de la nature de leurs téguments, de la forme du suspenseur de la mâchoire, etc.

Dans l'état actuel de la science, où l'on ne peut pas encore donner une classification des poissons véritablement naturelle et incontestable, celle que j'ai adoptée a l'avantage d'être fondée sur des caractères d'une observation facile, soit dans la nature vivante, soit dans les fossiles.

J'admets donc les ordres suivants :

1. Crénoïdes, poissons acanthoptérygiens, à écailles en peigne, rudes.

2. Pleuronectes, poissons cténoïdes malacoptérygiens, à tête non symétrique.

3. Cycloïdes acanthoptérygiens, à écailles rondes ou simplement sinueuses, lisses, à rayons antérieurs de la dorsale épineux.

4. Cycloïdes malacoptérygiens, différant des précédents par leurs rayons dorsaux mous.

5. Silunoïdes, poissons malacoptérygiens abdominaux, sans écailles, à peau nue ou cuirassée, le suspenseur de la mâchoire inférieure plus simple, à mâchoires et branchies normales.

6. Plectognathes, poissons revêtus d'une peau dure ou de plaques, branchies normales, opercule caché sous les téguments, maxillaire supérieur fixé à l'intermaxillaire et rudimentaire.

7. Lophobranches, poissons à mâchoires normales, à corps cuirassé, à branchies sous la forme de houppes rondes, disposées par paires.

1ᵉʳ ORDRE.

CTÉNOIDES.

Cet ordre, dont le type est la perche, correspond à peu près aux acanthoptérygiens de Cuvier, dont on aurait retranché les genres que nous réunissons plus bas sous le nom de Cycloïdes acanthoptérygiens.

Leur caractère principal est d'avoir des écailles cornées, qui se recouvrent comme des tuiles et dont le bord postérieur, presque toujours arrondi, est dentelé en forme de peigne et plus ou moins hérissé de petites épines (voy. pl. XXXI, fig. 3 et 5). Ils ont ordinairement dans leur squelette quelques caractères spéciaux, et en particulier l'opercule et le préopercule ont une tendance à être dentelés et à imiter ainsi en quelque sorte la forme caractéristique des écailles. Ils sont tous acanthoptérygiens, c'est-à-dire que, chez tous, les premiers rayons de la dorsale sont durs et sous la forme d'épines.

Les cténoïdes ont apparu pour la première fois avec l'époque crétacée. Les plus anciens que l'on connaisse ont été trouvés dans les terrains crétacés de Westphalie, de Bohême, du Sussex et du Brésil. Le Monte Bolca et les schistes de Glaris en renferment un grand nombre d'espèces. L'argile de Londres, les gypses de Montmartre, le calcaire grossier éocène, les gypses d'Aix en Provence, quelques lignites, les calcaires d'eau douce d'OEningen et le crag, en ont fourni en beaucoup plus petite quantité.

On peut remarquer que presque tous les cténoïdes des terrains crétacés appartiennent à des genres perdus, que presque la moitié des genres du Monte Bolca ont aussi disparu des eaux actuelles, et que dans les terrains tertiaires récents, la majorité, au contraire, peut rentrer dans les mêmes groupes que les poissons d'aujourd'hui.

Onze familles ont des représentants parmi les poissons fossiles. On peut les caractériser comme suit :

1. PERCOÏDES : pièces operculaires dentées ou épineuses, des dents sur le vomer ou sur les palatins.

2. Scténoïdes : pièces operculaires dentées ou épineuses ; pas de dents sur le vomer ni sur les palatins.

3. Sparoïdes : pièces operculaires lisses et sans épines ; palais sans dents, souvent des molaires en pavé.

4. Joues cuirassées : sous-orbitaires articulés avec le préopercule ; tête plus ou moins hérissée ou cuirassée.

5. Chromides : écailles grandes ; lèvres épaisses, opercule lisse ; des lambeaux de peau à la dorsale.

6. Teuthies : corps comprimé, souvent armé d'une grosse épine des deux côtés de la queue ou en avant de la dorsale ; des dents tranchantes sur un seul rang.

7. Squammipennes : corps comprimé ; bouche petite, dents fines ; des écailles sur les nageoires.

8. Goboïdes : corps peu comprimé ; ventrales réunies, rayons de la dorsale très grêles.

9. Pectorales pédiculées : corps déprimé, sans écailles, quelquefois cuirassé ; pectorale portée sur un pédicule.

10. Bouches en flute : bouche formant un long tube par le prolongement des pièces du crâne.

11. Mugiloïdes : écailles grandes, à peine dentées ; tête couverte de plaques polygonales.

1re Famille. — PERCOIDES.

Cette famille comprend des poissons oblongs, à écailles rudes, dont les pièces operculaires sont dentelées ou épineuses, et qui ont des dents aux intermaxillaires, aux maxillaires inférieurs, à la partie antérieure du vomer et souvent aux palatins. La nageoire dorsale est composée de forts rayons épineux et de rayons mous ; ces derniers sont quelquefois séparés en une seconde nageoire. Les ventrales sont le plus souvent thoraciques. La bouche a son bord supérieur formé par les intermaxillaires seuls. La tête est tantôt lisse, tantôt écailleuse ; l'occiput est très développé et les parties antérieures étroites.

On peut les diviser en tribus d'après le nombre de leurs rayons branchiostéges et l'existence d'une ou de deux nageoires dorsales. Parmi celles de ces tribus qui ont des représentants fossiles, il y en a deux qui ont au plus sept rayons branchiostéges ; elles ont pour types les perches et les serrans. L'une et l'autre ne datent que de l'époque tertiaire. Une troisième tribu, caractérisée par plus de sept rayons branchiostéges, est représentée dans les mers actuelles par quelques poissons des zones chaudes (*beryx, holocentres*, etc.), et se trouve à l'état fossile dès l'époque crétacée.

1ʳᵉ Tribu. — PERCOÏDES A DEUX DORSALES ET QUI ONT AU PLUS SEPT RAYONS BRANCHIOSTÉGES.

Les Perches (*Perca*, Lin.), — Atlas, pl. XXXI, fig. 1 et 2, sont les plus fortement armées par leur épine à l'angle de l'opercule, et par les dentelures du préopercule, du subopercule, des scapulaires et de l'angle de l'huméral. Ce sont des poissons d'eau douce voraces et bien connus dans toutes les parties de l'Europe.

M. Agassiz (¹) cite trois espèces fossiles remarquables par un caractère commun, qui les éloigne des perches d'Europe pour les rapprocher de celles qui vivent aujourd'hui dans l'Inde ou la Nouvelle Hollande. Elles n'ont que neuf rayons à la dorsale épineuse, tandis que les perches d'Europe en ont de douze à quinze.

La *Perca lepidota*, Ag., a de grands rapports avec les espèces vivantes, et en particulier les formes de la tête de la perche du Danube; mais, outre le caractère ci-dessus, elle se distingue facilement par ses écailles d'un tiers plus grosses, et par les rayons épineux de sa dorsale plus gros et plus éloignés. Elle a été trouvée dans les schistes lacustres d'Œningen (²). Une écaille de la mollasse de Gurnigel paraît aussi devoir lui être rapportée.

La *Perca angusta*, Ag., a la forme étroite et allongée de l'Aspro-Zingel. Elle vient des lignites de Ménat (Puy-de-Dôme).

La *Perca Beaumonti*, Ag., est caractérisée par le mode de dentelure de son préopercule, qui forme à son bord postérieur une scie fine à petites dents uniformes, tandis que les dents du bord inférieur sont distantes, séparées par des découpures arrondies, et ont la pointe tournée en bas et même en arrière. Cette espèce a été trouvée dans les schistes d'Aix en Provence.

Quelques autres espèces ont été indiquées depuis, mais elles sont trop peu certaines pour qu'il y ait utilité à les citer.

(¹) Agassiz, *Poiss. foss.*, t. IV, p. 7 et 67, pl. 10, 11 et 11 *a*; Bronn, *Lethæa*, II, 817; Giebel, *Fauna der Vorwelt*, I, 3, p. 29; etc.

(²) Cette espèce avait été décrite par Karg, *Denkr. nat. Schwabens*, sous le nom de *Perca fluviatilis*, et par Kruger, *Gesch. der Urwelt*, t. II, p. 648, sous celui de *Perca lucioperca*. Voyez aussi H. de Meyer, *Zur Fauna der Vorwelt*, Œningen, p. 43, et (?) *Palæontographica*, II, p. 56 (*Polirschiefer de Kutschlin*).

Nous mentionnerons seulement une perche indéterminée [1] des calcaires lacustres de Vichy (miocène inférieur).

M. Agassiz indique [2], sous le nom de :

CŒLOPERCA, Agass.,

des poissons de l'argile de Londres, très voisins des perches, mais qu'il n'a pas encore caractérisés.

La seule espèce citée est le *Cœloperca latifrons*, Ag.

LES BARS (*Labrax*, Cuv.)

sont très voisins des perches, et n'en diffèrent guère que par la double pointe de leur opercule, par l'absence de dentelure au sous-orbitaire, à l'interopercule et au subopercule, par les écailles qui recouvrent toutes les pièces operculaires, et par leur langue, qui est couverte de très petites dents en velours ras.

On en connaît trois espèces fossiles [3].

L'une, *Labrax major*, Ag., a tous les caractères essentiels du genre, et diffère surtout des bars vivants par les proportions de sa tête, qui est plus grande par rapport au corps. Ce poisson provient des calcaires grossiers de Passy.

Les deux autres ont des caractères qui ne concordent pas exactement avec ceux du genre actuel, mais qui les en rapprochent toutefois plus que d'aucun autre.

Le *Labrax lepidotus*, Ag., dont les écailles sont très grandes, a dans ce caractère et dans la forme de ses nageoires quelques ressemblances avec les apogons. Il a été trouvé au Monte Bolca.

Le *Labrax schizurus*, Ag., a une queue plus allongée et une caudale plus fourchue que les labrax vivants. Il provient aussi du Monte Bolca.

LES APOGONS (*Apogon*, Lac.)

ont deux dorsales très distinctes, de très grandes écailles et un double rebord dentelé au préopercule.

On n'en connaît fossile qu'une seule espèce, qui a les mêmes écailles que les vivantes, et qui les perdait probablement aussi facilement, car le corps

[1] Viquesnel, *Bull. Soc. géol.*, t. XIV, p. 145; Pomel, *id.*, 2ᵉ série, t. III, p. 372.

[2] *Ann. sc. nat.*, 3ᵉ série, 1843, t. III, p. 28 et 46.

[3] Agassiz, *Poiss. foss.*, t. IV, p. 7 et 84, pl. 12 et 13; Bronn, *Lethæa*, t. II, p. 847; Giebel, *Fauna der Vorwelt*, I, 3, p. 31.

du seul exemplaire connu en est en partie privé. C'est l'*Apogon spinosus*, Ag.
(*Holocentrus lanceolatus*, Itt. Ver.), qui diffère de l'apogon commun par les
rayons épineux de sa dorsale, plus gros et plus forts. Il a été trouvé au Monte
Bolca [1].

Les Varioles (*Lates*, Cuv.)

ne diffèrent des perches que par de fortes dentelures, et même
par une petite épine à l'angle du préopercule et par des dentelures aussi plus fortes au sous-orbitaire et à l'huméral. Ces poissons habitent aujourd'hui les mers des pays chauds.

M. Agassiz [2] en a décrit quatre espèces, qui restent toutes inférieures par
leur taille aux varioles vivantes. Ce sont :

Le *Lates gracilis*, Ag., dont les écailles sont petites et dont la forme générale est svelte et allongée. Du Monte Bolca.

Le *Lates gibbus*, Ag., dont les écailles, au contraire, sont plus grandes que
dans aucune espèce fossile ou vivante. Sa forme est trapue. Du Monte
Bolca [3].

Le *Lates notæus*, Ag., dont les nageoires sont plus petites que dans les
autres espèces, sauf la dorsale, qui a de gros rayons si développés, que le
troisième surpasse en longueur l'insertion de la nageoire elle-même. La tête
est grosse et large. Du Monte Bolca.

Le *Lates macrurus*, Ag., est l'espèce la plus mince du genre. Elle est remarquable par l'allongement du pédicule de sa queue, et a été trouvée dans
le calcaire grossier des environs de Sèvres (parisien inférieur).

Le *Lates Partschi*, Heckel [4], a été trouvé à Margarethen, dans les montagnes de Leitha.

Les Cyclopoma, Agass.,

n'existent plus dans la nature vivante. Ils ressemblent aux varioles
et sont caractérisés par leur opercule terminé par une grosse
pointe forte et aiguë, et par leur préopercule fortement dentelé, les
dentelures de l'angle étant plus fortes et dirigées en avant. L'angle
de l'huméral est arrondi, les deux dorsales légèrement réunies, et
la caudale arrondie.

[1] Agassiz, *Poiss. foss.*, t. IV, p. 8 et 35, pl. 9, fig. 2-4; *Ittiol. Veron.*,
pl. 56, fig. 2; Blainville, *Ichthyol.*, p. 45; Giebel, *Fauna der Vorwelt*, 1, 3,
p. 32.

[2] Agassiz, *Poiss. foss.*, t. IV, p. 8, etc.; Bronn, *Lethæa*, t. II, p. 817;
Giebel, *loc. cit.*, p. 33.

[3] C'est le *Lutjanus ephippium* de Gazzola, *Ittiol. Veron.*, pl. 56, fig. 4.

[4] *Leonh. und Bronn*, *Neues Jahrb.*, 1849, p. 500. Le calcaire de Leitha
(Leitha Chalk) appartient probablement aux terrains miocènes supérieurs.

Les dépôts du Monte Bolca ont conservé les débris de deux espèces [1].

Le *Cyclopoma gigas*, Ag. (*Labrus turdus*, Itt. Ver.), a la caudale très grande et les dentelures du bord postérieur du préopercule dirigées en arrière.

Le *Cyclopoma spinosum*, Ag. (*Scorpæna scrofa*, Itt. Ver.), a ces mêmes dentelures inclinées vers l'angle du préopercule.

Les EURYGNATHUS, Agass.,

sont, suivant M. Agassiz, très voisins des centropomes ; ils n'ont pas été décrits.

L'*E. cavifrons*, Ag. [2], a été trouvé dans l'argile de Sheppy (parisien inférieur).

Les ÉNOPLOSES (*Enoplosus*, Lac.)

joignent aux caractères ordinaires des percoïdes un corps large et comprimé, une dorsale antérieure très haute, et des ventrales très grandes ; le préopercule est seul dentelé, son angle porte de fortes dents, surtout une ; les écailles sont petites. On n'en connaît aujourd'hui qu'une seule espèce, qui vit à la Nouvelle-Hollande.

On a trouvé au Monte Bolca une espèce fossile [3], l'*Enoplosus pygopterus*, Ag. (*Scomber ignobilis*, Itt. Ver.). Il diffère de l'espèce vivante par son corps moins haut, par le nombre moindre des rayons de son anale, etc.

Les SMERDIS, Agass., — Atlas, pl. XXXI, fig. 4,

forment un genre perdu et composé seulement de très petites espèces. Leurs caractères sont un premier sous-orbitaire fortement dentelé, un préopercule également dentelé, sans épine à son angle, un opercule terminé en arrière par une saillie arrondie, deux dorsales également étroites et une caudale fourchue. On en trouve les débris dans les dépôts du Monte Bolca et dans les terrains tertiaires.

M. Agassiz en a décrit six espèces [4].

[1] Agassiz, *Poiss. foss.*, t. IV, p. 8 et 17, pl. 1 et 2 ; *Itt. Veronese*, pl. 34 et 49 ; Bronn, Giebel, *Fauna der Vorwelt*, I, 3, p. 34.

[2] *Ann. sc. nat.*, 3ᵉ série, t. III, p. 28 et 46.

[3] Agassiz, *Poiss. foss.*, t. IV, p. 6 et 62, pl. 9, fig. 4 ; *Itt. Veron.*, pl. 14, fig. 1 ; Giebel, *Fauna der Vorwelt*, I, 3, p. 26.

[4] Agassiz, *Poiss. foss.*, t. IV, p. 6 et 32, pl. 7 et 8 ; Giebel, *Fauna der Vorwelt*, I, 3, p. 26.

Le *Smerdis micracanthus*, Ag., est caractérisé par ses dorsales, surtout l'antérieure, plus basses que dans les autres espèces. Ce poisson, qui atteignait à peine la taille de deux pouces, a été trouvé au Monte Bolca [1].

Le *Smerdis pygmæus*, Ag., est moins trapu que le précédent, et sa dorsale épineuse est mieux séparée de la dorsale molle. Il provient aussi du Monte Bolca.

Le *Smerdis minutus*, Ag. (*Perca minuta*, Blainv.), a les rayons épineux antérieurs de la dorsale très élevés. Il paraît très commun dans les gypses d'Aix en Provence, et atteint jusqu'à trois pouces de longueur.

Le *Smerdis macrurus*, Ag., diffère des précédents par l'allongement de la caudale et surtout du pédicelle de la queue. Il a été découvert dans les lignites tertiaires d'Apt (département de Vaucluse, parisien supérieur).

Le *Smerdis ventralis*, Ag., se rapproche du *S. minutus*, mais avec une cavité abdominale plus allongée en comparaison des autres parties. Il a été trouvé dans les plâtrières de Montmartre [2].

Le *Smerdis latior*, Ag., est plus large que tous les autres; la localité où il a été trouvé est inconnue.

M. H. de Meyer en a fait connaître quelques autres espèces.

Le *Smerdis elongatus*, H. de Meyer [3], est voisin du *S. pygmæus*, et provient des marnes tertiaires des environs d'Ulm.

Le *Smerdis formosus*, H. de Meyer, a été trouvé à Unterkirshberg, et paraît se distinguer à peine du *S. minutus* [4].

Le *Smerdis* (?) *Lorenti*, H. de Meyer [5], a été trouvé dans un calcaire tertiaire des environs du Caire (Égypte). Il se rapproche beaucoup des perches.

2ᵉ TRIBU. — PERCOÏDES A UNE SEULE DORSALE ET QUI ONT AU PLUS SEPT RAYONS BRANCHIOSTÉGES

LES SERRANS (*Serronus*, Cuv.)

ont des dents en crochets mêlées à celles en velours, le préopercule dentelé et l'opercule osseux terminé par une ou plusieurs pointes. Ce genre est très nombreux de nos jours et répandu dans presque toutes les mers.

[1] C'est l'*Holocentrus maculatus* et l'*Amia indica* de l'*Itt. Veron.*, pl. 35 et 56.

[2] C'est l'espèce qui a été décrite par Cuvier sous le nom de 5ᵉ poisson des plâtrières (*Oss. foss.*, 4ᵉ édit., t. V, p. 632).

[3] *Leonh. und Bronn, Neues Jahrb.*, 1851, p. 80.

[4] Quenstedt, *Handb. der Petref.*, p. 246, pl. 12, fig. 7.

[5] *Palæontographica*, t. I, p. 105, pl. 12, fig. 3.

On en connaît (¹) deux espèces fossiles qui proviennent de Monte Bolca.

La première n'a pas d'écailles aux mâchoires et appartient par conséquent au sous-genre des Serrans proprement dits.

Le *Serranus microstomus*, Ag., a de petites écailles; il est large et a des apophyses épineuses grêles. Il se rapproche d'ailleurs des *Serranus scriba* et *cabrilla* (²).

La seconde espèce a des écailles aux deux mâchoires et rentre dans le sous-genre des Barbiers (*Anthias*, Bl.).

Le *Serranus centralis*, Ag., est plus effilé que les espèces vivantes, et les premiers rayons mous de ses ventrales atteignent l'insertion de l'anale. Ses rayons épineux et les rayons grêles de sa dorsale sont très allongés (³).

Le *Serranus occipitalis*, Ag,, suivant M. Heckel, est un Pagre.

M. Agassiz (⁴) rapproche des serrans quatre genres de l'argile de Londres, qui n'ont pas encore été décrits : ce sont les Podocephalus, Brachygnathus, Percostoma et Synophrys.

Il désigne les espèces sous les noms de *Podocephalus nitidus*, *Brachygnathus tenuiceps*, *Percostoma angustum* et *Synophrys Hopei*.

Les Pelates, Cuv.,

n'ont que des dents en velours; les rayons épineux de la dorsale sont nombreux, le préopercule est dentelé et l'opercule terminé par une forte épine. Ces poissons habitent aujourd'hui les pays chauds (⁵).

M. Agassiz rapporte à ce genre une espèce du Monte Bolca qui diffère en quelques points des pélates vivants, et en particulier parce qu'elle a trois rayons épineux de plus à la dorsale (15 au lieu de 12). C'est le *Pelates quindecimalis*, Ag. du Monte Bolca.

Les Doules (*Dules*, Cuv.)

n'ont aussi que des dents en velours, et se distinguent parce

(¹) Agassiz, *Poiss. foss.*, t. IV, p. 9 et 98, pl. 23, 23 a et 23 b; Giebel, *Fauna der Vorwelt*, I, 3, p. 36.

(²) C'est le *Sparus brama*, Ill. *Veron.* p. 147, pl. 45, fig. 3, et le *Sparus vulgaris*, Blainv., *Ichth.*, p. 46.

(³) C'est le *Sparus chromis*, Ill. *Veron.*, p. 138, pl. 32, fig. 1, et le *Lutjanus Lutjan?* Blainv., *Ichth.*, p. 46.

(⁴) *Ann. sc. nat.*, 3ᵉ série, t. III, p. 28 et 46.

(⁵) Agassiz, *Poiss. foss.*, t. IV, p. 9 et 95, pl. 22; Giebel, *Fauna der Vorwelt*, I, 3, p. 36.

qu'elles n'ont que six rayons branchiostéges. Leur opercule est épineux et leur préopercule dentelé ; elles ne vivent actuellement que dans les régions tropicales.

Le Monte Bolca en a fourni deux espèces [1].

Le *Dules tenuopterus*, Ag., qui a le corps effilé et la dorsale fortement échancrée entre les rayons épineux et les rayons mous. Il ressemble au *Dules tæniurus*, Cuv. et Val., et s'en distingue par sa caudale beaucoup moins échancrée [2].

Le *Dules medius*, Ag., est plus trapu et sa dorsale n'est presque pas échancrée.

3ᵉ Tribu. — PERCOÏDES A PLUS DE SEPT RAYONS BRAN-CHIOSTÉGES.

Cette division, qui est de beaucoup la moins nombreuse aujourd'hui, et qui ne renferme que quelques poissons des pays chauds, a été, comme je l'ai dit plus haut, le seul représentant de la famille des percoïdes pendant l'époque crétacée. Ces poissons ont eu, pendant cette période, des formes qui rappellent les holocentres ; toutefois la plus grande partie des espèces s'écartent trop des types vivants pour pouvoir être classées dans les genres actuels. Les seuls genres de cette division qui présentent encore des espèces vivantes sont ceux des holocentres et des myripristis qui datent du Monte Bolca, et celui des beryx qui a été trouvé dans la craie. Les autres sont tout à fait éteints, et appartiennent soit au terrain crétacé, soit au terrain nummulitique.

Nous parlerons d'abord des trois genres vivants.

Les Holocentres (*Holocentrum*, Gron.)

ont des écailles très dentelées, ainsi que l'opercule et le préopercule, qui sont en outre épineux, le dernier étant armé d'une forte épine dirigée en arrière. Les os du crâne et le sous-orbitaire sont aussi dentelés. Ces poissons ont deux dorsales, dont l'épineuse, formée de gros piquants, est plus large que la seconde [3].

---

[1] Agassiz, *Poiss. foss.*, t. IV, p. 8 et 90, pl. 13, fig. 4 et 21 ; Giebel, *Fauna der Vorwelt*, I, 3, p. 35.

[2] C'est la *Sciæna Plumieri*, litt. Veron., p. 183, pl. 45, fig. 2.

[3] Agassiz, *Poiss. foss.*, t. IV, p. 6 et 106, pl. 14 et 15 ; Giebel *Fauna der Vorwelt*, I, 3, p. 25.

On en connaît deux espèces du Monte Bolca.

L'*Holocentrum pygmæum*, Ag., dont la dorsale épineuse est formée de forts rayons et dont la dorsale molle égale l'anale à laquelle elle est opposée. Cette espèce est plus courte et plus large qu'aucune espèce vivante; elle a aussi la tête plus grosse et l'anale plus petite [1].

L'*Holocentrum pygmæum*, Ag., dont les rayons épineux de la dorsale sont beaucoup plus grêles que ceux de l'anale.

Les Myripristis, Cuv.,

ressemblent beaucoup aux holocentres et vivent aujourd'hui avec eux dans les mers chaudes. Ils en diffèrent par leur préopercule qui a un double rebord dentelé et qui manque d'épine à son angle.

Il y en a deux espèces fossiles au Monte Bolca [2].

Le *Myripristis homopterygius*, Ag., qui a l'anale égale à la dorsale molle et les épines du dos aussi fortes que celles de l'anale [3].

Le *Myripristis leptacanthus*, Ag., dont les épines dorsales sont grêles et l'anale plus grande que la dorsale [4].

Une troisième espèce a été découverte dans l'argile de Londres (parisien inférieur). C'est :

Le *Myripristis toliapicus*, Ag. [5], de Sheppy, non encore décrit.

Les Beryx, Cuv.,

n'ont qu'une dorsale, avec seulement quelques rayons épineux plus courts que les mous; leur tête est très grosse et obtuse. On en connaît deux espèces vivantes des mers des pays chauds, et huit fossiles de la craie. Il est à remarquer que jusqu'à présent on n'en a vu aucune espèce des terrains tertiaires.

Les espèces décrites par M. Agassiz sont les suivantes [6] :

[1] C'est le *Chætodon saxatilis* de l'*Itt. Veron.*, p. 265, pl. 64, fig. 1; le *Chætodon* de la pl. 72, fig. 1. du même recueil, le *Holocentrus sogo*, id., p. 210, pl. 51, fig. 2, l'*Holocentrus macrocephalus*, Blainv., *Ichthyol.*, p. 45, et le *Chætodon saxatilis* du même auteur, p. 49.

[2] Agassiz, *Poiss. foss.*, t. IV, p. 5 et 110, pl. 15; Giebel, *Fauna der Vorwelt*, I, 3, p. 24.

[3] Il a été décrit dans l'*Itt. Veron.*, pl. 72, fig. 4, sous le nom de *Perca*, et les jeunes sous celui de *Polynemus quinquarius*, pl. 36.

[4] C'est la *Perca formosa* de l'*Itt. Veron.*, pl. 17, fig. 8; et de Blainville, *Ichthyol.*, p. 43.

[5] *Ann. sc. nat.*, 3ᵉ série, t. III, p. 28 et 46.

[6] *Poiss. foss.*, t. IV, p. 4 et 114, pl. 14 *a*, 14 *b*, 14 *c*, 14 *d*, 14 *e* et 15; Giebel, *Fauna der Vorwelt*, I, 3, p. 18.

Le *Beryx ornatus*, Ag., est caractérisé par sa tête très grosse, ses nageoires proportionnellement faibles et ses écailles larges à plusieurs couches concentriques de piquants (Atlas, pl. XXXI, fig. 5). Cette espèce paraît commune dans la craie blanche du comté de Sussex. Elle est citée aussi dans les mêmes terrains de diverses parties du continent [1].

Le *Beryx radians*, Ag., est moins trapu, et ses écailles plus petites ne portent à leur bord postérieur qu'une simple rangée d'épines grêles et divergentes. Il a été trouvé dans la craie blanche de Lewes et dans les environs de Naples [2].

Le *Beryx microcephalus*, Ag., a une tête plus petite, une taille grêle et effilée, et une seule rangée de très grosses épines au bord postérieur des écailles. Il a été trouvé à Lewes avec le précédent [3].

Le *Beryx Zippei*, Ag., est très trapu, a la nuque fortement arquée et les épines dorsales médiocres. Ce poisson a été découvert dans le grès crétacé de Smeczna, en Bohême; M. Geinitz l'indique comme se trouvant aussi dans la craie marneuse de Saxe [4].

Le *Beryx germanus*, Ag., a les rayons antérieurs de la partie molle de la dorsale très allongés, et les écailles granuleuses à la partie postérieure de leur surface. Il se trouve dans la craie des Baumberge, près de Münster, en Westphalie [5].

Quelques autres espèces ont été décrites plus récemment.

Le *Beryx superbus*, Dixon [6], a été trouvé dans la craie de Southeram (Sussex).

Le *Beryx vexillifer*, Pictet [7], provient des calcaires durs de Hakel (mont Liban).

Le *Beryx dissolepidotus*, Fischer de Waldheim [8], est douteux, et a été découvert dans la craie blanche du gouvernement de Voronesch.

Les genres éteints des percoïdes à plus de sept rayons bran-

[1] Roëmer, *Kreidegeb.*, p. 109; Geinitz, *Charact.*, p. 11, pl. 2, fig. 3; et *Kieslingsw.*, p. 5, pl. 4, fig. 1; Reuss, *Boehm. Kreideform.*, p. 12, pl. 2, fig. 3, pl. 5, fig. 12-15, pl. 12, fig. 1-2. C'est le *Zeus lewesiensis*, Mantell, *Geol. of Sussex*, pl. 34, fig. 6, pl. 35 et 36, etc. Voyez encore Dixon, *Geol. of Sussex*, p. 371.

[2] Costa, *Ittiologia. foss. del regno di Napoli*, 1re livr.; Dixon, *Geol. and foss. of Sussex*, p. 371.

[3] Dixon, *id.*, p. 372.

[4] Geinitz, *Charact.*; Reuss, *Boehm. Kreideform.*, pl. 1 et 2.

[5] Rœmer, *Kreidegebirge*, p. 110.

[6] Dixon, *id.*, p. 372, pl. 36, fig. 5.

[7] Pictet, *Poiss. foss. du mont Liban*, p. 8, pl. 1, fig. 1; *Mém. Soc. phys. et d'hist. nat. de Genève*, t. XII, p. 281.

[8] *Bull. Soc. des nat. de Moscou*, 1841, p. 465, pl. 8.

chiostéges se rapprochent plus ou moins des trois genres encore
vivants que nous venons d'indiquer.

Les Berycopsis, Agass.,

diffèrent des beryx par l'absence de pectination sur le bord libre
des écailles.

Le *Berycopsis elegans*, Dixon [1], ressemble au *B. radians*, et s'en distingue
par ses écailles plus petites, plus simples et plus nombreuses. Il a été trouvé
dans la craie du comté de Sussex.

Les Homonotus, Agass.,

diffèrent des beryx par les proportions de leur tête, qui est plus
petite, et de leurs vertèbres, qui sont plus minces. Ils ont une dorsale longue et plus forte. Les écailles sont petites.

L'*Homonotus dorsalis*, Dixon [2], provient également de la craie du comté
de Sussex.

Les Hoplopteryx , Agass.,

ont le port des myripristis et des holocentres, et la même dentelure
des os de la tête; mais la partie épineuse de la dorsale n'est pas
séparée de la partie molle. Cette partie épineuse rappelle par ses
forts rayons l'organisation des holocentres, et diffère tout à fait de
celle des beryx.

On n'en connaît [3] qu'une petite espèce, qui provient de la craie de Westphalie. C'est l'*Hoplopteryx antiquus*, Ag., remarquable par la force de sa
charpente osseuse et par les nombreux moyens de défense qu'elle trouve dans
les épines et les dentelures dont elle est ornée.

Les Sphénocéphales (*Sphenocephalus*, Ag.)

sont au contraire plus voisins des beryx par leur dorsale unique,
qui n'est soutenue en avant que par un petit nombre de rayons
épineux plus courts que les rayons mous. Leur tête est très al-

[1] Dixon, *Geol. and foss. of Sussex*, p. 372, pl. 35, fig. 8. Ce genre et le
suivant ont été nommés par M. Agassiz dans la collection de M. Catt, et décrits pour la première fois dans l'ouvrage de Dixon.

[2] Dixon, *id.*, p. 372, pl. 35, fig. 2.

[3] Agassiz, *Poiss. foss.*, t. IV, p. 4 et 131, pl. 17, fig. 6-8; Giebel, *Fauna
der Vorwelt*, 1, 3, p. 17; Roëmer, *Kreidegeb.*, p. 110. Dans l'*Index palæontologicus* de M. Bronn, ce nom est écrit à tort Holopteryx.

longée, caractère rare dans les percoïdes, et inconnu dans la nature vivante chez ceux qui ont plus de sept rayons branchiostéges.

La seule espèce connue, *Sphenocephalus fissicaudatus*, Ag., est un petit poisson élégant qui provient de la craie des Baumberge, en Westphalie [1].

Les ACANUS, Agass.,

ont aussi des rapports avec les beryx dans leur dorsale unique ; mais leur rayons épineux sont plus nombreux et plus longs que leurs rayons mous. Leur forme générale est aplatie, ce qui les a fait à tort confondre avec les zeus.

Ce genre présente l'intérêt d'avoir été un des premiers éléments qui ont servi à M. Agassiz pour prouver que les schistes de Glaris ne devaient point être rapportés au lias ou à un terrain antérieur. Ce savant anatomiste reconnut au mode d'articulation des rayons épineux, que ces poissons ne pouvaient être rangés que dans l'ordre des acanthoptérygiens de Cuvier. Convaincu d'ailleurs qu'aucun poisson de cette division n'avait apparu avant l'époque crétacée, il eut assez de confiance dans les lois de distribution géologique qu'il avait établies, pour affirmer que ces schistes ne pouvaient pas être antérieurs à cette époque. De nouveaux faits paléontologiques ont démontré jusqu'à l'évidence la vérité de cette conception, et ont forcé même d'aller plus loin que M. Agassiz, et de rapporter les schistes de Glaris à l'époque tertiaire (nummulitique).

On en connaît cinq espèces qui proviennent toutes des schistes de Glaris [2].

L'*Acanus ovalis*, Ag. (*Zeus spinosus*, Blainv.), a la forme ovale et le dos légèrement arqué ; sa dorsale occupe presque toute la longueur du dos.

L'*Acanus Regley*, Ag. (*Zeus Regleyanus*, Blainv.), est aussi haut que long, et a le dos très arrondi.

L'*Acanus oblongus*, Ag. (*Zeus platessa*, Blainv.), est plus long que haut, et a le dos plat.

L'*Acanus minor*, Ag., est de même forme que le précédent, mais plus court.

[1] Agassiz, *Poiss. foss.*, t. IV, p. 4 et 129, pl. 17, fig. 3-5 ; Giebel, *loc. cit.*, p. 16 ; Roëmer, *Kreidegeb.*, p. 110.

[2] Agassiz, *Poiss. foss.*, t. IV, p. 5 et 123, pl. 16, et 16 a ; Blainville, *Ichthyologie*, p. 12 et 13 ; Giebel, *Fauna der Vorwelt*, I, 3, p. 21.

L'*Acanus arcuatus*, Ag., se rapproche surtout de l'*oblongus*, mais il est un peu plus large, et sa dorsale a de grands rayons épineux fortement arqués.

Les PACHYGASTER, Giebel,

sont caractérisés par une tête petite, une colonne épinière en ligne droite, un abdomen doucement arrondi, les apophyses épineuses supérieures placées directement au-dessus des inférieures, les articulations des corps obliques, et par le peu de développement des nageoires impaires.

Ils proviennent aussi des schistes de Glaris.

M. Giebel [1] décrit les *Pachygaster spinosus* et *polyspondylus*, Gieb.

Les ACROGASTER, Agass.,

ont l'anale aussi étendue que la dorsale ; celle-ci est munie seulement, comme dans les beryx, d'un petit nombre de rayons épineux, et ne se prolonge qu'au milieu du dos. Les ventrales sont thoraciques, et la région abdominale est très développée.

M. Agassiz indique une seule espèce [2], l'*Acrogaster parvus*, Ag., petit poisson très bossu, rappelant un peu dans cette division le genre Esoplosus de la première (voy. p. 45). Il a été trouvé dans la craie de Westphalie.

Les PODOCYS, Agass.,

ont la mâchoire inférieure saillante des holocentres, et la partie antérieure de la dorsale avance jusqu'à la nuque. Les ventrales ont un premier rayon très gros et très long, suivi de nombreux rayons plus courts. Ils ont quelques rapports avec les acanus.

La seule espèce connue est le *Podocys minutus*, Ag., qui est ovale et allongé. Il a été trouvé dans les schistes de Glaris, mais on n'en possède que des échantillons imparfaits [3].

Les PRISTIGENYS, Agass.,

ont aussi des rapports avec les acanus. Ils ont comme eux la partie épineuse de la dorsale longue, mais les épines s'allongent insensiblement, tandis que dans les acanus le bord supérieur est droit.

[1] Giebel, *Fauna der Vorwelt*, I, 3, p. 22.
[2] Agass., *Poiss. foss.*, IV, p. 5 et 134, pl. 17, fig. 1 et 2 ; Roëmer *Kreidegeb.*, p. 110 ; Giebel, *Fauna der Vorwelt*, I, 3, p. 23.
[3] Agass., *Poiss. foss.*, t. IV, p. 5 et 135, pl. 16, fig. 5 ; Giebel, *id.*

Les épines de l'anale sont moins fortes, et les sous-orbitaires sont fortement dentelés.

Le *Pristigenys macrophthalmus*, Ag. (*Chætodon striatus*, Itt. Ver., *Chætodon substriatus*, Blainv.), a une orbite énorme; il provient du Monte Bolca [1].

Les RHACOLEPIS, Agass.,

n'ont encore été qu'incomplétement caractérisés. Ils se distinguent par leur petite dorsale très éloignée de la nuque, par des écailles dentelées au bord postérieur et lobées au bord antérieur, par un museau pointu, par une gueule très fendue et par des dents coniques.

M. Agassiz [2] en a signalé trois espèces.

Le *Rhacolepis buccalis*, Ag., a été trouvé par M. Chabrillac dans le terrain crétacé de Pernambouc (Brésil). Il a à peu près la taille et la forme du *Serranus scriba*.

Le *R. latus*, Ag., provient aussi de la craie du Brésil.

Le *R. Olfersii*, Ag. (*Ambleplyrus Olfersii*, id. olim), a été trouvé à Cœara, dans les plaines du Brésil [3].

Les STENOSTOMA, Agass.,

paraissent se rapprocher beaucoup des rhacolepis; leurs caractères distinctifs n'ont pas encore été précisés.

Le *Stenostoma pulchella*, Dixon [4], a été découvert dans la craie de Steyning (Sussex).

Ce n'est qu'avec doute que nous ajoutons à la fin de cette famille :

Les ALLOCOTUS, Fischer de Waldheim,

connus par une tête avec la partie antérieure du tronc. Les caractères observés ne sont pas suffisants pour déterminer les rapports

[1] Agass., *Poiss. foss.*, IV, p. 5 et 136; *Itt. Veron.*, p. 92, pl. 20, fig. 2; Blainville, *Ichthyol.*, p. 48; Giebel, *Fauna der Vorwelt*, 1, 3, p. 26.

[2] Agassiz, *Jameson Journal*, t. 30, p. 83, et *Comptes rendus de l'Acad. des sc.*, 1844, 1er sem., t. XVIII, p. 1011. Dans le journal de Jameson, le nom a par erreur été écrit PHACOLEPIS.

[3] Agassiz, *loc. cit.*, et *Poiss. foss.*, II, p. 40.

[4] Dixon, *Geol. and. foss. of Sussex*, p. 373, pl. 36, fig. 2.

génériques. La forte dentelure du préopercule semble les rapprocher des percoïdes [1].

La seule espèce connue a été trouvée dans un calcaire schisteux de l'île de
Négrepont.

2ᵉ Famille. — SCIÉNOIDES.

Les sciénoïdes tiennent aux percoïdes par la dentelure de leur
préopercule et les épines de leur opercule, et aux sparoïdes par
l'absence des dents palatines. Ils ont aussi un caractère assez constant dans leurs os du crâne et de la face caverneux, qui forment
un museau plus ou moins bombé.

Cette famille, qui est très nombreuse aujourd'hui, soit dans les
mers d'Europe, soit dans celles des pays chauds, paraît au contraire avoir été très rare dans les époques antérieures à la nôtre.
Trois espèces fossiles ont été trouvées, dont une en Amérique dans
le terrain éocène, et deux en Europe au Monte Bolca, montrant
ainsi qu'à cette époque le type des sciénoïdes avait déjà apparu,
mais qu'il était dans une proportion très inférieure à ce qu'il est
aujourd'hui.

Les deux espèces du Monte Bolca appartiennent à la division
des sciénoïdes à dorsale unique.

Les Pristipomes (*Pristipoma*, Cuv.)

se distinguent, dans la division des sciénoïdes à dorsale unique
et à sept rayons branchiostéges, par les pores et la fossette de la
mâchoire inférieure; leur bouche est moins fendue que celle des
gorettes. Ce genre habite aujourd'hui les mers chaudes des deux
océans.

Le *Pristipoma furcatum*, Ag. [2], du Monte Bolca, est voisin du *P. hasta*, et
en diffère par une caudale plus échancrée, etc.

Les Odonteus, Agass.,

sont un genre perdu qui appartient à la division des sciénoïdes

[1] Fischer de Waldheim *Recherches sur les ossem. foss. de la Russie*,
2ᵉ livraison, comprenant une *Lettre à Agassiz sur deux poissons fossiles*, p. 7,
pl. 3.

[2] Agassiz, *Poiss. foss.*, t. IV, p. 11 et 175, pl. 39, fig. 1; Giebel, *Fauna
der Vorwelt*, I, 3, p. 38.

qui ont une dorsale unique et six rayons branchiostéges. Ils se rapprochent des héliases, mais ont à peu près la dentition des sparnodus de la famille précédente, dont ils diffèrent par leur préopercule dentelé.

La seule espèce connue, l'*Odonteus sparoides*, Ag., est aussi du Monte Bolca [1].

La troisième espèce appartient à la division des sciénoïdes à deux dorsales.

Les Tambours (*Pogonias*, Lacépède)

sont voisins des ombrines ; ils ont des barbillons nombreux sous la mâchoire, et des os pharyngiens garnis de grosses dents en pavé.

M. J. Wymann [2] a trouvé dans le terrain tertiaire de Richmond, en Virginie, des dents pharyngiennes qui paraissent indiquer une espèce perdue de ce genre.

3ᵉ Famille. — SPAROÏDES.

Les sparoïdes diffèrent des percoïdes par leurs pièces operculaires lisses et sans épines, et leur palais sans dents ; ils ont toujours au plus six rayons branchiostéges et une seule dorsale.

Ces poissons sont peu nombreux à l'état fossile, et se trouvent pour la première fois dans les dépôts du Monte Bolca ; ils manquent tout à fait dans les terrains crétacés. Cinq genres vivants ont été trouvés fossiles, et il en faut ajouter quelques autres aujourd'hui perdus.

Les Dentés (*Dentex*, Cuv.)

se distinguent facilement par leurs grandes dents coniques et par l'absence de dents en pavé.

On en connaît six espèces fossiles [3]. Cinq d'entre elles proviennent du Monte Bolca. Ce sont :

[1] Agassiz, *Poiss. foss.*, t. IV, p. 11 et 177, pl. 39, fig. 2 ; Giebel, *id.*

[2] *Amer. Journal of Sillimann*, t. X, p. 234 ; *Leonh. und Bronn, Neues Jahrb.*, 1831, p. 253.

[3] Agassiz, *Poiss. foss.*, t. IV, p. 10 et 143, pl. 24-27 ; Giebel, *Fauna der Vorwelt*, I, 3, p. 39.

Le *Dentex leptacanthus*, Ag., qui est très allongé, tout d'une venue, et qui a les écailles très grandes et les rayons épineux de la dorsale allongés[1].

Le *Dentex crassispinus*, Ag., qui est encore assez allongé, mais qui a une dorsale basse à rayons épineux épais.

Le *Dentex breviceps*, Ag., à tête courte, à dents effilées et à dorsale basse.

Le *Dentex microdon*, Ag., dont les canines se distinguent à peine des autres dents.

Le *Dentex ventralis*, Ag., qui est beaucoup plus grand, trapu, et qui a des canines grosses, presque droites.

La sixième espèce est du calcaire grossier de Nanterre : c'est le *Dentex Faujasii*, Ag. [2]. Il est caractérisé par sa dorsale, qui avance beaucoup sur la nuque.

Les autres genres ont des dents en pavé des deux côtés de la bouche.

Les Pagres (*Pagrus*, Cuv.)

n'ont que deux rangées de petites dents en pavé. Leurs incisives sont en cardes ou en velours.

M. Heckel [3] rapporte à ce genre le *Serranus occipitalis*, Ag., du Monte Bolca.

Les Daurades (*Chrysophrys*, Cuv.)

ont sur les côtés des molaires rondes, formant au moins trois rangées à la mâchoire supérieure, et sur le devant quelques dents coniques ou émoussées.

M. Valenciennes [4] a décrit les dents d'une espèce qui provient du calcaire madréporique de Staoueli près Alger (*Chrysophrys arsenitana*, Val.)

M. Marcel de Serres [5] a signalé des dents analogues dans les tertiaires marins des environs de Montpellier.

Les Sargues (*Sargus*, Cuv.)

sont caractérisés en outre par des incisives tranchantes.

Le *Sargus Cuvieri*, Ag., petite espèce allongée, a été trouvé dans les

[1] C'est le *Lutjanus lutjanus* de l'*Ittiol. Veron.*, pl. 54, et un *Scomber* pour M. de Blainville, *Ichthyol.*, p. 44.

[2] C'est le *Labrus Julis*(?) de Blainville, *Ichthyol.*, p. 24, et la *Coryphæna chrysurus*, Lacépède et Faujas, *Ann. du Muséum*, I, 313.

[3] Agassiz, *Poiss. foss.*, t. IV, p. 102, pl. 23; Heckel, *Sitzungs Bericht Wiener Akad.*, juillet 1850, p. 148.

[4] *Ann. sc. nat.*, 3ᵉ série, t. I, p. 103, pl. 1, fig. 6.

[5] *Ann. sc. nat.*, 2ᵉ série, t. IX, p. 287.

gypses de Montmartre, et a déjà été rapporté par Cuvier à la famille des sparoïdes (1).

M. Valenciennes (2) a décrit des dents trouvées près d'Alger, dans la mollasse. Elles paraissent indiquer la présence de trois espèces de sargues : les S. Jonnitanus, Val.; S. Rusucuritanus, id.; S. Sitifensis, id.

Les Pagels (*Pagellus*, Cuv.)

ont en avant des dents coniques grêles et nombreuses, et, sur les côtés, des molaires plus petites en pavé et sur deux rangées.

M. Agassiz en a décrit deux espèces (3) :

Le *Pagellus microdon*, Ag., qui se distingue de toutes les espèces vivantes par son profil plus droit. Il a été trouvé au Monte Bolca.

Le *Pagellus leptosteus*, Ag., dont la tête est plus allongée, et qui est caractérisé par son squelette généralement grêle, ainsi que les rayons épineux des nageoires dorsale et anale, qui sont plus longs que les rayons mous. Il paraît que ce poisson vient du mont Liban (terrain crétacé cénomanien).

Le *Pagellus libanicus*, Pictet (4), paraît moins grêle que le précédent et en diffère par les rayons mous de la dorsale qui dépassent beaucoup les durs. Il a été trouvé dans les calcaires tendres de Sach el Aalma (mont Liban).

A ces genres encore vivants, j'ai dit qu'il fallait en ajouter quelques autres qui n'ont plus de ressemblance dans le monde actuel.

Les Sargodon, Plieninger,

paraissent avoir eu de grands rapports avec les sargues.

M. Plieninger (5) a décrit une seule espèce, le S. tomicus, Plien., des brèches osseuses de Steinenbronn.

Les Sparnodus, Agass.,

ont un type de dentition spécial, qui a à la fois des caractères

(1) Agassiz, *Poiss. foss.*, t. IV, p. 11 et 168, pl. 18, fig. 1 *a*, et 1 *b*; Cuvier, *Ossem. foss.*, 4ᵉ édit., t. V, p. 617 (*Sparus*); Giebel, *Fauna der Vorwelt*, I, 3, p. 45.

(2) *Ann. sc. nat.*, 3ᵉ série, 1844, t. I, p. 103, pl. 1.

(3) Agassiz, *Poiss. foss.*, t. IV, p. 10 et 152, pl. 27, fig. 1 ; Giebel, *Fauna der Vorwelt*, I, 3, p. 42.

(4) Pictet, *Poiss. foss. du Liban*, p. 11, pl. 1, fig. 2 et 3, et *Mém. soc. phys. et d'histoire nat. de Genève*, t. XII, p. 284.

(5) *Würt. Jahreshefte*, 1847, t. III, p. 165, pl. 1 ; *Leonh. und Bronn, Neues Jahrb.*, 1848, p. 111.

des dentés et des daurades. Les dents sont peu nombreuses et espacées ; elles sont disposées sur un seul rang principal, comme les
dents coniques des dentés, mais si obtuses, qu'elles rappellent
presque les molaires en pavé des daurades. On en voit en outre
quelques unes petites et serrées en arrière des antérieures.

On en connaît cinq espèces qui sont toutes du Monte Bolca (¹).

Le *Sparnodus macrophthalmus*, Ag., est très trapu, et a les orbites très
grandes (²).

Le *Sparnodus ovalis*, Ag., est ovale, à nageoires médiocres (³).

Le *Sparnodus alticelis*, Ag., est de même forme, mais les rayons épineux
de sa dorsale sont plus longs que dans les autres espèces (⁴).

Le *Sparnodus micracanthus*, Ag., est aussi ovale, et a les rayons épineux
de la dorsale courts ; son anale est plus en avant que dans le *S. ovalis*.

Le *Sparnodus elongatus*, Ag., est de forme plus grêle que ses congénères,
et a la dorsale proportionnellement plus haute (⁵).

Les Capitodus, Münster,

ne sont connus que par quelques os maxillaires et quelques dents
qui laissent leurs rapports très douteux. On voit des dents arrondies, en pavé, disposées en rangées plus ou moins régulières et
des incisives comprimées. Ces organes rappellent ainsi à la fois
les sparoïdes et les pycnodontes. Le comte de Münster (⁶), qui les
a fait connaître, les place dans cette dernière famille, et par conséquent dans la sous-classe des ganoïdes. M. Agassiz (⁷) les
considère comme des sparoïdes, opinion qui nous paraît plus
probable.

On en connaît cinq espèces des terrains tertiaires miocènes du bassin de

---

(¹) Agassiz, *Poiss. foss.*, t. IV, p. 10 et 155, pl. 28 et 29 ; Giebel, *Fauna
der Vorwelt*, I, 3, p. 43.

(²) C'est le *Sparus macrophthalmus*, Itthiol. Veron, pl. 60, fig. 2 ; le *Cyprinus*, id., pl. 75 ; et le *Sparus vulgaris*, Blainv., *Ichthyol.* p. 45.

(³) C'est le *Sparus dentex* et le *S. sargus*, Itt. Ver., pl. 13, fig. 1, et
pl. 17, fig. 1 ; le *Sparus vulgaris*, Blainv., *id.*

(⁴) C'est le *Sparus erythrinus*, Itt. Ver., pl. 60, fig. 3 ; *Sparus vulgaris*,
Blainv., id.

(⁵) C'est la *Perca radula* et le *Sparus salpa* de l'*Itt. Veron.*, pl. 31, fig. 1,
et pl. 56, fig. 1 ; le *Sparus vulgaris*, Blainv., *id.*

(⁶) Münster, *Beitr. zur Petref.*, t. V, p. 67, pl. 6, fig. 13, 14 et 17, et
t. VII, p. 12, pl. 1, fig. 2 et 3, et pl. 2, fig. 1 à 16 ; Giebel, *Fauna der
Vorwelt*, I, 3, p. 184.

(⁷) Bronn, *Index palæont.*, *Nomenclator*, p. 214.

Vienne. Elles ont reçu du comté de Münster les noms de *C. subtruncatus*, *truncatus*, *angustus*, *interruptus*, et *dubius*.

Les Soricidens, Münster,

sont connus seulement par quelques incisives semblables à celles du genre précédent, mais qui ont une de leurs faces ornée de quatre ou cinq gros nœuds ou épines obtuses.

La seule espèce connue [1] a été trouvée avec les précédentes.

Les Asima, Giebel (*Radamas* ( ), Münster),

ne sont connus que par un fragment de palais semi-circulaire bordé par un rang de dents arrondies et pointues. Dans le milieu de la surface sont implantées quelques autres dents irrégulières, pointues.

Ces corps paradoxaux ne peuvent pas encore être classés. Nous les inscrivons provisoirement à la suite des capitodus et des soricidens. M. Giebel les rapporte aux pycnodontes.

L'*Asima Jugleri*, Giebel (*Radamas Jugleri*, Münster), provient du bassin tertiaire de Vienne [3].

4ᵉ Famille. — JOUES CUIRASSÉES.

(*Cottoïdes*, Agassiz.)

Les poissons de cette famille ont pour caractère commun, des sous-orbitaires plus ou moins étendus sur la joue et s'articulant en arrière avec le préopercule. Ils ont, en général, une tête d'un aspect singulier, diversement hérissée et cuirassée, qui leur donne une physionomie spéciale.

Les joues cuirassées paraissent dater de l'époque crétacée. Ces poissons sont, au Monte Bolca, représentés par deux genres remarquables, dont l'un est éteint, et qui se rapprochent surtout des

[1] Münster, *id.*, t. V, p. 68, pl. 6, fig. 5-11; Giebel, *loc. cit.*

[2] Le comte de Münster a établi deux genres *Radamas*. Nous conservons ce nom au plus ancien, qui appartient à la sous-classe des placoïdes, et nous adoptons, pour désigner celui dont nous parlons ici, le mot de *Asima* proposé par M. Giebel.

[3] Münster, *Beitr. zur Petref.*, t. VII, p. 11, pl. 1, fig. 6; Giebel, *Fauna der Vorwelt*, I, 3, p. 184.

trigles. On ne trouve dans les autres terrains tertiaires que le genre des chabots, qui a habité quelques eaux douces de cette époque. Le type des Scorpènes n'a pas été trouvé fossile.

Les Chabots (*Cottus*, Lin.)

ont la tête large, déprimée, épineuse, l'abdomen aminci, et deux nageoires dorsales ; leurs ventrales n'ont que trois ou quatre rayons. Tout le monde connaît le chabot de rivière ; il en existe diverses autres espèces d'eau douce et marines. Il est à remarquer que tous les chabots actuels sont des régions boréales, et que la Méditerranée n'en nourrit aucun. Ceux trouvés à Aix et en Italie montrent qu'anciennement ce genre s'est étendu plus au midi qu'aujourd'hui.

M. Agassiz [1] en a décrit trois espèces fossiles, qui sont des terrains tertiaires d'eau douce.

Le *Cottus brevis*, Ag., ressemble beaucoup au chabot de rivière, *C. gobio*, mais il est plus petit et plus grêle. Il se trouve dans les schistes d'OEningen.

Le *Cottus aries*, Ag., a plus de rapports avec le scorpion de mer, *C. scorpius*; mais sa dorsale antérieure est proportionnellement plus petite. Il provient des gypses d'Aix en Provence.

Le *Cottus papyraceus*, Ag., est une très petite espèce, dont le corps est court et très trapu. Il a été trouvé dans les lignites de Monte Viala au nord de Vicence, à Sinigaglia et à Melilli.

Il faut ajouter le *Cottus horridus*, Heckel [2], des terrains tertiaires de Wieliczka, en Galicie.

Les Cristiceps, Cuvier et Val. (*Pterygocephalus*, Agass.),

ont été considérés par M. Agassiz comme un genre perdu, et désignés sous le nom de *Pterygocephalus*; mais M. Müller vient de démontrer qu'ils ont tous les caractères des cristiceps de Cuvier et Valenciennes. Ils ont les écailles carénées des dactyloptères et les rayons épineux de la dorsale très longs, séparés et s'avançant jusque sur la tête. La partie molle de cette nageoire occupe tout le dos ; les ventrales sont grandes et reculées [3].

[1] Agass., *Poiss. foss.*, t. IV, p. 6 et 185, pl. 18 et 32 ; Giebel, *Fauna der Vorwelt*, I, 3, p. 92.

[2] *Leonh. und Bronn*, Neues Jahrb., 1849, p. 499.

[3] Agass., *Poiss. foss.*, t. IV, p. 6 et 190, pl. 32, fig. 5 et 6 ; *Ill. Veron.*, pl. 55, fig. 3 ; Blainville, *Ichthyol.*, p. 47 ; Giebel, *Fauna der Vorwelt*, I, 3, p. 93 ; J. Müller, *Leonh. und Bronn*, Neues Jahrb., 1853, p. 122.

On n'en connaît qu'une seule espèce du Monte Bolca, c'est le *Pterygocephalus paradoxus*, Ag. (*Labrus malapterurus*, Itt. Ver.), poisson de petite taille, remarquable par sa grande caudale.

Les CALLIPTERYX, Agass.,

forment un genre perdu, et encore imparfaitement connu. Il n'est pas même bien certain qu'il appartienne à cette famille. Ce sont de grands poissons allongés, dont la dorsale, qui s'étend tout du long du dos, a en avant peu de rayons épineux, et dont l'anale est aussi très longue.

Le Monte Bolca en a fourni deux espèces (1).

Le *Callipteryx speciosus*, Ag. (*Gadus merluccius*, Itt. Ver.), a au moins deux pieds de long et cinq pouces de haut. Sa caudale est arrondie.

Le *Callipteryx recticaudus*, Ag. (*Trigla lyra*, Itt. Ver.), est plus petit et a sa caudale coupée carrément.

M. Heckel (2) réunit à ce genre le *Gobius macrurus*, Ag., du Monte Bolca.

Ce n'est qu'avec quelque doute que je rapporte à cette famille

Les PETALOPTERYX, Pictet.,

qui se rapprochent des dactyloptères par leur tête couverte de plaques dures, hexagonales. Leurs écailles sont dures, carrées et imbriquées, mais moins dentelées que dans le genre vivant. Les rayons branchiostèges sont grêles et nombreux. Les dents sont petites ; les unes sont tranchantes, les autres en pavé. La première nageoire dorsale est longue et ses premiers rayons sont divisés à leur extrémité en lames aplaties ovales et pointues ; ils sont très élevés. La seconde dorsale est basse et courte. Les nageoires pectorales sont composées de deux masses comme chez les dactyloptères. On ne connaît pas bien la forme de la tête et pas du tout celle du squelette, ce qui empêche de se former une idée précise des véritables affinités de ces poissons. Ils semblent cependant se rapprocher beaucoup des joues cuirassées, sauf un point très essentiel, la position de leurs ventrales. Ces nageoires sont abdominales.

(1) Agassiz, *Poiss. foss.*, t. IV, p. 12 et 193, pl. 33, fig. 1 et 2; *Itt. Veron.*, pl. 15 et 30; Giebel, *loc. cit.*

(2) *Sitzunt Berichgs Wiener Akad.*, juillet 1850, p. 118; Agassiz, *Poiss. foss.*, t. IV, p. 12 et 203, pl. 34, fig. 3 et 4. C'est le *Gobius barbatus* de l'*Itt. Veron.*, pl. 11, fig. 1 et le *Gobius Veronensis*, id., pl. 11, fig. 2.

Le *Petalopteryx syriacus*, Pictet [1], a été trouvé dans les calcaires tendres de Sach el Aalma (mont Liban).

5ᵉ Famille. -- CHROMIDES.

Les chromides ont été anciennement réunies aux labroïdes à cause de leurs lèvres épaisses et de leurs grandes écailles, et érigées en une famille particulière par M. Heckel [2]. Ce sont, pour la plupart, des poissons fluviatiles des pays chauds, caractérisés par une ligne latérale interrompue, une seule nageoire dorsale, épineuse dans sa partie antérieure, dont les rayons portent souvent des lambeaux de peau, par des nageoires ventrales situées sous le thorax et armées au moins d'un fort rayon épineux. Le préopercule est ordinairement lisse et rarement dentelé. Les os pharyngiens sont composés de deux pièces réunies par une suture. Le quatrième arc branchial est muni de deux rangs de lames égales et séparé des pharyngiens par une large fente.

Cette famille a été placée par M. Müller dans les pharyngognathes. M. Agassiz la rapporte à son ordre des cténoïdes.

On n'a encore trouvé à l'état fossile qu'un seul genre, qui ne présente pas même d'une manière incontestable tous les caractères de la famille.

Les Pycnosterinx, Heckel,

ont une bouche médiocrement fendue, les deux mâchoires armées de petites dents très fines ; le corps comprimé et élevé ; l'opercule arrondi ; la nageoire dorsale simple, naissant à peu près au milieu du dos, soutenue en avant par cinq ou six rayons épineux ; une nageoire anale à peu près semblable à la dorsale ; des écailles arrondies, dentées sur leur bord, diminuant de grosseur en approchant des nageoires verticales, dont elles couvrent une partie ; des vertèbres solides, des côtes courtes portées sur de longues apophyses transverses.

Ils ont quelque analogie avec les squammipennes, principalement dans la disposition des écailles, mais ils paraissent se rapprocher davantage des chromides.

---

[1] Pictet, *Poiss. du Liban*, p. 20, pl. 3, fig. 1, et *Mém. soc. phys. et d'hist. nat. de Genève*, t. XII, p. 293.

[2] *Annalen des Wiener Museums*, t. II, p. 330 et 440.

Les espèces connues ont toutes été trouvées dans les calcaires tendres de Sach el Aalma (mont Liban).

M. Heckel [1] a décrit les *Pycnosterinx discoides* et *Ruessegeri*, Heckel.

J'en ai moi-même [2] fait connaître deux espèces, les *P. Heckelii* et *dorsalis*, Pictet.

6ᵉ FAMILLE. — THEUTIES.

Les theuties sont caractérisés par un corps comprimé, oblong, une seule dorsale, une bouche petite, armée à chaque mâchoire de dents tranchantes sur une seule rangée; le palais et la langue en sont dépourvus.

Cette famille ne renferme aujourd'hui que des poissons étrangers à l'Europe. Quelques espèces ont habité les eaux de ce continent dans les époques antérieures à la nôtre. Leur première apparition a eu lieu dans les mers qui ont déposé les terrains du Monte Bolca.

Les ACANTHURES (*Acanthurus*, Lac.)

ont des dents tranchantes et dentelées, et une forte épine tranchante et mobile de chaque côté de la queue. Ils vivent aujourd'hui dans les parties chaudes des deux océans.

On en connaît deux espèces du Monte Bolca [3].

L'*Acanthurus tenuis*, Ag., de forme ovale allongée, et l'*Acanthurus ovalis*, Ag., plus court.

Ainsi que nous l'avons dit (tome I, page 510), les dents décrites par M. H. de Meyer [4] sous le nom de *Iguana Haueri*, et provenant du terrain tertiaire miocène du bassin de Vienne, appartiennent probablement à une troisième espèce, l'*Acanthurus Haueri*, Agass.

Les NASONS (*Naseus*, Commerson)

ressemblent aux acanthures par l'armure de la queue; mais leurs dents sont coniques et sans dentelures, et leur front forme une sorte de loupe au-dessus du museau.

[1] *Abbildungen und Beschreibungen der Fische Syriens.* Stuttgard, 1843, in-8 et planches folio, p. 233.

[2] Pictet, *Poiss. foss. du Liban*, p. 13, pl. 2, et *Mém. Soc. phys. et d'hist. nat. de Genève*, t. XII, p. 286.

[3] Agassiz, *Poiss. foss.*, t. IV, p. 13 et 207, pl. 19 et 36; Giebel, *Fauna der Vorwelt*, I, 3, p. 60. L'*A. tenuis*, Ag., est le *Chætodon lineatus* de l'*Ill. Veron.*, pl. 31, fig. 2 et de M. de Blainville, *Ichthyol.*, p. 50.

[4] H. de Meyer, in *Münster Beitr. zür Petref.*, t. V, p. 32, pl. 6, fig. 12; Agass., in *Leonh. und Bronn, Neues Jahrb.*, 1846, p. 474; Giebel, *loc. cit.*

Deux espèces se trouvent au Monte Bolca ([1]).

Le *Naseus nuchalis*, Ag. (*Chœtodon nigricans*, Itt. Ver.), a la forme d'un large ovale et les rayons épineux de la dorsale peu nombreux.

Le *Naseus rectifrons*, Ag. (*Chœtodon triostegus*, Itt. Ver.), est très large, court, plat, et a un profil presque vertical.

Les trois genres suivants, rapportés par M. Agassiz à la famille des teuthies, n'ont pas encore été décrits ([2]).

Les PTYCHOCEPHALUS, Agass.,

paraissent se rapprocher des amphacanthes.

La seule espèce citée a été trouvée dans l'argile de Londres. C'est le *P. radiatus*, Ag.

Les POMOPHRACTUS, Agass.,

formeront probablement un type à part, à cause des grands sous-orbitaires qui recouvrent leurs joues.

Le *P. Egertoni*, Ag., provient du même gisement.

Les CALOPOMUS, Agass.,

sont trop incomplets pour qu'on puisse décider de leurs affinités, et leurs grandes écailles les éloignent du type de cette famille.

Le *Calopomus porosus*, Ag., a été trouvé dans les mêmes terrains.

7ᵉ FAMILLE. — SQUAMMIPENNES.

(*Chétodontes*, Agassiz.)

Les squammipennes ont pour caractère principal la partie molle de la nageoire dorsale, et souvent la partie épineuse, couverte d'écailles qui l'encroûtent et la rendent difficile à distinguer de la masse du corps ; ce sont des poissons comprimés, ornés de brillantes couleurs souvent disposées d'une manière bizarre. La plupart ont des dents en soies ou en brosses flexibles.

Cette famille renferme aujourd'hui de nombreuses espèces qui fréquentent généralement les rivages rocailleux des mers chaudes. Les plus anciens fossiles se trouvent au Mont Liban ; ils sont plus

[1] Agassiz, *Poiss. foss.*, IV, p. 212, pl. 36 ; Giebel, *Fauna der Vorwelt*, I, 3, p. 61 ; *Itiol. Veron.*, pl. 22, fig. 1 et pl. 33 ; Blainv., *Ichthyol.*, p. 49 et 50.

[2] Agassiz, *Ann. des sc. nat.*, 3ᵉ série, t. III, p. 29 et 46 ; Giebel, *Fauna der Vorwelt*, I, 3, p. 61 et 62.

abondants au Monte Bolca. Les espèces se rangent en partie dans les genres actuels et forment aussi quelques genres éteints. On en trouve également dans les terrains tertiaires plus récents.

Le genre des Chétodons, qui est le principal dans la nature vivante, n'a pas été trouvé fossile.

Les Cavaliers (*Ephippus*, Cuv.)

ont la partie antérieure de la dorsale formée de très gros rayons épineux, qui ne sont pas recouverts d'écailles, et qui sont séparés des rayons mous par une forte échancrure.

Ils sont connus à l'état fossile par deux espèces du Monte Bolca [1].

L'*Ephippus longipennis*, Ag., est remarquable par le développement des rayons des deux dorsales et de l'anale [2].

L'*Ephippus oblongus*, Ag., est moins haut et a les nageoires verticales plus courtes [3].

L'*Ephippus Owenii*, Kœnig (*Bucklandium diluvii*, id.), est un *Glyptocephalus* [4].

Les Scatophages (*Scatophagus*, Cuv.)

ne diffèrent des ephippus que par l'existence de quatre épines à l'anale et par des écailles très petites.

Le *Scatophagus frontalis*, Ag. (*Chæt. argus*, Itt. Ver.), du Monte Bolca, est la seule espèce fossile connue. Elle diffère des vivantes par son front plus élevé et son profil plus droit, quoique le museau soit plus saillant [5].

Les Tranchoirs (*Zanclus*, Commers.)

ont une dorsale non échancrée, dont les rayons épineux peu nombreux, croissent rapidement et se prolongent en filets ; leur museau est très saillant.

[1] Agassiz, *Poiss. foss.*, t. IV, p. 15 et 224, pl. 39 et 40 ; Giebel, *Fauna der Vorwelt*, I, 3, p. 50.

[2] C'est le *Chœtodon mesoleucus*, Itt. Veron., pl. 10, fig. 1 ; le *Ch. chirurgus*, id., pl. 43 ; le *Ch. chirurgus* et le *Ch. rhombus*, Blainv., *Ichthyol.*, p. 49.

[3] C'est le *Ch. asper*, Itt. Ver., pl. 20, fig. 1 ; et le *Ch. substriatus*, Blainv., *Ichthyol.*, p. 48.

[4] Ce poisson avait été pris pour un oiseau. Voyez t. I, p. 414.

[5] Agassiz, *Poiss. foss.*, IV, p. 15 et 230, pl. 39, fig. 4 ; Itt. Ver., pl. 10, fig. 2 ; Cuvier et Valenciennes, *Hist. nat. des poissons*, t. VII, p. 145 ; Blainv., *Ichthyol.*, p. 49 ; Giebel, *Fauna der Vorwelt*, I, 3, p. 51.

On ne connaît fossile que le *Zanclus brevirostris*, Ag., dont le museau, quoique très proéminent, est plus court que dans l'espèce vivante. Il a été trouvé au Monte Bolca (¹).

Les Platax, Cuv.,

ont le corps très comprimé, plus haut que long, se confondant avec des nageoires verticales hautes et écailleuses. Les rayons épineux de la dorsale sont courts et cachés, et les ventrales très longues.

M. Agassiz a décrit quatre espèces fossiles de ce genre, qui est nombreux dans les mers chaudes actuelles (²).

Le *Platax altissimus*, Ag., a le corps beaucoup plus haut que long, même abstraction faite des nageoires verticales qui sont excessivement développées. Il a été trouvé au Monte Bolca (³).

Le *Platax macropterygius*, Ag., a le corps circulaire et la dorsale et l'anale immenses. Il vient aussi du Monte Bolca (⁴).

Le *Platax papilio*, Ag., est une petite espèce à dorsale très développée, mais dont l'anale est plus courte. Ce fossile remarquable du Monte Bolca existe au musée de Paris, où un échantillon très bien conservé montre encore les bandes verticales et les taches noires de la peau (⁵).

Le *Platax Woodwardi*, Ag., du crag de Norfolk (pliocène), n'est encore connu que par quelques ossements détachés, qui présentent ces renflements butleux, caractéristiques des squelettes des ephippus et des platax.

A ces quatre espèces il faut ajouter :

Le *Platax minor*, Pictet (⁶), des calcaires durs de Hakel (mont Liban).
Le *Platax quadrula*, Heckel (⁷), du Monte Bolca.

(¹) Agassiz, *Poiss. foss.*, t. IV, p. 15 et 234, pl. 38 ; Giebel, *Fauna der Vorwelt*, 1, 3, p. 52. C'est le *Chætodon canescens*, Itt. Ver., pl. 26, fig. 2, Blainv., *Ichthyol.*, p. 40.

(²) Agassiz, *Poiss. foss.*, t. IV, p. 16, et 244, pl. 19, 41, 41 *a* et 42 ; Giebel, *Fauna der Vorwelt*, 1, 3, p. 55.

(³) C'est le *Chætodon pinnatus*, Itt. Ver., pl. 4, et le *Chætodon pinnatiformis*, Blainv., *Ichthyol.*, p. 47.

(⁴) C'est le *Chætodon vespertilio*, Itt. Ver., pl. 6 ; le *Chætodon subvespertilio*, Blainv., *Ichthyol.*, p. 48. Voyez encore Cuvier et Valenciennes, *Hist. nat. des poissons*, t. VII, p. 239.

(⁵) C'est le *Chætodon papilio*, Itt. Ver., pl. 26, fig. 1 et Blainville, *Ichthyol*, p. 51.

(⁶) *Poiss. foss. du Liban*, p. 19, pl. 2, fig. 4, et *Mém. Soc. de phys. et d'hist. nat. de Genève*, t. XII, p. 292.

(⁷) *Leonh. und Bronn, Neues Jahrb.*, 1849, p. 500.

Une espèce indéterminée dont quelques ossements ont été trouvés par M. W. Gibbes [1] dans le terrain éocène de la Caroline du Sud.

Les deux genres suivants sont des genres éteints, qui ont des rapports évidents avec ceux dont nous venons de parler.

Les Semiophorus, Agass.,

ressemblent aux platax, mais sont moins hauts. La dorsale, qui s'étend tout le long du dos, est très élevée dans sa partie antérieure et est entièrement molle, sauf le premier gros rayon et quelques petites épines; l'extrémité postérieure est basse. L'anale est beaucoup plus courte et les ventrales très allongées. Le profil est droit.

Ce genre paraît spécial au Monte Bolca [2].

Le *Semiophorus velifer*, Ag., et le *Semiophorus velicans*, Ag., diffèrent par la partie haute de la dorsale, qui est plus grande dans le premier; les ventrales, au contraire, sont plus longues dans le dernier.

Les Pygæus, Agass.,

sont un genre perdu, voisin des ephippus, mais à dorsale unique. La partie épineuse est formée de gros rayons nombreux; la partie molle est plus allongée dans sa partie moyenne. L'anale ressemble à la dorsale, mais est plus courte.

M. Agassiz en a décrit huit espèces qui forment quelques groupes assez tranchés, et qui proviennent toutes du Monte Bolca [3].

Le *Pygæus gigas*, Ag., atteignait la taille de la carpe; sa dorsale est molle et son anale acuminée [4].

Le *Pygæus nobilis*, Ag., a la partie épineuse de la dorsale aussi grande que la molle. Son corps est trapu [5].

[1] *Proceed. Amer. Assoc.*, 1849, p. 193; *Leonh. und Bronn, Neues Jahrb.*, 1850, p. 746.

[2] Agassiz, *Poiss. foss.*, t. IV, p. 14 et 219, pl. 37 et 37 *a*; Giebel, *Fauna der Vorwelt*, I, 3, p. 48. Ces deux espèces ont été réunies dans l'*Ittiolitologia Veronese* et attribuées au genre Kurtus, Bloch (*Kurtus velifer*). M. de Blainville (*Ichthyol.*, p. 51) les désigne sous les noms de *Chætodon velifer* et *velicans*.

[3] Agassiz, *Poiss. foss.*, t. IV, p. 16 et 251, pl. 20, 44 et 44 *a*; Giebel, *Fauna der Vorwelt*, I, 3, p. 57.

[4] Cette espèce a été décrite dans l'*Ittiolitologia Veronese* sous les noms de *Sparus bolcanus*, pl. 39; de *Labrus punctatus*, pl. 40 et de *Labrus ciliaris*, pl. 66. C'est le *Labrus rectifrons*, Blainv., *Ichthyol.*, p. 47.

[5] C'est le *Chætodon canus*, Ittiol. Ver., pl. 65, fig. 4, et Blainville, *Ichthyol.*, p. 50.

Le *Pygœus oblongus*, Ag., est plus allongé ; sa dorsale et son anale sont arrondies.

Le *Pygœus dorsalis*, Ag., est très petit et a des nageoires verticales proportionnellement très hautes.

Le *Pygœus nuchalis*, Ag., est de la taille du précédent. Sa tête est proportionnellement plus petite et plus obtuse, et sa dorsale s'étend jusqu'à la nuque.

Le *Pygœus Coleanus*, Ag., est ovale et a l'anale plus étendue que les autres espèces.

Le *Pygœus Egertoni*, Ag., est un peu plus large, a une tête plus arrondie et plus courte, et le pédicule de la queue plus rétréci.

Le *Pygœus gibbus*, Ag., est le plus large de tous. C'est une très petite espèce (un pouce), presque aussi haute que longue.

Il faut à ces huit espèces en ajouter une : le *Pygœus lemelka*, Heckel [1]. de Margarethen, trouvé dans les montagnes de Leitha (calcaire de Leitha).

Suivant le même auteur, le *Notœus Agassiz*, Münster [2], du bassin de Vienne, est aussi un *Pygœus*.

Les Holacanthes (*Holacanthus*, Lac.)

diffèrent de tous les squammipennes précédents par un grand aiguillon à l'angle du préopercule. Ce sont de beaux poissons, remarquables par leurs couleurs, et qui vivent en abondance dans les mers tropicales.

On n'en connaît fossile qu'une espèce du calcaire grossier de Châtillon, près de Bagneux. C'est le *Holacanthus microcephalus*, Ag. [3], qui paraît différer des espèces vivantes par la petitesse de sa tête et par la grandeur du rayon épineux antérieur de l'anale.

Les Pomacanthes (*Pomacanthus*, Cuv.)

ne diffèrent des holacanthes que par leur forme plus élevée et par les rayons épineux de leur dorsale plus allongés.

Le *Pomacanthus subarcuatus*, Ag. [4], du Monte Bolca, est la seule espèce connue. Il est plus arrondi que les espèces vivantes, et ses nageoires n'ont pas de rayons allongés qui dépassent les autres.

[1] *Leonh. und Bronn, Neues Jahrb.*, 1849, p. 500.

[2] Munst., *Beitr. zur Petref.*, t. VII, pl. 3, fig. 2 ; Heckel, *Sitzungs Bericht Wiener Akad.*, juillet 1850, p. 148.

[3] Agassiz, *Poiss. foss.*, t. IV, p. 15 et 213, pl. 31, fig. 1 et 2 ; Giebel, *Fauna der Vorwelt*, I, 3, p. 54.

[4] Agassiz, *Poiss. foss.*, t. IV, p. 15 et 241, pl. 19, fig. 2 ; Giebel, *id.* C'est le *Chœtodon arcuatus* de l'*Ittiol. Veronese*, pl. 8, fig. 1, et le *Chœtodon subarcuatus*, Blainville, *Ichthyol.*, p. 48.

Les Archers (*Toxotes*, Cuv.)

forment un genre remarquable qui s'éloigne beaucoup des précédents, tout en conservant les caractères essentiels de la famille des squammipennes. Leur corps est court et comprimé; leur dorsale, très reculée, est écailleuse dans sa partie molle, qui est réunie à l'épineuse dont les rayons sont forts. La mâchoire inférieure est saillante et le museau déprimé.

La seule espèce vivante de ce genre habite aujourd'hui les mers du Bengale. La seule espèce fossile se trouve au Monte Bolca. C'est certainement un fait remarquable que celui de ce genre représenté seulement par deux espèces, qui ont vécu à des distances si grandes et à des époques si éloignées.

Le *Toxotes antiquus*, Agass., du Monte Bolca, diffère de l'espèce vivante par les rayons épineux de sa dorsale plus petits, et par son anale plus large [1].

Nous terminons la série des squammipennes par un genre éteint remarquable, qui établit une transition inattendue entre cette famille et la suivante.

Les Macrostoma, Agass.,

présentent la réunion des caractères des pleuronectes et des squammipennes. Ils ont, comme les premiers, un développement extraordinaire de la charpente osseuse, et surtout des apophyses épineuses des vertèbres, et leur ressemblent dans plusieurs détails de forme du squelette, ainsi que par leur corps tout à fait plat; mais leur tête symétrique les en sépare complétement, et leurs nageoires allongées les rapprochent des chétodontes.

La seule espèce connue [2] est le *Macrostoma altum*, Ag., du calcaire grossier de Nanterre (parisien inférieur).

[1] Agassiz, *Poiss. foss.*, t. IV, p. 16 et 262, pl. 43; Giebel, *Fauna der Vorwelt*, I, 3, p. 59. C'est la *Sciœna jaculatrix* de l'*Ittiol. Veronese*, pl. 45, fig. 1, et le *Lutjanus ephippium*, de Blainv., *Ichthyol.*, p. 43.

[2] Agassiz, *Poiss. foss*, t. IV, p. 15 et 259, pl. 30; Giebel, *Fauna der Vorwelt*, I, 3, p. 53.

8ᵉ Famille. — GOBIOÏDES.

Nous limitons cette famille comme l'avait fait Cuvier, avec cette exception que nous en sortons les blennies, qui sont des poissons cycloïdes. Les gobioïdes se distinguent surtout par les rayons épineux de leur dorsale grêles et flexibles et par leurs ventrales thoraciques réunies. Ce sont de petits poissons allongés et cylindracés, dont l'ouverture branchiale est petite.

Cette famille, qui renferme aujourd'hui beaucoup d'espèces, est rare à l'état fossile. On n'en connaît qu'une seule certaine ; elle provient du Monte Bolca, et montre que déjà à cette époque cette famille existait avec ses caractères actuels, car elle appartient au genre vivant des gobius.

Les Gobious (*Gobius*, Lin.)

ont deux dorsales et des dents en velours ou en cardes.

Le *Gobius macrurus*, Ag., est, suivant M. Heckel, très voisin des callipteryx, et n'est pas un gobioïde [1].

Le *Gobius microcephalus*, Ag., atteint à peine des dimensions du *G. minutus*; la tête est petite, et la dorsale molle s'étend peu en arrière. Il a été trouvé au Monte Bolca [2].

Le *Gobius* (?) *conicus*, H. de Meyer (?), provient des marnes tertiaires de Unterkirchberg, près Ulm.

9ᵉ Famille. — LOPHIOÏDES.

Cette famille, qui est celle des Pectorales pédiculées de Cuvier, est clairement caractérisée par le prolongement extraordinaire des os qui portent la nageoire pectorale. Ce sont des poissons laids et disproportionnés, dépourvus d'écailles.

Cette absence des écailles rend leur classement difficile, et ils ont été associés par quelques auteurs aux cténoïdes et par d'autres aux cycloïdes. Nous les plaçons dans la première de ces sousclasses à cause de leurs affinités avec les gobioïdes.

[1] Heckel, *Sitzungs Ber. Wien. Akad.* juillet 1850, p. 148.
[2] Agassiz, *Poiss. foss.*, t. IV, p. 204, pl. 34, fig. 2; Giebel, *id.*
[3] *Leonh. und Bronn. Neues Jahrb.*, 1851, p. 79.

LES BAUDROIES (*Lophius*, Cuv.)

sont le seul genre représenté à l'état fossile. Ces poissons sont faciles à reconnaître par l'extrême largeur de leur tête, par leur bouche énorme, et par les longs rayons détachés de leur première dorsale.

Le *Lophius brachysomus*, Ag. (1), est un poisson fossile du Monte Bolca qui se distingue de l'espèce vivante parce que la tête est plus large, que les os qui portent la pectorale sont plus droits, et que la nageoire elle-même est plus petite.

10e FAMILLE. — BOUCHES EN FLUTE.

(*Autostomes*, Ag.)

Les bouches en flûte ont, comme leur nom l'indique, une bouche formée d'un long tube qui résulte du prolongement de l'ethmoïde, des ptérygoïdiens, des frontaux, du vomer et des pièces operculaires. Les naturalistes n'ont pas été tous d'accord sur leur véritable place. Linné les rangeait parmi les abdominaux à cause de la position de leurs ventrales. Cuvier, mieux inspiré, reconnut en eux des acanthoptérygiens. La forme de leurs écailles montre que ce sont des cténoïdes, et M. Agassiz pense qu'ils se rapprochent surtout des squammipennes, tout en reconnaissant que leurs rapports ne sont qu'éloignés. Quelques genres manquent d'écailles.

La famille des bouches en flûte n'a été trouvée fossile que dans les terrains tertiaires et principalement dans ceux de l'époque nummulitique (schistes de Glaris et Monte Bolca). Ils sont aujourd'hui très peu nombreux, et il est curieux qu'on en ait déjà découvert sept espèces fossiles. Trois d'entre elles appartiennent à des genres éteints.

LES FISTULAIRES (*Fistularia*, Lin.)

ont le tube de la bouche très long et déprimé, de petites dents aux intermaxillaires et aux maxillaires inférieurs, une seule dorsale opposée à l'anale et le rayon médian de la queue filamenteux. Les espèces de ce genre habitent aujourd'hui les mers chaudes.

(1) Agassiz, *Poiss. foss.*, V, 1, p. 114, pl. 40. C'est le *Lophius piscatorius*, tit. Ver., pl. 42, fig. 3; le *Lophius piscatorius*, id., pl. 20, fig. 4, et le *Lophius piscatorius*, var. *Ganelli*, Blainv., *Ichth.*, p. 36 et 38.

La *Fistularia tenuirostris*, Ag. (¹), est petite et a le museau très allongé et très grêle. Elle a été trouvée au Monte Bolca.

La *Fistularia Koenigii*, Ag. (²), est plus grande et sa tête est moins grêle à proportion. Elle vient des schistes de Glaris.

Les Aulostomes (*Aulostoma*, Lac.)

sont un peu moins effilés que les fistulaires, et n'ont pas de dents. Ils ont la bouche plus ample et quelques épines libres en avant de la dorsale. La queue n'a point de rayon prolongé en filament.

L'*Aulostoma bolcense*, Ag. (³), est beaucoup plus petit et plus trapu que l'espèce vivante. Il provient du Monte Bolca.

Les Urosphen, Agass.,

forment un genre perdu, établi pour un petit poisson fossile qui est intermédiaire entre les fistulaires et les aulostomes. Il a les dents des premières, mais sa caudale est dépourvue de filet.

La seule espèce connue est l'*Urosphen fistularis*, Ag. (⁴), dont la taille égale celle de l'*Aulostoma bolcense*. Il a été découvert au Monte Bolca.

Les Rhamphosus, Agass.,

sont encore un genre éteint, mais qui se rapproche des centrisques ou bécasses de mer, et non pas des fistulaires ou des aulostomes. Il est caractérisé par un immense rayon épineux, dentelé à son bord postérieur et inséré immédiatement derrière la nuque. Le museau est en forme de nez, saillant au-dessus des mâchoires.

Le *Rhamphosus aculeatus*, Ag. (⁵), est du Monte Bolca.

(¹) Agassiz, *Poiss. foss.*, IV, p. 14 et 280, pl. 35, fig. 4; Giebel, *Fauna der Vorwelt*, I, 3, p. 99. L'auteur de l'*Itt. Ver.*, pl. 5, fig. 2, rapporte cette espèce à l'*Esox belone*. C'est l'*Esox longirostris*, Blainv., *Ichth.*, p. 37.

(²) Agassiz, *id.*, p. 279, pl. 35, fig. 5; Giebel, *id.*

(³) Agassiz, *Poiss. foss.*, IV, p. 12 et 281, pl. 35, fig. 2 et 3; Giebel, *Fauna der Vorwelt*, I, 3, p. 98. C'est la *Fistularia chinensis*, Itt. Ver., pl. 5, fig. 1, et la *Fistularia bolcensis*, Blainv., *Ichth.*, p. 36.

(⁴) Agassiz, *Poiss. foss.*, IV, p. 14 et 281, pl. 35, fig. 6; Giebel, *Fauna der Vorwelt*, I, 3, p. 100. C'est la *Fistularia tabaccaria*, Itt. Ver., pl. 29, fig. 1, et la *Fistularia dubia*, Blainv., *Ichth.*, p. 37.

(⁵) Agassiz, *Poiss. foss.*, IV, p. 14 et 270, pl. 32, fig. 7; Giebel, *Fauna der Vorwelt*, I, 3, p. 99. Il a été figuré sous le nom d'*Uranoscopus rastrum* et de *Centriscus* dans l'*Itt. Ver.*, pl. 5, fig. 4, et pl. 75, fig. 1. C'est le *Centriscus aculeatus*, Blainv., *Ichth.*, p. 43. Dans son ouvrage sur les poissons fossiles, M. Agassiz écrit Rasruosus. Il corrige cette orthographe dans son *Nomenclator*.

Les Amphisiles (*Amphisile*, Klein.)

sont des poissons très singuliers, voisins aussi des centrisques [1] et qui vivent aujourd'hui dans la mer des Indes. Leur dos est cuirassé de larges pièces écailleuses dont l'épine antérieure de la première dorsale a l'air d'être une continuation.

L'*Ittiolitologia Veronese* figure une espèce de ce genre trouvée au Monte Bolca, et qui a le museau plus long et le tronc plus court que les vivantes. C'est l'*Amphisile longirostris*, Ag. [2].

L'*Amphisile Heinrichi*, Heckel [3], a été trouvé dans les terrains tertiaires (miocènes) de Krakowitza, près Inwald (Galicie).

11ᵉ Famille. — MUGILOIDES.

Cette famille comprend des poissons dont les écailles sont si faiblement dentelées, qu'on les avait d'abord classés dans les cycloïdes. Ils font donc une transition à ce dernier ordre. Ils sont caractérisés par un corps cylindrique couvert de grandes écailles, deux dorsales séparées, une tête déprimée couverte de plaques polygonales, et une bouche transversale présentant un angle au milieu des mâchoires.

Les mugiloïdes sont peu nombreux de nos jours ; ils ne forment qu'un genre, celui des

Muges (*Mugil*, Lin.),

qui vit aux embouchures des fleuves. On n'en connaît qu'une espèce fossile.

Le *Mugil princeps*, Ag. [4], est caractérisé par une petite tête et par la grandeur du premier rayon épineux de la dorsale, qui est plus gros et plus élevé que les autres. Il a été trouvé au Monte Bolca.

[1] Le genre Centrisque (*Centriscus*, Lin.) n'a pas été trouvé fossile. Les espèces qu'on lui a à tort attribuées ont été réparties dans les genres *Rhamphosus* et *Amphisile*.

[2] Agassiz, *Poiss. foss.*, IV, p. 13 et 274, pl. 18, fig. 4. La figure de l'*Itt. Ver.*, pl. 63, fig. 2, est donnée sous le nom de *Centriscus velitaris*. C'est le *Centriscus longirostris*, Blainv., *Ichth.*, p. 35.

[3] *Leonh. und Bronn, Neues Jahrb.*, 1849, p. 499, et *Beit. zur Kenntnis der Fische Oesterreichs*, 1ʳᵉ livr., p. 25, pl. 8.

[4] Agassiz, *Poiss. foss.*, V, p. 10 a et 121, pl. 48, fig. 1 et 2; Giebel, *Fauna der Vorwelt*, I, 3, p. 46. C'est le *Mugil cephalus*, Blainv., *Ichth.*, p. 66.

Les Calamopleurus, Agass.,

ont une tête petite, un corps cylindrique et des écailles grandes
et polies, qui, vues au microscope, montrent des lignes rayonnées
fines. La bouche est capable d'une grande distension. La nageoire
dorsale est placée à peu près sur le milieu du dos [1].

Le *Calamopleurus cylindricus*, Ag., a été trouvé dans la craie du Brésil.
Le *Calamopleurus anglicus*, Dixon, provient de la craie du comté de Kent.

2ᵉ ORDRE.

PLEURONECTES.

Les pleuronectes sont trop clairement caractérisés
par leur corps aplati et le défaut de symétrie de leur
tête pour qu'il soit besoin d'insister sur leurs caractères. Leurs rapports avec les autres poissons sont plus
controversés. Cuvier les a réunis aux malacoptérygiens
subbrachiens, à cause de l'absence de rayons épineux à
la dorsale et de la position des ventrales. M. Agassiz pense que leurs véritables affinités sont avec les
chétodontes, et les preuves que l'on peut donner en
faveur de cette manière de voir sont principalement la
forme des écailles qui sont du type cténoïde et hérissées
en dehors de cils roides comme celles des chétodons.
L'aplatissement du corps et les dispositions des couleurs confirment cette analogie, rendue plus frappante
encore par la découverte du genre remarquable des
macrostomes par lequel j'ai terminé l'histoire des
squammipennes. M. Müller en fait une simple famille
de l'ordre des *Anacanthini*, et M. D'Orbigny au contraire

[1] Ce genre a été établi par M. Agassiz (*Poiss. foss.*, V, p. 122), qui a indiqué en même temps l'existence de la première espèce. Il a été décrit et figuré
plus tard par Dixon (*Geol. and foss. of Sussex*, p. 375, pl. 32, fig. 12), à
l'occasion de la seconde espèce.

les envisage comme un type équivalent aux grandes divisions des placoïdes, ganoïdes, etc.

Il me paraît évident que cette dernière opinion est inadmissible et que les pleuronectes sont de véritables *Teleostei*. Leurs rapports avec les chétodontes, la perfection de leur squelette, et toute leur anatomie, ne peuvent laisser aucun doute.

Mais ceci établi, je crois convenable d'en former un ordre distinct, d'autant plus que ce sont les seuls poissons qui soient des *Cténoïdes malacoptérygiens*.

Ces poissons paraissent avoir été très rares dans les époques antérieures à la nôtre, et ce groupe si abondant dans nos mers n'a pris son développement numérique que dans l'époque actuelle.

Les Turbots (*Rhombus*, Lin.) — Atlas, pl. XXXI, fig. 9,

comprennent les pleuronectes à bouche régulière, dont la nageoire s'étend depuis le bord de la mâchoire jusque près de la caudale.

Le *Rhombus minimus*, Ag. [1], du Monte Bolca, est plus petit que toutes les espèces vivantes.

Le *Rhombus Fitzingeri*, Heckel [2], a été trouvé dans le Leitha chalk de Margaréthen (bassin de Vienne).

Les Soles (*Solea*, Cuv.)

sont caractérisées par une bouche contournée et comme monstrueuse du côté opposé aux yeux. Leur nageoire dorsale est aussi longue que celle des turbots ; leur forme est plus oblongue.

M. Eser [3] a signalé l'existence de deux espèces dans les marnes tertiaires d'Unterkirchberg, près Ulm. L'une est la *Solea antiqua*, Eser ; l'autre est la

[1] Agassiz, *Poiss. foss.*, IV, p. 17 et 290, pl. 34, fig. 1 ; Giebel, *Fauna der Vorwelt*, I, 3, p. 102. C'est le *Pleuronectes quadratulus*, Itt. Ver., pl. 65, fig. 3, et Blainv., *Ichth.*, p. 53.

[2] *Leonh. und Bronn, Neues Jahrb.*, 1849, p. 500.

[3] *Leonh. und Bronn, Neues Jahrb.*, 1851, p. 80.

Solea Kirchbergeana, id.; elle a été d'abord rapportée au genre précédent et indiquée sous le nom de *Rhombus Kirchbergeanus*.

3ᵉ ORDRE.

CYCLOÏDES ACANTHOPTÉRYGIENS.

Cet ordre, détaché des acanthoptérygiens de Cuvier et des cycloïdes de M. Agassiz, comprend tous les poissons téléostéens qui ont des écailles cornées, lisses, circulaires ou elliptiques, sans dentelures et dont la nageoire dorsale est soutenue dans sa partie antérieure par des rayons épineux non divisés à l'extrémité.

Comme les deux ordres précédents, ils n'ont point existé avant l'époque crétacée. Aucune espèce ne se trouve à la fois dans deux formations successives. Quelques unes même sont tout à fait spéciales à certaines localités : ainsi un grand nombre d'espèces (et même de genres) ne se trouvent qu'au Monte Bolca ; ainsi encore aucune de celles des schistes de Glaris n'a été trouvée ailleurs. Cette localisation remarquable se trouve surtout dans les gisements des terrains tertiaires, tandis que les espèces de la craie paraissent, au contraire, plus répandues et se retrouvent souvent à de grandes distances.

On ne cite dans l'ordre des cycloïdes acanthoptérygiens aucune famille éteinte, mais bien une grande quantité de genres. Le nombre de ces genres perdus est, comme on devait s'y attendre, d'autant plus grand que les terrains sont plus anciens. Les poissons des terrains crétacés appartiennent en majorité à des types éteints ; une forte proportion de ceux du Monte Bolca sont dans le même cas, et les poissons des genres actuels sont les plus fréquents dans les terrains tertiaires.

Sept familles ont été trouvées à l'état fossile [1]. Elles sont caractérisées comme il suit :

1. SCOMBÉROÏDES : corps lisse, écailles petites ; squelette composé d'os solides ; pièces operculaires lisses, ventrales thoraciques ou jugulaires.

2. XIPHIOÏDES : corps lisse, allongé ; écailles petites ; squelette composé d'os plus forts et plus solides encore ; apophyses épineuses formant de larges plaques verticales ; ventrales thoraciques ; mâchoire supérieure allongée en un bec effilé.

3. SPHYRÆNOÏDES : corps allongé, écailles grandes ; vertèbres peu nombreuses ; ventrales abdominales ; mâchoires armées de grandes dents tranchantes.

4. TRACHINIDES : des dents palatines et des dentelures sur les pièces operculaires ; ventrales jugulaires.

5. BLENNIOÏDES : poissons trapus, à petites écailles ; pièces operculaires lisses, ventrales jugulaires ; une seule dorsale très longue.

6. ATHÉRINIDES : corps allongé, bouche protractile ; six rayons branchiostéges ; deux dorsales écartées, ventrales presque abdominales.

7. LABROÏDES : corps oblong, écailles très grandes ; une seule dorsale ; lèvres charnues, os pharyngiens armés de grosses dents ; ventrales thoraciques.

1re FAMILLE. — SCOMBÉROIDES.

La famille des scombéroïdes, telle que nous devons la limiter ici [2], comprend des poissons réunis plutôt par un ensemble de caractères que par quelque chose de bien tranché. Ce sont, dit M. Agassiz, des poissons en général réguliers, munis de petites écailles, à ventrales thoraciques ou jugulaires, à nageoires verticales non écailleuses, à pièces operculaires lisses et à squelette en général simple.

Les scombéroïdes ont apparu dès l'époque de la craie, et l'on en

[1] Les TRACHINOÏDES et les ÉCHÉNÉIDES n'ont encore été trouvés que dans les mers actuelles.

[2] Elle ne comprend pas tous les scombéroïdes de Cuvier, car il faut en retrancher les *Caprös*, qui sont des cténoïdes, et les *Espadons*, qui doivent former une famille à part.

trouve dans la plupart des terrains tertiaires. Quoiqu'ils soient plus nombreux à l'état fossile qu'aucune autre famille des téléostéens, ils paraissent avoir joué, dans les époques antérieures à la nôtre, un rôle moins important qu'aujourd'hui. Ils sont plus abondants et plus variés dans nos mers qu'ils ne semblent l'avoir été autrefois. La majeure partie des genres actuels n'a pas de représentants fossiles. Sur 52 genres décrits dans les ouvrages de Cuvier et d'Agassiz, 29 ne renferment que des espèces vivantes, 16 sont entièrement éteints, et 7 seulement contiennent à la fois des espèces vivantes et des espèces fossiles. Ces chiffres sont remarquables, parce qu'ils prouvent combien les faunes de poissons ont changé d'une époque à l'autre.

Les Maquereaux (*Scomber*, Cuv.)

ont le corps en forme de fuseau, deux dorsales séparées par un intervalle, des fausses pinnules derrière la seconde, et des écailles uniformes.

M. Heckel [1] a décrit le *Scomber antiquus*, Heck., du Leitha chalk de Margarethen (bassin de Vienne). Cette espèce avait d'abord été rapportée aux tassards.

Les Thons (*Thynnus*, Cuv.)

sont caractérisés par un corps allongé, deux dorsales contiguës, des fausses pinnules derrière les dorsales et l'anale, et des écailles inégales formant un corselet autour du thorax.

Le *Thynnus propterygius*, Ag. [2], est une espèce du Monte Bolca, caractérisée par une grosse tête et remarquable par sa petite taille, qui est bien loin d'égaler celle du thon de la Méditerranée.

Le *Thynnus bolcensis*, Ag. [3], de la même localité, est une grande espèce trapue.

[1] *Leonh. und Bronn, Neues Jahrb.*, 1849, p. 500.

[2] Agassiz, *Poiss. foss.*, V, p. 5 et 55, pl. 27; Giebel, *Fauna der Vorwelt*, I, 3, p. 77. Ce poisson a été décrit dans l'*Itt. Ver.* sous divers noms : c'est le *Scomber pelamys*, pl. 14, fig. 2; le *Scomber trachurus*, pl. 29, fig. 2; le *Labrus bifasciatus*, pl. 50, fig. 1. Il a été aussi rapporté, pl. 48, fig. 1, au genre OPHICEPHALUS, sous le nom de *O. striatus*. Voy. encore Blainv., *Ichth.*, p. 47 (*Labrus bifasciatus*).

[3] Agass., id.; Giebel, id., figuré dans l'*Itt. Ver.*, pl. 27, sous le nom de *Scomber thynnus*.

Les Germons (*Orcynus*, Cuv.)

ne diffèrent des thons que par de très longues pectorales, qui égalent le tiers de la longueur du corps. Ce genre renferme aujourd'hui une grande espèce de la Méditerranée.

On en connaît deux espèces fossiles du Monte Bolca [1] :
L'*Orcynus lanceolatus*, Ag., qui est allongé et comprimé [2] ;
L'*Orcynus latior*, Ag., dont le corps est trapu.

Les Tassards (*Cybium*, Cuv.)

ont aussi le corps allongé, les dorsales contiguës et des fausses pinnules ; mais ils manquent de corselet, et leurs dents sont grandes, comprimées et tranchantes.

Le *Cybium speciosum*, Ag., est allongé et a des apophyses épineuses très vigoureuses. Il a été trouvé au Monte Bolca [3].

Le *Cybium macropomum*, Ag., a les dents longues, grêles et fort espacées. Il provient de l'argile de Sheppy [4].

Le *Cybium Partschii*, Munster [5], provient du bassin tertiaire de Vienne (Inzersdorf).

Les Ductor, Agass.,

sont aussi un type perdu, caractérisé par un corps allongé et cylindracé, le pédicule de la queue large et des vertèbres longues et peu nombreuses.

Le *Ductor leptosomus*, Ag., a été trouvé au Monte Bolca [6].

Je passe maintenant à des espèces qui, par leur forme très allongée et leur dorsale longue et continue, se rapprochent peu à peu des lepidopus.

[1] Agassiz, *Poiss. foss.*, V, p. 5 et 58, pl. 23 et 24 ; Giebel, *Fauna der Vorwelt*, 1, 3, p. 72.

[2] C'est le *Scomber alatunqua* de l'*Itt. Ver.*, pl. 29, fig. 1, et le *Salmo cyprinoides*, id., pl. 50, le *Clupea cyprinoides*, Blainv., *Ichth.*, p. 39.

[3] Agassiz, *Poiss. foss.*, V, p. 6 et 61, pl. 25 ; Giebel, *Fauna der Vorwelt*, 1, 3, p. 73 ; *Itt. Ver.* pl. 41 (*Scomber speciosus*), Blainv., *Ichth.*, p. 42.

[4] Agassiz, id. ; Giebel, id.

[5] Munster, *Beitr. zur Petref.*, VII, p. 25, pl. 3, fig. 1.

[6] Agassiz, *Poiss. foss.*, V, p. 5 et 53, pl. 12 ; Giebel, *Fauna der Vorwelt*, 1, 3, p. 76. Il a été figuré dans l'*Itt. Ver.* sous les noms de *Callionymus Vestena*, pl. 32, fig. 2, et de *Gobius sagyraensis*, pl. 58, fig. 2 ; Blainville, *Ichth.*, p. 54 et 55.

Les Goniognathus, Agass.,

sont un genre éteint qui ressemble beaucoup aux coryphènes et
qui en diffère par la forme anguleuse de ses mâchoires.

L'argile de Sheppy renferme les débris de deux espèces, le *Goniognathus
coryphænoides*, Agass., et le *Goniognathus maxillaris*, Agass. [1].

Les Enchodus, Agass., — Atlas pl. XXXII, fig. 5,

sont encore peu connus et n'existent plus aujourd'hui. Leurs dents
principales sont très développées, bombées à leur face interne,
plus comprimées à leur face externe, et occupent tout le pourtour
des mâchoires qui portent en outre des dents en brosse sur leur
bord. Cette dentition rappelle celle des thyrsites et des lepidopus,
genres actuellement vivants et sans représentants fossiles. Ce sont
des poissons de la craie blanche.

L'*Enchodus halocyon*, Agass. (*Esox lewesiensis*, Mantell), a des dents acérées
et très espacées. Il provient de la craie blanche de Lewes, et se trouve dans
les grès verts supérieurs de la Saxe et dans le terrain crétacé de diverses parties de l'Allemagne [2].

L'*Enchodus Faujasii*, Agass., a les dents très grandes et inégales. Il a été
trouvé à la montagne de Maëstricht [3].

L'*Enchodus valdensis*, Dunker [4], a été cité dans les terrains wealdiens
d'Obernkirchen, mais seulement sur l'examen d'une dent qui ne suffit pas
pour prouver l'existence de ce genre dans ce terrain.

L'*Enchodus serratus*, Egerton [5], a été découvert aux environs de Pondichéry, par MM. Kaye et Cunliffe, dans un terrain qui a des caractères mixtes,
mais qui paraît appartenir à l'époque crétacée moyenne.

Les Anenchelum, Blainv.,

sont aussi voisins des lepidopus ; leur corps est allongé, anguil-

[1] Agassiz, *Poissons fossiles*, V, p. 6 et 63 ; Giebel, *Fauna der Vorwelt*,
I, 3, p. 91.

[2] Agassiz, *Poissons fossiles*, V, p. 6 et 64, pl. 25 c ; Giebel, *Fauna der
Vorwelt*, I, 3, p. 74 ; Roëmer, *Kreidegeb.*, p. 111 ; Geinitz, *Characht.*, p. 63,
pl. 17, fig. 13 et 14 ; Reuss, *Böhm. Kreidegeb.*, I, p. 13, pl. 4, fig. 65 et 66 ;
Mantell, *Geol. of Sussex*, pl. 33 et 44 ; Dixon, *Geol. and foss. of Sussex*,
p. 373, pl. 30 et 31 ; etc.

[3] Agassiz, *id.*, pl. 29, fig. 3 ; Giebel, *id.*

[4] *Nord Deutsch. Wealdenbild.*, p. 62, pl. 15, fig. 24.

[5] *Quarterly journal of the geol. Soc.*, t. I, p. 66, et *Trans. of the geol.
Soc.*, 2ᵉ série, t. VII, p. 91.

liforme, leur tête obtuse, leurs mâchoires armées de fortes dents,
leur dorsale continue, leurs ventrales composées de quelques longs
rayons ; leurs vertèbres sont longues et grêles.

Ce genre ne renferme que des espèces fossiles ; elles sont toutes
des schistes de Glaris [1].

L'*Anenchelum glarisianum*, Blainv., a le corps excessivement allongé et
la queue grêle [2].

L'*Anenchelum isopleurum*, Agass., a les vertèbres plus courtes.

L'*Anenchelum dorsale*, Agass., est caractérisé par ses apophyses supérieures
très inclinées, et par l'allongement des rayons antérieurs de sa dorsale.

L'*Anenchelum heteropleurum*, Agass., a les apophyses articulaires obliques
et les apophyses épineuses supérieures dirigées autrement que les inférieures.

L'*Anenchelum latum*, Agass., est plus large que toutes les autres espèces.

M. Agassiz indique encore l'*Anenchelum longipenne*.

Les LEPIDOPIDES, Heckel,

ont dans la forme générale du corps et dans la disposition de la
colonne épinière, des rapports avec les anenchelum, mais leurs
dents rappellent plutôt les trichiures et les lepidopus. Elles
diffèrent cependant de celles de ces deux genres, en ce que la
mâchoire supérieure (la seule connue), porte deux grandes dents
antérieures simplement pointues et tranchantes des deux côtés,
tandis que celles des genres vivants sont taillées en demi-fer de
flèche. L'extrémité postérieure n'est pas connue [3].

Le *Lepidopides leptospondylus*, Heckel, a été trouvé dans les schistes marneux tertiaires de Krakowiza en Galicie et de Nikolschitz en Moravie.

Le *Lepidopides brevispondylus*, Heckel, provient des schistes tertiaires
d'Ofen.

Une troisième espèce, le *Lepidopides dubius*, Heckel, semble indiquée par
une seule vertèbre, découverte dans les marnes schisteuses de Mautnitz, près
Selowitz (Moravie).

[1] Agassiz, *Poiss. foss.*, V, p. 6 et 66, pl. 36 et 37 *a* ; Giebel, *Fauna der
Vorwelt*, I, 3, p. 79.

[2] Ce poisson a déjà été décrit par Krüger, *Gesch. der Urwelt*, t. II,
p. 643 ; Scheuzer, *Herbarium diluvianum*, pl. 9, fig. 1 ; Blainv., *Ichth.*, p. 10.

[3] Voyez, pour les caractères de ce genre et pour ceux des trois espèces,
Heckel, *Beitr. zur Kentniss der Fische Oesterreichs*, 1re livr., p. 41, pl. X
et XV.

M. Giebel a fait connaître en outre l'*Anenchelum breviceps* [1], qui ressemble à l'*Anenchelum isopleurum*, mais avec une tête plus courte et plus grosse.

Les Nemopteryx, Agass.,

sont des anenchelum à corps plus trapu, et comme eux ils sont fossiles dans les schistes de Glaris. Leur caudale est arrondie; leurs pectorales sont très grandes et composées de rayons longs et fins; leur colonne vertébrale est robuste. Ils ont de fortes dents aux mâchoires et diffèrent en outre de tous les scombéroïdes, en ce que les rayons de leur première dorsale sont bifurqués, à l'exception des deux premiers.

Le *Nemopteryx crassus*, Agass., a le corps trapu et la tête très grosse [2].

Le *Nemopteryx elongatus*, Agass., a aussi la tête grosse, mais son corps est élancé et grêle, et ses vertèbres sont longues et inégales [3].

Les Xiphopterus, Agass.,

ressemblent aussi aux anenchelum et sont un genre éteint, encore peu connu [4].

On n'en possède qu'un exemplaire mal conservé et long de plus d'un mètre, qui indique un scombéroïde très allongé et à caudale très fourchue. C'est le *Xiphopterus falcatus*, Agass., du Monte Bolca.

Après ces genres éteints, qui par leur forme allongée rappellent plus ou moins le type des lepidopus, nous passons à des scombéroïdes à corps plus court et comprimé, qui se groupent autour du genre des liches.

Les Liches (*Lichia*, Cuv.)

ont de nombreux représentants dans la nature vivante et sont caractérisées par des épines libres en avant de la dorsale et de l'anale. La première du dos est dirigée en avant. Leur corps est oblong et comprimé.

[1] *Leonh. und Bronn Neues Jahrb.*, 1847, p. 665; *Bibl. univ. de Genève*, 1847, *Archives*, t. VII, p. 84; *Fauna der Vorwelt*, I, 3, p. 78.

[2] Agassiz, *Poiss. foss.*, V, p. 6 et 75, pl. 22; Giebel, *Fauna der Vorwelt*, I, 3, p. 78; Egerton, *Catalogus* (*Cyclurus crassus*).

[3] Agassiz, *id.*, p. 76, pl. 21 *a*; Giebel, *id.*; Egerton, *id.* (*Cyclurus nemopteryx*).

[4] Agassiz, *Poiss. foss.*, V, p. 6 et 77; Giebel, *Fauna der Vorwelt*, I, 3, . 81; *Ith. Ver.*, pl. 57 (*Esox falcatus*).

On n'en connaît qu'une seule espèce fossile, trouvée au Monte Bolca, la *Lichia prisca*, Agass. [1], qui se distingue par la longueur de son corps et par celle des rayons épineux de sa dorsale.

Les Trachinotes (*Trachinotus*, Lacép.)

ne diffèrent des liches que par leur corps plus élevé, leur profil plus vertical et leurs nageoires impaires plus pointues. Ces poissons sont abondants aujourd'hui.

On n'en connaît qu'une espèce fossile :

Le *Trachinotus tenuiceps*, Agass. [2], du Monte Bolca, qui a le corps des vertèbres et leurs apophyses épineuses beaucoup plus grêles que les espèces vivantes. Sa tête est très petite par rapport au corps.

Les Carangopsis, Agass.,

ressemblent aussi beaucoup aux liches, mais ils manquent des épines en avant de la dorsale et de l'anale ; et, en revanche, les premiers rayons épineux de la dorsale sont plus développés. Aucune espèce de ce genre ne vit aujourd'hui ; les seules connues ont été trouvées au Monte Bolca.

Le *Carangopsis latior*, Agass., a une forme trapue et une tête grosse et obtuse [3].

Le *Carangopsis dorsalis*, Agass., est au contraire très allongé, et ses vertèbres sont sensiblement plus longues que hautes [4].

Le *Carangopsis analis*, Agass., est allongé, et a le pédicule de la queue étroit. Il a quelques épines en avant de l'anale [5].

[1] Agassiz, *Poiss. foss.*, V, p. 4 et 33, pl. 11 et 11 *a* ; Giebel, *Fauna der Vorwelt*, I, 3, p. 75. Ce poisson a été décrit dans l'*Itt. Ver.*, pl. 16, 28 et 68, sous les noms de *Scomber pelagicus*, *Scomber cordyla* et *Coryphæna*. Il a été rapporté par M. de Blainville au genre Caranxomorus (*C. pelagicus*), *Ichth.*, p. 41 et 42.

[2] Agassiz, *Poiss. foss.*, V, p. 4 et 36, pl. 7 ; Giebel, *Fauna der Vorwelt*, I, 3, p. 67. C'est le *Chætodon rhomboidalis*, de l'*Itt. Ver.*, pl. 59, fig. 3 ; Blainv., *Ichth.*, p. 52.

[3] Agassiz, *Poiss. foss.*, V, p. 4 et 40, pl. 9, fig. 2 ; Giebel, *Fauna der Vorwelt*, I, 3, p. 68. C'est le *Polynemus quinquarius* de l'*Itt. Ver.*, pl. 36, et le *Mugil brevis*, Blainv., *Ichth.*, p. 40.

[4] Agassiz, id., pl. 8 ; Giebel, id. C'est la *Sciæna undecimalis* de l'*Itt. Ver.*, pl. 53, fig. 1, et Blainv., *Ichth.*, p. 44.

[5] Agassiz, id., pl. 9, fig. 1. Ce poisson a été décrit dans l'*Itt. Ver.*, pl. 69 et 73, sous les noms de *Scomber* et de *Polynemus*. Giebel, *Fauna der Vorwelt*, I, 3, p. 76, le réunit aux *Lichia*.

M. Agassiz indique encore un *Carangopsis maximus* [1].

Les PALIMPHYES, Agass.,

sont probablement aussi voisins des liches, mais avec quelques caractères des thons et des maquereaux. Ils paraissent avoir eu une première dorsale formée d'épines assez serrées et réunies en nageoires comme celles de ces poissons ; ils avaient peut-être de fausses pinnules. Leurs pectorales sont très grandes, le pédicule de leur queue est large, et leurs vertèbres sont courtes et nombreuses.

Ce genre ne renferme que des espèces fossiles qui proviennent toutes des schistes de Glaris.

M. Agassiz en a décrit trois espèces [2] :

Le *Palimphyes longus*, Agass., est allongé et grêle ; son tronc est plus étroit que sa tête, qui a à peu près le tiers de la longueur totale.

Le *Palimphyes latus*, Agass., est encore allongé et grêle, mais un peu plus large que le précédent.

Le *Palimphyes brevis*, Agass., est, au contraire, court et trapu.

M. Giebel [3] en a ajouté deux : les *Palimphyes crassus* et *gracilis*.

Les ARCHÆUS, Agass.,

sont peu connus et ne renferment aussi que des espèces fossiles de Glaris. Ils ont beaucoup de rapports avec les palimphyes dans la disposition des nageoires et la grandeur de la tête ; ils s'en distinguent par la petitesse extrême des osselets interapophysaires et par la prépondérance marquée des apophyses, qui sont beaucoup plus vigoureuses et moins nombreuses [4].

L'*Archæus glarisianus*, Agass., est allongé, et l'*Archæus brevis* est, au contraire, court, avec un squelette très grêle.

On trouve ensuite des genres qui prennent une forme de plus en plus comprimée et élevée, et qui se rapprochent des vomers

[1] Agassiz, *id.* ; Giebel, *id.* C'est le *Scomber glaucus* de l'*Itt. Ver.*, pl. 21, et le *Scomber speciosus* ; Blainv., *Ichth.*

[2] Agassiz, *id.*, V, p. 5 et 46, pl. 19, 20, 21 et 28 ; Giebel, *Fauna der Vorwelt*, I, 3, p. 70.

[3] *Leonh. und Bronn Neues Jahrb.*, 1847, p. 665 ; *Bibl. univ. de Genève*, 1847, *Archives*, t. VII, p. 85.

[4] Agassiz, *Poiss. foss.*, V, p. 5 et 49, pl. 28 ; Giebel, *Fauna der Vorwelt*, I, 3, p. 71.

ou scombéroïdes plats, à peau fine et satinée, sans écailles apparentes.

Les Vomers (*Vomer*, Cuv.)

joignent à ces caractères d'un corps comprimé et d'un profil vertical celui de n'avoir plus d'armure sur la ligne latérale et des nageoires simples et sans prolongements remarquables. Les mers d'Amérique en nourrissent aujourd'hui une espèce.

On en connaît trois fossiles [1].

Le *Vomer priscus*, Agass., est une petite espèce des schistes de Glaris.

Le *Vomer longispinus*, Agass., a les rayons de la dorsale plus allongés que ceux de l'espèce vivante, et son corps est aussi plus long. Il a été trouvé au Monte Bolca [2].

Le *Vomer parvulus*, Agass., se trouve au Mont Liban (terrain crétacé).

Les Gasteronemus (olim *Gasteracanthus*) Agass.,

qui n'ont plus de représentants dans le monde actuel, ont en grande partie les formes des vomers; leur hauteur ne provient pas du développement de la tête, mais bien de celui des os du bassin, de l'osselet styloïde et des premiers interapophysaires de l'anale. Les ventrales sont supportées par un énorme os pelvique, et composées d'un long rayon simple précédé d'un petit osselet.

M. Müller [3] pense que ce genre ne peut pas être distingué de celui des Mene, Lacép., aujourd'hui vivant dans les mers de la Chine.

Il renferme deux espèces du Monte Bolca [4] :

Le *Gasteronemus rhombeus*, Agass., a le corps aussi haut que long, et les rayons de la ventrale excessivement allongés [5].

Le *Gasteronemus oblongus*, Agass., est deux fois aussi long que haut, et a une dorsale grêle.

[1] Agassiz, *Poissons fossiles*, V, p. 4 et 28; Giebel, *Fauna der Vorwelt*, I, 3, p. 66.

[2] Ce poisson a été décrit dans l'*Itt. Ver.*, pl. 35, fig. 3 et 44, fig. 2, sous les noms de *Zeus vomer* et de *Zeus triurus*.

[3] *Leonh. und Bronn Neues Jahrb.*, 1838, p. 123.

[4] Agassiz, *Poiss. foss.*, V, p. 17, pl. 1 et 2; Giebel, *Fauna der Vorwelt*, I, 3, p. 63.

[5] Ce poisson a été figuré dans l'*Itt. Ver.*, pl. 18, sous le nom de *Scomber rhombeus*. C'est le *Zeus rhombeus*, Blainville, *Ichth.*, p. 52. Voyez aussi Sternberg, *Verh. vaterl. Mus. Bohm*, 1834, p. 66.

Les Amphistium, Agass.,

doivent probablement être aussi rapprochés des vomers; mais ils ont des caractères qui les distinguent clairement de tous les scombéroïdes. Leur corps est large et trapu; leur dorsale est continue et occupe plus de la moitié du bord dorsal; leur anale est aussi fort grande. Ce genre est éteint.

On n'en connaît qu'une espèce fossile, du Monte Bolca [1] : l'*Amphistium paradoxum*, Agass.

Les Isurus, Agass.,

ont le port des vomers et leur profil droit; leur tête est grosse, terminée par un bec pointu; le pédicule de leur queue est très rétréci et leur squelette est robuste.

Ce genre a été établi pour un poisson fossile des schistes de Glaris, l'*Isurus macrurus*, Agass. [2].

Les Pleionemus, Agass.,

ne sont pas encore caractérisés, et M. Agassiz dit seulement qu'ils doivent être placés près des isurus.

Le *Pleionemus macrospondylus*, Agass. [3], a été trouvé dans les schistes de Glaris.

Nous arrivons maintenant à des genres qui joignent à la forme comprimée des précédents une bouche très protractile.

Les Dorées (*Zeus*, Cuv.)

sont caractérisées par une dorsale échancrée, dont les rayons épineux portent de longs lambeaux membraneux, et par une série d'épines fourchues le long des bases de la dorsale et de l'anale. Ce genre remarquable renferme aujourd'hui deux espèces qui habitent les côtes d'Europe, et quelques unes étrangères.

[1] Agassiz, *Poiss. foss.*, V, p. 44, pl. 13; Giebel, *Fauna der Vorwelt*, I, 3, p. 67; *lit. Ver.*, pl. 44, fig. 1 (*Pleuronectes platessa*); Blainville, *Ichthyol.*, p. 53.

[2] Agassiz, *Poiss. foss.*, V, p. 54, pl. 21, fig. 3 et 4; Giebel, *Fauna der Vorwelt*, I, 3, p. 69.

[3] Agass., *Poiss. foss.*, V, p. 52; Giebel, *Fauna der Vorwelt*, I, 3, p. 70.

Il n'est pas parfaitement certain que l'on trouve des dorées fossiles. C'est avec doute que M. Agassiz rapporte à ce genre un poisson d'origine inconnue, sous le nom de *Zeus priscus*, Agass. [1].

Les Acanthonemus, Agass.,

sont des poissons qu'on ne retrouve que fossiles, et qui ont aussi une bouche protractile. Ils se rapprochent beaucoup du genre Equula, Cuv., qui est encore vivant, et ont comme eux une dorsale continue; mais ses rayons sont encore plus développés, les premiers épineux dépassent la longueur de la moitié du corps. Les apophyses épineuses des vertèbres sont très dilatées.

On en connaît deux espèces [2] :

L'*Acanthonemus filamentosus*, Agass., est ovale et provient du Monte Bolca [3].

L'*Acanthonemus Bertrandi*, Agass., est plus allongé. Il a été trouvé dans un calcaire tertiaire bleuâtre, siliceux, près de Schio, dans le Vicentin (terrain nummulitique).

Je termine l'histoire de la famille des scombéroïdes par celle de deux genres éteints, qui sont caractérisés par un allongement remarquable du bec, et qui forment ainsi une sorte de transition à la famille suivante.

Les Palæorhynchum, Blainv.,

ont le corps long et anguilliforme, la tête petite et les mâchoires égales, allongées en un bec très grêle dépourvu de dents. (Ce bec diffère de celui des espadons chez qui la mâchoire supérieure seule se prolonge.) La dorsale et l'anale sont très développées, la caudale est petite et fourchue.

Ce genre a été établi pour des poissons fossiles de Glaris. On ne le retrouve dans aucun autre terrain, non plus que dans le monde actuel.

[1] Agass., *Poiss. foss.*, V, p. 32, pl. 48, fig. 4; Giebel, *Fauna der Vorwelt*, I, 3, p. 67.

[2] Agassiz, *Poiss. foss.*, V, p. 24, pl. 3 et 4 ; Giebel, *Fauna der Vorwelt*, I, 3, p. 64.

[3] Ce poisson a été décrit dans l'*Itt. Ver.*, pl. 19 et 51, sous les noms de *Zeus gallus* et de *Chætodon aureus*; c'est le *Chætodon subaureus*, Blainville, *Ichthyol.*, p. 50.

On en connaît déjà sept espèces [1] :

Le *Palæorhynchum longirostre*, Agass., est caractérisé par la longueur de son bec, et par celle des rayons de l'anale et de la caudale. Son squelette est robuste.

Le *Palæorhynchum Egertoni*, Agass., a les rayons de la dorsale et de l'anale grêles et minces, et la colonne vertébrale robuste.

Le *Palæorhynchum glarisianum*, Blainv., a le corps très allongé, les rayons de la dorsale et de l'anale longs et grêles, et la colonne vertébrale mince [2].

Le *Palæorhynchum latum*, Agass., a le corps large et les rayons de la dorsale et de l'anale longs.

Le *Palæorhynchum medium*, Agass., se distingue par un corps allongé et les rayons de la dorsale fort longs. Sa colonne vertébrale est grêle.

Le *Palæorhynchum Colei*, Agass., a le corps large et les osselets inter-apophysaires plus nombreux que les apophyses.

Le *Palæorhynchum microspondylum*, Agass., joint au même caractère des osselets un corps trapu, une colonne vertébrale robuste, et des rayons dorsaux courts et serrés.

Les HEMIRHYNCHUS (olim *Histiophorus*), Agass.,

ont la plupart des caractères des palæorhynchum; mais leur bec n'est formé que par la mâchoire supérieure.

On n'en connaît qu'une espèce et même qu'un seul échantillon, l'*Hemirhynchus Deshayesi*, Agass., qui a été trouvé dans le calcaire grossier de Paris [3].

A cette famille appartiennent encore plusieurs genres établis par M. Agassiz [4], mais non décrits; ils renferment des poissons de l'argile de Londres. Ce sont les suivants :

Les COELOPOMA, remarquables par leurs os frontaux plus squammeux encore dans leur partie antérieure que chez les autres scombéroïdes, et par la grandeur des crêtes temporales.

M. Agassiz cite les *Coelopoma Colei* et *lœve*, Agass.

Les BOTHROSTEUS, renfermant trois espèces : les *B. latus*, *brevifrons* et *minor*.

Les PHALACRUS (*P. cybioides*).

Les RHONCHUS (*R. carangoides*).

---

[1] Agassiz, *Poiss. foss.*, V, p. 7 et 78, pl. 32, 33, 34, 34 *a* et 35; Giebel, *Fauna der Vorwelt*, I, 3, p. 81.

[2] Ce poisson a déjà été figuré par Scheuzer, *Herbarium dilurianum*, pl. 9, fig. 6. Voyez Blainv., *Ichth.*, p. 10.

[3] Agassiz, *Poiss. foss.*, V, p. 7 et 87, pl. 30, sous le nom de *Histiophorus Deshayesi*; Giebel, *Fauna der Vorwelt*, I, 3, p. 84.

[4] Agassiz, *Ann. des sc. nat.*, 3ᵉ série, t. III, p. 30 et 47.

Les Cecheurs (*C. politus*).
Les Scombrues (*S. anchalis*).

Deux autres genres ne sont rapportés qu'avec doute à cette famille par le même auteur. Ce sont :

Les Cœlocéphales (*C. salmoneus*).
Les Naupygus (*N. Bucklandi*).

2ᵉ FAMILLE. — XIPHIOIDES.

Les xiphioïdes ou espadons ont été réunis par Cuvier aux scombéroïdes ; mais M. Agassiz les en a séparés, en les caractérisant par la forme bizarre de leur museau dont la mâchoire supérieure se prolonge en un bec aplati, sans dents, par leur dorsale très variable, par l'absence de ventrales chez plusieurs, et par leur charpente osseuse beaucoup plus forte que celle des scombéroïdes, et remarquable surtout par l'aplatissement des apophyses épineuses en larges plaques verticales.

Il faut toutefois reconnaître que les poissons fossiles présentent quelques types intermédiaires entre les deux familles. Les deux genres dont nous venons de parler joignent au squelette frêle des scombéroïdes le museau prolongé des espadons.

La famille des xiphioïdes renferme trois genres vivants : les espadons, les voiliers et les tétraptures. Ces derniers seuls ont été trouvés fossiles. Quelques autres espèces des terrains tertiaires d'Angleterre constituent trois autres genres qui n'ont plus de représentants aujourd'hui.

Les Tétraptures (*Tetrapturus*, Rafin.) [1]

ont la pointe du museau en forme de stylet, et diffèrent en outre des espadons par leurs ventrales rudimentaires thoraciques, consistant en un seul brin inarticulé. Le *T. Belone* vit aujourd'hui dans la Méditerranée.

On en connaît des débris assez imparfaits qui indiquent deux espèces [2] :

Le *Tetrapturus priscus*, Agass., a la tête comprimée et la mâchoire inférieure épaisse. Le reste du corps n'est pas connu. Il provient de l'argile de Sheppy.

[1] M. Agassiz a changé l'orthographe de ce nom et écrit *Tetrapterus*.

[2] Agassiz, *Poiss. foss.*, V, p. 7 et 89, pl. 31 et pl. 60 a, fig. 9-13 ; Giebel, *Fauna der Vorwelt*, 1, 3, p. 85.

Le *Tetrapturus minor*, Agass., n'est connu que par une extrémité du bec, qui est grêle et marquée de plis longitudinaux, et par quelques vertèbres trouvées dans la craie de Lewes.

Les CŒLORHYNCHUS, Agass.,

forment un genre éteint, établi seulement sur quelques becs très allongés de l'argile de Londres. Ces becs sont plus minces, plus droits, et plus insensiblement rétrécis que ceux des genres vivants de cette famille.

Ces débris semblent indiquer l'existence de deux espèces : le *Cœlorhynchus rectus* et le *C. sinuatus*, qui proviennent toutes deux de Sheppy [1].

M. R.-W. Gibbes [2] indique des débris appartenant au même genre trouvés dans les terrains éocènes de la Caroline du Sud et du Mississipi.

Il faut ajouter deux genres de l'argile de Londres non encore décrits : ce sont [3] les PHASGANUS, Ag. (*P. declivis*, Ag.), et les ACESTRUS, *id.* (*A. ornatus*, Ag.).

3ᵉ FAMILLE. — SPHYRÉNOIDES.

Les sphyrènes ont été rapprochées par Linné des brochets, à cause de leur tête aplatie, de leur grande bouche, de leurs dents aiguës et de leurs ventrales abdominales. Cuvier en a fait une petite subdivision des percoïdes; mais elles n'ont ni les dentelures et les épines operculaires, ni les dents palatines de ces poissons. Leurs caractères sont assez spéciaux pour qu'elles doivent former une famille à part, qui se rapproche des scombéroïdes par les écailles cycloïdes et par la forme générale du corps.

Ce sont des poissons allongés, abdominaux, à écailles lisses. Leurs mâchoires sont garnies de grandes dents tranchantes; leurs dorsales sont séparées, leurs vertèbres peu nombreuses.

Les sphyrènes proprement dites se trouvent vivantes et fossiles. On croit aussi pouvoir rapporter à cette famille plusieurs dents de la craie et de l'argile de Londres, qui indiquent des

[1] Agassiz, *Poiss. foss.*, V, p. 8 et 92; Giebel, *Fauna der Vorwelt*, I, 3, p. 85. M. Dixon, *Geol. and foss. of Sussex*, p. 205, dit que les débris des cœlorhynchus sont plus abondants à Bracklesham qu'à Sheppy.

[2] *Leonh. und Bronn Neues Jahrb.*, 1850, p. 746.

[3] Agassiz, *Ann. des sc. nat.*, 3ᵉ série, t. III, p. 30 et 47; Giebel, *Fauna der Vorwelt*, I, 3, p. 85.

genres éteints. Si ces rapprochements sont exacts, on en doit conclure que la famille des sphyrénoïdes date de l'époque crétacée, et que, pendant l'époque tertiaire, elle a renfermé des êtres plus nombreux et plus variés qu'aujourd'hui.

Les Sphyrènes (Sphyræna, Bloch),

ont de fortes dents tranchantes aux intermaxillaires, aux palatins et à la mâchoire inférieure.

On en connaît quatre espèces [1] :

Les trois premières viennent du Monte Bolca.

La *Sphyræna bolcensis*, Agass., a une charpente osseuse forte et massive [2].

La *Sphyræna gracilis*, Agass., a le corps plus large et les os plus grêles.

La *Sphyræna maxima*, Agass., est la plus grande espèce connue [3].

Une quatrième espèce, la *Sphyræna Amici*, Agass., n'est connue que par un fragment de mâchoire du mont Liban. Ses dents moyennes sont plus larges que dans les espèces précédentes.

Les Sphyrænodus, Agass. (Dictyodus, Owen),

forment un genre éteint dont les véritables affinités ne sont pas encore suffisamment déterminées ; il n'est connu que par des fragments de têtes de l'argile de Londres. Ses mâchoires sont armées de dents très fortes, mais uniformes, coniques et légèrement comprimées.

M. Agassiz en a décrit deux espèces [4] :

Le *Sphyrænodus priscus*, Agass., devait atteindre une taille considérable. Il a été découvert à Sheppy.

Le *Sphyrænodus crassidens*, Agass., est de la même localité.

Le *Sphyrænodus gracilis*, Dixon [5], a été trouvé avec les précédents.

---

[1] Agassiz, *Poiss. foss.*, V, p. 8 et 93, pl. 10 ; Giebel, *Fauna der Vorwelt*, I, 3, p. 86.

[2] Cette espèce a été figurée dans l'*Itt. Ver.*, pl. 24 et 51, sous les noms de *Esox sphyræna* et de *Perca punctata*. M. de Blainville, *Ichth.*, p. 43, la rapporte au genre Ophicephalus.

[3] C'est l'*Esox lucius* de l'*Itt. Ver.*, pl. 62, et de M. de Blainville.

[4] Agassiz, *Poiss. foss.*, V, p. 8 et 98, pl. 26, fig. 4 et 6 ; Giebel, *Fauna der Vorwelt*, 1, 3, p. 87 ; Owen, *British Assoc.*, 1838, p. 142, et *Odontography*, pl. 54.

[5] *Geol. and foss. of Sussex*, p. 205.

Il faut ajouter les *Sphyrænodus lingulatus* et *conoideus*, H. de Meyer [1], trouvés dans le sable tertiaire miocène de Flonheim.

Les Hypsodon (olim *Megalodon*), Agass.,

sont aussi des poissons fossiles, connus seulement par des dents et par quelques fragments de la tête. Ils ont été considérés d'abord comme des reptiles; mais la structure microscopique des dents prouve que ce sont bien des poissons. Leurs mâchoires très épaisses portent des dents coniques et inégales.

L'*Hypsodon lewesiensis*, Agass. (Olim *Megalodon sauroides*), se trouve dans la craie de Lewes, et dans les grès verts supérieurs de Saxe [2].

L'argile de Sheppy contient deux autres espèces, l'*Hypsodon toliapicus*, Ag., et l'*H. oblongus*, Agass. [3].

Les Saurocephalus, Harlan, — Atlas, pl. XXXII, fig. 7,

ne sont aussi connus que par des dents. M. Harlan, qui a établi ce genre sur des fossiles américains, l'a placé d'abord dans la classe des reptiles; mais ce sont de vrais poissons, très probablement voisins des sphyrènes. Leurs dents se distinguent de celles des genres précédents, en ce qu'elles sont très comprimées. Elles sont droites, et leur couronne a des plis verticaux comme celle de plusieurs sauriens. Ce genre est spécial à la craie blanche.

Le *Saurocephalus lanciformis*, Harl. [4], a été découvert dans la craie de New-Jersey. Il paraît que la même espèce se trouve à Lewes et en Bohême.

Le *Saurocephalus striatus*, Agass. [5], a des dents plus petites et très serrées. Il provient de la craie de Lewes.

Les *Saurocephalus substriatus*, Münster, et *inæqualis*, id. [6], ont été découverts dans le terrain tertiaire miocène de Vienne.

[1] *Leonh. und Bronn Neues Jahrb.*, 1846, p. 597; *Bibl. univ. de Genève*, 1846, *Archives*, t. III, p. 311.

[2] Agassiz, *Poiss. foss.*, V, p. 8 et 99, pl. 25 *a* et 25 *b*; Giebel, *Fauna der Vorwelt*, I, 3, p. 88; Mantell, *Geol. of Sussex*, pl. 33 et 42; Geinitz, *Characht.*, p. 63.

[3] Agassiz, id., p. 100.

[4] Harlan, *Journ. Acad. Philad.*, III, p. 334, pl. 12; Mantell, *Geol. of Sussex*, pl. 33, fig. 7 et 9; Agassiz, *Poiss. foss.*, V, p. 8 et 102, pl. 25 *c*, fig. 21 et 22; Reuss, *Böhm Kreideg.*, p. 13; Dixon, *Geol. and foss. of Sussex*, p. 374, pl. 30, fig. 21, pl. 31, fig. 12, et pl. 34, fig. 14; Giebel, *Fauna der Vorwelt*, I, 3, p. 89.

[5] Agassiz, id.; Giebel, id.

[6] *Beitr. zur Petrefacten Kunde*, t. VII, p. 26, pl. 2, fig. 20 et 21.

Le comte de Munster indique encore [1] un *Saurocephalus striatus*, Munster, du terrain jurassique supérieur de Linden. Mais cette espèce établie sur une seule dent doit très probablement être rayée des catalogues paléontologiques. Elle est beaucoup trop incertaine pour suffire à prouver l'existence des poissons téléostéens avant l'époque crétacée.

Les Saurodon, Hays. — Atlas, pl. XXXII, fig. 6,

sont encore un de ces genres perdus, et connus seulement par des fragments de mâchoires. Leurs dents sont comprimées comme celles du genre précédent; mais elles sont obliques au sommet au lieu d'être droites; leur base est striée.

Le *Saurodon leanus*, Hays, a été trouvé dans la craie de Lewes et de New-Jersey [2].

Les Pachyrhizodus, Agass. [3],

sont connus par un fragment de mâchoire inférieure dont les dents sont très fortement épatées vers leur base. L'extrémité est grêle, légèrement courbée en arrière.

Le *Paczhyhprodus basalis*, Dixon, a été trouvé dans la craie du Sussex.

Les Cladocyclus, Agass.,

ne sont pas plus complétement connus que les précédents. On n'a d'eux que quelques écailles et une partie de la colonne vertébrale. Leur organisation les rapproche des sphyrènes; mais les écailles de la ligne latérale ont un tube branchu comme les labres [4].

Le *Cladocyclus leuesiensis*, Agass., a été trouvé dans la craie de Lewes.
Le *Cladocyclus Gardneri*, Agass., est du Brésil.

Les Isodus, Heckel (non *Isodus*, M'Coy),

forment un genre établi sur l'examen de quelques dents et d'un

[1] *Beitr. zur Petref. Kunde*, t. VII, p. 48, pl. 3, fig. 15.

[2] Hays, *Trans. Americ. phil. Soc.*, t. III, part. 2, p. 471; Agassiz, *Poiss. foss.*, V, p. 8 et 102, pl. 25 c, fig. 30 et 31; Giebel, *Fauna der Vorwelt*, I, 3, p. 89.

[3] Ce genre n'a été publié qu'en 1850 dans l'ouvrage de Dixon, *Geol. and foss. of Sussex*, p. 374, pl. 34.

[4] Agassiz, *Poiss. foss.*, V, p. 8 et 103; Giebel, *Fauna der Vorwelt*, I, 3, p. 90.

fragment de mâchoire. M. Heckel les associe aux sphyrénoïdes ; leur peu de compression rend cette détermination douteuse.

L'*Isodus sulcatus*, Heckel [1], a été trouvé dans les calcaires marneux de Sach el Aalma (mont Liban).

Je terminerai ce qui tient à la famille des sphyrénoïdes en indiquant deux genres également perdus, mais qui sont connus d'une manière plus complète.

Les RHAMPHOGNATHUS, Agass.,

ont le corps allongé et les ventrales abdominales des sphyrènes ; mais leurs mâchoires sont très effilées, et la supérieure déborde l'inférieure.

On n'en connaît qu'une seule espèce, le *Rhamphognathus paralæloides*, Agass., du Monte Bolca [2].

Les MESOGASTER, Agass.,

ont encore la position des ventrales des sphyrènes, mais la physionomie générale des scombres. Ils ont aussi des rapports avec le genre précédent, mais la tête courte et obtuse, et des mâchoires d'égale longueur.

Le *Mesogaster sphyrænoïdes*, Agass., est un petit poisson allongé et cylindracé du Monte Bolca [3].

Le *Mesogaster gracilis*, Pictet [4], a été découvert dans les calcaires marneux de Sach el Aalma (mont Liban).

[1] *Fische Syriens*, p. 241, pl. 23, fig. 4.

[2] Agassiz, *Poiss. foss.*, V, p. 9 et 104, pl. 38, fig. 1 et 2, sous le nom de *R. pompilius* ; Giebel, *Fauna der Vorwelt*, I, 3, p. 90. Ce poisson a été décrit dans l'*Itt. Ver.*, pl. 24, fig. 2, pl. 50, fig. 2, et pl. 53, fig. 3, sous les noms de *Esox saurus*, *Esox sphyræna* et *Ammodytes tobianus*. M. de Blainville, *Ichth.*, p. 38, le rapporte aussi au genre AMMODYTES.

[3] Agassiz, *Poiss. foss.*, V, p. 9 et 105, pl. 38, fig. 3 ; Giebel, *Fauna der Vorwelt*, I, 3, p. 90. C'est le *Silurus Bagre* et l'*Esox sphyræna* de l'*Itt. Ver.*, pl. 14, fig. 3, et pl. 21, fig. 3.

[4] Pictet, *Poiss. du Liban*, p. 21, pl. 3, fig. 2, et *Mém. Soc. phys. et d'hist. nat. de Genève*, t. XII, p. 297.

4ᵉ FAMILLE. — TRACHINIDES.

Les trachinides, confondues par Cuvier avec les percoïdes, s'en distinguent par leurs écailles cycloïdes et par leurs ventrales situées sous la gorge. Elles ont la même dentelure aux pièces operculaires et des dents palatines.

LES VIVES (*Trachinus*, Lin.)

sont le seul genre représenté à l'état fossile.

M. Heckel [1] cite le *Trachinus draconculus*, Heckel, trouvé dans le terrain tertiaire de Radoboj en Croatie.

5ᵉ FAMILLE. — BLENNIOIDES.

Cette famille, réunie par Cuvier aux gobioïdes, s'en distingue par ses écailles cycloïdes. Leurs ventrales sont jugulaires et composées ordinairement de deux rayons; leur dorsale, très longue, s'étend sur presque tout le dos, et leur tête est courte et obtuse.

Les blennioïdes sont aujourd'hui peu nombreux et peu variés. On n'en connaît que deux espèces fossiles qui appartiennent à des genres éteints.

LES SPINACANTHUS, Agass.,

ont des caractères intermédiaires entre les blennies et les chironectes. Leur corps est trapu et porte deux dorsales. La première est composée d'immenses épines, dont la longueur égale celle du corps et dont les premières sont dentelées à leur base. La seconde dorsale est grêle.

Le *Spinacanthus blennioides*, Agass. [2], est du Monte Bolca.

LES LAPARUS, Agass.,

approchent par la forme du crâne du loup de mer (*Anarrhichas lupus*). Leur dentition est inconnue.

Le *Laparus alticeps*, Agass. [3], provient de l'argile de Londres.

[1] *Leonh. und Bronn Neues Jahrb.*, 1849, p. 500.

[2] Agassiz, *Poiss. foss.*, V, p. 9 et 107, pl. 39, fig. 1; Giebel, *Fauna der Vorwelt*, I, 3, p. 96. C'est le *Blennius ocellaris* de l'*Itt. Ver.*, pl. 13, fig. 2, et le *Blennius cuneiformis*, Blainv., *Ichth.*, p. 58.

[3] *Ann. des sc. nat.*, 3ᵉ série, t. III, p. 33 et 47.

6ᵉ Famille. — ATHÉRINIDES.

Les athérinides sont de petits poissons à corps allongé, à deux dorsales très écartées, à ventrales en arrière des pectorales, à bouche très protractile, garnie de dents menues. Leurs rayons branchiostéges sont au nombre de six.

Les Athérines (*Atherina*, Lin.)

habitent aujourd'hui nos mers. Toutes les espèces connues ont une large bande argentée le long des flancs.

Les dépôts du Monte Bolca renferment les restes de deux espèces, l'*Atherina macrocephala*, Agass., et l'*Atherina minutissima*, Agass. [1]

7ᵉ Famille. — LABROIDES.

Les labroïdes sont des poissons cycloïdes à grandes écailles, à dorsale unique dont les rayons antérieurs sont épineux et garnis souvent de lambeaux membraneux, à mâchoires recouvertes par des lèvres charnues, et à ventrales thoraciques. Leurs os pharyngiens portent de grosses dents.

Cette famille est très abondante dans les mers actuelles et renferme des poissons souvent parés de couleurs très brillantes. Elle paraît, au contraire, avoir été très faiblement représentée dans les créations antérieures. On ne connaît que quelques espèces fossiles qu'on puisse lui rapporter ; trois appartiennent au genre actuel des :

Labres (*Labrus*, Lin.),

qui sont caractérisés par des pièces operculaires sans dentelures, et par des joues écailleuses.

Le *Labrus Valenciennesii*, Agass., du Monte Bolca [2], n'appartient pas à ce genre, suivant M. Heckel.

[1] Agassiz, *Poiss. foss.*, V, p. 122 ; Giebel, *Fauna der Vorwelt*, I, 3, p. 47. L'*A. macrocephala* a été figurée dans l'*Ittiolitologia Veron.*, sous les noms de *Silurus ascita*, pl. 48, fig. 3, et de *Silurus cataphractus*, pl. 35, fig. 5. Voy. encore Blainv., *Ichth.*, p. 39.

[2] Agassiz, *Poiss. foss.*, V, p. 9 et 115, pl. 39, fig. 2 (*Labrus microdon*); Giebel, *Fauna der Vorwelt*, I, 3, p. 103. C'est le *Labrus merula* de l'*Itt. Ver.*, pl. 37 ; Blainv., *Ichth.*, p. 46. Voyez Heckel, *Sitzungs Ber. Wien. Ak.*, juillet 1850, p. 148.

7

Le *Labrus Bibetsoni*, Agass., est connu par quelques fragments découverts dans la mollasse suisse [1].

Deux espèces ont été indiquées par M. Heckel [2], comme trouvées à Margarethen, dans les montagnes de Leitha. Ce sont les *Labrus parvulus* et *L. Agassizii*, Heckel (calcaire de Leitha).

Les Anchenilabrus, Agassiz,

ne sont encore connus que par une simple indication [3].

L'*Anchenilabrus frontalis*, Agass., a été trouvé dans l'argile de Londres.

Les Platylemus, Agassiz,

ne sont connus que par des plaques dentaires qui rappellent les os pharyngiens des labres et des scares. Ces plaques sont composées d'une masse dentaire continue à surface polie et faiblement émaillée, finement ponctuée, avec des dépressions correspondant aux canaux vasculaires [4].

Le *Platylemus Colei*, Dixon, a été trouvé à Bracklesham (Sussex) (éocène moyen).

4e ORDRE.

CYCLOÏDES MALACOPTÉRYGIENS.

Cet ordre, qui correspond aux malacoptérygiens de Cuvier, comprend les poissons à écailles cycloïdes [5] dont les nageoires ne sont soutenues que par des rayons mous. Il contient la grande majorité des poissons d'eau douce actuels, et son histoire paléontologique est la même que celle des ordres précédents [6].

[1] Agassiz, *id.*, p. 116; Giebel, *id.*

[2] *Leonh. und Bronn Neues Jahrb.*, 1849, p. 500.

[3] *Ann. des sc. nat.*, 3e série, t. III, p. 47.

[4] Ce genre a été décrit dans l'ouvrage de Dixon, *Geol. and foss. of Sussex*, p. 205, pl. 12, fig. 11 à 13.

[5] Voyez Atlas, pl. XXXII, fig. 2 à 4.

[6] Je dois encore rappeler ici que ces assertions peuvent être modifiées, si quelques uns des genres de la famille des leptolépides sont transportés dans la sous-classe des téléostéens. Ils appartiendraient à cet ordre et feraient remonter son apparition à l'époque jurassique. Voyez p. 26 et 37.

On n'y trouve également aucune famille éteinte , et l'on y observe la même loi relative aux genres , c'est-à-dire que presque tous les poissons de l'époque crétacée appartiennent à des genres éteints, et que ceux des terrains tertiaires s'associent d'autant mieux aux genres actuels qu'ils sont plus récents.

Nous divisons cet ordre en trois sous-ordres déjà reconnus par Cuvier et basés sur la place qu'occupe la nageoire ventrale. Ce sont les *jugulaires*, les *abdominaux* et les *apodes*.

1ᵉʳ Sous-ordre.
CYCLOIDES MALACOPTÉRYGIENS JUGULAIRES.

(*Anacanthiniens*, J. Müller.)

L'ordre des anacanthiniens de M. Müller correspond à celui des malacoptérygiens subbrachiens de Cuvier. Nous en avons séparé les pleuronectes , par les motifs indiqués plus haut.

Ce sous-ordre renferme trois familles : les GADOIDES, les OPHIDIDES et les HÉTÉROPYGIENS. La première seule a des représentants fossiles.

FAMILLE DES GADOIDES.

Cette famille, qui renferme les morues, se distingue facilement des deux autres. Les ophidides n'ent pas de pectorales, et les hétéropygiens sont des petits poissons presque aveugles, cylindriques, allongés, des lacs souterrains de l'Amérique du Nord. Les gadoïdes ont des formes normales, des écailles petites, et, en général, des nageoires dorsales nombreuses.

Les poissons fossiles de cette famille sont encore très mal connus.

LES MORUES (*Gadus*, Lin.)

ne paraissent pas avoir vécu avant l'époque actuelle.

Le *Gadus polynemus*, Fischer [1], de Russie (époque inconnue) doit, suivant M. Agassiz, devenir le type d'un genre nouveau.

Les RHINOCEPHALUS, Agassiz,

tiennent, par leur crâne, le milieu entre les merluches et les physis. Ils n'ont pas encore été décrits en détail [2].

Le *Rhinocephalus planiceps*, Agass., provient de l'argile de Londres.

Les GONIOGNATHUS, Agassiz,

d'abord associés aux coryphènes [3], paraissent plus voisins des merlans.

Le *Goniognathus coryphænoides*, Agass., a été trouvé dans le même gisement.

Le *Goniognathus maxillaris*, Agass., d'abord indiqué par ce savant paléontologiste, n'a pas été inscrit dans ses derniers catalogues.

Les MERLINUS, Agassiz,

se rapprochent aussi des merlans.

Le *Merlinus cristatus*, Agass. [4], se trouve également dans l'argile de Londres.

Les AMPHERISTUS, Kœnig,

devront probablement former, quand ils seront mieux connus, un type spécial.

L'*Ampheristus toliapicus*, Kœnig [5], est aussi un poisson de l'argile de Londres.

2ᵉ SOUS-ORDRE.

CYCLOIDES MALACOPTÉRYGIENS ABDOMINAUX.

(*Physostomes*, J. Müller.)

Nous comprenons sous ce nom les physostomes abdominaux de M. Müller, dont on aurait retranché les siluroïdes et les goniodontes.

[1] Fischer, *Nouv. Mém. de Moscou*, I, p. 298, pl. 21, fig. 1; Agassiz, in Bronn, *Nomenclator*, p. 521.

[2] Agassiz, *Ann. des sc. nat.*, 3ᵉ série, t. III, p. 35 et 47

[3] Agassiz, *Poiss. foss.*, V, p. 63, et *Ann. des sc. nat.*, id.

[4] *Ann. des sc. nat.*, id.

[5] Kœnig, *Icones sectiles*; Agassiz, *Poiss. foss.*, V, 2ᵉ part., p. 139, et *Ann. des sc. nat.*, id.

Ces poissons sont donc caractérisés : 1° par leurs nageoires soutenues par des rayons mous (malacoptérygiens) ; 2° par des écailles cycloïdes ; 3° par des nageoires ventrales à l'extrémité postérieure de l'abdomen (abdominaux) ; 4° par leur vessie natatoire toujours munie d'un canal aérien. Ce sous-ordre, très naturel, renferme principalement des poissons d'eau douce, et c'est à lui que se rapportent la plupart de ceux qui peuplent aujourd'hui nos lacs et nos fleuves. Il paraît que, dans les époques antérieures, sa distribution a été la même ; la plupart des cycloïdes malacoptérygiens abdominaux fossiles se trouvent également dans des dépôts d'eau douce.

Toutes les familles de cette division sont représentées à l'état fossile. Les espèces les plus anciennes se trouvent dans les terrains crétacés et étaient probablement marines. Les poissons d'eau douce n'ont été trouvés que dans des terrains tertiaires.

Ces familles sont caractérisées comme il suit :

1. CYPRINOÏDES. Des dents sur les pharyngiens, et pas aux mâchoires ; bouche petite, formée seulement par l'intermaxillaire ; maxillaire placé en arrière et parallèle ; trois rayons branchiostèges.

2. CYPRINODONTES. Ne différant des précédents que par des dents aux mâchoires.

3. SCOPÉLIDES. Bouche grande, formée seulement par l'intermaxillaire, et armée de dents coniques ; pas de dents aux pharyngiens.

4. ESOCIDES. Corps élancé ; bouche grande, formée à la fois par les intermaxillaires et les maxillaires qui sont sur une même ligne ; maxillaires sans dents ; nageoire dorsale très reculée.

5. HALÉCOÏDES. Corps allongé ; bouche formée par les intermaxillaires et les maxillaires, ces derniers souvent dentés ; nageoire dorsale médiane ; squelette grêle.

Ire FAMILLE. — CYPRINOIDES.

Les cyprinoïdes, dont la carpe est le type, sont des poissons oblongs, réguliers, abdominaux. Les os pharyngiens inférieurs ont une ou plusieurs rangées de dents fortes; mais les mâchoires n'en portent point. La bouche est petite, entourée de lèvres charnues. La colonne épinière est forte et composée de peu de vertèbres. Les rayons branchiostèges sont au nombre de trois.

On ne trouve des cyprinoïdes fossiles que dans les dépôts tertiaires d'eau douce. On n'a jamais vu aucune espèce fossile de cette famille associée à des poissons marins. Aussi peut-on dire que, dans les époques anciennes, comme de nos jours, la famille des cyprinoïdes est celle de toutes que l'on peut être le plus sûr de trouver dans les eaux douces.

Les espèces sont d'une étude très difficile, soit dans la nature vivante, soit surtout dans les fossiles. Heureusement ces derniers sont souvent conservés d'une manière très parfaite, et permettent de reconnaître la généralité de la loi qui établit qu'aucune espèce fossile ne vit de nos jours.

Les Carpes (*Cyprinus*, Cuv.)

ont une dorsale et une anale longues, de grosses écailles et une épine plus ou moins forte à la dorsale.

On a souvent rapporté à ce genre [1] des fossiles qui ne lui appartiennent pas. Il paraît cependant qu'on peut admettre le *Cyprinus priscus*, H. de Meyer [2], des marnes tertiaires d'Unterkirchberg, près Ulm. Sa nageoire anale commence au point où cesse la dorsale. Il n'est pas certain qu'il ait eu de rayon épineux à la dorsale, et peut-être dans ce genre, comme dans les barbeaux, y a-t-il des différences entre les espèces sous ce point de vue.

Les Tanches (*Tinca*, Cuv.),

caractérisées par leur corps trapu, leurs nageoires épaisses et leurs petites écailles, ont vécu à l'époque tertiaire [3].

[1] Les cyprins des terrains tertiaires miocènes d'Auvergne doivent former un genre nouveau (Agassiz, *Bull. Soc. géol.*, 2e série, t. III. p. 572). Les dents du calcaire de Steinheim rapportées par Plieninger à des cyprinoïdes sont douteuses. (*Wurtemb.*, *Jahreshefte*, 1847, p. 162.)

[2] *Leonh. und Bronn Neues Jahrb.*, 1851, p. 80.

[3] Voyez pour ces trois espèces, Agassiz, *Poiss. foss.*, V, 2e part., p. 10 et 17, pl. 51, 51 *a* et 52; Giebel, *Fauna der Vorwelt*, I, 3, p. 107.

Deux espèces se trouvent dans les schistes d'OEningen :

La *Tinca furcata*, Agass., a la caudale bifurquée et l'anale étroite.

La *Tinca leptosoma*, Agass., a aussi la caudale fourchue et à lobes peu arrondis. Elle est plus grêle que les espèces vivantes. Ses écailles sont figurées dans l'Atlas, pl. XXXII, fig. 4.

Une troisième espèce de petite taille, *Tinca micropygoptera*, Agass., caractérisée par une anale étroite et par des ventrales larges pourvues d'un gros rayon extérieur, a été trouvée dans le calcaire d'eau douce tertiaire de Steinheim en Wurtemberg [1].

Les Goujons (*Gobio*, Cuv.)

sont de petits poissons fusiformes, à barbillons, à dorsale et à anale courtes, sans épines.

Le *Gobio analis*, Agass. [2], a les ventrales plus rapprochées de l'anale que l'espèce vivante. Il a été découvert dans les schistes d'OEningen.

Les Ables (*Leuciscus*, Klein),

qui sont si abondantes aujourd'hui dans les eaux douces, ont le corps fusiforme, couvert de grandes écailles, et un squelette robuste. Elles n'ont ni épines aux dorsales, ni barbillons.

M. Agassiz en a décrit dix espèces des terrains tertiaires [3]. Quatre d'entre elles sont d'OEningen :

Le *Leuciscus œningensis*, Agass., espèce trapue, à grosses vertèbres et à larges côtes [4].

Le *Leuciscus latiusculus*, Agass., dont le tronc est très large, la tête petite et les osselets interapophysaires développés.

Le *Leuciscus pusillus*, Agss., petite espèce allongée, voisine du *L. aphya*, à caudale très échancrée.

Le *Leuciscus heterurus*, Agass., très petite espèce, dont le lobe supérieur de la queue est plus court, plus large et plus arrondi que l'inférieur.

[1] C'est, suivant M. Giebel, la *Tinca microptera*, Jaeger, *Foss. Wirbelth., Wurtembergs.*

[2] Agassiz, *Poiss. foss.*, V, 2, p. 15, et pl. 54, fig. 1-3 ; Giebel, *Fauna der Vorwelt*, I, 3, p. 107. Ce poisson a déjà été indiqué par Lavater dans le catalogue envoyé à de Saussure, *Voyages*, III, p. 336, et confondu avec le goujon ordinaire.

[3] Voyez pour ces dix espèces, Agassiz, *Poiss. foss.*, V, 2, p. 22, pl. 54 *a*, 54 *b*, 54 *c* et 56-59 ; Giebel, *Fauna der Vorwelt*, I, 3, p. 109.

[4] Ce poisson a déjà été figuré par Scheuzer, *Piscium querelæ*, pl. 3, et par d'Argenville, *Oryct.*, pl. 18. Il a été confondu par M. de Blainville, *Ichth.*, p. 73, avec le meunier (*C. Jeses*). Voyez encore pour les espèces d'OEningen, le catalogue précité de Lavater.

Une cinquième espèce, le *Leuciscus leptus*, Agass., a été trouvée dans le polierschiefer, terrain tertiaire du Habichtswald. Elle est élancée et cylindracée, et a la bouche petite [1].

Deux autres sont des lignites d'Allemagne.

Le *Leuciscus macrurus*, Agass., a un squelette robuste, des nageoires grandes et une caudale longue. Elle provient des environs de Bonn.

Le *Leuciscus papyraceus*, Bronn, est une petite espèce grêle, à queue large, à caudale peu fourchue, des lignites tertiaires et en particulier de ces couches à feuillets minces connues sous le nom de *papier Kohle* [2].

Le terrain tertiaire de Steinheim en Wurtemberg en a aussi fourni deux espèces.

Le *Leuciscus Hartmanni*, Agass., se fait remarquer entre toutes les ables fossiles par sa grande taille, et par le développement extraordinaire des os du crâne.

Le *Leuciscus gracilis*, Agass., est une espèce allongée et grêle, à caudale très échancrée.

Le *Leuciscus brevis*, Agass., caractérisé par sa forme trapue et ses vertèbres hautes et courtes, est d'une origine inconnue.

Depuis les travaux de M. Agassiz, quelques espèces nouvelles ont été décrites.

M. Reuss [3] en a fait connaître deux des terrains tertiaires de Bohême, les *Leuciscus acrogaster* et *medius* (demi-opale de Luschitz).

M. H. de Meyer [4] en a décrit aussi quelques espèces du même pays; ce sont :

Le *Leuciscus Stephani*, H. de Meyer, du calcaire d'eau douce de Walisch.

Le *Leuciscus Colei*, H. de Meyer, du même gisement, et qui se trouve également dans la demi-opale de Luschitz.

LES ASPIUS, Agass.,

diffèrent des *Leuciscus* par leur corps comprimé et leur squelette grêle. Leur dorsale est en arrière des ventrales. Ce genre renferme plusieurs espèces vivantes qui sont presque toutes de petite taille. Elles habitent les eaux douces de presque toutes les parties du monde.

[1] Voyez encore pour cette espèce, Landgrebe, *Leonh. und Bronn Neues Jahrb.*, 1843, p. 137.

[2] Ce poisson a été décrit par Bronn, *Zeitschr. für. Miner.*, 1828, p. 380, pl. 3; Geinitz, *Verstein.*, p. 122. Il faut lui réunir le *L. cephalon*, Zenker, *Neues Jahrb.*, 1833, p. 393, pl. 5, fig. 1.

[3] *Geognost. Skizzen aus Böhmen*, t. II, p. 262.

[4] *Palæontographica*, t. II, p. 45, pl. 5.

M. Agassiz en a décrit deux espèces fossiles [1] :

L'*Aspius gracilis*, Agass., a le corps effilé et les lobes de la caudale arrondis. Il a été trouvé dans les schistes d'OEningen.

L'*Aspius Brongniarti*, Agass., est plus trapu. Il a une petite tête et une colonne vertébrale droite. Il provient des lignites de Ménat (Puy-de-Dôme).

M. H. de Meyer en a ajouté deux autres des terrains tertiaires de Bohême [2] :

L'*Aspius furcatus*, H. de Meyer, trouvé dans le terrain d'eau douce de Kostenblatt et dans les schistes à tripoli de Kutschlin.

L'*Aspius elongatus*, H. de Meyer, de ce dernier gisement.

LES RHODEUS, Agass.,

ont aussi le corps comprimé, mais plus trapu. Leur dorsale est opposée à l'anale. Ce genre ne comprend aujourd'hui qu'une petite espèce des eaux douces d'Europe.

Le *Rhodeus elongatus*, Agass., est grêle et allongé, et a un squelette très mince.

Le *Rhodeus latior*, Agass., est plus trapu.

Ces deux espèces viennent des schistes d'OEningen [3].

LES LOCHES (*Cobitis*, Lin.)

ont le corps allongé, revêtu de petites écailles. Les joues sont lisses et les sous-orbitaires cachés sous la peau. Les dents pharyngiennes sont effilées et taillées en biseau. Les espèces vivantes sont de petite taille et habitent les eaux douces.

M. Agassiz en a décrit trois espèces fossiles [4] :

La *Cobitis centrochir*, Agass., a les pectorales grandes, avec un premier rayon très vigoureux. Elle se trouve à OEningen [5].

La *Cobitis cephalotes*, Agass., de la même localité, est plus allongée et a la tête très longue et la queue large.

[1] Agassiz, *Poiss. foss.*, V, 2, p. 36, pl. 55 ; Giebel, *Fauna der Vorwelt*, I, 3, p. 112. L'*Aspius gracilis* paraît être le *Cyprinus grislagine*, et le *Clupea alosa* du catalogue Lavater (*Voyages de de Saussure*). L'*Aspius Brongniarti* a été indiqué sous le nom de *Cyprinus* par M. Croizet, *Bull. Soc. géol.*, 1833, t. IV, p. 22.

[2] *Palæontographica*, t. II, p. 59, pl. 8 et 12.

[3] Agassiz, *Poiss. foss.*, V, 2, p. 40, pl. 54 ; Giebel, *Fauna der Vorwelt*, I, 3, p. 113. Le *R. elongatus* paraît être le *Cyprinus nasus* du catalogue de Lavater (*Voyages de de Saussure*).

[4] Agassiz, *Poiss. foss.*, V, 2, p. 11, pl. 50 ; Giebel, *Fauna der Vorwelt*, I, 3, p. 106.

[5] C'est la *Cobitis barbatula* du catalogue de Lavater (*Voyages de de Saussure*). Elle a été aussi trouvée dans l'Astésan. Voyez Eug. Sismonda, *Poiss. et crust. trouvés en Piémont*, p. 12, pl. 2, fig. 58.

La *Cobitis longiceps*, Agass., a été trouvée dans le calcaire d'eau douce de Mombach [1].

LES ACANTHOPSIS, Agass.,

ont été détachées des loches par M. Agassiz, et comprennent les espèces dont le corps est allongé et comprimé, et dont le premier sous-orbitaire est mobile et terminé en pointes acérées. Plusieurs espèces vivent aujourd'hui dans les eaux douces de l'Europe et de l'Inde.

On n'en connaît qu'une espèce fossile, à corps très étroit, l'*Acanthopsis angustus*, Agass., des schistes d'OEningen [2].

LES SCARDINIUS, Heckel,

me sont encore inconnus. Je trouve ce genre indiqué comme appartenant aux cyprinoïdes [3].

Le *Scardinius homospondylus*, Heck., a été trouvé à Eibiswald (Unter Steyermark).

2ᵉ FAMILLE. — CYPRINODONTES.

Les cyprinodontes ont tous les caractères des cyprinoïdes, mais leurs mâchoires portent des dents. Ce sont des poissons de petite taille, qui habitent les eaux douces de la zone tempérée et de la zone tropicale.

On en connaît cinq genres vivants, mais un seul d'entre eux a des représentants fossiles [4].

LES LÆBIAS, Cuv.

ont le corps peu allongé, les mâchoires aplaties horizontalement

[1] M. H. de Meyer a donné une description de cette espèce, dans *Palæontographica*, t. I, p. 151, pl. 20, fig. 2.

[2] Agassiz, *Poiss. foss.*, V, 2, p. 8, pl. 50, fig. 2 et 3; Giebel, *Fauna der Vorwelt*, I, 3, p. 106.

[3] *Leonh. und Bronn Neues Jahrb.*, 1849, p. 499.

[4] Le genre *Poecilia* a été indiqué occasionnellement dans une note, par M. Agassiz, *Poiss. foss.*, IV, p. 170, comme trouvé fossile dans les gypses de Paris. Il nomme *P. Lametherei* le poisson rapporté par de Lamétherie au genre brochet (*Journal de phys.*, t. LVII, p. 320), et avec doute aux mormyres, par Cuvier, *Ossem. foss.*, 4ᵉ édit., t. V, p. 626, pl. 157, fig. 12. Mais M. Agassiz ne le mentionne plus en parlant des cyprinodontes, t. V, 2, p. 47.

et garnies d'une rangée de dents dentelées. Les opercules sont grands et les rayons branchiostèges nombreux.

On connaît cinq espèces fossiles [1] :

Le *Lebias cephalotes*, Agass., a sa caudale tronquée, ou légèrement échancrée. C'est une petite espèce dont on trouve souvent de nombreux individus réunis dans le terrain tertiaire d'Aix en Provence. La figure 8 de la planche XXXII de l'Atlas représente un fragment d'une plaque sur laquelle on observe une quantité considérable de ces petits poissons.

Le *Lebias perpusillus*, Agass., est une très petite espèce à dos voûté, des schistes d'OEningen.

Le *Lebias gobio*, Münster, est trapu, a la tête grosse et les ventrales très reculées. Il provient des lignites de Senssen (Fichtelgeleirge).

Le *Lebias Meyeri*, Agass., a le corps élancé, les nageoires très développées, et la caudale ample et tronquée. Il a été trouvé dans l'argile plastique des environs de Francfort.

Le *Lebias crassicaudus*, Agass., est caractérisé par une caudale courte et large, et de grosses écailles. Il a été découvert dans une marne tertiaire à Gesso, près de Sinigaglia. M. Eug. Sismonda l'a trouvé aussi dans l'Astésan [2].

3e FAMILLE. — SCOPÉLIDES.

Les scopélides ont beaucoup de rapports avec les halécoïdes ; mais leur mâchoire supérieure n'est formée que par l'intermaxillaire, et le maxillaire lui est parallèle en arrière. Ces caractères extérieurs concordent avec des différences importantes dans les organes de la génération.

Cette famille, qui renferme à l'état vivant les *Saurus*, *Scopelus*, etc., poissons des zones chaudes, n'est représentée à l'état fossile que par un seul genre associé d'abord aux halécoïdes.

Les Osméroïdes, Agass.

sont des poissons fossiles de la craie qui ressemblent beaucoup aux éperlans, mais qui ont la dorsale plus avancée, la tête aplatie, la bouche plus petite et les dents en velours ras. Leur squelette ressemble à celui des clupes, mais sans côtes sternales.

M. Agassiz en a décrit quatre espèces [3] :

[1] Agassiz, *Poiss. foss.*, V, 2, p. 47, pl. 41 ; Giebel, *Fauna der Vorwelt*, I, 3, p. 115.

[2] *Poiss. et crust. foss. du Piémont*, p. 13, pl. 2, fig. 59.

[3] Agassiz, *Poiss. foss.*, V, 2, p. 103, pl. 60 b et 60 d ; Giebel, *Fauna der Vorwelt*, I, 3, p. 122 ; Roemer, *Kreidegeb.*, p. 111.

L'*Osmeroïdes Monasterii*, Agass., du grès vert de Ringerode, près de Münster, à corps trapu et à tête grosse.

L'*Osmeroïdes microcephalus*, Agass., dont la tête est petite. Il vient du grès vert des Baumberge.

L'*Osmeroïdes lewesiensis*, Agass. [1], a le corps allongé, la tête aplatie et la bouche peu fendue. Il a été trouvé dans la craie de Lewes. Ce même gisement renferme une quatrième espèce, l'*Osmeroïdes granulatus*, Agass.

Une cinquième espèce de la craie du Sussex a été décrite par M. Dixon [2]; c'est l'*Osmeroïdes crassus*.

J'en ai ajouté une sixième, l'*Osmeroïdes megapterus*, Pictet [3], des calcaires tendres de Sach el Aalma (mont Liban).

4ᵉ FAMILLE. — ÉSOCIDES.

Les ésocides sont des poissons élancés, couverts de grandes écailles et à ventrales abdominales. Leurs maxillaires supérieurs sont dépourvus de dents et placés à la suite des intermaxillaires. La mâchoire inférieure, les palatins et le vomer portent des dents ordinairement fortes et coniques. Ils forment ainsi une sorte de passage entre les trois familles précédentes, qui ont le maxillaire situé derrière l'intermaxillaire et parallèle à cet os, et les halécoïdes dans lesquels le maxillaire porte des dents comme l'intermaxillaire.

Les terrains tertiaires d'eau douce renferment des brochets fossiles qui ont joué probablement le même rôle qu'aujourd'hui, et un genre éteint qui en paraît voisin. Les terrains marins en ont aussi un. On doit peut-être encore rapporter à la même famille quelques genres moins connus, qui l'auraient représentée pendant la période crétacée où les vrais brochets n'existaient pas.

LES BROCHETS (*Esox*, Lin.)

sont caractérisés par leur grande tête, leur museau allongé, obtus et déprimé, leur gueule très fendue, leurs dents nombreuses, etc. Le brochet commun est, comme on le sait, répandu dans toutes les eaux douces d'Europe, et est connu par sa voracité.

[1] C'est le *Salmo lewesiensis*, Mantell, *Geol. of Sussex*, pl. 33, 34 et 40; Geinitz, *Character.*, p. 11, pl. 2, fig. 3 *a, b*; Dixon, *Geol. and foss. of Sussex*, p. 376, pl. 33, fig. 4. Voyez Atlas, pl. XXXII, fig. 2, une écaille figurée.

[2] Dixon, *Geol. and foss. of Sussex*, p. 376.

[3] *Poiss. foss. du Liban*, p. 27, pl. 3, fig. 3, et *Mém. soc. phys. et d'hist. nat.*, t. XII, p. 300.

On trouve dans les marnes diluviennes des environs de Breslau un brochet (*Esox Otto*, Agass.), très voisin de celui d'Europe. Ce poisson n'a été trouvé que par fragments; mais une étude approfondie de ses os détachés a permis à M. Agassiz de reconnaître qu'il ne peut pas être confondu avec les espèces vivantes [1].

L'*Esox lepidotus*, Agass., est une espèce d'Œningen dont les écailles sont beaucoup plus grandes que celles du brochet commun [2].

L'*Esox waltschanus*, H. de Meyer, a été trouvé dans le calcaire d'eau douce de Waltsch en Bohême [3].

Les Holosteus, Agass.,

ne vivent plus de nos jours et ne sont pas encore très bien connus. Leur corps est plus allongé que celui des brochets, leurs côtes sont minces et leurs arêtes musculaires nombreuses et très grandes. Ce genre se rapproche probablement des orphies (les mâchoires ne sont pas connues).

On n'en a trouvé qu'une seule espèce, l'*Holosteus esocinus*, Agass., du Monte Bolca. Son habitation marine confirme ses analogies probables avec les ésocides à long bec [4].

Les Sphenolepis, Agass.,

qui sont aussi un genre éteint, ne sont pas beaucoup mieux connus. Leur forme allongée, leur museau grêle et leurs grandes écailles semblent prouver que ce sont bien des ésocides. Ils ont le museau plus allongé et la dorsale moins reculée que les brochets, car cette nageoire est opposée aux ventrales. Ils habitaient les eaux douces de l'époque tertiaire.

On en connaît deux espèces [5] :

[1] Agassiz, *Poiss. foss.*, V, 2, p. 68, pl. 47; Giebel, *Fauna der Vorwelt*, I, 3, p. 117.

[2] Agassiz, *id.*, pl. 42; Giebel, *id.*; Knorr, *Merckwürd.*, t. I, pl. 26; Scheuzer, *Piscium querelæ*, pl. 1.

[3] *Palæontographica*, t. II, p. 49, pl. 6 et 7.

[4] Agassiz, *Poiss. foss.*, V, 2, p. 85, pl. 43, fig. 5; Giebel, *Fauna der Vorwelt*, I, 3, p. 117.

[5] Agassiz, *Poiss. foss.*, V, 2, p. 87, pl. 44 et 45; Giebel, *Fauna der Vorwelt*, I, 3, p. 118. Le *S. squamosus* est le *Cyprinus squamosseus*, Blainville, *Ichth.*, p. 67. Le *S. Cuvieri* a été décrit par Cuvier, *Ossem. foss.*, 4ᵉ édit., V, p. 630, pl. 157, fig. 11 et 158, fig. 8-13 (*Truite*). M. de Blainville, *Ichth.*, en fait un genre nouveau Anormurus (*A. macrolepidotus*).

Le *Sphenolepis squamosseus*, Agass., est une grande espèce à vertèbres robustes, à apophyses épineuses fortes et droites, et à côtes grêles. Les écailles sont très allongées et striées dans le sens de leur longueur. Il se trouve à Œningen.

Le *Sphenolepis Cuvieri*, Agass., a le corps plus allongé et plus grêle, la tête courte, les nageoires petites et la caudale à peu près ronde. Ce poisson a été découvert dans les gypses de Montmartre.

Les Istieus, Agass.,

forment un genre remarquable et qui a disparu de la création actuelle. Ils ont des rapports avec les scombéroïdes et avec les ésocides. On ne connaît pas assez leur dorsale pour savoir si les premiers rayons sont épineux ; mais leurs ventrales abdominales, la forme de leur caudale, leur anale très reculée et leurs grandes écailles semblent démontrer qu'ils doivent être rapportés à cette dernière famille. Ils se distinguent d'ailleurs facilement de tous les ésocides par leur dorsale qui s'étend tout le long du dos, leur gueule petite, leurs vertèbres très courtes, et leurs osselets apophysaires moins nombreux que les apophyses.

Ce genre paraît limité aux terrains crétacés [1].

Trois espèces proviennent de la craie des Baumberge, près de Münster ;

L'*Istieus grandis*, Agass., à tête allongée et à osselets interapophysaires très robustes.

L'*Istieus macrocephalus*, Agass., à tête très grande et à osselets moins forts.

L'*Istieus microcephalus*, Agass., à tête courte et massive.

Une quatrième espèce, l'*Istieus gracilis*, Münster, caractérisée par des côtes courtes et par une caudale très fourchue, a été trouvée dans le grès vert de quelques parties de l'Allemagne [2].

Je rapporte à cette famille un genre associé par M. Agassiz aux sclérodermes :

Les Rhinellus, Agass.

J'ai montré, en effet, que, par une erreur dont mon savant ami avait lui-même admis la possibilité, ce genre avait été caractérisé en réunissant quelques uns des caractères qui lui sont propres avec ceux des dercetis. M. Agassiz avait associé à une tête de rhi-

---

[1] Agassiz, *Poiss. foss.*, V, 2, p. 91, pl. 15 à 18; Giebel, *Fauna der Vorwelt*, I, 3, p. 119.

[2] C'est le même que l'*Istieus polyspondylus*, Münster, in *Leonh. und Bronn Neues Jahrb.*, 1834, p. 539. Il est cité aussi par Roemer, *Kreidegebirge*, p. 111.

nellus le corps d'un dercetis : d'où il avait inféré à tort, chez le
premier, l'existence d'une armure sur les côtés.

Les rhinellus sont des poissons allongés, à bec semblable à celui
des bélones, à nageoire dorsale située en arrière du milieu du
corps, à nageoires ventrales abdominales, et à nageoire anale
commençant en arrière de la dorsale

Le *Rhinellus furcatus*, Agass., est un petit poisson de trois à quatre pouces
de long sur deux ou trois lignes de large. Il a été trouvé au mont Liban (calcaires tendres de Sach et Aalma) [1].

Le *Rhinellus nasalis*, Agass., n'est connu que par une figure de l'*Itt. Ver.*
(*Pegasus lesiniformis*), qui, suivant M. Agassiz, paraît se rapporter à ce
genre [2].

5ᵉ FAMILLE. — HALÉCOÏDES.

Cette famille renferme deux types que l'on a presque toujours
considérés comme distincts, c'est-à-dire les deux familles nommées
par Cuvier CLUPES et SALMONES. La présence d'une nageoire adi-
peuse dans les derniers ne peut pas être un caractère suffisant
pour les séparer, et l'analogie de composition de leur bouche tend
au contraire à les réunir.

Les uns et les autres sont des poissons réguliers à écailles cycloïdes et à ventrales abdominales. Dans tous, le maxillaire supérieur fait partie du bord de la mâchoire et est souvent armé de
dents (Atlas, pl. XXXII, fig. 1). Leur squelette est grêle, avec ou
sans côtes sternales.

Les Halécoïdes ont apparu dès les terrains crétacés ; on en trouve
dans les grès verts et dans la craie. Les schistes de Glaris, le
Monte Bolca et les autres terrains tertiaires en renferment plusieurs. La plupart des espèces peuvent se classer dans les genres
actuels ; quelques unes cependant ont exigé la formation de genres
nouveaux.

Cette famille renferme des poissons marins et d'eau douce.

[1] Agassiz, *Poiss. foss.*, t. II, p. 260, pl. 58 *b*, fig. 5 ; Heckel, *Fische
Syriens*, p. 238, pl. 23 ; Pictet, *Poiss. du Liban*, p. 43, pl. 8, fig. 3 et 4,
et *Mém. Soc. phys. et d'hist. nat. de Genève*, t. XII, p. 318 ; Giebel, *Fauna
der Vorwelt*, 1, 3, p. 158.

[2] Agassiz, *id.* ; Giebel, *id.*, *Itt. Ver.*, pl. 39, fig. 1 ; Blainv., *Ichth.*, p. 36.

1ʳᵉ Tribu. — SALMONES,

OU HALÉCOÏDES MUNIS D'UNE SECONDE DORSALE ADIPEUSE.

Le genre des Saumons, qui est aujourd'hui un des principaux de cette famille, soit par le nombre des espèces qu'il renferme, soit par leur grande taille, n'est pas représenté à l'état fossile. Les diverses citations que renferment à cet égard d'anciens ouvrages paraissent erronées [1]. Les Lavarets (*Correganus*), qui sont aussi si abondants aujourd'hui, n'ont également pas existé dans les époques antérieures à la nôtre.

Les Éperlans (*Osmerus*, Art.)

ressemblent aux saumons, mais ils n'ont que huit rayons branchiostéges. Leurs maxillaires et leurs palatins ont de fortes dents coniques. Leur dorsale est opposée aux ventrales. Une espèce vit aujourd'hui en abondance à l'embouchure des grands fleuves [2].

L'*Osmerus Cordieri*, Agass., en diffère par son corps très élancé, sa tête petite et sa bouche largement fendue. Il a été trouvé dans le grès vert d'Ibbenbüren, en Westphalie.

L'*Osmerus glarisianus*, Agass., a la tête plus grosse et la dorsale plus reculée. Il provient des schistes de Glaris.

Les Loddes (*Mallotus*, Cuv.)

sont voisines des éperlans, mais ont des dents en velours ras sur les mâchoires, le palais et la langue. On n'en connaît aujourd'hui qu'une espèce des mers septentrionales. Cette même espèce se trouve fossile au Groënland dans des rognons de marne, qui sont probablement d'origine récente [3].

Les trois genres suivants, qui contiennent des poissons de la craie, paraissent voisins des salmones ; mais ils sont encore trop peu connus pour que leurs affinités soient suffisamment établies.

[1] Ainsi les *Salmo articus*, Krüg., et *grœnlandicus*, Bloch, sont des *Mallotus*. Le *Salmo cyprinoïdes* de l'*Ill. Ver.* est un *Oreynus*. Le *S. muræna* du même ouvrage est une clupe. Le *Salmo leuciscus*, Mantell, est un osméroïde, etc.

[2] Agassiz, *Poiss. foss.*, V, 2, p. 104, pl. 60 d et 62 ; Giebel, *Fauna der Vorwelt*, I, 3, p. 121.

[3] Agassiz, *Poiss. foss.*, V, 2, p. 98, pl. 60 ; Giebel, *Fauna der Vorwelt*, I, 3, p. 121.

Les Acrognathus , Agass. , sont de petits poissons cycloïdes , abdominaux, à tête grande et aplatie, de la craie de Lewes (1).

L'*Acrognathus boops*, Agass., a d'énormes orbites.

Les Aulolepis , Agass. , sont trapus, à museau effilé , garni de dents coniques (2).

Ce genre renferme une seule espèce, l'*Aulolepis typus*, Agass., qui est aussi de la craie de Lewes.

Les Tomognathus, Agass., ne sont connus que par une portion de crâne et par des mâchoires courtes, armées de très fortes dents (3).

Le *T. mordax*, Dixon, et le *T. leiodus*, id., ont été trouvés dans la craie du Sussex.

2e TRIBU. — CLUPES.

OU HALÉCOIDES DÉPOURVUS DE NAGEOIRE ADIPEUSE.

Les Aloses (*Alosa* , Cuv.)

ont, comme les clupes, des côtes sternales et la colonne vertébrale composée d'un grand nombre de vertèbres. Elles se distinguent par une échancrure au milieu de la mâchoire supérieure.

L'*Alosa elongata*, Agass., a été apportée du terrain tertiaire d'Oran. Elle est plus allongée que les espèces vivantes (4).

Les Harengs (*Clupea*, Lin.)

ont aussi des côtes sternales ; leur squelette est très grêle, et leur mâchoire supérieure n'a pas d'échancrure.

Les espèces fossiles sont nombreuses. Il est difficile de leur appliquer la subdivision en genres qui a été proposée par M. Valenciennes (5) ; car si quelques unes d'entre elles sont assez bien conservées pour qu'on puisse y étudier les caractères de dentition sur lesquels ces genres sont fondés, la plupart ne les présentent pas

(1) Agassiz, *Poiss. foss.*, V, 2, p. 108, pl. 60 *a* ; Giebel, *Fauna der Vorwelt*, 1, 3, p. 123.

(2) Agassiz, id.; Giebel, id.

(3) Dixon, *Geol. and foss. of Sussex*, p. 376, pl. 30, fig. 31, et pl. 35, fig. 1.

(4) Agassiz, *Poiss. foss.*, V, 2, p. 113, pl. 64 ; Giebel, *Fauna der Vorwelt*, 1, 3, p. 124.

(5) Cuvier et Valenciennes, *Hist. nat. des poissons*, t. XIX.

avec une clarté suffisante. Nous conservons donc ici un genre unique.

Les espèces les plus anciennes ont été trouvées au mont Liban (terrain cénomanien) [1].

On trouve dans les calcaires tendres de Sach el Aalma la *Clupea lata*, Agass., *minima*, id., et *Beurardi*, Blainv.

Les *Clupea macrophthalma*, Heckel, *sardinoides*, Pictet, *laticauda*, idem, *brevissima*, Agass., et *gigantea*, Heckel, ont été découvertes dans les calcaires durs de Hakel.

Les schistes de Glaris ont fourni les *Clupea brevis*, Agass., *C. megaptera*, Blainv., et *C. Schenzeri*, Blainv. [2].

On trouve au Monte Bolca les *Clupea macropoma*, Agass., *C. leptostoma*, Agass., *C. catopygoptera*, Agass., et *C. minuta*, Agass. [3].

La *Clupea tenuissima*, Agass., a été trouvée dans les environs de Rimini, et la *C. Goldfussii*, Agass., dans les environs de Bingen.

M. H. de Meyer [4] a indiqué la *Clupea humilis* (olim *gracilis*) des marnes tertiaires de Unterkirchberg, près Ulm.

M. Heckel [5] en a fait connaître quatre espèces, la *Clupea Haidingeri*, du calcaire de Leitha, etc., et trois autres qui, suivant lui, appartiennent au genre MELETTA, Val. Ce sont la *M. sardinites*, de Radoboj, la *M. longimana*, des schistes tertiaires de Krakowiza, en Galicie, et la *M. crenata*, du sable tertiaire (karpathen sandstein), de Zakliczyn.

LES ANCHOIS (*Engraulis*, Cuv.)

sont faciles à distinguer par leur bouche fendue jusque bien en arrière des yeux, leur museau pointu et leur squelette grêle.

On n'en connaît qu'une espèce fossile, l'*Engraulis evolans*, Agass., du Monte Bolca, dont les nageoires sont bien plus développées que dans les espèces vivantes [6].

[1] Agassiz, *Poiss. foss.*, V, 2, p. 115, pl. 61 ; Giebel, *Fauna der Vorwelt*, I, 3, p. 125 ; Heckel, *Fische Syriens*, p. 242, pl. 23 ; Pictet, *Poiss. du Liban*, p. 36, pl. 7 et 8, et *Mém. Soc. phys. et d'hist. nat. de Genève*, t. XII, p. 310.

[2] Agassiz, id. ; Giebel, id.

[3] Agassiz, id. ; Giebel, id. La *C. macropoma* a été figurée dans l'*Itt. Ver.*, sous les noms de *C. sinensis*, pl. 65, *C. thrissa*, pl. 25, *C. cyprinoides*, id., *Salmo muraena*, pl. 48. Ce sont les *Clupea muraenoides et thrissoides*, Blainv., *Ichth.*, p. 39.

[4] *Leonh. und Bronn Neues Jahrb.*, 1851, p. 60.

[5] *Beitr. zur Kent. der Fische Oesterreichs*, 1re livraison, p. 28 et 37, pl. 9 à 14.

[6] Agassiz, *Poiss. foss.*, V, 2, p. 121, pl. 37, fig. 1 et 2 ; Giebel, *Fauna*

Les Mégalopes (*Megalops*, Lacép.)

ont les formes générales et les mâchoires des harengs ; mais leur
corps n'est pas comprimé et leur ventre n'est pas tranchant. Ce
sont aujourd'hui des poissons des mers chaudes.

Le *Megalops prisca*, Agass., est de l'argile de Sheppy (1).

Les Spaniodon, Pictet, — Atlas, pl. XXXII, fig. 9,

ont une bouche médiocre, qui se distingue de celle de tous les
genres précédents, parce qu'elle est armée de quelques dents allongées, robustes, en forme de crochets pointus. Ces dents sont
portées en haut par l'intermaxillaire seul, et la mâchoire inférieure
n'en présente que dans sa partie antérieure. Les rayons branchiostéges sont nombreux, le squelette grêle. La nageoire dorsale est située vers le milieu du corps, l'anale est très près de la
queue, la caudale est fourchue, la pectorale médiocre, et les ventrales sont situées très en arrière (2).

Le *Spaniodon Blondelii*, Pictet, et le *Spaniodon elongatus*, id., ont été
trouvés dans les calcaires tendres de Sach el Aalma (mont Liban).

Les Chirocentrites, Heckel,

ont le corps allongé comme les chirocentres et les thrissops ; une
bouche ouverte en dessus, formée par un petit intermaxillaire et
un grand maxillaire, en forme de sabre ; des dents coniques disposées sur un seul rang, les antérieures grandes, les postérieures
très petites ; des rayons branchiostéges nombreux, les suborbitaires
très épais, le préopercule triangulaire et dentelé ; une dorsale
courte, située très en arrière ; une anale longue, dont les rayons
antérieurs sont très élevés ; des ventrales médianes, une caudale
très fourchue, et des écailles médiocres, dures et sans lignes
rayonnées.

der Vorwelt, I, 3, p. 127. C'est la *Clupea evolans*, Blainv., *Ichth.*, p. 40.
Ce même poisson a été figuré dans l'*Ill. Ver.*, sous les noms d'*Exocetus
evolans*, pl. 22, fig. 2, d'*E. exiliens*, pl. 39, fig. 5, et de *Silurus catus*,
pl. 39, fig. 2.

(1) Agassiz, *Poiss. foss.*, V, 2, p. 114 ; *Ann. des sc. nat.*, 3e série, t. III,
p. 47. Giebel, *Fauna der Vorwelt*, I, 3, p. 124.

(2) Pictet, *Poiss. du Liban*, p. 33, pl. 5 et 6, et *Mém. Soc. phys. et d'hist.
nat. de Genève*, t. XII, p. 306.

Ces poissons paraissent appartenir à l'époque crétacée (1).

Le *Chirocentrites corononii*, Heckel, a été trouvé dans les schistes bitumineux de Goriansk, près Gorice.

Le *C. gracilis*, Heckel, a été découvert aussi dans un schiste bitumineux noir du cercle de Gorice, près Comen.

Le *C. microdon*, Heckel, provient des schistes lithographiques (crétacés) de l'île Lesina.

Les HALEC, Agass.,

ont la tête large et aplatie des élops, la gueule fendue presque comme dans les anchois, les os de la mâchoire inférieure très étroits et pas de côtes sternales.

L'*Halec Steinbergerii*, Agass., est du planer de Bohême (2).

Les HALECOPIS, Agass.,

ne sont encore connus par aucune description (3).

L'*H. lœvis*, Agass., a été trouvé dans l'argile de Londres.

Les ÉLOPIDES, Agass.,

ne sont pas mieux connus (4).

L'*Élopides Couloni*, Agass., provient des schistes de Glaris.

Les CŒLOGASTER, Agass.,

sont dans le même cas (5).

Le *Cœlogaster analis*, Agass., a été découvert au Monte Bolca.

Les PLATINX, Agass.,

sont très bien caractérisés par le premier rayon de leurs pectorales qui est fort allongé.

On en connaît deux espèces du Monte Bolca (6) :

(1) Heckel, *Beitr. zur Kenbnies der foss. Fische Oesterreichs*, p. 3, pl. 1 à 3.

(2) Agassiz, *Poiss. foss.*, V, 2, p. 123, pl. 63 ; Reuss, *Kreideg.*, I, 3, p. 13, pl. 22 et 23 ; Giebel, *Fauna der Vorwelt*, I, 3, p. 127.

(3) Agassiz, *Ann. des sc. nat.*, 3ᵉ série, t. III, p. 47.

(4) Agassiz, *Poiss. foss.*, V, 2, p. 139.

(5) Agassiz, *Poiss. foss.*, V, 2, p. 126.

(6) Agassiz, *Poiss. foss.*, V, 2, p. 125, pl. 14 ; Giebel, *Fauna der Vorwelt*, I, 3, p. 128. Le dernier est le *Monopterus gigas* de l'*Itt. Ver.*, pl. 47.

Le *Platinx elongatus*, Agass. (*Esox macropterus*, Blainv.), et le *Platinx gigas*, Agass.

3ᵉ Sous-ordre.
CYCLOIDES MALACOPTÉRYGIENS APODES.

(Anguilliformes.)

Ce sous-ordre, qui correspond au deuxième sous-ordre des physostomes de M. Müller, est caractérisé par une vessie natatoire formée comme dans ces poissons; mais les nageoires abdominales manquent toujours et quelquefois les pectorales. Le corps s'allonge considérablement, et le squelette est très compliqué. Les écailles sont très petites.

Il renferme les apodes de Cuvier, dont on aurait sorti les ophidides pour les réunir aux anacanthiens, et forme trois familles : les Murénides, les Symbranchides et les Gymnotides. La première seule a été trouvée fossile.

Famille des MURÉNIDES.

Ces poissons ont apparu pour la première fois dans les mers qui ont déposé les calcaires du Monte Bolca, et depuis lors ont laissé leurs traces dans quelques terrains tertiaires. Les espèces n'en sont pas nombreuses; mais, en général, d'une détermination assez facile. La plupart se rangent dans les genres actuels.

Les Murènes (*Muræna*, Thunb.)

n'ont pas été trouvées fossiles, et les espèces rapportées à ce genre doivent être réparties dans les suivants.

Les Anguilles (*Anguilla*, Thunb.), — Atlas, pl. XXXII, fig. 10, ont des pectorales; leurs ouïes s'ouvrent de chaque côté sous ces nageoires.

Les espèces fossiles appartiennent, pour la plupart, au sous-genre des Congres, ou anguilles marines, chez lesquels la dorsale commence assez près des pectorales [1]

[1] Agassiz, *Poiss. foss.*, V, 2, p. 133, pl. 29 et 43; Giebel, *Fauna der Vorwelt*, 1, 3, p. 130.

On en connaît plusieurs du Monte Bolca :

L'*Anguilla latispina*, Agass., a des apophyses épineuses excessivement robustes derrière la nuque.

L'*Anguilla ventralis*, Agass., est une espèce très grêle.

L'*Anguilla brevicula*, Agass., est plus trapue.

On cite encore de la même localité, l'*Anguilla branchiostegalis*, Agass., l'*A. interspinalis*, Agass., et l'*A. leptoptera*, Agass. [1].

Deux espèces des terrains d'eau douce ne sont connues que par la partie postérieure de leur corps, de sorte qu'on ne peut pas savoir si elles ont eu les caractères des congres ou ceux des vraies anguilles, chez lesquelles la dorsale commence bien en arrière des pectorales.

L'*Anguilla multiradiata*, Agass., a des osselets interapophysaires extrêmement nombreux. Elle provient du calcaire d'eau douce d'Aix en Provence.

L'*Anguilla pachyura*, Agass., des schistes d'OEningen, a les rayons des nageoires très développés.

Les RHYNCHORHINUS, Agass.,

sont encore incomplétement caractérisés, et paraissent intermédiaires entre les anguilles et les congres [2].

Le *Rhynchorhinus branchialis*, Agass., a été trouvé dans l'argile de Londres.

Les ENCHELYOPUS, Agass.,

sont des poissons qui ne vivent plus aujourd'hui, et qui diffèrent des anguilles par leur dorsale prolongée jusqu'à la nuque, et leur ceinture thoracique grêle.

On n'en connaît qu'une espèce, l'*Enchelyopus tigrinus*, Agass., du Monte Bolca [3].

A ces genres il faut en ajouter quelques autres encore vivants, dont les espèces fossiles n'ont pas été encore suffisamment étudiées.

Les OPHISURES, Agass.,

sont des anguilles à queue dépourvue de nageoires et terminée comme un poinçon.

[1] L'*A. leptoptera* est le *Murana conger* de l'*Itt. Ver.*, pl. 23, fig. 3.

[2] Agassiz, *Ann. des sc. nat.*, 3° série, t. III, p. 35 et 47.

[3] Agassiz, *Poiss. foss.*, V, 2, p. 137, pl. 49 ; Giebel, *Fauna der Vorwelt*, I, 3, p. 132. C'est l'*Ophidium barbatum* de l'*Itt. Ver.*, pl. 38, fig. 2, et de Blainv., *Ichth.*, p. 56.

Elles sont représentées par une espèce du Monte Bolca, l'*Ophisurus acuticaudus*, Agass., qui était marine comme le sont les vivantes [1].

Les Sphagébranches (*Sphagebranchus*, Agass.)

manquent de pectorales, et ont des branchies ouvertes sous la gorge.

On en connaît une espèce fossile au Monte Bolca, le *S. formosissimus*, Agass. [2]

Les Leptocéphales (*Leptocephalus*, Penn.)

ont le corps comprimé comme un ruban, et ont été encore plus abondants.

On en connaît trois espèces des mêmes localités, les *Leptocephalus tœnia*, Agass., *gracilis*, Agass., et *medius*, Agass. [3]

5ᵉ ORDRE.

SILURÉENS.

Je forme un ordre distinct du groupe des silures, et je le distingue des physostomes : 1° par l'absence constante des écailles, remplacées quelquefois par des plaques osseuses ; 2° par la simplification du suspenseur de la mâchoire inférieure, dont le préopercule, intercalé entre les os ordinaires, forme la partie principale, ainsi que l'a démontré M. Vogt [4]. Nous pouvons ajouter que le caractère essentiel des physostomes, suivant M. Müller, l'existence d'un canal aérien pour la vessie, manque dans une partie d'entre eux

(1) Agassiz, *Poiss. foss.*, V. 2, p. 138 ; Giebel, id. C'est le *Murœna ophis* de l'*Itt. Ver.*, pl. 23, fig. 1, et Blainv., *Ichth.*, p 56.

(2) Agassiz, id. ; Giebel. id. Il a été réuni dans l'*Ittiolitologia Veron*, pl. 38, fig. 1, au prétendu *Ophidium barbatum*.

(3) Agassiz, id. ; Giebel, id. ; *Itt. Ver.*, pl 23, fig. 2 (*L. gracilis*) et 53, fig. 2, où le *L. medius* est figuré sous le nom de *Murœna cœca*. M. de Blainville le rapporte avec doute aux Cécilies ou aux Aptérichtys, Dum.

(4) *Ann. des sc. nat.*, 3ᵉ série, t. IV, p. 54.

(goniodontes), qui n'ont point de vessie natatoire. Ce sont d'ailleurs encore des poissons malacoptérygiens abdominaux. Ils habitent les eaux douces, et sont surtout fréquents dans les pays chauds.

L'existence de ce groupe à l'état fossile a été niée jusqu'à ces dernières années. Quelques fragments, découverts récemment, semblent fournir une conclusion contraire.

On les divise en deux familles, les Siluroïdes et les Goniodontes. Les premiers sont nus ou couverts de quelques plaques sur la tête et sur la partie antérieure du corps.

Les goniodontes sont complétement couverts de plaques régulières, et font certainement une transition aux ganoïdes cuirassés. Ils n'ont pas encore été trouvés fossiles ([1]).

Famille des SILUROIDES.

Les Pimélodes (*Pimelodus*, Lacép.)

ont le corps revêtu seulement d'une peau nue, des dents en velours aux deux mâchoires et aux palatins.

M. Heckel ([2]) rapporte à ce genre quelques rayons de nageoires trouvés dans les sables tertiaires de Hongrie (*Pimelodus Sadleri*, Heckel).

J'ai associé avec doute, au même ordre, le genre des

Coccodus, Pictet,

caractérisé par un squelette plutôt fibreux qu'osseux, par une peau granuleuse et épaisse, et par des nageoires supportées par de gros rayons tout à fait semblables à ceux de quelques siluroïdes ([3]).

[1] La *Loricaria plecostoma* de l'Itt. Ver. est un *Lophius*.
[2] *Beitr. zur Kenta. der foss. Fische Oesterreichs*, p. 15, pl. 2, fig. 3.
[3] *Poiss. du Liban*, p. 48, pl. 9, fig. 9, et *Mém. Soc. phys. et d'hist. nat. de Genève*, t. XII, p. 325.

Le *Coccosteus armatus*, Pictet [1], a été trouvé dans les calcaires durs de Hakel (mont Liban).

6ᵉ ORDRE.

PLECTOGNATHES.

Cet ordre, établi par Cuvier, est caractérisé par son os maxillaire soudé sur le côté de l'intermaxillaire, qui forme toute la mâchoire, et par son arcade palatine qui s'engrène par suture avec le crâne et est tout à fait immobile. A ces caractères on peut ajouter un squelette fibreux, tardivement ossifié, et l'absence de véritables écailles, qui sont ordinairement remplacées par des plaques dures ou par des piquants. La peau est dure, elle recouvre les opercules et les rayons branchiostéges, de manière à laisser voir seulement une petite fente branchiale.

Les poissons qui appartiennent à ce groupe ont été associés par M. Agassiz aux ganoïdes. M. Müller a montré, comme nous l'avons dit plus haut, qu'ils doivent rentrer dans la sous-classe des téléostéens.

Aucun d'eux n'est plus ancien que la craie, et les espèces ne sont pas nombreuses.

On y distingue deux familles. Les SCLÉRODERMES et les GYMNODONTES, auxquelles il faut peut-être en ajouter une troisième, pour un poisson très anormal (*Blochius* du Monte-Bolca).

1ʳᵉ FAMILLE. — SCLÉRODERMES.

Les sclérodermes ont le museau saillant armé de quelques dents distinctes, des écailles plates en forme de larges plaques rhomboïdales ou polygones, obliques au corps, qui en est tout couvert.

[1] Agassiz, *Poiss. foss.*, II, 2, p. 251, pl. 75; Giebel, *Fauna der Vorwelt*, I, 3, p. 131.

Cette famille renferme aujourd'hui des poissons des mers chaudes, dont les principaux types sont les balistes et les coffres. Les espèces fossiles se trouvent dans les terrains crétacés et tertiaires. Le genre des coffres est le seul des vivants qui ait été trouvé fossile ; trois autres genres sont éteints.

Les Acanthoderma, Agass.,

appartiennent au type des balistes, c'est-à-dire qu'ils ont le corps comprimé, une première dorsale épineuse, et une seconde molle et longue, etc. ; mais l'empreinte laissée par leur corps est couverte de cavités qui doivent avoir été produites par des pointes saillantes de la peau. Ces épines ont probablement surgi de la surface des écailles par des bases simples, sans avoir des racines analogues à celles des piquants de diodons.

Ces poissons sont propres aux schistes de Glaris (terrain nummulitique).

L'*Acanthoderma ovale*, Agass., a la forme des balistes. L'*Acanthoderma spinosum*, Agass., est beaucoup plus trapu [1].

Les Acanthopleurus, Agass.,

sont aussi voisins des balistes, et surtout des monacanthes, qui n'ont qu'un rayon à la première dorsale ; mais ils ont des ventrales soutenues par une forte épine.

On en connaît deux espèces des schistes de Glaris : l'*Acanthopleurus serratus* et l'*Acanthopleurus brevis*, Egert. [2].

Les Coffres (*Ostracion*, Lin.),

sont, comme je l'ai dit, le seul genre des sclérodermes qui se trouve vivant et fossile. Ces poissons sont faciles à distinguer, parce qu'ils sont recouverts de compartiments osseux réguliers, qui forment une cuirasse inflexible.

La seule espèce fossile est l'*Ostracion micrurus*, Agass., du Monte Bolca [3].

[1] Agassiz, *Poiss. foss.*, II, 2, p. 251, pl. 75 ; Giebel, *Fauna der Vorwelt*, I, 3, p. 134.

[2] Agass., *Poiss. foss.*, II, 2, p. 257, pl. 75 ; Giebel, *Fauna der Vorwelt*, I, 3, p. 135. Ce genre avait d'abord été nommé par M. Agassiz Plexracanthus.

[3] Agassiz, *Poiss. foss.*, II, 2, p. 262, pl. 74 ; Giebel, *Fauna der Vorwelt*, I, 3, p. 135. Ce poisson a été figuré dans l'*Itt. Ver.* sous les noms de

Je termine ce qui tient à la famille des sclérodermes par un genre encore peu connu, celui des

GLYPTOCEPHALUS, Agass.,

qui a la forme du crâne des balistes, mais avec des tubercules distincts, en séries régulières.

La seule espèce connue, le *Glyptocephalus radiatus*, Agass., a été trouvée dans l'argile de Sheppy [1].

2ᵉ FAMILLE. — GYMNODONTES.

Les gymnodontes sont très voisins des sclérodermes, et ont comme eux les mâchoires immobiles et le squelette ossifié tardivement ; mais leurs mâchoires n'ont pas de dents distinctes et sont recouvertes d'une gaîne d'ivoire formée de dents réunies. Leurs écailles sont saillantes, portent des pointes ou des piquants et couvrent tout le corps.

Les DIODON, Lin.,

ont des mâchoires qui ne sont en haut et en bas composées que d'une pièce. Les espèces actuelles sont nombreuses et habitent les mers des pays chauds [2].

Le *Diodon tenuispinus*, Agass., du Monte Bolca, est une petite espèce à aiguillons plus fins que les vivantes [3].

Le *Diodon Scillæ*, Agass., n'est connu que par des dents sillonnées à leur surface de lignes rapprochées et finement crénelées. Il a été trouvé dans les terrains tertiaires du midi de l'Italie.

Ostracion turritus, pl. 42, fig. 1, et de *Cyclopterus lumpus*, pl. 65, fig. 2. C'est le *Balistes dubius*, Blainv., *Ichth.*, p. 33.

[1] Agassiz, *Poiss. foss.*, II, 2, p. 264 ; Giebel, *Fauna der Vorwelt*, I, 3, p. 136. M. Kœnig l'a désigné sous le nom de *Ephippus Owenii*, Morris, *Cat.*, p. 193. Je crois que c'est la même espèce que celle qu'il a figurée dans les *Ico es sectiles*, pl. 8, sous le nom de BUCKLANDIUM. Voyez t. I, p. 414, et t. II, p. 66.

[2] M. Agassiz rapporte à ce genre celui des THERATICHTYS, Kœnig (*Teratichtys* in Bronn). Voyez pour ces trois espèces. Agassiz, *Poiss. foss.*, II, 2, p. 273, pl. 74, fig. 2 et 3 ; Giebel, *Fauna der Vorwelt*, I, 3, p. 136.

[3] Ce poisson a été figuré dans l'*Itt. Ver.*, pl. 8, sous le nom de *Tetraodon hispidus* et *Honkenii*, noms que lui a conservés M. de Blainville, *Ichth.*, p. 34.

Le *Diodon erinaceus*, Agass., est caractérisé par une forme ovale et des piquants courts, robustes et clair-semés [1].

Les TRIGONODON, Eug. Sismonda,

ressemblent aux tétrodons, et ont comme eux quatre dents ; mais ces organes sont un peu courbés, aplatis, à couronne élevée et tranchante représentant un triangle curviligne [2].

Le *Trigonodon Ouenii*, Eug. Sism., a été trouvé dans les terrains miocènes de la montagne de Turin.

3ᵉ FAMILLE. — BLOCHIOIDES.

Nous ajoutons avec doute [3] cette troisième famille pour un poisson qui a des caractères tout à fait spéciaux, et qui est si différent de tous ceux qui vivent aujourd'hui, que Volta, l'auteur de l'*Ittiolitologia Veronese*, qui cherchait toujours à rapporter les poissons du Monte Bolca aux espèces actuelles, reconnut qu'il ne pouvait rentrer dans aucun des genres vivants. Il forme celui des :

BLOCHIUS, Volta,

et est caractérisé par l'allongement extrême du corps, par des ventrales situées sous les pectorales, par un bec long et grêle comme les bélonostomes et les bélones, par des dents en brosse et par la nature de ses téguments. La peau est recouverte par des plaques dures, en losanges, qui paraissent indiquer une certaine analogie avec les sclérodermes.

La seule espèce connue [4], le *Blochius longirostris*, Volta, a été trouvée au Monte Bolca. Un des exemplaires a été célèbre parce que, comme nous l'avons dit (t. I, p. 30), il semblait avaler un plus petit au moment où il est mort et a été fossilisé.

[1] Cette espèce a été citée dans les *Verhandl. Böhm. Museums*, 1834, p. 66, sous le nom de *Diodon hystrix*.

[2] *Poiss. et crust. foss. du Piémont*, p. 25, pl. 4, fig. 14 à 16.

[3] MM. Agassiz, Giebel, etc., placent ce poisson parmi les ganoïdes. La nature de ses écailles me paraît l'associer au moins autant aux sclérodermes. Ses nageoires ventrales, situées sous les pectorales, sont d'ailleurs un caractère inconnu chez les vrais ganoïdes.

[4] Agassiz, *Poiss. foss.*, II, 2, p. 255, pl. 44 ; Giebel, *Fauna der Vorwelt*, I, 3, p. 156.

7e ORDRE.

LOPHOBRANCHES.

Les lophobranches sont surtout caractérisés par leurs branchies divisées en petites houppes rondes. Leur corps est cuirassé d'une extrémité à l'autre par des écussons qui le rendent presque toujours anguleux.

Les SYNGNATHES (Syngnathus, Lin.),

reconnaissables à leur museau tubuleux et à leur corps allongé, mince et tout d'une venue, sont très abondants dans les mers actuelles.

On en connaît une espèce fossile, le Syngnathus ophistopterus, Agass., à dorsale très reculée, qui a été trouvée au Monte Bolca [1].

Les CALAMOSTOMA, Agass.,

sont un genre éteint qui a la forme des hippocampes et qui en diffère par une nageoire ronde à l'extrémité de la queue. Le bec tubuleux, effilé et spatuliforme, occupe à peu près le tiers de la longueur totale.

Le Calamostoma breviculum, Agass., a été trouvé au Monte Bolca [2].

2e SOUS-CLASSE.

GANOÏDES.

La sous-classe des ganoïdes, ainsi que nous l'avons dit plus haut, est essentiellement caractérisée par deux modifications anatomiques, qui sont malheureusement

[1] Agassiz, Poiss. foss., II, 2, p. 276 ; Giebel, Fauna der Vorwelt, I, 3, p. 138. C'est le Syngnathus typhle de l'Itt. Ver., pl. 58, fig. 1 ; Blainville, Ichth., p. 35.

[2] Agassiz, Poiss. foss., II, 2, p. 276, pl. 74, fig. 1 ; Giebel, Fauna der Vorwelt, t. III, p. 137. Ce poisson a été décrit dans l'Itt. Ver., pl. 5, fig. 3, sous le nom de PEGASUS (P. natans). C'est le Syngnathus breviculus, Blainv., Ichth., p. 35.

sans lien direct avec les parties du corps qui peuvent se conserver fossiles. Elle comprend tous les poissons osseux ou cartilagineux, à tête composée d'os distincts dans lesquels le bulbe aortique, musculaire, présente à l'intérieur des valvules multiples, et dans lesquels les nerfs optiques ne se croisent pas.

Le petit nombre de poissons actuels que l'on range dans cette sous-classe présentent, à côté de ces caractères essentiels, quelques modifications accessoires qui ont permis de leur associer avec une certaine sécurité une très grande quantité de poissons fossiles (¹).

Les ganoïdes sont les seuls poissons dans lesquels on trouve des écailles osseuses, disposées en lignes régulières, unies par leurs bords et couvertes d'une couche d'émail.

Ce n'est aussi que chez eux que l'on trouve des *fulcres* (²) en avant des nageoires.

Les ganoïdes sont les seuls poissons à opercules qui aient quelquefois une colonne épinière à corps indivis, et composée d'une corde dorsale uniforme.

L'existence d'une queue hétérocerque est un caractère qui ne se trouve jamais dans les téléostéens. Une queue de cette nature, joint à une tête à os distincts et à un opercule visible, est caractéristique des ganoïdes. Ces poissons sont aussi, suivant M. Heckel, les seuls dans lesquels la queue (homocerque ou hétérocerque) soit terminée par des vertèbres à corps incomplétement ossifiés, lors même que l'ossification des autres vertèbres est complète.

(¹) Voyez, pour cette discussion, les pages 23 et suivantes.

(²) M. Heckel, en réunissant les actalions aux téléostéens, introduit une exception à cette règle (*Sitzungs Ber. Wien. Akad.*, novembre 1850, p. 563). Voyez, pour les fulcres, la page 19.

Ce sont probablement aussi les seuls poissons qui aient des osselets surapophysaires, c'est-à-dire une rangée d'arêtes placés entre les osselets porte-nageoire et les rayons de la nageoire.

Ces caractères ne se trouvent jamais en dehors de la sous-classe des ganoïdes. Ils ne sont pas cependant généraux, car chacun d'eux est loin de se trouver dans tous les membres de cette grande division. Il est rare qu'ils manquent tous, cependant la nature vivante en offre un exemple frappant dans le genre *Amia*.

On est généralement d'accord pour considérer comme des ganoïdes tous les poissons fossiles qui présentent l'un ou l'autre de ces caractères accessoires, et pour leur attribuer par hypothèse l'organisation des ganoïdes vivants.

Cette sous-classe, ainsi limitée, est évidemment intermédiaire entre les téléostéens et les placoïdes. Elle a un squelette moins ossifié que les premiers, et les deux caractères anatomiques que nous avons mis en première ligne leur sont communs avec les placoïdes. Ils sont supérieurs à ces derniers par leur tête formée d'os distincts et par leur opercule. Leurs formes générales rappellent d'ailleurs principalement celles des téléostéens.

L'ordre des ganoïdes a été distingué et établi par M. Agassiz, et j'ai déjà dit ailleurs que c'était un des points les plus essentiels de sa méthode, et un des principaux services qu'il a rendus à la classification. Ces poissons étaient auparavant épars en divers endroits de la série. On plaçait les lépidostées et les polyptères dans la famille des clupes, ainsi que les amia ; les sturiones faisaient partie de la série des chondroptérygiens. M. Agassiz a reconnu le premier la nécessité de rassembler ces types divers en un seul ordre, et la paléontologie a fourni une démonstration éclatante de la justesse de cette manière de voir. Quoique les limites de cette sous-classe aient été assez notablement modifiées dans ces dernières années, ainsi que nous l'avons fait voir, les résultats essentiels du travail de M. Agassiz sont restés intacts et ont révélé des faits très curieux dans l'histoire paléontologique des poissons, faits qui, sans cette classification plus méthodique, seraient restés obscurs et confus.

Nous avons vu les téléostéens apparaître pour la première fois avec l'époque crétacée (ou jurassique), prendre immédiatement un grand développement et former la partie la plus importante de la population de nos mers. Les ganoïdes ont précisément une histoire inverse. Ils ont été très abondants dans les époques anciennes, et jusqu'à la craie ils ont formé avec les placoïdes la totalité de la faune ichthyologique. Depuis la craie ils ont été très peu nombreux, et dans les mers actuelles ils ne sont représentés que par un très petit nombre de genres.

L'existence d'un poisson ganoïde dans un terrain rend probable qu'il est antérieur à la craie. La découverte d'un téléostéen prouve le contraire.

Si nous comparons les divers groupes dans lesquels on peut diviser les ganoïdes, nous trouverons aussi des résultats remarquables. Quelques familles n'ont vécu que pendant une seule époque, et ont été remplacées par des formes nouvelles. D'autres au contraire ont été plusieurs fois renouvelées, et forment une série de faunes successives dont aucune ne renferme des espèces identiques avec les autres, et dans lesquelles les genres sont souvent très différents. Je ne rappellerai ici que l'exemple que j'ai déjà cité. Aucun poisson ganoïde n'a eu une queue homocerque avant l'époque du lias, et presque tous les genres à queue hétérocerque ont disparu avant cette période. Aussi l'ordre des ganoïdes est-il un de ceux qui méritent le plus l'attention des paléontologistes, parce qu'il peut, mieux peut-être que tout autre groupe d'animaux, montrer cette richesse et cette variété de créations successives toutes différentes, liées cependant par des rapports que nous pouvons entrevoir, mais que nous sommes bien loin de connaître encore.

La distribution des ganoïdes en ordres et en familles présente quelques difficultés, parce que l'on ne peut pas se faire une idée exacte de la valeur des caractères externes, ou de ceux du squelette, dans une division où l'on a pu disséquer un si petit nombre de types. La méthode que j'ai cru devoir suivre est basée sur celles de MM. Agassiz, J. Müller, Heckel, Vogt, Giebel, etc., sans concorder tout à fait avec aucune d'elles.

Les caractères qui me paraissent devoir être principalement employés sont les suivants :

1° La nature des téguments, qui dans les poissons actuels forment trois types : celui des esturgeons et des spatulaires qui sont cuirassés ou nus ; celui des lépidostées et des polyptères qui ont des écailles osseuses rhomboïdales, émaillées, unies par leurs bords ; et celui des amia qui ont des écailles arrondies sur leur bord postérieur. Ces trois types se retrouvent parmi les fossiles, qui en présentent peut-être en outre un quatrième. Quelques poissons paraissent avoir eu des écailles arrondies comme les amia, mais recouvertes par une couche d'émail qui manque à ce genre vivant. Les ichthyologistes ne sont pas d'accord sur l'importance à accorder à cette différence, non plus que sur la répartition des genres entre le type des poissons à écailles ordinaires et celui des poissons à écailles arrondies et émaillées.

2° L'état de la colonne épinière, qui peut présenter des corps de vertèbres divisés et ossifiés, ou rester sous la forme de corde dorsale, tantôt nue, tantôt plus ou moins recouverte de demi-vertèbres [1]. Ces caractères ont une haute importance, car ils se lient avec le développement embryonnaire ; la colonne épinière de tous les vertébrés passe en effet, comme on le sait, par l'état de la corde dorsale. Malheureusement, il arrive souvent que l'on ne peut pas voir les squelettes des ganoïdes.

3° La forme de la queue homocerque ou hétérocerque. Ce caractère manque de précision dans certains cas, car il y a des transitions d'une de ces formes à l'autre ; mais il se lie aussi avec le développement embryonnaire, tous les poissons commençant par être hétérocerques. Il concorde bien avec la distribution géologique, et il est d'une observation facile.

4° La disposition des fulcres, qui peuvent manquer ou exister, et qui tantôt se présentent sur un rang simple, tantôt forment une double rangée.

5° Nous mettons moins d'importance à la forme des dents que n'en mettait M. Agassiz, car dans la nature vivante on voit ces organes varier beaucoup dans l'étendue d'une famille naturelle.

Par la combinaison de ces caractères, nous admettons quatre ordres, et nous les divisons comme il suit en familles :

1ᵉʳ Ordre. — GANOÏDES CYCLIFÈRES, ou ganoïdes à écailles arrondies et libres du côté postérieur.

[1] Voyez page 4 de ce volume.

1re Famille. — *Amiades*. Poissons homocerques, à squelette ossifié, à écailles minces, sans émail, à rayons des nageoires normaux.

2e Famille. — *Leptolépides*. Poissons homocerques, à squelette ossifié, à écailles minces recouvertes d'émail, à rayons des nageoires normaux (les genres appartiennent aux terrains jurassiques et crétacés).

3e Famille. — *Célacanthes*. Poissons homocerques ou hétérocerques, à squelette ossifié, à écailles minces, à rayons des nageoires creux à l'intérieur.

4e Famille. — *Holoptychïides*. Poissons hétérocerques, à squelette en partie cartilagineux, à écailles très épaisses, composées d'un tissu osseux, poreux, à tête souvent ciselée, souvent couverte d'écussons, à bouche armée de dents grandes et crochues. (Tous les genres ont été trouvés dans le terrain dévonien.)

2e Ordre. — GANOÏDES RHOMBIFÈRES, ou ganoïdes à écailles rhomboïdales, osseuses, couvertes d'émail, unies par leurs bords.

1re Famille. — *Polyptérides*. Poissons homocerques, à nageoires dorsales très nombreuses. (Un seul genre vivant ; pas de fossiles.)

2e Famille. — *Lepidostéides*. Poissons homocerques et hétérocerques, à une seule anale, à dents crochues, à écailles grandes. (Un genre vivant, *lepidostée*, et beaucoup de fossiles.)

3e Famille. — *Acanthodiens*. Petits poissons hétérocerques, à une seule anale, à dents crochues et à écailles très petites, formant une sorte de chagrin. (Quelques genres des terrains anciens.)

4e Famille. — *Diptériens*. Poissons hétérocerques à deux anales. (Quelques genres des terrains anciens.)

5e Famille. — *Pycnodontes*. Poissons ayant une corde dorsale non ossifiée, des osselets supplémentaires verticaux et des dents en pavé, arrondies ou ellipsoïdes. (Tous les genres sont fossiles.)

3e Ordre. — HOPLOPLEURIDES. Squelette osseux ; corps armé de séries (ordinairement 5) d'écussons disposés sur le dos et les flancs, et s'étendant depuis la nuque jusqu'à la queue.

4e Ordre. — GANOÏDES CUIRASSÉS, ou ganoïdes sans écailles, recouverts souvent de plaques osseuses, à squelette cartilagineux et à corde dorsale.

1re Famille. — *Céphalaspides*. Tête et corps cuirassés de plaques angulaires unies par leurs bords ; souvent de petites plaques sur la queue, ressemblant à des écailles osseuses. (Tous les genres appartiennent au terrain dévonien.)

2ᵉ Famille. — *Sturiones*. Corps armé d'écussons osseux pointus et arrondis, disposés en série. (Un genre vivant, *esturgeon*, et un fossile.)

3ᵉ Famille. — *Spatularides*. Corps nu. (Un genre vivant ; pas de fossiles.)

1ᵉʳ ORDRE.

GANOÏDES CYCLIFÈRES.

Nous comprenons dans cet ordre tous les poissons ganoïdes dont les écailles sont arrondies et libres au bord postérieur, disposées comme les tuiles d'un toit, et rappelant par conséquent, sous ce point de vue, celles des téléostéens cycloïdes.

A l'étude de cet ordre se rattachent d'assez grandes difficultés. Quand on voit en effet le genre amia avoir les caractères internes des ganoïdes et les caractères externes des téléostéens, on peut craindre que bien des genres fossiles, connus seulement par leurs téguments ou par leurs squelettes, ne soient associés à tort à l'une ou à l'autre de ces sous-classes.

Il est vrai que sur ces écailles amincies et arrondies des poissons fossiles que nous classons dans cet ordre, on peut souvent constater l'existence d'une couche d'émail qui peut faire croire à une analogie de structure avec les lépidostées ou les polyptères. Mais cette couche se trouve-t-elle sur toutes? telle est une question qui n'est pas résolue de même par tous les observateurs. Son existence est souvent difficile à constater, il n'est pas démontré qu'elle existe toujours.

Que devons-nous donc penser des poissons qui manqueraient de cette couche d'émail ? S'ils ont à côté de cela un squelette ossifié et pas de fulcres, où sont les motifs suffisants pour les associer aux ganoïdes ? Pourquoi les comparer aux amia plutôt qu'à des téléostéens ? Ne tombe-t-on pas ainsi tout à fait dans la pétition de principes dont plusieurs naturalistes ont déjà signalé les dangers, et qui consiste à déterminer les terrains avec les poissons, et les poissons avec les terrains. Si les paléontologistes associent aux ganoïdes des poissons qui n'ont ni des écailles émaillées, ni des fulcres, ni la corde dorsale fréquente dans cette sous-classe, il est évident qu'ils ne seront dirigés que par la place géologique de ces animaux, et l'on pourra alors ne pas trop s'étonner de ce que la classification des poissons concorde si bien avec leur histoire paléontologique.

Les observations de M. Heckel que nous avons citées plus haut (¹) montrent que quelques uns des genres que nous laissons provisoirement dans le sous-ordre des ganoïdes cyclifères (*Leptolepis, Tharsis, Thrissops,*) ont la colonne épinière terminée comme les salmones et les esox, et sont par conséquent, pour cet habile ichthyologiste, des *Steguri* (téléostéens). D'autres, au contraire (*Megalurus*), ont la colonne épinière terminée comme les ganoïdes vivants. Il y a donc peut-être ici deux types qui devront être séparés, et dont l'un restera à la place où nous le mettons ici, et dont l'autre viendra s'associer aux poissons téléostéens, pour prouver que cette sous-classe date du commencement de l'époque jurassique.

J'aurais immédiatement accepté cette modification, si M. Agassiz ne disait pas positivement que les leptolepis ont des écailles couvertes d'émail. Ce fait, tant qu'il ne sera pas directement contredit, me paraît rendre la position de ce genre douteuse. Au reste, il suffit d'avoir

(¹) Voyez page 5.

attiré l'attention sur ces questions intéressantes, qui me paraissent avoir besoin, pour être résolues, de quelques nouveaux documents [1].

Je n'ai pas adopté l'opinion de M. Giebel qui réunit les leptolepis aux amia, sous le nom d'amiades, parce que si les écailles des premiers ont de l'émail, ce caractère me paraît prouver qu'ils appartiennent à une autre famille, et s'ils n'en ont pas, ils devront, comme je viens de le dire, être exclus de la sous-classe des ganoïdes et entrer dans celle des téléostéens.

1ᵉ FAMILLE. — AMIADES.

Cette famille, formée pour le genre vivant des amia, comprend, suivant nous, les poissons ganoïdes à colonne épinière entièrement ossifiée et à écailles arrondies, sans émail.

Il est probable qu'on doit y placer deux genres fossiles des terrains tertiaires, qui, suivant M. Heckel [2], ont la colonne épinière terminée comme les ganoïdes vivants, et qui, par conséquent, ont été associés à tort aux téléostéens.

LES NOTÆUS, Agass.,

sont des poissons fossiles abdominaux de Montmartre, qui ont le corps trapu, la caudale arrondie et la dorsale s'étendant sur la plus grande partie du dos.

Le *Notæus laticaudatus*, Agass., a été trouvé dans le gypse de Montmartre [3].

Le *Notæus Agassizii*, Münster, du bassin tertiaire de Vienne [4], est, suivant M. Heckel, un *Pygæus*.

[1] En particulier d'une nouvelle étude de la structure des écailles de tous ces genres, et de la liaison qui peut exister entre les organes tégumentaires et les modifications de la colonne épinière.

[2] *Sitzungs Ber. der Wien. Akad.*, juillet 1850, p. 158.

[3] Agassiz, *Poiss. foss.*, V, 2, p. 127, pl. 40 ; Cuvier, *Ossem. foss.*, 4ᵉ édit., t. V, p. 621, pl. 157, fig. 13 ; Giebel, *Fauna der Vorwelt*, I, 3, p. 120.

[4] *Beitr. zur Petref.*, t. VII, pl. 3, fig. 2 ; Heckel, *Sitzungs Ber. Wien. Akad.*, juillet 1850, p. 148.

Les Cyclurus, Agass.,

forment un genre éteint qui n'a d'abord été connu que par la partie postérieure du corps. Ces poissons paraissaient par là se rapprocher des carpes et des tanches. Leur caudale est arrondie ; leur dorsale et leur anale sont très développées. Leur colonne vertébrale est recourbée en haut à son extrémité. Leurs vertèbres sont grosses et courtes, et leurs écailles épaisses et allongées. La découverte de squelettes entiers, quoique dans un état médiocre de conservation, a montré que la tête ressemble à celle des halécoïdes , et qu'en particulier les dents sont pointues.

Le *Cyclurus Valenciennesii*, Agass., est de grande taille ; il a les rayons des nageoires très gros, et des vertèbres très courtes et nombreuses. Il a été trouvé dans les lignites de Ménat (Puy-de-Dôme) [1].

Le *Cyclurus minor*, Agass., a la colonne vertébrale grêle, les apophyses épineuses longues, et les rayons de la caudale peu serrées. Il provient d'OEningen [2].

Le *Cyclurus macrocephalus*, Reuss [3], a été découvert dans les schistes à tripoli de Kutschlin (Bohême).

2ᵉ Famille. — LEPTOLÉPIDES.

Nous comprenons sous ce nom tous les poissons ganoïdes à colonne épinière tout à fait ossifiée, dont le corps est protégé par des écailles arrondies, imbriquées, couvertes d'émail.

Nous les divisons en trois tribus. L'une a la colonne épinière terminée comme les *Steguri* [4], l'autre comme les vrais ganoïdes homocerques ; la troisième ne comprend qu'un genre hétérocerque. La première renferme les genres qui devront peut-être être transportés dans la division des téléostéens ; la seconde et la troisième ne contiennent probablement que de vrais ganoïdes.

[1] Agassiz, *Poiss. foss.*, V, 2, p. 44, pl. 53, fig. 2 et 3 ; Giebel, *Fauna der Vorwelt*, I, 3, p. 113.

[2] Agassiz, *id.*, p. 45, pl. 53, fig. 1 ; Giebel, *id.*

[3] Reuss, *Geogn. Skizzen aus Böhmen*, t. II, p. 267 ; H. de Meyer, *Palæontographica*, t. II, p. 61, pl. 8 et 9.

[4] Voyez, pour ces formes de la queue, la page 5.

1re TRIBU.

COLONNE ÉPINIÈRE TERMINÉE COMME DANS LES STEGURI.

Cette tribu renferme trois genres qui, comme je l'ai dit, sont peut-être des téléostéens. Leurs véritables affinités seront déterminées quand on pourra prononcer sur l'existence ou l'absence de l'émail sur les écailles de tous ces genres et sur l'importance relative que l'on doit attribuer à cette organisation.

Les LEPTOLEPIS, Agass., — Atlas, pl. XXXIII, fig. 1,

forment un de ces genres dont le caractère des écailles reste douteux. M. Agassiz affirme cependant que la couche d'émail y est visible. Leur forme, semblable à celle des poissons actuels, les a fait d'abord rapporter à des espèces vivantes. Ils ont en particulier beaucoup de rapports avec les clupes. Ces poissons sont caractérisés par des écailles minces, une gueule fendue, des pièces operculaires larges, une dorsale opposée aux ventrales, et des dents en brosse, parmi lesquelles il y en a de plus grosses à la partie postérieure de la bouche. La figure 1 de la planche XXXIII en représente un restauré.

Les leptolepis se trouvent dans les terrains jurassiques et sont surtout abondants dans les plus récents [1].

On en trouve quelques uns dans le lias :

Le *Leptolepis Bronnii*, Agass., petit poisson à corps court proportionnellement à la tête, et dont les os des vertèbres sont très grêles, a été trouvé à Neidingen, à Caen, à Bayreuth, à Lyme-Regis, etc. [2].

Le *Leptolepis Jaegeri*, Agass., de Boll, est court, trapu et large; ses vertèbres sont plus grosses.

Le *Leptolepis longus*, Agass., aussi de Boll, est plus long.

Le *Leptolepis caudalis*, Agass., du lias d'Angleterre, ressemble au *Leptolepis Bronnii*; mais ses écailles sont beaucoup plus petites.

Le *Leptolepis tenellus*, Agass., a aussi, comme le *L. Bronnii*, les apophyses et les corps des vertèbres très grêles. Il vient du lias de l'Oberland badois.

Le *Leptolepis filipennis*, Agass., a été trouvé dans le lias de Street.

Il faut ajouter le *Leptolepis concentricus*, Egerton, du lias supérieur de

[1] Voyez, pour la description des espèces, Agassiz, *Poiss. foss.*, II, 2, p. 129, pl. 61 et 61 a; Giebel, *Fauna der Vorwelt*, I, 3, p. 143.

[2] Voyez encore pour cette espèce, Roëmer, *Nord Deutsch. Ool. Geb., Nachtr.*, p. 53; Quenstedt, *Flötzgeb.*, p. 249. C'est le *Cyprinus coryphaenoides*, Bronn, *Neues Jahrb.*, 1830, pl. 1, fig. 1.

Cheltenham [1], ainsi que le *Leptolepis constrictus*, Egerton, du lias d'Il-menster [2].

Le terrain oxfordien en a fourni une espèce.

Le *Leptolepis macrophthalmus*, Egert., de Chippenham [3].

Ces poissons sont nombreux dans les terrains jurassiques supérieurs (coralliens).

On en a trouvé plusieurs à Solenhofen :

Le *Leptolepis sprattiformis*, Agass., a la forme d'un anchois ; sa queue est grande, son corps grêle et sa dorsale allongée. Il est très commun à Solenhofen, et a aussi été trouvé à Pappenheim [4].

Le *Leptolepis crassus*, Agass., a un squelette plus vigoureux que les autres espèces ; sa tête est grande et large.

Le *Leptolepis macrolepidotus*, Agass., a la tête plus grosse que le *sprattiformis* et l'orbite plus rapprochée du profil.

Le *Leptolepis polyspondylus*, Agass., ressemble beaucoup au précédent ; mais il a des vertèbres plus nombreuses, plus larges et plus robustes.

Le *Leptolepis Knorrii*, Agass., est une espèce très élancée, à tête petite et à caudale grêle [5].

Le *Leptolepis dubius*, Agass., lui ressemble beaucoup, mais a une dorsale plus petite [6].

Le *Leptolepis contractus*, Agass., est très voisin du *L. Voithii*.

Les formations analogues de Kehlheim en renferment aussi quelques espèces.

Le *Leptolepis Voithii*, Agass., est plus court que le *L. sprattiformis* et a des vertèbres moins nombreuses.

Le *Leptolepis pusillus*, Münst. [7], et le *Leptolepis paucispondylus*, Agass., ont été trouvés dans la même localité.

Le *Leptolepis latus*, Agass., provient des schistes calcaires d'Eichstaedt.

[1] *Quarterly journal of the geol. Soc.*, t. V, p. 33.

[2] *Mem. of the geol. Surv. Brit. org. remains*, déc. VI, pl. 9.

[3] *Quarterly journal of the geol. Soc.*, t. I, p. 231, et *Mem. geol. Surv. Brit. org. remains*, déc. VI, pl. 8.

[4] C'est la *Clupea sprattiformis*, Blainville, *Ichth.*, p. 36. Voyez encore Knorr, *Merkwurd.*, I, pl. 23, fig. 2 et 3, pl. 26, fig. 1 à 4, pl. 28, fig. 3, pl. 29, fig. 2 et 4 ; Thiollière, *Notice sur les calc. lith. du départ. de l'Ain*, p. 18, et *Deuxième Notice*, p. 53.

[5] C'est la *Clupea Knorrii*, Blainv., *Ichth.*, p. 36 ; Knorr, *Merkwurd.*, I, pl. 30, fig. 2.

[6] C'est la *Clupea dubia*, Blainv., *Ichth.*, p. 36 ; Knorr, *Merkwurd.*, I, pl. 24 et 27.

[7] Münster, *Leonh. und Bronn Neues Jahrb.*, 1839, p. 679 ; Agassiz, *loc. cit.*

M. Thiollière indique dans les calcaires lithographiques de Ciriu une espèce nouvelle, non encore déterminée (¹).

Les Tharsis, Giebel,

sont très voisins des leptolepis, mais leur squelette est plus robuste, et surtout les apophyses des vertèbres sont plus grandes, tandis que les côtes sont grêles et arquées. La bouche est peu fendue, les mâchoires sont faibles et les orbites grandes. L'appareil operculaire est très grand, et les rayons branchiostéges nombreux et minces. La queue a une tendance à devenir hétérocerque. Les nageoires sont médiocres, sauf les pectorales qui sont grandes; les ventrales sont au milieu du corps, en face de la dorsale, qui s'étend plus en arrière que dans les leptolepis; l'anale est très en arrière. La caudale est profondément échancrée; elle a une tendance à devenir hétérocerque par la disposition des rayons et par son lobe inférieur plus large, quoique pas plus long que le supérieur. Les écailles sont minces, rondes ou ovales, et striées de lignes concentriques fines.

Toutes les espèces ont été trouvées dans le terrain corallien de Solenhofen. M. Giebel (²) cite les *Tharsis Germari*, Giebel, *radiatus*, id., *elongatus*, id., *intermedius*, id., *parvus*, id., et *microcephalus*, id.

Les Thrissops, Agass.,

ont les écailles très minces, arrondies en arrière, plus hautes que larges, un squelette grêle et délicat, pas de fulcres, des pectorales grandes, étroites, portées par des rayons dont les premiers ne sont pas divisés; les ventrales sont petites, l'anale longue et la caudale inéquilobe. Les mâchoires sont grêles, les dents petites et acérées.

Les caractères ci-dessus ne conviennent pas à tous les thrissops de M. Agassiz. Il faut ôter de ce genre les espèces à caudale petite et peu échancrée et à *écailles rhomboïdales* (*T. micropodius et intermedius*). Ils doivent être transportés dans la famille des Lépidostéides homocerques, et probablement associés aux sauropsis.

(¹) Thiollière, *Notice sur les calc. lith.*, p. 19, et *Deuxième Notice*, p. 33.

(²) *Fauna der Vorwelt*, I, 3, p. 145. Le *Tharsis Germari* a été décrit par Germar dans *Keferstein Geogn. Deutsch.*, t. IV, p. 96, pl. 1, fig. 1, sous le nom de *Ichthyolithus luciformis*.

La plupart des espèces appartiennent aux terrains coralliens (1).

Le *Thrissops formosus*, Agass., de Solenhofen, a les osselets interapophysaires allongés, donnant au dos une forme voûtée.

Le *Thrissops salmoneus*, Agass., est plus petit et plus grêle. Il a été trouvé
à Solenhofen et à Kelheim.

Le *Thrissops mesogaster*, Agass., de Solenhofen, a les ventrales plus éloignées de l'anale.

Le *Thrissops cephalus*, Agass., de Solenhofen, a une grande tête et un œil
énorme.

Le *Thrissops subovatus*, Münster, de Kelheim, est voisin du *salmoneus*;
mais il a des formes plus trapues et des nageoires plus grandes.

Ce genre paraît s'être continué dans les terrains crétacés.

M. Heckel (2) indique deux nouvelles espèces, l'une a été trouvée dans le
calcaire de Comen, qu'il rapporte au terrain crétacé, l'autre provient de
Lesina. Ces deux espèces n'ont été à ma connaissance ni nommées ni décrites.

2ᵉ TRIBU.

COLONNE ÉPINIÈRE TERMINÉE COMME DANS LES GANOÏDES HOMOCERQUES.

Les Megalurus, Agass., — Atlas, pl. XXXIII, fig. 2 et 3,

sont principalement caractérisés par leur queue très ample et
arrondie, qui, jointe à un squelette assez trapu, leur donne une
apparence très massive. La colonne épinière se replie vers le
haut, comme dans le genre précédent, et donne à la base de la
queue une apparence de forme hétérocerque. Les écailles sont
grandes et minces. La dorsale est opposée à l'anale. La tête est
grande et les mâchoires sont armées de grosses dents coniques
entremêlées de plus petites.

M. Agassiz (3) en décrit quatre espèces des étages supérieurs
du terrain jurassique.

(1) Agassiz, *Poiss. foss.*, II, 2, p. 123, pl. 61 et 65 *a*; Giebel, *Fauna der
Vorwelt*, I, 3, p. 151. M. Thiollière, *Première Notice*, p. 18, et *Deuxième
Notice*, p. 51, cite avec doute dans les calcaires lithographiques du départe-
ment de l'Ain les *T. salmoneus, formosus et cephalus*, Thioll.

(2) *Leonh. und Bronn Neues Jahrb.*, 1849, p. 500.

(3) Agassiz, *Poiss. foss.*, II, 2, p. 145, pl. 51 et 51 *a*; Giebel, *Fauna der
Vorwelt*, I, 3, p. 147.

Le *Megalurus lepidotus*, Agassiz, a des écailles qui rappellent celles des carpes, et où l'on voit les lignes d'accroissement à travers l'émail. Il a été trouvé à Solenhofen.

Le *Megalurus brevicostatus*, Agass., est plus petit et a des côtes très courtes. Il provient de Kelheim.

Le *Megalurus elongatus*, Münster, de Kelheim, est beaucoup plus élancé que le précédent, auquel il ressemble d'ailleurs.

Le *Megalurus parvus*, Münst., de Solenhofen, est un peu plus petit et un peu plus trapu.

Il ne serait pas impossible qu'on dût réunir ces trois dernières espèces.

Le *Megalurus intermedius*, Münst., a été trouvé à Kelheim ainsi que le *Megalurus polyspondylus*, Münster [1].

Il faut y ajouter le *Megalurus idaenicus*, Thioll., des calcaires lithographiques du département de l'Ain [2].

Les OLIGOPLEURUS, Thiollière,

se rapprochent des megalurus, et en diffèrent par leur dorsale plus reculée et moins longue, par leur caudale échancrée au lieu d'être arrondie, et formant encore plus que dans ce genre une transition à la forme hétérocerque. Leurs côtes sont très courtes et faibles. Leurs écailles, grandes, minces et arrondies, n'ont point de lignes concentriques, mais bien des hachures dirigées d'avant en arrière qui ne s'effacent que vers le bord. Une couche d'émail paraît recouvrir ce bord qui est lisse. Les vertèbres sont tout à fait ossifiées. La dorsale est opposée à l'anale ; on remarque quelques fulcres sur la dorsale et sur la caudale.

L'*Oligopleurus esocinus*, Thioll. [3], a été trouvé dans les schistes lithographiques du département de l'Ain (corallien).

3ᵉ TRIBU.

COLONNE ÉPINIÈRE TERMINÉE COMME DANS LES GANOÏDES HÉTÉROCERQUES.

Les COCCOLEPIS, Agass., — Atlas, pl. XXXIII, fig. 4 et 5,

forment un type remarquable, et se présentent dans des circon-

[1] Wagner, *Abhandl. Bayer. Akad.*, 1851, t. VI, p. 69.
[2] *Deuxième Notice*, p. 50.
[3] *Idem.*, p. 46.

stances exceptionnelles, à la fois sous les rapports zoologiques et géologiques. Ce sont les seuls poissons vraiment hétérocerques de la famille qui nous occupe, et ce sont presque les seuls poissons qui aient cette forme de queue dans les terrains jurassiques. Ils sont caractérisés par des écailles pointillées et par une dorsale très grande, tronquée en arrière en forme de triangle rectangle ; les rayons de cette dorsale sont nombreux, fins et indivis, distinctement articulés.

On n'en connaît qu'une espèce, des schistes calcaires de Solenhofen, le *Coccolepis Bucklandi*, Agass. (¹).

3ᵉ FAMILLE. — CÉLACANTHES.

Les limites de cette famille sont bien loin d'être encore fixées d'une manière suffisamment précise. Son caractère principal repose dans le fait que les os, et notamment les rayons, sont creux à l'intérieur. La nageoire caudale est aussi formée sur un type tout spécial ; la colonne épinière se prolonge dans le milieu pour former un appendice effilé, et les rayons sont portés par des osselets interapophysaires, ce qui n'a ordinairement lieu que pour la dorsale et pour l'anale. La dentition de quelques genres se rapproche de celle des lépidostéides, et d'autres ressemblent plutôt, sous ce point de vue, aux pycnodontes.

Ces poissons ont été surtout abondants dans le vieux grès rouge et dans les terrains carbonifères. On en trouve quelques espèces dans le zechstein, le trias, et dans les terrains jurassiques et crétacés. Aucune ne vit aujourd'hui, et leur extinction paraît avoir précédé l'époque tertiaire.

Les COELACANTHUS, Agass., — Atlas, pl. XXXIII, fig. 6,

sont le type de la famille. Ils ont deux dorsales ; leur queue est formée comme je l'ai dit ci-dessus ; leurs dents sont analogues à celles des lépidostéides, et leurs écailles sont minces et arrondies en arrière. M. Agassiz dit n'avoir pas pu s'assurer si elles sont émaillées.

(¹) Agassiz, *Poiss. foss.*, II, 1, p. 300, pl. 36, fig. 6 et 7 ; Giebel, *Fauna der Vorwelt*, I, 3, p. 150.

On en connaît trois espèces [1] des terrains carbonifères.

Le *Cœlacanthus Phillipsi*, Agass., à caudale arrondie, à rayons serrés et à écailles grandes, vient du terrain houiller d'Halifax.

Le *Cœlacanthus lepturus*, Agass., de la houille de Leeds, est petit et a des écailles rugueuses.

Le *Cœlacanthus Münsteri*, Agass., belle espèce de la houille de Lebach, est caractérisé par des formes trapues.

On en a trouvé trois espèces [2] dans le terrain pénéen :

Le *Cœlacanthus granulosus*, Agass., a des écailles minces, marquées d'anneaux concentriques et de granulations en relief. Il a été trouvé dans le calcaire magnésien d'East-Thickley, de Durham, etc.

Le *Cœlacanthus caudalis*, Égert., provient de Ferry-Hill.

Le *Cœlacanthus Hassiæ*, Münst., a été découvert dans les schistes cuivreux de Richelsdorf.

Le *Cœlacanthus minor*, Agass. est une très petite espèce du muschelkalk de Lunéville, remarquable par des osselets interapophysaires très courts.

Le *Cœlacanthus gracilis*, Agass., espèce allongée et à rayons peu serrés, est d'une origine inconnue.

Les UNDINA, Münster,

sont très voisins des cœlacanthus, et en diffèrent par leurs dents en pavé, comme celles des pycnodontes.

On en connaît deux espèces du calcaire lithographique de Bavière : les *Undina striolaris*, Münster, et *Kohleri*, Münster, décrites d'abord comme des célacanthes [3].

Les MACROPOMA, Agass., — Atlas, pl. XXXIII, fig. 7 et 8,

ont été placés dans la famille des célacanthes sans preuves parfaitement suffisantes, car on ne sait pas si leurs rayons sont creux à l'intérieur. Ils ont de grands rapports avec eux dans leurs formes

[1] Voyez Agassiz, *Poiss. foss.*, II, 2, p. 168 et 170, pl. 62 ; Giebel, *Fauna der Vorwelt*, I, 3, p. 219.

[2] Voyez, pour les espèces des terrains pénéens : Münster, *Beitr. zur Petref.*, t. V, p. 49 ; W. King, *Permian foss.*, *Palæontographical Soc.*, p. 233 ; B. Geinitz, *Zechsteingeb.*, p. 6.

[3] *Beitr. zur Petref.*, t. V, p. 57, pl. 2 ; Agassiz, *Poiss. foss.*, II, 2, p. 171.

trapues, leurs deux dorsales et la même disposition des nageoires ; mais leurs rayons sont hérissés d'épines sur leur tranche.

On n'en connaît que deux espèces des terrains crétacés.

Le *Macropoma Mantelli*, Agass., est un poisson à tête grosse, à grandes écailles couvertes de très petits tubercules, à caudale vigoureuse et large, trouvé dans la craie blanche d'Angleterre et d'Allemagne. Cette espèce est ordinairement accompagnée de coprolites qui ressemblent à ceux des sauriens (voyez tome I, p. 552) et qui ont été décrits quelquefois comme des cônes des sapins. Quelques exemplaires de la collection de M. Mantell montrent même l'estomac, qui a la forme d'un cylindre squammeux [1].

Le *Macropoma Egertoni*, Agass., a été trouvé dans l'argile de Speeton [2].

LES CTENOLEPIS, Agass.,

ne sont encore connus que de nom et associés aux cœlacanthus par ce savant paléontologiste.

Le *Ctenolepis cyclus*, Agass. [3], a été trouvé dans la grande oolithe de Stonesfield.

LES GYROSTEUS, Agass.,

sont dans le même cas.

Le *Gyrosteus mirabilis*, Agassiz [4], provient du lias de Whitby et de Lyme-Regis.

LES GLYPTOLEPIS, Agass., — Atlas, pl. XXXIII, fig. 9,

diffèrent de tous les genres précédents par leur caudale hétéro-cerque, caractère qui les rapproche, au contraire, des trois suivants. Ils sont caractérisés, en outre, par des écailles lisses à la surface, à compartiments rayonnés à l'intérieur, par des dents

[1] Agassiz, *Poiss. foss.*, t. II, 2, p. 174, pl. 65 *a* à 65 *d*; Reuss, *Boehm. Kreid*, p. 44, pl. 4 et 5; Buckland, *Traité Bridg.*, trad. Doyère, pl. 15, fig. 5-7; Bronn, *Lethæa*, 1re édition, I, p. 740, pl. 34, fig. 8 ; Geinitz, *Charac.*, p. 13 et 38, pl. 2, fig. 4 et 5, et *Verstein.*, p. 151, pl. 8, fig. 2 et 3; Roemer, *Nord Deutsch. Kreid.*, p. 108; Giebel, *Fauna der Vorwelt*, I, 3, p. 221 ; Dixon, *Geol. and foss. of Sussex*, p. 368, pl. 34, fig. 2. C'est l'*Amia lewesiensis*, Mantell, *Ill. geol. of Sussex*, pl. 37 et 38.

[2] Agassiz, *id.*; Giebel, *id.*

[3] Agassiz, *Poiss. foss.*, II, 2, p. 180.

[4] *Idem.*, *ibid.*

coniques plissées, par deux dorsales et deux anales opposées comme les diptériens. Le corps est fusiforme, leur tête petite.

Trois espèces sont conservées dans les vieux grès rouges d'Angleterre [1]; ce sont :

Le *Glyptolepis elegans*, Agass., le *Glyptolepis leptopterus*, Agass., et le *Glyptolepis microlepidotus*, Agass.

M. M'Coy [2] a donné le nom de Isonus (*non* Isodus, Heckel) à un os dentaire de poisson ganoïde qui paraît allié aux glyptolepis. Il est dépourvu d'ornements, légèrement arqué ; le bord alvéolaire est finement rugueux, et porte trente dents à peu près égales, séparées par des intervalles égaux à leur longueur. Elles sont coniques, deux fois aussi hautes qu'épaisses, polies vers la pointe, et cannelées à la base. La cavité médullaire rappelle celle des rhizodus. Les rapports de ce genre me paraissent encore bien douteux.

L'*Isodus leptognathus*, M'Coy, a été trouvé dans le grès jaune de Moyhee-land Draperstaun, Islande (terrain carbonifère).

Les PHYLLOLEPIS, Agass.,

ne sont connus que par de très grandes écailles extrêmement minces, lisses ou ornées de rides concentriques. Quelques unes ont jusqu'à un demi-pied de diamètre.

Le *Phyllolepis concentricus*, Agass., est des vieux grès rouges de Clash-bennie [3].

Le *Phyllolepis tenuissimus*, Agass., a été trouvé dans le calcaire carbonifère de Burdie-House [4].

Les HOPLOPYGUS, Agass.,

ont une caudale trilobée ; la dorsale et l'anale ont en avant un rayon épineux [5].

[1] Agassiz, *Poiss. foss.*, II, 2, p. 179 ; *Poiss. de l'Old red*, p. 61 et 62, pl. 19, 20, 21 et 21 *a* ; Miller, *Old red*, pl. 5, fig. 2 à 6 ; Keyserling, *Petchora*, p. 292 *b*. M. Eichwald a cité dans le système dévonien de Pawlowsk (Russie) les *G. leptopterus* et *elegans*, en leur donnant les noms de *G. orbis* et de *G. quadratus*. (*Bull. soc. nat. de Moscou*, 1846, t. XIX, p. 315).

[2] *Ann. and mag. of nat. hist.*, 2ᵉ série, 1848, tome II, p. 3.

[3] Agassiz, *Poiss. foss.*, II, 2, p. 179, et *Poiss. de l'Old red*, p. 67, pl. 24, fig. 1 ; Giebel, *Fauna der Vorwelt*, I, 3, p. 227.

[4] Agassiz, *Poiss. foss.*, Giebel, *id.; id.*

[5] Agassiz, *Poiss. foss.*, id.

On n'en connaît qu'une espèce de la houille de Manchester, l'*Hoplopygus Blinneyi*, Agass.

Les Uronemus, Agass.,

ont une longue dorsale qui s'étend de la nuque à la caudale. Ce sont des petits poissons des terrains carbonifères (1).

L'*Uronemus lobatus*, Agass., a été trouvé à Burdie-House.

4e Famille. — HOLOPTYCHIDES.

Les holoptychides sont très voisins des célacanthes, et leur ont été réunis par M. Agassiz. La plupart paraissent, en effet, avoir comme eux les rayons des nageoires creux à l'intérieur, mais ils se distinguent par leur squelette moins ossifié, souvent même cartilagineux, et par l'émail qui revêt la surface des os du crâne, endurcis en boucliers sculptés et granuleux. Ils ont de très grandes dents plissées dans leur longueur et d'un tissu compliqué, mêlées avec de plus petites, et cette circonstance, jointe à la grandeur de leurs nageoires, montre qu'ils ont été agiles et voraces.

Un très petit nombre de genres, du reste, sont connus par des corps entiers. Plusieurs n'ont été établis que sur l'étude de dents et d'écailles. Ces dernières sont faciles à reconnaître par leur émail et par leurs sculptures ou tubercules. Les dents se confondraient plus facilement avec celles des sauriens ou d'autres poissons; leur complication interne et leur cavité pulpaire souvent ramifiée et digitée peuvent servir à les reconnaître.

Toutes les espèces connues appartiennent aux terrains dévoniens et carbonifères.

Les Holoptychius, Agass., — Atlas, pl. XXXIII, fig. 10, 11,

ont le corps trapu, des dents coniques, acérées, précédées par des incisives en très petit nombre ankylosées à la mâchoire, à base fortement plissée; des écailles arrondies, imbriquées et ornées de nombreuses sculptures; les os de la tête granulés et émaillés.

M. Agassiz réunit à ce genre les Rhizodus de M. Owen, établis sur des mâchoires lorsque les holoptychius n'étaient connus que par des écailles. M. Owen persiste à conserver le nom de rhizodus pour les espèces à dents plus acérées et plus grêles.

___
(1) Agassiz, *Poiss. foss.*, II, 2, p. 180.

Ce savant paléontologiste a donné une description détaillée [1] de ces dents, qui excèdent par leur taille celles des sauriens les plus gigantesques.

On en connaît huit espèces du terrain dévonien [2].

Les *Holoptychius giganteus*, Agass., *Flemingii*, id., *nobilissimus*, id. [3], *Andersonii*, id., et *Murchisonii*, id., ont été trouvés dans le vieux grès rouge des îles Britanniques.

L'*Holoptychius Omaliusii*, Agass., est des environs de Liége.

M. M'Coy a fait connaître [4] les *Holoptychius princeps* et *Sedgwickii*, d'Écosse.

Les terrains carbonifères en ont déjà fourni neuf espèces.

Les *Holoptychius Hibberti*, Owen, *sauroides*, Agass., *falcatus*, id., *Portlockii*, id., *Garneri*, Murch., *granulatus*, id., *striatus*, id., et *minor*, id., proviennent d'Angleterre, d'Écosse et d'Irlande [5].

Il faut ajouter l'*Holoptychius Hopkinsii*, M'Coy, des mêmes gisements [6].

Les ACTINOLEPIS, Agass., — Atlas, pl. XXXIII, fig. 12,

ne sont connus que par des écailles dont le contour rappelle celui des organes analogues des holoptychius, tout en étant un peu plus régulières. Leur partie médiane est élevée de sorte qu'elles forment comme une sorte de toit. Elles sont ornées de tubercules disposés à la fois en stries concentriques et en éventail. M. Agassiz place ce genre dans le voisinage des holoptychius. Sir Philippe Egerton pense qu'on devrait peut-être les associer aux céphalaspides [7].

La seule espèce connue, l'*Actinolepis tuberculatus*, Agass. [8], a été trouvée par le comte de Keyserling dans le terrain dévonien des environs de Péters-bourg, et par M. Malcolmson, dans les mêmes gisements, à Elgin.

[1] *Odontography*, pl. 35 à 37.

[2] Agassiz, *Poiss. foss.*, II, 2, p. 179, et *Poiss. de l'Old red*, p. 68, pl. F, fig. 2, 22, 23 et 24 ; Giebel, *Fauna der Vorwelt*, I, 3, p. 271.

[3] L'*H. nobilissimus* a aussi été trouvé en Russie (Eichwald, *Bull. Soc. nat. Moscou*, 1846, t. XIX, p. 310 ; Kutorga, *Zwei Beitrag. zur Pal. Russlands*, Pétersbourg, 1844, in-8 ; Verneuil, *Pal. de la Russie*, p. 399 et 405). Ce poisson est aussi cité comme un des fossiles communs à l'Europe et à l'Amérique (*Bull. Soc. géol.*, 2ᵉ série, t. IV, p. 688).

[4] *Ann. and mag. of nat. hist.*, 2ᵉ série, t. II, 1848, p. 310.

[5] Agassiz, *Poiss. foss.*, II, 2, p. 180.

[6] *Ann. and mag. of nat. hist.*, 2ᵉ série, t. II, 1848, p. 2.

[7] *Quart. journ. of the geol. Soc.*, 1849, t. IV, p. 302.

[8] Agassiz, *Poiss. de l'Old red*, p. 141, pl. 31, fig. 15-18, et 31 a, fig. 28 ; Giebel, *Fauna der Vorwelt*, I, 3, p. 273.

Les Gyroptychius, M° Coy,

sont des poissons allongés, avec une grande tête demi-ovale et déprimée. La queue est terminée par une nageoire rhomboïdale et pointue et le corps est prolongé un peu en dessus de la ligne médiane. Les deux dorsales sont opposées à deux anales semblables, caractère des diptériens que nous avons déjà retrouvé dans les glyptolepis. Les écailles sont imbriquées, subrhomboïdales sur les flancs et ovales sur le ventre. La partie visible est ornée de lignes concentriques, la partie cachée est presque lisse. Les os de la tête sont couverts de granules disposés en lignes. Les dents sont petites, coniques, presque égales.

Ces poissons réunissent donc comme les glyptolepis les caractères des nageoires des diptériens avec les écailles des ganoïdes cyclifères [1].

Les deux espèces connues, le *Gyroptychius angustus* et le *G. diplopteroides*, M° Coy, ont été trouvés dans le vieux grès rouge d'Orkney (terrain dévonien).

Les Platygnathus, Agass.,

ont des écailles sculptées comme les holoptychius; mais le corps et la queue sont allongés. Cette dernière porte de puissantes nageoires. M. Agassiz attribue à ce genre une mâchoire qui présente des incisives isolées, plissées et placées dans de très grands compartiments.

Le *Platygnathus paucidens*, Agass., a été trouvé dans le terrain dévonien de Caithness, et le *P. Jamesoni*, id., dans celui de Dura-Den et de Pétersbourg. Le premier est connu par la partie postérieure du corps et par la queue; le second l'est par une mâchoire. L'association générique de ces deux fragments n'est pas parfaitement certaine [2].

Le *Pl. minor*, Agass., a été transporté dans la famille des diptériens, sous le nom de *Glyptopomus minor*.

Les Dendrodus, Owen, — Atlas, pl. XXXIII, fig. 13,

ne sont connus que par des dents, et leur place est par conséquent fort incertaine. Ces organes rappellent assez bien les grandes

[1] M° Coy, *Ann. and mag. of nat. hist.*, 2° série, 1848, t. II, p. 307.

[2] Agassiz, *Poiss. foss.*, II, 2, p. 162, et *Poiss. de l'Old red*, p. 76 et 142, pl. 25; pl. 28, fig. 11, et pl. 31 *a*, fig. 22, 23; Giebel, *Fauna der Vorwelt*, 1, 3, p. 273. Le *P. Jamesoni* a été cité par M. Eichwald, *Karstens Archiv.*, 1845, t. XIX, p. 677, sous le nom de Chiastolepis (*C. clathratus*).

dents de la plupart des genres qui composent la famille qui nous occupe ici ; mais il se pourrait bien que cette analogie fût trompeuse. Il en est de même des deux genres suivants qui ne sont qu'un démembrement des dendrodus.

Les dents des dendrodus sont placées dans des mâchoires larges, creusées de cavités arrondies. Elles sont cylindrico-coniques, striées de lignes fines longitudinales, profondes vers la base et oblitérées vers le sommet ; elles ont des racines arrondies. Les stries correspondent aux canaux médullaires internes.

Leurs cavités médullaires se terminent par des bassins latéraux entourés d'émail. On en connaît déjà cinq espèces qui appartiennent toutes au terrain dévonien [1].

Le *Dendrodus latus*, Owen, a été trouvé dans le Murrayshire et à Riga.

Le *D. strigatus*, Owen, provient d'Elgin, de Riga et de Pétersbourg.

Le *D. sigmoïdes*, Owen, se trouve en Écosse et en Russie.

Le *D. tenuistriatus*, Agass., a été découvert aux environs de Saint-Pétersbourg.

Le *D. minor*, Agass., provient de Megra.

Les LAMNODUS, Agass., — Atlas, pl. XXXIII, fig. 14,

ne sont aussi, comme nous l'avons dit, connus que par leurs dents qui ressemblent beaucoup à celles des dendrodus, mais qui sont comprimées, élancées, à bords tranchants ; la racine seule est ronde. Leur composition microscopique diffère un peu de celle des dendrodus avec lesquels M. Owen les réunissait. Leurs cavités médullaires se terminent par des branches latérales.

On en connaît trois espèces du terrain dévonien [2] :

Ce sont les *Lamnodus biporcatus*, Agass., *hastatus*, id., et *sulcatus*, id., d'Elgin, Riga, etc.

[1] Owen, *Odontography*, p. 171, pl. 62 A ; Agass., *Poiss. foss.*, II, 2, p. 162, pl. 55 a, et *Poiss. de l'Old red*, p. 79 et 142, pl. 28 et 28 a. Voyez, pour la composition des dents, Owen, *loc. cit.*, et Agassiz, *Poiss. du l'Old red*, pl. C.

[2] Owen, *Odontography*, p. 171 ; Agassiz, *Poiss. foss.*, II, 2, p. 162, et *Poiss. de l'Old red*, p. 83 et 144, pl. C, 28 et 28 a ; Giebel, *Fauna der Vorwelt*, I, 3, p. 276 ; Keyserling, *Petschora*, p. 292 b. M. Kutorga, *Beitr. zur geol. und palæont. Dorpats*, a connu une grande quantité de dents de ce genre et du précédent, et les a réparties dans les genres crocodile, monitor, varan, ichthyosaure et téjus. Il en a même formé un nouveau genre, STENOS, qu'il a placé dans les mammifères pachydermes.

Les Cricodus, Agass., — Atlas, pl. XXXIII, fig. 15,

sont aussi un démembrement des dendrodus, et leurs dents sont émoussées, robustes, recourbées et ont une grande cavité pulpaire, unique, non divisée.

Le *Cricodus incurvus*, Agass., appartient aussi au terrain dévonien ; il a été trouvé à Cremon, Elgin, Riga, etc. [1].

Les Colonodus, M' Coy,

sont connus par des dents coniques, allongées, diminuant très graduellement, à section circulaire à la base, mais triangulaire vers la pointe, à flancs sillonnés de courtes rides alternantes transverses, à surface lisse et émaillée, finement striée en longueur. Leur base forme un disque court et dilaté, oblique par rapport à la direction de la dent. La cavité qui a environ un tiers du diamètre est cylindrique et communique avec des canaux médullaires. Ces dents diffèrent de celles des genres précédents par leurs rides transverses et par l'absence des sillons longitudinaux qui communiquent avec la substance médullaire.

Le *Colonodus longidens*, M' Coy, a été trouvé dans les calcaires carbonifères d'Armagh [2].

Les Centrodus, M' Coy,

forment encore un genre établi par des dents. Elles sont coniques, diminuant graduellement, pointues, à section circulaire et striées longitudinalement. Leur cavité médullaire est grande, conique et simple comme celle des dents de cricodus.

Le *Centrodus striatulus*, M'Coy [3], provient des formations carbonifères de Carluke, dans le Lanarkshire.

Les Asterolepis, Eichwald (*Chelonichthys*, Agass.), — Atlas, pl. XXXIII, fig. 16 et 17,

ne sont au contraire connus que par des écailles osseuses, en

[1] Agassiz, *Poiss. foss.*, II, 2, p. 156 et 162, pl. H, fig. 9-12, et *Poiss. de l'Old red*, p. 88, pl. 28, fig. 4 et 5 ; Giebel, *Fauna der Vorwelt*, I, 3, p. 276 ; Verneuil, *Paléont. de la Russie*, p. 400 et 406 ; Keyserling, *Petschora*, p. 292 b, etc.

[2] *Ann. and mag. of nat. hist.*, 2e série, t. II, 1848, p. 4.

[3] *Idem, ibid.*, p. 3.

sorte qu'ils pourraient bien former un double emploi avec quelqu'un des genres précédents dont on ne connaît que des dents.
Ces écailles ont été décrites par M. Eichwald sous le nom d'asterolepis, et plus tard il les rapporta à tort aux pterichthys dont nous
parlerons plus bas. M. Agassiz, ne connaissant pas les premiers
travaux de M. Eichwald, les décrivit avec plus de soin et leur
donna le nom de chelonichthys. Ces corps avaient été plus anciennement confondus avec les polypiers; Lamarck y avait vu des
monticularia et M. Fischer des hydnopora; M. Kutorga les a pris
pour des carapaces de trionyx.

Ces plaques ou écailles osseuses sont recouvertes de mamelons
arrondis parfois au sommet et marquées à leur base de rides as-
cendantes plus ou moins profondes. Leur surface interne est lisse
et d'un aspect fibreux. Leur tissu vu au microscope présente clairement des corpuscules osseux; il est celluleux et présente des
sortes de colonnes plus compactes correspondant aux mamelons.

Quelques fragments du squelette trouvés plus tard ont démontré
que les asterolepis devaient avoir eu une tête large et une gueule
très ouverte comme les baudroies ou les silures. Elles atteignaient
certainement une très grande taille, car M. Agassiz a vu un os
maxillaire de 80 centimètres (2 pieds 1/2) de longueur.

On en connaît environ dix espèces dont neuf ont été trouvées
dans le terrain dévonien et une seule jusqu'ici dans les terrains
carbonifères [1].

On cite parmi les premières :

L'*Asterolepis Asmusii*, Agass., de Riga et d'Elgin;
L'*A. ornata*, Eichw., de Riga et de Megra;
L'*A. speciosa*, *id.*, de Voronèje;
l'*A. minor*, *id.*, d'Elgin, de Riga, et de Saint-Pétersbourg;
L'*A. granulata*, *id.*, de Riga;
L'*A. Hœninghausi*, *id.*, de l'Eifel;
L'*A. Malcolmsoni*, *id.*, d'Elgin;
L'*A. apicalis*, *id.*, de Riga.

La seule espèce carbonifère est :

L'*A. verrucosa*, M° Coy, du calcaire carbonifère d'Armagh [2].

[1] Eichwald, in *Leonh. und Bronn Neues Jahrb.*, 1840, p. 621; Agassiz,
Poiss. de l'Old red, p. 89, et 146, pl. 30; Giebel, *Fauna der Vorwelt*, I, 3,
p. 277.

[2] *Ann. and mag. of nat. hist.*, 2° série, t. II, 1848, p. 9.

Les Bothriolepis , Eichw. (*Glyptosteus*, Agass.) , — Atlas,
pl. XXXIII, fig. 18.

Ce genre, connu aussi seulement par des plaques ou écailles osseuses, a été décrit presque en même temps par MM. Eichwald et
Agassiz. Ces plaques osseuses sont, comme celles des asterolepis,
ornées de granulations perforées au sommet, mais elles sont séparées par des carènes saillantes. M. Agassiz a trouvé en connexion
avec des écailles de ce genre des dents incisives grandes et plissées à leur base qui ressemblent beaucoup à celles des holoptychius.

Les deux espèces connues caractérisent les terrains dévoniens [1].

Les *B. favosa*, Agass., et *ornata*, Eichwald, ont été trouvés à Elgin et dans
plusieurs gisements de la Russie.

Les Psammosteus, Agassiz (olim *Placosteus* et *Psammolepis*) , —
Atlas, pl. XXXIII, fig. 19,

ont des plaques semblables à celles des asterolepis, mais dont les
mamelons sont beaucoup plus petits et sous la forme de granules
serrés ayant l'apparence du chagrin. Il faut probablement réunir
à ce genre les Microlepis et les Sclerolepis de M. Eichwald, ainsi
qu'une partie des espèces que ce paléontologiste attribue au genre
Cheirolepis, Agassiz.

On en connaît quatre espèces des terrains dévoniens [2] :

Le *Psammosteus meandrinus*, Agass., de Ladoga ;
Le *Ps. paradoxus*, Agass., de Riga et de Cremon ;
Le *Ps. arenatus*, Agass., de Riga, Cremon, Ladoga et Saint-Pétersbourg ;
Le *Ps. undulatus*, Agass., de Riga.

Deux autres ont été trouvées dans la formation carbonifère [3] :

[1] Eichwald, *Bull. Soc. nat. de Moscou*, 1840, t. VII, p. 78, et 1846,
t. XIX, p. 306 ; Agassiz, *Poiss. foss.*, I, p. xxxiv (*Glyptosteus reticulatus* et
favosus), et *Poiss. de l'Old red*, p. 97 et 149, pl. 27, 28, 29, 30 *a* et 31 *a* ;
Giebel, *Fauna der Vorwelt*, I, 3, p. 279 ; Keyserling, *Petschora*, p. 292 *a* ;
de Verneuil, *Pal. de la Russie*, p. 399, 400 et 404, etc.

[2] Agassiz, *Poiss. foss.*, I, p. xxxiii, et *Poiss. de l'Old red*, p. 103 et 130,
pl. 27 et 31 ; Giebel, *Fauna der Vorwelt*, I, 3, p. 280 ; Eichwald, *Karstens
Archiv*, 1845, t. XIX, p. 672, et *Bull. Soc. nat. de Moscou*, 1846, t. XIX,
p. 299 et 301 ; Verneuil, *Pal. de la Russie*, p. 406, etc.

[3] Mc Coy, *Ann. and mag. of nat. history*, 2e série, t. II, 1848, p. 7.

Le *Ps. granulatus*, M° Coy, de Kesh, rivière de Banagh, comté de Fermanagh (Irlande).

Le *Ps. vermicularis*, M° Coy, de Fallaghloon, et Maghera (Irlande).

LES OSTEOPLAX, M° COY,

ont des plaques dermales grandes, plates, osseuses, polygonales, dont la surface est irrégulière et finement ridée de pores nombreux. Ces plaques rappellent l'organisation de celles des psammosteus, mais les rides de la surface sont plus lisses dans les osteoplax. Ils ont aussi des corpuscules osseux plus développés.

L'*Osteoplax erosus*, M° Coy (1), a été trouvé dans les formations carbonifères d'Irlande.

Quelques auteurs ajoutent à cette famille le genre des SCLERO-CEPHALUS, Goldfuss (2); mais nous avons dit, tome I p. 552, que le fossile désigné sous ce nom (*S. Hauseri*) est probablement un reptile.

2° ORDRE.

GANOIDES RHOMBIFÈRES.

Cet ordre comprend les ganoïdes qui ont des écailles osseuses, en général rhomboïdales, revêtues d'une couche d'émail et disposées non plus comme les tuiles d'un toit, mais comme une sorte de pavé et unies entre elles par leurs bords.

Ces poissons sont ceux qu'avait surtout en vue M. Agassiz, quand il a établi l'ordre des ganoïdes. Ils sont très nombreux à l'état fossile, et comme nous l'avons dit ailleurs, leur principal développement a eu lieu pendant l'époque primaire et pendant l'époque secondaire, jusqu'à la fin de la période jurassique. Depuis lors ils ont diminué rapidement de nombre et d'importance, tellement que sur près de soixante-dix

(1) *Ann. and mag. of nat. history*, 2° série, t. II, 1849, p. 6.

(2) Goldfuss, *Beitr. zur vorweltlichen Fauna des Steinkohlengebirges*, 4°.

genres que renferme cet ordre, deux seulement ont des représentants dans la faune actuelle.

Nous divisons cet ordre en cinq familles (voy. p. 131).

1re Famille. — POLYPTÉRIDES.

Cette famille, caractérisée par des nageoires dorsales nombreuses (12 à 16) dont chacune est supportée par une forte épine, ne renferme qu'un seul genre, celui des Polyptères (*Polypterus*, Géoffroy), qui vivent aujourd'hui dans les fleuves du continent africain. Aucun fossile n'a été rapproché de ce type remarquable.

2e Famille. — LÉPIDOSTÉIDES.

Les lépidostéides constituent, pour ainsi dire, l'état normal de l'ordre des ganoïdes rhombifères, et sont caractérisés par des dents coniques, des écailles grandes ou moyennes toujours très visibles à l'œil nu, et par une seule anale.

Cette famille nombreuse doit être divisée pour la commodité de l'étude, et divers caractères ont été employés dans ce but. M. Agassiz la remplace par deux autres : les *Sauroïdes* à grandes dents crochues et les *Lépidoïdes*, à dents en brosse ou obtuses ; puis il divise chacune de ces familles en deux tribus, suivant que la queue est homocerque ou hétérocerque. M. Vogt admet deux familles : les *Monostichii*, dans lesquels les fulcres sont disposés sur une seule rangée, et les *Distichii*, où ils en forment deux. M. Giebel en établit trois : les *Monostichii*, qui ne renferment que les *Monostichii* homocerques de la division précédente ; les *Heterocerci monopterygii*, qui correspondent à tous les hétérocerques sauroïdes et lépidoïdes de M. Agassiz, et les *Lepidotini*, qui sont les *Distichii* homocerques. Aucun de ces trois auteurs n'admet donc la famille des lépidostéides. Il m'a paru plus conforme à l'importance des caractères de suivre la méthode de M. J. Müller, en établissant une famille unique qui réunisse tous ces groupes.

Pour la commodité de l'étude je la divise en tribus. J'ai choisi de préférence des caractères faciles à observer, car ces coupes sont un peu artificielles, et il est difficile de décider de l'importance relative des caractères qui ont été employés. L'unité est dans la famille, et ce n'est que parce qu'elle renferme plus de quarante genres qu'il convient de la subdiviser.

Je distingue les tribus suivantes :

1° Poissons homocerques à mâchoires prolongées en un long bec et à écailles formant des rangées longitudinales inégales.

Dans toutes les autres tribus, les mâchoires ne sont pas prolongées et les écailles forment des rangées obliques à peu près égales.

2° Poissons homocerques à dents en brosses ou obtuses.

3° Poissons homocerques à dents isolées et crochues.

4° Poissons hétérocerques à dents isolées et crochues.

5° Poissons hétérocerques à dents en brosse ou obtuses.

D'après ce que j'ai dit ailleurs sur la distribution géographique des poissons homocerques et hétérocerques, on comprend que les trois premières tribus ne datent que du lias et sont surtout représentées dans les terrains jurassiques, et que les deux dernières caractérisent l'époque primaire et les terrains triasiques.

1re TRIBU.

LÉPIDOSTÉIDES HOMOCERQUES A MACHOIRES PROLONGÉES.

Ces lépidostéides sont clairement caractérisés par leur bec qui rappelle celui des bélones, et par leurs écailles qui forment des rangées longitudinales inégales.

Les ASPIDORHYNCHUS, Agass., — Atlas, pl. XXXIV, fig. 1,

sont faciles à reconnaître à leur corps allongé et tout d'une venue, et à leur mâchoire supérieure prolongée en un long bec qui dépasse l'inférieure. Ce bec porte des dents, même dans la partie qui n'a point de correspondante en dessous; elles sont très inégales en grosseur. Les écailles forment une armure toute spéciale, et qui peut, ce me semble, laisser des doutes sur la véritable place de ces poissons. Elles sont disposées en rangées inégales, tantôt hexagonales, tantôt tétragones; quelques-unes sont deux fois aussi hautes que longues.

Ce genre se trouve principalement dans les terrains jurassiques supérieurs; une espèce a été découverte dans les terrains crétacés d'Amérique (1).

Les espèces les plus anciennes proviennent du lias.

L'*Aspidorhynchus anglicus*, Agass., a été trouvé à Whitby,
L'*Aspidorhynchus Walchneri*, Agass., est de l'Oberland badois.

On en connaît une espèce des terrains oxfordiens :

L'*Aspidorhynchus euodus*, Egert., de l'argile de Chippenham (2).

Les terrains jurassiques supérieurs en renferment plusieurs.

On en a trouvé trois à Kelheim :
L'*Aspidorhynchus ornatissimus*, Agass., a sur ses écailles un réseau serré de lignes entrelacées.
L'*Aspidorhynchus lepturus*, Agass., ressemble beaucoup à l'*A. mandibularis* mais il est plus petit.
L'*Aspidorhynchus speciosus*, Agass., a sur ses écailles des rides ondulées.
Le calcaire lithographique d'Eichstaedt contient les restes d'une espèce, l'*Aspidorhynchus mandibularis*, Agass., dont la mâchoire inférieure est étroite, et dont les écailles du ventre sont si minces qu'elles ressemblent à de fines stries. Les dents sont longues, régulières et très acérées.
Dans le calcaire de Solenhofen on cite l'*Aspidorhynchus acutirostris*, Agass., chez qui la mâchoire supérieure est du double plus longue que l'inférieure (3).
L'*Aspidorhynchus longissimus*, Münster (4), a été trouvé à Pointen.

J'ai dit qu'une espèce avait été trouvée dans les terrains crétacés.

L'*Aspidorhynchus Comptoni*, Agass., est une grande espèce dont les écailles ont des granulations coniques. Elle provient d'un terrain probablement crétacé de l'Amérique du Sud.

Les BELONOSTOMUS, Agass.,

sont très voisins des aspidorhynchus, mais leurs deux mâchoires sont égales, et leur corps est ordinairement plus élancé, en sorte

(1) Voyez, pour les espèces, Agassiz, *Poiss. foss.*, II, 2, p. 135, pl. 45-47 ; Giebel, *Fauna der Vorwelt*, I, 3, p. 133.
(2) *Quarterly. journ. of the geol. Soc.*, t. I, p. 231, et *Lond. and Edinb. phil. journ.*, 1844, t. XXV, p. 223.
(3) C'est l'*Esox acutirostris*, Blainv., *Ichthyol.*, p. 28 ; Voy. Knorr, *Merkwürdik.*, t. I, pl. 23 et 29, etc.
(4) *Leonh. und Bronn Neues Jahrb.*, 1842, p. 44.

qu'ils ont l'apparence des bélones ; les écailles sont minces et à bords libres. Ils sont contemporains des précédents [1].

On en connaît deux espèces du lias :

Le *Belonostomus Anningiæ*, Agass., vient de Lyme-Regis.

Le *Belonostomus acutus*, Agass., de Whitby, a un bec plus allongé et plus grêle qu'aucune autre espèce.

Les schistes de Stonesfield renferment une espèce :

Le *Belonostomus leptosteus*, Agass., dont on ne connaît que des os détachés de la tête.

Les terrains jurassiques supérieurs ont des espèces plus nombreuses.

Plusieurs ont été trouvées dans les calcaires lithographiques de Bavière.

Le *Belonostomus sphyrænoïdes*, Agass., de Solenhofen, a des mâchoires longues, robustes et peu atténuées, qui lui donnent une sorte de ressemblance avec les sphyrènes.

Le *Belonostomus Munsteri*, Agass., dépasse souvent un pied de longueur ; sa tête est moins longue que celle de l'espèce précédente ; ses mâchoires sont égales, mais son museau est plus grêle, et sa bouche est fendue jusque sous l'orbite.

Le *Belonostomus tenuirostris*, Agass., de Solenhofen, a un bec grêle, qui atteint le tiers de la longueur totale ; sa mâchoire supérieure dépasse un peu l'inférieure.

Le *Belonostomus subulatus*, Agass., de la même localité, est voisin du *Bel. Munsteri* ; mais sa mâchoire supérieure dépasse d'un cinquième l'inférieure.

Le *Belonostomus ventralis*, Agass., est une espèce allongée, à tête grosse et large, remarquable par ses ventrales très reculées. Il a été trouvé aussi à Solenhofen.

Le *Belonostomus Kochii*, Münst., de Kelheim, ressemble au *Munsteri*, et a comme lui les mâchoires égales ; mais il est moins allongé.

M. Costa annonce [2] l'existence de deux espèces dans les terrains de Pietraroja, près Naples, les *B. crassirostris* et *gracilis*.

Les belonostomus ont été aussi trouvés dans les terrains crétacés.

[1] Voyez, pour les espèces, Agassiz, *Poiss. foss.*, II, 2, p. 146, pl. 47 a et 66 a ; Giebel, *Fauna der Vorwelt*, I, 3, p. 154. M. Thiollière, *Deuxième notice sur les poissons*, etc., p. 53, cite aussi dans les terrains lithographiques du département de l'Ain, les *B. tenuirostris et Munsteri*.

[2] *Leonh. und Bronn Neues Jahrb.*, 1851, p. 183.

On rapporte du moins à ce genre des écailles et des mâchoires isolées trouvées dans la craie de Lewes, qui constituent une espèce nommée *Belonostomus cinctus*, Agass., dont la taille a dû atteindre trois ou quatre pieds.

Deux autres espèces ont été figurées par M. Dixon [1]. Ce sont les *Belonostomus cinctus* et *attenuatus* de la craie du Sussex. Elles ne sont connues que par des fragments de mâchoires.

Les Prionolepis, Egerton,

paraissent voisins des deux genres précédents, mais leurs flancs sont protégés par un seul rang d'écailles très hautes, profondément dentelées sur leur bord postérieur. Ce genre n'est connu que par un exemplaire très incomplet [2].

Le *Prionolepis angustus*, Dixon, a été trouvé dans la craie de Burwell, près Newmarket.

2ᵉ TRIBU.

LÉPIDOSTÉIDES HOMOCERQUES, A BOUCHE ET ÉCAILLES NORMALES, A DENTS EN BROSSE OU OBTUSES.

Cette tribu, qui comprend les *Lepidoïdes homocerques* de M. Agassiz, renferme un grand nombre de poissons des terrains jurassiques, quelques-uns de l'époque crétacée, et un très petit nombre de l'époque tertiaire.

On peut, pour faciliter l'étude des genres, les grouper comme il suit :

1° Espèces à deux dorsales ou à dorsale profondément échancrée, fulcres sur deux rangs. Genres *Notagogus* et *Propterus*.

2° Espèces à une seule dorsale très longue, à fulcres sur un rang. Genres *Nothosomus* et *Ophiopsis*.

3° Espèces à dorsale courte, à fulcres peu nombreux et seulement sur la caudale, à colonne épinière complétement ossifiée et terminée comme dans les steguri (téléostéens). Genre *Æthalion*.

4° Espèces à dorsale courte, à deux rangs de fulcres sur toutes les nageoires, à colonne épinière complétement ossifiée, terminée comme dans tous les ganoïdes homocerques. Genre *Lepidotus*.

5° Espèces à dorsale courte, à fulcres sur un rang, à corde dor-

---

[1] Dixon, *Geol. and foss. of Sussex*, p. 367, pl. 35, fig. 3 et 4.
[2] *Idem*, p. 368, pl. 32 *, fig. 3.

sale persistante et protégée par des demi-vertèbres, à corps allongé. Genres *Semionotus*, *Centrolepis*, *Pholidophorus*, *Libys* et *Dictyopyge*.

6ᵉ Espèces à une seule dorsale, à un seul rang de fulcres, à corde dorsale persistante et protégée par des demi-vertèbres, à corps très élevé et comprimé. Genres *Tetragonolepis*, *Dapedius* et *Amblyurus*.

7ᵉ Espèces très comprimées, à dorsale unique, très haute (égalant au moins la hauteur du corps). Genre *Dorypterus*.

Les Notagogus, Agass.,

sont caractérisés par leur dorsale partagée en deux lobes qui forment deux nageoires distinctes, caractère très rare dans la famille des lépidostéides. Les écailles sont de médiocre grandeur.

Ce sont de petits poissons des étages jurassiques supérieurs [1].

Le *Notagogus Zieteni*, Agass., de Solenhofen, a le corps très large et court, et les écailles lisses en leurs bords.

Le *Notagogus denticulatus*, Agass., de la même localité, a le corps moins court, et les nageoires dorsales imparfaitement séparées. Le bord des écailles est dentelé.

Le *Notagogus Pentlandi*, Agass., a les écailles lisses et le corps allongé et étroit. Il a été découvert dans les calcaires de Torre d'Orlando, près de Naples.

Le *Notagogus latior*, Agass., est plus large, et à aussi les écailles lisses. Son ventre fait une saillie considérable. Il a été trouvé avec le précédent.

M. Thiollière [2] a fait connaître le *Notagogus imi montis*, Th., des schistes lithographiques du département de l'Ain.

Il faut ajouter les *Notagogus erythrolepis* et *minor*, Costa [3] de Castellamare.

Les Propterus, Agass.,

peuvent à peine être séparés des notagogus; ils ont comme eux deux dorsales, et ils s'en distinguent par les rayons de la première beaucoup plus larges que ceux de la seconde.

[1] Agassiz, *Poiss. foss.*, II, 1, p. 293, pl. 49 et 50; Giebel, *Fauna der Vorwelt*, I, 3, p. 201; Wagner, *Abhandl. Bayer. Akad.*, 1851, t. VI, p. 64.
[2] *Deuxième notice sur le gisement*, etc., p. 29.
[3] Leonh. und Bronn *Neues Jahrb.*, 1851, p. 183.

On en connaît quatre espèces des calcaires lithographiques de Bavière (1).

Le *Propterus microstomus*, Agass., a une forme courte et trapue.

Le *Propterus serratus*, Münst., a des écailles dont le bord est fortement denticlé.

Ces deux espèces proviennent de Kelheim, ainsi que le *Propterus speciosus*, Wagner.

Le *Propterus gracilis*, Wagner, a été trouvé à Eichstaedt.

Les Nothosomus, Agass.,

diffèrent des pholidophorus par une dorsale plus longue et par des écailles plus hautes que longues.

On n'en connaît que deux espèces (2) : le *Nothosomus octostychius*, Agass., du lias de Lyme-Regis, et le *Nothosomus lævissimus*, Agass., du calcaire de Solenhofen.

Les Ophiopsis, Agass.,

ont aussi les formes des pholidophorus ; mais leur dorsale occupe la moitié de la longueur du dos. Leurs dents sont un peu plus développées.

Les espèces connues sont toutes de l'époque jurassique (3).

L'*Ophiopsis procerus*, Agass., est de taille moyenne, et a une tête courte et une caudale presque pas échancrée. Il a été trouvé à Solenhofen.

L'*Ophiopsis Munsteri*, Agass., provient de Kelheim.

M. Wagner (4) a de nouveau décrit les *O. procerus* et *Munsteri*, et ajouté l'*Ophiopsis serratus*, Wagner, de Kelheim.

Sir Ph. Grey Egerton vient de faire connaître (5) l'*Ophiopsis breviceps*, Egert., du calcaire de Purbeck. La figure porte le nom générique de Histionotus.

(1) Agassiz, *Poiss. foss.*, II, 1, p. 295, pl. 30 ; Giebel, *Fauna der Vorwelt*, I, 3, p. 202 ; Wagner *Abhandl. Bayer. Akad.*, 1851, t. VI, p. 66, pl. 4.

(2) Agassiz, *Poiss. foss.*, II, 1, p. 292 ; Giebel, *Fauna der Vorwelt*, I, 3, p. 209 ; Wagner, *Abhandl. Bayer. Akad.*, 1851, t. VI, p. 63.

(3) Agassiz, *Poiss. foss.*, II, 1, p. 289, pl. 36 et 48 ; Giebel, *Fauna der Vorwelt*, I, 3, p. 149. M. Giebel les associe aux amiades, mais ils ont des écailles rhomboïdales.

(4) *Abhandl. Bayer. Akad.*, 1851, t. VI, p. 69.

(5) *Mem. geol. Survey. Brit. organ. rem.*, décade VI, pl. 6.

L'*Ophiopsis penicillatus*, Agass., a, au contraire, une très grande tête et sa caudale est inéquilobe. Il a été trouvé dans le calcaire de Purbeck.

L'*Ophiopsis dorsalis*, Agass., de l'oolithe inférieure de Northampton, est beaucoup plus élancé, et sa caudale est moins inéquilobe.

Les Æthalion, Münster,

présentent une réunion de caractères assez anomale. Leur colonne épinière est complétement ossifiée et terminée comme dans les téléostéens (steguri) ; aussi M. Heckel ne les place-t-il point dans les ganoïdes (1). Leurs écailles par contre ont tout à fait le caractère de la division dans laquelle nous les laissons, elles sont rhomboïdales et émaillées. Les fulcres, qui sont très petits, ont été niés par quelques auteurs. M. Heckel en a observé quelques uns sur la nageoire caudale.

Ces poissons ressemblent aux pholidophorus, ont des dents en brosse, une dorsale courte insérée entre les ventrales et l'anale. Ils paraissent abondants dans les schistes lithographiques (terrain corallien).

Le comte de Münster (2) a fait connaître les *Æthalion angustissimus*, Münst., *angustus*, id., *inflatus*, id., *tenuis*, id., *subovatus*, id., et *parvus*, id.

Les Lepidotus, Agass., — Atlas, pl. XXXIV, fig. 2 à 5,

sont de grands poissons, dont la forme générale rappelle celle des cyprins. Ils sont oblongs, épais et corpulents; leur tête est large et médiocrement longue ; leur dos et leur ventre sont bombés, et le pédicelle de leur queue a au moins le tiers de la largeur du tronc. La dorsale et l'anale sont médiocres et opposées ; elles ont de gros rayons à leur partie antérieure (comme les carpes). Les mâchoires sont courtes et la bouche peu fendue. Les dents sont obtuses, étranglées à leur base. La figure 2 de la planche XXXIV représente ce genre restauré.

(1) J'ai déjà dit, p. 166, que ces poissons semblent donner des doutes sur l'importance des caractères que M. Heckel tire de la colonne épinière.

(2) *Leonh. und Brom Neues Jahrb.*, 1842, p. 42. Les deux premières espèces avaient été d'abord indiquées comme des caturus (*Neues Jahrb.*, 1839, p. 979). La première est figurée dans les *Beitr. zur Petref.*, t. V, p. 60, pl. 5, fig. 3. Voyez encore pour ce genre, Giebel, *Fauna der Vorwelt*, I, 3, p. 193, et Heckel, *Sitzungs Bericht Wiener Akad.*, novembre 1850, p. 363.

Les lépidotus sont très répandus dans tous les terrains jurassiques, et se retrouvent aussi jusque dans les terrains crétacés et tertiaires. C'est le seul genre des lépidoïdes qui ait vécu dans ces formations récentes et ait traversé autant d'époques différentes ; tous les autres ont eu une apparition bien plus courte.

On en connaît plusieurs espèces du lias [1].

Le *Lepidotus gigas*, Agass. [2], a été trouvé en France, en Allemagne et en Angleterre. Il a l'apparence d'une grosse carpe, et des écailles à bord parfaitement lisse aussi longues que hautes.

Le *L. semiserratus*, Agass., est très commun dans les lias de Whitby et de Scarborough. Il est un peu plus allongé que le *gigas* et ses écailles ont quelques dents au bord postérieur [3].

Le *L. rugosus*, Agass., de Lyme-Regis, a toute sa surface rugueuse.

Le *L. fimbriatus*, Agass., est une espèce dont la position générique est encore douteuse. Les écailles ont une fine denteture sur leur bord. Il a été trouvé à Lyme-Regis, en Tyrol et à Cobourg.

Le *L. ornatus*, Agass., de Seefeld, a des rayons divergents sur les bords postérieurs des écailles.

Le *L. frondosus*, Agass., de Boll, est très large en avant et a ses écailles sculptées sur leur base.

Le *L. speciosus*, Münst., de Seefeld, est remarquable par la forme des rayons de sa caudale qui ressemblent à des entonnoirs placés les uns dans les autres.

Le *L. parvulus*, Münst., de Seefeld, est une petite espèce, à dents hémisphériques avec un bouton au sommet, et à écailles lisses sans dentelures.

Le *L. serrulatus*, Agass., du lias de Whitby, a des rapports avec le *L. gigas*, mais en diffère, ainsi que de presque tous ses congénères, par ses écailles qui sont plus étroites vers le bord ventral.

Le *L. pectinatus*, Egerton, est de la même localité [4].

Le *L. dentatus*, Quenstedt, provient du lias de Boll [5].

Le *L. Trotti*, Crivelli, a été trouvé dans le lias des bords du lac de Côme [6].

[1] Voyez, pour les nombreuses espèces de ce genre, Agassiz, *Poiss. foss.*, II, 1, p. 233, pl. 28 à 35 ; Giebel, *Fauna der Vorwelt*, I, 3, p. 185.

[2] Cette espèce a été l'objet d'un travail spécial de M. Quenstedt, *Uber Lepidotus im lias Wurtembergs*, 1848, in-4. C'est le *Cyprinus elevensis*, Blainv., *Icht.*, p. 90 ; et le *Lepidotus elevensis* de M. Quenstedt.

[3] Cette espèce a été figurée par Young, *Geol. of Yorkshire*, pl. 16, fig. 7 et 8.

[4] *Ann. and mag. of. nat. hist.*, 1844, t. XIII, p. 151, et *Mem. of the geol. Survey, British organic Remains*, décad. VI, pl. 3.

[5] *Flotzgebirge Wurt.*, p. 236.

[6] Crivelli, *Politec. Milano*, mai 1839.

Les espèces des autres étages jurassiques ne sont pas moins importantes.

Le *Lepidotus undatus*, Agass., de Caen, est caractérisé par l'allongement de l'angle inférieur et postérieur des écailles.

Le *L. tuberculatus*, Agass., de Stonesfield, n'est connu que par une écaille couverte de tubercules, et dont l'angle inférieur est prolongé.

Le *L. macrocheirus*, Egerton, a été trouvé dans le terrain oxfordien de Chippenham (1).

Le *L. radiatus*, Agass., a ses écailles marquées de profonds sillons qui convergent vers un centre commun. On ne connaît pas son gisement.

Le *L. unguiculatus*, Agass. (2), de Solenhofen, a quelques onglets au bord postérieur des écailles. Ce poisson est remarquable par les erreurs auxquelles il a donné lieu. C'est le LEPIDOSAURUS de M. H. de Meyer qui l'avait pris pour un reptile. Ses écailles ont été décrites comme des algues.

Le *L. notopterus*, Agass., de Solenhofen, est caractérisé par une série de très grands fulcres au bord antérieur de la dorsale (3).

Le *L. oblongus*, Agass., de la même localité, est une grande espèce allongée, à petites écailles.

Le *L. similis*, Giebel (4), du même gisement, n'est connu que par quelques nageoires.

Le *L. subundatus*, Munster (5), provient des terrains coralliens du Hanovre.

Le *L. palliatus*, Agass., n'est connu que par deux écailles des marnes kimméridgiennes de Boulogne-sur-mer. Elles indiquent un poisson d'environ huit pieds de long, et sont remarquables par un faisceau d'arêtes arrondies.

Le *L. lævis*, Agass., est une espèce du portlandien de Soleure, dont on ne connaît aussi qu'une écaille et un rayon de nageoire. L'écaille est lisse et polie, et plus haute que dans les autres lepidotus.

Le *L. minor*, Agass., du portlandien d'Hildesheim et du calcaire de Purbeck, a des écailles petites, à bords entièrement lisses (6).

(1) *Quart. Journ. of the geol. Soc.*, t. I, p. 230. Je pense que c'est la même espèce qui avait été inscrite sans description par M. Agassiz, sous le nom de *L. latimanus*, Egerton.

(2) Rüppel, *Abbild. und Beschr. von Versteiner.*, 1829, p. 11, pl. 4; Dunker, *Nord Deutsch. weald Bild*, p. 64, pl. 15, fig. 11; *Lepidosaurus*, H. de Meyer, *Palæologica*, p. 208; *Fucoides Brardii*, Krüger, *Jahrb. fur wissensch. Krith.*, 1831, p. 191. Le *Lepidotus Dunkeri*, Dunker, *loc. cit.*, p. 65, pl. 15, fig. 10, doit lui être réuni.

(3) M. Thiollière, *Deuxième notice sur le gisement*, p. 30, cite avec doute, parmi les poissons de Cirin, le *L. notopterus*, Agass., et une espèce indéterminée.

(4) *Fauna der Vorwelt*, I, 3, p. 191.

(5) *Beitr. zur Petref.*, t. VII, p. 37, pl. 3, fig. 16.

(6) C'est le *Lepidotus Agassizii*, Roëmer, *Nord Deutsch. Ool. Geb. Nacht.*, p. 53, pl. 20, fig. 36.

Le *L. Mantelli*, Agass., des sables d'Hastings, est une grande espèce, à écailles très grandes et plissées dans la partie antérieure de l'émail ; ses dents sont terminées en pointe [1].

Le *L. Fittoni*, Agass., du même gisement, a la tête plus petite et surtout moins large, et ses dents sont hémisphériques [2].

Le *L. acutirostris*, Costa, a été trouvé à Pietraroja, près Naples [3].

Les espèces des terrains crétacés sont moins nombreuses que celles des terrains jurassiques.

Le *Lepidotus striatus*, Agass., est une petite espèce dont les écailles sont striées sur leurs bords. Il a été trouvé dans la craie des Vaches-Noires, en Normandie.

Il faut ajouter à cette espèce :

Le *L. punctatus*, Agass., de la craie blanche du Kent ;

Le *L. Cottœ*, Agass., de Hohenstein, près de Schandau ;

Le *L. Virleti*, Agass., des grès verts de Morée ;

Le *L. temnurus*, Agass., de la craie du Brésil.

Enfin, on a trouvé une espèce dans les terrains tertiaires.

Le *Lepidotus Maximiliani*, Agass., qui n'est connu que par quelques écailles grandes, unies, à bords lisses, du calcaire grossier de Paris.

Les SEMIONOTUS, Agass.,

sont des poissons élégants, à tête allongée, à mâchoires étroites, beaucoup plus longues que hautes, et armées de dents en brosses fines. La dorsale est longue, insérée au-dessus des ventrales et l'anale courte très en arrrière. La caudale est fourchue, son lobe supérieur est un peu plus grand que l'inférieur, et ses rayons externes sont en partie recouverts par des écailles qui lui donnent un peu de ressemblance avec les poissons hétérocerques. On trouve ces poissons dans le lias, le terrain jurassique et le terrain crétacé [4].

[1] Voyez Roëmer, *loc. cit.*, p. 55 ; Dunker, *Nord Deutsch. weald Bild.*, p. 62, pl. 15, fig. 1 à 7, 9.

[2] Dunker, *loc. cit.*, p. 63, pl. 14 et 15, fig. 8, 12-15 et 25.

[3] *Leonh. und Bronn Neues Jahrb.*, 1851, p. 183. M. Costa cite encore plusieurs espèces de M. Agassiz, trouvées près de Naples ; mais ses déterminations semblent bien peu vraisemblables.

[4] Agassiz, *Pois. foss.*, II, 1, p. 222, pl. 26 à 27, *a* ; Giebel, *Fauna der Vorwelt*, I, 3, p. 210.

Les espèces du lias sont nombreuses.

Le *Semionotus leptocephalus*, Agass., de Boll, a la tête très allongée.

Le *S. latus*, Agass. (*Dapedius altivelis*, Agass.), de Seefeld, est le plus large du genre, et la partie antérieure de sa dorsale est très élevée.

Le *S. rhombifer*, Agass., de Lyme-Regis, est une petite espèce trapue à écailles rhomboïdales uniformes.

Le *S. Nilssoni*, Agass., de Schonen en Scanie, est caractérisé par de grandes écailles lisses et par une tête petite.

Le *S. striatus*, Agass., de Seefeld, est de petite taille et a des écailles uniformes, striées, dont l'angle inférieur et postérieur est saillant.

Il faut y ajouter quelques espèces jurassiques.

Les *Semionotus Pentlandi*, Egert., le *S. minutus*, Egert. et le *S. pustulifer*, Egert., sont trois espèces encore mal connues des environs de Castellamare.

Le *S. curtulus*, Costa, provient de Giffoni, près Naples.

Une seule espèce a été trouvée dans les terrains crétacés ; c'est :

Le *S. Bergeri*, Agass., espèce large et à grosses écailles. Il provient du Quader Sandstein de Cobourg [1].

Les Centrolepis, Egerton.

ne sont pas encore caractérisés [2].

Le *C. asper*, Egert., a été trouvé dans le lias de Lyme-Regis.

Les Pholidophorus, Agass., — Atlas, pl. XXXIV, fig. 6,

sont très voisins des lepidotus. Ils en diffèrent par leurs dents en brosse, et par leur dorsale opposée aux ventrales et non à l'anale. Ce sont d'ailleurs de petites espèces, tandis que presque tous les lepidotus sont grands. Ils ont formé, dit M. Agassiz, la plèbe de la faune ichthyologique de l'époque jurassique. Ils ont, comme les lepidotus, des fulcres sur les rayons supérieurs de la caudale; mais les deux lobes de cette nageoire sont à peu près égaux.

Ces poissons sont très abondants dans le lias et dans la plupart des étages jurassiques. Les espèces sont si nombreuses, que je

[1] Ce poisson, nommé d'abord par M. Agassiz *Semionotus Spixii*, a été décrit par M. Berger, *Verst. der Koburger-Gegend*, p. 18, pl. I, fig. 1, sous le nom de *Palæoniscum arenaceum*.

[2] Agassiz, *Poiss. foss.*, II, 1, p. 304 ; Giebel, *Fauna der Vorwelt*, I, 3, p. 212.

renvoie complétement, pour les caractères, à l'ouvrage de M. Agassiz (¹).

On trouve dans le lias de Lyme-Regis : le *Phol. Bechei*, Agass., le *Phol. onychius*, Agass., le *Phol. limbatus*, Agass., le *Phol. pachysomus*, Egert, et le *Phol. crenulatus*, Egert. (²).

Dans le lias de Seefeld : le *Phol. dorsalis*, Agass., le *Phol. pusillus*, Agass., le *Phol. furcatus*, Agass. (³), et le *Phol. latiusculus*, Agass.

Dans le lias de Barrow : le *Phol. Stricklandi*, Agass. et le *Phol. Hastingsiæ*, Agass.

Dans le lias de Street : le *Phol. leptocephalus*, Agass.

Dans celui d'Ohmden : le *Phol. Hartmanni*, Egert.

Ceux des terrains jurassiques supérieurs au lias sont encore plus nombreux.

Les calcaires de Solenhofen en particulier en renferment beaucoup. On cite entre autres : le *Phol. macrocephalus*, Agass., le *Phol. microps*, Agass., le *Phol. striolaris*, Agass., le *Phol. taxis*, Agass., le *Phol. latimanus*, Agass., le *Phol. radians*, Agass., le *Phol. uræoides*, Agass., le *Phol. radiato-punctatus*, Agass., et le *Phol. maximus*, Agass.

Les calcaires de Kelheim ont fourni le *Phol. tenuiserratus*, le *Phol. longiserratus*, Agass.; le *Phol. micronyx*, Agass.; le *Phol. intermedius*, Agass. et le *Phol. gracilis*, Agass.,

Dans les calcaires d'Eichstaedt on trouve le *Phol. latus*, Agass.

M. Thiollière (⁴) cite plusieurs pholidophorus dans les schistes lithographiques du département de l'Ain; mais les espèces sont restées indéterminées ou nommées avec doute.

Le *Phol. ornatus*, Agass., est du calcaire de Purbeck.

Le *Phol. Flesheri*, de l'oolite inférieure.

Le *Phol. angustus*, Agass., du grès rouge jurassique de Pologne.

Le *Phol. minor*, Agass., de l'oolite de Stonesfield.

(¹) Agassiz, *Poiss. foss.*, II, 1, p. 271, pl. 36 à 43; Giebel, *Fauna der Vorwelt*, I, 3, p. 203; Gray Egerton, *Catalogus*, etc.

(²) Les *Phol. pachysomus*, Egert., *crenulatus*, id, viennent d'être décrits et figurés par sir Ph. Grey Egerton, dans les *Memoirs of the geol. Survey, Brit. organ. Rem.*, décade VI, pl. 4 et 5.

(³) Le *Phol. furcatus* avait d'abord été séparé génériquement par M. Agassiz, sous le nom de Microps; plus tard, ce même paléontologiste l'a placé dans le genre Pholidophorus. M. Giebel, *Fauna der Vorwelt*, I, 3, p. 50, l'associe aux amiades; mais ses écailles rhomboïdes m'empêchent d'accepter cette réunion.

(⁴) *Notice sur le gisement*, etc., p. 16, et *Deuxième notice*, p. 33.

Le *Phol. fusiformis*, Agass., de Castellamare, ainsi que le *Phol. Stabianus*, Costa [1].

M. Heckel cite aussi [2] les *Pholidophorus parvus*, Heck., et *loricatus*, id., comme trouvés à Raible, en Carinthie, dans un terrain dont je ne connais pas l'âge.

Les LIBYS, Münster,

forment un genre encore très douteux caractérisé par quelques dents coniques placées en avant d'une bande de dents qui ressemblent à du chagrin et par des granulations sur les os de la tête et sur les écailles.

Le *Libys polypterus*, Münster, a été trouvé dans les schistes lithographiques de Kelheim [3].

Les DICTYOPYGE, Lyell,

sont caractérisés par des écailles rhomboïdales, par une forme allongée, par une tête petite, par une anale haute et longue, par une dorsale qui commence un peu en avant d'elle et fort en arrière des ventrales et par une queue échancrée, à lobes égaux munis de fulcres [4].

L'espèce qui a servi de type à ce genre a été d'abord décrite par M. Redfield, sous le nom de *Catopterus macrurus*. Or, les premières espèces connues de ce genre CATOPTERUS qui a été établi par le même auteur sont caractérisées par une queue hétérocerque. La réunion dans un même genre de poissons homocerques et hétérocerques est impossible, et elle n'a servi qu'à rendre obscurs les caractères de ce genre. Les dictyopyge paraissent voisins des pholidophorus.

Le *Dictyopyge macrurus*, Lyell, et une espèce indéterminée, ont été trouvés dans une couche carbonifère de l'est de la Virginie, qui paraît appartenir à l'époque triasique ou oolithique inférieure.

Les TETRAGONOLEPIS, Agass.,—Atlas, pl. XXXIV, fig. 15 et 16,

sont des poissons courts, hauts et comprimés. Ils ont des dents en massue, non échancrées, et sur plusieurs rangées. Leur dorsale est opposée à l'anale, et s'étend depuis le milieu du corps jusqu'au

[1] *Leonh. und Bronn Neues Jahrb.*, 1851, p. 183.

[2] *Ibid.*, 1849, p. 499.

[3] Münster, *Leonh. und Bronn Neues Jahrb.*, 1842, p. 15; Giebel, *Fauna der Vorwelt*, I, 3, p. 209.

[4] Lyell, *Quart. journ. of the geol. Soc.*, t. III, p. 275; Redfield, *Silliman's Americ. journ. of sc.*, 1844, vol. XLI, p. 27.

rétrécissement de la queue dont la nageoire est coupée carrément ; les pectorales et les ventrales sont petites ; les fulcres sont très développés [1].

Quelques auteurs indiquent une espèce trouvée à Saint-Cassian (terrain triasique), ce qui formerait une exception bien rare parmi les lépidostéides homocerques.

Cette espèce, *Tetragonolepis obscurus*, Münster, repose sur une écaille granulée comme celles qui avoisinent la tête des tetragonolepis. Ce débris, à en juger par la figure [2], me paraît tout à fait insuffisant pour justifier ce rapprochement.

Ce genre est abondant dans le lias.

Le *T. confluens*, Agass., de Lyme-Regis, se distingue par de grosses granelures qui hérissent ses os du crâne. C'est une des plus grandes espèces.

Le *T. speciosus*, Agass., de la même localité, atteint presque les dimensions du *T. confluens* et a les os du crâne et les opercules couverts d'une granulation plus fine qui ressemble à des écailles.

Le *T. pustulatus*, Agass., du même gisement, est aussi une grande espèce et atteint un pied de longueur. Les os du crâne ont des saillies obtuses déprimées, qui ressemblent à des grains de sable. Les écailles ont leurs angles couverts de saillies en forme de pustules.

Le *T. radiatus*, Agass., qui est aussi de Lyme-Regis, a des plis en éventail sur les écailles.

Le *T. lœvonotus*, Agass., qui se trouve avec les précédents, est plus petit et a des écailles parfaitement lisses et sans dentelures.

Le *T. ovalis*, Agass., de Boll, est l'espèce la plus allongée que l'on connaisse dans ce genre.

Le *T. dorsalis*, Agass., de Byrford, a les rayons de sa dorsale allongés.

Le *T. monilifer*, Agass., de Banwell et de Barrow, est une espèce très large, dont les écailles sont fort inégales.

Le *T. angulifer*, Agass., de Stratford, a sur les écailles des stries qui forment un triangle. M. Agassiz en a figuré un magnifique exemplaire ; M. Giebel lui réunit le *T. Traillii*, Agass.

Le *T. Leachii*, Agass., de Lyme-Regis, a les écailles des flancs plus hautes que larges.

Dans le *T. pholidotus*, Agass., de Boll, ces écailles deviennent encore plus hautes et plus étroites.

Le *T. semicinctus*, Bronn, de Neidingen, a les écailles de plus en plus grandes du dos vers le ventre.

Le *T. Rouei*, Agass., de Seefeld, les a de même largeur.

[1] Voyez, pour les nombreuses et belles espèces de ce genre : Agassiz, *Poiss. foss.*, II, 1, p. 195, pl. 21 à 24 ; Giebel, *Fauna der Vorwelt*, I, 3, p. 212.

[2] *Beitr. zur Petref.*, t. IV, p. 140 et pl. 16, fig. 18.

Le *T. heterodermus*, Agass., de Boll, a les écailles plus larges que les autres espèces, finement dentelées sur leur bord postérieur.

On trouve aussi quelques tetragonolepis dans les autres étages jurassiques.

Le *Tetragonolepis Magneville*, Agass., est caractérisé par des écailles qui portent de petits piquants à leur surface extérieure. Il a été trouvé dans le calcaire oolithique de Caen.

Le *T. mastodonteus*, Agass., n'est connu que par un fragment de mâchoire découvert dans les sables d'Hastings. Ses dents sont amincies à la base, renflées à l'extrémité, et surmontées d'une pointe d'émail conique [1].

Les DAPEDIUS, Agass., (*Dapedium*, Labéche),—Atlas, pl. XXXIV, fig. 14,

ne diffèrent des tetragonolepis que par leurs dents qui sont échancrées. C'est à tort qu'on a cherché dans leurs écailles et dans leurs nageoires des caractères pour les distinguer; leur forme est tout à fait la même. Ce sont des poissons du lias [2].

Le *Dapedius politus*, de la Bèche [3], a le crâne et la nuque fortement granulés, mais les écailles du corps parfaitement lisses, au moins à l'œil nu. Il est commun dans le lias de Lyme-Regis.

Le *D. granulatus*, Agass., a les écailles granulées sur tout le corps, et les dents dilatées à l'extrémité. Il se trouve aussi à Lyme-Regis.

Le *D. punctatus*, Agass., a les écailles lisses du *D. politus* et sa forme générale; mais son crâne est beaucoup plus finement granulé. Il vient de la même localité.

Le *D. Colei*, Agass., a la surface des os de la tête parfaitement lisse, ainsi que les écailles. Il est aussi de Lyme-Regis.

Il faut encore ajouter deux espèces de Lyme-Regis qui sont le *D. orbis*, Agass., et le *D. orcuatus*, Agass.; et une du lias de Whitby, le *D. minor*, Agass.

Les AMBLYURUS, Agass.,

sont très voisins des tetragonolepis et ont la même forme élevée et comprimée, mais leur anale est très étroite et leur gueule, très fendue, est armée de petites dents pointues [4].

[1] Voyez, pour cette espèce, *Trans. of the geol. Soc.*, 2ᵉ série, t. II, pl. 6.

[2] Agassiz, *Poiss. foss.*, II, 1, p. 181 et 217, pl. 25 à 25 d; Giebel, *Fauna der Vorwelt*, I, 3, p. 216; sir P. G. Egerton, *Catalogus*.

[3] *Trans. of the geol. Soc.*, 2ᵉ série, t. I, pl. 6, fig. 1-4.

[4] Agassiz, *Poiss. foss.*, II, 1, p. 220, pl. 25 e; Giebel, *Fauna der Vorwelt*, I, 3, p. 200.

On n'en connaît qu'une espèce, du lias de Lyme-Regis, l'*Amblyurus ma-crostomus*, Agass.

Les DORYPTERUS, Germar,

forment un type très singulier qui s'éloigne de tous les précédents et dont la place est encore fort douteuse.

Le corps rappelle par sa hauteur la forme des tetragonolepis et des dapedius. La cavité orbitaire est assez grande. L'appareil operculaire est développé. La colonne épinière et les apophyses sont incomplétement conservés. Le caractère le plus évident consiste dans l'allongement de quelques rayons de la dorsale qui atteignent une longueur supérieure même à la hauteur du corps.

Ces poissons présentent une anomalie plus remarquable dans leur queue homocerque; ils sont les seuls lépidostéides de l'époque triasique dans lesquels on n'ait pas reconnu une queue hétérocerque. J'ajouterai, il est vrai, que la seule figure qu'on en possède n'est pas suffisante pour donner une confiance complète.

Le *Dorypterus Hoffmanni*, Germar, a été trouvé dans les schistes cuivreux de Eisleben [1].

3ᵉ TRIBU

**LÉPIDOSTÉIDES HOMOCERQUES A BOUCHE ET ÉCAILLES NORMALES,
ET A DENTS CROCHUES ET ISOLÉES.**

Cette tribu correspond à peu près aux sauroïdes homocerques de M. Agassiz. On peut grouper comme il suit, les genres qu'elle renferme :

1° Espèce à dorsale courte, à caudale équilobe ou subéquilobe. Genres : *Lepidosteus, Caturus, Pachycormus, Strobilodus, Saurostomus, Amblysemius, Sauropsis, Thrissonotus, Oxygonius.* Ils ont tous des fulcres sur deux rangs.

2° Espèces à dorsale très longue. Genres : *Macrosemius* et *Disticholepis.*

3° Espèces à caudale très inéquilobe, tout en étant homocerque. Genres : *Eugnathus, Conodus* et *Ptycholepis.*

4° Espèces à bouche très grande et déprimée. Genre : *Lophiostomus.*

[1] Germar in Münster, *Beitr. zur Petrefactenkunde*, t. V, p. 35, pl. 11, fig. 4; Giebel, *Fauna der Vorwelt*, I, 3, p. 218.

Au premier de ces groupes appartient le seul genre vivant qui représente aujourd'hui la famille des lépidostéides. C'est celui des

LÉPIDOSTÉES (*Lepisosteus*, Lac., *Lepidosteus*, Agass.), — Atlas, pl. XXXIV, fig. 7.-9,

qui habitent aujourd'hui les rivières de l'Amérique septentrionale. On leur a rapporté quelques fragments trouvés en Angleterre dans les terrains tertiaires d'eau douce.

M. Searles Wood en indique [1] dans les calcaires d'eau douce inférieurs du Hampshire. Ils ont été trouvés avec les microchœrus, les spalacodon, le *Crocodilus Hantonensis*, etc. M. Wright les a cités plus tard dans le même terrain.

Les **CATURUS** Agass. (olim *Uræus*), — Atlas, pl. XXXIV, fig. 10,

sont des poissons réguliers dont les formes rappellent les salmones et les clupes. Leurs écailles sont très minces ; leurs mâchoires ont des grosses dents coniques très serrées ; leurs nageoires sont médiocres, leur dorsale est opposée aux ventrales ; leur corde dorsale est protégée par des demi-vertèbres séparées.

Les caturus se trouvent dans les terrains jurassiques, et surtout dans les étages supérieurs ; une espèce provient des terrains crétacés [2].

Le lias en a fourni deux.

Le *Caturus Bucklandi*, Agass., est de Lyme-Regis.

Le *C. Meyeri*, Münst., du lias de Werthern, dans le Rawensberg, est une grande espèce trapue et renflée, qui se distingue de toutes ses congénères par ses apophyses vertébrales très resserrées.

Une espèce a été trouvée dans l'oolithe de Stonesfield.

Le *Caturus pleiodus*, Agass., est encore peu connu, et se distingue par le nombre et la forme de ses dents.

Les schistes lithographiques de Solenhofen en renferment un très grand nombre.

[1] Searles Wood, *London geol. journal*, t. I, part. 1, p. 6 ; Wright, *Ann. and mag. of nat. hist.*, 1851, 2ᵉ série, t. VII, p. 433, et *Leonh. und Bronn Neues Jahrb.*, 1851, p. 714. Le nom de *Lepisosteus* a été changé par M. Agassiz en *Lepidosteus*, mot qui est plus correctement composé.

[2] Agassiz, *Poiss. foss.*, II, 2, p. 115, pl. 56, 56 a et 66 a ; Giebel, *Fauna der Vorwelt*, I, 3, p. 193.

Le *Caturus furcatus*, Agass. (*Uræus nuchalis*, Agass.), a une nuque voûtée qui porte des écailles plus grandes que les autres parties du tronc.

Le *C. pachyurus*, Agass., a la queue épaisse et le corps tout d'une venue.

Le *C. latus*, Münster, n'est peut-être qu'une variété du *furcatus*.

Le *C. maximus*, Agass., a les lobes de la caudale qui se prolongent énormément.

Le *C. branchiostegus*, Agass., est une petite espèce à mâchoires courtes et à dents rapprochées, caractérisée aussi par la largeur de ses premiers rayons branchiostéges.

Le *C. macrodus*, Agass., est très voisin du *furcatus*, et a des dents fortes et irrégulières.

Le *C. macrurus*, Agass., est une petite espèce d'environ quatre pouces de long, trapue, et dont le squelette est vigoureux.

Le *C. microchirus*, Agass., est aussi une petite espèce. Ses pectorales sont larges, mais courtes, et les dents de sa mâchoire inférieure sont plus grandes et plus distantes que les autres.

Le *C. elongatus*, Agass., est allongé, tout d'une venue, à tête grosse et à caudale grande, largement échancrée.

Le comte de Münster en a fait connaître [1] cinq autres espèces du même gisement, les *Caturus ovatus*, *granulatus*, *obovatus*, *intermedius* et *brevicostatus*, Münster.

M. Thiollière [2] cite dans les schistes lithographiques du département de l'Ain, le *C. latus*, Münst., *furcatus*, Agass., et *elongatus*, Agass. Il ajoute deux espèces nouvelles, les *C. relifer* et *Driani*, Thioll.

Le terrain portlandien a conservé les débris d'une espèce remarquable.

Le *Caturus angustus*, Agass., poisson très allongé et caractérisé par le développement excessif des fulcres du lobe supérieur de la queue, a été trouvé dans le portlandien de Garsington.

Enfin les terrains crétacés en ont aussi une espèce :

Le *Caturus similis*, Agassiz, connu seulement par un fragment de mâchoire, est caractérisé par l'uniformité de ses dents, qui sont courtes. Ce fragment a été trouvé dans la craie blanche de Kent.

Les Pachycormus, Agass.

se distinguent par un corps très renflé, une caudale grande à pédicule mince, dont les lobes sont précédés d'un grand nombre de rayons indivis qui s'allongent insensiblement ; par une colonne

[1] *Leonh. und Bronn Neues Jahrb.*, 1839, p. 679, et 1842, p. 44.
[2] *Deuxième notice sur le gisement*, etc., p. 34.

épinière complétement ossifiée; par l'absence des fulcres, par des mâchoires robustes armées de dents coniques. Sauf ces caractères, ils ressemblent aux caturus.

Ces poissons se trouvent principalement dans le lias. On en connaît quelques-uns des autres étages jurassiques [1].

Le *Pachycormus macropterus*, Agass., est une grande espèce qui, dans son ensemble a un peu de ressemblance avec un saumon. Ses pectorales sont très grandes et sa caudale est excessivement dilatée. On l'a trouvée dans le lias de Beaune (Bourgogne) et dans des terrains analogues de quelques pays d'Allemagne [2].

Le *P. curtus*, Agass., du lias du Yorkshire, est plus petit et a les rayons des nageoires plus grêles, tandis que son squelette est très fort.

Le *P. macrurus*, Agass., a une caudale énorme et inéquilobe.

Le *P. heterurus*, Agass., a des écailles arrondies au lieu d'être anguleuses.

Ces deux dernières espèces, du lias de Lyme-Regis, ne sont rapportées à ce genre qu'avec doute.

Le *P. latirostris*, Agass., du lias de Whitby, est plus grand encore que le *macropterus*, mais a une tête courte.

Le *P. gracilis*, Agass., du même gisement, est voisin du *P. curtus* et est encore plus grêle.

Le *P. latipennis*, Agass., du lias de Lyme-Regis, se rapproche du *latirostris* avec des pectorales plus larges.

Le *P. latus*, Agass., du lias de Whitby, est une espèce large et trapue à tête courte et petite.

Le *P. acutirostris*, Agass., de la même localité, a un museau pointu et des dents fines et acérées.

Le *P. leptosteus*, Agass., est une espèce douteuse du lias de Lyme-Regis.

Les espèces trouvées dans les terrains jurassiques proprement dits sont les suivantes :

Le *Pachycormus macropomus*, Agass., des Vaches-Noires en Normandie, est caractérisé par une tête très haute, des dents proportionnellement petites et un opercule énorme.

Le comte de Münster [3] indique quatre espèces des schistes lithographiques de Solenhofen, les *Pachycormus gibbosus*, *striatissimus*, *elongatus* et *latus*. Ce dernier nom, déjà donné à une autre espèce par M. Agassiz, est changé en *P. Munsterii* par M. Giebel.

[1] Agassiz, *Poiss. foss.*, II, 2, p. 110, pl. 58 a, 59 et 59 a ; Giebel, *Fauna der Vorwelt*, 1, 3, p. 196.

[2] Ce poisson a été rapporté par M. de Blainville, *Ichthyol.*, p. 58, au genre Elops.

[3] *Leonh. und Bronn Neues Jahrb.*, 1842, p. 43.

Les Saurostomus, Agass.,

ne sont connus que par une mâchoire qui laisse leur place très douteuse. M. Agassiz les compare aux lépidostées plutôt qu'aux genres fossiles. M. Giebel les associe génériquement aux pachycormus.

La seule espèce connue, le *Saurostomus esocinus*, Agass., provient du lias de l'Oberland badois [1].

Les Amblysemius, Agass.,

sont encore imparfaitement connus, et paraissent se distinguer des caturus et des pachycormus par une forme élancée, des vertèbres moins massives et par une colonne épinière relevée vers l'extrémité, ce qui n'empêche pas la caudale d'être régulière: leur dorsale est large.

M. Agassiz en décrit une espèce, l'*Amblysemius gracilis*, Agass., de l'oolithe de Northampton [2].

M. Thiollière en a fait connaître une seconde, l'*Amblysemius Bellovaccinus*, Thioll., des schistes lithographiques du département de l'Ain [3].

Les Sauropsis, Agass.,

sont clairement caractérisés par leurs vertèbres très courtes et nombreuses, leurs écailles rhomboïdales d'une petitesse extrême, et par leurs pectorales très développées, au point de dépasser l'origine des ventrales qui sont mésogastriques et petites. La corde dorsale est protégée par des demi-vertèbres qui se recouvrent. La dorsale est courte et l'anale longue [4].

[1] Agassiz, *Poiss. foss.*, II, 2, p. 144, pl. 58 b, fig. 4 ; Giebel, *Fauna der Vorwelt*, I, 3, p. 197.

[2] Agassiz, *Poiss. foss.*, II, 2, p. 119 ; Giebel, *Fauna der Vorwelt*, I, 3, p. 196.

[3] Thiollière, *Deuxième notice*, etc., p. 38. M. Thiollière montre que les amblysemius sont très voisins des caturus, et, en particulier, que quelques espèces de ce dernier genre ont la même disposition de la colonne épinière dans la base de la queue.

[4] Agassiz, *Poiss. foss.*, II, 2, p. 120, pl. 60 ; Giebel, *Fauna der Vorwelt*, I, 3, p. 199.

On en connaît une espèce du lias.

Le *Sauropsis latus*, Agass., espèce large, à dorsale reculée, a été trouvé dans le lias de Lyme-Regis, de Bade et du Wurtemberg.

Deux autres espèces sont des terrains jurassiques.

Le *S. longimanus*, Agass., long d'un pied, est plus étroit que le précédent. Il provient de Solenhofen.

Le *S. mordax*, Agass., est de Stonesfield.

Il faut peut-être, à l'exemple de M. Giebel, réunir à ce genre les espèces à écailles rhomboïdales qui avaient été associées aux thrissops (voy. p. 138). Cependant les écailles sont plus grandes et les vertèbres plus longues. Ce sont [1] :

Le *Thrissops micropodius*, Agass., espèce élancée, de la forme du brochet. On ne sait pas où il a été trouvé.

Le *T. intermedius*, Münst., du terrain jurassique supérieur de Werthern.

Les THRISSONOTUS, Agass.,

paraissent intermédiaires entre les sauropsis et les thrissops dont ils ont l'anale allongée ; la dorsale est médiane. Ce genre n'a pas encore été caractérisé en détail.

Le *Thrissonotus Colei*, Agass., provient du lias de Lyme-Regis [2].

Les STROBILODUS, Wagner,

sont des grands poissons, remarquables par d'énormes dents coniques. La forme du corps rappelle celle des sauropsis, mais la colonne épinière est complétement ossifiée, composée de vertèbres plus grandes et moins nombreuses que dans la plupart des genres de cette tribu.

Le *Strobilodus giganteus*, Wagner [3], a été découvert dans les schistes de Solenhofen.

Les OXYGONIUS, Agass.,

forment un genre qui, indiqué par M. Agassiz, est seulement mentionné par M. Brodie [4] dans son histoire des insectes fossiles.

[1] Agassiz, *Poiss. foss.*, II, 2, p. 126 et 127, pl. 65 ; Giebel, *id.*

[2] Agassiz, *Pois. foss.*, II, 2, p. 128 ; Giebel, *Fauna der Vorwelt*, I, 3, p. 199.

[3] Wagner, *Abhandl. Bayer. Akad.*, 1851, t. VI, p. 79, pl. 2.

[4] Brodie, *An hist. of foss. insects*, p. 16, pl. 1, fig. 4.

Ces poissons sont voisins des thrissops, mais ils ont une caudale longue et très fourchue. Les écailles sont inconnues et laissent par conséquent douteuse la place de ce genre.

L'*Oxygonius tenuis*, Agassiz, a été trouvé dans les terrains wealdiens d'Angleterre.

Les Macrosemius, Agass.,

ont une dorsale qui s'étend sur toute la longueur du dos et dont les rayons sont très grands. Cette organisation se rapproche un peu plus de celle des polyptères que ne le font les genres à dorsale courte. Cependant les véritables rapports de ces poissons restent douteux. Ils ont de grandes nageoires pectorales, une bouche peu fendue armée de grosses dents coniques, et une corde dorsale protégée par des demi-vertèbres séparées [1].

Une espèce a été trouvée dans les schistes de Stonesfield, le *Macrosemius brevirostris*, Agass., non encore décrit.

Le *M. rostratus*, Agass., a été trouvé dans les schistes lithographiques de Solenhofen et du département de l'Ain.

Ce dernier gisement renferme aussi une nouvelle espèce, le *M. Helenæ*, Thiollière.

Les Disticholepis, Thiollière,

diffèrent des macrosemius par la disposition des rayons de leurs nageoires dorsales, qui, au lieu d'être uniformes, sont très différents à la partie antérieure et à la partie postérieure. Les premiers sont épais et peu divisés, les derniers sont plus minces et composés de sept ou huit rameaux. Ils ont aussi un caractère spécial dans l'inégalité de leurs écailles. Celles de la partie postérieure du dos sont beaucoup plus petites que les autres et forment des séries supplémentaires intercalées entre les séries normales. Ces écailles sont épaisses, rhomboïdales, striées transversalement et finement dentelées sur leur bord postérieur.

Le *Disticholepis Fournelii*, Thiollière, a été trouvé dans les schistes lithographiques du département de l'Ain [2].

[1] Voyez, pour ces espèces, Agassiz, *Poiss. foss.*, II, 2, p. 150 et 166, pl. 47 a, fig. 1; *Verhandl. Museum Böhm.*, 1834, p. 67; Giebel, *Fauna der Vorwelt*, I, 3, p. 202; Thiollière, *Notice sur le gisement*, etc., p. 20, et *Deuxième notice*, p. 27.

[2] Thiollière, *Deuxième notice*, etc., p. 28.

Les genres suivants forment une transition assez marquée entre les homocerques et les hétérocerques. M. Agassiz les considère cependant comme de véritables homocerques, car la colonne épinière ne se prolonge pas dans le lobe supérieur ; M. Giebel au contraire en fait des hétérocerques. Cette queue est caractérisée par son lobe inférieur, qui naît beaucoup plus en avant que le supérieur et par ses écailles qui se terminent en une ligne oblique sinueuse.

Les EUGNATHUS, Agass., — Atlas, pl. XXXIV, fig. 13,

ont des nageoires grandes et bien fournies en rayons ; la dorsale a des rayons vigoureux, elle est opposée à l'espace situé entre les ventrales et l'anale. Les écailles sont grandes et ont leur bord postérieur dentelé par la terminaison de sillons très marqués. Leur gueule très fendue et leurs dents fortes indiquent des poissons voraces. Les fulcres sont nombreux et existent sur presque toutes les nageoires.

Presque tous les eugnathus connus sont de l'époque du lias [1].

On en connaît déjà onze espèces de Lyme-Regis.

L'*Eugnathus orthostomus*, Agass., a des formes élancées, de fortes dents et une grande caudale. Sa mâchoire inférieure est très droite.

L'*E. speciosus*, Agass., a la tête allongée, la mâchoire supérieure apointie et les dents de la mâchoire inférieure très variées.

L'*E. Philpotiœ*, Agassiz, est plus trapu et a ses écailles antérieures plus hautes que longues.

L'*E. chirotes*, Agass., est une grande espèce de près de trois pieds de long, remarquable par sa tête courte et son museau obtus.

L'*E. minor*, Agass., est au contraire de petite taille. Peut-être est-il le jeune de l'*E. Philpotiœ*.

L'*E. polyodon*, Agass., est clairement caractérisé par ses dents, disposées de manière qu'une petite alterne avec une grosse.

L'*E. opercularis*, Agass., a un appareil operculaire très développé.

Il faut encore ajouter les *E. ornatus*, Agass., *scabriusculus*, Agass., *leptodus*, Agass., et *mandibularis*, Agass., de ce même lias de Lyme-Regis.

L'*E. fasciculatus*, Agass., a été trouvé dans le lias de Whitby.

L'*E. tenuidens*, Agass., est du lias de Street.

L'*E. giganteus*, Agass., provient du lias de Boll.

[1] Agassiz, *Poiss. foss.*, II, 2, p. 97, pl. 57 à 58 a ; Giebel, *Fauna der Vorwelt*, I, 3, p. 236.

On en connaît aussi une espèce du terrain jurassique supérieur.

L'*Eugnathus microlepidotus*, Agass. (olim *Uræus microlepidotus*), a été trouvé à Solenhofen.

Les Conodus, Agass.,

son encore peu connus, et paraissent ne différer des eugnathus que par quelques particularités de la dentition [1].

On n'en connaît qu'une espèce, le *Conodus ferox*, Agass., du lias de Lyme-Regis.

Les Ptycholepis, Agass.,

sont aussi très voisins des eugnathus ; leur principale différence consiste en ce que leurs écailles ont des sillons plus longs et plus profonds, qu'on ne distingue qu'avec peine des lignes de séparation. Il en résulte que leur corps paraît couvert d'une cuirasse uniforme.

On en connaît deux espèces, le *Ptycholepis bollensis*, Agass., du lias de Boll, et le *Ptycholepis minor*, Egerton, du lias de Barrow-on-Soar [2].

Les Lophiostomus, Egerton,

diffèrent de tous les lépidostéides connus par leur tête déprimée et par leur bouche largement ouverte, rappelant presque celle des baudroies ou de quelques siluroïdes. L'os incisif et l'os maxillaire portent un simple rang de dents assez grandes, coniques, recourbées, annelées. Des dents plus petites se voient sur le vomer et les palatins. La mâchoire inférieure porte un rang externe de grandes dents et un interne de plus petites. Les écailles sont rhomboïdales, dentées sur leur bord postérieur et portent une épine d'articulation sur leur bord antérieur [3].

Le seul exemplaire connu, type de l'espèce, le *Lophiostomus Dixoni*, Egerton, a été trouvé dans la craie des environs d'Alfriston (Sussex).

[1] Agassiz, *Poiss. foss.*, II, 2, p. 105 ; Giebel, *Fauna der Vorwelt*, I, 3, p. 239.

[2] Agassiz, *Poiss. foss.*, II, 2, p. 107, pl. 58 *b* ; Giebel, *Fauna der Vorwelt*, I, 3, p. 238 ; sir Ph. Grey Egerton, *Mem. of geol. Survey*, Brit. org. rem., déc. VI, pl. 7.

[3] Sir Ph. Grey Egerton, *Mem. of the geol. Survey*, British organic remains, déc. VI, pl. 10 et 10*.

4ᵉ TRIBU.

LÉPIDOSTÉIDES HÉTÉROCERQUES A DENTS CONIQUES ISOLÉES.

Cette tribu renferme les sauroïdes hétérocerques de M. Agassiz. Elle comprend deux groupes distincts.

Dans l'un on peut placer quelques espèces à fulcres sur deux rangs et munies de très grandes dents. Genres : *Saurichthys* et *Megalichthys*.

L'autre renferme des espèces à dents médiocres et à fulcres sur un rang. Genres : *Pygopterus* et *Acrolepis*.

Le premier de ces groupes ne comprend que deux genres, remarquables par le développement excessif de leurs dents. Il renferme des poissons qui, avec les holoptychius, ont été les carnassiers les plus redoutables des terrains anciens.

Les Saurichthys, Agass., — Atlas, pl. XXXV, fig. 4 à 7,

ont des dents qui ont été confondues à plusieurs reprises avec celles des sauriens. Elles ont des plis verticaux, et sont logées dans des rainures, comme celles des plésosiaures. Leur structure microscopique prouve évidemment que ce sont des dents de poissons sauroïdes ; elles ressemblent beaucoup à celles des pygopterus, sauf que leur couronne est séparée de la racine par un étranglement.

Toutes les espèces connues proviennent des terrains triasiques[1].

Le *Saurichthys apicalis*, Agass., du muschelkalk de Bayreuth, etc., à une mâchoire étroite et des dents coniques légèrement comprimées et recourbées en arrière, à base plissée et à sommet lisse. (Atlas, pl. XXXV, fig. 6.)

Le *S. Mougeoti*, Agass., du muschelkalk de Lunéville et de Bayreuth, à une mâchoire plus large et plus courte. (*Ib.*, fig. 7.)

Le *S. acuminatus*, Agass., du muschelkalk d'Aust-Cliff, a des dents qui diffèrent des précédentes par une base plus courte. (*Ib.*, fig. 4.)

Le *S. semicostatus*, Agass., du muschelkalk de Beuk et de Laineck, a des dents à base très large.

[1] Agassiz, *Poiss. foss.*, II, 2, p. 81, pl. 55 a ; Giebel, *Fauna der Vorwelt*, I, 3, p. 256 ; sir Ph. Grey Egerton, *Catalogue* ; H. de Meyer, *Palæontographica*, t. 1, p. 195 ; H. de Meyer et Plieninger, *Pal. Wurtemb.*, p. 119 et pl. 12 ; Münster, *Beitr. zur Petref.*, t. 1, p. 116, etc.

Le *S. longidens*, Agass., d'Aust-Cliff, a des dents plus grêles que les précédents. (Atlas, pl. XXXV, fig. 5.)

Le *S. tenuirostris*, Münst., du muschelkalk de Bavière, a une mâchoire supérieure grêle comme un bec de bécasse.

Le *S. costatus*, Münst., de Bayreuth, a des dents voisines de celles de l'*apicalis*, mais plus grandes et à rides longitudinales très marquées.

Le *S. angustus*, Münst., a des dents plus petites, à base étroite.

MM. H. de Meyer et Plieninger ont décrit les *Saurichthys longiconus*, *breviconus* et *listroconus*.

Les Megalichthys, Agass., — Atlas, pl. XXXV, fig. 1 à 3,

ont aussi été pris pour des reptiles, et ont été cités comme preuve de l'antique apparition de cette classe ; M. Agassiz a prouvé que l'on devait les rapporter à celle des poissons. Leur tête est toute cuirassée de fortes plaques osseuses qui rappellent l'organisation des polyptères, et leur corps est couvert de grandes écailles granulées. Leurs dents sont énormes et ressemblent à celles des sauriens.

Leur existence dès l'époque dévonienne paraît démontrée par la découverte d'une espèce (*M. Fischeri*, Eichwald) [1] dans les terrains dévoniens de la Russie.

Deux autres espèces ont été trouvées dans les terrains carbonifères.

Le *Megalichthys Hibberti*, Agass., est de Glascow et de Cariuké, et le *M. maxillaris*, Agass., provient de Leeds [2]. Le premier a été figuré dans l'Atlas.

Les Pygopterus, Agass.,

sont des poissons assez allongés ; leurs nageoires ont des petits rayons le long du côté extérieur ; l'anale est très longue, et la dorsale est courte et opposée à l'intervalle entre l'anale et les ventrales ; la mâchoire supérieure dépasse un peu l'inférieure. On les trouve dans les terrains carbonifères et pénéens.

[1] Eichwald, *Karsten's Archiv.*, 1845, t. XIX, p. 678. L'espèce qui avait été indiquée par M. Agassiz sous le nom de *M. priscus* appartient plus probablement au genre Polyphractus (*Poiss. de l'Old red*, p. 30).

[2] Agassiz, *Poiss. foss.*, II, 2, p. 89, pl. 63-64 ; Giebel, *Fauna der Vorwelt*, 1, 3, p. 256 ; Hibbert, *Trans. roy. Soc. Edinb.*, t. XIII ; Buckland, *Traité Bridgew.*, trad. Doyère, pl. 27.

On en connaît cinq espèces des terrains carbonifères [1].

Ce sont : le *Pygopterus Bonnardi*, Agass., de Muse près d'Autun ; les *P. Bucklandi*, Agass. et *Jamesoni*, Agass., de Burdie-House près d'Édimbourg ; le *P. lucius*, Agass., de Saarbrück ; et le *P. Greenockii*, Agass., de New-Haven en Écosse.

Trois espèces ont été trouvées dans les terrains pénéens [2].

Le *Pygopterus Humboldtii*, Agass., est une grande espèce, à petites écailles, et dont la pectorale a un très gros rayon. C'est un des plus beaux poissons fossiles que l'on ait trouvé dans le zechstein de Mansfeld.

Le *P. mandibularis*, Agass., provient du calcaire magnésien d'East-Thickley, de Ferry-Hill, etc. Il faut probablement lui réunir le *P. sculptus*, Agass.

Le *P. latus*, Egerton, a été découvert à Ferry-Hill [3].

Les Acrolepis, Agass., — Atlas, pl. XXXV, fig. 8,

diffèrent des pygopterus par leur anale plus courte, et parce que chaque écaille est surmontée d'une ou de plusieurs carènes [4].

On en connaît une espèce des terrains carbonifères.

L'*Acrolepis acutirostris*, Agass., a été découvert à Carluke.

Trois espèces ont été trouvées dans les terrains pénéens.

L'*Acrolepis Sedgwickii*, Agass., est un poisson élancé à grandes nageoires. Il provient du calcaire magnésien d'Angleterre.

L'*A. asper*, Agass. [5], est un beau poisson du zechstein de Mansfeld, qui se

[1] Agassiz, *Poiss. foss.*, II, 2, p. 74 ; Giebel, *Fauna der Vorwelt*, I, 3, p. 239.

[2] Agassiz, *id.*, pl. 53 à 55 ; Giebel, *id.* ; Germar, *Verst. Mansfeld. Kupfers.*, p. 22 ; Münster, *Beitr. zur Petref.*, t. V, p. 48, pl. 5 ; Sedgwick, *Trans. of the geol. Soc.*, 2ᵉ série, t. III, pl. 10 et 11 ; King, *Permian fossils Palæont. Soc.*, p. 232. Le *P. Humboldtii* est le *Palæothrissum magnum* et l'*Esox lewesiensis*, Blainv., *Ichth.*, p. 16 et 18. Le *P. mandibularis* a été décrit par M. Agassiz, d'abord sous les noms de *Nemopteryx mandibularis* et de *Sauropsis scoticus*.

[3] Voyez King, *loc. cit.*

[4] Agassiz, *Poiss. foss.*, II, 2, p. 79, pl. 52 ; Giebel, *Fauna der Vorwelt*, I, 3, p. 241 ; Sedgwick, *Trans. of the geol. Soc.*, 2ᵉ série, t. III, pl. 8 (*Palæoniscus*) ; Münster, *Beitr. zur Petref.*, t. V, p. 40, pl. 6 ; Geinitz, *Zechsteingeb.*, p. 4, etc.

[5] Ce poisson est le *Palæoniscus Dunkeri*, Germar, *Verst. Mansf. Kupfersch.*, p. 19, fig. 1-5 ; Kurtze, *Diss. de Petref. Mansfeld.*, p. 16, pl. 4 ; l'*Acrolepis Dunkeri*, Munster, *loc. cit.* Voyez encore Quenstedt, *Wiegman's Archiv.*, 1835, t. II, p. 92.

distingue du précédent par plusieurs caractères, et en particulier parce que
les écailles qui recouvrent la base de la caudale sont différentes de celles du
tronc.

L'*A. exsculptus*, Münster [1], a été trouvé dans les schistes cuivreux de
Richelsdorf et d'Eisleben avec les *A. angustus*, Münster, *intermedius*, id., et
giganteus, id.

L'*A. reticulatus*, Eichwald, a été découvert en Russie [2].

5e TRIBU.

LÉPIDOSTÉIDÉS HÉTÉROCERQUES A DENTS EN BROSSE OU OBTUSES.

Cette tribu, comme la précédente, ne renferme que des espèces
antérieures au lias. Elle correspond aux lépidoïdes hétérocerques
de M. Agassiz.

Les AMBLYPTERUS, Agass., — Atlas, pl. XXXV, fig. 9 à 11,

sont des poissons fusiformes, à queue courte et proportionnellement très grosse. Les nageoires sont toutes larges et composées
de nombreux rayons. Elles n'ont point de fulcres sur leurs bords,
sauf au lobe supérieur de la queue. Les écailles sont médiocres,
lisses ou striées. Les mâchoires ont de fortes dents en brosse.

Les amblypterus ont été surtout abondants pendant l'époque
carbonifère; ils paraissent ne pas avoir existé dans les périodes
antérieures et se retrouvent jusque dans le terrain triasique [3].

Ceux des terrains houillers sont les suivants:

L'*Amblypterus macropterus*, Agass., a des écailles petites et striées et un
corps assez large. Il atteint jusqu'à un pied de longueur; mais la plupart des
échantillons n'ont que la moitié de cette dimension. Il est commun à Saarbrück, à Lebach et Boerschweiler [4].

L'*A. eupterygius*, Agass., a des écailles plus grandes et un corps plus large
et se trouve dans les mêmes localités.

[1] C'est le *Palæoniscus exsculptus*, Germar, *loc. cit.*; Kurtze, *loc. cit.*;
l'*Acrolepis ornatus*, Münster, *loc. cit.*

[2] *Bullet. Soc. des nat. de Moscou*, 1846, t. XIX, p. 299.

[3] Agassiz, *Poiss. foss.*, II, 1, p. 28, pl. 1 à 4; Giebel, *Fauna der Vorwelt*,
I, 3, p. 251; sir Ph. Grey Egerton, *Quart. journ. of the geol. Soc.*, 1850,
t. VI, p. 1, et *Catalogus*. M. Agassiz les réunissait anciennement aux palæoniscus.

[4] Cette espèce a été décrite en détail par Goldfuss, *Beitr. zur Vorwelt
Fauna der Steinkohlengebirge*, p. 20.

L'*A. latus*, Agass., des terrains houillers de Saarbrück, a le corps très large et les écailles lisses et grandes, surtout sur les côtés de l'abdomen.

L'*A. lateralis*, Agass., du même gisement, a aussi de grandes écailles, mais son corps est ovale.

L'*A. nemopterus*, Agass., ressemble au *macropterus*, mais les rayons antérieurs de la dorsale et de l'anale sont allongés. Il a été trouvé à New-Haven en Écosse.

L'*A. punctatus*, Agass., du même terrain, a le corps beaucoup plus large; sa tête est plus petite, et ses joues sont recouvertes de grosses plaques anguleuses; ses écailles sont ornées d'un dessin creux.

L'*A. striatus*, Agass., a des écailles au moins doubles de toutes les autres espèces. Il a été trouvé avec les deux précédentes.

M. Giebel ajoute à ces espèces décrites par M. Agassiz :

L'*A. Duvernoy*, Giebel, réuni aux palæoniscus par M. Agassiz, de Münster-Appel.

Il pense aussi qu'il faut réunir à ce genre (ou à celui des palæoniscus) le *Gyrolepis* (¹) *Rankinei*, de la houille de Leds.

L'*A. Portlocki*, Egert. (²), a été trouvé dans les terrains carbonifères de Moyola, Moyheeland et Maghora.

Le muschelkalk en a aussi fourni quelques espèces.

L'*Amblypterus Agassizii*, Münst., est voisin de l'*A. macropterus*; mais son museau est plus allongé et sa mâchoire supérieure forme une saillie. Ses écailles sont petites. Ce poisson a été trouvé à Esperstaedt, en Thuringe.

L'*A. ornatus*, Giebel, est caractérisé par des écailles lisses ou ornées de diverses stries suivant les régions du corps. Il provient du muschelkalk d'Esperstaedt.

L'*A. latimanus*, Giebel, a été trouvé avec le précédent.

M. Giebel ajoute sous le nom d'*A. decipiens*, Giebel, les *Gyrolepis tenuistriatus* et *maximus*, Agass., du muschelkalk de Lunéville, etc.

Nous avons dit, page 54, que l'*A. Olfersii* est un *Rhacolepis*.

(¹) Le genre GYROLEPIS a été établi par M. Agassiz sur des écailles ornées de stries concentriques saillantes, fréquentes dans le muschelkalk de France et d'Allemagne. Ces écailles ont été trouvées depuis lors avec des fragments de squelettes auxquels on doit les associer. Le *G. tenuistriatus* appartient au genre AMBLYPTERUS, et les écailles plus ornées décrites sous le nom de *G. maximus* sont celles de la région antérieure du corps au-dessus des pectorales dans la même espèce. D'autres gyrolepis doivent, suivant M. Giebel, être rapportés au genre COLOBODUS. Voyez encore H. de Meyer et Plien., *Palæont. Wurtemb.*, p. 54, 72, etc. pl. 11 et 12; Geinitz, *Thuring. Musch.*, p. 21, pl. 3, fig. 4, et *Verstein.*, pl. 7, fig. 27. Les figures 10 et 11 de la planche XXXV représentent des écailles des *A. striatus* et *nemopterus*.

(²) *Quart. journ. of the geol. Soc.*, 1850, t. VI, p. 2.

Les Eurynotus, Agass.,

ont été rapprochés des platysomus par M. Agassiz et ils leur ressemblent en effet par la forme générale du corps, haut et comprimé et par leur longue dorsale. Mais les platysomus ont dû être transportés dans la famille des pycnodontes et les eurynotus sont au contraire de vrais lépidostéides. Sir Philippe Grey Egerton a montré en effet que leurs dents, quoique voisines en apparence de celles des pycnodontes, ont les caractères de celles des lépidostéides et que les écailles sont tout à fait celles de cette dernière division. Il est probable que l'on doit les rapprocher des amblysemius. Ces poissons ont, comme je l'ai dit, les formes des platysomus, leurs pectorales sont très grandes, et quelques rayons de leur dorsale sont allongés. Les dents sont petites et obtuses.

Ils ne se trouvent que dans les terrains carbonifères (¹).

L'*Eurynotus crenatus*, Agass., est un poisson élégant, à tête petite. Sa dorsale est presque aussi haute que son corps, le dix-huitième rayon est le plus grand de tous; ses écailles sont lisses, à bords crénelés. Cette espèce vient du calcaire de Burdie-House.

L'*E. fimbriatus*, Agass., a des écailles plus petites et à franges plus fines. Il a été trouvé à New-Haven en Écosse.

L'*E. tenuiceps*, Agass., a la tête mince et le museau allongé. Ses écailles sont aussi grandes que celles de l'*E. crenatus*, mais frangées comme celles de l'*E. fimbriatus*. Ce poisson a été découvert dans un schiste bitumineux du Massachusetts. M. W. C. Redfield le considère comme un spécimen imparfait de l'*Ischypterus latus*.

Les Elonichthys, Giebel,

sont intermédiaires entre les amblypterus et les palæoniscus. Ils ressemblent aux premiers par la disposition des fulcres et par la grandeur des nageoires. Ils se rapprochent des derniers par la force plus grande des rayons de ces mêmes nageoires et par les écailles qui les recouvrent quelquefois en partie. Ils se distinguent d'ailleurs de ces deux genres par les os de la tête dont la surface est ornée de stries rayonnées, et par les mâchoires couvertes

---

(¹) Agassiz, *Poiss. foss.* II, 1, p. 153, pl. 14 *a* à 14 *c.*; Giebel, *Fauna der Vorwelt*, I, 3, p. 235; Paterson, *Edinb. new. philos. journ.*, 1837, t. XXIII, p. 146; sir Ph. Grey Egerton, *Quart. journal of the geol. Soc.*, 1850, t. VI, p. 2, etc.

de plis longitudinaux, striés ou granulés, et ayant une apparence très raboteuse. Les granules se confondent avec les dents en brosse et l'on remarque en outre quelques grandes dents coniques et pointues.

Les elonichthys paraissent spéciaux à l'époque carbonifère.

M. Giebel[1] décrit trois espèces des terrains carbonifères de Wettin. Ce sont les *Elonichthys Germari*, Giebel, *crassidens*, id., et *laevis*, id.

Les PALÆONISCUS, Agass. (*Palæothrissum*, Blainv.), — Atlas, pl. XXXV, fig. 12 à 17,

ressemblent aux amblypterus, mais ont toutes les nageoires médiocres, munies de fulcres, et portées par de forts rayons. Les dents sont toutes en brosse. La partie antérieure de la tête est ordinairement renflée, comme dans quelques sciénoïdes (les fig. 12 et 13 de la pl. XXXV en représentent deux espèces restaurées).

Ces poissons sont abondants dans la houille et le zechstein. On les retrouve jusque dans le trias [2].

Les espèces du terrain houiller ont presque toutes les écailles lisses. Il n'y a guère d'exception que pour celles de Burdie-House. Les suivantes, des terrains houillers proprement dits, n'ont jamais de points ni de stries.

Le *Palæoniscus fultus*, Agass., a de gros osselets sur les bords antérieurs de toutes ses nageoires [3] ; il a été trouvé dans la houille de l'Amérique septentrionale. On doit, suivant M. Redfield, lui réunir le *P. macropterus*, Redf., des mêmes gisements.

Le *P. Duvernoy*, Agass., de Münster-Appel, a le dos voûté, largement cuirassé et la queue allongée.

Le *P. minutus*, Agass., de la même localité, est très allongé, et a de grandes nageoires.

Le *P. Blainvillei*, Agass., de Muse près d'Autun, a le corps large et trapu.

[1] *Fauna der Vorwelt*, I, 3, p. 249.

[2] Agassiz, *Poiss. foss.*, II, 1, p. 41, pl. 5 à 11 ; Giebel, *Fauna der Vorwelt*, I, 3, p. 242.

[3] Ces osselets ont paru suffisants à M. Redfield pour modifier l'établissement d'un nouveau genre, celui des Ischypterus. Il renfermerait les *P. fultus, Agassizii, latus* et *ovatus*. Voy. *Quart. journ. of the geol. Soc.*, 1850, t. VI, p. 8.

Le *P. Voltzii*, Agass., du même endroit, a le corps plus étroit et les écailles plus grandes.

Le *P. angustus*, Agass., du même gisement, a le corps étroit et de grandes écailles. (Atlas, pl. XXXV, fig. 17.)

Le *P. Vratislaviensis*, Agass., est un peu plus étroit que le *Blainvillei* et a des écailles lisses et minces. Sa dorsale est plus en arrière que dans les autres espèces. Il a été trouvé à Ruppersdorf, en Bohême. (Atlas, pl. XXXV, fig. 14.)

Le *P. lepidurus*, Agass., ressemble au *P. fultus*, sans avoir toutefois les fulcres aussi gros. Il a une série de longues écailles étroites à l'insertion de la caudale. Il a été trouvé avec le précédent.

Le *P. carinatus*, Agass., de New-Haven en Écosse, a les dimensions du *P. fultus*; ses écailles abdominales sont très grandes. (Atlas, pl. XXXV, fig. 16.)

Il faut encore ajouter aux espèces de la houille :

Le *P. Agassizii*, Redf., de New-Jersey ;

Le *P. Egertoni*, Agass., de la houille du Stratfordshire [1] ;

Le *P. monensis*, Egert., de la houille d'Anglesea ;

Et quelques espèces récemment décrites par sir Ph. Grey Egerton [2], savoir : le *P. Beaumonti*, Agass., d'Autun ; le *P. decorus*, Egerton, d'Auvergne, et le *P. arcuatus*, Egerton, de Goldlauter.

Les espèces du calcaire de Burdie-House, près d'Edimbourg, qui appartient à l'étage inférieur de la formation carbonifère, forment, comme je l'ai dit, une exception à cette règle qui semblait générale, que les palæoniscus de la houille ont tous des écailles lisses. Chez ces poissons, elles sont toujours marquées de stries et de points.

Le *Palæoniscus Robisoni*, Agass., est aussi étroit que le *P. angustus*, mais a plus de rayons à sa dorsale et à son anale que toutes les autres espèces.

Le *P. striolatus*, Agass., est caractérisé par une forme moins élancée et de grosses écailles ornées de sillons et de points irréguliers.

Le *P. ornatissimus*, Agass., est un des plus allongés du genre ; ses écailles ont des stries ondulées très marquées.

Le *P. Gilberti*, Goldfuss [3], des terrains carbonifères de Haimkirchen, en Bavière, présente la même exception que les espèces précédentes.

Les palæoniscus du zechstein sont moins nombreux que ceux des terrains carbonifères. Leurs écailles sont toujours striées ou ponctuées [4].

[1] Cette espèce vient d'être décrite et figurée par sir Ph. Grey Egerton, dans les *Memoirs of the geol. Survey, Brit. organ. remains*, décade VI, pl. 2.

[2] *Quart. journ. of the geol. Soc.*, 1850, t. VI, p. 6.

[3] *Leonh. und Bronn Neues Jahrb.*, 1847, p. 403.

[4] Voyez encore pour ces espèces du zechstein : Sedgwick, *Trans. of the geol.*

Le *Palæoniscus Freieslebeni*, Agass., est une des espèces les plus anciennement connues et les plus fréquemment citées ; c'est l'*Ichthyolithus calcbensis* des anciens géologues ; c'est le *Palæoniscus Freieslebeni*, le *Palæothrissum macrocephalum* et la *Clupea Lametherii* de M. de Blainville ; c'est l'*Acipenser bituminosus* de Germar, etc., etc. Il est commun dans le zechstein du Mansfeld. Ses écailles sont sculptées de nombreuses lignes ondulées (1).

Le *P. magnus*, Agass., de la même localité, a le corps large, le dos bombé, et les écailles sculptées.

Le *P. macropomus*, Agass., a l'opercule plus large que les autres espèces et ses écailles n'ont que quelques stries. Il a été trouvé avec les précédents.

Les espèces suivantes ont été trouvées dans le calcaire magnésien d'Angleterre qui est contemporain du zechstein.

Le *P. elegans*, Sedgw., a des formes plus élancées que le *P. Freieslebeni*, et ses écailles sont plus uniformes.

Le *P. comptus*, Agass., est aussi large que le *P. magnus* ; ses os du crâne sont marqués de points disposés en série. Ses écailles n'ont que quelques stries irrégulières.

Le *P. glaphyrus*, Agass., a un corps court, une tête petite, et de très grandes écailles qui sont fortement dentelées au bord postérieur. (Atlas, pl. XXXV, fig. 15.)

Le *P. macrophthalmus*, Agass., a au contraire une grosse tête, un grand œil, et des écailles très petites à stries irrégulières.

Le *P. longissimus*, Agass., est plus long et plus arrondi que tous ses congénères.

Ce genre des palæoniscus est aussi représenté dans le trias, mais par une seule espèce.

Le *Palæoniscus catopterus*, Agass., a été trouvé dans les grès bigarrés de Tyrone et de Roan-Hill.

Les UROSTHENES, Dana,

paraissent voisins des palæoniscus, mais ne sont connus que par une courte description. Leur corps est allongé ; la colonne épi-

Soc., 2ᵉ série, t. III, p. 117 ; Phillips, *Encycl. met. Geol.*, vol. VI ; *Report Brit. assoc.*, 1844, p. 198 ; King, *Permian fossils*, *Palæontog. Soc.*, 1850.

(1) Voyez, sur cette espèce, Scheuzer, *Piscium querela*, pl. 2 et 4 ; Wolfarth, *Hist. nat. Hassiæ*, I, pl. 12, 14, 16, 17 et 20 ; Mylius, *Memorab. Sax. subt.*, I, pl. 4 ; Lang, *Hist. lap. fig. Helvet.*, pl. 6, fig. 3, pl. 7, fig. 4 ; Liebknecht, *Hass. subter. spec.*, pl. 5, fig. 1 ; Knorr und Walch, *Verstein*, pl. 17, 18, 19 et 20 ; Blainville, *Ichthyol.*, p. 17-19 ; Germar, *Verstein Mansf. Kupf.*, p. 12 ; Kurtze, *Diss. de Petref. Mansf.*, p. 12, etc.

nière se prolonge jusqu'à l'extrémité du lobe supérieur de la queue.
L'anale est triangulaire, insérée près de la base de la caudale ; la
dorsale est directement au-dessus de l'origine de cette dernière
nageoire ; les ventrales sont distantes de l'anale. Les rayons de
toutes ces nageoires sont très fins et nombreux, composés d'articles oblongs dont chacun est excavé.

L'*Urosthenes australis*, Dana [1], a été trouvé dans les couches carbonifères de Newcastle, sur la rivière Hunter (Australie), pendant le voyage commandé par C. Wilkes. Il a été décrit par M. J.-D. Dana, géologue de l'expédition.

Les PLECTROLEPIS, Agass.,

forment un genre qui a seulement été indiqué par M. Agassiz dans
son catalogue général. Plus tard sir Ph. Grey Egerton a décrit
une partie de ses caractères. Les poissons qui le composent ont
la forme des palæoniscus et ils en diffèrent par des écailles très
solides, couvertes d'émail dense et lustré, munies sur leur bord
postérieur de quatre ou cinq épines. Les os de la tête sont grossièrement rugueux. Les dents sont mousses. La nageoire dorsale
est plus rapprochée de la tête que dans aucun autre genre de cette
famille. Les fulcres caudaux sont grands et rugueux [2].

La houille d'Écosse renferme le *Plectrolepis rugosus*, Agass.

Je place avec doute à la fin de cette tribu le genre des :

CATOPTERUS, Redfield,

en le restreignant, comme je l'ai dit page 166, aux espèces hétérocerques et en excluant celles dont M. Lyell a fait le genre dictyopyge. Le corps est allongé, la tête petite, la nageoire dorsale
en arrière du milieu du corps et l'anale grande.

Ce genre est spécial jusqu'à présent aux terrains carbonifères
d'Amérique [3].

Le *Catopterus gracilis*, Redf., a été trouvé à Durham (États-Unis).

[1] *Ann. and mag. of nat. hist.*, 1848, 2ᵉ série, t. II, p. 149.
[2] Agassiz, *Poiss. foss.*, II, 1, p. 306 ; sir Ph. Grey Egerton, *Quart. journ. of the geol. Soc.*, 1850, t. VI, p. 3.
[3] W. C. Redfield, in *Sillim. Americ. journ.*, 1841, t. XLI, p. 27 ; Agass., *Poiss. foss.*, II, 1, p. 303 ; Giebel, *Fauna der Vorwelt*, I, 3, p. 209 ; Lyell, *Quart. journ. of the geol. Soc.*, t. III, p. 276.

Le *C. parvulus*, Redf., provient de New-Jersey.

Le *C. anguilliformis*, Redf., a été découvert à Midlletown (États-Unis).

Je dois, en terminant la tribu des lépidostéides hétérocerques à dents isolées, indiquer quelques genres qui ne sont encore connus que de nom et dont la place n'est pas fixée.

Les GRAPTOLEPIS, Agass., sont un type spécial au terrain carbonifère [1].

Le *Graptolepis ornatus* a été trouvé à Glascow.

Les OROGNATHUS, Agass. [2], appartiennent au même gisement.

L'*Orognathus conidens* a été trouvé en Écosse, avec peut-être quelques autres espèces.

Les PODODUS, Agass. [3], sont dans le même cas.

On cite le *Pododus capitatus* du même pays.

3ᵉ FAMILLE. — ACANTHODIENS.

Cette famille se distingue de celle des lépidostéides par ses écailles presque microscopiques qui donnent à la peau l'aspect du chagrin. Elle ne renferme que des poissons hétérocerques des terrains anciens. Leur taille est en général petite, leur corps fusiforme et trapu, leur tête grosse et large; leur bouche, largement fendue, porte des petites dents mélangées avec quelques plus grandes, et leurs yeux sont en général rapprochés. Ces divers caractères leur donnent quelque chose de la physionomie des uranoscopes et des baudroies. Leur squelette est passablement développé.

La famille des acanthodiens ne renferme que cinq genres qui paraissent jusqu'à présent spéciaux à l'époque primaire. Trois d'entre eux n'ont été encore trouvés que dans le vieux grès rouge; un autre a un représentant dans le même terrain et deux dans les terrains carbonifères; le cinquième appartient à l'époque pénéenne.

[1] Agassiz, *Poiss. foss.*, II, 2, p. 83 et 106.
[2] Id., *ibid.*, p. 83 et 105.
[3] Id., *ibid.*

Les Acanthodes, Agass., — Atlas, pl. XXXVI, fig. 1 à 3,

ont une dorsale située en arrière de l'anale et des rayons épineux aux nageoires (¹).

On en connaît une espèce du vieux grès rouge:

L'*Acanthodes pusillus*, Agass., dont les plus grands exemplaires n'atteignent pas un pouce de longueur.

Deux autres espèces ont été trouvées dans les terrains carboni fères.

L'*Acanthodes Bronni*, Agass., a en petit la forme du corps des silures, mais avec une peau chagrinée et de grandes nageoires. Il a été trouvé dans la houille de Saarbruck (²).

L'*A. sulcatus*, Agass., a des écailles proportionnellement plus petites, et chacune d'elles a sur son milieu un large sillon diagonal, parallèle à une section transversale du corps. Cette espèce vient de New-Haven en Écosse.

Les Cheiracanthus, Agass.,

ont la dorsale située en avant de l'anale et des rayons épineux aux nageoires. Ce sont aussi des petits poissons du vieux grès rouge (³).

Le *Cheiracanthus Murchisonii*, Agass., a le rayon de la pectorale fort et long, et des écailles à bord entier. Il vient de Gamrie.

Le *C. minor*, Agass., a le rayon de la pectorale court et grêle; ses écailles sont aussi à bord entier. Il a été trouvé à Pomona.

Le *C. microlepidotus*, Agass., de Lethen-Bar et de Cromarty, a les écailles du dos crénelées et fort petites. M. Mᶜ Coy (⁴) en a fait connaître trois espèces du terrain dévonien d'Orkney. Ce sont les *Cheiracanthus pulverulentus*, *grandispinus* et *lateralis*.

(¹) Agassiz, *Poiss. foss.*, II, 1, p. 19 et 124, pl. 1, et *Poiss. de l'Old red*, p. 36, pl. 28; Giebel, *Fauna der Vorwelt*, I, 3, p. 229.

(²) L'*Acanthodes Bronni* avait été décrit d'abord par M. Agassiz (*Leonh. und Broun Neues Jahrb.*, 1832, p. 149), sous le nom générique de Acanthoessus.

(³) Agassiz, *Poiss. foss.*, II, 1, p. 301, et *Poiss. de l'Old red*, p. 38, pl. 15; Miller, *Old red*, pl. 7; Giebel, *Fauna der Vorwelt*, I, 3, p. 230.

(⁴) Mᶜ Coy, *Ann. and mag. of nat. hist.*, 2ᵉ série, t. II, p. 299, et *Leonh. und Broun Neues Jahrb.*, 1849, p. 878.

Les DIPLACANTHUS, Agass., — Atlas, pl. XXXVI, fig. 4 à 6.

ont deux dorsales; leurs nageoires ont aussi des rayons épineux. Ce sont, comme les précédents, des petits poissons à tête grosse et à bouche bien fendue. On ne les trouve que dans le vieux grès rouge [1].

Le *Diplacanthus striatus*, Agass., a des écailles lisses, le lobe supérieur de la caudale très allongé et les rayons osseux striés longitudinalement. Il a été trouvé à Cromarty.

Le *D. striatulus*, Agass., a les écailles lisses, mais les rayons dépourvus de stries. Il provient de Lethen-Bar.

Le *D. longispinus*, Agass., de Lethen-Bar et de Cromarty, a les écailles ornées de plis saillants qui convergent vers le bord postérieur; sa seconde dorsale est très reculée.

Le *D. crassispinus*, Agass., de Caithness, a les écailles plus larges que hautes, à surface régulièrement granulée; le rayon de la première dorsale est large et fortement granulé.

Il faut ajouter les *D. gibbus* et *perarmatus*, Mc Coy, du terrain dévonien d'Orkney [2].

Les CHEIROLEPIS, Agass.,

ont la dorsale en arrière de l'anale, mais les nageoires n'ont pas de rayons épineux. La bouche est très grande et les dents petites. Ce sont des poissons du vieux grès rouge [3].

Le *Cheirolepis Traillii*, Agass., a des écailles à quille moyenne, relevée et voûtée, la queue forte et épaisse, et les ventrales courtes. Il a été trouvé dans les schistes de l'île de Pomona.

Le *C. uragus*, Agass., a des écailles convexes, lisses, ridées longitudinalement. Sa queue est longue et grêle. Il vient de Gamrie, et se trouve dans des géodes cristallines.

Le *C. Cummingiæ*, Agass., a des écailles lisses, la queue forte et épaisse, et des ventrales étendues jusque vers l'anus. Il a été trouvé à Lethen-Bar et à Cromarty.

---

[1] Agassiz, *Poiss. foss.*, II, 1, p. 301, et *Poiss. de l'Old red.* p. 44, pl. 13 et 14; Miller, *Old Red*, pl. 8; Giebel, *Fauna der Vorwelt*, I, 3, p. 228.

[2] Mc Coy, *loc. cit.*

[3] Agassiz, *Poiss. foss.*, II, 1, p. 301, et *Poiss. de l'Old red*, p. 45, pl. 12; Miller, *Old red*, pl. 6; Pentland, *Trans. of the geol. Soc.*, 2ᵉ série, t. II, p. 364; Giebel, *Fauna der Vorwelt*, I, 3, p. 231.

M. M‘ Coy [1] en a fait connaître trois autres espèces des terrains dévoniens d'Angleterre, le *Cheirolepis curtus* de Lethen-Bar, et les *C. velox* et *macrocephalus* d'Orkney.

Il faut encore ajouter les *C. splendens et unilateralis*, Eichwald [2], trouvés dans les terrains dévoniens des environs de Pawlowsk.

Les Holacanthodes, Beyrich,

ont le corps plus grêle que les genres précédents et leurs nageoires pectorales sont remplacées par une paire d'écailles plus fortes que les autres, comprimées latéralement, tranchantes, et légèrement courbées. Derrière leur base on voit quelques rayons de nageoires tout à fait courts et finement articulés. Les nageoires ventrales sont remplacées par une paire d'écailles de moitié plus petites et sans rayons. Le corps est couvert d'écailles microscopiques, quadrangulaires, qui disparaissent vers le milieu du dos. La nageoire caudale est très petite [3].

L'*Holacanthodes gracilis*, Beyr., a été trouvé dans le terrain pénéen (Roth-Liegende) de Trautnau et d'Oschatz.

4ᵉ Famille. — DIPTÉRIENS.

Cette famille renferme des poissons hétérocerques peu nombreux qui ont les mêmes écailles que les lépidostéides, mais qui en diffèrent parce qu'ils ont deux dorsales et deux anales. Le caractère exceptionnel de la duplicité de l'anale se présente également comme nous l'avons vu dans quelques ganoïdes cyclifères, mais n'a jusqu'à présent été constaté dans aucun poisson postérieur à l'époque carbonifère.

Les diptériens ont des écailles quadrangulaires médiocres, percées de petits trous pour le passage des vaisseaux sanguins ; une tête large et aplatie ; des dents égales, composées probablement d'un tissu simple et ayant à l'intérieur une cavité de même forme que la surface externe ; des nageoires entièrement supportées par des rayons mous ; une caudale hétérocerque peu échancrée. Ils ne paraissent pas avoir eu de corde dorsale persistante.

[1] M‘ Coy, *loc. cit.*

[2] *Bull. de la Soc. des natur. de Moscou*, 1846, t. XIX, p. 304.

[3] Beyrich, *Uber Xenacanthus Decheni und Holacanthodes gracilis*, Berlin. *Monatsbericht*, 1848, p. 24 ; *Leonh. und Broun Neues Jahrb.*, 1849, p. 118.

Ces poissons sont spéciaux au vieux grès rouge (terrain dévonien) et à l'époque carbonifère.

Les Dipterus, Sedg. et Murch. (*Catopterus*, Agass., *non* Redf.), — Atlas, pl. XXXVII, fig. 1,

ont les deux dorsales opposées aux deux anales, et les ventrales un peu en avant de la première anale et de la première dorsale,

Le *Dipterus macrolepidotus*, Agass. (auquel il faut réunir le *D. Valenciennesii*, et le *D. brachygopterus*, Sedg. et Murch., qui ne sont probablement que des variétés de l'âge), est caractérisé par la grandeur de ses écailles. Il a été trouvé dans plusieurs localités d'Angleterre [1].

Le *D. arenaceus*, Eichwald [2], du terrain dévonien de Russie, est douteux.

Les Osteolepis, Agass.,

ont les nageoires verticales alternantes, c'est-à-dire la première dorsale au milieu du dos, la première anale en avant de la seconde dorsale, et la seconde anale en arrière de cette même nageoire. On n'en a trouvé que dans le vieux grès rouge [3].

L'*Osteolepis macrolepidotus*, Val. et Pentl., a de grandes écailles, un corps allongé et le pédicelle de la queue peu aminci. Il a été trouvé dans les schistes de Caithness et de Pomona.

L'*O. microlepidotus*, Val. et Pentl., des mêmes localités, a une forme plus trapue, des écailles plus petites et le pédicelle de la queue plus aminci.

L'*O. arenatus*, Agass., a des écailles marquées de petits points creux. Il a été découvert dans les géodes de Gamrie.

L'*O. major*, Agass., provient de Lethen-Bar.

L'*O. brevis*, M⁰ Coy [4], a été trouvé à Caithness et à Orkney.

M. Eichwald a indiqué, outre l'*O. major*, Agass., les *O. nanus*, Eichw., et *intermedius*, id., comme trouvés dans les terrains dévoniens de Russie [5].

(1) Sedgwick et Murchison, *Trans. of the geol. Soc.*, 2ᵉ série, t. III, p. 125, pl. 15 et 17 ; Agassiz, *Poiss. foss.*, II, 1, p. 23 et 112, pl. 2, *a*, fig. 1 à 5, et *Poiss. de l'Old red*, p. 58, et 127 ; Miller, *Old red*, pl. 5, fig. 1 ; Egerton, *Catalogus* ; Giebel, *Fauna der Vorwelt*, 1, 3, p. 223.

(2) *Karsten's Archiv.*, 1845, t. XIX, p. 678.

(3) Agassiz, *Poiss. foss.*, II, 1, p. 119, pl. 26, et *Poiss. de l'Old red*, p. 126 ; Miller, *Old red*, pl. 4 ; Giebel, *Fauna der Vorwelt*, 1, 3, p. 223.

(4) *Ann. and mag. of nat. hist.*, 2ᵉ série, t. II, p. 305 ; *Leonh. und Bronn Neues Jahrb.*, 1849, p. 878.

(5) Eichwald, *Karsten's Archiv.*, 1845, t. XIX, p. 677, et *Bull. de la Soc. des nat. de Moscou*, 1846, t. XIX, p. 307.

Les Diplopterus, Agass.,

ont, comme les dipterus, les nageoires verticales opposées, mais leurs dorsales sont plus espacées et leurs dents sont plus grandes et plus isolées.

On en connaît quatre espèces du vieux grès rouge [1].

Le *Diplopterus affinis*, Agass., provient de Gamrie.
Le *D. borealis*, Agass., a été trouvé à Orkney et à Stromness.
Le *D. macrocephalus*, Agass., est de Lethen-Bar.
Le *D. gracilis*, M' Coy, provient du vieux grès rouge d'Orkney [2].

Deux espèces ont été trouvées dans les terrains carbonifères.

Le *Diplopterus Robertsoni*, Agass., a été découvert à Burdie-House.
Le *D. carbonarius*, Agass., vient de Stafford.

Les Tripterus, M' Coy,

se rapprochent beaucoup des osteolepis par leur forme générale et par la disposition des plaques; mais ils n'ont qu'une nageoire dorsale opposée à la première anale. La queue est tout à fait hétérocerque [3].

La position (mais non le nombre) des nageoires rapproche ces poissons des diplopterus.

Le *Tripterus pollexfeni*, M' Coy, a été trouvé dans le vieux grès rouge d'Orkney.

Les Glyptopomus, Agass.,

ne peuvent être associés qu'avec doute à cette famille, car on ne connaît pas leurs nageoires. Leurs écailles sont rhomboïdales, juxtaposées; leur corps est trapu, leur queue courte et leurs os de la tête sont sculptés.

[1] Agassiz, *Poiss. foss.*, II, 2, p. 162, et *Poiss. de l'Old red*, p. 54 et 138, pl. 17, 18 et 31 *a*; Traill, *Trans. of the roy. Soc. Edinb.*, t. XV, p. 89; Sedgw. et Murchison, *Trans. of the geol. Soc.*, 2ᵉ série, t. III, p. 141; Giebel, *Fauna der Vorwelt*, I, 3, p. 223.

[2] M' Coy, *Ann. and mag. of nat. hist.*, 2ᵉ série, 1848, t. II, p. 303, et *Leonh. und Bronn Neues Jahrb.*, 1849, p. 878. Voyez encore une discussion sur la queue de ce poisson, *loc. cit.*, et *Ann. and mag.*, t. III, p. 53 et 139, (entre sir Ph. G. Egerton et M. M' Coy).

[3] M' Coy, *Ann. and mag. of nat. hist.*, 2ᵉ série, 1848, t. II, p. 306.

Le *Glyptopomus minor*, Agass. [1], provient du terrain dévonien de Dura-Den.

LES STAGONOLEPIS, Agass.,

sont encore plus douteux, et ne sont connus que par quelques grandes écailles rhomboïdales, remarquables par des impressions en forme de gouttelettes disposées en rosettes, rayonnant depuis le centre.

Le *Stagonolepis Robertsoni*, Agass. [2], a été trouvé dans le vieux grès rouge d'Elgin (dévonien).

5ᵉ FAMILLE. — PYCNODONTES.

Les pycnodontes sont principalement caractérisés par des dents en pavé, arrondies ou allongées. Quelques genres et espèces ne sont même connus que par ces dents, et dans ces cas-là il importe de savoir les distinguer de celles de plusieurs placoïdes (cestraciontes) qui ont extérieurement la même forme. On reconnaîtra celles des pycnodontes à ce que la racine est creuse et adhérente aux mâchoires, de sorte que les dents isolées sont cassées à leur base et creuses en dessous ; tandis que les dents des placoïdes ont une racine compacte à l'intérieur et arrondie à l'extérieur, sans liaison avec la mâchoire. Sur le devant de la bouche on trouve en outre des incisives peu nombreuses, mais souvent assez développées ; ces dents sont du reste rarement conservées et portées probablement par une partie de l'os plus fragile ; elles manquent souvent sur les plaques qui fournissent une série complète des dents en pavé. Cette dentition prouve que les pycnodontes ont été des poissons broyeurs et qu'ils se sont probablement nourris de coquillages et de crustacés.

La forme de leur corps est en général élevée et comprimée. Ils ont le profil de la tête assez incliné, les yeux rapprochés du bord supérieur et la bouche du bord inférieur.

Leur squelette présente des caractères très remarquables. La colonne épinière se compose, au moins dans plusieurs d'entre

[1] Agassiz, *Poiss. de l'Old red*, p. 57, pl. 26 (*Platygnathus minor*) ; Giebel, *Fauna der Vorwelt*, I, 3, p. 274.

[2] Agassiz, *Poiss. de l'Old red*, p. 139, pl. 31, fig. 13 et 14 ; Giebel, *Fauna der Vorwelt*, I, 3, p. 274.

eux (¹), d'une corde dorsale indivise sur laquelle s'appuient des
arcs neuraux et hémaux qui sont au contraire bien ossifiés. Leurs
apophyses sont vigoureuses et munies de prolongements osseux
qui, devenant toujours plus larges vers la cavité abdominale, forment souvent une cloison continue entre les muscles des deux
côtés. Les côtes sont longues, solides et attachées à de fortes apophyses transverses. La cavité abdominale est protégée en bas
par un appareil sternal à peu près semblable à celui des clupes
et des serrasalmes, qui forme avec les côtes une quille large et
solide.

M. Heckel (²) a montré que les arcs hémaux et neuraux ossifiés
s'appuient sur la corde dorsale cartilagineuse par des épatements
plus ou moins prononcés. Tantôt ces pièces sont simplement arrondies (pl. XXXVI, fig. 7), tantôt elles ont leurs bords dentés (fig. 8),
tantôt aussi elles ont des épines qui s'engrènent les unes dans les
autres et qui donnent à l'appareil vertébral une solidité presque
égale à celle qu'aurait une colonne épinière à corps ossifiés
(fig. 9).

Ce développement des épatements des arcs ou des demi-vertèbres,
comme les appelle M. Heckel, suit l'ordre d'apparition géologique.
Nuls dans les pycnodontes des terrains triasiques, ils sont médiocres dans ceux des terrains jurassiques et crétacés, et unis
par des épines dans les espèces tertiaires.

En arrière de la nuque, on remarque des pièces osseuses allongées, dirigées obliquement en bas, croisant les apophyses épineuses et s'étendant quelquefois jusqu'aux côtes. Ordinairement
ces pièces n'existent que dans la région qui est entre la nuque et
la nageoire dorsale ; quelquefois aussi elles s'étendent dans toute
la région du dos. M. Agassiz pense que l'on doit comparer ces

(¹) Il arrive souvent que les pycnodontes sont conservés avec toutes leurs
écailles, ou qu'ils sont connus seulement par des mâchoires; dans ces deux
cas, on ne peut pas voir le squelette. Pour une grande partie des espèces
que nous énumérerons, on n'a donc pas d'autre guide que l'analogie. Les ren-
seignements principaux que l'on possède sur l'état de la colonne épinière
sont le résultat des travaux importants de MM. Wagner et Heckel. Ils pourront
être complétés par l'étude des magnifiques échantillons recueillis dans les
schistes lithographiques du département de l'Ain, sur lesquels M. Thiollière a
déjà donné des détails intéressants.

(²) *Sitzungs Bericht Wiener Akad.*, nov. 1850, p. 358.

singuliers osselets aux os en V que l'on observe dans l'abdomen des clupes, à l'extrémité des côtes, et dont les symphyses portent des arêtes proéminentes prolongées en arrière et imbriquées les unes sur les autres. Sir Philippe Grey Egerton [1] les considère au contraire comme des dépendances de la peau, et il se fonde sur des arguments qui paraissent assez puissants. Ces osselets ne sont point articulés, mais bien soudés aux épines dermales qu'ils supportent en avant de la dorsale, et les écailles des pycnodontes ont en général des sortes de processus internes et obliques dont ces osselets pourraient bien n'être que l'exagération. M. A. Wagner [2] a montré que dans les gyrodus ils assujettissent les bandes d'écailles en formant des sortes de listelles longitudinales destinées à les supporter.

La forme complète du corps n'est connue que dans un petit nombre de genres. On leur en a associé quelques autres plus douteux qui ne sont fondés que sur la dentition, dont l'analogie avec celle des genres connus semble montrer qu'ils ont dû appartenir à la même famille.

M. Agassiz n'a placé dans la famille des pycnodontes que des genres homocerques. Mais Sir Philippe Grey Egerton a prouvé qu'on doit leur associer les platysomus, qui joignent à une queue hétérocerque une réunion complète des autres caractères des pycnodontes, et qui ont entre autres la même forme, la même disposition des dents et les mêmes osselets sur la nuque. Il devient par là probable que cette famille a eu la même histoire géologique que celle des lépidostéides, c'est-à-dire qu'elle a été représentée par des poissons hétérocerques dans l'époque primaire (seulement dans les terrains carbonifères et pénéens) et dans le commencement de l'époque secondaire. Depuis le lias, tous les genres ont pris une queue homocerque et leur nombre a diminué jusqu'à l'époque tertiaire. Ces poissons ne sont plus représentés dans l'époque actuelle, et ils fournissent ainsi le seul exemple d'une famille qui, datant de l'époque primaire, se soit continuée jusqu'à la période tertiaire pour se terminer avec elle. Au reste il est douteux aussi que parmi les dents des terrains tertiaires il n'y en ait pas qui aient été associées à tort à cette famille, et qui appartien-

[1] *Quarterly journ. of the geol. Soc.*, t. V, p. 329.
[2] *Abhandl. Bayer. Akad.*, 1851, t. VI, part. I, p. 8.

nent plutôt à celle des sparoïdes ou aux anarrichas. M. J. Müller va même jusqu'à exclure de la famille des pycnodontes toutes les dents tertiaires. L'étude microscopique de ces corps peut seule résoudre la question.

Nous distinguons deux tribus.

1ʳᵉ Tribu. — PYCNODONTES HOMOCERQUES.

Cette tribu, qui renferme la plupart des pycnodontes de M. Agassiz, ne date très probablement que de l'époque du lias, et quoique quelques espèces antérieures aient été rapportées aux pycnodus, aux sphærodus, etc., nous pensons que l'analogie de la dentition est trop incertaine pour que l'on puisse en déduire la forme probable de la queue. Jusqu'à preuve contraire et jusqu'à ce qu'on ait trouvé un seul fait de quelque valeur qui contredise la loi, démontrée par un si grand nombre de poissons, qui établit qu'aucun poisson osseux à queue homocerque n'a vécu avant le lias, nous rejetterons dans la tribu suivante toutes les espèces qui, n'étant connues que par leurs dents, appartiennent aux terrains triasiques ou à l'époque primaire.

1° *Genres connus à la fois par leur squelette et par leurs dents.*

Les PYCNODUS, Agass., — Atlas, pl. XXXVI, fig. 10 à 13,

ont leurs deux mâchoires tapissées de grosses dents à couronne aplatie, disposées de chaque côté sur trois ou cinq rangs, affectant la forme de fèves ou de demi-cylindres, et arrondies à leur extrémité. Au bout du museau, il y a, en haut et en bas, deux ou plusieurs larges dents en forme de ciseau tranchant. Le profil de la tête est haut et presque vertical et le museau un peu saillant; les yeux sont près du bord supérieur. Les nageoires sont peu développées; la dorsale et l'anale sont soutenues par des rayons médiocres et la caudale est en forme de croissant. Les osselets de la nuque ne se trouvent qu'entre l'occipital et la nageoire dorsale.

Quelques espèces ont été citées dans les terrains triasiques, mais ce que nous avons dit plus haut nous empêche de croire que les dents sur lesquelles elles ont été établies aient appartenu à des poissons homocerques; nous les considérons comme faisant partie de la tribu suivante.

Les pycnodus se trouvent dans les terrains jurassiques, crétacés et tertiaires (¹).

Ils sont surtout abondants dans les dépôts de l'époque jurassique.

L'oolithe de Stonesfield en particulier en a fourni huit espèces.

Le *Pycnodus Bucklandi*, Agass., a des dents très espacées ; les médianes sont régulièrement elliptiques et les latérales circulaires.

Le *P. didymus*, Agass., a des dents un peu plus allongées.

Le *P. ovalis*, Agass., a des dents beaucoup plus rapprochées.

Le *P. latirostris*, Agass., a une mâchoire inférieure très large et des dents disposées en triangle équilatéral.

Les *P. obtusus*, Agass., *parvus*, Agass., *trispchius*, Agass., et *trigonus*, Agass., sont aussi de Stonesfield et n'ont pas encore été décrits.

On a trouvé dans une oolithe sablonneuse du Northamptonshire des dents vomériennes finement rugueuses et en séries très régulières ; on les rapporte au *P. rugulosus*, Agass.

Le *P. umbonatus*, Agass., probablement du forest-marble, a des dents légèrement déprimées au milieu.

Dans les terrains coralliens on cite quelques espèces. M. Agassiz en indiquait deux de la collection du comte de Münster, *P. gracilis* (²) et *minutus*, Münster, des terrains coralliens du Hanovre. Depuis lors le comte de Münster (³) a décrit les *P. Jugleri, granulatus* et *Preussii* des mêmes gisements.

M. Thiollière (⁴) a trouvé dans les schistes lithographiques du département de l'Ain, le *P. Sauvanausi*, Thioll., et le *P. Bieri*, id.

Deux espèces des schistes lithographiques de Bavière rapportés aux microdon par M. Agassiz sont, suivant M. A. Wagner, de vrais pycnodus. Ce sont les *P. elegans*, Wagn. (*Microdon elegans*, Agass.), de Solenhofen, et le *P. notabilis*, Wagn. (*Microdon notabilis*, Münst.), de Kelhheim (⁵). Il faut ajouter le *P. formosus*, Wagn.

Les quatre suivantes appartiennent aux terrains jurassiques supérieurs.

Le *P. gigas*, Agass., a de plus grosses dents que ses congénères. Elles sont en forme de demi-cylindre, ordinairement un peu arquées en avant. Cette espèce est commune dans les terrains kimméridgiens de la Suisse.

(¹) Agassiz, *Poiss. foss.*, II, 2, p. 183, pl. 71 à 72, *a* ; Egerton, *Catalogus* ; Münster, *Beitr. zur Petref.*, t. VII, p. 40, pl. 3 ; Giebel, *Fauna der Vorwelt*, I, 3, p. 163.

(²) Cette espèce paraît devoir être réunie au *Pycnodus ovalis*, Agass.

(³) *Beitr. zur Petref.*, t. VII, p. 44, pl. 3.

(⁴) *Deuxième notice sur le gisement*, etc., p. 23.

(⁵) Agassiz, *Poiss. foss.*, II, 2, p. 204 ; A. Wagner, *Abh. Bayer. Akad.*, 1851, t. VII, p. 30. Le *Pycnodus elegans*, Agass., a aussi été trouvé par M. Thiollière dans les schistes lithographiques de Cirin (Ain).

Le *P. Nicoleti*, Agass., a des dents plus courtes et plus plates. Il a été trouvé dans le même terrain (canton de Neuchâtel).

Le *P. Hugii*, Agass., de Soleure et de Neuchâtel, a des dents d'une forme anguleuse et rhomboïdale.

Le *P. latidens*, Agass., provient aussi des carrières de Soleure.

À cette série d'espèces jurassiques on peut ajouter le *P. rhombus*, Agass., du calcaire fétide de Torre d'Orlando près de Naples, qui est connu par des squelettes complets, tandis que les espèces précédentes ne le sont que par des dents.

M. Costa vient d'indiquer [1] encore les *P. Achilleis*, Costa, et *grandis*, id., de Pietraroja près Naples.

Les terrains wealdiens de la forêt de Tilgate ont aussi fourni une espèce, le *P. Mantelli*, Agass., dont les dents sont assez serrées pour former un pavé non interrompu [2].

Le *Microdon radiatus*, Agass., qui ressemble au *P. elegans*, mais qui a sur l'opercule des ornements en forme de lignes rayonnantes, devra probablement rentrer aussi dans le genre pycnodus. Il a été trouvé dans le calcaire de Purbeck.

Les terrains crétacés renferment aussi des débris assez nombreux de pycnodus.

Dans les terrains néocomiens on trouve des dents qui rappellent beaucoup celles du *Pycnodus gigas*, mais qui sont un peu plus plates. M. Agassiz les rapporte à une espèce qu'il nomme *Pycnodus Coulonii*, Agass.

Le *Pycnodus minor*, Agass., de l'argile de Speeton, est une espèce douteuse et non décrite.

Le *P. Harlebeni*, Rœmer [3], provient du hilsconglomérat (terrain néocomien) d'Allemagne.

M. Heckel a décrit [4] le *P. Muraltii*, Heck., du terrain crétacé de Pola (Istrie), et indiqué une nouvelle espèce dans celui de Comen (Istrie).

Dans le grès vert on connaît déjà trois espèces.

Le *P. Munsteri*, Agass., du grès vert de Ratisbonne, a les dents grêles et allongées.

Le *P. complanatus*, Agass., du même gisement, a des caractères analogues, quoique moins prononcés.

Le *P. depressus*, Agass., a été trouvé dans les grès verts de Gand et de Ratisbonne.

[1] *Leonh. und Bronn Neues Jahrb.*, 1851, p. 183.

[2] Voyez, sur cette espèce, Dunker, *Norddeutsch. Wealdenbild*, p. 63, pl. 15; Mantell, *Geol. of Sussex*, pl. 17, fig. 26 et 27.

[3] Rœmer, *Norddeutsch. Kreideg.*, p. 109.

[4] *Mém. de Haidinger*, 1848, t. II, p. 184, *Leonh. und Bronn Neues Jahrb.*, 1849, p. 500.

La craie blanche d'Angleterre renferme les débris de quatre espèces :

Le *P. cretaceus*, Agass., à dents larges, de la craie de Kent ; les *P. angustus*, Agass., et *marginalis*, Agass., du même gisement ; et le *P. elongatus*, Agass., de la craie de Lewes.

Il faut ajouter le *P. parallelus*, Dixon [1], de la craie du Sussex.

M. Reuss a fait connaître plusieurs espèces [2] du plœner de Bohême. Ce sont les *P. subdeltoidus, scrobiculatus, rostratus, semilunaris et rhomboidalis*.

La craie de Maëstrich contient une espèce, le *P. subclavatus*, Agass., dont les dents se distinguent par une forme arquée. Cette même espèce a été trouvée en Allemagne.

Le calcaire du Monte Bolca a conservé deux espèces qui sont mieux connues que la plupart des précédentes, parce qu'on en possède des squelettes complets.

Le *Pycnodus platessus*, Agass. [3], est remarquable par la forme grêle de sa partie postérieure, qui contraste avec la forme massive et lourde de sa partie antérieure. Son profil est presque vertical.

Le *P. orbicularis*, Agass. [4], est un gros poisson qui a des dents arrondies et arquées à leur extrémité.

On en a trouvé une espèce dans l'argile de Londres.

Le *Pycnodus toliapicus*, Agass., de Sheppy, n'est connu que par une mâchoire dont les dents sont allongées et arrondies aux deux extrémités [5].

Les terrains tertiaires miocènes d'Allemagne paraissent en renfermer aussi des dents.

M. H. de Meyer a décrit le *Pycnodus faba*, de Mœsskirch [6].

Les GYRODUS, Agass., — Atlas, pl. XXXVI, fig. 4h,

ont les formes extérieures des pycnodus, et sont, comme eux,

[1] Dixon, *Geol. and foss. of Sussex*, p. 369, pl. 33, fig. 3.

[2] *Geog. Skizzen*, II, p. 221 et 258 ; et *Bohm Kreidegeb.*, I, p. 10, pl. 4.

[3] Ce poisson a été décrit dans l'*Ittiol. Veronese*, sous les noms de *Coryphæna apoda*, pl. 35, fig. 1 et 2, et de *Diodon reticulatus*, pl. 20, fig. 3. C'est le *Zeus platessus*, Blainv., *Ichthyol.*, p. 52.

[4] C'est le *Diodon orbicularis* de l'*Ittiol. Veron.*, pl. 40. M. de Blainville, *Ichthyol.*, p. 34, en avait fait un genre nouveau, PALÆOBALISTUM (*P. orbiculatum*).

[5] Agassiz, *loc. cit.*, et *Ann. sc. nat.*, 3ᵉ série, t. III, p. 47.

[6] *Leonh. und Bronn Neues Jahrb.*, 1847, p. 186, et *Palæontographica*, t. I, p. 152.

connus par des squelettes entiers. Leur mâchoire supérieure ne se prolonge pas en forme de museau. La nageoire anale et la dorsale sont soutenues par des rayons longs en avant et diminuant rapidement ; la caudale est profondément échancrée. Leurs dents sont elliptiques ou circulaires, et diffèrent de toutes celles des genres voisins, parce qu'elles sont ombiliquées, c'est-à-dire entourées d'un sillon qui sépare le sommet de la dent de son pourtour. Elles diffèrent de celles des periodus, parce que dans ces derniers le sillon est près de la base. La mâchoire supérieure n'a qu'une rangée de dents et l'inférieure en a quatre de chaque côté. Les antérieures sont en forme de canines.

Ces poissons sont abondants dans les terrains jurassiques ; on en connaît quelques uns des terrains crétacés, et ils se retrouvent aussi dans les tertiaires (¹).

On en connaît de nombreuses espèces des divers étages jurassiques.

Le calcaire de Caen en renferme une, le *Gyrodus radiatus*, Agass..

On en a trouvé deux à Stonesfield. L'une, le *G. trigonus*, Agass., est remarquable par son vomer qui se rétrécit rapidement d'arrière en avant.

L'autre, le *G. perlatus*, Agass., est caractérisée par de petits tubercules perlés sur la surface des écailles.

Le *G. umbilicus*, Agass., dont les dents ont entre les sillons un enfoncement sur leur milieu, a été trouvé dans l'oolithe de Durrheim, grand-duché de Bade. C'est l'espèce figurée dans l'Atlas.

Le *G. punctatus*, Agass., est de l'oolithe de Malton.

Les schistes de Kehlheim en ont fourni de nombreuses espèces, qui sont ordinairement connues pour des squelettes entiers.

Le *G. macrophthalmus*, Agass., est remarquable par la grandeur de son orbite.

Le *G. frontatus*, Agass., a le ventre très large, le front moins déclive et l'œil plus petit.

Le *G. rugosus*, Münst., est plus allongé et a les écailles très ridées. Il faut, suivant M. Wagner, lui réunir le *Microdon abdominalis*, Agass.

Les *G. gracilis*, Münst., *analis*, Agass., et *punctatissimus*, Agass., sont aussi de Kelheim.

Outre ces espèces déjà citées par M. Agassiz, le comte de Münster a indiqué le *G. meandrinus*, Münst. (*lepturus*, Wagner), et *laticauda*, id. (²).

____

(¹) Voyez Agassiz, *Poiss. foss.*, II, 2, p. 223, pl. 67 à 69 a ; Giebel, *Fauna der Vorwelt*, I, 3, p. 176 ; Münster, *Beitr. zur Petref.*, t. III ; Wagner, *Abhandl. Bayer. Akad.*, 1851, t. VI, p. 7, pl. 1 et 3.

(²) Münster, in *Leonh. und Bronn Neues Jahrb.*, 1839, p. 679, et 1842, p. 45.

On en connaît cinq des schistes de Solenhofen : les *G. circularis*, Agass., *rhomboidalis*, Agass., *multidens*, Münst., *hexagonus*, Wagn. (*Microdon hexagonus* et *analis*, Agass.), *truncatus*, Wagn. (*Microdon platurus*, Agass.).

Le *G. Cuvieri*, qui a le sillon très développé et la surface du sommet très petite, provient des terrains kimméridgiens d'Angleterre et de Boulogne-sur-Mer.

On a trouvé dans le calcaire à tortues de Soleure le *G. jurassicus*, Agass., à dents parfaitement lisses.

Deux espèces ont été trouvées dans les terrains wealdiens.

Le *Gyrodus Mantelli*, Agass., est très voisin du *G. trigonus*, et provient de la forêt de Tilgate.

Le *G. Schusteri*, Rœm. [1], a été découvert dans les terrains wealdiens d'Osterwald.

On trouve aussi quelques espèces dans les terrains crétacés [2].

Le *Gyrodus minor*, Agass., de l'argile de Speeton, a des dents dont le sommet est caréné ; celles de la rangée externe sont les plus grandes.

Les grès verts de Ratisbonne ont conservé deux espèces, le *G. rugulosus*, Agass., dont les dents ont leur couronne sillonnée transversalement, et le *G. Munsteri*, Agass., qui a deux sillons annulaires au lieu d'un.

On connaît trois espèces de la craie blanche.

Le *G. cretaceus*, Agass., n'a que trois rangées de dents au lieu de cinq. Il a été trouvé dans la craie de Lewes.

Le *G. angustus*, Agass., de la craie de Maidstone, a des dents elliptiques marquées au sommet d'un sillon distinct ; mais dont le sillon annulaire est presque nul.

Le *G. mammillaris*, Agass., est de la craie de Kent.

M. Dixon [3] cite dans la craie du Sussex, outre le *G. cretaceus et angustus*, une nouvelle espèce, le *G. conicus*, Dixon.

M. Reuss [4] a fait connaître le *G. quadratus* des conglomérats de Bilin

Enfin, on possède une espèce des terrains tertiaires.

Le *Gyrodus lœvior*, Agass., de l'argile de Sheppy, ressemble au *G. jurassicus*.

Le *G. runcinatus*, Agass., est d'un gisement inconnu.

---

[1] Rœmer, *Norddeutsch. ool. Geb.*, p. 54 ; Dunker, *Norddeutsch. Wealden Bild.*, p. 67.

[2] Voyez encore, pour quelques unes de ces espèces, Rœmer, *Norddeutsch. Kreid.*, et Reuss, *Böhm. Kreid.*

[3] *Geol. and foss. of Sussex*, p. 370, pl. 30 et 32.

[4] *Geog. Skizzen*, II, p. 222 et 237 ; *Böhm. Kreidegeb.*, I, p. 9, pl. 4, fig. 56 et 61.

Les Microdon, Agass.,

avaient été séparés des pycnodus à cause de leurs dents beaucoup plus petites, toutes d'égale forme, et par leurs osselets nuchaux qui s'étendent dans toute la région dorsale.

M. Wagner a montré (¹) que les espèces de ce genre doivent toutes être réparties entre les pycnodus et les gyrodus, et que le nom de microdon doit être abandonné.

Les *Microdon elegans* et *notabilis* doivent devenir des *Pycnodus*.

Les *M. hexagonus, abdominalis, analis, platurus,* etc., sont des *Gyrodus*

Deux espèces (²) trouvées dans la craie du Sussex me paraissent connues par des fragments trop incomplets pour décider de leurs affinités génériques. Elles appartiennent peut-être au genre gyrodus.

Ce sont les *Microdon nuchalis*, Dixon, et *occipitalis*, id.

Les Mesodon, Wagner,

forment un genre nouveau, caractérisé par des dents en pavé, formant un ovale allongé, légèrement creusées et striées, et par un corps ovale, court. Ils ont une tête terminée par une sorte de bec formé par le prolongement des deux mâchoires, des nageoires dorsales et anales soutenues par de très longs rayons qui ne se raccourcissent qu'en s'approchant de la queue, et une caudale en forme d'éventail terminée par un bord arrondi

M. A. Wagner rapporte à ce genre deux espèces qui avaient été attribuées aux gyrodus (³).

Ce sont : le *Mesodon macropterus*, Wagn. (*Gyrodus macropterus* Agass.), et le *M. gibbosus*, Wagn. (*Gyrodus gibbosus*, Münst.), trouvés dans les schistes lithographiques de Kehlheim.

(¹) *Abh. Bayer. Akad.*, 1851, t. VII, p. 34.

(²) Dixon, *Geol. and foss. of Sussex*, p. 369, pl. 32, fig. 7, et pl. 32*, fig. 2.

(³) Wagner, *Abh. Bayer. Akad.*, 1851, t. VII, p. 49, pl. 4, fig. 2 et pl. 3, fig. 2 ; Agassiz, *Poiss. foss.*, II, 2, p. 236.

2° Genres connus seulement par leur dentition.

Les PERIODUS, Agass., — Atlas, pl. XXXVI, fig. 15,

diffèrent des pycnodus par leurs dents dont la couronne est entourée d'un large sillon, en sorte que leur coupe transversale présente la forme d'un chapeau à larges bords relevés [1].

On n'en connaît qu'une espèce, le *Periodus Kœnigii*, Agass., de l'argile de Sheppy.

Les GYRONCHUS, Agass., — Atlas, pl. XXXVI, fig. 16,

sont des pycnodus dont les dents de la rangée médiane du vomer sont allongées dans le sens du diamètre longitudinal du poisson, au lieu de l'être transversalement [2].

Le *Gyronchus oblongus*, Agass., provient du calcaire de Stonesfield.

Les ACROTEMNUS, Agass., — Atlas, pl. XXXVI, fig. 17,

ont encore de grands rapports avec les pycnodus; mais leurs dents ont au milieu une arête saillante semblable à un pli qu'on y aurait pincé [3].

On ne connaît que l'*Acrotemnus faba*, Agass., de la craie de Kent.

Les SCROBODUS, Münster,

ont une petite fossette ronde au milieu des dents. Leur corps est beaucoup plus allongé et rappelle la forme des lépidoïdes [4].

Le *Scrobodus subovatus*, Münst., a été trouvé dans les schistes lithographiques de Solenhofen.

[1] Agassiz, *Poiss. foss.*, II, 2, p. 201, pl. 72 *a*, fig. 61 et 62; *Ann. des sc. nat.*, 3ᵉ série, t. III, p. 47; Giebel, *Fauna der Vorwelt*, I, 3, p. 182.

[2] Agassiz, *Poiss. foss.*, II, 2, p. 202, pl. 69 *a*, fig. 10 et 11; Giebel, *Fauna der Vorwelt*, I, 3, p. 183. D'après l'*Index* de M. Bronn, ce genre aurait d'abord été nommé SCAPHODUS, Agass.

[3] Agassiz, *Poiss. foss.*, II, 2, p. 202, pl. 66 *a*, fig. 16-18; Giebel, *id.*

[4] Münster, *Beitr. zur Petref.*, t. V, p. 53, pl. 1, fig. 4, Agassiz, *Poiss. foss.*, II, 2, p. 203; Giebel, *id.*; A. Wagner, *Abh. Bayr. Akad.*, 1851, t. VII, p. 59.

Les Sphærodus, Agass., — Atlas, pl. XXXVI, fig. 18 et 19,
se distinguent de tous les précédents par des dents circulaires, en
rangées régulières. On ne connaît pas leur squelette, et ce genre
doit donc être considéré comme encore douteux. Les grands lepidotus, en particulier, ont des dents à peu près semblables aux
leurs.

Nous excluons de ce genre les dents antérieures au lias. Les
espèces se trouvent depuis cette époque jusque dans les terrains
tertiaires [1].

Dans les terrains jurassiques ils sont moins nombreux que les
pycnodus.

On trouve dans le lias de Lyme-Regis, le *Sphærodus microdon*, Agass.

Le *S. minor*, Agass., provient de l'oolithe de Stonesfield.

Le comte de Münster [2] en a décrit quatre espèces des terrains coralliens
du Lindner-Berg près de Hanovre. Ce sont les *S. subannularis*, *hybridus*, *tetra-*
gonurus et *subradiatus*.

Le *S. gigas*, Agass., a de grandes dents qui ont été décrites anciennement
sous le nom d'yeux de crapauds pétrifiés [3], et dont la forme est à peu près
hémisphérique ; ces dents ont été trouvées dans les terrains kimméridgiens.

M. Costa [4] cite quelques unes des espèces précédentes dans les terrains

[1] Agassiz, *Poiss. foss.*, II, 2, p. 209, pl. 73 ; Giebel, *Fauna der Vorwelt*,
I, 3, p. 159.

[2] *Beitr. zur Petref.*, t. VII, p. 39.

[3] Les fossiles décrits ous les noms de *yeux de crapaux pétrifiés*, de cra-
paudines, de *chélonites*, de *batrachites*, et surtout de *bufonites*, n'appartiennent
pas tous à cette espèce, mais sont en général des dents de pycnodontes. La
grande taille et la forme ronde de celles du *Sphærodus gigas* et leur abondance sont cause qu'elles ont plus souvent que les autres été décrites sous ce
nom. C'est la *Carrapatina* de Mercati, *Metallot.*, p. 336. Voyez parmi les ouvrages anciens : Luid, *Litho. brit.*, p. 68 ; Wolfart, *Hist. nat. Hassiæ inferioris*,
fol., 1719 ; Abbé de Witry, *Mém. sur les glossopètres* et les *bufonites* (*Mém.
de Bruxelles*, t. II, part. I, 1) ; Wormius, *Musœum*, p. 107 ; Jacob, *M. A.
D.*, p. 34 ; Calceolar, *Mus. Veron.*, p. 364 ; Helwing, *Lithol.*, I, p. 69 ;
d'Argenville, *Oryctologie*, p. 186 et 228 ; Aldovrand, *Metall.*, p. 810 ; C. G.
Fischer, *De aëritis et bufonitis agri Prussici*, 4°, Regiom, 1715. Voyez
surtout un mémoire de Antoine de Jussieu, dans les *Mém. de l'Acad. des sc.* de
Paris, 1723 Hist., p. 5, Mém., p. 205 (*Ed.*, 8°, p. 21 et 296). Ce naturaliste a clairement démontré leur analogie avec des dents de poisson.

[4] *Leonh. und Bronn Neues Jahrb.*, 1851, p. 183.

jurassiques des environs de Naples. Ce sont les *S. annularis*, Agass., et *cinctus*, Agass., trouvés à Cerisano, et le *S. gigas*, Agass., à Majella.

Une espèce a été trouvée dans les terrains wealdiens.

Le *Sphærodus semiglobosus*, Dunck. [1], paraît assez répandu en Allemagne.

On cite quelques espèces des terrains crétacés.

Le *Sphærodus neocomiensis*, Agass., du néocomien de Neuchâtel, a des dents de la taille du *Gigas*.

Le *S. mitrula*, Agass., est connu par des dents de taille moyenne, circulaires et assez plates pour des sphærodus. Ces dents ont été trouvées dans les grès verts de Ratisbonne.

Le *S. crassus*, Agass., de la craie de Maëstricht, a des dents à couronne très épaisse.

Le *S. tenuis*, Reuss [2], a été trouvé dans le placner de Bohême.

Le *S. rugulosus*, Egerton [3], a été découvert dans le terrain crétacé de Pondichéry.

Les sphærodus ont été cités plus souvent dans les terrains tertiaires que les autres genres de cette famille ; mais ce sont surtout ces espèces dont la place peut être contestée, et il est bien possible que beaucoup d'entre eux se rapportent à la famille des sparoïdes ou à d'autres types de téléostéens.

Le *Sphærodus lens*, Agass., du tertiaire d'Osnabrück, est une espèce encore mal définie.

Le *S. truncatus*, Agass., n'est connu que par une dent massive, élevée et tronquée, qui a à sa base des plis irréguliers. C'est probablement une dent antérieure.

Le *S. irregularis*, Agass., du sable tertiaire d'Eppelsheim, a des dents elliptiques mêlées aux circulaires. C'est peut-être à cette espèce que l'on doit rapporter quelques dents trouvées dans la mollasse de Suisse. Il est probable aussi que ce sont elles qui ont servi de base au genre Pisodon de M. Kaup [4]. Le *Pisodon Golconus* est vraisemblablement identique avec le *Sphærodus irregularis* et n'est certainement pas un saurien.

----

[1] *Norddeutschl. Wealdenbildung.*, p. 66, pl. 15, fig. 17.

[2] *Geog. Skizzen*, II, p. 220 et 257, et *Böhm. Kreideg.*, I, p. 9.

[3] *Quart. journ. of the geol. Soc.*, t. I, p. 167, et *Transact. id.* ; 2ᵉ série, t. VII, p. 92.

[4] *Ossem. foss. de Darmstadt*, pl. 9.

Le *S. parvus*, Agass., à dents très hautes, est du terrain tertiaire de Cassel.

Le *S. cinctus*, Agass., de Styrie, a des dents plissées à leur base [1].

Les *S. pygmœus*, Münst., et *subtruncatus*, Münst., ont été trouvés dans le bassin tertiaire de Vienne, ainsi que le *S. depressus*, Agass., qui provient aussi des Alpes de Salzburg.

M. Eugène Sismonda [2] a décrit le *S. poliodon*, Eug. Sism., qui se trouve dans le terrain tertiaire miocène de la montagne de Turin.

On doit peut être encore ajouter quelques espèces qui proviennent de gisements dont l'âge n'est pas encore déterminé.

Ce sont le *Sphærodus discus*, Agass., des Algarves en Portugal, le *S. conicus*, Agass., de l'île de Ceylan, et le *S. oculus serpentis*, Agass., des Algarves.

Les Phyllodus, Agass.,

ont des dents rangées comme les pycnodus ; mais chaque dent, au lieu d'être d'une seule pièce, est composée de quatre à dix lames superposées, qui se remplacent et s'usent successivement. On ne connaît pas le reste de leur corps, en sorte que leur place est encore très problématique. M. Owen pense que l'analogie est plus grande avec les dents pharyngiennes des scares.

On en connaît une seule espèce des terrains crétacés et plusieurs de l'époque tertiaire [3].

La première est le *Phyllodus cretaceus*, Reuss, du conglomérat de Bilin [4].

Les seules espèces qui aient été connues de M. Agassiz sont celles de l'argile de Sheppy [5].

Le *Phyllodus toliapicus*, Agass., n'a que trois grandes dents renflées.

Le *P. planus*, Agass., a des dents planes.

Dans le *P. marginalis*, Agass., le contour des dents est anguleux.

Le *P. polyodus*, Agass., a un grand nombre de dents secondaires mêlées aux autres.

On trouve encore les *P. irregularis*, Agass., et *medius*, Agass.

[1] Cette espèce est citée par M. Eug. Sismonda, dans le terrain pliocène et dans le terrain miocène du Piémont.

[2] *Poiss. et crust. foss. du Piémont*, p. 18.

[3] Agassiz, *Poiss. foss.*, II, 2, p. 238, pl. 69, a ; Giebel, *Fauna der Vorwelt*, I, 3, p. 174.

[4] *Geog. Skizzen*, II, p. 222 et 257, et *Böhm. Kreideg.*, I, 11, pl. 4 et 12.

[5] Agassiz, *loc. cit.*, et *Ann. des sc. nat.*, 3ᵉ série, t. III, p. 47.

Quelques autres espèces ont été signalées dans les terrains tertiaires miocènes.

Le comte de Münster [1] a décrit les *Phyllodus multidens, subdepressus* et *umbonatus*, Münst., du bassin de Vienne. Cette dernière espèce se trouve aussi à Ulm.

Une espèce a été citée dans les terrains tertiaires d'Amérique [2] par M. Wymann.

Les Pisodus, Owen,

ne sont encore connus que de nom et correspondent à des dents de l'argile de Londres.

Le *Pisodus Owenii*, Agass. [3], est la seule espèce citée.

Les Phacodus, Dixon, — Atlas, pl. XXXVI, fig. 20,

ne sont connus que par quelques dents en forme de haricots, un peu déprimées en leur centre par l'usure, lisses et marquées seulement de petits points correspondant aux tubes calcigères [4].

Le *Phacodus punctatus*, Dixon, a été trouvé dans la craie de Lewes.

2ᵉ Tribu. — PYCNODONTES HÉTÉROCERQUES.

Nous plaçons dans cette tribu deux genres qui sont connus par leurs formes générales, et nous leur associons provisoirement toutes les dents de pycnodontes antérieures au lias.

1° Genres connus par leur squelette et par leurs dents.

Les Platysomus, Agass., — Atlas, pl. XXXVI, fig. 21,

sont des poissons comprimés, très élevés, ayant une grande dorsale qui commence au milieu du dos et qui s'étend jusque vers la queue. L'anale ressemble à la dorsale et les pectorales sont pe-

[1] *Beitr. zur Petref.*, t. VII, pl. 1.
[2] A. Wymann, *Silliman's journal*, 2ᵉ série, t. X, p. 234; *Leonh. und Bronn Neues Jahrb.*, 1851, p. 255. Cette espèce n'a pas reçu de nom.
[3] *Ann. sc. nat.*, 3ᵉ série, t. III, p. 47.
[4] Dixon, *Geol. and foss. of Sussex*, p. 371, pl. 30, fig. 16.

tites. Sir Philippe Grey Egerton (¹) a montré qu'ils ont les osselets nuchaux des vrais pycnodontes, dans toute la région dorsale. Les dents sont obtuses et ont une forme circulaire ; elles sont un peu aplaties sur la surface de trituration et sont portées par une base un peu plus étroite.

On en trouve une espèce dans les terrains carbonifères :

Le *Platysomus parvulus*, Agass., de la houille de Leds.

Celles du zechstein sont plus nombreuses.

Le *Platysomus gibbosus*, Agass. (*Stromateus angulatus*, Germ.), a le dos très élevé et anguleux. Il a été trouvé dans le zechstein de Mansfeld (²).

Le *P. rhombus*, Agass. (*Stromateus major*, Blainv., *St. Knorrii*, Germ.), a le dos arrondi et le corps un peu plus allongé. Il vient du même gisement.

Le *P. striatus*, Agassiz, a le corps très court et très large, et les écailles striées obliquement. Il a été trouvé dans le calcaire magnésien d'Angleterre.

Le *P. macrurus*, Agass., du même terrain, a le corps plus étroit, l'anale courte, à rayons plus allongés, et la queue très grande.

M. Quenstedt (³) croit que les *P. gibbosus, rhombus, striatus* et *macrurus* ne sont qu'une même espèce.

Le *P. parvus*, Agass., a la partie postérieure arrondie, la queue petite et la tête allongée. Il a été trouvé aussi dans le calcaire magnésien d'Angleterre.

Le comte de Münster (⁴) a décrit encore quelques espèces de platysomus des schistes cuivreux de Richelsdorf. Ce sont les *P. intermedius, Althausii* et *Fuldai*. Le *P. gibbosus* s'y trouve aussi.

Le *P. Fischeri*, Arnd. (⁵), a la queue homocerque et n'appartient pas à ce genre.

(¹) *Quarterly journ. of the geol. Soc.*, t. V, p. 329. Voyez aussi, sur ce genre, Agassiz, *Poiss. foss.*, II, 1, p. 161, pl. 15 à 18 ; Giebel, *Fauna der Vorwelt*, I, 3, p. 232 ; Germar, *Verst. Mansfeld. Kupf.*, p. 25 ; Sedgwick, *Trans. geol. Soc.*, 2ᵉ série, t. III ; Geinitz, *Zechsteingeb.*, p. 4 ; W. King, *Permian fossils, Palæontographical Soc.*, p. 227, etc.

(²) Ce poisson a déjà été décrit par Schenzer, *Piscium querelæ*, pl. 14, sous le nom de *Rhombus minor*, et par Wolfarth, *Histor. Hassiæ*, I, pl. 14, fig. 1 ; Mylius, *Memor. Saxon. subt.*, I, p. 85, pl. 10 ; Germar, *Taschenbuch f. Mineralogie*, 1821. Le *P. rhombus* a aussi été décrit par Wolfarth et Germar.

(³) *Wiegman's Archiv.*, 1835, 2, p. 94.

(⁴) *Beitr. zur Petref.*, t. V, p. 43, pl. 5, fig. 1 et 2.

(⁵) *Bull. Soc. nat. de Moscou*, 1850, t. XXIII, I, p. 88.

2° *Genres connus seulement par des dents.*

Les Globulodus, Münster,

ne forment très probablement pas un genre particulier, et les dents
que l'on a désignées sous ce nom appartiennent vraisemblablement
à des platysomus.

Le *Globulus elegans*, Münst. [1], a été trouvé dans les schistes cuivreux de
Richelsdorf.

Les Placodus, Agass., — Atlas, pl. XXXVI, fig. 22 et 23,

ne sont aussi connus que par leur dentition. Leurs dents sont polygonales, à angles arrondis et ont une surface aplatie et entièrement
lisse. Leurs rapports ne pourront être bien connus que par la découverte de leur squelette.

Ces poissons sont spéciaux aux terrains triasiques [2].

Le *Placodus impressus*, Agass., du grès bigarré de Deux-Ponts, est caractérisé par un enfoncement sur le milieu des dents.

Les autres espèces proviennent du muschelkalk de Bamberg en Bavière.

Le *P. gigas*, Agass., a quatorze molaires à surface plate, disposées sur
quatre rangées. Les incisives sont très grosses.

Le *P. Andriani*, Münst., a des dents plus petites et plus grêles.

Le *P. Munsteri*, Agass., a un crâne très large à rostre court.

Le *P. rostratus*, Münst., a des dents plus distantes et le crâne forme un
bec allongé.

Les Tholodus, H. de Meyer,

ont de grosses dents à couronne bombée, arrondie, cupuliforme,
un peu allongée, marquée de stries rayonnantes. Le centre forme
quelquefois une pointe obtuse. La racine est épaisse et plus longue
que la couronne; elle est marquée de plis longitudinaux.

Le *Tholodus Schmidii* [3], H. de Meyer, a été trouvé dans le muschelkalk
de la haute Silésie, etc.

[1] *Beitr. zur Petref.*, t. V, p. 47, pl. 15, fig. 7.

[2] Agassiz, *Poiss. foss.*, II, 2, p. 217, pl. 70 et 71; Giebel, *Fauna der
Vorwelt*, I, 3, p. 172; H. de Meyer, *Palæontographica*, t. I, p. 195 et 241;
Strombeck, *Muschelkalk Bild*, p. 28 et 56, etc.

[3] H. de Meyer, *Leonh. und Bronn Neues Jahrb.*, 1843, p. 467, et 1850,
p. 246 et *Palæontographica*, I, p. 195.

Les Colobodus, Agass.,

ne sont connus que par des dents disposées en plaques très serrées, formant des pavés irréguliers. Arrondies ou cylindracées à leur base, elles ont leur couronne renflée en massue ; sur leur milieu s'élève un petit mammelon tronqué.

Le *Colobodus Bogardi*, Agass., provient du muschelkalk [1].

M. Giebel pense, comme nous l'avons dit plus haut, p. 182, qu'il faut réunir aux colobodus une partie des gyrolepis de M. Agassiz ; c'est-à-dire ces écailles striées de plis parallèles en relief qui ont été décrites sous les noms de *Gyrolepis Albertii*, par M. Agassiz [2].

Les Asterodon, Münster [3],

ont des dents semblables à celles des colobodus, mais à plis rayonnés très marqués. M. Giebel les associe aux colobodus.

L'*Asterodon Bronni*, provient de Saint-Cassian.

Les Nephrotus, H. de Meyer (*Omphalodus*, id., *olim*),

sont connus par des dents disposées en une série (unique ? ou non). Leurs couronnes sont aplaties, un peu plus larges que longues et un peu moins hautes que larges. Le centre présente une petite pointe mousse.

M. H. de Meyer avait d'abord nommé *Omphalodus* ces dents ; puis pour ne pas faire double emploi avec un genre de plantes, il a changé ce nom contre celui de *Nephrotus*. M. Giebel doute qu'on puisse les séparer des colobodus.

Le *Nephrotus chorzowensis*, H. de Meyer, a été trouvé dans le muschelkalk de Chorzow [4].

[1] Agassiz, *Poiss. foss.*, II, 2, p. 237.

[2] Agassiz, *Poiss. foss.*, II, 2, p. 173, pl. 19, fig. 1-6 ; H. de Meyer und Plieninger, *Pal. Wurtembergs*, p. 54 et 109, pl. 12, fig. 40 ; Geinitz, *Thuring. Musch.*, p. 21, pl. 3, fig. 3 ; Alberti, *Trias*, p. 133 ; Giebel, *Fauna der Vorwelt*, I, 3, p. 181. M. Giebel réunit à cette espèce le *Gyrolepis biplicatus*, Münster, *Beitr. zur Petref.*, t. IV, p. 140, pl. 16, fig. 15, de Saint-Cassian.

[3] Münster, id., pl. 16, fig. 14 ; Giebel, *Fauna der Vorwelt*, I, 3, p. 182.

[4] H. de Meyer, *Leonh. und Bronn Neues Jahrb.*, 1847, p. 574, et 1850,

Les Cenchrodus, H. de Meyer,

ne sont aussi connus que par une partie de la dentition, et en particulier par un os ptérygoïdien qui porte des dents semblables à des grains de millet (κέγχρος). Ces dents paraissent éparses sans ordre et ont une couronne arrondie portée par un court pédicule.

Les affinités de ce genre ne peuvent pas être précisées avec de tels matériaux. La forme des ptérygoïdiens semble indiquer une tête allongée.

M. H. de Meyer [1] cite dans le muschelkalk de Chorzow les *Cenchrodus Gœpperti*, H. de Meyer, et *Offei*, id.

Je place provisoirement à la fin des pycnodontes deux genres qui ne sont connus que par leurs dents, et dont les rapports zoologiques ne peuvent pas encore être appréciés.

Les Charitodon, H. de Meyer (*Charitosaurus*, id., *olim*),

ont été d'abord réunis aux sauriens, puis transportés dans la classe des poissons. On en connaît seulement la mâchoire inférieure, qui porte une rangée de dents, au moins au nombre de 14, presque égales, composées d'une couronne ovoïde, terminée par une pointe peu aiguë, striée en longueur, et d'une racine cylindrique lisse.

Ces dents me paraissent avoir quelques rapports avec celles des tholodus, et c'est par ce motif que j'ai rapproché les charitodon des pycnodontes.

Le *Charitodon Tschudii*, H. de Meyer, a été trouvé dans le muschelkalk de la haute Silésie [2].

p. 246 et *Palæontographica*, I, p. 242, pl. 28, fig. 20 ; Giebel, *Fauna der Vorwelt*, I, 3, Zuzätze, p. 466.

[1] *Leonh. und Bronn Neues Jahrb.*, 1847, p. 574, *Palæontographica*, I, p. 243.

[2] H. de Meyer, *Leonh. und Bronn Neues Jahrb.*, 1838, p. 415, et *Palæontographica*, I, p. 205, pl. 31, fig. 22 et 23. Ces dents avaient déjà été connues de quelques anciens paléontologistes. Elles sont figurées par Buttner, *Rudera diluv.*, pl. 10, fig. 6, et par Walch et Knorr, *Verst., Supp.*, pl. 8, fig. 2. Cette dernière figure montre une grande dent crochue antérieure.

Les Hemilopas, H. de Meyer,

ont à peu près les mêmes dents que les charitodon ; mais la couronne, au lieu d'être régulièrement ovoïde, est subtriangulaire, obtuse, un peu échancrée du côté postérieur.

L'*Hemilopas Mentzelli*, H. de Meyer, a été trouvé dans le muschelkalk de Chorzow [1].

Je termine ce qui tient à la seconde tribu des pycnodontes en indiquant les espèces qui ont probablement été placées à tort dans les genres appartenant à la première (voy. p. 196).

Ces espèces, si elles confirment la loi qui nous a guidé, devront, quand elles seront mieux connues, devenir des types de genres nouveaux, ou se réunir aux genres de la seconde tribu.

Quelques unes de ces dents ont tout à fait (ou en partie) la forme de celles des pycnodus. On peut citer en particulier :

Le *Pycnodus priscus*, Agass. [2], du keuper de Tubingen (Wurtemberg).

Le *P. triasicus*, H. de Meyer [3], et le *P. splendens*, id., du terrain triasique de la haute Silésie.

D'autres dents sont rondes et ont été réunies aux sphærodus [4].

Le *Sphærodus annularis*, Agass., a ses dents entourées d'une dépression circulaire comme un anneau. Il vient du keuper.

Le *S. minimus*, Agass., a la partie médiane de la dent saillante. Il a été trouvé dans le keuper de Tubingen.

<h4 style="text-align:center">3e ORDRE.</h4>

HOPLOPLEURIDES.

Je forme cet ordre nouveau pour réunir quelques types remarquables de poissons fossiles qui ont pour

[1] H. de Meyer, *Leonh. und Bronn Neues Jahrb.*, 1847, p. 573, et *Palæontographica*, I, p. 236, pl. 28, fig. 17.

[2] Agassiz, *Poiss. foss.*, II, 2, p. 199 ; Giebel, *Fauna der Vorwelt*, I, 3, p. 164.

[3] *Palæontographica*, t. I, p. 152, et pl. 29.

[4] Agassiz, *Poiss. foss.*, II, 2, p. 211, pl. 73 ; H. de Meyer et Plieninger, *Palæont. Wurtembergs*, p. 117, pl. 10 ; Giebel, *Fauna der Vorwelt*, I, 3, p. 159.

caractère commun des séries de pièces écailleuses disposées en ligne droite depuis la tête jusqu'à la queue,
au moins au nombre de trois rangées, une dorsale et deux
latérales. Ces pièces ou écussons sont de consistance
dure et ressemblent quelquefois à des écailles; elles
sont triangulaires comme des dents de squales, ou en
forme de cœur de carte à jouer.

M. Agassiz a connu un seul des genres que nous plaçons dans cet ordre, celui des dercetis. Il l'a associé
aux ganoïdes en le rangeant dans la famille des sclérodermes, et en comparant ses écussons à ceux qui revêtent la peau des esturgeons. Ses principaux arguments
sont tirés de la nature même de cette armure.

Les motifs que nous avons discutés plus haut ont
paru suffisants à la plupart des paléontologistes pour
donner moins d'importance aux caractères tégumentaires que ne leur en attribuait notre savant ami. On
a transporté les sclérodermes dans la sous-classe des
poissons téléostéens, et les esturgeons ont été conservés dans celle des ganoïdes.

Dans cet état de choses il devient nécessaire de faire
un choix entre les deux analogies invoquées par
M. Agassiz, et de décider si les genres dont nous nous
occupons ici doivent accompagner les sclérodermes
dans les téléostéens, ou les esturgeons dans la sous-
classe des ganoïdes.

Ils me paraissent occuper une position intermédiaire
qui laisse cette question très discutable. Le genre des
eurypholis, par son squelette osseux, la nature de ses
nageoires, la forme de sa tête, semble indiquer des analogies avec les physostomes. Celui des sauroramphus
se rapproche davantage des ganoïdes.

Je me range provisoirement à l'opinion de M. Heckel,

qui les associe à cette dernière sous-classe. Deux caractères me paraissent la justifier : 1° Les hoplopleurides ont
une colonne épinière, dont les corps, tout en étant ossifiés, se touchent par des cavités coniques qui sont restées cartilagineuses à une plus grande profondeur que
dans les poissons ordinaires. 2° Un des genres présente
des osselets sur-apophysaires à l'anale, caractère que
l'on n'a jusqu'à présent trouvé que dans quelques ganoïdes. Je dois dire en même temps que l'absence
d'écailles proprement dites, de fulcres, etc., peut
laisser de légitimes doutes.

Les hoplopleurides ne peuvent être du reste associés
avec aucun des ordres (¹) connus. Ils diffèrent des ganoïdes cyclifères et rhombifères par l'absence des écailles proprement dites. Ils ne peuvent pas être confondus
avec les ganoïdes cuirassés, qui ont une corde dorsale
persistante et même quelquefois un squelette complétement cartilagineux. Leurs pièces operculaires, leurs
mâchoires, leurs rayons branchiostéges nombreux,
leurs vertèbres grêles, la forme de leurs nageoires, etc.,
les rapprochent des poissons osseux bien plus que des
céphalaspides ou des esturgeons.

Toutes les espèces ont été trouvées dans les terrains
de l'époque crétacée.

Les SAURORAMPHUS, Heckel, — Atlas, pl. XXXII, fig. 11,

ont un corps allongé, pentangulaire ; une tête quadrangulaire à
front plat, rappelant celle du brochet et couverte d'écussons
rayonnés ; une bouche ouverte horizontalement, une mâchoire inférieure plus longue que la supérieure ; des dents petites, pointues, disposées sur un seul rang, avec des plus grandes sur la

<hr>

(¹) Lors même qu'on les transporterait dans la sous-classe des téléostéens,
ils devraient former un ordre distinct. Ils ne peuvent point rester unis aux
sclérodermes.

partie antérieure de la mâchoire supérieure ; un opercule rayonné, bilobé au bord postérieur ; un arc huméral fort ; un processus en forme de bouclier à la base des nageoires pectorales ; deux écussons semblables sur la poitrine, servant de base aux nageoires ventrales ; une dorsale médiocre située sur le milieu du dos, sans osselets interapophysaires ; une anale très reculée portée par une double série d'os ; une série de gros écussons sur le dos, allant de la tête à la queue ; une série de chaque côté d'écussons plus petits et disposés aussi sur toute la longueur, et peut-être deux séries sur le ventre. La colonne épinière est clairement divisée en vertèbres. Quelques motifs font cependant penser à M. Heckel que les corps avaient une consistance cartilagineuse [1].

Le *Sauroramphus Freyeri*. Heckel, a été trouvé dans les schistes calcaires bitumineux noirs (crétacés) des environs de Comen (Istrie).

Les EURYPHOLIS, Pictet, — Atlas, pl. XXXII, fig. 12,

ont de très grands rapports avec les sauroramphus. Ils ont comme eux les os de la tête couverts de lignes rayonnées et la même disposition des écussons osseux du corps. Leur nageoire ventrale est aussi protégée en avant par une sorte de bouclier qui la fixe indirectement à l'arc huméral. Ils en diffèrent par leur tête plus courte, dont les os sont moins réunis en boucliers [2], et par leur dentition qui est composée de deux sortes de dents : les grandes sont répandues sur toute la longueur au nombre d'environ dix, séparées par des plus petites. L'opercule n'est pas bilobé ; la nageoire dorsale est plus en avant. La colonne épinière présente de très grandes différences. Les corps sont plus grêles et, tandis que dans le sauroramphus les apophyses épineuses supérieures manquent dans toute la partie antérieure et ne s'élèvent pas jusqu'aux osselets porte-nageoires, ces mêmes apophyses, dans les eurypholis, sont partout longues, grêles et s'enchevêtrent avec les osselets porte-nageoires,

[1] Voyez, pour la description détaillée de ce genre, Heckel, *Beitrage zur Kentniss der fossilen Fische Oesterreichs*, p. 17, pl. 6 et 7.

[2] Les figures que nous avons données de ces poissons représentent les os vus à leur face interne, ce qui peut contribuer à les rendre plus distincts. Là où ils ont été enlevés, on voit clairement l'impression des lignes rayonnées et tuberculeuses. J'avais d'abord associé ce genre aux halécoïdes, mais depuis que j'ai eu connaissance de celui des sauroramphus, j'ai dû reconnaître leur analogie.

comme dans la plupart des poissons osseux. Les rayons branchiostéges sont nombreux. L'anale et la caudale sont inconnues.

J'en ai fait connaître trois espèces du mont Liban ([1]).

L'*Eurypholis sulcidens*, Pictet, a la nageoire dorsale très avancée et les grandes dents sillonnées longitudinalement.

L'*E. Boissieri*, Pictet, a la nageoire dorsale petite et moins avancée et les dents lisses.

L'*E. longidens*, Pictet, n'est connu que par des échantillons assez altérés. Les dents sont très longues et la nageoire dorsale est plus élevée que dans les deux autres espèces.

Les deux premières proviennent des calcaires durs de Hakel ; la troisième des calcaires tendres de Sach-el-Aalma.

Les DERCETIS, Münst. et Agass., —Atlas, pl. XXXII, fig. 13 à 16,

sont des poissons allongés et à bec étroit. Leur mâchoire supérieure dépasse l'inférieure ; toutes deux ont des dents coniques. Les flancs sont recouverts par trois rangées d'écussons qui rappellent ceux des genres précédents. La dorsale occupe presque toute la ligne du dos.

Ce genre paraît propre aux terrains crétacés.

M. Agassiz en a décrit deux espèces ([2]).

Le *Dercetis elongatus*, Agass., a des dents fines et acérées ; il a été trouvé dans la craie de Lewes.

Le *D. scutatus*, Münst. et Agass., de la craie de Westphalie, a des dents plus grandes et plus effilées.

J'ai ajouté à ce genre ([3]) trois espèces des terrains crétacés du mont Liban (calcaires tendres de Sach-el-Aalma).

Ce sont les *Dercetis tenuis*, Pictet, *triqueter*, id., et *linguifer*, id.

([1]) Pictet, *Poiss. du Liban*, p. 28, pl. 4 et 5, et *Mém. Soc. phys. et d'hist. nat. de Genève*, t. XII, p. 302.

([2]) Agassiz, *Poiss. foss.*, t. II, 2ᵉ partie, p. 258, pl. 66 a ; Giebel, *Fauna der Vorwelt*, 1, 3, p. 157.

([3]) Pictet, *Poiss. du Liban*, p. 45, pl. 9, et *Mém. Soc. phys. et d'hist. nat.*, t. XII, p. 319.

4° ORDRE,

GANOÏDES CUIRASSÉS.

Nous réunissons dans cet ordre les ganoïdes cartilagineux chez lesquels la principale protection du corps consiste dans des plaques osseuses, rugueuses ou ciselées, et chez lesquels les écailles sont nulles ou réduites en importance, occupant seulement, par exemple, la région caudale. On doit associer à ces poissons, à cause de l'analogie de tout le reste de l'organisme, un genre tout à fait nu.

Chez tous la corde dorsale est petite, cartilagineuse et indivise; le squelette est très peu développé; la tête est déprimée et la bouche presque toujours inférieure. Ils sont tous hétérocerques ou acerques.

On les divise en trois familles :

1re Famille.—CÉPHALASPIDES. Tête et portion antérieure du corps couvertes de grandes plaques osseuses en contact; nageoires très peu développées, et en particulier la ventrale manquant toujours.

2e Famille. — STURIONIENS. Corps revêtu de plaques osseuses, isolées, disposées en séries sur toute sa longeur; nageoires normales.

3e Famille. — SPATULARIDES. Corps nu. Cette famille n'a pas de représentant fossile.

1re FAMILLE. — CÉPHALASPIDES.

La famille des céphalaspides comprend des poissons à queue hétérocerque, ou sans queue, dont la tête et la partie antérieure du tronc sont couvertes de plaques osseuses qui forment quelquefois une carapace compliquée et bizarre. La tête est plate et arrondie; la bouche est terminale, souvent sans dents; le corps est aplati. Les nageoires pectorales manquent fréquemment et les ventrales n'existent jamais; il n'y a presque jamais de caudale. Le squelette est très simple et réduit presque aux parties péri-

phériques. La corde dorsale persistait toute la vie sous la forme
d'un cordon rond auquel se fixaient des apophyses d'une apparence osseuse. Il paraît aussi que les os crâniens n'étaient que
des plaques protectrices qui recouvraient une boîte cérébrale cartilagineuse, semblable à celle des esturgeons. La queue, devenue
le principal organe locomoteur par le peu de développement des
nageoires, est ordinairement couverte d'écailles lisses et émaillées.

Cette courte description montre combien les céphalaspides
forment une famille tranchée et anormale. Il n'est pas étonnant
dès lors que les premiers débris que l'on en a connus aient fort
embarrassé les naturalistes. On en a décrit quelques uns en les
rapportant à la famille des trilobites et à la classe des insectes.

Les véritables affinités des céphalaspides paraissent être avec
les esturgeons par leur squelette cartilagineux et incomplet. Les
plaques qui les couvrent pourraient les faire comparer aussi aux
siluroïdes et aux goniodontes, mais l'analogie avec ces familles
paraît s'arrêter à la surface.

Cette famille a été considérée jusqu'à présent comme complètement restreinte au vieux grès rouge (terrain dévonien) ; la découverte du genre menaspis prolongerait son existence jusqu'à la fin
de l'époque primaire (terrain pénéen).

Je commence par ceux qui ont une caudale ; cette nageoire
est toujours hétérocerque. Ils ne forment qu'un genre (¹).

Les Céphalaspis, Agass., — Atlas, pl. XXXVII, fig. 2,

ont le haut de la tête couvert par un écusson unique ; dont les
côtés se prolongent en arrière comme les cornes d'un croissant.
Les yeux, tournés en haut, sont placés sur le milieu de ce disque.
Le corps est plus étroit que la tête et couvert de plaques allongées,
en séries transversales. La queue est prolongée en un long pédicule qui porte une nageoire hétérocerque. Il y a deux dorsales,
une en arrière de la nuque et une sur le pédicule de la queue.
Les ventrales et les pectorales manquent.

(¹) Il faudra probablement en ajouter un second qui n'est pas encore caractérisé, celui des Eddicathys, Agassiz, indiqué comme devant être établi pour
des poissons du terrain dévonien de l'Eifel (*Bull. Soc. géol.*, 2ᵉ série, t. III,
p. 488).

Toutes les espèces [1] ont été trouvées dans le vieux grès rouge ; une d'elles est citée aussi dans le terrain silurien.

Le *Cephalaspis Lyelli*, Agass., du pays de Galles, a l'écusson de la tête très large et prolongé en deux grandes pointes postérieures.

Le *C. rostratus*, Agass., de Whitbach, a la tête étroite et allongée.

Le *C. Lewisii*, Agass., de la même localité, a une tête ovale, tronquée aux deux extrémités.

Le *C. Lloydii*, Agass., du pays de Galles, a aussi une tête ovale, mais à extrémités arrondies. C'est cette dernière espèce qui est citée par M. Rudolph Kener [2], comme se trouvant aussi dans les roches arénacées siluriennes de la Gallicie orientale.

Les autres genres manquent tous de caudale.

Les Coccosteus, Agass., — Atlas, pl. XXXVII, fig. 3,

ont encore une anale et une dorsale, mais manquent de pectorales. Leur tête est large et presque circulaire. Leur bouche est grande, terminale et garnie de petites dents coniques égales.

Les plaques qui couvrent la tête ne forment plus un écusson continu, mais on y distingue une plaque *faciale*, une plaque *nuchale* trapéziforme, deux plaques *latérales antérieures* et deux plaques *latérales postérieures* ; l'ensemble de ces six plaques forme un écusson arrondi, presque circulaire, relevé en crête sur la ligne médiane.

La partie antérieure du corps est protégée par une sorte de carapace que l'on peut comparer à un bonnet d'évêque dont la base serait tournée en avant. On y distingue aussi six plaques, savoir : une énorme *dorsale* plus grande que la tête et formant toute la partie supérieure, et cinq *ventrales* (deux antérieures, une médiane et deux postérieures).

La queue est longue et flexible, la corde dorsale est continue et cartilagineuse, les apophyses sont ossifiées.

Les coccosteus ont été surtout trouvés dans le vieux grès rouge

[1] Agassiz, *Poiss. foss.*, II, 1, p. 125, pl. 1 *a* et 1 *b*, et *Poiss. de l'Old red.* p. 126 ; Murchison, *Silur. syst.*, pl. 2 ; Giebel, *Fauna der Vorwelt*, I, 3, p. 268.

[2] Kener R., *Mém. de Haidinger*, t. 1, p. 159 ; *Bull. Soc. géol.*, 2ᵉ série, t. IV, p. 163.

(terrain dévonien); on en cite avec doute une espèce de l'époque carbonifère.

Le *Coccosteus decipiens* [1], Agass., a les dents allongées et pointues, et des granulations éparses sur les plaques du corps ; la plaque faciale a des crochets prolongés en arrière. Cette espèce a été trouvée dans le grès rouge d'Angleterre.

Le *C. oblongus*, Agass., a des dents massives et des granulations serrées ; il est très commun à Lethen-Bar.

Le *C. cuspidatus*, Agass., est caractérisé par une plaque dorsale très allongée et pointue.

Le *C. maximus*, Agass., n'est fondé suivant M. Miller [2] que sur une plaque dorsale de pterichthys.

Le *C. obtusus*, Pander [3], a été trouvé sur les bords de l'Uchta.

M. M'Coy [4] a fait connaître les *C. pusillus*, *C. microspondylus* (?) et *C. trigonaspis*, des terrains dévoniens d'Orkney.

Le même auteur [5] a rapporté avec doute à ce genre une espèce (*C. carbonarius*, M'Coy,) du calcaire carbonifère d'Armagh.

Les Pterichthys, Agass., — Atlas, pl. XXXVII, fig. 4 et 6, forment un des types les plus bizarres que l'on connaisse et ne ressemblent à aucun poisson connu [6]. Ils sont composés d'une tête très petite qui s'élève comme un bouton sur le corps, d'une grande carapace composée de pièces distinctes, d'une queue cylindrique écailleuse, et de nageoires pectorales en forme de deux ailes, placées vers l'articulation de la tête et du tronc. Ils ont une petite nageoire sur la queue.

Les auteurs qui les ont décrits, d'accord sur ces caractères essentiels, ne le sont plus sur les détails; car la face décrite comme dorsale par M. Agassiz est au contraire envisagée comme ventrale par sir Ph. Grey Egerton et par M. Hugh Miller.

Ces derniers auteurs considèrent la carapace comme composée de six plaques supérieures et de neuf inférieures. Les premières

[1] Agassiz, *Poiss. de l'Old red*, p. 22, pl. 7 à 11 et 31 ; *Poiss. foss.*, I, p. 32 ; *Fauna der Vorwelt*, 1, 3, p. 268 ; Miller, *Old red*, pl. 3.

[2] Sir Ph. G. Egerton et H. Miller, *Quart. journ. of the geol. Soc.*, 1849, t. IV, p. 302.

[3] Keyserling, *Petschora Land*, p. 292 b.

[4] *Ann. and mag. of nat. hist.*, 2ᵉ série, t. II, p. 297.

[5] *Idem, ibid*, p. 9.

[6] Aussi ont-ils été dans l'origine pris pour des crustacés et des scarabées

sont : une *dorsale antérieure* (pl. XXXVII, fig. *h*, *a*), une *dorsale postérieure*, *b*, *deux latérales antérieures*, *c* (une de chaque côté), et *deux latérales postérieures*, *d*. La face inférieure (dorsale, Agassiz) a une plaque médiane (fig. 2, *g*) en forme de losange (*plaque centrale*, Agass.), placée entre la deuxième paire, *e*, et la troisième, *i*, qui porte les nageoires pectorales.

Sir Ph. Grey Egerton et M. Hugh Miller réunissent aux pterichthys quelques uns des genres qui ont été établis par M. Agassiz, et en particulier :

Les PAMPHRACTUS, Agassiz (1), qui ne sont, suivant eux, que des pterichthys vus par leur face dorsale. Ils n'en diffèrent que par leur plaque dorsale unique, qui, à la place de la division, n'a qu'un sillon profond.

Les HOMOTHORAX, Agass. (2), genre fondé sur un exemplaire mal conservé dans lequel la séparation des plaques de la carapace n'était pas visible.

Les CAELYOPHORUS, Agass. (3), connus seulement par des plaques isolées, réticulées, semblables aux plaques dorsales des pterichthys.

En admettant ces réunions, on peut compter maintenant une dizaine d'espèces de pterichthys (4).

Les espèces suivantes ont toutes été trouvées dans les vieux grès rouges d'Angleterre.

Le *Pterichthys latus*, Agass., est trapu, et a des pectorales grêles; les écailles de sa queue sont *en séries transverses*.

Le *P. testudinarius*, Agass., est trapu et a l'écusson central supérieur très petit.

Le *P. Milleri*, Agass., est presque circulaire, a des pectorales courtes et grosses, et une queue longue et grêle.

---

(1) Agassiz, *Poiss. foss.*, II, 2, p. 302 (*Pterichthys hydrophilus*), et *Poiss. de l'Old red*, p. 21, pl. 4, fig. 4-7 (*Pamphractus*); Giebel, *Fauna der Vorwelt*, I, 3, p. 264.

(2) Agassiz, *Poiss. de l'Old red*, p. 80 et 134, pl. 31, fig. 6; Giebel, *id.*, p. 265.

(3) Agassiz, *Poiss. de l'Old red*, p. 135, pl. 31 *a*, fig. 11-19; Giebel, *id.*, p. 266.

(4) Agassiz, *Poiss. de l'Old red*, p. 6, pl. 1 à 5; H. Miller, *Old red*, pl. 1; sir Ph. Egerton et H. Miller, *Quart. journ. of the geol. Soc.*, t. IV, p. 303; Giebel, *Fauna der Vorwelt*, I, 3, p. 261.

Le *P. productus*, Agass., est allongé et a des pectorales courtes et massives, une queue courte et conique, et des écailles en séries longitudinales.

Le *P. cornutus*, Agass., est aussi allongé et a les écailles de la queue munies d'épines.

Le *P. cancriformis*, Agass., est de même forme; ses pectorales sont terminées en une pointe longue et acérée.

Le *P. oblongus*, Agass., est très allongé et a une carapace très haute.

Le *P. major*, Agass., est caractérisé par de très grandes pectorales.

Le *P. quadratus*, Egert. et H. Miller, est une des espèces qui ont servi à rectifier la description de M. Agassiz.

Le *P. hydrophilus*, Agass., est l'espèce dont le savant naturaliste avait plus tard fait son genre PAMPHRACTUS. C'est aussi à elle que l'on doit, suivant M. Miller, attribuer l'échantillon qui a servi de type au genre HOMOTHORAX.

A ces espèces d'Angleterre on peut en ajouter deux de Russie.

Le *P. armatus*, Agass, [1], n'est connu que par un fragment de carapace des environs de Saint-Pétersbourg.

Le *P. cellulosus*, Pander [2], provient des environs de Kokenhusen.

Les MENASPIS, Ewald,

paraissent appartenir à la famille des céphalaspides, par leur corde dorsale non ossifiée, par leurs écussons osseux de la tête en forme d'un large bouclier semi-lunaire, par les grosses épines qui remplacent les nageoires pectorales comme dans les pterichthys, et par leur queue couverte de petites écailles coniques comme dans ce même genre. Ils diffèrent de tous les genres connus par leurs dents semblables à celles des cestracions et par l'absence de grands écussons sur la face ventrale. Ce genre n'a pas encore été figuré.

La *Menaspis armata*, Ewald [3], a été trouvée dans les schistes marneux noirs du Hartz, qui paraissent appartenir au zechstein (terrain pénéen).

Quelques autres genres associés à cette famille sont encore douteux et imparfaitement connus.

[1] Agassiz, *Poiss. de l'Old red*, p. 133, pl. 30 *a*, fig. 3.
[2] Keyserling. *Petschora Land*, p. 291 *a*.
[3] Ewald, *Berl. Monatsbericht*, 1848, p. 33, et *Leonh. u d Bronn Neues Jahrb.*, 1849, p. 120.

Le nom de Macropetalichthys a été donné par MM. J.-G. Norwood et D.-D. Owen à un poisson très mal conservé, probablement voisin des pterichthys et trouvé dans le territoire d'Indiana (Amérique septentrionale). Il appartient au terrain silurien, et est par conséquent un des plus anciens représentants de cette classe.

L'espèce a été nommée *Macropetalichthys rapheidolabis* [1].

Les Placothorax, Agass.,

ne sont connus que par des fragments de carapace en plaques rhomboïdales, à surface externe granulée. Les granules sont disposés en séries rectilignes.

Le *Placothorax paradoxus*, Agass., a été trouvé dans le terrain dévonien de Stat-Craig près d'Elgin [2].

Le *P. Agassizii*, H. de Meyer, provient du terrain dévonien de l'Eifel [3].

Les Polyphractus, Agass.,

sont encore très imparfaitement connus. On n'en a trouvé qu'un fragment de la tête, qui a des plaques nombreuses et sculptées en lignes concentriques.

La seule espèce connue, le *Polyphractus platycephalus*, Agass., a été trouvée à Caithness [4].

2ᵉ Famille. — STURIONIENS.

Les sturioniens, ou accipensérides, ont des branchies ordinaires et un opercule, mais pas de rayons branchiostéges. Leur squelette est cartilagineux et leur corps est cuirassé d'écussons disposés par séries.

Ils ne forment aujourd'hui qu'un genre, celui des :

[1] J.-G. Norwood et D.-D. Owen, *Sillim. journ.*, 1846, I, p. 357 ; *Leonh. und Bronn Neues Jahrb.*, 1848, p. 872.

[2] Agassiz, *Poiss. de l'Old red.* p. 134, pl. 30 *a*, fig. 20 à 23 ; Giebel, *Fauna der Vorwelt*, I, 3, p. 265.

[3] H. de Meyer, *Leonh. und Bronn Neues Jahrb.*, 1846, p. 596, et *Palæontographica*, I, p. 202, pl. 12, fig. 1 ; Giebel, *loc. cit.*

[4] Agassiz, *Poiss. de l'Old red*, p. 29 et 135, pl. 27, fig. 1 et 31, fig. 5 ; Giebel, *Fauna der Vorwelt*, I, 3, p. 266.

ESTURGEONS (*Accipenser*, Lin.),

à bouche protractile située sous la tête. Ce sont des poissons qui vivent aujourd'hui à l'embouchure des fleuves, qu'ils remontent en abondance [1].

On en connaît une espèce fossile de l'argile de Sheppy, l'*Accipenser toliapicus*, Agass.

A ce genre il faut en ajouter un autre qui ne vit plus anjourd'hui, celui des :

CHONDROSTEUS, Agass.,

qui n'a pas encore été décrit et qui ne renferme qu'une espèce du lias de Lyme-Regis, le *Chondrosteus accipenseroides*, Agass. [2].

3ᵉ SOUS-CLASSE.

PLACOIDES.

(*Elasmobranchii*, Müller.)

La division des placoïdes, telle que nous la limitons ici, correspond à l'ordre du même nom de M. Agassiz dont on aurait retranché les cyclostomes. Elle renferme, avec la même restriction, les poissons dont Cuvier avait fait l'ordre des chondroptérygiens à branchies fixes.

Les caractères principaux qui distinguent cette sousclasse sont :

1° L'état cartilagineux du squelette, même dans l'âge adulte et dans la vieillesse.

2° Le crâne formant une boîte d'une seule pièce, où la division ordinaire des os de la tête n'existe pas.

3° Une colonne épinière formée en général de corps

[1] Agassiz, *Poiss. foss.*, II, 2, p. 280; *Ann. sc. nat.*, 3ᵉ série, t. III, p. 47; Giebel, *Fauna der Vorwelt*, I, 3, p. 260.

[2] Agassiz, *Poiss. foss.*, II, 2, p. 280. Giebel, *loc. cit.*

discoïdaux assez considérables et d'un appareil apophy-
saire et costal au contraire fort réduit.

À ces caractères du squelette on en peut joindre de
plus importants, tirés des parties molles dont l'étude
échappe au paléontologiste, tels que la disposition du
système nerveux central, celle des organes de la repro-
duction, les valvules du bulbe aortique, etc.

On peut aussi les caractériser par la nature de leurs
téguments. Leur peau est quelquefois tout à fait nue,
souvent aussi couverte par des petits corps osseux et
épineux, qui tantôt ont un grand crochet médian, comme
chez les raies (¹), tantôt sont très petits et hérissés,
et rendent la peau âpre en formant ce qu'on appelle le
chagrin.

L'étude des fossiles présente de très grandes difficultés ; la mollesse du squelette fait qu'il n'a été
que rarement conservé, et que l'on ne recueille le plus
souvent que des pièces détachées dont il est difficile
de déduire l'ensemble de l'être. Mais en même temps
la connaissance des placoïdes est très essentielle en
paléontologie ; car ces poissons se retrouvent dans tous
les terrains, depuis les dépôts siluriens, qui sont les
plus anciens de tous, jusqu'à l'époque tertiaire, et
aujourd'hui encore ils sont abondants dans nos mers.
C'est, des trois sous-classes de poissons que l'on connaît à l'état fossile, celle qui est la plus universellement
répandue ; aussi ancienne que celle des ganoïdes,
elle ne diminue pas autant d'importance dans les époques récentes.

On doit à M. Agassiz d'avoir établi les bases de
l'étude de ces animaux ; il en a le premier montré

______

(¹) Voyez Atlas, pl. XXXVII, fig. 7.

l'importance et a singulièrement éclairé leur histoire.
Mais quelque remarquables que soient les travaux de
cet illustre paléontologiste, il reste encore beaucoup à
faire pour connaître les rapports qui existent entre les
diverses parties de l'animal. Une étude détaillée de
la nature vivante pourra seule nous apprendre com-
ment telle ou telle ferme de dents se lie avec certaines
modifications des vertèbres et des nageoires. Des travaux approfondis sur les placoïdes actuels sont néces-
saires pour qu'on puisse espérer de connaître d'une
manière satisfaisante les placoïdes éteints. L'examen microscopique des dents pourra aussi rendre de
grands services, et M. Owen a ouvert, à cet égard, une
nouvelle voie qui sera, nous n'en doutons pas, féconde
en résultats.

Les parties détachées des placoïdes que l'on rencontre le plus souvent sont les dents, les rayons des
nageoires, les vertèbres et les téguments endurcis.

Les dents ont été connues depuis fort longtemps.
Celles des squales ont été anciennement comparées à
des langues d'oiseaux, et désignées sous le nom de
glossopètres (1); Scilla le premier les a rapportées à

---

(1) Les *glossopètres* ont été l'objet de nombreux travaux, et diverses opi-
nions ont été soutenues sur leur nature. Quelques auteurs (Gessner, Geyerus,
Koenig, Lang, Reiskius, etc.) les ont attribuées à des jeux de la nature, ou
les ont considérées comme formées par la fermentation de la terre. D'autres
(Boetius, etc.) les ont associées aux bélemnites et ont pensé qu'elles représentent le premier état de ces corps. Plusieurs (Niederstedt, Cornelius a Lapide,
Bochart, Major, Haremberg, etc.,) les ont prises pour des langues pétrifiées;
Scilla, Césalpin, Fabius Columna, Sténon, Boccone, Worms, etc., ont au con-
traire su reconnaître dans ces fossiles de véritables dents de requin.

Voyez Aldovrand, *Musæum metallicum*, p. 111; Agricola, *De natura fossilium*, p. 263, 304 et 479 (dans *De ortu et causis subterraneorum*, Bâle, 1546,
in-4°); d'Argenville, *Oryctologie*, 1755, in-4°, p. 353; Bartholin fils, Gasp. T.,
De glossopetris, Hafniæ, 1704, in-4°; Bertrand Elie, *Essai sur les usages des*

leur véritable genre. Celles des cestraciontes ont été confondues longtemps avec celles des pycnodontes sous le nom de *bufonites* (¹).

Il y a de très grandes différences d'organisation et de forme entre les dents des divers genres de placoïdes ; les raies, les cestraciontes, les squales, etc., se ressemblent peu par l'apparence générale de ces organes. Toutefois quelque différentes que paraissent ces dents, elles ont des caractères communs dans leur racine toujours pleine, sans adhérence osseuse à la mâchoire, et jamais enchâssée dans un alvéole. Dans aucun autre poisson les dents ne sont aussi indépendantes du squelette et aussi complétement suspendues dans les parties molles.

montagnes, p. 250, et *Dictionnaire des fossiles*, t. I, p. 216 ; Boccone, *Recherches et obs. natur.*, 1674, in-12, p. 297, et *Museum di fisica e di esp.*, Venise, 1697, in-4°, p. 179 ; Bruckmann (F. E.), *Epistola itineraria*, Wolfenbutel, 1742, in-4° (epist., 29) ; Büttner, *Rudera diluvii testes*, Leipzig, 1710, in-4°, p. 243 ; Charleton (Gualteri), *Onomasticon zoïcon*, Lond., 1768, in-4°, p. 262, Cohausen, *Commerc. litter., Diss. epist. de glossopetris*, etc., Francf. a. M., 1646, 80 ; Fabius Columna, *De glossopetris diss.*, Rome, 1616, in-4° (Scilla, *De corp. mar. lap.*) ; Geyerus, *De montibus conchif. et glossopetris Alzeiens.*, Francf., 1687, in-4° ; Haremberg, *Encrinus seu lilium lapid.*, Wolfenb., 1729, in-4° ; Koenig, *De glossopetris in Helvetia repertis* (*Miscell. curios.*, déc. 2, 1689, p. 303, avec une addition de Faber, même recueil, déc. 2, 1690, p. 461 ; Kundmann, *Rariora nat. et artis*, pl. 5 ; Lang, *Hist. lapid. fig. Helvetiæ*, Venise, 1708, in-4°, p. 49, pl. 10 ; Lister, *Phil. Trans.*, 1674, p. 221 ; Luid, *Lithophylac. britannic.*, Londres, 1699, in-8°, p. 63 ; Mercati, *Metal. et Vaticana*, Rome, 1717, p. 332 ; Reiskius, *De glossopetris Luneburgensibus epist.*, Lips., 1684 ; Scheuzer, *Piscium querelæ et vindiciæ*, Zurich, 1708, in-4°, pl. 3 ; Sténon, *Prodr. diss. de solido intra solidum*, Florence, 1668, in-4°, et Lugd. Batav., 1679, in-12 ; Scilla, *La vana speculazione*, etc., Naples, 1670, in 4° ; S. A. Judecius et Godof. Schultz, *De oculis serpentum et linguis Meliteneïbus* (*Miscell. Acad. nat. cur.*, déc. 1, 1678 et 1679, p. 287) ; Valentini, *Museum museorum*, Francf., 1714, in-folio, t. I, p. 65 ; Volkmann, *Silesia subterranea*, Lipsiæ, 1720, in-4°, pl. 26 ; Witry (abbé de), *Mém. de Bruxelles*, t. II, part. 1re ; Olaus Wormius, *Museum Wormianum*, Lugd. Bat., 1655, in-4°, p. 67.

(¹) Voyez la note de la page 203.

On peut donc, en général, distinguer facilement les dents des placoïdes de celles de tous les autres poissons. Mais il est bien plus difficile d'en déduire à quelle famille ou à quel genre a appartenu le poisson fossile dont elles indiquent la présence. Souvent des genres, très distants les uns des autres par leurs organes essentiels, ont des dents en apparence identiques. Souvent aussi des genres très voisins ont des dents de formes toutes différentes. On arrivera probablement une fois à trouver un fil pour guider dans cette étude difficile. Peut-être, comme je l'ai déjà dit, faudra-t-il recourir à l'organisation microscopique. Pour le moment, la classification des placoïdes par les dents laisse beaucoup à désirer, et comme la plupart des genres que nous aurons à énumérer sont établis sur ce caractère, il y a beaucoup d'incertitude et de provisoire dans la place qu'on leur assigne.

Les rayons des nageoires fournissent des caractères encore moins fixes que les dents. Ils ont été désignés sous le nom d'*ichthyodorulites*, et leur étude est importante parce que leur nombre est très grand dans certains terrains. On reconnaît facilement ceux de ces rayons qui ont véritablement appartenu à des placoïdes ; car dans cet ordre ils n'ont jamais à leur base de vraie facette articulaire, tandis que ceux des poissons osseux en ont toujours deux pour leur articulation avec les osselets interapophysaires.

Dans la nature vivante beaucoup de placoïdes ont des rayons épineux sur le dos et les caractères génériques de ces rayons ne sont pas, en général, très précis. On ne peut donc espérer pour les fossiles, et surtout pour ceux des terrains anciens, de pouvoir toujours rapporter ces organes à leurs véritables genres. On a donc été obligé de former des genres provisoires, qui sont certainement des doubles emplois de ceux établis par les dents, mais qui ne pourront leur être réunis que lorsque le hasard aura fait trouver des squelettes complets.

Les vertèbres et les téguments ont aussi été trouvés quelquefois, mais on n'a pas pu en tirer un bien grand parti pour constituer des espèces perdues.

Nous divisons les placoïdes en deux ordres : les HOLOCÉPHALES, dans lesquels la mâchoire supérieure est continue avec le crâne, et les PLACTO-STOMES, chez lesquels cette mâchoire est mobile et suspendue.

1ᵉʳ ORDRE.

HOLOCÉPHALES.

Ces poissons sont caractérisés par leur mâchoire supérieure unie au crâne, par leurs ouvertures branchiales simples à l'extérieur, protégées encore par un rudiment d'opercule, mais présentant au fond les trous séparés caractéristiques des placoïdes. Leur colonne épinière est sous la forme de corde dorsale persistante; elle est moins uniformément cartilagineuse que chez les esturgeons, car il existe de minces anneaux ossifiés dans l'épaisseur de la gaine. Leur peau est nue.

Cet ordre est peu nombreux, surtout en espèces récentes; les fossiles se trouvent depuis l'époque triasique. Il ne forme qu'une seule famille.

FAMILLE DES CHIMÉRIDES.

Les chimérides ont des mâchoires garnies de plaques dures, formées de dents soudées à peu près comme dans les diodon;

mais au nombre de quatre en haut et de deux en bas. Ces organes [1] sont oblongs et composés de côtes verticales, de substance
dure, qui alternent avec d'autres plus tendres ; en sorte que le
bord tranchant est dentelé par l'usure. Dans les dents fossiles, la
structure lamellaire est ordinairement cachée par une couche de
dentine, mais la forme est à peu près la même.

On a formé, dans cette famille, divers genres d'après quelques
différences dans l'organisation des dents. La valeur de ces caractères ne peut guère être appréciée, car nous ignorons tout à fait
les formes réelles des chimérides fossiles [2].

Les Ischyodon, Egerton. — Atlas, pl. XXXVII, fig. 10 et 11,

ont les tubercules de trituration de la mâchoire inférieure très
développés, et séparés les uns des autres ; celui du milieu est très
large. On les trouve dans les terrains jurassiques et crétacés.

On en connaît une espèce du lias, l'*Ischyodon Johnsonii*, Agass.

Dans le terrain jurassique inférieur, on cite l'*Is. Tessonii*, Buckl., trouvé
à Caen.

C'est probablement à ce genre qu'il faut rapporter la *Chimera Personati*,
Quenstedt, du Jura, brun β, de l'Heininger Wald., et la *C. Aalensis*, id.,
du Jura, brun β, de Aalen [3].

On en a trouvé quatre dans le terrain kimméridgien : l'*Is. Egertonii*, Buckl.,
de Shotover, et les *Is. Dutertrei*, Egert., *Dufrenoyi*, Egert., et *Beaumonti*,
Egert., de Boulogne-sur-Mer.

L'*Is. Townsendii*, Buckl., a été trouvé dans le terrain portlandien d'Angleterre.

Deux espèces appartiennent aux terrains crétacés.

L'*Is. brevirostris*, Agass., provient du gault de Folkstone.

L'*Is. Agassizii*, Buckl., a été trouvé dans le grès vert supérieur et la craie
marneuse d'Angleterre.

Les Ganodus, Egerton (*Ganodus* et *Psittacodon*, Agass.),

ont ces mêmes tubercules allongés, rapprochés, réunis en une

[1] Voyez, Atlas, pl. XXXVII, fig. 8 et 9, la mâchoire d'une chimère vivante.

[2] Voyez sur cette famille et pour chacun des genres qui la composent :
Buckland, *Proceed. geol. Soc.*, t. II, p. 206 ; sir Phil. G. Egerton, *Quarterly
journ. of the geol. Soc.*, t. III, p. 350 ; Agassiz, *Poiss. foss.*, t. III, p. 336,
pl. 40 à 40 d ; Giebel, *Fauna der Vorwelt*, I, 3, p. 374.

[3] Quenstedt, *Handb. der Petref.*, p. 185, pl. 14, fig. 14 à 17.

seule protubérance recouverte d'une lame osseuse ; ils sont situés très en arrière et fort obliques.

On doit, suivant sir Ph. Grey Egerton, considérer les mâchoires inférieures décrites sous le nom de PSITTACODON, comme appartenant à ce même genre. Ces mâchoires se prolongent en une pointe allongée, falciforme, et sont les os prémaxillaires.

Toutes les espèces connues viennent de Stonesfield. Ce sont les *Ganodus Colei*, Buckl., *Owenii*, Buckl., *rugulosus*, Egert., *neglectus*, Egert., et *caroïdens*, Egert., décrits sous le nom de *Ganodus*.

Les *Ganodus Bucklandi*, Egert., *dentatus*, id., *emarginatus*, id., *falcatus*, id., et *psittacinus*, id., ont été décrits comme des *Psittacodon*.

Les ELASMODUS, Egerton,

ont les lames de l'intermaxillaire supérieur disposées en quatre séries verticales, et leur maxillaire inférieur a, avec des lames semblables, un bord irrégulier dû à leur usure. La surface de trituration est convexe, unie et pointillée.

L'*Elasmodus Hunterii*, Egert., a été trouvé dans l'argile de Sheppy. L'*E. Grenoughii*, Egert., est de la même localité ou peut-être du grès vert.

Les PSALIODUS, Egerton,

ont une mâchoire inférieure qui ressemble plus aux chimérides vivantes que les genres précédents. Toutefois elle en diffère par des contours moins droits, par la courbure de la symphyse et par l'absence des tubercules de trituration.

Le *Psaliodus compressus*, Egert., est de l'argile de Sheppy.

Les EDAPHODON, Egert. (*Edaphodon* et *Passalodon*, Buckl.), — Atlas, pl. XXXVII, fig. 12,

sont caractérisés par des maxillaires supérieurs munis de trois tubercules de dentine dendritique, faisant saillie sur la mâchoire, et par une disposition à peu près semblable du maxillaire inférieur.

Leur os prémaxillaire supérieur, qui est devenu le type du genre PASSALODON, Buckl., est composé de lames parallèles qui forment un corps triangulaire court.

On en connaît trois espèces des terrains crétacés.

L'*Edaphodon gigas*, Egert., et *Mantelli*, Buckl., ont été trouvés dans la craie de Lewes et de Worthing.

L'*E. Sedgwickii*, Agass., provient du grès vert des environs de Cambridge.

On en a trouvé quatre espèces dans les terrains tertiaires.

L'*E. Bucklandi*, Agass., l'*E. leptognathus*, Agass., et l'*E. eurygnathus*, Agass., proviennent des sables de Bagshot et de Bracklesham.

L'*E. helveticus*, Agass., a été trouvé dans la mollasse suisse.

Un rayon dorsal (ichthyodorulite), trouvé dans la craie de Lewes, indique encore une autre chiméride qui appartient ou au genre chimæra ou à quelque genre éteint. Il est possible, dit M. Agassiz, qu'il faille le rapporter au *Psittacodon Mantelli*.

2e ORDRE.

PLAGIOSTOMES.

Les plagiostomes sont caractérisés par leur mâchoire supérieure séparée du reste de la tête, suspendue et mobile, par leur colonne épinière presque toujours formée de corps distincts, par leurs ouvertures branchiales multiples et composées de trous distincts. Ils forment une division très naturelle et fournissent de très nombreuses espèces dans les mers actuelles. Aucune n'habite les eaux douces.

Nous les divisons en deux sous-ordres, les *Squalidiens* ou *Requins*, et les *Rajidiens* ou *Raies*, comprenant entre eux sept familles.

Une de ces familles, celle des hybodontes, appartient surtout aux terrains anciens et s'est éteinte avant l'époque actuelle.

Les six autres ont des représentants vivants et fossiles.

Cinq d'entre elles sont en voie de croissance, c'est-à-dire que le nombre de leurs représentants a graduellement augmenté jusqu'à l'époque actuelle. Trois datent de l'époque carbonifère ou de l'époque pénéenne : ce sont les *Squatinides*, les *Raîdes* et les *Myliobatides* ; deux autres, celle des *Squalides*, et celle des *Pristides*, paraissent plus récentes.

Une seule famille est en voie de décroissance, c'est celle des *Cestraciontes*. Ces poissons présentent une histoire paléontologique remarquable, car ils ont pris naissance dans les terrains les plus anciens que l'on connaisse ; ils ont été très abondants dans les époques triasiques et jurassiques, ils se sont continués jusqu'à nous en diminuant de nombre, et ils ne sont représentés dans nos mers que par une seule espèce de la Nouvelle-Hollande.

<h3 style="text-align:center">1er SOUS-ORDRE. — SQUALIDIENS.</h3>

Nous comprenons sous cette dénomination les espèces à corps allongé, à queue grosse et charnue, à pectorales médiocres, à ouvertures branchiales latérales, à yeux placés sur les côtés de la tête. Elles étaient toutes réunies dans le genre Squalus de Linné.

Nous les divisons en quatre familles :

Les Squalides, à bouche ouverte en dessous de la tête, à dents triangulaires, comprimées et tranchantes.

Les Hybodontes, à dents coniques, à corps inconnu.

Les Cestraciontes, à formes semblables à celles des squalides, à dents aplaties.

Les Squatinides, à bouche fendue au bout du museau, et à pectorales plus grandes que dans les squales.

<h3 style="text-align:center">1re FAMILLE. — SQUALIDES.</h3>

La famille des squalides, telle qu'elle est ici limitée, comprend tous les placoïdes qui ont des branchies adhérentes par leur bord externe, le corps allongé, des pectorales médiocres et des dents tranchantes, triangulaires ou élancées.

Ces poissons ont commencé à exister dès les terrains jurassiques [1], et ils ont été depuis lors en augmentant de nombre jusqu'à l'époque moderne. Quelques espèces fossiles sont connues par des empreintes de leur corps; mais il arrive beaucoup plus souvent qu'on n'en a que des fragments. On trouve quelquefois des vertèbres qui sont discoïdales, de la forme d'une dame à jouer [2]; mais la plupart des espèces ne sont connues que par leurs dents [3].

Cette circonstance empêche d'appliquer à leur classification les principes qui dirigent dans celle des squalides vivants, et qui repose sur la forme des narines, la présence ou l'absence des évents et la disposition des nageoires.

Nous nous bornerons, à l'exemple de M. Agassiz, à les subdiviser en deux tribus, peut-être plus artificielles que naturelles, fondées sur ce que les uns ont des dents dentelées et les autres des dents à bord lisse. Cette distinction, qui est très commode en paléontologie, paraît ne pas s'accorder toujours avec l'ensemble des caractères. Une classification fondée sur l'analyse microscopique respecterait probablement davantage les rapports naturels.

1ᵣₑ Tribu. — SQUALIDES A DENTS DENTELÉES.

Les Requins (*Carcharias*, Cuv.)

ont des dents qui présentent un cône creux à l'intérieur et qui sont très fortes, tranchantes, triangulaires. Ces poissons sont célèbres de nos jours par leur grande taille et par leur voracité.

---

[1] Nous ne tenons pas compte ici des genres Carcharopsis et Chilodus qui seuls appartiennent à l'époque carbonifère; il est probable qu'ils ne font pas partie de la famille des squalides. Le plus ancien débris connu de cette famille est, suivant M. Quenstedt, une dent découverte dans le jura brun le plus inférieur, avec l'*Ammonites torulosus* (*Handb. der Petref.*, p. 173,) qui n'a pas été caractérisée.

[2] Goldfuss a décrit comme un polypier *Petref. German.*, pl. 65, fig. 12) une de ces vertèbres, trouvée dans la craie (*Cœloptychium agaule*). Voyez la figure d'une vertèbre de lamna, Atlas, pl. XXXVII, fig. 13.

[3] Ces dents sont celles qui ont été surtout désignées sous le nom de *Glossopètres*. Voyez la note de la page 227.

Il faut réunir à ce genre celui des Scoliodon, Reuss, établi sur des dents qui paraissent identiques avec celles des requins.

On en connaît trois espèces fossiles qui appartiennent à l'époque crétacée [1].

Le *Carcharias tenuis*, Agass., du gault du Sentis (Appenzell), n'est connu que par un fragment de dent mince, très dentelée en bas et presque pas au sommet.

Le *C. acutus*, Agass., des marnes de la craie de Bockum, est connu aussi par une seule dent en forme de triangle isocèle élancé. Les dentelures sont très fines.

Le *C. priscus* (*Scoliodon priscus*, Reuss) provient du placner de Bohême [2].

M. W. Gibbes [3] indique quelques débris indéterminés trouvés dans les terrains tertiaires éocènes de la Caroline du Sud.

Les Glyphis, Agass., — Atlas, pl. XXXVIII, fig. 12,

ont été séparées des requins, parce que les dents antérieures de leur mâchoire inférieure sont élancées, rétrécies au milieu, puis élargies à l'extrémité en forme de ciseau de tailleur de pierre. Les autres dents ne peuvent guère être distinguées.

Les glyphis ont la forme des requins. On en connaît trois espèces fossiles, des terrains tertiaires.

La *Glyphis hastalis*, Agass. [4], a été trouvée dans l'argile de Londres.

La *G. ungulata*, Münst. [5], provient des terrains tertiaires miocènes des environs de Vienne.

La *G. subulata*, Gibbes [6], a été découverte dans les terrains éocènes de la

[1] Agassiz, *Poiss. foss.*, t. III, p. 242, pl. 30 *a* et 36 ; Giebel, *Fauna der Vorwelt*, I, 3, p. 365.

[2] Reuss, *Böhm. Kreideg.*, part. 2, p. 100, pl. 24, fig. 23 et 24, et pl. 42, fig. 10 à 12 ; M. Giebel lui réunit encore l'*Oxyrhina heteromorpha* du même auteur, part. 1ʳᵉ, p. 7, pl. 3, fig. 14-16.

[3] *Proceed. Amer. assoc.*, 1849, p. 193 ; *Leonh. und Brown Neues Jahrb.*, 1850, p. 746 ; et *Monogr. of the foss. Squalidæ of the United-States*, mémoire inséré dans le *Journ. of the Acad. nat. sc. Philad.*, in-4°, janvier 1849, et tiré à part.

[4] Agassiz, *Poiss. foss.*, t. III, p. 244 et 270, pl. 36, fig. 10-13 et pl. 40 *b*, fig. 21, 22 ; *Ann. des sc. nat.*, 3ᵉ série, t. III, p. 48 ; Giebel, *Fauna der Vorwelt*, I, 3, p. 306.

[5] Münster, *Beitraege*, t. VII, p. 22, pl. 2, fig. 19 ; Giebel, *loc. cit.*

[6] Gibbes, *Monogr. of foss. Squal.*, II, p. 6, pl. 25, fig. 86 et 87 ; Wyman, *Sillim. journ.*, 1850, t. X, p. 228.

Caroline du Sud, et trouvée aussi à Richmond, en Virginie. Peut-être même, suivant M. Gibbes, cette espèce se retrouverait-elle aussi dans les terrains crétacés les plus supérieurs de New-Jersey (?).

Les CARCHARODON, Smith, — Atlas, pl. XXXVIII, fig. 1 à 3,

sont aussi un genre détaché des requins, et qui renferme des espèces de très grande taille, dont une vivante et plusieurs fossiles. Ils sont caractérisés par leurs dents, qui ont extérieurement les mêmes formes que celles des requins, mais qui n'ont point de cavité à l'intérieur, et qui sont composées d'une dentine massive à canaux réticulés.

On peut penser que les carcharodon fossiles ont été de très grands animaux ; car c'est à ce genre qu'appartiennent la plupart des grandes dents si abondantes dans presque toutes les collections. Il est difficile d'être certain que la grandeur des dents ait été exactement proportionnelle à la taille ; mais si l'on part de cette donnée comme hypothèse, on verra qu'un carcharodon vivant de 14 pieds 1/2 de longueur a des dents de 1 pouce 1/2 de haut, et de 1 pouce de largeur ; et que le *Carcharodon rectidens* a des dents de 4 pouces 1/2 de haut : ce qui lui donnerait une longueur [1] de 43 pieds !

Ce genre ne remonte pas au delà des terrains crétacés supérieurs ; il a été abondant pendant l'époque tertiaire et manque aux mers actuelles [2].

Les espèces antérieures à l'époque tertiaire n'ont encore été trouvées que dans les terrains crétacés de Maëstricht.

M. Giebel décrit une nouvelle espèce : le *Carcharodon minor*, Giebel, et rapporte au même gisement le *C. subauriculatus*, Agass., dont M. Agassiz ne connaissait pas l'origine.

Les espèces des terrains tertiaires européens sont nombreuses. On cite dans les dépôts éocènes :

[1] Voyez, pour cette estimation de la taille des requins fossiles, outre les ouvrages généraux, Knox, *Edinb. journ. of sc.*, t. IX, p. 16, et *Bull. Fér.*, 1827, t. XI, p. 387 ; Bowerbanck, *Athenæum*, n° 1237, p. 751, et *Bibl. univ.*, 1851, *Archives*, t. XVIII, p. 68.

[2] Agassiz, *Poiss. foss.*, t. III, p. 245, pl. 28, 30, 30 *a*, et 36 ; Giebel, *Fauna der Vorwelt*, I, 3, p. 348.

Les *Carcharodon toliapicus*, Agass., et *subserratus*, Agass., de l'argile du Sheppy.

Le *C. recidens*, Agass., qui est la plus grande espèce connue, découverte à Noyant (Maine-et-Loire), dans le calcaire grossier.

Le *C. sulcidens*, Agass., de Soissons (trouvé aussi à Castel-Arquato).

Les terrains miocènes et pliocènes renferment les espèces suivantes:

Le *Carcharodon megalodon*, Agass., a été trouvé dans diverses localités de ces deux époques, telles que le crag d'Angleterre et de Belgique, la mollasse suisse, les dépôts récents de l'île de Malte et de la Styrie, les faluns de Dax, les terrains miocènes du Piémont, de Vienne, de Romans (Drôme) etc. (1).

Le *C. productus*, Agass., a été trouvé à Malte, à Alzey et à Apt.

Le *C. polygyrus*, Agass., et le *C. Escheri*, Agass., sont de la mollasse suisse.

Le *C. auriculatus*, Agass., est de Dax.

Les *C. angustidens*, Agass., et *lanceolatus*, Agass., ont été trouvés dans le terrain tertiaire du Kressemberg.

Le *C. disauris*, Agass., est de Gand.

Le *C. turgidus*, Agass., provient de Flonheim.

M. Eug. Sismonda (2) a décrit plusieurs espèces trouvées en Piémont dans les terrains miocènes, et en particulier parmi les espèces indiquées ci-dessus, les *C. megalodon*, *polygyrus*, *angustidens* et *productus*. Il cite en outre le *C. heterodon*, Agass., déjà indiqué, mais avec doute, comme trouvé en Normandie dans un terrain tertiaire. Il décrit une espèce nouvelle du calcaire miocène de Gallino, le *C. crassidens*, E. Sism.

M. Costa (3) indique, dans le royaume de Naples, plusieurs espèces dans des terrains dont l'âge ne me paraît pas avoir été suffisamment précisé. Avec quelques espèces des divers étages tertiaires mentionnés ci-dessus, il cite comme espèces nouvelles les *C. latissimus*, Costa, et *tumidissimus*, id., de Lece, et le *C. interannius*, id., de Gransasso d'Italia.

Le *C. leptodon*, Agass., est d'une origine inconnue.

L'Amérique septentrionale renferme beaucoup d'espèces dans ses terrains éocènes.

(1) Voyez, outre les ouvrages précités, Münster, *Beitraege*, t. VII, p. 22; Gervais, *Acad. des sc. de Montpellier*, 12 janv. 1851, et *Bibl. univ.*, 1851, *Archives*, t. XVI, p. 160; Fecks, *Leonh. und Bronn Neues Jahrb.*, 1843, p. 257; E. Sismonda, *Foss. et crust. foss. du Piémont*, p. 32; Gressly, *Geob. über die tertiaer. Bildungen in Thale von Laufon*, dans Thurmann, *Lettres écrites du Jura*, Berne, 1850, et *Leonh. und Bronn Neues Jahrb.*, 1851, p. 745, etc.

(2) *Poiss. et crust. foss. du Piémont*, p. 33 et 38, pl. 1.

(3) *Leonh. und Bronn Neues Jahrb.*, 1851, p. 183.

M. Gibbes [1] dit y avoir retrouvé les *C. megalodon*, *angustidens* et *sulcidens*, cités ci-dessus, et il ajoute trois espèces : le *C. acutidens*, Gibbes ; le
C. Mortoni, id., et le *C. lanciformis*, id.

Le *C. megalotis*, Agass., vient du Maryland.

Les Carcharopsis, Agass.,

ont des dents qui diffèrent de celles des carcharodon par de gros
plis vers la base de la couronne. Ce genre, qui n'a encore été ni
figuré ni décrit en détail, a peut-être des rapports avec les petalodus que nous laissons provisoirement dans les cestraciontes. Il
serait possible, comme le fait remarquer M. Agassiz, que ces
deux genres dussent être une fois réunis pour former une petite
famille [2].

On n'en connaît qu'une espèce, trouvée dans les terrains carbonifères, le
Carcharopsis prototypus, Agass., qui provient du Yorkshire et d'Armagh.

Les Chilodus, Giebel,

ne sont de même connus par aucune figure. M. Giebel [3] les caractérise par des dents en pyramide quadrangulaire très finement
dentelées sur les arêtes, et à tubercules basilaires variables. (On
trouve avec ces dents des écailles quadrilatères.)

On n'en connaît que des terrains carbonifères de Wettin.

M. Giebel décrit les *Chilodus tuberosus*, Gieb., et *gracilis*, id.

Les Milandres (*Galeus*, Cuv.),

ont la forme des requins et en diffèrent parce qu'ils ont des évents.
Leurs dents, plus courtes et plus élargies que celles des requins,
ont une cavité interne et sont irrégulièrement dentelées, le bord
antérieur étant lisse.

La seule espèce citée [4] est le *Galeus Cuvieri*, Agassiz, du Monte-Bolca,
très imparfaitement connu.

[1] *Monog. of. foss. Squal.*, I, p. 6, pl. 19 à 21.
[2] Agassiz, *Poiss. foss.*, t. III, p. 313 ; Giebel, *Fauna der Vorwelt*, I, 3,
p. 345.
[3] Giebel, *Fauna der Vorwelt*, I, 3, p. 352.
[4] Agassiz, *Poiss. foss.*, t. III, p. 379 ; Giebel, *Fauna der Vorwelt*, I, 3,
p. 36. C'est le *Squalus carcharias* de l'*Itt. Veron.*, pl. 3, fig. 1.

Les Corax, Agass., — Atlas, pl. XXXVIII, fig. 6 et 7,

forment un genre établi sur des espèces fossiles, dont les dents ont de grands rapports avec celles des milandres, mais dont la dentelure est homogène. La composition même de la dent confirme l'importance de cette différence ; car les dents des corax sont pleines à l'intérieur, et celles des milandres ont une cavité. Ces dents sont courtes ; elles ont une base large et des dentelures fortes.

Les dents des corax se retrouvent surtout dans les terrains crétacés.

Le *Corax pristodontus*, Agassiz, paraît avoir eu une distribution géographique très étendue. Il est cité dans la craie de Maëstricht, de Lewes, des États-Unis et de Pondichéry [1].

M. Reuss nomme *C. heterodon* [2], une espèce à dents très variées à laquelle il réunit les *C. Kaupii, falcatus, appendiculatus* et *affinis* de M. Agassiz. Cette espèce se trouve dans les étages crétacés supérieurs, tels que le placner de Saxe et de Bohème, la craie blanche du Kent, du Sussex, de Maëstricht, etc. La même espèce a été retrouvée au Texas [3].

Le *C. maximus*, Dixon [4], a été découvert dans la craie du comté de Sussex.

Le *C. lævis*, Giebel, provient du terrain crétacé de Quedlimbourg.

Le *C. obliquus*, Reuss [5], a été trouvé dans le placner de Bohème.

Sir Ph. Grey Egerton [6] a décrit une nouvelle espèce, le *C. incisus*, comme trouvée dans le terrain crétacé de Pondichéry avec le *C. pristodontus*.

Je ne sais que penser de l'espèce indiquée par M. Costa [7] sous le nom de *C. falcatus*, Agass. (réunie ci-dessus au *C. heterodon*). Elle a été trouvée à Cerisano (royaume de Naples), et si l'on en croit M. Costa, elle était associée avec des espèces triasiques (*Sphærodus annularis*) et tertiaires.

[1] Agassiz, *Poiss. foss.*, t. III, p. 224, pl. 26, fig. 9-13 ; Mantell, *Geol. of Sussex*, pl. 31, fig. 12 16 ; Faujas de St-Fond, *Hist. Mont. de St-Pierre*, pl. 18, fig. 1-9 ; Giebel, *Fauna der Vorwelt*, I, 3, p. 370 ; Kaye, *Trans. of the geol. Soc.*, 2ᵉ sér., 1846, t. VII ; *Quart. journ.*, t. I, p. 167, et *Leonh. und Bronn Neues Jahrb.*, 1849, p. 116 ; etc.

[2] Agassiz, *loc. cit.*, pl. 26 et 26 a ; Giebel, *loc. cit.* ; Reuss, *Böhm. Kreidegeb.*, p. 3, pl. 3, fig. 49-71.

[3] F. Roemer, *Leonh. und Bronn Neues Jahrb*, 1850, p. 102.

[4] Dixon, *Geol. and foss. of Sussex*, p. 366, pl. 31, fig. 13 et 13 a.

[5] *Böhm. Kreidegeb.*, p. 4, pl. 4, fig. 1-3.

[6] *Trans. of the geol. Soc.*, 2ᵉ sér., t. VII, et *Quart. journ.*, t. I, p. 167, *Leonh. und Bronn Neues Jahrb.*, 1849, p. 116.

[7] *Leonh. und Bronn Neues Jahrb.*, 1851, p. 183.

Les espèces des terrains tertiaires sont moins nombreuses

Le C. *planus*, Agass., a été trouvé à Osterweddingen.

Le C. *pygmœus*, Münst. [1], provient du bassin tertiaire de Vienne.

Le C. *pedemontanus*, Eug. Sism. [2], a été trouvé dans les terrains plio
cènes et miocènes du Montferrat et de la colline de Turin.

Le C. *Egertoni*, Agass., a été trouvé dans le terrain éocène de la Caroline
du Sud et dans le terrain miocène du Maryland [3].

Les GALEOCERDO, Müller et Henle, — Atlas, pl. XXXVIII,
fig. 4 et 5,

ont des dents tout à fait semblables par leur forme à celles des
deux genres précédents [4], et creusées d'une cavité interne
comme celles des galeus. Mais le pourtour est crénelé d'une manière très inégale, sur toute son étendue, la base ayant de fortes
crénelures et la pointe de très fines. Deux espèces vivent encore
dans nos mers.

On a trouvé des galeocerdo fossiles dans les terrains crétacés et
tertiaires [5].

Les espèces des terrains crétacés ont été décrites par M. Agassiz

Le *Galeocerdo gibberulus*, Agass., provient de la craie de Halden.

Le *G. denticulatus*, Agass., a été trouvé dans la craie de Maestricht.

Les espèces de l'époque tertiaire sont plus répandues.

Le *G. aduncus*, Agass., a été cité dans divers gisements de l'époque miocène. On l'a trouvé dans la mollasse suisse, dans celle de Souabe, dans le
calcaire de Leitha (bassin de Vienne), ainsi qu'en Amérique, comme nous le
verrons plus bas. (Atlas, pl. XXXVIII , fig. 5.)

[1] *Beit. zur Petrefaktenkunde*, t. V, p. 66, et t. VII, p. 29.

[2] Eug. Sism., *Poiss. et crust. foss. du Piémont*, p. 31, pl. 1, fig. 19-24.

[3] Agassiz, *Poiss. foss.*, t. III, p. 36, pl. 36, fig. 6 et 7 ; Giebel, *loc. cit.*;
Gibbes, *Monogr. of the foss. Squal.*, 2, p. 4 (*Galeocerdo Egertoni*).

[4] Les dents des trois genres GALEUS, CORAX et GALEOCERDO se ressemblent
beaucoup et quelques auteurs n'admettent pas leur distinction. Les galeus et
les galeocerdo ont des dents creuses, *inégalement* dentelées ; dans les premiers,
le bord antérieur est lisse ; dans les galeocerdo, tout le contour est dentelé.
Les corax ont des dents pleines et également dentelées.

[5] Agassiz, *Poiss. foss.*, t. III, p. 230, pl. 26 et 26 *a*; Giebel, *Fauna der
Vorwelt*, I, 3, p. 368; Münster, *Beitr. zur Petref.*, t. VII, p. 20; sir Ph.
G. Egerton, *Catalogus* ; etc.

Le *G. minor*, Agass., a été recueilli dans la mollasse suisse, dans le bassin de Vienne et à Osterweddingen.

Le *G. latidens*, Agass., provient de Neudorfl (bassin de Vienne). (Atlas, t. XXXVIII fig. 4).

Le *G. rectus* (?), Costa, a été découvert à Leue (royaume de Naples) [1].

L'Amérique septentrionale en a aussi fourni de nombreux débris.

M. W. Gibbes [2] paraît avoir trouvé dans les terrains éocènes la plupart des espèces ci-dessus qui appartiennent en Europe à des dépôts plus récents. Il cite le *G. aduncus*, Agass., du terrain éocène de la Caroline du Sud, et les *G. latidens* et *minor*, Agass., trouvés à la fois dans ce même gisement et dans les terrains miocènes du Maryland.

Il y joint une espèce nouvelle, le *G. contortus*, Gibbes, du terrain éocène de la Caroline du Sud et du terrain miocène de Virginie.

A la suite de ces genres connus par leurs dents, je crois devoir en placer un qui est indiqué seulement par l'empreinte de la partie postérieure de son corps.

Les Aellopos, Agass.,

paraissent avoir eu les formes des milandres; mais ils diffèrent de tous les squalides par la grandeur de leur seconde dorsale [3].

On en connaît deux espèces : l'*Aellopos Wagneri*, Agass., des schistes de Solenhofen, et l'*A. elongatus*, Münst., de Kehlheim.

Les Hemipristis, Agass., — Atlas, pl. XXXVIII, fig. 8 et 9,

sont caractérisés par les dentelures des bords de la dent qui s'arrêtent avant l'extrémité; celle-ci est entièrement lisse [4].

L'*Hemipristis serra*, Agass., paraît caractériser en Europe l'époque miocène. Elle est citée dans les mollasses de Suisse et d'Allemagne, le bassin de Vienne,

---

[1] *Leonh. und Bronn, Neues Jahrb.*, 1851, p. 183.

[2] W. Gibbes, *Monogr. of the Squal. of the United-States*, 2, p. 5, pl. 25; Wymann, *Amer. journ. of Silliman*, t. X, p. 231.

[3] Agassiz, *Poiss. foss.*, t. III, p. 377; Giebel, *Fauna der Vorwelt*, I, 3, p. 372.

[4] Agassiz, *Poiss. foss.*, t. III, p. 237, pl. 27, fig. 18-30; Münster, *Beit. zur Petref.*, t. VII, p. 21; Giebel, *Fauna der Vorwelt*, I, 3, p. 367; Sismonda, *Poiss. et crust. foss. du Piémont*, p. 32; Gibbes, *Monogr. of the Squalidæ of United-States*, p. 5; Costa, *Leonh. und Bronn Neues Jahrb.*, 1851, p. 183; etc.

le Piémont, etc. En Amérique elle a été trouvée dans le terrain éocène de la Caroline du Sud et le terrain miocène du Maryland.

M. Costa l'indique à Lene (royaume de Naples), mais avec cette bizarre association d'espèces dont nous avons parlé plus haut.

L'*H. paucidens*, Agass., a des dents plus élancées et à dentelures moins nombreuses. Elle a été trouvée probablement dans la mollasse du Wurtemberg.

Quelques dents, semblables à celles de l'*H. serra*, sont citées comme trouvées dans les terrains crétacés de Ratisbonne. C'est l'*H. subserrata*, Münst.

Les Grisets (*Notidanus*, Cuv.), — Atlas, pl. XXXVIII, fig. 40, lorsqu'ils sont complets, se distinguent par l'absence de la première dorsale. Mais on ne connaît bien que les vivants, et les fossiles sont indiqués seulement par leurs dents, qui sont d'ailleurs très faciles à distinguer de toutes les autres. Chacune d'elles est composée non d'une pointe conique ou principale, mais d'une série de dentelons subégaux, dont le premier, qui est le plus grand, est lui-même crénelé à son bord antérieur. Ces dents sont massives à l'intérieur comme celles des carcharodon et des corax.

Ces poissons [1] ont vécu depuis l'époque jurassique.

Le *Notidanus Bugeliae*, Münst., a été trouvé dans le terrain oxfordien de Boll (Jura brun ζ).

Le *N. contrarius*, Munst., provient de l'oolithe ferrugineuse de Rabenstein.

Le *N. Munsterii*, Agass., a été découvert dans le terrain jurassique supérieur de Streitberg (Franconie) et dans celui du canton de Schaffhouse.

Deux espèces ont été trouvées dans les terrains crétacés.

Le *N. microdon*, Agass. [2], a été trouvé dans la craie de Quedlimbourg, de Strehlen, de Maëstricht, d'Angleterre, etc.

Le *N. pectinatus*, Agass., provient de la craie d'Angleterre.

Les terrains tertiaires en renferment aussi.

Le *N. serratissimus*, Agass., se trouve dans l'argile de Sheppy. Des dents toutes semblables ont été découvertes dans le calcaire de Leitha (bassin de Vienne) [3].

[1] Agassiz, *Poiss. foss.*, t. III, p. 216, pl. 27 et 36 ; Münster, *Beiträge*, t. VI, p. 84, pl. 1 et 2 ; Giebel, *Fauna der Vorwelt*, I, 3, p. 343.

[2] Voyez encore, pour cette espèce : Geinitz, *Charact.*, p. 38, pl. 11, fig. 2 ; Roemer, *Norddeutsch. Kreid.*, p. 107 ; Reuss, *Böhm. Kreideg.*, II, p. 98, pl. 42, fig. 8.

[3] Münster, *Beiträge*, t. VII, p. 19.

Le *N. biserratus*, Münst. [1], provient de Neudorfl (bassin de Vienne).

Le *N. primigenius*, Agass., a été découvert dans la mollasse suisse, et retrouvé à Cassel et à Klein-Spauwen [2], ainsi que dans les terrains éocènes de Virginie.

Le *N. recurvus*, Agass., est d'une origine inconnue.

Les Marteaux (*Sphyrna*, Raf., *Zygæna*, Cuv.), — Atlas, pl. XXXVIII, fig. 11,

sont très clairement caractérisés par leur tête élargie, lorsqu'on peut les observer complets. Mais lorsqu'on ne connaît que leurs dents, comme c'est le cas des espèces fossiles découvertes jusqu'à présent, il est au contraire très difficile de les distinguer des requins ; d'autant plus que ces dents diffèrent beaucoup d'une mâchoire à l'autre. On peut en général reconnaître les dents des marteaux à leur forme élancée ; mais ce caractère manque de précision.

On en a trouvé dans les terrains crétacés et tertiaires [3].

La *Sphyrna denticulata*, Agass., a été trouvée dans la craie marneuse de Strehlen, près de Dresde.

La *S. prisca*, Agass., a été trouvée à Malte et dans la mollasse suisse (et même à Leue, suivant M. Costa). On l'a retrouvée dans les terrains éocènes de la Caroline du Sud, où M. Gibbes cite aussi la précédente.

La *S. lata*, Agass., paraît appartenir à la mollasse et a été retrouvée dans la Caroline avec la précédente.

La *S. serrata*, Münst., et *subserrata*, id., ont été trouvées dans le bassin de Vienne [4].

Les Aiguillats (*Spinax*, Cuv.),

diffèrent de la plupart des squalides par l'absence d'anale, et par une forte épine en avant de chacune de leurs dorsales. Ce dernier caractère leur est commun avec les humantins ; mais ils sont grêles et allongés comme les requins.

Le prince de Canino a divisé ces poissons en deux sous-genres : les Acanthias, à épines rayées de cannelures, et les Spinax, à épines lisses.

Nos mers nourrissent aujourd'hui une espèce très commune. Les fossiles appartiennent aux terrains crétacés et tertiaires.

[1] *Beitrage zur Petref.*, t. V, p. 66, pl. 13, fig. 9, et t. VII, p. 19.

[2] Philippi, *Tertiaer Verst.*, p. 29.

[3] Agassiz, *Poiss. foss.*, t. III, p. 234, pl. 26 a ; Giebel, *Fauna der Vorwelt*, I, 3, p. 366 ; W. Gibbes, *Monogr. of the Squalidæ of United-States*, 2, p. 6.

[4] *Beitrage zur Petref.*, t. V, p. 67, et t. VII, p. 21, pl. 2, fig. 17 et 18.

Le *Spinax primœvus*, Pictet [1], a été trouvé dans les calcaires tendres de Sach-el-Aalma (mont Liban). Il devra peut-être former un autre genre, car sa seconde dorsale paraît manquer d'épine.

Le *S. major*, Agass. [2] (sous-genre *Acanthias*), a été trouvé dans la craie de Lewes et dans celle du nord de l'Allemagne.

Le *S. marginatus*, Reuss (sous-genre *Acanthias*), et *S. rotundatus*, id., (sous-genre *Spinax*), ont été trouvés dans les terrains crétacés de la Bohême [3].

Le *S. bicarinatus* (*Acanthias bicarinatus*, E. Sism.) [4], est la seule espèce connue de l'époque tertiaire. Il a été trouvé dans le terrain tertiaire miocène de la colline de Turin.

2ᵉ TRIBU. — SQUALIDES A DENTS LISSES.

Leurs dents n'ont sur les bords aucune dentelure. Ils ne sont pas moins nombreux en espèces que les précédents, mais ils forment moins de genres différents.

Les OTODUS, Agass., — Atlas, pl. XXXVIII, fig. 13 *a*, *b*,

ne vivent plus aujourd'hui, et ne sont connus que par des dents intermédiaires entre celles des carcharodon et des genres suivants. Elles ont la forme de celles des carcharodon, mais en diffèrent par l'absence complète de dentelures. Elles sont beaucoup plus larges que celles des lamna, et l'on peut les distinguer de celles des oxyrhina par la présence d'un bourrelet ou dentelon très marqué de chaque côté. C'est probablement avec ce dernier genre que les otodus avaient le plus d'analogie [5].

On en connaît plusieurs espèces des terrains crétacés [6].

L'*Otodus appendiculatus*, Agass., est commun dans les étages crétacés supérieurs. Il a été trouvé à Lewes, en Normandie, à Quedlimbourg, à Strehlen, etc.

[1] *Poiss. foss. du mont Liban*, p. 53, pl. 10, fig. 1-3, et *Mém. Soc. phys. et d'hist. nat. de Genève*, t. XII, p. 327.

[2] Agassiz, *Poiss. foss.*, t. III, p. 60, pl. 10 *b*, fig. 8-14 ; Geinitz, *Kieslingswalda*, p. 5, pl. 4, fig. 4 ; Reuss, *Böhm. Kreidegeb.*, II, p. 100, pl. 21. fig. 65 ; Giebel, *Fauna der Vorwelt*, 1, 3, p. 301.

[3] Reuss, *Böchm. Kreidegeb.*, 1, 8, pl. 4, fig. 10-14 ; Giebel, *loc. cit.*

[4] *Poiss. et crust. foss. du Piémont*, p. 27, pl. 2, fig. 41-43.

[5] Agassiz, *Poiss. foss.*, t. III, p. 266, pl. 31 à 37 ; Giebel, *Fauna der Vorwelt*, 1, 3, p. 353.

[6] Voyez, pour les espèces crétacées, Mantell, *Geol. of Sussex* ; Geinitz, *Charact.* ; Roemer, *Norddeustch. Kreidegeb.*, p. 107 ; Reuss, *Böhm. Kreidegeb.*, II, p. 99, pl. 21.

L'*O. crassus*, Agass., est des grès verts de Ratisbonne et de Kehlheim.

Les *O. latus*, Agass., et *serratus*, Agass., ont été trouvés dans la craie de Maëstricht.

L'*O. semiplicatus*, Agass., provient de la craie de Quedlimbourg, et de la craie marneuse de Strehlen, près Dresde.

L'*O. radis*, Reuss, et l'*O. sulcatus*, Geinitz (¹), ont été recueillis dans le placner de Bohême.

L'*O. basalis*, Giebel (²) (*non* Egerton), provient du grès vert de Quedlimbourg.

Les espèces des terrains tertiaires sont encore plus nombreuses.

Les *O. obliquus*, Agass., et *macrotus*, Agass., proviennent de l'argile de Sheppy (³). Cette dernière espèce a été aussi trouvée dans le calcaire grossier de Véteuil, localité qui renferme encore l'*O. apiculatus*, Agass.

Les *O. lanceolatus*, Agass., et *trigonatus*, Agass., viennent des grès ferrugineux du Kressemberg.

On cite à Wilhelmshoele près Cassel, l'*O. tricuspis*, Agass., et les *O. mitis* et *callicus*, Philippi (⁴).

L'*O. subplicatus*, Münst., a été trouvé dans les terrains tertiaires de Bude.

L'*O. minor*, Giebel, a été recueilli près de Magdebourg et d'Anvers.

L'*O. pygmœus*, Münst., est une espèce douteuse de Neudorfl (bassin de Vienne).

L'*O. verticonus*, Agass., provient de Malte est n'est pas beaucoup plus certain.

L'*O. sulcatus*, E. Sismonda (⁵), a été trouvé dans le terrain miocène de Gassino.

L'*O. Salanitaus*, Costa (⁶), est cité à Lene (royaume de Naples).

Pendant les époques crétacée et tertiaire, le genre otodus a eu une dispersion géographique assez grande.

Les terrains crétacés de Pondichéry en renferment des débris qui ont été décrits par sir Ph. Grey Egerton (⁷).

Ce savant paléontologiste indique cinq espèces nouvelles : les *O. basalis*, Egert. (*non* Giebel), *nonus*, Egert., *divergens*, id., *minutus*, id., et (?) *marginatus*, id.

Les terrains crétacés de l'Amérique septentrionale en contiennent aussi quelques dents.

(¹) *Kieslingswalda*, p. 5, pl. 4, fig. 2.

(²) Giebel, *Fauna der Vorwelt*, I, 3, p. 354.

(³) Voyez aussi pour les terrains éocènes d'Angleterre, Dixon, *Geol. and foss. of Sussex*, p. 204.

(⁴) Philippi, *Palæontographica*, t. I, p. 24, pl. 2, fig. 2-7.

(⁵) *Poiss. et crust. foss. du Piémont*, p. 38, pl. I, fig. 34-36.

(⁶) *Leonh. und Bronn, Neues Jahrb.*, 1851, p. 183.

(⁷) *Quart. journ. of the geol. Soc.*, t. I, p. 168, et *Trans. of the geol. Soc.*, 2ᵉ série, t. VII, p. 93.

M. W. Gibbes et M. J. Wymann [1] citent l'*Otodus appendiculatus*, Agass., comme trouvé dans le grès vert de New-Jersey, et l'*Otodus crassus*, Agass., également d'Europe, comme découvert dans la craie de l'Alabama.

Les terrains éocènes du même pays paraissent renfermer aussi des espèces qui ont vécu en Europe pendant la période tertiaire.

M. W. Gibbes et M. Wymann [2] citent parmi les espèces communes à l'Europe, l'*Otodus obliquus*, de l'éocène de New-Jersey et de Richmond; l'*O. appendiculatus*, Agass., de ce dernier gisement; l'*O. lanceolatus*, Agass., id.; l'*O. macrotus*, Agass.; l'*O. trigonatus*, Agass., et l'*O. apiculatus*, Agass., de l'éocène de la Caroline du Sud. L'*Otodus lœvis*, Gibbes, du même gisement, paraît spécial à l'Amérique.

Les Oxyrhina, Agass., — Atlas, pl. XXXVIII, fig. 14,

forment aussi un genre éteint qui n'est connu que par des dents. Elles sont comprimées et larges, comme celles du genre précédent, mais elles n'ont pas de dentelons à leur base [3].

Une espèce de ce genre nombreux a déjà été trouvée dans le terrain wealdien. C'est :

L'*Oxyrhina paradoxa*, Agass., qui diffère de toutes ses congénères par ses dents à bord extérieur convexe et marquées de plis fins sur toute la surface de l'émail.

M. Agassiz pense que cette espèce pourrait devenir le type d'un genre nouveau qui serait nommé Meristodon, Agass. Ses dents ont, en effet, un caractère tout spécial dans la manière très nette dont la couronne se détache de la racine, comme si cette racine était simplement soudée à l'émail. Au lieu de bourrelets, elle présente une dilatation des bords qui rappelle certains hybodus. Cette espèce a été trouvée dans le terrain wealdien de la forêt de Tilgate.

Quelques petites dents des terrains jurassiques (calcaire oolithique ferrugineux de Rabenstein) pourraient peut-être, suivant M. Agassiz, leur être associées génériquement.

On connaît six oxyrhina des terrains crétacés d'Europe.

[1] W. Gibbes, *Monogr. of the Squalidæ of United-States*, 2, p. 11 ; Wymann, in *Silliman's journal*, t. X, p. 234, et *Leonh. und Bronn Neues Jahrb.*, 1851, p. 254. L'*Otodus appendiculatus* est aussi indiqué par M. Roemer, comme trouvé au Texas.

[2] Gibbes, *loc. cit.*, Wymann, *id.*

[3] Agassiz, *Poiss. foss.*, t. III, p. 276, pl. 33 à 37 ; Giebel, *Fauna der Vorwelt*, I, 3, p. 356.

L'*Oxyrhina subinflata*, Agass., a été trouvée dans les grès verts de Bohême et de la perte du Rhône.

L'*O. Zippei*, Agass., se trouve dans les grès verts de Ratisbonne.

L'*O. Mantelli*, Agass., provient de la craie blanche du Kent et du Sussex [1].

L'*O. crassidens*, Dixon [2], a été découverte à Houghton (Sussex).

M. Reuss a décrit [3] les *Oxyrhina angustidens* et *acuminata*, du placer de Bohême.

Ce genre a été nombreux pendant l'époque tertiaire. La difficulté de bien distinguer les espèces dans ces genres, qui ne sont connus que par des dents, fait que l'on ne peut accepter qu'avec quelque réserve la distribution géologique de quelques unes d'entre elles.

L'*Oxyrhina xiphodon*, Agass., paraît une des plus anciennes, car elle a été découverte dans les gypses de Paris. Elle a été aussi indiquée comme trouvée dans plusieurs terrains plus récents, à Dax, à Malte, dans le bassin de Vienne, à Ostermeddingen, en Piémont, etc. C'est l'espèce figurée.

L'*O. hastalis*, Agass., caractérise les dépôts miocènes, et en particulier les mollasses de Suisse et d'Allemagne, les dépôts du Piémont, du bassin de Vienne, d'Anvers, etc.

La mollasse suisse renferme en outre les *O. leptodon*, Agass., et *Desorii*, Agass. La première de ces espèces a aussi été trouvée à Flonheim, et la seconde à Ulm, Bünde, Osnabruck, etc., et dans le bassin de Vienne.

Les sables tertiaires de la vallée du Rhin ont fourni les *O. trigonodon*, Agass., *quadrans*, id., et *crassa*, id. Cette dernière espèce a aussi été trouvée dans le bassin de Vienne, ainsi que l'*O. plicatilis* [4], Agass., et l'*O. retroflexa*, id.

L'*O. minuta*, Agass., provient d'Osnabrück et du Piémont.

M. Eug. Sismonda a décrit [5] les *O. complanata, isocelica et basiculata*, des terrains miocènes du Piémont.

L'*O. numida*, Valenciennes [6], a été trouvée en Algérie.

Les terrains crétacés de l'Inde ont fourni une espèce.

L'*O. triangularis*, Egerton, a été trouvée à Pondichéry [7].

[1] Voyez encore, pour cette espèce, Mantell, *Geol. of Sussex*, pl. 32, fig. 4 ; Geinitz, *Charact.*, pl. 2, fig. 4 ; Reuss, *Böhm. Kreideg.*, II, p. 100, pl. 3, fig. 3, etc.

[2] *Geol. and foss. of Sussex*, p. 367, pl. 31, fig. 13, 13 a.

[3] *Boehm. Kreidegeb.*, I, p. 6 et 7, pl. 3.

[4] L'*Oxyrhina plicatilis*, Agass., a aussi été trouvée à Castel-Arquato.

[5] *Poiss. et crust. foss. du Piémont*, p. 40.

[6] *Ann. sc. nat.*, 3e série, 1844, t. I, p. 103.

[7] *Quart. journ. of the geol. Soc.*, t. I, p. 169, et *Trans. of the geol. Soc.*, 2e série, t. VII, p. 94.

L'Amérique septentrionale a fourni beaucoup de dents de ce genre.

L'*O. Mantelli*, Agass., est citée comme trouvée dans les terrains crétacés de l'Alabama.

M. W. Gibbes [1] cite, dans les terrains éocènes de la Caroline du Sud, plusieurs espèces européennes et en particulier les *O. hastalis*, Agass., *plicatilis*, id., *xiphodon*, id., *crassa*, id., et *minuta*, id. Les deux premières ont aussi été trouvées dans les terrains miocènes de Virginie.

Il ajoute trois espèces nouvelles du terrain éocène de la Caroline du Sud, les *O. Sillimani*, Gibbes, *Wilzoni*, id., et *Desorii*, id. Cette dernière espèce a été retrouvée dans le terrain miocène.

Les Lamies (*Lamna*, Cuv.), — Atlas, pl. XXXVIII, fig. 15,

ont des dents qui diffèrent de celles des genres précédents par leur forme grêle et allongée, qui les a fait comparer à des langues. Elles ont les tubercules latéraux des otodus.

Deux genres vivants ont les dents semblables, les lamies et les odontaspis, tandis qu'ils sont assez éloignés l'un de l'autre par leurs caractères essentiels. Le paléontologiste ne peut malheureusement pas décider d'une manière précise auquel de ces genres appartiennent les espèces fossiles connues seulement par leurs dents.

M. Agassiz, se fondant sur de légères différences de formes qui existent entre quelques espèces vivantes, rapporte aux lamies les dents qui sont plus plates et plus droites, et aux odontaspis celles qui sont plus cylindriques et plus tordues.

On placerait ainsi, dans le genre des lamies, un certain nombre d'espèces des terrains crétacés et tertiaires [2].

Les terrains crétacés d'Europe n'en renferment qu'une, c'est :

La *Lamna acuminata*, Agass. [3], de la craie blanche d'Angleterre et de Belgique, des grès verts de Quedlimbourg, du plaener de Koztitz, etc. Cette espèce, suivant M. Gibbes, a été retrouvée dans le terrain éocène de la Caroline du Sud.

---

[1] *Monogr. of the foss. Squalidæ, of United-States*, 2, p. 13.

[2] Agassiz, *Poiss. foss.*, III, p. 287, pl. 35, 37 et 37 *a*; Giebel, *Fauna der Vorwelt*, I, 3, p. 359.

[3] C'est le *Squalus cornubicus*, Mantell, *Geol. of Sussex*, pl. 32, fig. 1. Voyez encore Reuss, *Böhm. Kreideg.*, p. 8, et *Geol. Skizzen*, t. I, p. 65.

Les terrains crétacés de l'Inde en contiennent deux [1].

Les *Lamna complanata*, Egerton, et *sigmoïdes*, id., ont été trouvées à Poudichéry.

Les dépôts contemporains de l'Amérique en renferment également.

Outre quelques espèces européennes qui se retrouvent dans l'Amérique septentrionale, on peut citer la *Lamna Texana*, Roemer [2], découverte au Texas.

Les espèces deviennent plus abondantes dans les terrains tertiaires.

La *L. elegans*, Agass., s'il n'y a pas d'erreur de dénomination, a été trouvée dans plusieurs étages. Elle est citée dans l'argile de Londres, le terrain éocène de Paris, les dépôts plus récents de Bordeaux, de Montpellier, d'Osterweddingen, du bassin de Vienne, d'Italie, etc.

La *L. compressa*, Agass., a été trouvée dans l'argile de Sheppy et dans le calcaire grossier de Chaumont.

La mollasse suisse a fourni les *L. cuspidata*, Agass., et *denticulata*, id. Ces deux espèces ont été retrouvées à Flonheim, etc., et la première dans le leithachalk du bassin de Vienne, ainsi que dans le Piémont.

Outre cette espèce et la *L. elegans*, M. Eugène Sismonda [3] en a trouvé dans les terrains miocènes du Piémont une nouvelle, la *Lamna undulata*, E. Sism.

La *L. crassidens*, Agass., provient du bassin de Vienne et de Moesskirch.

Les *L. reversa*, Giebel, et *gracilis*, id., ont été découvertes dans les schistes tertiaires de Süldorf, près Magdebourg.

La plupart des espèces tertiaires européennes ont été retrouvées dans les terrains de l'Amérique du Nord.

M. W. Gibbes [4] cite en particulier les *Lamna elegans*, Agass., *cuspidata*, Agass., *compressa*, Agass., *acuminata*, Agass., et *crassidens*, Agass., comme trouvées dans le terrain éocène de la Caroline du Sud.

M. Wymann [5] en indique une partie dans les dépôts tertiaires de Richmond.

[1] Sir Ph. Grey Egerton, *Trans. of the geol. Soc.*, 2e série, t. VII, p. 95, et *Quart. journ.*, id., t. I, p. 170.

[2] Roemer, *Die Kreidebildungen von Texas*, in-4°, 1852, p. 29, pl. 4, fig. 7 a, b.

[3] *Poiss. et crust. foss. du Piémont*, p. 45.

[4] *Monogr. of the Squalidæ of United States*, 2, p. 8.

[5] *Sillim. journal*, 1850, t. X, p. 228.

Les Odontaspis, Agass. (*Triglochis*, Müller et Henle), — Atlas, pl. XXXVIII, fig. 16 et 17,

renfermeraient, comme nous l'avons dit, toutes les espèces à dents cylindriques et tordues, sans que l'on puisse affirmer que ces légères modifications correspondent bien aux caractères plus importants qui séparent aujourd'hui les lamies et les odontaspis vivantes [1].

On connaît quelques espèces des terrains crétacés d'Europe.

L'*Odontaspis gracilis*, Agass., a été trouvée dans le terrain néocomien de Neuchâtel.

L'*O. raphiodon*, Agass. [2], se trouve dans la plupart des terrains crétacés supérieurs. On l'a citée dans la craie blanche de Lewes, le plaener de Bohême, le grès vert supérieur de Quedlimbourg et de Ratisbonne, etc.

L'*O. subulata*, Agass. (réunie par M. Giebel à l'*O. gracilis*), a été trouvée dans les grès verts supérieurs d'Allemagne et d'Angleterre, et dans le plaener de Bohême.

L'*O. Bronnii*, Agass., provient des environs de Maestricht.

L'*O. undulata*, Reuss [3], a été trouvée dans le plaener de Bohême et le grès vert de Quedlimbourg.

L'*O. regularis*, Giebel, provient du Salzberge, près Quedlimbourg.

Les terrains crétacés de l'Inde en renferment deux espèces.

Les *O. constricta* et *oxyprion*, Egerton [4], ont été trouvées à Pondichéry.

Les terrains tertiaires d'Europe en ont aussi fourni plusieurs.

L'*O. Hopei*, Agass., et l'*O. verticalis*, id., proviennent de l'argile de Sheppy. La première est citée aussi dans quelques localités plus récentes, et en particulier dans les environs de Vienne et de Magdebourg.

[1] Agassiz, *loc. cit.*, Giebel, *Fauna der Vorwelt*, I, 3, p. 361.

[2] Voyez, encore pour cette espèce, Reuss, *Böhm. Kreidegeb.*, p. 7 et 100, pl. 34 à 44 (*L. raphiodon* et *L. plicatella*); Geinitz, *Charact.*, pl. 7, fig. 16; Mantell, *Geol. of Sussex*, pl. 32, fig. 1; Faujas de St-Fond, *Hist. mont. de Saint-Pierre*, pl. 18, fig. 2, etc.

[3] *Kreidegeb.*, p. 8, pl. 3, fig. 45 à 48.

[4] *Trans. of the geol. Soc.*, 2ᵉ série, t. VII, p. 95, et *Quart. journ.*, id., t. I, p. 171.

L'*O. dubia*, Agass., est de la mollasse suisse; l'*O. contortideus*, Agass., se trouve dans le même gisement et dans plusieurs autres dépôts du tertiaire miocène (Flonheim, Vienne, Crag, etc.). Ces deux espèces se ressemblent beaucoup par leur forme élancée et sinueuse; la première est parfaitement lisse, la seconde a des plis longitudinaux très marqués.

L'*O. acutissima*, Agass., leur ressemble aussi beaucoup et s'en distingue par des cônes basilaires très développés. Elle provient aussi de la mollasse suisse et a été trouvée près de Berthoud.

Les *O. angusta* et *mirabilis*, Giebel, ont été découverts à Suldorf, près Magdebourg.

L'*O. pygmæa*, Münster [1], provient du bassin de Vienne.

L'*O. duplex*, Agass., est d'une localité inconnue.

Les terrains éocènes de la Caroline du Sud contiennent aussi des dents d'odontaspis.

M. W. Gibbes [2] y cite les *O. Hopei*, Agass., *verticalis*, Agass., et *gracilis*, Agass., mais aucune espèce nouvelle.

Les Oxytes, Giebel,

ne diffèrent des genres précédents que par les tubercules basilaires de leurs dents, qui sont doubles, et dont l'interne est de moitié plus petit que l'externe.

L'*Oxytes obliqua*, Giebel [3], a été trouvée dans le terrain tertiaire de Suldorf, près de Magdebourg.

Les Sphénodus, Agass., — Atlas, pl. XXXVIII, fig. 18,

ne sont connus que par des dents semblables à celles des lamna et des odontaspis, mais dont la face externe, qui est plane dans ces deux genres, est un peu bombée, et dont les bords sont excessivement tranchants et accompagnés d'une légère rainure parallèle. La racine est inconnue [4].

On en connaît trois espèces des terrains jurassiques:

[1] *Beitr. zur Petrefactenkunde*, t. VII, p. 23.
[2] *Monogr. of the Squalidæ of United-States*, t. II, p. 10.
[3] *Fauna der Vorwelt*, I, 3, p. 364.
[4] Agassiz, *Poiss. foss.*, t. III, p. 298, pl. 37; Giebel, *Fauna der Vorwelt*, I, 3, p. 364.

Le *Sphenodus longidens*, Agass., provient du terrain jurassique moyen de l'Allemagne méridionale (marnes oxfordiennes du mont Vohaye, calcaire de Pfullingen près Tübingen, calcaire oolithique de Rabenstein, etc.) Il faut probablement lui réunir la *Lamna Philipsii*, Rouillier [1], de Russie.

Le *Sph. longidens* est aussi indiqué par M. Costa comme trouvé à Cerisano et à Leue avec des espèces tertiaires, crétacées, triasiques, etc. [2].

L'*Oxyrhina macer*, Quenstedt, trouvée dans le Jura blanc ε, de Schnaitheim, et l'*Ox. Ornati*, id., de l'Ornatenthon des environs de Boll [3], appartiennent aussi à ce genre.

Une autre espèce est citée dans les terrains crétacés.

Le *Sphenodus planus*, Agass., a été découvert dans le gault du mont Sentis (Appenzell).

Les Gomphodus, Reuss,

forment un genre douteux, établi sur des dents trouvées dans la craie. Elles sont composées d'un cône médian, épais, peu tranchant, faiblement apointi, à flancs très arrondis, et de deux petits cônes latéraux.

Le *Gomphodus Agassizii*, Reuss. [4], a été trouvé dans le plaener de Bohême.

Les Ancistrodon, Debey,

sont au moins aussi incertains que le genre précédent et ne sont aussi connus que par quelques dents de la craie. Elles sont petites, crochues, comprimées et obtuses à l'extrémité.

M. Debey en a indiqué une espèce dans la craie d'Aix-la-Chapelle, et M. F. Roemer en cite une des mêmes terrains du Texas [5].

Je termine cette famille en indiquant quelques genres qui appartiennent à la seconde tribu, mais qui sont connus par des empreintes de leurs corps, et non plus par des dents isolées.

[1] *Bull. Soc. nat. de Moscou*, 1847, t. XIX, p. 372, et 1848, t. XXI, p. 265 et 277.

[2] *Leonh. und Bronn Neues Jahrb.*, 1851, p. 184.

[3] Quenstedt, *Handb. der Petref.*, p. 172, pl. 13, fig. 13 *a*, *b*, et 18.

[4] Reuss, *Böhm. Kreidegeb.*, II, p. 99, pl. 21, fig. 22 à 25.

[5] Debey, *in litteris*; F. Roemer, *Texas*, p. 410, et *Kreideb. von Texas*, p. 30, pl. 1, fig. 10.

Les Scylliodus, Agass., — Atlas, pl. XXXVIII, fig. 19 et 20,

ont les formes de la colonne vertébrale des lamna, avec les petites dents des roussettes (*Scyllium*, Cuv.), tricuspides comme dans ces dernières, mais avec une base plus large, des dentelons latéraux plus écartés et des dentelons médians plus tranchants. Le chagrin qui recouvre les mâchoires est formé de granules irréguliers étoilés (fig. 20).

Le *Scylliodus antiquus*, Agass., provient de la craie de Kent [1].

Les Thyellina, Münst.

paraissent très voisins des roussettes, mais leur première dorsale est un peu en arrière des ventrales, la deuxième est opposée à l'anale et plus grande qu'elle. M. Giebel ne voit dans ces différences que des caractères spécifiques, et réunit les deux espèces qui composent ce genre aux Roussettes (*Scyllium*, Mull.) [2].

La *Thyellina angusta*, Münst., provient du terrain crétacé des Baumberge. La *T. prisca*, Agass., a été trouvée dans le lias de Lyme-Regis. Il n'est pas certain que cette espèce appartienne bien à ce genre.

2ᵉ Famille. — HYBODONTES.

Les hybodontes diffèrent des squalides par leurs dents coniques, beaucoup moins comprimées et non tranchantes. Ces organes sont ordinairement marqués de fortes stries ou plis longitudinaux qui les font facilement distinguer de leurs analogues dans la famille précédente. Ces poissons forment une famille éteinte qui a eu son principal développement dans les terrains triasiques et jurassiques. Quelques faits ont permis d'associer génériquement les dents et les rayons des dorsales qu'on trouve en nombre considérable; mais les empreintes du corps ne sont pas assez parfaites pour qu'on ait pu déduire rigoureusement ses formes de l'observation directe. Les dents indiquent des poissons voraces et rendent vrai-

[1] Agassiz, *Poiss. foss.*, t. III, p. 378, pl. 38; Giebel, *Fauna der Vorwelt*, I, 3, p. 373.

[2] Agassiz, *Poiss. foss.*, t. III, p. 378, pl. 39, fig. 1-3; Giebel, *loc. cit.*

semblable leur affinité avec les lamies. On peut donc, avec une
grande probabilité, se représenter ces poissons comme semblables
aux squalides à formes élancées, et comme ayant eu deux dorsales
soutenues en avant par un rayon épineux.

Les HYBODUS, Agass., — Atlas, pl. **XXXIX**, fig. 1 à 5,

ont des dents plutôt grêles que massives et caractérisées par la
présence d'un cône médian, ordinairement allongé, subulé et
pointu, flanqué de cônes secondaires qui vont en décroissant à
mesure qu'ils s'éloignent du médian.

Sir Ph. Grey Egerton [1] a décrit la bouche complète de l'*H. basanus*. La mâchoire supérieure a vingt-quatre dents, l'inférieure
porte un premier rang de dix-neuf dents et deux rangs en arrière.
Les plus grandes sont vers le milieu de chaque demi-mâchoire ;
elles décroissent un peu vers la symphyse et davantage en s'approchant de l'articulation. Cette mâchoire, la seule connue, prouve
l'analogie probable des hybodus et des squalides. La ressemblance des dents des deux mâchoires, bien plus grande que dans
les requins vivants, montre que l'on peut sans crainte établir des
espèces dans le genre hybodus sur des différences de forme
dans ces organes.

Les rayons des nageoires sont très grands et caractérisés par
leur forme arquée, leur diamètre plus gros à la base et leur terminaison en pointe amincie. La partie cachée dans les chairs est
longue, striée et ouverte en arrière par un sillon qui se resserre
en une cavité intérieure. Le bord antérieur a des arêtes saillantes
et des sillons profonds ; le bord postérieur porte deux rangées de
grosses dents.

On n'a encore pu associer avec les dents qu'un très petit
nombre de ces rayons ; d'où il résulte que l'on a dû établir dans
ce genre deux séries d'espèces, qui forment certainement de nombreux doubles emplois. De nouvelles découvertes pourront peut-
être augmenter le nombre des associations, et diminuer par conséquent celui des espèces nominales [2].

---

[1] *Quarterly journal of the geol. Society*, t. 1, p. 197.

[2] Agassiz, *Poiss. foss.*, t. III, p. 44 et 178, pl. 8 *b* à 10 *b* (rayons), et
pl. 22 *a* à 24 (dents) ; voyez, pour la structure des dents et des rayons, les
p. 207 et 213 ; Giebel, *Fauna der Vorwelt*, I, 3, p. 311.

Deux espèces seulement sont connues à la fois par des rayons et des dents.

Ce sont les *Hybodus reticulatus*, Agass., et *H. minor*, Agass., du lias de Lyme-Regis.

Beaucoup d'autres sont connues seulement par leurs dents. Deux espèces sont citées dans les terrains carbonifères [1].

Ce sont les *Hybodus carbonarius et vicinalis*, Giebel, de Wettin.

On en a décrit plusieurs du terrain triasique [2]. Quelques unes proviennent du keuper.

M. Agassiz en décrit trois de ce terrain : l'*Hybodus cuspidatus*, Agass., de Rietheim et Tübingen (Wurtemberg), l'*H. sublœvis*, Agass., des mêmes gisements, et l'*H. apicalis*, Agass., de Hildesheim.

MM. H. de Meyer et Plieninger en ont ajouté quatre du terrain keupérien du Wurtemberg, les *Hybodus attenuatus*, Plien., *orthoconus*, id., *aduncus*, id., et *bimarginatus*, id.

Le muschelkalk en renferme beaucoup.

L'*H. plicatilis*, Agass., a été trouvé à Lunéville, dans le Hartz, dans la Thuringe, dans le Wurtemberg, à Tarnowitz, à Schonerberg près Masstaedt, etc.

L'*H. Mougeoti*, Agass., provient de Lunéville, d'Epperstaedt, de Schewemmingen, de la haute Silésie, etc.

Les *Hybodus angustus*, Agass., *polycyphus*, id., et *longiconus*, Agass., proviennent de Lunéville. Cette dernière espèce se retrouve dans le Wurtemberg.

L'*H. obliquus*, Agass., se trouve dans le muschelkalk d'Allemagne.

L'*H. simplex*, H. de Meyer [3], a été découvert dans la haute Silésie.

Les dents du terrain jurassique indiquent plusieurs espèces :

Les *Hybodus pyramidalis*, Agass., et *medius*, Agass., sont du lias de Lyme-Regis.

L'*H. raricostatus*, Agass., provient du lias de Quedlimbourg, suivant M. Giebel.

L'*H. radix*, Giebel, appartient au même gisement.

[1] Giebel, *loc. cit.*

[2] Voyez encore, pour les espèces du terrain triasique : H. de Meyer et Plieninger, *Beitr. zur Pal. Wurtemb.*, p. 56 ; Mougeot, *Bull. Soc. géol.*, 1835, t. VI, p. 19 ; Geinitz, *Thuring. Muschelk.*, p. 22, *Gea Saxonica*, etc.

[3] *Palæontographica*, t. I, p. 228, pl. 28, fig. 42.

Les *Hybodus grossiconus*, Agass., et *polyprion*, Agass., ont été trouvés à Stonesfield.

Les *H. obtusus*, Agass., et *inflatus*, Agass., proviennent de Caen.

Les terrains wealdiens en ont aussi conservé.

Les calcaires de Purbeck ont fourni les *H. dubius*, Agass., et *undulatus*, Agass.

L'*H. pusillus*, Dunker [1], a été découvert dans le terrain wealdien de Deister.

L'*H. Basanus*, Egerton [2], a été trouvé dans l'île de Wight, au contact du terrain wealdien et du terrain crétacé. Il ne serait pas impossible qu'il appartînt à ce dernier gisement. C'est l'espèce dont on connaît la bouche entière dont j'ai parlé plus haut.

Les espèces se continuent dans les terrains crétacés.

M. Reuss en a décrit [3] huit espèces du placner de Bohême. Ce sont les *H. cristatus*, *polyptychus*, *Bronnii*, *dispar*, *serratus*, *regularis*, *gracilis* et *tenuissimus*.

Leur existence dans les terrains tertiaires est très douteuse.

L'espèce qui avait été décrite par le comte de Münster [4] sous le nom d'*Hybodus dubius* ne paraît pas appartenir à ce genre.

Les espèces établies sur l'inspection des rayons forment, comme je l'ai dit, une série provisoire parallèle à la précédente.

On en cite quelques unes du terrain triasique.

Ce sont les *H. major*, Agass., *tenuis*, Agass. [5], et *dimidiatus*, Agass., du muschelkalk de Lunéville, et les *H. hexagonus* et *angulatus* Münst. [6], des schistes de Saint-Cassian.

Les terrains jurassiques renferment beaucoup de ces rayons.

Ceux du lias ont permis d'établir cinq espèces, outre les deux que j'ai indiquées plus haut, qui sont connues aussi par leurs dents. Ce sont les *H. curtus*, Agass., *crassispinus*, Agass., *formosus*, Agass., et *ensatus*, Agass., de Lyme-Regis, et l'*H. læviusculus*, Agass., de Bristol.

[1] *Norddeutschl. Wealdenbild.*, t. I, p. 68, pl. 15, fig. 23.
[2] *Quarterly journal of the geol. Soc.*, t. I, p. 197.
[3] *Böhm. Kreidegeb.*, II, p. 97, pl. 21 et 24.
[4] *Beitr. zur Petref.*, t. V, p. 67.
[5] L'*Hybodus major* et l'*H. tenuis* se trouvent aussi dans le muschelkalk d'Allemagne.
[6] *Beitr. zur Petref.*, t. IV, p. 141.

L'*Hybodus crassus*, Agass., a été trouvé dans l'oolithe inférieure de Towcester.

On trouve à Stonesfield (grande oolithe), les *H. apicalis*, Agass., *dorsalis*, Agass., et *marginalis*, Agass.

L'*H. leptodus*, Agass., provient du terrain oxfordien.

L'*H. acutus*, Agass., appartient à l'argile de Kimmeridge.

L'*H. strictus*, Agass., a été trouvé dans le calcaire portlandien de l'île de Portland.

L'*H. pleiodus*, Agass., est d'une localité inconnue.

Quelques espèces ont été découvertes dans les terrains wealdiens.

L'*H. striatulus*, Agass., a été trouvé dans les sables d'Hastings.

L'*H. subcarinatus*, Agass., provient de la forêt de Tilgate. (Atlas, pl. 39, fig. 5.)

L'*H. Fittoni*, Dunker (1), a été découvert dans le terrain wealdien de Neustadt.

On a aussi trouvé un de ces rayons dans la craie.

L'*H. sulcatus*, Agass., provient de Lewes.

Les Cladodus, Agass., — Atlas, pl. XXXIX, fig. 6 et 7,

ne diffèrent des hybodus que par les cônes secondaires des dents qui vont en augmentant à mesure qu'ils s'éloignent du cône médian. Ils proviennent tous des terrains dévoniens et carbonifères.

Les terrains dévoniens n'en ont jusqu'à présent fourni qu'une espèce.

Le *Cladodus simplex*, Agass. (*Hybodus longiconus*, Eichw.), a été trouvé dans le vieux grès rouge des environs de Saint-Pétersbourg (2).

Les espèces sont plus nombreuses dans l'époque carbonifère (3).

Le calcaire carbonifère d'Armagh renferme les *C. mirabilis*, Agass., *striatus*, Agass., *marginatus*, Agass., et *acutus*, Agass., ainsi que le *C. levis*, M'Coy.

(1) *Norddeutschl. Wealdenbild.*, p. 67, pl. 13, fig. 14.

(2) Agassiz, *Poiss. de l'Old red*, p. 124, pl. 33, fig. 28 à 31 ; Eichwald, *Bullet. soc. nat. de Moscou*, t. XIX (1816), p. 207 ; Giebel, *Fauna der Vorwelt*, I, 3, p. 323.

(3) Agassiz, *Pois. foss.*, t. III, p. 196, pl. 22 *b* ; Giebel, *loc. cit.*

On a trouvé à Burdie-House les *Cladodus Hibberti*, Agass., et *parvus*, Agass.

Les *C. Milleri*, Agass., et *conicus*, Agass., proviennent de Bristol.

Les SPHENONCHUS, Agass. (olim, *Leiosphen*),

n'ont à leurs dents qu'un seul cône très développé, qui est fortement arqué en dedans [1].

On a trouvé le *Sphenonchus hamatus*, Agass., dans le lias de Lyme-Regis.

Le *S. Martini*, Roberston (Agass.), provient du terrain portlandien de Linksfield.

Le *S. elongatus*, Agass., a été trouvé dans le terrain wealdien de la forêt de Tilgate.

Les DIPLODUS, Agass., — Atlas, pl. XXXIX, fig. 8,

présentent le caractère contraire des sphenonchus, c'est-à-dire que les cônes secondaires sont très développés et que le cône médian est rudimentaire. Ces dents ont été trouvées dans les terrains carbonifères [2].

Le *Diplodus gibbosus*, Agass., vient de la houille de Carluke.

Le *D. minutus*, Agass., a été trouvé à Burdie-House.

Les GLOSSODUS, M'Coy,

ont des dents en forme de langues, oblongues, beaucoup plus hautes que larges, à couronne recourbée, diminuant depuis la base jusqu'à la pointe, qui est subtronquée. Elles diffèrent de toutes celles des autres hybodontes par leur coupe quadrangulaire. Leur surface est poreuse [3].

Le *Glossodus lingua bovis*, M'Coy, et le *Glossodus marginatus*, id., ont été trouvés dans les calcaires carbonifères d'Armagh.

Il faudra peut-être ajouter à cette famille le genre des HAPLO-

---

[1] Agassiz, *Poiss. foss.*, t. III, p. 201, pl. 22 *a*; Giebel, *Fauna der Vorwelt*, I, 3, p. 324; Charlesworth, *Mag. of nat. history*, t. III, p. 245.

[2] Agassiz, *Poiss. foss.*, t. III, p. 204, pl. 22 *b*; Giebel, *Fauna der Vorwelt*, I, 3, p. 324.

[3] *Annal. and mag. of nat. hist.*, 1848, 2e série, t. II, p. 127.

DON, Münster [1], dont je ne connais pas les caractères et qui a été établi pour une espèce du keuper.

3ᵉ FAMILLE. — CESTRACIONTES.

Les cestraciontes se rapprochent des familles précédentes par la forme de leur corps; mais ils en diffèrent par leurs dents, qui sont aplaties et en pavé. Leurs mâchoires sont pointues et avancent autant que le museau.

Cette famille, si toutefois on peut la considérer comme établie sur des caractères suffisants, a une histoire paléontologique très remarquable. On en trouve des traces dans les terrains les plus anciens que l'on connaisse, puis elle se continue sans interruption dans toute la série des formations, ayant son développement principal au commencement de l'époque secondaire et diminuant ensuite d'importance jusqu'à l'époque moderne, où le genre des cestracions est seul représenté par une espèce qui vit à la Nouvelle-Hollande.

La plupart des cestracions anciens ne sont connus que par des dents isolées, aussi est-il très difficile de se faire une idée exacte de leurs rapports réels. Parmi les noms et les rapprochements établis, il en est encore beaucoup qu'on ne peut considérer que comme provisoires.

Les STROPHODUS, Agass., — Atlas, pl. XXXVIII, fig. 21,

ont des dents allongées, plus ou moins rétrécies, tronquées aux deux bouts et sensiblement tordues suivant leur diamètre longitudinal. Leur surface est réticulée et les pores de l'émail sont peu sensibles [2].

On en connaît quatre espèces des terrains triasiques.

Le *Strophodus angustissimus*, Agass., et le *S. elytra*, Agass., ont été trouvés dans le muschelkalk de Lunéville [3].

[1] Braun, *Bayreuth*, p. 74.

[2] Agassiz, *Poiss. foss.*, t. III, p. 116, pl. 10 *b*, 16 *b* 18 et 22; Giebel, *Fauna der Vorwelt*, I, 3, p. 330.

[3] M. H. de Meyer, *Palæontographica*, I, p. 233, pense que les dents des *S. angustissimus* et *elytra*, ont appartenu à un poisson voisin des myliobates, et désigne sous le nom de PALÆOBATES le nouveau genre qu'elles doivent caractériser. Il les réunit en une seule espèce, le *P. angustissimus*, H. de Meyer.

Le *S. ovalis*, Giebel, provient du muschelkalk d'Esperstaedt.

Le *S. orbicularis* [1], a été trouvé dans les brèches du keuper près de Stuttgard.

Ces dents manquent dans le lias; mais on en trouve beaucoup dans les autres étages jurassiques.

Le *S. longidens*, Agass., provient du calcaire de Caen.

Le *S. irregularis*, Münst., a été trouvé dans l'oolithe inférieure de Rabenstein et de Neuenburg.

Les *S. magnus*, Agass., *tenuis*, id., et *fucosus*, id., caractérisent la grande oolithe de Stonesfield.

Le *S. radiato-punctatus*, Agass., a été trouvé à Kelloway.

Le comte de Münster [2] a fait connaître deux espèces des terrains coralliens du Hanovre: les *S. punctatissimus* et *radiatus*.

Le *S. reticulatus*, Agass., a été découvert à Shotover (terrain kimmeridgien).

Le *S. subreticulatus*, Agass., provient du calcaire à tortues de Soleure.

Les terrains crétacés en ont fourni trois espèces.

Le *S. punctatus*, Agass., est du grès vert de Kehlheim, et le *S. sulcatus* du grès vert de Maidstone.

Le *S. asper*, Agass., a été trouvé dans la craie de Lewes.

Les Acrodus, Agass., — Atlas, pl. XXXVIII, fig. 22 et 23,

diffèrent des strophodus par leurs dents qui ne sont pas tordues. Toute leur surface est ornée de rides transversales, qui se ramifient uniformément en divergeant toujours d'une saillie longitudinale [3].

Ces dents ont été prises par quelques anciens auteurs pour des insectes et des vers.

Les terrains triasiques en renferment quelques espèces.

L'*Acrodus Braunii*, Agass., est du grès bigarré de Deux-Ponts.

L'*A. Gaillardoti*, Agass., et l'*A. lateralis*, Agass., viennent du muschelkalk de Lunéville. Le premier se retrouve dans le muschelkalk de la plus grande partie de l'Europe.

[1] Giebel, *loc. cit.* C'est le *Psammodus orbicularis*, H. de Meyer et Plieninger, *Beitr. zur Pal. Wurtemb.*, p. 117, pl. 10, fig. 24.

[2] *Beitr. zur Petref.*, p. 46 et 47, pl. 3, fig. 14.

[3] Agassiz, *Poiss. foss.*, t. III, p. 139, pl. 21 et 22; Giebel, *Fauna der Vorwelt*, 1, 3, p. 325.

L'*A. immarginatus*, Meyer, a été trouvé en Silésie dans le même terrain.

L'*A. minimus*, Agass., paraît caractériser les terrains triasiques supérieurs. Il a été trouvé en Angleterre dans les brèches qui font la limite entre le keuper et le lias et dans des gisements analogues du Wurtemberg.

L'*A. acutus*, Agass., a été découvert avec le précédent [1], dans les mêmes terrains, aux environs de Tübingen, etc.

Les terrains jurassiques en ont fourni plusieurs.

Le plus grand nombre vient du lias. Les *acrodus nobilis*, Agass., *latus*, Agass., *gibberulus*, Agass., *undulatus*, Agass., et *Anningiæ*, Agass., ont été trouvés à Lyme-Regis.

L'*A. angustus*, Giebel, provient du lias de Quedlimbourg.

L'*A. leiopleurus*, Agass., a été (suivant M. Morris) trouvé dans la grande oolithe du Wiltshire.

Une espèce a été trouvée dans les terrains wealdiens.

L'*A. hirudo*, Agass., provient de la forêt de Tilgate.

Enfin, on en cite quelques unes de l'époque crétacée.

L'*A. transversus*, Agass., a été trouvé dans la craie blanche du Sussex.

Les mêmes gisements ont fourni à M. Dixon [2] les *A. Illingworthi*, Dixon, et *cretaceus*, id.

M. Reuss [3] cite dans le placner de Bohême les *A. affinis* et *polydyctios*, Reuss.

L'*A. rugosus*, Agass., caractérise la craie de Maëstricht.

Les Thectodus, Plieninger,

ont des dents complètement dépourvues de plis transverses. L'élévation médiane a un tranchant plus fort que dans les acrodus, et le centre de la dent s'élève d'une manière qui rappelle singulierement les orodus.

MM. H. de Meyer et Plieninger [4] en ont décrit quatre espèces des brèches du keuper du Wurtemberg. Ce sont les *Thectodus glaber*, Plien., *tricuspidatus*, id., *crenatus*, id., et *inflatus*, id.

[1] H. de Meyer et Plieninger, *Beitr. zur Palæontol. Wurtembergs*, p. 115, pl. 12.

[2] Dixon, *Geol. and foss. of Sussex*, p. 364, pl. 30, fig. 11-13 et pl. 32, fig. 9.

[3] *Geogn. Skizzen*, II, p. 218, et *Böhm. Kreidegeb.*, I, pl. 2, fig. 3 et 4; II, pl. 21, fig. 1-8.

[4] H. de Meyer et Plieninger, *Beitr. zur Petref. Wurtembergs*, p. 116, pl. 10; Giebel, *Fauna der Vorwelt*, I, 3, p. 328.

Les Wodnika, Münst.,

paraissent très voisins des thectodus et ont comme eux des dents sans rides ni sillons; elles sont ornées dans leur milieu d'une colline plus saillante et tranchante dans les grandes dents, mais manquant aux petites. La nageoire dorsale porte un fort rayon conique, court, sillonné. Le corps est couvert de petites écailles striées, variables, difformes.

On ne connaît qu'une seule espèce [1] : le *Wodnika striatula*, Münster, des schistes cuivreux de Richelsdorf (terrain pénéen).

M. Giebel lui réunit l'*Acrodus Althausii*, Münster, et les *Strophodus arcuatus* et *angustus*, du même auteur.

Les Petrodus, M'Coy,

ont des dents coniques dont la hauteur égale à peu près le diamètre et dont la base osseuse est circulaire, concave en dessous. La couronne a une surface compacte profondément sillonnée de lignes rugueuses, saillantes, rayonnantes. Ces dents ressemblent à celles des orodus et des acrodus, mais s'en distinguent par leur forme circulaire, par la profondeur des lignes rayonnantes, par leur surface rugueuse et par leur structure microscopique, où l'on voit de très nombreux petits canaux [2].

Le *Petrodus patelliformis*, M'Coy, a été trouvé dans le calcaire carbonifère du Derbyshire.

Les Orodus, Agass., — Atlas, pl. XXXVIII, fig. 24,

ont encore des dents allongées, à structure poreuse, dont le grand diamètre a une arête saillante ; mais la région médiane de la dent s'élève davantage jusqu'à former un cône obtus et transverse. Quelques rides obliques partent de l'arête longitudinale.

Ces poissons ont de grands rapports avec les thectodus. Ils ne se trouvent que dans les terrains carbonifères.

[1] Münster, *Beitr. zur Petref.*, t. VI, p. 48, pl. 1, fig. 1 à 3; t. III, p. 123, *Acrodus et Strophodus*, etc.; Giebel, *Fauna der Vorwelt*, I, 3, p. 329; Geinitz, *Zechsteingeb.*, p. 6.

[2] *Ann. and mag. of nat. history*, 2ᵉ série, 1848, t. II, p. 132.

M. Agassiz [1] en a décrit deux espèces des environs de Bristol, l'*Orodus cinctus*, Agass., et l'*O. ramosus*, id. Ce dernier a été retrouvé en Belgique.

M. M'Coy [2] en a fait connaître deux autres d'Armagh (Irlande), l'*O. porosus*, M'Coy, et l'*O. compressus*, id.

Les Ctenoptychius, Agass., — Atlas, pl. XXXVIII, fig. 25,

ont des dents qui ressemblent à celles des orodus; mais elles sont petites, fortement comprimées, et les rides transversales sont disposées de manière à former un peigne de saillies plus ou moins détachées [3].

On en connaît deux espèces des terrains dévoniens.

Le *Ctenoptychius crenatus*, Agass., a été trouvé à Megra, en Russie, et le *C. priscus*, Agass., en Écosse.

Les autres espèces viennent des terrains carbonifères.

Les calcaires de Burdie-House et de Manchester renferment des dents des *Ctenoptychius pectinatus*, Agass. et *denticulatus*, Agass. Le *C. apicalis*, Agass., vient des schistes houillers de Stafford. Les *C. cuspidatus*, Agass. et *crenatus*, Agass., ont été trouvés dans les houilles des environs de Glascow, et les *C. serratus*, Agass., *macrodus*, Agass., et *dentatus*, Agass., proviennent du calcaire carbonifère d'Armagh.

Les Centrodus, Giebel,

ont des dents à racine élevée, très poreuse, sur lesquelles s'élèvent six pointes aiguës, lisses, disposées par paires d'égale grosseur. On doit peut-être leur rapporter des rayons de nageoires peu courbés et épais [4].

Le *Centrodus acutus*, Giebel, a été trouvé dans le terrain carbonifère de Wettin.

Les Ptychodus, Agass., — Atlas, pl. XXXVIII, fig. 26 et 27,

ont des dents anguleuses, plus ou moins carrées; leur couronne

[1] Agassiz, *Poiss. foss.*, t. III, p. 96, pl. 11; sir Ph. Grey Egerton, *Catalogus*; de Koninck, *Anim., foss. de Belg.*, p. 613, pl. 55, fig. 2; Giebel, *Fauna der Vorwelt*, I, 3, p. 342.

[2] *Annals and mag. of nat. history*, 1848, 2ᵉ série, t. II, p. 131.

[3] Agassiz, *Poiss. foss.*, t. III, p. 92, pl. 19; et *Poiss. de l'Old red*, p. 124; de Verneuil, *Pal. de la Russie*, p. 403 et 411; Giebel, *Fauna der Vorwelt*, I, 3, p. 343.

[4] Giebel, *Fauna der Vorwelt*, I, 3, p. 344.

est plus haute que la racine, qui est obtuse, tronquée et plus ou moins échancrée dans son milieu. La partie émaillée est étalée par ses bords, et se relève au milieu en un mamelon obtus et sillonné de rides, ou plutôt de gros plis tranchants, parallèles, quelquefois sinueux, séparés par des sillons peu profonds. Les bords sont ornés d'une granulation plus ou moins serrée et d'un réseau de plis irréguliers et peu saillants. Avec ces dents plus plates, on en trouve d'autres plus petites et plus bombées, qui étaient probablement les antérieures.

Les ptychodus sont aussi connus par des rayons épineux très gros et formés de larges lames soudées ensemble dont l'union forme des sillons longitudinaux. Les espèces établies par les rayons sont, comme je l'ai déjà dit pour les hybodus, p. 255, des doubles emplois de celles qui sont connues par les dents.

Cette association des dents et des rayons justifie le classement des ptychodus dans la division des squalides. Les dents seules auraient pu tout aussi bien faire croire à des rapports avec les raies.

Les espèces que l'on connaît par des dents sont toutes des terrains crétacés ([1]).

Les *Ptychodus mamillaris*, Agass., *decurrens*, Agass., et *latissimus*, Agass., se trouvent dans la craie blanche de presque toute l'Europe. Le *P. altior*, Agass., vient de la craie du Sussex, le *P. polygyrus*, de Quedlimbourg et de Lewe.

Le *Ptychodus triangularis*, Reuss ([2]), a été trouvé dans le plaener de Bohême.

M. Dixon ([3]) a fait connaître récemment plusieurs espèces de la craie du Sussex, trouvées avec la plupart des espèces indiquées ci-dessus. Les espèces nouvelles sont les *P. rugosus*, Dix., *paucisulcatus*, id., *depressus*, id. et *Oweni*, id.

Les terrains crétacés d'Amérique renferment le *P. polygyrus*, Agass., indiqué ci-dessus, et le *P. Mortoni*, Agass., retrouvé plus tard dans le Sussex.

Les espèces établies par les rayons sont aussi des terrains crétacés.

([1]) Agassiz, *Poiss. foss.*, t. III, p. 150, pl. 25 *a*, 25 *b*; Mantell, *Geol. of Sussex*, pl. 32; Geinitz, *Charact.*, p. 64, pl. 17; Roemer, *Norddeutschl. Kreideg.*, p. 107; Reuss, *Bohm. Kreideg.*, I, 1, pl. 2, fig. 9 et 10; Giebel, *Fauna der Vorwelt*, I, 3, p. 332.

([2]) *Geogn. Skizzen*, II, 218, et *Bohm. Kreidegeb.*, I, 2, pl. 2, fig. 14-19.

([3]) *Geol. and foss. of Sussex*, p. 361.

Les *P. spectabilis*, Agass., *gibberulus*, id., *arcuatus*, id., et *articulatus*, id., ont été trouvés dans la craie blanche de Lewes.

Le *P. acutus*, Agass., vient d'une localité inconnue.

Les PSAMMODUS, Agass., — Atlas, pl. XXXVIII, fig. 28,

ont des dents très larges et plates, dont la surface offre l'aspect d'un sablé uniforme, et ne porte ni rides, ni gibbosités, ni mamelons.

Ces poissons appartiennent à l'époque carbonifère [1].

Le *Psammodus rugosus*, Agass., a été trouvé à Bristol, à Esky, etc., et dans l'Eifel, à Gerolstein.

Le *P. porosus*, Agass., est du calcaire carbonifère de Bristol, et le *P. cornutus*, Agass., de celui d'Armagh.

Le *P. canaliculatus*, M'Coy, a été trouvé aussi dans ce dernier gisement.

Les CHOMATODUS, Agass., — Atlas, pl. XXXVIII, fig. 29,

ont des dents très semblables à celles des Psammodus, mais plus allongées, et entourées à leur base d'une série de plis concentriques plus ou moins saillants et plus ou moins nombreux. Ces dents sont tantôt plates, tantôt élevées en leur centre, où elles forment même quelquefois un tranchant plus ou moins acéré.

On les trouve surtout dans les terrains carbonifères [2].

Les *Chomatodus cinctus*, Agass., et *linearis*, id., viennent des calcaires carbonifères de Bristol, et le *C. truncatus*, Agass., a été trouvé dans les mêmes terrains à Armagh.

Ce dernier gisement a fourni à M. M'Coy les *C. obliquus*, M'Coy et *denticulatus*, id.

Une seule espèce a été citée dans l'époque triasique ; c'est :

Le *C. sphenodiscus*, H. de Meyer et Plieninger [3], trouvé dans les brèches osseuses du muschelkalk de Krailsheim.

Les HELODUS, Agass., — Atlas, pl. XXXVIII, fig. 30,

ont des dents parfaitement lisses, dont le centre est renflé en

[1] Agassiz, *Poiss. foss.*, t. III, p. 110, pl. 12, 13 et 19; Portlock, *Geol. rep. of London*, 1843, p. 465.

[2] Agassiz, *Poiss. foss.*, t. III, p. 107, pl. 15; Giebel, *Fauna der Vorwelt*, I, 3, p. 341; M'Coy, *Ann. and mag. of nat. hist.*, 1848, 2ᵉ série, t. II, p. 124.

[3] *Beitr. zur Pal. Wurtembergs*, p. 53.

forme de cône obtus. Quelquefois elles présentent une série de ces cônes ; quelquefois il n'y en a qu'un.

Les helodus sont aussi des poissons des terrains carbonifères [1].

On a trouvé dans les calcaires carbonifères de Bristol les *Helodus lœvissimus*, Agass., *subteres*, id., *gibberulus*, id. et *turgidus*, id. Ceux d'Armagh renferment les *H. didymus*, Agass., *mamillaris*, id., et *planus*, id., ainsi que les *H. appendiculatus* et *rudis*, décrits par M. M'Coy. L'*H. simplex*, Agass., vient des schistes houillers de Stafford et de Coalbrookdale. L'*H. mitratus* est de la houille de Carluke.

Les Campodus, de Koninck, — Atlas, pl. XXXVIII, fig. 31,

ont des dents plus compliquées ; elles sont oblongues, à bords presque parallèles, et leur couronne, surmontée de plusieurs tubercules détachés, également oblongs, mais placés en travers [2].

Le *Campodus Agassizianus*, de Koninck, a été trouvé dans les rognons calcaires du schiste alumineux de Chokier (terrain houiller de Belgique).

Les Cochliodus, Agass., — Atlas, pl. XXXVIII, fig. 32,

ont des dents moins nombreuses que les genres précédents ; mais chacune d'elles couvre un plus grand espace de mâchoire et est enroulée et tordue.

Ces poissons ont vécu seulement dans l'époque carbonifère [3].

Le *Cochliodus contortus*, Agass., est le plus commun ; il a été trouvé dans les calcaires carbonifères de Bristol, de Clifton et d'Armagh.

Cette dernière localité renferme aussi les dents de quatre autres espèces : les *C. magnus*, Agass., *oblongus*, id., *acutus*, id. et *striatus*, id.

Les Ceratodus, Agass., — Atlas, pl. XXXVIII, fig. 33 et 34,

ont des dents qui ressemblent par la structure à celle des psammodus ; mais leurs contours sont fort différents. Un de leurs côtés

[1] Agassiz, *Poiss. foss.*, t. III, p. 104, pl. 12, 14, 15, 19 ; sir Ph. Grey Egerton, *Catalogus* ; Giebel, *Fauna der Vorwelt*, I, 3, p. 340 ; M'Coy, *Ann. and mag.*, 1848, 2e série, t. II, p. 123.

[2] De Koninck, *Descript. des anim. foss. de Belgique*, p. 618, pl. 55, fig. I.

[3] Agassiz, *Poiss. foss.*, t. III, p. 113, pl. 14 et 19 ; Giebel, *Fauna der Vorwelt*, I, 3, p. 336.

est toujours droit, tandis que le côté opposé a des cornes saillantes. Il est probable qu'elles n'étaient pas sur plusieurs rangées. Leur bord droit était vraisemblablement interne, et le bord à cornes, externe. Le plus petit côté était certainement le plus antérieur; d'où résulte que les cornes tournées en dehors ont leur pointe dirigée en avant, et que les postérieures sont les plus grandes.

Ces dents sont composées de deux couches très différentes. La couche superficielle est formée d'un émail à tubes très serrés comme dans les psammodus. La couche profonde est osseuse.

Presque tous les ceratodus appartiennent aux terrains triasiques [1].

Le *Ceratodus serratus*, Agass., vient du grès keupérien d'Argovie; le *C. heteromorphus*, Agass., a été trouvé dans le muschelkalk de Lunéville.

MM. H. de Meyer et Plieninger ont décrit les *C. runcinatus*, *palmatus* et *Guillielmi*, du muschelkalk dolomitique de Louisbourg (cette dernière espèce se trouve aussi dans les brèches du keuper); le *C. Weismani*, du muschelkalk de Friedrichshall; le *C. concinnus*, du grès du keuper de Stuttgard, et le *C. Durriei*, des brèches supérieures du même terrain.

En Angleterre, on en a trouvé beaucoup dans les conglomérats d'Aust-Cliff, près de Bristol, qui renferment la limite supérieure du terrain triasique; mais il n'est pas certain que les différences qui distinguent ces dents ne doivent pas être attribuées à des différences de place sur la mâchoire. M. Agassiz a établi les espèces suivantes : *Ceratodus latissimus*, *curtus*, *planus*, *parvus*, *emarginatus*, *gibbus*, *dædaleus*, *altus*, *obtusus* et *disauris*.

On en connaît aussi une des terrains jurassiques proprement dits.

Le *C. Philippsii*, Agass., a été trouvé à Stonesfield.
Le *C. Kaupii*, Agass., est d'une localité inconnue.

Les CHIRODUS, M'Coy,

ont des dents épaisses et aplaties qui rappellent celles des ceratodus par leurs formes générales en éventail. Le bord antérieur est profondément divisé en lobes; l'intérieur, à peu près droit, porte un petit lobe recourbé en forme de pouce se projetant à angle

[1] Agassiz, *Poiss. foss.*, t. III, p. 129, pl. 18 à 20; H. de Meyer et Plieninger, *Beitr. zur Palæont. Wurtembergs*, p. 85; Giebel, *Fauna der Vorwelt*, I, 3, p. 357.

droit depuis le milieu de sa longueur. Ce processus écarte les dents des deux côtés. La surface est finement ponctuée (¹).

Le *Chirodus pes ranœ*, M' Coy, a été trouvé dans le calcaire carbonifère du Derbyshire.

Les CTENODUS, Agass., — Atlas, pl. XXXVIII, fig. 35,

ne sont encore connus que par un petit nombre de dents en forme d'éventail, dont les côtes seraient dentelées. Leurs rapports ne peuvent pas être précisés.

On a trouvé ces dents dans les terrains dévoniens et carbonifères (²).

M. Agassiz cite dans les premiers les *Ctenodus Keyserlingii*, Agass., *Woerthii*, id., *marginalis*, id., *asteriscus*, id., et *parvulus*, id., trouvés dans le vieux grès rouge d'Orel.

M. Eichwald a fait connaître le *C. serratus*, Eichw., des mêmes gisements, et le *C. radiatus*, id., du terrain dévonien de Slavanka.

Les espèces des terrains carbonifères sont les suivantes :

Le *C. cristatus*, Agass., vient de la houille de Tong, le *C. Robertsoni*, Agass., est de Burdie-House, et le *C. alatus*, Agass., provient du calcaire carbonifère d'Ardwick.

Le *C. Murchisoni*, Agass., a été trouvé à Botwood.

Les CONCHODUS, M' Coy,

ont aussi des dents paires (?) comme les ceratodus et les ctenodus. Chacune d'elles est grande, semi-circulaire, apointie en avant, subtronquée en arrière, à surface triturante profondément concave. Le bord extérieur est ondulé de plis très marqués, correspondant à des côtes qui sont plus fortes à la partie antérieure. Ces plis n'atteignent pas le bord interne. Ce genre diffère surtout des ceratodus et des conchodus par la surface triturante de ses dents qui est fortement creusée et qui rappelle l'intérieur d'une huître (³).

(¹) *Ann. and mag. of nat. hist.*, 2ᵉ série, 1848, t. II, p. 130.

(²) Agassiz, *Poiss. foss.*, t. III, p. 137, pl. 19, et *Poiss. de l'Old red*, p. 122, pl. 28 a, et 33; Eichwald, *Karsten's Archiv*, 1845, t. XIX, p. 671, *Bull. Soc. nat.*, Moscou, 1844, t. XVII, p. 827; Giebel, *Fauna der Vorwelt*, 1, 3, p. 342.

(³) *Ann. and mag. of nat. hist.* 2ᵉ série, 1848, p. 311.

Le *Conchodus ostreæformis*, Mᶜ Coy, a été trouvé dans le vieux conglomérat rouge (terrain dévonien) de Seat-Craig.

Les Pœcilodus, Agass.,

sont encore très mal connus. Leurs dents sont un peu convexes, creuses en dessous, polygonales ou arrondies, ornées sur leurs bords de plis parallèles.

M. Agassiz [1] a nommé six espèces non décrites du calcaire carbonifère d'Armagh et de la houille de Carluke. Ce sont les *Pœcilodus Yonzii, parallelus, transversus, obliquus, sublævis* et *angustus.*

Il faut ajouter le *P. rossicus*, Keyserl. [2], du pays de Petschora ainsi que les *P. aliformis*, Mᶜ Coy [3], et *foveolatus*, id., du calcaire carbonifère du Derbyshire.

Les Climaxodus, Mᶜ Coy,

ont des dents plus longues que larges, se rétrécissant graduellement en avant ; les côtés sont presque droits. La partie antérieure de la couronne est traversée par des côtes larges, imbriquées, transversales et perpendiculaires au diamètre longitudinal. La surface est finement ponctuée [4].

Le *Climaxodus imbricatus*, Mᶜ Coy, a été trouvé dans le calcaire impur et foncé qui recouvre le calcaire carbonifère du Derbyshire.

Les Pleurodus, Agass.,

n'ont pas encore été caractérisés [5].

Les *Pleurodus affinis* et *Rankinei*, Agass., ont été trouvés dans la houille de Carluke.

Les Petalodus, Owen,

forment un type tout à fait particulier et qui n'appartient probablement pas à la division des cestraciontes. La difficulté de trouver ses véritables affinités génériques m'a engagé à lui laisser provisoirement cette place. Il est possible, comme je l'ai dit plus

[1] Agassiz, *Poiss. foss.*, t. III, p. 174 et 381 ; Portlock, *Geol. rep.*, p. 468, pl. 14 *a* ; Giebel, *Fauna der Vorwelt*, I, 3, p. 337.

[2] *Petschora Land*, p. 292, pl. 21, fig. 6.

[3] *Ann. and mag. of nat. hist.*, 1848, 2ᵉ série, t. II, p. 129.

[4] *Ibid.*, p. 128.

[5] Agassiz, *Poiss. foss.*, t. III, p. 174 et 384.

haut, qu'il faille le rapprocher des carcharopsis. M. Giebel le réunit à ce genre pour former un groupe des pétalodontes.

Les dents ont des plis concentriques autour de leur base, qui est large et finement ponctuée. Sur le milieu s'élève verticalement une partie comprimée à bords tranchants.

Les espèces appartiennent toutes à l'époque carbonifère (¹).

Le *Petalodus acuminatus*, Agass. (*Chomatodus acuminatus*, id.), a été trouvé dans le comté de Durham.

Le *P. Hastingsiæ*, Owen, provient d'Armagh.

M. Agassiz nomme, sans les décrire, quelques espèces du même gisement (²), les *P. psittacinus, rectus, lævissimus, marginalis* et *sagittatus.*

Le *P. rhombus*, M' Coy, a été trouvé dans les terrains carbonifères du Desbyshire.

Les POLYRHIZODUS, M' COY,

ont des dents épaisses, à couronne peu élevée, formant une surface ovale, transversale, qui se rétrécit vers les extrémités. Des côtes antérieures et postérieures séparent la couronne de la racine. Celle-ci est grande et profondément divisée en plusieurs lobes (5 à 8), ce qui fait le caractère distinctif de ce genre, car les poissons n'ont jamais, sauf dans ce cas, la racine multiple. Ces dents sont voisines de celles des petalodus, mais bien plus lourdes et plus épaisses (³).

Le *Polyrhizodus magnus*, M' Coy (*Petalodus radicans*, Agass.), et le *P. pusillus*, M' Coy, ont été trouvés dans le calcaire carbonifère d'Armagh.

Les DICTÆA, Münster,

forment un genre très singulier qui paraît se rapprocher des cestraciontes par ses dents obtuses (⁴), mais qui est associé par M. Giebel aux squatinides. Il rappelle en effet un peu les anges

(¹) Owen, *Odontography*, p. 61, pl. 22, fig. 3, 4, 5; Agassiz, *Poiss. foss.*, t. III, p. 174 et 384 ; Giebel, *Fauna der Vorwelt*, I, 3, p. 344 ; M' Coy, *Ann. and mag. of nat. hist.*, 1848, 2ᵉ série, t. II, p. 125. La première espèce (*P. acuminatus*) est décrite par M. Agassiz, *Poiss. foss.*, t. III, p. 108, pl. 19, fig. 11-13.

(²) Le *P. radicans*, Agass., doit être transporté dans le genre suivant.

(³) *Ann. and mag. of nat. hist.*, 2ᵉ série, 1848, t. II, p. 125.

(⁴) La dentition se rapproche peut-être encore plus des raies, et ce genre est voisin sous ce point de vue des janassa, mais les formes de son corps forcent à l'associer aux squalidiens.

par ses grandes nageoires pectorales. Le corps est court et gros, la nageoire anale est très développée et rapprochée de la caudale. Il y a deux dorsales dont l'antérieure est bilobée. Tout le corps est couvert de petites écailles arrondies, striées sur la tête et rugueuses sur le reste du corps.

La dentition est composée de quatre rangées de dents allongées et arrondies sur le palais, et d'une rangée de chaque côté de dents plus petites et rhomboïdales portées par les maxillaires.

La *Dictœa striata*, Münster [1], a été trouvée dans les schistes cuivreux de Richelsdorf et de Kamsdorf (terrain pénéen).

4ᵉ FAMILLE. — SQUATINIDES.

Les squatinides diffèrent de tous les squalidiens par leur bouche fendue au bout du museau et non en dessous. Ils se rapprochent des raies par leurs yeux situés à la face dorsale et par leurs grandes pectorales. Leurs formes allongées sont du reste celles des squalidiens. Leur colonne épinière est tantôt ossifiée, tantôt cartilagineuse.

LES ANGES (*Squatina*, Dum.),

forment le type le plus fréquent dans les mers actuelles. Ils ont une tête ronde, un corps large et aplati, des dents lisses, comprimées, pointues, à racines peu développées et à cavité interne considérable.

Les espèces fossiles se trouvent dans les terrains crétacés et tertiaires.

Elles remontent même jusqu'à l'époque jurassique, si l'on réunit à ce genre celui qui a été établi par le comte de Münster, sous le nom de THAUMAS, et qui paraît avoir les caractères essentiels des anges, sauf quelques modifications dans la disposition des nageoires de la queue.

[1] Munster, *Beitr. zur Petref.*, t. III, p. 124, pl. 3, 4 et 8; Agassiz, *Poiss. foss.*, t. III, p. 376; Giebel, *Fauna der Vorwelt*, I, 3, p. 299. Ce dernier auteur réunit à cette espèce l'*Acrodus larva*, Agassiz, *Poiss. foss.*, t. III, pl. 22, fig. 23-25.

Le *Thaumas alifer*, Münster, et le *T. fimbriatus*, id., ont été trouvés dans les schistes de Solenhofen [1].

Les espèces des terrains crétacés ne sont connues que par des dents.

M. Reuss [2] a décrit les *Squatina Mulleri* et *lobata*, Reuss, du placner de Bohême.

Il en est de même de la seule espèce qui soit citée dans les terrains tertiaires.

La *Squatina carinata*, Giebel [3], provient des schistes tertiaires de Klein-Spauwen près de Maëstricht.

Les RADAMAS, Münster,

ont un museau allongé comme les rhinobates et les pristiophorus du monde actuel. Suivant M. Giebel, ils se rapprochent de ce second genre plus que du premier, et doivent, en conséquence, être placés dans l'ordre des squalidiens et dans la famille des squatinides. La figure donnée par le comte de Münster m'a paru insuffisante pour pouvoir apprécier les affinités de ce genre [4].

Les *Radamas macrocephalus*, Münster, a été trouvé dans les schistes cuivreux de Richelsdorf (terrain pénéen).

Les XENACANTHUS, Beyrich,

ont beaucoup de rapports avec les anges dans la forme du corps et de la tête, et la disposition des nageoires, mais présentent un ensemble de caractères qui forcera probablement une fois à en faire une famille à part, à laquelle on réunirait quelques genres des terrains anciens, connus seulement par des rayons (orthacanthus, pleuracanthus, etc.).

Les os de la tête présentent la structure en mosaïque caractéristique des poissons cartilagineux vivants. Les dents rappellent celles des diplodus. La corde dorsale est cartilagineuse. Leur

[1] Münster, *Beitr. zur Petref.*, t. V, p. 62, pl. 7, fig. 1, et t. VI, p. 53, pl. 1, fig. 4.
[2] Röm. *Kreidegeb.*, II, p. 100, pl. 21, fig. 18-21.
[3] Giebel, *Fauna der Vorwelt*, I, 3, p. 298.
[4] Münster, *Beitr. zur Petref.*, t. VI, p. 52, pl. 14, fig. 1; Giebel, *Fauna der Vorwelt*, I, 3, p. 297; Geinitz, *Zechsteingeb.*, p. 6.

caractère le plus distinctif consiste dans un gros rayon épineux situé immédiatement derrière la tête, c'est-à-dire bien plus en avant que dans tous les autres genres. Ce rayon est déprimé, médiocrement pointu et garni sur les côtés d'épines courtes, crochues et comprimées. Il ressemble à ceux des myliobates, et prouve que c'est probablement à tort que l'on a attribué au sous-ordre des rajidiens les rayons déprimés des pleuracanthus, etc., qui appartiennent vraisemblablement à des genres voisins des xenacanthus. Fort en arrière de ce rayon, on remarque une grande nageoire dorsale ; la queue est inconnue.

Le *Xenacanthus Decheni*, Beyrich, a été réuni par Goldfuss aux ORTHACANTHUS d'Agassiz, qui ne sont connus que par des rayons plus comprimés. Il a été trouvé dans le terrain carbonifère de Ruppersdorf (Bohême), de Oschatz en Saxe, de Trautenau, dans les Riesen-Gebirge, etc. [1]

2ᵉ SOUS-ORDRE. — RAJIDIENS.

Les rajidiens se distinguent des squalidiens par leur corps très aplati, semblable à un disque, uni avec des pectorales extrêmement amples et charnues, qui se joignent en avant l'une à l'autre ou avec le museau ; par leurs branchies ouvertes à la face ventrale, et par leur queue généralement grêle.

Nous les divisons en trois familles : les PRISTIDES, ou *Scies* ; les RAGIDES, ou *Raies sans aiguillons*, et les MYLIOBATIDES, ou *Raies armées d'aiguillons*.

1ʳᵉ FAMILLE. — PRISTIDES.

La famille des pristides, ou scies, renferme des poissons bizarres, qui joignent à la forme allongée des squales un corps aplati en avant et des branchies ouvertes en dessous comme dans les raies.

[1] Goldfuss, *Leonh. und Bronn Neues Jahrb.*, 1847, p. 404, et surtout *Beitr. zur Vorwelt Fauna des Steinkohlengeb.*, p. 23, pl. 5, fig. 9 et 10 ; Giebel, *Fauna der Vorwelt*, I, 3, p. 322 ; Beyrich, *Berlin. Monatsbericht*, 1848, p. 24, et *Leonh. und Bronn Neues Jahrb.*, 1849, p. 118.

Ce qui les caractérise le plus clairement est leur long museau, déprimé en forme de lame d'épée, et armé de fortes épines osseuses pointues et tranchantes, implantées comme des dents.

Les Scies (*Pristis*, Lath.),

sont le seul genre que l'on puisse rapporter à cette famille. On en connaît quelques espèces vivantes, et d'autres se trouvent fossiles.

Une espèce a été citée dans les terrains jurassiques, mais avec doute.

C'est le *Pristis dubius*, Münster [1], des terrains coralliens du Hanovre.

Les autres appartiennent à l'époque tertiaire [2].

Le *P. bisulcatus*, Agass., et le *P. Hastingsiæ*, id., ont été trouvés dans l'argile éocène de Sheppy.

Le *P. acutidens*, Agass., vient des sables de Bagshot.

Le *P. Bathami*, Galeotti, a été découvert dans les terrains éocènes de Meisbroeck en Brabant.

Ce genre se retrouve fossile en Amérique.

M. W. Gibbes a décrit sous le nom de *P. Agassizii*, Gibbes, une espèce de la Caroline du Sud, et possède d'autres fragments qui indiquent la présence d'une ou de deux autres espèces [3].

Les Squaloraja, Riley,

forment un genre très anormal et dont la véritable place est difficile à assigner. Il paraît avoir eu une grande analogie de formes avec le genre pristiophorus, aujourd'hui vivant (sous-ordre des squalidiens), et avoir eu un museau prolongé comme ce genre et comme celui des scies. Cette circonstance nous a engagé à le laisser provisoirement dans la famille des pristides, car il ne paraît pas pouvoir entrer dans le sous-ordre des squalidiens.

Ses autres caractères l'éloignent plus ou moins de ce type. De véritables boucles sur la peau et la forme de ses vertèbres rap-

[1] *Beitr. zur Petref.*, t. VII, p. 47.

[2] Agassiz, *Poiss. foss.*, t. III, p. 382*, pl. 41, fig. 1, et *Ann. sc. nat.*, 3ᵉ série, t. III, p. 48; Galeotti, *Bull. Acad. Bruxelles*, 1835, II, p. 132; Giebel, *Fauna der Vorwelt*, I, 3, p. 293.

[3] *Journ. Acad. nat. sc. of Philadelphia*, nouv. série, t. I, p. 299.

pellent les raies; ses ventrales, à peu près aussi développées que
les pectorales, ressemblent à celles des rhinobates. Sa queue est
armée d'un piquant comme celle des myliobates. Ses mâchoires
sont articulées comme dans tous les placoïdes; les dents sont
petites et pointues. Les orbites sont énormes et encadrées par un
anneau en relief.

La seule espèce connue [1] a été trouvée dans le lias de Lyme-Regis. C'est
le *Squaloraja polyspondyla*, Agass. (*S. dolichognatha*, Riley).

2ᵉ Famille. — RAJIDES.

Cette famille comprend les espèces à museau simple dont la
queue n'est pas armée d'aiguillons.

Les Spathobatis, Thiollière,

ressemblent beaucoup aux rhinobates, et, ainsi que le fait remarquer M. Thiollière lui-même, il est très possible qu'on doive réunir ces deux genres. Les spathobatis ont cependant un caractère
différentiel dans l'existence d'une nageoire en crête basse qui s'é-
tend sur le dos, entre les deux os en ceinture [2].

Le *Spathobatis Bugesiacus*, Thiollière, a été trouvé dans les schistes lithographiques de Cirin (Ain).

Il ne serait pas impossible que le *Thaumas alifer*, Münster, que
nous avons indiqué, page 273, comme un squatinide, appartînt à
ce même genre et peut-être à la même espèce. La tête du thaumas
est très incomplètement conservée, et a été interprétée comme
ressemblant à celle des anges (*Squatina*). Le reste du corps est
tout à fait celui des spathobatis.

[1] Riley, *Proceed. geol. Soc. London*, 1833, 5 mai, etc.; Agassiz, *Poiss.
foss.*, t. III, p. 379, pl. 42 et 43; Giebel, *Fauna der Vorwelt*, t. 3, p. 294.
M. Agassiz a changé le nom de ce poisson. M. Riley l'avait nommé *S. dolichognatha*, parce qu'il attribuait à tort le bec au développement des maxillaires. M. Agassiz lui avait d'abord donné le nom générique de Spinacorhinus,
mais il est revenu plus tard au nom de M. Riley.

[2] Voyez Thiollière, *Sur un nouveau gisement de poiss. foss.*, p. 21;
Deuxième notice, id., p. 21, avec planche.

Les Arthropterus, Agass.,

ne sont connus que par une empreinte de nageoire qui montre
des rayons cylindracés à articulations très distinctes. M. Giebel
les réunit au genre des Platyrhina, Müller, caractérisé par des
nageoires arrondies et par une grosse queue. Il contient des
espèces vivantes de la Chine, du Japon et de l'Inde (1).

On en connaît une espèce du lias, l'*Arthropterus Rileyi*, Agass.

Les Raies (*Raia*, Cuv.),

caractérisées par leur forme rhomboïdale, leur queue mince munie de deux petites dorsales, et leurs dents menues et serrées disposées en quincouce, ont été quelquefois trouvées fossiles, dans
les terrains tertiaires et récents (2).

La *Raja Philippi*, Münster, a été découverte dans les schistes tertiaires
de Cassel.

La *R. spiralis*, Münster, provient des sables de Minden.

La *R. antiqua*, Agass., a été recueillie dans le crag de Norfolk.

Les Asterodermus, Agass.,

ont les formes des raies, avec la peau couverte de petites étoiles
épineuses.

M. Giebel ne considère pas ces caractères comme suffisants
pour l'établissement d'un genre, il les réunit aux raies (3).

On n'en connaît qu'une espèce de Solenhofen, l'*Asterodermus platypte-
rus*, Agass.

Les Euryarthra, Agass.,

ne sont aussi connus que par une nageoire pectorale, qui indique

(1) Agassiz, *Poiss. foss.*, t. III, p. 379; Giebel, *Fauna der Vorwelt*, I, 3, p. 295.
Il serait possible que le genre Narcopterus, Agass., *Poiss. foss.*, t. III, p. 382**,
doive aussi être réuni aux platyrhina, et que le *N. bolcanus*, Agass., dût
devenir le *Platyrhina bolcana*.

(2) Agassiz, *Poiss. foss.*, t. III, p. 371, pl. 37, fig. 33; Münster, *Beitr. zur
Petref.*, t. VII, p. 33, pl. 2, fig. 22 et 24; Giebel, *Fauna der Vorwelt*,
I, 3, p. 292.

(3) Agassiz, *Poiss. foss.*, t. III, p. 381, pl. 44, fig. 1-6; Giebel, *Fauna
der Vorwelt*, I, 3, p. 292.

une très grande espèce. Les rayons sont larges, plats et composés de très grands articles.

M. Giebel les réunit aussi aux raies [1].

L'*Euryarthra Munsteri*, Agass., vient de Solenhofen.

Les Cyclarthrus, Agass.,

ne sont connus que par un fragment de nageoire, caractérisé par les articles des rayons cylindracés, courts à leur base et plus longs à mesure qu'ils se divisent [2].

Le *Cyclarthrux macropterus*, Agass., a été trouvé dans le lias de Lyme-Regis.

Les Torpilles (*Torpedo*, Dum.),

à corps circulaire et lisse, et à queue charnue, ont été représentées par une espèce gigantesque, à l'époque du dépôt des schistes du Monte Bolca.

C'est la *Torpedo gigantea*, Agass. [3].

Les Cyclobatis, Egerton, — Atlas, pl. XXXIX, fig. 9,

sont caractérisés par leur forme circulaire, par les rayons de la pectorale moins nombreux que dans les torpilles et surtout que dans les raies, et par leurs os du bassin qui forment de longues pointes dirigées en avant dans la même position que les os marsupiaux. Ils manquent de côtes.

La seule espèce connue [4] est le *Cyclobatis oligodactylus*, Egerton, des calcaires durs de Hakel (mont Liban).

Les Byzenos, Münster,

ne sont connus que par des fragments de peau chagrinée qui ne

---

[1] Agassiz, *Poiss. foss.*, t. III, p. 382; Giebel, *loc. cit.*

[2] Agassiz, *Poiss. foss.*, t. III, p. 382, pl. 44, fig. 1 ; sir Ph. Grey Egerton, *Catal.*; Giebel, *Fauna der Vorwelt*, I, 3, p. 294.

[3] Agassiz, *Poiss. foss.*, t. III, p. 382* ; Giebel, *Fauna der Vorwelt*, I, 3, p. 293. C'est la *Raja torpedo* de l'*Ittiol. Veronese*, pl. 64. M. de Blainville en avait fait le genre des NARCOBATUS.

[4] Sir Ph. Grey Egerton, *Quart. journ. of the geol. Soc.*, 1845, I, p. 225, pl. 5; Pictet, *Poiss. du Liban*, p. 54, pl. 10, fig. 4 ; Giebel, *loc. cit.*

peuvent fournir aucun renseignement suffisant sur leurs affinités génériques ([1]).

Le *B. latiplanatus*, Münster, a été trouvé dans les schistes cuivreux de Richelsdorf (terrain pénéen).

3ᵉ FAMILLE. — MYLIOBATIDES.

Cette famille comprend toutes les raies armées, c'est-à-dire celles qui ont sur la queue un ou plusieurs aiguillons déprimés.

LES PASTENAGUES (*Trygon*, Adanson ; *Trygonobatus*, de Blainville),

ont des dents menues et en quinconce, le corps court et obtus en avant. Plusieurs espèces vivent aujourd'hui dans nos mers.

Le *Trygon Gazzolæ*, Agass., et le *Trygon oblongus*, id., proviennent du Monte Bolca ([2]).

LES MYLIOBATES (*Myliobates*, Duméril), — Atlas, pl. XXXIX, fig. 10 à 12,

sont très clairement caractérisées par de larges dents, à couronne plate, juxtaposées ou réunies par leurs bords et soudées par de fines sutures, de manière à former de larges plaques semblables à des carreaux. Cette organisation leur est commune avec quelques uns des genres suivants, et caractérise un groupe important pour le géologue à cause de la fréquence de ces dents dans les terrains tertiaires. Le genre des myliobates, tel que nous le limitons ici, est caractérisé par le développement transversal extraordinaire des dents médianes des deux mâchoires, tandis que leur longueur reste égale à celle des dents latérales, qui sont de forme régulièrement hexagonale et disposées de chaque côté sur trois rangées.

[1] Münster, *Beitr. zur Petref.*, t. VI, p. 50, pl. 1, fig. 2 ; Giebel, *Fauna der Vorwelt*, I, 3, p. 296 ; Geinitz, *Zechsteingeb.*, p. 6.

[2] Agassiz, *Poiss. foss.*, t. III, p. 382** ; Giebel, *Fauna der Vorwelt*, I, 3, p. 281. le *Tr. Gazzolæ* est figuré dans l'*Ittiol Veronese*, pl. 9, sous le nom de *Raja muricata*. M. de Blainville, *Ichthyol.*, p. 32, a désigné cette même espèce sous le nom de *Trigonobatus vulgaris*, et l'autre sous celui de *T. crassicaudatus*.

La plaque dentaire de la mâchoire inférieure est plate, celle de la mâchoire supérieure est plus courte, courbée autour du bord antérieur et légèrement voûtée sur ses côtés.

On en connaît aujourd'hui cinq espèces vivantes ; les espèces fossiles ont été beaucoup plus nombreuses, mais ne paraissent pas antérieures aux terrains tertiaires [1].

L'argile de Londres en contient beaucoup d'espèces [2].

M. Agassiz y cite les *Myliobates foliapicus*, Agass., *goniopleurus*, id., *Dixoni*, id., *striatus*, id., *punctatus*, id., *gyratus*, id., *jugalis*, id., *nitidus*, id., *Colei*, id., et *heteropleurus*, id.

Il faut y ajouter les *Myliobates irregularis*, Dixon, *Edwardsi*, id., et *contractus*, id.

Les terrains tertiaires de Belgique ont fourni le *M. Begleyi*, Agass., de Bruxelles, le *M. Brongniarti*, Agass., de Gand, et le *M. antwerstis*, Agass., de Klein-Spauwen près Maëstricht.

Le *M. angustus*, Agass., est des sables tertiaires de la vallée du Rhin.

Le *M. speciosus*, Münster, provient du bassin tertiaire de Vienne, ainsi que le *M. duplicatus*, id. [3].

M. H. de Meyer [4] en a fait connaître plusieurs espèces des mollasses et des terrains miocènes d'Allemagne, et en particulier le *M. preradens*, du Kressenberg ; le *M. serratus*, de Flonheim, et le *M. lævis*, d'Alzei.

Le *M. micropleurus*, Agass., décrit d'abord comme d'une origine inconnue, a été trouvé par M. Raulin dans la mollasse de Vendargues [5].

Le *M. apenninus*, Costa [6], provient des environs de Naples.

M. Eug. Sismonda [7] a fait connaître le *M. angustidens* des terrains pliocènes de l'Astésan.

Le *M. testæ*, Philippi [8], a été découvert en Sicile (?).

[1] Agassiz, *Poiss. foss.*, t. III, p. 317, pl. 46 et 47 ; et *Ann. sc. nat.*, 3ᵉ série, t. III, p. 48 ; Giebel, *Fauna der Vorwelt*, I, 3, p. 285.

[2] Voyez plus spécialement, pour les espèces de l'argile de Londres (outre Agassiz), Owen, *Ann. and mag. of nat. hist.*, t. XIX, p. 25 ; Dixon, *Geol. and foss. of Sussex*, p. 197.

[3] *Beitr. zur Petref.*, t. V, p. 67, et t. VII, p. 21.

[4] *Palæontographica*, t. I, p. 149, pl. 20, fig. 56 (*M. preradens*); Leonh. und Bronn *Neues Jahrb.*, 1843, p. 703 (*M. serratus*); et *id.*, 1844, p. 333, (*M. lævis*).

[5] *Comptes rendus de l'Acad. des sc.*, 1849, t. XXVIII, p. 766.

[6] Leonh. and Bronn *Neues Jahrb.*, 1851, p. 184.

[7] *Poiss. et crust. foss. du Piémont*, p. 52, pl. 2, fig. 35 et 36.

[8] *Palæontographica*, t. I, p. 25, pl. 2.

M. Catullo en a cité des plaques dans les terrains tertiaires des provinces vénitiennes [1].

Le *M. Stockesii*, Agass., est d'une provenance inconnue.

Quelques espèces ont été trouvées dans l'Amérique septentrionale.

M. R. W. Gibbes [2] a décrit le *Myliobates Holmesii* et le *M. transversalis*, du terrain éocène de la Caroline du Sud.

Les espèces précédentes sont connues par des dents. On doit probablement rapporter aux mêmes genres des rayons fossiles qui ont tous les caractères des aiguillons qui arment la queue des mourines actuelles. Les espèces que l'on a établies sur leur étude forment probablement quelques doubles emplois avec les précédentes. M. Gießel les désigne sous le nom générique de MYLIOBATIDES. Ces aiguillons se distinguent de ceux des squalidiens, parce qu'ils sont déprimés au lieu d'être comprimés, et que les dentelures, quand elles existent, sont sur les bords extérieurs.

Quelques uns ont été rapportés à des espèces connues par des dents, et en particulier au *Myliobates Brongniarti*, Agass., et au *M. toliapicus*, id., cité plus haut.

La plupart n'ont pas pu être associés aux dents.

L'argile de Londres [3] a fourni les *M. Owenii*, Agass., *ocutus*, id., *canaliculatus*, id., *lateralis*, id. et *marginalis*, id.

Le *M. Sternbergii*, Agass., provient de la vallée de la Brenta.

Le comte de Munster a décrit les *M. Haidingeri et gracilis* du bassin tertiaire de Vienne [4].

Les AÉTOBATIS, Müller et Henle, — Atlas, pl. XXXIX, fig. 13,

ont une mâchoire inférieure saillante, tandis que la supérieure est courte et tronquée. Elles n'ont qu'une seule rangée de dents transversales, sans dents latérales. En conséquence, leurs petits côtés sont droits et non taillés de manière à s'articuler avec un autre hexagone, comme dans les myliobates et les zygobates. On

[1] *Reunione degli scienziati Ital.* Padone, 1842.
[2] *Journal of the Acad. of nat. sc. of Philadelphia*, nouv. sér., t. I, nov. 1849.
[3] Agassiz, *loc. cit.*
[4] *Beitr. zur Petref.*, t. VII, p. 24, pl. 3, fig. 3 et 4.

en connaît deux espèces vivantes des mers chaudes. Les espèces fossiles sont des terrains tertiaires [1].

M. Agassiz a décrit les *Aetobatis irregularis*, Ag., et *subarcuatus*, id.; ils ont été trouvés dans les argiles éocènes de Sheppy et du Sussex.

M. Dixon y a ajouté les *A. convexus*, Dix., *subconcavus*, id., *marginalis*, id., et *rectus*, id., des mêmes gisements.

L'*A. arcuatus*, Agass., vient de la mollasse suisse d'Ordenbourg.

L'*A. sulcatus*, Agass., est d'origine inconnue.

Les Zygobates, Agass., — Atlas, pl. XXXIX, fig. 14,

sont encore voisines des mourines; elles en diffèrent par leurs dents latérales, qui diminuent graduellement de largeur du milieu vers les bords. On en connaît deux espèces vivantes du Brésil [2].

Le *Zygobates Studeri*, Agass., a été trouvé dans la mollasse suisse.

Le *Z. Woodwardi*, Agass., est du crag d'Angleterre.

M. H. de Meyer [3] a trouvé dans les schistes tertiaires de la vallée du Rhin des rayons qui se rapportent peut-être à ce genre, et qu'il désigne sous les noms de *Z. rima*, *acuminatus* et *rugosus*.

Les Janassa, Münst.,

ont leurs dents arrangées à peu près comme les mourines et ont beaucoup de rapports avec ces poissons. Les dents antérieures sont les plus petites. Il y en a trois rangées principales et de plus petites sur les côtés. La découverte d'une empreinte du corps a montré que l'animal était couvert d'une peau chagrinée et que les formes générales formaient une transition aux squalidiens. Les janassa peuvent peut-être servir à rapprocher les myliobatides et les cestraciontes [4].

[1] Agassiz, *Poiss. foss.*, t. III, p. 325, pl. 46 et 47; Dixon, *Geol. and foss. of Sussex*, p. 200; Giebel, *Fauna der Vorwelt*, I, 3, p. 289.

[2] Agassiz, *Poiss. foss.*, t. III, p. 328, pl. D, fig. 8; Giebel, *Fauna der Vorwelt*, I, 3, p. 290.

[3] *Leonh. und Bronn Neues Jahrb.*, 1844, p. 334.

[4] Münster, *Beitr. zur Petref.*, t. I, p. 46 et pl. 1, 2 et 14, t. III, p. 122, pl. 3, fig. 5 *a*; Agassiz, *Poiss. foss.*, t. III, p. 375; Germar, *Verst. Mansf. Kupfer.*, p. 26; Kurtze, *Diss. de Mansf.*, p. 20; Schlotheim, 2. *Nachtrag. zur Petref.*, p. 39, pl. 22, fig. 6; Giebel, *Fauna der Vorwelt*, I, 3, p. 291.

On en connaît trois espèces du zechstein (schistes cuivreux de Richelsdorf, etc.) : les *Janassa angulata*, Münster, *Humboldtii*, id., et *bituminosa*,
id. Cette dernière avait été décrite par Schlotheim comme un trilobite.

RAYONS DE NAGEOIRES, OU ICHTHYODORULITES.

Les géologues ont signalé depuis longtemps des rayons
de nageoires répandus dans plusieurs terrains, et séparés du reste du corps. MM. Buckland et de la Bèche
les ont désignés sous le nom d'*ichthyodorulites*, et
leur étude a longtemps embarrassé les paléontologistes.

On peut facilement distinguer ceux qui ont appartenu à des placoïdes de ceux qui ont dû être portés par
des poissons osseux. Ces derniers, en effet, présentent
toujours à leur base deux apophyses articulaires pour
l'union avec les os qui les portent, tandis que ceux des
placoïdes sont soutenus dans les chairs par une partie
taillée en biseau et terminée par une pointe obtuse.

Nous nous occuperons ici des rayons que l'on peut attribuer aux placoïdes, comme complément des faits qui
ont été fournis par les dents ou par des squelettes entiers. Ces rayons ont très probablement appartenu pour
la plupart aux genres que je viens de décrire ; mais,
ainsi que je l'ai dit plus haut, on a dû leur assigner
provisoirement des noms génériques et spécifiques,
parce qu'on ignore à quelles dents ils étaient associés.
De nouvelles découvertes permettront peut-être de diminuer peu à peu le nombre de ces doubles emplois.

1° *Rayons plus ou moins comprimés, dépourvus de dents.*

Les Oncnus, Agass., — Atlas, pl. XXXIX, fig. 16 et 17,

sont des ichthyodorulites de moyenne taille, dont les faces latérales sont sillonnées longitudinalement de rainures, entre les-

quelles se trouvent des côtes arrondies plus ou moins larges [1].
Quelques uns ont été trouvés dans les terrains silariens.

Les *Onchus Murchisoni*, Agass., et *semistriatus*, id., ont été cités par
M. Agassiz dans les roches de Ludlow.

D'autres appartiennent aux terrains dévoniens.

M. Agassiz indique l'*Onchus semistriatus*, Agass., du Worcestershire et
les *O. heterogyrus*, id., et *sublævis*, id., des environs de Saint-Pétersbourg.
L'*O. arcuatus*, Agass., a été transporté dans le genre Brssacanthus.

On en cite aussi dans les terrains de l'époque carbonifère.

L'*O. sulcatus*, Agass., et l'*O. lamelas*, id., ont été trouvés dans le calcaire
carbonifère de Bristol.
Les *O. rectus*, Agass., *plicatus*, id., et *falcatus*, id., proviennent du calcaire
carbonifère d'Armagh.
L'*O. subulatus*, Agass., a été découvert dans la houille de Rhuabon.

Les ORACANTHUS, Agass.,

se distinguent par leur grosseur et par la largeur de leur base, et
surtout par les étoiles qui ornent leur surface. M. Agassiz considère comme possible qu'ils aient appartenu aux poissons décrits
sous le nom d'ORODUS.
Ils ont tous été trouvés dans les terrains carbonifères [2].

Les *Oracanthus Milleri*, Agass., *pustulosus*, id., et *minor*, id., proviennent
des environs de Bristol.
L'*O. confluens*, Agass., a été découvert à Armagh.

Les GYRACANTHUS, Agass., — Atlas, pl. XXXIX, fig. 15,

sont ornés d'arêtes et de sillons profonds qui forment des rides
obliques, descendant du milieu de la face antérieure aux bords
postérieurs et aboutissant sur les côtés de la ligne médiane postérieure à des sillons longitudinaux.

[1] Agassiz, *Poiss. foss.*, t. III, p. 6, pl. 1, et *Poiss. de l'Old red*, p. 11?,
pl. 33; Giebel, *Fauna der Vorwelt*, I, 3, p. 301.
[2] Agassiz, *Poiss. foss.*, t. III, p. 13, pl. 2 et 3; Giebel, *Fauna der Vorwelt*,
I, 3, p. 303.

Ils appartiennent également à l'époque carbonifère [1].

Une espèce cependant a été citée comme se trouvant à la fois dans les terrains carbonifères et dans l'époque pénéenne.

C'est le *Gyracanthus formosus*, Agass., trouvé dans le calcaire d'eau douce de Burdie-House, la houille de Newcastle, et diverses autres localités carbonifères d'Angleterre. M. King l'indique comme trouvé dans le nouveau grès rouge inférieur (terrain pénéen) de Westoe [2].

Les autres espèces sont spéciales aux terrains carbonifères.

Le *G. tuberculatus*, Agass., a été trouvé à Sunderland ; le *G. alnwicensis*, Agass., à Alnwick-Castle ; le *G. ornatus*, Agass., caractérise les schistes houillers du pays de Galles.

M. M'Coy [3] a décrit récemment le *G. obliquus*, M'Coy, commun dans les couches inférieures du système carbonifère de l'Irlande.

Les Dimeracanthus, Keyserling [4],

ont une surface lisse à l'œil nu et finement granulée si on l'observe à la loupe. Ils se distinguent par un sillon sur le milieu de chaque côté, en sorte que la coupe est en forme de 8 (*biscuitfœrmig*). Cette coupe laisse voir une cavité médiane et des couches d'accroissement concentriques.

Le *Dimeracanthus concentricus*, Keyserling, a été trouvé dans les terrains dévoniens du pays de Petschora.

Les Nemacanthus, Agass.,

sont des rayons comprimés, à côté aplati et à bord antérieur sous la forme d'une quille, surmontée d'un filet arrondi, détaché par une petite cannelure latérale. La cavité intérieure est petite. La surface externe est parsemée de mamelons arrondis dans sa partie supérieure et près du filet du bord antérieur. Ces mamelons, disposés en séries, sont séparés par une ligne oblique d'un

[1] Agassiz, *Poiss. foss.*, t. III, p. 17, pl. 1 a et pl. 5 ; Giebel, *Fauna der Vorwelt*, I, 3, p. 302.

[2] W. King, *A monogr. of the permian foss. of England*, Palæont. Soc., 1850, p. 224. Cette même espèce a été décrite par Ure (*History of Rutherglen*, p. 301, pl. 12, fig. 6) sous le nom de *bois pétrifié*.

[3] *Ann. and mag. of nat. hist.*, 2e série, 1848, t. II, p. 117.

[4] *Petschora Land*, p. 292 b ; Giebel, *Fauna der Vorwelt*, I, 3, p. 303.

espace basilaire finement strié de lignes parallèles au bord postérieur du rayon.

Les espèces appartiennent toutes aux terrains carbonifères et triasiques.

Une seule espèce a été indiquée dans l'époque carbonifère.

C'est le *Nemacanthus priscus*, Mᶜ Coy, du calcaire rouge d'Armagh [1].

Quatre autres caractérisent les terrains triasiques [2].

Les *N. monilifer*, Agass., et *filifer*, id., ont été trouvés dans les conglomérats des environs de Bristol, qui sont situés à la partie supérieure du terrain triasique et sur les limites du lias. On les a observés aussi à Krailsheim.

Les *N. granulosus*, Agass., et *senticosus*, id., proviennent du muschelkalk de Leineck et des brèches du keuper de Goelsdorf.

Les Leiacanthus, Agass.,

ressemblent aux précédents, mais sont plus minces, plus arqués, et ont des arêtes et des sillons irréguliers. Ils se trouvent dans les terrains triasiques [3].

Le *Leiacanthus falcatus*, Agass., a été découvert dans le muschelkalk de Lunéville et de Bayreuth, et dans les brèches keupériennes de Krailsheim.

Les *L. Opalowitzanus* et *Tarnowitzanus*, H. de Meyer, appartiennent au muschelkalk de la Silésie.

Les Haplacanthus, Agass., — Atlas, pl. XXXIX, fig. 18,

ont la forme des nemacanthus et le même filet arrondi en avant, mais ils sont parfaitement lisses [4].

L'*Haplacanthus marginalis*, Agass., est propre aux terrains dévoniens des environs de Saint-Pétersbourg.

Les Narcodes, Agass., — Atlas, pl. XXXIX, fig. 19,

sont médiocrement comprimés et ont la face antérieure lisse jus-

---

[1] Mᶜ Coy, *Ann. and mag. of nat. hist.*, 2ᵉ série, 1848, t. II, p. 120.

[2] Agassiz, *Poiss. foss.*, t. III, p. 26, pl. 7; H. de Meyer et Plieninger, *Beitr. zur Pal. Wurt.*, p. 108, etc.; Giebel, *Fauna der Vorwelt*, I, 3, p. 303.

[3] Agassiz, *Poiss. foss.*, t. III, p. 55, pl. 8 b; H. de Meyer, *Leonh. und Bronn Neues Jahrb.*, 1847, p. 573, et *Palæontographica*, I, p. 221; Giebel, *Fauna der Vorwelt*, I, 3, p. 304.

[4] Agassiz, *Poiss. de l'Old red*, p. 114, pl. 33, fig. 4-6; Giebel, *loc. cit.*

qu'au milieu du flanc et la postérieure couverte de gros tubercules (1).

Le *N. pustulifer*, Agass., a été trouvé dans les mêmes terrains que le précédent.

Les Naulas, Agass.,

sont de gros rayons marqués de profonds sillons parallèles, qui, au lieu d'être arrondis comme dans tous les autres genres, sont à angle droit (2).

Les Byssacanthus, Agass., — Atlas, pl. XXXIX, fig. 20,

ressemblent beaucoup aux onchus, avec lesquels ils ont d'abord été réunis. Ils en diffèrent par leur base extrêmement dilatée et en forme d'entonnoir. Ils ont été trouvés dans les terrains dévoniens (3).

Le *Byssacanthus arcuatus*, Agass. (*Onchus arcuatus*, id.), a été recueilli dans le vieux grès rouge de Bromyard, par M. Murchison.

Les *B. crenulatus*, Agass., et *lævis*, id., proviennent des terrains dévoniens de Saint-Pétersbourg.

Les Cosmacanthus, Agass., — Atlas, pl. XXXIX, fig. 21,

sont de petits rayons faiblement arqués ou presque droits, ornés sur toute leur surface de tubercules disposés en séries longitudinales, régulières; les plus gros étant au bord antérieur et les postérieurs dégénérant en côtes continues.

La seule espèce décrite par M. Agassiz (4), le *Cosmacanthus Malcolmsonii*, Agass., a été trouvée dans le terrain dévonien des environs d'Elgin.

Le *C. carbonarius*, M'Coy (5), a été découvert dans les terrains carbonifères d'Armagh.

---

(1) Agassiz, *Poiss. de l'Old red*, p. 115, pl. 33, fig. 9; Giebel, *loc. cit.*

(2) Agassiz, id., p. 116, pl. 33, fig. 10; Giebel, *loc. cit.*

(3) Agassiz, *Poiss. de l'Old red*, p. 116, pl. 33, et *Poiss. foss.*, t. III, p. 7, pl. 1, fig. 3 à 5; Giebel, *Fauna der Vorwelt*, 1, 3, p. 305; Eichwald, *Bull. Soc. nat. de Moscou*, 1846, t. XIX, p. 288.

(4) Agassiz, *Poiss. de l'Old red*, p. 120, pl. 33, fig. 28; Giebel, *loc. cit.*

(5) *Ann. and mag. of nat. hist.*, 1848, 2ᵉ série, t. II, p. 119.

*2° Rayons plus ou moins comprimés, dentelés ou épineux
à leur bord postérieur.*

Les Leptacanthus, Agass.,

ont des rayons ensiformes plats, à bord antérieur tranchant et à
bord postérieur armé de dents acérées. Leur surface extérieure est
marquée de fines stries longitudinales, qui s'arrêtent un peu avant
le bord postérieur.

On les trouve dans les terrains carbonifères et jurassiques [1].

Le *Leptacanthus prisens*, Agass., est cité dans les terrains de l'époque carbonifère et n'a pas été décrit. Il a été trouvé à Armagh.

Le *L. junceus*, Mᶜ Coy, provient du calcaire carbonifère du Derbyshire.

Les espèces connues dans les terrains jurassiques sont au
nombre de quatre.

Le *L. tenuispinus*, Agass., a été découvert dans le lias de Lyme-Regis.

Les *L. semistriatus* et *serratus*, Agass., proviennent de Stonesfield.

Le *L. longissimus*, Agass., caractérise le calcaire de Caen.

Les Homacanthus, Agass., — Atlas, pl. XXXIX, fig. 22,

ne diffèrent des leptacanthus que par leurs stries qui occupent
toute la surface et qui ne laissent pas d'espace lisse en avant du
bord postérieur.

L'*Homacanthus arcuatus*, Agass. [2] a été trouvé dans le vieux grès rouge
des environs de Saint-Pétersbourg.

Les *H. macrodus* et *microdus*, Mᶜ Coy [3], ont été recueillis dans le calcaire
carbonifère d'Armagh.

Les Asteracanthus, Agass., — Atlas, pl. XXXIX, fig. 23,

sont de grands rayons légèrement arqués, arrondis à leur bord
antérieur, armés de deux rangées de dents assez rapprochées à

[1] Agassiz, *Poiss. foss.*, t. III, p. 27, pl. 1, fig. 1 a et 7 ; Giebel, *Fauna
der Vorwelt*, I, 3, p. 306 ; Mᶜ Coy, *Ann. and mag.*, 1848, 2ᵉ série, t. II, p. 132.

[2] Agassiz, *Puiss. de l'Old red*, p. 113, pl. 33, fig. 1-3 ; Eichwald, *Bull.
Soc. nat. de Moscou*, 1846, t. XIX, p. 293 ; Giebel, *Fauna der Vorwelt*, I,
3, p. 305.

[3] *Ann. and mag. of nat. hist.*, 1848, 2ᵉ série, t. II, p. 115.

leur bord postérieur, et entièrement couverts de tubercules étio-
lés. Leur base est lisse et a en arrière un large sillon évasé.

Ces rayons n'ont été trouvés que dans les terrains jurassiques [1].

L'*Asteracanthus Stutchburyi*, Agass., a été découvert dans le lias de Char-
mouth.

L'*A. minor*, Agass., provient de l'oolithe d'Angleterre.

L'*A. acutus*, Agass., a été trouvé dans le cornbrash de Bedfort.

L'*A. Preussii*, Dunker [2], a été recueilli dans le terrain corallien du Hanovre.

L'*A. ornatissimus*, Agass., caractérise les terrains kimmeridgiens de Shoto-
wer et de Soleure.

L'*A. semisulcatus*, Agass., aurait été trouvé, suivant M. Agassiz, dans
l'oolithe inférieure de Stonesfield et dans le terrain wealdien de Purbeck.

Les Priscacanthus, Agass., — Atlas, pl. XXXIX, fig. 24,

sont très allongés et comprimés au point que leur cavité interne
a l'air d'une fissure. Leurs bords sont tranchants; l'antérieur ressemble à une lame de couteau et le postérieur à celle d'une scie.
Il porte des dents plates, triangulaires, verticales et disposées
sur un seul rang [3].

On n'en connaît bien qu'une espèce, le *P. securis*, Agass., de la grande
oolithe de Caen et de Stonesfield.

M. Eichwald en a indiqué une seconde du terrain dévonien; mais il est
encore très douteux qu'elle appartienne à ce genre (*P. marinus*, Eichw) [4].

Les Myriacanthus, Agass., — Atlas, pl. XXXIX, fig. 25,

présentent une forme très différente, car les rayons auxquels on
a donné ce nom sont quadrilatéraux, à cause de l'alignement des
grands piquants, qui sont disposés en séries sur les côtés de la face
postérieure, et dont la pointe est dirigée vers l'extrémité du rayon.
La surface intermédiaire postérieure est finement striée. Les flancs

[1] Agassiz, *Poiss. foss.*, t. III, p. 31, pl. 8 et 8 *a*; Giebel, *Fauna der Vorwelt*,
I, 3, p. 306.
[2] W. Dunker, *Palæontographica*, t. I, p. 188, pl. 26, fig. 3.
[3] Agassiz, *Poiss. foss.*, t. III, p. 35, pl. 8 *a*; Giebel, *Fauna der Vorwelt*,
I, 3, p. 307.
[4] Eichwald, *Karsten's Archiv.*, 1843, t. XIX, p. 369, et *Bull. de la Soc.
nat. de Moscou*, 1844, t. XVII, p. 826; Agassiz, *Poiss. de l'Old red*, p. 153.

et la partie antérieure sont couverts de petits tubercules lisses, en séries irrégulières. Le milieu du côté antérieur est muni d'une ligne de très fortes épines.

On n'en connaît que de l'époque jurassique [1].

Les *Myriacanthus paradoxus*, *retrorsus* et *granulatus*, Agass., ont été trouvés dans le lias de Lyme-Regis.

Le *M. vesiculosus*, Münster, provient du Jura moyen du Hanovre.

Le *M. Franconicus*, Münster, a été découvert dans le calcaire jurassique supérieur de Franconie.

Les CTENACANTHUS, Agass.,

sont d'immenses rayons très comprimés, à base large, mais à cavité petite. Le bord postérieur porte de petites épines. La surface est ornée de stries longitudinales pectinées, c'est-à-dire crenelées transversalement de dents saillantes qui alternent d'une série à l'autre.

Les espèces se trouvent dans les terrains dévoniens et carbonifères [2].

On en connaît deux des terrains dévoniens.

Le *Ctenacanthus ornatus*, Agass., a été trouvé dans le Worcestershire.
Le *C. serrulatus*, Agass. (*ornatus*, Eichwald), provient de Kokenhusen.

Les espèces des terrains carbonifères sont plus nombreuses.

Les *C. arcuatus*, Agass., *crenulatus*, id., et *heterogyrus*, id., proviennent du calcaire carbonifère d'Armagh.

Les *C. major*, Agass., *tenuistriatus*, id., et *brevis*, id., ont été trouvés à Bristol.

M. M'Coy [3] en a fait connaître récemment deux espèces, le *C. denticulatus* de Monaduff, dans le nord de l'Irlande, et le *P. datans*, d'Armagh.

Les TRISTYCHIUS, Agass.,

sont caractérisés par trois quilles à la face antérieure des rayons,

[1] Agassiz, *Poiss. foss.*, t. III, p. 37, pl. 6 et 8 a; Giebel, *Fauna der Vorwelt*, I, 3, p. 307; Münster, *Beitr. zur Petref.*, t. III, p. 127, pl. 3 et 4, et t. V, p. 111, pl. 4, fig. 3.

[2] Agassiz, *Poiss. foss.*, t. III, p. 10, pl. 2 et 3, et *Introd. de l'Old red*, p. 119, pl. 33; Giebel, *Fauna der Vorwelt*, I, 3, p. 308. Voyez encore H. de Meyer, *Palæontographica*, t. III, p. 54.

[3] *Ann. and mag. of nat. hist.*, 2ᵉ série, t. II, p. 115.

qui ressemblent du reste à ceux des leptacanthus avec des sillons
plus marqués [1].

Le *Tristychius arcuatus*, Agass., a été trouvé dans les terrains carbonifères
de Glascow.

Le *T. minor*, Portlock, du terrain carbonifère de Fermanagh, est douteux.

M. Pomel signale aussi l'existence de ce genre dans le terrain houiller du
Bourbonnais.

Les Astéroptychius, Agass.,

sont des rayons légèrement arqués, à section très comprimée et à
côtes aplatis. Ils sont ornés de côtes saillantes, longitudinales,
étroites et lisses, séparées par des intervalles plus longs qu'elles,
ornés de tubercules ou de stries.

Les *Asteroptychius ornatus*, Agass., *Portlockii*, id., et *semiornatus*, M'Coy,
ont été trouvés dans les schistes houillers d'Irlande [2].

Les Physonemus, Agass.,

sont connus par des rayons larges, très courbés, ornés de côtes
longitudinales, arrondies, nombreuses, dilatées en tubercules
arrondis, polis, vésiculeux, qui ont environ deux fois le diamètre
de l'espace qui les sépare. Les sillons sont étroits et ornés de
quelques stries longitudinales obscures.

Le *Physonemus subteres*, Agass., et le *P. arcuatus*, M'Coy, ont été trouvés
dans les calcaires carbonifères d'Armagh [3].

Les Ptychacanthus, Agass., — Atlas, pl. XXXIX, fig. 25,

sont des rayons en forme d'une faucille peu arquée, qui s'amincirait
vers son extrémité. Ils sont comprimés ; leur bord antérieur forme
une quille obtuse ; le postérieur a des dents semblables à celles
des hybodus, et sa surface est ornée de plis fins et rapprochés [4].

[1] Agassiz, *Poiss. foss.*, t. III, p. 22, pl. 1 a ; Giebel, *Fauna der Vorwelt*,
I, 3, p. 309 ; Portlock, *Geol. report*, p. 464 ; Pomel, *Bull. Soc. géol. de
France*, 2ᵉ série, t. IV, p 384.

[2] Agassiz, *Poiss. foss.*, t. III, p. 384 ; M'Coy, *Ann. and mag. of nat. hist.*,
1848, 2ᵉ série, t. II, p. 118.

[3] Agassiz, id., M'Coy, id , p. 117.

[4] Agassiz, *Poiss. foss.*, t. III, p. 23, pl. 5, et *Poiss. de l'Old red*, p. 118,
pl. 33 ; Giebel, *Fauna der Vorwelt*, I, 3, p. 309.

Le *Ptychacanthus dubius*, Agass., a été trouvé dans le vieux grès rouge d'Abergavenny.

Le *P. sublævis*, Agass., provient du calcaire carbonifère de Burdie-House.

LES SPHENACANTHUS, Agass.,

sont des rayons arrondis en avant et coupés carrément en arrière, où ils ne sont armés que d'une fine crénelure. Ils sont ornés de sillons et d'arêtes longitudinales très marquées.

Le *Sphenacanthus serrulatus*, Agass. [1], a été trouvé dans le calcaire carbonifère de Burdie-House.

LES PLATYCANTHUS, M'Coy,

sont des rayons triangulaires si larges que le diamètre de la base égale presque la hauteur. Ils sont arqués en arrière, et comprimés; la face antérieure est plate et est la partie la plus épaisse du rayon. La surface est très pustuleuse. Le bord postérieur porte deux rangées d'épines [2].

Le *Platycanthus isoceles*, M'Coy, a été trouvé dans le calcaire carbonifère d'Armagh.

LES DIPRIACANTHUS, M'Coy,

sont de petits rayons arqués, très comprimés, pointus, couverts de très petits tubercules irréguliers. Leur bord postérieur est armé de deux rangées de petites dents coniques, et le bord antérieur en porte deux autres rangées plus grandes dirigées en haut. Ce caractère les distingue facilement de tous les ichthyodorulites [3].

Le *Dipriacanthus falcatus*, M'Coy, et le *D. Stokesii*, id., ont été trouvés dans le calcaire carbonifère d'Armagh.

LES ERISMACANTHUS, M'Coy,

forment un type tout à fait spécial. Leurs rayons sont divisés en trois parties; l'inférieure, qui était cachée dans les chairs, est grande, comprimée et finement striée. L'épine principale est courte, fortement comprimée, arquée en arrière, diminuant rapi-

---

[1] Agassiz, *Poiss. foss.*, t. III, p. 23, pl. 1 ; Giebel, *Fauna der Vorwelt*, I, 3, p. 310.

[2] M'Coy, *Ann. and mag. of nat. hist.*, 2ᵉ série, 1848, t. II, p. 120.

[3] *Idem, ibid.*, p. 121.

dement vers sa pointe et munie sur son bord postérieur de deux
rangées de dents courtes, courbées vers le haut. Une partie accessoire antérieure forme comme une sorte de tumeur, et se dirige
en avant presque à angle droit de la base en s'inclinant un peu en
bas. Elle est comprimée dans sa moitié basilaire, déprimée dans
sa partie apiciale, et couverte de tubercules ovales, polis, mousses,
très rapprochés, et de quelques grandes épines sur son côté inférieur [1].

L'*Erismacanthus Jonesii*, M'Coy, n'est pas très rare dans le calcaire carbonifère d'Armagh.

Les CLIMATIUS, Agass., — Atlas, pl. XXXIX, fig. 27,

sont des rayons courts, gros à leur base, légèrement arqués, semblables à des dents, mais ornés de côtes crénelées.

Le *Climatius reticulatus*, Agass. [2], provient du vieux grès rouge de Baldruddery.

Les PAREXUS, Agass., — Atlas, pl. XXXIX, fig. 28,

ont les dentelures du bord postérieur arquées en haut, c'est-à-dire
en sens inverse des dents des autres rayons. La surface est ornée
de côtes fines et régulières.

Le *Parexus recurvus*, Agass. [3], a été trouvé également dans le terrain dévonien de Baldruddery.

Les ODONTACANTHUS, Agass , — Atlas, pl. XXXIX, fig. 29,

sont des corps assez douteux , de forme irrégulière, qui peuvent
aussi bien avoir été des appendices de la tête que des rayons de
nageoires. Ils sont comprimés, creux à l'intérieur ; un des bords est
entier, l'autre fortement dentelé.

Deux espèces ont été trouvées dans les terrains dévoniens [4] : l'*Odontacanthus crenatus*, Agass., de Megra, et l'*O. heterodon*, Agass., de Riga.

[1] M'Coy, *id.*, p. 118.
[2] Agassiz, *Poiss. de l'Old red*, p. 119, pl. 33, fig. 25; Giebel, *Fauna
der Vorwelt*, 1, 3, p. 310.
[3] Agassiz, *id.*; Giebel, *id.*
[4] Agassiz, *id.*, p. 114, pl. 33, fig. 7 et 8; Giebel, *Fauna der Vorwelt*,
1, 3, p. 310.

3° Rayons plus ou moins déprimés, armés d'épines sur leurs
côtés.

Ces rayons ont été rapportés par M. Agassiz au sous-ordre des rajidiens, à cause de leur ressemblance avec ceux qui arment la queue des myliobates. Les caractères que nous avons indiqués plus haut, p. 273, pour les xenacanthus, semblent montrer qu'ils appartenaient à une famille de poissons voisins, par leurs formes, des squatinides.

Les PLEURACANTHUS, Agass., — Atlas, pl. XXXIX, fig. 30,

sont remarquables par leur surface arrondie, quoique sensiblement déprimée ; ils sont armés de chaque côté d'une rangée de dents arquées vers la base. Ces dents sont plus fortes et reposent sur une base plus épaisse que dans les xenacanthus.

Les espèces appartiennent à l'époque dévonienne et à l'époque carbonifère [1].

Le *Pleuracanthus tuberculatus*, Eichwald, a été trouvé dans les terrains dévoniens de Russie [2].

Le *P. laevissimus*, F. A. Roemer, a été découvert dans les terrains dévoniens du Harz [3].

Le *P. laevissimus*, Agass., est indiqué comme trouvé dans les terrains carbonifères de Dudley.

Le *P. planus*, Agass., a été recueilli dans la houille de Leeds.

Les AULACANTHUS, Agass.,

sont caractérisés par des aiguillons dont les dents latérales sont grosses, finement dentelées et séparées du corps du rayon par un fort sillon. Ils sont déprimés et sillonnés irrégulièrement le long de la face supérieure, qui est plane. Ce genre a d'abord reçu par erreur le nom de PTYCHACANTHUS, Agass., déjà attribué à des rayons de squalidiens (Voyez page 291). Ce nom a dû être changé [4].

[1] Agassiz, *Poiss. foss.*, t. III, p. 66, et 381, pl. 45, et *Poiss. foss. de l'Old red.* p. 152 ; Giebel, *Fauna der Vorwelt*, I, 3, p. 281.

[2] Eichwald, *Bull. Soc. nat. de Moscou*, 1844, t. XVII, p. 826, et 1846, t. XIX, p. 293.

[3] Leonh. und Bronn *Neues Jahrb.*, 1842, p. 682.

[4] Agassiz, *Poiss. foss.*, t. III, p. 67, pl. 45, fig. 1-3. Ce rayon avait déjà

L'*A. Faujasii*, Agass., a été trouvé dans les terrains tertiaires de Paris.

Les ORTHACANTHUS, Agass.,

n'ont pas encore été décrits. Je vois seulement dans la note de M. Beyrich sur le xenacanthus que les rayons d'orthacanthus indiquent un genre qui faisait probablement partie de la même famille. Ces rayons se distinguent par leur forme plus comprimée.

170. cylindricus. Agass. [1], connu seulement par des rayons, provient des terrains carbonifères d'Angleterre.

Nous terminerons l'histoire des ichthyodorulites en indiquant quelques genres dont les caractères n'ont pas encore été décrits, mais qui sont cités par M. Agassiz [2].

Genre CLADACANTHUS, Agass.

C. paradoxus, id., du calcaire carbonifère d'Armagh.

Genre CRICACANTHUS, Agass.

C. Jonesii, id., du calcaire carbonifère d'Armagh.

Genre LEPRACANTHUS, Egert.

L. Colei, de la houille de Rhuabon.

Genre GYROPRISTIS, Agass.

G. obliquus, du calcaire magnésifère de Belfast.

APPENDICE A LA CLASSE DES POISSONS.

COLOLITES. — Atlas, pl. XXXX, fig. 31.

Je termine l'histoire des poissons en disant quelques mots de fossiles remarquables qui doivent probablement dépendre de cette classe, et que l'on a rap-

été décrit par Faujas de Saint-Fond, *Ann. du Mus.*, t. XIV. C'est probablement par une erreur d'impression que le premier catalogue publié par M. Agassiz, *Poiss. foss.*, I, 47, désigne ce poisson sous le nom de PTYCHODECTATUS.

[1] Agassiz, *Poiss. foss.*, t. III, p. 384.

[2] *Idem, ibid.*

portés aussi à celle des annélides. Ce sont des corps cylindriques, enroulés et repliés sur eux-mêmes, et que l'on trouve principalement dans les schistes lithographiques d'Eichstaedt et dans quelques autres terrains plus anciens.

On les désigne généralement sous le nom de LOMBRICAIRES (*Lumbricaria*, Münster). Ils ont aussi été nommés MÉDUSITES par Germar, et VERMICULITES et LUMBRICITES par d'autres auteurs, et rapportés au genre des CIRRHATULA, Lamk, par M. Rüppel (¹).

Ceux qui les considèrent comme des vers s'appuient sur leur forme généralement cylindrique et sur leur réunion en masses semblables à celles que forment les serpules ; mais il est à remarquer que l'on n'a jamais rien trouvé qui autorisât à les considérer comme des tubes. Ils sont de même consistance dans toute leur épaisseur, et l'on n'a jamais pu y découvrir d'ouverture.

L'opinion que ce sont des intestins de poisson repose sur des preuves plus fortes. On a trouvé dans leur intérieur des arêtes de poisson, des fragments de petits rayonnés, et le microscope prouve que beaucoup d'entre eux consistent dans une agglomération de petits os. M. Agassiz, qui en a trouvé de semblables dans l'intérieur de plusieurs poissons fossiles des genres thrissops et leptolepis, où ils occupaient la position ordinaire des intestins, pense que ces lombricaires ne sont que des intestins de poissons pétrifiés, ou plutôt le contenu de ces intestins qui a conservé la forme du tube tor-

(¹) Voyez Bajer, *Oryctog. Norica*, pl. 8, fig. 2, et *Monumenta*, pl. 6, fig. 6-9 ; Walch et Knorr, *Verstein.*, pl. 12 ; Parkinson, *Organic remains*, t. III, pl. 6, fig. 13 ; Bronn, *Lethæa geognostica*, 3ᵉ édition, *Terr. jur.*, p. 458 et 459, pl. 23, fig. 9 ; Quenstedt, *Handbuch der Petrefact.*, p. 323. Les espèces que nous citons plus bas ont été décrites par le comte de Münster, dans Goldfuss, *Petrefacta Germaniæ*, t. I, p. 233, pl. 66.

tueux dans lequel il était renfermé. C'est comme conséquence de cette idée qu'il les a désignés sous le nom de COLOLITES.

M. Agassiz explique pourquoi les cololites se rencontrent le plus souvent isolés dans le calcaire lithographique. Il pense que les poissons ont flotté après leur mort sur la surface des eaux, le ventre en l'air, jusqu'à ce que les gaz produits par la décomposition l'aient déchiré ; l'action des vagues alors a pu séparer les intestins du poisson, et tous deux, après la rupture de l'abdomen, ont dû tomber dans le fond des eaux.

Il est du reste probable que parmi les espèces qui ont été indiquées, il en est quelques unes auxquelles cette explication ne peut pas s'appliquer.

Les *Lumbricaria intestinalis*, Münster, et *colon*, id., sont celles qui ont le mieux les caractères d'intestins de poisson.

La *L. recta*, id., paraît un coprolite.

La *L. gordialis*, id., est douteuse, car elle s'allonge plus que les précédentes.

Les *L. conjugata*, id., et *filaria*, id., ne sont certainement pas des intestins et peut-être des traces d'annélides.

M. Portlock [1] a décrit deux lombricaires du terrain silurien d'Angleterre.

[1] *Geol. report*, p. 361.

DEUXIÈME EMBRANCHEMENT.

ARTICULÉS OU ANNELÉS.

(Entomozoaires.)

Les articulés ont le corps divisé en anneaux, ordinairement protégés par une peau endurcie, qui forme comme une sorte de squelette extérieur composé de pièces articulées. Les muscles s'attachent en dedans de ces anneaux. Les membres, quand ils existent, sont composés de même, de pièces qui s'emboîtent et se meuvent les unes dans les autres.

Chacun des anneaux du corps se présente comme une sorte de répétition des autres, et les pièces qu'ils portent sont aussi semblables entre elles. Quoique cette homologie sériale soit plus évidente et plus frappante dans certains types que dans d'autres, il existe des preuves suffisantes pour la faire considérer comme constante.

M. Milne Edwards vient de démontrer [1] que si l'on cherche à se faire une idée exacte de l'organisation et des rapports des articulés, on doit y reconnaître un certain nombre de types organiques distincts, d'où dérivent en quelque sorte toutes les formes génériques.

On peut en premier lieu distinguer deux systèmes d'organisation bien tranchés dans les articulés munis de membres, ou *Arthropodaires*, et dans les articulés sans membres, ou *Vers*.

[1] *Annales des sciences naturelles*, 3e série, t. XVII, p. 109.

Le premier de ces types peut se subdiviser en deux. Dans les *Gnathopodaires* le sang est porté par un système artériel développé ; les pattes se confondent plus ou moins avec les organes maxillaires par l'intermédiaire des pattes-mâchoires, et le thorax ne porte jamais d'ailes.

Dans les *Insectes*, le système artériel est réduit à un tronc très court et sans branches, et la circulation est toute lacunaire ; les pattes, constamment au nombre de trois paires, ne se confondent jamais avec les appendices du thorax, ni avec ceux de l'abdomen, et le thorax porte ordinairement des ailes.

Nous diviserons en conséquence les articulés comme il suit :

1er Sous-embranchement. — ARTHROPODAIRES.

1er Type. — *Insectes.*

1re Classe. — *Insectes.*

2e Type. — *Gnathopodaires.*

2e Classe. — *Myriapodes.* Respiration aérienne, tête distincte, des pattes abdominales.

3e Classe. — *Arachnides.* Respiration aérienne, tête confondue avec le thorax, pas de pattes abdominales.

4e Classe. — *Crustacés.* Respiration aquatique, tête confondue avec le thorax, des pattes-mâchoires nombreuses, des appendices abdominaux.

2e Sous-embranchement. — VERS.

5e Classe. — *Annélides.* Un système nerveux ganglionnaire, circulation vasculaire.

6e Classe. — *Systolides* ou *Infusoires rotateurs.* Pas de vaisseaux, un appareil rotateur ciliaire vers la bouche, animaux microscopiques.

7e Classe. — *Helminthes* ou *Vers intestinaux.* Pas de système nerveux ganglionnaire, pas de cils vibratiles.

Ces deux dernières classes n'ont pas encore été trouvées à l'état fossile.

L'embranchement des articulés renferme dans les faunes actuelles un nombre immense d'êtres. Il est probable que dans les créations précédentes cet embranchement a eu aussi un développement remarquable ; mais la nature même des êtres qui le composent fait qu'ils n'ont été que rarement conservés. Leurs téguments minces et le plus souvent fragiles n'ont pas pu résister à la destruction, comme les os des vertébrés et les coquilles des mollusques. Quelques localités seulement et quelques gisements spéciaux, formés dans des circonstances exceptionnelles et par des dépôts de matière peu grossière, nous ont conservé des insectes et des crustacés délicats.

Nous n'avons en conséquence que des données très incomplètes sur l'histoire paléontologique des articulés, et cette branche de la science est loin d'être aussi avancée que celles qui se rapportent aux autres embranchements. Quelques découvertes faites dans les dernières années peuvent faire espérer qu'une partie du voile se soulèvera, et qu'il y aura aussi des faits intéressants à recueillir dans l'histoire des insectes. Celle des crustacés est depuis longtemps plus avancée et a fourni quelques résultats remarquables, en montrant des formes tout à fait différentes de celles qui dominent dans l'époque actuelle, et une variété qui rappelle jusqu'à un certain point cette succession de créations spéciales que nous avons signalée dans la classe des poissons.

PREMIÈRE CLASSE.

INSECTES.

Les insectes sont des articulés revêtus d'une peau cornée, ayant une circulation lacunaire et une respiration trachéenne. Ils ont tous une tête distincte, pas de pattes-mâchoires, un thorax composé de trois articles, trois paires de pattes, ordinairement quatre ailes, et un abdomen sans appendices locomoteurs latéraux. Ils passent tous par des métamorphoses.

Les insectes forment aujourd'hui une partie importante de la création. Le nombre immense des espèces connues, qui s'accroît tous les jours avec une rapidité étonnante, ne peut même peut être nous donner qu'une idée imparfaite de l'ensemble de celles qui ont encore échappé à nos regards ou qui ont été négligées par les naturalistes. La terre, les eaux, les prairies, les forêts en cachent ou en nourrissent partout des multitudes dont les formes sont variées à l'infini.

Tout s'accorde pour faire penser que cette classe a été déjà nombreuse dans les époques qui ont précédé la nôtre. Il est très probable que ces faunes anciennes, dont l'existence nous est révélée d'une manière frappante par les débris des grands animaux qui les caractérisaient, avaient aussi une large proportion de ces êtres moins apparents et plus fragiles, dont la destruction a dû être plus complète.

J'ai dit plus haut que la faiblesse des téguments et la petitesse des êtres avaient dû rendre rare la conservation des articulés. Cette observation s'applique surtout aux insectes, car ils sont plus délicats encore que les crustacés ; la plupart restent dans des dimensions plus petites, et la grande majorité des espèces vit sur terre et non dans l'eau. Aussi peut on dire que l'histoire paléontologique des insectes est encore à faire, et que nous n'avons sur ce sujet que des données très incomplètes qui nous permettent à peine de nous en faire une idée approximative.

Quelques découvertes cependant, comme je le montrerai plus bas, peuvent faire espérer que l'on pourra une fois recueillir des faits plus précis. On connaît maintenant quelques débris d'insectes trouvés dans les terrains de l'époque primaire, et la plupart de ceux des époques suivantes en ont aussi fourni des fragments ou des empreintes. Des observations plus attentives en augmenteront certainement le nombre, et une étude plus approfondie pourra, nous n'en doutons pas, fournir des matériaux intéressants pour l'histoire générale du globe.

Les terrains les plus anciens où l'on ait trouvé des insectes fossiles appartiennent à l'époque primaire, mais seulement aux étages les plus supérieurs de cette époque. Un minerai de fer exploité près de Coalbrook-Dale, et qui appartient au terrain houiller, est le premier qui ait fourni aux paléontologistes [1] quelques débris d'insectes, tels que des ailes de névroptères et des élytres de coléoptères. Depuis lors on a découvert des empreintes analogues dans les terrains carbonifères de Wettin, de Saarbrück, etc. [2]. Ces fossiles sont trop rares pour qu'on puisse apprécier dans quels rapports

[1] Voyez, pour ces insectes des terrains carbonifères : Buckland, *Geol. et minéral.*, *Traité Bridge.*, traduit par Doyère, p. 359 et pl. 46 ; Murchison, *Silurian system*, t. 1, p. 105, etc.

[2] Voyez Atlas, pl. XL, fig. 1 et 2.

les insectes dont ils prouvent l'existence étaient avec
ceux des faunes plus récentes.

On n'a jusqu'à présent pas trouvé d'insectes fossiles
dans les terrains pénéens et triasiques, mais ceux de
l'époque jurassique en renferment quelques uns.

Le lias du comté de Glocester, tant dans ses couches
supérieures que dans les inférieures, contient des
traces évidentes de l'existence des insectes. Ce sont
aussi des ailes, des élytres et des pattes. Ces précieux
fragments ont été cités par M. Buckmann et étudiés
avec plus de détail par M. Brodie ([1]). Ils ont fourni
quelques faits intéressants.

M. Heer ([2]) vient de décrire des insectes du lias
d'Argovie, découverte importante par la rigueur des
déterminations qu'a permises leur état de conservation
très parfait.

Les schistes de Stonesfield, que l'on rapporte à la
grande oolithe, ont conservé des ailes et des élytres qui
sont connues depuis plus longtemps, et que M. Curtis
considère comme indiquant des espèces différentes de
celles qui vivent aujourd'hui. Les élytres et les ailes
de ces insectes trouvent surtout leurs analogues dans
les espèces des pays intertropicaux.

Les terrains jurassiques supérieurs, et en particulier
les schistes lithographiques de Bavière, si remarquables en général par les nombreuses empreintes d'animaux délicats qu'ils ont conservées, ont aussi des insectes. L'existence de ces fossiles a été signalée par de
nombreux géologues, et plusieurs d'entre eux ont été

[1] Buckmann, *Philos. mag.*, mai 1844 ; P. Bellinger Brodie, *An history of
fossil insects in the secondary rocks of England*, Londres, 1845, in-8°.

[2] Heer et A. Escher v. der Linth, *Zwei geologische Vorträge*, Zurich,
1852, gr. in-4°. Voyez Atlas, pl. XL, fig. 3 à 6.

récemment étudiés et figurés par M. Germar et par le comte de Münster, dont la belle collection était très riche en empreintes de cette classe [1].

M. Brodie a trouvé des débris intéressants d'insectes dans les terrains wealdiens d'Angleterre.

Les terrains crétacés paraissent jusqu'à présent n'en avoir conservé qu'un petit nombre. Les géologues allemands ont décrit des perforations dues probablement à des capricornes, et M. Desmoulins parle d'élytres de coléoptères trouvées dans la craie marneuse de la montagne de Sainte-Catherine, près de Rouen.

L'époque tertiaire est celle dont nous connaissons le mieux les insectes. Quelques gisements en particulier en contiennent de nombreuses espèces, qui permettront d'arriver à des résultats de comparaison plus précis que pour les faunes antérieures, d'autant plus que plusieurs d'entre elles sont conservées de manière à permettre des déterminations rigoureuses.

Les schistes marneux d'Aix en Provence, dont nous avons déjà parlé en traitant des poissons, sont une des localités les plus riches en insectes fossiles. Des catalogues [2] dressés par MM. Murchison et Curtis, et par M. Marcel de Serres, montrent que ces schistes contiennent une quantité considérable d'espèces. Les déterminations n'ont jusqu'à présent été faites que d'une manière tout à fait approximative ; il est néces-

[1] Germar, *Nova acta Acad. nat. cur.*, t. XIX ; Münster, *Beiträge*, t. V. Quelques uns de ces débris sont figurés, Atlas, pl. XL, fig. 8 à 11.

[2] Murchison, *On the tertiary freshwater formation of Aix, with a description of fossil insects*, by John Curtis, *Edinb. new. philos. journal*, octobre 1829 ; Marcel de Serres, *Géognosie des terrains tertiaires*, Montpellier, 1829, in-8° ; et *Notes géologiques sur la Provence*, Bordeaux, 1843, in-8°. Voyez quelques figures de ces insectes, Atlas, pl. XL, fig. 12 à 21.

saire, avant que l'on puisse comparer la faune qui y est enfouie avec celle de l'Europe actuelle, qu'un travail rigoureux soit parvenu à caractériser plus clairement les espèces.

Le calcaire marneux d'OEningen, dû comme le précédent à des dépôts d'eau douce et qui contient aussi des poissons, renferme de nombreuses empreintes d'insectes. Ces empreintes, non moins distinctes que celles d'Aix, ont été signalées par plusieurs naturalistes du siècle dernier, tels que Scheuzer, Karg, etc., et plus récemment par M. Murchison [1] et par d'autres géologues. M. Heer en a entrepris l'étude monographique, et les deux mémoires [2] qu'il a déjà publiés peuvent être considérés comme le travail le plus important qui ait encore été fait sur cette branche de la paléontologie. M. Heer a décrit en même temps les insectes de Radoboj, en Croatie [3].

Plusieurs autres terrains tertiaires d'eau douce et des lignites ont fourni des insectes fossiles. Faujas de Saint-Fond en a cité dans l'Ardèche. M. Germar a décrit de nombreuses espèces trouvées dans les environs de Bonn. Les lignites d'Uznach, près de Zurich, contiennent aussi des débris analogues, etc. [4].

De tous les gisements, le plus remarquable par le nombre des espèces, la beauté de leur conservation et

[1] *Trans. of the geol. Soc.*, 2ᵉ série, t. III, p. 286.

[2] *Nouveaux mémoires de la Société helvétique des sciences naturelles*, t. VIII, 1847, et t. XI, 1850.

[3] Voyez encore pour Radoboj : Boué, *Journal de géologie*, t. III, p. 105; Charpentier, *Nova acta Acad. nat. cur.*, t. XX, etc.

[4] Faujas de St-Fond, *Ann. du Mus.*, t. II; Germar, *Insectorum protogeæ specimen*, formant le 19ᵉ fascicule de la continuation de Panzer, 1837, in-12; et *Zeitschrift der Deutsch. geol. Gesellschaft*, t. I, p. 52; Scherer, *Archiv für Naturlehre*, t. III, p. 256, etc.

la manière singulière dont les insectes ont été fossilisés (¹), est le succin ou ambre jaune (*electrum* des anciens, *Bernstein* des Allemands). C'est une substance solide, d'un jaune plus ou moins foncé, d'un aspect semblable à celui des résines, combustible, renfermant un acide particulier et devenant très électrique par le frottement. Elle contient souvent dans son intérieur des corps organisés. On trouve principalement le succin en Prusse, sur les bords de la mer Baltique, où les vagues le rejettent sur le rivage ; souvent aussi il est enfoui dans la terre et mélangé avec des lignites. Son origine a été longtemps contestée. D'anciens auteurs l'ont attribué aux fourmis, ou l'ont cru d'origine minérale. On le considère aujourd'hui comme un produit végétal, et l'on croit qu'il a été formé par une résine qui découlait des arbres dont se composent les couches de lignites au sein desquelles on le trouve. Il est probable que la mer Baltique ne roule de l'ambre que parce qu'elle lave des lignites sous-marines et en reçoit des fragments de cette substance précieuse.

L'ambre est connu depuis les temps les plus anciens, et les auteurs de l'antiquité parlent déjà des ornements que l'on en tirait. Divers naturalistes l'ont étudié (²).

(¹) Quelques uns de ces insectes ont été figurés dans l'Atlas, pl. XL, fig. 23 à 28.

(²) Voyez sur l'ambre, sur sa formation, et sur les corps organisés qu'il renferme : Alberti, *Diss. de succino*, Halæ, 1750, in-4° ; Aldrovande, *Musæum metallicum* ; Aurifaber, *Historia succini*, Regiomonti, in-8°, 1557, en allemand, et en 1593, en latin ; Aycke, *Fragments de l'histoire de l'ambre* (en allemand), Dantzig, 1835, in-8° ; Bartholin, *Acta Hafeniensia*, 1761 ; Baumer, *Diss. de succino*, Halæ, 1749 ; Berendt, *Die Insecten in Bernstein*, 1er cahier, in-4°, Dantzig, 1830, et *Die in Bernstein befindlichen organischen Reste der Vorwelt*, t. 1, 1re livraison, Berlin, 1845, in-folio ; marquis de Bonnac, *Acad. de Paris*, 1703 ; J. P. Breyn, *Observ. de succino* (*Philos. trans.*, vol. XXXIV, n° 395) ; A. Cæsalpinus, *De Metallicis*, II, ch. 28 ; Concius, *Exercit. de succino*,

Parmi les plus récents ont peut citer M. Hope, M. Burmeister et surtout M. le docteur Berendt. Ce dernier, enlevé trop tôt à la science, avait commencé la publication d'un ouvrage général ([1]) sur le succin, auquel il avait bien voulu m'associer (pour les névroptères) avec quelques autres entomologistes et botanistes. Cette grande

Kœnigsberg, 1660, in-4°; Crüger, *De succino*, Regiom., 1636, in-4°; Denys, *Diss. sur l'ambre*, 1672; Ehrenberg, *Insectes dans l'ambre* (*Froriep's Notiz.*, 1841, t. XIX); G. Eurelius, *De electro*, 1687, in-4°; Frank de Franckenau, *Diss. de succino*, in-4°, Heidelberg, 1673; Friccius, *De succino*, 1636; Gesner, *Prælectiones de electro veterum* (*Soc. de Gœttingue*, t. III, p. 67); D. S. Goebel, *De succino*, Regiomonti, 1558 et 1582, in-4°; D. Gralath, *Abhand. der naturf. Gesellsch. in Dantzig*, II, p. 537; Gravenhorst, *Uebersicht der Arbeiten der Schles. Gesellsch.*, 1834; F. Grunenberg, *Exerc. physica de succino*, Regiom., 1660, in-4°; P. J. Hartmann, *Succini prussici physica et civilis historia*, Francf., 1677, in-8°, et *Succincta succini prussici historia*, Berlin, 1699, in-4°; J. F. Henckel, *Kleine mineralogische Schriften*; D. Hermann, *De lacerto et rana in succino prussiaco insitis*, Cracovie, 1580, in-8°; Hope, *Trans. of the entom. Soc. of London*, t. I, II et IV; Kircher, *Mundus subterraneus*, t. II, p. 76; J. V. Kospoth, in *Erleut. Preussen*, t. I, p. 303; J. A. Kulmus, *De succino Gedani*, 1728, in-4°; J. C. Kundmann, *Promptuarium rerum natur.*, p. 66; Libavius, *Singularia*, Francf. ad Mœn, 1601, in-8° (lib. V, *De succino*); Lossius *De succis et terris mineralibus*, Gedani, 1633, in-4°; C. Newmann, *Lectiones de succino*; A. Pauli, *De succini natura*, Gedani, 1614, in-4°; Peucer, *De origine et causis succini Prussiaci*, Witt., 1555; Pasche, *Moralische Gedanken bei einem Bernstein Cabinet*, Kœnigsb., 1742, in-4°; F. J. Pictet, *Bibl. univers.*, 1846, *Archives*, t. II, p. 5; Pomarius, *Der Kostliche Agt. oder Bernstein*, etc., Magdebourg, 1587, in-12; Rappolt, *De origine succini in littore sambiensi*, Regiom., 1737, in-4°; Van Roy, *Ansichten*, etc., *Vues sur l'origine de l'ambre et son gisement*, in-8°, Dantzig, 1840; Rudbeck, *Atlant.*, p. 1 et 2; S. Rzaczinski, *Hist. nat. Poloniæ*, 1721, in-4° (sect. 2, tr. IV, *Traité du succin*); H. von Sanden, *De succino electricorum principe*, Regiom., 1714, in-4°; Schelgvig, *De succino*, Thorun, 1671; D' nat. Sendelius, *Historia succinorum corpora aliena involventia*, Lipsiæ, 1742, in-folio; Th. Schenck, *Diss. de succino*, in-4°, Ienæ, 1671; Gott. Schultz, *Diss.*, id.; J. G. Stockar de Neuforn, *De succino in genere*, etc., Lugd. Batav., 1761, in-8°; Steinbeck, *Froriep's Notizen*, 1840, t. XIV, p. 257; Thebesius, *Baltische Studien*, 1835, tome III, p. 28; Thilo, *De succino Borussorum*, Lipsiæ, 1663; Wigand, *Vera historia de succino borussico*, etc., Ienæ, 1590, in-8°.

[1] *Die in Bernstein befindlichen organischen Reste der Vorwelt*, 1er volume, 1re partie, 1845, Berlin, in-folio.

et utile publication est restée inachevée. On peut, peut-être encore espérer que quelque naturaliste dévoué saura réunir les précieux matériaux qui avaient été recueillis.

MM. Berendt et Gœppert ont trouvé les preuves que l'ambre de Prusse est le produit d'un pin (*Pinus succinifer*), dont l'espèce est aujourd'hui perdue. Il est probable qu'il a découlé des fentes du tronc comme la résine des sapins actuels, et que des insectes, des arachnides et même de petits reptiles y ont été pris pendant son état visqueux et en ont été entourés. Ces animaux, ainsi que quelques végétaux, ont été ainsi préservés de la corruption, et sont conservés d'une manière souvent très complète.

L'époque à laquelle a vécu ce sapin paraît être le commencement de la période tertiaire. Les lignites qu'il a formées sont supérieures à la craie et inférieures aux graviers tertiaires et diluviens d'Allemagne. La faune dont l'ambre renferme des débris est donc probablement contemporaine des pachydermes qui caractérisent les premiers âges de cette époque.

On a trouvé aussi de l'ambre fossile dans diverses parties de la France et de la Sicile; ces productions sont moins connues que celles de Prusse, et quelques-unes sont peut-être plus récentes. On a souvent à tort confondu avec l'ambre des gommes ou résines connues sous le nom de *copal* et d'*animé*, et qui se forment à l'époque actuelle en découlant des troncs de quelques végétaux de l'Inde et d'Amérique. Ces substances renferment aussi des insectes; mais ces animaux appartiennent à l'époque moderne, tandis que ceux de l'ambre sont de vrais fossiles [1]. Il faut aussi se défier beaucoup

[1] Voyez en particulier les Mémoires de M. Hope.

des contrefaçons exécutées dans divers pays, dans le but d'un gain illicite.

L'étude des insectes de l'ambre a pour la première fois fourni quelques matériaux intéressants à l'histoire paléontologique de cette classe nombreuse. J'ai exposé dans la première édition de cet ouvrage (¹) les résultats auxquels m'avait conduit l'étude des névroptères, résultats qui n'ont pas tardé à être confirmés par l'observation de quelques autres ordres. De nouveaux travaux permettent aujourd'hui d'étendre un peu plus ces généralisations, et l'on doit en particulier à M. Heer la connaissance et l'analyse de faits nombreux qui, réunis à ceux que l'on connaissait, permettent d'accepter, au moins provisoirement, les conclusions suivantes.

Nous y trouvons en premier lieu une confirmation complète de la loi de spécialité des fossiles. Aucun insecte de l'ambre n'a été jusqu'à présent trouvé identique avec une espèce actuelle, et M. Heer, dans ses recherches longues et minutieuses, est arrivé au même résultat pour les insectes de Radoboj et d'OEningen. L'immense variété de formes de la classe des insectes, et le nombre considérable des espèces actuelles donnent un intérêt spécial à ce fait.

La comparaison des insectes fossiles des gisements le mieux étudiés s'accorde aussi avec l'étude des autres classes pour prouver des modifications dans la température de l'Europe. La distribution des genres, la dimension des espèces et leur proportion donnent aux faunes anciennes des insectes des caractères qui rappellent des climats plus chauds que ceux où elles sont maintenant

____

(¹) Voyez dans cette nouvelle édition l'ordre des névroptères.

conservées. M. Brodie et M. Curtis ont démontré ce fait pour les terrains jurassiques d'Angleterre, M. Heer pour les dépôts jurassiques et tertiaires de la Suisse, et ous ceux qui se sont occupés de l'ambre de Prusse ont été frappés de sa généralité.

On peut aussi en tirer une confirmation du fait que j'ai établi tome Ier, page 58, en montrant que les groupes qui ont apparu dans l'origine ont eu des formes peu variables pendant des périodes relativement longues, et que ceux, au contraire, qui ont une origine plus récente ont parcouru la série des modifications d'une manière plus rapide. Les familles d'insectes (libellulides, locustides, blattes, tipules) qui ont paru dans l'époque primaire ou dans le commencement de l'époque secondaire sont représentées dans les terrains tertiaires par des espèces très voisines des vivantes. Les groupes, au contraire, dont l'origine ne remonte pas au delà de l'époque tertiaire (abeilles, etc.) diffèrent beaucoup plus de la faune actuelle.

Je dois faire remarquer ici que les modifications éprouvées par les insectes pendant la série des périodes géologiques ne paraissent pas très intenses. Ils ressemblent plus sous ce point de vue aux mollusques qu'aux poissons. Comme chez les premiers, les formes génériques paraissent avoir eu souvent une longue durée. Les insectes du lias d'Argovie présentent plusieurs genres identiques avec ceux qui vivent aujourd'hui, fait fréquent dans les mollusques, et qui ne se voit jamais dans l'histoire des poissons. Aucun genre actuel de cette dernière classe ne se retrouve dans des époques aussi anciennes.

On peut observer encore que les groupes d'insectes qui sont les plus anciens sont aussi ceux dont la dispersion géographique est la plus grande. M. Heer cite comme preuves quelques genres de diptères (*Myceto-phila, Syrphus*, etc.) qui ont apparu de bonne heure, et dont les espèces vivent aujourd'hui à la fois en Europe, en Amérique et en Asie.

M. Heer a fait remarquer avec raison que le développement des insectes doit nécessairement avoir été influencé par celui du règne végétal. Les grandes forêts de l'époque primaire, où les botanistes ont surtout reconnu des fougères en arbre, des mousses et des équisétacées, n'ont pas pu abriter les insectes qui ne peuvent vivre que du suc des fleurs, et il n'est pas étonnant alors que les plus anciens débris de cette classe aient appartenu à des genres qui vivent en mangeant les feuilles des plantes (sauterelles, blattes, etc.) ou qui pompent le suc des tiges. Ce n'est qu'avec l'époque tertiaire que les plantes dicotylédones ont pris leur grand développement, ce n'est aussi que dans cette époque que l'on a constaté l'existence d'insectes floraux abondants (abeilles, etc.).

Le même auteur voit dans l'histoire paléontologique des insectes quelques preuves en faveur de la loi du perfectionnement graduel. L'examen des faits connus et la discussion des arguments avancés par ce savant entomologiste m'ont amené à croire au contraire que cette loi ne s'applique pas, ou s'applique très imparfaitement aux insectes fossiles. Il m'a semblé que les considérations par lesquelles j'ai cherché ailleurs [1] à la restreindre, en faisant apprécier sa véritable valeur, trouvent ici leur confirmation.

M. Heer se fonde principalement sur ce que le développement des insectes à métamorphoses incomplètes

[1] Voyez t. I, p. 62.

a précédé celui des insectes à métamorphoses complètes, et sur ce que ces derniers sont les plus parfaits.
Reprenons ces divers points pour en discuter la
portée.

Et d'abord les insectes à métamorphoses complètes
ont-ils en réalité une grande supériorité sur les autres.
Elle serait incontestable si ces deux catégories d'insectes passaient par les mêmes phases de développement,
et que l'une s'arrêtât plus vite que l'autre, ne parcou-
rant qu'une partie de la série des modifications de
formes. Ainsi nous n'avons pas hésité à considérer les
poissons à corde dorsale persistante comme plus imparfaits que les poissons à colonne épinière ossifiée.

Mais, dans les insectes, c'est l'état de l'être au sortir
de l'œuf qui présente des différences, tandis que le
terme supérieur de la série est le même. L'insecte à
métamorphoses incomplètes est agile au sortir de l'œuf,
a ses formes d'insecte normal, sauf les ailes ; il n'a
par conséquent pas besoin de grandes modifications
pour arriver à l'état parfait, il ne passe pas par l'état
de nymphe immobile. L'insecte à métamorphoses complètes a, au sortir de l'œuf, une forme de ver, ses organes locomoteurs sont très faibles, ses organes des sens
peu développés, son système nerveux très uniforme ; il
n'a rien des caractères de l'adulte et il est très loin de
la perfection. Il a donc beaucoup à faire pour arriver
à ses formes définitives ; il doit passer par un second état
de formation et être pendant quelque temps une nymphe immobile. La comparaison de ces deux séries montre
donc un point de départ différent et un point d'arrivée
semblable. Les insectes à métamorphoses complètes et
ceux à métamorphoses incomplètes sont également parfaits à l'état adulte. Les premiers sont plus imparfaits

au sortir de l'œuf. Pourquoi en conclure leur perfection relative plus grande? Quelques exemples montre-
ront, je crois, le contraire. La libellule et le fourmi-lion
sont évidemment de même perfection à l'état adulte :
est-il bien rationnel de considérer la première comme
plus imparfaite, parce que sa larve ressemble davantage
à l'insecte ailé? La supériorité des mouches sur les
sauterelles résulte-t-elle de ce que la larve vermiforme
de la mouche est incomparablement plus incomplète
que la jeune sauterelle au sortir de l'œuf?

Je dois dire, en second lieu, que l'apparition relativement récente des insectes à métamorphoses complètes
ne me semble pas encore suffisamment établie.

La faune entomologique la plus ancienne dont nous
ayons connaissance est celle du terrain carbonifère ; elle
n'avait été jusqu'à présent connue que par quelques ailes
qui paraissent avoir appartenu à des blattes, par une aile
réticulée attribuée par Audouin à une corydale et par des
charançons. A ces divers types, M. Golds-berger (¹) vient
d'ajouter quelques autres blattes, un orthoptère du
genre *Grillacris*, deux termès et un genre nouveau de
sialides, celui des *Dichthyophlebia*. Si l'on accepte ces
déterminations, on aura dans l'époque primaire trois
genres à métamorphoses complètes. Je reconnais que
ce sont précisément ceux dont les caractères sont les plus
douteux ; il me semble cependant plus difficile encore
d'établir qu'aucun d'eux n'ait eu ce mode de développement. Les charançons sont connus par des échantillons
fort médiocres ; M. Curtis décrit cependant leurs élytres et

(¹) Ces nouvelles découvertes ne sont encore connues que par un extrait
inséré (sans planches) dans les *Sitzungs Berichte der Kais. Akad. der Wissensch.*
Wien, octobre 1852, t. IX, p. 38.

ne doute pas qu'ils ne soient des coléoptères. Le genre indiqué sous le nom de *Dichthyophlebia* ressemble aux corydales et aux chauliodes par ses nervures longitudinales qui sont les plus essentielles, et aux libellules par le grand nombre des transversales. A-t-il eu les métamorphoses complètes des premiers ou les incomplètes des derniers, c'est ce qui est difficile à décider. M. Goldsberger, en l'associant aux sialides, résout la question en faveur de la première supposition, qui est en effet la plus vraisemblable. On peut en dire probablement autant de la prétendue corydale, qui paraît avoir des analogies avec la dichthyophlebia. Ces documents imparfaits ne peuvent guère faire préjuger de l'ensemble de la faune de cette époque; ils me semblent insuffisants pour autoriser encore une affirmation positive.

La faune la plus ancienne sur laquelle on puisse raisonner avec quelque sécurité est celle du lias. Or elle est riche en coléoptères et en diptères, ordres à métamorphoses complètes. C'est ce qui résulte évidemment des ouvrages de M. Brodie et de l'excellente description donnée par M. Heer lui-même des insectes du lias d'Argovie.

Il ne reste donc, pour justifier le perfectionnement graduel, que la proportion qui peut exister entre les divers ordres, et il est bien possible qu'elle ait été plus favorable anciennement aux insectes à métamorphoses incomplètes qu'à ceux qui ont des métamorphoses complètes. En combattant l'idée absolue du perfectionnement graduel chez les insectes, je suis loin de vouloir établir que les rapports entre ces deux divisions aient été constants ; j'ai seulement voulu montrer que l'on ne peut pas dire que les organismes imparfaits aient constamment précédé les plus parfaits, et surtout éloigner l'idée que ces

derniers soient provenus des autres par voie de génération normale, et qu'ils en soient le perfectionnement
réel.

Je dois encore faire observer que, quoique l'histoire
des insectes fossiles ait fait de grands progrès, et qu'elle
permette d'apprécier déjà quelques rapports entre le
développement proportionnel des ordres et des divisions
inférieures, elle n'est pas assez avancée pour que l'on
puisse arriver à cet égard à des résultats complets.
M. Heer, à qui l'on doit la plus grande partie de ces
progrès, l'a bien senti lui-même, et a prémuni ses lec-
teurs contre la tendance d'attribuer une certitude trop
grande à ces premiers essais de généralisation.

Si l'on compare les divers gisements où sont contenus
les insectes fossiles, on verra facilement que leur mode
de formation a dû influer sur le rapport numérique des
ordres, bien plus que cela n'a lieu pour la plupart des
autres classes. Lorsqu'on connaît une certaine quantité
de poissons ou de mollusques d'une époque géologique, on
peut raisonnablement supposer que la proportion entre
les divers groupes est approximativement la même qu'elle
serait si l'on connaissait tout l'ensemble de la faune.
Mais il n'en est plus ainsi si l'on étudie les insectes
fossiles. Les dépôts formés au bord des eaux ne con-
tiendront pas les mêmes espèces que l'ambre qui a
découlé des troncs des arbres. La proportion des ordres
n'est donc pas la même si l'on compare ces deux gisements, et chacun d'eux diffère probablement sous ce
point de vue de l'ensemble de la faune, les dépôts d'eau
douce renfermant une plus grande proportion d'insectes aquatiques, et l'ambre étant au contraire riche
en espèces de petite taille, ayant l'habitude de voltiger
autour des végétaux ou de grimper sur les troncs.

C'est ce dont il est facile de se convaincre par les chiffres suivants.

Les hydrocanthares et les palpicornes réunis (coléoptères aquatiques), qui, comparés à la faune actuelle des coléoptères d'Europe, en forment environ 3 1/2 pour 100, font 10 pour 100 de celle d'OEningen. Ils contribuent par contre à peine à la faune de l'ambre dans la proportion de 2 pour 1000.

En réunissant de même les coléoptères à étuis mous qui vivent sur les fleurs, qui s'approchent peu des eaux, et qui, par leur faiblesse même et par leurs mœurs, ont dû être facilement pris par une résine coulante, on arrive à des résultats inverses. Les malacodermes et les trachélides réunis forment 9 à 10 pour 100 de la faune européenne actuelle, 2 pour 100 de celle d'Aix, 6 pour 100 de celle d'OEningen, et près de 30 pour 100 de celle de l'ambre.

Les carabiques, au contraire, dont un petit nombre seulement sont aquatiques, et dont la plupart des espèces ne s'approchent pas non plus des troncs d'arbres, sont rares à l'état fossile. Ils forment de 13 à 14 pour 100 de la faune actuelle de l'Europe, 6 pour 100 de celle d'Aix, 5 pour 100 de celle d'OEningen, et moins de 3 pour 100 de celle de l'ambre.

On pourrait multiplier beaucoup ces comparaisons. Elles suffisent pour montrer que la nature du gisement influe considérablement sur la proportion des ordres, et que par conséquent il est difficile d'estimer leur véritable rapport dans les époques antérieures à la nôtre.

Mais malgré cette difficulté, il y a quelques faits assez frappants pour qu'on soit en droit d'y attacher une importance réelle. Ainsi la faune d'OEningen est remarquable par le grand développement (¹) des sternoxes, qui forment 26 pour 100 de l'ensemble des coléoptères connus dans ce gisement, tandis qu'ils ne font que 5 pour 100 de la faune européenne, en y comprenant même le bassin méditerranéen. Le groupe des buprestes surtout frappe dans la collection d'Œningen par son abondance, par la grande taille des espèces et par leur ressemblance avec celles des pays chauds. La faune de Radoboj se distingue par une très grande quantité de fourmis; celle de l'ambre est riche en termès, etc.

Les insectes se divisent en ordres d'après les caractères suivants.

A. — INSECTES AILÉS.

1° Insectes broyeurs, à bouche composée de mâchoires et de mandibules.

1. COLÉOPTÈRES. 4 ailes dont les supérieures sont endurcies en élytres, et les inférieures pliées de manière que l'extrémité recouvre la base.

2. ORTHOPTÈRES. 4 ailes dont les supérieures sont médiocrement endurcies, et les inférieures transparentes, plissées en éventail ; mâchoires protégées par une galette.

3. NÉVROPTÈRES. 4 ailes de consistance égale, ordinairement grandes et réticulées ; pas de tarière ni d'aiguillon.

4. HYMÉNOPTÈRES. 4 ailes de consistance égale, petites et à nervures peu nombreuses ; une tarière ou un aiguillon chez les femelles.

2° Insectes suceurs, à trompe.

5. HÉMIPTÈRES. 4 ailes ; trompe droite articulée.

(¹) Les sternoxes provenant en général de larves qui rongent le bois, on pourrait être tenté de lier leur grande abondance avec le développement prodigieux des forêts anciennes. Mais M. Heer a fait remarquer avec raison que les autres coléoptères xylophages auraient dû être tout aussi abondants, si cette cause était la principale. Or cela n'a pas lieu, et les longicornes, par exemple, sont dans toutes les époques géologiques moins fréquents à proportion que de nos jours.

6. LÉPIDOPTÈRES. 4 ailes couvertes d'écailles ; trompe enroulée.

7. DIPTÈRES. 2 ailes ; trompe droite.

B. — INSECTES APTÈRES.

8. THYSANOURES. Bouche munie de mâchoires ; corps écailleux, des soies caudales.

9. PARASITES. Des lèvres charnues et des mandibules en crochet ; corps mou, pas d'appendices abdominaux.

10. SUCEURS. Un suçoir ou trompe de trois pièces ; pas d'appendices abdominaux.

Ces deux derniers ordres n'ont pas été trouvés fossiles.

1er ORDRE.

COLÉOPTÈRES.

Les coléoptères sont clairement caractérisés par leurs ailes antérieures endurcies et sous la forme d'*élytres*. Leurs ailes postérieures sont membraneuses et pliées dans leur milieu sur elles-mêmes ; les téguments sont en général solides. Cet ordre, très nombreux aujourd'hui, est un de ceux qui ont été trouvés le plus souvent à l'état fossile.

Ces insectes datent de l'époque carbonifère, si l'on admet l'opinion de M. Curtis, qui a décrit des charançons trouvés à Coalbrook-Dale. Ils sont abondants dans l'époque jurassique, et en particulier dans le lias, et se continuent dans l'époque tertiaire. La proportion des ordres n'a pas été la même dans toutes les époques, ainsi que je l'ai montré plus haut [1] pour les insectes en général. Les uns ont été plus développés à proportion

---

[1] Voyez p. 315 de ce volume. Je rappelle aussi ce que j'ai dit plus haut des causes d'erreurs qui existent dans l'appréciation de développement numérique des ordres.

que de nos jours ; d'autres paraissent l'avoir été beaucoup moins.

Parmi les premiers, on peut citer surtout les sternoxes, qui forment à peu près 5 pour 100 de la fauné européenne actuelle, et qui représentent près de 15 pour 100 de l'ensemble des coléoptères fossiles connus, la même proportion dans la faune de l'ambre, et 26 pour 100 dans celle d'OEningen. On peut remarquer aussi le développement des palpicornes, c'est-à-dire des coléoptères aquatiques herbivores, comparé à celui des hydrocanthares ou coléoptères aquatiques carnassiers. Aujourd'hui les premiers sont aux seconds dans la proportion de 72 à 100, tandis qu'en comparant les insectes fossiles dans leur ensemble, la proportion est renversée, et dans ceux d'OEningen les palpicornes sont au moins deux fois plus nombreux que les hydrocanthares.

Parmi les ordres en voie de croissance, on peut citer les carabiques, qui forment aujourd'hui environ 14 pour 100 de la faune européenne, et qui ne représentent que 3 1/2 pour 100 de l'ensemble des fossiles, moins de 3 pour 100 de ceux de l'ambre et 5 pour 100 de ceux d'OEningen. Les brachélytres sont dans le même cas ; ils forment plus de 10 pour 100 de la faune européenne actuelle, et 4 pour 100 de l'ensemble des coléoptères fossiles.

Quelques ordres ont été fort développés dans certaines localités et pas dans d'autres ; nous en avons cité plus haut des exemples. On peut y ajouter les curculionites, qui forment la moitié de la faune d'Aix, et seulement 5 pour 100 de celle de l'ambre.

On divise ordinairement les coléoptères en cinq sous-ordres plus ou moins artificiels, fondés sur le nombre des articles des tarses.

1ᵉʳ SOUS-ORDRE. — PENTAMÈRES.

Comprend les coléoptères qui ont cinq articles à tous les tarses.

1ʳᵉ FAMILLE. — CARABIQUES.

Cette famille, caractérisée par des palpes au nombre de six, des antennes allongées, en fil ou en soie, des pattes propres à la course, et par leur instinct carnassier, contient aujourd'hui une très grande quantité d'espèces. Aucun représentant certain n'en a été trouvé avant l'époque du lias. Le plus grand nombre des espèces fossiles appartiennent à la période tertiaire.

1ʳᵉ TRIBU. — CICINDÉLÈTES.

La tribu des cicindélètes, qui renferme les coléoptères carnassiers les plus agiles, et qui est remarquable de nos jours par l'élégance des espèces qui la composent, paraît avoir été rare dans les époques antérieures.

M. Hope [1], dans son *Catalogue des insectes du succin*, indique, sur l'autorité de M. Berendt, une espèce de l'ambre (de Prusse?) qui doit être rapportée au genre des CICINDÈLES (*Cicindela*, Lin).

2ᵉ TRIBU. — TRUNCATIPENNES.

Cette tribu, dont les individus sont caractérisés par leurs élytres presque toujours tronquées à l'extrémité postérieure et plus larges que leur tête et que leur corselet, comprend actuellement plusieurs petites espèces qui vivent en Europe sous les pierres ou sous les écorces, et quelques espèces étrangères de plus grande taille.

Le genre des CYMINDIS (*Cymindis*, Latr.) est représenté dans l'époque tertiaire par une espèce (*C. pulchella*) des schistes d'OEningen, décrite par M. Heer [2].

[1] *Trans. of the entom. Society of London*, I, p. 139.
[2] *Nouveaux mém. Soc. helv. sc. nat.*, 1847, t. VIII, p. 13, pl. I, fig. 1.

Le même auteur [1] a fait connaître une espèce du même gisement qu'il rapporte au genre Brachis (*Brachinus*, Bon.) Il la nomme *B. primordialis*.

M. Berendt [2] a indiqué dans l'ambre de Prusse une espèce du genre Polystique (*Polystichus*, Bon.).

Le même auteur a rapporté une espèce du même gisement au genre des Dromes (*Dromius*, Bon.).

Le genre des Lèbies (*Lebia*, Lat.) est aussi représenté dans l'ambre. M. Hope cite une espèce d'après M. Berendt, et Germar [3] en avait déjà fait connaître une voisine de la *Lebia quadrimaculata*. Cet entomologiste en avait formé un genre nouveau sous le nom de Lebina (*L. resinata*, Germ.); mais sans indiquer des caractères suffisants pour la séparer des lebia.

M. Heer [4] a formé un genre nouveau sous le nom de Thurmannia, pour des insectes du lias d'Argovie, qui paraissent appartenir à la tribu des truncatipennes et se rapprocher des lebia. Ce genre se distingue par la disposition des lignes des élytres. La 8e se dirige comme à l'ordinaire vers l'angle sutural, mais les autres s'étendent jusque vers elle, tandis que dans tous les truncatipennes vivants la 3e et la 4e, ainsi que la 5e et la 6e, se réunissent ensemble et restent séparées de la 8e.

La *Thurmannia punctulata* a été trouvée, comme je l'ai dit, dans le lias d'Argovie.

3e Tribu. — SCARITIDES, Dej. (*Bipartis*, Latr.).

Les insectes de cette tribu sont caractérisés par leur tête large, et leur corselet très grand et séparé des élytres par un étranglement qui semble couper le corps en deux parties égales. Les jambes antérieures sont dentées. Ils sont ordinairement fouisseurs.

Cette tribu, composée principalement aujourd'hui d'insectes des pays chauds, et très faiblement représentée dans les parties centrales et septentrionales de l'Europe, ne paraît pas fréquente à l'état fossile.

M. Marcel de Serres [5] cite un Scarite de petite taille dans les terrains tertiaires d'Aix en Provence.

[1] *Nouv. mém. Soc. helv. sc. nat.*, 1847, t. VIII, p. 16, pl. 7, fig. 18.
[2] *Die Insecten in Bernstein*, I, p. 56.
[3] Germar, *Magazin der Entomologie*, 1813, t. I, p. 13.
[4] O. Heer, und Escher, *Zwei geologische Beiträge*, Zurich, mars 1852. in-4°.
[5] *Notes géologiques sur la Provence*, Bordeaux, 1843, in-8°, p. 34.

M. Berendt [1] rapporte au genre CLIVINA, Latr., une espèce de l'ambre. Ce genre est représenté dans nos pays par quelques espèces dont une est commune.

M. Heer [2] a établi sous le nom de GLENOPTERUS, un nouveau genre caractérisé par un corps large, une tête grande, des mandibules avancées, fortes, recourbées, un corselet rétréci à sa base, des élytres largement rebordées sur les côtés et à l'extrémité, vers laquelle elles sont un peu tronquées.

Le *Glenopterus lævigatus*, Heer, a été trouvé à Œningen.

4ᵉ Tribu. — HARPALIENS (*Quadrimanes*, Dej. et Latr.)

Les harpaliens joignent, à la forme normale des tribus suivantes, le caractère d'avoir les quatre tarses antérieurs dilatés dans les mâles, et ordinairement garnis de papilles, les articles étant terminés par des angles aigus. Ce sont des insectes aplatis qui vivent sous les pierres.

Le genre des HARPALES (*Harpalus*, Latr.), composé actuellement d'espèces nombreuses et difficiles à distinguer, a été trouvé fossile dans plusieurs terrains tertiaires.

M. Marcel de Serres en indique [3] trois dans les dépôts d'Aix en Provence, dont une voisine de l'*Harpalus griseus*, Solier, et une qui se rapproche de l'*H. calceatus*, des terrains secs et arides.

M. Heer a décrit et figuré [4] l'*H. tabidus*, Heer, de Radoboj en Croatie.

L'ambre de Prusse en renferme aussi une espèce, indiquée par M. Berendt [5].

M. Lyell [6] a signalé des insectes de ce genre dans les terrains tertiaires pliocènes de Mundesley.

M. Curtis [7] rapporte au genre des OPHONES (*Ophonus*, Ziegler) une espèce des terrains tertiaires d'Aix en Provence. (C'est peut-être un des HARPALES de M. M. de Serres.)

[1] *Die Insecten in Bernstein*, I, p. 56.

[2] *Nouv. mém. Soc. helv.*, 1847, t. VIII, p. 16, pl. 1, fig. 2.

[3] *Not. géol. sur la Provence*, p. 34.

[4] *Nouv. mém. Soc. helv. sc. nat.*, t. VIII, p. 23, pl. 7, fig. 19.

[5] *Bernstein*, I, p. 56.

[6] *Proceed. geol. Soc.*, t. III, p. 175.

[7] *Edinb. new. phil. journal*, 1829, t. VII, p. 295.

M. Heer distingue [1], sous le nom de CARABITES, un genre nouveau voisin des sténolophes et des acutipalpes, qui est caractérisée par des élytres en ovale allongé, tronquées en avant, et pointues en arrière vers l'angle sutural. On y remarque huit lignes profondes, mais non ponctuées.

Le *Carabites anthracinus*, Heer, a été trouvé dans le lias d'Argovie.

5e TRIBU. — SIMPLICIMANES.

Les simplicimanes ont la même forme du corps et des élytres que les précédentes, mais leurs tarses n'ont que deux articles dilatés dans les mâles et ces organes ne forment jamais de palettes.

Le genre le plus abondant de nos jours, celui des FÉRONIES (*Feronia*, Lat.), n'est encore connu dans les époques antérieures à la nôtre que par trois espèces.

L'une d'elles appartient au sous-genre ARGUTOR, Meg. (*A. antiquus*, Heer) et a été trouvée à OEningen, et décrite par M. Heer [2].

Les deux autres font partie du sous-genre des PTÉROSTICHES (*Pterostichus*, Bon.) et sont indiquées par M. Berendt [3] comme trouvées dans l'ambre de Prusse.

Le même auteur rapporte au genre des CALATHES (*Calathus*, Bon.) une espèce du même gisement.

6e TRIBU. — PATELLIMANES.

Dans les patellimanes, les tarses antérieurs des mâles ont deux, trois ou quatre articles dilatés, ces articles n'étant jamais terminés par des angles aigus et formant une palette garnie de papilles ou de brosses. Ils vivent sous les pierres comme les deux tribus précédentes, dont ils ont les formes générales.

Le genre des ANCHOMÈNES (*Anchomenus*, Bon.) est représenté par une espèce (*A. orphanus*, Heer) [4] de Radoboj (Croatie).

Celui des BADISTER, Clairv. (*Amblychus*, Gyll.) l'est par deux espèces à

[1] *Zwei geol. Beitr.*, p. 12, fig. 3.
[2] *Nouv. mém. Soc. helv. sc. nat.*, t. VIII, p. 22, pl. 1, fig. 5.
[3] *Bernstein*, I, p. 56.
[4] *Nouv. mém. Soc. helv. sc. nat.*, t. VIII, p. 21, pl. 1, fig. 4.

OEningen. Elles ont été décrites [1] par M. Heer sous les noms de *B. prodromus* et *B. debilis*.

M. Berendt [2] rapporte au genre des Callènes (*Chlænius*, Bon.) une espèce de l'ambre de Prusse.

M. Marcel de Serres [3] indique un Agone (*Agonum*, Bon.) de petite taille, trouvé dans tous les terrains tertiaires d'Aix en Provence.

7ᵉ Tribu. — GRANDIPALPES.

Les grandipalpes, caractérisés par leurs palpes allongés, dont le dernier article est triangulaire ou sécuriforme, ont en général une taille plus grande et des formes plus élancées que les tribus précédentes.

Une espèce de l'ambre de Prusse [4] paraît devoir être rapportée au genre des Carabes proprement dits (*Carabus*, Lin.).

M. Berendt [5] cite une Nébrie (*Nebria*, Latr.) du même gisement.

CARABIQUES INCOMPLÉTEMENT CONNUS.

Quelques espèces ont été rapportées à la famille des carabiques et restent encore très incertaines. Je citerai en particulier :

Une espèce du terrain wealdien (Purbeck), décrite par M. Brodie [6].

Une espèce du lias inférieur d'Angleterre, décrite par le même auteur [7] et rappelant, suivant lui, les harpaliens, ou du moins une espèce de l'Inde appartenant à cette tribu.

Une espèce de Solenhofen, décrite par M. Germar [8] sous le nom de *Carabicina ? decipiens*, et qui n'a aucun caractère suffisant pour être attribuée à cette famille. L'insecte est vu en dessous et la figure n'indique point en particulier le prolongement de la pièce basilaire (hanche) de la patte postérieure, si caractéristique des carabiques.

[1] Heer, *id.*, p. 19 et 20, pl. 1, fig. 3.

[2] *Bernstein*, I, p. 56.

[3] *Not. géol. sur la Provence*, p. 34.

[4] Gravenhorst, *Uebersicht der arbeiten der Schles. Gesellsch.*, 1834, p. 92; Hope, *Trans. of the entom. Soc. of London*, I, p. 139.

[5] *Bernstein*, I, p. 56.

[6] *An hist. of foss. insects in the secondary rocks of England*, London, 1845, in-8°, p. 32, pl. 2, fig. 1. Je crois que c'est la même espèce que cet auteur désigne sous le nom de *Carabus elongatus*.

[7] *Idem*, p. 101, pl. 6, fig. 23, et pl. 10, fig. 2.

[8] Münster, *Beiträge*, t. V, p. 83, pl. 9, fig. 4, et pl. 13, fig. 9.

Trois espèces de carabiques indéterminés ont été trouvées dans l'ambre de Prusse par M. Berendt ([1]).

2ᵉ FAMILLE. — HYDROCANTHARES.

Cette famille a, comme la précédente, deux palpes maxillaires de chaque côté, soit en tout six palpes ; mais elle est clairement caractérisée par des pieds propres à la natation, comprimés et ciliés. Le corps est ovale.

Toutes les espèces qui composent aujourd'hui cette famille vivent dans les eaux douces tranquilles, nageant avec facilité et venant respirer à la surface ; elles volent quelquefois, surtout le soir. Les espèces fossiles, comme je l'ai dit plus haut, sont peu nombreuses, et les eaux douces ont été habitées autrefois par un plus grand nombre de palpicornes, c'est-à-dire de coléoptères aquatiques herbivores. Les hydrocanthares, ou coléoptères aquatiques carnassiers, sont au contraire plus abondants aujourd'hui.

1ʳᵉ TRIBU. — DYTISCIDES.

Les dytiscides ont des antennes en soie, plus longues que la tête et les pieds antérieurs plus courts que les autres. Ce sont les plus fréquents.

Le genre des DYTISQUES (*Dytiscus*, Lin.), qui renferme actuellement les plus grandes espèces de la famille, a été quelquefois trouvé fossile.

M. Marcel de Serres ([2]) en indique deux dans les terrains tertiaires d'Aix en Provence, dont une de la taille du *D. cinereus*, et une plus petite.

M. Heer ([3]) en a décrit et figuré trois espèces d'OEningen, les *D. Lavateri*, Heer, *Zschokkeanus*, id. et *Æningensis*, id.

M. Germar a fait connaître ([4]) une larve de dytisque trouvée dans les lignites des Siebengebirge, près Bonn.

Les COLYMBÈTES (*Colymbetes*, Clairv.) paraissent plus anciens, car M. Heer ([5])

([1]) *Bernstein*, I, p. 56.
([2]) *Not. géol. sur la Provence*, p. 34.
([3]) *Nouv. mém. Soc. helv. sc. nat.*, t. VIII, p. 24, pl. 1, fig. 6 et 7.
([4]) 19ᵉ *fascicule de la continuation de Panzer, Faunæ insect. Germ. initia*, sous le titre : *Insectorum protogææ specimen*.
([5]) *Zwei geol. Vorträge*, p. 12, fig. 4 et 5.

rapporte à ce genre une espèce du lias d'Argovie, qui paraît voisine du *L. fe-moralis*, Paykull (sous-genre AGABUS, Leach.)

M. Brodie [1] considère avec doute, comme appartenant à un colymbète une élytre trouvée dans le terrain de Purbeck (wealdien).

M. Heer [2] a décrit et figuré le *L. Ungeri*, Heer, de Radoboj, en Croatie.

M. Brodie [3] place avec doute, dans le genre LACCOPHILUS, Leach, une espèce (*L.? aquaticus*, Brod.) trouvée dans le lias inférieur de Hatfield.

2ᵉ TRIBU. — GYRINIDES.

Les gyrinides ont des antennes en massue plus courtes que la tête, la première paire de pattes très allongée et les deux autres courtes.

Une espèce du genre GYRIN (*Gyrinus*, Lin.) a été trouvée dans l'ambre de Prusse [4].

M. Brodie [5] rapporte avec doute au même genre une espèce du lias inférieur de Forthampton.

M. Heer a formé un genre nouveau [6], sous le nom de GYRI-NITES, pour une espèce du lias d'Argovie, qui diffère des gyrins par sa tête beaucoup plus petite, ses yeux plus rapprochés et son thorax plus comprimé.

Le *Gyrinites troglodytes*, Heer, est plus petit que tous les gyrins connus.

3ᵉ FAMILLE. — BRACHÉLYTRES.

Les brachélytres sont encore pour la plupart carnassiers, mais ils n'ont que quatre palpes et sont clairement caractérisés par leurs élytres beaucoup plus courtes que l'abdomen, qui est étroit et allongé.

Ces insectes, très abondants dans la faune actuelle, ne paraissent pas remonter au delà de l'époque tertiaire, et y sont même

[1] *An hist. of foss. ins.*, p. 32, pl. 6, fig. 5.
[2] *Nouv. mém. Soc. helv.*, t. VIII, p. 27, pl. 1, fig. 8.
[3] *An hist. of foss. ins.*, p. 101, pl. 6, fig. 31.
[4] Berendt, *Bernstein*, I, p. 56; Hope, *Trans. of the entom. Soc.*, I, p. 139, etc.
[5] *An hist. of foss. ins.*, p. 101, pl. 7, fig. 5.
[6] *Zwei geol. Vorträge*, p. 12, fig. 6 et 7.

représentés par un nombre d'espèces proportionnellement très petit.

1re Tribu. — STAPHYLINIENS.

Cette tribu est caractérisée par une tête entière, dégagée du prothorax, dont elle est séparée par un étranglement ou cou. Le labre est profondément divisé en deux lobes.

M. Marcel de Serres [1] rapporte au genre des STAPHYLINS proprement dits (*Staphylinus*, Fab.) deux espèces des terrains tertiaires d'Aix en Provence, dont l'une plus grande que l'autre.

Une espèce du même genre a été trouvée dans l'ambre de Prusse [2].

M. Berendt attribue deux espèces du même gisement [3], l'une au genre PHILONTHUS, Stephens, l'autre à celui des QUEDIUS, *id.*

Le genre LATHROBIUM, Grav., est représenté à l'état fossile par diverses espèces. Une d'elles a été trouvée dans les terrains tertiaires d'Aix en Provence [4].

M. Berendt [5] en indique deux dans l'ambre de Prusse.

2e Tribu. — LONGIPALPES.

Les longipalpes ont la tête découverte comme les précédentes, mais leur labre est entier, et les palpes maxillaires égalent presque la tête en longueur. Les espèces actuelles sont de petite taille, minces, et vivent sur le bord des eaux.

M. Berendt [6] a indiqué une espèce de l'ambre de Prusse qu'il rapporte au genre des STÉNES (*Stenus*, Latr.), et deux autres du même gisement qu'il considère comme appartenant à celui des STYLIQUES (*Stylicus*, Latr.)

3e Tribu. — PROTACTIDES, Heer. — Atlas, pl. XL, fig. 13.

M. Heer a établi cette nouvelle tribu pour une espèce d'OEningen qui présente une association assez remarquable des caractères des staphyliniens et de ceux des omalidiens. Leur taille

[1] *Not. géol. sur la Provence*, p. 34.

[2] Gravenhorst, *Uebers. der arbeiten der Schles. Gesells.*, 1834, p. 92; Hope, *Trans. of the entom. Soc.*, I, p. 139.

[3] Berendt, *Bernstein*, I, p. 56.

[4] Curtis, *Edinb. new phil. journ.*, octobre 1829, pl. 6, fig. 1; M. de Serres, *Not. géol. sur la Provence*, p. 34.

[5] et [6] Berendt, *Bernstein*, I, p. 56.

(13 lignes) et l'échancrure de la lèvre inférieure rappellent les premiers. La longueur des élytres, qui recouvrent non seulement le thorax, mais encore les trois premiers anneaux de l'abdomen, les rapproche au contraire des omaliens. Ils ont de fortes mandibules recourbées, aiguës et sans dents, de grands yeux, des antennes filiformes dont le deuxième article est court, des jambes antérieures cylindriques, et des tarses dont le quatrième article est en forme de cœur renversé et les trois premiers cylindriques.

La seule espèce connue [1], type du genre PROTACTUS, Heer (*P. Erichsonii*, Heer), a la forme extérieure des omaliens, mais une taille gigantesque par rapport à ces petits insectes qui vivent aujourd'hui sur les fleurs. Elle provient d'OEningen.

Il ne serait pas impossible, comme le fait remarquer M. Heer, que le *Silpha stratuum*, Germar [2], des lignites des Siebengebirge, ne dût former un second membre de cette même tribu.

4ᵉ Tribu. — OMALIENS ou APLATIS.

Ces insectes ont une tête dégagée comme les trois tribus précédentes, un labre entier, des palpes maxillaires courts, et des élytres en général moins raccourcies, protégeant les premiers anneaux de l'abdomen.

M. Heer [3] rapporte aux OMALIUM, Gravenh., sous le nom de *O. protogeæ*, une petite espèce des terrains tertiaires de Radoboj (Croatie).

M. Berendt [4] attribue au même genre un petit brachélytre de l'ambre de Prusse. Il considère une autre espèce du même gisement comme appartenant au genre des LESTÉVES (*Anthophagus*, Grav.).

Les ALÉOCHARES (*Aleochara*, Grav.) ont aussi laissé des traces dans l'ambre de Prusse [5]. Gravenhorst en cite une espèce, et M. Berendt parle de deux insectes appartenant au même groupe, mais dont le genre ne peut pas être déterminé avec certitude.

5ᵉ Tribu. — MICROCÉPHALES.

Les microcéphales sont caractérisés par une tête enfoncée dans

---

[1] *Nouv. mém. Soc. helv. sc. nat.*, 1817, t. VIII, p. 28, pl. I, fig. 9.
[2] *19ᵉ fascicule de la continuation de Panzer*, pl. 5.
[3] *Nouv. mém. Soc. helv.*, t. VIII, p. 31, pl. 1, fig. 10.
[4] *Bernstein*, I, p. 56.
[5] Berendt, id.; Gravenhorst, *Schles. Gesells.*, 1831, p. 32.

le prothorax jusqu'aux yeux, sans cou ni étranglement. Le prothorax est trapéziforme, rétréci en avant.

M. Berendt [1] rapporte au genre des TACHINES (*Tachinus*, Grav.) quatre
espèces de l'ambre de Prusse.

Deux espèces du même gisement sont considérées par le même auteur comme
des TACHYPORES (*Tachyporus*, Grav.).

Une autre, trouvée également avec les précédentes, est attribuée par M. Berendt au genre MYCETOPORUS, Mannerheim.

BRACHÉLYTRES INCOMPLÉTEMENT CONNUS.

M. Brodie a cité et figuré [2] deux espèces des couches de Purbeck (wealdien) dont les caractères sont insuffisants pour déterminer le genre.

M. Berendt [3] a cité aussi quelques brachélytres incertains de l'ambre de
Prusse.

4ᵉ FAMILLE. — STERNOXES.

Les sternoxes ont quatre palpes ; des antennes en soie, en scie
ou en peigne, et un prosternum terminé postérieurement par une
pointe reçue dans une cavité du mésosternum. Leur corps est
ovale ou elliptique, de consistance solide, déprimé, et la tête engagée jusqu'aux yeux dans le prothorax.

Ces insectes vivent aujourd'hui sur les plantes. J'ai déjà signalé
leur développement extraordinaire pendant les époques secondaire
et tertiaire.

1ʳᵉ TRIBU. — BUPRESTIDES. — Atlas, pl. XL, fig. 3 et 14.

Les buprestides ont la saillie postérieure du prosternum simple
et ne servant pas au saut. Ils sont en général aujourd'hui ornés
de belles couleurs, et les pays chauds surtout fournissent une
quantité considérable d'espèces brillantes.

Dans ces dernières années, les entomologistes ont partagé
l'ancien genre des BUPRESTES (*Buprestis*, Linn.) en plusieurs
sous-genres, qui sont souvent fondés sur des caractères trop délicats pour que l'on puisse y rapporter des espèces fossiles.

En particulier, quelques espèces des terrains secondaires ont

[1] *Bernstein*, I, p. 56.
[2] *An history of fossil insects*, p. 32, pl. 2, fig. 2 et 3.
[3] *Bernstein*, I, p. 56.

pu jusqu'à présent être seulement placées dans la tribu des buprestides sans qu'on osât décider pour un sous-genre plutôt que pour un autre.

M. Brodie [1] indique un abdomen et des élytres de buprestide dans le lias inférieur du Gloucestershire, dans la grande oolithe de Stonesfield et dans le calcaire de Purbeck (wealdien).

M. Buckland [2], sur l'autorité de M. Curtis, rapporte aussi à la famille des buprestides plusieurs élytres de la grande oolithe de Stonesfield.

Le même auteur dit avoir vu dans la collection du docteur Siebold, à Leyde, un magnifique échantillon d'un bupreste du Japon, ayant environ un pouce de long et converti en chalcédoine.

M. C. H. G. von Heyden [3] a rapporté au genre Chrysobothris, Esch., une espèce des calcaires lithographiques de Solenhofen (*C. veterana*, Heyden).

M. Germar [4] a décrit quelques espèces de buprestes trouvées dans les lignites des Siebengebirge, près de Bonn, *B. alutacea*, *carbonum* et *major*, et une espèce indéterminée.

Cette dernière espèce et le *B. carbonum* paraissent faire partie du sous-genre Dicerca, Escholtz. Il a ajouté depuis [5] le *Buprestis xylographica*, Germ., des lignites des environs d'Orsberg.

M. Marcel de Serres [6] cite dans les terrains tertiaires d'Aix en Provence une espèce du genre Anthaxia, Dejean, et une autre voisine du *Buprestis nana*, Fabr. (genre *Trachys*, Fabricius).

M. Berendt [7] a signalé deux espèces de l'ambre de Prusse, qu'il rapporte au genre Agrilus, Megerle. Il signale aussi quelques espèces de genres indéterminés.

M. Heer a étudié avec plus de soin les bruprestides fossiles du lias d'Argovie et des dépôts tertiaires d'Œningen. Il a décrit la disposition des nervures et la sculpture des élytres, de manière à y trouver des caractères propres à la détermination des genres.

[1] *An history of fossil insects*, p. 101, pl. 6, fig. 23-26 et pl. 10, fig. 1, p. 48, pl. 6, fig. 17-19, et p. 32, pl. 6, fig. 1-10. Dans l'*Athenæum* de janvier 1843, le même auteur avait cru pouvoir rapporter une de ces élytres du lias au genre Ancylochira.

[2] Buckland, *Géol. et minéral.*, *Traité Bridgewater*, pl. 46, fig. 4 à 9, et explication de cette planche.

[3] *Palæontographica*, I, p. 99, pl. 12, fig. 4.

[4] 19ᵉ *fascicule de la continuation de Panzer*.

[5] *Leonh. und Bronn Neues Jahrb.*, 1851, p. 739.

[6] *Not. géol. sur la Provence*, p. 35.

[7] *Bernstein*, I, p. 56.

Les dépôts du lias d'Argovie lui ont fourni des représentants de deux genres connus et deux genres nouveaux [1].

Une espèce appartient au genre EUCHROMA, Solier, aujourd'hui spécial à l'Amérique méridionale. C'est l'*Euchroma liasina*, Heer. Elle est figurée dans l'Atlas (pl. XL, fig. 3).

Une seconde espèce paraît devoir être attribuée au genre MELANOPHILA, Esch. (*M. sculptilis*, Heer.)

M. Heer a établi le genre GLAPHYROPTERA pour des buprestides qui se distinguent par leurs élytres lisses et par un prothorax terminé par des angles aigus.

Le lias d'Argovie en renferme quatre espèces, les *G. insignis*, Heer, *depressa*, id., *Gehreti*, id. et *gracilis*, id.

Il a formé celui des MICRANTHAXIA pour des petites espèces très voisines des anthaxia, et qui en diffèrent par un prothorax atténué en avant et par un écusson plus grand.

La *M. reliciva*, Heer, est la seule espèce décrite dans ce mémoire.

Les espèces d'Œningen sont encore plus nombreuses [2].

M. Heer rapporte au genre CAPNODIS, Escholtz, les *C. antiqua*, Heer, et *puncticollis*, id. La première est figurée dans l'Atlas (pl. XL, fig. 13).

Une autre espèce appartient au genre PTOSIMA, Megerle. (*P. Lavateri*, Heer.)

Le genre des ANCYLOCHEIRA, Escholtz, en renferme plusieurs.

M. Heer décrit les *A. Heydenii, deleta, rusticana, Seyfriedi*, et *gracilis*.

Il en rapporte une au genre EURYTHYREA, Serville (*E. longipennis*).

Le genre DICERCA, Escholtz, dont nous avons parlé plus haut, renferme la *D. prisca*, Heer.

Au genre SPHENOPTERA, Dejean, appartient le *S. gigantea*, Heer.

M. Heer a formé deux genres nouveaux pour ces mêmes buprestides d'Œningen.

Celui des PROTOGENIA, Heer, est caractérisé par des élytres lancéolées, striées, non dilatées à leur base, des articles des tarses courts et égaux, et le quatrième segment de l'abdomen échancré sur son bord.

La seule espèce connue est le *P. Escheri* [2], Heer.

[1] *Zwei geol. Vorträge*, p. 13, fig. 18, 20 à 30, 33, 34 et 36.
[2] *Nouv. mém. Soc. helv. sc. nat.*, 1837, t. VIII, p. 75.

Celui des Fusslinia, Heer, est caractérisé par une tête arrondie, de grands yeux, un prothorax trapéziforme et un prosternum court, faiblement prolongé en arrière, et des pieds courts.

La *F. amœna*, Heer, est la seule espèce décrite.

Le même auteur désigne sous le nom provisoire de Buprestites, deux espèces plus incomplétement conservées que les précédentes, ce sont les *B. OEningensis et extincta*.

Ces espèces d'OEningen forment un ensemble qui se rapproche davantage des faunes des pays chauds que de celle qui habite actuellement la Suisse. Le grand nombre des espèces et la taille de quelques unes d'entre elles, qui dépasse un pouce, indiquent des conditions très différentes de celles qui caractérisent les buprestes de nos Alpes.

2ᵉ Tribu. — ÉLATÉRIDES.

Les élatérides sont caractérisés par le développement plus grand du stylet postérieur du prosternum qui s'enfonce dans une cavité de la poitrine, au-dessus de la naissance de la seconde paire de pattes, et qui permet à ces animaux de sauter lorsqu'ils sont couchés sur le dos.

On peut dire de ces insectes ce que nous avons dit des buprestides. Il est souvent difficile de rapporter les espèces fossiles aux nombreux sous-genres dans lesquels on les a divisés.

En particulier M. Brodie [1] indique des élytres ou d'autres fragments comme appartenant aux élatérides, sans qu'on puisse fixer un sous-genre. Ces débris ont été trouvés dans le lias inférieur du Gloucestershire et dans la grande oolithe de Stonesfield. Le premier de ces gisements a présenté entre autres une espèce un peu mieux conservée que les autres, M. Brodie lui a donné le nom d'*E. vetustus*.

M. Marcel de Serres [2] avait cité trois espèces d'elater des terrains tertiaires d'Aix en Provence, dans sa géognosie des terrains tertiaires, mais il ne les cite plus dans le catalogue plus complet qu'il a donné des insectes fossiles de ce gisement dans les *Notes géologiques sur la Provence*.

Gravenhorst [3] indique plusieurs espèces de l'ambre de Prusse qui doivent

[1] *An history of fossil insects*, p. 32 et 101, pl. 6 et 7.
[2] *Géognosie des terrains tertiaires*, p. 240; *Not. géol. sur la Provence*, p. 35.
[3] *Uebersicht der arbeiten der Schlesischen Gesellschaft*, 1834, p. 93.

comme les précédentes, être rapportées au genre des TAURIS (*Elater*, Linné), mais dont les sous-genres restent indécis. Toutefois M. Hope [1] n'en indique qu'une espèce.

M. Berendt [2] cite dans ce gisement, outre plusieurs espèces indéterminées, deux espèces du genre CRYPTOHYPNUS, Escholtz; deux espèces du genre MICRORHAGUS, Chevrolat; quatre espèces du genre EUCNEMIS, Ahrens; trois espèces du genre LIMONIUS, Escholtz, cité plus bas, et onze espèces du genre THROSCUS, Latreille. M. Brongniart avait déjà plus anciennement désigné sous le nom de STENOXYS un elater (ou un buprestre) de l'ambre.

M. Heer [3] a fait une étude détaillée des élatérides d'OEningen : il a rapporté une espèce au genre AMPEDUS, Mégerle (*Ampedus Seyfriedi*, Heer), une espèce au genre ICHNODES, Germar (*I. gracilis*, Heer), une au genre CARDIOPHORUS, Escholtz (*C. Braunii*, Heer), une au genre DIACANTHUS, Latr. (*D. sutor*, Heer), une au genre LIMONIUS, Escholtz (*L. optabilis*, Heer), une au genre LACON, de Laporte (*L. primordialis*, Heer), une au genre ADELOCERA, Latr. (*A. granulata*, Heer).

Il désigne sous le nom d'ÉLATÉRITES trois espèces trop incomplétement connues pour la détermination du genre. Ce sont les *E. Lavateri*, *obsoletus* et *amissus*.

Il a nommé PSEUDO-ELATER une empreinte plus douteuse encore, provenant de la collection de Carlsruhe.

M. Heer [4] a formé un genre nouveau, MEGACENTRUS, pour un insecte du lias d'Argovie (*M. tristis*, Heer) dont la place est encore douteuse et qui a des rapports avec les élatérides et avec les eucnemis.

5e FAMILLE. — MALACODERMES.

Les malacodermes ont quatre palpes, des antennes en soie, en scie ou en peigne, le prosternum simple, et le corps protégé par des étuis de consistance ordinairement molle et flexible.

Cette famille, composée aujourd'hui d'un grand nombre d'espèces, est très inégalement représentée à l'état fossile, suivant la nature des dépôts ; ce qui, comme je l'ai dit plus haut, doit probablement être attribué en grande partie aux habitudes des insectes qui la composent. Vivant sur les fleurs, les arbres, etc., et loin des eaux, ils ont été rarement fossilisés dans les dépôts aquatiques et ne forment guère que 3 pour 100 de la population coléoptérique des dépôts d'Aix, OEningen, etc., tandis qu'aujourd'hui ils font

[1] *Trans. of the entom. Soc. of London*, t. I, p. 140.
[2] *Bernstein*, I, p. 56.
[3] *Nouv. mém. Soc. helv. des sc. nat.*, 1847, t. VIII, p. 130.
[4] *Zuri geol. Vorträge*, p. 14, fig. 17.

au moins 6 pour 100 de la faune des coléoptères d'Europe. Ces mêmes habitudes, par contre, ont dû les mettre souvent en contact avec l'ambre; leur faiblesse et la mollesse de leurs téguments les ont empêchés de s'échapper. Ils représentent près de 18 pour 100 des coléoptères de ce gisement.

1re Tribu. — CÉBRIONITES.

Les cébrionites ont le corps arrondi, bombé et arqué en dessus, un prothorax transversal à angle postérieur prolongé, et des palpes de même grosseur ou plus grêles à leur extrémité.

On ne cite parmi les fossiles que quelques petites espèces.

M. Brodie [1] rapporte au genre Cyphon, Fabricius, une petite espèce du calcaire de Purbeck (wealdien).

M. Berendt [2] rapporte au même genre vingt-cinq espèces de l'ambre de Prusse.

Il attribue au genre Scirtes, Illig., deux espèces du même gisement.

2e Tribu. — LAMPYRIDES.

Les lampyrides ont le corps allongé, plat, des palpes renflés à l'extrémité, et le pénultième article des tarses bilobé.

M. Berendt rapporte avec doute aux Lampyres ou Vers luisants (*Lampyris*, Linné), deux espèces de l'ambre de Prusse. Il en range deux autres dans le genre des Lycus, Fabr.

Le genre des Téléphores (*Telephorus*, Scheffer; *Cantharis*, Linné), présente plusieurs espèces fossiles.

M. Brodie [3] rapporte à ce groupe une élytre du lias inférieur de Forthampton.

M. Berendt [4] signale l'existence de plusieurs espèces dans l'ambre de Prusse.

M. Heer [5] en a décrit quatre; ce sont les *T. Germari* et *fragilis*, Heer, d'OEningen, le *T. tertiarus*, d'OEningen et de Radoboj, et le *T. atavinus*, de ce dernier gisement.

Une espèce du genre Malthinus, Lat., a été signalée par M. Berendt dans l'ambre de Prusse.

[1] *An history of fossil insects*, p. 32, pl. 3, fig. 3.
[2] *Bernstein*, 1, p. 56.
[3] *An history of fossil insects*, p. 101, pl. 6, fig. 29.
[4] *Bernstein*, 1, p. 56.
[5] *Nouv. mém. Soc. helv. des sc. nat.*, 1847, t. VIII, p. 143.

M. Marcel de Serres [1] rapporte au genre Silis, Mégerle, et considère comme très voisine du *S. spinicollis*, une espèce des terrains tertiaires d'Aix en Provence.

3ᵉ Tribu. — MÉLYRIDES.

Les mélyrides ont un corps étroit et allongé, un prothorax quadrangulaire, des palpes filiformes courts et les articles des tarses entiers.

M. Berendt [2] cite quelques espèces de l'ambre qui paraissent appartenir à cette tribu; il en rapporte une au genre Dasytes, Paykull (avec doute), une au genre Ebæus, Erichson, et trois au genre des Malachies, (*Malachius*, Fabr.)

M. Heer [3] a décrit une espèce qui appartient à ce dernier genre, c'est le *M. Vertumni*, Heer, d'OEningen.

4ᵉ Tribu. — CLÉRIDES. — Atlas, pl. XL, fig. 15.

Les clérides ont un corps presque cylindrique, une tête et un prothorax étroit, des palpes en massue et le pénultième article des tarses bilobé.

Cette tribu correspond à l'ancien genre des Clairons (*Clerus*, Geoff.)

On en a trouvé plusieurs espèces dans l'ambre.

M. Berendt [4] en rapporte dix au genre des Tillus, un au genre des Noroxus, Fabr. (*Opilo*, Latreille), quatre au genre des Corynetes, Herbst.

M. Heer [5] a rapporté au genre des Clairons (*Clerus*, Fabr.; *Thanasimus*, Latr.) une espèce d'OEningen, le *C. Adonis*, Heer. Elle est figurée dans l'Atlas (pl. XL, fig. 15).

5ᵉ Tribu. — PTINIDES.

Les ptinides ont un corps plus solide que les autres malacodermes, cylindrique ou ovoïde, court, une tête orbiculaire reçue dans un prothorax en forme de capuchon, des palpes courts terminés par un article plus gros et des tarses simples.

[1] *Not. géolog. sur la Provence*, p. 35.
[2] *Bernstein*, I, p. 56.
[3] *Nouv. mém. Soc. helv.*, 1847, t. VIII, p. 150, pl. 5, fig. 1 et 2.
[4] *Bernstein*, I, p. 56.
[5] *Nouv. mém. Soc. helv.*, 1847, t. VIII, p. 152, pl. 5, fig 3.

M. Schilling [1] a décrit une espèce du genre Prise (*Ptinus*, Linné), recueillie dans le sel du dépôt de Wielitzka, et l'a nommée *P. salinus*.

Une espèce du même genre ou d'un genre voisin a été indiquée par M. Curtis [2] dans les terrains tertiaires d'Aix en Provence.

M. Berendt [3] a trouvé dans l'ambre une espèce du même genre, et en attribue huit à celui des Ptinus, Geoffroy, deux à celui des Doscatoma, Herbrst, et neuf à celui des Vrillettes (*Anobium*, Fabr.).

6ᵉ Tribu. — LIME-BOIS (*Xylotrogi*).

Les lime-bois se distinguent de tous les malacodermes par leur tête dégagée et séparée du prothorax par un étranglement ou cou.

Les insectes de cette tribu n'ont encore été trouvés fossiles que dans l'ambre.

M. Desmarets [4] indique dans ce gisement une espèce du genre Atractocerus, Palissot de Bauvois (sous-genre des Lymexylons, Fabr.). M. Berendt [5], qui cite probablement la même espèce sous ce dernier nom, en attribue trois au genre Cupes, Fabr.

6ᵉ Famille. — CLAVICORNES.

Les insectes de cette famille ont quatre palpes, des antennes en massue, ou du moins plus grosses à l'extrémité ; ils sont en général de consistance plus solide que ceux de la famille précédente. Plusieurs d'entre eux se nourrissent de matières animales.

1ʳᵉ Tribu. — PALPEURS.

Les palpeurs se distinguent par des palpes maxillaires longs et avancés, des antennes presque filiformes et des cuisses en massue.

Le seul genre qui ait été cité à l'état fossile est celui des Scydmènes (*Scydmænus*, Latr.) ; M. Berendt [6] lui rapporte trois espèces de l'ambre de Prusse.

---

[1] *Uebersicht der arbeiten der Schlesischen Gesellschaft*, 1843, p. 174.
[2] *Edinburgh new phil. journal*, octobre 1829.
[3] *Bernstein*, I, p. 56.
[4] Broun, *Index, Nomenclator*, p. 131.
[5] *Bernstein*, I, p. 56.
[6] *Bernstein*, I, p. 56.

2ᵉ Tribu. — HISTÉROIDES.

Les histéroïdes sont clairement caractérisés par leur corps très solide, plus ou moins carré, par leurs élytres tronquées et leurs mandibules fortes et avancées, souvent inégales.

Cette tribu, qui correspond au genre des Escarbots (*Hister*, Linné), n'est représentée à l'état fossile que par une seule espèce de l'ambre de Prusse [1].

3ᵉ Tribu. — SILPHALES.

Les silphales ont les antennes en massue perfeuillée, des élytres fortement bordées, des pattes grandes, des tarses à cinq articles et des mandibules terminées en une pointe entière. Cette tribu, qui renferme aujourd'hui plusieurs genres remarquables, tels que les Nécrophores, etc., n'a fourni qu'un très petit nombre d'espèces fossiles.

M. Heer [2] rapporte l'une d'entre elles au genre des Boucliers (*Silpha*, Linné), sous le nom de *S. obsoleta*, Heer. Elle provient de Radoboj.

Nous avons dit plus haut que la *Silpha stratuum*, Germar, des lignites des Siebengebirge, appartient probablement à la tribu des protactides.

4ᵉ Tribu. — SCAPHIDITES.

Les scaphidites ont des antennes en massue allongée, un corps ovalaire rétréci aux deux bouts, convexe en dessus, et la tête basse, reçue dans un prothorax trapézoïde peu ou point rebordé.

M. Heer [3] décrit une espèce du genre Scaphidium, Olivier, des terrains tertiaires d'OEningen? (*S. deletum*, Heer).

M. Berendt [4] attribue au même genre deux espèces de l'ambre de Prusse; il en place trois autres dans le genre des Cholèves (*Choleva*, Latr., *Catops*, Fabr.).

5ᵉ Tribu. — NITIDULIDES.

Les nitidulides ont des élytres bordées comme les silphales; le

---

[1] Berendt, *Bernstein*, 1, p. 56.
[2] *Nouv. mém. Soc. helv.*, 1847, t. VIII, p. 36, pl. 2, fig. 7.
[3] *Nouv. mém. Soc. helv.*, 1847, t. VIII, p. 35, pl. 7, fig. 20.
[4] *Bernstein*, 1, p. 56.

prothorax est également fortement rebordé, mais les mandibules sont bifides à leur extrémité.

M. Heer [1] a trouvé deux véritables Nitidules (*Nitidula*, Fabr.) dans les terrains tertiaires. La *N. melanaria*, Heer, a été découverte à Œningen, et la *N. Radobojana*, Heer, à Radoboj.

Le même auteur attribue [2] au genre Amphotis, Erichson, une espèce de Radoboj (*A. Lelia*, Heer).

Il en place une autre [3] d'Œningen dans le genre Peltis, Geoffroy (*P. tricostata*, Heer).

Une espèce de la collection de Carlsruhe paraît devoir rentrer dans le genre Trogosita, Olivier (*T. Kollikeri*, Heer) [4].

Ce même genre a été trouvé dans les lignites des bords du Rhin. M. Germar [5] y indique le *T. tenebrioides*, Germ., et le *T. exarata*, id.; M. Marcel de Serres parle d'un trogosita voisin du *T. caerulea*, Oliv., qui aurait été trouvé dans les terrains tertiaires d'Aix en Provence.

La tribu des nitidulides est aussi représentée dans l'ambre de Prusse; M. Berendt [6] y indique cinq Nitidules et rapporte une espèce au genre des Strongylus, Herbst.

Cette même tribu paraît plus ancienne, car M. Heer [7] y place une espèce du lias d'Argovie, pour laquelle il a formé un genre nouveau, celui des Petronomus. Ce genre paraît se rapprocher des Cerylis, Latr., mais il s'en distingue par les stries des élytres au nombre de huit, parallèles jusqu'à l'extrémité sans se réunir. Les élytres, très courtes et tronquées, ont dû laisser à découvert la partie terminale de l'abdomen.

La seule espèce connue est le *P. truncatus*, Heer.

6ᵉ Tribu. — ENGIDITES.

Les engidites ont les mandibules échancrées comme les préce-

[1] *Nouv. mém. Soc. helv.*, 1847, t. VIII, p. 36, pl. 7, fig. 21, et pl. 1, fig. 8.
[2] *Idem*, p. 38, pl. 7, fig. 22.
[3] *Idem*, p. 39, pl. 7, fig. 34.
[4] *Idem*, p. 40, pl. 6, fig. 3.
[5] *Insect. protog.*, 19ᵉ *fascicule de la continuation de l'auzer*, n° 9; *Leonh. und Bronn, Neues Jahrb.*, 1851, p. 758, et *Zeitschrift der Deutschen geologischen Gesellschaft*, t. I, p. 60, pl. 2, fig. 4.
[6] *Bernstein*, I, p. 56.
[7] *Zwei geologische Vorträge*, p. 12, fig. 8 et 9.

dentes, un corps ovalaire ou elliptique, une tête avancée en pointe, des antennes en massue perfeuillée de trois articles et des élytres recouvrant en entier l'abdomen.

M. Berendt [1] rapporte neuf espèces au genre des CRYPTOPHAGES, (*Cryptophagus*, Herbst).

M. Heer ajoute à cette tribu, sous le nom de BELLINGERA, un genre voisin des ATOMARIA, qui en diffère par des élytres striées d'une manière plus marquée et ornées de sept lignes profondes, mais non ponctuées.

La seule espèce connue [2], la *B. ovalis*, Heer, a été trouvée dans le lias d'Argovie.

7ᵉ TRIBU. — DERMESTIDES.

Les dermestides ont le corps ovoïde, épais, la tête enfoncée dans le prothorax, des antennes courtes, le prosternum dilaté antérieurement et des pattes en partie rétractiles.

M. Heer [3] a trouvé à OEningen un insecte qui paraît un véritable DERMESTE (*Dermestes*, Linné); il l'a nommé *D. pauper*.

M. Berendt [4] rapporte à ce genre trois espèces de l'ambre de Prusse; il en attribue trois autres au genre des ANTHRÈNES (*Anthrenus*, Geoffroy), et une au genre des LIMNICHUS, Ziegler.

8ᵉ TRIBU. — BYRRHIDES.

Les byrrhides ne diffèrent des dermestides que par leurs pattes plus complétement rétractiles. Ces organes sont aplatis et peuvent se loger en entier dans des cavités correspondantes de la face inférieure du corps.

M. Heer [5] place dans le genre des BYRRHES (*Byrrhus*, Linné) une espèce d'OEningen.

[1] *Bernstein*, I, p. 56.

[2] Heer, *Zwei geolog. Vorträge*, p. 12, fig. 10. M. Heer dit qu'il est probable qu'on doit rapporter à ce genre des petits insectes figurés par M. Brodie (*An history of foss. insects*, pl. 9, fig. 7, 8 et 9), qui ont été trouvés dans le lias inférieur d'Angleterre. Je pense cependant, relativement à la figure 9, qu'il ne veut parler que des deux petits coléoptères qui sont associés avec des insectes d'un autre groupe.

[3] *Nouv. mém. Soc. helv.*, 1847, t. VIII, p. 43, pl. 1, fig. 11.

[4] *Bernstein*, I, p. 56.

[5] *Nouv. mém. Soc. helv.*, 1847, t. VIII, p. 44, pl. 2, fig. 9.

M. Berendt [1] indique cinq espèces du même genre trouvées dans l'ambre de Prusse.

9e Tribu. — PARNIDES.

Les parnides ont un corps ovoïde, avec une tête enfoncée dans le prothorax, qui est rebordé; des jambes simples et étroites, à tarses longs. Cette tribu a pour type principal le genre des PARNUS, Fabricius (*Dryops*, Olivier).

M. Brodie [2] rapporte avec doute au sous-genre des LIMNUS, Illig. (*Elmis*, Latr.) une élytre des couches de Purbeck, de la vallée de Wardour (terrain wealdien).

M. Schmidt [3] a décrit des coléoptères du dépôt de Wielitzka qui paraissent se rapporter à ce genre.

La famille des clavicornes renferme encore plusieurs insectes fossiles dont les rapports génériques sont incertains.

M. Berendt [4] cite entre autres dix-huit espèces de genres indéterminés, qui proviennent de l'ambre de Prusse.

7e Famille. — PALPICORNES.

Atlas, pl. XL, fig. 4 et 12.

La famille des palpicornes est caractérisée par des antennes en massue perfeuillée, presque toujours plus courtes que les palpes maxillaires; le corps est ovoïde ou hémisphérique, bombé ou voûté.

La plupart de ces insectes ont des pattes natatoires et vivent dans l'eau. Cette circonstance explique l'abondance de ces insectes à l'état fossile dans certains gisements. J'ai déjà signalé le fait qu'ils sont plus nombreux par rapport aux dytiscides, que dans la faune actuelle. Ces mêmes habitudes font qu'on ne les trouve pas dans l'ambre.

M. Heer [5] a trouvé dans le lias d'Argovie une espèce qui paraît ne pas

---

[1] *Bernstein*, I, p. 56.
[2] *An history of fossil insects*, p. 32, pl. 6, fig. 9.
[3] *Übersicht der arbeiten der Schlesischen Gesellshaft*, 1837, p. 192.
[4] *Bernstein*, I, p. 56.
[5] *Zwei geolog. Vorträge*, p. 12, fig. 12-14.

différer es Hydrophiles actuels (*Hydrophilus*, Geoffroy) ; il l'a nommée *H. Acherontis*, Heer. Elle est figurée dans l'Atlas (pl. XL, fig. 4).

Le même auteur [1] a décrit plusieurs espèces d'OEningen, ce sont les *H. vexatorius*, *spectabilis*, *Knorrii*, *Noachicus*, *Rehmani* et *Braunii*, Heer. L'*H. spectabilis* est figuré dans l'Atlas (pl. XL, fig. 12).

L'*Hydrophilus carbonarius*, Heer [2], a été trouvé dans les lignites de Parschlug (Steiermark).

Le genre Hydrobius, Leach, est aussi représenté dans le lias d'Argovie par une espèce que M. Heer [3] a nommée *H. veteranus*.

L'*Hydrobius longicollis*, Heer [4], a été trouvé à Radoboj.

M. Curtis [5] attribue au même genre une espèce des terrains tertiaires d'Aix en Provence; c'est probablement la même qui est citée par M. Marcel de Serres [6] comme plus grande que le *H. fuscipes*, Linné.

M. Brodie [7] a trouvé dans les couches de Purbeck, de la vallée de Wardour (terrains wealdiens), des élytres qu'il attribue au groupe des Hydrophilidæ, et d'autres qu'il rapproche des Helophoridæ (*Elophorus*, Linné).

Le même auteur [8] rapporte au genre Berosus, de Leach, une élytre du lias inférieur d'Aust.

M. Heer [9] a formé sous le nom de Wollastonia, un genre nouveau pour une espèce du lias d'Argovie, qui ressemble aux spercheus et aux berosus, mais qui s'en distingue par son bouclier céphalique, qui est grand et tronqué en avant, et par un prothorax très large et très court, largement échancré pour recevoir la tête.

La *Wollastonia ovalis*, Heer, est la seule espèce connue.

Le genre Escheria, du même auteur [10], est caractérisé par une tête arrondie, enfoncée dans le prothorax, des antennes à sept articles, un prothorax transverse, des élytres convexes, rebordées et dépassant beaucoup l'abdomen.

[1] *Nouv. mém. Soc. helv.*, 1847, t. VIII, p. 46, pl. 1, fig. 12 et 13, et pl. 2, fig. 1-5.
[2] *Idem*, p. 52, pl. 7, fig. 24.
[3] *Zwei geol. Vorträge*, p. 13, fig. 15.
[4] *Nouv. mém. Soc. helv.*, 1847, t. VIII, p. 56, pl. 2, fig. 6.
[5] *Edinburgh new phil. journ.*, octobre 1829.
[6] *Not. géolog. sur la Provence*, p. 34.
[7] *An history of fossil insects*, p. 32, pl. 6, fig. 12 et 13.
[8] *Idem*, p. 101, pl. 9, fig. 10.
[9] *Zwei geolog. Vorträge*, p. 13, fig. 17.
[10] *Nouv. mém. Soc. helv.*, 1847, t. VIII, p. 57, pl. 7, fig. 23.

La seule espèce connue, l'*Ezcheria ovalis*, Heer, provient de la collection de Lavater (probablement d'OEningen). M. Heer considère comme probable que la *Coccinella protogea*, Germar [1], doit être réunie à cette même espèce.

8e FAMILLE. — LAMELLICORNES.

Les lamellicornes sont clairement caractérisés par des antennes courtes, dont les derniers articles forment une masse en éventail. Ces insectes constituent de nos jours la famille la plus importante de l'ordre des coléoptères, tant par le nombre des espèces que par la taille et la beauté de quelques unes d'entre elles. Ils sont représentés à l'état fossile par quelques types qui paraissent indiquer un développement moindre dans les époques qui ont précédé la nôtre. Ils existent depuis l'époque secondaire et se continuent à Aix, OEningen, etc., dans des proportions un peu inférieures à celles qu'ils ont dans la faune actuelle. Ils sont très rares dans l'ambre.

Quelques insectes des terrains jurassiques paraissent assez connus pour être rapportés à cette famille des lamellicornes, mais pas assez pour qu'on puisse fixer leurs vrais rapports génériques.

M. Germar [2] a formé sous le nom de SCARABÆIDES, un genre provisoire pour une espèce des calcaires lithographiques de Solenhofen, qui, comme le dit l'auteur, ressemblerait plutôt, au premier coup d'œil, à une grande espèce de bupreste, mais qui, par la structure de ses pattes, ses jambes postérieures dentelées, etc., semble avoir le caractère de la famille des lamellicornes.

L'espèce est désignée sous le nom de *S. deperditus*, Germar.

Dans ses premiers travaux, M. Brodie [3] avait indiqué des SCARABÉES (*Scarabæus*, Linné) dans les terrains secondaires d'Angleterre, mais il ne les mentionne plus dans son dernier ouvrage.

1re TRIBU. — COPRIDES.

Cette tribu comprend les lamellicornes à formes ramassées, à couleurs noires ou métalliques, qui sont connus sous le nom de

[1] *Insect. protog.*, 19e fascicule de la continuation de Panzer, nº 13.
[2] *Nova acta Acad. nat. cur.*, t. XIX, p. 218, pl. 23, fig. 17.
[3] *Institut*, 1843, t. II, p. 47.

Bousiers. Ils ont les antennes composées de huit ou neuf articles, le labre et les mandibules membraneux et cachés.

M. Heer [1] a décrit une nouvelle espèce du genre GYMNOPLEURUS, Illig., le G. *Sisyphus*, Heer, d'OEningen.

M. Marcel de Serres [2] rapporte au genre SISYPHE (*Sisyphus*, Latr.) une espèce des terrains tertiaires d'Aix en Provence ; elle paraît voisine du *S. Schœfferi*.

Le genre des ONTHOPHAGES (*Onthophagus*, Latr.) est représenté dans les terrains tertiaires d'OEningen par deux espèces qui ont été désignées par M. Heer [3] sous les noms de *O. urus* et d'*O. ovatulus*.

Le genre des BOUSIERS (*Copris*, Linné) a été trouvé fossile dans quelques terrains récents.

M. Lyell [4] en cite en particulier dans les terrains tertiaires fluviatiles de Mundesley.

M. Heer [5] a trouvé à OEningen deux espèces du genre des APHODIES (*Aphodius*, Illig.) ; il les nomme *A. antiquus* et *A. Meyeri*.

M. Landgrebe [6] cite un insecte du même genre, voisin de l'*A. fimetarius*, trouvé dans le polirschiefer de l'Habichtwald.

2ᵉ Tribu. — GÉOTRUPIDES.

Les géotrupides sont aussi des bousiers. Ils manquent ordinairement d'écusson, ont les antennes à huit ou neuf articles, le labre coriace débordant le chaperon et des mandibules cornées.

M. Germar [7] rapporte au genre GÉOTRUPES, Latr., sous le nom de *G. procævus*, une espèce des lignites d'Orsberg, près Linz, sur le Rhin.

M. Heer [8] a décrit sous le nom de COPROLOGUS un genre nouveau, caractérisé par sa tête divisée en lobes, dilatée dans la région des yeux et protégée par un chaperon bifide. Le labre est transverse et tronqué. Le *C. gracilis*, Heer, a été trouvé à OEningen.

[1] *Nouv. mém. Soc. helv.*, 1847, t. VIII, p. 64, pl. 7, fig. 25.
[2] *Not. géolog. sur la Provence*, p. 35.
[3] *Nouv. mém. Soc. helv.*, 1847, t. VIII, p. 62, pl. 2, fig. 10; pl. 7, fig. 26.
[4] *Proceed. geolog. Soc. of London*, III, p. 173.
[5] *Nouv. mém. Soc. helv.*, 1847, t. VIII, p. 66, pl. 7, fig. 27 et 28.
[6] *Leonhard und Bronn Neues Jahrb.*, 1843, p. 137.
[7] *Idem*, 1851, p. 759.
[8] *Nouv. mém. Soc. helv.*, 1847, t. VIII, p. 60, pl. 2, fig. 11.

3ᵉ Tribu. — MÉLOLONTHIDES.

Cette tribu, qui a pour type le hanneton, comprend les lamellicornes à forme allongée, plus ou moins cylindrique, dont les mandibules courtes, mais cornées, sont recouvertes par le chaperon et sont lisses du côté externe.

M. Brodie [1] rapporte avec doute un fragment d'insecte du lias inférieur du Worcestershire au genre des HANNETONS (*Melolontha*, Fabr.).

M. Marcel de Serres [2] rapporte à ce même genre deux espèces des terrains tertiaires d'Aix en Provence. L'une est caractérisée par des élytres lisses et l'autre par des élytres striées.

M. Heer [3] a trouvé dans les lignites de Greith (canton de Zug) une espèce à laquelle il a donné le nom de *M. Greithiana*, Heer.

Le même auteur [4] rapporte au genre des RHIZOTROGUS, Latr., une espèce d'OEningen (*R. longimanus*, Heer).

Il donne le nom provisoire de MÉLOLONTITHES [5], à des espèces de genres indéterminés qui appartiennent à cette tribu ou à la suivante.

Les *M. aciculata*, Heer, *deperdita*, id., *obsoleta*, id., et *Lavateri*, id., ont été trouvés à OEningen. Les *M. Parschluganus* et *Kollari*, id., ont été trouvés dans les lignites de Parschlug (Steiermark).

Le genre des PACHYPUS, Dejean, est représenté dans les terrains tertiaires d'Aix en Provence [6] par une espèce voisine du *P. excavatus*, Fabr., qui se trouve actuellement dans le midi de l'Europe.

4ᵉ Tribu. — CÉTONIDES.

Cette tribu comprend des lamellicornes déprimés, ornés ordinairement de couleurs brillantes et métalliques, et caractérisés le plus souvent par une pièce axillaire située extérieurement à la base des élytres ; le labre et les mandibules sont cachés et membraneux.

Le type principal de cette tribu, le genre des CÉTOINES (*Cetonia*, Fabr.), est

[1] *An history of fossil insects*, p. 101, pl. 9, fig. 4.
[2] *Not. géolog. sur la Provence*, p. 35.
[3] *Nouv. mém. Soc. helv.*, 1847, t. VIII, p. 67.
[4] *Idem*, p. 69, pl. 7, fig. 29.
[5] *Nouv. mém. Soc. helv.*, 1847, t. VIII, p. 71, pl. 2 et 7.
[6] Marcel de Serres, *Not. géolog. sur la Provence*, p. 35.

représenté par quelques espèces dans les terrains tertiaires d'Aix en Provence [1].

M. Curtis et M. Marcel de Serres en indiquent deux espèces, l'une voisine de la *C. hirtella*, et l'autre de la *C. stictica*. Dans une communication inédite ce dernier auteur indique encore une troisième espèce indéterminée.

M. Heer [2] a décrit une espèce d'OEningen du genre des TRICHIES (*Trichius*, Fabr.). Il l'a nommée *T. amœnus*.

5e TRIBU. — LUCANIDES.

Les lucanides forment une division clairement caractérisée par la forme de la massue des antennes, qui est composée de feuillets ou de dents, et disposée perpendiculairement à l'axe en manière de peigne; quelques espèces, surtout les mâles, ont des mandibules très développées formant des sortes d'armes.

Le genre des CERFS-VOLANTS (*Lucanus*, Olivier), ne paraît pas représenté à l'état fossile. Celui des PLATYCÈRES (*Platycerus*, Latr.) l'est par deux espèces, le *P. sepultus*, Germar [3], trouvé dans les lignites des Siebengebirge, près Bonn, et une espèce de l'ambre indiquée par M. Berendt [4].

2e SOUS-ORDRE. — HÉTÉROMÉRÉS.

1re FAMILLE. — MÉLASOMES.

La famille des mélasomes comprend des insectes de consistance dure, de couleur noirâtre ou terne, souvent aptères et à élytres soudées, habitant fréquemment les sables et les lieux arides, souvent aussi fuyant la lumière. Leurs antennes sont filiformes et leurs mâchoires sont terminées par un onglet corné.

Ces insectes sont surtout abondants aujourd'hui dans les régions chaudes, et il est probable que cette différence de distribution géographique existait déjà pendant l'époque tertiaire. On en trouve en effet à Aix une proportion à peu près égale à celle d'aujourd'hui, tandis qu'OEningen, qui est situé bien plus au

[1] M. de Serres, *Not. géol. sur la Provence*; Curtis, *Edinburgh new philos. journal*, octobre 1829.

[2] *Nouv. mém. Soc. helv.*, 1847, t. VIII, p. 74, pl. 7, fig. 33.

[3] *Insect. protog.*, 9e *fascicule de la continuation de Panzer*, n° 7.

[4] *Bernstein*, I, p. 56.

nord, n'en a encore fourni aucune espèce. Il est vrai que la première de ces localités est géologiquement plus ancienne que la seconde, et que par conséquent leurs différences de population ne tiennent probablement pas uniquement à la cause sus-indiquée.

M. Brodie [1] attribue à cette famille plusieurs débris fossiles trop incertains pour qu'on puisse fixer leurs véritables rapports génériques. Il cite en particulier des élytres de la grande oolithe de Stonesfield qui rappellent les formes des Blaps, Fabr., et d'autres du même gisement qu'il attribue avec doute au groupe des Piméliés (*Pimelia*, Fabr.). Des débris analogues trouvés dans les couches de Purbeck, de la vallée de Waldour (terrain wealdien), rappellent davantage les Ténébrionides.

M. Germar [2] rapporte au genre des Ténébrions (*Tenebrio*, Linné) une espèce des lignites des Siebengebirge et lui donne le nom de *T. effossus*.

M. Marcel de Serres [3] a décrit un grand nombre de mélasomes des terrains tertiaires d'Aix en Provence. Il paraît, comme je viens de le dire, que cette famille, si abondante de nos jours dans le bassin méditerranéen et dans les régions voisines, était déjà répandue dans ce même pays pendant l'époque tertiaire.

Ce paléontologiste [4] attribue au genre Sepidium, Latr., une espèce de la taille du *S. hispanicum*. Il cite deux espèces du genre des Asida, Latr., une du genre Tentyria, Dejean. Il rapporte au genre des Erodius, Thunberg, une espèce qui ressemble à l'*E. opatroides*, et au genre Nycterinus, Dejean, une espèce voisine du *N. jamaicus*, Wiedmann. Le genre Scaurus, Fabr., fournit une espèce de petite taille.

Dans ses premiers travaux M. Marcel de Serres parlait d'un Opatrum voisin de l'*O. pusillum*; cette espèce ne figure plus dans son dernier catalogue.

2ᵉ FAMILLE. — TAXICORNES.

Les taxicornes sont caractérisés par des mâchoires sans onglet et par des antennes perfeuillées; ils sont toujours ailés. Cette famille n'a jusqu'à présent été trouvée fossile que dans l'ambre, où elle est même très peu abondante.

[1] *An history of fossil insects*, p. 48, et 32, pl. 6, fig. 16, 20 et 2.
[2] *Insect. protog.*, 19ᵉ fascicule de la continuation de Panzer.
[3] *Notes géologiques sur la Provence*, p. 35.
[4] *Géognosie des terrains tertiaires*, p. 122, et *Notes géologiques sur la Provence*, p. 35.

M. Berendt [1] rapporte une espèce de ce gisement au genre ANISOTOMA, Illiger, et une autre au genre BOLETOPHAGUS, Illiger. C'est probablement à l'une ou à l'autre que se rapporte celle qui avait autrefois été attribuée avec doute au genre DIAPERIS.

3ᵉ FAMILLE. — STÉNÉLYTRES.

Les sténélytres sont des insectes ailés et agiles ; à antennes filiformes, à mâchoires sans onglet ; ils vivent en général sous les écorces et sur les fleurs.

M. Heer [2] a trouvé à OEningen quelques espèces qui font partie de cette famille. Il en rapporte une au genre CISTELA, Linné, sous le nom de C. domicula, Heer, une seconde au genre HELOPS, Fabr., sous le nom de H. Meisneri, Heer, et une au genre MYCTERUS, Clairville, sous le nom de M. molassicus, Heer.

L'ambre en a aussi fourni quelques espèces.

M. Berendt [3] en rapporte une au genre CISTELA, indiqué ci-dessus, une au genre OEDEMERA, Ollivier, une au genre NECYDALIS, Linné, et avec quelque doute six autres au genre HALLOMENUS, Illig., ou ORCHESIA, Latr.

4ᵉ FAMILLE. — TRACHÉLIDES.

Les trachélides diffèrent de tous les autres hétéromérés par la forme de leur cou ; le prothorax est rétréci en avant, en sorte que la tête ne peut pas y être reçue. Leur corps et leurs élytres sont en général mous.

Leurs mœurs ressemblent beaucoup à celles des malacodermes et ont influé de même sur leur distribution géologique. Ils forment aujourd'hui à peu près 3 pour 100 de la population des coléoptères d'Europe, tandis qu'ils ne représentent pas 1 pour 100 de celle des dépôts tertiaires d'eau douce réunis, et qu'ils font au contraire 12 pour 100 de celle de l'ambre.

M. Brodie [4] rapporte avec doute au groupe de CANTHARIDES une élytre trouvée dans les terrains de Purbeck, de la vallée de Wardour.

[1] *Bernstein*, I, p. 56.
[2] *Nouv. mém. Soc. helv.*, 1847, t. VIII, p. 160, pl. 5, fig. 8, 9 et 10.
[3] *Bernstein*, I, p. 56.
[4] *An history of fossil insects*, p. 32, pl. 6, fig. 11.

M. Heer (1) rapporte aux Cantharides proprement dites (*Lilia*, Fabr.; *Cantharis*, Geoffroy); une espèce d'Œningen, la *L. Esculapii*, Heer.

Une espèce de Radoboj (2) appartenant au genre des Méloés, Linné (*M. Podalirii*, Heer).

M. Berendt (3) cite plusieurs espèces de l'ambre de Prusse qui appartiennent à cette famille. Il en rapporte une au genre des Cardinales (*Pyrochroa*, Geoffroy), dix-sept au genre des Mordelles (4) (*Mordella*, Linné), une au genre des Rhipiphorus, Fabr., dix-huit au genre des Anaspis, Geoffroy, et vingt-neuf au genre des Notoxes (*Anthicus*, Paykull, *Notoxus*, Geoffroy).

3ᵉ SOUS-ORDRE. — TÉTRAMÈRES.

1ʳᵉ FAMILLE.
CURCULIONIDES ou RHYNCHOPHORES.

Les curculionides sont faciles à distinguer par le prolongement antérieur de la tête qui forme une sorte de trompe ou de museau; les antennes sont souvent coudées.

Cette famille est une des plus abondantes dans la faune actuelle. Elle est, de toutes les familles de coléoptères, celle dont on a trouvé les traces les plus anciennes, si toutefois on accepte l'opinion de M. Buckland sur les insectes que je vais indiquer. Elle se continue dans les époques jurassiques et tertiaires. Dans cette dernière on peut signaler leur grande abondance à Aix, où ils forment la moitié de la population des coléoptères, tandis qu'ils n'en font que 13 pour 100 à Œningen, 5 pour 100 dans l'ambre et 20 pour 100 dans l'Europe actuelle.

M. Buckland (5) décrit et figure des débris d'insectes trouvés dans le minerai de fer de Coalbrook-Dale (terrain carbonifère). Il donne à l'une de ces espèces le nom provisoire de *Curculionides Anstici*, et il désigne sous le nom de *C. Prestwici* une autre espèce qui ressemble davantage aux brachycerus vivants. Je ne connais ces insectes que par les planches de M. Buckland, et je dois ajouter

(1) *Nouv. mém. Soc. helv.*, t. VIII, p. 155, pl. 5, fig. 4 et 5.

(2) *Idem*, p. 159, pl. 5, fig. 7.

(3) *Bernstein*, I, p. 56.

(4) C'est probablement une de ces espèces qui a été décrite plus anciennement par Germar. Il en avait fait le genre Mordellisa et l'avait nommée *M. inclusa* (*Mag. der Entomolog.*, 1813, t. I, p. 14).

(5) *Géol. et minéral.*, *Traité Bridgewater*, traduit par Doyère, t. I, p. 359, et t. II, p. 89, pl. 46''.

qu'elles ne laissent pas une pleine conviction que ces insectes soient de vrais curculionides.

M. Heer a désigné sous le nom de Curculionites quelques espèces trop mal connues pour être classées.

Il désigne sous le nom (1) de *C. liasinus* une espèce du lias d'Argovie.

Il a nommé (2) *C. Rendtenbacheri* un insecte de Radoboj.

M. Buckland (3) figure une patte d'un insecte des schistes de Stonesfield, que M. Curtis considère comme un charançon.

M. Brodie (4) rapporte avec doute à cette famille des élytres trouvées dans le lias inférieur de l'Angleterre et d'autres des couches de Purbeck, de la vallée de Wardour.

D'autres *espèces indéterminées* sont citées dans l'ambre. M. Berendt (5) parle de dix-huit espèces qu'il n'a pas pu rapporter à leurs genres.

Les autres curculionides fossiles sont mieux connus et peuvent se diviser en trois tribus.

1re Tribu. — BRUCHIDES.

Les bruchides ont le labre apparent, des palpes très visibles et le prolongement antérieur de leur tête court, large, déprimé en forme de museau.

Le genre des Bruches (*Bruchus*, Linné) a été trouvé fossile dans divers gisements tertiaires. M. Marcel de Serres (6) en indique quelques espèces d'Aix en Provence, dont une à cuisses renflées.

M. Germar (7) a décrit le *B. bituminosus*, des lignites des Siebengebirge.

M. Heer (8) a fait connaître le *B. striolatus*, d'OEningen.

Le même auteur rapproche des Anthribes (*Anthribus*, Geoffroy), sous le nom provisoire d'Anthribites (9), deux espèces d'OEningen, *A. Moussonii*, Heer, et *pusillus*, id.

Ce genre des anthribes est, suivant M. Berendt (10), représenté dans l'ambre par une espèce.

(1) *Zwei geol. Vorträge*, p. 15, fig. 39 et 40.

(2) *Nouv. mém. Soc. helv.*, 1847, t. VIII, p. 199, pl. 7, fig. 4.

(3) *Géol. et minéral.*, etc., t. II, p. 92, pl. 46.

(4) *An history of fossil insects*, p. 32 et 101, pl. 6.

(5) *Bernstein*, I, p. 56.

(6) *Notes géologiques sur la Provence*, p. 35.

(7) *Insect. protog.*, 19e fascicule de la *continuation de Panzer*, n° 10.

(8) *Nouv. mém. Soc. helv.*, 1847, t. VIII, p. 174, pl. 6, fig. 5.

(9) *Idem*, p. 177, pl. 6, fig. 6 et 7.

(10) *Bernstein*, I, p. 56.

2ᵉ Tribu. — ATTÉLABIDES.

Les attélabides n'ont point de labre apparent, des palpes très petits, un véritable bec et des antennes droites.

Le genre des Apions (*Apion*, Herbst) est représenté, suivant M. Marcel de Serres [1], par plusieurs espèces dans les marnes insectifères d'Aix.

Celui des Rhynchites, Herbst [2], est indiqué par M. Heer, comme trouvé à OEningen (*R. silenus*, Heer).

Ces deux genres, les apions et les rhynchites, sont aussi représentés chacun par au moins une espèce dans l'ambre de Prusse [3].

3ᵉ Tribu. — CHARANÇONS.

Les charançons ont comme les précédents le labre non apparent, les palpes très petits et un véritable bec ; mais leurs antennes sont soudées et portées par un premier anneau beaucoup plus long que les suivants.

Les terrains tertiaires d'Aix en Provence sont riches en insectes de cette division ; M. Marcel de Serres [4] y indique les genres suivants :

Les Brachycerus, Olivier, dont il indique au moins quatre espèces voisines de celles qui vivent encore aujourd'hui dans le bassin méditerranéen.

Les Cioxus, Clairville, représentés par une espèce assez rapprochée du *C. scrofulariæ*, une voisine du *C. verbasci*, et plusieurs autres.

Les Meleus, Stephens (*Miniops*, Schoenher) quatre à cinq espèces.

Les Hypera, Dejean, trois espèces au moins dont les formes sont analogues aux espèces méridionales de la France.

Les Naupactus, Mégerle, plusieurs espèces, dont une voisine du *N. lusitanicus*, et dont les autres s'éloignent davantage des formes méditerranéennes actuelles.

Les Rhinonatus, Mégerle, quatre ou cinq espèces au moins, peu différentes des espèces vivantes.

[1] *Not. géol. sur la Provence*, p. 33.
[2] *Nouv. mém. Soc. helv.*, 1847, t. VIII, p. 180, pl. 6, fig. 8.
[3] Berendt, *Bernstein*, I, p. 56.
[4] *Notes géologiques sur la Provence*, p. 33. J'ai profité aussi de quelques notes manuscrites ajoutées par M. Marcel de Serres sur un exemplaire qu'il a bien voulu me donner. Voyez aussi Curtis, *Edinburgh new philos. journ.*, octobre 1829.

Les Cleonis, Mégerie, au moins huit espèces, dont une se rapproche de la *C. distincta*, Dejean, et une de la *C. sulcirostris*, Fabr.

Les Dorytomus, Germar, une espèce de fort petite taille.

Les Baris, Germar (*Boridius*, Schoenher), quelques petites espèces.

Les Calandra, Fabr., une espèce de petite taille et une moyenne.

Il faut y ajouter les genres suivants :

Les Sitona, Germar, une espèce indiquée par M. Germar [1] (*Sitona margarum*, Germ.).

Les Hipporhinus, une espèce décrite par le même auteur [2] (*H. Heeri*, Germ.). C'est peut-être à ce genre qu'il faut rapporter l'espèce attribuée par M. Hope [3] à celui des Rhynchænus (*R. Solieri*, Hope) d'Aix.

Les Balaninus, Germar, une espèce décrite par M. Hope [4] (*B. Barthelemyi*, Hope).

Les Notaris, Germar, une espèce indiquée par M. Curtis.

Les Lixares, Olivier, deux espèces suivant M. Curtis, dont une un peu plus petite que le *L. anglicanus*, et l'autre que le *L. punctatus*.

M. Heer [5] a aussi décrit plusieurs charançons des terrains tertiaires. Parmi ceux qui se rapportent à quelques uns des genres indiqués ci-dessus, nous citerons : le *Brachycerus Germanus*, Heer, la *Sitona attavina*, id., et les *Cleonis larinoides*, id., *Deucalionis*, id. Toutes ces espèces ont été trouvées à OEningen.

Quelques unes appartiennent à d'autres genres.

M. Heer rapporte aux Lixus, Fabr., une espèce d'OEningen (*L. rugicollis*); au genre Sphenophorus, Schoenher, deux espèces du même gisement, les *S. Naegelianus*, Heer, et *Bagelianus*, id., et au genre des Cossonus, Clairville, les *C. Meriani*, Heer, et *Spielbergii*, id.

Il forme un genre nouveau, celui des Pristorhyncus [6], caractérisé par un bec bilobé sur ses côtés, probablement plan en dessus, un prosternum assez grand et les jambes antérieures séparées par un grand intervalle.

La seule espèce connue, le *P. ellipticus*, Heer, a été trouvée à OEningen.

M. Germar [7] a décrit un Brachycerus des lignites des Siebengebirge et lui a donné le nom de *B. exilis*.

[1] *Zeitsch. der Deutsch. geol. Gesells.*, I, p. 61, pl. 2, fig. 5.
[2] *Idem*, I, p. 62, pl. 2, fig. 6 et 6 a.
[3] *Trans. of the entom. Soc. of London*, t. IV, p. 254, pl. 19, fig. 2.
[4] *Idem*, pl. 19, fig. 1.
[5] *Nouv. mém. Soc. helv.*, 1847, t. VIII, p. 180, pl. 6 et 7.
[6] *Idem*, p. 196, pl. 6, fig. 10.
[7] *Insect. prolog.*, 19e fasc. de la contin. de Panzer, n° 11.

M. Bassi [1] a formé un genre nouveau, celui des Curosolithus, pour un curculionide fossile à bec mince et à articles des tarses allongés et triangulaires. Il a été probablement trouvé dans un terrain tertiaire d'Italie.

L'ambre a fourni aussi de nombreuses espèces de charançons. M. Berendt [2] rapporte deux espèces au genre des Pissodes, Germar, une au genre des Sitona, Germar, deux à celui des Hylobius, Germar, et deux à celui des Phytonomus, Schœnher.

2ᵉ Famille. — XYLOPHAGES.

Les xylophages sont de petits insectes à tête non prolongée en bec, à antennes plus grosses vers l'extrémité, qui vivent dans les bois où ils font des ravages considérables, malgré leur petite taille.

Ils sont plus abondants à proportion dans les divers gisements de l'époque tertiaire que dans la faune actuelle. Ils ne représentent pas 2 pour 100 des coléoptères d'Europe, tandis qu'ils forment plus de 8 pour 100 de la faune d'Aix et de 10 pour 100 de celle de l'ambre.

1ʳᵉ Tribu. — SCOLYTIDES.

Les scolytides ont des antennes en massue, composées de dix articles au plus, des palpes coniques et les jambes antérieures ordinairement dentées.

M. Marcel de Serres [3] cite plusieurs espèces trouvées dans les terrains tertiaires d'Aix en Provence. Il en rapporte une au genre Hylurgus, Latr., et les autres à celui des Scolytus, Fabr.

Le même auteur [4], d'après ses propres observations et d'après celles de M. Desmarest, cite le genre des Platypus, Herbst, et Hylesinus, Fabr., comme trouvés fossiles dans l'ambre.

M. Berendt [5] rapporte vingt-cinq espèces de ce même gisement à ce même genre des Hylesinus, Fabr.

2ᵉ Tribu. — BOSTRICHIDES.

Les bostrichides ont aussi des antennes de dix articles, mais leurs palpes, au lieu de s'amincir, sont dilatés à l'extrémité.

[1] *Atti della terza reunione degli scienziati Italiani*, Firenze, 1848, in-4°, p. 400.
[2] *Bernstein*, I, p. 56.
[3] *Notes géologiques sur la Provence*, p. 37.
[4] *Géognosie des terrains tertiaires*, p. 241.
[5] *Bernstein*, I, p. 56.

M. Brodie ([1]) rapporte au genre Cerylon, de Latreille, un petit insecte trouvé dans les couches de Purbeck, de la vallée de Wardour, et le nomme *C. striatum.*

Le genre Apate, Fabr., est, d'après M. Marcel de Serres ([2]), représenté dans les terrains tertiaires d'Aix en Provence par une espèce de la taille et de la forme de l'*A. capucina.*

Plusieurs espèces de cette tribu ont été trouvées dans l'ambre de Prusse. MM. Marcel de Serres ([3]) et Desmarest y citent les genres Apate et Ips, Fabr. M. Berendt ([4]) rapporte une espèce au genre Rhizophagus, Herbst, et onze à celui des Cis, Latr.

3ᵉ Tribu. — MYCÉTOPHAGIDES.

Les mycétophagides se distinguent des xylophages précédents par leurs antennes à onze articles. Leurs tarses n'ont que des articles entiers.

M. Heer ([5]) a établi, sous le nom de Prototoma, un genre probablement voisin des mycétophagus, mais dans lequel le bord postérieur du prothorax est tronqué, et étroitement lié avec les élytres.

La seule espèce connue, le *P. striata*, Heer, a été trouvée dans le lias d'Argovie.

L'ambre de Prusse a fourni plusieurs représentants de cette tribu. M. Berendt ([6]) en rapporte un au genre Colydium, Fabr., deux à celui des Latridies (*Latridius*, Herbst), et deux à celui des Sylvanus, Latr.

4ᵉ Tribu. — TROGOSITIDES.

Les trogositides ont onze articles aux antennes comme les mycétophagides. Ils sont caractérisés par leurs mandibules saillantes et par leur corps étroit, allongé et déprimé.

M. Heer ([7]) rapporte au genre des Trogosita, Olivier, une espèce d'OEningen sous le nom de *T. Kollikeri.*

M. Germar ([8]) a décrit le *T. tenebrioides* des lignites des Siebengebirge.

([1]) *An history of fossil insects*, p. 32, pl. 3, fig. 1.
([2]) *Notes géologiques sur la Provence*, p. 36.
([3]) *Géognosie des terrains tertiaires*, p. 244.
([4]) *Bernstein*, I, p. 56.
([5]) *Zwei geologische Vorträge*, p. 12, fig. 2.
([6]) *Bernstein*, I, p. 56.
([7]) *Nouv. mém. Soc. helv.*, 1847, t. VIII, p. 40, pl. 6, fig. 3.
([8]) *Insect. protog.*, 19ᵉ fascicule de la cont. de Panzer, n° 9.

M. Marcel de Serres [1] indique une espèce du même genre, voisine du *T. cæruleus*, qui a été trouvée dans les terrains tertiaires d'Aix en Provence.

La famille des xylophages renferme en outre quelques espèces indéterminées.

M. Berendt [2] en particulier cite treize espèces de l'ambre de Prusse, qui ne peuvent pas se rapporter à des genres certains.

3ᵉ FAMILLE. — LONGICORNES.

Les longicornes ont des antennes allongées, le plus souvent amincies vers l'extrémité; le corps long, cylindrique ou déprimé, et les trois premiers articles des tarses garnis de brosses. Cette famille renferme de nos jours plusieurs espèces élégantes de formes et de coloration et quelques unes de très grande taille. Ils ne paraissent pas avoir été aussi développés pendant les époques antérieures. Malgré la richesse de végétation des anciennes forêts, le nombre proportionnel des espèces de longicornes est resté en dessous de ce qu'il est aujourd'hui. Ainsi que nous l'avons dit plus haut, ces forêts ont abrité une bien plus forte proportion de buprestes.

Nous devons d'ailleurs constater leur existence pendant l'époque secondaire.

1ʳᵉ TRIBU. — PRIONIENS.

Les prioniens ont le labre nul ou très petit, des mandibules fortes et les antennes non entourées par les yeux.

M. Germar [3] rapporte avec doute au genre des SPONDYLES, sous le nom de *Spondylis tertiarius*, un insecte des lignites de Horsberg, près Linz (Rhin).

M. Brodie [4] cite des débris de cette tribu trouvés dans la grande oolithe de Stonesfield, et il les désigne avec doute sous le nom de *Prionus oolithicus*.

M. Germar [5] parle aussi d'une portion de prione qui existe dans la col-

---

[1] *Notes géologiques sur la Provence*, p. 37.
[2] *Bernstein*, I, p. 56.
[3] *Leonhard und Bronn Neues Jahrb.*, 1851, p. 759.
[4] *An history of fossil insects*, p. 47, pl. 6, fig. 15.
[5] *Nova acta Acad. nat. cur.*, t. XIX, p. 192.

lection de Bonn et qui rappelle le *Prionus depsarius*. Ce fragment a été trouvé à Stonesfield.

Le même auteur [1] décrit le *Prionus umbrinus*, Germar, des lignites des Siebengebirge.

2ᵉ Tribu. — CÉRAMBYCINS.

Les cérambycins ont le labre très apparent, les mandibules médiocres, les yeux entourant les antennes et le prothorax élargi et épineux dans son milieu.

M. Geinitz [2] indique, dans les grès verts supérieurs et inférieurs de Saxe, des débris de bois perforés qui lui paraissent attester l'existence des longicornes dans cette époque. Il désigne sous le nom de Cérambycites, les insectes qui ont dû faire ces perforations.

M. Marcel de Serres [3] cite un Cerambyx, Linné, un Callidium et un Clytus dans les terrains tertiaires d'Aix en Provence.

M. Heer [4] rapporte au genre Clytus, Fabr., une espèce d'OEningen, et lui donne le nom de *C. melancholicus*.

M. Germar [5] a décrit une espèce du genre Molorchus, Fabr., des lignites des Siebengebirge (*M. antiquus*, Germar).

L'ambre de Prusse renferme aussi des cérambycins. M. Berendt [6] rapporte une espèce à ce même genre des Molorchus et trois à celui des Callidium, Fabr.

3ᵉ Tribu. — LAMIAIRES.

Les lamiaires se distinguent par une tête verticale, des antennes entourées à la base par les yeux, et par un prothorax qui est à peu près de la même largeur dans toute son étendue.

C'est probablement à cette tribu qu'il faut rapporter l'insecte dont le comte de Münster avait fait le genre Cerambycinus [7] qui renferme une seule espèce, le *C. dubius*, trouvé dans les calcaires lithographiques de Solenhofen. Cette espèce est figurée dans l'Atlas (pl. XL, fig. 8).

[1] *Insect. protog.*, 19ᵉ *fascicule de la continuation de Panzer*, nᵒ 12.

[2] *Caracteristik der Kreidegebirge*, p. 13, pl. 3 et 6.

[3] *Notes géolog. sur la Provence*, p. 37, et *Additions manuscrites* pour le *Cerambyx*.

[4] *Nouv. mém. Soc. helv.*, 1847, t. VIII, p. 163, pl. 5, fig. 11.

[5] *Insect. protog.*, 19ᵉ *fascicule de la continuation de Panzer*, nᵒ 14.

[6] *Bernstein*, 1, p. 56.

[7] Germar, *Nova acta Acad. nat. cur.*, t. XIX, p. 208, pl. 22, fig. 9.

M. Heer [1] a décrit quatre espèces de cette tribu. Il en rapporte une d'OEningen au genre MESOSA, Serville (*M. Jasonis*, Heer).

Une autre [2], de Radoboj, appartient au genre ACANTHODERES, Serville, c'est l'*A. Phrixi*, Heer.

Les deux autres [3] appartiennent au genre SAPERDA, Fabr., ce sont la *S. Nephele*, Heer, d'OEningen, et la *S. Absyrti*, id., de Radoboj.

M. Germar [4] a décrit la *Saperda lata* des lignites des Siebengebirge.

Suivant M. Berendt [5], l'ambre de Prusse renferme cinq espèces de SAPERDA et quatre qui peuvent être rapportées au genre des LAMIA, Fabr.

4ᵉ Tribu. — LEPTURÈTES.

Les lepturètes sont caractérisées par des yeux à peine échancrés ; leur tête est séparée du prothorax et leurs élytres sont amincies vers l'extrémité.

M. Berendt [6] attribue au genre LEPTURA, Linné, six espèces de l'ambre de Prusse.

4ᵉ Famille. — CHRYSOMÉLIDES.

Les chrysomélides sont caractérisées par des antennes en fil, des palpes à quatre articles dont le dernier court, des élytres allongées ou globuleuses, convexes, et des tarses larges. Presque toutes les espèces de cette famille nombreuse vivent aujourd'hui sur les végétaux. Les espèces fossiles ont été trouvées dans les terrains de l'époque secondaire et de l'époque tertiaire. Les dépôts d'eau douce en contiennent à peu près la même proportion que la faune européenne actuelle (environ 8 p. 100); elles sont plus nombreuses dans l'ambre, car elle représente près de 15 p. 100 de l'ensemble des coléoptères de ce gisement. Il est évident que ce fait se lie avec les habitudes de ces insectes.

Quelques unes sont trop mal connues pour pouvoir être réparties dans les tribus suivantes.

M. Brodie [7] cite des fragments dans le lias inférieur d'Angleterre, dans

[1] *Nouv. mém. Soc. helv.*, 1847, t. VIII, p. 165, pl. 5, fig. 12.
[2] *Idem*, p. 167, pl. 5, fig. 13.
[3] *Idem*, p. 168, pl. 6, fig. 1 et 2.
[4] *Insect. prolog.*, 19ᵉ *fascicule de la continuation de Panzer*, n° 13.
[5] *Bernstein*, I, p. 56.
[6] *Idem, ibid.*
[7] *An history of fossil insects*, p. 32, 48 et 101.

la grande oolithe de Stonesfield et dans les terrains wealdiens de la vallée de Wardour. Ce n'est même qu'avec doute qu'il les rapporte à cette famille.

M. Berendt [1] cite dans l'ambre huit espèces de genres indéterminés.

La plupart des espèces sont mieux connues et peuvent ainsi que les vivantes, se partager en six tribus. Celle des CRIOCÉRIDES n'a pas été trouvée fossile.

1re TRIBU. — DONACIDES.

Les donacides présentent beaucoup d'affinité avec les longicornes dans leur forme générale et dans la disposition de leurs organes maxillaires. Le corps est oblong, un peu déprimé ; les cuisses postérieures sont grandes et renflées ; le dernier article des tarses est renfermé par les lobes du précédent, et les antennes sont à peu près d'égale grosseur dans toute leur longueur.

M. Heer [2] rapporte une espèce d'OEningen au genre DONACIA, Fabr., sous le nom de *D. Palemonis*.

M. Lyell [3] a trouvé des débris du même genre dans les terrains tertiaires pliocènes fluviatiles de Mundesley.

M. Mortillet [4] a décrit la *Donacia Genin* trouvée dans les lignites de Sonnaz, près Chambéry.

M. Berendt [5] rapporte une espèce de l'ambre au genre des HÆMONIA, Megerle.

2e TRIBU. — CASSIDIDES.

Les cassidides ont le corps plat, la tête cachée sous le prothorax, la bouche tout à fait en dessous et les élytres dépassant souvent l'abdomen.

M. Marcel de Serres [6] et M. Curtis indiquent plusieurs espèces du genre des CASSIDES (*Cassida*, Linné) dans les terrains tertiaires d'Aix en Provence.

[1] *Bernstein*, I, p. 36.

[2] *Nouv. mém. Soc. helv.*, 1847, t. VIII, p. 200, pl. 6, fig. 1.

[3] *Proceed. of the geolog. Soc. of London*, t. III, p. 175.

[4] *Bulletin Soc. d'hist. nat. de Savoie*, avril 1850, p. 135, et *Bibl. univ. de Genève*, Archives, 1850, t. XV, p. 78.

[5] *Bernstein*, I, p. 36.

[6] *Marcel de Serres, Notes géologiques sur la Provence*, p. 37; Curtis, *Edinburgh new philos. journ.*, octobre 1829.

Le premier de ces auteurs en cite cinq, dont une voisine de la *C. equestris*, une de la *C. meridionalis*, deux de la taille de la *C. viridis*, et une plus petite.

M. Heer [1] a décrit deux espèces du même genre qui proviennent d'OEningen, les *C. Hermione* et *megapenthes*.

Le même auteur [2] rapporte au genre ANOPLITES, Kirby, une espèce du même gisement, l'*A. Bronni*, Heer. Ce genre est voisin des *Hispa*, Lin.

3ᵉ Tribu. — CHRYSOMÉLINES.

Les chrysomélines ont les antennes insérées au-devant des yeux et écartées, et la tête découverte.

M. Curtis [3] et M. Marcel de Serres rapportent au genre des CHRYSOMÈLES (*Chrysomela*, Linné) deux espèces des terrains tertiaires d'Aix en Provence, dont une analogue à la *C. Banksi*, et une moins grande.

L'ambre paraît en renfermer plusieurs. Gravenhorst [4] en cite onze espèces. M. Berendt n'en indique que cinq.

M. Heer [5] a décrit plusieurs espèces de cette tribu ; il rapporte aux CHRYSOMÈLES proprement dites, la *C. colami*, Heer, et la *C. punctigera*, id., d'OEningen.

Il place une espèce dans le genre LINA, Mégerle, *L. populeti*, Heer, d'OEningen.

Il en attribue trois du même gisement au genre OREINA, Chevr., les *O. Hellerii*, *protogenia* et *Amphictyonis*.

Deux autres appartenant au genre des GONIOCTENA, Chevr. (*Paropsis*, Dal.) ; ce sont les *G. Japeti* et *Clymene* d'OEningen.

Il a trouvé dans le même gisement un insecte du genre des CLYTHRES, *C. Pandorœ*, Heer.

4ᵉ Tribu. — GALLÉRUCITES.

Les gallérucites ont des antennes longues, insérées entre les yeux, le corps ovoïde ou ovalaire, quelquefois presque hémisphérique.

Cette tribu n'est jusqu'à présent représentée à l'état fossile que dans l'ambre, mais en même temps elle paraît y avoir été abondante.

[1] *Nouv. mém. Soc. helv.*, 1847, t. VIII, p. 203, pl. 7, fig. 6.

[2] *Idem*, p. 202, pl. 7, fig. 5.

[3] Marcel de Serres, *Notes géolog. sur la Provence*, p. 37 ; Curtis, *Edinburgh new philos. journ.*, octobre 1829.

[4] *Uebersicht der Arbeiten der Schlesischen Gesellshaft*, 1831, p. 92.

[5] *Nouv. mém. Soc. helv.*, 1847, t. VIII, p. 207, pl. 7, fig. 7-14.

M. Berendt (1) rapporte au genre GALLERUCA, Geoffroy, seize espèces de ce gisement. Il en attribue trente-neuf à celui des ALTISES (*Altica*, Geoffr.; *Haltica*, Illiger).

5ᵉ TRIBU. — CLAVIPALPES.

Les clavipalpes se distinguent de toutes les autres tribus par leurs antennes qui se terminent en une massue très distincte et perfeuillée. Leur corps est ordinairement arrondi, souvent même bombé et hémisphérique.

Cette tribu, comme la précédente, n'est jusqu'ici représentée que dans l'ambre de Prusse.

M. Berendt (2) rapporte cinq espèces au genre des PHALACRES, Paykull.

4ᵉ SOUS-ORDRE. — TRIMÉRÉS.

1ʳᵉ FAMILLE. — FUNGICOLES.

Cette famille comprend tous les insectes qui ont trois articles aux tarses, les antennes plus longues que la tête ou le prothorax.

M. Berendt (3) rapporte au genre des LYCOPERDINES (*Lycoperdina*, Latr.; *Endomychus*, Fabr.) une espèce de l'ambre de Prusse.

2ᵉ FAMILLE. — APHIDIPHAGES.

Les aphidiphages diffèrent des précédents par leurs antennes courtes et en massue comprimée. Leur corps est plus régulière-ment hémisphérique et le dernier article des palpes sécuriforme.

M. Brodie (4) rapporte avec doute à cette famille et au genre des COCCI-NELLES (*Coccinella*, Linné), une espèce de la grande oolithe de Stonesfield.

M. Heer (5) attribue au même genre trois espèces d'OEningen, les *C. Andromeda*, *Hesione* et *Perses*, Heer.

Nous avons dit plus haut que la *Coccinella protogea*, Germar, était proba-blement une *Escheria*.

(1) *Bernstein*, I, p. 56.
(2) *Idem, ibid.*
(3) *Idem, ibid.*
(4) *An history of fossil insects*, p. 48, pl. 6, fig. 21.
(5) *Nouv. mém. Soc. helv.*, 1847, t. VIII, p. 210, pl. 7, fig. 16 et 17, et pl. 8, fig. 11.

M. Berendt (1) indique cinq espèces du même genre trouvées dans l'ambre de Prusse. Il en rapporte une autre au genre Scydmus, Kugelann.

3ᵉ Famille. — PSÉLAPHIENS.

Les psélaphiens sont clairement caractérisés par leurs élytres courtes et tronquées, ne recouvrant qu'une partie de l'abdomen, et par leurs antennes en massue.

Ils n'ont jusqu'à présent été trouvés fossiles que dans l'ambre de Prusse.

M. Berendt (2) rapporte quatre espèces au genre des PSÉLAPHUS, Herbst, une à celui des BRYAXIS, Kugelann, et deux à celui des EUPLECTUS, Leach.

2ᵉ ORDRE.

ORTHOPTÈRES.

Les orthoptères ont les ailes antérieures moins modifiées dans leur nature que les coléoptères. Ces ailes sont moins solides et plus minces, mais elles diffèrent encore des postérieures, qui sont gazées, transparentes et qui ont une nervation régulière. Ces dernières sont plissées en éventail et ne se replient sur elles-mêmes que dans les perce-oreille. Les téguments sont médiocrement endurcis. Les pattes sont en général fortes et solides. La bouche, composée de pièces bien développées et propres à broyer, est caractérisée par un appendice externe porté par les mâchoires, et connu sous le nom de *galette*.

Les orthoptères sont beaucoup moins nombreux aujourd'hui que les coléoptères, et caractérisent surtout les faunes des pays chauds où quelques espèces atteignent de grandes dimensions. On n'en connaît qu'un petit nombre de fossiles ; ils paraissent cepen-

(1) *Bernstein*, I, p. 56.
(2) *Idem, ibid.*

dant avoir existé à toutes les époques géologiques. On
en a trouvé dans les terrains carbonifères de l'époque
primaire, dans le lias d'Angleterre, dans les calcaires
lithographiques coralliens, dans les terrains wealdiens
et dans les dépôts de l'époque tertiaire.

Ces insectes ont singulièrement peu varié de formes
pendant une si longue série de générations. Presque
toutes les espèces des terrains primaires et secondaires
peuvent être placées dans les genres actuels, ou du
moins s'en rapprochent beaucoup.

Nous diviserons les orthoptères en sept familles, dont
une n'est connue qu'à l'état fossile.

1re FAMILLE. — DERMAPTÈRES.

Les dermaptères sont clairement caractérisés par leurs ailes
antérieures courtes, qui rappellent un peu les élytres des staphylins, par leurs ailes postérieures pliées deux fois dans leur longueur et par la pince qui arme leur dernier anneau abdominal.

Le genre qui forme le type de cette famille, celui des PERCE-OREILLE (*For-
ficula*, Linné), a été trouvé fossile dans les terrains tertiaires d'Aix en Provence, où M. Marcel de Serres [1] indique deux espèces dont une se rapproche
assez de la *F. parallela*, et l'autre de la *F. auricularia*.

M. Gravenhorst [2] cite une espèce trouvée dans l'ambre de Prusse.

2e FAMILLE. — BLATTIDES.

Atlas, pl. XL, fig. 3 et 6.

Les blattides ont, comme toutes les familles suivantes, les ailes
postérieures plissées en éventail, jamais repliées dans leur longueur, et horizontales ainsi que les antérieures. La tête est cachée sous un large corselet.

Ces insectes datent déjà de l'époque carbonifère.

[1] *Notes géologiques sur la Provence*, p. 37.
[2] *Uebersicht der Arbeiten der Schlesischen Gesellshaft*, 1834, p. 93.

M. Germar [1] désigne sous le nom de BLATTINA les espèces trouvées dans les schistes carbonifères de Wettin. Elles sont connues principalement par des ailes qui avaient été d'abord considérées par M. Rost [2] comme des feuilles de végétaux, et décrites sous le nom de DICTYOPTERYS, Gutbier.

M. Germar avait d'abord distingué quatre espèces, les *B. didyma*, *B. anaglyptica*, *B. anthracophila* et *B. flabellata*, et il en a ajouté trois autres dans son dernier ouvrage, les *P. carbonaria*, *euglyptica*, et *reticulata*, mais il n'y cite plus la *B. anthracophila*.

La *P. didyma* est figurée dans l'Atlas (pl. XL, fig. 2).

M. Goldberger [3] indique en outre la *B. blattina primæva*, Gold., des terrains carbonifères des environs de Gersweiler, et la *B. lebbachensis*, Gold., de gisements analogues, des environs de Lebbach près Saarbrück.

Ce même genre des blattina se retrouve dans le lias.

M. Heer [4] a décrit la *B. formosa*, du lias d'Argovie, espèce qui se rapproche de la *B. anaglyptica* de Germar. Elle est figurée dans l'Atlas (pl. XL, fig. 6).

M. Brodie [5] a trouvé dans le lias d'Angleterre des fragments qui paraissent appartenir à cette famille; il en cite aussi dans les terrains wealdiens du Wiltshire (*Blatta Stricklandi*).

Une espèce a été trouvée aussi dans les terrains jurassiques supérieurs.

M. von Heyden [6] a décrit une espèce de Solenhofen en la rapportant au genre BLABERA, Serville, sous le nom de *B. avita*.

Les autres espèces appartiennent à l'époque tertiaire.

M. Heer [7] place dans le genre HETEROGAMIA, Burmeister, une espèce des lignites tertiaires de Parsching (*H. antiqua*, Heer).

L'ambre de Prusse renferme aussi quelques espèces, suivant MM. Gravenhorst, Germar et Berendt [8].

[1] Münster, *Beiträge zur Petrefacten Kunde*, t. V, p. 90, pl. 13, et dans son ouvrage intitulé *Versteinerungen des Steinkohlengeb. von Wettin und Lobejun*, Halle, in-folio.

[2] Docteur Rost, *Diss. inaug. de Filicum ectypis*, Halle, 1839.

[3] *Sitzungsber. der Kais. Akad. der Wissench.*, Wien, octob. 1852.

[4] *Zwei geologische Vorträge*, p. 15, fig. 41.

[5] *An history of fossil insects*, p. 101, pl. 8, fig. 12 et 17, p. 32, pl. 3, fig. 7, et pl. 4, fig. 11.

[6] *Palæontographica*, t. I, p. 100, pl. 12, fig. 5.

[7] *Nouv. mém. Soc. helv.*, 1850, t. XI, p. 1, pl. 1, fig. 1.

[8] *Uebersicht der Arbeiten der Schlesischen Gesellshaft*, 1851, p. 93; Ger-

3e Famille. — MANTIDES.

Les mantides ont les ailes postérieures plissées en éventail, la tête découverte, le corps et surtout le prothorax long et mince. Elles se rapprochent des familles précédentes par leurs cuisses postérieures non renflées, et s'éloignent des familles suivantes par ce même caractère.

Les schistes lithographiques de Solenhofen renferment une espèce qui a été placée dans cette famille par le comte de Münster (¹), en devenant le type d'un genre nouveau, Chresmoda (*C. obscura*, Münster).

L'empreinte qui est figurée par cet auteur paraît peu propre à décider des véritables affinités de cet insecte. La longueur du prothorax semble cependant justifier son association à cette famille. Les pattes postérieures élargies sembleraient au contraire la rapprocher des suivantes.

Le genre des Mantes (*Mantis*, Linné) (²) a été trouvé fossile à OEningen par M. Heer, qui a décrit, sous le nom de *Mantis protogea*, une espèce assez incomplétement conservée.

M. Desmarets (³) en indique une espèce dans l'ambre.

4e Famille. — PSEUDOPERLIDES.

Atlas, pl. XL, fig. 25.

J'ai établi cette nouvelle famille pour des insectes trouvés dans l'ambre et qui ont des caractères intermédiaires entre les névroptères et les orthoptères, mais qui paraissent se rapprocher davantage de ces derniers, et en particulier de la famille des phasmides. Ils en diffèrent par leurs cuisses antérieures non échancrées et par leur mésothorax et leur abdomen bien plus courts.

Ces insectes ne forment qu'un seul genre, celui des Pseudoperla, Berendt et Pictet, caractérisé par une tête ovale subdéprimée, des yeux arrondis placés sur les côtés, des antennes longues et à articles nombreux, des palpes maxillaires à cinq articles dont

mar, *Mag. der Entom.*, 1, p. 16, genre Blattina (*B. succinea*). Voyez surtout Berendt, *Mém. pour servir à l'histoire des blattes antédiluviennes* (*Ann. Soc. entom. de France*, 1836, t. V, p. 539).

(¹) *Nova acta Acad. nat. curios.*, t. XIX, p. 201, pl. 22, fig. 4.

(²) *Nouv. mém. Soc. helv.*, 1850, t. XI, p. 21, pl. 1, fig. 8.

(³) M. de Serres, *Géognos. des terrains tertiaires*, p. 241.

le dernier est en ovale allongé, des palpes labiaux courts à trois articles. Le prothorax est à peu près carré, un peu plus étroit que le mésothorax ; ce dernier et le métathorax sont ovales, subquadrangulaires. L'abdomen est allongé, composé de dix anneaux, dont le dernier, convexe et arrondi, est muni tantôt de deux, tantôt de trois appendices composés d'un seul article. Quelques individus (probablement à l'état de larves) sont totalement dépourvus d'ailes. Les autres ont ces organes remplacés par de petites écailles rudimentaires, latérales, subtriangulaires. Les pattes sont allongées, les cuisses médiocres sans échancrures ni épines, les jambes grêles, les tarses à cinq articles, dont le premier est le plus long et dont le dernier est arqué et terminé par deux crochets et une pelote.

La forme des rudiments d'ailes rappelle beaucoup plus celle de ces organes dans les orthoptères que celle du premier état des ailes des névroptères, et autorise à conclure que les pseudoperla, telles qu'on les trouve dans l'ambre, sont bien adultes.

Nous avons trouvé deux espèces de ce genre, les *Pseudoperla gracilipes* et *lineata*, Pictet et Berendt. La première est figurée dans l'Atlas (pl. XL, fig. 23).

5e Famille. — ACRIDIENS.

Atlas, pl. XL, fig. 5 et 16.

Les acridiens ont les cuisses postérieures renflées et propres à sauter, des antennes courtes et filiformes. Les femelles n'ont pas de tarière. Cette famille renferme les sauterelles, dont les mâles peuvent faire entendre un bruit assez fort par le frottement de leurs ailes contre leurs élytres, et qui sont ordinairement désignés sous le nom de *Criquets*.

Quelques espèces ont été trouvées dans l'époque carbonifère.

M. Germar [1] a décrit sous le nom d'Acridites (*A. carbonatus*) une espèce des schistes carbonifères de Wettin.

D'autres ont été trouvées dans les terrains jurassiques.

M. Brodie [2] a trouvé deux espèces dans le lias inférieur d'Angleterre. Il

[1] Münster, *Beiträge zur Petrefacten Kunde*, t. V, p. 93, pl. 13, fig. 5.
[2] *An history of fossil insects*, p. 101, pl. 7, fig. 16, et pl. 9, fig. 1, 2 et 14.

en rapporte une au genre GRYLLES, Fabr. (*Acridium*, Geoffroy), sous le nom de *G. Bucklandi*.

M. Heer a retrouvé cette même espèce dans le lias d'Argovie et en a formé un genre nouveau, qu'il nomme GOMPHOCERITES, pour indiquer ses rapports avec les gomphocerus actuels. Cet insecte est donc désigné maintenant sous le nom de *Gomphocerites Bucklandi*. Il est figuré dans l'Atlas (pl. XL, fig. 5).

M. Marcel de Serres (1) cite quelques espèces du même genre trouvées dans les terrains tertiaires d'Aix en Provence.

L'ambre de Prusse paraît aussi en renfermer quelques unes (2).

M. Heer (3) a décrit quatre espèces des terrains tertiaires qui appartiennent à cette famille; il rapporte trois d'entre elles au genre OEDIPODA, Latr. La première, l'*O. melanosticta*, Charp., provient de Radoboj et avait déjà été décrite par Charpentier et Unger; la seconde, *O. nigrofasciolata*, Heer, a été trouvée dans le même gisement; la troisième, *O. œningensis*, Heer, a été découverte à OEningen.

M. Heer rapporte la quatrième espèce au genre GOMPHOCERUS, Thrunberg, sous le nom de *G. femoralis*, Heer. Elle est figurée dans l'Atlas (pl. XL, fig. 16).

6ᵉ FAMILLE. — LOCUSTIDES.

Atlas, pl. XL, fig. 10.

Les locustides, ou sauterelles à sabre, diffèrent des acridiens par leurs antennes minces et très-longues, par l'existence d'une longue tarière chez les femelles et par l'absence d'organes de stridulation chez les mâles.

Cette famille paraît dater de l'époque carbonifère et se retrouve dans les terrains jurassiques et tertiaires.

M. Goldberger (4) vient de signaler l'existence d'une espèce du genre GRYLLACRIS, Burm., qui a été trouvée dans un terrain carbonifère des environs de Saarbrück.

M. Germar (5) a décrit deux espèces de Solenhofen qu'il rapporte au genre des SAUTERELLES proprement dites (*Locusta*, Linné). L'une d'elles, la

(1) *Notes géologiques sur la Provence*, p. 38.

(2) Gravenhorst, *Uebersicht der arbeiten der Schlesischen Gesellshaft*, 1834, p. 93 ; Sendelius, *Hist. succinorum*, p. 91, pl. 3, fig. 14, etc.

(3) *Nouv. mém. Soc. helv.*, 1850, t. XI, p. 15, pl. 2, fig. 1-4 et fig. 7 ; Charpentier, *Nova acta Acad. nat. cur.*, t. XX, p. 405, pl. 21, fig. 1-5; Unger, *Chloris Protogea*, pl. 5.

(4) *Sitzungsbericht der Kais. Akad. der Wissensch.*, Wien, octobre 1852, t. IX, p. 39.

(5) Germar, *Nova acta Acad. nat. cur.*, t. XIX, p. 198, pl. 21, fig. 1-3.

L. speciosa, Münster, paraît se rapprocher surtout du genre Decticus, Serville; l'autre, la *L. prisca*, Münster, ressemble davantage à la *Locusta viridissima*.

Le même auteur [1] attribue une espèce du même gisement au genre Phasmaptera, Latr., sous le nom de *Ph. Germari*, Münster. Elle est figurée dans l'Atlas (pl. XL, fig. 10).

Quelques espèces ont été trouvées dans les terrains tertiaires.

M. Heer [2] rapporte au même genre des Phasmaptera, Latr., une espèce d'Œningen, *Ph. vetusta*, Heer. Il place deux espèces de Radoboj dans le genre Gryllacris, Serville (*G. Ungeri* et *G. Charpentieri*); cette dernière avait été décrite par Charpentier sous le nom de *Myrmeleon brevipenne*). Il désigne sous le nom provisoire de Locustina un fragment d'aile des lignites de Parschlug (*L. maculata*, Heer).

M. Marcel de Serres [3] cite une sauterelle proprement dite trouvée dans les terrains tertiaires d'Aix en Provence; elle paraît se rapprocher de la *L. grisea*, Fabr.

7ᵉ FAMILLE. — GRYLLIDES.

Les gryllides diffèrent des deux familles précédentes par leurs ailes horizontales à l'état de repos, et par leurs tarses à trois articles au lieu de quatre.

M. Germar [4] rapporte à cette famille, sous le nom de Gryllites, une espèce des schistes lithographiques de Solenhofen, imparfaitement caractérisée.

M. Brodie [5] a trouvé dans les terrains wealdiens une espèce qui paraît appartenir au véritable genre des Grillons (*Acheta*, Fabr.; *Gryllus*, Geoffroy) et l'a nommée *Acheta Sedgwicki*.

Les terrains tertiaires d'Aix en Provence paraissent en renfermer plusieurs espèces. M. Marcel de Serres [6] en cite cinq, dont quatre ressemblent beaucoup aux espèces européennes actuelles.

M. Hope [7] signale l'existence probable de quelques espèces de ce genre dans l'ambre de Prusse.

Le genre des Courtilières (*Gryllotalpa*, Latr.) est représenté dans les

[1] Münster, *Beitr. zur Petref. Kunde*, t. V, p. 81, pl. 9, fig. 2, et pl. 13, fig. 7.

[2] *Nouv. mém. Soc. helv. sc. nat.*, 1836, t. XL, p. 3, pl. 1, fig. 2 à 5.

[3] *Notes géologiques sur la Provence*, p. 38.

[4] Münster, *Beiträge zur Petref. Kunde*, t. V, p. 82, pl. 9, fig. 3, et pl. 13, fig. 8.

[5] *An history of fossil insects*, p. 32, pl. 2, fig. 4.

[6] *Notes géologiques sur la Provence*, p. 37.

[7] *Trans. of the geolog. Soc. of London*, 1847, t. IV, p. 251.

terrains tertiaires d'Aix ([1]) par deux espèces beaucoup plus petites que la courtilière vivante.

M. Hope ([2]) cite le même genre dans l'ambre.

Les TRIDACTYLES (*Tridactylus*, Olivier ; *Xya*, Illiger) ont été également trouvés fossiles dans les terrains tertiaires d'Aix et dans l'ambre de Prusse ([3]).

3e ORDRE.

NÉVROPTÈRES.

Les névroptères ont pour caractères quatre ailes membraneuses d'égale consistance, ordinairement soutenues par des nervures nombreuses. Leur bouche, qui appartient au type des insectes broyeurs, présente de grandes différences : fortement armée dans quelques genres, elle est au contraire presque complétement atrophiée dans d'autres.

Sous le point de vue des métamorphoses, les névroptères forment deux groupes distincts. Les uns passent par un état de nymphe immobile, et appartiennent par conséquent à la catégorie des insectes à métamorphoses complètes. Les autres, agiles pendant toute leur vie, ont au contraire des métamorphoses incomplètes. Cette différence doit peut-être les faire subdiviser en deux ordres ([4]). On peut toutefois remarquer que les névroptères sont, de tous les insectes à métamorphoses complètes, ceux dont les nymphes sont les moins immobiles, et que, parmi les insectes à métamorphoses incomplètes, il n'en est aucun dont les larves ressemblent aussi peu aux adultes. Ils forment ainsi une série

([1]) Marcel de Serres, *Notes géolog. sur la Provence*, p. 37.

([2]) Hope, *loc. cit.*

([3]) Marcel de Serres, *id.* ; Hope, *id.*

([4]) Quelques entomologistes , et en particulier M. Burmeister, réunissent aux orthoptères les genres à métamorphoses incomplètes, et ne composent l'ordre des névroptères que de ceux qui ont des métamorphoses complètes.

de transitions qui peuvent justifier la convenance de l'ordre dans lequel ils sont tous réunis.

Les névroptères paraissent dater de l'époque carbonifère, où l'on a trouvé des termès et des insectes voisins des corydales et des chauliodes. Plusieurs espèces incontestables ont été découvertes dans les terrains jurassiques, et les divers dépôts de l'époque tertiaire en renferment également.

L'ambre jaune contient aussi des névroptères. Ainsi que je l'ai dit plus haut, M. le docteur Berendt avait bien voulu me confier la description des insectes de cet ordre. En les comparant avec les espèces du monde actuel, on voit que les névroptères de l'ambre présentent : 1° des espèces très voisines de celles qui vivent aujourd'hui en Prusse (mais non identiques) ; 2° des espèces plus méridionales, telles que des termès, etc., qui caractérisent aujourd'hui les climats intertropicaux et méditerranéen ; 3° des espèces qui appartiennent à des genres qui habitent aujourd'hui hors d'Europe (par exemple, une chauliode, genre actuellement américain) ; 4° des espèces qui doivent former des genres nouveaux et sans représentants dans la nature actuelle : ces espèces sont, du reste, en petit nombre dans cet ordre.

Les névroptères se divisent, comme je l'ai dit plus haut, en *Insectes à métamorphoses complètes* et en *Insectes à métamorphoses incomplètes*. Il est intéressant de savoir si ces deux sous-ordres ont apparu ensemble ou si l'un a précédé l'autre. L'existence du groupe à métamorphoses incomplètes dès l'époque carbonifère est incontestable, depuis la découverte des termès dans ces terrains par M. Goldberger. L'existence du groupe à métamorphoses complètes dans la même époque est probable, car le genre dictyophlebia, du même auteur, paraît se rapprocher des chauliodes et des corydales. Nous discuterons plus bas ce qu'on doit penser de l'aile rapportée par M. Audouin à ce dernier genre.

1er SOUS-ORDRE.

NÉVROPTÈRES A MÉTAMORPHOSES INCOMPLÈTES

1re FAMILLE. — TERMITINES.

Atlas, pl. XL, fig. 23.

Les termitines ont la bouche assez semblable à celle des orthoptères, la lèvre quadrifide, les antennes courtes et quatre grandes ailes plates, jamais plissées, horizontales, dont les nervures très fines ne forment pas de réseau régulier.

Les termitines ont déjà existé dans l'époque carbonifère. Ils sont cités aussi dans les terrains wealdiens et ont été fort abondants pendant l'époque tertiaire. On trouve soit dans l'ambre, soit dans les dépôts tertiaires proprement dits, des espèces nombreuses et de grande taille qui rappellent la faune des pays chauds plutôt que celle de l'Europe actuelle.

Les espèces des terrains carbonifères viennent d'être signalées par M. Goldberger [1]. Ce naturaliste rapporte au genre des TERMITES (*Termes*, Lin.) deux espèces, les *T. Heeri* et *T. affinis*, Gold., trouvés dans les schistes carbonifères des environs de Sulzbach. Ces espèces ne sont encore ni figurées, ni décrites en détail.

M. Brodie [2] rapporte avec doute au même genre, sous le nom de *F. grandœvus*, une espèce du terrain wealdien du Wiltshire.

M. Heer [3] en décrit plusieurs, il les divise en deux sous-genres, les TERMOPSIS, qui ont la nervure scapulaire rameuse et quelques véritables cellules, et les EUTERMÈS, qui ont une nervure scapulaire simple et pas de cellules.

Au premier de ces sous-genres appartiennent les *T. procerus*, Heer, et

[1] *Sitzungsber. der Kais. Akad. der Wissench.*, Wien, octobre 1852, t. IX, p. 39.

[2] *An history of fossil insects*, p. 32, pl. 2, fig. 5.

[3] *Nouv. mém. Soc. helv.*, 1850, t. XI, p. 22, pl. 2 et 3.

Haïdingeri, id., de Radoboj, ainsi que les *T. spectabilis*, Heer, et *insignis*, id., d'OEningen. Ces quatre espèces ont une longueur comprise entre 15 3/4 et 18 3/4 lignes.

Au second sous-genre appartient le *T. pristinus*, Charpentier [1], et les *T. obscurus* et *croaticus*, Heer. Ces trois espèces proviennent de Radoboj.

Les termés de l'ambre sont également nombreux, comme nous l'avons dit. Nous avons décrit cinq espèces : les *T. Berendtii*, *granulicollis* (*Pictetii*, Ber.), *gracilicornis*, *obscurus* et *gracilis*, Pictet et Berendt. La seconde de ces espèces est figurée dans l'Atlas (pl. XL, fig. 23). Depuis lors M. Heer [2] en a décrit trois espèces qu'il n'a pas pu comparer avec les nôtres à cause du retard de la publication de l'ouvrage de M. Berendt. Deux d'entre elles, les *T. debilis*, Heer, et *pusillus*, id., sont certainement différentes de celles que nous avons décrites. La troisième, le *T. Bremii*, Heer, ressemble un peu à notre *T. granulicollis*, et comme chez lui l'extrémité de l'aile présente de vraies cellules. Il me paraît cependant que dans l'espèce que nous avons décrite, ces cellules sont plus irrégulières et moins nombreuses, et que la tête est plus courte et le prothorax plus large.

Nous avons également trouvé dans l'ambre une espèce qui se rapporte au genre remarquable des EMBIA, Westwood, dont on ne connaît aujourd'hui qu'un petit nombre d'espèces des pays chauds. Nous l'avons nommée *Embia antiqua*, Pictet et Berendt. Elle est figurée dans l'Atlas (pl. XL, fig. 28).

2ᵉ FAMILLE. — PSOCIDES.

Les psocides sont de petits insectes à corps court, mou, renflé, à antennes sétacées, à ailes en toit, planes, non plissées, veinées d'un petit nombre de nervures régulières.

On ne les a encore trouvés fossiles que dans l'ambre, où ils ont déjà été cités par Gravenhorst [3]. M. Berendt et moi en avons décrit quatre espèces savoir : les *P. affinis*, *ciliatus*, *debilis*, Pictet et Berendt, et une espèce indéterminée.

3ᵉ FAMILLE. — ÉPHÉMÉRINES.

Les éphémérines se distinguent facilement de tous les névroptères à métamorphoses incomplètes, par leur bouche composée de pièces rudimentaires et atrophiées. Leurs antennes sont courtes et en alène comme chez les libellulines. Leurs quatre ailes sont

[1] *Nova acta Acad. nat. cur.*, t. XX, p. 409, pl. 23, fig. 2 et 3.
[2] *Nouv. mém. Soc. helv.*, 1850, t. XI, p. 31, pl. 3, fig. 2, 6 et 7.
[3] *Uebersicht der arb. der Schles. Gesellsh.*, 1834, p. 92.

planes, verticales dans le repos, jamais plissées ; l'abdomen porte deux ou trois longues soies.

M. Brodie [1] attribue à cette famille une aile trouvée dans le lias inférieur de Strensham ; mais ce rapprochement me paraît douteux ; je ne connais aucune éphémérine actuelle dont les ailes offrent une ressemblance avec celle-ci, soit dans la forme, soit dans les nervures.

L'ambre en contient des débris plus certains, qui ont été cités par Sendelius, par M. Marcel de Serres [2], etc.

Les fragments d'ambre que M. Berendt m'avait envoyés en contenaient trois espèces. J'en ai rapporté une au genre PALINGENIA, Burmeister, sous le nom de *P. macrops*, Pictet et Berendt ; une seconde au genre BÆTIS, Leach, et je l'ai nommée *B. anomala*, Pictet et Berendt ; elle s'éloigne de toutes les espèces vivantes par la présence d'un rudiment de troisième soie caudale. La troisième fait partie du genre POTHAMANTHUS, Pictet (*P. priscus*, Pictet et Berendt).

4ᵉ Famille. — LIBELLULINES.

Les libellulines ont aussi quatre ailes planes et jamais plissées, à peu près égales et soutenues par des nervures nombreuses. Les antennes sont en alène, les yeux énormes, la bouche fortement armée, la lèvre grande, les pièces labiales formant des sortes de feuilles, et un corps très allongé. Ces insectes, connus sous le nom de DEMOISELLES, sont aujourd'hui répandus sur tout le globe et nombreux en espèces.

Leur existence dans l'époque jurassique a été constatée par plusieurs échantillons incontestables, trouvés soit dans le lias, soit dans les schistes lithographiques de Solenhofen. On en possède aussi plusieurs des terrains wealdiens et ils se continuent dans quelques gisements de l'époque tertiaire.

On peut les diviser en trois tribus.

1ʳᵉ Tribu. — AGRIONIDES.

Les agrionides ont le corps grêle, le prothorax mince, les yeux écartés, et les ailes verticales dans l'état de repos.

[1] *An history of fossil insects*, p. 102, pl. 10, fig. 14.
[2] Sendelius, *Hist. succini* ; M. de Serres, *Géognosie des terrains tertiaires*, p. 241.

M. Brodie (1) a trouvé dans le lias supérieur de Dumbleton une aile qu'il avait rapportée au genre Agrion, Fabr., et nommée *Agrion Buckmanni*; mais sur l'avis de M. Westwood il l'a réunie au genre Heterophlebia, dont nous parlerons plus bas.

M. Charpentier (2) en cite deux dans les schistes lithographiques de Solenhofen.

M. Germar (3) a figuré une espèce de ce même gisement sous le nom d'*Agrion Latreillei*, Münster.

M. Heer (4) en a décrit plusieurs espèces des terrains tertiaires.

Il forme un sous-genre sous le nom de Stenoe, pour des espèces à ailes aiguës, bien réticulées, à parastigmate grand, et y place l'*Agrion Parthenope*, Heer, d'OEningen.

Il rapporte au sous-genre des Lestes, Leach, l'*Agrion coloratum*, Hagen (5), décrit par Charpentier comme appartenant au genre Calopteryx, et découvert à Radoboj ainsi que les *A. leucosia, ligea et psittace*, Heer, d'OEningen.

Il place dans le sous-genre des Agrions proprement dits l'*Agrion Aglaope*, Heer, d'OEningen, et décrit une larve du même gisement.

Nous avons trouvé dans l'ambre une espèce du même genre, l'*Agrion antiquum*, Pictet et Berendt.

2ᵉ Tribu. — ÆSHNIDES.

Les æshnides ont les yeux gros et rapprochés, les ailes horizontales dans l'état de repos, et la lèvre inférieure divisée en trois parties égales.

M. Strickland et M. Brodie (6) rapportent au genre des Æshnes (*Æshna*, Fabr.) une aile trouvée dans le lias du Warwickshire, c'est l'*A. liassina*, Strickl. M. Bronn (7) fait remarquer que cette aile se rapproche surtout du sous-genre des Cordulegaster, Leach (*Diastatomma*, Charp.). Je pense, si la figure est exacte, que la petitesse du triangle qui ne forme qu'une cellule, et qui est très rapproché de la base, rappelle bien plus le genre

(1) *An history of foss. insects*, p. 102, pl. 8, fig. 2, et *Quart. journ. of the geol. Soc.*, t. V, p. 35.

(2) *Libellulinæ europææ*, p. 172, pl. 43.

(3) *Nova acta Acad. nat. cur.*, t. XIX, p. 218, pl. 23, fig. 16.

(4) *Nouv. mém. Soc. helv.*, 1850, t. XI, p. 44, pl. 3 et 4.

(5) Hagen, *Entomol. Zeitung.*, 1848, p. 7; Charpentier, in *Leonh. und Bronn Neues Jahrb.*, 1841, p. 232.

(6) Strickland, *Ann. and mag. of nat. hist.*, 2ᵉ série, 1840, t. IV, p. 302, et 1842, t. IV, p. 257; Brodie, *An history of fossil insects*, p. 102, pl. 10, fig. 4.

(7) *Index palæont.*, Nomenclator, p. 18.

dont nous parlerons plus bas, sous le nom d'*Heterophlebia*, que les Æshnes vivants.

Plusieurs espèces ont été citées dans les schistes de Solenhofen.

Germar [1] en a décrit et figuré deux sous les noms d'*Æshna Munsteri*, Germar, et *gigantea*, Münster. M. Charpentier [2] les a considérées aussi comme de véritables æshnes, et il pense qu'il faut réunir à ce genre la *Libellula longialata*, Germar. Il figure lui-même une belle espèce du même gisement, conservée dans le musée de Dresde.

M. Van der Linden [3] a décrit une espèce plus petite, trouvée avec les précédentes.

Il faut aussi probablement rapporter au même genre l'espèce figurée par M. de Buch [4].

M. Brodie [5] nomme *Æshna perampla* une espèce des terrains wealdiens du Wiltshire et en indique une autre du genre Lindenia (*Diastatomma*, Charp.).

Quelques espèces ont été découvertes dans les terrains tertiaires.

M. Heer [6] indique l'*Æshna polydore*, Heer, et *Tyche*, id., d'OEningen ; et l'*A. Metis*, id., de Radoboj. Il figure une larve d'OEningen sous le nom d'*A. Eudore*.

Nous avons trouvé dans l'ambre une larve qui appartient probablement au genre des Diastatomma, Charp. (*Lindenia*, v. der Hœv.; *Cordulegaster* et *Gomphus*, Leach).

3ᵉ Tribu. — LIBELLULIDES.

Atlas, pl. XL, fig. 7 et 19.

Les libellulides ont, comme les æshnides, les yeux gros et rapprochés, et les ailes horizontales dans l'état de repos, mais leur lèvre inférieure est divisée en trois parties dont l'interne est beaucoup plus petite que les deux latérales.

Le lias supérieur d'Angleterre a fourni une espèce attribuée d'abord au genre Æshna par M. Buckmann, sous le nom de *A. Brodiei*, Buckm.; puis replacée par M. Westwood dans celui des Libellules proprement dites (*Libellula*, Linné), où elle devient la *L. Brodiei* [7].

[1] *Nova acta Acad. nat. cur.*, t. XIX, p. 215, pl. 23, fig. 12 à 15.
[2] *Libellulæ europææ*, p. 170, pl. 48.
[3] *Mém. Acad. de Bruxelles*, t. IV, et à part.
[4] *Ueber den Jura in Deutschland, Abhand. der Berl. Akad.*, 1839, in-4°.
[5] *An hist. of foss. insects*, p. 32, pl. 5, fig. 7, 8 et 9.
[6] *Nouv. mém. Soc. helv.*, 1850, t. XI, p. 63, pl. 4 et 5.
[7] *An hist. of foss. insects*, p. 101, pl. 8, fig. 1.

Une espèce des mêmes gisements est devenue plus tard le type du genre HETEROPHLEBIA, Brodie [1], distingué des véritables Libellules par quelques détails des nervures (*H. dislocata*, Brodie). Elle est figurée dans l'Atlas (pl. XL, fig. 7).

Le lias inférieur du même pays renferme une espèce qui a été rapportée avec doute aux libellules par M. Brodie, sous le nom de *L.? Hopei*, Brodie [2].

On en cite aussi quelques espèces dans les schistes lithographiques de Bavière. M. Charpentier [3] en indique une voisine de la *L. sabina*, de Chine, mais plus grande.

Nous avons dit plus haut que la *L. longialata*, Germ., était probablement une æshne. La *L. bavarica*, Schl., doit aussi vraisemblablement être rapportée à ce genre et fait peut-être double emploi avec quelqu'une des espèces que nous avons citées.

M. Brodie [4] indique dans les terrains wealdiens du Wiltshire une *L. antiqua*, Brod.

Les terrains tertiaires d'Aix en Provence ont fourni, suivant M. M. de Serres [5], un certain nombre de libellules à l'état parfait et de larves.

M. Charpentier [6] a décrit la *Libellula platyptera* de Radoboj, que M. Heer a plus tard placée dans le genre des CORDULIA, Leach (*Chlorosoma*, Charp.; *Epophthalmia*, Burm.).

M. Heer a fait connaître plusieurs larves de véritables libellules d'OEningen [7] : les *L. Thoe*, Heer, *Perse*, id., *Doris*, id., *Thetis*, id., *Eurynome*, id., *Melobaris*, id., et *Calypso*, id. Cette dernière est figurée dans l'Atlas (pl. XL, fig. 19).

5e FAMILLE. — PERLIDES.

Les perlides se distinguent facilement de tous les névroptères à métamorphoses incomplètes par leurs ailes postérieures plissées : ce caractère les rapproche des phryganides ; mais ces dernières manquent de mandibules et peuvent par conséquent facile-

[1] *Quart. journ. of the geol. Soc.*, t. V, p. 31, pl. 2.
[2] *An hist. of foss. insects*, p. 102, pl. 10, fig. 3.
[3] *Libellulæ europææ*, p. 173.
[4] *An hist. of foss. insects*, p. 32, pl. 5, fig. 10.
[5] *Not. géol. sur la Provence*, p. 40.
[6] *Novaacta Acad. nat. cur.*, t. XX, p. 408, pl. 22, fig. 3; Hagen, *Entom. Zeitung.*, 1848, p. 12.
[7] *Nouv. mém. Soc. helv.*, 1850, t. XI, p. 79, pl. 5, fig. 4, 7 et 9; pl. 6, fig. 2 à 7. Ces mêmes larves d'OEningen ont été citées ou figurées par plusieurs auteurs. Voyez en particulier Knorr, *Merkw.*, I, pl. 33, fig. 2 à 4; Scheuzer, *Piscium querelæ*, pl. 2, *Physica sacra*, pl. 53, et *Herbarium diluvianum*, pl. 5, fig. 1; Karg., *Schreb. Denks.*, I, p. 42.

ment en être distinguées, lors même que l'on ne connaît pas leurs métamorphoses.

Cette famille n'a jusqu'à présent été trouvée fossile que dans l'ambre.

M. Gravenhorst [1] a le premier indiqué l'existence de quelques espèces et les a rapportées au genre SEMBLIS, Fabr., qui correspond à peu près à l'ensemble de la famille.

Parmi les espèces que j'ai étudiées, une a dû être rapportée au genre des PERLES (*Perla*, Geoffroy), sous le nom de *P. prisca*, Pictet et Berendt. Quatre autres appartiennent au genre des NÉMOURES (*Nemoura*, Latr.). L'une d'elles, que l'on peut placer dans le sous-genre des TÆNIOPTERYX, Pictet, a été désignée sous le nom de *N. ciliata*, Pictet et Berendt ; deux autres appartiennent au sous-genre des LEUCTRA, Stephens, et ont reçu le nom de *N. gracilis*, Pictet et Berendt, et *N. fusca*, id.; une enfin doit se ranger dans le sous-genre des NEMOURA proprement dits : c'est là *N. ocularis*, Pictet et Berendt.

<h2 style="text-align:center">2e SOUS-ORDRE.</h2>

NÉVROPTÈRES A MÉTAMORPHOSES COMPLÈTES

6e FAMILLE. — PHRYGANIDES.

(Trichoptera, Kirby.)

Les phryganides ont pour caractères des ailes postérieures plissées, peu de nervures transversales et point de mandibules. Elles forment aujourd'hui une famille très nombreuse.

M. Brodie [2] en indique deux espèces indéterminées des terrains wealdiens du Wiltshire; l'une d'elles appartient à la tribu des phryganides propres et l'autre à celles des leptocérides.

M. Hominghaus [3] a figuré la *Phryganea Mombachiana* des terrains tertiaires.

Quelques auteurs attribuent à des larves de phryganes des tubes que l'on trouve dans certains terrains d'eau douce du midi de la France. Ces tubes, formés de grains de sable, ou de petites coquilles agglutinées, ne me paraissent en aucune manière pouvoir être considérés comme faits par des larves de ce genre. Ils sont beaucoup plus épais que tous ceux que forment les phryganes actuelles; la cavité interne est beaucoup plus petite; ils sont d'ailleurs plus

---

[1] *Uebersicht der arbeiten der Schlesischen Gesellshaft*, 1834, p. 92.
[2] *An history of fossil insects*, p. 33, pl. 2, fig. 6 et 7.
[3] Bronn, *Index palæontologicus*, *Nomenclator*, p. 969.

longs, etc. Ils ressemblent plus aux tubes que se font certaines annélides. Quelques auteurs les désignent sous le nom d'INDUSIES, et nomment *calcaires à Indusies* [1] les roches qui les renferment.

Les phryganides de l'ambre sont mieux connues, et leur existence a déjà été signalée par Gravenhorst, Germar, Desmarest, Marcel de Serres [2], etc.

Parmi celles de ce gisement qui m'ont été communiquées par M. Berendt, j'ai distingué les espèces suivantes :

Dans la tribu des *Limnéphilides*, deux espèces du genre PHRYGANE proprement dite (*Phryganea*, Linné), les *P. antiqua*, Pictet et Berendt, et *fossilis*, id.; quatre espèces du genre LIMNEPHILUS, Leach, les *L. piceus*, Pictet et Berendt, *dubius*, id., et deux moins certaines.

Dans la tribu des *Séricostomides*, une espèce du genre MORMONIA, Curtis, la *M. tæniata*, Pictet et Berendt.

Dans la tribu des *Rhyacophilides*, une espèce du genre RHYACOPHILA, Pictet, la *R. prisca*, Pictet et Berendt.

Dans la tribu des *Hydropsychides*, neuf espèces du genre POLYCENTROPUS, Curtis : les *P. affinis*, Pictet et Berendt, *guttulatus*, id., *xanthocoma?* id., *atratus*, id., *latus*, id., *lævis*, id., *incertus*, id., *dubius*, id., et *macrocephalus?* id.; deux espèces du genre HYDROPSYCHE, Pictet, les *H. prisca*, Pictet et Berendt, et *barbata*, id.; une espèce du genre APHELOCHEIRA, Stephens, l'*A. fusco-nigra*, Piet. et Ber.; deux espèces du genre PSYCHOMIA, Latr., les *P. pallida*, Piet. et Ber., et *sericea*, id.

Nous avons formé un genre nouveau sous le nom d'AMPHIENTOMUM, pour un insecte dont les caractères sont tout à fait anormaux. Il a la tête large comme les psoques. Les ailes supérieures sont velues et ciliées, et leurs nervures rappellent celles des hydropsychés ; les ailes inférieures sont transparentes et leurs nervures sont celles des psoques; les jambes n'ont que de petites épines, les tarses sont à trois articles, dont le premier très long.

Nous avons nommé *Amphientomum paradoxum*, Piet. et Ber., la seule espèce que nous ayons trouvée. Elle est figurée dans l'Atlas (pl. XL, fig. 27).

7ᵉ FAMILLE. — PLANIPENNES.

Les planipennes ont les ailes plates et jamais plissées, amples,

[1] Voyez en particulier Beck, *Proc. of the geological Soc.*, 1833, t. II, p. 219; Viquesnel, *Bull. Soc. géol. de France*, 1843, t. XIV, p. 145.

[2] *Uebersicht der arbeiten der Schlesischen Gesellshaft*, 1843, p. 92; Marcel de Serres, *Géognosie des terrains tertiaires*, p. 242; Germar, *Mag. der Ent.*, I, p. 17, *Phryganeolitha*, Ehrenberg, in *Leonh. und Bronn Neues Jahrb.*, 1843, p. 502; Berendt, *Bernstein*, I, p. 57.

en toit, supportées en général par des nervures nombreuses ; leur bouche est normale.

Cette famille paraît dater de l'époque carbonifère, car l'insecte que M. Goldberger a désigné sous le nom de Dictyophlebia, et dont nous parlerons plus bas, paraît, ainsi que l'aile attribuée par M. Audouin à une corydale, devoir lui appartenir.

Nous la divisons en trois tribus.

1re Tribu. — SIALIDES.

Les sialides ont les ailes à nervures moins abondantes que les deux autres tribus, les antennes en soie, le prothorax grand, en forme de corselet, le dernier article des palpes petit et des larves aquatiques.

Le genre des Chauliodes, Latr., aujourd'hui américain, a été trouvé dans l'ambre de Prusse (*Ch. prisca*, Pict. et Berendt). Cette espèce est figurée dans l'Atlas (pl. XL, fig. 24).

M. Brodie [1] a figuré plusieurs ailes trouvées dans le lias inférieur d'Angleterre. Il les rapproche des chauliodes, et, en effet, il est possible que la plupart d'entre elles aient appartenu à des insectes de cette tribu.

Nous dirons la même chose de quelques ailes des terrains wealdiens du Wiltshire, que le même auteur rapproche des Corydales (*Corydalis*, Latr.).

C'est à cette tribu que M. Goldberger rapporte le nouveau genre qu'il a établi [2] sous le nom de Dictyophlebia, pour un insecte des terrains carbonifères des environs de Saarbrück (*D. potogæa*, Goldb.). Il n'est connu encore que par une brève description ; les nervures longitudinales sont semblables à celles des chauliodes et des corydales, mais les transversales font une transition aux libellules.

C'est probablement encore à la même tribu que l'on doit rapporter une aile découverte dans les terrains carbonifères d'Angleterre par M. Mantell. Elle a été d'abord considérée comme un débris de végétal, puis étudiée par M. V. Audouin, qui crut y

[1] *An history of fossil insects*, p. 102, pl. 10, fig. 6, 9 à 12, et pl. 8, fig. 3, 5, 6, et 14.

[2] *Sitzungs Bericht der Kaiserl. Akad. der Wissensch.*, Wien, octobre 1852, t. IX, p. 59.

reconnaître les caractères des corydales. Elle a été depuis lors
figurée par M. Murchison [1], et la comparaison de cette figure
avec les ailes des insectes vivants, autant du moins que l'état de
conservation permet d'en juger, me fait croire qu'elle doit se rapprocher beaucoup du genre précédent. Ses nervures longitudinales ont des rapports évidents avec la tribu des sialides ; mais
les transversales sont beaucoup plus rapprochées que dans les
corydales, présentent par conséquent des cellules beaucoup plus
nombreuses, et font ainsi une transition aux libellulides. Elle est
figurée dans l'Atlas, pl. XL, fig. 1.

2ᵉ Tribu. — HÉMÉROBINS.

Les hémérobins ont, comme les précédents, des antennes en
soie, mais leur prothorax est très petit ; le dernier article de leurs
palpes est plus épais que les autres. Leurs larves sont terrestres.

M. Brodie [2] rapporte avec doute au genre HÉMÉROBIUS, Linné, un fragment de corps du lias inférieur d'Angleterre, qui me paraît trop imparfait
pour hasarder une détermination.

M. Buckland [3] a formé un genre provisoire HÉMÉROBIOIDES pour une espèce
voisine des hémérobes, représentée par une aile trouvée dans la grande oolithe
de Stonesfield.

M. Gravenhorst [4] indique dans l'ambre des espèces du genre hémérobius.

M. Germar [5] en avait désigné une sous le nom générique de HÉMÉROBITES
(*H. antiquus*).

Nous avons nous-même observé quelques espèces de la même famille trouvées dans le même gisement. M. Berendt en a formé deux genres nouveaux,
celui des MACROPALPUS, caractérisé par le dernier article des tarses, gros et
très pointu (*M. elegans*, Pict. et Ber.), et celui des ROPHALIS, dans lequel ce
même dernier article des palpes est petit, étroit, mais également pointu
(*Rophalis relicta*, Pict. et Berendt).

[1] Murchison, *Silurian system*, t. I, p. 105.
[2] *An history of fossil insects*, p. 102, pl. 9, fig. 15.
[3] *Proceed. of the geological Soc.*, t. II, p. 688.
[4] *Uebersicht der arbeiten der Schles. Gesellschaft*, 1834, p. 92.
[5] Germar, *Mag. der Entomol.*, I, p. 16. M. Germar cite Sendelius, *Hist.
succ.*, p. 20, § 9, pl. 1, fig. 5 ; mais je crois que cette figure se rapporte à un
termes.

3ᵉ Tribu. — MYRMÉLÉONIDES.

Les myrméléonides ont les antennes en massue ou en bouton, six palpes et des larves terrestres.

Le genre des Fourmilions, Olivier (*Myrmeleon*, Lin. et Fabr.), a été trouvé fossile dans les terrains tertiaires. Le *M. reticulatum*, Charpentier (¹), provient de Radoboj. Le *M. brevipenne*, du même auteur, paraît, comme nous l'avons dit, devoir être attribué au genre Gayllacris.

8ᵉ Famille. — PANORPATES.

Les panorpates ont quatre ailes planes, jamais étendues, ils se distinguent de tous les névroptères connus par leur bouche prolongée en un long bec.

M. Westwood (²) a formé un genre nouveau, celui des Orthophlebia, pour des insectes névroptères voisins des bittacus et trouvés dans le lias inférieur d'Angleterre ainsi que dans les terrains wealdiens du Wiltshire.

Nous avons trouvé dans l'ambre de Prusse une espèce du genre Bittaque (*B. antiquus*, Pictet et Berendt). Elle est figurée dans l'Atlas (pl. XL, fig. 26).

M. Heer (³) a décrit le *B. reticulatus*, de Radoboj.

LARVE DE NÉVROPTÈRE INDÉTERMINÉE.

M. Midendorff (⁴), dans un voyage en Sibérie, a trouvé dans un terrain peut-être tertiaire (?) une larve de névroptère qui ne ressemble à aucune de celles que l'on connaît. Elle a des soies caudales comme les éphémères, et des appendices sur les anneaux comme les libellulines. Le gisement où elle a été trouvée est peu éloigné de la frontière de Chine.

(¹) *Nova acta Acad. nat. cur.*, t. XX, pl. 22, fig. 2; Heer, *Nouv. mém. Soc. helv.*, 1850, t. XI, p. 92.

(²) Brodie, *Hist. of fossil insects*, p. 102 et 119, pl. 8, fig. 7-9, et pl. 5, fig. 12, 18 et 21.

(³) *Nouv. mém. Soc. helv.*, 1850, t. XI, p. 90, pl. 5, fig. 11.

(⁴) *Leonh. und Bronn Neues Jahrb.*, 1851, p. 768.

4° ORDRE.

HYMÉNOPTÈRES.

Les hyménoptères sont encore des insectes broyeurs ; mais leurs organes buccaux allongés, leur abdomen muni d'une tarière ou d'un aiguillon, et leurs ailes transparentes, de consistance égale, courtes, fortes et à nervures rares, les distinguent des ordres précédents. Leurs téguments, plus durs que ceux des névroptères, et leurs formes plus ramassées, les font aussi reconnaître facilement.

Cet ordre, célèbre de nos jours par l'instinct remarquable de quelques insectes sociaux, ne renferme que peu d'espèces trouvées à l'état fossile, à l'exception toutefois du groupe des fourmis, qui est représenté dans l'époque tertiaire avec une richesse extraordinaire. On trouve en particulier à Radoboj des pierres absolument couvertes de fourmis. Le nombre des espèces connues dans les gisements de l'époque tertiaire s'élève environ à cent, tandis que celui des fourmis actuelles ne dépasse pas quarante.

On ne cite aucun hyménoptère de l'époque primaire ; ceux des terrains jurassiques sont rares.

Les schistes lithographiques de Bavière renferment des empreintes de deux espèces, que M. Germar et le comte de Münster (¹) rapprochent des bombus et des xylocopes, et qui ont été nommées *Apiaria* (?) *antiqua*, Münster, et *Apiaria* (?) *lapidea*, Münster.

M. Heer (²) pense que ces insectes se rapprochent

(¹) Germar, *Nova acta Acad. nat. cur.*, t. XIX, p. 210; Münster, *Beiträge zur Petref. Kund.*, t. V, p. 84.

(²) *Leonh. und Bronn Neues Jahrb.*, 1850, p. 18, et *Quarterly journ. of the geol. Soc.*, t. VI, p. 68.

plutôt, l'un des fourmis (*A. lapidea*), et l'autre des termites (*A. antiqua*).

Les espèces des terrains tertiaires sont mieux connues, et peuvent, comme les hyménoptères actuels, se distribuer dans les familles suivantes.

1ᵉʳ SOUS-ORDRE. — HYMÉNOPTÈRES TÉRÉBRANTS.

Ce sous-ordre renferme toutes les espèces dont les femelles sont munies d'une tarière et manquent d'aiguillon.

1ʳᵉ FAMILLE. — PORTE-SCIE.

Les porte-scie ou MOUCHES A SCIE (*Tenthredinitæ*, Latr.) sont les seuls qui aient l'abdomen sessile.

M. Marcel de Serres [1] cite plusieurs espèces des terrains tertiaires d'Aix en Provence. Il en rapporte deux au genre des TENTHRÈDES (*Tenthredo*, Linné), une à celui des SELANDRIA, Leach, une à celui des CRYPTUS, Jurine (*Hylotoma*, Fabr.), et une à celui des PTERONUS, du même auteur.

M. Heer [2] a décrit trois espèces d'OEningen : l'une d'entre elles (*T. vetusta*, Heer) appartient au genre TENTHREDO; les deux autres, de rapports génériques douteux, ont été provisoirement réunies sous le nom de CEPHITES, pour indiquer leurs rapports probables avec les cephus. Ce sont les *C. œningis et fragilis*, Heer. Ce dernier est figuré dans l'Atlas (pl. XL, fig. 20).

Gravenhorst [3] a trouvé des tenthrèdes dans l'ambre de Prusse.

2ᵉ FAMILLE. — PUPIVORES.

Les pupivores ont l'abdomen pédicellé, c'est-à-dire, attaché au thorax par un article très aminci, souvent filiforme.

M. Marcel de Serres [4] en a trouvé plusieurs dans les terrains tertiaires d'Aix en Provence. Il en place quelques unes dans le genre des ICHNEUMONS

[1] *Notes géologiques sur la Provence*, p. 40.
[2] *Nouv. mém. Soc. helv.*, 1850, t. XXI, p. 172, pl. 13, fig. 16 et 17, pl. 14, fig. 1.
[3] *Uebersicht der arbeiten der Schlesischen Gesellshaft*, 1834, p. 92.
[4] *Notes géologiques sur la Provence*, p. 40. J'ai profité encore ici de quelques additions manuscrites de M. Marcel de Serres. Voyez aussi Curtis, *Edinburgh new philos. journal*, octobre 1829.

proprement dits (*Ichneumon*, Latr.), une dans celui des AGATIS, Latr., quatre ou cinq dans celui des ANOMALON, Grav., ou OPHION, Fabr., une dans le genre des PIMPLA, et avec doute une à celui des BRACON, Fabr.

M. H. de Saussure vient de décrire et de figurer (1) sous le nom de *Pimpla antiqua* un insecte de ce gisement.

M. Heer (2) a décrit quelques espèces d'OEningen et de Radoboj. Une d'entre elles, provenant de cette dernière localité, appartient au genre ICHNEUMON, Latr. (*I. longœvus*, Heer); une autre d'OEningen fait partie de celui des ANOMALON, Grav. (*A. protogeum*); une troisième, également d'OEningen, est rapportée au genre CRYPTUS, Fabr. (non Jurine) (*C. antiquus*, Heer); une espèce de Radoboj paraît devoir être rapportée au genre ACŒNITES, Latr. (*A. lividus*, Heer). M. Heer rapporte une sixième espèce au genre HEMITELES, Gravenhorst, sous le nom de *H. fasciata*; elle provient de Radoboj.

L'ambre de Prusse renferme aussi quelques pupivores, Gravenhorst (3) cite plusieurs espèces d'ICHNEUMON, de CRYPTUS, Fabr., de BRACON, Fabr., de CHELONUS, Jurine, de DIPLOLEPIS, Fabr.

Toute cette partie de l'histoire des insectes fossiles est encore très mal connue.

M. Berendt (4) a formé, sous le nom d'EMBANUS, un genre nouveau, voisin des cynips (*E., compressus*, Berendt).

Le docteur Beck (5) a trouvé dans des terrains tertiaires récents, inférieurs aux dépôts erratiques du Jutland, un insecte hyménoptère qu'il rapporte au genre CLEPTES, Latr., sous le nom de *C. Steenstrupii*.

3ᵉ FAMILLE. — HÉTÉROGYNES.

Atlas, pl. XL, fig. 17, 18 et 21.

Les hétérogynes, ou fourmis, ont des antennes coudées et une languette petite, arrondie, voûtée ou en cuiller; ils sont surtout caractérisés par l'absence d'ailes dans les neutres ou dans les femelles. Les uns vivent en société et offrent alors trois sortes d'individus; les autres, non sociaux, n'ont que des mâles et des femelles.

Cette famille, si remarquable de nos jours par les mœurs de quelques espèces, a été excessivement nombreuse pendant l'époque tertiaire. M. Heer (6), comme nous l'avons dit plus haut, en a

(1) *Mag. de zool. de Guérin*, 1852, p. 279, pl. 23, fig. 5.
(2) *Nouv. mém. Soc. helv.*, 1850, p. 166, pl. 13, fig. 11-15.
(3) *Uebersicht der arbeiten der Schlesischen Gesellshaft*, 1834, p. 92.
(4) *Bernstein*, I, p. 60.
(5) *Proceed. of the geol. Soc. of London*, t. II, p. 219.
(6) *Nouv. mém. Soc. helv.*, 1850, t. I, p. 108, pl. 7-13.

trouvé à OEningen et à Radoboj une quantité considérable, soit relativement au nombre des espèces, soit relativement à celui des individus.

Ce savant entomologiste les divise en deux tribus.

La première, celle des FORMICIDES, est caractérisée par le pédicelle abdominal qui n'a qu'un seul nœud.

M. Heer décrit quarante espèces! de Radoboj et d'OEningen, qui se rapportent au genre des FOURMIS proprement dites (*Formica*, Linné). Neuf espèces des mêmes localités appartiennent au genre des *Ponera*, Latr. La *Formica primordialis*, Heer, d'OEningen, est figurée dans l'Atlas (pl. XL, fig. 18).

M. Heer a établi sous le nom de IMHOFFIA un genre nouveau caractérisé par des antennes dont le premier article est à peine plus long que le troisième, par une tête petite et par un abdomen court.

La seule espèce connue, la *I. nigra*, Heer, a été trouvée à OEningen. Elle est figurée dans l'Atlas (pl. XL, fig. 17).

La seconde tribu, celle des MYRMICIDES, a deux nœuds au pédicelle abdominal.

M. Heer réunit trois espèces de Radoboj, en un genre nouveau, sous le nom d'ATTOPSIS, Heer, qui paraît intermédiaire entre les œcodoma et les atta, par la disposition des cellules de leurs ailes.

L'une d'elles, l'*A. longipennis*, Heer, est figurée dans l'Atlas (pl. XL, fig. 22).

Le genre des MYRMICA, Latr., est représenté dans les terrains de Radoboj et d'OEningen par dix espèces.

La famille des HÉTÉROGYNES a aussi été indiquée parmi les catalogues des insectes fossiles d'Aix en Provence. M. Marcel de Serres [1] signale l'existence de plusieurs espèces.

L'ambre de Prusse renferme aussi des fourmis qui ont été très incomplétement étudiées [2] et qui paraissent nombreuses.

[1] *Notes géologiques sur la Provence.*

[2] Voyez Sendelius, *Hist. succ.*; Marcel de Serres, *Géognosie des terrains tertiaires*, p. 242; Gravenhorst, *Uebersicht der arbeiten der Schlesischen Gesellshaft*, 1834, p. 92; Berendt, *Bernstein*, I, p. 53. La *Formica surinamensis*, *Schweizer Reise*, p. 119, pl. 8, fig. 70, est conservée dans une résine récente et non pas dans l'ambre.

4e Famille. — FOUISSEURS.

Les fouisseurs sont toujours ailés, ont des ailes planes, un corps pédicellé et une languette plus ou moins évasée à son extrémité.

M. Heer [1] rapporte au genre des Pompilus, Fabr., une espèce d'OEningen. Il le nomme *P. induratus.*

Quelques espèces du genre Crabro, Fabr., paraissent se trouver dans l'ambre.

5e Famille. — DIPLOPTÈRES.

Les diploptères diffèrent des précédents par les ailes supérieures repliées sur elles-mêmes longitudinalement à l'état de repos. Leurs antennes sont en général coudées et en massue.

Le genre des Guêpes (*Vespa,* Linné) est représenté dans l'ambre [2] et dans les lignites de Parschlug. M. Heer [3] a décrit la *Vespa attavina,* Heer, trouvée dans ce dernier gisement.

M. Marcel de Serres [4] rapporte au genre Polistes, Latr., deux espèces des terrains tertiaires d'Aix en Provence.

6e Famille. — APIAIRES ou MELLIFÈRES.

Les apiaires sont caractérisés par la forme du premier article des tarses postérieurs, qui est élargi en palette et qui leur sert à recueillir le pollen des fleurs. Leurs mâchoires et leurs lèvres sont allongées et forment une sorte de trompe.

On a quelquefois rapporté à cette famille, sous le nom d'Apiaria, quelques insectes fossiles imparfaitement déterminés. Nous avons déjà parlé ci-dessus (p. 380) de ceux qui ont été trouvés à Solenhofen. M. Germar [5] décrit sous le même nom un insecte des terrains tertiaires d'Orsberg qui paraît avoir le corps épais des Bombus (*A. dubia*).

M. Heer [1] a trouvé plusieurs espèces de cette famille dans les terrains

[1] *Nouv. mém. Soc. helv.,* 1850, t. II, p. 165, pl. 13, fig. 10.

[2] Gravenhorst, *Uebersicht der arbeiten der Schles. Gesells.,* 1834, p. 92.

[3] *Nouv. mém. Soc. helv.,* 1850, t. II, p. 101, pl. 7, fig. 8.

[4] *Notes géologiques sur la Provence,* p. 41.

[5] *Zeitschrift der Deutschen geolog. Gesellshaft,* t. I, p. 66, pl. 2, fig. 8.

tertiaires; il rapporte une espèce d'OEningen au genre XYLOCOPA, Latr. (*X. senilis*, Heer), une espèce du même gisement au genre OSMIA, Panzer (*O. antiqua*, Heer). Une espèce de Radoboj appartient au genre BOMBUS, Latr. (*B. grandævus*, Heer).

M. Heer [1] a formé un genre nouveau sous le nom d'ANTHOPHO-RITES pour des insectes qui ressemblent aux anthophores par la forme du premier article des tarses postérieurs et par leur abdomen ovale-allongé et velu, mais dont les ailes ne sont pas encore assez connues pour permettre d'en fixer les caractères génériques.

Il décrit quatre espèces d'OEningen, les *A. melona* et *Titania*, Heer, qui sont moins incomplétement connues, et les *A. tonsa* et *veterana*, Heer, qui ne peuvent être réunies qu'avec doute au deux précédentes.

5e ORDRE.

HÉMIPTÈRES.

Les hémiptères sont caractérisés par leur trompe longue, droite et articulée. Leurs ailes, au nombre de quatre, sont toujours planes; tantôt les supérieures sont d'une consistance coriace (*Hémiptères hétéroptères*), tantôt elles sont de même consistance que les postérieures (*Hémiptères homoptères*).

L'ordre des hémiptères a probablement été abondant dans les époques antérieures à la nôtre, autant du moins qu'on en peut juger par la grande proportion qu'on en trouve dans quelques gisements. Ils sont très mal connus, car M. Heer n'a pas encore publié la portion de son travail sur OEningen et Radoboj qui s'y rapporte [2]; les nombreuses espèces d'Aix sont à peine indiquées, et celles de l'ambre ne sont pas mieux connues.

[1] *Nouv. mém. Soc. helv.*, 1850, t. XI, p. 97, pl. 7, fig. 1-7.

[2] Je regrette d'autant plus de n'avoir pas pu profiter des travaux de M. Heer sur les hémiptères, que la description des espèces ne tardera pas à paraître dans les *Nouveaux mémoires de la Société helvétique*, et que leur nombre est considérable (133).

On possède cependant des matériaux suffisants pour affirmer que les hémiptères ont vécu dès l'époque du lias, se sont continués dans les terrains jurassiques et wealdiens, et ont été, comme nous l'avons dit, abondants pendant l'époque tertiaire.

1er SOUS-ORDRE. — HÉMIPTÈRES HÉTÉROPTÈRES.

1re FAMILLE. — GÉOCORISES.

Les géocorises, qui correspondent au genre PUNAISE (*Cimex*, Linné), renferment tous les hémiptères hétéroptères dont les antennes sont découvertes, plus longues que la tête et insérées entre les yeux.

1re TRIBU. — PENTATOMIDES.

Les pentatomides ont la gaîne du suçoir de quatre articles, le labre très prolongé en forme d'alène, les tarses à trois articles, les antennes filiformes de cinq articles et le corps court, ovale ou arrondi.

Quelques insectes de cette famille ont été trouvés dans le lias de Strensham et figurés par M. Brodie (1). Le même auteur en cite dans les terrains wealdiens, sans les attribuer à aucun genre, et les désignant seulement sous le nom de *Cimicidæ*.

M. Marcel de Serres (2) en indique plusieurs espèces à Aix en Provence. Il rapporte quatre espèces au genre PENTATOMA, Olivier, et une au genre CYDNUS, id.

L'ambre de Prusse renferme des espèces indiquées sous les noms de PENTATOMA.

2e TRIBU. — CORÉODES.

Les coréodes ont les mêmes caractères généraux que la tribu précédente, mais leur corps est allongé et le dernier article des antennes ovoïde et élargi.

(1) *An history of fossil insects*, p. 101 et 33, pl. 4, fig. 6, et pl. 7, fig. 22.

(2) *Notes géologiques sur la Provence*, p. 38.

C'est probablement à cette tribu qu'il faut rapporter un genre nouveau, celui des Protocoris, établi par M. Heer [1] sur quelques élytres caractérisées par la brièveté de leur partie membraneuse.

La seule espèce connue, le *P. planus*, a été trouvée dans le lias d'Argovie.

M. Brodie [2] a trouvé aussi dans les terrains wealdiens du Wiltshire une espèce qu'il rapporte avec doute au genre Kleidocerys, Westwood, ou à celui des Pachymeria, Laporte (*Archimerus*, Burm.).

M. Marcel de Serres [3] compte au moins quatre espèces du genre des Corées (*Coreus*, Fabr.) dans les terrains tertiaires d'Aix en Provence. Il en rapporte une au genre Coreus, Fallen.

M. Germar [4] a décrit une espèce des lignites d'Allemagne, qu'il rapporte au genre des Alydus, Fabr., sous le nom de *A. pristinus*, Germar.

3ᵉ Tribu. — LYGÉIDES.

Les lygéides ont des antennes filiformes de quatre articles, insérées plus bas que les yeux, et le corps oblong.

Le genre des Lygées (*Lygæus*, Fabr.) paraît abondant dans les dépôts d'Aix en Provence [5]. M. Marcel de Serres en indique au moins douze ou quinze espèces de diverses grandeurs, mais généralement de petite taille.

Ce même genre se trouve fossile dans l'ambre [6].

Une espèce de ce dernier gisement a été rapportée par MM. Germar et Berendt au genre des Pachymerus, Lepelletier et Serville.

4ᵉ Tribu. — CAPSIDES.

Les capsides ne diffèrent des lygéides que par leur tête ovoïde, rétrécie postérieurement en manière de col.

M. Curtis [7] indique une petite espèce du genre Miris, Fabr., trouvée dans les terrains tertiaires d'Aix en Provence.

[1] *Zwei geologische Vorträge*, p. 15, fig. 44.
[2] *An history of fossil insects*, p. 33, pl. 2, fig. 11.
[3] *Notes géologiques sur la Provence*, p. 38.
[4] *Insectorum proloy.*, 19ᵉ *fascicule de la continuation de Panzer*, n° 18.
[5] Voyez Marcel de Serres, *Notes géologiques sur la Provence*, p. 38; Curtis, *Edinburgh new philos. journ.*, octobre 1829.
[6] Voyez Schilling, *Uebersicht der arbeiten der Schlesischen Gesellschaft*, 1834, p. 93; Germar et Berendt, in *Berendt Bernstein*, I, p. 55.
[7] *Edinburgh new philos. journ.*, octobre 1829.

Le même genre paraît abondant dans l'ambre, où M. Schilling [1] en indique cinq espèces.

Le genre des Capsus, Fabr., est aussi représenté par quelques espèces dans le même gisement [2].

5ᵉ Tribu. — MEMBRANEUX.

Les insectes de cette tribu sont caractérisés par un suçoir à trois articles, droit, un corps aplati et en partie membraneux, une tête non séparée par un cou.

M. Marcel de Serres [3] rapporte au genre des Tingis, Fabr., une petite espèce d'Aix en Provence, une seconde du même gisement au genre Syrtis, Fabr., et une troisième à celui des Aradus, du même auteur.

MM. Germar et Berendt [4] ont trouvé dans l'ambre de Prusse deux espèces de tingis et deux d'aradus.

6ᵉ Tribu. — RÉDUVIDES.

Les réduvides ont, comme les précédents, le bec à trois articles apparents ; mais cet organe est découvert, souvent arqué ; les yeux sont gros, et la tête est brusquement étranglée en arrière en forme de cou.

M. Marcel de Serres [5] indique au moins trois espèces de Réduves proprement dits (*Reduvius*, Fabr., et quelques unes des genres Ploiaria, Scop. (*Emesa*, Fabr.), Velia, Latr., et Gerris, Latr., qui proviennent des marnes insectifères d'Aix en Provence.

L'ambre de Prusse renferme quelques espèces. MM. Germar et Berendt [6] en ont rapporté une au genre Platymeris, Laporte, et une au genre Nabis, Latr., et d'autres au genre Salda, Fabr., Hydrometra, id., et Halobates, Esch.

C'est probablement à cette famille qu'il faut rapporter un insecte des schistes lithographiques de Solenhofen qui a été placé par le comte de Münster dans le genre Prolamris, Burm., et décrit par Germar [7], sous le nom de *P. gigantea*, Münster. Ses caractères génériques restent incertains, mais l'empreinte est suffisante pour montrer que cet insecte avait une grande ressemblance de formes avec les hémiptères allongés et à pattes minces, tel que les gerris.

[1] *Uebersicht der arbeiten der Schles. Gesells.*, 1831, p. 93.
[2] Schilling, *loc. cit.*; Berendt, *Bernstein*, I, p. 55.
[3] *Notes géologiques sur la Provence*, p. 39.
[4] *Bernstein*, I, p. 53.
[5] *Notes géologiques sur la Provence*, p. 39.
[6] Berendt, *Bernstein*, I, p. 53.
[7] *Nova acta Acad. nat. cur.*, t. XIX, p. 207, pl. 22, fig. 8.

M. Brodie a trouvé dans les terrains wealdiens de Wiltshire quelques ailes du même type, qu'il rapporte sans les figurer aux genres VELIA, Fabr., et HYDROMÈTRE.

2e FAMILLE. — HYDROCORISES.

Les hydrocorises, ou punaises d'eau, ont les antennes insérées et cachées sous les yeux, plus courtes que la tête ou à peine de sa longueur. Ces insectes sont tous aquatiques et carnassiers.

Deux espèces ont été trouvées dans les schistes lithographiques de Solenhofen, l'une d'elles a été rapportée par Germar [1] au genre des NÉPES (*Nepa*, Linné, sous le nom de *N. primordialis*, Münster.

L'autre paraît appartenir au genre des BELOSTOMA, Latr., et a été décrite sous le nom de *B. elongatum*, Germar.

Ces deux genres sont représentés tous deux dans les terrains tertiaires. Germar [2] a décrit un BELOSTOMA, des lignites des Siebengebirge.

Karg [3] indique une nèpe dans les terrains tertiaires d'OEningen.

M. Marcel de Serres [4] a trouvé dans les terrains d'Aix en Provence une nèpe plus petite que la *N. cyrenæa*, Latr.

M. Berendt avait cité une nèpe dans ses anciens catalogues des insectes de l'ambre, mais elle ne figure pas dans ses travaux plus récents.

2e SOUS-ORDRE. — HÉMIPTÈRES HOMOPTÈRES.

1re FAMILLE. — CICADAIRES.

Les cicadaires comprennent tous les hémiptères homoptères qui ont trois articles aux tarses et des antennes très petites, subuliformes.

1re TRIBU. — CICADAIRES CHANTEUSES.

Ces insectes, qui correspondent au véritable genre des CIGALES (*Cicada*, Oliv.; *Tettigonia*, Fabr.), ont les antennes à six articles, et trois yeux lisses.

[1] *Nova acta Acad. nat. cur.*, t. XIX, p. 205, pl. 22, fig. 6 et 7.
[2] *Insect. protog.*, 19e *fasc. de la continuation de Panzer*, n° 17.
[3] *Schwabens Denks.*, t. I, p. 41.
[4] *Notes géologiques sur la Provence*, p. 39.

M. Brodie [1] rapporte à ce genre, sous le nom de *Cicada Murchisoni*, une espèce du lias de Hasfield, et sous le nom de *Cicada punctata* une aile trouvée dans les terrains wealdiens du Wiltshire.

M. Marcel de Serres [2] a trouvé dans les terrains tertiaires d'Aix en Provence une espèce qu'il rapporte à ce genre.

2ᵉ Tribu. — FULGORELLES.

Les fulgorelles ont trois articles distincts aux antennes, qui sont insérées immédiatement sous les yeux, et deux petits yeux lisses.

Plusieurs espèces de cette tribu ont été indiquées par M. Brodie [3] comme trouvées dans les terrains wealdiens du Wiltshire. Il rapporte une espèce avec doute au genre Ricania, Germar, sous le nom de *R. fulgens*. Une seconde, aussi incertaine, paraît appartenir au genre Asiraca, Latr. (*A. Egertoni*, Brodie). Il en attribue une troisième, avec le même doute, au genre Cixius, Latr., sous le nom de *C. maculatus*. Une aile d'une quatrième espèce a les caractères des Derbax, Fabr., et a été nommée *D. pulcher*, Brodie.

M. Germar [4] a attribué à son genre Ricania une espèce des schistes de Solenhofen, qui n'est connue que par une : aile il lui a donné le nom de *R. hospes*.

M. Marcel de Serres [5] rapporte au genre Asiraca, Latr., un petit hémiptère des marnes tertiaires d'Aix en Provence.

MM. Germar et Berendt [6] ont trouvé plusieurs fulgorelles dans l'ambre de Prusse; ils les rapportent aux genres Cixius, Latr., Flata, Fabr, Poiocera, Laporte, et Pseudophana, Burm. (*Dictyophora*, Germar).

3ᵉ Tribu. — CICADELLES.

Les cicadelles ont, comme les précédents, deux petits yeux lisses et trois articles distincts aux antennes, mais ces dernières sont insérées entre les yeux.

Une espèce a été signalée dans les schistes lithographiques de Solenhofen et est devenue le type du genre Ditoxoptera, Germar [7], dont les affinités me paraissent encore bien douteuses.

La seule espèce connue porte le nom de *D. dubia*, Germar.

[1] *An history of fossil insects*, p. 101 et 33, pl. 7, fig. 20, et pl. 5, fig. 4.
[2] *Notes géologiques sur la Provence*, pl. 39.
[3] *An history of fossil insects*, p. 33, pl. 2, 4 et 5.
[4] *Nova acta Acad. nat. cur.*, t. XIX, p. 220, pl. 23, fig. 18.
[5] *Notes géologiques sur la Provence*, p. 39.
[6] *Bernstein*, I, p. 55.
[7] *Nova acta Acad. nat. cur.*, t. XIX, p. 263, pl. 22, fig. 8.

M. Brodie ([1]) a trouvé dans les terrains wealdiens du Wiltshire une larve qu'il rapporte au genre des Cercopis, Fabr. (*Aprophora*, Germar).

Ce même genre a été trouvé fossile à Aix en Provence avec quelques autres cicadelles ([2]). On cite en particulier une Membracis, Fabr.

MM. Germar et Berendt ont également trouvé plusieurs cicadelles dans l'ambre ([3]), où Schilling et quelques auteurs en avaient déjà signalé. On les rapporte aux genres Jassus, Germar (au moins quatre espèces), Cercopis, Fabr., Bythoscopus, Germar, et Typhlocyba, id.

2ᵉ Famille. — APHIDIENS.

Les aphidiens ou pucerons n'ont que deux articles aux tarses, des antennes filiformes plus longues que la tête, et un corps mou ; ils sont souvent aptères.

M. Brodie ([4], en indique deux espèces dans les terrains wealdiens du Wiltshire. Il les rapporte aux genres des Pucerons proprement dits (*Aphis*, Linné); il désigne une d'entre elles sous le nom d'*A. valdensis*, et l'autre, plus douteuse, sous le nom d'*A. plana*.

M. Curtis ([5]) indique aussi un puceron dans les marnes tertiaires d'Aix en Provence.

M. Schilling et MM. Germar et Berendt indiquent plusieurs aphidiens dans l'ambre de Prusse ([6]). Ils en rapportent quatre espèces au genre des Pucerons proprement dits (*Aphis*, Linné), une au genre Lacnus, Illig., et une au genre Schisoneura, Hartg.

3ᵉ Famille. — GALLINSECTES.

Les gallinsectes, ou cochenilles, n'ont qu'un article aux tarses, avec un seul crochet. Le mâle a deux ailes et la femelle est aptère.

On ne rapporte à cette famille, parmi les insectes fossiles, que trois espèces de l'ambre que MM. Germar et Berendt ([7]) placent dans le genre des Monophlebus, Leach.

[1] *An history of fossil insects*, p. 33, pl. 2, fig. 12, et pl. 4, fig. 9.

[2] Marcel de Serres, *Notes géologiques sur la Provence*, p. 34.

[3] Berendt, *Bernstein*, I, p. 55.

[4] *An history of fossil insects*, p. 33, pl. 2, fig. 10, et pl. 4, fig. 3.

[5] *Edinburgh new philos. journ.*, 1829.

[6] Voyez Schilling, *Uebersicht der arbeiten der Schles. Gesellschaft*, 1834, p. 92; Berendt, *Bernstein*, I, p. 55.

[7] *Bernstein*, I, p. 55.

6ᵉ ORDRE.

LÉPIDOPTÈRES.

Les lépidoptères ont une trompe enroulée et quatre grandes ailes planes recouvertes par de petites plumes ou écailles. Ces insectes, qui forment une partie importante des faunes actuelles par leur variété, leurs brillantes couleurs, sont rares à l'état fossile. Quelques faits sembleraient cependant montrer qu'ils ont existé dans les époques anciennes du globe; mais il reste à cet égard des doutes légitimes.

Nous ne pouvons pas attacher une grande importance à une observation de Sternberg [1] qui ferait remonter leur existence jusqu'à l'époque carbonifère. Cet auteur a observé des feuilles de végétaux de cette époque qui sont percées de la même manière que les teignes le font aujourd'hui.

Des traces également contestables indiquent leur existence dans l'époque jurassique; des empreintes trouvées à Solenhofen ont été rapportées à des sphinx et à des teignes.

Leur existence dans les terrains tertiaires est démontrée par quelques empreintes qui ne peuvent laisser aucun doute.

1ʳᵉ FAMILLE. — LÉPIDOPTÈRES DIURNES.

Atlas, pl. XI, fig. 11 et 21.

Cette famille, qui comprend les PAPILLONS (*Papilio*, Linné), est représentée

[1] *Böhmische Verhandlungen*, 1836, p. 34, pl. 1, fig. 3.

dans les marnes tertiaires d'Aix en Provence, suivant M. Marcel de Serres [1], par une espèce qui paraît appartenir au groupe des SATYRES (*Satyrus*, Latr.).

M. Saporta [2] a trouvé dans le même gisement une aile remarquablement bien conservée, qui a d'abord été considérée comme appartenant à une nymphale, et qui paraît plutôt celle d'un satyride.

M. Boisduval a reconnu que cette aile appartenait à une espèce perdue, faisant partie du genre CYLLO (*C. sepulta*) aujourd'hui confiné dans les îles de l'archipel Indien. Elle est figurée dans l'Atlas, (pl. XL, fig. 11).

M. Heer [3] a décrit trois espèces de Radoboj qui sont aussi conservées par des empreintes remarquables. Deux d'entre elles font partie du genre des VANESSES (*Vanessa*, Fabr.) : ce sont les *V. atavina* [4], et *Pluto*, Heer. La troisième, voisine des piérides, n'est pas assez bien conservée pour qu'on puisse fixer ses véritables rapports. M. Heer en a fait le genre provisoire des PIÉRITES (*P. Freyeri*). La *Vanessa Pluto*, Heer, est figurée dans l'Atlas (pl. XL, fig. 21).

M. Hope [5] parle d'un papillon trouvé dans l'ambre,

2ᵉ FAMILLE. — LÉPIDOPTÈRES CRÉPUSCULAIRES.

Une empreinte trouvée à Solenhofen dans les schistes lithographiques paraît indiquer l'existence d'un SÉSIE. Il a été figuré par Schroeter et nommé par Germar *S. Schroeteri*. Une empreinte probablement de la même espèce a été trouvée plus tard, et faisait partie de la collection du comte de Münster [6].

Quelques espèces ont été trouvées dans les terrains tertiaires d'Aix en Provence. M. Marcel de Serres [7] en rapporte deux au genre des SÉSIES (*Sesia*, Fabr.), et une à celui des ZYGÈNES (*Zygena*, id.).

Nous avons dit plus haut que le *Sphinx atavus*, Charpentier, de Radoboj, était une vanesse.

[1] *Notes géologiques sur la Provence*, p. 41.

[2] Voyez *Annales de la Soc. entom. de France*, t. VII, *Bull.* p. 52, et t. VIII, *Bull.*, p. 7; le rapport de M. Boisduval, *id.*, t. IX, p. 371 et pl. 8; Marcel de Serres, *Notes géologiques sur la Provence*, p. 93; Coquand, *Bull. Soc. géol. de France*, 2ᵉ série, t. II, p. 385.

[3] *Nouv. mém. Soc. helv.*, 1850, t. XI, p. 177, pl. 14, fig. 3-6.

[4] C'est le *Sphinx atavus*, Charpentier, *Nova acta Acad. nat. cur.*, t. XLIII, p. 408, pl. 22, fig. 4.

[5] *Trans. of the entom. Soc. of Lond.*, t. I, p. 146.

[6] Schroeter, *Litteratur, erster Theil.*, pl. 3, fig. 16; Schlotheim, *Petref. Kunde*, p. 42; Germar, *Nova acta Acad. nat. cur.*, t. XIX, p. 193.

[7] *Notes géol. sur la Provence*, p. 41.

L'ambre [1] paraît ne renfermer qu'un petit nombre de lépidoptères crépusculaires. M. Hope y cite une *Sésia* qui est peut-être la même espèce indiquée par M. Berendt sous le nom de *Sphinx*.

3ᵉ Famille. — LÉPIDOPTÈRES NOCTURNES.

M. Germar [2] rapporte à la tribu des teignes, sous le nom générique de Tinéites, une empreinte des schistes lithographiques de Solenhofen, qui, à en juger par la figure, me paraît ressembler au moins autant à un termès qu'à une teigne.

M. Marcel de Serres [3] indique deux espèces des marnes tertiaires d'Aix en Provence ; l'une d'elles appartient au groupe des Bombyx et l'autre à celui des Noctua.

M. Heer [4] a décrit quelques espèces dont les caractères imparfaitement conservés ne permettent pas en général une détermination générique. Il les a désignées sous les noms provisoires de Bombycites, Noctuites et Phalénites, pour indiquer leurs rapports probables avec les bombyx, les noctuelles et les phalènes. Le *Bombycites œningensis* a été trouvé à Œningen ; les *Noctuites Haidingeri* et *effossa*, à Radoboj, ainsi que les *Phalenites crenata* et *obsoleta*.

Il a rapporté au genre Psyché, Fabr., un étui composé de petits fragments de bois, qui abritait probablement une larve de ce genre. Il l'a nommé *P. pinella*.

M. Germar [5] a placé dans le genre des Ypsolophus, Fabr., une espèce des lignites des Siebengebirge.

L'ambre a fourni quelques espèces [6] qui paraissent devoir être rapportées aux Tortrix, Treitsch (au moins quatre espèces), et à des genres indéterminés de Tinéites ou de Noctuélites.

7ᵉ ORDRE.

DIPTÈRES.

Les diptères diffèrent de tous les ordres précédents parce que les ailes antérieures existent seules, et que

[1] *Trans. of the entom. Soc. of London*, t. I, p. 146 ; Berendt, *Bernstein*, I, p. 37.

[2] Münster, *Beitr. zur Petref. Kund.*, t. V, p. 88, pl. 9, fig. 8.

[3] *Notes géologiques sur la Provence*, p. 41.

[4] *Nouv. mém. Soc. helv.*, 1850, t. XI, p. 133, pl. 14, fig. 7-12.

[5] *Insect. prolog.*, 19ᵉ fasc. de la contin. de Panzer, n° 20.

[6] Gravenhorst, *Uebersicht der arbeiten der Schlesischen Gesellschaft*, 1834, p. 92.

les postérieures sont remplacées par des cuillerons ou des balanciers. Leur trompe est droite et non articulée.

Cet ordre, remarquable de nos jours par le nombre immense des espèces, dont la plupart sont de petite taille et peu apparentes, a aussi ses représentants dans les faunes anciennes.

On peut diviser les diptères en deux sous-ordres, les *Némocères*, dont les antennes sont composées d'articles nombreux, et les *Brachocères*, chez lesquels ces organes sont courts et n'ont que trois articles.

M. Heer a fait remarquer que les proportions de ces deux sous-ordres ne sont pas les mêmes dans les époques antérieures à la nôtre que dans le monde actuel. Les némocères ont apparu les premiers, formant les quatre cinquièmes des espèces de l'ordre des diptères connus à Œningen, les trois quarts de celles de Radoboj et d'Aix, et les deux tiers de celles de l'ambre, tandis que de nos jours ils ne forment qu'un septième de l'ensemble des diptères.

Cette apparition des némocères avant les brachocères et leur plus prompt développement paraissent se lier à l'état de la végétation. Les larves des némocères vivent dans l'eau ou dans les détritus humides, et ont dû se trouver en abondance dans les anciennes forêts où les insectes parfaits voltigeaient probablement comme ils le font de nos jours. Les brachocères, au contraire, volent à l'état parfait sur les fleurs des plantes herbacées et les tiges; les racines et les fruits de ces mêmes plantes servent au développement de leurs larves. Cet ordre n'a donc pu prendre son entier développement que lorsque les plantes dicotylédones ont été abondantes sur la surface de la terre.

M. Heer fait remarquer aussi que les faunes tertiaires sont caractérisées par un énorme développement des bibionides.

1ᵉʳ SOUS-ORDRE. — NÉMOCÈRES.

1ʳᵉ FAMILLE. — CULICIDES.

Cette famille, qui comprend le genre des Cousins (*Culex*, Lin.), n'est citée qu'avec doute à l'état fossile.

M. Brodie [1] lui rapporte avec doute, sous le nom de *Culex fossilis*, une espèce des terrains wealdiens du Wiltshire.

2ᵉ FAMILLE. — TIPULAIRES.

Les tipulaires, qui correspondent au grand genre TIPULA, Lin., sont au contraire fréquents à l'état fossile.

M. Brodie indique quelques débris du terrain wealdien du Wiltshire, et le comte de Münster une espèce de Solenhofen. Les autres appartiennent à l'époque tertiaire.

1ʳᵉ TRIBU. — TIPULAIRES CULICIFORMES.

M. Brodie [2] a trouvé quelques espèces de cette tribu dans les terrains wealdiens ; il en rapporte une au genre TANYPUS, Meig. (*T. dubius*), deux à celui des CHIRONOMUS, id. (*C. extinctus* et une espèce indéterminée), et rapproche une troisième du genre des MACROPEZA, Meig., ou de celui des CERATINA, Meig., (*Fungicolce*).

M. Heer [3] a décrit plusieurs espèces de cette tribu. Il en rapporte au même genre CHIRONOMUS deux espèces d'OEningen, *C. œningensis* et *obsoletus*, et une de Radoboj, *C. sepultus*.

L'ambre de Prusse renferme aussi plusieurs tipulaires culiciformes.

M. Heer [4] a décrit le *Chironomus Meyeri*, Heer, et MM. Lœw et Berendt [5]

[1] *An history of fossil insects*, p. 34, pl. 3, fig. 15.
[2] *Idem*, p. 33 et 34, pl. 3, fig. 10 et 11, pl. 4, fig. 5.
[3] *Nouv. mém. Soc. helv.*, 1850, t. XI, p. 188, pl. 14, fig. 14-16.
[4] *Idem*, pl. 14, fig. 13.
[5] Berendt, *Bernstein*, I, p. 57. Voyez aussi Ehrenberg, *Leonh. und Bronn Neues Jahrb.*, 1843, p. 502.

en ont décrit plusieurs espèces qu'ils rapportent aux genres Tanypus, Meigen, Ceratopogon, id., Chironomus, id. et Mochlonyx, Lœw.

M. Marcel de Serres [1] a trouvé dans les terrains tertiaires d'Aix en Provence une espèce qu'il rapporte au genre précité des Ceratopogon.

2ᵉ Tribu. — TIPULAIRES GALLICOLES.

Les insectes de cette tribu n'ont encore été trouvés fossiles que dans l'ambre.

MM. Lœw et Berendt [2] en comptent vingt-quatre espèces qu'ils distribuent dans les genres Campylomyza, Meigen, Cecidomyia, id., Psithon, Lœw, Diplonema, id., Phalænomyia, id., Psychoda, Latr.

3ᵉ Tribu. — TIPULAIRES TERRICOLES.

La tribu des terricoles paraît avoir laissé des traces nombreuses dans les terrains tertiaires.

M. Heer [3] rapporte au genre des Tipula, Linné, sept espèces de Radoboj; à celui des Rhipidia, Meigen, trois espèces du même gisement, et à celui des Limnobia, Meigen, cinq espèces trouvées avec les précédentes.

M. Marcel de Serres [4] a trouvé quelques espèces dans les marnes tertiaires d'Aix en Provence. Il en rapporte une au genre Tipula, une au genre Nephrotoma, Meigen, une au genre Trichocera, id., et une au genre Anisopus, id. M. Curtis avait attribué une espèce du même gisement au genre Limnobia, cité plus haut.

L'ambre de Prusse renferme, d'après MM. Lœw et Berendt [5], au moins cinquante-trois espèces de tipulaires terricoles. Ils en rapportent quelques unes aux genres Tipula, Meigen, Rhamphidia, id., Cylindrotoma, Macquart, Anisomera, Meigen, Dixa, id., et forment avec les autres de nombreux genres nouveaux, dont quelques uns seulement ont été nommés. Ce sont les genres Adetus, Tanysphyra, Trichoneura, Macrochile, Toxorhina et Styringia, Lœw et Berendt.

4ᵉ Tribu. — TIPULAIRES FONGICOLES.

La tribu des tipulaires fongicoles paraît représentée dans les terrains juras-

[1] *Notes géologiques sur la Provence*, p. 42.
[2] Berendt, *Bernstein*, I, p. 57.
[3] *Nouv. mém. Soc. helv.*, 1850, t. XI, p. 191, pl. 14, fig. 17 et 18, et pl. 15, fig. 1-11.
[4] *Notes géolog. sur la Provence*, p. 42.
[5] Berendt, *Bernstein*, I, p. 57.

siques par une espèce que le comte de Münster [1] rapporte au genre Sciara de Meigen, sous le nom de *S. prisca*. Elle a été trouvée à Solenhofen.

Les terrains wealdiens du Wiltshire renferment des débris que M. Brodie [2] attribue avec doute aux genres Sciophila, Meigen (*S. defossa*), Macrocera, id. (*M. rustica*), et Platycera, Meigen (*P. Fittoni*).

M. Heer [3] a décrit quelques tipulaires fongicoles. Il rapporte sept espèces de Radoboj au genre Mycetophila, Meigen, une espèce des lignites de Parschlug au genre Sciophila, Meigen, et trois espèces de Radoboj à celui des Sciara, Meigen (*Malobrus*, Latr.).

M. Curtis [4] cite dans les marnes tertiaires d'Aix en Provence deux espèces de Mycetophila et deux autres qu'il attribue au genre des Gnorista, Meigen. M. Marcel de Serres [5] attribue celles qu'il a trouvées dans ce même gisement aux genres des Sciara et des Platycera de Meigen.

L'ambre de Prusse renferme quarante-neuf espèces de cette tribu, suivant MM. Lœw et Berendt [6], qui sont réparties dans divers genres nouveaux et dans quelques uns de ceux que nous avons cités ci-dessus, entre autres ceux des Mycetophila, Sciophila, Macrocera et Platyura.

5ᵉ Tribu. — TIPULAIRES FLORICOLES.

Les tipulaires floricoles ont été trouvés fossiles dans les terrains wealdiens et tertiaires.

M. Brodie [7] a trouvé dans les terrains du Wiltshire, qui se rapportent à la première de ces époques, quelques débris qu'il attribue aux genres des Rhyphus, Mégerle (*R. priscus*), et des Simulium, Latr. (*Scimulia*, Meigen).

M. Heer [8] a décrit une espèce de Radoboj qu'il rapporte au genre Rhyphus, Mégerle.

Deux autres espèces, dont l'une de Radoboj et l'autre d'OEningen, ont été rapportées par lui au genre des Plecia, Hoffmansegg.

Le genre le plus richement représenté dans ces gisements tertiaires est celui des Bibions (*Bibio*, Geoffroy; *Hirto*, Fabr.). M. Heer [9] en décrit onze

<hr>

[1] Germar, *Nova acta Acad. nat. cur.*, t. XIX, p. 211, pl. 23, fig. 11.

[2] *An history of fossil insects*, p. 34, pl. 3, fig. 9, 12 et 13.

[3] *Nouv. mém. Soc. helv.*, 1850, t. XI, p. 201, pl. 15, fig. 12-21, etc.

[4] *Edinb. new philos. journal*, octobre 1829.

[5] *Notes géologiques sur la Provence*, p. 42.

[6] Berendt, *Bernstein*, 1, p. 57.

[7] *An history of fossil insects*, p. 33, pl. 3, fig. 8, et pl. 4, fig. 10.

[8] *Nouv. mém. Soc. helv.*, 1850, t. XI, p. 208, pl. 14, fig. 20, pl. 15, fig. 22 et 23, et pl. 17, fig. 6.

[9] *Idem, ibid.*, p. 211, pl. 16, fig. 1-19, et pl. 15, fig. 23.

espèces de Radoboj, huit d'OEningen, et une qui se trouve à la fois dans ces deux gisements.

Le même auteur (¹) forme un genre nouveau sous le nom de Bibiorsis, pour des insectes très voisins des bibions, mais à antennes plus courtes, à pattes antérieures sans épines et à deux cellules marginales parallèles.

Il en décrit trois espèces de Radoboj.

Le genre des Protomyia, Heer, ne diffère des précédentes que par leurs cellules marginales, qui sont séparées par une veinule transverse.

M. Heer (²) a fait connaître huit espèces de ce genre, dont cinq ont été trouvées à Radoboj, deux à OEningen, et une à la fois à OEningen et dans les lignites de Parschlug.

Les terrains tertiaires d'Aix en Provence ont fourni à M. Marcel de Serres (³) plusieurs espèces de Bibions, trois espèces au moins du genre Penthetria, Meigen, une qui appartient aux Scatops, Meigen, et deux Dilophus, id.

L'ambre de Prusse, d'après MM. Lœw et Berendt (⁴), contient une dizaine d'espèces de cette tribu qui se rapportent aux genres Rhyphus, Latr., Plecia, Wiedm., Dilophus, Meig., Simulium, Latr., et Scatops, Geoffroy.

2ᵉ SOUS-ORDRE. — BRACHYCÈRES.

1ʳᵉ FAMILLE. — TANYSTOMES.

Les tanystomes ont le dernier article des antennes simple et sans aucune division transverse.

Ils ont été trouvés dans les terrains de l'époque jurassique et de l'époque tertiaire. La tribu des *Asilides* est celle qui a été trouvée le plus fréquemment.

Un des genres les plus connus de cette division, celui des Asiles (*Asilus*, Linné), paraît avoir existé dès l'époque jurassique.

M. Brodie (⁵) lui rapporte avec doute le seul diptère qu'il ait trouvé dans le lias d'Angleterre (*A.? ignotus*, Brodie).

(¹) *Nouv. mém. Soc. helv.*, 1830, t. XI, p. 228, pl. 15, fig. 24-26.
(²) *Idem*, p. 231, pl. 16, fig. 20-22, et pl. 17, fig. 1-5.
(³) *Notes géologiques sur la Provence*, p. 42.
(⁴) Berendt, *Bernstein*, I, p. 57.
(⁵) *An history of fossil insects*, p. 102, pl. 7, fig. 19.

Une empreinte de Solenhofen, très voisine des asiles, a été désignée par Germar [1] sous le nom générique d'ASILICUS, et nommée *A. lithophilus*. Elle est figurée dans l'Atlas (pl. XL, fig. 9).

Les autres espèces appartiennent toutes à l'époque tertiaire.

M. Heer [2] rapporte au même genre ASILES deux espèces d'OEningen (*A. antiquus* et *A. deperditus*), et une espèce de Radoboj (*A. bicolor*). Il attribue une quatrième espèce au genre des LEPTOGASTER, Meigen. C'est le *L. Bellii*, Unger, de Radoboj.

M. Marcel de Serres [3] indique deux espèces d'ASILES dans les marnes insectifères d'Aix en Provence.

L'ambre de Prusse, suivant MM. Lœw et Berendt [4], renferme deux espèces d'ASILES et un DASYPOGON, Meigen.

La tribu des *Empides* a aussi été trouvée fossile dans quelques localités.

M. Brodie [5] lui rapporte une espèce des terrains wealdiens du Wiltshire.

On cite dans les terrains tertiaires une espèce des lignites des environs de Bonn, décrite par M. Germar [6] et appartenant au genre EMPIS, Linné (*E. carbonum*).

Sept ou huit espèces se trouvent indiquées par MM. Marcel de Serres et Curtis [7], dans les terrains tertiaires d'Aix en Provence.

De nombreuses espèces proviennent de l'ambre de Prusse (vingt-huit au moins), dont une est un véritable empis, et dont les autres peuvent se distribuer dans les genres RHAMPHOMYIA, Meigen, GLOMA, id., BRACHYSTOMA, id., TRACHYDROMA, id., etc.

Les tribus suivantes sont moins répandues. On cite : Dans la tribu des *Hybotides* :

Une espèce de HYBOS, Meig., et une LEPTOPEZA, Macq., indiquées par MM. Lœw et Berendt [8].

Dans la tribu des *Bombyliides* :

[1] Münster, *Beitr. zur Petref.*, t. V, p. 87, pl. 9, fig. 7.
[2] *Nouv. mém. Soc. helv.*, 1850, t. XI, p. 239, pl. 17, fig. 7-10. Voyez aussi Unger, *Nova acta Acad. nat. cur.*, t. XIX, pl. 72, fig. 8.
[3] *Notes géologiques sur la Provence*, p. 43.
[4] Berendt, *Bernstein*, I, p. 57.
[5] *An hist. foss. insects*, p. 34, pl. 3, fig. 11.
[6] *Insectorum protog.*, 19ᵉ fascicule de la contin. de Panzer.
[7] Marcel de Serres, *Notes géol. sur la Provence*, p. 43; Curtis, *Edinb. new philos. journ.*, octobre 1829.
[8] Berendt, *Bernstein*, I, p. 57.

Une espèce du genre PHTHIRIA, Meig., trouvée par M. Germar [1] dans les lignites des environs de Bonn (*P. dubia*, Germ.).

Dans la tribu des *Anthracides* :

Une espèce du genre NEMESTRINUS, Latr., provenant des marnes d'Aix en Provence [2].

Une espèce rapportée à un genre nouveau, ANTHRACIDA (*A. xylotoma*), par M. Germar [3], et trouvée dans les lignites d'Orsberg.

Dans la tribu des *Leptides* :

Sept espèces de l'ambre de Prusse attribuées par MM. Lœw et Berendt aux genres LEPTIS, Fabr., et ATHERIX, Meigen.

Dans la tribu des *Dolichopides* :

Une quarantaine d'espèces de l'ambre distribuées par MM. Lœw et Berendt dans les genres PORPHYROPS, MEDETERUS et CHRYSOTUS, de Meigen.

Dans la tribu des *Piponculides* :

Une espèce de l'ambre, appartenant, suivant les mêmes auteurs, au genre PIPUNCULUS, Latr.

Dans la tribu des *Thérévides* :

Une espèce de l'ambre rapportée, d'après la même autorité, au genre THEREVA, Latr.

Une espèce des lignites de Wilhelmsfund (Nassau), indiquée avec doute par M. von Heyden [4], sous le nom de *Thereva carbonum*.

2ᵉ FAMILLE. — TABANIENS.

Les tabaniens ont le dernier article des antennes annelé, la trompe saillante, et le suçoir en six pièces.

On n'a cité parmi les fossiles qu'un TAON (*Tabanus*, Linné) trouvé dans les marnes insectifères d'Aix [5] et une espèce du genre SILVIUS, Meigen, découverte dans l'ambre par MM. Lœw et Berendt [6].

[1] *Insector. prolog.*, 19ᵉ *fascicule de la contin. de Panzer*.
[2] *Notes géologiques sur la Provence*, p. 43.
[3] *Zeitschrift der Deutsch. geol. Gesellsch.*, t. 1, p. 64, pl. 2, fig. 7 et 7 a.
[4] *Leonh. und Bronn Neues Jahrb.*, 1851, p. 677.
[5] Marcel de Serres, *Notes géologiques sur la Provence*, p. 43.
[6] Berendt, *Bernstein*, 1, p. 57.

3ᵉ Famille. — NOTACANTHES.

Les notacanthes ont aussi des antennes annelées, mais le suçoir n'a que quatre pièces. Ils se distinguent aussi des tabanides par leurs ailes ordinairement croisées et leur abdomen plus ovalaire ou arrondi.

On n'en a trouvé que dans les terrains tertiaires.

La tribu des *Stratiomydes* est représentée à Aix par plusieurs espèces.

M. Marcel de Serres [1] indique une espèce du genre OXYCERA, Fabr., un NEMOTELUS, Meig., et un SARGUS, id.

La tribu des *Xylophagides* se trouve à la fois à Aix et dans l'ambre.

M. Marcel de Serres [2] rapporte au genre XYLOPHAGUS, Meig., une espèce d'Aix, voisine du X. *ater*, Latr.

M. von Heyden a déterminé provisoirement [3], sous le nom de *Xylophagus antiquus*, une espèce des lignites de Wilhelmsbad (Nassau).

MM. Lœw et Berendt [4] ont trouvé dans l'ambre quelques espèces rapportées à des genres nouveaux. Deux d'entre eux ont reçu les noms d'ELECTRA et de CHRYSOTHEMIS.

4ᵉ Famille. — ATHÉRICÈRES.

La famille des athéricères est composée de tous les diptères qui ont une trompe membraneuse renfermée dans une gaine, un suçoir de deux pièces, et des antennes de deux ou trois articles.

1ʳᵉ Tribu. — SYRPHIDES.

Les syrphides, ou mouches des fleurs, sont peu abondantes à l'état fossile.

[1] *Notes géologiques sur la Provence*, p. 43. Voyez aussi Curtis, *Edinburgh new philos. journ.*, octobre 1829, pl. 6, n° 12.

[2] *Idem, ibid.*

[3] *Leonh. und Bronn Neues Jahrb.*, 1831, p. 677.

[4] Berendt, *Bernstein*, I, p. 57.

M. Heer [1] attribue au genre des Syrphus, Fabr., quatre espèces de Radoboj : les *S. Haidingeri*, *Freyeri*, *geminatus*, et *infumatus*, Heer.

M. Marcel de Serres [2] a trouvé un Asilus, Latr., à Aix en Provence.

M. Germar [3] a rapporté avec doute au genre Helophilus, Meigen, une
espèce des lignites des Siebengebirge, sous le nom de *H. primarius*.

MM. Lœw et Berendt [4] ont trouvé dans l'ambre six espèces de cette tribu
qui paraissent devoir former deux genres nouveaux.

2ᵉ Tribu. — MUSCIDES.

La tribu des muscides a fourni beaucoup plus d'espèces fossiles
que la précédente.

M. Germar [5] rapporte au genre des Mouches (*Musca*, Linné) une espèce
de Solenhofen (*M. lithophila*, Germ.) qui est extrêmement douteuse.

M. Heer [6] a décrit un grand nombre d'espèces de cette tribu.

Il attribue au genre Echinomyia, Duméril, une espèce d'Œningen (*E. antiqua*, Heer).

Trois espèces de Radoboj sont des Anthomyia, Meigen (*A. atavina*, *latipennis* et *morio*, Heer).

Une du même gisement appartient au genre Cordylura, Fallen (*C. vetusta*, Heer).

Les Psilates sont un genre provisoire établi par M. Heer, pour des
mouches voisines des psilomides. Le *P. bella*, Heer, a été trouvé à Radoboj.

Le même auteur attribue au genre Tephritis, Latreille, une espèce de Radoboj (*T. antiqua*, Heer) et au genre Agromyza, Fallen, une espèce du même
gisement (*A. protogea*).

Il inscrit sous le nom de Dipterites une mouche dont les caractères sont
encore incertains et qui a été trouvée aussi à Radoboj (*D. obsoleta*, Heer).

M. Marcel de Serres [7] a trouvé dans les marnes insectifères d'Aix en Provence une espèce du genre Ochthera, Latr.

L'ambre [8] renferme plusieurs espèces (au moins dix). MM. Lœw et Berendt les répartissent dans des genres nouveaux, non encore caractérisés.

[1] *Nouv. mém. Soc. helv.*, 1850, t. XI, p. 243, pl. 17, fig. 11-14.
[2] *Notes géologiques sur la Provence*, p. 44.
[3] *Insect. protog.*, 19ᵉ *fascic. de la contin. de Panzer*, n° 23.
[4] Berendt, *Bernstein*, I, p. 57.
[5] *Nova acta Acad. nat. cur.*, t. XIX, p. 222, pl. 23, fig. 19.
[6] *Nouv. mém. Soc. helv.*, 1850, t. XI, p. 247, pl. 17, fig. 13 à 23.
[7] *Notes géologiques sur la Provence*, p. 44.
[8] Berendt, *Bernstein*, I, p. 57.

3ᵉ Tribu. — PHORIDES.

Le petit groupe très exceptionnel des phorides n'a été trouvé
que dans l'ambre.

MM. Lœw et Berendt [1] rapportent cinq espèces de ce gisement au genre des
Phores (*Phora*, Latr.; *Trineura*, Meig.).

8ᵉ ordre.
THYSANOURES.

Les thysanoures sont des insectes aptères dont la
bouche peu complète rappelle celle de quelques névroptères, et dont le corps est revêtu d'écailles imbriquées qui ressemblent à celles dont sont ornées les
ailes des papillons.

Ces insectes délicats n'ont encore été trouvés que
dans l'ambre.

1ʳᵉ Famille. — LÉPISMÈNES.

Les lépismènes sont faciles à distinguer par leurs antennes en
soie, divisées en petits anneaux dès leur base, et par leur abdomen muni d'appendices latéraux mobiles. Cet organe est terminé
par des soies articulées.

MM. Koch et Berendt [2] rapportent sept espèces au genre des Petrobius,
Leach (*Machilis*, Latr.), une à celui des Forbicina, Geoffroy, deux à celui des
Lepisma, Linné, et forment un genre nouveau, celui des Glessaria, pour une
espèce qui ne rentre dans aucun des précédents (*G. rostrata*).

2ᵉ Famille. — PODURELLES.

Les podurelles ont des antennes de quatre articles et l'abdomen terminé par une queue fourchue repliée sous le ventre et
servant à sauter.

[1] *Notes géologiques sur la Provence*, p. 44.

[2] Ces espèces, non encore décrites, sont énumérées dans une feuille provisoire donnée avec la 1ʳᵉ livraison de l'ouvrage de M. Berendt : *Die im
Bernstein befindl. Org. Rest. der Vorwelt*, etc.

MM. Koch et Berendt citent dix espèces de l'ambre [1]. Quatre appartiennent au genre des Podures proprement dites (*Podura*, Latr.), deux à celui des Painium (?), trois à celui des Smynthures (*Smynthurus*, Latr.), et une à un genre nouveau, Acréagus, K. et Ber.

DEUXIÈME CLASSE.

MYRIAPODES.

Les myriapodes ont de grands rapports avec les insectes par leur respiration trachéenne, la forme de leurs antennes, de leur bouche, de leurs pattes, etc. Mais ils en diffèrent par leurs anneaux de l'abdomen, qui ressemblent beaucoup plus à ceux du thorax, et qui portent aussi des pattes. Ces organes, limités à trois paires dans les vrais insectes, sont toujours en nombre considérable dans les myriapodes.

Cette classe, peu nombreuse de nos jours, n'est connue à l'état fossile que par un petit nombre de fragments.

Les plus anciens appartiennent à l'époque jurassique.

Le comte de Münster [2] a décrit le *Geophilus proavus*, des schistes lithographiques de Kelheim.

On en cite très peu dans l'époque tertiaire.

M. Cotta a décrit un Iule, trouvé dans une chaux carbonatée qui remplit des fentes du gneiss non loin de Dresde [3], et dont je ne connais pas l'âge.

L'ambre jaune a fourni à MM. Koch et Berendt [4], dans la famille des *Iulides*, une espèce du genre Iulus, Lin., deux Pollyxenus, Latr., et deux Craspedosoma, Leach.

Dans la famille des *Scolopendrides*, deux espèces du genre Cermatia, Illig., et trois espèces du genre Lithobius, Leach.

[1] Berendt, *Bernstein*, I, p. 57.

[2] *Beitr. zur Petrefacten Kunde*, t. V, p. 89, pl. 9, fig. 9.

[3] *Leonh. und Bronn Neues Jahrb.*, 1833, p. 392.

[4] Feuille provisoire faisant partie de la 1re livraison du grand ouvrage *Die in Bernstein*, etc.

TROISIÈME CLASSE.

ARACHNIDES.

Les arachnides sont intermédiaires entre les crustacés et les insectes. Leur respiration s'exerce par des stigmates et par des sacs internes, tantôt simples et faisant les fonctions de poumons, tantôt ramifiés et comparables à des trachées. Leur tête est confondue avec le thorax, et présente à la place des antennes deux appendices quelquefois terminés par des pinces. Les pattes sont au nombre de quatre paires.

Ces articulés, connus généralement sous les noms d'araignées et de scorpions, se distinguent facilement des insectes par leur tête unie au thorax, par le nombre de leurs pattes, et par leur circulation bien plus complète; ils n'ont d'ailleurs jamais d'ailes. Leur vie terrestre, leur respiration aérienne, la forme de leur abdomen, etc., empêchent de les confondre avec les crustacés.

On ne connaît encore qu'un très petit nombre d'arachnides à l'état fossile, sauf dans l'ambre; quelques découvertes intéressantes prouvent cependant qu'elles ont existé dès les époques les plus reculées.

On a trouvé un *scorpion* fossile dans une formation houillère des environs de Prague, et quelques araignées dans le calcaire carbonifère de Coalbrook-Dale. Quelques empreintes montrent que ces articulés ont existé pendant l'époque jurassique, et l'ambre prouve, par la quantité qu'elle en renferme, qu'ils ont dû être abondants pendant l'époque tertiaire.

1ᵉʳ ORDRE.

ARACHNIDES PULMONAIRES.

Les arachnides pulmonaires paraissent avoir disparu en même temps que les autres, autant du moins qu'on en peut juger par le petit nombre de faits qui sont connus.

Il est difficile de tirer quelque parti des figures [1] qui ont été données par Lhwyd, et reproduites par Parkinson ; elles représentent des articulés à huit pattes et probablement des arachnides pulmonaires, provenant des terrains carbonifères d'Angleterre.

Une des découvertes les plus importantes qui aient été faites dans la classe qui nous occupe, est celle du scorpion que nous avons déjà cité plus haut, provenant du terrain carbonifère de Bohême. Il a été trouvé par le comte de Sternberg [2], et diffère des scorpions actuels par la disposition des yeux. Il en a douze comme le genre ANDROCTONUS, mais rangés en cercle. Il a été nommé CYCLOPHTHALMUS.

La découverte de ce fossile remarquable semble fournir une preuve à ajouter à tant d'autres, que, pendant l'époque houillère, le centre de l'Europe a eu une température comparable à celle qui caractérise aujourd'hui les régions intertropicales. (Il est figuré pl. XLI, fig. 1.)

Les arachnides pulmonaires paraissent avoir existé pendant la période jurassique.

M. Roth a formé un genre nouveau, celui des PALPIPES [3] pour deux espèces très remarquables des schistes lithographiques de Solenhofen (Atlas, pl. XLI, fig. 2). Ces arachnides ont l'abdomen bien séparé du céphalothorax et ressemblent plus aux pulmonaires qu'aux trachéennes. Leurs palpes sont très longs et simulent des véritables pieds.

[1] Lhwyd, *Lithophylacii britannici Iconographia*, pl. 4 ; Parkinson, *Organic remains*, t. III, pl. 17.

[2] *Verhandl. Böhm. Mus.*, avril 1835 ; Buckland, *Minér. et géol.*, traité Bridg., trad. Doyère, p. 357. C'est le *Cyclopht. senior*, Corda.

[3] *Münch. gelehrt. Anzeigen*, 1851, t. XXXII, p. 164 ; *Leonh. und Bronn neues Jahrb.*, 1851, p. 375, pl. 4 B, fig. 8.

Les deux espèces connues sont le *P. priscus* et le *P. cursor*, Roth.

Le comte de Münster [1] avait déjà connu la première, et l'avait décrite sous le nom de *Phalangites priscus*, en la rapprochant des Faucheurs (*Phalangium*).

Les espèces des dépôts tertiaires formés par les eaux sont très peu abondantes.

M. Marcel de Serres [2] a trouvé à Aix en Provence une araignée du genre Tegenaria, Walckenær, et plusieurs espèces qui paraissent se rapporter à celui des Pholcus, Olivier.

L'ambre en renferme au contraire un très grand nombre.

MM. Koch et Berendt [3] ont donné un catalogue de quatre-vingt-seize espèces. Elles devaient être décrites dans le grand ouvrage sur l'ambre.

Ils forment une nouvelle tribu, celle des Archæides, et y citent trois espèces d'un genre Archæa, qui paraît spécial à l'ambre.

Ils citent en outre :

Dans la tribu des *Épéirides*, trois espèces du genre Zilla, Koch, et deux d'un genre nouveau qu'ils nomment Gea.

Dans la tribu des *Mithracides*, deux espèces d'un genre perdu, Axinoceps, Koch et Berendt. Dans la tribu des *Théridides*, deux espèces du genre Eno, Koch, sept Theridium, Walck., une Erigone, Sav., trois Micryphantes, Koch, deux Linyphia, Latr., et quatre genres nouveaux, celui des Flegia, K. et B., contenant une espèce, celui des Clya, id., avec deux espèces, celui des Mizalia, id., avec quatre espèces, et celui des Clythia, avec une espèce.

Dans la tribu des *Agélénides*, deux Tegenaria, Walck., une Agelena, id., deux Textrix, Blackw., une Hersilia, Sav., et huit espèces formant un genre nouveau, qu'ils annoncent sous le nom de Thyelia, K. et B.

Dans la tribu des *Drassides*, deux Amaurobius, Koch, trois Pythonissa, id., quatre Melanophora, id., une Macaria, id., une Anyphæna, Sunderv., et six Clubiona, Latr.

Dans la tribu des *Eriodontides*, deux espèces formant un genre nouveau, celui des Sosybius, K. et B.

Dans la tribu des *Dysdérides*, quatre espèces de Segestria, Latr., une Dysdera, id., et trois espèces appartenant à un genre nouveau, indiqué sous le nom de Therea, Koch et Berendt.

Dans la tribu des *Thomisides*, quatre Philodromus, Walck., trois Ocypete, Leach, et cinq espèces réunies en un genre nouveau, celui des Syphax, Koch et Berendt.

---

[1] *Beiträge zur Petref.*, t. 1, p. 84, pl. 8, fig. 2 à 4.

[2] *Not. géol. sur la Provence*, p. 34.

[3] Feuille provisoire dans *Die in Bernstein*, etc.

Dans la tribu des *Erisides*, deux espèces du genre ERESUS, Walck.

Dans la tribu des *Attides*, neuf espèces formant le genre nouveau des PULIPPUS, K. et B., et une celui des LÆDA, id.

Les SCORPIONS n'y sont pas représentés, et l'espèce trouvée par Schweigger, et indiquée par Holl, sous le nom de *Scorpio Schweiggeri* [1], paraît renfermée, non dans l'ambre, mais dans une résine récente.

2e ORDRE.

ARACHNIDES TRACHÉENNES.

Les arachnides trachéennes, moins nombreuses aujourd'hui et en général plus petites que les arachnides pulmonaires, sont aussi moins fréquentes à l'état fossile, mais paraissent avoir eu la même histoire paléontologique.

Leur existence pendant l'époque carbonifère paraît démontrée par une empreinte trouvée dans les mêmes gisements de Bohème que ceux qui ont fourni le cyclophthalmus.

Ce fossile [2] paraît voisin des PINCES (*Chelifer*, Geoffroy ; *Obisium*, Illig.), mais il semble devoir former un genre nouveau, désigné par M. Corda sous le nom de MICROLABIS (*M. Sternbergii*).

Les terrains tertiaires d'eau douce ne sont pas plus riches en arachnides trachéennes qu'en arachnides pulmonaires.

M. Marcel de Serres [3] indique un PHALANGIUM dans les marnes insectifères d'Aix en Provence.

M. Gray [4] a indiqué aussi une PINCE (*Chelifer*, Leach) des terrains miocènes.

L'ambre de Prusse a offert à MM. Koch et Berendt [5] vingt-sept espèces dont ces entomologistes ont publié le catalogue.

Ils citent :

[1] Schweigger, *Reise*, p. 117, pl. 8, fig. 69 ; Holl, *Petref.*, p. 177.

[2] *Leonh. und Bronn Neues Jahrb.*, 1841, p. 854 ; Quenstedt, *Handb. der Petref.*, p. 307.

[3] *Not. géol. sur la Provence*, p. 34.

[4] *Leonh. und Bronn Neues Jahrb.*, 1842, p. 756.

[5] Feuille provisoire dans *Die in Bernstein*, etc.

Dans la famille des *Faux scorpions*, trois espèces du genre Pince (Chelifer, Lin.), et une de celui des Obisium, Leach.

Dans la famille des *Holètres*, vingt-trois espèces ; savoir :

Dans la tribu des *Phalangiens*, trois espèces du genre Nemastoma, Koch, un Platybunus, id., deux Opilio, Herbst, et un Gonyleptes, Kirby.

Dans la tribu des *Acarides*, deux Trombidium, Fabr., quatre Rhyncholophus, Dugès, une Actineda, Koch, deux Tetranychus, Dufour, un Penthaleus, Koch, une Bdella, Latr., un Cheyletus, id., deux Oribates, Latr., un Acarus, Lin., et une Smaris, Koch.

QUATRIÈME CLASSE.

CRUSTACÉS.

Les crustacés sont des animaux articulés, à respiration branchiale, chez qui le sang a une véritable circulation vasculaire. Leur thorax est grand et recouvert par une carapace, sous laquelle la tête est presque toujours plus ou moins engagée. L'abdomen s'en distingue facilement et est composé de plusieurs articles. Les pattes sont au nombre de cinq à sept paires, précédées d'appendices maxillaires pairs, et souvent suivies de fausses pattes abdominales.

Ces caractères s'effacent plus ou moins dans quelques types dégradés que l'on est cependant d'accord pour réunir aux crustacés ; toutefois ils ne disparaissent pas tous ensemble et subsistent en général d'une manière suffisante pour rendre ce type parfaitement distinct de tous les autres.

Les crustacés forment parmi les articulés la classe la plus importante pour le paléontologiste. Moins nombreux dans la nature vivante que les insectes, ils ont bien plus souvent laissé leurs dépouilles dans les terrains qui se sont formés aux divers âges géologiques. On peut facilement en trouver la raison dans leur vie aquatique, leur taille plus grande et leur enveloppe plus solide, sans en inférer qu'ils aient été réellement plus abondants que les autres articulés dans les époques qui ont précédé la nôtre.

Leur histoire paléontologique est toutefois bien moins connue que celle des vertébrés et des mollusques ; car leurs restes fossiles, quoique plus abondants que ceux des autres articulés, le sont bien moins que les ossements des animaux supérieurs ou que les coquilles des mollusques. Ces dernières ont été conservées dans la plupart des terrains stratifiés ; mais les téguments des crustacés n'ont pas pu résister comme elles à un séjour prolongé dans l'eau après la mort de l'animal, et ne peuvent d'ailleurs que plus rarement être séparés de la matière minérale qui les a entourés. Aussi les principaux documents sur l'histoire de cette classe se trouvent-ils dans ces gisements remarquables de roches à à grain fin, formées par des dépôts plus ou moins subits, tels que les schistes lithographiques de Bavière, etc. Ce que l'on en connaît suffit cependant pour faire entrevoir que leur histoire présente des faits remarquables et tout à fait dignes d'attention.

Ces animaux paraissent, dans leur succession géologique, devoir être comparés aux poissons et aux reptiles plutôt qu'aux mollusques et aux insectes. Ces derniers ont très peu changé de formes dans la longue succession des créations. Les genres tout à fait anéantis y sont plus rares que ceux qui se sont conservés dans tous les âges, et ce n'est guère que par exception que l'on cite des types créés pour un temps déterminé et clairement caractéristiques d'une époque spéciale. Nous avons fait voir, au contraire, que, dans l'histoire des poissons, certaines formes ont précédé toutes les autres et ont été complétement détruites plus tard. On peut, avons-nous dit, partager l'histoire du globe en certaines phases qui renferment des poissons nettement distincts par des caractères importants et généraux. Nous avons aussi reconnu pour les reptiles combien l'époque secondaire a été remarquable par l'apparition d'animaux de formes tout à fait différentes de celles que nous connaissons aujourd'hui, et dont la vie à la surface du globe a été restreinte dans des limites de temps fort resserrées.

Les crustacés ont dans leur histoire paléontologique beaucoup d'analogie avec ces deux dernières classes. Pendant l'époque primaire, ils ont apparu principalement sous la forme de trilobites ou paléades, ordre nombreux et remarquable, dont l'existence a été complétement limitée à cette époque, et qui n'a aucun représentant dans l'époque secondaire, même dans les terrains les plus anciens. Ces trilobites composent l'immense majorité de la faune carcinologique de l'époque primaire, qui paraît privée des crustacés les plus parfaits, c'est-à-dire des crustacés décapodes.

Dans l'époque secondaire, les trilobites sont remplacés par des crustacés plus semblables aux nôtres, et surtout par des décapodes macroures, qui se trouvent abondants et variés dans divers terrains. Il est à remarquer que presque tous ceux qui ont été décrits appartiennent à des genres perdus; et ces crustacés, tout en rappelant dans leurs formes générales les caractères essentiels de ceux de nos mers, en diffèrent par de nombreux détails. C'est ainsi qu'on trouve dans les terrains de cette époque les *Eryons*, si remarquables par la transition qu'ils semblent former entre les crabes et les écrevisses, les *Æger* avec leurs longues pattes-mâchoires qui dépassent les pattes ordinaires, etc. Les décapodes brachyures, ou crabes, manquent complétement dans les terrains triasiques et jurassiques ; les macroures forment la presque totalité de ces faunes avec quelques isopodes nageurs, de petits cyproïdes, quelques limules, et des cirrhipèdes.

Vers la fin de cette époque secondaire, c'est-à-dire au milieu de la période crétacée, on voit pour la première fois paraître quelques crabes. Ils deviennent plus abondants dans les terrains tertiaires, et les faunes de cette époque s'enrichissent de quelques anomoures, de stomapodes, d'amphipodes et d'isopodes terrestres. Les formes commencent à ressembler davantage à celles du monde actuel, et les fossiles de ces terrains peuvent presque tous être rapportés aux genres qui vivent encore dans nos mers.

La comparaison de ces faits, autant du moins que l'on peut généraliser des données encore trop peu nombreuses, fournit quelques résultats qui ne sont pas sans intérêt.

Elle montre en premier lieu que dans les crustacés, comme dans plusieurs autres classes, les ordres et les familles naturelles ont souvent une histoire paléontologique très différente les uns des autres. Trois ou quatre ordres seulement commencent à l'époque primaire et subsistent encore aujourd'hui, et même il n'y en a que deux que l'on ait trouvé dans la plupart des terrains intermédiaires, les xiphosures et les cyproïdes ; les phyllopodes, qui ont aussi leur origine dans les terrains carbonifères, et qui vivent encore, manquent jusqu'à présent dans toute l'époque secondaire. Un autre groupe, les trilobites, est spécial à l'époque primaire. La plupart des familles vivantes ont une origine plus récente. Les macroures cuirassés datent du trias ; quelques autres, de l'époque jurassique ; les brachyures ont apparu pour la première fois dans le milieu de l'époque crétacée ; enfin il en est qui n'ont pas encore été trouvés fossiles.

Ces mêmes faits fournissent encore une nouvelle preuve de la spécialité des fossiles ; car ici ce ne sont pas seulement des espèces nouvelles qui ont succédé aux espèces antérieures, mais les différences des faunes successives sont assez marquées pour exiger le plus souvent la création de genres spéciaux. Il faut remarquer à ce sujet que plus les animaux fossiles sont complets, moins il y a de doute sur cette spécialité ; plus, au contraire, ils ne sont connus que par une partie de leur corps, plus les doutes augmentent. Les poissons et les crustacés, conservés dans leur forme générale et dans la plupart de leurs caractères extérieurs, sont évidemment différents d'une époque à l'autre. Les mollusques dont on n'a que des coquilles, partie peu importante relativement aux fonctions vitales, ont souvent été considérés comme identiques dans deux faunes successives. N'est-il pas légitime de donner plus d'importance aux faits les plus complets, et de croire que si les mollusques étaient connus par l'ensemble de leur organisme, les doutes qui existent encore dans l'esprit de plusieurs naturalistes s'évanouiraient tout à fait ?

L'histoire paléontologique des crustacés semble aussi fournir une preuve contre l'idée de la transition des espèces les unes dans les autres. Les décapodes, par exemple, manquent tous à l'époque primaire. Il est impossible de supposer qu'ils soient provenus, par une suite de dégénérescences, des trilobites, des gampsonyx, des cyproïdes ou des limules, que l'on a seuls trouvés dans les terrains de cette époque.

J'ai adopté à peu près, pour la classification des crustacés, la méthode suivie par M. Milne Edwards. Ce savant zoologiste les divise maintenant en deux sous-classes, dont l'une, sous le nom de *Crustacés proprement dits*, comprend tous ceux qui ont des organes buccaux spéciaux, c'est-à-dire la presque totalité de la classe ; et dont l'autre, désignée sous le nom de *Xiphosures*, renferme les limules, qui n'ont autour de la bouche que des pattes-mâchoires. J'ai placé les *Cirrhipèdes* dans une troisième sous-classe, caractérisée par les singulières métamorphoses qu'éprouvent ces animaux.

La première sous-classe se divise en quatre types principaux ou légions, le type *Podophthalmaire*, le type *Edriophthalmaire*, le type *Branchiopodaire* et le type *Copépodaire*. Il faut y ajouter un type provisoire et dont les rapports ne peuvent pas encore être fixés, celui des *Ostracodes* ou *Cyproïdes*.

Le tableau suivant fera comprendre les caractères des divisions principales.

1re SOUS-CLASSE. — CRUSTACÉS PROPREMENT DITS.

Des organes de la bouche spéciaux et distincts de ceux de la locomotion.

1re *Légion*. — PODOPHTHALMAIRES. Anneaux céphaliques et thoraciques réunis et protégés par une carapace commune ; membres thoraciques ayant la forme de pattes ambulatoires ; yeux pédonculés et mobiles ; des branchies proprement dites.

1er Ordre. — DÉCAPODES. Branchies renfermées dans les côtés du thorax ; appareil buccal composé de six paires d'organes ; cinq paires de pattes thoraciques.

2e Ordre. — STOMAPODES. Branchies extérieures ou nulles ; appareil buccal composé de trois paires d'organes ; plus de cinq paires de pattes thoraciques.

2e *Légion*. — ÉDRIOPHTHALMAIRES. Membres thoraciques formés comme dans le type précédent ; tête séparée du thorax ; pas de carapace commune ; yeux sessiles ; pas de branchies proprement dites ; respiration s'effectuant en partie par le système appendiculaire.

α.) Respiration ayant lieu au moyen de palpes thoraciques devenus vésiculaires.

1ᵉʳ Ordre. — LÆMODIPODES. Abdomen à l'état de vestige.

2ᵉ Ordre. — AMPHIPODES. Abdomen bien développé.

β.) Respiration ayant lieu par les membres abdominaux modifiés.

3ᵉ Ordre. — ISOPODES. Abdomen bien développé.

3ᵉ *Légion*. — BRANCHIOPODAIRES ([1]). Membres thoraciques plus ou moins lamelleux, formant des feuilles membraneuses qui servent d'appareil respiratoire ; thorax peu distinct de l'abdomen.

1ᵉʳ Ordre. — CLADOCÈRES ou DAPHNOÏDES. Quatre ou cinq paires de pattes ; une carapace bivalve.

2ᵉ Ordre. — PHYLLOPODES. Pattes très nombreuses ; onze anneaux au thorax ; corps nu ou renfermé dans une carapace bivalve.

3ᵉ Ordre. — TRILOBITES. Pattes probablement nombreuses ; carapace formée d'une série d'écussons ; nombre des anneaux du thorax variable.

4ᵉ *Légion*. — COPÉPODAIRES. Pattes thoraciques ne servant pas à la respiration, mais converties en rames à deux branches ; anneaux abdominaux peu nombreux, et appendices peu développés.

1ᵉʳ Ordre. — COPÉPODES. Bouche conformée pour la mastication ; pattes natatoires bien développées, pattes-mâchoires petites.

2ᵉ Ordre. — SIPHONOSTOMES ([2]). Bouche conformée pour la succion ;

---

[1] Les branchiopodaires, les copépodaires et les ostrapodes constituaient précédemment la légion des ENTOMOSTRACÉS.

[2] Les siphonostomes, les lernéens et les xiphosures formaient pour Latreille l'ordre des PŒCILOPODES.

pattes-mâchoires bien développées, pattes thoraciques petites ;
thorax composé d'anneaux distincts.

3ᵉ Ordre. — LERNÉENS. Bouche conformée pour la succion ;
pattes thoraciques et pattes-mâchoires rudimentaires ou nulles ;
thorax sans divisions annulaires.

Légion douteuse. —OSTRAPODAIRES. Pattes thoraciques peu
nombreuses (deux ou trois paires), ne servant pas à la respiration ;
une carapace bivalve, ovalaire ou réniforme.

Ordre des OSTRAPODES ou CYPROÏDES.

2ᵉ SOUS-CLASSE. — XIPHOSURES.

Bouche dépourvue d'organes spéciaux et entourée seulement de
pattes-mâchoires.

Ordre des XIPHOSURES. Corps composé d'un grand bouclier cé-
phalo-thoracique, d'un abdomen plus petit et d'une longue queue
styliforme.

3ᵉ SOUS-CLASSE. —CIRRHIPÈDES.

Animaux fixés dans l'âge adulte et recouverts alors d'une coquille multivalve, comprenant l'ordre des CIRRHIPÈDES.

1ʳᵉ Légion. — PODOPHTHALMAIRES.

1ᵉʳ ORDRE.

DÉCAPODES.

Les décapodes, qui comprennent tous les crustacés désignés généralement sous les noms de *Crabes* et
d'*Écrevisses*, forment dans la faune actuelle la division
la plus importante de la classe qui nous occupe ici,
soit par le nombre des espèces, soit surtout par leur
grandeur et leur variété. Ils sont caractérisés parce
qu'ils ont des branchies proprement dites, non ra-
meuses, fixées sur les côtés du corps et renfermées dans
une cavité. Leur tête est soudée au thorax et est recou-

verte par une carapace qui s'étend jusqu'à l'abdomen. Les yeux sont pédonculés et mobiles; les pattes, ambulatoires ou préhensiles, sont presque toujours au nombre de cinq paires.

On peut les diviser en trois sous-ordres :

Les Brachyures ont l'abdomen ordinairement petit (il est improprement nommé quelquefois la queue). Cet abdomen est replié sous le corps; la carapace est large et le plastron sternal n'est jamais linéaire. Ce sont les crustacés qui se rapprochent des *Crabes*.

Les Anomoures ont l'abdomen médiocre, tantôt reployé, tantôt étendu, muni sur l'avant-dernier segment d'appendices plus ou moins développés, et le plastron sternal linéaire. Ce sous-ordre renferme quelques crustacés, tels que les *Pagures* ou *Bernard l'ermite*, intermédiaires entre les brachyures et les macroures.

Les Macroures ont l'abdomen très développé, ordinairement plus long que le reste du corps, servant à la natation; et portant toujours en dessous des fausses pattes lamelleuses et une nageoire terminale. Ces crustacés se rapprochent tous plus ou moins par leur forme des *Écrevisses*.

L'histoire paléontologique de ces trois sous-ordres présente de grandes différences. Les macroures ont été nombreux et variés pendant l'époque secondaire, tandis que les brachyures ont probablement apparu pour la première fois pendant l'époque crétacée. Les uns et les autres paraissent manquer dans toute la période primaire. Les anomoures ont été si rarement trouvés à l'état fossile, qu'il est impossible de se faire encore une idée de leur histoire.

1er SOUS-ORDRE. — DÉCAPODES BRACHYURES.

Ce sous-ordre renferme, comme je l'ai dit plus haut, les crustacés, que l'on désigne généralement sous le nom de *Crabes*. Ils sont recouverts d'une carapace carrée, ovalaire ou circulaire, ordinairement au moins aussi large que longue, et qui forme toute la face supérieure du corps. L'abdomen est petit et replié en dessous. La bouche est composée de mâchoires et de pattes-mâchoires. Les pattes proprement dites sont au nombre de cinq paires ; celles de la première sont toujours terminées par une main didactyle ou pince ; les autres sont ambulatoires ou natatoires, et toujours monodactyles.

Dans la nature vivante, les caractères les plus importants sont la forme et la place des antennes, l'ouverture des orifices génitaux, la forme des pattes-mâchoires, etc. Ces caractères échappent le plus souvent au paléontologiste, à cause de la fragilité des organes et de l'empâtement produit par la matière minérale. Il a donc fallu recourir à des caractères plus artificiels, mais d'une observation plus facile. Desmarest, dans son beau travail sur les crustacés fossiles, a cherché à faciliter la détermination des familles et des genres par une étude approfondie des formes de la carapace. Il a montré que les diverses bosselures et empreintes qui se remarquent à la surface de ce bouclier dorsal correspondent à des organes internes essentiels, dont elles retracent la forme et le développement. Il a divisé la surface de cette carapace en régions (pl. XLI, fig. 3), qui sont la *région stomacale* (*s*), qui recouvre l'estomac et qui est médiane et antérieure ; la *région génitale* (*g*), qui est aussi médiane et située en arrière de la précédente ;

la *région cordiale* (*c*), qui recouvre le cœur et qui est placée en arrière, aussi sur la ligne médiane ; les *régions hépatiques*, dont les deux antérieures (*h*) sont situées de chaque côté de la stomacale, et dont la postérieure (*h'*) est médiane et placée entre la cordiale et le bord de la carapace ; et enfin les *régions branchiales* (*b*), qui sont placées de chaque côté entre les régions cordiale et génitale et les bords latéraux de la carapace. Les proportions et les formes de ces régions peuvent fournir de précieux caractères pour distinguer les genres lorsque les organes plus essentiels sont altérés.

Les décapodes brachyures paraissent être les crustacés les plus récents. On n'a encore trouvé aucune trace certaine de leur existence avant le milieu de l'époque crétacée. Les gisements remarquables de l'époque jurassique, qui ont conservé les débris d'un si grand nombre de macroures, ne paraissent pas en contenir ; et ces crustacés, très abondants dans les mers actuelles, semblent avoir été réservés pour les époques relativement modernes.

L'origine récente de ces crustacés peut faire préjuger le peu de variations de leurs formes. En effet, tous ceux qui ont été trouvés jusqu'à présent ont pu être associés aux genres qui vivent encore aujourd'hui. Nous verrons plus bas qu'il est bien loin d'en être ainsi pour les décapodes macroures.

Nous adoptons pour leur étude les familles établies par M. Milne Edwards (¹), et j'insisterai princi-

---

(¹) *Hist. nat. des crustacés*, 3 vol. in-8°, faisant partie des *Suites à Buffon*. Voyez aussi un mémoire récent imprimé dans le tome XVIII des *Annales des sciences naturelles*, 3ᵉ série.

palement sur les caractères qui peuvent le mieux être observés à l'état fossile.

1re FAMILLE. — OXYRHYNQUES.

Les oxyrhynques sont principalement caractérisés par leur carapace rétrécie antérieurement. Les régions branchiales sont très développées et occupent presque toute la partie latérale du thorax. Les régions hépatiques sont rudimentaires. Le front est avancé et forme en général un rostre très saillant; les orbites sont dirigées en dehors.

Cette famille paraît, par son système nerveux, présenter le type le plus élevé de l'organisation des crustacés. Elle renferme aujourd'hui un grand nombre de genres et d'espèces, remarquables par leur carapace presque toujours épineuse, leurs pattes très longues et leur front pointu.

Leur existence à l'état fossile est très douteuse.

Desmarest [1] a décrit une espèce de l'argile de Londres, qu'il rapporte au genre INACHUS, sous le nom d'*Inachus Lamarckii*. M. Milne Edwards n'admet pas l'exactitude de cette détermination, et pense que ce fossile ne doit pas être rapporté à cette famille. M. M'Coy en a fait un genre nouveau, sous le nom de BASINOTOPUS, dont nous parlerons plus bas. Il appartient, suivant lui, au sous-ordre des ANOMOURES et à la famille des APTÉRURES.

2e FAMILLE. — CYCLOMÉTOPES.

Les cyclométopes ont une carapace très large, régulièrement arquée en avant et rétrécie en arrière. Les régions hépatiques sont très développées et occupent presque toujours au moins la moitié de la portion latérale du test. Le front est transversal, peu ou point rabattu, non prolongé en pointe. Les orbites sont dirigées obliquement en haut et en avant.

Cette famille, qui renferme les crabes proprement dits, se trouve plus fréquemment à l'état fossile que la précédente. Son apparition paraît ne remonter en Europe qu'au commencement de

[1] Desmarest, *Crustacés fossiles*, p. 116; Milne Edwards, *Hist. nat. des crustacés*, t. I, p. 271; M'Coy, *Ann. and mag. of nat. hist.*, 2e série, t. IV, p. 168.

l'époque tertiaire, et en Amérique à l'époque crétacée; mais, comme je l'ai déjà dit ci-dessus, il est impossible d'avoir confiance à ces déductions prématurées.

Les Crabes (*Cancer*, Lin.). — Atlas, pl. XLI, fig. 3 à 5,

sont caractérisés par des pattes postérieures semblables aux précédentes, non natatoires, la forme arquée et convexe de la carapace, leurs pattes courtes, comprimées et garnies en dessus d'une crête élevée ou d'une série d'épines, et leurs tarses très courts.

On peut rapporter à ce genre plusieurs crustacés fossiles des terrains tertiaires d'Europe.

On en cite en particulier quelques uns dans les terrains mummulitiques.

Le *Cancer Desmaresti*, Münster, a été trouvé au Kressemberg, ainsi que le *C. Klipsteinii*, H. de Meyer. Ces deux espèces n'ont peut-être pas été encore suffisamment comparées [1].

Le *C. Buckmanni*, H. de Meyer [2] a été trouvé dans une argile ferrugineuse, à Solenhofen en Bavière.

Une espèce des argiles ferrugineuses de Bavière avait déjà été indiquée par Schlotheim et confondue par cet auteur avec une espèce de Sheppy, sous le nom de *Brachyurites hispidiformis*, var. *major* et *minor*. M. H. de Meyer laisse le nom de *Cancer hispidiformis* à celle de Bavière, et lui rapporte un crabe découvert par M. Ehrlich dans le sable mummulitique d'Oberweis, près de Gmünden, en Autriche.

Un crabe du Monte Bolca a été désigné par Holl [3] sous le nom probablement erroné de *Cancer mœnas*.

Je pense que c'est au même terrain qu'appartiennent le *Cancer Bovei*, Desm. [4], trouvé près de Vérone dans un banc de calcaire grossier, et le *Cancer punctulatus*, Desm. [5], découvert près de Vicence (Atlas, pl. XLI, fig. 5).

Le terrain nummulitique qui a servi à construire les pyramides d'Égypte

---

[1] Münster, in *Keferstein Deutschl.*, 1828, t. VI, p. 97; H. de Meyer, *Leonh. und Bronn Neues Jahrb.*, 1842, p. 589.

[2] *Leonh. und Bronn Neues Jahrb.*, 1845, p. 456.

[3] *Petrefackt.*, p. 144.

[4] Desmarest, *Crust. foss.*, p. 94, pl. 8, fig. 3 et 4; Milne Edwards, *Hist. nat. des crust.*, t. I, p. 379.

[5] *Crustacés fossiles*, p. 92, pl. 7, fig. 3 et 4; Knorr et Walch, *Verstein.*, t. I, pl. 18 A, fig. 2 et 3; Milne Edwards, *Hist. des crust.*, t. I, p. 380.

renferme aussi des crabes [1]. M. Quenstedt nomme *Cancer antiquus* l'espèce qui a été déjà décrite par Schlotheim, sous le nom de *Brachyurites antiquus*. M. H. de Meyer en a décrit et figuré une autre, qui a été rapportée par le duc Paul de Wurtemberg. Il l'a nommée *Cancer Paulino Wurtembergensis*.

Une seule espèce a été indiquée dans les terrains éocènes proprement dits.

M. Galeotti [2] a trouvé le *Cancer Burtini*, Gal., dans la formation infra-marine des terrains tertiaires du Brabant.

Quelques espèces appartiennent aux terrains miocènes et pliocènes.

Le *Cancer quadrilobatus*, Desmarest [3] provient des faluns des environs de Dax (Atlas, pl. XLI, fig. 4).

M. Morris [4] cite le *Cancer pagurus*, Lin., actuellement vivant, comme trouvé dans le crag corallien de Sutton.

Plusieurs espèces attribuées au genre des crabes ont été transportées dans les suivants.

Les Carpilies (*Carpilius*, Leach), — Atlas, pl. XLI, fig. 6,

ne diffèrent des crabes que par leurs pattes plus longues, qui ne sont ni comprimées, ni munies d'une crête.

C'est à ce genre que M. Milne Edwards rapporte le *Cancer macrocheilus*, Desm. (*C. lapidescens*, Rumphius), indiqué comme trouvé en Chine [5].

Les Xanthes (*Xantho*, Leach.; *Zantho*, M'Coy)

ont les mêmes caractères généraux que les crabes ; mais leur carapace, aussi très large, n'est que peu ou point bombée. Le

[1] Quenstedt, *Hand. der Petref.*, I, p. 261 ; Schloth., *Petrefakt.*, *Nachträge*, p. 26, pl. 1, fig. 1 ; H. de Meyer, *Palæontographica*, I, p. 91, pl. 11.

[2] Galeotti, *Mém. sur la province du Brabant*, p. 47.

[3] Desmarest, *Crust. foss.*, p. 93, pl. 8, fig. 1 et 2 ; Milne Edwards, *Hist. des crust.*, I, p. 380.

[4] *Catalogue*, p. 72.

[5] Desmarest, *Crust. foss.*, p. 90, pl. 7, fig. 1, et 2 ; Rumphius, *Amboin. raril. Kab.*, pl. 60, fig. 3 ; Milne Edwards, *Hist. des crust.*, I, p. 380.

front lamelleux, presque horizontal, est divisé par une scissure médiane.

M. Eng. Sismonda [1] a décrit, sous le nom de *Xantho Edwardsi*, une espèce qui a été trouvée dans les terrains miocènes du Piémont.

Il faut ajouter le *X. Desmaresti*, Roux [2].

Les ZANTHOPSIS, M'Coy,

ont au contraire une carapace bombée et gibbeuse, fortement arquée d'avant en arrière, mais ils se rapprochent des xanthes par la disposition des yeux et des antennes. La région stomacale est très grande, renflée, déprimée vers la région génitale, qui est très petite et pentagonale, divisée en deux portions dont la postérieure égale en largeur les régions cordiale et stomacale, qui sont plus longues que larges et forment ensemble un bourrelet renflé de trois nodules oblongs et obtus. Les régions branchiales portent quatre tubercules. L'abdomen a sept segments dans les deux sexes. Les pinces antérieures sont robustes, inégales, à doigts courts obtusément dentés.

Toutes les espèces connues appartiennent à l'argile de Londres [3].

M. M'Coy décrit les *Zanthopsis nodosa, bispinosa* et *unispinosa*. Elles avaient été plus ou moins confondues ensemble et décrites par Desmarest, sous le nom de *Cancer Leachii*. Il est difficile actuellement de savoir à laquelle devrait appartenir ce nom. C'est probablement aussi une espèce de ce genre que Schlotheim avait décrite sous le nom de *Brachyurites hispidiformis*, var. *minor*. Elle paraît différente des trois de M. M'Coy, car elle a la forme du thorax et la nodulation de la *Z. nodosa*, avec les pointes postérieures de la *Z. bispinosa* [4].

Les PODOPILUMNUS, M'Coy, — Atlas, pl. XLI, fig. 7,

ont une carapace dont les parties antérieures et latérales forment une courbe semi-elliptique, à bords non comprimés, obtusément

[1] *Poiss. et crust. foss. du Piémont*, p. 60, pl. 3, fig. 5.

[2] *Ann. sc. nat.*, 1829, t. XVII, p. 85, pl. 5 B, fig. 1 et 2.

[3] M'Coy, *Annals and magaz. of nat. hist.*, 2ᵉ série, t. IV, p. 162.

[4] Desmarest, *Crust. foss.*, p. 95, pl. 8, fig. 5 et 6; Milne Edwards, *Hist. des crust.*, t. I, p. 380; Schlotheim, *Petref., Nachträge*, p. 26. Voyez, sur ce même *B. hispidiformis*, la page 422 du présent volume.

arrondis, armés de trois petits tubercules épineux. Le front est
étroit, quadrilobé, un peu projeté en avant. Les orbites sont
grandes, ovales. La partie postérieure de la carapace est aplatie et
étroite ; la surface est unie, à régions peu marquées. Les pattes
postérieures sont presque égales, comprimées et longues ; les
pinces courtes et fortes.

Ce genre se rapproche beaucoup des pilumnus, et il paraît en
différer surtout par la longueur plus grande des pattes, par l'abdomen de la femelle, qui est plus large, et par la forme du bord
antéro-latéral de la carapace.

On en connaît deux espèces ([1]). L'une d'elles est le *Podopilumnus Fittoni*,
Mr Coy, du grès vert de Lyme-Regis.

M. Mc Coy attribue au même genre le *Portunus peruvianus*, d'Orbigny,
des Cordillères, qui appartient probablement aussi à l'époque crétacée.

Les PLATYCARCINS (*Platycarcinus*, Latreille)

ressemblent beaucoup aux crabes et aux xanthes. La carapace
est peu bombée. Le front est divisé en plusieurs dents, dont une
médiane. Les bords latéro-antérieurs de la carapace sont divisés
en lobes dentiformes. Les pattes et l'abdomen rappellent ceux des
xanthes.

Quelques auteurs citent ([2]) comme fossile le *P. pagurus* ou *Tourteau*, abondant aujourd'hui sur les côtes d'Europe. On l'a en particulier indiqué dans
le crag.

C'est peut-être ([3]) à cette division que se rapporte le *C. paguroides*, Desm.,
d'origine inconnue.

M. Eug. Sismonda ([4]) nomme *Platycarcinus antiquus* une espèce des terrains pliocènes du Piémont que son frère, M. A. Sismonda, avait considérée
comme identique avec le *Cancer pustulatus*, Desm., et que M. H. de Meyer
avait nommée *Cancer Sismondæ*.

([1]) M'Coy, *Ann. and mag. of nat. hist.*, 2ᵉ série, vol. IV, p. 165 ; d'Orbigny, *Voyage dans l'Amér. mér.*, *Paléontologie*, p. 107, pl. VI, fig. 17.

([2]) Morris, *Catalogue*, p. 72.

([3]) Desmarest, *Crust. foss.*, p. 90, pl. 5, fig. 9.

([4]) Angelo Sismonda, *Note sur deux foss.*, *Mém. Acad. de Turin*, 2ᵉ série,
t. I, p. 85 ; Eug. Sismonda, *Poiss. et crust. foss. du Piémont*, p. 58, pl. 3,
fig. 1-2 ; H. de Meyer, *Leonh. und Bronn Neues Jahrb.*, 1843, p. 589.

Les Portunes (*Portunus*, Fabricius), — Atlas, pl. XLI, fig. 8,

diffèrent de tous les genres précédents par leurs pattes postérieures terminées par un article aplati, qui les rend natatoires. La carapace est large, aplatie, munie antérieurement sur ses côtés de quatre ou cinq grosses dents. Le front est proéminent.

On cite ces crustacés dans les terrains crétacés d'Amérique ; mais le *P. peruvianus*, seule espèce indiquée dans ces gisements, paraît, comme je l'ai dit plus haut, devoir être placé dans le genre PODOPILUMNUS.

Quelques espèces ont été trouvées dans les terrains tertiaires.

Le *Portunus Hericarti*, Desmarest [1], a été trouvé dans les grès marins supérieurs (miocène inférieur) des environs de Meaux (c'est l'espèce figurée dans l'Atlas).

Le *P. leucodon* a été transporté dans le genre suivant.

M. Marcel de Serres [2] cite dans les terrains tertiaires du midi de la France des pinces qui ressemblent à celles du *Portunus puber*, Fabr.

M. Wood [3] a trouvé une espèce du même genre dans le crag corallien d'Angleterre.

Les Lupées (*Lupea*, Leach)

ont tous les caractères des portunes, sauf que leur carapace est encore plus large, car son diamètre transversal a plus du double du longitudinal.

M. Milne Edwards [4] rapporte à ce genre le *Portunus leucodon*, Desm., grand crustacé fossile trouvé, à ce qu'il paraît, dans l'Inde (Atlas, pl. XLI, fig. 9).

Les Podophthalmes (*Podophthalmus*, Lamk.),

ont les pieds postérieurs natatoires comme les portunes et les lupées ; mais ils peuvent être distingués facilement par la longueur démesurée de leurs pédoncules oculaires, ou, si ceux-ci sont détruits, par le bord antérieur de la carapace non dente, ses bords très aigus, sa surface plane et large, etc.

[1] Desmarest, *Crust. foss.*, p. 87, pl. 5, fig. 5.
[2] *Géognosie des terrains tertiaires*, p. 154.
[3] Morris, *Catalogue*, p. 76.
[4] *Crabe pétrifié*, Davila, *Catalogue*, t. III, pl. 3 G ; Desmarest, *Crust.*

M. Reuss ([1]) rapporte à ce genre, sous le nom de *Podophthalmus Reussii*, Reuss, une espèce des marnes du placner de Bohême.

Le *P. Defrancii*, Desmarest ([2]), paraît avoir été trouvé dans les terrains tertiaires du midi de la France.

LES ÉRIPHIES (*Eriphia*. Latr.)

forment une transition à la famille suivante, avec laquelle ils ont été réunis par quelques auteurs. Leur carapace est plus quadrilatère que dans les vrais cyclométopes, dont ils ont du reste les caractères essentiels.

L'*Eriphia spinifrons*, Herbst, aujourd'hui commune dans les mers européennes, a été trouvée fossile dans quelques dépôts récents ([3]).

3ᵉ FAMILLE. — CATOMÉTOPES.

(Ocypodiens, M. Edw.)

Les catométopes ont une carapace quadrilatère ou ovoïde, dont les régions hépatiques sont rudimentaires, et les régions branchiales, au contraire, très développées. Le front est transversal, sans armature rostrale, et ordinairement rabattu et infléchi pour s'unir au lobe nasal qui sépare les deux fosses antennulaires. Ses orbites ont leur plancher peu développé.

L'histoire paléontologique de cette famille est encore peu connue; on n'y a rapporté qu'un petit nombre d'espèces dont la plupart même proviennent de gisements d'un âge indéterminé. M. Milne Edwards vient d'annoncer ([4]) qu'il s'occupera, dans un prochain mémoire, des ocypodiens fossiles. Nous regrettons de ne pas pouvoir profiter des travaux de cet éminent zoologiste.

foss., p. 86, pl. 6, fig. 1-3; Milne Edwards, *Hist. nat. des crust.*, t. I, p. 457.

[1] Reuss, *Böhm. Kreideform.*, p. 15, pl. 5, fig. 20.

[2] Desmarest, *Crust. foss.*, p. 88, pl. 5, fig. 6-8; Milne Edwards, dans Lamarck, *Anim. sans vert.*, 2ᵉ édit., t. V, p. 472; M. de Serres, *Géognosie des terrains tertiaires*, p. 154.

[3] Bronn, *Index palæont., Nomenclator*, p. 466.

[4] *Ann. des sc. nat.*, 3ᵉ série, t. XVIII, p. 140.

Les Gécarcins (*Gecarcinus*, Latreille)

sont caractérisés par une carapace ovalaire, plus large que longue, très arrondie et renflée sur les côtés. Le front est très fortement recourbé en bas. Les bords des pattes ont des dents spiniformes.

Ce genre renferme aujourd'hui de grands crustacés terrestres. Son existence à l'état fossile est très douteuse.

Desmarel a décrit un *G. trispinosus*, que M. Milne Edwards considère comme un Pseudograpse [1].

M. Lyell [2] indique une espèce trouvée dans les terrains tertiaires de l'Amérique septentrionale.

Les Gélasimes (*Gelasimus*, Latreille)

ont une carapace rhomboïde, large, un peu bombée, rétrécie et déprimée en arrière, très élevée en avant. Le bord fronto-orbitaire en occupe toute la largeur ; son milieu est avancé en forme de chaperon spatuliforme aigu. Les régions sont distinctes et saillantes ; la stomacale est moyenne, la cordiale grande, les hépatiques antérieures petites, et les branchiales très développées.

La *G. nitida*, Desmarest [3], appartient à ce genre. On ignore son gisement.

Les Gonoplaces (*Gonoplax*, Lamarck)

ont aussi une carapace trapézoïdale plus d'une fois et demie aussi large que longue, et un front lamelleux très large.

Il est possible qu'il faille rapporter à ce genre la *G. incerta*, Desmarest [4], d'une origine inconnue ; mais ce fossile est plus quadrilatère que les gonoplaces vivantes. Les autres gonoplaces de Desmarest sont des macrophthalmes. Une d'elles cependant, la *G. impressa*, Desmarest [5], paraît, à cause de sa

[1] Desmarest, *Crust. foss.*, p. 108, pl. 8, fig. 10 ; Milne Edwards, *Hist. nat. des crust.*, t. II, p. 27.

[2] *Silliman's Journ.*, 1844, t. XLVI, p. 319.

[3] *Crust. foss.*, p. 106, pl. 8, fig. 7 et 8.

[4] *Idem*, p. 104, pl. 8, fig. 9 ; Milne Edwards, *Hist. nat. des crust.*, t. II, p. 62, et dans Lamarck, *Hist. nat. des animaux sans vertèbres*, t. V, p. 466.

[5] *Idem*, p. 102, pl. 8, fig. 13 et 14.

carapace, presque aussi longue que large, et de ses pattes antérieures, courtes et renflées, devoir former un genre nouveau. Son origine n'est pas bien certaine.

Les Macrophthalmes (*Macrophthalmus*, Latreille)

sont très voisins des gonoplaces, dont ils diffèrent par leur carapace plus large, dont le bord antérieur occupe toute la longueur, et par leur front plus étroit et recourbé en bas.

C'est à ce genre que l'on doit rapporter trois gonoplaces fossiles, décrites par Desmarest [1] comme apportées des Indes orientales : ce sont les *G. Latreillii, incisa* et *emarginata*. M. Lucas [2] a fait connaître le *M. Desmarestii*, trouvé près du détroit de Malacca.

Les Grapses (*Grapsus*, Lamk.),

diffèrent des genres précédents par leur carapace, qui est moins régulièrement quadrilatère, et dont les bords latéraux sont légèrement courbés. Cette carapace est très déprimée, horizontale ; la région stomacale est très large, ainsi que les régions branchiales, qui sont presque toujours marquées de lignes saillantes obliques.

Les espèces sont communes aujourd'hui sur les côtes rocailleuses de la plupart des mers. L'existence de ce genre à l'état fossile est douteuse.

Desmarest [3] a décrit le *Grapsus dubius*, d'après une carapace incomplète provenant de l'Inde.

M. H. de Meyer [4] rapporte au même genre, sous le nom de *Grapsus speciosus*, une espèce des terrains tertiaires d'OEningen.

M. Th. Bell [5] a décrit les pattes d'un crustacé voisin des grapses, trouvé dans la craie blanche du Sussex.

[1] Desmarest, *Crust. foss.*, p. 99, pl. 9, fig, 1 à 8 ; Milne Edwards, *Hist. nat. des crust.*, t. II, p. 64, et dans Lamarck, *Anim. sans vertèbres*, 2ᵉ édit., t. V, p. 468. Le *Gonoplax Latreillei*, Gaillardot, du muschelkalk, repose, suivant M. H. de Meyer, sur des fragments d'os de vertébrés.

[2] *Ann. sc. nat.*, 3ᵉ série, t. XIII, p. 63 ; *Ann. de la Soc. entomol. de France*, t. VIII, p. 567, pl. 20.

[3] *Crust. foss.*, p. 97, pl. 8, fig. 7 et 8.

[4] *Leonh. und Bronn Neues Jahrb.*, 1844, p. 331.

[5] Dixon, *Geol. and fossils of Sussex, Crustacea*, by Th. Bell, p. 344.

Les Pseudograpses (*Pseudograpsus*, Milne Edwards)

ont le corps plus épais que les grapses et une carapace plus convexe en dessus.

C'est à ce genre que M. Milne Edwards rapporte le *Gecarcinus tripinosus*, Desmarest [1], dont l'origine n'est pas connue.

Les Sésarmes (*Sesarma*, Say.)

sont voisins aussi des grapses, mais s'en distinguent par leur carapace plus équilatérale, leur front très large, brusquement replié en bas, leurs orbites ovalaires ouvertes à leur angle externe, comme chez les macrophthalmes, etc.

Ce genre renferme aujourd'hui de petites espèces américaines. M. Lyell [2] lui rapporte une espèce fossile des terrains tertiaires du même continent.

4ᵉ Famille. — OXYSTOMES.

Les oxystomes sont surtout caractérisés par la disposition de leur appareil buccal, et en particulier parce que le cadre est triangulaire, très étroit en avant, et avance en général jusque auprès du front. La carapace présente des caractères moins précis. On peut souvent reconnaître les oxystomes à ce qu'elle est circulaire ; mais quelquefois aussi elle est arquée en avant seulement, et ressemble ainsi à celle de quelques cyclométopes.

Il paraît que les oxystomes ont déjà vécu dans les mers de l'époque crétacée. On en retrouve aussi des traces dans quelques terrains tertiaires.

Les Leucosies (*Leucosia*, Fabricius)

sont le type principal de cette famille. Elles ont une carapace bombée, presque globuleuse, à régions peu distinctes, et terminée en avant par une saillie assez forte, qui porte un front étroit et de petites orbites. Le plastron sternal est à peu près circulaire,

[1] Desmarest, *Crust. foss.*, p. 108, pl. 8, fig. 10 ; Milne Edwards, *Hist. nat. des crust.*, t. I, p. 27.

[2] *Silliman's Journ.*, t. XLVI, p. 319.

et les pattes sont courtes, à l'exception de celles de la première paire.

Desmarest [1] a décrit, sous le nom de *Leucosia subrhomboidalis*, une espèce d'origine inconnue, qui paraît voisine de la *Leucosia crassiolaris*, Fabr. La *L. Prevostiana*, de Montmartre, est encore trop imparfaitement connue pour qu'on puisse décider à quel genre elle appartient.

Les Ebalies (*Ebalia*, Leach)

ont beaucoup de rapport avec les leucosies, mais leur carapace est carrée avec des angles tronqués, et leur front, plus avancé, est terminé par un bord droit.

On cite dans le crag d'Angleterre l'*Ebalia Bryerii*, Leach [2].

Les Arcanies (*Arcania*, Leach)

ont une carapace globuleuse comme les leucosies et un front relevé ; mais le cadre buccal ne se rétrecit pas en avant, et les pattes antérieures sont grêles et allongées.

M. Mantell [3] rapporte à ce genre des débris trouvés dans le gault, trop mal conservés pour permettre d'établir des espèces.

Les Philyres (*Philyra*, Leach), — Atlas, pl. XLI, fig. 13,

ont une carapace circulaire et déprimée, dont le front s'avance moins que l'épistome. Les quatre dernières paires de pattes ont le tarse déprimé et presque lamelleux.

M. Milne Edwards rapporte à ce genre, à cause de la forme du front, la *Leucosia cranium*, Desm. [4], apportée des Indes orientales.

---

[1] *Crust. foss.*, p. 114, pl. 9, fig. 12 et 13 ; Milne Edwards, *Hist. nat. des crust.*, t. II, p. 123 ; et dans Lamarck, *Anim. sans vertèbres*, 2ᵉ édit., t. V, p. 414.

[2] Morris, *Catalogue*, p. 73.

[3] Mantell, *Geol. of Sussex*, pl. 29.

[4] Desmarest, *Crust. foss.*, p. 113, pl. 9, fig. 10 et 11 ; Milne Edwards, *Hist. nat. des crust.*, t. II, p. 133.

Les Ixa (*Ixa*, Leach)

se distinguent facilement par leur carapace, dont la partie moyenne est à peu près sphérique avec une portion cylindrique qui triple sa largeur et dépasse de chaque côté l'extrémité des pattes.

M. Kœnig [1] a figuré, sous le nom d'*Ixa tuberculata*, une espèce des terrains récents des Indes orientales.

Les Atélécycles (*Atelecyclus*, Leach). — Atlas, pl. XLI, fig. 14,

diffèrent de tous les genres de cette famille que nous venons d'indiquer par leur plastron plus étroit, leur cadre buccal moins étroit, et leur carapace plus large, bombée, presque tuberculeuse, arquée en avant et rétrécie en arrière, à bords saillants, tranchants, découpés et se réunissant postérieurement.

Desmarest [2] rapporte à ce genre l'*A. rugosus*, trouvé au Boutonnet, près Montpellier, dans un calcaire qui appartient à l'époque tertiaire miocène. M. Vood a trouvé dans le crag corallien quelques débris qui paraissent appartenir au même genre [3].

Les Corystes (*Corystes*, Latreille)

commencent à former une transition aux anomoures par leur carapace plus longue que large, et leur front qui forme un rostre triangulaire. Leur plastron sternal est étroit.

MM. Mantell [4], Fitton et quelques géologues anglais ont trouvé dans le gault et le grès vert inférieur d'Angleterre quelques fragments de crustacés que l'on a rapportés à ce genre, mais qui paraissent à M. M'Coy appartenir à celui qu'il a établi sous le nom de *Notopocorystes*.

On cite des débris analogues dans le calcaire corallien (?) de Wrischliz, près Tiertizna [5].

[1] *Icones sectiles*, fig. 24.
[2] *Crust. foss.*, p. 3, pl. 9, fig. 9.
[3] Morris, *Catalogue*, p. 71.
[4] Mantell, *Geol. of Sussex*, pl. 29 ; Fitton, *Trans. of the geol. Soc.*, t. IV, p. 128 et 157.
[5] Hohenegger, *Haidinger Berichte*, 1849, t. V, p. 115 ; *Leonh. und Bronn Neues Jahrb.*, 1849, p. 478.

Les Notopocorystes, M'Coy, — Atlas, pl. XLI, fig. 15,

forment un lien entre les brachyures et les anomoures, et sont intermédiaires entre les deux genres des corystes et des homola. Leur carapace est plus longue que large, ovale, déprimée, ornée de tubercules ; le bord antérieur est armé d'épines marginales ; le front forme un rostre triangulaire, et les côtés convergent vers le bord postérieur, qui est étroit.

C'est probablement à ce genre qu'il faut rapporter les corystes indiqués dans le gault par MM. Leach et Mantell (¹).

M. M'Coy décrit le *N. Mantelli*, M'Coy, du grès vert de Lyme-Regis et du gault de Folkstone. C'est à cette espèce qu'appartiennent probablement les échantillons représentés par M. Mantell dans les figures 15 et 16 et peut-être 9 et 10 de la planche 29.

L'espèce attribuée par M. Deslongchamps (²) au genre Oxyrinas, Leach, et décrite sous le nom d'*O. Bechei*, est aussi, suivant M. M'Coy, un notopocoryste.

Les Dorippes (*Dorippe*, Fabricius)

forment un genre remarquable, qui diffère de presque tous les crustacés brachyures par une carapace déprimée, tronquée en avant, beaucoup plus large en arrière, et trop courte pour recouvrir tout le thorax. Les pattes ne s'insèrent pas sur la même ligne, mais celles de la quatrième paire sont plus élevées que les précédentes, et celles de la cinquième paraissent s'insérer sur le dos.

Desmarest (³) a décrit la *D. Rissoana*, d'origine inconnue.

2ᵉ SOUS-ORDRE. — DÉCAPODES ANOMOURES.

Ils ont un abdomen médiocre tantôt reployé, tantôt étendu, et muni sur l'avant-dernier segment d'appendices plus ou moins développés. Le plastron sternal est linéaire.

(¹) Mantell, *Geol. of Sussex*, pl. 29 ; Fitton, *Trans. of the geol. Soc.*, t. IV, p. 128 et 157 ; M'Coy, *Annals and mag. of nat. hist.*, 2ᵉ série, t. IV, p. 169 ; Bronn, *Lethœa, Terr. crét.*, 3ᵉ édit, p. 357, pl. 32.

(²) *Mém. de la Soc. lin. de Normandie*, d'après M. M'Coy.

(³) *Crust. foss.*, p. 119, pl. 10, fig. 1 à 3.

Ces crustacés, qui forment un passage entre les brachyures et les macroures, se rapprochent des premiers par leur abdomen plus petit que le thorax et trop peu développé pour servir à la locomotion. L'allongement de la carapace et le fait que l'abdomen ne se replie pas en dessous du corps montrent au contraire des rapports avec les macroures. Les organes plus essentiels, tels que le système nerveux, justifient leur place intermédiaire entre ces deux sous-ordres.

Les anomoures sont aujourd'hui beaucoup moins nombreux que les brachyures et les macroures. On n'en connaît encore qu'un très petit nombre à l'état fossile, qui proviennent des terrains jurassiques, crétacés et tertiaires.

Nous les divisons en deux familles.

1re FAMILLE. — APTÉRURES.

Les aptérures ont l'abdomen dépourvu d'appendices terminaux ; ils se rapprochent beaucoup des brachyures par les formes générales du corps.

LES DROMIES (*Dromia*, Fabricius)

ont les pattes antérieures chéliformes et celles des quatre dernières paires cylindriques. Leur corps est globuleux et leur front recourbé en bas ; leur carapace, plus large que longue, leur donne encore une grande ressemblance avec les brachyures. Leurs pattes postérieures sont petites et relevées au-dessus des autres.

M. Milne Edwards [1] indique une petite espèce fossile, la *Dromia Bucklandii*, de l'argile de Sheppy.

Une autre espèce, également de Sheppy, est pour M. Milne Edwards le type du genre DROMILITE [2], caractérisé par une carapace plus carrée que les

[1] Milne Edwards, *Hist. nat. des crust.*, t. II, p. 178 ; Schlotheim, *Petref.*, *Nachträge*, p. 23, pl. 1, fig., 2 a. b.

[2] Lamarck, *Anim. sans vertèbres*, 2e édit., t. V, p. 182. Dans son *Hist. des crust.*, M. Milne Edwards ne parle que de la dromie, et dans Lamarck que du dromilite. On pourrait donc supposer que ces noms devraient se rap-

dromies. Les régions branchiales sont divisées en deux par un sillon transversal. Il pense que le *Brachyurites rugosus*, Schloth., des terrains crétacés supérieurs du Danemark (danien), doit être rapproché de ce genre.

Cette espèce (¹) deviendrait le *Dromilites rugosus*. M. Reuss y réunit son *D. pustulosus*, Reuss, du placner mergel de Bohême ; mais ainsi que le fait observer M. Quenstedt, les figures ne semblent pas justifier ce rapprochement, d'autant plus que M. Reuss en donne deux très différentes l'une de l'autre. (Voy. Atlas, pl. XLI, fig. 16.)

Les BASINOTOPUS, M'Coy, — Atlas, pl. XLI, fig. 17,

sont voisins des dromilites, mais M. M'Coy, qui les a comparés directement, affirme qu'ils ne peuvent pas leur être réunis. Ils sont également caractérisés par deux paires postérieures de pattes très petites et fort élevées, comme cela a lieu dans les homola, les dorippes, les notopus, etc. Desmarets n'avait connu que la carapace de ces crustacés et les avait envisagés comme des inachus.

On en connaît une seule espèce (²), qui paraît commune dans l'argile de Sheppy : c'est le *B. Lamarckii* (*Inachus Lamarckii*, Desm.).

Les OGYDROMITES, Milne Edwards,

paraissent se rapprocher des dynamènes et n'ont été encore qu'incomplétement caractérisés.

M. Milne Edwards en cite une seule espèce du terrain jurassique des environs de Verdun (³).

Les HOMOLES (*Homola*, Leach)

ont une carapace épineuse, armée d'un rostre, un plastron ster-

porter à la même espèce ; mais la dromia est décrite comme globuleuse et le dromilite a la carapace carrée.

(¹) Bronn, *Lethæa*, 3ᵉ édit., *Terrains crétacés*, p. 358; Reuss, *Böhm. Kreideform.*, I, p. 15, pl. 7 et 11 ; Geinitz, *Quadersandstein*, p. 98; Quenstedt, *Handb. der Petref.*, I, p. 263.

(²) Desmarest, *Crust. foss.*, p. 116, pl. 9, fig. 15 et 16 ; Milne Edwards, *Hist. nat. des crust.*, t. I, p. 271 ; M'Coy, *Ann. and mag. of nat. hist.*, 2ᵉ série, t. IV, p. 167.

(³) Milne Edwards, dans Lamarck, *Hist. des anim. sans vertèbres*, 2ᵉ édit., t. V, p. 482.

nal élargi, et des pattes petites et inégales, dont la seconde paire est très longue et la dernière très petite.

M. Deslongchamps rapporte à ce genre, sous le nom de *Homola Audouini*, une espèce des terrains jurassiques de Normandie [1].

Les RANINES (*Ranina*, Lamk.), — Atlas, pl. XLI, fig. 18,

ont les pattes des quatre dernières paires lamelleuses et natatoires, et les antérieures chéliformes. Leur carapace est plus longue que large, amincie en arrière et tronquée en avant. L'abdomen est très petit.

On doit rapporter à ce genre la *Ranina Aldrovandi*, Ranzani, des environs de Vérone, décrite anciennement par Aldrovande sous le nom de *Sepitœ saxum os vepiœ imitans, effossum in agro Bononiensi* [2].

La *Ranina Marestiana*, Kœnig, doit probablement lui être réunie [3].

M. Eugène Sismonda [4] a décrit une nouvelle espèce des terrains tertiaires miocènes de la colline de Turin, la *Ranina palmea*, E. Sism. (C'est l'espèce figurée dans l'Atlas.)

Le comte de Münster [5] a établi sous le nom de HELLA un genre nouveau qui a tout à fait la carapace des ranines; mais dont l'abdomen paraît être replié en dessous, presque comme dans les brachyures (Atlas, pl. XLI, fig. 19).

M. Sismonda fait remarquer que dans les ranines vivantes l'abdomen est assez mobile pour pouvoir tantôt s'étendre, tantôt se replier, et qu'il n'y a probablement là qu'un accident de fossilisation.

La *H. speciosa*, Münster, et la *H. oblonga*, id., ont été trouvées dans les formations récentes tertiaires, situées entre Osnabrück et Cassel.

[1] *Mém. Soc. lin. de Normandie*, 1835, t. V.

[2] Desmarest, *Crust. foss.*, p. 121 ; id., *Nouv. dict. d'hist. nat.*, 2ᵉ édit., t. VIII, p. 512 (*Remipes sulcatus*); Ranzani, *Mem. di storia natur.*, decas prima, p. 73, pl. 5, Bologne, 1820 ; Spada, *Corporum lapidef. agri veronensis catalogus*, pl. 8, fig. 1 ; Milne Edwards, dans Lamarck, *Anim. sans vertèbres*, 2ᵉ édit., t. V, p. 401, et *Hist. des crust.*, t. II, p. 195; Aldrovande, *Mus. metallic.*, p. 451.

[3] *Icones sectiles*, fig. 15.

[4] *Poiss. et crust. foss. du Piémont*, p. 62, pl. 3, fig. 3 et 4.

[5] *Beiträge zur Petref.*, t. III, p. 24.

2ᵉ Famille. — PTÉRYGURES.

Les ptérygures se rapprochent plus des macroures que des brachyures, car leur abdomen assez allongé se termine par une paire d'appendices mobiles; mais cet abdomen n'est jamais constitué de manière à être un organe de locomotion : tantôt les appendices ne forment pas une vraie nageoire, tantôt l'abdomen est mince, mou et reployé.

Les Pagures (*Pagurus*, Fabricius)

sont le seul genre vivant que l'on ait signalé à l'état fossile, et encore ces citations sont très douteuses. Il renferme des crustacés connus sous le nom de *Bernard l'ermite*, caractérisés par un abdomen mou, qui porte des appendices non symétriques, par un plastron sternal linéaire, par des pinces didactyles, etc. Ces animaux s'abritent dans des coquilles dont ils ont détruit le mollusque; ils s'y accrochent au moyen des appendices de l'abdomen, et peuvent s'y cacher, en ne laissant voir que leurs pinces antérieures.

M. Milne Edwards ne considère pas comme un pagure le *Pagurus Faujasii*, Desmarest; il le rapporte plutôt aux Callianasses [1].

M. M'Coy [2] rapporte avec doute à ce genre une espèce de la grande oolithe de Minchinhampton (*Pagurus ? platycheles*, M'Coy).

Le *P. Bernardus*, Fabricius, aujourd'hui vivant, est cité dans le crag corallien d'Angleterre [3].

M. Marcel de Serres [4] nomme *Pagurus Desmarestianus*, une espèce des terrains tertiaires du midi de la France, connue par des pinces d'inégale grosseur.

Les Prosopon, H. de Meyer, — Atlas, pl. XLI, fig. 20 à 22,

paraissent aussi devoir être réunis à cette famille [5]. La carapace

---

[1] Desmarest, *Crust. foss.*, p. 127, pl. 11, fig. 2, : Milne Edwards, *Hist. nat. des crust.*, t. II, p. 237.

[2] *Annals and mag. of nat. hist.*, 2ᵉ série, t. IV, p. 171.

[3] Morris, *Catalogue*, p. 75.

[4] *Géogn. des terrains tertiaires*, p. 154.

[5] H. de Meyer, dans Münster, *Beiträge*, t. V, p. 71, pl. 15, fig. 1-6, et *Neue Gattungen fossiler Krebse*, p. 23, pl. 4; Bronn, *Lethæa*, 3ᵉ édition, *Terr. jurassiques*, p. 427, et *Terr. crétacés*, p. 356.

présente des protubérances qui lui donnent un peu de ressemblance avec un masque ou un visage humain (πρόσωπον), et ne
ressemble complétement à aucun genre vivant. Cet organe étant
seul connu, il est difficile d'en déduire les formes probables du
reste du corps. Aussi les prosopon ont-ils été successivement
considérés comme des macroures, des brachyures et des anomoures. Leur association avec ce dernier sous-ordre a été soutenue par M. Bronn, et l'on peut en effet, avec assez de probabilité,
leur supposer les formes des hippa.

Ces carapaces sont demi-cylindriques, ordinairement atténuées
et arrondies en avant, tronquées en arrière pour l'union avec
l'abdomen. Elles sont partagées en régions par des sillons transversaux.

Leurs formes semblent indiquer l'existence de deux sous-
genres, les PROSOPON proprement dits, dont le bord postérieur est
large et dont la surface est divisée par des sillons profonds, et les
PITHONOTON, H. de Meyer, dont le bord postérieur est plus rétréci
et dont la surface est plus arquée et plus lisse.

On en connaît six espèces des terrains jurassiques et néocomiens.

Trois PROSOPON proprement dits ont été trouvés dans les terrains
jurassiques.

Le *Pros. spinosum*, H. de Meyer, provient de l'oolithe jaune de Aalen
(Atlas, pl. XLI, fig. 21).

Le *Pros. hebes*, id., a été découvert dans l'oolithe inférieure de Crune.

Le *Pros. simplex*, id., appartient au calcaire à scyphies des environs de
Streitberg.

Ces mêmes terrains renferment deux espèces de PITHONOTON
(pl. XLI, fig. 20).

Ce sont les *P. marginatum*, H. de Meyer, et *rostratum*, id., de l'oolithe
jaune de Aalen.

Les terrains néocomiens n'ont jusqu'à présent fourni qu'une
seule espèce ; elle appartient aux prosopon proprement dits.

Le *Prosopon tuberosum*, H. de Meyer, a été découvert dans le terrain néocomien de Boucherans (dép. du Jura) (pl. XLI, fig. 22).

3e SOUS-ORDRE. — DÉCAPODES MACROURES.

Ces crustacés ont l'abdomen très développé, ordinairement plus long que le reste du corps, et pouvant servir à la natation. Il est terminé par une grande nageoire en éventail composée de cinq lamettes, et porte en dessous des fausses pattes natatoires. La carapace est presque toujours plus longue que large, souvent armée d'un rostre. Ce sous-ordre comprend tous les crustacés dont la forme se rapproche de celle de l'écrevisse [1].

Quelques gisements célèbres, remarquables par la perfection avec laquelle de nombreux corps délicats y ont été conservés, nous ont transmis des documents précieux sur les formes des organes les plus fragiles de quelques macroures fossiles. Mais dans la plus grande partie des cas, comme pour les brachyures, il n'est pas possible d'employer pour la classification tous les caractères dont se servent les zoologistes qui étudient la nature vivante. La carapace et les pattes sont bien plus souvent conservées que les antennes et les organes de la bouche. Desmarest a appliqué à cette carapace les dénominations que j'ai rappelées plus haut (p. 419) pour les brachyures. Les mêmes régions s'y remarquent souvent; mais elles tendent en général à se réunir et à se confondre. Ainsi dans l'écrevisse (pl. XLII, fig. 1) on distingue encore une *région stomacale* (s) très grande et très allongée; mais les *régions hépatiques antérieures*

[1] C'est à cet ordre qu'il faut rapporter les MACROURITES, les GAMMARO-LITHES, etc., des anciens auteurs. Voyez en particulier P. J. Sachs a Lewenhelmb, *Gammarologia*, Francfort et Leipsig, 1665; N. Grimm, *Obs. de gammaris in lapides conversis*, Nat. cur., déc. II, ann. I, obs. 148, etc.

sont confondues avec elle et indistinctes. La *région génitale* (*g*) est petite et se confond avec la *région cordiale* (*c*) et la *région hépatique postérieure* (*h'*). Les *régions branchiales* (*b*) sont grandes et bien visibles.

Les décapodes macroures sont, comme je l'ai dit, beaucoup plus anciens que les brachyures; on a des preuves de leur existence dès le commencement de l'époque secondaire. Nous en connaissons surtout un grand nombre dans quelques terrains de l'époque jurassique, où les gisements intéressants dont j'ai parlé, tels que ceux de Solenhofen, d'Eichstaedt, etc., en ont conservé beaucoup. Ils sont encore aujourd'hui abondants et répandus dans toutes nos mers.

Les formes de ces fossiles, comme on pourrait s'y attendre, sont bien plus variées que celles des brachyures. Les terrains triasiques et jurassiques renferment de nombreuses espèces qu'il est impossible de faire rentrer dans les genres actuels, et, ainsi que je l'ai déjà fait remarquer, on retrouve ici des faunes successives qui ont chacune leur physionomie spéciale, d'une manière presque aussi marquée que dans les poissons et bien plus que dans les mollusques.

Nous les divisons en quatre familles.

1re FAMILLE. — CUIRASSÉS.

Les macroures cuirassés se distinguent par l'épaisseur et la dureté de leur enveloppe, par leur plastron large en arrière, et par leur carapace sensiblement plus déprimée que dans les astaciens et les salicoques.

Ces crustacés, par leur carapace large et solide, se rapprochent plus des brachyures que ne le font les deux familles suivantes. Cette analogie est encore augmentée par le genre remarquable des éryons, qui est spécial à l'époque secondaire, et qui, par sa carapace plus large que dans tous les macroures actuels, son abdomen peu développé et la petitesse de ses antennes, fournit une transition qui manque dans la nature vivante.

Les cuirassés se trouvent dans les terrains triasiques, jurassiques, crétacés et tertiaires. Plusieurs vivent encore aujourd'hui.

Les Galatées (*Galatea*, Fabricius)

sont caractérisés par une carapace déprimée, large, ainsi que le plastron sternal et l'abdomen, et par les pattes de la cinquième paire, qui sont grêles, atrophiées et reployées au-dessus de la base des précédentes. La carapace est couverte de sillons transversaux.

Ce genre, aujourd'hui vivant, a été cité dans l'époque secondaire ; mais ces indications paraissent douteuses.

M. H. de Meyer [1] a décrit , sous le nom de *G. audax*, un crustacé du grès bigarré de Soulz-les-Bains, qui a des analogies avec les galatées, mais qui devra probablement former un genre nouveau. Ses dernières pattes ne sont pas autant repliées et la carapace présente des différences notables.

Les Éryons (*Eryon*, Desmarest), — Atlas, pl. XLII, fig. 2,

sont, comme je l'ai dit, remarquables par leur carapace très élargie, presque carrée, plus longue que l'abdomen et fortement dentée en avant. Les antennes internes et externes sont petites ; ces dernières sont recouvertes par une écaille. Les pattes antérieures sont aussi longues que la carapace, de grosseur médiocre, et terminées par une pince à doigts grêles et arqués ; les autres paires sont plus minces, plus courtes et également didactyles, sauf la dernière, qui n'a qu'un doigt. L'abdomen est aplati et terminé par une nageoire caudale dont la lame médiane est pointue, et les quatre lames latérales plus courtes et hastiformes.

Ces singuliers crustacés ont surtout été trouvés dans les schistes lithographiques de Bavière (Solenhofen , Daiting , Eichstaedt), Kelheim, etc.), qu'on rapporte généralement au terrain corallien.

L'espèce la plus commune est celle qui a été décrite par Schlotheim, sous le nom de *Macrourites arctiformis*, et par Desmarest sous celui de *Eryon Cuvieri*. Elle doit porter celui de *Eryon arctiformis* [2]. (Voyez Atlas, pl. XLII, fig. 2.)

[1] *Neue Gatt. foss. Krebse*, p. 25.

[2] Cette espèce a été décrite sous le nom de *Pagurus* dans le *Museum Richterianum*, t. XIII, f. 33 ; sous celui de *Locusta marina*, par Bajer, *Oryct.*

Schlotheim a figuré sous le nom de *Macrourites propinquus* une seconde espèce à carapace moins dentée [1].

Le comte de Münster [2] en a décrit plusieurs autres : les *E. speciosus* [3], *Meyeri*, *orbiculatus*, *latus*, *elongatus*, *pentagonus*, *subpentagonus*, *bilobatus*, *ovatus*, *subrotundus*, *Schuberti*, Meyer, et *Rottenbacheri*.

L'*E. Rehmanni*, H. de Meyer [4] provient des mêmes gisements.

Les *E. acutus* et *muticus*, Germar [5], sont douteux.

Ce genre a existé dès l'époque du lias, comme le prouvent les empreintes de deux espèces trouvées en Angleterre et en Allemagne.

L'*E. Hartmanni*, H. de Meyer [6], a été découvert dans les schistes posidoniens de Goppingen, Ohmden, etc.

L'*E. Barrowensis*, Mc Coy [7], provient du lias de Barrow et se distingue de toutes les autres espèces par sa carapace plus courte et plus forte.

Quelques débris peu déterminables semblent indiquer que les éryons se sont continués pendant l'époque crétacée.

M. Mantell [8] a figuré quelques fragments trouvés dans la craie, qu'il rapporte à ce genre.

Les Scyllares (*Scyllarus*, Fabricius)

forment un genre très singulier, qui se distingue facilement par

norica, suppl. 13, pl. 8, fig. 1 et 2 ; sous celui de *Brachyurus* par Walch et Knorr, t. I, pl. 13, fig. 2. Voyez Schlotheim, *Petref.*, p. 37, et *Nachträge*, p. 34, pl. 3, fig. 1 ; Desmarest, *Crust. foss.*, p. 129, pl. 10, fig. 4 et 5 ; H. de Meyer, *Nova acta Acad. nat. cur.*, 1836, t. XVIII, pl. 12, fig. 5 ; Münster, *Beitr. zur Petref.*, II, pl. 1, fig. 1-4 ; Bronn, *Lethæa*, 3e éd. ; *Terr. jur.*, p. 122, etc.

[1] Voyez Walch et Knorr, *Verst.*, t. I, pl. 14 b, fig. 1 (figure douteuse); Schlotheim, *Petref.*, *Nachträge*, p. 35, pl. 3, fig. 2 ; Koenig, *Icones sectiles*, fig. 93, etc.

[2] *Beiträge zur Petref.*, t. II, p. 1.

[3] L'*E. speciosus* a été confondu avec le *Cuvieri*. C'est l'*E. spinimanus*, Germar, et il faut probablement lui rapporter la figure 1 de la planche 14 et la figure 1 de la planche 14 a, de Walch et Knorr, t. Ier.

[4] *Leonh. und Bronn Neues Jahrb.*, 1834, p. 415.

[5] Keferstein, *Deutschland*, t. IV, p. 99.

[6] *Nova acta Acad. nat. cur.*, 1836, t. XVIII, 1re partie, p. 263, pl. 11, et 12 ; Quenstedt, *Handb. der Petref.*, p. 267.

[7] *Annals and mag. of nat. hist.*, 2e série, t. IV, p. 172.

[8] *Geol. of Sussex*, pl. 29, fig. 2 ; Morris, *Catalogue*, p. 53.

une carapace large et peu élevée, et surtout parce que les antennes
externes sont foliacées et très larges, et perdent ainsi tout à fait
leur forme ordinaire. L'abdomen est très épais et terminé par une
large nageoire, dont les feuillets sont en partie mous. Ces crustacés vivent aujourd'hui dans les mers chaudes et tempérées, et
atteignent une grande taille.

C'est à ce genre ou à un très voisin que l'on doit rapporter le *Scyllarus
Mantelli*, Desmarest [1], trouvé dans la craie de Lewes.

M. Koenig [2] a indiqué dans l'argile de Londres un *Scyllarus tuberculatus*,
qui paraît bien douteux.

Les Langoustes (*Palinurus*, Fabricius)

sont faciles à distinguer de tous les cuirassés par l'existence d'antennes de forme ordinaire, jointe à l'absence de pinces didactyles.

Tout le monde connaît la langouste commune des côtes d'Europe. Parmi les espèces fossiles qui ont été citées, on ne peut en
admettre qu'un petit nombre.

Le *Palinurus quadricornis*, Desmarest [3], n'est connu que par des antennes
et des pieds qui paraissent avoir appartenu à un crustacé de ce genre. Ces
fragments ont été trouvés au Monte Bolca.

Le *P. Regleyanus*, Desmarest, est une *Glyphæa*, et le *P. Sueurii* est un
Pemphix.

Les Archæocarabus, M'Coy, — Atlas, pl. XLII, fig. 3,

paraissent voisins des langoustes par la forme et les épines de
leur carapace; mais ils en diffèrent par l'organisation de leurs
pattes antérieures, qui sont beaucoup plus fortes que les paires
suivantes, élargies et terminées par un appendice subchéliforme.

L'*Archæocarabus Bowerbankii*, M'Coy [4], a été trouvé dans l'argile de
Sheppy.

Les Palinurines (*Palinurina*, Münster), — Atlas, pl. XLII, fig. 4,

ne diffèrent des langoustes que par leur carapace plus courte et

[1] *Crust. foss.*, p. 130.
[2] *Icones sectiles*, fig. 54.
[3] *Crust. foss.*, p. 131.
[4] *Annals and mag. of nat. hist.*, 2ᵉ série, t. IV. p. 173.

plus ovale, et leurs antennes latérales très longues et épaisses. Les pattes sont assez longues et terminées par un crochet court, simple et pointu. La taille de ces crustacés est en général petite; ils ne vivent plus aujourd'hui.

On n'en a encore trouvé que dans les schistes lithographiques de Bavière.

Le comte de Münster [1] a décrit les *Palinurina longipes, intermedia* et *pygmæa* de Solenhofen.

Les PEMPHIX, H. de Meyer. — Atlas, pl. XLII, fig. 5,

ont été anciennement confondus avec les langoustes, dont ils diffèrent cependant à beaucoup de titres. La carapace, au lieu de n'être divisée qu'en deux parties, l'est en trois, dont l'antérieure correspond à la région stomacale, la moyenne aux régions cordiale et génitale très développées, et la postérieure aux régions branchiales. Les pattes antérieures, encore mal connues, sont plus différentes des paires suivantes que dans les langoustes. Le bord antérieur de la carapace se prolonge en pointe et en particulier en un rayon allongé, aplati en forme de lancette.

Ce genre, qui ne vit plus aujourd'hui, n'a été trouvé fossile que dans le terrain triasique [2].

Le *Pemphix Sueurii*, H. de Meyer, a été décrit par Schübler, sous le nom de *Macrourites gibbosus*, et par Desmarest sous celui de *Palinurus Sueurii*. Il provient du muschelkalk. Le *Pemphix Albertii*, H. de Meyer, se trouve dans le même gisement.

Les LITOGASTER, H. de Meyer, — Atlas, pl. XLII, fig. 6, *a* et *b*,

ne sont connus que par leur carapace, qui a les mêmes caractères généraux que celle des pemphix. La partie antérieure est plus amincie; la région cordiale n'est pas partagée par une ligne longitudinale, mais élevée en deux tubercules très marqués.

Le *L. obtusa*, et le *L. venusta*, H. de Meyer, ont été trouvés dans le muschelkalk de Rottweil [3].

[1] *Beitr. zur Petref.*, t. II, p. 36, pl. 14, fig. 8 à 11, et pl. 29, fig. 8.
[2] H. de Meyer, *Leonh. und Bronn Neues Jahrb.*, 1835, p. 328, *Nova acta*, 1833, t. XVI, p. 517; *Fossile Krebse*, pl. 1, 2 et 4, fig. 35 et 36; Desmarest, *Crust. foss.*, p. 132; Schübler, in *Alb. Wurtemb.*, p. 288.
[3] *Palæontographica*, t. I, p. 137, pl. 19, fig. 20 et 21.

Je place provisoirement à la fin de cette famille un genre qui paraît s'éloigner plus que les précédents des formes des crustacés actuels.

Les Cancrinos, Münster, —Atlas, pl. XLII, fig. 7,

sont de gros crustacés, remarquables par leurs antennes externes assez longues et excessivement épaisses. Ces antennes sont composées de seize à vingt anneaux, élargis surtout dans le milieu, au point que le diamètre de l'anneau le plus large égale presque le tiers de la longueur de l'antenne. La carapace est encore inconnue. Les pattes sont épaisses et terminées par un ongle simple et obtus.

Les seuls représentants de ce genre, aujourd'hui éteint, sont le *C. claviger*, Münster ([1]), trouvé dans les schistes lithographiques de Pappenheim, et le *C. latipes*, id., des environs d'Eichstaedt.

2ᵉ Famille. — THALASSINIENS.

Les thalassiniens sont caractérisés par l'allongement extrême de l'abdomen et par le peu de consistance des téguments, et ils manquent sur le pédoncule des antennes externes de la petite lame qui distingue les astaciens. Les caractères distinctifs de ces deux familles sont souvent difficiles à reconnaître dans les fossiles, et dans plusieurs cas la place des genres n'a été déterminée que par des analogies un peu vagues avec les genres vivants, et en particulier avec les callianasses et les gébies.

Les Callianasses (*Callianassa*, Leach)

se distinguent par une carapace petite, qui n'occupe guère plus du tiers de la longueur du corps ; par des pédoncules des yeux presque lamelleux ; par leurs pattes de la seconde paire didactyles, et par celles de la troisième monodactyles, très élargies vers le bout, et qui leur servent à creuser le sable pour s'y enfoncer. Ce genre, qui existe encore, se trouve fossile dans les terrains crétacés.

([1]) *Beitr. zur Petref.*, t. II, p. 43, pl. 15, fig. 1 et 2.

M. Milne Edwards lui rapporte le *Pagurus Faujasii*, Desmarest [1], de la craie de Maëstricht, connu seulement par des pattes. (Voyez Atlas, pl. XLII, fig. 8.)

M. Roemer [2] indique une seconde espèce, la *C. antiqua*, Otto.

Les Thalassines (*Thalassina*, Latreille)

sont remarquables par la forme de leur abdomen qui rappelle un peu le corps d'une scolopendre. La carapace est courte, étroite et très élevée. Les pattes de la première paire sont étroites, médiocrement allongées, assez robustes, inégales entre elles, et terminées par une main dans laquelle le doigt mobile, qui est long, ne rencontre à la place de doigt immobile qu'une épine grosse et courte.

M. Th. Bell [3] place dans ce genre un crustacé fossile de la Nouvelle-Hollande, rapporté par le lieutenant Émery. Il le considère comme voisin de l'espèce vivante, et l'a désigné d'abord sous le nom de *Th. antiqua*, puis sous celui de *Th. Emerii*.

Les Gébies (*Gebia*, Leach)

ont les mêmes pattes que les thalassines, mais l'abdomen reprend ses formes normales et se termine par une grande nageoire dont les quatre lames latérales sont foliacées et très larges.

L'existence de genre à l'état fossile est très douteuse.

M. H. de Meyer [4] lui attribue avec doute des crustacés du grès bigarré de Soulz-les-Bains. La carapace et l'abdomen sont seuls connus et rappellent assez bien ces organes dans les gebia ; mais les pattes et les autres organes essentiels n'ont pas pu être observés. M. H. de Meyer lui a donné le nom provisoire de *Gebia? obscura*.

[1] Desmarest, *Crust. foss.*, p. 127, pl. 11, fig. 2 ; Faujas, *Hist. de la montagne de St-Pierre*, pl. 32, fig. 5-6 ; Milne Edwards, *Hist. nat. des crust.*, t. II, p. 310.

[2] *Verst. Norddeutsch. Kreid.*, p. 106 ; Geinitz, *Charact.*, t. II, p. 6, fig. 11 ; Reuss, *Kreid.*, t. II, p. 103.

[3] *Proceed. of the geol. Soc.*, 21 février, 1844 ; *Annals and mag. of nat. hist.*, 1844, t. XIV, p. 455 ; *Quarterly journ. of the geol.*, 1845, t. I, p. 93.

[4] *Museum Senkenbergianum*, 1833, t. I, p. 294, et *Neue Gattung. foss. Krebse*, p. 25.

Les MEYERIA, M'Coy, — Atlas, pl. XLII, fig. 8,

ont une carapace fortement comprimée, latéralement prolongée en
avant en un rostre très pointu, formant une pièce antérieure séparée de la région moyenne par un sillon très profond. M. M'Coy
les rapproche des gebia. Il n'a pas observé lui-même les pattes;
mais si, comme il le pense, on doit associer aux meyeria le *Crangon Magnevillei*, Desl., il en résulterait que ce genre aurait les
pattes antérieures subchéliformes des gebia.

M. M'Coy [1] rapporte à ce genre l'*Astacus ornatus*, Phillips, de l'argile de
Speeton, et a décrit sous le nom de *M. magna* une seconde espèce du même
gisement.

Les ORPHNEA, Münster, — Atlas, pl. XLII, fig. 9,

paraissent aussi assez voisines des gébies. Les pattes de la première paire sont longues et très larges, et n'ont qu'un ongle
crochu et pointu qui ne rencontre qu'un court tubercule; les autres
paires sont aussi monodactyles; le crochet de la cinquième est
très long. La carapace est plus courte que l'abdomen.

Ce genre éteint se trouve dans les schistes lithographiques de
Bavière.

Le comte de Münster [2] a décrit cinq espèces de Solenhofen, les *O. pseudo-
scyllarus*, *striata*, *lævigata*, *squamosa*, et *pygmæa*, Münst., et une d'Eichstaedt, l'*O. longimana*, id. (la *squamosa* est figurée dans l'Atlas).

M. Quenstedt [3] considère plusieurs des espèces décrites par le comte de
Münster comme de simples variétés d'âge.

Le même auteur les associe aux glyphæa; mais il me semble que
les sillons de la carapace établissent une différence assez tranchée entre ces deux genres. Les pattes des glyphæa étant inconnues, ce caractère important manque pour résoudre la question.

[1] *Ann. and mag. of nat. hist.*, 2ᵉ série, t. IV, p. 333.

[2] Münster, *Beitr. zur Petref.*, p. 39, pl. 14, fig. 1-7. La première avait
été nommée *Macrourites pseudo-scyllarus* par Schlotheim, *Petref.*, *Nachträge*,
p. 36, et figurée sous le nom d'*Astacus* par Bajer, *Monog. rerum petref.*
sup., p. 15, pl. 8, fig. 7.

[3] *Handb. der Petref.*, p. 269.

Je croirais plus volontiers avec M. Quenstedt que le genre SELE-
NISCA, H. de Meyer ([1]) n'en diffère par aucun caractère appréciable.
La comparaison des figures me semble indiquer des différences
de bien peu d'importance.

La *Selenisca graciosa*, H. de Meyer, a été trouvée dans une roche calcaire
du Jura blanc moyen de Tuttlingen.

Les BRISA, Münster,

sont encore imparfaitement connues et paraissent se rapprocher
des orphnea, dont elles diffèrent par des appendices natatoires sur
l'abdomen plus grands et plus arrondis, et situés sur ses côtés.
On les trouve avec les genres précédents.

La *Brisa lucida*, Münster ([2]), vient d'Eichstaedt, et la *B. dubia*, id., de
Solenhofen.

3ᵉ FAMILLE. — ASTACIENS.

Les astaciens ont une carapace moins dure, moins épaisse et
moins déprimée que les cuirassés. Leur plastron est tout entier
linéaire et leur abdomen plus long à proportion. Ces crustacés
se distinguent des thalassiniens par leur abdomen plus court et
plus robuste, et par une lame sur le pédoncule des antennes externes. Ils s'éloignent des salicoques par une compression générale moins grande, par cette même lame qui recouvre la base des
antennes externes et qui est plus petite, et par les fausses pattes
natatoires qui ne sont pas encaissées à leur base par des prolongements lamelleux des anneaux abdominaux.

Ces caractères, comme je l'ai dit plus haut, sont souvent d'une
application difficile au classement des fossiles, et la place de plusieurs genres est encore provisoire.

Les ÉCREVISSES (*Astacus*, Lin.)

sont caractérisées par leur carapace terminée en avant par un
rostre déprimé, par leurs pattes antérieures grandes et portant
une forte pince didactyle, par la mobilité du dernier anneau de

---

([1]) *Palæontographica*, t. I, p. 141, pl. 19 fig. 1.
([2]) Münster, *Beiträge zur Petref.*, t. II, p. 46, pl. 15, fig. 6 et 7.

leur thorax, etc. Tout le monde connaît l'écrevisse commune ;
les espèces actuelles sont toutes fluviatiles.

On a souvent rapporté aux écrevisses des espèces fossiles incomplétement étudiées. Plusieurs d'entre elles devront être transportées dans d'autres genres, et en particulier dans les GLYPHEA.
La plupart de ces espèces, en effet, n'ont pas tout à fait les caractères de nos écrevisses d'eau douce, non plus que ceux des
HOMARDS (1) et des NÉPHROPS, qui s'en distinguent par un rostre
allongé et armé, et ces derniers en outre par leurs yeux gros et
réniformes et leur corps plus long.

Toutefois M. Milne Edwards (2) rapporte aux écrevisses, sous le nom d'*Astacus Knorrii*, un petit fossile de Pappenheim, considéré par Desmarest comme
trop imparfaitement connu pour être définitivement classé.

M. Galeotti (3) en indique des fragments dans la formation infra-marine
des terrains tertiaires du Brabant.

L'*Astacus leucodon*, Pusch (4), appartient probablement à quelque genre
voisin. Cette espèce a été trouvée dans un calcaire tertiaire de Pologne.

Les espèces suivantes, citées par M. Phillips (5) comme des astacus, devront
probablement aussi être transportées dans d'autres genres lorsqu'elles seront
mieux connues. Ce sont, l'*A. glaber*, Ph., du lias ; l'*A. leptomanus*, id.,
du terrain oxfordien ; l'*A. Stricklandi*, id., de l'oolithe inférieure ; l'*A. scabro-
sus*, id., du coral-rag, et l'*A. mucronatus*, id., de l'argile de Speeton.

Les HOPLOPARIA, M' Coy, — Atlas, pl. XLII. fig. 10,

ne se distinguent guère des homards que par un prolongement
des joues en forme de cornes demi-cylindriques qui, lisses depuis
la moitié de leur longueur, égalent la pointe du front. Les mains
antérieures sont très longues et inégales.

M. M' Coy (6) décrit quatre espèces de ce genre, dont deux crétacées et deux
tertiaires.

L'*H. prismatica*, M' Coy, a été trouvée dans l'argile de Speeton (Yorkshire).

(1) M. Robineau Desvoidy (*Annal. Soc. entom.*, 2ᵉ série, t. VII, p. 93) a décrit
un grand nombre d'espèces connues seulement par des pinces. Je ne les ai
pas énumérées ici à cause de l'incertitude de leurs affinités génériques. Il décrit en particulier 16 HOMARDS et 2 NÉPHROPS du terrain néocomien de Saint-
Sauveur (Yonne).

(2) *Hist. nat. des crust.*, t. II, p. 33 ; Desmarest, *Crust. foss.*, p. 135.

(3) *Mém. prov. de Brabant*, p. 140.

(4) *Leonh. und Bronn Neues Jahrb.*, 1838, p. 430.

(5) *Geol. of Yorkshire*, p. 170, et Murchison, *Silur. system*, p. 18.

(6) *Ann. and. mag. of nat. hist.*, 2ᵉ série, t. IV, p. 175.

L'*H. longimana*, M' Coy, provient du grès vert de Lyme-Regis. Elle a été décrite par Sowerby sous le nom d'*Astacus longimanus* [1].

L'*H. Belli*, M' Coy, est commune dans l'argile de Londres (Sheppy, Hampstead, etc.).

L'*H. gammaroides*, M' Coy, appartient au même gisement ; elle a été trouvée à Sheppy.

Les Palæastacus, Bell, — Atlas, pl. XLII, fig. 11 et 12,

sont également très voisins des écrevisses et des homards. Ils s'en distinguent surtout par leur surface ornée de tubercules très nombreux qui deviennent de véritables épines sur les côtés des segments de l'abdomen. Les pinces sont couvertes de tubercules plus gros encore que ceux de la carapace.

M. Bell [2] a décrit deux espèces de la craie du comté de Kent, le *Pal. Dixoni*, Bell, et le *P. macrodactylus*, id. La première est figurée dans l'Atlas.

Les Glyphea, H. de Meyer, — Atlas, pl. XLII, fig. 13 et 14,

appartiennent encore au même type en se rapprochant surtout des nephrops. Leur carapace est partagée en trois régions par des lignes transversales très marquées. La deuxième de ces régions se prolonge beaucoup en arrière, et les deux premières sont subdivisées et bosselées. Suivant M. Phillips, leurs mains antérieures sont terminées par des grandes pinces et les écailles terminales de leur abdomen sont divisées en travers.

Ces crustacés, qui ne vivent plus aujourd'hui, se trouvent fossiles dans les terrains jurassiques [3].

Deux ont été trouvées dans le lias. Ce sont les *G. grandis* et *liassica*, H. de Meyer [4]. La première, qui est la plus grande espèce connue, provient de Frittlingen, près Rottweil ; la seconde a été découverte à Menzingen. Elle est figurée dans l'Atlas (pl. XLII, fig. 13).

La *G. pustulosa*, H. de Meyer [5], a été trouvée dans l'oolithe inférieure d'Ebningen, en Wurtemberg. M. H. de Meyer lui associe quelques débris moins certains appartenant à des étages jurassiques plus récents.

[1] *Zoological journal*, 2e vol., pl. 17.

[2] M. Robineau Desvoidy, *loc. cit.*, décrit, sans la figurer, une glyphée du terrain néocomien de Saint-Sauveur (*G. neocomiensis*, R. D.).

[3] Dixon, *Geol. and foss. of Sussex*, p. 344, pl. 38 *, fig. 1 à 6.

[4] H. de Meyer, *Neue Gattung. foss. Krebse*, p. 16, pl. 3, fig. 26 et 27.

[5] *Idem*, p. 15, pl. 3, fig. 22.

La *G. Bronni*, Roemer [1], a été trouvée dans les terrains coralliens inférieurs du nord de l'Allemagne. M. Vosinsky lui associe une espèce trouvée dans le terrain jurassique des environs de Moscou.

La *G. Regleyana*, H. de Meyer [2], *G. vulgaris*, id., *Palinurus Regleyanus* (Atlas, pl. XLII, fig. 14), se trouve dans le terrain à chailles, du département de la Haute-Saône, ainsi que la *G. Udressieri*, H. de Meyer.

La *G. Munsteri*, H. de Meyer [3] (*G. speciosa*, id.), provient de gisements analogues et de l'oxfordien du Würtemberg. M. H. de Meyer réunissait à cette espèce l'*Astacus rostratus* de Phillips, mais M. M' Coy a montré que cette association était impossible.

La *G. Meyeri*, Roemer [4], se trouve dans les terrains kimméridgiens de Uppen.

La *G. Hauensteinii*, H. de Meyer [5], a été découverte au Hauenstein (canton de Soleure).

Les Eryma, H. de Meyer, — Atlas, pl. XLII, fig. 15, sont des glyphées à carapace plus large, dont la région du milieu est moins prolongée en arrière. Les pattes sont plus courtes, surtout celles de la première paire. Elles se trouvent dans les schistes lithographiques de Bavière ; les espèces principales ont été décrites par le comte de Münster sous le nom de glyphea [6].

Ce sont les *G. fuciformis*, Münster, *crassula*, id., *intermedia*, id., *elongata*, id., *modestiformis*, id., *lævigata*, id., *minuta*, id., *verrucosa*, id., et *Weltheimii*, id. Elles ont toutes été trouvées à Solenhofen ou à Eichstaedt, et plusieurs dans ces deux gisements à la fois. Quelques unes d'entre elles ont été indiquées ou décrites par d'anciens auteurs [7] sous les noms d'*Ecrevisses*, *Macrourites*, etc.

[1] *Ool. Geb.*, supplément, p. 51, pl. 20, fig. 32 ; Vosinsky, *Bull. Acad. des sc. de Moscou*, 1848, t. XXI, p. 494.

[2] H. de Meyer, *Neue Gattung.*, p. 10 et 14, pl. 3, fig. 14 à 21 et 28.

[3] *Idem*, p. 23, pl. 3, fig. 23.

[4] *Ool. Gebirg*, I, p. 210, pl. 12, fig. 14.

[5] *Leonh. und Bronn Neues Jahrb.*, 1849, p. 548.

[6] Münster, *Beitr. zur Petref.*, t. II, p. 15. L'*E. elongata* est figurée dans l'Atlas.

[7] Walch et Knorr, dans leur grande iconographie, en ont figuré plusieurs, sous le nom de *Flusskrebs* : l'*E. fuciformis*, t. I, pl. 15, fig. 5 et 7, et t. IV, p. 101, pl. 1 a, fig. 3 ; l'*E. elongata*, t. I, pl. 15, fig. 1 ; l'*E. minuta*, pl. 15, fig. 3 ; l'*E. Weltheimii*, pl. 14 b, fig. 3, etc. ; Schlotheim en a décrit également, dans son supplément (*Nachträge zur Petref.*), sous le nom de Macrourites. Il figure en particulier l'*E. fuciformis*, pl. 2, fig. 2 ; l'*E. modestiformis*, pl. 2, fig. 3 ; l'*E. minuta*, pl. 3, fig. 3, etc. Voyez encore Bajer, *Monum. rer. petref.*, 1757, pl. 8, fig. 6 et 8 ; Germar, *in Keferst. Deutschl.*, etc.

Les Clytia, H. de Meyer [1], — Atlas, pl. XLII, fig. 16,

ont, comme les glyphées, une carapace partagée en trois régions par deux lignes transversales ; mais ces lignes sont beaucoup moins profondes, celle du milieu se prolonge beaucoup moins en arrière, et entre celle-ci et la postérieure on remarque une région dorsale en forme de fourche ou de faux.

M. H. de Meyer [2] en a décrit deux espèces des terrains jurassiques : la *Clytia ventrosa*, H. de Meyer, a été trouvée dans le terrain à chailles, et la *C. Mendelslohii*, dans l'oxfordien de Rabenstein.

La *C. ornati*, Quenstedt [3], se trouve dans l'Ornatenthon du Wurtemberg.

Les Enoploclytia, M'Coy, — Atlas, pl. XLII, fig. 17,

diffèrent des clytia par leur rostre déprimé et denté, et par les tubercules qui hérissent la surface de la carapace.

Le type de ce genre est l'*Astacus Leachii*, Mantell [4], transporté dans le genre des clytia par Roemer. Cette espèce devient l'*Enoploclytia Leachii* ; elle a été recueillie dans la craie de Lewes, etc.

Il faut y ajouter l'*Enoploclytia Imaga*, M'Coy, de la craie de Burwell et Maidstone, et l'*E. brevimana*, id., trouvée dans la craie inférieure de Cherry-Hinton, près Cambridge.

Les Bolina, Münster, — Atlas, pl. XLII, fig. 19,

ont une carapace à peu près semblable à celle des glyphées, et des yeux gros et réniformes comme les nephrops. Leurs pinces sont longues et minces. M. Quenstedt les considère comme semblables à celles qu'il attribue à la *Clytia ornati*. Il serait possible que les limites entre ces deux genres fussent difficiles à établir.

Les bolina n'ont encore été trouvées que dans les schistes lithographiques de Bavière.

[1] Le nom de ce genre avait d'abord été écrit Klytia. Il a du reste été mal choisi, car il pourrait facilement se confondre avec celui de Clytia, Leach, attribué à des cirrhipèdes, nom qui a été écrit Clitia par d'autres auteurs (Morris, etc.).

[2] H. de Meyer, *Neue Gattung. foss. Krebse*, p. 20 et 21, pl. 4, fig. 29 et 30.

[3] Quenstedt, *Handb. der Petref.*, p. 269. Nous nous associons complétement à M. Bronn pour trouver ce nom mal choisi

[4] M'Coy, *Ann. and mag. of nat. hist.*, 2ᵉ série, t. IV, p. 330 ; Mantell, *Geol. of Sussex*, p. 221, pl. 29 à 31 ; Geinitz, *Kreidegeb.*, pl. 9, fig. 1 ; Roemer, *Kreidegeb.*, p. 105 ; Bronn, *Lethæa*, 3ᵉ édit., *Terr. crét.*, p. 354.

Le comte de Münster [1] a décrit la *Bolina pustulata*, de Solenhofen, et la
B. angusta, de Flouheim.

Les UNDINA, Quenstedt, — Atlas, pl. XLII, fig. 20,

ne peuvent pas encore être classées. On n'en connaît que des
pinces, remarquables par l'allongement de la main, qui est étroite
à sa base, et par la forme des doigts, qui sont recourbés en crochets.

L'*Undina Posidoniæ*, Quenstedt [2], a été trouvée dans les schistes liasiques
à posidonies, des environs de Boll.

Je place provisoirement à la fin de la famille des astaciens quelques genres qui s'en rapprochent par certains caractères, tout
en ayant quelques uns de ceux des salicoques. Leur place est
incertaine. Ils sont tous éteints, et se trouvent dans les schistes
lithographiques de Bavière.

Les BROME, Münster,

sont encore incomplétement connus. Ils diffèrent des orphnea
et des genres voisins par leurs cinq paires de pattes allongées,
toutes égales en diamètre et terminées par un seul crochet. La
première paire est la plus longue.

Les *Brome ventrosa*, et *tridens*, Münster [3], ont été trouvées à Solenhofen.
La *B. elongata* vient de Daiting.

Les MAGILA, Münster,

me paraissent, autant du moins que j'en puis juger sur les figures, réunir des espèces fort disparates [4].

La *M. latimana*, Münster, de Solenhofen, ressemble aux astaciens par sa
carapace non prolongée en rostre et par les doigts de ses pinces presque
égaux.
La *M. longimana*, id., du même gisement, rappelle les gébies par son doigt
immobile très court.

---

[1] Münster, *Beiträge zur Petref.*, t. II, p. 23, pl. 9, fig. 13 et 14;
Quenstedt, *Handb. der Petref.*, p. 269.
[2] Quenstedt, *Handb. der Petref.*, p. 269, pl. 20, fig. 12.
[3] Münster, *Beiträge*, p. 47, pl. 15, fig. 6; pl. 16, fig. 7-8.
[4] Idem, *ibid.*, p. 25, pl. 10, fig. 2 à 4.

La *M. denticulata*, id., d'Eichstaedt, a le rostre prolongé et denticulé de plusieurs salicoques actuelles.

Cette association ne me semble pas pouvoir être maintenue, et il est possible que suivant que le nom du genre restera à l'une ou à l'autre de ces espèces, il doive passer dans l'une ou l'autre des familles qui composent l'ordre des décapodes macroures.

Les Aura, Münster, — Atlas, pl. XLII, fig. 21,

diffèrent de tous les crustacés connus par les pinces de leur première paire de pattes, dont les doigts sont fendus presque jusqu'à la base.

L'*Aura Desmarestii*, Münster ([1]), a été trouvée à Solenhofen.

4ᵉ Famille. — SALICOQUES.

La famille des salicoques comprend les décapodes macroures dont le corps est comprimé latéralement, l'abdomen très grand et les téguments simplement cornés ; chez lesquels une grande écaille recouvre la base des antennes externes, et qui ont leurs fausses pattes natatoires encaissées à leur base par des prolongements lamelleux de l'abdomen.

Cette famille, très nombreuse de nos jours, renferme aussi plusieurs fossiles, principalement des terrains jurassiques. Leurs formes correspondent rarement tout à fait à celles des genres vivants.

Les Crangons (*Crangon*, Fabricius)

ont les antennes internes insérées sur la même ligne que les externes, circonstance rare dans les salicoques, et les pattes de la première paire terminées par une main subchéliforme. La carapace est plus déprimée que dans les autres genres.

Ce genre vit encore aujourd'hui, et une espèce très commune, connue sous le nom de *crevette*, fournit un aliment fort répandu. On lui a rapporté des fossiles du terrain jurassique, mais ces rapprochements restent très douteux.

Le *Crangon Magnevillii*, Eudes Deslongchamps ([2]), du calcaire jurassique de Caen, a été associé par M. M'Coy au genre des MEYERIA, ainsi que je l'ai dit plus haut.

____

([1]) Münster, *Beitr. sur Petref.*, p. 26, pl. 10, fig. 5.
([2]) Deslongchamps, *Mém. Soc. lin. de Normandie*, t. V, p. 42; Milne Edwards, *Hist. nat. des crust.*, t. II, p. 344.

Il est peu probable aussi qu'on doive laisser dans les crangons une seconde espèce du calcaire à polypiers de Ranville, décrite aussi par M. Deslongchamps.

Les Palémons (*Palæmon*, Fabricius)

ont les antennes insérées sur deux rangs et un rostre grand, lamelleux, comprimé et dentelé. Les pattes de la seconde paire sont robustes et longues ; les autres sont grêles. Les deux premières paires sont didactyles ; les autres, monodactyles. L'abdomen est très grand.

Ce genre est fort nombreux aujourd'hui. On lui a rapporté plusieurs fossiles, qui paraissent devoir pour la plupart entrer dans les genres suivants [1].

Le *Palæmon longimanatus* est un Megachirus. Les *P. spinipes* et *tipularius* sont des Æger.

Le *Palæmon dentatus*, Roemer [2], du terrain néocomien, est une espèce très douteuse.

Les crangons et les palémons sont les deux seuls genres encore vivants que l'on ait cités à l'état fossile. Tous ceux qui nous restent à énumérer dans la famille des salicoques manquent aux mers actuelles.

Les Coleia, Broderip,

sont intermédiaires entre les astaciens et les salicoques, et leurs véritables rapports sont loin d'être fixés. Ils se rapprochent de ces derniers par leurs antennes externes, qui sont pourvues d'une grande écaille. Le thorax est mince, partagé par deux sillons transverses comme dans les genres précédents, épineux sur les côtés, orné en avant de trois fortes échancrures, et armé d'une épine à chacun de ses angles. Les pattes de la première paire sont longues et grêles, et portent des pinces filiformes, lisses et pointues.

L'espèce qui a servi à établir ce genre, aujourd'hui éteint, est la *Coleia antiqua*, Broderip [3], trouvée dans le lias de Lyme-Regis.

[1] M. Robineau Desvoidy, *loc. cit.*, a établi un genre Palæno pour une espèce du terrain néocomien de Saint-Sauveur (*P. Roemeri*, R. D.). Il est très voisin du *P. dentatus*, Roemer.

[2] Roemer, *Kreidegeb.*

[3] *Proceed. geol. Soc.*, t. II, p. 201 ; *Trans. of the geol. Soc.*, t. V, p. 171.

Quelques autres espèces ont été indiquées, mais non décrites, par MM. de la Bèche et Brodie [1]. Elles appartiennent toutes au lias.

Les Antrimpos, Münster, — Atlas, pl. XLIII, fig. 1,

se rapprochent du genre Pénée. Ils ont une carapace cylindrique allongée, terminée par un rostre long, pointu et denté. Les antennes internes sont courtes ; les externes longues et fortes. Les trois premières paires de pattes ont des pinces à deux longs doigts; la troisième est la plus longue; les deux dernières sont aussi didactyles, mais plus minces. Les trois derniers anneaux de l'abdomen portent une élévation en forme de verrue.

Ce sont en général de grands crustacés. On n'en connaît que des schistes lithographiques de Bavière.

Le comte de Münster [2] en a décrit neuf espèces : l'*A. speciosus*, de Solenhofen et d'Eichstaedt, les *A. angustus* et *trifidus*, d'Eichstaedt, les *A. bitens*, *descendens*, *tridens* et *dubius* ? de Solenhofen, et les *A. monodon* et *zenidens*, de Pointen.

Les Bylgia, Münster, — Atlas, pl. XLIII, fig. 2,

diffèrent des antrimpos par leurs antennes externes plus fines et plus longues, parce que la deuxième paire de pattes est la plus longue, et parce que la troisième a des pinces plus petites. Les cinq paires sont aussi didactyles.

On les trouve également dans les schistes lithographiques de Bavière.

Les *Bylgia hexodon* et *spinosa*, Münster [3], ont été trouvées, la première à Solenhofen, et la seconde à Eichstaedt.

Les Drobna, Münster, — Atlas, pl. XLIII, fig. 3,

ont encore, comme les deux genres précédents, tous leurs pieds didactyles; mais les pinces des trois premières paires diffèrent beaucoup dans la forme. La première paire est plus longue que la seconde ; celle-ci a de larges pinces dont le doigt extérieur est le plus petit. La troisième paire est la plus longue et les pinces

[1] De la Bèche, *Trans. of the geol. Soc.*, t. II, pl. 4, fig. 3 ; Brodie, *An hist. of foss. insects*, p. 63 et 102.
[2] Münster, *Beiträge zur Petref.*, t. II, p. 49, pl. 17, 18 et 19.
[3] *Idem, ibid.*, p. 56, pl. 20, fig. 1 et 21, fig. 1.

ont de longs doigts. La forme du corps rappelle le genre vivant des HIPPOLYTES.

La *Drobna deformis*, Münster (1), vient de Solenhofen, et la *D. Hœberleinii* a été trouvée à Daiting.

Les KOELGA, Münster,

ressemblent aussi aux hippolytes, et diffèrent des antrimpos par un corps plus ramassé. Les deux premières paires de pattes sont seules didactyles; la seconde est la plus longue. La carapace est courte et large; l'abdomen est très courbé comme dans les hippolytes, mais le rostre est plus court.

On les trouve aussi dans les schistes lithographiques de Bavière.

Le comte de Münster (2) a décrit les *K. quindens*, *gibba*, *septidens*, *lœvirostris* et *tridens*, de Kelheim; la *K. dubia*, d'Eichstaedt et de Solenhofen, et les *K. quadridens*, et *curvirostris*, du dernier de ces gisements.

Les ÆGER, Münster, — Atlas, pl. XLIII, fig. 4,

ont comme les antrimpos, les bylgia et les drobna, toutes les pattes didactyles. La première est la plus longue et a une longue pince; la troisième est la plus courte. Les antennes externes sont très longues. Le rostre est pointu et droit. Les pattes-mâchoires externes sont très grandes et très épineuses, souvent plus longues que les pattes ordinaires.

On trouve ces crustacés avec les précédents (3).

Il faut rapporter à ce genre deux espèces connues depuis longtemps.

L'une, *Æger tipularius*, Münster, a été décrite par Schlotheim, sous le nom de *Macrourites tipularius* (4).

La seconde, *Æger spinipes*, Münster (5), déjà figurée en 1616 par Besler, a

(1) *Beitr. zur Petref.*, t. II, p. 58, pl. 20, fig. 2 et 21, fig. 2.
(2) *Idem*, p. 60, pl. 22 et 23.
(3) Münster, *Id.*, t. II, p. 65, pl. 24, 25, 26 et pl. 27, fig. 1.
(4) Schlotheim, *Petref.*, *Nachträge*, p. 32, pl. 2, fig. 1.
(5) Besler, *Continuatio rariorum*, etc., pl. 32; Bajer, *Monumenta*, supp., pl. 8, fig. 9 (*Squilla*); Walch et Knorr, *Verstein.*, t. I, pl. 13, fig. 1, etc. (*Locusta brachiis contractis*); Leonhard, *Propr. des mines*, pl. 6, fig. 31; Desmarest, *Crust. foss.*, p. 134, pl. XI, fig. 4; etc.

été depuis indiquée ou figurée par plusieurs autres auteurs : c'est le *Palæmon spinipes*, Desm. Elle provient de Solenhofen.

Le comte de Münster a en outre décrit l'*Æger longirostris* et l'*Æ. tenuimanus* d'Eichstaedt, et l'*Æ. elegans* de Solenhofen.

Les Udora, Münster,

ont le même caractère remarquable que les æger, dans l'allongement des pattes-mâchoires ; mais les antennes sont beaucoup plus courtes, et les dernières paires de pattes sont monodactyles [1].

L'*Udora brevispina*, Münster, et l'*Udora rarispina*, id., ont été trouvées à Eichstaedt.

L'*U. cordata*, id., et l'*U. angulata*, id., proviennent de Solenhofen.

Les Dusa, Münster, — Atlas, pl. XLIII, fig. 5,

se distinguent de toutes les salicoques connues par leurs longs pieds filiformes qui portent à leur extrémité des pinces très grosses et en forme de fuseaux.

Les *Dusa monocera* et *denticulata*, Münster [2], ont été trouvées dans les schistes de Solenhofen.

Les Hefriga, Münster, — Atlas, pl. XLIII, fig. 6,

ont les mêmes antennes que les palémons ; mais les cinq paires de pattes sont terminées par un article unique pointu et un peu recourbé comme un ongle d'oiseau. La première paire est très courte et la seconde très longue. Ce sont de très petits crustacés.

Les *Hefriga serrata* et *subserrata*, Münster [3], ont été trouvées dans les schistes lithographiques de Solenhofen.

Les Bombur, Münster,

sont encore imparfaitement connus. Ils ressemblent aux antrimpos ; mais ils en diffèrent, ainsi que de la plupart des crustacés connus, par leur carapace, qui est à peine plus longue que le sixième article de l'abdomen. Les pattes paraissent avoir été petites, avec

---

[1] Münster, *Beitr. zur Petref.*, t. II, p. 69, pl. 27, fig. 2 à 5, et pl. 28, fig. 3.

[2] Idem, ibid., p. 71, pl. 20, fig. 3 et 4.

[3] Idem, ibid., p. 73, pl. 28, fig. 1 et 2.

une paire plus longue. Ce sont de très petites espèces des schistes lithographiques de Bavière.

Les *Bombur complicatus* et *angustus*, Münster, sont les deux seules espèces connues [1].

Les Blaculla, Münster,

ont probablement eu des téguments très tendres, et sont en général conservées seulement par leurs pattes et leurs autres appendices. Elles paraissent avoir ressemblé aux Nika, genre actuellement vivant, mais elles ont, comme plusieurs des genres précédents, toutes les pattes didactyles.

La *Blaculla nikoides*, Münster [2], a été trouvée à Solenhofen ; la *B. brevipes*, id., vient d'Eichstaedt.

Les Elder, Münster,

ne sont aussi guère connus que par leurs appendices. Les antennes internes sont doubles et courtes, les externes longues et hérissées à leur base de grandes écailles. Les pattes-mâchoires sont petites et terminées par des ongles semblables à ceux des pattes. Les deux premières paires de pattes sont petites et courtes. L'abdomen porte en dessous des fausses pattes allongées.

Les *Elder ungulatus* et *unguiculatus*, Münster [3], ont été trouvés à Solenhofen.

Les Rauna, Münster, — Atlas, pl. XLIII, fig. 7,

sont remarquables par la longueur extraordinaire des fausses pattes de l'abdomen, qui égalent presque les vraies ; celles-ci sont médiocres, la troisième est plus grande. Le rostre n'est pas denté.

La *Rauna multipes*, Münster [4], a été trouvée dans les schistes lithographiques de Solenhofen ; la *R. angusta*, id., provient de la même localité.

Les Saga, Münster,

ressemblent un peu au genre vivant des Mysis, et font ainsi une

[1] Münster, *Beitr. zur Petref.*, t. II, p. 74, pl. 28, fig. 5 à 8.
[2] *Idem, ibid.*, p. 75, pl. 29, fig. 1 et 2.
[3] *Idem, ibid.*, p. 77, pl. 29, fig. 3 à 5.
[4] *Idem, ibid.*, p. 78, pl. 28, fig. 9 et 10.

transition aux stomapodes. Trois paires de pattes-mâchoires ont l'apparence des pieds ordinaires ; seulement elles sont plus petites et plus courtes. Elles sont comme eux partagées à la base en deux bras, ont de côté des appendices natatoires, et à leur extrémité un ongle simple. La carapace est très pointue en avant.

La *Saga mysiformis*, Münster ([1]), vient de Solenhofen, et la *S. obscura* a été trouvée à Daiting.

Je place provisoirement à la fin de la famille des salicoques un genre très singulier qui devra peut-être former une famille à part.

Les Mecochirus, Germar, — Atlas, pl. XLIII, fig. 8,

sont remarquables par l'extrême allongement de leurs pattes antérieures, qui sont tout à fait dépourvues de pinces et terminées par un article droit, pointu, allongé et mobile, ailé, et formant ainsi une sorte de nageoire. La carapace est unie, prolongée en avant en un court rostre denté. Les yeux sont rapprochés, les antennes externes très longues. La seconde paire de pattes est courte; son pénultième anneau, élargi et trapézoïde, anguleux en avant, porte un doigt mince et mobile.

Ce genre a été établi par Germar, et plus tard Bronn l'a désigné sous le nom de Megachirus. A la suite d'une comparaison d'échantillons incomplets, le même auteur distingua sous le nom de Pterochirus des espèces chez lesquelles l'article terminal des pattes antérieures est ailé des deux côtés, laissant le nom de Megachirus à celles où il n'y a qu'une aile. M. Quenstedt a montré que ces différences ne tiennent qu'à des accidents de fossilisation et que l'aile est toujours double. Les noms de megachirus et de pterochirus deviennent donc synonymes de mecochirus.

Il faut aussi leur réunir le genre Carcinium, H. de Meyer, qui n'a été fondé que sur l'étude de fragments insuffisants appartenant au groupe qui nous occupe. Le nom d'Eumorpha, H. de Meyer, n'est qu'un synonyme de carcinium, et par conséquent de mecochirus.

M. M'Coy y réunit aussi le genre Ammonicolax, de M. Pearce. Les mecochirus ont vécu seulement pendant l'époque juras-

([1]) Münster, *Beitr. zur Petref.*, t. II, p. 80, pl. 29, fig. 6 et 7.

sique ; quelques espèces ont été connues par les auteurs du siècle dernier [1].

Deux espèces ont été citées dans le terrain oxfordien.

Le *M. socialis*, Quenst. (*Eumorphia socialis*, H. de Meyer) , a été trouvé dans l'*Ornatenthon* du sud-ouest de l'Allemagne [2].

Le *M. Pearcii*, M' Coy (*Ammonicolax longimanus*, Pearce), provient du terrain oxfordien de Christian Malford [3].

Les autres espèces ont été découvertes dans les schistes lithographiques de Bavière [4].

La plus anciennement connue est le *Megachirus locusta*, Germar (*Locusta marina*, Bayer ; *Macrourites longimanatus*, Schloth.), trouvé à Solenhofen et à Eichstaedt.

Le *M. Bayeri*, Germar (*M. tenuimanus*, Münster), et le *M. intermedius*, Münster, proviennent des mêmes localités.

Le comte de Münster a décrit en outre les *M. brevimanus*, et *fimbriatus*, de Solenhofen.

Les *Pterochirus remimanus*, Bronn, et *dubius*, Münster, ainsi que le *P. elongatus*, Münster, d'Eichstaedt, doivent être ajoutés aux précédents.

DÉCAPODES MAL CONNUS.

En terminant l'histoire des décapodes, il convient d'indiquer quelques noms de genres non encore caractérisés ou très incomplétement connus.

M. Richter [5] a établi, sous le nom de GITOCRANGON, un genre

[1] Voyez sur le genre Macocraus en général : Germar, in *Keferstein Deutschland*, t. IV, p. 102 ; Bronn, *Lethæa*, 1re édit., p. 473 et 2e édit., *Terrains juras.*, p. 418 ; Münster, *Beiträge zur Petref.*, t. II, p. 27 et 29, pl. 11 à 13 ; Quenstedt, *Wurtembergische Jahreshefte*, 1850, t. VI, p. 186, pl. 2, fig. 1, et *Handb. der Petref.*, p. 270. Voyez sur le *M. locusta* en particulier : Bayer, *Oryct. Norica*, pl. 8, fig. 6, et suppl., pl. 8, fig. 3 et 4 : *Museum Richterianum*, pl. 13, fig. 32 ; Walch et Knorr, *Verstein.*, t. I, pl. 13 a, fig. 2 ; Schlotheim, *Petref.*, I, p. 38, et suppl., p. 20 et 53 ; Desmarest, *Crust. foss.*, p. 137, pl. 5, fig. 10 ; Krüger, *Urwelt*, t. II, p. 592, etc.

[2] Quenstedt, *Flötzgeb. Wurtemb.*, p. 377, et *Handb. der Petref.*, p. 271 ; H. de Meyer, *Palæontogr.*, t. I, p. 144, etc.

[3] Pearce, *Ann. and mag. of nat. hist.*, 1842, t. IX, p. 578 ; M' Coy, *Id.*, 2e série, t. IV, p. 171.

[4] Münster, *Beitr. zur Petref.*, loc. cit.

[5] R. Richter, *Beiträge zur Palæontologie des Thuringer Waldes*, p. 43, pl. 2, fig. 1 à 4.

qui, suivant lui, fait le passage entre les brachyures et les macroures. Les figures données par cet auteur ne me paraissent pas
jeter une lumière suffisante sur ses caractères.

Le *G. granulatus*, Richter, a été trouvé dans les schistes de la grauwacke
de la Thuringe (terrain dévonien). Ce serait le plus ancien décapode connu.

M. H. de Meyer [1] indique dans le muschelkalk de la haute
Silésie les genres suivants :

APHTHARTUS *ornatus*, H. de Meyer.
BRACHYGASTER *serrata*, id.
LISSOCARDIA *magna* et *silesiaca*, id.
Ils n'ont pas été décrits, à ma connaissance.

Le genre des NARANDA, Münster [2], paraît être un décapode
macroure à longues antennes, mais ce que l'on en connaît est
insuffisant pour fixer ses affinités.

Le *N. anomala*, Münster, provient des schistes lithographiques de Kelheim.

2ᵉ ORDRE.

STOMAPODES.

Les stomapodes appartiennent, comme les précédents, à la légion
des podophthalmaires, mais ils n'ont point de branchies dans les
côtés du thorax ; ces organes sont extérieurs ou nuls. L'appareil
buccal n'est composé que de trois paires d'appendices, et, en revanche, il y a plus de cinq paires de pattes thoraciques.

Ces crustacés, beaucoup moins nombreux aujourd'hui que les
décapodes, n'ont aussi été trouvés que rarement à l'état fossile.

Les SQUILLES (*Squilla*, Latr.), — Atlas, pl. XLIII, fig. 9,

caractérisées par des pattes antérieures très grandes et ravis-
seuses, un abdomen très développé et une carapace divisée en
trois lobes, sont le seul genre de cet ordre dont je connaisse une
espèce antérieure à l'époque actuelle.

[1] *Leonh. und Bronn, Neues Jahrb.*, 1847, p. 573.
[2] *Beitr. zur Petref.*, t. III, p. 78, pl. 14, fig. 5.

Le comte de Münster [1] a décrit et figuré une belle empreinte trouvée dans les schistes du Monte Bolca (*Sq. antiqua*).

2ᵉ Légion. — EDRIOPHTHALMAIRES.

1ᵉʳ ORDRE.

LŒMODIPODES.

Les lœmodipodes sont caractérisés par l'état rudimentaire de leur abdomen. Leur respiration a lieu au moyen de palpes thoraciques devenus vésiculaires.

Ils n'ont pas été trouvés fossiles, à moins qu'on ne leur rapporte, comme le propose M. Milne Edwards, les PYCNOGONIDES, qui avaient été jusqu'à présent rangés dans la classe des arachnides [2] et qu'on n'adopte l'opinion de M. Quenstedt, qui leur associe [3], sous le nom de PYCNOGONITES (*P. uncinatus*), des débris trouvés à Solenhofen, que nous avons cités plus haut sous le nom de PALPIPES [4]. Ce rapprochement est douteux, car ces articulés paraissent avoir cinq paires de pattes (et six dans quelques exemplaires, probablement femelles).

2ᵉ ORDRE.

AMPHIPODES.

Les amphipodes ont une respiration semblable à celle des lœmodipodes, mais leur abdomen est bien développé. Cet ordre renferme les CREVETTINES et les HYPÉRINES, et en particulier la petite crevette des ruis-

[1] *Beitr. zur Petref.*, t. V, p. 76, pl. 9, fig. 11.

[2] Ces articulés ont huit pattes et une paire d'appendices pédiformes dans les femelles, un abdomen réduit à un petit article tubuleux et aucune trace d'organes respiratoires. Ils vivent tous dans la mer.

[3] *Handb. der Petref.*, p. 308, pl. 21, fig. 28 ; *Leonh. und Bronn, Neues Jahrb.*, 1842, p. 750.

[4] Voyez la page 407 de ce volume.

seaux. On ne connaît qu'un seul genre qui se trouve à la fois vivant et fossile.

Les Typhis, Risso,

appartiennent à la division des hypérines. Ils sont caractérisés par des antennes se repliant de manière à former trois ou quatre coudes, une tête courte et arrondie, et les pattes de la seconde paire préhensiles.

Le *Typhis gracilis*, Conrad [1], a été trouvé dans le tertiaire inférieur des États-Unis d'Amérique.

C'est à ce même ordre que l'on a rapporté un crustacé très intéressant à cause de son antiquité, et qui forme le genre :

Gampsonyx, Jordan, — Atlas, pl. XLIII, fig. 10 ;

mais cette association, déjà contestée par M. Bronn, me paraît singulièrement douteuse. La partie la plus visible est l'abdomen, qui se termine par cinq lamettes disposées tout à fait comme dans les décapodes macroures. On voit en outre quatre antennes dont les internes ont un fouet double, et les externes un simple, mais très long. Les pattes antérieures sont propres à la préhension suivant M. Jordan, mais ce fait n'est pas suffisamment démontré par les échantillons que l'on possède. Ces circonstances justifieraient bien l'opinion de M. Bronn, qui réunit ce crustacé aux décapodes macroures, s'il ne restait pas en litige un caractère d'une haute importance, la forme de la tête.

M. Jordan le décrit comme libre, sans céphalothorax, et ayant probablement des yeux sessiles. Si cette description est exacte, il est impossible d'adopter l'opinion de M. Bronn, et il faut le placer dans les amphipodes ou les isopodes.

Malheureusement la figure donnée par M. Jordan, et que nous reproduisons, laisse de très grands doutes.

Ces questions [2] ne pourront être résolues que par de meilleurs échantillons.

---

[1] Conrad, *Amer. journ. of sc.*, t. XXIII, p. 339.

[2] Ces questions sont importantes, car d'elles dépendent de savoir si les décapodes ont précédé les édriophthalmaires, ou *vice versâ*.

La seule espèce connue [1] est le *G. fimbriatus*, Jordan. Elle a été trouvée dans les sphærosidérites marneuses du terrain carbonifère des environs de Saarbrück.

3ᵉ ORDRE.

ISOPODES.

Les isopodes ont un abdomen bien développé, et ils diffèrent des deux ordres précédents par leur respiration, qui s'exécute au moyen des membres abdominaux modifiés dans ce but.

Cet ordre, assez nombreux dans la nature vivante, renferme principalement de petites espèces, dont quelques unes semblent faire une exception aux habitudes ordinaires des crustacés, en vivant à l'air, mais surtout dans les lieux humides.

Ce n'est que dans ces dernières années que l'on en a trouvé des fossiles. On en connaît maintenant quelques espèces des terrains jurassiques et tertiaires.

Je parlerai d'abord de ceux qui appartiennent à la division des ISOPODES MARCHEURS, et en particulier de deux genres qui font partie de la famille des CLOPORTIDES TERRESTRES [2].

LES CLOPORTES (*Oniscus*, Lin.)

ont l'appendice terminal des dernières fausses pattes styliforme et les antennes externes composées de huit articles.

On n'en connaît de fossiles que dans l'ambre jaune. MM. Koch et Berendt ont décrit l'*Oniscus convexus* de l'ambre de Prusse [3].

[1] Docteur H. Jordan, *Verhandl. der naturhist. Vereins der Preuss. Rhein-Lande*, 1847, p. 89, pl. 2; *Leonh. und Bronn Neues Jahrb.*, 1848, p. 125; Quenstedt, *Handb. der Petref.*, p. 277.

[2] Je ne parle pas ici du crustacé très douteux provenant du zechstein et rapporté par Germar aux IDOTEA, sous le nom de *I. antiquissima* (*Schweigger Jahrb. der Physik*, t. VII).

[3] Koch et Berendt, dans *Berendt die organische reste in Bernstein*, in-folio, 1845, feuille supplémentaire.

Les Porcellions (*Porcellio*, Lat.)

n'ont que sept articles aux antennes externes et les pattes confor-
mées comme les cloportes.

On n'en connaît aussi qu'une espèce fossile dans l'ambre, le *Porcellio notatus*, Koch et Berendt [1].

Les autres isopodes fossiles appartiennent à la division des Isopodes nageurs et ont probablement vécu
dans la mer.

Les Sphæroma, Latr., — Atlas, pl. XLIII, fig. 11,

vivent encore aujourd'hui. Leur corps est large, très bombé et arrondi vers ses extrémités. Ils peuvent s'enrouler complétement en
boule, la lame externe des dernières fausses pattes se reployant
sous l'interne de manière à ne pas faire saillie.

M. Desmarest [2] attribue à ce genre deux espèces très douteuses : l'une, le *S. antiqua*, Desm., d'une roche calcaire qui a l'apparence des schistes litho-graphiques; et l'autre, le *S. margarum*, Desm., trouvé dans la marne verte au-dessus des gypses de Montmartre. Cette espèce appartient probablement au genre suivant.

M. Eug. Sismonda [3] a décrit une espèce des sables miocènes de la colline de Turin (*S. Gastaldii*, E. Sismonda). C'est l'espèce figurée dans l'Atlas.

Les Palæoniscus, Milne Edwards,

ont un corps déprimé, une tête de moyenne grandeur, des yeux
petits et latéraux. Le thorax est composé de sept anneaux et offre
de chaque côté une espèce de bordure formée par les pièces épimériennes qui se recouvrent mutuellement, et sont de forme quadrilatère. L'abdomen a douze anneaux, dont le second porte des
appendices natatoires lamelleux, subfalciformes, disposés comme
chez les Sphæroma.

Le *Palæoniscus Brongniartii*, Milne Edwards [4], est abondant dans les terrains tertiaires de la butte de Chaumont. On l'a rencontré dans la couche de

<hr>

[1] Koch et Berendt, dans *Berendt die organische reste*, etc.
[2] *Crust. foss.*, p. 138.
[3] *Poiss. et crust. foss. du Piémont*, p. 66, pl. 3, fig. 10.
[4] *Ann. des sc. nat.*, 2ᵉ série, t. XX, p. 323.

marne située immédiatement au-dessous des marnes vertes et renfermant des cythérées. Il est si abondant, que quelquefois dans un pied carré on trouve les empreintes de plus de cent individus.

Je ne doute pas que cette espèce ne soit la même que celle que Desmarest a citée sans la décrire, sous le nom de *Sphæroma margarum*.

Les Archæoniscus, Milne Edwards, — Atlas, pl. XLIII, fig. 12,

appartiennent probablement aux Cymothoadiens et sont intermédiaires, suivant M. Milne Edwards, entre les séroles et les cymothoadiens errants. Leur corps est élargi et se compose d'une série d'anneaux terminés postérieurement par un bouclier arrondi. Les premiers anneaux abdominaux sont mobiles et ressemblent tout à fait aux anneaux thoraciques. Les pièces épimériennes des uns et des autres sont très développées par rapport aux pièces tergales. Les pattes et les antennes sont inconnues. L'animal pouvait probablement se rouler incomplétement en boule.

L'*Archæoniscus Brodiei*, Milne Edwards [1], a été trouvé dans le terrain wealdien de la vallée de Wardour.

A la suite de ces genres, dont la place paraît suffisamment décidée, nous devons en ranger provisoirement quelques autres, trouvés dans les schistes lithographiques de Bavière et décrits par le comte de Münster. Une partie d'entre eux paraissent bien de véritables isopodes; d'autres forment aux amphipodes, et peut-être aux décapodes, des transitions dont la valeur ne pourra être appréciée que quand on aura pu étudier des échantillons plus complets.

Les Urda, Münster, — Atlas, pl. XLIII, fig. 13,

ont quatre antennes et quatorze pattes. L'abdomen, formé de six ou sept anneaux, est terminé par cinq grosses feuilles natatoires.

Le comte de Münster [2] a décrit quatre espèces des schistes de Solenhofen, les *U. rostrata*, *decorata*, *cincta* et *elongata*.

Les Reckur, Münster,

sont très voisines des urda, et me paraissent en différer par des

---

[1] *Ann. des sc. nat.*, 2ᵉ série, t. XX, p. 328 ; Brodie, *An hist. of foss. insects*, p. 10, pl. 1, fig. 6 à 10.

[2] *Beitr. zur Petref.*, t. III, p. 21, pl. 1, fig. 2 à 4.

caractères de peu d'importance et surtout très incomplètement connus. Leur tête est plus grosse, presque quadrangulaire, plus large en avant qu'en arrière ; le bouclier thoracique est partagé en trois parties dont les latérales seules sont granulées ; les séparations des anneaux de l'abdomen sont anguleuses. Il est terminé aussi par cinq feuilles natatoires dont les latérales sont plus petites.

Le *R. punctatus*, Münster [1], a été trouvé dans le terrain corallien de Daiting.

Les Norna, Münster,

ne sont connues que par une empreinte très vague, et paraissent ressembler aux Anceus, de Risso (isopodes vivants).

La *Norna lithophila*, Münster [2], a été découverte à Solenhofen.

Les Sculda, Münster, — Atlas, pl. XLIII, fig. 14,

paraissent se rapporter à la famille des Cymotuoadiens. Leur partie antérieure est couverte de lignes et de points, qui ont presque l'apparence de petits aiguillons. L'abdomen se termine par une grosse écaille, aux deux côtés de laquelle on voit une feuille allongée, pointue, fortement frangée et pennée.

La *Sculda pennata*, Münster [3], a été trouvée à Solenhofen.

Les Alvis, Münster, — Atlas, pl. XLIII, fig. 15,

sont des crustacés à huit pattes, dont la forme semble intermédiaire entre celle des décapodes macroures et celle des pranizes (isopodes). La tête, séparée du thorax par un sillon arqué, paraît porter quatre antennes en forme de feuilles. La première paire de pattes est la plus grosse et la plus courte ; toutes sont terminées par des ongles courts.

L'*Alvis octopus*, Münster [4], a été trouvé dans les schistes calcaires de Bavière.

[1] *Beitr. zur Petref.*, t. V, p. 77, pl. 9, fig. 10.
[2] *Idem*, t. III, p. 22, pl. 3-4, fig. 9.
[3] *Idem*, t. III, p. 19, pl. 1, fig. 6 à 8.
[4] *Idem*, t. III, p. 20, pl. 1, fig. 1.

3ᵉ Légion. — **BRANCHIOPODAIRES.**

1ᵉʳ ORDRE.

CLADOCÈRES.

Aucun représentant de cet ordre n'a encore été trouvé fossile, à moins qu'on ne doive y placer le genre des DAPHNOÏDEA, Ibbert [1].

Une espèce a été indiquée dans les terrains carbonifères des îles Britanniques.

2ᵉ ORDRE.

PHYLLOPODES.

Les phyllopodes ont le corps divisé en un grand nombre de segments, qui portent presque tous des pattes foliacées, converties en branchies. Deux familles le composent aujourd'hui : les APUSIENS, qui sont recouverts par un test bivalve, et les BRANCHIPIENS, qui sont nus.

1ʳᵉ FAMILLE. — BRANCHIPIENS.

L'absence de téguments durs dans cette famille fait qu'on n'en a trouvé aucun représentant fossile.

Quelques auteurs [2], cependant, parlent du petit crustacé des marais salants (*Artemisia salina*, Leach ; *Artemisus salinus*, Lamarck), qui se trouve dans les dépôts récents des bords de ces marais.

2ᵉ FAMILLE. — APUSIENS.

On n'a également jusqu'à présent rapporté qu'un petit nombre d'espèces fossiles à cette famille. La plupart appartiennent à l'époque primaire.

[1] *Trans. Edinb. Soc.*, t. XIII, p. 180.
[2] Bronn, *Index palæontol.*, *Nomenclator*, p. 103.

Les Dithyrocaris, Scouler,

forment un genre éteint destiné à réunir quelques crustacés des terrains dévoniens, qui avaient d'abord été associés aux Argas par M. Scouler, et que M. Milne Edwards rapportait au genre Nébalie [1].

M. Scouler a décrit le *D. tricornis*, et M. Portlock les *D. Colei* et *orbicularis*.

Les Apus, Schæffer,

vivent dans nos eaux douces et sont remarquables par leur grande carapace clypéiforme.

On rapporte à ce genre deux espèces fossiles qui ont besoin d'être revues quant à leurs véritables rapports avec les crustacés vivants.

M. Prestwich [2] a décrit, sous le nom d'*Apus dubius*, une espèce des terrains carbonifères de Coalbrook-Dale, qui appartient peut-être à la famille des limulides.

M. Schimper [3] a nommé *Apus antiquus* un petit crustacé du grès bigarré (terrain triasique).

Les Estheria, Straus-Durkeim,

très voisins des Limnadies et des Cysticus, Audouin, ont une carapace bivalve comme les cypris, mais les pattes des apus.

On leur rapporte quelques fossiles des terrains wealdiens [4] et entre autres l'*E. elliptica*, Dunker, et l'*E. subquadrata*, id.

[1] Scouler, *On fossil Argas*, *Record of general science*, t. I, p. 136; Milne Edwards, *Hist. nat. des crust.*, t. III, p. 356; Portlock, *Geol. report*, p. 314 et 316. Je crois (mais sans avoir pu le vérifier) que c'est encore ce même argas de Scouler qui est décrit par M. M'Coy, sous le nom d'Entomoconchus (*E. Scouleri*), *Geol. journ. of Dublin*, t. II, pl. 5.

[2] *Trans. of the geol. Soc. of London*, 2ᵉ série, t. V, p. 491, pl. 41, fig. 19.

[3] *L'Institut*, 1839, p. 294; *Leonh. und Bronn Neues Jahrb.*, 1840, p. 338.

[4] Dunker, *Wealdenbild.*, p. 62, pl. 13.

3ᵉ ORDRE.

TRILOBITES.

(*Paléades*, Dalman.)

Les trilobites, ou paléades, forment un ordre nombreux, composé de genres qui ont tous aujourd'hui disparu de la surface du globe, et qui caractérisent les époques les plus anciennes. Ils sont remarquables à la fois par leurs formes et par leur histoire paléontologique.

Ces crustacés se présentent ordinairement sous la forme d'un bouclier ovale, composé d'articles divisés en trois parties par deux dépressions latérales; le premier de ces articles, qui est plus grand, porte les yeux. Ils sont si abondants dans la plupart des terrains de l'époque primaire, qu'ils ont été observés et décrits fréquemment. Depuis Lhwyd, qui, en 1698, les fit le premier connaître, on peut citer de nombreux auteurs qui ont cherché leurs affinités zoologiques et décrit leurs formes et leurs espèces [1].

[1] Voyez, pour les premiers essais sur les trilobites jusqu'à Brongniart, en 1822 : Audouin, 1821, *Recherch. sur les rapports natur. des trilobites* (*Mém. mus.*, t. VII, p. 22, et *Ann. sc. phys.*, t. VIII, p. 233); Baumer, *Naturg. des Min.-Reiches*, 1763; Beckmann, *De reductione rerum fossil.* (*Comm. reg. Soc. Gotting.*, 1773, t. III, p. 2); Blumenbach, *Abbild. naturh. Gegenstände*, 1ʳᵉ cent.; Born, *Lithophyl. Brit.*; Al. Brongniart, *Hist. nat. des crust. foss.*, Paris, 1822, in-4°; Bromell, *Lithogr. suecana*, 1729; Brückmann, *Cent. Epist. itin.*, Volfenb., 1732, in-4°; Brünnich, *Beskrivelse over Trilob.*, Kioben-Selsk., t. I, p. 384, 1781; Davila, *Cat. syst. curios. de la nat.*, 1767, in-8°; Gehler, *De quibusdam rarioribus agri Lipsiensis petrefactis spec.*, 1793, in-4°; Genzmar, *Beschr. einer verst. Muschel mit dreifacher Rucken*, dans les *Mém. de la Soc. d'Ober-Lausitz*, 1757, in-8°; Guettard, *Mém. sur les ardoises d'Angers* (*Hist. de l'Acad. des sc.*, 1757; Hermann, *Maslographia*, Brigæ, in-4°, 1711; Kinsky (comte de), *Lettre au chevalier de Born sur les entomolithes de Ginetz*, dans *Born Abhandlungen*, 1775, in-8°; Klein, *Spec. petref. Gedan.*, 1770, in-folio; Lange, *Hist. lapid. fig. helvet.*, 1708, in-4°, et *Tractatus de*

On a longtemps discuté pour savoir si les trilobites étaient des mollusques ou des crustacés. Quelques au-

origine lapid. figur., 1709 ; Latreille , *Affinités des trilobites* (*Mém. mus.*, 1821, p. 22, et *Ann. sc. phys.*, t. VI , p. 350) ; Lehmann , *De entrochis et asteriis* (*Nov. comm. Petropolit.*, 1766 [1764], t. X, p. 429) ; Leigh, *A nat. hist. of Lancashire*, etc., Oxford, 1700, in-folio ; Lhwyd, *Phil. trans.*, 1698, t. XX, p. 279, et *Lithoph. Brit.*, London, 1699, in-8° ; Linné, dans ses *Voyages dans l'Oeland.*, etc., 1745 et 1747 , dans le *Museum Tessinianum*, et dans un mémoire spécial, *Act. reg. Acad. sc. Holmiens.*, 1759 ; Lyttleton, *Phil. trans.*, 1750 , t. XLVI, p. 598 ; Mendez da Costa, *Id.*, 1753, t. XLVIII, p. 286 ; Mortimer, *Id.*, 1750, t. XLVI, p. 600 ; Modeer, *Anmerk. uber Märkisc. verst.*, *Schr. der Berliner Ges. naturfreunde* , 1785, t. VI, p. 247 ; Parkinson, *Org. remains*, 1811 ; Scheuzer, *Specim. lithol. Helvetic.*, Zurich, 1702, in-8°, et *Oryctographia*, Zurich , 1718 , in-8° ; Schlotheim, *Petref.* ; Torrubia, *Apparato para la hist. nat. espanola*, t. I, Madrid, 1754, in-folio ; Tristan, *Journal des mines*, 1807, t. XXIII, p. 21 ; Wahlemberg, *Petref. tell. suecana* (*Nova acta*, Upsal, 1821, t. VIII, 34) ; Walch et Knorr, *Verstein.* ; Wilkens, *Nachricht von selt. petref.*, *Stralsundisch. mag.*, 1768, t. I, p. 267, in-8° ; Wolterdorf, *Syst. min.*, Berlin , 1718, in-4° ; Zeno, *Von den Seeverstein. und foss. bei Prag.*, dans ses *Neue phys. belustig.*, Prague, 1769, in-8°.

Quant aux auteurs plus récents, sans parler des traités généraux ni des ouvrages de descriptions qui ont été déjà cités si souvent, et en omettant les descriptions spéciales qui seront indiquées plus loin, lorsque j'entrerai dans le détail des genres, je dois mentionner les ouvrages suivants :

Barrande, *Notice prélimin. sur le syst. sil. et les trilobites de Bohême*, 1846, in-8° , et surtout *Syst. silurien de Bohême*, 1852, in-4°, dont nous parlerons plus bas en détail. Cet ouvrage est le plus important que l'on possède sur le groupe des trilobites. Boek, *Uebersicht der bisher in Norwegen gefund. trilob.*, dans Keilhau, *Gea Norwegica*, 1838, t. I, p. 138 ; Burmeister, *Die organis. der trilobiten*, Berlin, 1843, in-4°, l'ouvrage le plus complet jusqu'à la publication de celui de M. Barrande ; Castelnau (Laporte de), *Sur les pattes des trilobites* (*l'Institut*, 1842, p. 74) ; Dalmann, outre divers mémoires spéciaux, *On Palæaderma* , Stokh., 1826, in-4°, ouvrage traduit en allemand par Engelhart ; Milne Edwards, *Sur les affinités des trilobites* (*l'Institut*, 1837, p. 254) ; Eichwald, *Observ. geog. zool. per Ingriam*, etc., nec non de *trilobitis*, Casan, 1825, in-4° ; Emmrich, *De trilobitis diss. petref. inaug.*, Berlin, 1839 ; Goldfuss , *Observ. sur la place qu'occupent les trilobites dans le règne animal* (*Ann. sc. nat.*, 1828, t. XV, p. 83), et *Syst. Uebersicht der trilobites* (*Leonh. und Bronn Neues Jahrbuch*, 1843, p. 537) ; Green, *A monograph of the trilobites of North-America*, Philadelphie, 1832, in-8° ; Hœninghaus, *Sur le Calymène*, etc. (*Isis*, 1821 et 1830) ; Hunefeld , *Analyse chimique du test des trilobites*, dans *Schweigger journal of nat. sc.*, 1831 ; Jukes, quelques

leurs y voyaient des coquilles à trois lobes, et les com-
paraient aux oscabrions, en leur supposant un pied
charnu, comme dans les mollusques gastéropodes. Mais
une comparaison plus exacte de la forme des téguments,
l'existence des yeux réticulés, etc., ont démontré
jusqu'à l'évidence que ce sont de véritables crustacés.

On a même, à diverses reprises, cru trouver des
preuves plus puissantes encore de cette opinion dans la
découverte des pieds; mais les faits sur lesquels on se
fondait ont été successivement reconnus erronés. Il est
probable que ces animaux avaient des pieds très tendres
et délicats, qui n'ont pas laissé d'impression dans la
roche, au moins dans les échantillons trouvés jusqu'à
présent, et M. J. Barrande a montré que toutes les
découvertes de pieds de trilobites reposaient sur des
illusions (¹).

M. Burmeister a démontré que ces crustacés se rapprochent beaucoup des phyllopodes. Leurs analogies
avec les isopodes, établies par quelques auteurs, sont
beaucoup moins réelles, à cause de la nature des pattes.
Leur connaissance exacte vient d'être singulièrement

descriptions dans *Loudon's magazine, Silliman's journal*, etc.; Payton, *On trilobites of Dudley*, London, 1827, in-4°; de Razoumowsky, *Quelques observ.
sur les trilobites* (*Ann. sc. nat.*, 1828, t. VIII, p. 186); Sars, *Isis*, 1835,
p. 333; J. D. Sowerby, *On English trilobites* (*Loudon's mag.*, 1831, t. IV,
p. 53; Sternberg (comte de), quelques mémoires dans les *Trans. du musée
de Prague*, 1825, 1830, et surtout 1833, *Ueber Böhmisch. trilobiten.*

(¹) Voyez, pour cette discussion sur les pieds des trilobites : Audouin (*Rech.
sur les rapports entre les trilobites et les animaux articulés*), qui déclara que
les pattes manquaient ou étaient devenues branchiales; Burmeister (*Die organ. der trilobiten*, p. 48), qui établit que ces organes étaient mous; Eichwald, *Geogn., nec non de trilobitis*, obs. 39; Goldfuss, *Obs. sur la place qu'occupent les trilobites*; Sternberg, *Isis*, 1830, p. 515; Castelnau (l'*Institut*,
1842, p. 74), qui crut avoir vu les pattes des trilobites, observation révoquée
en doute par presque tous les paléontologistes; Corda, *Prodrom. der tril.*,
p. 9; Barrande, *Syst. sil. de la Bohême*, I, p. 226.

avancée par la publication des savantes recherches de M. Barrande [1]. C'est de son ouvrage remarquable que j'extrais les faits suivants, relatifs à leur organisation et à leur distribution géologique.

Le corps des trilobites est toujours composé de trois parties distinctes [2] : l'antérieure, A, correspond à la *tête*, suivant M. Milne Edwards, et a reçu les noms de *bouclier* (Brongniart), de *céphalo-thorax* (Dalman), de *scutum capitale* (Emmrich). La seconde, B, qui est le *thorax* pour M. Edwards, est l'*abdomen* pour Brongniart et le *tronc* pour Dalman. La troisième, C, ou *abdomen* (M. Edwards), est le *post-abdomen* de Brongniart, et a souvent été nommée *pygidium* et *scutum caudale* (Dalman).

Chacune de ces parties est divisée, dans sa largeur, en trois lobes par deux dépressions longitudinales. La partie du milieu se nomme *lobe médian* (M. Edwards) ou *lobe moyen* (Brongniart). Les parties latérales sont les *flancs* ou les *lobes latéraux* (Brongniart).

L'étendue proportionnelle des trois parties principales varie suivant les genres. En général, la *tête* est la plus grande : sa largeur, en particulier, surpasse toujours celle du reste du corps; sa longueur varie entre le quart et la moitié de la longueur totale.

La figure de cette tête se rapproche ordinairement de celle d'un demi-cercle. Son bord extérieur est formé par une expansion du test, nommé *bord* ou *limbe*, divisé lui-même en un bord extérieur (A, 1) (*filet marginal*), et une partie interne plus basse (*sillon ou rainure du bord*) (A, 2). Le bord est quelquefois orné de granulations, de fossettes, d'épines, etc. Sa partie antérieure est le *bord* ou *limbe frontal;* ses parties latérales forment dans leur partie externe le *bord latéral*, et dans le sillon interne la *rainure latérale de la joue* ou le *sillon latéral*. La tête est limitée en arrière par une ligne qui porte dans son milieu le nom d'*anneau occipital* (A, 3), et dans ses côtés, de *bords postérieurs de la joue*. Les modifications de ces parties fournissent des caractères utiles.

La partie médiane de la tête comprise entre les deux sillons longitudinaux est la *glabelle* (A, 4). Cette région est presque toujours distincte; il arrive cependant quelquefois (*Illænus, Æglina*) que les sillons sont à peine indiqués, et que la glabelle n'est, en conséquence, pas distinctement limitée. Quelquefois aussi (*Lichas, Acidaspis*) des sillons accessoires parallèles peuvent créer quelque confusion. M. Barrande pense que les sillons normaux correspondent à l'insertion des mâchoires ou des premières paires de pattes, et qu'en conséquence leur direction et la forme de la glabelle ont une grande importance. Quelques autres impressions régulières et constantes peuvent aussi jouer un certain rôle. Ainsi les *Dalmannia* ont une cavité symétrique en arrière du lobe frontal, etc.

Les pièces qui composent la tête sont unies par des sutures distinctes, contrairement à ce qui existe pour les autres crustacés. M. Burmeister leur attribue quelque mobilité; M. Barrande pense qu'elles ont plutôt facilité la mue. Ces sutures, qui fournissent des caractères d'une certaine importance pour la détermination des groupes zoologiques, peuvent se distinguer comme il suit :

1° La *grande suture* (A, 5), qui forme une courbe à

double courbure, fermée en avant, vers la région frontale, et ouverte vers l'extrémité postérieure. Elle est tracée sur la surface supérieure de la tête, contourne la glabelle, longe toujours les yeux à leur côté interne, lorsqu'ils existent, et ses deux branches se terminent vers le bord postérieur.

2° La *suture hypostomale*, passant en dessous de la tête, entre l'hypostome et le bord postérieur de la doublure sous-frontale.

3° Les *sutures de jonction*, qui, dans certains genres seulement, unissent la suture hypostomale et la grande suture, soit par une ligne médiane, soit par deux lignes jumelles.

4° La *suture suboculaire* (A, 6), qui entoure l'œil extérieurement. Cet organe est ordinairement bordé en dedans par la branche faciale de la grande suture.

5° La *suture anomale*, entre la surface de la glabelle et le limbe des harpes.

Les yeux (A, 6) ne paraissent pas exister dans tous les genres. Il faut toutefois remarquer que l'on a constaté leur présence dans plusieurs groupes où ils passaient pour manquer. M. Barrande fait observer un fait géologique curieux, c'est que les genres que l'on considère comme dépourvus d'yeux appartiennent tous à la faune primordiale, et que parmi les trilobites de cette époque les conocéphalites sont les seuls où l'existence de ces organes soit incontestable.

Une espèce, le *Trinucleus Bucklandi*, présente des yeux dans le jeune âge, et en manque à l'état adulte.

La structure des yeux présente des différences notables, et l'on peut y distinguer trois types :

Celui des phacops et des dalmannia, chez lesquels le tégument de l'œil est identique avec le reste de l'enveloppe céphalique, mais réticulé, c'est-à-dire percé de trous par chacun desquels s'élève une cornée transparente, en sorte que la surface visuelle est bosselée. (Pl. XLIII, fig. 16, 17 et 18.)

Celui des asaphus, acidaspis, etc., chez lesquels l'œil est couvert d'une cornée générale différente du test céphalique qui recouvre les lentilles partielles. (Pl. XLIII, fig. 19 à 23.)

Celui des harpes, chez lesquels les yeux sont composés d'un petit nombre de stemmates lisses, ou d'yeux simples isolés. (Pl. XLIII, fig. 24.)

Dans les deux premiers types, les lentilles ont presque la forme d'une sphère, quelquefois un peu aplatie. Ces lentilles paraissent augmenter avec l'âge dans certains types ; leur nombre varie beaucoup, même dans un genre naturel. Ainsi le *Phacops Volborthi*, Barr., en a 14 dans un œil, et le *Phacops cephalotes*, Corda, en a 200. Ces chiffres sont singulièrement dépassés dans quelques genres : l'*Asaphus nobilis*, Barr., en a 12,000, et le *Remopleurides radians*, Barr., 15,000.

M. Barrande distingue dans leurs formes : les yeux conoïdes tronqués (fig. 18), conoïdes arrondis, panoramiques (fig. 20, 21), annuloïdes, ovoïdes et aplatis. La dimension de ces organes n'est pas plus constante : quelquefois il dépasse la moitié de la longueur de la tête, quelquefois il n'en forme que la dixième partie ou une fraction plus petite.

Ainsi que nous l'avons dit plus haut, ils sont invariablement placés sur la branche faciale de la grande suture, mais ils peuvent exister sans elle, comme la suture sans eux. Leur plus grand diamètre est longitudinal, sauf dans le *Cromus intercostatus*.

La grande suture, qui longe l'œil dans sa partie

faciale, laisse entre elle et la glabelle une surface que l'on nomme la *joue fixe* (A, *a*), et sépare, au contraire, de la tête la *joue mobile* (A, *b*). L'œil fait partie de cette dernière, puisque la suture le contourne à sa partie interne; mais en arrivant vers lui elle s'infléchit pour circonscrire un lobe qui fait partie de la joue fixe, et qui se nomme le *lobe palpébral* (A, 5). L'angle postérieur de la joue se nomme la *pointe génale* (*g*).

L'enveloppe crustacée recouvrant la tête ne se termine pas brusquement à l'arête extérieure du contour, mais se replie en dessous pour former la doublure du test céphalique. Elle porte vers son milieu l'ouverture de la bouche, qui est ainsi placée sous la glabelle à la face inférieure de la tête. Cette bouche paraît avoir eu de l'analogie avec celle des phyllopodes vivants. On peut, dans les trilobites, y distinguer deux pièces : l'*hypostome*, placé extérieurement en avant de l'ouverture buccale, et analogue au labre des phyllopodes; et l'*épistome*, placé en dedans parallèlement, au moins dans quelques espèces. L'hypostome a été décrit en 1821 par Wahlenberg; il est attaché à la doublure du test céphalique par la suture hypostomale. On peut y distinguer un corps et des ailes.

Le *thorax* (B, B) des trilobites est composé de segments dont chacun peut se diviser en une partie médiane ou *anneau* de l'axe (B, 7), et deux parties latérales ou *plèvres* (B, 8).

La partie médiane forme un *anneau* toujours visible en dehors, et un *genou* antérieur caché dans l'extension, visible quand l'animal est enroulé, et séparé de l'anneau par une rainure.

Les plèvres paraissent unies à l'anneau d'une manière continue, sans suture, conformément aux observations de MM. Burmeister et Barrande, et contrairement à l'opinion de M. Emmrich. Elles sont constituées sur deux types différents : la *plèvre à sillon* (pl. XLIII, fig. 25 et 26), dont la surface externe est creusée dans le sens de sa longueur par une rainure ou sillon qui lui donne l'apparence d'une sorte de lanière mince avec un pli médian ; et la *plèvre à bourrelet* (pl. XLIII, fig. 27, 28 et 29), qui est inverse de la précédente, et dont la surface externe présente dans son milieu une élévation longitudinale qui la fait paraître cylindroïde. Chacun de ces types, vu en dessous, représente à peu près l'autre dans sa position normale. Les variations des plèvres, leur courbure, leurs proportions, etc., fournissent des caractères que nous ne pouvons pas analyser ici.

Le nombre des anneaux du thorax, négligé par les premiers observateurs, a ensuite été considéré comme constant dans les genres naturels, et érigé par conséquent en caractères génériques. Quelques auteurs (Loven, Beyrich) ont cru à la constance des nombres dans un genre ou dans une famille naturelle, non dans le thorax ou dans le pygidium isolé, mais dans l'ensemble du corps. M. Barrande a démontré, par des faits nombreux, que ces nombres sont variables dans les genres naturels, ainsi que dans les diverses périodes de croissance, fait sur lequel nous reviendrons en traitant des métamorphoses. Il a montré, en même temps, que le nombre total, aussi bien que le nombre des anneaux de chaque région, est constant dans les individus adultes d'une même espèce.

La plupart des trilobites (probablement tous) peuvent s'enrouler autour d'une ligne perpendiculaire à l'axe du corps. M. Barrande, dans l'étude de ce mouvement,

nomme cette ligne *axe d'enroulement*, *pôles* les extrémités du corps, et *équateur* la courbe que forme l'axe
du corps. Cet enroulement provient principalement des
segments thoraciques; son plus ou moins d'intensité
dépend de la forme du genou, de celle des lobes latéraux, et de la possibilité de contraction du bord. On
peut, sous ce point de vue, distinguer les trilobites à
forme *sphéroïde* (calymènes, etc.) et les trilobites à
forme *discoïde*, où l'enroulement se réduit à un re-
ploiement du corps en un disque aplati.

Le pygidium (C,C) est composé d'un certain nombre
de segments semblables à ceux du thorax, mais soudés
ensemble de manière à constituer un bouclier postérieur. La soudure varie suivant les genres et les espèces.
La forme normale de l'organe est un demi-cercle, mais
on peut distinguer aussi les formes segmentaire, trapézoïdale, ovalaire, subtriangulaire et parabolique; sa
longueur est, en général, moindre que sa largeur : elle
arrive cependant, dans quelques cas exceptionnels, à
être double et même triple (*Griffithides longispinus*,
Portl.).

Dans la plupart des pygidiums, l'axe (C, 9) se continue
analogue à celui du thorax, quelquefois il est rudimentaire. Sa largeur est en harmonie avec celle du thorax,
et il conserve le plus souvent la même hauteur. Le
nombre des anneaux qui le composent est très variable,
et dépend de sa grandeur proportionnelle. Dans le
Paradoxus spinosus, ce nombre forme un treizième de
celui de tout le corps. Dans l'*Amphion multisegmentatus*, il en contient la moitié. Les anneaux ont la
même organisation que ceux du thorax, et leurs plèvres
(C, 10) présentent aussi les deux types que nous avons
indiqués ci-dessus. Le bord de ces plèvres peut rester

libre ou s'unir en un bord commun; mais les caractères qu'on en peut tirer sont purement spécifiques, et varient dans l'étendue d'un même genre naturel.

Le test des trilobites présente divers ornements. Les uns sont en relief, et forment des granulations, des verrues ou tubercules, des épines, et des nervures ou stries saillantes. Les autres sont en creux, et sont des perforations, des cavités, et des stries ou sillons.

Le fait le plus important qui ait été acquis dans ces dernières années sur les trilobites est la découverte de leurs métamorphoses. Les premières notions émises sur ce sujet sont dues au comte de Sternberg (¹); mais il était réservé à M. J. Barrande de les mettre hors de doute, et de constater leurs diverses périodes. Ce savant, d'après l'étude d'un nombre considérable d'échantillons dus à ses patientes et incessantes recherches, a pu montrer que les divers genres présentent des différences marquées sous ce point de vue, et établir quatre types différents en ce qui concerne les changements de formes de ces crustacés.

Les uns commencent par une forme circulaire discoïde pour arriver à une forme allongée; la tête, dans l'origine, ne se distingue pas du thorax, où la segmentation est nulle ou réduite à deux ou trois anneaux. Dans la *Sao hirsuta*, par exemple, les dix-sept anneaux du thorax apparaissent un à un. Le pygidium, chez ces animaux, ne commence à exister qu'à la fin de la période embryonnaire, et les ornements du test sont relativement récents.

D'autres, au contraire, ont dès l'origine leurs formes génériques. Les anneaux du thorax, d'abord indistincts,

____

(¹) *Verhandl. des vaterl. Mus. in Böhm.*, p. 69.

deviennent successivement libres. Le pygidium, dans l'origine, a aussi des anneaux qui apparaissent successivement (*Trinucleus, Agnostus*).

Dans un troisième type (*Arethusina, Cyphaspis, Conocephalites, Illænus*, etc.) le thorax et le pygidium sont distincts dès l'origine et ont à peu près la même apparence que dans l'adulte, mais ils prennent l'un et l'autre de nouveaux anneaux.

Le *Dalmanites Hausmanni* forme un quatrième type qui a dès l'origine un thorax complet, et dont le pygidium distinct, mais incomplet, se complète peu à peu.

Il est possible, même probable, que quelques genres ont été exempts de métamorphoses.

M. J. Barrande a établi un fait très remarquable qui concerne les liaisons des métamorphoses avec la distribution géologique. Le nombre des trilobites dont la métamorphose a été constatée va en décroissant dans les divers étages fossilifères de la Bohême, à partir du plus bas jusqu'au plus élevé, et contraste avec le nombre absolu des espèces qui, au contraire, va en croissant dans le même sens.

Le même auteur a constaté l'existence de petits sphéroïdes de couleur noire mêlés avec les fragments des trilobites. Il est probable que ces corps ont été les œufs de ces animaux.

M. Burmeister considère ces crustacés comme vivant dans des eaux peu profondes et dans le voisinage des côtes. Il est difficile de prouver comme de nier cette assertion. Il est peu probable, au contraire, qu'ils aient été parasites comme le prétend Dalman.

La distribution géologique des trilobites présente des faits très intéressants. Malheureusement il s'en faut de beaucoup que tous les pays aient été étudiés avec autant de soin que la Bohême, et le nombre considérable de fragments mal connus, légèrement assimilés à des espèces constatées ailleurs, jette encore une certaine confusion sur les résultats obtenus. Je ne cite ici que les plus certains.

1° Tous les trilobites appartiennent à l'époque primaire; aucune espèce n'a été trouvée au-dessus des terrains carbonifères. Ce fait, connu depuis longtemps, a fait donner à l'époque primaire le nom d'*époque trilobitique*, et offre ainsi un des exemples les plus frappants d'un type nombreux créé pour un temps limité.

2° La faune primordiale de Bohême (étage inférieur, C, du silurien inférieur) a six genres spéciaux ! et un seul genre (*Agnostus*) qui passe à la faune seconde. Aucune espèce n'est commune à ces deux faunes.

3° La faune seconde (étage supérieur, D, du silurien inférieur) a dix-huit genres, ou plus de la moitié du nombre des genres qui la constituent, communs à la faune troisième, mais aucune espèce ne passe de l'une de ces faunes à l'autre.

4° La faune troisième (silurien supérieur) a onze genres, c'est-à-dire aussi un peu plus de la moitié des genres qui la composent, communs avec la faune dévonienne. Cette proportion comprend *tous* les genres dévoniens. Un très petit nombre d'espèces passent de l'une à l'autre (*Acidaspis radiata*).

5° Un seul genre (*Phillipsia*) se continue de la faune dévonienne à la faune carbonifère, et la compose peut-être seul.

Il est impossible de ne pas voir là de puissantes confirmations des lois que nous avons établies sur la durée limitée des espèces et sur leur disparition simultanée.

Si l'on compare les espèces dans leur distribution

géographique, on les trouvera bien plus cantonnées que les mollusques, et formant, en général, des exceptions à la loi qui établit la plus grande extension des espèces anciennes. Ce fait se lie probablement au faible pouvoir locomoteur de ces crustacés.

Les premiers essais de classification [1] des trilobites sont dus à Alex. Brongniart; on peut citer ensuite celles de Dalman, Quenstedt, Emmrich, M. Edwards, Goldfuss, Burmeister, Corda, M' Coy, etc. Les principaux caractères employés par ces auteurs sont la possibilité de se contracter en boule, que nous avons dit ci-dessus être générale ou à peu près; l'existence des yeux, bien plus constante qu'on ne le croyait; le nombre des segments du corps, variable suivant l'âge, etc. M. J. Barrande en a proposé une plus rationnelle que nous suivrons ici en grande partie.

Il sépare, en premier lieu, des véritables trilobites les agnostus, dont l'organisation est très anomale, qui ont la tête à peine distincte du pygidium, et dont les anneaux thoraciques sont très peu nombreux.

Il distingue les trilobites en deux séries d'après la conformation des plèvres, plaçant dans la première les espèces qui ont des plèvres à sillon, et dans la seconde celles qui ont des plèvres à bourrelet.

Dans chacune de ces séries il dispose les familles d'après le développement du pygidium, estimé soit par sa grandeur, soit par le nombre des anneaux. Ce développement, sauf quelques exceptions, est inversement

[1] Al. Brongniart, *Crust. foss.*, 1822; Dalman, *Paléades*, 1826; Quenstedt, *Wiegmanns' Archiv*, 1837, t. IV, p. 337; Emmrich, *De trilob. diss.*, 1839, et *Leonh. und Bronn Neues Jahrb.*, 1845; Milne Edwards, *Hist. nat. des crustacés*, 1840, t. III, p. 293; Goldfuss, *Leonh. und Bronn Neues Jahrb.*, 1843; Burmeister, *Org. der Trilobiten*, 1843; Corda, *Prodrom. der Trilob.*, 1847; M' Coy, *Ann. and mag. of nat. hist.*, 2ᵉ série, t. IV, 1850.

proportionnel à celui du thorax. La plus grande perfection du pygidium semble indiquer la plus complète évolution de l'être. Cet organe est faible dans le jeune âge, et se développe davantage plus tard. On peut remarquer aussi qu'en général les trilobites des terrains très anciens l'ont relativement plus petit, et celles des terrains plus récents l'ont plus grand. Ce fait se lie, comme on le voit, à la loi que nous avons discutée tome Ier, p. 69.

J'ai cependant cru devoir apporter à cette méthode quelques légères modifications, qui portent plus sur la forme que sur le fond. Plusieurs familles de M. Barrande sont établies sur des analogies un peu vagues, et il m'a paru qu'elles ne sont pas toutes équivalentes. Sans vouloir, dans un ouvrage de cette nature, discuter complétement ces questions, il m'a semblé qu'il serait plus clair de réduire le nombre des familles et d'en diviser quelques unes en tribus. On peut ainsi les caractériser avec plus de précision, et faire mieux comprendre les types auxquels elles correspondent. Ce traité de paléontologie s'adressant principalement aux commençants, j'ai, dans cette occasion, comme dans plusieurs autres, cherché la route la plus facile. Je suivrai donc la classification suivante :

1° *Tête très distincte, dans sa conformation, du pygidium.*

A. *Type de la plèvre à sillon.*

α.) *Pygidium très petit, thorax grand.*

1re Famille. — HARPIDES. 25 à 26 segments au thorax, très simples; tête grande, entourée d'un large disque perforé; yeux à stemmates; pas d'appendices au pygidium.

2e Famille. — PARADOXIDES. 11 à 20 segments au thorax; tête grande, à bord peu développé, et sans disque perforé; pygidium terminé par des appendices de forme variable.

β.) *Pygidium et thorax moyens.*

3ᵉ Famille. — CALYMÉNIDES. Segments du thorax ordinairement au nombre de 11 à 13, mais variant de 8 à 22 dans quelques types exceptionnels; tête plus petite que le thorax, à lobation normale; pygidium à limbe peu étendu.

4ᵉ Famille. — LICHASIDES. Segments du thorax au nombre de 11; pygidium composé d'un petit nombre de segments, mais occupant par son limbe une assez grande étendue; tête divisée en compartiments par des rainures; branche faciale de la grande suture se terminant aux bords antérieurs et latéraux au niveau de l'œil.

γ.) *Pygidium grand et thorax petit.*

5ᵉ Famille. — TRINUCLÉIDES. Tête plus grande que le thorax et que le pygidium, entouré d'un limbe souvent perforé; pointes génales longues; thorax de 5 à 6 segments.

6ᵉ Famille. — ASAPHIDES. Pygidium égal ou supérieur à la tête, à segments nombreux et distincts; thorax à 8 segments.

7ᵉ Famille. — ÆGLINIDES. Corps étroit; pygidium égal ou supérieur à la tête, à axe tronqué et à segments très peu nombreux; *yeux marginaux;* thorax très court, à 5 ou 6 segments.

8ᵉ Famille. — ILLÆNIDES. Pygidium égal ou supérieur à la tête, lisse, à segments très peu nombreux ou nuls; thorax de 8 à 10 segments, à plèvres plates, sans sillons.

B. *Type de la plèvre à bourrelet.*

9ᵉ Famille. — ODONTOPLEURIDES. Pygidium de 2 à 5 segments, terminé par des pointes ou dentelures, beaucoup plus petit que le thorax, qui a de 8 à 12 segments, et qui porte des plèvres plus ou moins pointues ou armées d'épines.

10ᵉ Famille. — AMPHIONIDES. Pygidium armé de pointes, comme dans la famille précédente, mais à segments plus nombreux (famille provisoire).

11ᵉ Famille. — BAONTIDES. Pygidium ayant un axe très court ou nul, mais étant développé dans ses parties latérales en un vaste bouclier à sillons rayonnants, qui égale la tête en surface.

2° *Tête et pygidium ayant presque la même forme; thorax très petit.*

12ᵉ Famille. — AGNOSTIDES. Corps composé d'une tête et d'un pygidium, qui forment chacun un grand bouclier semi-lunaire, séparés par un très petit thorax de deux segments.

1ʳᵉ Famille. — **HARPIDES.**

Ces trilobites ont la tête très grande, à partie interne saillante, en forme de fer à cheval, prolongée en cornes latérales ; des yeux à stemmates ; la grande suture arrivant sur l'arête du limbe, qui est grand et très perforé ; 25 à 26 segments au thorax, et un très petit pygidium. Le test est orné de granulations sans stries.

Cette famille ne renferme qu'un seul genre.

Les Harpes, Goldfuss, — Atlas, pl. XLIV, fig. 1,

qui ont été anciennement confondus avec les olenus par Goldfuss. Cet auteur a plus tard classé parmi les Cryptolithus quelques espèces de ce genre, décrites par le comte de Münster sous le nom de *Trinucleus*.

On trouve les harpes dans les terrains siluriens et dévoniens [1].

Les terrains siluriens inférieurs d'Irlande (Caradoc sandstone) sont le seul gisement de cette époque où l'on en ait découvert.

M. Portlock [2] a décrit les *H. Donovani* et *Flanaganni*, et M. M'Coy [3] a fait connaître le *H. parvulus.*

La Bohême seule a fourni des espèces du terrain silurien supérieur [4].

M. Barrande en admet sept : l'*H. ungula*, Sternberg, les *H. venulosus* Corda, *Montagnei*, id., et *reticulatus*, id., et trois espèces nouvelles, les *H. vittatus*, Barrande, *crassifrons*, id., et *d'Orbignyanus*, id.

Les terrains dévoniens du Rhin en contiennent également.

L'espèce la mieux connue [5] est le l'*H. macrocephalus*, Goldfuss, confondu à tort avec l'*H. ungula*, Sternb. Il paraît, par contre, qu'on doit lui réunir le *H. speciosus*, Münster, et les espèces que cet auteur a décrites sous les noms

[1] Les harpes n'ont encore été trouvés qu'en Allemagne, en Bohême et en Irlande.

[2] *Geol. report*, p. 267, pl. 5, fig. 4 et 5.

[3] *Ann. and mag. of nat. hist.*, 1851, t. VIII, p. 387.

[4] Sternberg, *Verhandl. Böhm. mus.*, p. 52 ; Hawle et Corda, *Prodrome*, p. 163 ; Barrande, *Syst. sil. Bohm.*, p. 347, pl. 8 à 9.

[5] Goldfuss, *Nova acta Acad. nat. cur.*, t. XIX, p. 359, pl. 30, fig. 2, et Leonh. und Bronn Neues Jahrb., 1843, p. 543 ; Münster, *Beiträge zur Petref.*, t. III, pl. 43, pl. 5.

de *Trinucleus gracilis*, *Wilkensii*, etc., que Goldfuss a associées plus tard au genre CRYPTOLITHUS, de Green.

M. F. W. Hœninghaus [1] a découvert dans l'Eifel une nouvelle espèce, le *H. reflexus*, Hœn.

2ᵉ FAMILLE. — PARADOXIDES.

Les paradoxides, auxquels je réunis les rémopleurides, ont, comme les harpides, la tête grande, en fer à cheval, prolongée en arrière en cornes; mais le disque de la tête est plus étroit, non perforé, et le thorax n'a plus que 11 à 20 anneaux. Le pygidium est très petit, et muni en arrière d'appendices dont la forme varie dans les divers genres.

Les RÉMOPLEURIDES, Portlock, — Atlas, pl. XLIV, fig. 2,

forment un type très distinct de tous les autres trilobites. Ils se distinguent facilement par leurs articles, au nombre de 11 seulement, et par leur pygidium, terminé par une partie plate, prolongée, arrondie ou découpée en pointes. Le test est mince. Ce genre, établi par M. Portlock, doit comprendre celui que M. Barrande avait décrit sous le nom de CAPHYRA, genre qui a été plus tard désigné par M. Corda sous le nom de AMPHITRYON [2].

Les espèces se trouvent dans les terrains siluriens.

Celles qui ont été recueillies en Irlande appartiennent au terrain silurien inférieur.

M. Portlock décrit les *R. Colbii*, *lateri-spinifer*, *dorso-spinifer*, *longi-capitatus* et *longi-costatus*. Elles proviennent toutes des environs de Tyrone.

Le terrain silurien de Bohême en a fourni une seule espèce.

M. Barrande l'a décrite sous le nom de *R. radians*, Barr.; elle appartient à la partie la plus élevée de l'étage supérieur des terrains siluriens inférieurs.

Les PARADOXIDES, Brongniart, — Atlas, pl. XLIV, fig. 3,

sont des trilobites en forme de triangle allongé. La tête, plus courte que le corps, représente un bouclier semi-circulaire pro-

<hr>

[1] *Leonh. und Bronn Neues Jahrb.*, 1849, p. 370.

[2] Portlock, *Geol. report*, p. 254, pl. 1; Barrande, *Notice prélim.*, p. 32, et *Syst. sil. Bohm.*, p. 356; Hawle et Corda, *Prodrome*, p. 112, pl. 6, fig. 58.

longé en pointes latérales jusqu'au milieu du thorax ; les yeux forment un arc de cercle très étendu, sans réticulation apparente. Le thorax est étroit, composé de 16 à 20 segments, dont les plèvres sont souvent prolongées et minces à l'extrémité. Le pygidium est petit, mais varie de 8 à 20 segments.

Ce genre est connu depuis longtemps, et a été confondu avec d'autres trilobites sous les noms d'ENTOMOLITHUS, ENTOMOSTRACITES, etc. Il fait partie des OLENUS de Dalman.

Les paradoxides n'ont encore été trouvés qu'en Suède, en Angleterre et en Bohême. Ils caractérisent le terrain silurien inférieur.

On trouve dans le grand ouvrage de M. Barrande la description détaillée de douze espèces de Bohême ([1]).

La plus connue est le *P. Bohemicus*, Boeck, confondu avec le *P. Tessini* de Brongniart ; elle a été décrite sous plusieurs autres noms. C'est l'espèce figurée dans l'Atlas.

Les autres sont les *P. Sacheri*, Barr., *spinosus*, Boeck, *Linnæi*, Barr., *rotundatus*, Barr., *Lyelli*, id., *inflatus*, Corda, *imperialis*, Barr., *orphanus*, id., *pusillus*, id., *rugulosus*, Corda, *desideratus*, Barr., et *expectans*, id.

Les principales espèces de Suède ([2]) sont le *Par. Tessini*, Brongniart, (*Entomostr. paradoxissimus*, Walhl., *Entomol. paradoxus*, Lin.), et les *Par. Forchammeri* et *Lœveni*, décrits par M. Angelin.

M. Salter ([3]) a annoncé qu'une espèce de ce genre avait été trouvée dans les terrains siluriens inférieurs du pays de Galles.

On pourrait citer encore quelques espèces plus incertaines, telles que le *P. actinurus*, Burm., *Harlani*, Green, etc.; mais leurs rapports génériques sont trop incertains.

Les HYDROCEPHALUS, Barr. (*Phlysacium* et *Phanoptes*, Corda),
— Atlas, pl. XLIV, fig. 4,

ont les plus grands rapports avec les paradoxides dans la forme de leur tête et de leurs yeux, dans la conformation de leur thorax et dans l'allongement de quelques plèvres. Ils s'en distinguent par la suture faciale, qui aboutit au contour latéral, en sorte que la

[1] Barrande, *Syst. sil. Bohm.*, p. 361, pl. 9-14 ; Boeck, *Mag. für naturw.*, t. I, 1ᵉʳ cahier ; Hawle et Corda, *Prodrome*, p. 30.

[2] Brongniart, *Crust. foss.*, p. 31, pl. 4, fig. 1 ; Wahlenberg, *Act. Ups.*; Angelin, *Pal. Suec.*

[3] D'après M. Barrande, p. 366.

pointe génale reste attachée à la joue fixe, et non à la joue mobile, par leur glabelle, que divise un sillon médian, et par le nombre des anneaux du thorax, qui se réduit à 12. Leur tête est énorme dans le jeune âge, et finit par former la moitié de la longueur totale (¹).

On n'en connaît que deux espèces, l'*H. cereus*, Barr. (*Phlysacium paradoxum*, Corda), et l'*H. saturnoides*, Barr. (*Pharostes pulcher*, Corda), de la faune primordiale (étage C) des terrains siluriens de Bohême.

Les **Sao**, Barrande, — Atlas, pl. XLIV, fig. 5 *a* à *f*,

ont le corps ovalaire, clairement trilobé ; la tête médiocre, à peu près semi-circulaire, à pointes génales courtes. La glabelle, saillante, est séparée par des sillons dorsaux profonds et marquée de trois sillons latéraux. Le thorax a 17 segments dans les adultes, les plèvres couchées et légèrement imbriquées, non prolongées. Le pygidium est petit et composé de deux segments.

M. J. Barrande a montré (²) que ce genre passe par les métamorphoses les plus remarquables. L'animal, réduit dans l'origine à un petit disque qui correspondra plus tard à la tête, s'augmente par de nouveaux anneaux, qui naissent un à un pour former le thorax. En même temps la glabelle se marque, se bosselle, les plèvres prennent leurs ornements ou les augmentent. M. Barrande énumère et décrit en détail les phases de ce développement, pour lesquelles je suis obligé de renvoyer à son bel ouvrage. Notre Atlas, dans ses figures 5 *a* à *f*, de la planche XLIV, en donne les principaux états successifs.

Ces observations curieuses, en même temps qu'elles démontrent les métamorphoses des trilobites, prouvent avec quelle prudence il faut se servir du nombre des anneaux comme caractères génériques.

D'autres naturalistes, n'étant pas éclairés par la connaissance de ces passages, ont multiplié les noms pour désigner la seule espèce de ce genre que l'on connaisse. Elle porte 18 noms spé-

---

(¹) La figure 4 *a* de la planche XLIV de l'Atlas représente un jeune individu de l'*H. saturnoides*, et la figure 4 *b* un individu adulte de la même espèce.

(²) *Leonh. und Bronn Neues Jahrb.*, 1849, p. 385, et *Syst. sil. Bohm.*, p. 383, pl. 7.

cifiques dans le prodrome de MM. Hawle et Corda, et ses divers
états sont répartis entre 10 genres différents.

Il faut, en conséquence, considérer comme synonymes du mot
Sao les noms génériques suivants, établis par M. Corda : CRITHIAS,
TETRACNEMIS, GONIACANTHUS, ENNEACNEMIS, ACANTHOCNEMIS, ACAN-
THOGRAMMA, ENDOGRAMMA, MICROPYGE, SELENOSEMA et STAUROGMUS.
M. Barrande lui-même, avant sa découverte, avait donné le nom
de MONADINA et de MONADELLA aux premiers âges des sao.

La seule espèce connue, la *Sao hirsuta*, Barrande, n'a été trouvée qu'en
Bohême, dans l'étage C, qui renferme la faune la plus ancienne des terrains
siluriens.

Les ARIONELLUS, Barrande (olim *Arion* et *Arionides*, id., *Agraulos* et *Herse*, Corda),

ont les formes des sao, mais 16 segments (au lieu de 17) au thorax et 3 (au lieu de 2) au pygidium ; et la glabelle, plus simple,
n'est pas divisée par des sillons. Il faut toutefois remarquer que le
moule en porte l'empreinte, et que c'est probablement l'épaisseur
du test qui les efface.

La seule espèce connue (¹), l'*Arionellus ceticephalus*, Barrande, appartient
également à l'étage C ou à la faune silurienne primordiale de Bohême.

Les ELLIPSOCEPHALUS, Zenker,

ressemblent encore aux sao, et ont, comme les arionellus, une
glabelle sans sillons ; les angles génaux sont arrondis. La suture
faciale, très limitée, aboutit à l'angle postérieur de la joue ; le
thorax a 12 à 14 segments, et le pygidium 2.

On en connaît deux espèces (²) du même étage C de Bohême : l'*Ellipso-
cephalus Hoffi*, Schl. (*Calymene decipiens*, Kœnig), et l'*E. Germari*, Barr.

Les OLENUS, Dalman, — Atlas, pl. XLIV, fig. 6,

ont été anciennement confondus avec les paradoxides, et les limites
de ces deux genres, mal précisées par Dalman, ont été envisagées

____

(¹) Barrande, *Syst. sil. Bohm.*, p. 404, pl. 10.
(²) Barrande, *Syst. sil. Bohm.*, p. 413, pl. 10 et 13 ; Schlotheim, *Petref.*,
Nachträge, p. 30 et 34, pl. 22, fig. 2 ; Kœnig, *Icones sectiles*, 1, 2, pl. 3,
fig. 32.

de manières très diverses par les paléontologistes. Nous admettons ici la séparation de ces genres, telle que l'a établie M. Burmeister, c'est-à-dire que nous nommons OLENUS les espèces dont le bouclier céphalique est plus court que dans les genres précédents, terminé par des pointes génales médiocres, dont la glabelle est partagée par des sillons, dont les yeux sont en arc de cercle étroit, dont le thorax a 14 segments et le pygidium 5 (si toutefois ces chiffres sont constants dans toutes les espèces).

Les olenus sont caractéristiques des terrains siluriens inférieurs [1].

L'espèce la mieux connue est l'*O. gibbosus*, Dalman (*Paradoxides gibbosus*, Brongniart), des schistes alumineux des environs d'Andrarum.

Plusieurs autres espèces ont été décrites, mais parmi elles il y en a quelques unes qui sont douteuses. Deux d'entre elles, qui ont été signalées par M. Burmeister, ont été transportées dans d'autres genres.

Les PELTURA, Milne Edwards, — Atlas, pl. XLIV, fig. 7,

sont un démembrement des olenus établi précisément pour une de ces espèces de M. Burmeister. Ils sont clairement caractérisés par leur pygidium, élargi en une portion marginale dentée. Les autres caractères sont ceux des olenus [2].

M. Milne Edwards a décrit deux espèces, le *Peltura scarabæoides* (*Olenus scarabæoides*, Dalm.) des terrains siluriens inférieurs de Suède, et le *Peltura Bucklandii*, Milne Edwards (*Trilobite de Dudley*, Brongniart), des terrains siluriens d'Irlande.

Les TRIARTHRUS, Green,

sont remarquables par la brièveté du thorax et du pygidium. Ces organes sont clairement trilobés, et la glabelle a des sillons [3].

Le *Triarthrus Beckii*, Green (*Paradoxides triarthrus*, Harlan), a été trouvé dans un schiste carbonifère des environs d'Utica (Etat de New-York). C'est, comme je l'ai dit plus haut, la seule espèce de cette famille qui n'appartienne pas à l'époque silurienne.

[1] Burmeister, *Die organ. der Trilob.*, p. 81, pl. 3, fig. 2.

[2] Milne Edwards, *Hist. nat. des crust.*, t. III, p. 344; Burmeister, *loc. cit.*; Brongniart, *Crust. foss.*, pl. 3, fig. 5, et pl. 4, fig. 9.

[3] Green, *Monog. des trilobites*, p. 86, fig. 6; Harlan, *Med. and phys. research.*, p. 365, fig. 5; Milne Edwards, *Hist. nat. des crust.*, t. III, p. 345, etc.

Les Conocephalites, Barrande (*Conocephalus*, Zenker, *Cono-
coryphe*, *Ptychoparia* et *Ctenocephalus*, Corda), — Atlas,
pl. XLIV, fig. 8,

sont très voisins des olenus, et en comparant les échantillons
figurés et la description, ils me paraissent ne différer que par les
plèvres, qui sont plus pointues dans les premiers et plus arrondies
dans les conocephalites. Ces derniers ont aussi des pointes génales un peu plus grandes, 14 à 15 segments au thorax, 2 à 8 au
pygidium. Quelques espèces ont des yeux, d'autres en sont dépourvues.

Ces trilobites caractérisent les terrains siluriens inférieurs.

M. Barrande ([1]) en décrit quatre de Bohême (étage C), dont deux sans yeux,
le *C. Sulzeri*, Schl. (*C. costatus*, Zenk.), et le *C. coronatus*, Barr.; et deux
munis d'yeux, les *C. striatus*, Emmr., et *Emmerichi*, Barr. Le *C. Sulzeri*,
a déjà été connu de Born en 1772.

M. Angelin ([2]) a décrit six espèces de la faune primordiale de Suède. Elles
ont toutes des yeux. Ce sont les *C. holometopa*, Ang., *canaliculata*, id., *bra-
chymetopa*, id., *aculeata*, id., *lejostracea*, id., et *stenometopa*, id.

M. Salter ([3]) a signalé dans les mêmes terrains de la Géorgie (États-Unis)
une espèce, *C. antiquatus*, Salter, qui ressemble beaucoup au *C. striatus*, de
Bohême.

3e Famille. — CALYMÉNIDES.

Nous réunissons dans cette famille tous les trilobites du type
de la plèvre à sillon, qui ont la tête normale plus petite que le
thorax, et un pygidium peu étendu, sans limbe marqué.

Leur thorax a, dans la grande majorité des genres, 11 à 13 segments. Dans quelques types, dont la place est douteuse, ce
nombre s'élève jusqu'à 22. Si le genre des cyphaspis ne les liait
pas aux autres par des transitions insensibles, ces genres exceptionnels seraient mieux placés avec les harpides, auxquels ils
font une transition incontestable.

Nous divisons cette famille en trois tribus :

([1]) *Syst. sil. Bohm.*, p. 419, pl. 13, 14, 29; Schlotheim, *Petref.*, *Nachträge*,
p. 34, pl. 22, fig. 1; Emmrich, *De trilobitis*, p. 43; Burmeister, *Org. der
Trilob.*, p. 85, etc.

([2]) *Pal. Suec.*, p. 23, pl. 18 et 19.

([3]) *British assoc.*, 1852 (teste Barrande).

Les *Proétiens*. Segments du thorax en nombre variable, yeux normaux, branches faciales isolées (tribu de transition).

Les *Phacopiens :* 11 segments au thorax; test qui recouvre les yeux complétement identique avec celui du reste de la tête (caractère tout à fait spécial à cette tribu); grande suture contournant le lobe frontal.

Les *Calyméniens*. 13 segments au thorax, yeux normaux; grande suture variable en avant, et aboutissant toujours en arrière à l'angle génal.

1re Tribu. — PROÉTIENS.

Les proétiens ont une tête très variable dans ses apparences. Les branches faciales de la grande suture sont toujours isolées; le thorax est plus grand que la tête, et varie de 8 à 22 segments; le pygidium est aussi très variable, ordinairement plus petit que le thorax.

Cette tribu, qui diffère des familles précédentes par l'accroissement du pygidium, est, comme on le voit, imparfaitement caractérisée; mais elle réunit des genres que des transitions nombreuses empêchent de séparer. Elle forme elle-même le lien entre les harpides et les calyménides.

Les PROETUS, Steininger, — Atlas, pl. XLIV, fig. 9 à 11,

ont un corps ovalaire, distinctement trilobé, dont la tête occupe un peu moins du tiers. Celle-ci est toujours entourée d'un limbe formé d'un bord externe et d'une rainure interne; la forme de l'angle génal varie. La glabelle est lobée par des sillons. Les branches faciales de la grande suture sont parallèles vers les yeux et vers le bord antérieur, et divergent en arrière pour atteindre le bord postérieur entre l'angle de la joue et le sillon dorsal. Les yeux sont grands, réticulés. Les segments du thorax varient de 8 à 10; les plèvres sont coudées, terminées en pointe ou arrondies. Le pygidium varie de 4 à 13 segments; il est arrondi ou parabolique, denté dans quelques espèces.

Il faut réunir à ce genre une partie des GERASTOS, Goldfuss [1], les ÆONIA, Burmeister, les FORBESIA, M'Coy, les PHAËTONOPELTIS,

---

[1] Les autres gerastos sont des *Cyphaspis*.

les Xiphogonium et les Goniopleura, Corda, les Trigonaspis, Sandberger, et probablement les Cylindraspis, id.

Les proetus sont très nombreux, et les espèces sont réparties dans les terrains siluriens et dévoniens ; elles sont surtout abondantes dans les terrains siluriens supérieurs.

On peut les diviser en deux sous-genres : les Proetus proprement dits, qui ont le contour du pygidium uni (Atlas, pl. XLIV, fig. 9 et 10), et les Phaeton, Barr., qui ont ce contour dentelé (*idem*, fig. 11).

Parmi les premiers on peut citer (1) :

Dans l'étage silurien inférieur, le *P. latifrons* (*Forbesia latifrons*, M' Coy), d'Irlande (2).

Dans l'étage silurien supérieur, une espèce à neuf segments au thorax, le *P. sculptus*, Barrande de Bohême ; et environ trente-cinq espèces à dix segments au thorax, savoir :

Le *P. concinnus*, Dalman (3), de Suède, le *P. Stokesi*, Murchison (4), d'Angleterre, et un grand nombre d'espèces de Bohême. Parmi ces dernières, les *P. Ryckolti*, Barr., *frontalis*, Corda, *superstes*, Barr., *myops*, id., *anguloides*, id., *orbitatus*, id., *retroflexus*, id., *micropygus*, Corda, *Ascanius*, id., *serus*, Barr., *lusor*, id., *gracilis*, id., *inaequicostatus*, id., *fallax*, id., et *latens*, id., ont le test lisse.

Les *P. bohemicus*, Corda, *neglectus*, Barrande, *tuberculatus*, id., *Lœveni*, id., *Memnon*, Corda, *natator*, Barr., *insons*, id., *mœstus*, id., *eremita*, id., *curtus*, id., ont le test granulé.

Les *P. complanatus*, Barrande, et *intermedius*, id., ont le test granulé et strié.

Les *P. lepidus*, Barr., *venustus*, id., *decorus*, id., et *Astyanax*, Corda, ont le test strié.

Dans les terrains dévoniens :

Le *P. Barrandei*, Roemer (5), du Hartz, la seule espèce qui n'ait que huit segments au thorax, ainsi que les *P. orbicularis*, et *crassimargo*, du même auteur, et probablement celle qu'il a nommée *crassirachis*.

(1) Voyez, pour la plupart de ces espèces, Barrande, *Syst. sil. Bohm.*, p. 429, pl. 15 à 17.

(2) M' Coy, *Synop. sil. foss. Ireland*, p. 49, pl. 4, fig. 11.

(3) *Paléades*, p. 40, pl. 1, fig. 5.

(4) *Sil. syst.*, p. 656, pl. 14.

(5) *Palæontographica*, t. III, 1er cahier.

Les *P. Cuvieri*, Steininger [1], *granulosus*, Goldfuss, et *cornutus*, id. [2] de l'Eifel, à 10 segments au thorax et à test lisse.

Le *P. Verneuilli*, Barrande, à test strié.

Il faut y ajouter les espèces dont MM. Sandberger [3] ont fait leur genre Trigonaspis, les *P. lævigatus*, Sandb., et *cornutus*, id., du duché de Nassau, et probablement celles dont ils ont fait le genre Cylindraspis, les *P. latispinosa* et *macrophthalmus*, Sandb.

Le sous-genre des Phaeton, Barrande, renferme trois espèces des terrains siluriens supérieurs de Bohême.

Ce sont le *P. Archiaci*, Barrande, à test lisse ; le *P. planicauda*, id., à test granulé et strié, et le *P. striatus*, id., à test strié. Ce dernier est figuré dans l'Atlas, pl. XLIV, fig. 11.

Les Phillipsia, Portlock (*Phillipsia* et *Griffithides*, idem), — Atlas, pl. XLIV, fig. 12,

ont le corps en ovale allongé ; la tête variant depuis la forme semi-circulaire jusqu'à celle d'une parabole étroite ; la glabelle est composée d'un grand lobe médian simple, et de deux petits lobes latéro-postérieurs. Le thorax a 9 (ou 10) segments. Le pygidium varie de 11 à 16 segments dorsaux, qui portent de 8 à 13 plèvres.

Les Cyphus, de Koninck, ne sont que des fragments de phillipsia. Il faut aussi réunir à ce genre une partie des Archegonus, Burmeister [4].

Ce genre est surtout caractéristique de l'époque carbonifère, et il réunit toutes les espèces trouvées jusqu'à présent en Europe dans ces terrains.

M. Barrande lui accorde toutefois une existence plus longue [5], et il se fonde sur une espèce recueillie par lui en Bohême, et sur diverses autres encore inédites.

Il cite dans les terrains siluriens supérieurs :

La *Ph. parabola*, Barrande, de Bohême, espèce encore douteuse.

Une nouvelle espèce, incomplétement connue, de l'île de Gothland, qui existe dans la collection de M. de Verneuil.

[1] *Mém. Soc. géol. de France*, t. I, p. 355, pl. 21, fig. 6.

[2] *Leonh. und Bronn Neues Jahrb.*, 1843, p. 558, pl. 4, fig. 4, et pl. 5, fig. 1.

[3] *Verst. Rhein. schicht. syst. Nassau*, p. 30, pl. 3.

[4] Les autres, formant le sous-genre des Dysplanus, sont des *Illænus*.

[5] *Syst. sil. Bôhm.*, p. 477, pl. 18.

Dans les terrains dévoniens :

La *Ph. Verneuilli*, Barr., espèce inédite de l'Eifel.

Une espèce américaine, décrite par Hall sous le nom de *Calymene crassi-marginata*.

Les espèces des terrains carbonifères sont beaucoup plus nombreuses et mieux connues.

MM. Portlock [1] et de Koninck [2] ont décrit, le premier les espèces des terrains carbonifères d'Irlande, et le second celles de Belgique. Ce sont :

La *Ph. Brongniarti*, Kon. (*Asaphus Brongniarti*, Fischer, *obsoleta*, Phil., Goldf., etc.), de Belgique, d'Irlande et de Russie.

La *Ph. globiceps*, Kon. (*Asaphus globiceps*, Phill., *Griff. globiceps*, Portl., *Archegonus globiceps*, Burm.), de Belgique et d'Irlande.

La *Ph. Derbyensis*, Kon. *Entomolithus oniscites Derbyensis*, Martin, *Asaphus granuliferus*, *seminiferus* et *raniceps*, Phill., *Phillipsia Jonesii* var *seminifera*, Portl., *Asaph. Dalmani*, Goldfuss), de Belgique, d'Irlande, etc. C'est l'espèce figurée dans l'Atlas.

La *Ph. gemmulifera*, Morris (*Asaphus gemmuliferus*, Phill., *Phillipsia Kellii*, Portlock), des mêmes gisements.

La *Ph. pustulata*, Kon. (*Asaphus pustulatus*, Schl., *As. truncatus*, Phill., *Phill. ornata*, Portlock), d'Angleterre, d'Irlande et de Belgique.

La *Ph. Jonesii*, Portlock, des mêmes localités.

La *Ph. Mac Coyi*, id., d'Irlande.

Les *Griff. longiceps* et *longispinus*, id., également d'Irlande.

MM. de Verneuil, Murchison et Keyserling [3] ont ajouté les *Ph. Eichwaldi* et *ouralica*, des mêmes terrains de Russie.

Le *Griff. mesotuberculatus*, M' Coy [4], a été trouvé en Irlande.

Les CYPHASPIS, Burmeister (*Cyphaspis* et *Conoparia*, Corda), —
Atlas, pl. XLIV, fig. 13 et 14,

qui forment une partie des GERASTOS et des PHACOPS de Goldfuss, sont très voisins des proetus, soit dans la forme de la suture faciale, soit dans celle du thorax et du pygidium. Ils en diffèrent par leur glabelle plus bombée, par leurs yeux plus ovoïdes, par leurs segments thoraciques ordinairement plus nombreux et variant de 10 à 17 (au lieu de 8 à 12), et par leur granulation spiniforme. Leurs pointes génales sont souvent longues et minces.

[1] *Geol. report*, p. 305 et 310, pl. 11.
[2] *Descr. an. foss. Belg.*, p. 395, pl. 53.
[3] *Pal. de la Russie*, p. 376, pl. 27, fig. 14 et 16.
[4] *Ann. and mag. of nat. hist.*, 2ᵉ série, t. IV, p. 466.

On en connaît une douzaine d'espèces, qui s'étendent depuis le terrain silurien inférieur jusqu'au terrain dévonien. Ce sont, en général, des espèces rares et de petite taille.

Les terrains siluriens de Bohême en ont fourni quelques unes [1].

La *Cyphaspis Burmeisteri*, Barr., se trouve à la fois dans l'étage le plus supérieur des siluriens inférieurs et dans la partie la plus inférieure des terrains siluriens supérieurs.

Les *C. Hülli*, Barr., *novellæ* id., *humillima*, id., et *depressa*, id., caractérisent l'étage inférieur des terrains siluriens supérieurs.

Les *C. Barrandei*, Corda, *cerberus*, Barr., *Davidsoni*, id., et *concava*, Corda, se trouvent dans les étages moyens du même terrain.

Quelques espèces ont été citées dans les terrains dévoniens.

Ce sont les *Cyphaspis ceratophthalma*, Beyrich [2], et *hydrocephala*, Roemer [3], si toutefois ces deux espèces sont distinctes, et la *C. Gaultieri*, Rouault [4], de Bretagne.

Les ARETHUSINA, Barrande (*Arethusa*, Barr., olim ; *Aulacopleura*, Corda). — Atlas, pl. XLIV, fig. 15,

appartiennent encore au même type ; mais la glabelle est très raccourcie et enfoncée, le nombre des anneaux du thorax s'élève à 22, et les ornements consistent en petites cavités qui les distinguent clairement des cyphaspis.

On n'en connaît [5] que deux espèces, les *A. Konincki*, Barr., et *nitida*, id., spéciales à l'étage inférieur des terrains siluriens supérieurs de Bohême.

Les HARPIDES, Beyrich,

ressemblent beaucoup aux arethusina, et ont la même disposition des parties de la tête, sauf qu'elle est bien moins bombée. M. Barrande rapproche ces deux genres dans sa classification, quoique, suivant lui, les harpides aient des plèvres à bourrelet. Cette circonstance laisse leurs affinités génériques très incertaines.

[1] *Syst. sil. Bohm.*, p. 479, pl. 16 et 18.

[2] *Phacops ceratophthalmus*, Goldfuss, *Leonh. und Bronn Neues Jahrb.*, 1843, p. 564, pl. 5, fig. 2 ; *Cyphaspis ceratophthalmus*, Beyrich, *Trilobiter*, p. 23 ; Sandberger, *Verst. Rhein. sch. Syst.*, p. 23, pl. 2, fig. 4, etc.

[3] *Harzgeb.*, p. 38, pl. 11, fig. 7.

[4] *Bull. Soc. géol.*, 2ᵉ série, t. VIII, p. 382.

[5] *Syst. sil. Bohm.*, p. 493, pl. 18.

La seule espèce connue [1], l'*H. hospes*, Beyrich, appartient probablement au terrain silurien inférieur.

2ᵉ Tribu. — PHACOPIENS.

Les phacopiens ressemblent beaucoup aux proétiens par leurs formes générales, tout en rappelant aussi les calyméniens. Ils ont un céphalothorax bien développé; leur grande suture contourne immédiatement le lobe frontal de la glabelle. Le thorax a 11 segments, et occupe la plus grande partie du corps. Le pygidium est variable. Le test est toujours granulé.

Ces trilobites diffèrent de tous les autres genres connus par leurs yeux, qui sont formés sur le premier type que nous avons indiqué (p. 476), c'est-à-dire que chez eux le test, qui forme la base de leur surface visuelle, est complétement iden tique avec celui de tout le reste de la tête. Ce caractère est le principal motif qui justifie leur séparation en une famille distincte.

Les PHACOPS, Emmrich, — Atlas, pl. XLIV, fig. 16,

ont un corps ovalaire, clairement trilobé, dont le céphalothorax forme un peu moins du tiers, et le pygidium le quart. Le premier est arrondi, son limbe est rudimentaire autour du lobe frontal de la glabelle; les angles génaux sont arrondis; la glabelle est pentagonale, arrondie et renflée dans sa partie antérieure, se projetant en avant du limbe rudimentaire. La suture hypostomale existe toujours sous la forme d'un arc aplati, et permet la séparation facile de l'hypostome, qui est triangulaire. Le thorax a toujours 11 segments.

Ce genre se distingue de ceux qui composent la tribu des proétiens et celle des calyméniens par la forme de sa tête, et surtout par l'absence du limbe en avant, et par le cours de la suture faciale. Toutes les espèces se roulent facilement en boule.

Les phacops se trouvent dans les terrains siluriens et dévoniens.

Ils sont rares dans les terrains siluriens inférieurs.

On n'en a point trouvé dans ceux de Bohéme; mais on peut citer le *Phacops Stokesi* (*Calymene Stokesi*, Milne Edwards) [2], des grès de Caradoc, et quelques espèces indéterminées d'Angleterre citées par M. Barrande.

[1] Beyrich, *Ueber Triloliten*, II, p. 34.

[2] Milne Edwards, *Hist. nat. des crust.*, t. III, p. 324, Brongniart, *Crust. foss.*, pl. 1, fig. 5 (*Cal. macrophthalma*); Barrande, *Syst. sil. Bohm.*, p. 507.

Ils augmentent beaucoup de nombre dans les terrains siluriens supérieurs.

M. Barrande [1] en a décrit quinze espèces de Bohême.

Les unes ont trois sillons normaux indépendants sur chaque côté de la glabelle. Ce sont les *Phacops cephalotes*, Corda, *Sternbergii*, id., *intermedius*, Barr., *Boekii*, Corda, *fecundus*, Barr., *breviceps*, id., *Bronni*, id., *miser*, id., *signatus*, Corda, *Hœninghausi*, Barr., et *emarginatus*, id., qui ont tous des yeux saillants, et le *Ph. Wolkorthi*, qui a les yeux noyés dans la face.

Les autres ont les sillons antérieur et moyen réunis de chaque côté de la glabelle. Ce sont les *Ph. Glöckeri*, Barr., *trapeziceps*, id., et *bulliceps*, id.

Les *Ph. macrophthalmus*, Murchison [2], et *tuberculatus*, id., ont été trouvés dans le terrain silurien supérieur d'Angleterre.

Le *Ph. bufo*, Green, provient de l'Amérique septentrionale.

Le terrain dévonien a aussi fourni quelques phacops [3].

L'espèce la plus répandue est le *Phacops latifrons*, Bronn, confondu souvent avec la *Calymene macrophthalma*, Brongniart [4], et décrit par plusieurs anciens auteurs. Elle se trouve à l'Eifel, dans le Harz, le Fichtelgebirge, dans les Asturies, le département de la Sarthe, etc. C'est l'espèce figurée dans l'Atlas.

Le comte de Münster a décrit les *Calym. lœvis* et *granulata*, de la Franconie, qui sont des phacops.

M. Phillips a fait connaître aussi, sous le nom de *Calymene*, trois espèces des terrains dévoniens d'Angleterre, les *Ph. lœvis*, *granulata* (*Phacops cryptophthalmus*, Emmr.) et *Latreillei*.

[1] *Syst. sil. Bohм.* p. 408, pl. 20 à 23.

[2] *Sil. system.*, pl. 14, fig. 2 et 4.

[3] Voyez, pour les phacops du terrain dévonien : Schlotheim, *Petref., Nachtr.*, p. 15 et 34 ; Knorr et Walch, *Verstein.*, Sup., pl. I, fig. 4 ; Bronn, *Lethœa*, t. 1, p. m ; Münster, *Beitr. zur Petref.*, t. III, p. 36, pl. 5, fig. 3 et 4 ; d'Archiac et Verneuil, *Trans. of the geol. Soc.*, t. VI, p. 381 ; Phillips, *Pal. foss. of. Devon*, p. 129, pl. 55 et 56 ; Roemer, *Harzgeb.*, p. 37, pl. 11, fig. 4 ; Sandberger, *Verst. Rhein. schicht. Syst.*, p. 15 ; de Verneuil, *Bull. Soc. géol.*, 1850, 2ᵉ série, t. VII, p. 778 et 167.

[4] Sous le nom de *Calymene macrophthalma*, Brongniart a confondu plusieurs espèces de France, d'Amérique, etc. Les auteurs subséquents ont souvent encore mélangé avec elles celle qui provient de l'Eifel. On trouvera une bonne figure de cette dernière dans Burmeister, *Org. der Trilob.*, p. 105, pl. 2, fig. 4 à 6. Elle est figurée sous le nom de *Cal. macrophthalma*, par Schlotheim, Hæninghaus, etc. Il faut lui réunir les *Cal. Brongniarti*, *Schlotheimi*, et *Latreillei*, Steininger, *Mém. Soc. géol.*, t. I, p. 350.

Le *Calym. Jordani*, Roemer, du Harz, est aussi un phacops.

Les **Dalmania**, Emmrich, — Atlas, pl. XLV, fig. 1 et 2,

ont été réunies aux phacops par plusieurs auteurs, et séparées pour la première fois en 1845 par Emmrich en un genre distinct, dont les limites n'ont pas été envisagées de la même manière par tous les paléontologistes. Nous désignons sous ce nom, avec M. Barrande, les phacopiens, qui ont l'angle génal terminé en pointe, ainsi que les plèvres, et chez lesquels le pygidium est également terminé en pointe et formé ordinairement de plus de 10 segments (jusqu'à 22). Le thorax est toujours composé de 11 segments.

Il faut réunir à ce genre une partie des **Acaste** de Goldfuss; les **Pleuracanthus** de M. Milne Edwards; les **Cryphæus** de M. Green, et les **Odontochile**, **Asteropyge** et **Metacanthus** de M. Corda.

Les dalmania se trouvent dans les terrains siluriens et dévoniens.

Les espèces des terrains siluriens inférieurs forment un type spécial, caractérisé par un limbe frontal rudimentaire ou nul, et par un pygidium dont les segments ne dépassent pas le nombre de 15 (une seule espèce en a 16).

M. Barrande [1] en a décrit sept espèces nouvelles, de l'étage supérieur (D) des terrains siluriens inférieurs, les *D. Hawlei*, *Deshayesi*, *dubia*, *socialis*, *solitaria*, *Phillipzii* et *Morrisiana*.

Les mêmes formes se retrouvent chez une espèce (*D. orba*, Barr.) de la partie inférieure du terrain silurien supérieur.

M. Rouault [2] en a fait connaître deux des terrains siluriens inférieurs de la Bretagne, sous le nom de *Phacops*. Le *Ph. Dujardini* est nouveau. Il cite en outre le *P. macrophthalmus*, Brongniart, et le *longicaudatus*, id. Cette dernière paraît identique avec la *D. socialis*, Barr. Plus tard, il a ajouté [3] la *D. Vetillarti*, R., qu'il avait confondue précédemment avec la *D. Downingi*, Murchison.

Les espèces d'Irlande et d'Angleterre [4] ont été décrites par MM. Portlock, M'Coy, Salter, etc. On cite en particulier les *P. Dalmani*, Port., *D. obtusicaudatus*, Salter, *Murchisoni*, id., *Jamesii*, id., et la *P. truncato-caudatus*, id.,

(1) *Syst. sil. Bohm.*, p. 528, pl. 21 à 27.

(2) *Bull. Soc. géol.*, 2ᵉ série, t. IV, p. 309.

(3) *Idem*, 2ᵉ série, t. VIII, p. 359.

(4) Portlock, *Geol. report*, p. 281, pl. 2; Salter, *Mem. of the geol. Survey*, *Brit. org. rem.*, décade 2, pl. 1, etc.

qui est la seule espèce du terrain silurien inférieur qui ait 16 segments au pygidium. Parmi ces espèces il y en a peut-être quelques unes du terrain silurien supérieur.

Les *D. coniophthalma* et *sclerops*, Angelin [1], ont été trouvées en Suède dans le terrain silurien inférieur, et appartiennent au même groupe.

La *D. callicephala*, Hall. [2], caractérise le terrain silurien inférieur de l'Amérique septentrionale.

Les espèces du terrain silurien supérieur diffèrent des précédentes par leur limbe frontal développé et leur lobe frontal détaché. Elles ont au moins 16 segments au pygidium.

La *D. Hausmanni*, Barr. (*Asaphus Hausmanni*, Brong.), la *D. auriculata*, Dalm. (*Asaph. auriculatus*, Dalm.), les *D. rugosa*, et *cristata*, Corda, ainsi que les *D. spinifera*, Barr., *Reussi*, id., *Fletcheri*, id., et *Mac Coyi*, id., ont été trouvées dans les terrains siluriens de Bohême [3].

La *D. caudata*, Burmeister [4], se trouve en Angleterre à la fois dans le terrain silurien supérieur et dans l'inférieur, et elle est même intermédiaire entre les deux groupes : c'est l'espèce figurée dans l'Atlas, pl. XLV, fig. 1.

M. M. Rouault cite la *D. incerta* (*As. incertus*, Dal.), des terrains siluriens supérieurs de Bretagne.

Les espèces des terrains dévoniens ont le limbe frontal développé, comme celles du terrain silurien supérieur; mais elles présentent quelques différences importantes, et en particulier leur pygidium est orné de pointes au contour (Atlas, pl. XLV, fig. 2). Ce sont ces espèces qui ont servi à établir les genres CRYPHÆUS, Green, et PLEURACANTHUS, Milne Edwards.

On trouve à l'Eifel [5] la *D. stellifer* (*Phacops stellifer*, Burmeister), la *D. punctata* (*Olenus punctatus*, Stein.; *Phacops arachnoides*, Burm.), et la *D. laciniata* (*Pleuracanthus laciniatus*, Roemer).

Cette dernière espèce et la *D. brevicauda* (*Phacops brevicauda*, Sandb.) [6] ont été trouvées dans le duché de Nassau.

[1] *Pal. Suec.* (teste Barrande).

[2] *Pal. of New-York*, p. 2.7, pl. 65.

[3] Barrande, *loc. cit.*

[4] Burmeister, *Org. der Trilob.*, p. 112, *Trilobites caudatus*, Brünnich, Parkinson, Schlotheim: *Asaphus caudatus*, Brongniart, Dalmann, Green, Buckland, etc. C'est probablement le même que l'*As. tuberculato-costatus*, Murch., *Sil. syst.*, pl. 7, fig. 8 a.

[5] Burmeister, *Org. der Trilob.*, p. 115; Steininger, *Bull. Soc. géol.*, t. I, p. 21, fig. 7; Roemer, *Harzgeb.*, p. 39, pl. 11, fig. 11. Voyez Atlas, pl. XLV, fig. 2, la *D. punctata*.

[6] *Verst. Rhein. schicht. Syst. Nassau*, p. 11.

La *D. calliteles*, Green (*Cryphæus calliteles*, Green), a été trouvée dans les terrains dévoniens de l'Amérique du Nord, dans ceux du département de la Sarthe et dans ceux des Asturies [1]. M. de Verneuil lui réunit avec doute la *D. laciniata*, Roemer, indiquée plus haut.

M. M. Rouault [2] distingue de cette espèce, sous le nom de *Ph. Michelini*, Roemer, un trilobite des terrains dévoniens des environs de Rennes, qu'il avait d'abord confondu avec elle. Il serait bien possible qu'on dût rapporter à cette nouvelle espèce une partie des citations qui établissent l'existence de la *D. calliteles* en Europe.

La *D. sublaciniata*, Verneuil [3], a été trouvée dans le département de la Sarthe.

3ᵉ Tribu. — CALYMÉNIENS.

Les calyméniens ont la tête bien développée, le thorax à 13 segments et prédominant sur les autres parties du corps, le pygidium plus ou moins étendu, et le test toujours granulé. La grande suture aboutit en arrière, au milieu de l'angle génal, qui est très rarement prolongé.

Cette tribu ne renferme que deux genres.

Les Calymènes (*Calymene*, Brongniart), — Atlas, pl. XLV, fig. 3, ont le corps ovalaire, la tête plus grande que le pygidium et que la moitié du thorax ; son bord frontal est enflé et relevé (ce qui les distingue facilement des phacops) ; les lobes latéraux de la glabelle sont globuleux, caractère spécial à ce genre. Les branches de la suture faciale sont isolées, et coupent le bord frontal en dedans de la projection des yeux, et aboutissent à l'angle génal ; les yeux sont peu développés et réticulés. Le thorax, composé de 13 segments, a un axe saillant, et les plèvres, fortement coudées, ont l'extrémité arrondie. Le pygidium, bombé et plus ou moins arrondi, a son axe bien marqué. Le test est fortement granulé.

Il faut réunir à ce genre les Pharostoma, Corda, et probablement les Phaonocheilus, Rouault.

Les calymènes caractérisent les terrains siluriens.

[1] Green, *Silliman's journ.*, 1837, t. XXXII, p. 343 ; Hall, *Geol. of New-York*, p. 200, fig. 7 ; de Verneuil, *Bull. Soc. géol. de France*, 1850, 2ᵉ série, t. VII, p. 164, pl. 3, fig. 3, p. 778.

[2] *Bull. Soc. géol.*, 2ᵉ série, 1851, t. VIII, p. 382.

[3] De Verneuil, *loc. cit.*, p. 778.

La plus anciennement connue et la plus fréquente est la *Calymene Blumenbachii*, Brongniart [1], déjà mentionnée en 1750 par Lyttleton. Cette espèce caractérise le terrain silurien supérieur de la plupart des pays où cette formation se retrouve. (Voyez Atlas, pl. XLV, fig. 3.)

La *C. Tristani*, Brongniart [2], se trouve dans les terrains siluriens de Nantes, du Cotentin, de la Russie, etc.

M. Portlock [3] a décrit la *C. brevicapitata*, Portl., du silurien de Tyrone, et M. Salter [4] la *C. tuberculosa*, Salter, du terrain silurien supérieur d'Angleterre.

M. Rouault [5], parmi les trilobites nouveaux de Bretagne, énumère la *Calymene (Prionocheilus) Verneuilii*, Rouault, du terrain silurien inférieur.

M. Barrande [6], outre la *C. Blumembachii*, Brong., décrit huit espèces propres à la Bohême.

Les *C. incerta*, Barr., *declinata*, Corda, *parvula*, Barr., et *pulchra*, id., appartiennent au terrain silurien inférieur (étage D). La dernière a seule l'angle génal apointi.

Les *C. diademata*, Barr., *interjecta*, Corda, *Baylei*, Barr., et *tenera*, id., caractérisent les terrains siluriens supérieurs.

En Amérique on cite principalement [7] la *C. senaria*, Conrad, du terrain silurien inférieur. On doit peut-être lui réunir les *C. callicephala* et *sclerocephala* de M. Green.

Les HOMALONOTUS, Kœnig, — Atlas, pl. XLV, fig. 4,

ont la glabelle dépourvue de lobations, et leur suture faciale, qui se comporte en arrière, comme chez les calymenes, a ses deux branches réunies en avant. Le céphalothorax a un bord moins relevé, le thorax est peu renflé, et le pygidium a ses côtés non divisés en plèvres.

Il faut leur réunir les PLESIACOMIA, Corda, les DIPLEURA, de Green, et les TRIMERUS du même auteur, qui ne diffèrent que par

[1] Brongniart, *Crust. foss.*, p. 11, pl. 1, fig. 1; Burmeister, *Org. der Tril.*, p. 96, pl. 2, fig. 1-3; Barrande, *Syst. sil. Bôhm.*, pl. 19 et 43, etc.

[2] Brongniart, *Id.*, pl. 2, fig. 7 et 8; Burmeister, *Id.*, p. 95, pl. 2, fig. 7 et 8, etc.

[3] *Geol. report*, p. 286, pl. 9, fig. 3.

[4] *Mem. geol. Survey. Brit. org. rem.*, décade 2, pl. 8.

[5] *Bull. Soc. géol.*, 2ᵉ série, t. IV, p. 320.

[6] *Syst. sil. Bôhm.*, p. 560, pl. 19 et 43.

[7] Conrad, *Ann. geol. report New-York*, p. 49; Green, *Monog. tril.*, p. 28 à 31; Hall, *Pal. of New-York*, p. 238, etc.

les ornements. Quelques trimérus, en particulier, sont armés d'épines remarquables.

On trouve les homanolotus dans les terrains siluriens et dévoniens.

Le terrain silurien inférieur en renferme quelques uns.

M. de Barrande (1) en décrit deux, les *H. bohemicus*, Barr., et *rarus*, id. (*Plæsiacomia rara*, Corda).

Les géologues chargés du *Geological Survey* ont constaté leur existence dans le terrain silurien inférieur d'Angleterre (2).

M. Eudes Deslongchamps (3) en a décrit deux espèces sous le nom d'*Asaphus 4. Brongniartii*, et *brevicaudatus*, E. D.). Elles ont été trouvées dans les grès de May, qui paraissent appartenir à la partie supérieure des siluriens inférieurs.

Quelques espèces ont été trouvées dans les terrains siluriens supérieurs.

L'*Homal. Knightii*, Kœnig (4), se trouve dans les roches supérieures de Ludlow avec les *H. Ludensis*, Murch., *Herschellii*, id., et *delphinocephalus*, id.

Cette dernière espèce se retrouve dans le groupe du Niagara, Amérique du Nord.

M. M. Rouault (5) a décrit le *H. Barrandei* et la *Plæsiacomia Kieneriana*, des terrains siluriens supérieurs de Gahard, près Rennes.

Plusieurs ont été citées dans les terrains devoniens.

M. Burmeister (6) pense que les *H. Knightii*, et *delphinocephalus*, cités ci-dessus, se retrouvent dans ces terains. Il y ajoute le *H. armatus*, Burm., de l'Eifel. C'est l'espèce figurée dans l'Atlas.

M. Roemer (7) a décrit trois espèces, encore peu certaines, des terrains dévoniens du Hartz, les *H. Ahrendii*, *punctatus*, et *gigas*, Roemer.

(1) *Syst. sil. Bohm.*, p. 577, pl. 29 et 34.

(2) Teste Barrande, *loc. cit.*

(3) *Soc. lin. du Calvados*, 1825, pl. 19 et 20.

(4) Kœnig, *Icon. sec.*, p. 85 ; Murchison, *Sil. syst.*, pl. 7.

(5) *Bull. Soc. géol.*, 2ᵉ série, 1851, t. VIII. p. 370. M. Rouault rapporte ce terrain au silurien supérieur. Peut-être comme les grès de May, appartient-il plutôt à la division inférieure.

(6) *Org. der Trilob.*, p. 99.

(7) *Harzgeb.*, p. 39, pl. 11.

MM. Sandberger [1] ont fait connaître deux nouvelles espèces du duché de Nassau, les *H. obtusus*, et *crassicauda*, Sandb.

M. Phillips [2] associe quelques fragments des terrains dévoniens d'Angleterre aux *H. Knightii* et *Herschelii*, cités plus haut.

M. de Verneuil [3] a trouvé dans les montagnes de Léon (Espagne) une nouvelle espèce, le *H. proboanus*, de Vera.

Le même auteur a fait connaître le *H. Gervillei*, des terrains dévoniens du département de la Sarthe.

M. M. Rouault [4] a décrit les *H. Haussmanni* et *Legraverendi*, R., des terrains dévoniens des environs de Rennes.

Enfin, en Amérique, l'*H. Dekayi*, Green [5], paraît appartenir à la même époque.

4ᵉ FAMILLE. — LICHASIDES.

Les lichasides ont un pygidium qui n'a ordinairement que trois segments, mais qui commence à prédominer sur la tête. Les trois plèvres de ce pygidium se développent en bandes aplaties, qui forment un disque assez large et ordinairement dentelé au pourtour. La tête bombée, parabolique, est divisée en un nombre considérable de compartiments par des rainures qui lui donnent une apparence tout à fait spéciale. Le thorax est grand, divisé en onze segments. La suture faciale est courte, coupe le bord frontal sur la projection antérieure de l'œil, se coude brusquement derrière le lobe palpébral, et se termine au bord latéral, un peu en arrière de l'œil.

Cette famille ne renferme qu'un seul genre.

Les LICHAS, Dalman, — Atlas, pl. XLV, fig. 5,

très faciles à distinguer de tous les types connus par la petitesse de leur tête comparée au pygidium, par les sillons qui la divisent, par la découpure de quelques parties du corps, etc. Ces crustacés sont d'ailleurs assez variables de formes pour que quelques auteurs les aient subdivisés en un grand nombre de genres.

[1] *Verst. Rhein. schicht. Syst. Nassau*, p. 26, pl. 2.

[2] *Pal. foss.*, p. 130, pl. 57.

[3] *Bull. Soc. géol.*, 2ᵉ série, 1850, t. VII, p. 168, pl. 3, fig. 4, et p. 778.

[4] *Idem*, t. VIII, p. 379.

[5] *Monogr. tril.*, p. 79.

Ils forment une partie des Paradoxides de Brongniart. On doit leur réunir les Platynotus, Conrad, les Arges, Goldfuss, les Metopias, Eichwald, les Actinurus, comte de Castelnau, les Nuttainia, Portlock, ainsi que les Corydocephalus, les Dicranopeltis, les Acanthopyge et les Dicranogmus, Corda.

On trouve les lichas dans les terrains siluriens et dévoniens.

On en connaît plusieurs espèces des terrains siluriens inférieurs.

La plus anciennement décrite [1] est la *L. laciniata*, Dalm. (*Trilobites laciniatus*, Schl., *Paradoxides laciniatus*, Brongniart), des terrains siluriens de Suède.

M. Eichwald [2] en a fait connaître quelques unes de Russie sous le nom de Metopias, les *M. Hubneri* et *verrucosus*, Eichwald.

Le duc de Leuchtenberg [3] a donné quelques nouveaux détails sur ces mêmes espèces, et décrit une nouvelle, le *L. coniceps* (*Metopias coniceps*, Leuchtenberg).

On peut citer dans les îles Britanniques [4] le *L. hibernica* (*Nuttainia hibernica*, Portlock) et les *L. pumila*, M'Coy, et *laxata*, id.

L'Amérique [5] a fourni le *L. Boltoni*, Green, et le *L. Trentonensis*, Conrad.

Quelques espèces caractérisent les terrains siluriens supérieurs.

M. Barrande [6] a décrit, outre le *Lichas scabra*, Beyrich, déjà connu, les *L. palmata*, Barrande, *ambigua*, id., *Haueri*, id., *heteroclyta*, id., et *simplex*, id.

M. Fletcher [7] a fait connaître les *L. Bucklandii*, M. Edw., *hirsutus*, Fl., *Grayi*, id., *Salteri* et *Barrandei*, id., de Dudley.

Une seule espèce a été citée dans le terrain dévonien.

---

[1] Schlotheim, *Petref.*, t. III, p. 26 et 36 ; Brongniart, *Crust. foss.*, p. 35, pl. 3, fig. 3 ; Dalman, *Paléades*, p. 53 et 71, pl. 6, fig. 1 ; etc. C'est peut-être sur des fragments de cette espèce que Dalman a établi son *Ampyx pachyrhinus*.

[2] *Urwelt Russlands*, p. 62, fig. 19 à 23.

[3] *Thiereuten der Urwelt*, p. 10, pl. 1.

[4] Portlock, *Geol. report*, p. 274, pl. 4 et 5 ; M'Coy, *Mem. geol. Survey*, t. II, p. 340, et *Syn. sil. foss.*, pl. 4, fig. 3.

[5] Green, *Monog. trilob.*, pl. 60, fig. 5 ; Conrad, *Journ. nat. sc.*, t. VIII, p. 277, pl. 10, fig. 10.

[6] *Syst. sil. Bohm.*, p. 582, pl. 28.

[7] Fletcher, *Proceed. geol. Soc*, janv. 1850, et *Quart. journ.*, t. VI, p. 238.

C'est le *L. armata* (*Arges armatus*, Goldf.), de l'Eifel [1].

Quelques autres espèces ont été décrites, mais on ne connaît pas exactement leur âge [2].

5ᵉ FAMILLE. — TRINUCLÉIDES.

Les trinucléides commencent, comme on l'a vu page 486, dans le type des plèvres à sillon, la série des familles où le pygidium tend vers son maximum de développement. Cet organe est subtriangulaire ou arrondi. Le thorax n'a que 5 ou 6 segments, et occupe moins de place que la tête. Celle-ci est très développée, plus grande que le thorax et que le pygidium, souvent sans yeux, et le limbe est quelquefois perforé; les pointes génales sont ordinairement longues. La perforation du limbe semblerait indiquer des rapports avec les harpes; mais la proportion du thorax et du pygidium est trop différente pour qu'on puisse rapprocher ces genres.

Les TRINUCLEUS, Lhwyd (*Cryptolithus*, Green), — Atlas, pl. XLV, fig. 6 et 7,

ont une forme ovalaire, clairement trilobée. La tête est très développée, entourée d'un large limbe perforé et prolongé en une longue pointe génale. La glabelle est renflée, et des deux côtés les joues forment des protubérances assez marquées, mais moins saillantes. La grande suture est marginale. Le thorax a 6 segments dans les adultes; les plèvres sont planes. Le pygidium forme une surface triangulaire ou arrondie sur laquelle s'élève l'axe; le nombre des segments est très variable; il est entouré d'un bord vertical strié.

Ce genre a été réuni aux ASAPHUS par Dalman, et aux AMPYX par Emmrich, etc. Il est identique avec celui des CRYPTOLITHUS, Green, nom qui a été conservé par quelques auteurs. M. Barrande a montré qu'on devait lui réunir les TETRASPIS, Mᶜ Coy, et les TETRAPSELLIUM, Corda.

Tous les trinucleus connus [3] appartiennent aux terrains silu-

---

[1] Goldfuss, *Nova acta Acad. nat. cur.*, t. XIX, pl. 23, fig. 1.

[2] Voyez Loeven, *Konigl. Vetensk. Ak. Forh.*, avril 1843; Beyrich, *Trilobites*, etc.

[3] M. de Verneuil dit cependant qu'on a trouvé des trinucleus dans les schistes de Wenlock (silurien supérieur); mais ce fait n'a pas encore été

riens inférieurs. En Bohême, ils manquent aux dépôts les plus anciens (étage C), et se trouvent tous dans l'étage immédiatement supérieur (D), le plus récent des terrains siluriens inférieurs. La même distribution paraît se retrouver dans le reste de l'Europe et en Amérique.

La plupart sont dépourvus d'yeux.

Le *T. ornatus* (1) (*Trilobites ornatus*, Sternberg) est une des espèces les plus répandues. On le trouve en Suède, en Bohême, etc.

M. Barrande a fait connaître les *T. Godifussi*, Barr., et *ultimus*, id., de Bohême.

Le *T. granulatus*, Burm. (*Entomostracites granulatus*, Wahl., *Trinucleus Lloydi*, Murch.), se trouve en Suède et en Angleterre (2).

M. Murchison (3) a décrit les *Tr. caractaci, fimbriatus, radiatus*, etc., des terrains siluriens inférieurs d'Angleterre, et le *T. gibbifrons*, M' Coy (4), d'Irlande.

Le *T. Pongerardi*, Rouault (5), de Bretagne, est remarquable par la bifurcation de ses pointes génales. (Voyez Atlas, pl. XLV, fig. 7.)

Le *T. concentricus*, Hall (6), provient de l'Amérique du Nord.

Quelques espèces sont pourvues d'yeux.

M. Barrande a décrit le *T. Bucklandi*, de Bohême.

Le *T. seticornis*, Hisinger, a été trouvé en Suède.

Il faut ajouter aux trinucleus quelques espèces décrites par M. Portlock (7), et dont l'organisation est moins connue.

Les Ampyx, Dalman, — Atlas, pl. XLV, fig. 8,

ressemblent aux trinucleus par leurs formes générales et par leurs ornements. Ils en diffèrent par l'absence de perforations sur la tête, par les branches faciales de la grande suture, qui apparaît sur la

constaté d'une manière parfaitement certaine (Barrande, *Syst. sil. Böhm.*, p. 614).

(1) Sternberg, *Verhand. vaterl. mus.*, p. 53, pl. 2, fig. 2; Boek, *Gea Norweg.*, p. 142; Burmeister, *Org. der Trilob.*, p. 67; Barrande, *Syst. sil. Böhm.*, p. 623.

(2) Burmeister, *Org. der Trilob.*, p. 66; Wahlenb., *Acta Ups.*, t. VIII, p. 30, pl. 2, fig. 4; Dalman, *Paléades*, p. 43, pl. 2, fig. 6; Murchison, *Sil. syst.*, p. 660.

(3) *Sil. syst.*, p. 660, pl. 23.

(4) *Ann. and mag. of nat. hist.*, 2ᵉ série, t. IV, p. 411.

(5) *Bull. Soc. géol.*, 2ᵉ série, 1846, t. IV, p. 311.

(6) *Pal. of New-York*, t. I, p. 249.

(7) *Geol. report*, p. 262.

surface, et surtout par la glabelle, dont le lobe frontal se prolonge en une saillie souvent terminée par une longue pointe.

Les Baлchameyx de M. Éd. Forbes ne diffèrent des ampyx que par leur pointe frontale plus courte.

Les espèces connues appartiennent toutes à l'époque silurienne, et paraissent caractériser surtout les terrains qui ont été formés à peu près vers le moment où s'est établie la différence entre la division inférieure et la division supérieure. En Bohême, on les trouve dans l'étage supérieur des terrains siluriens inférieurs et dans l'étage inférieur des terrains siluriens supérieurs.

Deux espèces ont été trouvées en Bohême [1], l'*Ampyx Portlocki*, Barr., du silurien inférieur, et l'*A. Rouaulti*, id., du silurien supérieur.

Les espèces d'Angleterre [2] sont le *Trinucleus nudus*, Murchison, du Llandeilo Flags, etc., l'*A. latus*, M'Coy, l'*A. parvulus*, E. Forbes, du Wenlock Shale et une espèce, encore inédite, du même auteur, indiquée par M. Barrande, (*A. tumidus*).

On a trouvé, à ce qu'il paraît, les mêmes espèces en Norwége et en Irlande [3], savoir : l'*A. mammillatus*, Sars (*A. Sarsii*, Portl.), et l'*A. nasutus*, Sars (*A. Austinii ?* Portlock).

L'*A. nasutus*, Dalman [4], a été trouvé en Suède et en Russie.

L'*A. Bruckneri*, Boll [5], provient du Mecklembourg.

Ce même genre a été découvert dans le Canada, mais les espèces ne sont pas précisées [6].

Les **Dionide**, Barrande (olim *Dione*, id., *Polytomurus*, Corda), — Atlas, pl. XLV, fig. 9,

ne diffèrent des trinucleus que par quelques caractères accessoires. La glabelle est subcarrée et aplatie au lieu d'être bombée ; la surface génale et le limbe sont presque confondus ; les cavités ornementales ne sont pas toutes perforantes ; le pygidium n'est pas entouré d'un bord vertical, etc.

[1] Barrande, *Syst. sil. Bohm.*, p. 632, pl. 30.

[2] Murchison, *Sil. syst.*, p. 660, pl. 23, fig. 5 ; M'Coy, *Ann. and mag. of nat. hist.*, 2ᵉ série, t. IV, p. 410. Voyez surtout E. Forbes, *Mem. of the geol. Survey, Brit. org. rem.*, décade 2, pl. 10.

[3] Sars, *Isis*, 1835, 3ᵉ cahier, pl. 8, fig. 3 et 4 ; Portlock, *Geol. report*, p. 258.

[4] Dalman, *Paléades*, p. 54, pl. 5, fig. 3 ; Burmeister, *Org. der Trilob.*, p. 128.

[5] *Palæontographica*, I, p. 126, pl. 17, fig. 8.

[6] Teste Barrande, p. 635.

On n'en connaît (¹) qu'une espèce qui caractérise la partie supérieure du terrain silurien inférieur de Bohême. C'est la *D. formosa*, Barrande.

6ᵉ Famille. — ASAPHIDES.

Les asaphides ont un corps large et se rapprochant plus ou moins d'un ovale régulier ; la tête est développée, mais le pygidium l'égale ou la surpasse en étendue. Le thorax a 8 segments. Le test est orné de stries ou de pores.

Les Asaphus, Brongniart, — Atlas, pl. XLV, fig. 10,

ont un contour ovale et une surface trilobée. Des trois parties qui le composent, le pygidium est ordinairement la plus grande ou du moins égale la tête ; le thorax est la plus petite ; toutefois ces différences de dimension sont peu marquées. Le limbe est distinct, la glabelle est délimitée par sa courbure plutôt que par des sillons ; la suture faciale est variable ; les yeux sont grands et réticulés, l'hypostome est fourchu (fig. 10, *a*) ; le thorax a 8 segments ; les plèvres sont creusées par un sillon oblique. Le pygidium est arrondi ou parabolique, son axe est inégalement marqué. Le test est orné de stries ou de plis.

Quelques espèces ont atteint une grande taille (²).

Les limites assignées à ce genre ont beaucoup varié, et il a renfermé plusieurs types qui, comme on l'a vu, ont été transportés ailleurs. Tel que nous le limitons ici, il correspond en partie aux Isotelus, Dekay, aux Cryptonymus, Eichwald, aux Brongniartia, Eaton, aux Hemicryphurus, Green, aux Asaphagus, Troost, aux Basilicus, Salter, aux Nileus, Dalman, genres établis sur quelques espèces qu'on peut considérer comme de vrais asaphus, et dont quelques uns peuvent être conservés comme sous-genres ou sections utiles dans l'étude des espèces.

Les asaphus appartiennent tous aux terrains siluriens inférieurs. En Bohême, ils caractérisent la partie supérieure (étage D) de cette formation. Le véritable gisement de toutes les espèces n'est pas assez connu pour qu'on puisse affirmer que leur

(¹) Barrande, *Syst. sil. Bohm.*, p. 646, pl. 42.

(²) L'*Asaphus tyrannus*, Murchison, paraît avoir atteint la taille d'au moins 260 millimètres.

place géologique est la même dans tous les pays; mais on ne connaît aucun fait précis qui contredise cette assertion probable.

M. Barrande les divise en plusieurs groupes.

Dans les uns, la segmentation des lobes latéraux du pygidium n'est pas apparente.

Quelques uns de ceux-ci, correspondant à peu près au genre des NILEUS, Dalman, ont l'axe distinct et quelquefois segmenté.

A cette division appartiennent (¹) les *Isotelus ovatus* et *Powisii*, Portlock, d'Angleterre, l'*A. læviceps*, Dalman, de Suède, l'*A. extenuatus*, Dalman (*Entomostracites extenuatus*, Wahl.), du même pays, et surtout l'*A. expansus*, Dalm. (*Entomolithus paradoxus expansus*, Lin., *Entomostracites paradoxus*, Wahl.), espèce décrite et figurée par un très grand nombre d'auteurs et une des plus répandues.

D'autres, auxquels on pourrait réserver le nom d'ISOTELUS, ont l'axe peu distinct ou effacé.

On peut principalement citer (²) l'*Isotelus gigas*, Dekay (*Asaphus platycephalus*, Stokes, Burm., etc.), des Etats-Unis.

On peut placer dans un second groupe les espèces dont la segmentation est très marquée sur les trois lobes du pygidium.

Les uns ont la suture faciale à branches unies.

A ce type appartiennent l'*A. nobilis*, Barr., de Bohême, les *A. frontalis* et *angustifrons*, Dalman, et l'*A. Barrandei*, de Verneuil, du département de l'Hérault.

D'autres, les BASILICUS, de Salter, ont la suture faciale à branches isolées (³).

Tels sont les *A. ingens*, Barrande, de Bohême, et *tyrannus*, Murchison.

Plusieurs autres espèces ne sont pas assez connues (⁴) pour être réparties dans ces groupes.

(¹) Portlock, *Geol. report*, p. 297; Dalman, *Paléades*; Wahlenberg, *Acta Upsalia*, t. VIII; Burmeister, *Org. der Trilob.*, etc.

(²) Stockes, *Trans. of the geol. Soc.*, 1824; Burmeister, *Org. der Trilob.*, p. 127, pl. 2; Dekay, *Ann. Lyc. New-York*, t. I, p. 176, pl. 12 et 13, etc.

(³) Barrande, *loc. cit.*; Murchison, *Sil. syst.*, p. 626, pl. 21, fig. 4.

(⁴) Voyez Murchison, *Sil. syst.*; Richter, *Pal. der Thuringerwald.*, p. 22; Boek, *Gea Norvegica*, I, p. 141; M'Coy, *Ann. and mag. of nat. hist.*, t. IV, p. 405; duc de Leuchtenberg, *Thierresten der Urwelt*, etc.

Tels sont l'*A. Fourneti*, Verneuil, du département de l'Hérault, l'*A. Powisii*, Murchison, l'*A. grandis*, Sars, l'*A. affinis*, M° Coy, d'Irlande, plusieurs espèces de Norwége, décrites par Boek, etc.

Les Symphysurus, Goldfuss,

sont des asaphus dont la glabelle est dépourvue de lobe, et où manque ainsi le sillon occipital. L'axe du pygidium est peu distinct [1].

Le type de l'espèce est le *S. palpebrosus*, Goldfuss (*Asaphus palpebrosus*, Dalman), des terrains siluriens.

Il faut probablement y ajouter les *S. intermedius*, Goldfuss, *lœvis*, id., et *oblongatus*, id., décrits par Boek sous le nom générique de trilobites.

Les Ogygia, Brongniart (*Ogygies?* Eaton), — Atlas, pl. XLV, fig. 11,

sont aussi très voisines des asaphus, et, d'après M. Barrande, ne peuvent absolument en être distinguées que par la forme de l'hypostome, qui, dans les asaphus, est fourchu ou profondément échancré au bord buccal, et qui, chez les ogygia, a au contraire ce même bord buccal entier, arrondi, et muni dans son milieu d'une petite saillie.

Il s'en faut de beaucoup que l'on connaisse l'hypostome de toutes les espèces de ces deux genres; il y en a donc plusieurs dont la place n'a été décidée que par le faciès, et qui restent douteuses.

On peut, suivant M. Barrande [2], considérer comme de vraies ogygia les espèces suivantes qui appartiennent toutes à l'époque silurienne :

L'*Ogygia Buchi*, Brongniart, et l'*O. Portlocki*, Salter, figurées et décrites en détail par M. Salter [3].

L'*O. dilatata*, Goldfuss (*Trilobus dilatatus*, Brunnich), réunie à tort à l'*O. Buchi*, dont elle diffère par sa suture faciale [4].

Les *O. Guettardi* et *Desmaresti*, Brongniart [5], des schistes siluriens des environs d'Angers.

L'*O. Edwardsi*, Rouault [6], de la Couyère, près Angers.

[1] Goldfuss, *Leonh. und Bronn Neues Jahrb.*, 1843, p. 552; Boek, *Id.*, 1841, p. 726; Dalman, *Paléades*, p. 48, etc.

[2] Barrande, *Syst. sil. Bohm.*, p. 655.

[3] *Mem. of the geol. Survey, Brit. org. rem.*, décade II, pl. 6 et 7.

[4] Brünnich, *Kjøbenh. selsk. skrift.*, 1781, p. 293; Goldfuss, *Leonh. und Bronn Neues Jahrb.*, 1843, p. 556.

[5] *Crust. foss.*, p. 28, pl. 3, fig. 1 et 2; Rouault, *Bull. Soc. géol.*, 2° série, 1848, t. VI, p. 87, pl. 1.

[6] Rouault, *Id.*, p. 87, pl. 2.

7ᵉ Famille. — ÆGLINIDES.

Les æglinides forment une petite famille anomale, caractérisée par la briéveté de l'axe du pygidium, par la tri'obation qui n'est marquée que sur le thorax et à peine indiquée sur les deux autres régions, et par la tête, qui prédomine en étendue et porte de grands yeux rapprochés du bord. Le thorax a 5 ou 6 segments, le pygidium est en demi-cercle.

Cette famille ne renferme qu'un seul genre.

Les Æglina, Barrande (*Egle* olim, id., *Cyclopyge* et *Micro-poria*, Corda), — Atlas, pl. XLV, fig. 12,

qui sont de petites espèces remarquables par leur forme allongée et par la petitesse du thorax; elles rappellent au premier coup d'œil les agnostus.

On n'en connaît que dans les terrains siluriens inférieurs.

Trois espèces [1] ont été trouvées en Bohême (étage D), les *A. rediviva*, Barr., *speciosa*, Corda, et *pachycephala*, id.

M. Barrande parle aussi d'une espèce inédite trouvée par M. Salter (*A. mirabilis*) dans le groupe de Llandeilo, du pays de Galles.

8ᵉ Famille. — ILLÆNIDES.

Les illænides forment un groupe de passage entre le type des plèvres à sillon et celui des plèvres à bourrelet, car ces organes ont une surface presque plane. La tête est très développée; la glabelle, non lobée, est peu distincte du reste de la surface; le thorax a 8 à 10 segments, et le pygidium, aussi développé que la tête, n'a point de segments visibles, et son axe est très court ou nul.

Les Illænus, Dalman, — Atlas, pl. XLV, fig. 13 et 14,

ont le corps large, convexe, la tête semi-elliptique, ordinairement plus large que longue, presque lisse, les yeux très distants et rejetés sur les côtés, le thorax plus petit que la tête et que le py-

[1] Barrande, *Syst. sil. Bohm.*, p. 663, pl. 34 et 43.

gidium; ce dernier organe très grand, lisse, arrondi, bombé, souvent sans trace de segmentation.

Ces trilobites sont en partie les mêmes que ceux qui ont été nommés Cryptonymus par M. Eichwald.

L'étude de formes plus nombreuses et plus variées a montré que l'on devait leur réunir les Bumastus, Murchison (Atlas, pl. XLV, fig. 14), qui ont l'axe plus large que les flancs, mais qui sont liés par des transitions nombreuses et des espèces intermédiaires aux véritables illænus, ainsi que les Dysplanus, Burmeister, qui ont neuf anneaux au thorax et les angles génaux prolongés. Le genre Thaleops, Conrad, n'est fondé que sur une espèce d'illænus. Il en est de même du genre Aceste, Corda.

Tous les illænus connus appartiennent aux étages supérieurs des terrains siluriens inférieurs et aux étages inférieurs des terrains siluriens supérieurs. On en connaît environ une trentaine.

M. Barrande les divise en deux sous-genres, les Illænus et les Bumastus, caractérisés, comme je l'ai dit ci-dessus, par les proportions de l'axe et des flancs.

Tous les Illænus proprement dits appartiennent aux terrains siluriens inférieurs.

Deux espèces n'ont que huit segments au thorax.

Ce sont [1] : l'*Ill. Hisingeri*, Barr. (*Alceste latissima*, Corda), de Bohême, et l'*Ill. Beaumonti* (*Nileus Beaumonti*, Rouault), de Bretagne.

D'autres ont neuf segments au thorax. Parmi eux quelques espèces ont les angles génaux prolongés en pointes et correspondent ainsi au genre Dysplanus, de M. Burmeister. Tels sont l'*Ill. centralus*, Dalman, du calcaire de transition du Gothland, et l'*Ill. Vahlenbergianus*, Barr., de Bohême.

D'autres, au contraire, ont l'angle génal arrondi : tel est l'*Ill. Panderi*, Barr., de Bohême.

L'*Ill. Bowmannii*, Salter [2], a aussi neuf segments au thorax.

Le nombre de dix segments au thorax est plus fréquent.

C'est à ce groupe qu'appartient le principal type du genre, ou du moins le plus anciennement connu [3], l'*Illænus crassicauda*, Dalm. (*Entomostracites crassicauda*, Wahlenb.), de Suède, de Russie, etc.

(1) Barrande, *Syst. sil. Bohm.*, p. 669, pl. 29 ; Rouault, *Bull. Soc. géol.*, 2ᵉ série, 1846, t. IV, pl. 3, fig. 2.

(2) *Mem. geol. Survey*, t. II, pl. 1, p. 339 (teste Barrande).

(3) Wahlenberg, *Acta Upsalia*, 1821, t. VIII, p. 27, pl. 2 ; Dalman, *Palæades*, pl. 5, fig. 2, etc.

L'*Ill. giganteus*, Burmeister [1], provient des schistes argileux d'Angers.

M. Salter [2] a décrit les *Ill. Davisii*, Salt., *Portlocki*, id. (*crassicauda*, Portlock), et *Murchisoni*, id.

L'*Ill. Salteri*, Barr., de Bohême, l'*Ill. perovalis*, Murchison [3], d'Angleterre, et l'*Ill. tauricornis*, Kutorga [4], de Russie, appartiennent aussi à ce groupe.

Il en est de même de l'*Ill. ovatus*, Hall (*Thaleops ovatus*, Conrad), de New-York [5].

Quelques illænus proprement dits sont trop incomplétement connus pour être placés dans les groupes ci-dessus.

On peut citer en particulier [6] les *Ill. distinctus* et *transfuga*, Barr., de Bohême, et plusieurs espèces décrites par MM. Boek, Salter, Hall, etc.

Le sous-genre des Bumastus, Murchison, n'est représenté dans les terrains siluriens inférieurs que par une seule espèce.

C'est le *B. trentonensis*, Hall [7], de l'Amérique septentrionale, à neuf segments.

Deux espèces au moins (à 10 segments) ont été trouvées dans les terrains siluriens supérieurs.

Ce sont l'*Ill. Bouchardi*, Barrande, de Bohême, et l'*Ill. Barriensis*, Murchison [8], d'Angleterre.

Les Nileus, Dalman, — Atlas, pl. XLV, fig. 15,

ont aussi des plèvres à sillon effacé. La trilobation ne se montre presque plus sur aucune partie du corps. Ils ont été anciennement réunis aux asaphus, mais ils ont bien plus de rapports avec les illænus, quoiqu'ils en diffèrent par leur thorax plus grand que le pygidium. Plusieurs espèces de ce dernier genre ont même été décrites sous le nom de nileus, et, dans l'impossibilité où je suis d'en faire une comparaison complète, je me borne à indiquer ici l'espèce type du genre Nileus.

[1] *Org. der Trilob.*, p. 119, pl. 3, fig. 10.
[2] *Mém. géol. Survey, Brit. org. rem.*, décade II.
[3] *Sil. syst.*, p. 661, pl. 23, fig. 7.
[4] *Mém. de l'Acad. des mines de St.-Pétersbourg*, 1848, pl. 9, fig. 1.
[5] Hall, *Pal. of New-York*, t. I, p. 259, pl. 67, fig. 6.
[6] Voyez, pour toutes ces espèces, Barrande, *Syst. sil. Bohm.*, p. 680.
[7] *Pal. of New-York*, t. I, p. 230, pl. 60, fig. 5.
[8] *Sil. syst.*, p. 656, pl. 7, fig. 3, et pl. 14, fig. 7.

C'est le *Nileus armadillo*, Burm. [1] (*Asaphus armadillo*, Dalm.), du terrain silurien du Gothland.

9ᵉ FAMILLE. — ODONTOPLEURIDES.

Cette famille commence, comme on l'a vu page 486, la série des trilobites dont les plèvres ont un bourrelet. Le pygidium est beaucoup plus petit que le thorax, et composé de 2 à 5 segments prolongés en épines ou découpures saillantes. Le thorax, composé de 8 à 12 segments, porte des plèvres pointues et souvent armées d'épines.

Les Acidaspis, Murchison (*Odontopleura*, Emmrich, etc.), — Atlas, pl. XLVI, fig. 1 et 2,

constituent un genre très distinct, dont M. Barrande forme peut-être avec raison une petite famille. Ils sont principalement caractérisés par la richesse de leur ornementation. La tête occupe ordinairement un peu moins du tiers (quelquefois un cinquième) de la longueur totale, et est divisée en un si grand nombre de compartiments qu'on a peine à y reconnaître, au premier coup d'œil, la lobation ordinaire; M. Barrande a cependant prouvé qu'elle est tout à fait normale. Le thorax a 8 à 10 segments, ordinairement armés de pointes pleurales plus ou moins dirigées en arrière, et quelquefois très prolongées. Le pygidium est très petit, et a la forme d'un segment de cercle. Il a 2 ou 3 articles, et porte des pointes très marquées. Le test est orné d'une granulation tantôt fine et régulière, tantôt inégale.

Presque tous les auteurs ont adopté pour ce genre le nom d'Odontopleura, établi par Emmrich. Celui d'Acidaspis, de M. Murchison, a réellement la priorité, comme l'a montré M. Barrande. Celui de Ceratocephala de Warder est encore plus ancien, mais il se confond avec un nom de plante, et n'a pas été adopté. On doit réunir à ce genre les Ceraurus, Green, une portion des Arges de Goldfuss, les Polieres, Rouault, les Selenopeltis et les Trapelocera, Corda.

[1] *Org. der Trilob.*, p. 123; Dalman, *Paléades*, p. 49, pl. 14, fig. 3; Milne Edwards, *Hist. nat. des crust.*, pl. 34, fig. 1.

Ce genre est un des plus nombreux de l'ordre des trilobites. On en connaît au moins 50 espèces, commençant au terrain silurien inférieur, ayant leur maximum dans les terrains siluriens supérieurs, et leur minimum dans l'époque dévonienne. La Bohême est le pays qui en renferme le plus à proportion, car M. Barrande en compte 30 espèces [1].

Les espèces des terrains siluriens inférieurs ont presque toutes 10 segments au thorax et 2 au pygidium.

C'est le cas en particulier des *A. primordialis*, Barr., *Keyserlingii*, id., et *tremenda*, id., de Bohême (étage D), ainsi que l'*A. trentonensis*, Hall [2], d'Amérique et une espèce inédite du Gothland.

Toutefois l'*A. Buchi*, Barr., de ce même étage de Bohême, a neuf segments au thorax et trois au pygidium.

Les espèces des terrains siluriens supérieurs appartiennent, sous le point de vue du nombre des segments, à deux types différents.

Les unes ont 10 segments au thorax et 2 au pygidium, comme les *A. Verneuilli*, Barr., et *vesiculosa*, Beyrich, de Bohême.

D'autres ont 9 segments au thorax et 3 au pygidium, comme les *A. Leonhardi*, Barr., *Hoernesi*, id., et *Geinitziana*, Corda.

Plusieurs ont 9 segments au thorax et 2 au pygidium. M. Barrande a décrit les *A. Roemeri*, Barr., *Dormitzeri*, Corda, *minuta*, Barr., *pectinifera*, id., *derelicta*, id., *ruderalis*, Corda, et *propinqua*, Barr., chez lesquelles il n'y a qu'une seule pointe développée à l'extrémité de la plèvre, et les *A. mira*, Barr., *Precosti*, id., et *Dufrenoyi*, id., où les plèvres portent deux pointes développées. L'*A. ovata*, Beyrich, appartient à ce dernier type.

Il y a encore beaucoup d'espèces moins certaines dans leur gisement ou dans leurs caractères organiques qui sont énumérées dans l'ouvrage de M. Barrande [3].

On ne cite que peu d'espèces dans les terrains dévoniens.

L'*A. elliptica*, Burm. [4], provient de l'Eifel (Atlas, pl. XLVI, fig. 2). L'*A. radiata*, Goldfuss, a été trouvée à la fois dans les terrains siluriens et dévoniens.

MM. Sandberger [5] paraissent avoir recueilli encore une espèce dans le duché de Nassau.

[1] Barrande, *Syst. sil. Bohm.*, p. 692, pl. 36 à 39.
[2] Hall, *Pal. of New-York*, pl. 64.
[3] *Syst. sil. Bohm.*, p. 706.
[4] *Org. der Trilob.*, p. 73, pl. 1, fig. 4, etc.
[5] *Verst. Rhein. Schicht. syst. Nassau*, p. 24.

Les Cheirurus, Beyrich, — Atlas, pl. XLVI, fig. 3,

sont moins ornés que les acidaspis, et les épines ou pointes sont moins nombreuses. Leur corps est ovalaire, distinctement trilobé dans toute sa longueur; la tête forme le tiers de cette longueur et le pygidium un cinquième. La première est arrondie en demi-cercle, bordée d'un limbe, et terminée ordinairement aux angles génaux par une pointe oblique. Le bord rappelle la forme des plèvres thoraciques plus que dans tout autre genre. La glabelle est bombée et limitée par des sillons prononcés. Les yeux, peu volumineux, sont variables de position. Le thorax est composé de 10 à 12 segments; les plèvres ont des formes spéciales, mais très diverses. Le pygidium a quatre articulations dont la dernière est rudimentaire, et est terminé par des pointes ou découpures très prononcées qui varient de une à quatre.

Les espèces de ce genre, établi seulement en 1845 par Beyrich, ont été auparavant confondues dans ceux des calymènes, des otarion, des ceraurus, des paradoxides, des phacops, des asaphus, des cyphaspis, des amphion, etc. M. Corda les a divisées en Cheirurus, Actinopeltis et Eccoptocmile.

Les cheirurus ont leur maximum dans les terrains siluriens inférieurs, et se continuent jusqu'aux terrains dévoniens, où ils sont très peu nombreux.

M. Barrande les groupe en sections.

Les uns ont le sillon pleural parallèle aux bords et peu marqué. Ils appartiennent exclusivement à la faune silurienne inférieure (étage D, en Bohême).

Le *Cheirurus claviger*, Beyrich, et les *Ch. globosus*, Barr., *insocialis*, id., *tumescens*, id., et *scuticauda*, id., ont été trouvés en Bohême.

Le *Ch. Sedgwickii* (*Cryphæus Sedgwickii*, M'Coy) [1] provient d'Irlande.

Le *Ch. Sembnitzki*, Eichwald [2], a été trouvé en Russie.

Il faut ajouter le *Ch. clavifrons*, Dalm., et peut-être comme espèce distincte celle qui a été décrit par Salter sous le même nom.

Les autres ont le sillon pleural oblique et profond, et toujours 11 segments au thorax. Ils sont répartis dans les terrains siluriens et dévoniens.

[1] *Ann. and mag. of nat. hist.*, t. IV, p. 406.
[2] *Sil. syst. Esthl.*, p. 68.

Plusieurs se trouvent dans le terrain silurien inférieur (étage D).

Parmi les espèces de Bohême, ont peut citer le *Ch. insignis*, Beyrich.

Parmi les espèces d'Angleterre et d'Irlande [1], le *Ch. speciosus?* Salter, le *Ch. gelatinosus*, Portlock, le *Ch. Willamsi*, M' Coy, le *Ch. brevimucronatus?* id.

Parmi les espèces de Suède, le *Ch. speciosus*, Dalm.

Parmi les espèces d'Amérique, le *Ch. pleurexanthemus*, Green, différent, suivant M. Barrande, de celui qui a été décrit par Hall sous le même nom.

D'autres sont répartis dans les terrains siluriens supérieurs.

Tels sont en Bohême les *Ch. obtusatus*, Corda, *Hawlei*, Barr., *Beyrichii*, id., *Quenstedti*, id., *gibbus*, Beyrich, *Cordai*, Barr., *pauper*, id., *bifurcatus*, id., *minutus*, id.

En Allemagne, les *Ch. propinquus* (*Calymene propinqua*), Münster, et *articulatus* (*Cal. articulata*, Münster); en Norwége, le *Ch. Sternbergi*, Boek.

En Angleterre [2], le *Ch. bimucronatus* (*Paradoxides bimucronatus*, Murchison).

Les terrains dévoniens n'en renferment, comme je l'ai dit, qu'un très petit nombre [3].

{ M. Barrande cite le *C. Sternbergii?* Phillips, et le *C. gibbus?* Sandberger.

Les Placoparia, Corda,

sont formés sur le même type que les cheirurus peu découpés et n'en diffèrent que par l'absence des yeux et de la suture faciale, par la direction des sillons de la tête, et par la forme des plèvres, dont le bourrelet fait une forte saillie, et dont la partie externe, se coudant à angle droit, prend une direction verticale.

La *Pl. Zippei*, Corda [4], a été trouvée dans les terrains siluriens inférieurs (étage D) de Bohême.

La *Pl. Tournemini*, Rouault [5], caractérise les terrains analogues de la Bretagne.

[1] Salter, *Mem. geol. Survey*, t. II, pl. 7; Portlock, *Geol. report*, pl. 3; M' Coy, *loc. cit.*, et *Syn. sil. foss. Ireland*, p. 44.

[2] Murchison, *Sil. syst.*, pl. 14, fig. 8.

[3] Phillips, *Pal. foss. Dev.*, pl. 56, fig. 247; Sandberger, *Verst. Rhein. Schicht. syst. Nassau*, pl. 2, fig. 2.

[4] Hawle et Corda, *Prodrome*, p. 129, pl. 6, fig. 71; Barrande, *Syst. sil. Bohm.*, p. 803, pl. 29.

[5] *Bull. Soc. géol. de France*, 2ᵉ série, 1846, t. IV, p. 309, pl. 3, fig. 4.

Des fragments encore mal déterminés ont été trouvés en Portugal et en Espagne dans les mêmes gisements [1].

Les Sphærexochus, Beyrich, — Atlas, pl. XLVI, fig. 4,

diffèrent des cheirurus par les branches de la suture faciale isolées, par leurs plèvres plus simples, qui ne présentent ni bourrelets secondaires, ni nodules, et par leur pygidium constamment composé de 3 segments au lieu de 4. Ils sont remarquables par leur tête très bombée et leur glabelle enflée.

On les trouve dans les terrains siluriens.

La division supérieure des terrains siluriens inférieurs en a fourni deux espèces [2].

Ce sont le *S. calvus*, M'Coy, d'Irlande, et le *S. clavifrons* (*Cal. clavifrons*, Hisig., non Dalman), de Suède.

On en trouve aussi dans les terrains siluriens supérieurs.

Le *S. mirus*, Beyrich [3], a été découvert en Bohême.

D'autres espèces moins connues [4] ont été signalées en Suède, en Angleterre et aux États-Unis.

Les Staurocephalus, Barrande, — Atlas, pl. XLVI, fig. 5,

se distinguent de tous les trilobites connus, par leur tête formée de trois parties enflées, inégales, disposées en croix : ce sont le lobe frontal de la glabelle et les joues. Le thorax est composé de 10 segments; le pygidium en a probablement 4, dont 3 portent une pointe. C'est une tête de ce genre que Beyrich avait associée avec un pygidium fort différent appartenant à un lichas, pour former le genre Trochurus. Ce nom a dû être abandonné comme motivé par le pygidium.

La seule espèce connue [5], le *Staurocephalus Murchisoni*, Barrande, a été

[1] Sharpe, *Proceed. geol. Soc.*, 1848 , p. 146 ; Barrande, *loc. cit.*

[2] M'Coy, *Syst. sil. foss. Ireland*, p. 44, pl. 4, fig. 10 ; Hisinger, *Lethæa Suecica*, 2ᵉ suppl., pl. 37, fig. 1.

[3] Barrande, *Syst. sil. Bohm.*, p. 805 , pl. 42 ; Beyrich, *Ueber ein. Bohm., Tril.*, p. 21.

[4] Beyrich, *loc. cit.* ; de Verneuil, *Bull. Soc. géol.*, 2ᵉ série, t. IV ; Barrande, *loc. cit.*

[5] Barrande, *Syst. sil. Bohm.*, p. 810, pl. 43 ; M'Coy, *Brit. pal. foss.*, p. 153.

trouvée dans les dépôts inférieurs du système silurien supérieur de Bohême, et en Angleterre par M. M'Coy.

Les Deiphon, Barrande, — Atlas, pl. XLVI, fig. 6,

ne sont encore connus que par leur tête et leur pygidium. Ces organes ne ressemblent à aucun type connu.

La tête se compose d'une glabelle sphéroïdale, sur les côtés de laquelle les lobes latéraux s'étendent en prenant la forme de côtes ou de plèvres correspondant aux angles génaux et portent les yeux. M. Barrande lui a associé un pygidium non moins paradoxal, composé de 4 à 5 anneaux ; le premier porte une pointe de chaque côté, et les autres donnent naissance à des appendices qui s'unissent en une plus grande pointe divergente.

Le *Deiphon Forbesi*, Barr., est la seule espèce connue [1]. Elle se trouva à Dudley et en Bohême, dans le terrain silurien supérieur.

Les Zethus, Pander,

ont le corps ovalaire, trilobé, le pygidium terminé par des épines, et les mêmes proportions entre les diverses régions que tout le reste de la famille. Ils ont du reste l'apparence des calymènes, avec lesquelles on les avait confondus ; leurs yeux très saillants sont caractéristiques. Le thorax a 12 segments et porte des plèvres dont les cinq premières diffèrent notablement des sept dernières. Il faut y réunir les Cybele, Loeven.

On en connaît deux espèces [2], les *Z. verrucosus*, Pander, et *bellatula* (*Calymene bellatula*, Dalman, *Cybele bellatula*, Loeven), des terrains siluriens de Russie, de Suède, etc.

Les Dindymene, Barrande, — Atlas, pl. XLVI, fig. 7,

ont les formes des zethus, mais leur glabelle n'est pas lobée, les yeux et la suture faciale manquent, leur thorax n'a que 10 segments, les plèvres sont uniformes, et le pygidium n'en porte que 2 au lieu de 4.

---

[1] Barrande, *Syst. sil. Bohm.*, p. 814, pl. 39.

[2] Pander, *Russland*, p. 140; Dalman, *Paléades*, p. 36, pl. 1, fig. 4 ; Loeven, *Ofvers. Acad. Handl.*, 1843, n° 4, p. 140.

On n'en connaît que deux espèces des terrains siluriens inférieurs (étage D) de Bohême, les *D. Frederici-Augusti*, Corda, et *Haidingeri*, Barrande [1].

10° FAMILLE. — AMPHIONIDES.

Les amphionides ont aussi le pygidium armé de pointes; mais cet organe est composé de segments plus nombreux. Cette famille est, du reste, encore tout à fait provisoire, car il n'est pas parfaitement certain qu'elle appartienne au type des plèvres à bourrelet.

Les AMPHION, Pander, — Atlas, pl. XLVI, fig. 8,

font une transition entre cette famille et la précédente, car ils n'ont que 6 segments au pygidium. Leurs formes, comme celles des zethus, rappellent les calymènes, et ils ont été confondus avec ce dernier genre.

L'*A. Fischeri*, Eichwald [2] (*Calymene Fischeri*, Vern.), provient de Russie. Il paraît qu'on doit lui réunir l'*Amphion frontilobus*, Pander.

L'*A. Lindaueri*, Barr. [3], a été trouvé dans la partie supérieure (étage D) des terrains siluriens inférieurs de Bohême.

Les CROMUS, Barrande, — Atlas, pl. XLVI, fig. 9,

ont 12 à 28 segments au pygidium, un corps ovalaire distinctement trilobé, une tête semi-circulaire à glabelle médiocre, des yeux peu développés, et 10 (?) segments au thorax. Les plèvres du pygidium se terminent en pointe.

M. Barrande [4] a décrit les *L. intercostatus*, Barr., *Beaumonti*, id., *bohemicus*, id., et *transiens*, id., de l'étage inférieur des terrains siluriens supérieurs de Bohême.

Les ENCRINURUS, Emmrich,

sont caractérisés par la multiplicité des divisions de l'axe de leur pygidium, beaucoup plus nombreuses que les plèvres, et qu'on

[1] Barrande, *Syst. sil. Bohm.*, p. 816, pl. 43.

[2] Eichwald, *Trilob.*, p. 52, pl. 3, fig. 2; de Verneuil, *Pal. de la Russie*, p. 379, pl. 27, fig. 11.

[3] Barrande, *Syst. sil. Bohm.*, p. 820, pl. 30.

[4] *Syst. sil. Bohm.*, p. 821, pl. 43.

pourrait considérer comme des subdivisions des véritables anneaux. Cette apparence fait ressembler cette région à une tige d'encrine ([1]).

L'*Encrinurus punctatus* (*Cybele punctata*, Fletcher, *Calymene variolaris*, Brongniart) provient du Gothland et de Dudley.

Cette espèce paraît devoir être distinguée de l'*Encr. punctatus*, Kutorga, de l'OEsel, ainsi que de l'*E. variolaris* (*Calymene variolaris*, Parkinson, non Brongniart), de Dudley.

Il faut peut-être y ajouter l'*Amphion multisegmentatus*, Portlock, du terrain silurien.

11ᵉ Famille. — BRONTIDES.

Les brontides reproduisent, dans la série des trilobites à plèvres à bourrelet, les formes des æglinides, et ont, comme elles, l'axe du pygidium tronqué et à segments très peu nombreux, tandis que le pygidium lui-même forme une vaste surface semi-circulaire, qui égale la tête, et qui est ornée de sillons rayonnants.

Les Bronteus, Goldfuss, — Atlas, pl. XLVI, fig. 10 et 11,

composent seuls cette famille. Ce sont des trilobites à corps ovalaire allongé, à tête et thorax trilobés, à pygidium sans lobes; ces trois parties occupent chacune à peu près la même surface. La tête est semi-circulaire, la glabelle bien développée, sans beaucoup de relief, le lobe frontal prédomine; les yeux sont annulaires. Le thorax a 10 segments parallèles. Le pygidium, semi-ovalaire ou semi-circulaire, est plus ou moins bombé, et est orné, en général, de sillons dorsaux qui convergent vers la fin de l'axe.

Quelques espèces ont atteint une très grande taille (250 millimètres).

Ce genre, réuni par les anciens auteurs aux asaphus et aux olenus, a été établi en 1839 par Goldfuss sous le nom de Brontes, qu'il changea en 1844 contre celui de *Bronteus*. M. de Köninck a désigné les mêmes trilobites sous le nom de Goldius (contracté de *Goldfussius*), parce que le nom de *Brontes* appartient déjà à un insecte. M. Corda les a divisés en Thysanopeltis et Bronteus, ce

[1] Emmrich, *Leonh. und Bronn Neues Jahrb.*, 1845, p. 42; Brongniart, *Crust. foss.*, pl. 1, fig. 3; Portlock, *Geol. report*, p. 291; Murchison, *Sil. syst.*, p. 665, pl. 14, fig. 4, etc.

dernier genre comprenant lui-même trois sous-genres . PARALE-
JURUS, HOLOMERUS et DICRANACTIS.

Les brontes se trouvent dans les terrains siluriens et dévoniens.

Les espèces des terrains siluriens inférieurs ne sont pas nombreuses, caractérisent l'étage supérieur (D), et diffèrent de toutes
les autres par leur pygidium, qui ne présente que 6 côtes rayonnantes.

On cite ([1]) le *P. laticauda*, Burm. (*Entom. laticauda*, Wahl.), de Suède,
et le *P. hibernicus*, Portlock.

Les espèces des terrains siluriens supérieurs sont très nombreuses, et ont 7 ou 8 côtes latérales au pygidium.

Toutes les suivantes en ont 7.

Les unes ont le test lisse. Tels sont les *B. elongatus*, Barrande, *Sieberi*,
Corda, et *thysanopeltis*, Barr., de Bohême, et le *B. costatus*, Münster ([2]),
d'Elbersreuth.

D'autres ont des stries.

M. Barrande en a décrit treize espèces de Bohême, savoir : les *B. campa-
nifer*, Beyr., *Dormitzeri*, Barr., *Zippei*, id., *cœlebs*, id., *formosus*, id.,
oblongus, Corda, *Kutorgai*, Barr., *transversus*, Corda, *viator*, Barr., *furci-
fer*, Corda, *palifer*, Beyr., *simulans*, Barr., et *planus*, Corda.

On peut ajouter ([3]) le *P. signatus*, Phillips, d'Angleterre, et le *P. grandis*
(*Asaphus grandis*, Münster), d'Elbersreuth.

Quelques unes ont des stries et des cavités.

M. Barrande en a décrit trois espèces de Bohême, les *B. Brongniarti*,
Barr., *tenellus*, id., et *Partschii*, id.

D'autres ont des stries et des granulations. Telles sont six espèces de
Bohême décrites par le même auteur, les *B. angusticeps*, Barr., *Haidingeri*, id.,
nuntius, id., *spinifer*, id., *umbellifer*, Beyrich, et *Edwardsi*, Barr.

Une espèce a des grains et des cavités, c'est le *P. porosus*, Barr., de
Bohême.

Plusieurs enfin sont seulement granulées. On peut citer quatre espèces de
Bohême, les *P. brevifrons*, Barr., *infaustus*, id., *Richteri*, id., et *pustulatus*, id., et une espèce d'Elbersreuth, le *P. subradiatus*, Münster ([4]).

([1]) Burmeister, *Org. der Trilob.*, p. 76; Wahlenberg, *Acta Upsal.*, t. VIII,
p. 28, pl. 2; Brongniart, *Crust. foss.*, pl. III, fig. 8; Portlock, *Geol. report*, pl. 5, etc.

([2]) *Beitrâge zur Petref.*, t. III, p. 41, pl. 5, fig. 14.

([3]) Phillips, *Pal. foss.*, pl. 57; Münster, *Beitr.*, t. III, p. 39, pl. 9,
fig. 1.

([4]) *Beitr. zur Petref.*, t. III, p. 41, pl. 5, fig. 15.

Il faut enfin ajouter une espèce de ces mêmes terrains siluriens supérieurs, qui a 8 côtes latérales au pygidium, c'est le *B. radiatus*, Münster, d'Elbersreuth [1].

Les espèces sont moins nombreuses dans les terrains dévoniens que dans les terrains siluriens. On cite :

Parmi les espèces striées [2], le *B. signatus*, Goldf. (non Phillips?), de l'Eifel, le *B. insignatus*, Beyrich, du Harz, et le *B. Neptuni*, Münster, du calcaire à clyménies de Schübelhammer ; parmi les espèces striées et granulées, le *B. flabellifer*, Goldf. [3], du Harz et de l'Eifel ; et parmi les espèces granulées [4], les *P. granulatus*, Goldf., *intermedius*, id., *alutaceus*, id., *scaber*, id., *canaliculatus*, id., de l'Eifel, etc., et le *D. Gervillei*, Barr.

12e Famille. — AGNOSTIDES.

Les agnostides, comme on l'a vu page 434, se distinguent de tous les trilobites, et forment un sous-ordre spécial par le mode de conformation de leur tête, qui ressemble au pygidium. L'animal est formé de deux boucliers presque semblables, séparés par un petit nombre d'anneaux thoraciques.

Les Agnostus, Brongniart (*Battus*, Dalman), — Atlas, pl. XLVI, fig. 12 et 13,

sont le seul genre que l'on puisse placer dans cette famille anomale. Ils ont la forme d'une ellipse allongée, amincie dans son milieu ; une tête simple, semi-circulaire, quelquefois trilobée, quelquefois lisse ; un thorax à 2 segments, à plèvres très réduites, un pygidium de même forme que la tête, et un test lisse.

Il est quelquefois difficile de décider de quel côté est la tête ; la forme de son rebord et la direction des ornements, s'ils existent, la font souvent seules distinguer du pygidium.

Ces bizarres crustacés ont déjà été mentionnés en 1729 par Bromel, qui a décrit ceux de Suède sous le nom de *Vermiculo-*

[1] *Beitr. zur Petref.*, p. 40, pl. 5, fig. 13.

[2] Goldfuss, *Leonh. und Bronn Neues Jahrb.*, 1843, p. 549, pl. 6, fig. 7 ; Roemer, *Harzgebirge*, pl. 11 ; Münster, *Beiträge*, t. III, p. 41, pl. 5, fig. 15.

[3] Goldfuss, *loc. cit.*, pl. 6, fig. 3.

[4] Id., *ibid.*, pl. 6, fig. 2, 4, 6, etc.

rum vaginipennium imagines. Linné les associa aux autres trilobites sous le nom de *Entomolithus paradoxus pisiformis.* Brongniart en fit, en 1822, le genre AGNOSTUS, et, plus tard, Eichwald
y vit des œufs de mollusques. Dalman substitua à ces noms celui de
BATTUS. Burmeister crut que ces crustacés ne représentaient que
le jeune âge de quelques trilobites, et il les associa aux olenus,
opinion que j'ai reproduite moi-même dans la première édition de
cet ouvrage. M. Corda les a divisés en PHALACROMA, MESOSPHENIS-
CUS, DIPLORHINA, CONDYLOPYGE, ARTHRORHACHIS, PERONOPSIS et
PLEUROCTENIUM. M. M'Coy les a partagés en AGNOSTUS et TRINODUS.

Les agnostus caractérisent les terrains siluriens inférieurs.

M. Angelin vient d'en décrire douze espèces de Suède [1].

M. Barrande [2] en a étudié six espèces de Bohême, dont cinq de l'étage (C)
(faune primordiale), les *Agn. integer*, Beyrich, *nudus*, id., *bibullatus*, Barr.,
rex, id., et *granulatus*, Barr., et une de l'étage (D), le *Agn. tardus*, Barrande.

M. Eichwald [3] a fait connaître l'*A. paradoxus*, des environs de Saint-
Pétersbourg.

M. M'Coy a décrit le *Trinodus agnostiformis* et la *Diplorhina triplicata*,
qui paraissent appartenir aux agnostus.

Quelques autres espèces sont indiquées en Angleterre, aux États-
Unis, etc.

GENRES MAL CONNUS.

En terminant l'ordre important des trilobites, je dois encore
indiquer quelques genres trop mal connus pour être classés.

Les TELEPHUS, Barrande [4], ne sont connus que par des fragments de tête et par des pygidiums.

Le *T. fractus* a été trouvé dans l'étage supérieur (D) des terrains siluriens
inférieurs de Bohême.

Les BRACHYMETOPUS, M'Coy [5], dont on ne connaît pas le
thorax, sont remarquables par la brièveté du lobe frontal de la
glabelle. Le pygidium est dentelé.

[1] *Palæont. Suecana*, p. 5, pl. 6. Cet ouvrage ne nous est pas encore
parvenu.
[2] *Syst. sil. Bohm.*, p. 891, pl. 49.
[3] *Geogn. Russlands* (teste Barrande).
[4] *Syst. sil. Bohm.*, p. 890, pl. 48.
[5] *Ann. and mag. of nat. hist.*, t. XX, 1847, p. 229.

Le *B. Strzeleckii*, M'Coy, provient de la Nouvelle-Galles du Sud.

Les HARPIDELLA, M'Coy ([1]), sont voisins des harpes.

La *N. megalops* provient des terrains siluriens d'Irlande.

Les JONOTUS, H. de Meyer ([2]), sont probablement aussi voisins du même genre.

Le *J. reflexus*, H. de Meyer, a été trouvé dans le terrain dévonien de l'Eifel.

4e Légion. — COPÉPODAIRES.

Les copépodaires, caractérisés par leurs pattes thoraciques converties en rames et leurs anneaux abdominaux peu nombreux et portant des appendices peu développés, sont en général des animaux mous et délicats, dont on ne connaît que peu ou point de représentants fossiles. Un genre anormal ([3]) des terrains anciens est jusqu'à présent le seul qu'on ait rapporté à cette légion ([4]). Il appartient peut-être à l'ordre qui en forme le type.

ORDRE DES COPÉPODES.

Cet ordre renferme les crustacés dont la bouche est encore disposée pour la mastication. Le genre dont je viens de parler est celui des :

[1] *Ann. and mag. of nat. hist.*, 2e série, 1849, t. IV, p. 112.

[2] *Palæontogr.*, t. I, p. 182, pl. 26, fig. 1.

[3] Quelques auteurs rapportent à cette légion le genre AMMONISCUS, Pearce (*Proceed. geol. Soc.*, 5 janvier 1842, et *Ann. and mag. of nat. hist.*, t. IX, p. 578), et le considèrent comme un crustacé suceur. J'ai déjà dit, p. 460, que M. M'Coy l'envisage comme identique avec le genre Mazocnaus, Germar. Il a été trouvé dans le terrain oxfordien.

[4] La place de ce genre est très incertaine. M. Burmeister le rapproche des trilobites ; M. M'Coy (*Ann. and mag. of nat. hist.*, t. IV, p. 394), et M. Roemer (*Palæontogr.*, t. I, p. 190) l'associent aux limules. M. Milne Edwards (*Hist. nat. des crust.*) pense qu'il appartient à l'ordre des copépodes. Ses pattes élargies en nageoires et la forme de ses anneaux me paraissent rendre cette opinion probable.

Ecryptères (*Eurypterus*, Dekay). — Atlas, pl. XLVI. fig. 14.

Ces crustacés paraissent dépourvus de parties dures, et ne sont connus que par des empreintes qui montrent une tête munie de deux yeux à facettes réniformes, et deux paires d'antennes en forme de soie. Le thorax est probablement composé de 9 anneaux, dont le premier porte une grande paire de pattes à 5 articles réniformes; les paires suivantes paraissent avoir été membraneuses. L'abdomen a 5 ou 6 anneaux, et est aminci à l'extrémité. Il faut probablement leur réunir les Eidothea de Scouler, connus seulement par des fragments de tête et de thorax.

On connaît quatre espèces d'euryptères ([1]) : l'*Eurypterus remipes*, Dekay, des schistes argileux dévoniens des environs de New-York; l'*E. lacustris*, Harlan, de la grauwacke de Williamsville; l'*E. tetragonophthalmus*, Fischer, des grès de transition de Podolie, et l'*E. Scouleri*, Hibbert (*Eidothea*, Scouler), du calcaire carbonifère de Bathgate. L'*E. remipes* est figuré dans l'Atlas, pl. XLVI, fig. 14.

5ᵉ Légion. — OSTRAPODAIRES.

Cette légion, que M. Milne Edvards donne comme douteuse, et dont les rapports sont encore indéterminés (voy. p. 415), ne renferme qu'un seul ordre.

ORDRE DES CYPROÏDES.

(*Ostrapodes*, Strauss; *Ostracodes*, Latreille.)

Les cyproïdes sont caractérisés par leur corps renfermé en entier dans une carapace bivalve, ovoïde ou réniforme, munie d'une charnière dorsale, pouvant se fermer complétement, et laissant sortir, quand elle est ouverte, l'extrémité des antennes et des pieds. Ce sont

([1] Dekay, *Ann. Lyc. of New-York*, t. I, p. 375, pl. 29, t. II, p. 279; Harlan, *Med. and phys. res.*, p. 208; Bronn, *Lethæa*, 1ʳᵉ édition, t. I, p. 109; Fischer, *Bull. Soc. nat. Moscou*, 1839, t. II, p. 127, et *Notice sur l'Euryptère de Podolie*; Hibbert, *Edinb. trans.*, t. XIII, p. 281, pl. 12, fig. 1 à 5; Scouler, in *Cheek's Ediab. journal*, 1841, t. III, p. 352, pl. 10; Roemer, *Palæontographica*, t. I, p. 190, pl. 27, etc.

aujourd'hui de petits crustacés presque microscopiques. On en trouve des fossiles, surtout dans les terrains tertiaires, et l'on rapporte en outre ordinairement à cette famille des carapaces bivalves plus grandes des terrains anciens ([1]).

Les Cythères (*Cythere*, Müller, *Cytherina*, Lamarck), — Atlas, pl. XLVI, fig. 15,

ont un seul œil médian et trois paires de pattes outre les antennes inférieures. Elles habitent les eaux salées et saumâtres. Leurs carapaces ressemblent trop à celles des cypris pour qu'on puisse décider avec sécurité quelles sont les espèces fossiles qui se rapportent à ce dernier genre, et quelles sont celles qui appartiennent au premier. On s'est beaucoup laissé guider par la nature des terrains, et l'on a placé dans les cythères les espèces des dépôts marins, et dans les cypris celles qui caractérisent les dépôts d'eau douce.

Trois sous-genres ont été proposés dans les cythères : les Bairdia, M⁰ Coy, qui ont la charnière de la carapace simple et sans la dent ordinaire des cythères, et les Cythereis et Cytherella, Rupert Jones, caractérisées par quelques détails de forme de cette même carapace. Nous les réunissons aux cythères.

Je me borne aussi à citer deux autres genres du terrain dévonien, fondés sur des caractères dont l'importance me paraît contestable. Ce sont ([2]) les Beyrichia, M⁰ Coy, et les Leperditia, M. Rouault.

Ce genre date de l'époque silurienne, et a passé à travers toutes les modifications du globe. Les espèces les plus anciennes appartiennent au terrain silurien supérieur (murchisonien).

Hisinger ([3]) en a décrit deux de Suède, les *L. baltica*, Hisinger, et *phaseolus*, id.

On en a trouvé aussi dans les terrains dévoniens et carbonifères.

[1] Ces fossiles ont souvent été décrits sous les noms de Cyclopes, de Monocles (*Monoculus*), etc.

[2] Rouault, *Bull. Soc. géol.*, 2ᵉ série, 1851, t. VIII, p. 377.

[3] *Lethæa suecica*, pl. 1, fig. 1 et 2.

M. M. Rouault [1] a cité dans les terrains dévoniens de Bretagne, la *Beyrichia Hardouiniana* et la *Leperditia britannica*.

M. Roemer [2] a décrit la *L. intermedia* du calcaire à brachiopodes (dévonien) du Harz.

Le comte de Münster [3] en a décrit plusieurs espèces des terrains dévoniens d'Allemagne, les *C. bilobata, elongata, Hisingeri, inflata, intermedia, Okeni, subcylindrica* et *suborbiculata*.

M. de Koninck [4] a fait connaître la *C. Phillipsiana*, Kon., des terrains carbonifères de Belgique.

Il faut probablement ajouter une partie des cypris marins dont je parlerai plus bas.

Les terrains permiens en ont fourni plusieurs espèces.

M. W. King [5] a décrit les espèces d'Angleterre. Il cite :

Parmi les CYPRIDES proprement dites, les *C. Morrisiana*, King, *Geinitziana*, id., et *Kalorgiana*, id.; il en rapporte une à la *C. elongata*, Münster, du terrain dévonien.

Parmi les BAIRDIA, les *C. curta*, M'Coy [6], *gracilis*, id., et *acuta*, King.

Parmi les CYTHERES (?), la *C. biplicata*, King.

Parmi les CYTHERELLA (?) les *C. inornata*, M' Coy, et *nuciformis*, King.

Les cythères se trouvent aussi dans les terrains jurassiques.

M. Roemer [7] a décrit la *C. prisca*, R., de l'oolithe inférieure des environs de Salzgitter.

Le comte de Münster [8] a fait connaître les *C. Ehrenbergi, faba, pedunculata, subarcuata, subrecurva* et *subinflata*, des schistes lithographiques de Bavière.

Elles se continuent dans les terrains crétacés.

Quelques unes appartiennent aux terrains néocomiens.

M. Cornuel [9] a donné la description et la figure du *C. amygdaloides*,

[1] M. Rouault, *loc. cit.*

[2] *Palæontographica*, t. III, p. 61.

[3] *Leonh. und Bronn Neues Jahrb.*, 1830, p. 63, et Braun, *Baireuth*, p. 67.

[4] *Descr. an. foss. de Belgique*, p. 585, pl. 52, fig. 1.

[5] *Permian fossils, Paleont. Society*, 1848, p. 60.

[6] La *Bairdia curta* a été trouvée aussi dans l'Australie, *Ann. and mag. of nat. hist.*, t. XX, p. 229.

[7] *Verst. Norddeutsch. ool. geb.*, suppl., p. 33, pl. 20, fig. 25.

[8] Braun, *Bayreuth*, p. 62. Le nom de *C. faba*, a été donné à plusieurs espèces différentes.

[9] *Mém. Soc. géol. de France*, 2ᵉ série, t. I, p. 196, pl. 7, et t. III,

Corn., *harpa*, id.? *auriculata*, id., *sculpta*, id., *aucta*, id. et *inversa*, id. Toutes ces espèces appartiennent au terrain néocomien du département de la Haute-Marne.

M. Roemer [1] a décrit les *C. Hilseana*, *punctulata* et *triplicata*, du Hils-thon d'Allemagne.

D'autres ont été trouvées dans les terrains crétacés supérieurs.

On en a en particulier cité plusieurs en Allemagne.

Le même auteur a décrit les *C. ovata*, Roem., et *subdeltoidea*, Münster, de l'untere kreide mergel d'Allemagne (terrain cénomanien), et les *C. lævigata*, Roemer, et *quadrilatera*, id., du terrain crétacé supérieur.

M. Reuss [2], outre quelques unes des espèces précédentes, indique dans la craie de Bohême (plaener kalk et plaener mergel) les *C. parallela*, Reuss, *complanata*, id., *elongata*, id., *asperula*, id., *attenuata*, id., *faba*, id., *selenoides*, id., *Karsteni*, id., *ornatissima*, id., *ciliata*, id., *semiplicata*, id., *spinosa*, id., *concentrica*, id. Il cite la *C. ornata*, Roemer, de la mollasse, comme trouvée avec les précédentes.

M. Geinitz [3] a décrit la *C. pedata*, des craies de Saxe.

M. Rupert Jones [4] a étudié les cythères des terrains crétacés d'Angleterre. Ce naturaliste est arrivé à des résultats qui contredisent complétement ceux qu'ont fournis toutes les autres branches de la zoologie.

Il indique un grand nombre d'espèces qui, suivant lui, se trouvent dans plusieurs formations différentes. Trois en particulier sont citées dans le calcaire carbonifère, l'époque crétacée et l'époque tertiaire. Il est bien probable que ces assertions étranges reposent sur des déterminations erronées. Je dois faire remarquer de nouveau ici que c'est presque toujours dans les petites espèces, et dans les genres où les différences spécifiques résident surtout dans les parties molles non fossilisées, que l'on trouve ces passages d'une époque à l'autre.

Je n'indiquerai ici que les espèces nouvelles, décrites par M. Rupert Jones. Ce sont, parmi les CYTHÈRES proprement dites : la *C. Bairdiana*, du green sand de Farringdon.

p. 244, pl. 1. Parmi ces espèces il y a des doubles emplois, M. Cornuel n'ayant pas suffisamment connu les espèces décrites par Roemer.

[1] *Verst. Norddeutsch. Kreidegeb.*, p. 104, pl. 16.
[2] *Bohm. Kreideg.*, I, p. 16, et II, p. 104, pl. 5 et 24.
[3] *Characht.*, suppl., p. 6, pl. 5, fig. 13.
[4] *Entomostraca of the cretaceous formations*, Paleont. Soc., 1848.

Parmi les Cythereis, la *C. gaultina*, du gault, et la *C. Lonsdaleana*, de la craie blanche et du terrain jurassique.

Parmi les Bairdia, la *C. siliqua*, de la craie et du terrain tertiaire miocène; la *C. Harrisiana*, du speeton clay, de la craie et du terrain carbonifère; la *C. triquetra*, du grès vert et de la craie; la *C. silicula*, des dépôts crétacés de charriage.

Parmi les Cytherella, la *C. Williamsoniana*, de tous les étages crétacés depuis le grès vert jusqu'à la craie; la *C. appendiculata*, du gault; la *C. Mantelliana* et la *C. Bosquetiana*, des dépôts crétacés de charriage.

La craie de Maestricht en a fourni quelques espèces.

Elles ont été décrites par M. Bosquet [1]. Ce sont les *C. reniformis* Bosq., *truncata*, id., et *trigona*, id., outre les cypridines dont je parlera plus bas.

Les terrains tertiaires marins renferment un grand nombre de ces petits crustacés.

La *Cyth. barbata*, Sow. [2], a été découverte dans l'argile de Londres.

M. Roemer [3] en a décrit une vingtaine d'espèces des terrains tertiaires inférieurs et moyens d'Allemagne.

Le comte de Münster [4] en a fait connaître aussi un grand nombre de ces mêmes terrains miocènes.

Ces espèces sont trop mal connues et trop nombreuses pour qu'il soit utile de les énumérer ici.

M. A. E. Reuss [5] a étudié les cythères des terrains tertiaires des États autrichiens. Il a reconnu l'existence de quatre-vingt-dix espèces de la famille qui nous occupe, dont six seulement avaient été recueillies dans d'autres pays. Mais sur ces quatre-vingt-dix espèces trente-sept seulement sont de vrais cythères et les autres sont des cypridines.

Les Cypris, Müller, — Atlas, pl. XLVI, fig. 16,

ont aussi un seul œil médian, mais seulement deux paires de pattes. Ils vivent dans les eaux douces. Leurs carapaces ne peu—

---

[1] *Descr. des entom. foss. de la craie de Maëstricht*, extrait du t. IV des *Mémoires de la Soc. royale des sciences de Liége*, et à part, 1847, in-8°.

[2] *Trans. of the geol. Soc.*, 2ᵉ série, t. V, pl. 9, fig. 1.

[3] *Leonh. und Bronn Neues Jahrb.*, 1838, p. 515, pl. 6, et 1839, p. 430.

[4] *Idem*, 1830, p. 63, et 1835, p. 115. Voyez aussi Philippi, *Tert. verst. nordwest. Deutschlands*, p. 62.

[5] Haidinger, *Bericht. Mitheil. in Wien*, 1817, t. III, p. 417, et *Abhandl.*, id., t. III, p. 41, pl. 8-11.

vent pas se distinguer d'une manière constante et absolue de celles
des cythères : aussi est-on convenu, comme je l'ai dit plus haut,
de rapporter à ce dernier genre les espèces fossiles des terrains
marins.

Les CANDONA, Baird, bien caractérisés à l'état vivant, ne peuvent
guère en être distingués à l'état fossile.

Quelques espèces ont été indiquées dans les terrains de l'époque
primaire.

Parmi elles, il y en a quelques marines à retrancher de ce genre. Il est probable que l'on peut considérer comme de véritables cypris la *Cypris inflata*,
Murchison [1], trouvée dans des dépôts d'eau douce de l'époque carbonifère, et quelques autres espèces des mêmes gisements.

Ce genre paraît avoir été trouvé aussi dans les terrains triasiques.

M. Jasykow a cité [2] le *Cypris Pyrrhæ*, trouvé près du fleuve Achta
(Russie), avec des unio, des cyclades, etc.

Les terrains wealdiens en renferment plusieurs espèces.

Quatre espèces [3], les *C. granulosa*, Sow., *spiniger*, id., *tuberculata*, id.,
et *valdensis*, id., ont été trouvées dans les terrains wealdiens d'Angleterre.

Les espèces d'Allemagne ont été décrites [4] par M. Dunker et par M. Roemer;
ce sont les *C. lævigata*, Dunker, *pinsiformis*, id., *rostrata*, id., *oblonga*,
Roemer, *striato-punctata*, id.

Les terrains tertiaires d'eau douce en renferment aussi.

M. Rupert Jones [5] en a décrit plusieurs des terrains pleistocènes d'Angleterre : les *Cypris setigera*, Rup. Jones, *Browniana*, id., *tumida*, id., et *gibba*,
Ramdohr, et trois espèces sous le nom de CANDONA, Baird, les *C. lucens*, Baird,
reptans, id., et *torosa*, id.

M. Reuss [6] a fait connaître les *C. grandis*, *angusta* et *nitida*, des terrains
tertiaires d'eau douce de Bohême.

[1] *Sil. syst.*, p. 84, fig. A.

[2] *Erman's Archiv*, t. VI, p. 577; *Leonh. und Bronn Neues Jahrb.*, 1849,
p. 230.

[3] *Trans. of the geol. Soc.*, 2ᵉ série, t. IV, p. 177.

[4] Duncker, *Wealdenbild.*, p. 39, pl. 13; Roemer, *Oolithengeb.*, p. 52,
pl. 20.

[5] *Ann. and mag. of nat. hist.*, 2ᵉ série, 1850, t. VI, p. 25.

[6] *Palæontographica*, t. II, p. 16.

La *C. faba*, Desm. [1], a été trouvée au Puy-de-Dôme. On en a cité souvent dans les mollasses et les calcaires d'eau douce de divers pays [2].

Les Cypridines (*Cypridina*, Milne Edwards), — Atlas, pl. XLVI, fig. 17 et 18,

diffèrent des deux genres précédents par deux yeux assez éloignés de la ligne médiane, et situés au milieu de leur test bivalve. Ce genre, qui vit encore aujourd'hui, est représenté à l'état fossile par quelques espèces. Le nombre en serait plus considérable si le genre avait été admis par tous les auteurs; mais plusieurs l'ont confondu avec celui des cythères. Il faudra lui ajouter plusieurs espèces prises parmi celles que j'ai énumérées plus haut.

Parmi celles qui sont connues pour des cypridines, on en peut citer quelques unes de l'époque primaire, et, en particulier, dans les terrains siluriens.

La *C. marginata*, Keyserling [3], de Russie.

Dans les terrains dévoniens :

Les *C. serrato-striata*, Sandberger, *subfusiformis*, id., et *subglobularis*, id., du duché de Nassau [4]. Dans certaines localités ces crustacés sont assez nombreux pour avoir donné leur nom à un système de couches du terrain dévonien (*Cypridinen Schiefer*).

Les *C. nitida*, Roemer, et *fragilis*, id., du Harz [5].

La *C. buprestis*, Rolle [6], du terrain dévonien de New-York.

Dans les terrains carbonifères :

Les *C. Edwardsiana*, *concentrica*, et *annulata*, des calcaires carbonifères de Belgique, décrites par M. de Koninck [7].

Dans l'époque crétacée, les espèces, probablement nombreuses, ont été confondues avec les cythères.

[1] *Bull. Soc. phil.*, 1843, p. 259, pl. 4, fig. 8 ; Brongniart et Desmarest, *Crust. foss.*, p. 141, pl. 9, fig. 8, etc.

[2] Voyez en particulier Viquesnel, *Bull. Soc. géol.*, 1840, t. XIV, p. 145; Prestwich, *Athenœum*, 1846, p. 968; Ranzani, *Sopra i ves igi di crust. entomost. di genere Cyclopo*, Bologne, 1830, in-8.

[3] *Petschora Land*, p. 288, pl. 11, fig. 10.

[4] G. et F. Sandberger, *Verst. Rhein. schichten Syst. Nassau*, p. 3, pl. 1.

[5] *Palœontographica*, t. III, p. 19 et 28.

[6] Rolle, *Leonh. und Bronn Neues Jahrb.*, 1851, p. 666, pl. 9 a, fig. 4.

[7] *Descr. an. foss. de Belgique*, p. 586, pl. 52, fig. 2 à 4.

M. Bosquet (¹), qui les a décrites sous le nom de CYPRIDINES, en a énuméré quinze espèces dans le terrain crétacé supérieur de Maestricht.

Ce même auteur indique quelles sont, parmi les cythères de la craie, les espèces qui ont les caractères des cypridines.

Dans l'époque tertiaire, on en a également recueilli beaucoup.

On peut principalement citer cinquante-trois espèces des États autrichiens, recueillies et décrites (²) par M. Reuss, et dont j'ai déjà parlé ci-dessus.

Les CYPRELLA, de Koninck, — Atlas, pl. XLVI, fig. 19, ne diffèrent des cypridines que par une échancrure angulaire au bord ventral de chaque valve, qui devient ainsi semi-lunaire. Ce genre n'existe plus aujourd'hui.

La C. *chrysalidea*, de Kon. (³), a été trouvée dans les terrains carbonifères de Belgique.

Les CYPRIDELLA, de Koninck, — Atlas, pl. XLVI, fig. 20, ont une carapace globuleuse, les tubercules des yeux proéminents, latéraux et opposés, et deux ouvertures également opposées, dont l'une ronde et postérieure, et l'autre transversale, linéaire et arquée.

La C. *cruciata*, de Kon., du calcaire carbonifère de Visé, est le seul représentant connu de ce genre aujourd'hui éteint (⁴).

2ᵉ SOUS-CLASSE.

XIPHOSURES.

Les xiphosures se distinguent de tous les crustacés par l'ensemble de leur organisation. Leur corps est composé de trois parties. La plus grande est l'antérieure; elle consiste en un bouclier céphalothoracique, qui représente la carapace des apus, et qui

---

(¹) Bosquet, *Entom. foss. de Maëstricht*, p. 9, pl. 1-4.

(²) Haidinger, *Berichte*, t. III, p. 417, et *Abhandl.*, t. III, p. 44, pl. 8-11.

(³) *Descr. an. foss. Belgique*, p. 589, pl. 52, fig. 6.

(⁴) *Descr. an. foss. Belgique*, p. 590, pl. 52, fig. 7. La *Cyp. lineolata*, Sandb., indiquée dans le *Nomenclator*, n'est pas reproduite dans le grand ouvrage de MM. Sandberger.

porte ordinairement en dessus deux yeux composés sessiles et deux yeux lisses. La seconde partie, ou l'abdomen, est moins longue et beaucoup moins large; elle a la forme d'un hexagone inéquilatéral denté sur les côtés. La troisième partie est une pièce styliforme très allongée, qui représente l'anneau caudal (pl. XLVI, fig. 21).

Un des caractères les plus remarquables de ces singuliers animaux est la forme de leur bouche. La mastication s'opère par l'article basilaire des premières pattes, dont le bord est tranchant et denté. Ces pattes ont d'ailleurs dans le reste de leur étendue les caractères de membres ambulatoires et préhensiles; on en compte six paires, dont la première est la plus petite. Outre ces six paires de pattes proprement dites, qui sont didactyles, on en compte cinq converties en branchies.

Les Limules (*Limulus*, Fab.), — Atlas, pl. XLVI, fig. 21,

ont deux yeux réticulés et deux yeux lisses; l'abdomen est denté sur les côtés et à peu près plat en dessus. Nos mers actuelles en renferment quelques grandes espèces. On en connaît quelques unes fossiles dans divers terrains. Il est à remarquer qu'elles sont en général plus petites que les vivantes [1].

Quelques limules ont déjà vécu dans l'époque jurassique.

On a trouvé dans les schistes lithographiques de Bavière le *Limulus Walchii*, Desmarest [2].

Plusieurs espèces ont été décrites par le comte de Münster [3], les *L. intermedius*, *ornatus*, *giganteus*, *brevicauda*, *brevispina* et *sulcatus*.

[1] Voyez pour ce genre : Van der Hoeven, *Recherches sur l'hist. nat. des limules*, Leyde, 1838, in-folio.

[2] Brongniart et Desmarest, *Crust. foss.*, pl. 11, fig. 6 et 7, p. 138; Walch et Knorr, *Verst.*, t. 1, pl. 14, fig. 2. C'est l'espèce figurée dans l'Atlas.

[3] *Leonh. und Bronn Neues Jahrb.*, 1830, p. 680, et *Beiträge zur Petref.*, t. III, p. 26.

Leur existence n'a été constatée qu'avec doute pendant l'époque crétacée.

Le *L. Steinla?* Geinitz (¹), de la craie de Saxe, ne peut être considéré que comme une indication très vague.

Les Halycines (*Halycine*, H. de Meyer), — Atlas, pl. XLVI, fig. 22,

paraissent différer des limules par l'absence des yeux réticulés; peut-être cependant ces organes existent-ils en réalité et ont-ils échappé à l'observation.

Ce genre, aujourd'hui éteint, renferme des espèces du terrain triasique.

M. H. de Meyer (²) a décrit les *H. agnota* et *laxa* du muschelkalk de Rottweil. Il faut peut-être ajouter à ce genre le *Limulus priscus*, Münster (³), du muschelkalk de Bayreuth.

Les Bellinurus, Koenig, — Atlas, pl. XLVI, fig. 23,

diffèrent des deux genres précédents par l'articulation de la queue, et surtout parce que le bouclier abdominal présente deux sillons longitudinaux qui lui donnent une ressemblance avec le corps des trilobites.

On n'en connaît que dans les terrains de l'époque primaire.

Le *B. bellulus*, Koenig (⁴), (*Entomolithus monoculites lunatus*, Martin, *Limulus trilobitoides*, Buckl.), a été trouvé dans les terrains carbonifères du comté de Derby. Il faut probablement rapporter à ce genre les *Limulus anthrax* et *rotundatus*, Prestwich (⁵), des terrains carbonifères de Coalbrook-Dale.

C'est peut-être à ce groupe des limules qu'il faut rapporter les singuliers fossiles figurés par Agassiz sous le nom de :

PTERYGOTUS, Agass.,

Ces crustacés paraissent liés aux bellinurus par les articulations

(¹) *Characht.*, suppl., p. 6, pl. 4, fig. 5.

(²) *Leonh. und Bronn Neues Jahrb.*, 1838, p. 413, et 1844, p. 567, et surtout *Palæontographica*, t. I, p. 134, pl. 19.

(³) *Beitr. zur Petref.*, t. I, p. 71.

(⁴) Koenig, *Icones sectiles*, p. 230; Buckland, *La géol. et min.*, *Traité Bridgewater*, traduit par Doyère, p. 348, pl. 46′, fig. 3; Martin, *Petref. Derbiensia*, pl. 43, fig. 4; Portlock, *Geol. report*, p. 316, pl. 24, fig. 11, etc.

(⁵) *Trans. of the geol. Soc.*, 2ᵉ série, t. V, p. 49, fig. 1, pl. 41.

de l'abdomen; d'autres paléontologistes les rapprochent des euryptères (¹). Ils sont encore mal connus, et se caractérisent par les grandes dents qui arment les diverses pièces de leurs téguments.

Le *P. anglicus*, Agass. (²), a été trouvé dans le vieux grès rouge d'Écosse.

Le *P. problematicus*, Agass. (³), provient du terrain silurien supérieur, ainsi que le *P. leptodactylus*, M' Coy (⁴).

3ᵉ SOUS-CLASSE.

CIRRHIPÈDES.

Les cirrhipèdes ou cirrophodes forment un groupe très anomal et dont les véritables rapports ont été souvent contestés. Considérés longtemps comme des mollusques, et décrits et classés comme tels dans tous les anciens ouvrages, ce n'est que dans ces dernières années qu'une étude plus attentive a prouvé qu'ils doivent être placés dans la division des articulés.

Les cirrhipèdes sont fixés aux corps sous-marins comme certains mollusques, avec ou sans pédicule. Leur corps est enfermé dans un manteau qui présente des traces de divisions circulaires ou anneaux; leur bouche est composée de mâchoires latérales. Le long du ventre on observe des filets, ou *cirrhes*, disposés par paires et composés de nombreuses articulations ciliées. Le manteau sécrète une coquille multivalve aussi dure que celle de la plupart des mollusques.

Si l'on étudie ces singuliers animaux uniquement

(¹) Il serait bien possible, comme le fait observer M. M'Coy, qu'il convînt de transporter les euryptères dans la sous-classe des xiphosures et de les associer aux *Pterygotus* et aux *Bellinurus*, pour former une famille.

(²) Agassiz, *Poiss. de l'Old red*, p. 19, pl. A.

(³) Agassiz, in Murchison, *Sil. system*, p. 606 et 704, pl. 4, fig. 4 et 5; Salter, *Quart. journ. of the geol. Soc.*, 1852, t. VIII, p. 386, pl. 21.

(⁴) *Ann. and mag. of nat. hist.*, 2ᵉ série, t. IV, p. 394.

dans leur organisation extérieure, on leur trouvera des rapports presque égaux avec les articulés et avec les mollusques, et presque autant de raisons de les réunir à l'un qu'à l'autre de ces embranchements. Ils ont, en effet, une coquille comme les mollusques, et sont fixés de la même manière que quelques uns d'entre eux. Le pédicule des anatifes, en particulier, rappelle au premier coup d'œil le ligament des lingules. Leurs cirrhes articulés, écailleux et disposés par paires, ne trouvent, d'un autre côté, leurs analogues que dans les appendices de quelques crustacés.

Mais de nouvelles découvertes ont résolu ces difficultés, et des preuves incontestables démontrent que leur analogie est beaucoup plus grande avec les articulés qu'avec les mollusques.

La première de ces preuves est la forme du système nerveux, qui est composé d'une série de renflements ganglionnaires disposés par paires sur la partie antérieure du canal alimentaire et immédiatement sous la peau. Cuvier avait déjà reconnu que cette disposition se rapproche beaucoup plus de l'organisation des articulés que de celle des mollusques.

La seconde preuve consiste dans un fait découvert par M. Thompson, puis étudié par divers naturalistes, et entre autres par M. Burmeister [1]. Les balanes et les anatifes sont libres dans leur jeune âge, et à cette époque ils sont enfermés dans un test bivalve et nagent comme les crustacés. Plus tard l'animal se fixe par le

[1] On pourra consulter sur ces faits remarquables, que nous ne pouvons qu'indiquer ici : Thompson, *Zool. res.*, p. 8, Cork, 1830, et *Phil. trans.*, 1835 ; Martin Saint-Ange, *Mém. sur l'organ. des cirrhipèdes*, in-4°, Paris, 1844 ; Burmeister, *Beitr. zur Naturgeschichte der Rankenfüsser*, Berlin, 1844, etc.

dos ; puis le point d'adhérence s'élargit et s'élève en un cône, formé de six lames calcaires qui laissent voir à leur sommet les deux valves tégumentaires primitives. Leur ressemblance avec les véritables crustacés est même si grande pendant leur jeune âge, que sans les métamorphoses qu'ils subissent dans la suite de leur développement, on n'hésiterait pas à les classer dans la légion des copépodaires. La suite de leur vie me semble cependant montrer la convenance de les considérer comme une sous-classe distincte.

De nombreux genres ont été établis dans les cirrhipèdes, mais la plupart d'entre eux ne se retrouvant pas fossiles, nous n'aurons pas à nous en occuper ici.

L'apparition de ces animaux paraît relativement récente ; on n'en connaît du moins qu'une très petite quantité dans les époques antérieures à la période crétacée.

Les cirrhipèdes se partagent en deux familles.

1re FAMILLE. — CIRRHIPÈDES SESSILES.

Les cirrhipèdes sessiles sont ceux qui manquent de pédoncule, et dont le corps se trouve enfermé dans une coquille fixée immédiatement sur les corps sous-marins. Cette coquille n'est jamais comprimée, comme dans la famille suivante, mais se présente ordinairement sous la forme d'un cône tronqué, composé de valves soudées ensemble.

Les BALANES (*Balanus*, Lamk ; *Lepas*, Linné ; *Balanites* et *Balanitina* des anciens auteurs), — Atlas, pl. XLVII, fig. 1 et 2,

ont une coquille conique plus ou moins élevée, formée de six valves distinctes, articulées entre elles, et portées ordinairement par un support plat, calcaire et épais. Cette coquille est fermée par un opercule pyramidal oblique, composé de quatre valves triangulaires. L'animal ressemble à celui des anatifes.

Ce genre, connu depuis longtemps sous les noms de *Glands de mer*, de *Tulipes*, de *Turbans*, est commun dans les mers actuelles. On n'en a encore trouvé de fossiles certains que dans les terrains tertiaires.

On en cite cependant quelques espèces plus anciennes [1], mais elles sont très probablement le résultat de déterminations erronées.

Le *B. carbonarius*, Petzholdt [2], se trouverait dans le terrain carbonifère, et une espèce indiquée par Goldfuss dans le muschelkalk.

Les espèces des terrains tertiaires sont surtout abondantes dans les étages moyens et supérieurs.

On en cite cependant quelques unes dans les dépôts nummulitiques.

M. d'Archiac [3] indique à Biaritz deux espèces inédites, dont l'une porte le nom de *Balanus coronularis*, d'Archiac.

Le *B. sublaevis*, J. C. Sow. [4], a été trouvé dans les dépôts nummulitiques de la province de Cutch (Indes orientales).

Dans les terrains éocènes proprement dits ou parisiens, on ne peut citer aucune espèce européenne certaine.

C'est probablement à cette époque qu'appartiennent quelques espèces américaines [5], telles que les *B. ostrearum*, Conrad, *peregrinus*, Morton, etc.

Les terrains miocènes et pliocènes en renferment un grand nombre ; mais ce genre aurait besoin d'une révision complète, et les espèces ont été très insuffisamment comparées.

Sowerby [6] en a décrit deux espèces du crag d'Angleterre, les *B. tessel-*

[1] C'est peut-être à cette famille qu'appartient le genre WALLERITES, Fischer de Waldh., *Foss. de Moscou* ; mais il est trop douteux pour pouvoir être classé.

[2] Petzholdt, *De balano et calamo syringe, Additamenta ad Saxon. palæont.*, Dresde, 1841, in-8° ; *Leonh. und Bronn Neues Jahrb.*, 1842, p. 181 et 403.

[3] *Hist. des prog. de la géologie*, t. III, p. 255.

[4] *Trans. of the geol. Soc.*, 2ᵉ série, t. V, p. 327, pl. 25, fig. 2, et *Madras journal*, 1840.

[5] Morton, *Synopsis on rem. cret. with an appendix*, etc., 1838, in-8° ; Lyell, *Proceed. geol. Soc.*, 1842, t. III, p. 737 ; Lea, *Contrib. of geol.*, p. 217 ; Conrad, *Journ. Acad. Phil.*, t. VII, p. 134.

[6] *Min. conch.*, pl. 84.

latus et *crassus*, M. Morris [1] en indique quelques autres trouvées, soit dans le crag, soit dans les dépôts récents.

Defrance [2] en a fait connaître plusieurs, et en particulier le *B. delphinus*, Def., qui est peut-être le même que le *B. sulcatus*, Brug., de Saint-Paul-Trois-Châteaux ; le *B. squamosus*, id., du terrain pliocène d'Italie ; le *B. dentiformis*, id., de Marseille (?) ; le *B. striatus*, id., de Plaisance ; le *B. circinatus*, id., des faluns du département de la Manche, etc.

Lamarck [3] avait avant lui indiqué plusieurs espèces, qui se trouvent à la fois vivantes et fossiles, et entre autres le *B. sulcatus*, Brug., fossile en Piémont et dans le Plaisantin ; le *B. tintinnabulum*, Lin., foss. en Italie ; le *B. cylindraceus*, Lamk, foss. près de Turin ; le *B. miser*, Lamk (*B. balanoides* Ranzani), foss. en Italie ; le *B. amphimorphus*, Lamk, foss. id.

Le même auteur a cité, comme se trouvant à l'état fossile seulement, le *B. pustularis*, Lamk, d'Andona en Piémont, et le *B. crispatus*, id., d'Italie.

Le comte de Münster [4] a décrit plusieurs espèces des terrains tertiaires marins d'Allemagne. Les *B. porosus*, Blum., *zonalis*, Münster, *pyramidalis*, id., *stellaris*, Poli, *latiradiatus*, Münster, *pictus*, id., *ornatus*, id., etc., outre quelques espèces déjà citées.

M. Bronn [5] a fait connaître plusieurs espèces d'Italie, les *B. pectinarius*, Lamk, *stellaris*, Bronn, *rhombicus*, id., *concavus*, id., *plicarius*, id.

M. Geinitz [6] a décrit le *B. Holgeri*, d'Eggenburg en Autriche.

M. Risso [7] cite le *B. tertiarius*, Riss., trouvé sur des huîtres fossiles de Saint-Jean et de la Trinité, et le *B. radiatus*, Riss., qui est probablement le *B. stellaris*, Bronn, fossile dans les galets de la colline de Saint-Pierre.

M. Philippi [8] énumère parmi les espèces fossiles des terrains quaternaires de Sicile les *B. tulipa*, Brug., *perforatus*, id., *balanoides*, Ranz., et *sulcatus*, Lamk, actuellement vivants.

MM. Marcel de Serres, Brown, etc., ont encore cité [9] quelques espèces vivantes, retrouvées fossiles dans des terrains récents.

[1] *Catalogue*, p. 68.

[2] *Dict. des sc. nat.*, t. III, suppl., p. 166.

[3] Lamarck, *Anim. sans vertéb.* Voyez surtout la 2ᵉ édit., avec les additions de Deshayes, t. V, p. 657.

[4] *Beitr. zur Petref.*, t. III, p. 27, pl. 7. La figure 1 de la planche XLVII de l'Atlas représente le *B. latiradiatus*, Münster, et la figure 2 une espèce rapportée avec doute par cet auteur au *B. pustularis* (?), Lamk.

[5] *Italiens tert. geb.*, Heidelb., 1831, in-8°.

[6] *Grundiss der Verstein.*, p. 249.

[7] *Hist. nat. Europe mér.*, t. IV, p. 382.

[8] *Enum. mollusc. Sic.*, t. I, p. 247, et t. II, p. 209.

[9] Marcel de Serres, *Ann. Soc. agric. de Lyon*, t. I, p. 417 ; Brown, *Ann. and mag. of nat. hist.*, 1841, t. VII, p. 427, etc.

Le *B. Uddevallensis*, Lamk, vivant, est aussi cité dans divers dépôts d'Angleterre [1].

Les Acastes (*Acasta*, Leach)

ressemblent aux balanes ; mais leurs valves sont peu adhérentes entre elles, et la coquille a pour fond une lame orbiculaire, convexe en dehors, ressemblant à une patelle ou à un gobelet. Ces animaux paraissent vivre dans les éponges.

L'*A. Montagui*, Leach [2], espèce qui vit encore aujourd'hui, est citée par les auteurs anglais comme trouvée dans le crag de Sutton.

Les Chthamalus, Ranzani,

diffèrent des deux genres précédents par leur base membraneuse. Le tube, composé de six valves, offre à l'extérieur des aires saillantes, presque égales ; l'ouverture est tétragonale.

M. Philippi [3] indique deux espèces dans les terrains récents de Sicile, dont une, le *Ch. stellatus*, Ranz., se trouve vivante dans la Méditerranée, et dont l'autre, le *Ch. giganteus*, Philippi, est éteinte.

Les Coronules (*Coronula*, Lamk)

ont, comme le genre précédent, une base membraneuse ; mais la coquille paraît univalve, et les sutures n'y sont pas visibles. Sa forme générale est plus aplatie que celle des balanes. Les parois sont très épaisses, creusées intérieurement en cellules rayonnantes. L'opercule est composé de quatre valves.

Les coronules se fixent souvent sur les grands animaux marins, et en particulier sur les baleines. On n'en connaît des fossiles que dans les terrains tertiaires les plus récents. Elles appartiennent au sous-genre des Diadema, Ranzani [4].

---

[1] Lyell, *Trans. of the geol. Soc.*, t. VI, p. 137, et *Phil. trans.*, 1835, t. I, p. 371. Cette espèce est le type du sous-genre Cumosa, de Gray (*C. scoticus*, Lyell).

[2] Leach, *Encycl. Brit.*, suppl., t. III, p. 174, pl. 57 ; Morris, *Catal.*, p. 68.

[3] *Enum. moll. Siciliæ*, t. I, p. 250, et t. II, p. 211.

[4] Le genre des Diadema, Ranzani, comprend les coronules dont la partie tubuleuse est presque globuleuse, les parois très épaisses, inférieures, l'orifice grand, subcirculaire ou hexagonal, et l'opercule bivalve. L'adoption de ce

On trouve dans le crag rouge d'Angleterre une espèce qui a été rapportée à la *C. diadema*, qui vit dans les mers actuelles [1].

M. Bronn [2] indique dans les terrains pliocènes d'Italie la *C. bifida*, Bronn.

Les Creusies (*Creusia*, Leach)

ont un tube formé de quatre valves distinctes; l'opercule est conique, composé aussi de quatre pièces, et sa gaîne est presque aussi longue que les valves.

Une seule espèce de ce genre ainsi limité a été trouvée dans les terrains miocènes de l'ouest de la France [3].

Les Clisies, Savigny [4] (*Clitia*, Morris),

auxquelles on peut réunir une partie des Verruca, Schumacher, ont aussi un tube de quatre valves; mais l'opercule n'est pas divisé [5].

La seule espèce indiquée fossile est la *Clisia verruca*, Sow. (*Clisia striata*, Leach, *Verruca striata*, Gray), qui vit dans les mers du Nord. Cette espèce est citée comme trouvée dans le crag rouge d'Angleterre.

Les Ochtosia, Ranzani,

qui correspondent aussi en partie aux Verruca de Schumacher, ont un tube formé de trois valves, une ouverture trigone, et un opercule articulé plus ou moins vertical.

L'*O. Stroemii*, Ranzani [6] (*Lepas stromia*, Müller, *Verruca Stroemii*, Schum.), actuellement vivante, se trouve fossile dans les terrains quaternaires de Sicile.

genre forcerait à changer le nom de *Diadema*, donné à des échinodermes de la famille des cidarides.

[1] Morris, *Catal.*, p. 68.

[2] *Italien Gebirge*, p. 126.

[3] Desmarest, dans Grateloup, *Cat. zool. des débris foss. du bassin de la Gironde*, Bordeaux, 1838, in-8°, p. 70.

[4] Voyez la note, p. 432.

[5] Sowerby, *Genera*, fig. 2; Morris, *Catal.*, p. 68.

[6] Philippi, *Enum. moll. Sic.*, t. I, p. 251, et t. II, p. 212.

Les Pyrgomes (*Pyrgoma*, Savigny, *Adna*, Leach), — Atlas,
pl. XLVII, fig. 3,

ont un opercule bivalve, et une coquille univalve, subglobuleuse,
ventrue et percée au sommet par une petite ouverture elliptique.

La *P. undata*, Mich., a été trouvée dans la montagne de Turin. La *P. sulcata*, Philippi, qui vit aujourd'hui dans la Méditerranée, est indiquée comme trouvée dans le crag corallien d'Angleterre [1].

Les Tubicinelles (*Tubicinella*, Lamk.),

ont aussi une coquille univalve, mais allongée, tubuleuse, droite,
entourée de bourrelets en anneaux. L'opercule est formé de quatre
valves.

Morren [2] a décrit une espèce de ce genre. Si la détermination générique est exacte, ce serait le plus ancien cirrhipède sessile. C'est la *T. maxima*, Morr., de la craie.

2ᵉ Famille. — CIRRHIPÈDES PÉDONCULÉS.

Les cirrhipèdes pédonculés sont ceux dont le corps est soutenu
par un pédoncule tubuleux, mobile, fixé par sa base aux corps
marins.

Les Anatifes (*Anatifa*, Bruguière, *Anatifera*, Gray), — Atlas,
pl. XLVII, fig. 4,

ont une coquille comprimée sur les côtés, à cinq valves, dont l'ensemble forme un ovale apointi au sommet. Ces valves sont contiguës, inégales ; les inférieures sont les plus grandes. De nombreux
bras tentaculaires, longs, articulés et ciliés, sortent sur les côtés.
L'existence de ce genre à l'état fossile est fort douteuse.

Les espèces décrites par M. Steenstrup [3], et trouvées dans la craie du

[1] Michelotti, *Bull. Soc. géol.* t. X, p. 141 ; Morris, *Catal.*, p. 68 (*Adna sulcata*, Wood).

[2] *Messager des sciences*, 1827-28, t. VI, p. 227. Je ne rapporte cette citation que sur l'autorité de M. Bronn, *Nomenclator*, p. 1310, et je n'ai pas pu la vérifier.

[3] *Kroyer's naturh. Tidsskrift.*, Copenh., 1837, t. I, p. 49, et *Beiträge zur Gesch. der Cirrhipedier*, dans le même journal, 1839, p. 396. Voy. aussi *Leonh. und Bronn Neues Jahrb.*, 1845, p. 863 et 864.

Danemarck (*A. creta*, Steen., *turgida* (?), id., et *Nilsoni*, id.), paraissent être des pollicipes et des scalpellum.

On ne peut aussi citer qu'avec doute une espèce tertiaire, l'*A. cancellata*, Hoen. [1], du terrain pliocène.

Il faut retrancher de ce genre l'*A. conoexa*, Roemer [2], qui est l'*Aptychus cretaceus*. Quelques fragments indéterminés ont été cités par MM. Sedgwick et Murchison comme trouvés dans les Alpes de Salzbourg.

Les Poucepieds (*Pollicipes*, Leach), — Atlas, pl. XLVII, fig. 5 et 6.

ressemblent aux anatifes, et ont, comme elles, une coquille comprimée, portée par un pédoncule tendineux; mais les valves sont nombreuses (de 18 à plus de 100), et les inférieures latérales sont petites. La figure 5 de la planche XLVII représente un de ces crustacés vivants.

Ce genre est le même que celui des Mitella, Oken, des Ramphidiona, Schumacher, et des Polylepas, de Blainville, et son nom devrait être remplacé par le plus ancien d'entre eux, si celui des pollicipes n'était pas tellement usuel, qu'il ne résulterait de cette rectification qu'une confusion peu utile, d'autant plus que le nom de *Pollicipes* a déjà été employé en 1752 par J. sir John Hill, avant, il est vrai, l'introduction de la nomenclature binaire.

À l'état fossile, où l'on ne connaît, le plus souvent, que des valves isolées, on peut distinguer les débris des pollicipes par des caractères qui sont énumérés en détail dans l'ouvrage de M. Charles Darwin [3].

On en connaît quelques espèces des terrains jurassiques.

Le *P. liasinus*, Dunker [4], a été découvert dans le lias d'Halberstadt.

Le *P. radiatus*, Koch et Dunker [5], caractérise l'oolithe inférieure de Holtensen. Son nom devra être changé, car il est postérieur au même nom donné par Sowerby, Müller, etc.

Le *P. oolithicus*, Buckmann [6], provient de l'oolithe inférieure de Stonesfield.

[1] *Leonh. und Bronn Neues Jahrb.*, 1831, p. 155.

[2] *Verst. Norddeutsch. Kreid.*, p. 103.

[3] Voyez, pour ce genre et les deux suivants, la belle monographie de M. Darwin, *A monograph of fossil Lepadidæ*, dans les *Mémoires de la Soc. paléontographique*, 1851.

[4] *Palæontographica*, t. I, p. 180, pl. 25, fig. 14.

[5] *Norddeutsch. ool. geb.*, p. 35.

[6] Murchison, *Outline of geol. of Cheltenham*, new. edit. by Buckmann and Strickland, pl. 3, fig. 7; Ch. Darwin, *loc. cit.*, p. 51, pl. 3, fig. 2.

Le *P. concinnus*, Morris [1], a été trouvé dans le terrain oxfordien, adhérent à une ammonite. La figure 6 de la planche XLVII le représente grossi.

Le *P. planulatus*, Morris [2], appartient à la même époque géologique.

Les espèces sont beaucoup plus nombreuses dans les terrains crétacés.

Quelques unes appartiennent aux terrains crétacés inférieurs.

Le *P. Hausmanni*, Koch et Dunker [3], se trouve en Allemagne dans le hilsthon, et en Angleterre dans le lower green sand.

Le *P. unguis*, Sow. [4], en y réunissant le *P. laevis*, id., caractérise le lower green sand.

Le *P. radiatus*, Sowerby [5], du même gisement, est une espèce douteuse.

Le *P. Bronnii*, Roemer [6], provient du hilsthon des environs de Essen. M. Ch. Darwin lui rapporte une espèce de l'upper green sand.

D'autres se trouvent dans le gault.

On peut citer [7] principalement le *Poll. rigidus*, Sow., et peut-être le *P. unguis*, ci-dessus indiqué.

Le *P. maximus*, Sow., est un scalpellum.

Le *P. politus*, Ch. Darwin, est d'une localité incertaine et peut-être du gault.

Elles augmentent de nombre dans les terrains crétacés supérieurs.

M. Roemer [8] en a décrit plusieurs de la craie du nord de l'Allemagne.

[1] Morris, *Ann. and mag. of nat. hist.*, 1843, t. XV, pl. 6, p. 30 ; Sowerby, *Min. conch.*, pl. 647, fig. 1 ; Ch. Darwin, *loc. cit.*, p. 50, pl. 3, fig. 1.

[2] Morris, *loc. cit.* ; Sowerby, *Min. conch.*, pl. 647, fig. 2 ; Ch. Darwin, *loc. cit.*, p. 78, pl. 4, fig. 11.

[3] *Norddeutsch. ool. geb.*, p. 52, pl. 6, fig. 6 ; Roemer *Norddeutsch. ool. geb.*, p. 211, pl. 4, fig. 2 ; Ch. Darwin, *loc. cit.*, p. 53, pl. 3, fig. 3.

[4] *Trans. of the geol. Soc.*, 2ᵉ série, t. IV, pl. 11, fig. 5 et 5* ; Ch. Darwin, *loc. cit.*, p. 64, pl. 4, fig. 1.

[5] Sowerby, *Id.*, pl. 11, fig. 6. Il y a aussi un *radiatus*, Roemer, *Ool. geb.*, p. 103, du Hilsthon.

[6] *Norddeutsch. ool. geb.*, p. 103, pl. 16, fig. 8.

[7] Sowerby, *Trans. of the geol. Soc.*, 2ᵉ série, t. IV, pl. 11 et 16, et *Min. conch.*, pl. 606 ; Ch. Darwin, *loc. cit.*

[8] Roemer, *Norddeutsch. Kreid.*, p. 103, pl. 16.

On peut citer en particulier parmi les espèces nouvelles, les *P. asper*, Roem., *uncinatus*, id., et *gracilis*, id., de l'obere kreide mergel, et le *P. glaber*, id., de l'untere kreide mergel.

M. Reuss [1] a fait connaître en outre le *P. conicus*, Reuss, du plaener kalk de Bohême. Son *P. quadricarinatus* est un scalpellum.

M. Steenstrup [2] a décrit deux espèces du Danemarck, et en particulier les *P. Nilsoni*, Steens. [3], *undulatus*, id., *validus*, id., *elongatus*, id., *dorsatus*, id., etc.

M. Ch. Darwin [4] cite une grande partie de ces espèces comme trouvées en Angleterre, et il ajoute plusieurs espèces nouvelles : le *P. acuminatus*, Darw., de la craie inférieure, les *P. striatus*, Darw., *semilatus*, id., *fallax*, id., et *Angelini*, id., de la craie supérieure. Le *P. elegans*, id., provient de la craie de Faxoe.

On en a trouvé aussi dans les terrains tertiaires.

Le *P. reflexus*, Sow. [5], a été trouvé dans les formations supérieures de l'île de Wight.

Le *P. carinatus*, Philippi [6], a été recueilli dans les formations récentes de Sicile.

Le *P. antiquus*, Michelotti [7], provient du terrain miocène du Piémont.

Les SCALPELLUM, Leach, — Atlas, pl. XLVII, fig. 7,

sont très voisins des pollicipes ; ils n'ont que 12 à 15 valves, et, en particulier, leur verticille inférieur n'en a que 4 ou 6. Ils diffèrent, en outre, par la disposition de leurs lignes d'accroissement.

Il faut leur réunir, en partie, les SMILIUM, Leach, les CALANTICA, Gray, les THALIELLA, id., et les XIPHIDIUM, Dixon.

On les trouve dans les terrains crétacés et tertiaires, ainsi que dans les mers actuelles.

On n'en connaît que peu d'espèces du gault et du grès vert.

[1] Reuss, *Böhm. Kreid.*, I, p. 16, et II, p. 195.
[2] *Kroyer's, Naturh. Tidsckrift*, 1839.
[3] Cette espèce a été décrite par Nilsson, *Petref. Suecana*, pl. 2, fig. 1, comme un fragment de bélemnite.
[4] Darwin, *loc. cit.*
[5] *Min. conch.*, pl. 606, fig. 8.
[6] *Enum. moll. Sic.*, pl. 12, fig. 16 et 28.
[7] *Bull. Soc. géol.*, t. X, p. 140.

Le *Scalpellum simplex*, Darwin [1], caractérise le lower green sand de Maidstone.

Le *Sc. armatum*, id., se trouve dans le gault et dans les craies marneuses.

Les espèces sont plus abondantes dans les terrains crétacés supérieurs.

M. Ch. Darwin cite dans le lower chalk et le chalk-marl les *Sc. lineatum*, Darw., *hastatum*, id., *angustum*, id. (*Xiphidium angustum*, Dixon), *trilineatum*, id., etc.

Dans la craie supérieure d'Angleterre, le *Sc. fossula*, Darwin, le *Sc. maximum*, id.; ces deux espèces comprenant entre elles le *P. maximus*, Sow.

Le *Sc. carinatum*, Sowerby (*P. carinatus*, Reuss), caractérise le planer kalk inférieur de Bohême.

Les *Sc. solidulum*, Steenstrup, et *semiporcatum*, Darwin, caractérisent la craie supérieure du Danemarck (Faxoë).

On en connaît quelques espèces des terrains tertiaires.

Le *Sc. quadratum* (*Xiphidium quadratum*, Dixon) [2] a été trouvé dans le tertiaire éocène de Bognor, etc. Il est figuré grossi dans l'Atlas, pl. XLVII, fig. 7.

Le *Sc. magnum*, Wood [3], a été découvert dans le crag corallien.

Les LORICULA, G.-B. Sowerby, — Atlas, pl. XLVII, fig. 8,

forment un genre éteint très caractérisé, et qui diffère de toutes les formes connues des cirrhipèdes vivants. Leur pédoncule est protégé par dix rangées verticales d'écailles calcaires, dont les six qui forment les flancs sont allongées en travers, et dont les quatre autres sont étroites. Les écailles de chaque rangée sont imbriquées avec celles de la suivante, sauf sur les lignes médiane, dorsale et ventrale.

La seule espèce connue est la *L. pulchella*, G.-B. Sowerby [4], de la craie (lower chalk) de Caxton.

[1] Ch. Darwin, *loc. cit.*

[2] Dixon, *Geol. and foss. of Sussex*, pl. 14, fig. 3 et 4; Ch. Darwin, *loc. cit.*

[3] Morris, *Catal.*, p. 68; Ch. Darwin, *loc. cit.*

[4] *Ann. and mag. of nat. hist.*, 1843, t. XII, p. 260; Ch. Darwin, *loc. cit.*, p. 81, pl. 5.

Les Aptychus, H. de Meyer (*Trigonellites*, Parkinson), — Atlas,
pl. XLVII, fig. 9 à 17,

sont des corps dont les rapports zoologiques ont été très discutés,
et dont l'organisation a donné lieu aux opinions les plus contradic-
toires [1]. On les a tour à tour envisagés comme des coquilles,
comme des opercules, comme des osselets internes et comme des
dents de poissons.

On trouve ordinairement les aptychus sous la forme de deux
lames subtriangulaires un peu concaves, distinctes et unies par
une charnière, suivant quelques auteurs; soudées, suivant d'autres, et séparées seulement par une quille médiane. Quelquefois leur surface convexe est lisse, quelquefois elle est marquée de
gros plis plus ou moins réguliers et parallèles.

La première opinion que l'on eut sur leur compte les fit considérer comme de véritables coquilles externes. Mais les auteurs
furent loin d'être d'accord sur leurs affinités. Scheuzer et Knorr les
décrivirent comme des valves d'anatifes, et cette idée, la plus
anciennement soutenue, est précisément celle à laquelle nous
pensons qu'on doit revenir aujourd'hui. Parkinson les nomma des
trigonellites, Schlotheim les regarda comme des tellinites; et, plus

[1] Voyez pour les Aptychus : Baier, *Oryctogr. norica*, suppl., p. 19,
pl. 14; Boué, *Ann. sc. nat.*, 1824, t. II, p. 198; Bourdet de la Nièvre, *Notice
sur des foss. inconnus nommés Ichthyosagones*, Genève et Paris, 1822, in-4°;
de Buch, *Leonh. und Bronn Neues Jahrb.*, 1850, p. 245; Burmeister, *Id.*;
Coquand, *Bull. Soc. géol. de France*, 1841, t. XII, p. 376; Defrance, *Dict.
des sc. nat.*, t. LV, p. 291; Deluc, *Journ. de physique*, prairial an VIII,
p. 21; Deshayes, *Mém. Soc. géol. de France*, t. III, p. 31; Deslongchamps,
Mém. Soc. linn. de Normandie, 1835, t. VI; d'Orbigny, *Cours élément. de
paléont.*, t. I, p. 254; Germar, in Keferstein, *Geol. Deutsch.*, t. IV, p. 103;
Knorr, *Verstein.*, t. II, suppl., pl. 5; Krüger, *Urwelt Naturg.*, t. I, p. 343;
H. de Meyer, *Nova acta Acad. nat. cur.*, 1831, t. XV, part. 2, p. 125, pl. 58
à 60, et *Mus. Senkenb.*, 1834, t. I, p. 24; Münster, in Braun, *Bayreuth*;
Parkinson, *Organic remains*, t. III, p. 184; Quenstedt, *Petref. Deutschlands,
Cephalop.*; Rüppel, *Solenh. Verstein.*, 1829, in-4°, p. 8; Scheuzer, *Lithogr.
helvetica*, Zurich, 1702, in-8°, p. 21; Schlotheim, *Min. Taschenb.*, 1813,
et *Petref.*, t. I, p. 182; Volz, *Mém. Soc. d'hist. nat. de Strasbourg*, dans
son Mémoire sur les belopeltis, t. III, et *Leonh. und Bronn Neues Jahrb.*,
1836, 1837 et 1838.

récemment, M. Eudes Deslongchamps les a rangés dans la famille des solénacés, et leur a donné le nom générique de MUNSTERIA.

M. H. de Meyer, M. Voltz et M. Coquand, ont cherché à démontrer qu'il est impossible de considérer les aptychus comme des coquilles externes. Leurs principaux arguments reposent sur la composition de ces fossiles, qu'ils considèrent comme formés d'une lame probablement cornée, sur laquelle on remarque un dépôt calcaire. Le plus souvent la lame cornée a été détruite par la fossilisation, et n'a laissé que son empreinte sur le test calcaire. On voit dans les stries d'accroissement de cette empreinte et dans leur discordance avec celles de la surface externe du test, que la lame cornée et le dépôt calcaire se formaient d'une manière indépendante. Cette organisation est, suivant ces naturalistes, fort différente de celle des coquilles ordinaires ; car, dans ces dernières, les stries d'accroissement ne sont jamais visibles à la surface interne ; cette surface, au contraire, est recouverte d'une couche calcaire qui conserve les traces des impressions musculaires et palléales. Dans les aptychus [1], on ne distingue jamais ces impressions, et l'on voit toujours les stries d'accroissement d'une manière aussi claire qu'à la surface externe (voy. pl. XLVII, fig. 11). La couche intermédiaire des *Cellulosi*, qui est poreuse à sa surface, et qu'une section perpendiculaire montre être tubuleuse (fig. 14), prouve aussi que l'on ne peut pas les comparer aux coquilles ordinaires. On peut encore ajouter que l'on ne distingue sur les aptychus aucune trace de charnière proprement dite ; leur bord n'est ni épaissi, ni arrondi, ni dentelé sur aucune partie de son contour, ce qui semble exclure l'idée de deux valves articulées. Cet argument toutefois ne peut pas s'appliquer à l'opinion de Scheuzer et de Knorr.

Ces objections ont paru assez fortes pour que de nombreux naturalistes aient cherché d'autres explications.

Ce que j'ai dit plus haut sur leur composition, ainsi que la forme lisse de la surface interne, l'absence de marques d'adhérence, etc., excluent tout à fait l'idée émise par Deluc et par

---

[1] La figure 12 de la planche XLVII représente la surface grossie d'un *Aptychus* de la division des *Cellulosi* ; la figure 13, une surface analogue dont la couche superficielle a été altérée de manière que les tubes sont plus ouverts. La figure 14 a été dessinée d'après une coupe perpendiculaire à ces surfaces.

Bourdet (de la Nièvre), que ce sont des dents ou des plaques palatales de poissons. Il faut donc rejeter aussi le nom d'Ichthyosagones que ce dernier leur avait donné.

M. Voltz a cherché à prouver que les aptychus étaient les opercules des ammonites. Il se fonde sur deux preuves principales : 1° les opercules des gastéropodes vivants sont composés de deux couches, qui offrent, dans leurs stries d'accroissement, la même discordance que j'ai dit plus haut exister dans les aptychus ; 2° on a trouvé souvent les aptychus dans la dernière loge des ammonites, et plusieurs collections renferment des individus remarquables sous ce point de vue.

Mais ces deux arguments sont loin de fournir une démonstration complète. Ces rapports dans la discordance des stries ne prouvent pas nécessairement une analogie réelle ; et les aptychus peuvent avoir été placés, après la mort des ammonites, dans la dernière loge de leurs coquilles vides, par des circonstances tout à fait fortuites. On voit, en effet, souvent les nautiles de divers terrains, et entre autres ceux des craies marneuses de Rouen, renfermer plusieurs espèces qui en étaient certainement indépendantes pendant leur vie. Nous verrons d'ailleurs plus loin que cette association des aptychus et des ammonites s'explique très bien dans l'opinion de Walch et de Knorr.

On peut d'ailleurs objecter directement à cette manière de voir :

1° Que les aptychus ne présentent point d'impression de l'attache du muscle qui aurait dû les mouvoir ;

2° Qu'il y a de nombreux gisements où l'on trouve des ammonites et pas d'aptychus, et *vice versâ* ;

3° Que l'on connaît dix fois autant d'espèces d'ammonites que d'aptychus ;

4° Qu'on n'a jamais trouvé d'aptychus assez grands pour servir d'opercules aux ammonites de grande taille ;

5° Que les mêmes espèces d'ammonites renferment quelquefois des aptychus différents : la belle collection du comte de Münster est célèbre sous ce point de vue ;

6° Qu'il est très peu probable que les ammonites aient eu des opercules. Ces corps paraissent, en général, l'apanage des mollusques côtiers, qui vivent dans un repos plus ou moins grand. Les ammonites ont habité les hautes mers, et y ont probablement navigué constamment ; leur progression a dû avoir pour cause l'absorption et le rejet d'une certaine quantité d'eau, comme cela a lieu aujourd'hui chez presque tous les céphalopodes. Il semble donc qu'un opercule n'aurait fait que les gêner.

M. H. de Meyer, et plus tard M. Coquand, ont émis une autre idée, et veulent voir dans les aptychus des osselets internes d'un mollusque nu. M. Coquand les compare aux teudopsis, et pense que ces deux genres doivent être placés dans la même famille. Il croit pouvoir affirmer, par la comparaison de nombreux échantillons, que les deux prétendues valves des aptychus n'étaient point séparées, mais qu'elles formaient un corps unique, bilobé et traversé dans son milieu par une carène, qu'il compare à la tige de l'osselet des teudopsis. La principale différence consisterait dans ce que l'osselet des aptychus se serait revêtu d'une substance dure, et aurait été plus court et plus échancré, ce qui indiquerait un mollusque plus élargi. Les stries d'accroissement et l'absence d'impression musculaire paraissent à M. Coquand mériter d'être considérées comme des analogies importantes. Il faut remarquer que, dans aucun mollusque, on ne trouve une coquille interne composée comme les aptychus et à structure tubuleuse.

Quelques auteurs, cherchant aussi à lier les aptychus aux ammonites, les ont considérés comme étant des parties endurcies de la muqueuse de leur estomac. On sait que, chez les céphalopodes, ce viscère est musculeux comme le gésier de quelques oiseaux, et que la membrane muqueuse se sépare facilement des autres. Les plis de cette membrane ressemblent un peu à ceux de quelques aptychus, et l'on peut supposer, chez les ammonites, qu'elle était fortifiée par un dépôt calcaire. C'est peut-être l'idée qu'a eue M. Deshayes, quand il dit (¹) que les aptychus sont des parties intérieures de l'animal des ammonites, mais qu'il est certain qu'ils ne sont pas des opercules. Les preuves positives manquent pour combattre et surtout pour confirmer cette manière de voir, qui ne repose également sur aucune analogie certaine de structure.

M. Burmeister, partant également de l'hypothèse que les aptychus sont une dépendance des ammonites, a cherché à démontrer qu'on pouvait les envisager comme des organes protecteurs destinés à garantir l'animal lorsqu'il se projette en dehors de sa co-

____

(¹) *Mém. Soc. géol. de France*, t. III, p. 31.

quille. L'aptychus, suivant lui, protégerait le sac branchial, et se développerait dans sa paroi externe. M. de Buch a adopté cette opinion, en ajoutant que l'on a pu voir dans les collections des schistes lithographiques de Bavière des centaines d'ammonites avec des aptychus en place. Malgré l'autorité de ces naturalistes éminents, je crois que cette opinion, comme les précédentes, aurait besoin, pour être admise, d'être étayée par des analogies organiques qui lui donnassent un caractère moins hypothétique.

Dans ces dernières années, M. d'Orbigny a soutenu l'opinion de Scheuzer et de Knorr, et cherché à démontrer l'analogie des aptychus et des anatifes. Il donne pour arguments :

1° L'analogie de forme des aptychus et des grandes valves des anatifes. Il n'y aurait, sous ce point de vue, de différence que dans l'absence probable de petites valves dans le genre fossile.

2° La composition poreuse et les lignes internes de certains aptychus identiques avec celles de quelques crustacés (cypris) et avec celles de l'âge embryonnaire des cirrhipèdes.

3° Le fait que les anatifes ont l'habitude de se fixer aux corps flottants, ce qui expliquerait la présence des aptychus sur les ammonites, si, comme cela est probable, l'analogie des formes se liait avec une analogie d'habitudes.

J'ai longtemps répugné à admettre l'analogie soutenue par M. d'Orbigny, à cause de la composition du test, si différent de celui des anatifes actuelles. Une comparaison avec les balanes m'a convaincu que cette structure pouvait, au contraire, fournir un argument en faveur de l'association de ces fossiles aux cirrhipèdes. Si l'on examine la partie basilaire d'un gros balane, sciée ou dépourvue de sa couche superficielle, on verra qu'elle est tout à fait semblable à celle de plusieurs aptychus. On y remarque les mêmes tubes, ayant tout à fait la même forme, et s'appuyant de même à deux couches minces, l'une externe et l'autre interne, dont les stries ne sont point d'accord entre elles. Dans plusieurs balanes même, la couche externe forme à sa face interne des lames qui ont une très grande analogie avec celle des aptychus du groupe des *Imbricati*.

Je crois donc très probable que les aptychus sont des coquilles de cirrhipèdes voisins des anatifes par leurs formes comprimées, et des balanes par leur structure intime. Ils étaient probablement pédicellés (*) comme les premiers, et formaient entre eux et les balanes une transition qui manque à la nature actuelle.

Tous les aptychus sont, comme je l'ai dit plus haut, composés de deux valves de forme triangulaire (Atlas, pl. XLVII, fig. 10 etc.). Ces valves sont convexes en dehors et concaves en dedans. Un des bords est droit (fig. *a*), taillé en biseau, et a dû probablement servir à laisser passer les bras de l'animal. Un autre (fig. *b*) est arqué, plus ou moins arrondi, aminci, et paraît avoir été enchâssé dans le manteau. Le troisième (fig. *c*) est le plus petit, bâillant, coupé par une courbe rentrante, et a probablement servi d'attache au pédoncule.

La composition du test varie davantage que la forme extérieure, et l'on peut, sous ce point de vue, les partager en trois groupes.

Les CELLULOSI (pl. XLVII, fig. 9 à 14) sont les plus épais de tous. Ils sont composés d'une mince couche interne striée de lignes concentriques, sur laquelle est une substance calcaire composée d'une multitude de tubes. Ces tubes sont perpendiculaires à la couche interne dans le milieu de la coquille, et s'infléchissent en dehors vers les bords. Ils ont des parois minces, polygonales par leur influence mutuelle, et ne sont pas cloisonnés.

A la surface externe, ils sont en partie bouchés par une couche calcaire mince qui rend cette surface lisse. Chacun d'eux reste cependant ouvert par un très petit trou ou pore. Plus la coquille est intacte, plus les pores sont difficiles à voir; si elle est usée, on voit les trois tubes eux-mêmes, et par conséquent des plus considérables.

Les IMBRICATI (pl. XLVII, fig. 15 à 17) ont la même surface interne que les précédents, et des tubes analogues plus petits et moins visibles. Ils en diffèrent surtout par le développement de la couche externe, qui forme un véritable test calcaire à gros plis. La surface externe en est mince et délicate, et il arrive presque toujours qu'elle se détruit par la fossilisation, laissant voir les plis, qui constituent une sorte d'imbrication. Si l'on a des échantillons très bien conservés, comme celui qui est figuré dans l'Atlas, pl. XLVII, fig. 15, on verra que, dans ce groupe, la surface est aussi lisse que dans le précédent, et que les pores qui

____

(*) Voy. pl. XLVII, fig. 9, la figure d'un *Aptychus*, restauré d'après M. d'Orbigny.

terminent les tubes y sont rangés par lignes régulières correspondant à l'intervalle des plis.

Les Cornei sont encore mal connus, et paraissent réduits à une simple lame, et n'avoir point de substance tubuleuse.

Je ne sais pas, du reste, pourquoi quelques auteurs veulent que la lame interne ait été cornée et non calcaire. Je crois probable qu'elle était de la même substance que le reste, et, je le répète, on trouvera dans les balanes une structure qui me paraît tout à fait propre à expliquer celle des aptychus.

Ces fossiles paraissent dater de l'époque primaire, mais ils ont été trouvés surtout dans les terrains de l'époque jurassique et de l'époque crétacée. Les *Cornei* paraissent spéciaux au lias et à l'oolithe inférieure ; les deux autres groupes ont une distribution géologique plus étendue.

Quelques uns, comme je l'ai dit, ont été indiqués dans l'époque primaire.

L'*A. vetustus*, d'Archiac et Verneuil ([1]), a été découvert dans le terrain dévonien de l'Eifel.

Les *A. antiquus*, Goldfuss, et *Guillennei*, d'Orb., paraissent caractériser les terrains carbonifères ([2]). Le dernier a été trouvé à Sablé (Sarthe). Le premier provient d'Herborn.

Les espèces augmentent de nombre dans l'époque jurassique. On en cite quelques unes du lias, et en particulier :

Parmi les Cornei, les *A. elasma*, H. de Meyer, *striolaris*, Voltz, et *rugulosus*, id. Ces trois espèces proviennent de Boll ([3]).

Parmi les Imbricati ([4]), les *A. bullatus*, Meyer, de Banz ; les *A. latifrons*, Voltz, et *speciosus*, id., de Boll ; l'*A. ovatus*, H. de Meyer, et l'*A. Theodosia*, Deshayes, de Crimée.

Ce gisement paraît ne pas renfermer des *Cellulosi*.

([1]) *Trans. of the geol. Soc.*, 2ᵉ série, t. VI, part. 2, p. 343, pl. 26, fig. 9.

([2]) Goldfuss, in Dechen, *Trad. allem. de la géol. de la Beche*, p. 529 ; d'Archiac et Verneuil, *loc. cit.*, p. 386 ; d'Orbigny, *Bull. Soc. géol.*, 1842, t. XIII, p. 359.

([3]) H. de Meyer, *Nova acta Acad. nat. cur.*, t. XV, pl. 60 ; Roemer, *Ool. géol.*, t. II, p. 51, pl. 19, fig. 25 ; Voltz, *Mém. de Strasbourg*, t. III, p. 38, pl. 5, fig. 2 et 3.

([4]) H. de Meyer, *Nova acta Acad. cur.*, t. XV, pl. 60, fig. 1, et *Mus. Senkenb.*, 1834, t. I, p. 24 ; Voltz, *loc. cit.* ; Deshayes, dans le *Mém. de Verneuil sur la Crimée*, *Mém. Soc. géol.*, 1838, t. III, p. 32, p. 16.

Les terrains jurassiques inférieurs en ont fourni quelques espèces (¹).

On a trouvé dans l'oolithe inférieure du département du Calvados les *A. prælongus*, Voltz, et *cuneatus* (*Munsteria cuneata*, Deslongchamps), du groupe des *Cornei*.

L'*A. lamellosus*, Voltz (*Munsteria lamellosa*, Del.), des mêmes gisements, y représente le groupe des *Imbricati*. C'est l'espèce figurée dans l'Atlas, pl. XLVII, fig. 16.

Elles se continuent dans les terrains jurassiques moyens et supérieurs. On y a trouvé plusieurs *Cellulosi*.

Les terrains oxfordiens du mont Terrible renferment les *A. heteroporus*, Voltz, et *Thurmanni*, Voltz. L'*A. Zieteni*, Voltz (*A. oculus*, H. de Meyer), est d'un gisement analogue de l'alpe du Wortemberg.

L'*A. Beaumontii*, Coquand (*loc. cit.*), vient du corallien des Basses-Alpes.

On a trouvé à Solenhofen l'*A. latus*, Voltz (*A. lævis latus*, Meyer), l'*A. latissimus*, Voltz, et l'*A. subtetragonus*, Voltz.

L'*A. costatus*, Voltz, provient du portlandien de Beiningen.

Le groupe des *Imbricati* est aussi représenté par plusieurs espèces.

On trouve dans les terrains jurassiques supérieurs de Solenhofen, l'*A. depressus*, Voltz (*Imbricatus depressus*, Meyer), l'*A. profundus*, Voltz (*Imbricatus profundus*, Meyer), l'*A. Meyeri*, Voltz, l'*A. elongatus*, Voltz, et l'*A. elegans*, Voltz.

Les terrains crétacés contiennent aussi des aptychus. On cite (²) :

Parmi les *Cellulosi* :

L'*A. Blainvillei*, Coquand, du terrain néocomien du département du Var. L'*A. complanatus*, Geinitz, de l'untere quader sandstein de Saxe.

Parmi les *Imbricati* :

Les *A. Didayi*, Coquand, *Seranonis*, id., et *radians*, id., trouvés dans le terrain néocomien des Basses-Alpes. La première est figurée dans l'Atlas, pl. XLVII, fig. 17.

L'*A. cretaceus*, Münster (*Anatifa convexa*, Roemer), trouvé dans la craie marneuse de Saxe.

(¹) Voltz, *loc. cit.*

(²) Coquand, *Bull. Soc. géol.*, t. XII ; Geinitz, *Characterist*, p. 69, pl. 17, fig. 25 à 29 ; Roemer, *Norddeutsch. Kreidegeb.*, pl. 16, fig. 7, etc.

On pourrait ajouter encore quelques espèces mal connues ou de gisements incertains (¹).

APPENDICE A LA CLASSE DES CRUSTACÉS.

Je place provisoirement à la fin des crustacés deux genres fossiles dont les véritables rapports n'ont point encore été appréciés d'une manière satisfaisante.

Les Cruziana, d'Orbigny (²) (*Bilobites*, Cordier), — Atlas, pl. XLVII, fig. 18,

sont formées de deux valves allongées ou oblongues, semblables, toujours horizontales, jamais isolées, qui paraissent être accolées ensemble sur la ligne médiane, et n'avoir formé qu'une seule et même pièce, peut-être mobile au milieu, comme les carapaces des cypris.

Ces caractères peuvent les faire considérer comme des articulés ; mais quelques exemplaires semblent aussi montrer une sorte de bifurcation, en sorte qu'il ne serait pas impossible que ces singuliers fossiles appartinssent au règne végétal.

On les trouve dans les terrains siluriens d'Amérique et d'Europe.

M. d'Orbigny a décrit les *C. rugosa* et *furcifera*, trouvées à Bolivia. Il indique aussi la *C. Lefeburei*, découverte dans les grès micacés des environs de Nantes.

Les Bostrichopus, Goldfuss, — Atlas, pl. XLVII, fig. 19,

sont des petits animaux très singuliers, dont on ne connaît qu'un petit nombre d'échantillons. Ils sont composés d'un corps ovale, long d'une ligne et demie, duquel partent une soixantaine de fils articulés (tentacules ou pieds?) longs de 10 lignes, et de l'épaisseur d'un cheveu. A la première vue, l'animal ressemble plutôt à une comatule ; mais le corps a les caractères de ceux des articulés.

(¹) Voyez Voltz, *loc. cit.*; Bronn, *Nomenclator*; Phillips, *Geol. of Yorkshire*, etc.

(²) *Voyage dans l'Amér. mér., Paléont.*, p. 30 ; Cordier, *Rapport à l'Institut sur les travaux de M. d'Orbigny.* Ce genre est tout différent de celui qui a été nommé Bilobites par Dekay, *Ann. Lyc. de New-York*, 1824, t. I, p. 45.

Il est composé de parties paires, divisé en anneaux très distincts. On y remarque un céphalothorax et un abdomen de six anneaux. Les fils sont eux-mêmes groupés en séries paires, et forment quatre faisceaux symétriques attachés de chaque côté au céphalothorax.

Cette organisation tout exceptionnelle semble indiquer un articulé, et probablement un crustacé. Goldfuss le place dans les cirrhipèdes ; MM. Burmeister, Geinitz et Sandberger, dans les stomapodes.

La seule espèce connue (1), le *Bostrichopus antiquus*, Goldfuss, a été trouvée par Dannenberg dans les schistes à posidonomyes (terrain dévonien) de Herborn.

CINQUIÈME CLASSE.

ANNÉLIDES.

Les annélides ont été anciennement réunies sous le nom de *Vers* avec plusieurs animaux invertébrés qui n'ont avec eux que des rapports très éloignés. Elles sont caractérisées par un corps allongé, vermiforme, divisé en anneaux nombreux, formés d'une peau médiocrement endurcie. Leurs organes de la locomotion ne consistent jamais en membres articulés, mais bien en poils ou soies isolées ou en faisceaux ; leurs mâchoires sont plus ou moins fortes, et leur tête porte souvent des tentacules charnus et des yeux peu apparents. Ces animaux ont une véritable circulation dans un système clos d'artères et de veines, et dans la plupart d'entre eux le sang est rouge comme chez les animaux vertébrés, circonstance dont on ne trouve pas d'autres exemples parmi les invertébrés.

La plupart des annélides vivent à nu ; quelques unes

(1) Goldfuss, *Nova acta Acad. nat. cur.*, t. XIX, part. 1, p. 353, pl. 32, fig. 6; Geinitz, *Grundriss der Verstein.*, p. 197; G. et F. Sandberger, *Verst. Rhein. sch. Syst. Nassau*, p. 2, pl. 1.

sécrètent, par une sorte de suintement de la peau, un tube protecteur, souvent calcaire, d'autres fois presque membraneux et fortifié par des grains de sable et divers autres débris. Ce tube est presque la seule trace qui nous reste des espèces qui ont vécu dans les mers antérieures à l'époque actuelle. Quelquefois cependant des roches à grain fin ont conservé des empreintes des espèces nues ; mais on comprend facilement que ces débris rares ne peuvent donner qu'une idée bien imparfaite de ce qu'a été cette classe dans les diverses époques géologiques. Il faut en outre remarquer que les tubes sont en général peu réguliers, et que leur forme ne se lie point à l'organisation de l'animal d'une manière aussi intime que la coquille du mollusque retrace les caractères de l'être qu'elle a protégé. L'étude de ces tubes ne peut donc pas toujours fournir des éléments parfaitement certains pour la détermination des genres et des espèces, et il s'en faut de beaucoup que cette branche de la paléontologie ait acquis une certitude satisfaisante.

Ce que nous savons de leur histoire montre qu'elles ont vécu dès les époques les plus anciennes, et qu'elles se sont continuées dans les mers de toutes les périodes. Les serpules en particulier paraissent abondantes dans la plupart des terrains.

Je suivrai, pour la classification des annélides, la méthode proposée par Cuvier, en les divisant en trois ordres fondés sur la disposition des branchies. Ces organes sont placés vers la tête dans les espèces qui se sécrètent des tubes ; parmi les espèces qui vivent nues, les unes les ont disposés le long du corps et d'autres en sont dépourvues.

1ᵉʳ ORDRE.

ANNÉLIDES TUBICOLES.

(Vulgairement *Pinceaux de mer.*)

Les annélides tubicoles ont des branchies en forme de panache ou d'arbuscule, attachées à la tête ou sur la partie antérieure du corps. Elles se sécrètent des tubes où elles se cachent presque complétement. Cet ordre est, comme je l'ai dit, celui auquel appartient le plus grand nombre des espèces fossiles.

Les Serpules (*Serpula*, Linné), — Atlas, pl. XLVII, fig. 20 à 23,

ont un corps en forme de tube allongé, un peu déprimé, aminci en arrière, à segments nombreux et étroits, et des branchies terminales en éventail, fendues profondément en digitations très menues. Elles sécrètent des tubes solides, calcaires, irrégulièrement contournés, groupés ou solitaires, fixés, à ouverture terminale arrondie.

Ces animaux ont été anciennement placés parmi les mollusques; mais les formes de l'animal sont tout à fait celles des annélides. Leurs tubes calcaires sont faciles à confondre avec ceux des vermets, qui sont produits par un animal tout différent. On peut les distinguer, parce que les tubes des vermets sont cloisonnés à l'intérieur, tandis que ceux des serpules sont complétement libres.

Les serpules forment aujourd'hui un genre très nombreux. Les espèces fossiles ne le sont pas moins, et se trouvent dans tous les terrains à partir des plus anciens. La distinction des espèces présente d'assez grandes difficultés, parce qu'on ne sait pas suffisamment jusqu'à quel point la forme de l'animal se lie à celle du tube. Aussi ce genre est-il un de ceux dans lesquels on a cité en quantité des espèces qui passent d'un terrain à l'autre. Ces assimilations ne peuvent être admises qu'avec une extrême réserve toutes les fois que les parties fossilisées n'ont qu'une relation très indirecte avec les véritables caractères zoologiques.

On en trouve, comme je l'ai dit, dès l'époque primaire.

La *Serpula umbilicata*, Schl., décrite d'abord sous le nom de *Serpulites* [1], appartient au terrain silurien supérieur.

On trouve dans le même terrain la *Serpula lituus*, Hisinger [2], de l'île de Gothland.

Les terrains dévoniens renferment une espèce confondue par M. Goldfuss [3] avec des serpules jurassiques, crétacées, etc., sous le nom de *S. gordialis*.

Le même auteur a décrit sous le nom de *Serpula* deux espèces du même terrain, qui sont des spirorbes, et la *Sp. epthonia*, qui appartient probablement à un autre genre (ordre des annélides antennés, suivant M. Milne Edwards) [4].

Les espèces des terrains carbonifères ont été décrites [5] par MM. Sowerby (*S. compressa*), Portlock (*S. subannulata* et *S. subcincta*), de Koninck, (*S. claviformis, spinosa, Archimedis, Sowerbyana*), etc.

Quelques espèces ont été citées dans les terrains triasiques.

On cite en particulier dans le muschelkalk [6] la *S. serpentina*, Schmid et Schleiden; mais la *S. valcata*, Goldfuss, paraît être une spirorbe et la *S. colubrina*, Goldf., n'est, suivant M. Milne Edwards, qu'une agglomération d'œufs de mollusques.

Les schistes de Saint-Cassian en renferment quelques espèces décrites [7] par le comte de Münster (cinq espèces) et par M. Klipstein (*S. lineata*).

Les serpules augmentent beaucoup de nombre dans les terrains jurassiques, où l'on en cite plus de cinquante espèces, outre plusieurs qui appartiennent aux genres suivants.

Quelques unes ont été trouvées dans le lias.

[1] *Petref.*, t. I, p. 97.

[2] Hisinger, *Fauna suec.*, p. 29, pl. 4, fig. 8 ; *Rotularia lituus*, Def., *Dict. sc. nat.*, t. XLVI, p. 321.

[3] *Petref. Germ.*, I, pl. 67 et 69.

[4] *Deuxième édit. de Lamarck*, t. V, p. 632.

[5] Sowerby, *Min. conch.*, pl. 598, fig. 3 ; Portlock, *Geol. report*, p. 362 et 363 ; de Koninck, *Ann. foss. de Belg.*, p. 55, pl. G, et corrections à l'*errata*.

[6] Goldfuss, *Petref. Germ.*, pl. 67, fig. 4 et 5 ; Schmid et Schleiden, *Die geogn. Verh. des Saal Thales*, Leipzig, 1846, in-folio, p. 38, pl. 4, fig. 1 ; Milne Edwards, *deuxième édit. de Lamarck*, p. 632.

[7] Münster, *Beitr. zur Petref.*, t. IV, p. 54 ; Klipstein, *Geol. der Oestl. Alpen*, p. 207.

La *S. capitata*, Phillips (non Goldfuss), a été trouvée en Angleterre [1].

Les espèces d'Allemagne ont été décrites [2] par le comte de Münster dans l'ouvrage de Goldfuss (*S. 3-cristata, 5-cristata, 5-sulcata, circinalis*, etc.), et par M. Roemer (*S. capillaris*, Roemer, non Defr., *stricta*, Roem.).

Les espèces des autres étages jurassiques sont parmi celles dont la synonymie est la moins certaine.

On trouvera la description d'un très grand nombre d'entre elles dans le grand ouvrage de Goldfuss [3]. Ce paléontologiste les divise d'après le nombre de leurs carènes, et en énumère environ douze espèces des terrains jurassiques inférieurs parmi lesquelles six lisses, quatre à trois carènes, cinq à quatre carènes, et une à cinq carènes.

Il cite deux lisses, deux à trois carènes et une à cinq carènes, des terrains jurassiques moyens.

Trois lisses et deux à quatre carènes paraissent communes aux terrains jurassiques moyens et supérieurs.

Les terrains jurassiques supérieurs lui ont fourni quatre espèces lisses, cinq à trois carènes, deux à quatre carènes, et une à sept carènes.

Plusieurs ont été décrites [4] par Defrance (*S. Warnii, circinata*, etc.), Phillips (*S. intestinalis, lacerata, quadrata*, etc.), Sowerby (*S. triangulata, vertebralis, tricarinata, ruminata*, etc.), Roemer (*similis, concervata, serpentina*, etc.), Morris et Lycett (trois espèces déjà décrites de la grande oolithe); etc.

Les terrains crétacés en renferment aussi beaucoup.

Nous avons constaté la présence des *Sp. cincta*, Goldfuss, *antiquata*, Sowerby, et *filiformis*, id., dans le terrain aptien de la perte du Rhône [5].

C'est probablement à la même époque qu'il faut rapporter quelques espèces décrites [6] par le comte de Münster et par M. Roemer, et trouvées dans le

---

[1] Phillips, *Geol. of Yorkshire*, p. 169, pl. 67, fig. 17.

[2] Goldfuss, *Petref. Germ.*, t. I, p. 226, pl. 67; Roemer, *Ool. geb.*, p. 34.

[3] Goldfuss, *Id.*, p. 227, pl. 67, 68 et 69.

[4] Defrance, *Dict. des sc. nat.*, t. XLVIII, p. 570; Phillips, *Geol. of Yorkshire*; Sowerby, *Min. conch.*, pl. 599, 608, etc.; Roemer, *Ool. geb.*, p. 34; Morris et Lycett, *Mollusca of the great oolit of Yorkshire*, *Palæont. Society*, 1850, p. 121, etc.

[5] La figure 20 de la planche XLVII représente la *P. cincta*, Goldf.; la figure 21, la *S. antiquata*, Sow., et la figure 22 la *S. filiformis*, id.

[6] Münster, in Goldfuss, *loc. cit.*; Roemer, *Verst. Deutsch. Kreide geb.*, p. 99.

hils conglomérat ou les grès verts inférieurs d'Allemagne (*S. hexagona*, Roemer, *angulosa*, id., *parvula*, Münster, *trachinus*, Goldfuss, *lophioda*, id., *lævis*, id., *quinque carinata*, Roemer, etc.

On trouve dans le gault de la perte du Rhône la *S. antiquata*, Sow., citée plus haut, la *S. Phillipsii*, id., et la *S. spirographis*, Goldfuss.

Au même gisement appartient la *S. articulata*, Sow. (¹), de Folkstone.

Les espèces des terrains crétacés supérieurs me sont moins connues. On trouvera la description d'une quarantaine d'espèces (réelles ou nominales) :

Pour l'Allemagne (²), dans l'ouvrage précité de Goldfuss et dans ceux de Geinitz, Roemer, Reuss, de Hagenow, etc.;

Pour l'Angleterre (³), dans ceux de Sowerby, de Woodward, etc.;

Pour la France (⁴), dans ceux de Defrance, de Dujardin, de d'Archiac, de Leymerie, de Lamarck, etc.

Les espèces des terrains tertiaires paraissent nombreuses et exigent également une nouvelle étude.

Celles des terrains nummulitiques ont été décrites (⁵) par le comte de Münster et par Goldfuss dans l'ouvrage de ce dernier auteur (*S. anfracta*, Goldfuss, *angulata*, Münster, *corrugata*, id., *quadricarinata*, id., *tortrix*, Goldfuss, etc.), par M. d'Archiac (*S. alata*, *corona*, *dilatata*, etc., de Biaritz), par M. Al. Rouault (*S. subgranulosa*, de Pau), etc.

La *S. spirulæa*, Lamk. (⁶), enroulée dans son jeune âge comme une spirorbe, est une des espèces les plus fréquentes et les plus caractéristiques de cette époque. Elle a été distinguée génériquement par Bronn sous le nom de SPIRULÆA (*S. nummularis*, Schl.), et sous celui de ROTULARIA par Defrance (*R. cristata*). C'est l'espèce qui est figurée dans l'Atlas, pl. XLVII, fig. 23.

(¹) Sowerby, *Min. conch.*, pl. 599. Cette espèce a été pour Monfort le type du genre NOGROBS (*N. vermicularis*, Monfort).

(²) Goldfuss, *loc. cit.*, pl. 70 et 71 ; Geinitz, *Charact.*, suppl.; Roemer, *Norddeutsch. Kreideg.*, p. 99 ; Reuss, *Böhm. Kreidef.*, I, p. 18, II, p. 105 ; v. Hagenow, *Leonh. und Bronn Neues Jahrb.*, 1840, etc.

(³) Sowerby, *Min. conch.*, pl. 598, 599, 608, et *Trans. of the geol. Soc.*, 2ᵉ série, t. IV.

(⁴) Defrance, *Dict. sc. nat.*, *loc. cit.*; Dujardin, *Mém. Soc. géol.*, t. II, p. 233 ; d'Archiac, *Id.*, p. 180 ; Leymerie, *Id.*, t. V, p. 2 ; Lamarck, *Anim. sans vert.*, 2ᵉ édit.

(⁵) Goldfuss, *loc. cit.*; d'Archiac, *Mém. Soc. géol.*, 2ᵉ série, t. II, pl. 7. Voyez surtout le catalogue donné par ce dernier auteur dans son *Hist. des progrès de la géol.*, t. III, p. 254 (vingt-huit espèces).

(⁶) Lamarck, *Anim. sans vertèbres*, 2ᵉ édition, Paris, 1838, t. V, p. 623. M. Milne Edwards la rapporte avec doute aux vermets.

Celles des terrains éocènes proprement dites ont surtout été décrites [1] par Lamarck, qui a nommé une vingtaine d'espèces nouvelles, par Sowerby (*S. crassa*, Sow., de l'argile de Londres, etc.), par Galeotti (*S. quadrangularis*, Gal., non Lam., *S. triangularis*, id., de Belgique), etc.

Quant aux espèces des terrains tertiaires moyens et supérieurs, on en trouvera la description [2] dans plusieurs ouvrages cités plus haut, et en particulier dans ceux de Goldfuss et de Lamarck, ainsi que dans ceux de MM. M. de Serres, Philippi, Risso, Brocchi, Sismonda, etc.

On en trouve aussi hors d'Europe [3].

La *S. barbata*, Morton, a été trouvée dans le terrain crétacé des États-Unis.

Les terrains tertiaires du même pays en renferment quelques unes.

On rapporte [4] encore aux serpules quelques fragments trouvés dans les terrains tertiaires de l'Inde.

Les FILOGRANA, Berkeley,

diffèrent des serpules par la forme de l'animal plus que par le tube [5].

Le type de ce genre est une espèce vivante, la *S. filograna*, Lin. M. Wood lui rapporte une espèce fossile du crag. Il est bien possible que d'autres aient été décrites comme des serpules et ne puissent pas en être distinguées par leurs tubes.

M. W. King [6] attribue avec doute à ce genre une espèce du terrain permien d'Angleterre.

Les SPIRORBES (*Spirorbis*, Daudin, *Serpula*, Lin., *Dinote*, Guett.). — Atlas, pl. XLVII, fig. 24,

diffèrent des serpules parce que chaque individu est solitaire, ne

[1] Lamarck, *loc. cit.*; Defrance, *Dict. sc. nat.*, t. XLVIII; Sowerby, *Min. conch.*, pl. 30; Galeotti, *Mém. const. géol. Brabant*, p. 161, etc.

[2] Philippi, *Tertiær-verst.*, p. 43 (deux espèces, dont une nouvelle); Sismonda, *Syn.* (cinq espèces d'Asti, dont trois décrites par Lamarck et deux par Bonelli); Risso, *Hist. nat. Europe mér.*, t. IV, p. 405; M. de Serres, *Géogn. des terr. tert.*, p. 153, etc.

[3] Morton, *Journ. Acad. Phil.*, t. VIII, p. 224, et *Synopsis*; Lea, *Contribut.*, pl. 37; Say, *Journ. Acad. Phil.*, t. IV, p. 154, etc.

[4] *Madras journ.*, 1840.

[5] Wood, *Ann. and mag. of nat. hist.*, 1842, t. IX, p. 458.

[6] W. King, *Permian foss.*, *Palæont. Soc.*, 1841, p. 56.

se réunit jamais avec d'autres pour former des groupes ou faisceaux, s'enroule régulièrement pour former une coquille héliciforme ou planorbiforme, et adhère aux corps sous-marins. Leur longueur paraît limitée, tandis que les serpules continuent toujours à s'accroître [1].

Les espèces actuelles vivent dans toutes les mers, fixées aux fucus, aux coquilles et à presque tous les corps marins. Les fossiles se trouvent dans la plupart des terrains, et il faut, comme je l'ai dit plus haut, rapporter à ce genre une grande partie des espèces décrites comme des serpules.

On en trouve déjà dans l'époque primaire [2].

On trouve dans les terrains siluriens les *Sp. Lewisii*, Sowerby, et *tenuis*, Murchison.

Il faut rapporter à ce genre les *Sp. ammonia* et *omphalodes* [3] des terrains dévoniens. Il faut ajouter la *Sp. gracilis*, Sandb., du même terrain.

La *Sp. minutus*, Portlock, a été trouvée dans les terrains carbonifères.

Les *Sp. helix*, King, et *permianus*, id., proviennent des terrains permiens d'Angleterre.

On en cite dans le muschelkalk.

La *Sp. valvata*, Goldfuss, appartient à ce genre.

Les terrains jurassiques en renferment aussi.

Il faut, comme je l'ai dit, rapporter aux spirorbes plusieurs des espèces décrites par M. Goldfuss comme des serpules, et en particulier la *Sp. complanata* du lias, et la *Sp. planorbiformis*, du calcaire jurassique de Streitberg.

[1] On pourra consulter sur ce genre en général l'article de M. Defrance, dans le *Dict. des sc. nat.*, t. L; Milne Edwards, *deuxième édition de Lamarck*, t. V, p. 612; et la monographie insérée dans les *Illustrations conchyliologiques* de M. Chenu. Ce dernier travail renferme la description de plusieurs espèces, mais quelquefois avec des données incomplètes sur les gisements et avec des rapprochements peu probables entre les espèces vivantes et fossiles. Le genre CYCLORA, Hall, du terrain silurien inférieur des États-Unis (*Leonh. und Bronn Neues Jahrb.*, 1848, p. 374), est peut-être identique avec celui des spirorbes.

[2] Murchison, *Sil. system*, p. 616, 705, pl. 8; Sandberger, *Verst. Rhein. schicht. Syst. Nassau*, p. 36; Münster et Goldfuss, *Petref. Germ.*, pl. 67; Portlock, *Geol. report*, p. 363; W. King, *Permian foss., Palæont. Soc.*, 1848, p. 54, etc.

[3] La *S. omphalodes* est, suivant M. de Verneuil (*Pal. de la Russie*, p. 36), un des fossiles les plus caractéristiques des terrains dévoniens de la Russie. C'est l'espèce qui est figurée dans l'Atlas.

Ce genre se continue dans les terrains crétacés.

Les *S. rotula, anfracta*, etc., décrites dans Goldfuss, appartiennent à ce genre.

Les spirorbes sont abondantes dans les terrains tertiaires.

La monographie précitée de M. Chenu contient la description de vingt-huit espèces, dont la plupart d'Hauteville et de Grignon.

Les *S. subcarinata*, et *umbiliciformis*, Goldfuss, du terrain tertiaire d'Allemagne, sont aussi des spirorbes. La dernière a été attribuée par le comte de Münster [1] au genre SPIRULÆA, Oken.

M. Wood, en a fait connaître plusieurs du crag [2].

Les Vermilies (*Vermilia*, Lamk)

peuvent fermer leur tube par un opercule testacé et orbiculaire. Daudin les a réunies à tort aux vermets, car l'animal a tous les caractères des annélides.

Le caractère distinctif de ce genre ne peut pas s'appliquer fréquemment à la distinction des espèces fossiles. Il est probable qu'une partie de celles qui ont été citées ci-dessus comme des serpules doivent être rapportées aux vermilies.

M. W. King [3] a décrit la *Vermilia obscura*, King, des terrains permiens d'Angleterre, et rapporté à ce genre la *S. pusilla*, Geinitz, de la même époque.

Quelques auteurs placent dans ce genre des fossiles des terrains jurassiques et crétacés.

Les *V. punctata*, Defr. [4], *obtorta*, id., et *murœna*, id., des Vaches noires et du calcaire à polypiers de Caen sont très douteuses.

On a trouvé à Shotover la *V. sulcata*, Morris (*S. sulcata*, Sow. 608).

M. Roemer [5] rapporte à ce genre, à titre de section, plusieurs espèces des terrains crétacés qui peuvent, ce me semble, tout aussi bien être des serpules.

[1] Teste Bronn, *Nomenclator*, p. 1187.
[2] *Ann. and mag. of nat. hist.*, 1841, t. IX, p. 458.
[3] W. King, *Permian foss., Palæont. Soc.*, 1848, p. 56, pl. 6; Geinitz, *Zechsteingeb.*, p. 6, pl. 3. M. King avait formé avec la *S. pusilla* le genre provisoire des FORAMINITES.
[4] *Dict. des sc. nat.*, t. LVII, p. 330.
[5] *Norddeutsch. Kreidegeb.*, p. 101.

M. Morris [1] attribue à ce genre la *S. ampullacea*, Sow., 597, de Blackdown et de la craie de Norwich, la *S. macropus*, Sow., id., de cette dernière
localité, et les *S. pentangulata* et *striata*, Woodw., également des craies supérieures.

On considère aussi comme des vermilies quelques espèces des
terrains tertiaires.

On trouve dans l'argile de Londres la *V. crassa*, Sow., 30, et quelques espèces non décrites. M. Wood en cite quatre dans le crag, dont une nouvelle et
d'autres analogues aux vivantes.

Les Galéolaires (*Galeolaria*, Lamk)

ont un opercule comme les vermilies, et des tubes serrés en touffes.

Les espèces ont certainement été confondues avec celles des
genres précédents [2].

On doit peut-être rapporter à celui-ci la *S. prolifera*, Goldfuss, du calcaire
jurassique de Baireuth, et les *S. socialis*, Goldfuss, et *filiformis*, Sowerby, du
grès vert.

Nous devons placer à la suite de ces trois genres, caractérisés
par des tubes calcaires, quelques autres qui sont encore mal déterminés.

Les Serpulaires (*Serpularia*, Münst.) ne sont connues que par
des fragments de tubes analogues à ceux des serpules, mais crénelés sur le dos ou sur deux côtés [3].

Ce genre a été établi pour deux espèces du calcaire à orthocératites d'Elbersreuth (dévonien), les *S. crenata* et *bicrenata*, Münster.

Les Serpulites, Sow., sont de grands tubes comprimés, unis,
légèrement tortueux, composés de nombreuses couches de substance calcaire, contenant beaucoup de matière animale. Les véritables rapports de ce genre sont encore complétement inconnus [4].

[1] *Catalogue*, p. 67.
[2] Voyez Milne Edwards, *Deuxième édit. de Lamarck*, t. V, p. 636 ; Bronn,
Nomenclator, p. 521.
[3] Münster, *Beiträge*, t. III, p. 115.
[4] Murchison, *Sil. system*, p. 608 et 700.

Le *Serpulites longissimus*, Sow., a été trouvé dans les roches de Ludlow (terrain silurien).

D'autres auteurs ont nommé indistinctement SERPULITES toutes les serpules fossiles.

Les CYCLOGYRA, Wood, sont composés de nombreux tours de spire, dont l'ensemble forme un disque; chacun d'eux enveloppe en partie le précédent. Ces tubes diffèrent des coquilles enroulées par leur irrégularité, et des OPERCULINES de d'Orbigny, parce qu'ils ne sont pas cloisonnés à l'intérieur. Ils ne paraissent pas très éloignés de ceux des spirorbes.

La *C. multiplex*, Wood ([1]), a été trouvée dans le crag d'Angleterre.

M. Morris rapporte avec doute à ce même genre la *Serpula granulata*, Sow., 597, de la craie de Norwich.

Les SPIROGLYPHUS, M' Coy ([2]), ne sont pas encore décrits.

Le *S. marginatus*, M'Coy, provient du calcaire carbonifère d'Irlande.

Les TÉRÉBELLES (*Terebella*, Cuvier), — Atlas, pl. XLVII, fig. 25,

ont aussi des tubes, mais qui ne sont plus calcaires comme ceux des genres précédents. Leur corps sécrète une substance membraneuse qui se coagule en agglutinant des grains de sable et des fragments de coquilles. L'animal diffère de celui des serpules par ses anneaux moins nombreux, parce que les branchies sont en arbuscule et non en éventail, et parce que de nombreux tentacules filiformes entourent la bouche.

Quelques tubes trouvés dans le calcaire jurassique moyen ont été rapportés à ce genre ([3]) (*T. lapilloides*, Münster).

Les DITRUPES (*Ditrupa*, Berkeley),

forment un genre remarquable, caractérisé par une coquille libre, tubuleuse, ouverte à ses deux extrémités et tout à fait semblable à celle des dentales. Mais l'animal est une véritable annélide. Nous avons dit plus haut que les dentales avaient été autrefois réunis à

([1]) *Ann. and mag. of nat. hist.*, t. IX, p. 458.

([2]) Morris, *Catalogue*, p. 67. M. Morris écrit *Spyroglyphus*, et M. Bronn *Spiroglyphus*.

([3]) Goldfuss, *Petref. Germ.*, t. I, pl. 71.

cette classe, et que depuis lors on avait dû reconnaître en eux de véritables mollusques. Il paraît que l'on a trop généralisé cette observation, et que nos mers nourrissent quelques animaux qui ont une coquille en apparence semblable à celle des dentales, mais qui sont voisins des serpules par leur organisation.

Les espèces sont encore mal connues (¹), et il faudra peut-être réunir aux *ditrupa* quelques-unes décrites comme des dentales. L'espèce vivante que l'on a reconnu être une annélide est le *Dentalium subulatum*, Desh., de la Méditerranée, qui est cité comme se trouvant aussi dans le crag d'Angleterre, ainsi que le *D. polita*, Wood. M. Ed. Forbes rapporte à ce genre le *D. planum*, Sow., 79, de l'argile de Londres.

2ᵉ ORDRE.

ANNÉLIDES DORSIBRANCHES.

Les annélides dorsibranches ont leurs branchies disposées d'une manière à peu près uniforme le long de leur corps, ou au moins dans sa partie moyenne, et ne se sécrètent pas de tube.

Ces animaux ont dû, comme je l'ai déjà dit, ne laisser que rarement des traces de leur existence, et par conséquent le petit nombre de faits que nous pouvons énumérer ici ne peut faire en aucune manière préjuger leur abondance ou leur rareté dans les époques antérieures à la nôtre.

Les APHRODITES (Aphrodita, Linné),

sont caractérisées par deux rangées longitudinales d'écailles, improprement nommées élytres, qui recouvrent les branchies situées sur le dos.

Leur existence à l'état fossile n'est démontrée que par quelques traces

---

(¹) Berkeley, *Zool. journ.*, t. V, p. 427; Wood, *Ann. and mag. of nat. hist.*, t. IX, p. 489. La véritable orthographe de genre, comme le fait remarquer M. Bronn, devrait être DITRYPA.

douteuses, citées par M. Portlock (¹) comme trouvées dans le terrain silurien de Fermanagh.

Les Léodices, Savigny (*Eunices*, Cuv., *Branchionéréides* et *Néréidontes*, Blainv.),

ont des branchies en panache et une trompe armée de mâchoires cornées.

Les géologues anglais (²) citent des débris trouvés dans les terrains carbonifères des environs de Haltwhistle, qui rappellent les formes de la *Leodice gigantea* des mers actuelles.

Les Néréides (*Nereis*, Cuv.)

n'ont pas été trouvées fossiles, et les genres des terrains siluriens inférieurs qu'on avait cru devoir en rapprocher (³) sous les noms de Néreites, Murch., Myrianites, id. et Nemertites, id., paraissent appartenir plutôt à l'embranchement des zoophytes et avoir de grandes analogies avec les graptolithes.

Les Scolicia, de Quatrefages,

sont des impressions allongées qui paraissent être celles du corps d'une annélide; les bords sont dentelés par des plis assez marqués et n'offrent pas de traces de pieds. M. de Quatrefages a observé un individu dont la longueur, bien qu'on n'y distingue ni la tête ni la queue, atteignait 2ᵐ,20, sur une largeur de 4 millimètres. En dedans des parois du corps on voyait très nettement les cloisons inter-annulaires, aussi rapprochées que chez les grandes eunices, et l'intestin libre dans toute la longueur du corps, marqué de plis transversaux.

La seule espèce connue (⁴) la *Scolicia prisca*, de Quatrefages, a été trouvée dans les roches feuilletées de la baie de Saint-Sébastien qui appartiennent à la grande formation crétacée des Pyrénées.

(¹) *Geol. report*, p. 362.
(²) Morris, *Catalogue*, p. 67.
(³) Murchison, *Sil. system*, p. 700.
(⁴) De Quatrefages, *Ann. sc. nat.*, 3ᵉ série, 1849, t. XII, p. 265.

3ᵉ ORDRE.

ANNÉLIDES ABRANCHES.

Les annélides abranches sont complétement dépourvues d'organes externes de la respiration. La surface entière de la peau et celle des cavités intérieures paraissent remplacer les branchies [1].

Ces annélides, par les mêmes raisons que l'ordre précédent, sont à peu près inconnues à l'état fossile.

Les HIRUDELLES (*Hirudella*, Münst.)

sont des corps très problématiques. On a trouvé dans les schistes de Kelheim des traces qui paraissent avoir la même consistance que les céphalopodes mous fossiles, et qui ont à peu près la forme des sangsues. Le comte de Münster les considère comme des annélides fossiles.

Les *H. angusta* et *tenuis*, Münster [2], forment deux espèces qui se distinguent facilement par leurs proportions.

Les TUBIFEX, Lamarck,

sont très voisins des NAÏDES (*Nais*, Lin.), avec quelques caractères de transition aux lombrics. Ce genre est encore mal défini. Les espèces se fabriquent des tubes de glaise ou d'autres débris.

On ne peut considérer que comme tout à fait douteux le *Tubifex antiquus*, Plien. [3], du keuper d'Allemagne.

[1] Cet ordre comprend les SANGSUES (*Hirudo*, Lin.), et les LOMBRICS (*Lumbricus*, Lin.), qui ne sont pas connus à l'état fossile. Le *Lumbricus marinus*, Bajer, est un cololithe.

[2] *Beitr. sur Petref.*, t. V, p. 90.

[3] *Wurtemb. Jahreshefte*, 1845, t. I, p. 159, pl. 1, fig. 5.

Les Entobia, Bronn,

sont des corps dont les relations zoologiques sont tout à fait douteuses (¹).

L'*E. antiqua*, Portlock, est un trilobite du terrain dévonien.

L'*E. Conybeari*, Bronn, et l'*E. cretacea*, Portlock, des terrains crétacés,
sont des impressions organiques de nature incertaine qui peuvent être des
annélides, des éponges, etc.

Les Talpina, Hagenow,

ne sont pas mieux connus et peuvent être des annélides ou des
vers intestinaux, et peut-être aussi des parasites, d'après l'opinion de M. Quenstedt. Ils peuvent avoir de l'analogie avec les
éponges perforantes. Je reviendrai sur ces corps en parlant des
dendrina.

M. Hagenow en a décrit (²) quelques espèces des terrains crétacés.

Les Vermiculites, M. Rouault,

me paraissent d'une nature tout aussi douteuse. Ce sont des corps
de petite dimension, dirigés en tout sens, et dont la forme rappelle celle de certains vers, qui ne présenteraient en longueur
que de 10 à 20 millimètres, sur 2 à 4 de large (³).

Le *Vermiculites Panderi*, Marie Rouault, a été trouvé à Guichen (Bretagne), dans le terrain silurien inférieur.

(¹) Portlock, *Geol. report* p. 360 ; Bronn, *Lethæa*, p. 691 ; Conybeare,
Trans. of the geol. Soc., 1ʳᵉ série, t. II, p. 328, pl. 14.

(²) *Leonh. und Bronn Neues Jahrb.*, 1840, p. 670 ; Quenstedt, *Petref.
Wurtemb.*, I, p. 470.

(³) *Bull. Soc. géol. de France*, 2ᵉ série, 1850, t. VII, p. 744.

TROISIÈME EMBRANCHEMENT.

MOLLUSQUES.

Les mollusques sont, comme leur nom l'indique, des animaux mous et charnus, à peau membraneuse plus ou moins épaisse, et sans squelette osseux à l'intérieur. Leur système nerveux, ordinairement formé d'une petite quantité de masses médullaires, leur circulation assez parfaite et la perfection des organes des sens de quelques uns d'entre eux, sembleraient leur assigner une place intermédiaire entre les vertébrés et les articulés, surtout si l'on étudie ces organes dans les céphalopodes; mais, en revanche, les classes inférieures de l'embranchement des mollusques ont évidemment une organisation plus imparfaite que les articulés. Ils fournissent ainsi une preuve que nous avons déjà invoquée ailleurs, contre la possibilité de disposer les êtres en une série unique et linéaire.

Ces animaux sont fréquemment protégés par une coquille, qui est une substance dure et solide, composée principalement de carbonate de chaux, et sécrétée par une portion du système tégumentaire que l'on nomme le manteau. Cette coquille est le plus souvent visible au dehors, et affecte des formes variées; quelquefois aussi elle est remplacée par un osselet interne.

Les formes de la coquille traduisent plus ou moins exactement les caractères extérieurs de l'animal, et peuvent par conséquent fournir une base à la classification. Mais il faut se garder de classer les mollusques uniquement par leur étude. Les coquilles ne peuvent servir à caractériser les groupes naturels qu'autant que l'on a fait une étude approfondie de leurs rapports avec les organes essentiels. Chaque détail de forme d'une coquille n'a de l'importance que lorsqu'il accompagne ou signale des différences organiques. Il ne faut jamais perdre de vue, comme on l'a fait trop souvent, les véritables principes de la classification naturelle, et en particulier les lois de concordance et de subordination des caractères.

Mais si l'emploi des coquilles pour la classification a ses écueils, il peut aussi rendre de très grands services. Il est en particulier indispensable pour les animaux fossiles, qui ne sont le plus souvent connus que par cette partie de leur corps. Il devient dès lors nécessaire au paléontologiste de faire une étude constante et attentive de la nature vivante ; elle seule pourra lui fournir les moyens d'établir ses travaux sur des bases solides et rigoureuses.

Les coquilles se forment, en général, par l'apposition de couches d'accroissement autour d'un petit noyau (*nucleus*) existant déjà dans l'œuf. Ces couches sont de trois sortes :

Les unes, formées par le bord du manteau, entourent la partie libre de la coquille, et forment une série de bandes qui restent extérieures et qui sont limitées par des lignes dites lignes d'accroissement. Dans les gastéropodes, elles entourent la bouche. Dans les acéphales, elles forment le bord palléal.

D'autres, moins régulières, sont sécrétées par la surface même du manteau, et sont destinées à augmenter l'épaisseur de la coquille. Elles sont placées en dedans des précédentes, et étendues sur toute la surface interne.

D'autres enfin, plus rares, revêtent la surface extérieure de la coquille, et sont dues à des prolongements du manteau. Elles forment comme une sorte de vernis brillant qui cache les lignes d'accroissement. Les cyprées, l'argonaute, etc., en offrent des exemples.

M. d'Orbigny a montré que les ornements des coquilles se modifient suivant diverses circonstances. L'âge, en particulier, joue un grand rôle dans ces variations. La jeune coquille, dans sa période embryonnaire, est ordinairement plus simple. Elle ne prend tous ses caractères que pendant la période d'accroissement; c'est le moment où les pointes, tubercules, côtes, etc., sont le plus saillants et le mieux caractérisés; c'est le moment où la bouche s'entoure quelquefois d'un péristome ou de prolongements spéciaux. Plus tard, dans la période de dégénérescence, elle devient souvent plus simple, et, dans plusieurs espèces, ces mêmes ornements disparaissent ou s'atténuent.

La plupart des mollusques vivent dans la mer, quelques uns habitent les eaux douces, et d'autres enfin sont terrestres. On reconnaîtra, en général, les coquilles marines à leur épaisseur et à leur pesanteur plus grandes, tandis que les coquilles terrestres et fluviatiles sont souvent minces. Toutefois ce caractère présente de nombreuses exceptions.

Les naturalistes sont d'accord aujourd'hui pour diviser les mollusques en deux sous-embranchements : les mollusques proprement dits et les molluscoïdes.

Le premier renferme les types les plus parfaits. Ces mollusques ont tous un collier nerveux œsophagien formé de ganglions d'une certaine importance; leur génération est sexuelle, comme chez les animaux supérieurs, et ils ne sont jamais agrégés.

Les molluscoïdes ont, au contraire, un système nerveux rudimentaire, ne formant pas de collier œsophagien et sans ganglions distincts. Ils se reproduisent par bourgeonnement aussi bien que par le moyen d'œufs, et ils sont souvent agrégés.

Le sous-embranchement des mollusques proprement dits renferme quatre classes.

Les Céphalopodes sont composés d'un corps bursiforme et d'une grande tête, séparée par un cou distinct, et armée de bras ou de tentacules locomoteurs disposés en cercle autour de la bouche, qui forme un entonnoir central. Les organes des sens, et en particulier les yeux, sont presque aussi parfaits que ceux des vertébrés. Le collier œsophagien est considérable, et protégé encore, chez quelques uns, par un cartilage rudimentaire. Le reste de l'organisation montre également une grande supériorité sur les autres mollusques. Leur coquille est tantôt nulle, tantôt interne, tantôt externe. Dans ce dernier cas, elle est toujours univalve, et enroulée de manière à pouvoir être coupée en deux parties symétriques par un plan médian; elle est souvent cloisonnée.

L'étude de l'embryogénie de ces animaux a montré, dans ces dernières années, qu'ils forment un type très différent des autres classes, et qu'il y aurait peut-être lieu à en former un embranchement distinct.

Les Gastéropodes rampent sur une partie du corps élargi en un disque charnu. Leurs organes essentiels ont un développement inférieur à ceux des céphalopodes, et très supérieur à ceux des acéphales et des brachiopodes. Leur coquille univalve, ordinairement enroulée sur le côté hélicoïdal et non symétrique, est souvent munie d'un opercule; quelquefois aussi elle n'est pas enroulée, et alors elle redevient souvent symétrique; quelquefois elle manque tout à fait; elle est rarement interne.

Les Acéphales ont un corps entouré d'un manteau qu'on a comparé, avec raison, à la couverture d'un livre, dont les organes respiratoires en forme de lames formeraient les feuillets. Leur organe de la locomotion consiste dans un pied charnu, qui manque quelquefois. Ils ont tous une coquille bivalve, composée de deux battants réunis par une charnière. La bouche et l'anus sont sur le plan qui sépare les deux valves, l'une d'un côté et l'autre de l'autre, d'où résulte que l'état normal de la coquille est d'être équivalve, et de n'être jamais rigoureusement équilatérale.

Les Brachiopodes ont aussi une coquille bivalve, presque toujours inéquivalve, et ordinairement exactement équilatérale, parce que la bouche est située sur la partie qui correspond au milieu de chaque valve. Les organes de la locomotion sont fort différents de ceux des acéphales; le pied manque toujours, et est remplacé par deux bras symétriques charnus.

Le sous-embranchement des molluscoïdes renferme deux classes:

Les Tuniciers ont un manteau en forme de sac, qui constitue une double enveloppe au corps. Ils sont mous, et n'ont pas été trouvés fossiles.

Les Bryozoaires, confondus jusqu'à ces dernières années avec les polypiers, ont un manteau replié sur lui-même, dont la partie externe s'endurcit et forme une cellule cornée ou calcaire où vit l'animal. Les branchies sont libres et développées en forme de plumes. Ces mollusques sont très petits, et vivent en formant des agrégations considérables dont les parties solides se sont souvent conservées fossiles.

L'histoire paléontologique des mollusques est très différente de celle des animaux vertébrés. Les quatre classes dans lesquelles se subdivisent ces derniers ont, en effet, été créées à des époques très éloignées les unes des autres; les poissons ont précédé les reptiles, et ceux-ci sont bien antérieurs aux mammifères. Les diverses classes des mollusques ont, au contraire, apparu ensemble; les terrains siluriens, c'est-à-dire les dépôts les plus anciens que l'on connaisse, les renferment toutes.

On trouve des différences tout aussi marquées lorsqu'on compare les rapports qui existent entre les diverses faunes successives des mollusques avec ceux qui lient les créations successives des vertébrés. J'ai montré, en traitant des poissons et des reptiles, combien ces animaux diffèrent d'un étage à l'autre. J'ai fait voir qu'aucun genre des terrains anciens n'est parvenu jusqu'à nous, et qu'à diverses reprises les faunes ont été remplacées par d'autres tout à fait différentes. On trouve dans ces deux classes de vertébrés de nombreux genres, et même plusieurs familles, qui n'ont été créés que pour un temps et pour une époque restreinte et déterminée. Ainsi les ptérodactyliens et les ichthyosauriens sont spéciaux à quelques terrains de l'époque secondaire; ainsi encore la plus grande partie des familles dont se compose l'ordre des ganoïdes ne sont pas arrivées jusqu'à nous. On ne voit, par contre, aucun genre des terrains antérieurs à la craie subsister jusqu'à la faune actuelle.

Les mollusques, au contraire, ne présentent qu'une petite quantité relative de ces genres et de ces familles éteintes, et offrent un grand nombre de types qui se retrouvent dans tous les terrains. Les nautiles, les térébratules, etc., fournissent des exemples que l'on chercherait en vain parmi les animaux vertébrés. Il suffit de jeter les yeux sur des catalogues de fossiles pour voir que les genres qui ne vivent plus aujourd'hui sont en grande minorité. L'étude des faunes vivantes montre aussi que ceux qui datent seulement de l'époque moderne sont rares, et leur nombre diminue tous les jours par de nouvelles découvertes paléontologiques. Le cas le plus fréquent est celui des genres qui ont vécu dans plusieurs époques géologiques, et qui se retrouvent encore aujourd'hui. La faune jurassique, et, à plus forte raison, la faune crétacée, ont plus de genres communs avec la création actuelle que de genres éteints.

Cet état de choses n'est que plus propre à confirmer quelques uns des résultats théoriques que j'ai rappelés ailleurs. Les mollusques fournissent une preuve évidente et sans réplique contre le perfectionnement graduel; car les faunes les plus anciennes sont riches en espèces appartenant aux classes les plus parfaites. Le terrain silurien renferme une quantité considérable de céphalopodes et de gastéropodes ([1]); et, en général, toutes les faunes de l'époque primaire ont une moyenne d'organisation au moins aussi élevée que celle des mollusques du monde actuel.

Ces mêmes faits peuvent aussi fournir des preuves en faveur de l'opinion, que les circonstances atmosphé-

---

([1]) Dans le cas même où l'on adopterait l'idée indiquée plus haut, que les céphalopodes doivent former un embranchement spécial, la preuve fournie par les mollusques contre le perfectionnement graduel ne perdrait pas de sa force. Les gastéropodes, qui deviendraient ainsi les mollusques les plus parfaits, sont richement représentés dans l'époque primaire, et cela dès les terrains siluriens.

riques ont peu changé pendant toute la série des âges géologiques. Les mollusques des époques primaire et secondaire ont dû vivre dans des eaux semblables à celles d'aujourd'hui par leur nature et leur température.

On trouve, dans les mollusques de l'époque tertiaire, quelques preuves que le continent européen a eu alors un climat analogue à celui des régions plus méridionales. Mais d'autres faits montrent aussi, comme je l'ai dit ailleurs, que dans les temps plus modernes, au commencement de l'époque diluvienne, ce même climat a dû être plus froid. On trouve en Sicile des mollusques analogues à ceux qui vivent aujourd'hui dans la mer du Nord, et quelques dépôts récents des îles Britanniques recèlent une faune semblable à celle qui caractérise aujourd'hui le Groënland et l'Islande.

Il est toutefois une loi très importante que l'étude paléontologique des mollusques semble ne pas confirmer, c'est celle de la spécialité des fossiles de chaque terrain. Les catalogues qui existent aujourd'hui contiennent beaucoup d'espèces qui sont communes à deux formations, ou qui se trouvent fossiles et vivantes. Mais j'ai déjà dit que je considère ces résultats comme en partie erronés; une comparaison attentive a souvent fait reconnaître des différences là où l'on n'en avait pas vu et démontré que bien des rapprochements invoqués sont fautifs. Il y a certainement des mollusques qui passent d'un terrain à l'autre; mais la règle générale est la durée limitée des espèces, comme je l'ai montré dans le premier volume. Je ne doute pas que le temps n'arrive où les mollusques, loin d'infirmer cette loi essentielle, viendront lui fournir de nouvelles preuves. Il ne faut pas perdre de vue combien la distinction des espèces vivantes présente souvent de difficultés, et pourtant les conchyliologistes ont des échantillons bien conservés avec leur coloration. Les paléontologistes, au contraire, ont des fossiles sans couleur, et le plus souvent plus ou moins altérés; ils doivent, par conséquent, affirmer les identités avec d'autant moins d'assurance qu'ils ont des éléments de conviction plus imparfaits. Remarquons encore que ces prétendues identités n'existent guère que pour les genres les plus difficiles et les plus nombreux en espèces.

Les mollusques sont, de tous les animaux fossiles, les plus répandus et les plus abondants. Ce sont eux qui, en pratique, jouent le plus grand rôle dans la détermination des terrains, et ce sont ceux qui ont été le plus souvent observés et signalés. Malheureusement aussi ce sont ceux que les géologues ont cru pouvoir le plus facilement décrire sans études préalables. Aussi je ne crains pas d'être contredit en disant que cette branche de la science est encombrée d'erreurs. Depuis quelques années, plusieurs paléontologistes distingués ont tenté de rétablir cette étude sur ses véritables bases, et ils ont fourni des modèles qu'il est à désirer qu'on imite.

Je n'indiquerai pas ici quels sont les terrains où l'on trouve des mollusques, il faudrait les énumérer tous. Il est rare qu'une localité renferme des fossiles sans que ceux de cet embranchement soient en majorité.

PREMIÈRE CLASSE.

CÉPHALOPODES.

Les céphalopodes ont une tête distincte, portée par un cou plus étroit et séparé du corps, qui est sous la forme d'un sac sphérique ou allongé. Cette tête est ronde, pourvue de deux gros yeux formés sur le type de ceux des animaux vertébrés. Elle porte des bras ou tentacules disposés en un verticille terminal, formant le bord d'un entonnoir dont le fond est occupé par une bouche munie de deux mâchoires solides. Le système nerveux forme un collier œsophagien dont les ganglions principaux sont quelquefois protégés par un cartilage rudimentaire.

Dans la nature vivante, on ne connaît que deux genres, les argonautes et les nautiles, qui aient une coquille externe. Elle est enroulée régulièrement et sans variation, de manière qu'un plan médian la coupe en deux parties rigoureusement symétriques.

Quelques genres sont tout à fait dépourvus d'organes solides ; mais, chez un plus grand nombre, il y a des coquilles ou osselets internes de consistance cornée ou calcaire.

L'histoire paléontologique des céphalopodes est des plus remarquables, quoique nous ne la connaissions probablement pas d'une manière complète. Les genres sans coquille ne sont pas parvenus jusqu'à nous, et ceux à coquille interne ont été aussi en grande partie détruits. Ceux à coquille externe sont, au contraire, abondants, surtout parmi les coquilles cloisonnées, et c'est principalement à eux que s'appliqueront les considérations suivantes.

Le premier point qui frappe dans cette histoire est le nombre considérable de formes éteintes (environ 50 genres et 1500 espèces) parmi ces coquilles cloisonnées, dont les mers actuelles ne renferment plus qu'un très petit nombre d'espèces, appartenant à un seul genre, celui des nautiles.

On peut remarquer, en second lieu, le fait assez singulier de l'inégalité de durée de ces divers types. La
plupart d'entre eux ont traversé un très petit nombre
d'époques géologiques. Quelques uns, comme les ammonites et les bélemnites, ont existé pendant la période
secondaire presque entière. Un seul genre, celui des
nautiles, a traversé toutes les époques, et se continue
dans nos mers.

Le nombre des formes diverses exprimé par celui
des genres a été en voie de décroissance. La plus grande
variété se trouve pendant l'époque primaire ; l'époque
secondaire est un peu moins remarquable sous ce point
de vue, et l'époque tertiaire ne possède, au contraire,
ainsi que l'époque moderne, qu'un nombre de genres
singulièrement limité.

Je montrerai plus loin que, dans ces coquilles cloisonnées, il y a des différences très grandes dans la
forme des cloisons. Les plus simples ont exclusivement
régné dans l'origine. Les plus compliquées (ammonitides) ont été, au contraire, plus abondantes pendant
l'époque secondaire, et la caractérisent très bien.

Le type des coquilles à cloisons simples, et celui
des coquilles à cloisons compliquées, ont présenté chacun, à un certain moment, une variabilité extraordinaire
dans le mode d'enroulement. C'est pendant l'époque
primaire que l'on remarque surtout les formes variées
du premier. Celui des ammonitides offre une diversité
égale et plus grande encore pendant l'époque secondaire, surtout dans les terrains crétacés.

On divise les céphalopodes en deux ordres :

Les Céphalopodes acétabulifères, dont les bras
sont au nombre de huit ou dix, munis de ventouses, et
qui ont deux branchies. Leur coquille est nulle ou in

terne, sauf dans un seul genre, où elle est externe, mais non cloisonnée.

Les CÉPHALOPODES TENTACULIFÈRES, dont les bras sont plus courts, plus nombreux, toujours dépourvus de ventouses, et qui ont quatre branchies. Leur coquille est toujours externe et cloisonnée.

1er ORDRE.

CÉPHALOPODES ACÉTABULIFÈRES.

Les céphalopodes acétabulifères [1] sont des animaux libres, à tête bien distincte, munie d'yeux saillants assez parfaits et de huit ou dix bras toujours armés de ventouses, qui leur servent à se fixer ou à saisir leur proie. Leur manteau se réunit sous le corps et forme un sac musculeux qui enveloppe tous les viscères, et renferme deux branchies en forme de feuille de fougère très compliquée. Dans ce même sac est une poche à encre, ou réservoir qui contient un liquide noir que l'animal peut répandre en abondance autour de lui pour teindre l'eau et échapper ainsi à ses ennemis.

Ces animaux sont presque toujours nus; un seul d'entre eux (l'argonaute) se loge dans une coquille enroulée, symétrique, non cloisonnée. La plupart des autres ont un osselet interne, ordinairement déprimé, corné ou crétacé; quelquefois il est remplacé par une coquille spirale cloisonnée.

Ces mollusques, qui sont les plus parfaits de la première classe, sont remarquables par la rapidité de leur locomotion. Ils peuvent, en aspirant l'eau et en la reje-

[1] Voyez la figure du calmar vivant, Atlas, pl. XLVIII, fig. 10, et pour l'ensemble de cette classe de mollusques, l'ouvrage de MM. de Férussac et A. d'Orbigny, *Histoire naturelle des céphalopodes acétabulifères.* Paris, 1838-1848, 2 vol. avec 144 pl. col.

tant, déterminer dans leur corps un mouvement de recul, fendre l'onde avec la rapidité de la flèche, et s'élancer à des distances considérables. Ils acquièrent souvent une grande taille.

Ce que j'ai dit plus haut de la nature de leurs parties solides doit faire comprendre que la plupart des genres sont rarement conservés à l'état fossile. Toutefois leur histoire paléontologique a acquis depuis quelques années bien des faits intéressants. Le lias de Lyme-Regis et de Boll, en Wurtemberg, les schistes lithographiques de Bavière, quelques couches oxfordiennes d'Angleterre, etc., ont conservé d'une manière remarquable les formes de ces animaux perdus.

Les plus anciens que l'on connaisse proviennent du lias, et depuis ce terrain on en retrouve dans la plupart des formations. Dans les étages inférieurs on n'en a encore observé aucun ([1]), soit que leur création ne date que du commencement de l'époque jurassique, soit qu'ils aient jusqu'ici échappé aux géologues.

On les divise en deux sous-ordres, d'après le nombre des bras.

<h3 style="text-align:center">1er SOUS-ORDRE. — OCTOPODES.</h3>

Les octopodes ou poulpes ont huit bras égaux et point d'osselet. La plupart de ces animaux sont nus; les espèces d'un seul genre sont logées dans une élégante coquille. Ce genre est donc le seul qui ait été retrouvé fossile, et si les POULPES, les ÉLEDONES et les PHILO-NEXIS, etc., ont vécu avant l'époque actuelle, il est

---

([1]) Je ne parle ici que des espèces connues par une empreinte du corps ou par des osselets. Je parlerai plus bas de mâchoires ou becs fossiles qui appartiennent peut-être à cet ordre et qui feraient remonter son existence jusqu'à l'époque triasique. Je citerai aussi plus bas une indication qui pourrait faire croire à l'existence de seiches dans les terrains siluriens.

probable que leur corps aura été décomposé sans laisser des traces de son existence.

Les Argonautes (*Argonauta*, Lin.; *Cybium*, Gualtieri ; *Ocythoe*, Rafin.), — Atlas, pl. XLVIII, fig. 1,

paraissent être les véritables nautiles des anciens, et auraient eu plus de droits à conserver ce nom que les espèces qui le portent aujourd'hui. Ils ont une coquille largement ouverte, enroulée en une courte spirale, fragile, mince, symétrique, ordinairement cannelée et point cloisonnée. Les argonautes de nos mers ont été célébrés par les poëtes comme d'habiles navigateurs ; leur coquille légère flotte sur la mer et leur sert de bateau ; les longs bras de l'animal pendent, dit-on, dans l'eau et font l'office de rames; deux d'entre eux, élargis à l'extrémité et dilatés en forme de membrane, sont dirigés en haut et servent de voiles (¹). Il y a dans ces faits plus de fiction que de réalité; l'argonaute se sert, il est vrai, de ses bras pour nager, mais son principal moyen de progression est, comme pour les autres cephalopodes, d'avaler de l'eau et de la rejeter brusquement. La délicatesse des coquilles de ce genre a dû rendre difficile et rare leur fossilisation.

Une espèce a été trouvée dans les marnes bleues pliocénes du dépôt de Conigliano (Piémont). Elle a été rapprochée par M. Michelotti de l'*Argonauta argo*, Lin., vivant ; mais elle est considérée maintenant comme identique avec l'*Argonauta hians*, Solander (*A. nitida*, Lamk.), qui habite aujourd'hui l'Océan (²).

Dans quelques catalogues de fossiles on a confondu des carinaires avec les argonautes.

L'*Argonauta Zborzewskii*, Eichwald (³), du terrain tertiaire de Mieczibox, en Podolie, est probablement un foraminifère.

(¹) Ces bras dilatés, qui forment un des caractères principaux des argonautes, servent, suivant M. d'Orbigny, à sécréter la coquille. M. Verany affirme cependant qu'ils servent souvent à ramer.

(²) Michelotti, *Ann. sc. nat.*, 1837, t. VIII, p. 128 ; Bellardi, *Bull. Soc. géol.*, 1838, t. IX, p. 270 et t. X, p. 31 ; Sismonda, *Synopsis anim. ev. Ped.* ; d'Orbigny, *Moll. viv. et foss.*, t. I, p. 223, et *Prodrome*, t. III, p. 164 ; Giebel, *Fauna der Vorwelt*, t. III, p. 15.

(³) *Zool. spec.*, p. 35, pl. 2, fig. 18 ; Pusch, *Polens Palæont.*, p. 163 ; Giebel, *Id.*

2ᵉ SOUS-ORDRE. — DÉCAPODES.

Les décapodes ont huit bras courts où les cupules sont disposées uniformément, et deux bras longs portés par des pédicules cylindriques et élargis à l'extrémité, qui porte seule des cupules.

Aucune espèce de cette division n'a de coquille externe; la plupart, par contre, ont un osselet interne de consistance variable (¹). La nature de cet osselet concorde en partie avec les caractères tirés des organes plus importants, mais cependant pas d'une manière assez constante pour qu'on puisse toujours déduire de son étude seule les véritables rapports zoologiques de l'être qui en était muni. En conséquence, dans l'étude des fossiles, on est obligé de faire quelquefois des rapprochements hypothétiques, et parmi les espèces que nous allons énumérer il en est peut-être bien quelques unes qui n'ont pas tous les caractères essentiels des familles dans lesquelles on les range.

L'osselet a dû, chez ces animaux, remplir plusieurs fonctions. En premier lieu, il soutenait les chairs et rendait le corps solide, comme le font les os des mammifères. On remarque que les céphalopodes qui nagent le mieux sont ceux qui ont l'osselet le plus complet. Ce même osselet a pu aussi leur servir quelquefois de vessie natatoire, à cause des cellules de l'alvéole. Mais de toutes ses fonctions, la plus importante a probablement été de les protéger dans leur marche rétrograde. Les céphalopodes, en aspirant et rejetant promptement l'eau, se donnent en arrière une impulsion très forte,

---

(¹) Ces osselets ont été décrits par quelques auteurs sous les noms de *sepiostaria, sepiostera*, etc.

dont ils ne peuvent pas calculer exactement l'effet. On remarque que ceux qui n'ont pas d'osselet sont obligés de vivre dans la haute mer pour ne pas se briser contre les rochers, et que les espèces qui en ont peuvent, au contraire, se rapprocher des rivages.

L'osselet des bélemnites paraît en particulier avoir dû remplir ces fonctions avec une grande efficacité, et les protéger encore mieux que ne le font les coquilles internes des céphalopodes vivants.

On peut diviser les décapodes en cinq familles.

1ʳᵉ FAMILLE. — SÉPIDES.

Les sépides, ou *Seiches*, ont les yeux recouverts par une conjonctive et protégés par une paupière inférieure. Leur membrane buccale est sans cupules. Elles n'ont pas de bride supérieure au tube locomoteur.

A ces caractères, que l'on ne peut pas observer dans les fossiles, il faut ajouter que les sépides ont presque toujours un osselet interne composé d'une matière solide calcaire, sans siphon, formé de cellules nombreuses et irrégulières. Ce sont d'ailleurs les seuls céphalopodes où la coquille soit testacée, à l'exception des spirulides et des bélemnitides, qui s'en distinguent facilement par leurs loges régulières et par leur siphon. Il faut observer en même temps que quelques genres vivants ont une coquille simple.

On rapporte, en général, à la famille des sépides (¹) toutes les coquilles internes fossiles qui sont testacées et composées de cellules irrégulières, et ce rapprochement repose sur une très grande probabilité. Il est moins certain que tous les osselets cornés appartiennent aux familles suivantes.

(¹) Quelques fragments encore mal caractérisés paraissent appartenir à cette famille, entre autres des osselets de Solenhofen, dont M. H. de Meyer a fait le genre TRACHITEUTHIS (*Leonh. und Bronn Neues Jahrb.*, 1846, p. 598), et peut-être (?) des débris trouvés par M. Kner dans les terrains siluriens de la Galicie (*Haidinger Berichte*, 1837, t. 1, p. 135).

Les Seiches (*Sepia*, Lin.), — Atlas, pl. XLVIII, fig. 2 à 5,

ont un osselet connu de tout le monde sous le nom d'*os de seiche*, qui est large, ovale, bombé en dessus et en dessous, et terminé postérieurement par une petite pointe plus dure (fig. 2). Les lignes d'accroissement sont très visibles. On en a trouvé des espèces fossiles dans les terrains jurassiques et tertiaires.

Quelques unes ont été découvertes en Allemagne dans les schistes lithographiques de Solenhofen.

M. Ruppel[1] a décrit la *Sepia hastiformis* (Atlas, pl. XLVIII, fig. 3). Depuis lors le comte de Münster a fait connaître les *S. antiquata, caudata, linguata, obscura, regularis* et *gracilis*. Ces quatre dernières doivent probablement être réunies ensemble. MM. d'Orbigny, Giebel, etc., sont d'accord à ce sujet, et le nom de *linguata* doit leur rester.

Le même auteur a décrit une espèce un peu plus anomale. Il l'avait d'abord séparée en un genre particulier sous le nom de Sepiolites (*S. venustus*), puis associée au genre Sepioteuthis, Blainv., suivant M. Bronn [2]; mais devant l'incertitude des caractères et le mauvais état de conservation des exemplaires, il a provisoirement réuni cette espèce aux seiches, conformément à l'opinion de M. d'Orbigny.

Les espèces des terrains tertiaires ne sont connues que par une partie de l'osselet. La pointe postérieure, avec les portions endurcies qui le supportent, est ordinairement seule conservée. M. Voltz en avait fait le genre Belosepia, qui a été abandonné depuis par la plupart des conchyliologistes, comme n'étant pas suffisamment distinct des seiches. M. F. Edwards vient de chercher à le rétablir, et il le caractérise principalement par la cavité basilaire, qui contient des cloisons transverses percées de trous elliptiques qui rappellent un peu l'apparence d'un siphon. Cette disposition indiquerait une transition entre les véritables seiches et la famille suivante; mais en même temps les cloisons rappellent plutôt les

---

[1] Ruppel, *Abbild. und Besch. Solenh.*, p. 9 ; Knorr, *Verst.*, t. I, p. 168, pl. 22, fig. 2 ; Münster, *Bericht. Deutsch. naturfor. Ges.* Iena, 1836, et *Beitr. zur Petref.*, t. VII, pl. 9 ; d'Orbigny, *Moll. viv. et foss.*, t. I, p. 265, et *Prodrome*, t. I, p. 347 ; d'Orbigny et Férussac, *Céphalop. acétab.*, *Seiches*, pl. 14, 15 et 16 ; Quenstedt, *Handb. der Petref.*, t. I, p. 493 ; Giebel, *Fauna der Vorwelt*, t. III, p. 17, etc.

[2] Le comte de Münster avait communiqué ces noms par lettres. Ils n'ont pas été publiés.

lames internes de l'osselet de la seiche que les calottes régulières des spirulides. A ce caractère on peut en ajouter quelques autres qui sont connus depuis longtemps. La partie de cet osselet est élevée, un peu anguleuse en arrière, et couverte de fortes rugosités ; le rostre est assez allongé, gros, comprimé et aigu, presque tranchant et séparé de la partie élevée par une dépression très marquée. En dessous, la base du rostre est entourée d'une lame épaisse, élargie et arrondie en arrière, ornée de côtes rayonnantes qui la rendent denticulée sur son bord [1].

On n'en connaît bien que deux espèces [2].

La première, *Sepia sepioidea*, d'Orbigny, caractérise le calcaire grossier (parisien inférieur), et a été trouvée à Paris, Chaumont, Grignon, etc., dans l'argile de Londres et de Braklesham, et en Belgique. Il faut, suivant M. d'Orbigny, lui réunir les *S. Cuvieri*, *longispina*, *longirostris* et *Blainvillei*, de M. Deshayes, qui paraissent ne reposer que sur des modifications individuelles et peu importantes du rostre. M. F. Edwards, par l'étude de nouveaux matériaux, croit pouvoir distinguer la *S. Cuvieri*, Deshayes (non Sowerby), dont le rostre est plus dilaté, et la *S. brevispina*, Sow., dans laquelle ce même organe est beaucoup plus court.

La seconde, *Sepia compressa*, d'Orbigny (*Beloptera compressa*, Blainv., *S. Defrancii*, Desh.), appartient à l'étage parisien supérieur et a été trouvée à Valmondois et à Valognes.

2ᵉ Famille. — SPIRULIDES.

Les spirulides ont comme les sépides une coquille testacée ; mais la cavité est divisée en loges régulières, séparées par des cloisons en forme de segments de sphère, chacune d'elles étant

[1] Voyez Atlas, pl. XLVIII, fig. 4 et 5. La première de ces figures représente l'osselet restauré d'après M. F. Edwards.

[2] Voyez d'Orbigny, *Moll. viv. et foss.*, t. I, p. 260 ; d'Orbigny et Férussac, *Céphalop. acétab.*, *Seiches*, pl. 3, 14 et 16 ; Cuvier, *Ann. sc. nat.*, 1824, t. II, p. 482, pl. 22, fig. 1 et 2 ; Blainville, *Man. de malacologie*, p. 621, et *Bélemnites*, p. 110, pl. 4, fig. 10 ; Deshayes, *Coq. foss. des environs de Paris*, t. II, p. 758, pl. 101, fig. 7-9 ; Nyst., *Coq. et pol. foss. de la Belgique*, p. 610, pl. 46, fig. 1 ; Sowerby, *Min. conch.*, pl. 591, fig. 1 ; Quenstedt, *Handb. der Petref.*, p. 492, pl. 31, fig. 22 ; Voltz, *Bélemnites*, p. 22, pl. 2, fig. 6 ; Bronn, *Lethæa*, pl. 42, fig. 19 ; Dixon, *Geol. and foss. of Sussex*, p. 109, pl. 9 ; F. Edwards, *Eoc. moll.*, *Palæont. Soc.*, 1849, p. 23, pl. 1, fig. 3, etc. Ces corps avaient déjà été figurés par Guettard, *Mémoires*, t. V, pl. 2 du 7ᵉ mémoire, fig. 29 et 30, et par Burtin, *Oryctog. de Bruxelles*, p. 90, pl. 2, fig. A.

traversée par un ligament ou siphon commun. Ce caractère les rapproche des bélemnites, mais elles s'en éloignent par les formes du reste de l'osselet.

Cette famille renferme quatre genres : les SPIRULES, à coquille régulièrement spirale, sans rostre ; les SPIRULIROSTRES, à coquille spirale protégée par un rostre ; les BÉLOPTÈRES et les BELOMNOSIS, à coquille droite avec un rostre. Le premier de ces genres vit aujourd'hui et n'a pas été trouvé fossile ; les trois autres appartiennent exclusivement à l'époque tertiaire.

Les BÉLOPTÈRES (*Beloptera*, Desh.), — Atlas, pl. XLVIII, fig. 6,

sont des mollusques dont on ne connaît que les osselets internes. Ces corps sont crétacés et oblongs ; ils sont composés en avant d'un prolongement subcylindrique, en arrière d'un rostre obtus, et sur les côtés, d'expansions aliformes. Leur partie cylindrique est creusée dans l'intérieur en une cavité droite, conique, cloisonnée à peu près comme les alvéoles des bélemnites, et partagée aussi en loges aériennes. Cet appareil est percé par un siphon. On n'en a trouvé que dans les terrains tertiaires inférieurs ([1]).

Le bassin de Paris en renferme deux, la *P. belemnitoidea*, Blainv. (*Sepia parisiensis*, d'Orb. et Fér.), qui se trouve à la fois dans le terrain nummulitique (suessonien) de Biaritz, dans les environs de Paris, dans le calcaire grossier de Grignon (parisien supérieur) et à Bracklesham. Bay. La *B. Levesquei*, d'Orb., a été découverte dans le terrain nummulitique de Cuise-Lamotte, etc., et retrouvée à Highgate près Londres.

Les BELEMNOSIS, F. Edwards, — Atlas, pl. XLVIII, fig. 7,

ont été réunies aux béloptères par la plupart des auteurs, mais elles en diffèrent par leur manque complet d'expansions ali-

[1] Deshayes, *Encycl. méth.*, Vers, t. II, p. 135, et *Foss. des envir. de Paris*, t. II, p. 761, pl. 100, fig. 4 à 6 ; Blainville, *Malacolog.*, suppl., p. 622, pl. 11, fig. 8, et *Bélemnites*, p. 111, pl. 1, fig. 3 ; d'Orbigny et Férussac, *Céphalop. acétab.*, Seiches, pl. 20, fig. 10-12 ; d'Orbigny, *Moll. viv. et foss.*, p. 307, pl. 14 ; Sowerby, *Min. conch.*, pl. 591, fig. 3 ; Nyst, *Coq. et polyp. foss. de Belgique*, p. 612, pl. 6, fig. 2 ; Dixon, *Geol. and foss. of Sussex*, p. 109, pl. 9, fig. 18 ; F. Edwards, *Eoc. moll.*, *Palæont. Soc.*, 1849, p. 33, pl. 2, fig. 1 et 2 ; Quenstedt, *Handb. der Petref.*, t. I, p. 472, pl. 30, fig. 38 et 40 ; Giebel, *Fauna der Vorwelt*, t. III, p. 23, etc.

formes, par leur rostre par conséquent simple et cylindrique, et par la profondeur de l'alvéole ouvert par un trou terminal.

La seule espèce connue (¹) est la *Beloptera anomala*, Sow. (*B. plicata*, F. Edwards), de l'argile de Londres des environs de Highway.

Les Spirulirostres (*Spirulirostra*, d'Orb.). — Atlas, pl. XLVIII, fig. 8,

forment un genre remarquable qui ne vit plus aujourd'hui, et qui n'est connu que par un osselet interne, raccourci, presque entièrement formé d'un grand rostre terminal, pourvu en avant de légères expansions latérales, et contenant dans son intérieur une coquille multiloculaire spirale, cloisonnée dans toute son étendue et percée au côté interne d'un siphon continu.

Ce genre forme une transition intéressante entre les seiches et les spirules.

On n'en connaît qu'une seule espèce fossile, la *S. Bellardi*, d'Orb., trouvée par M. Bellardi dans le terrain tertiaire miocène de la montagne de Turin (²).

3ᵉ Famille. — LOLIGIDES.

Les loligides ont, comme les sépides, les yeux couverts par une conjonctive, mais ces organes sont dépourvus de paupières, plus allongés et subcylindriques. Le tube locomoteur est attaché à la tête par une double bride supérieure ; la coquille interne (³) est cornée, en forme de plume ou de spatule, toujours dépourvue de loges aériennes, sans godet ni rostre terminal.

Les Calmars (*Loligo*, Lamk), — Atlas, pl. XLVIII, fig. 10,

qui sont des loligides allongés, à nageoires triangulaires et cour-

(¹) Sowerby, *Min. conch.*, pl. 591, fig. 2 ; Deshayes, *Coq. foss. de Paris*, t. II, p. 761 ; d'Orbigny et Férussac, *Céph. acétab., Seiches*, pl. 20, fig. 13-15 ; d'Orbigny, *Moll. viv. et foss.*, p. 369, pl. 14, fig. 8-10 ; Quenstedt, *Handb. der Petref.*, p. 473, pl. 30, fig. 41 ; Giebel, *Fauna der Vorwelt*, t. III, p. 24 ; F. Edwards, *Eoc. moll., Palæont. Soc.*, 1849, p. 38, pl. 2, fig. 3.

(²) D'Orbigny, *Ann. sc. nat.*, 1842, t. XVII, p. 262, pl. 11, fig. 1-6, *Moll. viv. et foss.*, p. 311, pl. 15 ; Michelotti, *Foss. mioc. Ital. sept.*, p. 316, pl. 15, fig. 2 ; Quenstedt, *Handb. der Petref.*, p. 473, pl. 30, fig. 42-46 ; Giebel, *Fauna der Vorwelt*, t. III, p. 25.

(³) Plusieurs des osselets de cette famille ont été décrits sous le nom générique de Loliginites, principalement par M. Quenstedt.

tes, ont été souvent indiqués à l'état fossile, mais il est probable
que la plupart de ces citations (¹) doivent se rapporter aux genres
suivants ou à la famille des teuthides.

Une coquille interne trouvée dans le lias supérieur des environs de Ohmden
paraît cependant avoir tous les caractères des véritables calmars. C'est le
Loligo piriformis, d'Orbigny , décrit comme un teudopsis par le comte de
Münster (²).

Les Teudopsis, Deslongchamps (*Teuthopsis*, Bronn) — Atlas, pl. XLVIII, fig. 11,

ne sont connus qu'à l'état fossile. Leurs osselets sont cornés, et
ressemblent beaucoup à ceux des calmars ; mais ils en diffèrent,
parce qu'ils sont plus spatuliformes, plus étroits en avant et
fort élargis en arrière. Leur côte médiane est étroite et saillante,
et leurs expansions latérales sont larges et dirigées de manière
à former une sorte de cuiller arrondie à son extrémité. Ces mollusques avaient aussi un sac à encre.

Quelques échantillons présentent une fente à l'extrémité postérieure, qui n'est probablement due qu'à une rupture provenant
de la compression.

Toutes les espèces ont été trouvées dans le lias supérieur.

M. Deslongchamps (³) en a décrit quelques unes qui proviennent du lias
du Calvados. La *T. Brunellii* est la seule que l'on doive conserver en lui réunissant la *T. Caumontii*, Desl. La *T. Agassizii*, id., est une belopeltis.

Il faut probablement placer dans le même genre une espèce (⁴) attribuée
par le comte de Münster au genre beloteuthis, mais qui n'a pas les ailes

(¹) Ainsi le *Loligo bollensis*, Sch., et le *L. Schübleri*, Quenstedt, sont des
teudopsis ; le *L. Aalensis*, Schub., un belopeltis ; le *L. subsagittata*, Münst.,
un enoploteuthis ; le *L. priscus*, Ruppel, un acanthoteuthis, etc.

(²) D'Orbigny , *Moll. viv. et foss.*, p. 336 ; Münster , *Beitr. zur Petref.*,
t. VI, p. 58, pl. 6, fig. 3 (*Teudopsis piriformis*) ; Quenstedt, *Petref. Wurt.*,
p. 500 ; Giebel, *Fauna der Vorwelt*, t. III, p. 27.

(³) Deslongchamps, *Mém. Soc. linn. de Normandie*, t. V, p. 74, pl. 3, fig. 1
à 5 ; d'Orbigny, *Terr. jur.*, t. I, p. 38, pl. 1, *Moll. viv. et foss.*, p. 360 ;
Quenstedt, *Handb. der Petref.*, p. 500 ; Giebel, *Fauna der Vorwelt*,
t. III, p. 28.

(⁴) Münster, *Beitr. zur Petref.*, t. VI, p. 60 et 77, pl. 5, fig. 1 , pl. 6,
fig. 1, et pl. 14, fig. 5 ; d'Orbigny, *Moll. viv. et foss.*, p. 360, *Pal. universelle*, *Terr. jurass.*, pl. 11 ; Giebel, *Fauna der Vorwelt*, t. III, p. 29.

latérales séparées par un sillon. C'est le *Teudopsis ampullaris*, d'Orb., du lias supérieur du Wurtemberg. Le *Sepialites gracilis*, Münster, n'est peut-être qu'un individu altéré de la même espèce.

Le *Teudopsis bollensis*, Voltz (*Loligo bollensis*, Schübler), du même gisement, paraît former une espèce distincte [1] appartenant encore au genre qui nous occupe. C'est l'espèce figurée dans l'Atlas.

Les Beloteuthis, Münster, — Atlas, pl. XLVIII, fig. 12,

ont une coquille qui ressemble à celle des teudopsis [2], mais qui, tout en étant comme elle acuminée en avant, est moins rétrécie dans cette région. Elle se distingue surtout par des expansions aliformes, situées en arrière sur les côtés et séparées du reste de la coquille par une côte ou par un sillon.

La seule espèce connue [3] appartient au lias supérieur du Wurtemberg. C'est la *B. subcostata*, Münster, à laquelle il faut probablement réunir les *B. substriata*, *acuta* et *venusta*, du même auteur, ainsi que les *Loliginites subcostatus* et *giganteus*, Quenstedt.

Les Leptoteuthis, H. de Meyer, — Atlas, pl. XLVIII, fig. 13,

sont caractérisés par une coquille interne cornée, très large et arrondie en avant, munie vers cette partie antérieure d'expansions latérales droites et peu marquées, et s'atténuant en arrière pour se terminer en pointe. Cette coquille peu convexe est soutenue par une côte médiane large.

La seule espèce connue, le *L. gigas*, H. de Meyer [4], a été trouvée dans les schistes lithographiques de Solenhofen.

[1] Zieten, *Petref. Wurtemb.*, p. 49, pl. 37, fig. 4 (*Loligo bollensis*); Voltz, *Taschenb.*, p. 629 ; d'Orbigny, *Moll. viv. et fossiles*, p. 361 ; Giebel, *Fauna der Vorwelt*, t. III, p. 29. Ce dernier auteur lui réunit l'*Onychoteuthis prisca*, Münster.

[2] M. Giebel réunit en un seul genre les beloteuthis et les teudopsis. Il est difficile de savoir si les petites différences qui existent dans les coquilles se liaient ou non avec des caractères organiques plus importants.

[3] Münster, *Beitr. zur Petref.*, t. VI, p. 61, pl. 5, fig. 3, pl. 6, fig. 2, 4 et 5, pl. 14, fig. 2 ; d'Orbigny, *Moll. viv. et foss.*, p. 364, pl. 22, *Pal. univ.*, pl. 16 ; Quenstedt, *Petref. Wurtemb.*, t. I, p. 501, pl. 32, fig. 7 et 8 ; Giebel, *Fauna der Vorwelt*, t. III, p. 30.

[4] H. de Meyer, *Museum Senkenberg.*, t. I, p. 292 ; d'Orbigny, *Moll. viv. et foss.*, p. 363, pl. 21 ; Giebel, *Fauna der Vorwelt*, t. III, p. 32.

4ᵉ Famille. — TEUTHIDES.

Les teuthides ont les yeux en contact immédiat avec l'eau, un corps allongé muni de nageoires anguleuses, un tube locomoteur attaché à la tête par une ou deux brides de chaque côté et ayant une forte valvule à sa partie interne supérieure. Leur coquille est interne, ressemble à celle des loligides et est également cornée et dépourvue de loges aériennes.

Dans la nature vivante il est très facile de distinguer les teuthides des loligides ; mais quand on n'a que des osselets, comme c'est le plus souvent le cas en paléontologie, cette distinction devient beaucoup plus hypothétique. Les genres perdus ne peuvent être placés dans l'une ou dans l'autre de ces familles que par une comparaison plus ou moins incertaine avec les genres vivants.

Les Belemnosepia, Agassiz (*Belopeltis*, Voltz ; *Loligosepia*, Quenstedt ; *Geoteuthis*, Münster ; *Palæosepia*, Theodori), — Atlas, pl. XLVIII, fig. 14 et 15,

forment un de ces genres dont la place est douteuse. La plupart des auteurs les rangent dans la famille des teuthides. M. d'Orbigny [1], dans ses derniers ouvrages, les a transportées dans celle des loligides.

Ces mollusques sont caractérisés par une coquille interne cornée, mince, tronquée en avant, acuminée en arrière, et munie sur ses bords postérieurs d'expansions latérales. Elle ressemble, sous ce point de vue, à celle des beloteuthis, mais sa troncature antérieure diffère complètement de la forme que présente cette région dans ce genre. La partie médiane est plane, conique et formée de trois régions distinctes, une au milieu marquée de lignes transversales droites et supportée souvent par une côte sur la ligne du milieu, et deux de chaque côté, séparées de la première par des sillons et marquées de lignes d'accroissement paraboliques. Les régions ou expansions latérales sont formées de stries d'accroissement qui les divisent en deux parties. Ces lignes sont sinueuses dans le voisinage de la région médiane, verticales ou un peu obliques et légèrement arquées dans la partie externe. Cette disposition des stries rappelle les ommastrèphes et les bélemnites,

[1] *Cours élément. de paléont.*, t. I, p. 102.

mais l'extrémité postérieure ne forme jamais ni godet ni rostre.

Les premiers échantillons ont été découverts en 1830. Ils ont été rapportés par le comte de Münster au genre ONYCHOTEUTHIS [1], Licht., et par Schübler [2] au genre des CALMARS. Buckland a décrit sous ce dernier nom les espèces du lias de Lyme-Regis. M. Agassiz leur a le premier donné le nom de BELEMNOSEPIA [3], en les considérant comme pouvant n'être qu'une partie de l'osselet des bélemnites.

Cette opinion a été adoptée par M. Voltz [4] et combattue au contraire par MM. le comte de Münster et Quenstedt, qui ont démontré que ce sont des osselets spéciaux, qui n'ont jamais de rostre, et qui ne peuvent par conséquent être confondus avec les bélemnites.

Pendant cette discussion chaque auteur a proposé un nom nouveau pour ces corps : M. Voltz les a nommés BELOPELTIS, M. Quenstedt, LOLIGOSEPIA, et le comte de Münster, GEOTEUTHIS. Le nom de *Belemnosepia* doit être conservé, quoiqu'il ait été proposé à la suite d'une hypothèse erronée sur la nature de ces osselets ; il est le plus ancien, et il indique avec raison un animal intermédiaire entre les bélemnites et les seiches.

Toutes les espèces connues appartiennent au lias supérieur [5].

On trouve dans le lias du Wurtemberg les *B. lata, flexuosa, Orbignyana, sagittata, hastata* et *speciosa*, décrites sous ces noms par le comte de Münster, avec la désignation générique de *Geoteuthis*.

Le *B. bollensis*, d'Orb., qui comprend les *Loligo aalensis* et *bollensis*, Schü-

[1] Le genre ONYCHOTEUTHIS, actuellement vivant, a souvent été cité comme renfermant aussi des espèces fossiles ; mais toutes ces espèces doivent maintenant être réparties dans d'autres genres. Ainsi les *O. angusta*, Münster, *Ferussaci*, id., *lata*, id., *speciosa*, id., *subovata*, id., etc., sont des acanthoteuthis ; les *O. cochlearis*, Münster, *intermedia*, id., sont des ommastrèphes, etc.

[2] Zieten, *Petref. Wurtembergs*, pl. 25 ; Buckland, *Geol. et min., Traité Bridgew.*, pl. 28 à 30.

[3] *Leonh. und Bronn Neues Jahrb.*, 1835, p. 168.

[4] Voltz, in *Leonh. und Bronn Neues Jahrb.*, 1836, p. 223, *Bull. Soc. géol.*, t. XI, p. 40, et *Mém. Soc. de Strasbourg*, 1843, t. III ; Quenstedt, *Leonh. und Bronn Neues Jahrb.*, 1839, p. 126, et *Flœtzgeb. Wurtemb.*, p. 252 ; Münster, *Beitr. zur Petref.*, t. VI, p. 68, pl. 7, 8 et 9.

[5] Voyez, outre les mémoires indiqués ci-dessus, d'Orbigny, *Moll. viv. et foss.*, p. 433, pl. 31.

bler, et le *Belopeltis sinuatus*, Voltz, a été trouvé en Wurtemberg et à Lyme-Régis [1].

Le *B. Agassizii*, d'Orb. (*Teudopsis Agassizii*, Desl.), provient du lias de Trois-Monts près Caen (Calvados) [2].

La figure 13 de la planche XLVIII de l'Atlas représente la partie postérieure du *B. bollensis* avec sa poche à encre. La figure 14 représente la *B. flexuosa*, d'Orb., plus complète.

Les ENOPLOTEUTHIS, d'Orb., — Atlas, pl. XLVIII, fig. 16,

sont allongés, couverts de tubercules réguliers, à nageoires dépassées par la queue; leurs bras sont munis seulement de crochets et non de ventouses. L'osselet est en forme de plume, étroit, à expansions latérales sinueuses. On en connaît plusieurs espèces vivantes, mais une seule fossile.

M. d'Orbigny rapporte à ce genre, sous le nom d'*E. sagittata* [3], le *Loligo sagittata*, Münster, des schistes lithographiques d'Eichstaedt (Bavière)

Les ACANTHOTEUTHIS, Wagner, — Atlas, pl. XLVIII,
fig. 17 et 18,

n'ont été trouvés qu'à l'état fossile, mais quelques individus ont laissé l'empreinte de leurs corps et de leurs bras (fig. 47), de sorte qu'on les connaît mieux que la plupart des genres des céphalopodes acétabulifères qui ne vivent plus aujourd'hui.

Ces mollusques sont allongés, cylindriques, terminés par des nageoires anguleuses, probablement courtes. Leurs bras, au nombre de dix, sont peu inégaux et tous munis de crochets sur deux lignes. Leur coquille interne (fig. 18) est cornée, en forme de glaive conique et allongé, renforcée par une côte médiane, peu large en haut et diminuant graduellement et uniformément jusqu'à la pointe.

La première espèce connue a été décrite sous le nom de LOLIGO, par M. Ruppel. Le comte de Münster établit pour elle le genre KELÆNO, auquel il renonça pour la transporter dans celui des ONYCHOTEUTHIS [4], et pour adopter plus tard le nom de ACANTHO-

[1] Schübler, in Zieten, *Petref. Wurtemb.*, p. 34, pl. 25, fig. 4 à 7 ; Buckland, *Geol. et min.*, *Traité Bridgew.*, pl. 28 à 30, etc.

[2] Deslongchamps, *Mém. Soc. linn. de Normandie*, t. V, p. 72, pl. 2, fig. 13.

[3] D'Orbigny, *Moll. viv. et foss.*, p. 398, pl. 27 ; Münster, *Taschenbuch*, 1836, p. 582, et *Beitr. zur Petref.*, p. 107, pl. 10, fig. 3.

[4] Voyez la note, p. 598.

teuthis, proposé par M. Wagner. Quelques espèces, qui ont été également promenées de genre en genre, paraissent appartenir à celui des Ommastrèphes, dont nous parlerons plus bas.

La seule espèce [1] que les paléontologistes soient aujourd'hui d'accord pour admettre est l'*A. prisca*, d'Orb. (*Loligo priscus*, Rüppel), des schistes lithographiques de Solenhofen (terrain corallien). M. d'Orbigny considère comme appartenant à la même espèce plusieurs fossiles qui ont été décrits par le comte de Münster sous les noms de *Kelæno* et d'*Onychoteuthis*.

Le comte de Münster a figuré [2] une espèce gigantesque, mais trop mal conservée pour qu'on puisse juger de ses véritables rapports génériques : c'est l'*A. gigantea*, Münster, des schistes lithographiques de Daiting.

Les Ommastrèphes, d'Orb., — Atlas, pl. XLVIII, fig. 19,

ont été décrits par M. de Blainville sous le nom de Calmars flèches, et vivent encore dans nos mers. Ils sont caractérisés par un appareil de résistance très compliqué, et par des bras dépourvus de crochets et munis seulement de cupules. Ils diffèrent aussi de tous les genres précédents par leur coquille interne qui se termine à la partie postérieure par un godet creux.

On rapporte à ce genre quelques osselets fossiles des schistes lithographiques de Bavière (terrain corallien).

M. d'Orbigny [3] considère comme des ommastrèphes les *Onychoteuthis angusta*, *intermedia* et *cochlearis*, du comte de Münster, et a ajouté l'*Omm. Munsteri*, d'Orb.

5e Famille. — BÉLEMNITIDES.

La famille des bélemnitides est caractérisée par un osselet corné semblable à celui des teuthides, mais terminé à sa partie

[1] Ruppel, *Abbild. und Besch. foss.*, p. 8, pl. 3, fig. 1; Münster, *Bericht Deutsch. naturf.*, 1836, *Leonh. und Bronn Neues Jahrb.*, 1837, p. 252, et *Beitr. zur Petref.*, t. I, p. 94, pl. 9 et 10, fig. 1 et 2, et t. V, p. 97, pl. 1, fig. 3, t. VII, p. 55, pl. 4 à 7; d'Orbigny, *Moll. viv. et foss.*, p. 409, pl. 28; *Pal. franç., Terr. jur.*, t. I, p. 140, pl. 23, fig. 1-4; Giebel, *Fauna der Vorwelt*, t. III, 34.

[2] *Beitr. zur Petref.*, t. VII, pl. 8.

[3] *Moll. viv. et foss.*, p. 415, pl. 30; Münster, *Leonh. und Bronn Neues Jahrb.*, 1837, p. 252, et *Beitr. zur Petref.*, t. VII, pl. 4 et 5; Giebel, *Fauna der Vorwelt*, t. III, p. 37.

postérieure par un godet divisé en loges régulières par des cloisons arrondies et souvent protégé par un rostre. Cette famille est intermédiaire entre les spirulides d'une part et les teuthides et les loligides de l'autre, et si je l'ai placée ici à la fin de l'ordre des céphalopodes acétabulifères, ce n'est que pour que sa description fût précédée de celle des groupes qui sont connus à l'état vivant.

Elle ne comprend que quelques genres, qui paraissent avoir tous disparu avant l'époque actuelle et même avant la période tertiaire.

Les CONOTEUTHIS, d'Orb., — Atlas, pl. XLIX, fig. 1,

ont des osselets d'une forme tout à fait semblable à ceux des ommastrèphes, mais le godet terminal est plus grand et cloisonné. Ils font ainsi un passage intéressant entre la famille des teuthides et le genre des bélemnites, dont ils ont l'osselet et l'alvéole, et dont ils ne diffèrent que par l'absence de rostre.

On n'en connaît [1] qu'une espèce fossile des terrains aptiens du département de l'Aube, le *C. Dupinianus*, d'Orb.

C'est peut-être dans le voisinage des conoteuthis qu'il faut placer un genre dont l'existence a été fort contestée et discutée, celui des BELEMNOTEUTHIS, de M. Pearce [2]. Ce paléontologiste nomme ainsi des godets trouvés dans les terrains oxfordiens d'Angleterre, qui, au lieu d'être protégés par un véritable rostre, le sont par une simple capsule extérieure mince et prolongée, fibreuse d'ailleurs comme le rostre des bélemnites (Atlas, pl. XLIX, fig. 2). Il attribue à ces godets les parties molles découvertes dans les mêmes terrains (fig. 7), et considérées par M. Owen comme étant l'animal de la bélemnite. Il a été appuyé dans cette opinion par MM. Mantell, Cunnington, etc.; ces naturalistes se fondent sur les dimensions proportionnelles de la partie cloisonnée, plus courte

[1] D'Orbigny, *Comptes rendus de l'Acad. des sc.*, 1842, t. XVI, p. 753, *Ann. des sc. nat.*, 2ᵉ série, 1842, t. XVII, p. 377, et *Moll. viv. et foss.*, p. 444, pl. 32; Quenstedt, *Petref. Wurtemb.*, t. I, p. 482; Giebel, *Fauna der Vorwelt*, t. III, p. 45.

[2] Pearce, *London geolog. journ.*, p. 25, n° 2; Cunnington, *Id.*, n° 3, p. 97; *Bibl. univ.*, *Archives*, 1847, t. VI, p. 350; Mantell, *Proceed. of the geol. Soc. of London*, 14 février 1850, et *Philos. transact.*, 1848, p. 181, pl. 13, et 1850, part. 2, p. 393, pl. 28 à 30.

dans ces godets que dans les alvéoles des bélemnites auxquelles on les a rapportés, sur l'épaisseur plus grande de l'enveloppe, sur l'existence de deux bourrelets qui manquent toujours aux phragmocônes, sur le fait enfin que, dans le gisement où on les a signalées, les bélemnites ont toujours leurs phragmocônes en place.

MM. Owen, d'Orbigny, etc., n'admettent pas ce genre bélemnoteuthis, et l'envisagent comme fondé sur des fragments de bélemnites. La figure 2 de la planche XLIX, copiée d'après M. Mantell, me semble cependant indiquer un corps différent d'un simple godet de bélemnite.

La seule espèce connue a été décrite sous le nom de *B. antiquus*, Pearce.

Les Bélemnites (*Belemnites*, Agricola), — Atlas, pl. XLIX, fig. 3 à 16,

sont connues depuis fort longtemps; car on trouve déjà ce nom indiqué en 1546, dans les ouvrages d'Agricola. Quelques auteurs font même remonter leur histoire jusqu'à Théophraste; mais la phrase de cet auteur, qu'on invoque en faveur de cette manière de voir, ne paraît pas se rapporter à ces fossiles [1].

Les opinions les plus bizarres ont été émises sur la nature et l'origine des bélemnites [2], et cela se comprend d'autant mieux,

[1] Théophraste, à la fin de son article sur l'émeraude, parle du *Lyncurium*, pierre dure dont on fait des cachets sculptés. Il attribue son origine à la solidification de l'urine du lynx. Les commentateurs ont appliqué cette phrase aux bélemnites, et quelques médecins se sont fondés sur cette analogie, pour attribuer à ces fossiles des propriétés contre la gravelle. Agricola (*De ortu et causis subterraneorum, De natura fossilium*, Bâle, 1546, in-folio, lib. I, p. 266) et Mattioli (*Commentaires sur Dioscoride*) disent que c'est à tort que l'on confond la bélemnite avec le *Lyncurium* et avec l'*Idæus dactylus*, signalé par Pline (*Hist. nat.*, chap. 37), et ainsi nommé, suivant quelques auteurs, parce qu'il ressemble à un doigt, et suivant d'autres, parce qu'il a été trouvé au mont Ida. Belon, en 1553, et jusqu'au XVIIIe siècle plusieurs auteurs, ont soutenu au contraire cette analogie de la bélemnite avec le lyncurium des anciens, et les ont désignés dans cette hypothèse sous ce nom et sous ceux de *Lingurius, Lyncurius, Langurius, Lygurius*, etc.

[2] Voyez sur les bélemnites, outre les ouvrages descriptifs récents : Agassiz, *l'Institut*, n° 6, p. 132, et *Wiegm. Archiv*, 1835, t. II, p. 244 ; Agricola, *De ortu et causis subterraneorum*, lib. V, *De natura fossilium*, lib. X, Bâle, 1546, in-folio ; Albrecht, *Acta physico-medica*, vol. IV, obs. 15, p. 72 ; Allan, *Observ. sur la structure de la bélemnite* (*Trans. of the Edinburgh royal Society*, 1813, p. 293) ; Allioni, *Oryctog. Pedemont.*, p. 50 ; d'Argenville,

que les fragments qui existent dans la plupart des collections ne
représentent qu'une très petite partie de l'animal. On ne trouve
ordinairement qu'une portion du rostre, c'est-à-dire des corps
cylindriques ou un peu aplatis, arrondis ou acuminés à une de
leurs extrémités, et fracturés à l'autre qui présente souvent une
cavité plus ou moins conique. Ces corps ont une teinte brune ou
noirâtre, et sont durs, pierreux et demi-transparents.

Quelques auteurs les ont attribuées au règne minéral et n'ont
pas su y reconnaître des corps organisés. En 1599, Imperato les

Oryctologie, p. 346; Baker, *A letter contain. on two extraord. belemnites,*
(*Phil. trans.*, 1748, p. 598); J.-F. Bauder, *Besch. des Altdorfischen ammonit.
und belemniten Marmors*, 1771, in-4°; Bauhin, *Hist. novi et admir. fontis*, etc.,
1598; P. Belon, *Obs. de plusieurs singularités et choses mém. trouvées en
Grèce, Asie, etc.*, 1553; E. Bertrand, *Dict. univ. des fossiles*, la Haye, 1773,
in-8°, t. 1, p. 65; de Blainville, *Mém. sur les bélemnites*, Paris, 1827, in-4°;
Boetius de Boet, *Gemmarium lapidum historia*, Hanovre, 1636; Bourguet,
Traité des pétrifications, Paris, 1742, in-4°; G.-A. Brander, *Dissert. on the
belemnite* (*Philos. Trans.*, vol. XLVIII, p. 803); J.-Ph. Breyn, *Diss. phys. de
polythalamiis*, Gedani, 1732, in-4°; Bromel, *Lithogr. Suecana*, 1729 et
1740, in-8°; Bruckmann, *Epistolæ*, 1742, in-4°, epist. 65, *De belemnitis
mus. auctoris*; Büttner, *Rudera diluvii testes*, 1710, in-4°, et *Coralliogr.
subterr.*, p. 2; Cæsalpinus, *De rebus metallicis*, 1596; B. Cæsius, *Mineralogia*, Lugd., 1636; Cappeler, *Epist. de entrochis et belemnitis*, in Scheuchzer,
Sciagraphia, 1740; Cerato et Chiocco, *Musæum calceolarium*, 1622; Charleton, *Onomasticon zoicum*, 1668; Claret de la Tourette, *Lettre à E. Bertrand*
dans le *Dict. des foss.*, 1783; Clément Mullet, *Sur les bélemnites, les pierres
de foudre*, etc., Troyes, 1840, in-8°; E. Da Costa, *A diss. on those foss. figu-
red stones called belemnites*, (*Phil. Trans.*, 1747, p. 389); G.-A. Deluc, *Journ.
de physique*, floréal an IX, p. 362; Duval Jouve, *Bélemnites des terr. crét.
taf. de Castellane*, 1841, in-4°; B. Ehrhard, *De belemnitis suecicis dissert.*,
2° édit., 1727; J.-S. Elsholtz, *De succino foss. et lapide belemnite* (*Misc. cur.*,
1678, déc. 1, an IX et X, p. 223); Faure Biguet, *Cons. sur les bélemnites*,
Lyon, 1819; Fermin, un article sur les bélemnites dans la *Biblioth. des arts
et des sciences*, t. XXVI, p. 83; Formey, dans le *Diction. encyclop.*; Gessner,
De omni rerum fossilium genere, Zurich, 1565; A. Ghedinas, *De belemnitis*
(*Act. Bonon.*, vol. I, p. 70); Giebel, *Fauna der Vorwelt*, t. III, 1851, in-8°;
N. Grew, *Mus. Soc. reg. Angliæ*, Londres, 1681; Guettard, *Mémoires*, t. V,
1783, p. 215; Helwing, *Lithographia Angerburgica*, 1720; Jacobæus, *Mus.
reg.*, Hafniæ, 1696; Imperato, *Hist. nat.*, Napoli, 1599; Kartheuser ou Cartheuser, *Rudim. oryctographiæ*, Francfort, 1755; Kentmann, *Nomenclator
rerum foss.*, Zurich, 1556; Klein, *Descr. tubul. maris.*, Gedani, 1773;
Kundmann, *Rariora artis*, etc., 1737; Lachmund, *Oryctog. Hildesheimensis*,
1699; Lang, *Hist. lapid. figur. Helvetiæ*, Venise, 1708-40, p. 129; Leib-

décrivit comme des stalactites; Schütte en 1761, Scheuzer, Woodward et Kundmann, les envisagèrent comme des jeux de la nature ou des minéraux spéciaux; Rumph, en 1705, admit l'idée qu'elles étaient le produit de la foudre.

D'autres les placèrent dans le règne végétal. Vers la fin du xvi° siècle, Mercati les regardait comme des dattes pétrifiées; Stobæus y voyait des débris végétaux; Libavius, en 1601, attribuait leur origine à du succin durci, opinion qui a été plus tard soutenue encore par Elsholtz, etc.

nitz, *Protogea*, pl. 8; Lesser, *Epist. de præcipuis naturæ*, 1736; Libavius, *Singularium pars tertia*, Francfort, 1601; Lesser, *Testacéologie*, 1752; Linné, *Syst. naturæ*; Lister, *Hist. anim. Angliæ*, 1685; Lochner, in *Musæo Besleriano*, 1716; Lwyd (Luidius), *Lithophyl. Britann.*, London, 1699; Mattioli, *Commentarii in XVI lib. Dioscoridis*, Venise, 1558; Mercati, *Metallotheca*, Rome, 1719, in-fol.; P. Merian, *In die lang gezogene belemniten aus kanton Uri* (*Abhand. naturf. Ges. in Basel*, t. VII, p. 55, 1847); Ch. Merret, *Pinax rerum*, London, 1667; Miller, *Obs. sur les bélemn.* (*Trans. of the geol. Soc.*, 2° série, t. II, p. 45), et *Obs. sur le genre Actinocamax* (*Id.*, p. 63); Denis de Montfort, *Conchyl. system.*, Paris, 1808, 2 vol. in-8°; Mylius, *Memorab. Saxoniæ subterraneæ*, in-4°, 1709-18; Olearius, *Gattorsfische Kunstkammer*, 1674; d'Orbigny, *Paléont. franç., Mollusques viv. et foss., Prodrome*, etc.; Owen, *Mém. sur les bélemnites*, etc. (*Phil. Trans.*, 1844); Platt, *An attempt to account*, etc. (*Phil. Trans.*, 1764, p. 38); Quenstedt, *Handb. der Petref.*; Raspail, *Hist. nat. des bélemn.* (*Ann. des sc. d'observ.*, t. I, p. 271); G. de Razoumowski, *Considér. sur le foss. appelé Bélemnite*, etc. (*Mém. de Lauzanne*, t. I, p. 54); Ritter, *Oryctog. Goslariensis*, 1738; Rosinus, *De belemnitis*, Fraukenhau, 1728, ouvrage devenu très rare et traduit en allemand par Kastner, dans le *Hamburgische Magazin*, p. 97: ce dernier y a fait quelques additions; Rumphius, *Thes. conchyliorum et Amboinæ var.*, p. 212, Lugd., 1711; Sage, *Mém. sur les bélemnites* (*Journ. de phys.*, 1800); Scheuchzer, dans plusieurs ouvrages indiqués à l'appendice bibliogr.; Schlotheim, *Pétrefactenk.*, Gotha, 1822; Schmidel, *Vorstellung einig. merkw. Verstein.*, in-4°, Nuremb., 1780-82; Schroeter, *Vollst. einl. Steine und Verstein.*, t. IV, 1784, p. 149; G. Schwenkfeld, *Stirp. et foss. Silesiæ cat.*, Lips., 1660; Schütte, *Oryctog. Ienensis*, p. 97; H.-J. Sievers, *Curiosa Niendorpensia*, 1732, in-8°: le 3° spec. traite des bélemnites; Rob. Sibbald, *Scotia illustrata*, Edinb., 1684; Spada, *Corp. lapid. agri Veronensis*, p. 27, in-32; Kil. Stobæus, *Diss. epistolaris*, in-4°, London, Goth., 1732; Swedenborg, *E. miscellanea observata*, etc., Lipsiæ, 1722; Titius, *Gemennusige Abhandl.*, t. I, p. 269; Voltz, *Obs. sur les bélemnites*, Paris, 1830; Walch (avec Knorr), *Merckwurdigk.*; Wallerius, *Mineralogia*, Holmiæ, 1747; Woodward, *An. essay towards a nat. hist.*, Londres, 1695; Worm, *Mus. Wormianum*, Lugd., 1655, in-fol.

La plupart des naturalistes reconnurent cependant dans les bélemnites, des preuves d'une organisation animale. Déjà, en 1596, Césalpin soutint cette idée ; mais les opinions les plus erronées furent successivement émises, sur leur véritable nature.

Les uns les ont considérées comme des dents d'animaux vertébrés. Lwyd, en 1699, les décrivit comme des dents de narwall ; Bourguet, en 1742 et Formey, comme des dents de cachalot ; Cappeler, en 1740, crut plutôt y reconnaître celles des crocodiles. Lwyd, du reste, changea plus tard d'opinion et les compara à des pinceaux de mer, puis aux dentales.

Wolkman, en 1720, les envisagea comme des épines ou des vertèbres de poissons. Swedenborg, en 1722, prit leurs alvéoles pour des queues d'écrevisse. Klein en 1731, Spada en 1737, et Ritter en 1738, y virent des baguettes d'oursin. Lister, en 1678, paraît avoir déjà eu une idée analogue.

Bruckmann, en 1742, les compara aux mollusques perforants et en particulier aux pholades, et Tressan aux patelles. Titius crut y reconnaître des branches d'étoile de mer. Wallerius, en 1747, y vit des holothuries pétrifiées ; cette idée fut soutenue plus tard par E. Bertrand. En 1763, M. Claret de la Tourette la combattit et s'efforça de prouver que les bélemnites étaient des polypes.

Quelques naturalistes ont cherché à rapprocher les bélemnites des vers. Cette opinion paraît avoir été celle de Linné, qui les inscrivit dans son *Systema naturæ* sous le nom de *Helmintolithus alcyonii lyncurii*. Helwing, en 1720, Erhard, Walch, Schroeter, les ont comparées aux *tubulites* (dentales et serpules).

Ehrhard, en 1724, paraît être le premier qui ait vu dans les bélemnites des coquilles marines, voisines des nautiles et de la spirule, et qui ait conçu l'idée qu'elles s'accroissent par l'application de couches extérieures. Rosinus est probablement arrivé, de son côté, aux mêmes résultats, que Platt, en 1764, confirma et étendit. Breyn, en 1732, les réunit aux polythalames, division qui comprenait alors les céphalopodes cloisonnés.

Quelques faits nouveaux ont été successivement ajoutés à leur histoire par Walch en 1775, par Guettard en 1783, et par Schroeter en 1784. G.-A. Deluc en 1799, et Sage en 1800, cherchèrent aussi à démontrer leur analogie avec les céphalopodes cloisonnés, mais en s'exagérant la ressemblance de leurs phragmocônes avec les orthocères. Les travaux de Schlotheim, les monographies de Faure Biguet et de Miller, en firent mieux connaître les espèces. Faure Biguet adopta les idées de Deluc; Miller, en 1823, soutint l'idée que les bélemnites ont des coquilles externes, seulement recouvertes par des replis ou lèvres du manteau.

Les recherches de M. de Blainville, en 1827, firent faire à la connaissance des bélemnites des progrès beaucoup plus importants. Ce savant zoologiste prouva le premier leur analogie avec les céphalopodes nus, et décrivit une quantité considérable d'espèces. Les travaux de Raspail, en 1829, ne peuvent pas être mis en parallèle avec ceux de M. de Blainville. Ceux de Voltz, en 1823, renferment de bonnes observations. On peut citer depuis lui des descriptions nombreuses dans les ouvrages de Roemer, Zieten, Quenstedt, Münster, Duval, etc. MM. Buckland et Agassiz ont cru avoir touvé leur osselet; mais, comme nous l'avons dit plus haut, ils ont associé par erreur aux rostres des bélemnites la coquille interne des belemnosepia.

M. d'Orbigny, dans sa *Paléontologie française*, a traité en détail de ces fossiles. Il a montré quelles devaient être les formes de l'animal, discuté leurs caractères et leurs habitudes probables, et a établi la connaissance des espèces sur une étude plus rigoureuse.

Enfin, M. Owen a publié en 1844 un mémoire pour décrire quelques échantillons très remarquables où l'animal tout entier est conservé. Aujourd'hui les bélemnites peuvent être considérées comme presque aussi bien connues que les céphalopodes vivants, et il faut remarquer ici, comme une preuve de la confiance qu'on peut avoir à la reconstitution des animaux anciens par l'étude bien faite de leurs débris fossiles, que les bélemnites complètes, auxquelles je viens de faire allusion, ont confirmé presque en tous points l'opinion que MM. de Blainville, d'Orbigny, etc., avaient conçue théoriquement sur les formes de ce genre.

Cette longue série de travaux peut faire penser que les bélemnites ont été désignées sous des noms variés. Chez les auteurs anciens, elles sont citées sous ceux de : *ceraunites coracias*, *corvinus lapis*, *spectrorum candela*, *sagitta*, *telum*, *jaculum*, *lapis fulmineus*, *tonitrui cuneus*, etc.

Denis de Montfort a compliqué leur histoire d'une foule de noms inutiles, comme il l'a fait pour tant d'autres mollusques. Il faut réunir aux bélemnites tous les fragments ou modifications qu'il a désignées sous les noms de Thalamus, Paclite, Acamas, Acheloïs, Callirhoe, Cétocéne, Chrysaore et Chrysaor, Hibolite, Porodraque.

Quelques déformations ont aussi, comme je le montrerai plus bas, des noms génériques qu'il faut abandonner : tels sont les Actinocamax, et les Pseudobelus de M. de Blainville.

On a à deux reprises cru trouver des bélemnites vivantes. En 1751, Targioni Tozetti ([1]) décrivit un animal marin dans l'intérieur duquel il signala une coquille cloisonnée semblable au phragmocône d'une bélemnite. Cet animal, qui n'appartient certainement pas à ce genre, est resté inconnu, et est peut-être un foraminifère.

Le second corps vivant que l'on a cru pendant un temps pouvoir rapporter aux bélemnites est cité en 1766 par D. Fermin ([2]), qui avait reçu de P. Renard un corps mou, trouvé dans la mer de Sargasse, et qui rappelait grossièrement par sa forme, mais non par son tissu, le rostre d'une bélemnite.

Aujourd'hui on croit être certain que les bélemnites ne vivent plus dans nos mers, on les considère même comme spéciales aux époques jurassique et crétacée. Les beaux et nombreux échantillons qui en ont été récoltés ont permis de se faire une idée assez complète de leur organisation.

L'osselet, ou coquille interne des bélemnites, est placé dans l'intérieur du corps comme ceux des seiches et des calmars, et s'étend aussi dans toute la longueur de la région dorsale. Il est composé de trois parties, le *rostre*, l'*alvéole* ou *phragmocône*, et l'*osselet corné* ([3]).

Le rostre est, comme je l'ai dit, la partie que l'on trouve le plus souvent. Il termine l'osselet en arrière, et protége l'extrémité de l'alvéole qu'il reçoit dans sa partie basilaire. Il est cylindrique ou plus ou moins aplati ; sa coupe longitudinale et sa coupe transversale montrent qu'il est formé de couches minces concentriques (Atlas, pl. XLIX, fig. 4 et 5), composées de fibres triédrales, prisma-

[1] *Voyage à Florence*, 1751, partie 1, p. 281.

[2] *Bibl. des sc. et des beaux-arts*, la Haye, 1766, t. XXVI, art. 4, p. 83.

[3] La figure 3 de la planche XLIX représente, d'après M. d'Orbigny, une coquille interne de bélemnite restaurée : *a* est l'osselet corné ; *b*, le phragmocône, et *c*, le rostre.

tiques et très petites, dirigées à angle droit du plan des couches. Ces couches sont déposées extérieurement ; elles sont plus épaisses dans leur partie terminale et amincies autour du godet. Les rostres sont durs et pesants ; il est probable que la fossilisation a augmenté leur poids, et qu'ils étaient primitivement crétacés comme les os des seiches ; mais ce serait une erreur que de croire que les couches et les fibres sont un produit de cette fossilisation ; elles étaient certainement les mêmes dans l'état de vie.

Le rostre est souvent marqué de sillons. Tantôt on voit un sillon ventral ou un sillon dorsal imprimés sur toute la longueur ou seulement à la base. Tantôt on remarque des sillons latéraux pairs qui peuvent également s'étendre dans toute la longueur ou se borner à la région supérieure. Tantôt encore on observe des petits sillons courts qui partent de la pointe et qui s'avancent peu sur les flancs. On a souvent considéré tous ces sillons comme des traces d'attaches musculaires ; ce ne sont que des impressions de la gaîne charnue qui renferme le rostre.

Si l'on étudie la coupe longitudinale dont nous avons parlé (pl. XLIX, fig. 4), on verra que les couches concentriques forment comme une série de cônes emboîtés dont les sommets ont été successivement la pointe postérieure de la coquille. Ces sommets sont situés sur une ligne que M. Voltz nomme la *ligne apiciale*, et dont les rapports de position avec le reste du rostre sont constants dans chaque espèce.

Les rostres des bélemnites sont sujets à être perforés par des parasites dont nous parlerons en traitant des spongiaires, et en particulier des genres TALPINA et CLIONITES.

Le godet ou cône alvéolaire est le prolongement des bases du rostre (pl. XLIX, fig. 4 et 6). Il est corné, mais rempli par un appareil testacé qu'on a appelé improprement l'alvéole (phragmocône, Owen), et qui est un empilement de loges aériennes, séparées par des cloisons en forme de verre de montre. Ce godet est plus ou moins conique, à pointe souvent un peu déviée, et à angle très différent suivant les espèces. Il dépassait probablement beaucoup les cloisons, et ses bords s'élevaient autour comme ceux d'un cornet. L'alvéole a ses loges traversées par un siphon ou canal longitudinal, renflé dans chaque loge, qu'il traverse sans communiquer avec elle, et rétréci et étranglé à chaque cloison. Il est toujours contigu aux parois externes de l'alvéole, et placé sur la partie médiane et marginale de la région ventrale. C'est à tort que quelques auteurs ont décrit ce siphon comme placé autrement.

La première loge de l'alvéole correspond à l'âge embryonnaire de la bélemnite et est ordinairement d'une autre forme que les autres, ovale, ronde, ou cupuliforme (pl. XLIX, fig. 6) ; les autres sont régulières. Elles ont probablement été nacrées.

Ces alvéoles se remplissent souvent de matière minérale, et souvent ils se détachent du rostre, de sorte qu'on les trouve isolés. La position du siphon empêche de les confondre avec les orthocératites, auxquels elles ressemblent par la forme des cloisons.

L'osselet corné (fig. 3, a) se compose d'une région dorsale large qui est le prolongement du bord postérieur du godet, et d'expansions latérales qui partent de cette région. Il avait probablement la consistance des osselets de calmars ; on voit distinctement les lames d'accroissement qui sont en ogive sur la région dorsale et obliques sur les côtés.

J'ai dit plus haut que des découvertes récentes avaient montré quelle était la forme générale du corps des bélemnites, forme que d'ailleurs on avait déjà pu conjecturer avec assez de précision.

Le corps était allongé et élancé comme dans les calmars. La tête portait huit tentacules qui avaient des crochets cornés (fig. 7), sur une double série alternante. Chaque tentacule en portait quinze à vingt paires. Ils étaient peut-être munis aussi de ventouses, et devaient former des organes de préhension redoutables. On a reconnu aussi les bases de deux longs tentacules, qui ressemblaient vraisemblablement à ceux des calmars. La tête et les yeux paraissent avoir été semblables à ceux de ce genre. Les nageoires étaient semi-ovales et placées beaucoup plus en avant que dans ces mêmes mollusques [1].

Ils avaient à l'intérieur un sac à encre ovale, semblable à celui des céphalopodes vivants. L'encre est si bien conservée dans les échantillons décrits par M. Owen que l'on peut s'en servir pour peindre. Elle a une teinte d'un brun très foncé.

Si, d'après l'étude de ces caractères, on cherche à se faire une idée des habitudes des bélemnites, on arrivera aux conclusions suivantes.

[1] La figure 9 de la planche XLIX représente la restauration de ce mollusque faite par M. Owen, et la figure 10 de la même planche, celle qui est due à M. d'Orbigny.

La forme des bras et leurs crochets indiquent des animaux qui ont dû saisir avec une grande puissance les poissons et les mollusques dont ils faisaient leur nourriture. La forme élancée du corps et la position des nageoires montrent qu'ils ont dû avoir une natation rapide, soit en avant, soit en arrière. Les grandes espèces ont donc dû être de redoutables carnassiers ; car quelques-unes ont une taille considérable. On peut estimer que les plus grandes bélemnites ont dû atteindre au moins quatre pieds de longueur.

Ces mollusques ont eu les mêmes moyens de défense que les céphalopodes nus actuels, c'est-à-dire que leur sac à encre leur permettait d'échapper à leurs ennemis, par la faculté qu'il leur donnait de rendre, tout d'un coup, l'eau noire et opaque autour d'eux. L'osselet a dû remplir chez eux les fonctions que nous avons indiquées plus haut (p. 589) ; il a dû même être plus efficace pour ces divers usages qu'aucun de ceux des céphalopodes acétabulifères vivants.

Les espèces de bélemnites sont nombreuses et difficiles à distinguer, parce qu'on ne les connaît, en général, que par leur rostre, et qu'on ne sait pas très bien quelles sont les modifications dont ces organes étaient susceptibles dans les divers individus d'une même espèce, ou aux divers âges d'un même individu. M. D'Orbigny a montré qu'on s'est trop souvent basé sur des variations accidentelles, pour établir des espèces et même des genres. Il pense, en particulier, comme je l'ai dit plus haut, que le genre ACTINOCAMAX, Blainv., fondé sur des rostres sans cône alvéolaire, doit être rejeté, parce que cet état ne provient que d'une rupture accidentelle [1]. Il croit aussi que les tortillements ou les flexions de l'extrémité sur lesquelles on a établi les espèces nommées *apici-curvatus*, etc., ne sont que le résultat des chocs que le rostre est destiné à amortir. Les variations de sexe et d'âge sont aussi certainement très étendues, comme on peut s'en convaincre par la com-

[1] Les ACTINOCAMAX sont une déformation des bélemnites à forme lancéolée, c'est-à-dire de celles qui sont minces vers l'alvéole. Cette forme les rend faciles à rompre dans cette région. Le frottement de la partie postérieure rompue contre les parois de l'alvéole, détruisant alors son action sécrétante, il s'ensuit une série de couches en retrait qui forment une pointe antérieure à la place de la cavité normale. (Pl. XLIX, fig. 16.)

paraison d'un grand nombre de fragments et par des sections longitudinales de rostres adultes.

Divers essais ont été faits pour la classification des bélemnites d'après les formes du rostre et les sillons dont il est marqué [1].

Une des plus anciennes est renfermée dans l'*Onomatologia* de Ph. G. Gmelin et G. F. Christmann, qui les partagent en *B. canaliculosi*, *B. caci*, *B. circulis concentricis*, *B. conici*, *B. cylindrici*, *B. diaphani*, *B. duplicati*, *B. pyramidales* et *B. sulcati*. La classification de Wallerius est à peu près la même. Celle de Baumgartner et de Davila sont plus simples. Ce dernier auteur les divise seulement en *B. coniques*, *B. cylindriques* et *B. en fuseau*. Erhardt a introduit avec raison les caractères tirés des sillons, mais en même temps beaucoup d'inutiles. Vogel, Cartheuser, Klein et Scheuchzer ont peu amélioré cet état de choses [2].

La classification de Walch [3] est un progrès. Il distingue :

A. Les *B. cylindriques*, comprenant des espèces *à pointe aiguë*, *à pointe aiguë et allongée*, et *à pointe émoussée et arrondie*.

B. Les *B. coniques*, divisées en *B. à pointe effilée*, *B. pyramidales* et *B. à pointe émoussée*.

C. les *B. fusiformes*, chez lesquelles la plus grande largeur peut se trouver au milieu ou près de la pointe.

D. Les *B. sillonnées*, divisées en *monosulci*, *bisulci* et *trisulci*.

E. Les *B. courbées*.

La plupart des auteurs suivants ont peu modifié la classification de Walch ou se sont bornés à décrire des espèces jusqu'à l'année

---

[1] Je ne parle pas ici de quelques classifications ne reposant pas sur des caractères réels, telles que celles de Waltersdorf (*Mineralsystem*, p. 44), qui les divise en *Bel. totales*, *Belemnitæ polythalamium* (alvéoles), *Belemnitæ cortex* (rostre), et *Belemnitæ fragmenta*.

[2] Voyez pour ces premiers essais : Gmelin et Christmann, *Onomatologia medica completa*, 1758, p. 177, in-8° ; Wallerius, *Minéralogie*, p. 462 ; Baumgartner, *Traduction de Théophraste*, p. 198 ; Davila, *Catalogue systém.*, t. III, p. 62 ; Ehrardt, *De belemnitis succicis*, p. 46, 47 ; Vogel, *Practisches mineralsystem*, p. 215 ; Cartheuser, *Elem. mineral.*, p. 84 ; Walch, *Systematich. Steinreich*, 1re édit., p. 92 ; Klein, *De tubulis marinis*, 1re édit., p. 13, 2e édit., p. 28 ; Scheuchzer, dans son *Nomenclator lapidum figuratorum*, publié par Klein, p. 23.

[3] Walch dans Knorr, *Verstein.*, t. II, 2e partie, p. 254.

1827, où M. de Blainville [1] a établi huit sections fondées sur la forme de la cavité interne et sur les sillons ou fissures du rostre.

M. Duval a proposé de les diviser en GASTROSIPHITES et NOTOSIPHITES, suivant la place du siphon. Il croit que le sillon médian du rostre est toujours ventral, et que tantôt le siphon est du même côté que lui (*gastrosiphites*) tantôt du côté opposé (*notosiphites*). M. d'Orbigny a montré avec raison qu'il est bien plus probable que le siphon est toujours à la même place, car il est plus important, et que c'est le sillon lui-même qui est tantôt dorsal, tantôt ventral. Ces deux mots doivent donc être abandonnés.

M. d'Orbigny a proposé une classification des bélemnites en groupes. Il admet les cinq suivants :

1° Les *Acuarii*, à rostre plus ou moins conique, souvent marqué de courts sillons vers la pointe et dépourvu de sillons antérieurs. Des terrains jurassiques et néocomiens. (Pl. XLIX, fig. 11.)

2° Les *Canaliculati*, à rostre allongé, lancéolé ou conique, marqué d'un sillon ventral qui occupe la plus grande partie de la longueur et dépourvu de sillons latéraux. De l'oolithe inférieure et de la grande oolithe. (Pl. XLIX, fig. 12.)

3° Les *Hastati*, à rostre allongé, le plus souvent lancéolé, marqué comme les canaliculati d'un long sillon ventral, mais pourvu en outre de sillons latéraux sur une partie de sa longueur. Des terrains jurassiques et crétacés. (Pl. XLIX, fig. 13.)

4° Les *Clavati*, à rostre allongé, souvent en massue, dépourvu de sillon ventral et pourvu seulement de sillons latéraux. Du lias. (Pl. XLIX, fig. 14.)

5° Les *Dilatati*, à rostre comprimé, souvent très élargi, marqué d'un sillon antérieur et de sillons latéraux. Du terrain néocomien. (Pl. XLIX, fig. 15.)

Les bélemnites ont paru pour la première fois avec l'époque secondaire. On les considère généralement comme datant du lias ; mais M. F. de Hauer [2] en a trouvé dans les terrains saliféries de Hallstadt qui font partie de l'époque triasique. Elles présentent dans le lias leur maximum de développement numérique ; on en retrouve encore plusieurs espèces dans les couches oolithiques et

---

[1] *Monog. des Bélemnites*, p. 58.

[2] *Bull. Soc. géol. de France*, 2ᵉ série, t. IV, p. 160 ; *Poleвout. Beitr. Cephalop. des Salzkammer Gut.*, Vienne, 1746, in-4°. MM. d'Orbigny, Giebel, etc., ne parlent pas de ces découvertes.

oxfordiennes; mais les terrains supérieurs de l'époque jurassique en renferment très peu.

Dans l'époque crétacée, elles sont assez abondantes dans les terrains néocomiens; on n'en retrouve qu'une espèce dans le gault et une autre dans la craie chloritée. Dans la craie blanche elles sont remplacées par les bélemnitelles [1].

Les bélemnites du lias se présentent souvent sous la forme d'*Acuarii* et quelquefois sous celle de *Clavati*.

Le *B. acutus*, Miller, caractérise les étages inférieurs du lias (sinémurien, d'Orb.) Cette espèce a été trouvée en Angleterre et en France.

Le lias moyen en renferme un plus grand nombre.

Le *B. niger*, Lister, abonde dans la plupart des gisements d'Angleterre, de France et d'Allemagne, et a reçu près de vingt noms différents [2].

Les *B. umbilicatus*, Blainv., *clavatus*, id., et *longissimus*, Miller, sont aussi très répandus.

Il faut y ajouter le *B. Fournelianus*, d'Orb., du lias moyen du nord-est de la France.

Elles augmentent encore de nombre dans le lias supérieur (toarcien, d'Orb.).

Trois espèces ont été décrites par Schlotheim et se trouvent en Allemagne et en France. Elles ont une synonymie aussi compliquée que le *B. niger*. Ce sont les *B. irregularis*, Schl., *tripartitus*, id., et *canaliculatus*, id.

Le *B. brevis*, Blainville, est aussi répandu dans la plus grande partie de l'Europe.

Le *B. tricanaliculatus*, Hartm., provient d'Allemagne et de France.

M. d'Orbigny a fait connaître en outre les *B. curtus*, *Nodotianus*, *exilis* et *Tessonianus*, d'Orb.

Les espèces de l'oolithe inférieure sont moins nombreuses.

Une d'elles fait encore partie du groupe des *Acuarii*. C'est le *B. giganteus*, Schl. (*B. maximus*, Giebel), espèce remarquable par la grande taille à la-

---

[1] Voyez principalement, pour la synonymie compliquée et pour la description des espèces, les divers ouvrages précités de MM. de Blainville, d'Orbigny, etc., ainsi que Quenstedt, *Petref. Wurtembergs*, etc.; Giebel, *Fauna der Vorwelt*, t. III.

[2] Je renvoie complétement, comme je viens de le dire, pour les synonymies, aux ouvrages précités, et surtout à ceux de M. d'Orbigny et Giebel.

quelle elle parvient, et qui est fort répandue dans la plus grande partie de l'Europe.

Trois autres appartiennent au groupe des *Canaliculati*. Ce sont les *B. sulcatus*, Miller *apicieonus*, Blainv., Gieb.) *unicanaliculatus*, Hartm. (*Blainvillei*, Voltz, Gieb.), et *Bessinus*, d'Orbigny. M. Giebel réunit cette dernière au *B. sulcatus*.

On n'a trouvé dans la grande oolithe qu'une seule espèce.

M. d'Orbigny y cite le *B. Fleuriausus*, d'Orb., du groupe des *Canaliculati*. Elle a été trouvée à Luçon (Vendée).

Les espèces des terrains oxfordiens (kellowien et oxfordien) sont au contraire nombreuses.

Quelques unes appartiennent au groupe des *Hastati*.

La plus caractéristique et la mieux connue est le *B. hastatus*, Blainville, d'Orbigny (*monosulcus*, Giebel), qui se trouve dans tous les étages, depuis le terrain kellowien jusqu'à l'oxfordien supérieur.

Au même groupe appartiennent les *B. latesulcatus*, d'Orb., *Ducalianus*, id., et *Altdorfensis*, id., des terrains kellowiens de France, d'Angleterre, de Russie, etc.; le *B. Garantianus*, d'Orb., de la province de Cutch (Indes orientales); ainsi que les *B. Didayanus*, d'Orb., *Sauvanensis*, id., *Coquandus*, id., et *enigmaticus*, id., des terrains oxfordiens supérieurs de France, et le *B. Volgensis*, d'Orb., des mêmes gisements en Russie.

Dans le groupe des *Acuarii* on cite surtout :

Le *B. Puzosianus*, d'Orbigny, du terrain kellowien du Calvados et du Pas-de-Calais;

Le *B. excentralis*, Young, du terrain oxfordien supérieur du nord-ouest de la France.

Il faut ajouter plusieurs espèces du terrain oxfordien supérieur de Russie [1].

Les terrains jurassiques supérieurs ne paraissent pas riches en bélemnites.

Dans l'étage corallien on retrouve le *B. excentralis*, Young, indiqué ci-dessus, et l'on cite en outre le *B. Royerianus*, d'Orb., du même groupe des *Hastati*. Ce dernier a été trouvé dans la Haute-Marne, la Charente-Inférieure, la Suisse, etc.

Dans l'étage kimméridgien on ne cite que le *B. Troslayanus*, d'Orbigny, espèce du groupe des *Acuarii*, indiquée dans le *Prodrome*, mais non encore décrite. Elle provient de Trouville.

____

[1] Voyez, pour ces espèces, d'Orbigny, *Paléontologie universelle*, pl. 59 à 62. Ce sont les *B. magnificus*, *Panderianus*, *Russiensis*, *Kirghisensis* et *borealis*.

Dans l'étage portlandien du nord-ouest de la France, on a trouvé le *B. Souickii*, d'Orbigny, qui appartient également au groupe des *Acuarii*.

Les bélemnites des terrains crétacés reproduisent les formes des *Acuarii* par une seule espèce, celles des *Hastati* par un plus grand nombre, et apparaissent sous une forme nouvelle, celle des *Dilatati*.

Les terrains néocomiens sont de beaucoup les plus riches en espèces.

Le *B. subquadratus*, Roemer, y représente le groupe des *Acuarii*. Il se trouve à Wassy, en Allemagne, etc.

Au groupe des *Hastati* appartiennent les *B. bipartitus*, Catullo, *pistilliformis*, d'Orb., et *bicanaliculatus*, Blainv., du terrain néocomien inférieur, ainsi que le *B. minaret*, Raspail, du terrain néocomien supérieur (urgonien) du midi de la France, et le *B. semicanaliculatus*, Blainv., du terrain aptien de Gargas.

Le groupe des *Dilatati* est représenté dans le terrain néocomien inférieur par les *B. dilatatus*, Blainv., *Emerici*, Raspail, *polygonalis*, Blainv., *latus*, id., *Linearius*, Rasp., *Orbignyanus*, Duval, et *conicus*, Blainv. Le *B. Grasianus*, Duval, du même groupe, se trouve dans le terrain urgonien et dans le terrain aptien.

Le gault (terrain albien) paraît pauvre en bélemnites.

La seule espèce que l'on cite dans ce terrain est le *B. minimus*, Lister, trouvé dans la plupart des gisements.

Les craies inférieures (terrain cénomanien) renferment l'espèce la plus récente que l'on connaisse.

Le *B. ultimus*, d'Orb., a été trouvé à Rouen.

On a trouvé des bélemnites jusque dans l'Inde et en Amérique (¹).

Les BELEMNITELLA, d'Orbigny, — Atlas, pl. XLIX, fig. 17, se distinguent des bélemnites par la présence d'une fente à la base du bord antérieur du rostre, qui communique avec la paroi interne de l'alvéole, et par deux impressions dorsales latérales qu'on ne retrouve jamais chez les bélemnites. Ces impressions sont divisées en rameaux dirigés vers la région ventrale. L'alvéole est,

---

(¹) Voyez *Journ. de Madras*, 1840; *Journ. de l'Acad. de Philadelphie*, t. VI, VIII, etc.

comme l'extrémité supérieure du rostre, pourvu d'une forte côte dorsale qui s'étend sur toute sa longueur (fig. 17, *d*).

Les bélemnitelles ne se trouvent que dans les terrains crétacés supérieurs [1].

La *Belemnitella vera*, d'Orb., est la plus ancienne et appartient au terrain cénomanien.

Les craies blanches (ter. sénonien) de la plus grande partie de l'Europe contiennent la *B. mucronata*, d'Orb. [2], et la *B. quadrata*, id. La première se retrouve aussi en Amérique (New-Jersey) avec une autre espèce, la *B. ambigua*, d'Orb. Elle se continue aussi en Europe dans les couches les plus supérieures de l'époque crétacée (ter. danien).

Il faut peut-être ajouter à la famille des bélemnitides un genre nouveau décrit sous le nom de HELICERUS par M. D. Dana. Ce fossile est composé d'un osselet épais, subcylindrique. Il contient à l'intérieur une cavité tubulaire mince, qui paraît la continuation d'un alvéole supérieur et qui se termine en une petite chambre divisée par des cloisons placées en hélice. Cette chambre est fusiforme ou plutôt composée de deux cônes adossés par leur base.

La seule espèce connue [3] est l'*Helicerus Fuegensis*, rapporté de la baie de Nassau, près du cap Horn, par l'expédition commandée par Charles Wilkes (États-Unis).

2e ORDRE.

CÉPHALOPODES TENTACULIFÈRES.

Les céphalopodes tentaculifères ont la tête moins distincte du corps que ceux de l'ordre précédent. La bouche est entourée d'un grand nombre de tentacules cylindriques, rétractiles, sans cupules, très différents

[1] Voyez surtout d'Orbigny, *Pal. fr.*, *Terr. crét.*, t. I, p. 6, et *Moll. viv. et foss.*, p. 449; Giebel, *Fauna der Vorwelt*, t. III, p. 45.

[2] Il m'est impossible ici de citer tous les auteurs qui ont décrit la *B. mucronata*, si commune dans la craie. Depuis Breynius, en 1732, jusqu'à nos jours, elle a été citée par tous les zoologistes qui se sont occupés des bélemnites et par tous les géologues qui ont étudié la craie. On trouvera cette synonymie très complète, dans Giebel, *Fauna der Vorwelt*, t. III, p. 46.

[3] Silliman, *American journ.*, mai 1848; *Ann. and mag. of nat. hist.*, 2e série, 1848, t. II, p. 150.

des bras qui arment les céphalopodes acétabulifères.
Le tube locomoteur est fendu dans toute sa longueur,
et le sac renferme quatre branchies.

Tous les céphalopodes tentaculifères vivent dans la
loge supérieure d'une coquille cloisonnée, presque
toujours enroulée en spirale, symétrique à droite et
à gauche d'un plan médian, sauf dans quelques cas rares
où elle est turriculée.

Cet ordre renferme un grand nombre de genres fossiles et un seul vivant, celui des nautiles. Son anatomie, faite avec un grand soin, dans ces dernières années, par MM. Owen, Blainville, etc., est donc le seul
moyen qu'on ait de se faire une idée de l'organisation
interne de plusieurs genres aujourd'hui éteints. L'analogie des coquilles autorise à admettre une grande ressemblance dans les animaux.

Les nautiles ont un corps subcylindrique, presque
complétement enfermé dans un manteau en forme de
sac. Ils ont, comme les céphalopodes acétabulifères, un
tube locomoteur (¹), mais cet organe est fendu dans sa
longueur. La position du tube paraît être ventrale dans
le nautile comme elle l'est dans les autres céphalopodes. Or il est situé vers le côté externe de la coquille,
et par conséquent l'animal s'enroule sur son dos. Il est
extrêmement probable que la même chose a lieu pour
tous les tentaculifères fossiles enroulés, et cependant
les paléontologistes ont généralement consacré l'idée
inverse, en désignant comme dorsaux les organes qui
sont situés extérieurement à l'enroulement, et comme

(¹) Voyez planche L, fig. 1, a. Cette figure représente le nautile dans
une coquille coupée transversalement : a, le tube locomoteur ; b, les tentacules ; c, prolongement ventral du manteau, qui couvre une partie du tour
de spire précédent ; d, aile triangulaire qui sert d'opercule et de pied, e, l'œil.

ventraux ceux qui existent vers le retour de la spire. Cette nomenclature devra être modifiée, et il vaudra mieux employer les mots *externe* et *interne*, qui ne peuvent pas permettre la confusion.

Le manteau présente du côté interne un prolongement (*c*) qui s'étend sur une portion du tour de spire précédent, et en dedans de cet organe existe une aile large et triangulaire (*d*) qui sert en partie à fermer la coquille et en partie à ramper. Entre cette pièce et le tube locomoteur sont des bras ou tentacules nombreux (*b*) complétement dépourvus de ventouses et rétractiles dans une gaîne. La bouche est armée de deux mâchoires cornées ; elle est cachée entre les bras. De chaque côté de la tête on voit un grand œil pédicellé (*e*). Le manteau abrite deux branchies de chaque côté, soit quatre en tout, et il paraît n'exister aucune trace de poche à encre.

Cet animal est logé dans la chambre antérieure d'une coquille cloisonnée, régulièrement enroulée en spirale. La partie postérieure du manteau sécrète successivement des cloisons arrondies à mesure que l'animal grandit et change de place.

Chacune d'elles, à son tour, a été le fond de la grande loge où vit l'animal. La ligne par laquelle elles se joignent avec la coquille proprement dite est simplement arquée dans le nautile, mais dans plusieurs genres fossiles elle présente une complication très remarquable.

Les cloisons sont traversées par un ligament (*f*) qui s'entoure en partie d'un prolongement calcaire. Ce prolongement et le trou qui y correspond laissent des traces évidentes sur la coquille, et fournissent dans les fossiles de bons caractères suivant la place qu'ils occupent. On a désigné cet appareil sous le nom de *siphon*, quoique le ligament n'ait probablement pour but que de fixer le mollusque dans la coquille.

L'histoire paléontologique des céphalopodes tentaculifères présente des faits curieux.

Un seul genre (celui des nautiles) traverse toutes les époques géologiques depuis la période silurienne, et se conserve seul dans nos mers. Tous les autres genres ont une durée limitée.

Le maximum de développement numérique (en se basant sur le nombre des espèces) a eu lieu pendant les époques les plus anciennes, et le minimum a lieu dans les mers actuelles. Les céphalopodes tentaculifères ont constamment suivi une progression décroissante.

Le maximum des variations de formes (estimé d'après le nombre des genres) a eu lieu à deux époques, pendant le commencement de la période primaire, et pendant le milieu et la fin de la période secondaire. Dans la première de ces époques, les variations ont eu lieu sur le type des céphalopodes à cloisons simples (nautilides, clyménides, etc). Dans la seconde, c'est le groupe des ammonites, ou des céphalopodes à cloisons compliquées, qui a présenté une quantité considérable de modifications dans le mode d'enroulement.

Quelques types caractérisent ainsi clairement certaines époques géologiques. Toutes les coquilles de céphalopodes à cloisons simples et incomplétement enroulées ou droites sont spéciales à l'époque primaire. Toutes les coquilles de céphalopodes à cloisons compliquées caractérisent l'époque secondaire. Toutes les coquilles de céphalopodes à siphon dorsal et à cloisons simples appartiennent à l'époque primaire, etc. A ces règles générales, et à quelques autres analogues, on ne peut opposer qu'un bien petit nombre d'exceptions que nous signalerons plus tard.

Trois caractères principaux se présentent pour la classification des céphalopodes tentaculifères : la position du siphon, la forme des cloisons, et le mode d'enroulement. L'estimation de leur importance relative est rendue difficile par le fait que nous avons signalé plus haut, de l'existence d'un seul genre dans les mers actuelles, et de l'impossibilité qui en résulte de comparer les variations des parties solides avec celles des organes essentiels.

La position du siphon paraît se lier en général assez bien avec les autres modifications de la coquille, et c'est d'ailleurs un caractère précis et d'une observation facile. Cet appareil peut percer la cloison plus ou moins vers son milieu, ou vers sa ligne de contact avec la partie externe de la coquille, ou vers le point interne de rencontre avec la spire précédente. C'est ce qu'on désigne sous le nom de siphon médian ou submédian, externe et interne.

La ligne de rencontre de la cloison et de la coquille proprement dite présente aussi de bons caractères. Cette ligne n'est pas visible lorsque le test est intact ; elle apparaît lorsque l'usure ou la destruction de la surface extérieure permet d'arriver jusqu'à la cloison. Elle est très visible dans la plupart des ammonites dont le test a disparu par la fossilisation. La classification qui résulte des modifications de cette ligne semble même s'accorder mieux que toute autre avec la distribution géologique, et cette circonstance pourrait fournir un argument puissant en faveur de son emploi en première ligne, et elle m'a engagé à introduire une famille de plus qu'on n'en admet généralement.

Le mode d'enroulement est évidemment le moins important des trois caractères. On voit en effet des coquilles dont l'organisation est presque identique différer beaucoup sous ce point de vue, et la multiplicité même des modes de déroulement prouve qu'il ne peut pas former un caractère de premier ordre.

Je pense aussi que l'on doit tenir compte de la forme ovoïde et de la bouche resserrée de quelques genres qui forment certainement un type spécial.

Je divise en conséquence les céphalopodes tentaculifères en cinq familles :

1. Nautilides. Bouche largement ouverte ; cloisons simples ; siphon central ou subcentral.

2. Phragmocératides. Bouche étroite ; coquille fusiforme, droite ou arquée.

3. Clyménides. Bouche largement ouverte ; cloisons simples, arrondies ou anguleuses ; siphon situé vers le retour de la spire.

4. Gyrocératides. Bouche largement ouverte ; cloisons simples ; siphon externe.

5. Ammonitidés. Bouche largement ouverte ; cloisons formant au moins un lobe et le plus souvent des sinuosités nombreuses ; siphon externe.

1re Famille. — NAUTILIDES.

Les nautilides ont un siphon qui traverse les cloisons. Tantôt il est central, tantôt plus rapproché du côté externe que de l'interne, ou inversement, mais toujours à une certaine distance des bords. Les lignes d'accroissement de la coquille sont convexes en avant ; les cloisons rencontrent toujours la coquille en formant avec elle une ligne d'union simple ou onduleuse, jamais découpée. Les divers genres se distinguent les uns des autres par le mode d'enroulement de la coquille, qui est tantôt en spirale régulière, à tours en contact ou recouverts, tantôt plus ou moins déroulée, et tantôt tout à fait droite.

1re Tribu. — NAUTILIDES A ENROULEMENT SPIRAL RÉGULIER.

Cette tribu ne comprend que deux genres : les nautiles, dont les

Les uns, comme les *N. globatus*, Sowerby, *multicarinatus*, id., *cariniferus*, id., sont épais et plus ou moins globuleux. D'autres (fig. 2), comme les *N. compressus*, Sow., *discus*, id., *anglicus*, id., *compressus*, id., *mutabilis*, M' Coy, etc., sont au contraire aplatis, à ombilic très large. Quelques uns, comme le *N. cyclostomus*, Sow., joignent à ce même ombilic découvert des tours qui croissent avec rapidité. Plusieurs espèces, appartenant à l'un ou à l'autre de ces types, ont une échancrure du côté externe de la spire (fig. 3) et appartiennent ainsi au groupe des *Temnocheilus*, M' Coy (*T. cornutus*, M' Coy, *crenatus*, id., *pinguis*, id., etc.). La plupart sont lisses ; d'autres, comme le *N. tuberculatus*, Sow., *Tscheffkini*, de Verneuil, etc., ont des tubercules ou des ornements (fig. 6) ; d'autres sont carénés (fig. 5) (*N. Koninckii*, d'Orb., *carmiferus*, Sow., etc).

Deux espèces ont été citées dans le terrain permien. Ce sont :

Le *N. Freieslebeni*, Geinitz, d'Allemagne et d'Angleterre, et le *N. Bowerbankianus*, King, d'Angleterre. Ces deux espèces [1], par leur enroulement, se rapprochent davantage des nautiles de l'époque secondaire.

Le muschelkalk en renferme aussi une [2].

On a trouvé en Allemagne et à Lunéville le *N. bidorsatus*, Schlot. (*Arietis*, Rein.), remarquable par son dos un peu excavé et bordé de chaque côté par une carène émoussée.

Les terrains salifériens ont fourni quelques espèces remarquables [3].

M. de Hauer, en particulier, en a fait connaître plusieurs d'Hallstatt et d'Aussée, qui ont des formes très variées.

---

[1] Geinitz, *Zechsteingeb.*, p. 6, pl. 3, fig. 7 ; King, *Permian foss. Palæont. Soc.*, pl. 17, fig. 13-16. Ces deux espèces sont réunies en une seule par M. d'Orbigny.

[2] Ce nautile a été décrit par beaucoup d'auteurs depuis Reinecke, *Nautil. et arg.*, p. 88, fig. 70 et 71. On le trouve indiqué par Schütte, *Oryct. Jenensis*, p. 82 ; Büttner, *Rudera dil. test.*, p. 271, pl. 30 ; Lerche, *Oryct. Halensis*, p. 34, Kundmann, Banmer, Knorr, Schroeter, etc. M. Giebel, *Fauna der Vorwelt*, t. III, p. 157, en donne la synonymie. Les meilleures figures qui en aient été données sont celle de Zieten, *Petref. Wurt.*, pl. 18, fig. 1, de Bronn, *Lethæa*, pl. 11, fig. 21. Il a été indiqué par M. de Keyserling, *Leonh. und Bronn Neues Jahrb.*, 1848, p. 635, comme trouvé mélangé, au col de Lana, à des espèces de Saint-Cassian.

[3] F. de Hauer, *Die Cephalop. der Salzkammer Guts*, Vienne, 1846 ; dans les *Mém. de Haidinger*, t. I et III, et dans les *Mittheilungen*, id., in-8°, t. IV, 1848, p. 377.

Les unes, comme les *N. Barrandi*, de Hauer, et *heterophyllus*, id., ont l'ombilic grand et rappellent un peu par leurs tours à découvert les types carbonifères. D'autres, comme les *N. Quenstedti* et *Salisburgensis*, de Hauer, ont le dos excavé par un sillon profond, bordé par deux carènes. Le *N. goniatites* a le siphon presque externe et les cloisons anguleuses, et forme ainsi, comme son nom l'indique, une transition aux goniatites. Dans le *N. Sauperi* et le *N. acutus* les cloisons sont sinueuses et le dos comprimé. Le *N. Breunneri* est remarquable, au contraire, par son dos très large et aplati. Le *N. Simonyi* ressemble aux nautiles lisses normaux.

Les nautiles du terrain jurassique ont en général, comme nous l'avons dit, les formes des espèces vivantes, c'est-à-dire qu'ils sont larges, et que leur spire est embrassante ou presque embrassante. Quelques espèces sont striées, d'autres tout à fait lisses.

Les espèces du lias sont assez répandues, mais peu nombreuses.

Le *N. striatus*, Sow. [1], caractérise en Angleterre le lias de Lyme-Regis et de Cheltenham; M. d'Orbigny attribue à la même espèce le nautile qui se trouve dans le lias inférieur (sinémurien) de la Côte-d'Or, de l'Yonne, etc.

Le *N. intermedius* [2] a été trouvé en Angleterre à Lyme-Regis et à Keynsham. M. d'Orbigny lui rapporte l'espèce du lias moyen (liasien), qui est fréquente à Avallon, Pouilly, etc., et M. Giebel lui réunit les *N. aratus* et *clathratus*, Schlot., et les *N. giganteus*, *squamosus* et *dubius*, Zieten.

Le *N. truncatus*, Sowerby [3], a été trouvé dans le lias de Keynsham et de Bath, et suivant M. d'Orbigny, dans le lias supérieur (toarcien) de l'Aveyron.

Le *N. astacoides*, Phillips, et le *N. annularis*, id. [4], caractérisent le lias supérieur de Withby.

Ce même lias supérieur a fourni trois espèces de France que M. d'Orbigny [5] a désignées sous les noms de *N. toarcensis* (olim *latidorsatus*), *semi-striatus* et *inornatus*.

[1] Sowerby, *Min. conch.*, pl. 182; d'Orbigny, *Pal. fr.*, *Terr. jur.*, t. I, p. 148, pl. 25, et *Prodrom.*, t. I, p. 211; Giebel, *Fauna der Vorwelt*, t. III, p. 163.

[2] Sowerby, *Min. conch.*, pl. 125; d'Orbigny, *Pal. fr.*, *Terr. jur.*, t. I, p. 150, pl. 27, et *Prodrom.*, t. I, p. 223; Giebel, *Fauna der Vorwelt*, t. III, p. 163. Voyez aussi Zieten, *Petref. Wurtemb.*, pl. 17 et 18; Schlotheim, *Petref.*, p. 134, etc.

[3] Sowerby, *Min. conch.*, pl. 123; d'Orbigny, *Pal. fr.*, *Terr. jur.*, t. I, p. 153, pl. 29, et *Prodrom.*, p. 245.

[4] Phillips, *Geol. of Yorkshire*, I, pl. 12, fig. 16 et 18.

[5] *Pal. fr.*, *Terr. jur.*, t. I, p. 147, pl. 24, 26 et 28, et *Prodrome*, t. I, p. 245.

M. Giebel [1] indique en outre un *N. Schmidti*, Giebel, du lias inférieur d'Allemagne.

Les nautiles se continuent dans tous les autres terrains jurassiques, mais sans y être jamais très nombreux en espèces.

L'oolithe inférieure d'Angleterre est caractérisée par les *N. excavatus*, Sow., *lineatus*, id., *sinuatus*, id. (*subsinuatus*, d'Orb.), *polygonalis*, id., et *obesus*, id. Les trois premiers se retrouvent aussi dans les terrains analogues du Calvados et de quelques autres parties de la France [2].

M. d'Orbigny a fait connaître en outre le *N. clausus*, d'Orb., du Calvados et du Var, et indiqué le *N. Bajocensis*, id., de Bayeux.

Dans la grande oolithe on cite le *N. subbiangulatus*, d'Orbigny [3], des départements de l'Ain, de la Sarthe et de la Vendée, et les *N. dispansus*, Morris et Lycett, *Baberi*, id., et *subtruncatus*, id., des environs de Minchinhampton [4].

Le *N. hexagonus*, Sow, [5], est une espèce bien distincte, caractéristique du terrain kellowien.

M. d'Orbigny a trouvé dans ce même terrain le *N. granulosus*, d'Orb., qui passe au terrain oxfordien. Il faut y ajouter une espèce indiquée sous le nom de *N. Julii*, Baugier [6].

Le *N. giganteus*, d'Orb. (non Zieten), et le *N. arduennensis*, id. [7], appartiennent au terrain oxfordien du Calvados, des Ardennes, etc. Le premier se trouve aussi dans les terrains coralliens et kimméridgiens.

M. d'Orbigny [8] a décrit les *N. subinflatus* et *Moreanus*, de ces mêmes terrains kimméridgiens.

[1] Giebel, *Fauna der Vorwelt*, t. III, p. 164, *Leonh. und Bronn Neues Jahrb.*, 1849, p. 78.

[2] Sowerby, *Min. conch.*, pl. 529, 44, 194, 530 et 124; d'Orbigny, *Pal. fr., Terr. jur.*, t. I, p. 154, pl. 30, 32, 33 et 38 et *Prodrome*, t. I, p. 260.

[3] D'Orbigny, *Pal. fr., Terr. jur.*, t. I, p. 160, pl. 34 (sous le nom de *biangulatus*, déjà donné à une autre espèce par Sowerby).

[4] *Mollusca from the great oolite*, par Morris et Lycett, *Palœont. Soc.*, 1847.

[5] Sowerby, *Min. conch.*, pl. 529; d'Orbigny, *Pal. fr., Terr. jur.*, t. I, p. 164, pl. 35, fig. 1 et 2.

[6] Voyez pour le *N. granulosus*, d'Orbigny, *loc. cit.*, pl. 35, fig. 3 à 5, et pour le *N. Julii* le *Prodrome*, p. 328.

[7] D'Orbigny, *Pal. fr., Terr. jur.*, t. I, p. 163, pl. 36, et *Prodrome*, t. I, p. 348, et t. II, p. 4.

[8] D'Orbigny, *Pal. fr., Terr. jur.*, t. I, p. 165, pl. 37 et 39. Le *N. subinflatus* y est indiqué sous le nom d'*inflatus*, déjà attribué par Montagne à une autre espèce. M. Giebel, *Fauna der Vorwelt*, t. III, p. 147, a donné le nom de *N. ferox* à ce même nautile.

Le *N. Marcousanus*, d'Orb. [1], caractérise le terrain portlandien des environs de Salins.

Les nautiles des terrains crétacés ont les formes de ceux des terrains jurassiques et de l'époque moderne. Quelques uns d'entre eux sont lisses, mais plusieurs se distinguent par un caractère qui leur est tout à fait spécial ; ils sont costés ou sillonnés en travers, même à l'âge adulte, et constituent ainsi (comme nous l'avons dit plus haut) le groupe des *Radiati* (pl. L, fig. 7).

Le terrain néocomien proprement dit renferme deux espèces de ce groupe [2].

Ce sont le *N. pseudo-elegans*, d'Orb., large, et le *N. neocomiensis*, id., plus comprimé et à sillons plus réguliers et mieux marqués.

Cette dernière espèce se retrouve accidentellement dans le terrain néocomien supérieur (urgonien), dans lequel M. d'Orbigny cite [3] le *N. Varusensis*, non encore décrit et voisin du *pseudo-elegans*.

Le terrain aptien renferme quelques espèces bien caractérisées [4]. Nous citerons en particulier :

Dans le groupe des *Radiati* :

Le *N. plicatus* [5], Sow. (*N. Requienianus*, d'Orb.), espèce dont les sillons forment sur les flancs des angles très prononcés. Il a été aussi trouvé dans le terrain urgonien du Mauremont.

Le *N. Neckerianus*, Pictet [6], voisin du *N. neocomiensis*, mais à côtes alternativement courtes et longues. Ce nautile se trouve dans les grès verts inférieurs (aptiens) de la perte du Rhône.

Le *N. undulatus*, Sow. [7], à côtes grosses et espacées, du grès vert inférieur de Reigate.

Dans le groupe des *Lævigati* :

Le *N. Lallierianus*, d'Orb. [8] (*N. Saxbii*, Morris), à cloisons sinueuses et

[1] *Prodrome*, t. II, p. 57.

[2] D'Orbigny, *Pal. fr.*, *Terr. crét.*, t. I, p. 70, pl. 8, 9 et 11 ; *Prodrome*, t. II, p. 63.

[3] *Prodrome*, t. II, p. 97.

[4] D'Orbigny, *Pal. fr.*, *Terr. crét.*, t. I, p. 72, et *Prodrome*, t. II, p. 112.

[5] Sowerby, dans le *Mém. de Fitton*, *Trans. of the geol. Soc.*, 2ᵉ série, t. IV, p. 129 ; d'Orbigny, *Pal. fr.*, *Terr. crét.*, t. I, p. 72, pl. 10.

[6] Pictet, *Moll. foss. des grès verts*, p. 16, pl. 1, fig. 2. Dans ce mémoire les grès verts inférieurs aptiens ont été confondus avec le gault : voyez la note qui le termine. C'est l'espèce figurée dans l'Atlas, pl. L, fig. 7.

[7] Sowerby, *Min. conch.*, pl. 40, fig. 1.

[8] D'Orbigny, *Pal. fr.*, *Terr. crét.*, t. I, p. 620 ; *Revue zool.*, 1841, p. 318,

à dos comprimé, plat et bordé de deux carènes, et le *N. Bicordeanus*, d'Orb., à cloisons sinueuses et à dos rond. Ces deux espèces proviennent de Gurgy (Yonne).

Les nautiles du gault (terr. albien), d'Orb.) sont bien distincts de ceux du terrain précédent.

Le groupe des *Radiati* ne renferme que le *N. Saussureanus*, Pict. [1], du gault de Savoie et de la perte du Rhône, et le *N. albensis*, d'Orbigny [2], de Clar (Var) et de la perte du Rhône.

Le groupe des *Lævigati* est représenté par plusieurs espèces, les *N. Bouchardianus*, *Clementinus* et *Astierianus*, de M. d'Orbigny [3], auxquels il faut ajouter le *N. Rhodani*, Pictet et Roux [4], des environs de Bellegarde (Ain), remarquable par son dos aplati.

Les craies chloritées, les craies marneuses et les craies blanches en renferment également plusieurs espèces.

M. d'Orbigny [5] indique dans le terrain cénomanien, les *N. triangularis*, Montf. (*N. Fleuriausianus*, d'Orb.), *subradiatus*, d'Orb. (*radiatus*, Sow.), *Largilliertianus*, d'Orb., *elegans*, Sow., *Deslongchampsianus*, d'Orb., *Archiacianus*, id., et *Matheronianus*, id.

Il cite dans le terrain turonien de France, les *N. Sowerbyanus*, d'Orb., et *lævigatus*, id. (nom changé en *sublævigatus* dans le *Prodrome*, et en *N. cretaceus* par M. Giebel).

Il faut ajouter le *N. expansus*, Sow., de la craie marneuse d'Hamsey, (Middleham), qui paraît plus large que les espèces précédentes.

Le *N. Dekayi*, Morton [6], auquel, suivant M. d'Orbigny, il faut réunir le *N. perlatus*, id., le *N. simplex*, Roemer, les *N. sphæricus*, *lævigatus* et *Orbignyanus*, Forbes, caractérisent le terrain sénonien d'Europe, d'Amérique et de l'Inde.

Le *N. Indicus*, d'Orb. [7] (*N. Clementinus*, Forbes, non Sow.), a été trouvé dans les terrains crétacés supérieurs de l'Inde.

et *Prodrome*, t. II, p. 112 ; Morris, *Ann. and mag. of nat. hist.*, 2ᵉ série, 1848, t. I, p. 106, avec planches ; *Quart. journ. of the geol.*, t. IV, p. 193.

[1] Pictet, *Moll. des grès verts*, p. 17, pl. 1, fig. 3. Le *N. Neckerianus*, ainsi que je l'ai dit plus haut, appartient au terrain aptien.

[2] D'Orbigny, *Prodrome*, t. II, p. 122.

[3] *Idem*, et *Pal. fr.*, *Ter. crét.*, t. I, p. 75, pl. 13 et 13 bis.

[4] Pictet, *Moll. des grès verts*, p. 19, pl. 1, fig. 4.

[5] D'Orbigny, *Pal. fr.*, *Terr. crét.*, t. I, p. 79, pl. 12, 14, 18, 19, 20, 21. Le *C. Matheronianus* est décrit dans la *Revue zool.*, 1841, p. 318.

[6] Morton, *Synopsis of the org. rem.*, p. 33, pl. 8 et 13 ; d'Orbigny, *Prodrome*, p. 211.

[7] *Prodrome*, t. II, p. 211.

Le *N. obscurus*, Nilss. [1], provient de la craie blanche de Suède.

Le terrain danien [2] a fourni les *N. Danicus*, Schlotheim, et *Hebertinus*, d'Orbigny.

Les nautiles des terrains tertiaires ont les formes des précédents, mais leur test est toujours lisse.

Le *N. Rollandi*, Leymerie [3], a été trouvé dans le terrain nummulitique de la montagne Noire (Aude) et dans les environs de Nice.

C'est probablement à cette même époque que se rapportent les *N. lingulatus*, de Buch, et *N. ellipticus*, Schafhautl (*propinquus*, Münster), du Kressenberg en Bavière [4].

L'argile de Londres, de Sheppy, Highgate, etc., a fourni les *N. centralis*, Sowerby, *regalis*, id., *urbanus*, id., *imperialis*, id., *Sowerbyi*, Wetherell, et *Parkinsoni*, F. Edwards [5].

Le *N. regalis*, Sow., se retrouve dans le calcaire grossier de France, de Belgique, etc.

Il faut y ajouter le *N. umbilicaris*, Deshayes [6], du calcaire grossier de Grignon, etc.

Le terrain miocène de la montagne de Turin [7] contient les *N. Michelottii*, d'Orbigny (*Bucklandi*, Michel., non Risso), et *Allioni*, Michel. (*excavatus*, Sism., non Sow.).

Les Nautiloceras, d'Orbigny, — Atlas, pl. L, fig. 8,

ont les tours de spire disjoints et non contigus. Leur enroulement est d'ailleurs uniforme et régulier. Ils diffèrent des gyroceras par leur siphon qui est subcentral et non externe.

Ce genre paraît presque spécial à l'époque carbonifère. Il est représenté en outre par une espèce qui a vécu à la fin de l'époque triasique (terr. salifèrien).

[1] *Petref. Suec.*, p. 7, pl. 10, fig. 4.

[2] Schlotheim, *Petref.*, p. 117 ; d'Orbigny, *Prodrome*, t. II, p. 200.

[3] *Mém. Soc. géol. de France*, 2ᵉ série, t. I, p. 365, pl. 17, fig 1.

[4] De Buch, *Leonh. und Bronn Neues Jahrb.*, 1834, p. 53, et 1850, p. 434 ; Giebel, *Fauna der Vorwelt*, t. III, p. 139 ; Schafhautl, *Leonh. und Bronn Neues Jahrb.*, 1852, p. 164.

[5] Sowerby, *Min. conch.*, pl. 1, 355, 628, 627 ; Wetherell *Philos. mag.*, t. IX, p. 463 ; Dixon, *Geol. and foss. of Sussex* ; F. Edwards, *Eocene mollusca, Cephalopoda*, dans les publications de la Soc. paléontog., 1849.

[6] Deshayes, *Coq. foss. Par.*, pl. 99, fig. 1 et 2.

[7] Michelotti, *Indic. cephalop. foss.*, p. 3 et 4, et *Précis faune miocène*, pl. 15, fig. 1 et 6 ; Sismonda, *Synopsis anim. inv.*, p. 58.

M. d'Orbigny rapporte à ce genre trois espèces des terrains carbonifères de Tournay, décrites par M. de Koninck comme des gyroceras. Ce sont les *N. nigoceras, serratum* et *Meyerianum*, de Koninck [1].

Le *Cyrtoceras linearis*, Münster [2], du terrain saliférien de Saint-Cassian, appartient aussi probablement à ce genre.

2ᵉ TRIBU. — NAUTILIDES A ENROULEMENT RÉGULIER DANS LE JEUNE AGE ET PROJETÉS EN CROSSE DANS L'AGE ADULTE.

Les LITUITES, Breynius [3], — Atlas, pl. L, fig. 9,

ont dans le jeune âge une coquille semblable à celle des nautiles. Plus tard le dernier tour cesse de se coller aux précédents et s'en écarte en se rapprochant davantage de la ligne droite. Leur nom indique qu'on les a comparés aux bâtons dont se servaient les augures (*lituus*). Quelques auteurs, les comparant à tort aux spirules, les ont considérés comme des coquilles internes.

Les espèces connues appartiennent toutes à l'époque silurienne.

Sowerby a décrit [4] le *L. cornu arietis*, du terrain silurien inférieur d'Angleterre. Cette espèce se retrouve en Russie, en Allemagne et dans l'Amérique septentrionale (calcaire de Trenton).

M. d'Orbigny attribue à ce genre le *Nautilus undosus*, Sow. [5], d'Angleterre (*Llandeilo flags*).

MM. Murchison et de Verneuil ont trouvé en Russie le *L. Odini*, Vern. [6].

Le *L. undatus*, Hall [7], provient des États-Unis d'Amérique.

---

[1] De Koninck, *Descr. an. foss. des terr. carb. de Belg.*, p. 532-534, pl. 47, fig. 6 et 48, fig. 1 et 2; d'Orbigny, *Prodrome*, t. I, p. 112.

[2] Münster, *Beitr. zur Petref.*, t. IV, p. 125, pl. 14, fig. 5; d'Orbigny, *Prodrome*, p. 179.

[3] Voyez pour ce genre : Breygnius, *De Polythalamiis* p. 27; Klein, *De tubulis marinis*, p. 10; Léopold, *Relatio de itinere suecico*, Londres, 1720, *Hist. nat. foss.*, p. 620; Schlotheim, *Petref.*; Wahlenberg, *Acta Upsalia*, t. VIII; d'Orbigny, *Cours de géol.*, t. I, p. 283; Giebel, *Fauna der Vorwelt*, t. III, p. 183, etc.

[4] Sow. in Murchison, *Sil. system*, p. 643, pl. 20, fig. 20, et pl. 22, fig. 18; Hall, *Pal. of New-York*, p. 192. M. d'Orbigny sépare la figure 18 de la planche 22 de Sowerby pour en faire une autre espèce, le *L. Sowerbyanus*. Voyez *Prodrome*, t. I, p. 1.

[5] Murchison, *Sil. syst.*, pl. 22, fig. 17; d'Orbigny, *id.*

[6] Verneuil, *Pal. de la Russie*, p. 360, pl. 25, fig. 8.

[7] *Pal. of New-York*, p. 52, pl. 13 et 13 bis.

Toutes ces espèces appartiennent au terrain silurien inférieur. Les suivantes caractérisent le silurien supérieur (Murchisonien, d'Orb.).

Sowerby a fait connaître le *L. articulatus* [1], des roches de Ludlow.

Hisinger a décrit [2] deux espèces de Suède, les *L. lamellosus*, Hisinger, (*imperfectus*, Quenstedt, non Wahl.), et *convolvens*, id. (*L. Hisingeri*, d'Orb., *imperfectus*, Wahl.).

Les Hortolus, Montfort, — Atlas, pl. L, fig. 10 et 11,

ont dans le jeune âge une coquille semblable à celle des nautiloceras, c'est-à-dire à spire régulière et tours disjoints. Cette coquille se projette en crosse comme celle des lituites.

Les espèces appartiennent également au terrain silurien.

L'*H. americanus*, d'Orb. (*Lit. convolvens*, Hall, non Montf.), caractérise le terrain silurien inférieur des États-Unis [3].

M. d'Orbigny [4] rapporte à ce genre quatre espèces des terrains siluriens supérieurs, décrits comme des lituites, savoir : le *L. giganteus*, Sowerby, *ibex*, id., et *Biddulphi*, id., des roches de Ludlow, et le *L. perfectus*, Wahl. (*Spirula nodosa*, Goldf., *L. lituus*, Hisinger), de Suède.

3ᵉ Tribu. — NAUTILIDES A COQUILLE ARQUÉE, NON ENROULÉE.

Les Aploceras, d'Orbigny, — Atlas, pl. L, fig. 12,

composent seuls cette tribu. Leur coquille forme une corne régulièrement arquée, disposition que nous retrouverons plus tard dans les cyrtoceras et dans les toxoceras, qui ont le siphon externe. Cet appareil est subcentral dans les aploceras.

Les espèces connues appartiennent exclusivement à l'époque carbonifère [5].

[1] Murchison, *Sil. syst.*, pl. 11, fig. 5, 7. M. Giebel lui réunit les *L. annulatus*, Hising., et les *L. arcuoliratum*, *textile* et *perelegans*, de Hall.

[2] Hisinger, *Petref. Suec.*, pl. 8, fig. 6 et 7.

[3] *Pal. of New-York*, t. I, p. 53, pl. 13, fig. 2.

[4] Sowerby in Murchison, *Sil. syst.*, pl. 11, fig. 4, 6 et 8 ; d'Orbigny, *Prodrome*, p. 27 ; Wahlenberg, *Acta Upsalia*, t. VIII, p. 83 ; Hisinger, *Lethæa Suecica*, p. 27, pl. 8, fig. 5 ; Goldfuss in Bronn, *Lethæa*, 1ʳᵉ édit., p. 102, pl. 1, fig. 4.

[5] D'Orbigny, *Prodrome*, t. I, p. 112 ; de Koninck, *Descr. des an. foss. carb. Belg.*, p. 525, pl. 11, fig. 7, et pl. 48, fig. 3 à 6 ; Sowerby, *Min. conch.*, pl. 457 ; Phillips, *Geol. of Yorkshire*, p. 239, pl. 21, fig. 12 ; M' Coy, *Foss. of Ireland*, pl. 4, fig. 2.

M. d'Orbigny rapporte à ce genre quatre espèces des terrains carbonifères de Belgique, décrites comme des cyrtoceras par M. de Koninck (*C. Verneuil-lanum*, de Kon., *cinctum*, id., *tessellatum*, id., *Pazasianum*, id.), l'*Orthoceras paradoxica*, Sowerby, d'Angleterre, l'*Orthoc. dentaloideum*, Phillips, du Yorkshire, et le *Cyrtoc. tuberculatum*, M° Coy, d'Irlande. Il donne à ce dernier le nom de *A. Geineri*.

4ᵉ Tribu. — NAUTILIDES A COQUILLE DROITE.

Cette tribu renferme cinq genres que l'on distingue soit par leur forme extérieure, soit par celle de leur siphon.

Les Orthocératites (*Orthoceras*, Breyn.), — Atlas, pl. LI, fig. 1 à 3,

ont dans la forme des cloisons et dans leur siphon simple et à peu près central, les mêmes caractères que les tribus précédentes ; mais la coquille ne subit aucun enroulement et a la forme d'un cône allongé. Ce genre remarquable, qu'on pourrait appeler des nautiles déroulés, est caractéristique des terrains anciens, mais se retrouve pourtant jusque dans le commencement de l'époque secondaire. J'ai déjà fait remarquer ailleurs qu'on pourrait quelquefois les confondre avec des alvéoles de bélemnites ; mais ces dernières, en général plus courtes, ont sur leurs côtés des traces très évidentes du siphon qui est latéral, tandis que dans les orthocératites, s'il se rapproche des bords, il n'est jamais en contact avec eux. Ces coquilles ont acquis quelquefois des dimensions considérables. On en trouve qui ont eu probablement jusqu'à dix ou onze pieds de longueur.

Les orthocératites varient par leur angle de croissance ; les unes sont presque cylindriques ; d'autres croissent sous un angle aussi ouvert que celui des alvéoles de bélemnites. Elles diffèrent aussi par la forme des loges et par le plus ou moins d'écartement des cloisons. Il paraît cependant que cet écartement ne dépasse pas la longueur même de ces cloisons, de manière que les chambres les plus hautes sont à peu près égales en tous sens. La dernière chambre destinée à loger le mollusque a au plus la moitié de la longueur totale de la coquille et souvent un tiers ou moins. Les loges précédentes arrivent quelquefois à un très grand nombre, peut-être jusqu'à cent. Le siphon présente aussi des variations, mais les plus importantes ont motivé, comme nous le verrons plus bas, la formation de quelques genres. Dans les vraies orthocératites, il est unique, simple, central ou subcentral, petit ou médiocre.

Le test est plus ou moins épais suivant les espèces ; sa surface externe est tantôt lisse, tantôt marquée de lignes d'accroissement, tantôt ornée de côtes saillantes, régulières ou irrégulières , longitudinales ou transversales. On y voit très rarement des tubercules ou des épines.

Un mémoire de M. Anthony ([1]) a pu faire espérer de connaître les parties molles des orthocératites ; mais il paraît que ce qui environnait la coquille dans l'échantillon décrit était composé seulement de concrétions minérales.

Les orthocératites sont connues depuis fort longtemps ([2]), mais dans l'origine on méconnut leur véritable nature. Gesner, dans le xvi° siècle, les prit pour des queues de crustacés. Plusieurs auteurs les associèrent aux bélemnites. Gmelin, en 1728, les décrivit sous le nom de *radii articulati lapidei*. Breyne, en 1732, est le premier qui ait reconnu leur analogie avec les mollusques cloisonnés et qui ait en même temps compris en quoi elles différaient des genres

([1]) *Quart. journ. of the geol. Soc.*, t. III, p. 255, et *Silliman's Amer. journ.*, 2° série, 1848, t. VI, p. 132.

([2]) Voyez sur les orthocératites, outre les ouvrages généraux qui sont cités plus loin : Bigsby, *Trans. of the geol. Soc.*, 1824, t. I ; Blumenbach, *Spec. archeol. tell.* ; Bowmann, *Trans. of the geol. Soc.*, 2° série, 1844, t. VI ; Boll, *Geogn. der Ostseeländer* ; Breynius, *De Polythalamiis* ; Bronn, *Lethæa*, t. I ; de Buch, *Gebirgs form. Russlands* ; Castelnau, *Syst. sil. de l'Amér. sept.* ; Defrance, *Bull. Soc. géol.*, 2° série, t. III, p. 131 ; Dreves, *Leonh. und Bronn Neues Jahrb.*, 1841, p. 551 ; Eichwald, *Sil. syst.*, et *Bull. Soc. des nat. de Moscou*, t. VII, VIII, etc.; Emmon, *Nat. hist. of New-York*, t. IV ; Hœninghaus, *Leonh. und Bronn Neues Jahrb.*, 1830 ; Kloden, *Id.*, 1832, et *Verst. Mark. Brandenbourg* ; Knorr und Walch, *Verstein.* ; Klein, *Descr. tubul. marin.* ; Krüger, *Gesch. der Urwelt* ; Kutorga, *Beitr. zur geogn. Dorpats* ; Martin, *Petref. Derbiensia* ; Morris, *Cat. of Brit. foss.* ; Münster, *Verz. Bayreuth Petref.*, et *Beitr.*, etc. ; Pander, *Beitr. zur Geogn. Russlands* ; Pusch, *Polens paleont.* ; Rost, *Berichte Deutsch. naturf.*, 1846 ; Schlotheim, *Petref.* ; Schroeter, *Verstein.*, t. IV ; Sedgwich, *Trans. of the geol. Soc.*, 2° série, t. VI ; Stockes, *Id.*, t. V ; Troost, *Report. geol. Tennesse*, t. VI ; Vanuxem, *Nat. hist. of New-York*, t. III ; Wahlenberg, *Act. Upsal.*, t. VIII ; Weaver, *Trans. of the geol. Soc.*, 1837, t. V ; Zimmermann, *Leonh. und Bronn Neues Jahrb.*, 1841.

voisins. Il leur a donné le nom qu'elles conservent aujourd'hui. Ses successeurs ont pendant longtemps contribué plutôt à rendre confuses les notions sur ce genre qu'à les éclaircir : Plancus leur associa des foraminifères ; Klein les rangea dans ses tubes marins ; Wallerius les confondit encore avec des queues d'écrevisse, etc. Au commencement de ce siècle, Denis de Montfort contribua pour sa part à compliquer inutilement leur histoire, en désignant sous des noms nouveaux de légères variations de formes. Il faut rejeter dans l'oubli avec tant d'autres désignations analogues ses genres Molossus, Acneloïs, Teleboire (?), Echionis, etc.

De nombreuses espèces ont été décrites par les naturalistes modernes et quelques essais ont été faits pour les subdiviser en genres. Quelques unes de ces nouvelles coupes doivent être admises et nous les énumérerons plus loin.

On a cherché aussi à les classer en groupes [1], d'après la forme du siphon, celle du contour, etc. La méthode la plus simple me paraît être de former trois groupes principaux qui sont :

Les *Orthocératites régulières*, à surface extérieure lisse. (Atlas, pl. LI, fig. 1.)

Les *O. annulées*, ornées de côtes transverses et annulaires. Ce sont les Cycloceras de M. M'Coy. (Pl. LI, fig. 2.)

Les *O. rayées*, ornées de côtes longitudinales. (Pl. LI, fig. 3.)

Chacun de ces groupes peut se subdiviser suivant la forme ronde, ovale ou comprimée de la coquille, l'angle d'accroissement, le siphon central ou subcentral, etc.

Le genre des orthocératites renferme une multitude d'espèces, caractéristiques en général des terrains anciens. Quelques unes appartiennent aux premières époques d'animalisation. Ainsi M. Barrande [2] vient de montrer que les orthocératites ont précédé dans les terrains siluriens de Bohême tous les autres céphalopodes. Elles ont eu leur maximum de développement à l'époque dévonienne, et se continuent en diminuant de nombre et d'importance jusque vers le milieu de la période secondaire, pour se terminer, à ce qu'il paraît, avant l'époque jurassique.

Les espèces des terrains siluriens sont nombreuses.

---

[1] Voyez Giebel, *Fauna der Vorwelt*, t. III, p. 224.
[2] *Syst. sil. de la Bohême*, t. I, p. 70.

Celles dont M. Barrande a indiqué l'existence dans la faune (?) de Bohême ne sont pas encore décrites.

Deux espèces du terrain silurien inférieur d'Angleterre ont été décrites par Sowerby [1]. Ce sont les *O. conicus*, Sow. (*subconicus*, d'Orb.), et *approximatus*, Sow., des grès de Caradoc.

M. Marie Rouault [2] a fait connaître deux espèces des terrains siluriens inférieurs des environs de Rennes, les *O. Hisingeri*, M. Rouault, et *Tollavignesi*, M. R.

A cette même époque il faut rapporter l'*O. gregarioïdes*, d'Orbigny, de Saint-Sauveur (Manche), et l'*O. basillus*, Eichwald [3], de Russie.

Le terrain silurien inférieur des États-Unis contient beaucoup d'orthocératites. M. J. Hall [4] en a décrit plus de vingt espèces.

Le terrain silurien supérieur d'Angleterre et de Suède en a fourni plusieurs.

Sowerby [5] a fait connaître les *O. filosus, virgatus, dimidiatus, bullatus, gregarius, ludensis, distans* et *ibex*, des roches de Ludlow. Cette dernière espèce se trouve en Suède et en Amérique.

Le même auteur a décrit l'*O. Maktreensis*, Sow., du calcaire d'Aymestry, et les *O. excentricus, fimbriatus, Brightii, attenuatus* et *canaliculatus*, de Wenlock.

M. M'Coy [6] a signalé quelques nouvelles espèces, et entre autres les *O. tenue, annulatum* et *politum*, M'Coy.

Hisinger [7] a fait connaître les *O. centralis, conicus* et *lineatus*, de Suède.

L'*O. regularis*, Schlotheim, du même pays, est connu depuis longtemps. M. Marie Rouault [8] cite dans le terrain silurien supérieur des environs de Rennes, les *O. semipartitus* et *gregarius*, Sow., et ajoute une espèce nouvelle, l'*O. Casanovei*, M. R.

Hall a trouvé dans les États-Unis l'*O. lævis* (*sublævis*, d'Orb.), qui appartient aussi au terrain silurien supérieur.

Les orthocératites ont eu, comme nous l'avons dit, leur maximum de développement pendant l'époque dévonienne.

Le comte de Münster a décrit et figuré celles du Fichtelgebirge, et celles

---

(1) Sowerby in Murchison, *Sil. syst.*, pl. 21, fig. 21 et 22.

(2) *Bull. Soc. géol.*, 2ᵉ série, t. VIII, p. 360.

(3) *Zool. spec.*, t. II, p. 31, pl. 2, fig. 14.

(4) *Palæont. of New-York*, t. I, p. 13, 34, 198 et 312, pl. 3, 7, 42 à 56, 85 et 86.

(5) Murchison, *Sil. syst.*

(6) *Ann. and mag. of nat. hist.*, 2ᵉ série, t. VII, p. 46.

(7) *Lethæa Suecica*, p. 29, pl. 9.

(8) *Bull. Soc. géol.*, 2ᵉ série, t. VIII, p. 372.

d'Elbersreuth, d'Oberfranken, etc. Les unes ont la coquille lisse. Ce sont d'abord deux espèces rapportées probablement à tort aux *O. regularis*, Schl., et *gregarius*, Murch., du terrain silurien supérieur, puis les *O. acuarius*, Münst., *maximus*, id., *conoideus*, id., *speciosus*, id., *ellipticus*, id., *interruptus*, id., et *venustus*, id.

D'autres ont des côtes ou des raies transverses. Ce sont les *O. semiplicatus*, Münster [1], *dimidiatus*, id., *cinctus*, id., *linearis*, id., *subannularis*, id., *costulatus*, id., *duplicatus*, id., *irregularis*, id., *subflexuosus*, id., *carinatus*, id., *subtrochleatus*, id., et *torquatus*, id.

Quelques unes ont des raies longitudinales. Ce sont les *O. striatopunctatus*, Münster, *tenuistriatus*, id., *calamiteus*, id., *decussatus*, id., et *striatulus*, id. (*Munsterianus*, d'Orb.).

D'autres sont peu connues, les *O. granulatus*, Münster, *punctatus*, Münst., et *anceps*, id.

L'*O. paradoxus*, Brann, a encore été trouvé à Oberfranken.

D'autres auteurs ont encore fait connaître des orthocératites des terrains dévoniens d'Allemagne.

L'*O. crassus*, Roemer, a été trouvé dans le Harz [2].

L'*O. nodulosus*, Schlotheim [3], caractérise les terrains dévoniens de l'Eifel.

Les orthocératites des vieux grès rouges d'Angleterre ont été spécialement décrits par Sowerby [4] et par Phillips [5]. Ce sont les *O. semipartitus*, Sow., *trochlearis*, id., *striatus*, id. (*substriatus*, d'Orb.), *tubicinellus*, id., *striatulus*, id., *ellipsoideus*, Phill., *lineolatus*, id., *ibex* id. (*Phillipsii*, d'Orb.), *lenticularis*, id., *cinctus*, id. (*Oceani*, d'Orb.), et *litteralis*, id.

Il faut ajouter l'*O. Jocellani*, d'Arch. et Vern. [6], des Asturies et l'*O. Lorieri*, d'Orb. [7], des départements de la Manche et de la Sarthe; plusieurs espèces des terrains dévoniens d'Allemagne décrites par M. Ad. Roemer [8] et par M. Richter [9], et surtout celles du duché de Nassau que viennent de décrire MM. G. et F. Sandberger [10]. Ces naturalistes énumèrent vingt-sept espèces, dont la plupart sont nouvelles.

[1] Münster, *Beitr. zur Petref.*, t. I, p. 35, t. III, p. 93, et t. V, p. 127. M. Giebel, *Fauna der Vorwelt*, réduit beaucoup le nombre de ces espèces.

[2] Roemer, *Harzgebirge*, p. 35, pl. 10, fig. 10.

[3] *Petref.*, pl. 11, fig. 2.

[4] Dans Murchison, *Sil. system.*, pl. 3, et *Trans. of the geol. Soc.*, 1839, pl. 54 et 57.

[5] *Palæozoic foss. of Devon*, pl. 41, 43 et 60.

[6] *Bull. Soc. géol.*, 2ᵉ série, pl. 13, fig. 12.

[7] *Prodrom.*, t. I, p. 55.

[8] *Palæontographica*, t. III, p. 3, 16, 27, 39, 50, etc.

[9] *Palæont. der Thuring. Wald.*, p. 23.

[10] Guido et Frid. Sandberger, *Syst. Besch. der Verstein. des Rhein schichten Syst. Nassau*, 5ᵉ livraison. La description des orthocératites n'est pas terminée dans cette livraison, la dernière que j'aie reçue.

Les terrains carbonifères en ont aussi de nombreuses espèces.

M. de Koninck [1] en a décrit plusieurs des calcaires carbonifères de Belgique, et en particulier parmi les *lisses*, les *O. Martinianus*, de Kon., *Goldfussianus*, id., et *calamus*, id.; parmi les *annelées*, les *O. cinctus*, Sow., *subcentralis*, de Kon., *conquestus*, id., *dilatatus*, id., *strigillatus*, id., *anceps* (*Koninckianus*, d'Orb). et *dactyliophorus*, id., et parmi les *rayées*, les *O. linearis*, de Kon. (*sublinearis*, d'Orb.), *subcanaliculatus*, id., et *Gesneri*, id.

M. Sowerby, outre l'espèce indiquée ci-dessus (*O. cinctus*), a fait connaître quelques [2] espèces d'Angleterre : les *O. giganteus*, Sow., *annulatus*, id., et *striatus*, id.

Les autres espèces de ce pays ont été décrites par Phillips [3] (*O. inæquiseptum*, Phill., *angularis*, id., *reticulatus*, id., et *ovalis*, id.) et par Mc Coy [4] (*O. mucronatus* et *O. distans*, ou *subdistans*, d'Orb.).

Il faut ajouter quelques espèces de Russie (les *O. Trearsii*, Vern. et Keys.) [5], et *striolatus*, H. de Meyer, Vern. et Keys.), outre l'*O. ovalis*, Phillips, qui s'y trouve aussi.

Une espèce a été découverte dans le terrain permien.

C'est l'*O. Geinitzii*, d'Orbigny [6], espèce indiquée par M. Geinitz dans le zechstein d'Allemagne.

Les orthocératites se continuent dans le terrain triasique mais seulement dans l'étage supérieur ou salifèrien. Elles n'ont pas été trouvées jusqu'à présent dans le muschelkalk.

On cite dans les schistes de Saint-Cassian, les *O. elegans*, Münster [7], *O. subundata*, id., *O. inducens*, Braun, *Freieslebensis*, Klipstein, *elliptica*, id., et *polita*, id.

M. de Hauer [8] a trouvé dans le marbre rouge du Saltzkammergut, les *O. laliseptatus*, Hauer, *salinarius*, id., et *dubius*, id.

[1] *Descr. an. foss. Belg.*, p. 497, pl. 43 à 47.

[2] *Min. conch.*, pl. 58, 133, 246.

[3] *Geol. of Yorkshire*, p. 238, pl. 21.

[4] *Syn. of Ireland*, pl. 1, fig. 1 et 4.

[5] *Pal. de la Russie*, t. II, p. 254, pl. 25, et *Trans. of the geol. Soc.*, 2e série, t. VI, p. 345, pl. 27, fig. 5.

[6] Geinitz, *Zechst. Geb.*, p. 6, pl. 3, fig. 8; d'Orbigny, *Prodrome*, t. I, p. 163.

[7] Münster, *Beitr. zur Petref.*, t. IV, p. 125, pl. 14; Klipstein, *Geol. der Oest. Alpen.*, p. 143, pl. 9.

[8] *Ceph. der Saltzkammerguts*, p. 41, pl. 11, et Haidinger, *Abhandl.*, t. I, p. 260, pl. 7, fig. 3-8.

Leur existence dans les terrains jurassiques est encore très douteuse.

L'*O. liasinus*, Fraas [1], a un petit siphon marginal et n'est certainement pas une véritable orthocératite.

Les Gonioceras, Hall,

sont caractérisés par une coquille droite comme celle des orthocératites, mais très comprimée, à coupe elliptique, les côtés formant de fortes carènes aiguës. Le siphon est subcentral un peu externe, les cloisons sont sinueuses.

Le *Gonioceras anceps*, Hall [2], la seule espèce connue, a été trouvée dans le terrain silurien inférieur des États-Unis (calcaire de Black-river, Watertown, etc.).

Les Actinoceras, Bronn, — Atlas, pl. LI, fig. 4, *a* et *b*,

ont extérieurement les mêmes formes que les orthocératites, mais leur siphon (qui du reste est central comme dans ce genre) est formé de parties renflées qui forment comme un collier ou un empilement de pièces plus ou moins discoïdales. Ces parties correspondent souvent à l'intervalle des cloisons, mais quelquefois aussi sont en nombre différent. Il arrive quelquefois que le siphon se conserve seul et forme ainsi des fossiles dont l'origine a été méconnue (fig. 4, *b*). Cet organe présente souvent à l'intérieur des sortes de cloisons rayonnées. Il faut réunir à ce genre les Conotubularia de Troost, et les Ormoceras et Huronia de Stokes [3]. Ce sont les *Orthoceratites cochleati* de quelques auteurs.

Le plus grand nombre des espèces appartient à l'époque silurienne.

Trois d'entre elles ont été indiquées sous le nom d'*Ormoceras* par M. Hall [4] et trouvées dans le terrain silurien inférieur des États-Unis (*A. tenuifilum*, Hall, *gracile* et *crebriseptum*, Hall).

[1] Fraas, *Wurtemb. Jahrb.*, 1847, t. III, p. 218; *Leonh. und Bronn Neues Jahrb.*, 1848, p. 242.

[2] *Pal. of New-York.*, t. I, p. 54, pl. 14.

[3] Troost, *Descr. d'un nouv. genre de foss.; Mém. Soc. géol. de France*, t. III, p. 87, pl. 9; Stokes, *Trans. of the geol. Soc.*, 1840, 2ᵉ série, t. V, p. 709.

[4] *Pal. of New-York*, p. 55, 58 et 313, pl. 15, 16, 17, 58 et 87.

L'*A. Cuvieri*, d'Orb. (*Conotubularia Cuvieri*, Troost), provient des mêmes gisements et du même pays [1]. M. Giebel lui réunit l'*Orthoceras nummularis*, Sow. [2], du terrain silurien supérieur de Wenlock, et les considère toutes deux comme identiques avec l'*O. cochleatum*, Schlot. (*crassiventris*, Wahl.), espèce commune en Suède. C'est elle qui est figurée dans l'Atlas.

Aucune espèce n'a encore été citée dans le terrain dévonien, mais le terrain carbonifère en a fourni une.

C'est l'*A. giganteum*, d'Orb. [3] (*Orth. giganteum*, de Koninck), trouvé en Belgique et en Angleterre.

Les Ascoceras, Barrande (Cryptoceras olim),

sont encore très incomplétement connus, et je ne les place ici que tout à fait provisoirement, en attendant que leur siphon et leur forme externe soient connus. On sait seulement que les cloisons ne sont pas perpendiculaires à l'axe de la coquille, mais au contraire presque parallèles à sa direction, de manière à entourer en partie la dernière loge.

On ne les a trouvés que dans les terrains siluriens.

M. Barrande [4] a annoncé l'existence de sept espèces dans l'étage inférieur du silurien supérieur de Bohême.

5ᵉ Tribu. — NAUTILIDES ENROULÉS SUIVANT UNE FORME TURBINÉE.

Cette tribu remarquable, qui rappelle parmi les céphalopodes anciens et à cloisons simples les turrilites de la famille des ammonitides, n'est pas encore connue dans tous ses détails. La position de son siphon, en particulier, n'a pas été décrite, ce qui laisse ses véritables rapports incertains. Elle ne renferme qu'un genre.

[1] Troost, *loc. cit.*

[2] Murchison, *Sil. syst.*, pl. 13, fig. 24. Cette espèce est connue depuis longtemps et a déjà été figurée par Klein, *Descr. tub. mar.*, pl. 2, fig. 3, 4, sous le nom de *Tubulus concameratus Gothlandicus*; et par Breyne, *Polythal.*, pl. 6, fig. 1 et 2. C'est l'*O. crassiventris*, Wahlenb., *Nova acta Upsal.*, t. VIII, p. 90, etc.

[3] De Koninck, *Descr. an. foss. Belgique*, pl. 46; d'Orbigny, *Prodrome*, t. I, p. 114.

[4] Haidinger, *Wiener Mittheil.*, 1848, t. III, p. 267, pl. 8; *Notice prélimin. sur le silurien et les trilobites de Bohême*.

Les Trochoceras , Barrande,

ne sont connus que par le fait que je viens de rappeler ; leur enroulement n'a pas lieu dans un plan, en sorte que la coquille a une forme hélicoïdale. Les espèces appartiennent toutes à l'étage inférieur du terrain silurien de Bohême.

M. Barrande [1] en a indiqué douze espèces, mais il ne les a pas encore décrites.

Groupe provisoire. — PLEUROSIPHONIDES.

Je forme un groupe provisoire pour des coquilles allongées , droites, à siphon marginal ou submarginal, et qui, sauf dans ce point essentiel, ont des rapports évidents avec les orthocératites. Ces mollusques ne peuvent pas être associés avec certitude aux familles suivantes, car on ne peut pas décider si le siphon est externe ou interne.

Leurs rapports ont été envisagés différemment par les paléontologistes. La plupart d'entre eux les rangent dans le genre même des orthocératites, association probablement erronée, car il n'est pas vraisemblable que des animaux qui diffèrent autant par la position et par la forme du siphon aient une organisation identique.

M. d'Orbigny place un des genres (les endoceras) dans les nautilides, et les deux autres dans les clyménides, résolvant ainsi, ce me semble, la question de la position du siphon sans preuves suffisantes. D'ailleurs il est impossible de séparer les melia des cameroceras.

Les motifs qui m'engagent à établir ce type provisoire sont donc :

1° L'analogie incontestable de ces deux derniers genres.

2° L'impossibilité de les laisser dans la famille des nautilides.

3° L'impossibilité de décider si le siphon est externe ou interne, et par conséquent s'ils appartiennent aux clyménides ou aux aganides.

Dans le cas où l'on pourrait résoudre cette dernière question, si par exemple la forme de la bouche, aujourd'hui inconnue, montrait que la partie plus avancée correspond ou non au siphon, on de

[1] Barrande in Haidinger, *Wiener Mittheil.*, 1848, t. III, p. 266, et t. IV, p. 208.

vrait alors transporter toute cette famille dans une des deux suivantes.

Les espèces qui la composent se trouvent depuis le terrain silurien jusqu'au terrain salifèrien.

Les ENDOCERAS, Hall, (*Andoceras* d'Orbigny), — Atlas, pl. LI, fig. 5 à 7,

ont les formes externes des orthocératites, mais leur siphon est très large et composé de cônes allongés qui s'emboîtent les uns dans les autres, de sorte que la section de la coquille montre, suivant les places, plusieurs cercles concentriques correspondant à des lames testacées superposées. Ce siphon est marginal ou submarginal, et comme son angle ne correspond pas ordinairement à celui de la coquille, il en résulte qu'il est plus ou moins rapproché du bord suivant l'endroit de la cassure. On trouve quelquefois dans son intérieur un tube semblable à l'orthocératite elle-même ; Klein l'avait déjà remarqué ([1]), et à son exemple Hisinger le fait entrer comme partie constituante de la coupe de l'espèce. M. Hall le considère au contraire comme la coquille d'un embryon; M. de Verneuil admet la probabilité que c'est un jeune individu introduit accidentellement dans le plus grand.

Les lames superposées qui composent l'enveloppe du siphon sont d'autant plus minces qu'elles sont plus externes. Elles portent l'empreinte des cloisons de la coquille qu'elles traversent, empreinte que l'on a à tort décrite quelquefois comme spirale ; le siphon est ordinairement un peu plus large à l'endroit où ont lieu ces rencontres, mais les renflements sont bien moins apparents que dans le genre des actinoceras. Les impressions des cloisons sont obliques, car ces dernières sont hémisphériques et le siphon les traverse entre le bord et le centre, de manière que l'impression de la partie externe est plus rapprochée de la bouche de la coquille que celle de la partie centrale.

M. de Verneuil a montré que le genre HYOLITHES de M. Eichwald ([2]) n'est qu'un moule intérieur d'un siphon d'endocéras.

Les espèces paraissent spéciales aux terrains siluriens.

([1]) Klein, *Descr. tub. mar.*, pl. 2, fig. 1 ; Hisinger, *Lethœa Suecica*, pl. 9, fig. 1 ; Hall, *Pal. of New-York*, t. I, p. 207 ; Verneuil, *Pal. de la Russie*, p. 352. Voy. Atlas, pl. LI, fig. 6.
([2]) *Sil. syst. in Esthland*, p. 97.

L'*O. vaginatus*, Schloth., et l'*O. duplex*, Walh., caractérisent le système silurien inférieur du nord de l'Europe [1].

M. Hall [2] en a décrit douze espèces des terrains siluriens inférieurs des États-Unis.

M. d'Orbigny réunit à ce genre l'*Orth. bisiphonatum*, Sow. [3], des grès du Caradoc (silurien inférieur).

Les CAMEROCERAS, Conrad, — Atlas, pl. LI, fig. 8,

ont, comme les endoceras, la forme des orthocératites et un énorme siphon. Cet organe, dont les parois sont simples, est tout à fait marginal et en contact avec le bord.

M. d'Orbigny place dans ce genre l'*O. vaginatus*, Schloth., mais outre le fait que j'ai signalé ci-dessus que son siphon est composé de lames superposées, je dois faire remarquer qu'il n'est guère plus exactement marginal que dans les endoceras. La figure 6 *b*, de la pl. 24 de l'ouvrage de M. de Verneuil, réduite dans notre atlas, pl. LI, fig. 8, montre une distance appréciable entre cet organe et le bord.

Les autres espèces proviennent principalement des terrains siluriens.

Le *C. trentonense*, Hall [4], a été découvert dans le silurien inférieur d'Amérique.

Le *C. spirale*, d'Orb. [5] (*Thoracoceras spirale*, Fischer), a été trouvé dans un gisement analogue en Russie.

Une espèce appartient à l'époque dévonienne.

C'est l'*Orth. vermicularis*, de Verneuil et Keys. [6], de Russie.

[1] Voyez surtout pour ces espèces: de Verneuil, *Pal. de la Russie*, p. 349, pl. 24, fig. 6 et 7, et pl. 25, fig. 2; Giebel, *Fauna der Vorwelt*, t. III, p. 238. M. d'Orbigny, *Prodrome*, t. I, p. 5, met l'*O. vaginatum* dans les cameroceras. Je n'en comprends pas le motif, car M. de Verneuil dit positivement que dans cette espèce le siphon est formé de plusieurs lames comme dans l'*O. duplex*.

[2] *Pal. of New-York*, p. 59 et 207.

[3] Murchison, *Sil. syst.*, pl. 21, fig. 23.

[4] *Pal. of New-York*, t. I, p. 221, pl. 56, fig. 4.

[5] Fischer, *Bull. Soc. nat. de Moscou*, 1844, p. 769; d'Orbigny, *Prodrome*, t. I, p. 4.

[6] *Pal. de la Russie*, p. 355, pl. 25, fig. 4.

Les Melia, Fischer (*Thoracoceras, partim*, id.), — Atlas, pl. LI,
fig. 9,

ont aussi les formes des orthocératites et le siphon marginal simple ; mais cet appareil est étroit.

On les trouve depuis les terrains siluriens jusqu'à l'époque saliférienne.

M. d'Orbigny place dans ce genre les *Orth. communis* et *trochlearis*,
Hisinger [1], du terrain silurien inférieur de Suède, de Russie, etc.

La *M. Cincinnatœ*, d'Orb., a été trouvée dans le même terrain aux États-
Unis.

Les *Orth. cingulatus*, Wahl., et *imbricatus*, id. [2], du terrain silurien supérieur de Suède, appartiennent aussi à ce genre. La dernière a été retrouvée
dans les roches de Ludlow.

Les espèces des terrains dévoniens sont plus nombreuses , et
ont toutes été décrites sous le nom d'orthocératites.

MM. d'Archiac et de Verneuil ont fait connaître [3] les *O. triangularis*,
Wissembachii, *gracilis*, *Dannenbergii*, de Wissembach en Allemagne ;
l'*O. angulifrons*, de Paffrath et l'*O. subflexuosus*, d'Elberseath. Il faut y
ajouter l'*O. compressus*, Roemer [4], du Harz, et l'*O. Keyserlingii*, d'Orb.
(*O. carinatus*, Keyserling), de Russie [5].

Les terrains carbonifères en contiennent aussi plusieurs.

Les *M. vestita*, Fischer de Waldheim, *attenuata*, id., et *affinis*, id., ont été
trouvées en Russie [6].

M. d'Orbigny [7] rapporte au même genre l'*Orth. Steinhaueri*, Sow., et

---

[1] *Lethœa Suecica*, pl. 9, fig. 2 et 7 ; d'Orbigny, *Prodrome*, t. I, p. 4. La
M. trochlearis est l'espèce figurée dans l'Atlas.

[2] Hisinger, *Id.*, pl. 9, fig. 9, et pl. 10, fig. 4 ; Wahlemb., *Acta Ups.*,
p. 90 ; Sowerby in Murchison, *Sil. syst.*, pl. 9, fig. 2.

[3] *Trans. of the geol. Soc.*, 2ᵉ série, t. VI, pl. 27 et 28.

[4] *Harzgeb.*, p. 36, pl. 10, fig. 7.

[5] D'Orbigny, *Prodrome*, t. I, p. 56 ; Keyserling, *Petschora Land.*, p. 271,
pl. 13, fig. 12.

[6] *Bull. Soc. nat. de Moscou*, 1844, t. XVII, p. 765 à 782, pl. 7 et 8.

[7] D'Orbigny, *Prodrome*, t. I, p. 114 ; Phillips, *Geol. of Yorkshire*,
p. 238, pl. 21, fig. 5 ; Sowerby, *Min. conch.*, pl. 60, fig. 4 et 5 ; Martin,
Petref. Derb., pl. 39, fig. 2 ; de Koninck, *Descr. an. foss. carb. de Belg.*,
p. 506, pl. 43, fig. 4 et 5, et pl. 45, fig. 5.

l'*Orth. Breynii*, Mart., d'Angleterre, et les *Orth. Munsterianum* et *pygmæum*, de Koninck, dés terrains carbonifères de Belgique.

Ces mollusques manquent aux terrains pénéens et au muschel-kalk, mais se retrouvent dans le terrain salifèrien.

M. de Hauer (1) a décrit les *Orthoceras alveolare*, Quenst., *reticulatum*, Hauer, et *concexgens*, id., du calcaire de Aussée (Tyrol). M. d'Orbigny les rapporte au genre MELIA.

2ᵉ FAMILLE. — GOMPHOCÉRATIDES.

Je réunis dans cette famille les céphalopodes tentaculifères dont la coquille est fusiforme, plus étroite en avant que dans son milieu, et dont la bouche est rétrécie. Cette circonstance se lie certaine-ment avec une modification importante dans la forme du corps, et les genres qui présentent ces caractères ne doivent pas, ce me semble, être répartis suivant la place de leur siphon dans les familles à coquille régulière. Les espèces sont toutes fossiles et appartiennent exclusivement à l'époque primaire.

Les GOMPHOCERAS, Sowerby, — Atlas, pl. LI, fig. 10,

ont un siphon central, et par conséquent ont été associés aux nautilides par la plupart des auteurs. Les espèces se trouvent de-puis le terrain silurien inférieur jusqu'au terrain carbonifère.

Ce genre paraît identique avec celui qui a été nommé BOLBO-CERAS, et plus tard APIOCERAS, par M. Fischer de Waldheim; on doit lui réunir les POTERIOCERAS de M. M'Coy et quelques espèces associées par M. Pusch aux CONILITES de Lamarck (2).

Trois espèces ont été décrites dans le terrain silurien.

Le *G. Hallii*, d'Orb. (*Orth. fusiforme*, Hall, non Sow.), est une grande es-pèce du silurien inférieur des États-Unis (3).

Le *G. minor*, Keyserling (4), provient du silurien supérieur de Russie.

(1) *Naturwiss. Abhandl*, de Haidinger., t. I, p. 258, pl. 7; d'Orbigny, *Pro-drome*, t. I, p. 180.

(2) Fischer de Waldheim, *Bull. Soc. nat. de Moscou*, 1844; M'Coy, *Foss. carb. of Ireland*; Pusch, *Polens paleont.*, p. 150.

(3) *Pal. of New-York*, t. I, p. 60, pl. 20, fig. 1.

(4) *Petschora Land.*, p. 269, pl. 13, fig. 8.

Le *G. piriforme*, d'Orb. [*Orth. piriforme*, Sow. [1]] a été découvert dans les roches de Ludlow et de Wenlock. M. Giebel le réunit au précédent, mais la direction des cloisons est très différente.

M. M'Coy, au contraire, distingue deux espèces dans celle de Sowerby, le *G. (Poterioceras) ellipticum*, M'Coy, et le *G. piriforme*, Sow. Le premier est représenté dans l'Atlas, pl. LI, fig. 10.

Quelques espèces ont été rapportées aux terrains dévoniens.

Deux ont été décrites sous le nom d'*Orthoceratites* par le comte de Münster [2]. Elles proviennent de Bayreuth et de l'Eifel (*G. subfusiforme* et *subpiriforme*).

MM. Murchison, Verneuil et Keyserling [3] ont fait connaître le *G. sulcatulum*, de Russie.

Le *G. compressum*, Roemer [4], du Harz, a son siphon inconnu. Le *G. ficus*, du même auteur, appartient à un autre genre (*Sycoceras*).

Les terrains carbonifères en contiennent également [5].

M. Sowerby a fait connaître depuis longtemps, sous le nom d'*Orthoceras*, les *G. fusiforme* et *cordiforme*, des terrains carbonifères d'Angleterre.

M. d'Orbigny rapporte également aux gomphoceras, l'*Apioceras trochoides*, Fischer, de Russie, et le *Poterioceras ventricosum*, M'Coy, d'Irlande.

Les SYCOCERAS [6], Pictet, — Atlas, pl. LI, fig. 11,

sont des gomphoceras à siphon marginal. Je suis forcé d'établir ce nouveau genre pour des coquilles oviformes, droites, que l'on ne peut pas laisser avec les gomphoceras à cause de la place de leur siphon. M. d'Orbigny, qui en a connu une, la place avec les oncoceras; mais ces derniers ont une coquille arquée dont la courbure même permet de décider la place du siphon, cet organe longeant leur courbure externe. Dans les sycoceras il y a la même

[1] Sowerby in Murchison, *Sil. syst.*, p. 620, pl. 8, fig. 19 et 20 ; d'Orbigny, *Prodrome*, t. I, p. 27 ; Giebel, *Fauna der Vorwelt*, t. III, p. 214 ; M'Coy, *Ann. and mag. of nat. hist.*, 2ᵉ série, t. VII, p. 45.

[2] Münster, *Beitr. zur Petref.*, t. III, pl. 20, fig. 9 et 10 ; Verneuil et d'Archiac, *Trans. of the geol. Soc.*, 2ᵉ série, t. VI, pl. 28, fig. 3.

[3] *Pal. de la Russie*, p. 357, pl. 25, fig. 6.

[4] *Palæontographica*, t. III, p. 4 et 38, pl. 1, fig. 7, et pl. 6, fig. 1.

[5] Sowerby, *Min. conch.*, pl. 588 et 247 ; Fischer de Waldheim, *Bull. Soc. nat. de Moscou*, 1844, t. XVII, p. 779 ; M'Coy, *Syn. foss. of Ireland*, pl. 1, fig. 2 ; d'Orbigny, *Prodrome*, t. I, p. 112.

[6] De σῦκον, figue, et κέρας, corne.

incertitude que pour tous les pleurosiphonides ; il me paraît très difficile de décider si leur siphon est interne ou externe.

On peut placer dans ce genre le *Gomphoceras Eichwaldi*, Vern., Keys. et Murch. [1], du terrain silurien inférieur de Russie (*Oncoceras Eichwaldi*, d'Orbigny).

Le *Gomph. ficus*, Roemer [2], provient des terrains dévoniens du Harz. C'est l'espèce figurée dans l'Atlas.

Les CAMPULITES, Deshayes (*Phragmoceras*, Broderip),

ont une coquille arquée et un siphon du côté interne ; elles rappellent donc sous ce point les clyménies. Leur bouche comprimée, fortement rétrécie dans son milieu, les distingue des cyrtoceras dont ils ont la forme arquée. Ils n'ont du reste point le même siphon, car cet appareil est situé chez eux au côté qui correspond à la petite courbure. Ce sont en général des coquilles courtes et épaisses.

Les espèces se trouvent dans les terrains siluriens et dévoniens. On en connaît quelques unes du terrain silurien supérieur.

Quatre ont été décrites par Sowerby [3] et proviennent toutes des roches de Ludlow. Ce sont les *Phragm. avenatum, nautileum, ventricosum* et *compressum*.

M. M'Coy a ajouté le *Phrag. intermedium* [4].

Les terrains dévoniens en renferment deux [5].

Le *Ph. Broteri*, Münster, a été trouvé en Bavière. Le *Ph. subcentricosus*, d'Arch. et Vern., provient de l'Eifel, et les *Ph. orthogaster*, Sandb., et *Ph. carinatum*, id. [6], du duché de Nassau.

Les ONCOCERAS, Hall,

ont une coquille arquée et un siphon longeant la grande courbure, ce qui leur donne sous ce point de vue les caractères des gyro-

[1] *Pal. de la Russie*, p. 357, pl. 24, fig. 9 ; d'Orbigny, *Prodrome*, t. I, p. 5.

[2] *Palæontographica*, t. III, p. 38, pl. 6, fig. 1.

[3] Sowerby in Murchison, *Sil. syst.*, pl. 10 et 11.

[4] *Ann. and mag. of nat. hist.*, 2ᵉ série, t. VII, p. 45.

[5] Münster, *Beitr. zur Petref.*, t. III, p 105, pl. 1, fig. 10 ; Verneuil et d'Archiac, *Trans. of the geol. Soc.*, 2ᵉ série, t. VI, p. 351, pl. 30, fig. 1 ; Guido et Frid. Sandberger, *Verst. Rhein. Syst. Nassau*, p. 150, pl. 14, fig. 2 et 4.

cératides. Ils ressemblent aux cyrtoceras, sauf par leur bouche
rétrécie et par leur coquille fusiforme.

M. Hall [1] a décrit l'*O. constrictum*, du terrain silurien inférieur de l'A-
mérique du Nord.

L'*O. tortuosus*, d'Orb. [*Lituites tortuosus*, Sow. [2]] a été trouvé dans les
roches de Ludlow (silurien supérieur).

M. d'Orbigny rapporte à ce genre le *Gomphoceras Eichwaldi*, Vern, Keys.
et Murchison [3], du terrain silurien inférieur de Russie ; mais cette espèce
est tout à fait droite, il me paraît difficile de décider si son siphon est externe
ou interne. Je l'ai placée dans le genre SYCOCERAS, décrit plus haut.

3ᵉ FAMILLE. — CLYMÉNIDES.

Les clyménides ont des cloisons simples ou seulement sinueuses
et un siphon interne, c'est-à-dire rapproché du bord sur lequel se
fait l'enroulement ; ils varient depuis la forme tout à fait involute
jusqu'à la forme presque droite. Nous pourrions même ajouter la
forme droite, si, comme nous l'avons dit plus haut, on pouvait trouver des motifs suffisants pour reconnaître une position analogue
du siphon dans quelqu'un des membres de la famille précédente.

Les clyménides ont été surtout abondantes pendant l'époque primaire. Aucune espèce n'a encore été trouvée dans les terrains de
l'époque secondaire. Un seul type apparaît pendant l'époque tertiaire et lui est spécial.

Les TROCHOLITES, Conrad, — Atlas, pl. LI, fig. 13,

sont régulièrement enroulés, rappelant par leurs formes les nautiles des terrains carbonifères, dont ils ne diffèrent que par
la position du siphon. Leurs cloisons sont simples, droites ou arquées et sans lobes.

Ce genre renferme une partie des espèces qui ont été décrites
sous le nom de clyménies. On en connaît quelques unes du terrain
silurien et un nombre beaucoup plus considérable de l'époque dévonienne.

[1] *Pal. of New-York*, t. I, p. 197, pl. 41, fig. 6 et 7.

[2] Sowerby in Murchison, *Sil. syst.*, pl. 11, fig. 3.

[3] *Pal. de la Russie*, p. 357, pl. 24, fig. 9 ; d'Orbigny, *Prodrome*,
t. I, p. 5.

Les trocholites du terrain silurien n'ont été trouvées que dans l'étage inférieur.

M. Hall [1] a décrit les *T. ammonius et planorbiformis*, des États-Unis.

M. d'Orbigny [2] rapporte à ce genre la *Clymenia antiquissima*, Eichw., de Russie.

Les espèces des terrains dévoniens ont été pour la plupart décrites sous le nom de clyménies.

Le comte de Münster [3], en particulier, en a fait connaître treize des terrains dévoniens d'Allemagne. Elles constituent la division des clyménies à lobes simples.

M. Phillips [4] a décrit les *C. fasciata, pleurisepta, sagittalis, et valida*, d'Angleterre.

Il faut, suivant M. d'Orbigny, y ajouter la *Spirula sulcata*, Roemer, du Harz [5].

Les Clyménies, Münster (*Clymenia endosiphonites*, Anstedt), — Atlas, pl. LI, fig. 14,

ont les formes des trocholites et le même siphon situé contre le retour de la spire; mais les cloisons forment sur les côtés un lobe distinct, arrondi, séparé par deux selles aiguës, et quelquefois deux lobes latéraux.

Les espèces appartiennent toutes aux terrains dévoniens.

Le comte de Münster [6] en a décrit un très grand nombre de Bavière.

Parmi celles qui ont un lobe simple, il cite les *planorbiformis, undulata, sublævis, inæquistriata* et une variété, *linearia, serpentina, striata* avec quatre variétés, *tenuistriata, similis, semistriata, Sedgwickii, flexuosa, subflexuosa, dorsocostata, bisulcata, parvula, dorsorostrata*.

[1] *Pal. of New-York*, t. 1, p. 192 et 310, pl. 40 a, fig. 4, et pl. 84 fig. 2 et 3.

[2] Eichwald, *Urwelt des Russlands*, 2ᵉ cahier, p. 33, pl. 3, fig. 16 et 17; d'Orbigny, *Prodrome*, t. I, p. 5.

[3] Münster, *Clyménies et Goniatites*, in-4, et *Beitr. zur Petref.*, t. I, p. 6, pl. 1 et 16, et t. V, p. 122, pl. 11 et 12.

[4] *Pal. foss. of Devon*, pl. 53 et 54.

[5] Roemer, *Harzgebirge*, p. 33, pl. 12, fig. 36; d'Orbigny, *Prodrome*, t. I, p. 56.

[6] Münster, *loc. cit.*

Parmi celles qui ont deux lobes latéraux, il indique les *C. bilobata*, *angulosa* et *semicostata*.

La nature de la fossilisation n'a quelquefois pas permis de voir les cloisons. Les *C. annulata*, *falcigera*, *interrupta*, *dorsonodosa*, *acuticostata*, et d'autres espèces plus douteuses encore, restent incertaines quant à leurs affinités spécifiques.

M. d'Orbigny [1] y a ajouté deux espèces qu'il avait décrites sous les noms de *Bellerophon Pailletei* et *dubia*, et qui proviennent du col d'Ogassa, en Catalogne.

M. Richter [2] a indiqué aussi quelques espèces de Thuringe, et M. M'Coy a fait connaître les *C. quadrifera* et *Patissoni* [3], des terrains dévoniens d'Angleterre.

Les Subclymenia, d'Orbigny,

sont des clyménies sans lobes latéraux, mais dont les cloisons forment un lobe siphonal.

La seule espèce connue est la *S. evoluta* (*Goniatites evolutus*, Phillips), du terrain carbonifère d'Angleterre [4].

Les Aturia, Bronn (*Megasiphonia*, d'Orbigny), — Atlas, pl. LI, fig. 15,

sont plus enroulées que la plupart des espèces des trois genres précédents ; elles en diffèrent surtout par leur siphon beaucoup plus large, à parois épaisses et en forme d'entonnoir. Leurs cloisons forment un grand lobe latéral.

Les espèces connues appartiennent toutes à l'époque tertiaire. Il paraît, comme je l'ai dit plus haut, que la famille des clyménides, créée d'abord avec une grande abondance au commencement de l'époque primaire, a été complétement éteinte dès le moment où les terrains carbonifères ont été déposés, car on n'en retrouve aucun débris pendant toute l'époque secondaire. Le genre dont je parle ici a apparu à l'époque tertiaire, où il représente momentanément cette famille qui a de nouveau disparu aujourd'hui. Ce genre a été établi pour la première fois par M. Bronn sous le nom d'Aturia.

[1] *Bellérophons*, pl. 7, fig. 8 à 11 ; *Prodrome*, t. I, p. 58.

[2] *Pal. der Thuring. Wald.*, p. 28.

[3] *Ann. and mag. of nat. hist.*, 2ᵉ série, t. VIII, p. 487.

[4] Phillips, *Geol. of Yorkshire*, p. 237, pl. 20, fig. 65 à 68 ; d'Orbigny, *Prodrome*, t. I, p. 114.

sous-genre des nautiles ; M. d'Orbigny lui a donné plus tard celui de MÉGASIPHONIA. Les espèces ont été décrites aussi sous ceux de NAUTILES, AMMONITES, CLYMENIA, AGANIDES, et ORBU-LITES [1].

L'*A. delphinus* [*Nautilus delphinus*, Forbes] [2] a été trouvée dans le terrain nummulitique de Pondichéry.

On en cite deux espèces dans le terrain parisien.

L'*A. zigzag* [*Naut. zigzag*, Sow. [3]] a été trouvée en France, dans les étages supérieurs, et en Angleterre, dans l'argile de Londres.

L'*A. Alabamensis* [*Naut. Alabamensis*, Morton [4]] provient des États-Unis.

Le terrain miocène contient les plus récentes.

L'*A. Aturi*, Basterot (*Clym. Morrisii*, Mich.) [5], a été trouvée à Bordeaux, à Dax, à Turin, etc. M. Edwards la réunit à l'*A. zigzag*.

4ᵉ FAMILLE. — GYROCÉRATIDES.

Nous comprenons dans cette famille les céphalopodes tentaculi-fères à cloisons simples, chez lesquels le siphon est placé du côté externe. Ce dernier caractère les rapproche de la famille suivante ; la simplicité des cloisons leur donne au contraire des rapports avec les précédentes.

J'entends ici par cloisons simples celles dans lesquelles aucune

[1] Bronn, *Lethæa geogn.*, 1ʳᵉ édit., t. II, p. 1123 ; Sowerby, *Min. conch.*, t. I, pl. 1 (*Nautilus*); Van Mons, *l'Institut*, 1833, p. 272 (*Ammonite*); Michelotti, *Ann. sc. regn. Lomb. Veneto*, 1840, p. 6 (*Clymenia*); Sismonda, *Synopsis*, 1847, p. 57 (*Aganides*); Blainville, *Manuel de malacol.*, 1825 (*Orbulite*); d'Orbigny, *Prodrome*, t. II, p. 302, et *Cours élément.*, t. I, p. 285.

[2] *Trans. of the geol. Soc.*, 2ᵉ série, t. VII, p. 98.

[3] Voyez, outre les auteurs précités : Nyst, *Coq. et pol. foss. Belgique*, p. 644, pl. 46, fig. 4 ; F. Edwards, *Eocene mollusca*, p. 52, pl. 9, fig. 1, dans les publications de la *Soc. paléontographique*, 1849.

[4] Morton, *Synopsis*, pl. 18, fig. 3.

[5] D'Orbigny, *Tabl. des Céphalop.*, p. 71 (*Aganides Aturi*); Basterot, *Coq. foss. Bord.*, p. 17 ; Michelotti, *Précis faune mioc.*, pl. 15, fig. 315 ; F. Edwards, *loc. cit.*

partie de la ligne de contact entre la cloison et la coquille ne mérite le nom de lobe.

Toutes les espèces connues appartiennent à l'époque primaire.

Les CRYPTOCERAS, d'Orb., — Atlas, pl. LI , fig. 16,

sont des goniatites à cloisons simples c'est-à-dire qu'ils ont la coquille enroulée et le siphon dorsal des goniatites, mais que leurs cloisons, dépourvues de lobes et de sinuosités, ressemblent à celles des nautiles.

On n'en connaît que deux espèces. L'une appartient au terrain dévonien [1].

C'est le *C. subtuberculatus*, d'Orb. (*Nautilus subtuberculatus*, Sandberger), d'Allemagne. C'est l'espèce figurée dans l'Atlas.

L'autre a été trouvée dans les terrains carbonifères [2].

C'est le *C. dorsalis*, d'Orb. (*Nautilus dorsalis*, Phillips), d'Angleterre.

Les GYROCERAS, H. de Meyer, — Atlas, pl. LI, fig. 17,

ont les caractères essentiels des précédents, mais leurs tours s'enroulent à distance et restent séparés par un intervalle spiral. Ils représentent ainsi dans cette famille les formes des nautiloceras et celles des crioceras. Leur analogie avec les premiers est même assez grande pour avoir engagé quelques paléontologistes, en particulier M. Giebel, à ne pas tenir compte de la position du siphon et à les réunir en un seul genre. D'autres auteurs ne les ont pas séparés des cyrtoceras.

On en connaît une espèce du terrain silurien supérieur.

C'est celle qui a été décrite par Hisinger [3], sous le nom d'*Inachus costatus*. Elle provient de Suède.

---

[1] Guido et Frid. Sandberger, *Verst. der Rhein. Syst. Nassau*, p. 133, pl. 12, fig. 3 ; d'Orbigny, *Prodrome*, t. I, p. 58.

[2] Phillips, *Geol. of Yorkshire*, p. 231, pl. 18, fig. 1, 2 ; d'Orbigny, *Prodrome*, p. 114.

[3] *Lethæa Suecica*, p. 38, pl. 12, fig. 2.

Les terrains dévoniens en renferment plusieurs. Elles ont presque toutes été décrites sous le nom de CYRTOCERAS.

M. Phillips [1] a fait connaître les *Cyrt. armatum, marginale, nautiloideum, ornatum* et *reticulatum*, qui sont des gyroceras pour M. d'Orbigny.

Les espèces du Rhin [2] ont été décrites par MM. d'Archiac et de Verneuil, et par M. Roemer. Ce sont les *Cyrt. depressus*, Gold., *Eifelensis*, Vern. et d'Arch., *ornatus*, Gold. non Phill. (*Goldfussii*, d'Orb.), *tetragonus*, Vern. et d'Arch., *cancellatus*, Roemer.

Les espèces des gisements analogues du duché de Nassau ont été l'objet d'études de MM. Guido et Frid. Sandberger [3]. Ces naturalistes ont décrit les *G. binodosum*, Sandb., *aratum*, id., *quadratoclathratum*, id., et *tenuisquamatum*, id., et donné quelques nouveaux détails sur le *G. costatum*, Goldf., auquel ils réunissent l'*Eifelensis*, Vern. et d'Arch., et sur le *G. ornatus*, Goldf.

Il faut, suivant M. d'Orbigny, ajouter l'*Hortolus concolorans*, Steinberg, de l'Eifel [4].

Le *Cyrt. subornatum*, M' Coy [5], des terrains dévoniens de Plymouth, me paraît aussi devoir appartenir à ce genre.

LES CYRTOCERAS, Goldfuss,

ne diffèrent des gyroceras que par la direction de leur coquille, qui est simplement arquée en forme de corne et qui ne s'enroule pas en une véritable spirale. Les limites entre ces deux genres ne sont pas toujours très précises, car il y a des différences de courbure considérables dans chacun des types, et lorsqu'on ne possède que des fragments, même assez considérables, on peut avoir quelque hésitation.

Les espèces sont nombreuses, spéciales à l'époque primaire, et se trouvent dans les terrains siluriens, dévoniens et carbonifères.

M. Hall [6] a décrit sept espèces du Trenton limestone (silurien inférieur) des États-Unis. M. d'Orbigny en réunit au même genre deux autres, décrites

[1] *Palæozoic. foss. of Devon.*

[2] D'Archiac et Verneuil, *Trans. of the geol. Soc.*, 2ᵉ série, t. VI; Roemer, *Das Rhein. Uebergang. Geb.*, p. 80. Goldfuss est aussi quelquefois cité, mais il a surtout donné des noms inédits aux fossiles du musée de Bonn.

[3] Guido et F. Sandberger, *Verst. Rhein. Syst. in Nassau*, p. 134, pl. 12 à 14.

[4] *Mém. sur les foss. du calcaire inferm. de l'Eifel*, traduit *Mém. Soc. géol. de France*, t. I, p. 270, pl. 23, fig. 3.

[5] *Ann. and mag. of nat. hist.*, 2ᵉ série, t. VIII, p. 489.

[6] *Pal. of New-York*, t. I, p. 193, pl. 41 et 42.

par le même auteur, sous le nom de Cyatolites ([1]) (*C. filosum* et *Trentonense*).

Le *Cyrt. Archiaci*, Vern. et Keys. ([2]), a été trouvé dans le terrain silurien inférieur de Russie.

Le *Cyrt. lævis*, Sow. ([3]), a été découvert dans le terrain silurien supérieur de Ludlow.

Les terrains dévoniens en contiennent un grand nombre d'espèces.

M. Phillips ([4]) en a décrit sept espèces d'Angleterre (outre les cinq indiquées ci-dessus comme des gyroceras).

MM. de Verneuil et d'Archiac ont fait connaître les *C. flexuosus*, *lamellosus* et *lineatus*, Goldfuss, du bassin du Rhin ([5]), dans lequel on trouve aussi les *C. angustiseptatus*, Münster, et *ungulatus*, id.; ainsi que le *multistriatus*, Roemer, et le *C. nautiloideus*, d'Orb. (*Orthocera*, id., Steininger).

Le *C. teres*, Roemer, provient du Harz ([6]), ainsi que le *C. undulatum*, id., *multiseptatum*, id., et *subplicatum*, id. ([7]).

Les terrains dévoniens du Nassau ont fourni à MM. G. et F. Sandberger ([8]) plusieurs espèces, et en particulier huit nouvelles, les *C. cornucopiæ*, *bilineatum*, *breve*, *acuticostatum*, *planoexcavatum*, *ventralisinuatum*, *subconicum* et *applanatum*.

M. d'Orbigny ([9]) ajoute le *C. subrugosus*, d'Orb., du département de la Manche.

Les terrains carbonifères en ont fourni quelques espèces.

M. de Koninck ([10]) a décrit les *Orthoceras anguis* et *rugosum*, de Belgique, qui sont des *Cyrtoceras*.

([1]) Hall, *Id.*, p. 189, pl. 41 ; d'Orbigny, *Prodrome*, t. I, p. 2. Ce genre Cyatolite renferme, dans l'ouvrage de M. Hall, des coquilles enroulées qui sont des bellérophons, et des coquilles en forme de corne qui paraissent n'être pas des céphalopodes.

([2]) *Pal. de la Russie*, p. 359, pl. 24, fig. 11. C'est l'espèce figurée dans l'Atlas.

([3]) Sowerby in Murchison, *Sil. syst.*, pl. 8, fig. 21.

([4]) *Palæoz. foss. of Devon*, pl. 41 à 48.

([5]) *Trans. of the geol. Soc.*, 2ᵉ série, t. VI ; Münster, *Beitr.*, t. I, pl. 17, fig. 1 et 6 ; Roemer, *Das Rhein. Ueber. Geb.*, p. 81, pl. 6, fig. 3 ; Steininger, *Mém. Soc. géol.*, t. I, pl. 23, fig. 1.

([6]) Roemer, *Hartzgeb.*, p. 35, pl. 10, fig. 3.

([7]) *Palæontographica*, t. III, p. 18, pl. 3, fig. 25, et p. 38, pl. 6, fig. 2 et 3.

([8]) *Verst. Rhein. Syst. Nassau*, p. 142, pl. 13 à 15.

([9]) *Prodrome*, t. I, p. 53.

([10]) *Descr. foss. carb. de Belg.*, p. 524 et 527, pl. 44, 47 et 48.

Le C. *novemangulatum*, Verneuil, Keys. et Murchison [1], a été trouvé en Russie.

5ᵉ FAMILLE. — AMMONITIDES.

Je comprends sous le nom d'ammonitides tous les céphalopodes tentaculifères chez lesquels le siphon longe la grande courbure, du côté opposé à l'enroulement et dont les cloisons forment une ligne compliquée. Dans un petit nombre de types cette complication ne consiste qu'en un simple lobe siphonal. Dans l'immense majorité il y a plusieurs lobes et plusieurs selles. Tantôt ces lobes sont eux-mêmes simples (goniatites, etc.); tantôt ils sont dentelés (cératites); tantôt ils sont ramifiés et forment comme un feuillage très divisé (ammonites, etc.).

Cette famille rappelle tout à fait la précédente par la position de son siphon; elle me paraît cependant former un type distinct. Les goniatites sont trop liées aux cératites et aux ammonites pour pouvoir en être séparées. Les genres de la famille précédente rappellent au contraire les nautilides, et sont la répétition des formes de ce groupe avec lequel ils présentent un parallélisme remarquable.

Outre les différences que nous venons d'indiquer dans la forme des cloisons, les divers genres des ammonitides se distinguent les uns des autres par le mode de l'enroulement de la coquille, qui présente de nombreuses modifications, depuis la spirale régulière jusqu'à la ligne droite, et qui quelquefois même s'élève en forme d'hélice.

Les ammonitides sont aussi anciennes que les nautilides; mais elles sont bien moins variées dans les terrains primaires. Tandis que nous voyons les nautilides être représentés dès les terrains siluriens par des genres nombreux, les ammonitides ne le sont que par celui des goniatites, par quelques cératites et par les bactrites.

Dans l'époque secondaire, les rôles changent, et la famille des ammonitides prend un développement beaucoup plus considérable que celle des nautilides. Le genre des ammonites se trouve dès les terrains triasiques, mais on voit surtout à cette époque s'augmenter

[1] *Pal. de la Russie*, p. 328, pl. 24, fig. 10.

le genre des cératites, dont les lobes sont simples et seulement un peu denticulés sur les bords. Les terrains jurassiques et crétacés renferment une multitude considérable de véritables ammonites qui, comme nous le dirons plus bas, en traitant de ce genre remarquable, forment une partie essentielle de la paléontologie de ces époques.

On voit aussi avec la période jurassique paraître quelques genres à cloisons foliacées, mais dont l'enroulement est moins régulier. Les turrilites, les ancyloceras, les toxoceras et les helicoceras se trouvent déjà dans les terrains de cette période. Avec l'époque crétacée apparaissent encore d'autres types, les crioceras, les scaphites, les hamites, les ptychoceras, les baculites, etc.

A la fin de l'époque crétacée la famille des ammonitides disparaît complétement et les terrains tertiaires n'en renferment aucune trace. Elle n'a d'ailleurs plus de représentant dans la faune actuelle.

Les caractères qui peuvent servir à subdiviser les ammonitides n'ont pas été appréciés de même par tous les paléontologistes, et l'on trouve des divergences assez grandes soit sur la convenance de créer des coupes génériques d'après certaines modifications de ces caractères, soit sur les limites de quelques groupes.

Quelques auteurs considèrent comme insuffisants les caractères par lesquels on a séparé les goniatites, les cératites et les ammonites, et réunissent ces trois genres en un seul.

D'autres regardent les différences dans le déroulement comme d'une importance secondaire et tendent à réduire beaucoup le nombre des genres qui ont été établis sur ce caractère.

Je reconnais volontiers qu'on rencontre souvent des transitions embarrassantes, que les limites s'évanouissent fréquemment devant la multitude des formes, et que l'on peut craindre de voir s'augmenter outre mesure le nombre des genres. Je crois toutefois qu'il ne faut ici rien exagérer et que des difficultés du même genre se présentent dans toutes les divisions du règne animal. La forme des lobes et le système de l'enroulement offrent ici des différences trop grandes, pour qu'on ne puisse pas y trouver des caractères génériques.

Je divise les ammonitides en deux tribus.

1re Tribu. — AMMONITIDES A CLOISONS NON RAMIFIÉES.

Cette tribu contient deux genres semblables par leur enroulement normal, les cératites et les goniatites, et deux genres droits, les bactrites et les baculines.

Les deux premiers ont de grands rapports l'un avec l'autre et ne sont pas faciles à caractériser. Les diagnoses qui en ont été données sont incomplètes ou manquent de généralité, et l'on ne tarde pas à voir que les auteurs, tout en se croyant d'accord, n'ont point envisagé de la même manière les limites de ces deux genres.

M. de Haan, qui a établi le genre des cératites, ne les distingue des goniatites que par leurs tours moins enroulés, et il laisse dans ce dernier genre les espèces complétement enroulées. Ces caractères sont évidemment d'une importance secondaire.

La plupart des autres auteurs ont eu recours à la forme des cloisons. M. d'Orbigny nomme *Agonides* (genre qui correspond aux goniatites) les espèces qui ont les cloisons pourvues latéralement de parties anguleuses, indépendamment d'un lobe dorsal également anguleux. Il nomme *Cératites* les espèces dont les cloisons forment des découpures plus ou moins profondes, obtuses et non ramifiées, et qui ont le lobe dorsal profond, à peine séparé par une petite selle médiane pleine. Il suffit de jeter les yeux sur une série de goniatites et de cératites telles que M. d'Orbigny les distingue lui-même, pour trouver une foule d'exceptions. Il y a beaucoup de goniatites dont les cloisons forment des découpures obtuses et non anguleuses, et plusieurs espèces à cloisons anguleuses ont été classées parmi les cératites. Le lobe dorsal, dans l'un comme dans l'autre genre, est tantôt profond, tantôt court, tantôt anguleux, tantôt arrondi, à selle médiane tantôt simple, tantôt découpée, tantôt étroite, tantôt large.

M. de Buch ([1]) a proposé de nommer goniatites toutes les espèces qui n'ont qu'un seul lobe latéral accompagné d'une très grande selle, et qui sont dépourvues de lobes auxiliaires. Il transporte dans le genre des cératites toutes les espèces qui ont des lobes nombreux. L'adoption de ce caractère modifierait l'étendue actuelle des deux genres, ferait passer un grand nombre d'espèces

---

([1]) *Bull. Soc. géol. de France*, 2e série, 1849, t. VI, p. 564.

dans les cératites et les ferait remonter jusqu'à l'époque dévonienne.

Cette différence dans la disposition des lobes est d'une observation facile, assez rigoureuse dans la plupart des cas; mais elle présente dans certaines espèces, qui ont 2, 3 et 4 lobes latéraux, des passages d'un type à l'autre; il est d'ailleurs douteux qu'elle puisse avoir une valeur générique, quand on la refuse, probablement avec raison, à des modifications au moins aussi importantes dans les ammonites proprement dites.

Il est enfin un caractère que plusieurs auteurs ont fait entrer dans les descriptions, mais auquel on n'a pas donné jusqu'à présent de valeur générique, quoiqu'il en ait probablement autant et plus que le précédent. Je veux parler de la denticulation des lobes dans la plupart des cératites, denticulation très marquée, qui forme un passage évident à la ramification des ammonites et qui acquiert par là une importance incontestable.

On verra même, surtout dans les ammonitides de Saint-Cassian, des transitions qui lient insensiblement les ammonites et les cératites. Dans les cératites modernes et dans plusieurs autres espèces, les lobes sont découpés en plusieurs petites pointes, tandis que les selles sont simples.

Je conclus de cette discussion que les goniatites et les cératites sont unies par des caractères qui établissent des transitions nombreuses entre elles et qu'elles ne doivent peut-être former qu'un seul grand genre naturel. Si toutefois on veut les séparer pour la commodité de l'étude, le seul caractère qui n'offre pas trop de passages embarrassants consiste dans la dentelure des lobes. Je nommerai donc *Goniatites* toutes les espèces à lobes simples, et *Cératites* celles dont les lobes sont dentelés.

Les GONIATITES, de Haan (*Aganides*, Montfort ? d'Orb.). —
Atlas, pl. LII, fig. 1 à 7.

ont une coquille régulièrement enroulée, à tours de spire souvent embrassants et au moins contigus. Les cloisons rencontrent la coquille par des lignes sinueuses ou anguleuses qui ne sont jamais dentelées.

Ce genre a été établi par M. de Haan, qui en a le premier précisé les caractères et lui a donné le nom que nous lui conservons. M. d'Orbigny a proposé, dans ces dernières années, de reprendre celui d'aganides donné par Denis de Montfort à une coquille qui est peut-être une goniatite. Je n'ai pas cru devoir adopter ce changement, car tous les conchyliologistes savent quel peu de valeur ont ces prétendus genres de Denis de Montfort. Dans le cas actuel en particulier, je ne puis pas accepter comme s'appliquant avec quelque certitude au genre des goniatites, une description qui représente les cloisons comme percées par un trou, sans dire si ce trou est dorsal, ventral ou central ; qui indique ces mêmes cloisons comme feuilletées, lobées, en zigzag ou découpées, et qui donne enfin pour caractère, que la coquille est enroulée sans ombilic, ce qui est bien loin de convenir à un grand nombre d'espèces. Il me semble donc plus juste de conserver le nom donné par le premier auteur qui a fait connaître les caractères réels du genre. Nous ne ferons ainsi que nous conformer à la nomenclature généralement admise et nous éviterons des discussions insolubles, car M. d'Orbigny lui-même, en 1826, a donné ce nom d'aganides aux clyménies, semblant indiquer par là que la description de Montfort se rapporte également à ce genre [1].

Les espèces sont très nombreuses. MM. Guido et Fridolin Sandberger, à l'exemple de M. de Buch, ont proposé une division fondée sur l'étude des lobes ; ils admettent huit groupes, qui sont :

Les *Linguati*, à lobes et à selles en forme de langues, très saillants, constamment arrondis.

Les *Lanceolati*, à lobes en forme de lancettes, plus étroits que les précédents, pointus, à selles rondes, ordinairement claviformes. (Atlas, pl. LII, fig. 1.)

Les *Genufracti*, dont la seconde selle latérale, très développée, occupe la plus grande partie des flancs et forme avec le second lobe latéral un angle presque droit. Le lobe dorsal est petit. (Atlas, pl. LII, fig. 2.)

Les *Serrati*, à lobes et selles petits et pointus, formant par leur réunion l'apparence d'une scie. (Atlas, pl. LII, fig. 3.)

Les *Crenati*, à lobe dorsal très petit, échancrant une selle dorsale arrondie ; selle latérale très grande et arrondie, séparée de la précédente par un lobe aigu. (Atlas, pl. LII, fig. 4.)

Les *Acutolaterales*, à lobe dorsal simple, un lobe et une selle aiguë sur chaque côté. (Atlas, pl. LII, fig. 5.)

[1] Voyez Denis de Montfort, *Conch. syst.*, t. I, p. 30 ; de Haan, *Monog. ammon.* ; d'Orbigny, *Tabl. méth. des Céphalopodes* et *Cours élément.*, t. I, p. 287.

Les *Magnosellares*, à selle latérale large et courte, à lobe latéral arrondi ; lobe dorsal mince. (Atlas, pl. LII, fig. 6.)

Les *Nautilini*, lobe dorsal étroit, cloison simplement arquée sur les côtés. (Atlas, pl. LII, fig. 7.)

Ces groupes s'accordent en partie avec la distribution géologique. Les *Nautilini* appartiennent exclusivement à la partie inférieure des terrains dévoniens. Les *Crenati* et les *Magnosellares* se trouvent dans les couches supérieures de la même époque. Les *Genufracti* sont tous de l'époque carbonifère. Les limites que nous donnons maintenant à ce genre nous forcent à admettre son existence jusqu'à l'époque crétacée ; mais son plus grand développement a eu lieu pendant la période primaire. Il manque aux terrains jurassiques.

Les goniatites n'ont pas encore été trouvées dans les terrains siluriens et les plus anciennes appartiennent à l'époque dévonienne. Les espèces y sont en très grande abondance.

M. de Buch [1] est un des premiers auteurs qui aient mis de la clarté dans leur étude ; il a fait connaître, dans divers ouvrages ou mémoires, un bon nombre d'espèces.

M. E. Beyrich [2] a étudié celles du bassin du Rhin et en a décrit dix-huit espèces, dont quelques unes avaient déjà été étudiées par M. de Buch.

Le comte de Münster [3] a réuni des matériaux bien plus considérables. La série de ses mémoires renferme la description de plus de quarante espèces, dont la plupart proviennent du Fichtelgebirge.

MM. G. et F. Sandberger [4] viennent d'en décrire avec soin un grand nombre des terrains dévoniens du duché de Nassau (vingt-huit espèces dont quinze nouvelles). Ils ont en particulier réuni des faits curieux sur les variations du *G. retrorsus*, de Buch.

MM. de Verneuil et d'Archiac [5] en ont figuré plusieurs dans leur beau travail sur les dépôts du Rhin.

M. Roemer [6] en a fait connaître quelques unes du Harz. M. Richter de la

<hr>

[1] De Buch, *Ueber Ammoniten*, etc., *Abhandl. Berlin. Akad.*, 1832 ; *Ueber Goniatiten und Clymenien in Schlesien*, in-4°, Berlin, 1839.

[2] Beyrich, *Beitr. zur Kentniss Verst. Uebergangsgeb.*, Berlin, 1837, in-4° ; *Ann. sc. nat.*, 2ᵉ série, t. X, p. 65.

[3] Münster, *Ueber Goniatiten und Clym.*, etc., Bayreuth, 1832, in-4° ; *Ann. sc. nat.*, 2ᵉ série, t. II, et *Beitr. zur Petref.*, t. I, p. 16, t. III, p. 106, et t. V, p. 107.

[4] *Verst. Rhein. schich. Syst.*, p. 64, pl. 4 à 11.

[5] *Trans. of the geol. Soc.*, 2ᵉ série, t. VI.

[6] *Harzgebirge*, et *Palæontographica*, t. III, p. 19 et 39.

Thuringe [1] et M. Phillips [2], d'autres des terrains dévoniens d'Angleterre.

Les goniatites se continuent nombreuses dans les terrains carbonifères.

Les espèces [3] ont principalement été décrites par M. Phillips pour l'Angleterre (au moins vingt-cinq espèces), et par M. de Koninck pour la Belgique (quatorze espèces).

Quelques-unes de ces espèces avaient déjà été décrites ou signalées par d'autres auteurs, parmi lesquels on peut citer Sowerby, de Buch, etc. Plusieurs d'entre elles, en effet, ont une distribution géographique assez étendue. Ainsi le *G. sphæricus*, Phillips, se trouve en Belgique, en Angleterre, en Irlande, en Allemagne, en Amérique, etc.

On peut citer parmi les travaux plus récents ceux de M. de Verneuil, de M. M'Coy, qui ont fait connaître quelques espèces intéressantes.

Deux espèces ont été trouvées dans le muschelkalk [4].

Il faut en effet rapporter à ce genre, à cause de la simplicité de leurs lobes, l'*Amm. Bogdoanus*, de Buch, du muschelkalk de Russie, et l'*Amm. Ottonis*, de Buch, des environs de Cassel.

Ce genre s'est retrouvé dans le terrain salifèrien, où il contribue à ce mélange si singulier des types paléozoïques avec les types de l'époque secondaire [5].

Quelques espèces ont été décrites par le comte de Münster. Ce sont les *G. pisum, spurius, armatus, eryx, glaucus, furcatus, Wismanii*, et *Friessi*.

D'autres ont été décrites par M. de Klipstein. Ce sont les *G. Beaumontii, infrafurcatus, suprafurcatus, Buchii, ornatus, Blumii, æquilobatus, radiatus, bidorsatus, iris, Bronnii, Rosthornii, Dufresnoyi* et *tenuissimus*.

M. de Hauer en a fait connaître aussi quelques-unes des terrains salifèriens du Tyrol, et entre autres le *G. Haidingeri*, Hauer, de Aussée, et le *G. decoratus*, id., de Hallstatt. Je ne connais pas cette dernière, mais la première a

---

[1] *Pal. der Thuringer Wald*, p. 32.

[2] *Palæozic foss. of Devon*,

[3] Voyez pour les espèces carbonifères : Phillips, *Geol. of Yorkshire*; de Koninck, *Descr. des anim. foss. carb. de Belg.*, p. 556 ; Sowerby, *Min. conch.*, pl. 262, 501, etc.; de Buch, *Ammonites*, etc.; de Verneuil, Murchison et de Keyserling, *Pal. de la Russie*, t. II ; M'Coy, *Foss. of Ireland*, etc.

[4] De Buch, *Ueber Ceratiten, Mém. de l'Acad. de Berlin*, 1848 (publiés en 1850), et 3 *planches d'Amm.*, pl. 2, fig. 1 ; de Verneuil, *Pal. de la Russie*, pl. 26, fig. 1 (*Goniatite*); d'Orbigny, *Prodrome*, t. I, p. 171 (*Ceratite*).

[5] Münster, *Beitr. zur Petref.*, t. IV, p. 127, pl. 14 ; Klipstein, *Geol. der Oestlich. Alpen*, p. 136 et 143, pl. 8 ; de Hauer, *Naturw. Abhandl.*, de Haidinger, t. I, p. 264, pl. 8, et *Cepholopoden Salzkammerguts*, p. 35, pl. 11.

des lobes découpés qui la rapprochent singulièrement des cératites. Elle a toutefois quelque chose de si anormal dans la structure de ces lobes, qu'il me paraît difficile de fixer ses véritables rapports.

Les limites que j'ai adoptées pour ce genre me forcent, comme je l'ai dit, à admettre quelques espèces crétacées [1].

La *G. Vibrayeanus* (*Ceratites Vibrayeanus*, d'Orb.), de l'étage cénomanien de Vibraye (Sarthe), et le *G. Ewaldi* (*Ceratites Ewaldi*, id.), du terrain turonien d'Uchaux, ont des lobes linguiformes simples.

Les Cératites de Haan, — Atlas, pl. LII, fig. 8 et 9,

ont les lobes denticulés, et en général leurs tours se recouvrent peu, en sorte que la coquille n'est pas ordinairement globuleuse. On en trouve plusieurs dans le muschelkalk [2].

L'espèce la plus commune est le *C. nodosus*, de Haan, de Lunéville, d'Allemagne, etc.

Il faut y ajouter le *C. semipartitus*, Gaillardot, de Buch (*bipartitus*, Voltz, *enodus*, Quenst., *Hedenstromii*, Keyserl.), de Lunéville, d'Allemagne, et de Russie (fig. 8).

Le *C. parvus*, de Buch, du canton de Soleure.

Les *C. Mittendorfi*, *euomphalus* et *Eichwaldi*, Keyserling, de Russie.

Le *C. Gemitzii*, d'Orbigny, d'Allemagne.

Le terrain salifère en contient aussi beaucoup [3].

On trouvera la description de plusieurs espèces de St.-Cassian dans les ouvrages du comte de Münster. Ce sont les *C. batus*, *busiris*, *basileus*, *bipunctatus*, *dichotomus*, *Okeani*, *venustus*, *Munsteri*, *sulcifer*, *Achelous*, *Agenor*, *jarbas* et *irregularis*.

D'autres du même gisement ont été décrites par M. de Klipstein. Ce sont les *C. infundibuliformis*, *Zeuschneri*, *Karstenii*, *Meriani*, *brevicostatus* et *Agassizii*, parmi lesquelles il y a peut-être quelques doubles emplois avec celles du comte de Münster.

[1] De Buch, *Ueber Ceratiten, Mém. Acad. de Berlin*, 1848 (publié en 1850); d'Orbigny, *Pal. fr., Terr. crét.*, t. I, p. 322, pl. 96, fig. 1-3, et *Prodrome*, t. II, p. 145 et 190.

[2] Gaillardot, *Ann. sc. nat.*, 1824, t. II, p. 488; de Haan, *Monog. Ammon. et Gon.*, p. 157; de Buch, *Ueber Ceratiten*, etc.; Keyserling, *Petschora Land*, pl. 1 et 3; Quenstedt, *Petref. Wurtembergs*, p. 70, pl. 3, fig. 15; d'Orbigny, *Prodrome*, t. I, p. 172.

[3] Münster, *Beitr. zur Petref.*, t. IV, p. 129, pl. 14 et 15; Klipstein, *Geol. der Oestlich. Alpen*, p. 130, pl. 8.

Ce genre, comme celui des goniatites, paraît manquer à l'époque jurassique et se retrouve dans les terrains crétacés, mais quelquefois avec des caractères qui forment une transition aux ammonites.

La *C. Senequieri*, d'Orb. [1], a des lobes trifurqués comme beaucoup d'ammonites, et sa selle latérale échancrée. Elle se trouve dans le gault d'Escragnolles.

La *C. Jacquemonti*, de Buch [2], a des lobes tout à fait semblables, mais la selle latérale simple. Elle provient de l'Himalaya.

La *C. Syriacus*, de Buch [3], est, avec des lobes semblables, plus voisine encore des ammonites par ses selles très subdivisées. Elle a été trouvée dans le terrain cénomanien du mont Liban (fig. 9).

La *C. Roboni*, Thiollière [4], du terrain turonien de Dieu-le-Fit, a une découpure plus prononcée encore. M. d'Orbigny la considère comme une ammonite altérée. Les échantillons originaux que j'ai vus à Marseille dans la collection de M. Challande m'ont paru justifier l'opinion de ceux qui la placent dans le genre des cératites.

La *C. Pierdenalis*, de Buch [5], du Texas, a les caractères des véritables cératites.

Les **BACRITES**, Sandberger (*Stenoceras*, d'Orbigny). — Atlas, pl. LII, fig. 10,

ont une coquille droite comme les orthocératites et un siphon mince marginal. On croirait peut-être, en conséquence, devoir les rapprocher des melia, mais ce siphon correspond à un lobe ou sinuosité des cloisons qui semble indiquer le côté qui serait externe s'il y avait enroulement (côté dorsal pour tous les paléontologistes, côté probablement ventral.)

Ils appartiennent donc au même type que les goniatites dont les cloisons sont presque réduites au lobe dorsal. Les flancs ont quelquefois un lobe latéral arrondi. La coupe de la coquille est tantôt régulièrement circulaire, tantôt elliptique.

MM. Sandberger ont fait remarquer avec raison que ce genre est aux goniatites ce que les baculites sont aux ammonites.

[1] *Pal. fr., Terr. crét.*, t. I, p. 292, pl. 86, fig. 3 à 5. et *Prodrome*, t. II, p. 122.

[2] De Buch, *Ueber Ceratiten*, p. 24, pl. 6.

[3] Id., *Ibid.*, p. 20, pl. 5.

[4] Thiollière, *Note sur une nouvelle espèce d'ammonite, Ann. Soc. d'Agric. de Lyon*; d'Orbigny, *Prodrome*, t. II, p. 190.

[5] De Buch, *Ueber Ceratiten*, p. 30 a, pl. 6; Roemer, *Kreidegeb. von Texas*, p. 34, pl. 4, fig. 3.

On en connaît quelques espèces de l'époque dévonienne [1].

MM. Sandberger [2] ont décrit les *B. gracilis* et *subconicus*, Sandb., et rapporté au même genre, sous le nom de *B. carinatus*, l'*Orthoceratites carinatus*, du comte de Münster. Ces trois espèces ont été trouvées à Wissembach.

Les Baculina, d'Orbigny,

ont aussi une coquille droite, mais des cloisons semblables à celles des cératites. Elles représentent le déroulement de ce genre, comme les bactrites celui des goniatites et les baculites celui des ammonites.

M. d'Orbigny n'en indique qu'une seule espèce [3], qui n'a été encore ni décrite ni figurée, la *B. Rouyana*, d'Orb., du terrain néocomien de Saint-Julien (département des Hautes-Alpes).

Il faut probablement lui ajouter le *Baculites acuarius*, Quenstedt [4] du Jura brun ζ de Gammelshausen (terrain oxfordien inférieur). Ce serait le seul exemple connu d'une espèce de cette tribu dans les terrains jurassiques. (Atlas, pl. LII, fig. 11.)

2ᵉ Tribu. — AMMONITIDES A CLOISONS RAMIFIÉES.

Cette tribu contient tous les genres dont les cloisons rencontrent la coquille, en formant une ligne compliquée, semblable au contour d'un feuillage plus ou moins découpé. Elle a pour type les ammonites proprement dites et offre des variations nombreuses dans le mode d'enroulement.

Toutes les espèces de cette tribu appartiennent à l'époque secondaire et sont réparties dans les terrains triasiques supérieurs, jurassiques et crétacés.

[1] Sandberger in *Leonh. und Bronn Neues Jahrb.*, 1841, p. 240 ; Roemer, *Palæontographica*, t. III, p. 18, pl. 3, fig. 26 ; Quenstedt, *Petref. Deutschlands*, p. 65, pl. 1, fig. 11, et *Handb. der Petref.*, p. 341, pl. 26, fig. 6 ; Giebel, *Fauna der Vorwelt*, t. III, p. 278 ; Guido et Frid. Sandberger, *Verst. schicht. Syst. Nassau*, p. 124, pl. 17, fig. 3 ; d'Orbigny, *Prodrome*, t. I, p. 58.

[2] Sandberger, *loc. cit.* ; Münster, *Beitr. zur Petref.*, t. III, p. 100, pl. 19, fig. 8 *a* et 8 *c* ; Keyserling, *Petschora Land*, p. 271, pl. 13, fig. 11 ; Roemer, *loc. cit.* Le *Stenoceras Verneuilli*, d'Orbigny, *Prodrome*, t. I, p. 58, est probablement le même qu'une de ces espèces.

[3] D'Orbigny, *Prodrome*, t. II, p. 66.

[4] *Petref. Wurtembergs*, t. I, p. 297, pl. 21, fig. 15.

Les Ammonites, Brug., — Atlas, pl. LII, fig. 12 et 13,
pl. LIII, pl. LIV, et pl. LV, fig. 1 à 4,

sont enroulées en spirale régulière dans un plan, leurs tours étant
en contact ou se recouvrant les uns les autres. Elles représentent ainsi en quelque sorte la forme normale de cette tribu, et
forment un genre très nombreux, remarquable par la variété et
l'élégance de ses formes.

On les a primitivement nommées cornes d'Ammon, du nom de
Jupiter-Ammon. Il paraît qu'on avait coutume de représenter ce
dieu avec des cornes enroulées et qu'on le révérait en Libye
sous la figure d'un bélier. La forme des ammonites et leur ressemblance approximative avec les cornes de cet animal auraient motivé cette comparaison. D'autres auteurs pensent que l'origine du
mot de cornes d'Ammon vient de ce que les premières ammonites
connues ont été trouvées dans le voisinage du temple de Jupiter-
Ammon. Quelques uns, enfin, attribuent cette désignation à
l'habitude que l'on avait de s'en servir dans le culte de ce faux
dieu. Il paraît, d'après une lettre du père Calmette, qu'on les
emploie encore aujourd'hui dans l'Inde à des usages analogues,
et que les sectateurs du dieu Vischnou les considèrent comme des
objets sacrés.

Les premiers observateurs qui les ont étudiées y ont facilement reconnu des coquilles, et l'on ne retrouve pas ici les erreurs nombreuses dont quelques autres fossiles ont été l'objet.
En 1553, Belon les comparait déjà aux coquilles cloisonnées des
nautiles, et ce rapprochement, mieux démontré par Lister en 1685,
n'a guère été contesté que pour comparer quelques espèces discoïdales et costées à des serpents pétrifiés.

Le nombre considérable des espèces répandues dans les
terrains de l'époque secondaire ont attiré l'attention des géologues et des zoologistes, qui depuis Agricola en 1546, et surtout depuis Gessner en 1556, en ont figuré, décrit et classé
beaucoup d'espèces. Les premières descriptions scientifiques sont
dues à Lister, Luid, Lange, Bajer, Scheuchzer, etc. Les essais
de classification ont laissé pour traces un grand nombre de noms
aujourd'hui complétement abandonnés (¹). On est actuellement

(¹) Aldrovande, en 1648, les distinguait suivant leur substance, en Chrysam-
monites ou Ammochrysos, Siderammonites, etc., et suivant leur forme, en

d'accord pour n'admettre qu'un seul genre et pour le diviser en groupes, dont je discuterai plus bas la valeur.

Les travaux de Bruguières dans l'*Encyclopédie méthodique* ont fourni la base de la science moderne, jusqu'au moment où Léopold de Buch, par l'étude des cloisons, fit faire un pas si important à l'étude des céphalopodes. Les beaux travaux de M. d'Orbigny ont singulièrement contribué aussi à mettre de la rigueur et

HOPLITES, SPIRITES, OPHITES ou OPHIMORPHITES, AETITES, etc. Dans les anciens auteurs on trouve encore les noms de HAMMONITES, TEPHRITIS (Agricola, Germar); CERATOÏDES (Agricola), MENOÏDES, CHRYSALITES (Mercati). Lamarck les divisa en PLANORBITES, ORBULITES, PLANULITES, AMMONITES et AMMONOCERATITES; Plott y distingua des OPHIOPOMORPHITES et des AMPHIOPOMORPHITES; Denis de Montfort introduisit les noms de AMALTHEUS, ELLIPSOLITHES, PELAGUSES, SIMPLIGADES, etc., et donna le nom d'*Ammonite* au nautile vivant. Parkinson distinguait des AMMONOELLIPSITES et des NAUTELLIPSITES; de Haan nommait PLANITES les espèces peu enroulées, GLOBITES les globuleuses, etc.

Voyez pour l'histoire des ammonites, outre les travaux plus récents et plus importants que nous citerons, les ouvrages suivants : Allioni, *Oryctog. Pedem. specim.*, 1757; Baier, *Oryctog. Norica*, 1708; Baker, *A letter concern. some vertebræ of ammonita*, *Phil. Trans.*, 1747, p. 37; Baumer, *Naturg. des mineralreichs*; E. Bertrand, *Dict. oryctologique*; Bessler, *Gazophylacium*; Bolten, *Etwas von den Ammonshörnen*, *Beschäft. Berliner. Naturf. Freund.*, tome IV, p. 510; Bourguet, *Mém. pour servir à l'histoire des pétrif.*, 1742, in-4°; Brongniart dans Cuv., *Oss. foss.*; Bruguière, *Encycl. méth.*, 1792; Büttner, *Rudera diluvii testes*; Bruckmann, *Siles. subterr.*; Guettard, *Mémoires*; de Haan, *Monog. Ammonit. et Goniatitorum*, Lugd. Batav., 1825, in-8°; d'Hombres Firmas, *Consid. sur les foss.*, et partic. sur les ammonites, *Bibl. univ. de Genève*, mai 1824; A. de Jussieu, *De l'origine et de la formation d'une sorte de pierre figurée que l'on nomme corne d'Ammon*, *Mém. Acad. des sc. de Paris*, 1722; Kundmann, *Rariora nat. et artis*; Klein, *Descript. Petref. Gedan.*; Lister, *Hist. anim. Angliæ*, 1678, et *Hist. vel syn. meth. conchyliorum*, 1685; Lang, *Hist. lapid. fig. Helvetiæ*; Lesser, *Lithothéologie*; Leibnitz, *Protogæa*, pl. 4 et 5; Lochner, *Mus. Beslerianum*, 1716, pl. 34; Mantell, *Geol. of Sussex*, etc.; Parkinson, *Org. remains*, 1811, in-4°; Pontoppidan, *Naturgesch. Danemark's*; Rumphius, *Amboyn. Rariteikammer* Amst., 1705, in-fol.; Reinecke, *Maris Protogæi nautili et argon. vulgo cornua Ammonis in agro Coburgico repert.*, 1818; Reiske, *De cornu Hammonis agri Brunshufani*, *Misc. Acad. nat. cur.*, déc. II, 1688; Ritter, *Oryct. Goslar.*, *Oryct. Galenb.*; Sowerby, *dans ses divers ouvrages*; Scheuchzer, *id.*; Schlotheim, *Petref.*; Stobæus, *Opuscula*; Spada, *Corp. lapid. agri Veronensis*, Vérone, 1744; Walch et Knorr, *Merkwurdigk.*; Young and Bird, *Geolog. of Yorkshire*, etc.

de la précision dans cette branche de la paléontologie. Si l'on voulait, du reste, citer tous ceux qui ont contribué par leurs travaux à avancer plus ou moins l'histoire des ammonites, il faudrait indiquer les noms de presque tous les paléontologistes. Les ouvrages de Zieten, Sowerby, Phillips, d'Orbigny, Quenstedt, etc., sont en particulier indispensables pour la connaissance des espèces.

Les ammonites ne vivent plus aujourd'hui, de sorte qu'on ne connaît pas l'animal lui-même. On a discuté dans un temps la question de savoir si les coquilles de ces mollusques étaient internes comme celles des spirules, ou externes comme celles des nautiles. Cette question n'en est plus une. On a découvert des ammonites complètes qui montrent clairement que la dernière loge est très grande, et qu'elle a dû recevoir un mollusque aussi bien que celle des coquilles des nautiles. Elles sont cloisonnées comme celles de ce genre [1], et lui ressemblent trop, pour qu'on ne puisse pas en inférer que les animaux devaient aussi avoir une grande analogie. Ces coquilles étaient en général minces, et, par conséquent légères ; leurs cellules aériennes intercloisonnaires ont dû contribuer aussi à diminuer leur pesanteur spécifique ; et il est très probable que les ammonites naviguaient sur la surface des mers, comme le font aujourd'hui les nautiles et les argonautes, habitant principalement la haute mer et plus rares vers les rivages, où elles risquaient de se briser contre les rochers.

Le test des ammonites paraît avoir été dépourvu de la couche externe qui existe chez les nautiles, et la nacre se trouvait probablement à découvert, présentant des stries d'accroissement très distinctes. Cette circonstance, jointe à leurs formes élégantes, a dû en faire l'ornement des mers anciennes ; d'autant plus qu'elles ont été pendant longtemps très abondantes et très variées. Leur taille présente de grandes différences : quelques-unes ont atteint des dimensions telles qu'on les a comparées à des roues de voiture ; d'autres ont moins d'un pouce de diamètre.

La principale différence entre l'animal de l'ammonite et celui du nautile consistait probablement dans la forme du manteau, dont les bords ont dû, dans le premier, être très digités, puisqu'ils ont sécrété des cloisons aussi découpées. Cette organisation était probablement nécessitée par la position excentrique du si-

[1] Voy. Atlas, pl. LII, fig. 12.

phon, et a eu pour but de compenser par une adhérence plus grande
ce que l'animal perdait ainsi en solidité.

La bouche de la coquille a dû être le plus souvent simplement
limitée par la courbure des lames d'accroissement, qui, comme
je l'ai dit, sont toujours concaves en avant. Mais quelquefois aussi
elle a eu des prolongements remarquables. Quelques bouches ont
un rostre médian très allongé; d'autres ont, outre ce rostre, deux
ailes latérales. On voit aussi des coquilles où ces ailes sont seules
développées (1).

Il arrive quelquefois que l'animal a pendant sa jeunesse des
bouches provisoires de forme assez variée, qui se détruisent à mesure qu'il croît. Souvent ces bouches laissent des traces ou impressions sur la coquille (2).

La distinction des espèces a une grande importance, l'abondance des ammonites les rendant précieuses au géologue pour
la détermination des terrains. Les caractères les plus apparents
sont : 1° l'enroulement plus ou moins serré, qui quelquefois est une
spire tout à fait embrassante, et d'autres fois a lieu par des tours
à peine en contact (3); 2° la forme et la position des côtes, tubercules et lignes de la coquille; 3° la présence ou l'absence d'une
carène, etc.

Il faut avoir soin de tenir compte des différences souvent assez
grandes qui distinguent le moule interne de la coquille. Cette
dernière a quelquefois des ornements dont le moule ne conserve
aucune trace. Il faut aussi prendre garde à ce que les ammonites
changent souvent beaucoup avec l'âge, ce dont on peut s'assurer
en brisant les coquilles et en comparant les premiers tours aux
derniers. On reconnaîtra avec M. d'Orbigny, chez plusieurs d'entre elles, une période embryonnaire, une période d'accroissement
et une période de dégénérescence. Les ornements n'ont tout leur
développement normal que dans celle du milieu.

(1) Voyez pour ces bouches la pl. LIII, fig. 2, 3, 8 et 11, et la pl. LV,
fig. 1 et 2.

(2) Voyez pl. LIV, fig. 7 et 9.

(3) M. d'Orbigny a indiqué une bonne méthode pour apprécier l'enroulement. Elle consiste à mesurer le diamètre total de la coquille, à prendre cette
longueur pour unité, et à mesurer, en les estimant en fractions de cette unité,
la largeur du dernier tour, le diamètre de l'ombilic et l'épaisseur. Il faut avoir
soin de prendre ces mesures sur la même ligne.

A ces caractères externes et d'une observation plus facile,
M. de Buch, ainsi que je l'ai dit plus haut, a montré que l'on pouvait joindre avec un grand avantage l'étude des cloisons, ou plutôt
de la ligne qui résulte de la rencontre de la cloison avec la coquille proprement dite.

La cloison a une courbure presque uniforme et nautiloïde dans
son centre. A mesure que la surface se rapproche du bord, elle
se bosselle et se complique de parties saillantes et de parties ren-
trantes, qui, arrivant vers la coquille, y déterminent la ligne d'in-
tersection dont je viens de parler.

J'ai déjà dit que cette ligne d'union était, dans les véritables
ammonites, très sinueuse et découpée. On nomme *lobes*, les cour-
bures ou sinuosités qui sont dirigées en arrière par rapport à
l'enroulement, et *selles*, celles qui sont dirigées en avant. Chaque
cloison forme au moins six lobes, dont deux médians, l'un situé
extérieurement, l'autre contre le retour de la spire, et quatre latéraux dont deux de chaque côté ; leur nombre augmente dans les
espèces à spire plus embrassante. Ces lobes ont reçu de M. de
Buch les noms de lobes dorsal, ventral, latéraux et accessoires. Ces
dénominations doivent être en partie modifiées, car il est très
probable que l'animal de l'ammonite avait la même position que
le nautile, et celui-ci est, comme je l'ai dit plus haut, dans une position inverse de celle qu'on lui supposait. M. de Buch, et depuis
lui tous les paléontologistes, ont nommé *lobe dorsal* celui qui est
médian et sur la partie externe de la spire ; il est formé par la
partie ventrale de l'animal. Le *lobe ventral*, au contraire, correspond à son dos.

Je ne propose pas de renverser ces noms et d'appeler lobe ventral celui que l'on désignait sous le nom de dorsal, et *vice versâ*,
ce serait introduire une grande chance de confusion. Il me semble préférable de leur appliquer une dénomination qui soit indépendante de cette position du dos et du ventre, et de nommer [1]
lobe siphonal, ou *médian externe*, celui qui correspond à ce que l'on
nommait *lobe dorsal*, et *lobe médian interne*, celui que l'on appelait
ventral. Les autres lobes peuvent conserver les dénominations

---

[1] M. M'Coy, *Ann. and mag. of nat. hist.*, 2ᵉ série, t. VIII, p. 487, vient de
proposer une nomenclature analogue ; il nomme ces deux lobes *peripherian
mid-lob et inner mid-lob.*

reçues, c'est-à-dire que le lobe le plus rapproché du siphonal externe est le latéral supérieur : ce lobe est le plus grand des latéraux. Vient après lui le latéral inférieur ; puis, les accessoires, qui n'existent pas toujours et qu'on désigne par des numéros d'ordre : 1er accessoire, 2e accessoire, etc.

Les selles portent des noms analogues. Je nomme *selle externe*, celle qui est comprise entre le lobe médian externe et le lobe latéral supérieur : c'est l'ancienne selle dorsale. La *selle latérale* est comprise entre le lobe latéral supérieur et le lobe latéral inférieur. Les autres sont des selles accessoires.

Les lobes et les selles fournissent de bons caractères, soit dans leur nombre, soit dans leur forme et leur degré de complication, soit dans leur longueur proportionnelle. M. d'Orbigny s'appuie beaucoup sur leur mode de terminaison. Il désigne sous le nom de lobes pairs et de selles paires ceux dont l'extrémité est divisée en deux rameaux, et nomme lobes et selles impaires ceux dont l'extrémité est formée par un rameau unique ou par un rameau médian. Le lobe dorsal est toujours pair. Ce caractère, d'une observation facile, n'est pas toujours très rigoureux (1).

Il faut tenir compte de quelques variations. La découpure des lobes se complique avec l'âge, et les jeunes les ont souvent beaucoup plus simples que les adultes. La compression plus ou moins grande introduit aussi des différences. Les individus renflés diffèrent quelquefois dans une même espèce des individus comprimés, par le nombre des lobes accessoires ; les modifications de l'ombilic amènent le même résultat. Avec un peu d'attention on verra facilement qu'à côté de ces légères variations, les lobes fournissent dans leurs traits essentiels des caractères très fixes et très précieux.

Il faut encore remarquer que ce n'est que quand le test est enlevé qu'on peut apercevoir les lobes ; mais que, pour connaître leur forme exacte, il faut que le moule soit très bien conservé. S'il est usé, les lobes se simplifient considérablement ; car la cloison, comme je l'ai dit ci-dessus, n'est découpée qu'au bord et elle est simple dans son milieu. On trouve quelquefois des ammonites

---

(1) Les échantillons de l'*Amm. inflatus*, Sow., par exemple, que l'on recueille à la perte du Rhône, ont toujours les lobes pairs, tandis que le type normal les a impairs.

altérées, où les lobes paraissent aussi simples que dans les goniatites, tandis qu'ils auraient été très compliqués dans des échantillons mieux conservés.

L'observation des lobes, jointe à quelques caractères extérieurs,
a servi, à M. de Buch et aux paléontologistes qui ont suivi ses
traces, à diviser les ammonites en groupes que je dois indiquer
ici. Ils sont commodes pour la distinction des espèces, et plusieurs
d'entre eux ont des limites assez tranchées. D'autres au contraire
me paraissent reposer sur des distinctions qui s'évanouissent devant l'étude d'espèces nombreuses.

Les ammonites ont apparu vers la fin de l'époque triasique ; les
plus anciennes que l'on connaisse ont été trouvées dans les terrains
salifériens. Elles sont nombreuses et variées dans tous les terrains
jurassiques et crétacés, et disparaissent avant la formation des
terrains tertiaires. Elles sont donc parfaitement caractéristiques
de l'époque secondaire.

Le nombre des espèces connues dépasse cinq cents. Il serait
impossible de les indiquer toutes ici, et surtout de discuter les
synonymies, d'autant plus que l'on pourra trouver leur énumération dans les ouvrages de MM. d'Orbigny, Quenstedt, Giebel, etc. [1]. J'en cite cependant la plus grande partie, en insistant
sur les plus connues et les plus caractéristiques, et en cherchant
surtout à faire ressortir les modifications de leurs formes et les
liaisons de ces modifications avec leur distribution géologique.

Pour faciliter cette étude, je les divise en sections et en groupes,
en suivant en grande partie la méthode de M. de Buch et de
M. d'Orbigny, mais en y apportant cependant quelques modifications qui m'ont paru indispensables.

Dans les terrains jurassiques et crétacés, les formes des ammonites se modifient insensiblement et les diverses faunes successives
conservent de grands rapports les unes avec les autres. La transition est beaucoup plus brusque entre l'époque saliférienne [2] et les

<hr>

[1] Voyez principalement pour l'énumération et la discussion des espèces,
d'Orb., *Prodrome* ; Quenstedt, *Petref. Wurtemb.*, t. I, *Cephalopoda* ; Giebel,
Fauna der Vorwelt, t. III.

[2] Voyez pour les espèces des terrains salifériens : Münster, *Beitr. zur
Petref.*, t. IV, p. 136 ; Klipstein, *Geol. der Oestlich. Alpen* ; de Hauer, *Cephal.
der Salzkam.*, et *Mém. de Haidinger*, t. I et III.

suivantes. Les ammonites de cette époque ont en général des formes assez spéciales : les unes constituent évidemment des groupes à part ; et la plupart des autres, en se rapprochant des groupes connus, et en paraissant pouvoir s'y ranger, en diffèrent cependant par des caractères d'une certaine importance ([1]).

1re Section. — AMMONITES A QUILLE CONTINUE.

Ammonites ayant une carène saillante, mince et continue sur la ligne siphonale, séparée souvent par un sillon des parties adjacentes de la coquille.

1er Groupe. — ARIETES, de Buch. M. de Buch nomme ainsi les ammonites ornées sur les côtés de côtes toujours simples, droites, saillantes. La carène ou quille est souvent bordée par un sillon. Le lobe siphonal est aussi profond que large, aussi long que le lobe latéral supérieur. La selle externe est courte.

Exemple : *Ammonites bisulcatus*, Brug. (Atlas, pl. LIII, fig. 1).

Ce groupe est éminemment caractéristique du lias inférieur. On lui a, il est vrai, rapporté deux espèces des terrains salifériens, mais elles sont loin d'en offrir tous les caractères.

Ce sont :

L'*Ammonites salinarius*, de Hauer ([2]), qui a été confondue par M. Bronn avec l'*A. Turneri*, et par M. de Buch avec l'*A. Walcotti*. Elle provient du calcaire rouge de Hallstadt.

L'*Amm. pseudo-aries*, de Hauer ([3]), qui est réunie aux arietes par M. Giebel, mais qui forme un type tout spécial. La quille a disparu et les deux sillons latéraux caractéristiques des arietes se trouvent ainsi réunis en un seul qui est médian.

Les espèces du lias inférieur sont au contraire nombreuses et bien caractérisées. Elles fournissent au géologue un moyen commode et presque certain de reconnaître l'étage auquel M. d'Orbigny a donné le nom de sinémurien.

([1]) Voyez la synonymie générale des espèces dans les ouvrages précités. Pour abréger les renvois et diminuer le nombre des notes, j'ai indiqué par un chiffre placé après les noms de MM. d'Orbigny et Sowerby le numéro de la planche de la *Paléont. française* et du *Mineral conchology*.

([2]) *Cephal. Salzkamm.*, p. 30, pl. 10, fig. 1-3.

([3]) *Haidinger Abhandl.*, t. III, pl. 2, fig. 9-11.

Parmi les plus caractéristiques, on peut citer l'*Amm. bisulcatus*, Brug. (*A. Bucklandi*, Sow., 130 ; *multicostatus*, id., 454, d'Orb., 43), compagne ordinaire de la *Gryphæa arcuata*, et répandue dans toute l'Europe.

L'*Amm. Conybeari*, Sow., 131, d'Orb., 50 ; l'*A. rotiformis*, id., 453, d'Orb., 89 ; l'*A. obtusus*, id., 167, d'Orb., 44, et l'*A. stellaris*, id., 93, d'Orb., 45, sont également connues des paléontologistes comme un horizon certain, mais elles sont en général moins communes. On peut ajouter, parmi les espèces moins importantes : les *A. liasicus*, d'Orb., 48 ; *Kridion*, d'Orb., 51 ; *Scipionanus*, d'Orb., 51 ; *ophioïdes*, d'Orb., 64 ; *sinemuriensis*, d'Orb., 95 ; *Nodotianus*, d'Orb., 47 ; *Landrioti*, d'Orb., 33 ; *Bonnardi*, d'Orb., 46 ; *raricostatus*, Ziet., d'Orb., 54, etc.

2ᵉ Groupe. — Les FALCIFERI, de Buch, ont une coquille comprimée, munie d'une quille saillante et de plis infléchis en avant, souvent coudés au milieu de leur longueur et sans tubercules. La bouche, quand elle est complète, a un rostre médian et des expansions latérales. La selle externe est immense de largeur ; son lobe accessoire pourrait être pris pour le latéral supérieur. Ce dernier est toujours beaucoup plus long que le lobe siphonal.

Exemples : *Ammonites serpentinus*, Schlot. (Atlas, pl. LIII, fig. 2), et *A. bifrons*, Brug. (pl. LIII, fig. 3).

Les limites zoologiques de ce groupe sont beaucoup moins strictes que celles du précédent.

Les espèces du lias sont les mieux caractérisées, mais celles des terrains jurassiques supérieurs présentent des transitions nombreuses aux *Cristati*. Les côtes perdent leur forme coudée ; elles se réunissent quelquefois par deux ou trois à des tubercules ombilicaux ; la selle externe perd de son importance et le lobe qui l'échancre rentre pour plusieurs espèces dans des limites normales.

En étendant même ce groupe de manière à y comprendre les espèces à caractères plus ou moins modifiés, il commence au lias inférieur et ne s'étend pas au delà du terrain oxfordien.

Je ne puis pas, en effet, admettre jusqu'à nouvelles preuves son existence dans les terrains salifériens.

M. Giebel cite, il est vrai, les *Amm. subcingulatus*, d'Orb. (*A. cingulatus*, Klipst.), de Saint-Cassian [1] ; mais d'après la figure de M. Klipstein, cette espèce manque de carène, et n'appartient pas à ce groupe.

[1] *Geol. der Oestlich. Alpen*, pl. 7, fig. 10.

Dans le lias, les falciferi sont, comme nous l'avons dit, nombreux et ordinairement bien caractérisés. Ils paraissent cependant manquer au lias inférieur.

Le lias moyen en renferme quelques espèces qui ont bien les caractères du groupe.

On peut citer principalement les *A. Masseanus*, d'Orb., 58, et *Normannianus*, d'Orb., 88.

Les *A. Guibalianus*, d'Orb., 73; *Acteon*, id., 61, et *Aegion*, id., ont une carène très peu saillante et des lobes plus simples, mais avec les caractères essentiels du groupe.

Quelques auteurs (Giebel, etc.) lui rapportent encore l'*A. Sismondæ*, d'Orb., 97, du lias inférieur de la Spezzia. Son dos carré rend cette assimilation très douteuse; l'*A. Boucaultianus*, d'Orb., 97, a aussi des rapports avec ce groupe, mais un dos rond.

Le lias supérieur renferme les espèces les plus connues.

L'*A. serpentinus*, Schlot., d'Orb., 55, se trouve dans presque toute l'Europe, et est facile à distinguer à ses côtes très anguleuses dans le milieu des flancs. Peut-être passe-t-elle à l'oolithe inférieure dans quelques gisements. (Atlas, pl. LIII, fig. 2.)

L'*A. bifrons*, Brug., d'Orb., 56 (*Walcotii*, Sow., 106), est aussi très répandue et très caractéristique (Atlas, pl. LIII, fig. 3). Elle est remarquable par le sillon longitudinal qui partage ses flancs en deux aires dont l'externe a des côtes très arquées, et dont l'interne est lisse.

On peut ajouter plusieurs espèces caractérisées par des côtes plus uniformes, telles que les *A. comensis*; de Buch, *radians*, Schl., d'Orb., 59; *Levesquei*, d'Orb., 60; *primordialis*, Schl., d'Orb., 62; *opalinus*, Krüger; *Aalensis*, Zieten, d'Orb., 63; *complanatus*, Brug., d'Orb., 114; *concavus*, Sow., d'Orb., 116, etc.

L'*A. discoides*, Zieten, d'Orb., 115, du lias supérieur de France et d'Allemagne, très voisine de l'*A. complanatus* par ses ornements, fait une transition entre le groupe des falciferi et celui des clypeiformi, dont elle a le dos tranchant sans carène.

L'*A. variabilis*, d'Orb., 113, commune dans le lias supérieur de France, fait un passage très marqué au groupe des cristati par ses côtes bifurquées, partant des tubercules ombilicaux. Ce passage est rendu plus remarquable encore par l'*A. insignis*, Schubler, d'Orb., 112, qui est plus renflée.

On connaît quelques falciferi de l'oolithe inférieure.

L'*A. Murchisonæ*, Sow., d'Orb., 120, est une des plus connues. L'*A. Edouardianus*, d'Orb., 130, en diffère peu.

L'*A. Sowerbyi*, Miller, d'Orb., 119, a des côtes bifurquées et rappelle quelques cristati.

L'*A. Trueliei*, d'Orb., 117, a des raies longitudinales.

On peut ajouter l'*A. subradiatus*, d'Orb., 118, et l'*A. Tessonianus*, d'Orb., 130.

L'*A. cycloides*, d'Orb., 121 (*Cadomensis*, id.), est très renflée et a la forme des macrocephali, ce qui l'a fait mettre dans ce dernier groupe par M. Giebel, mais elle a une carène et des côtes arquées comme les falciferi.

Leur existence est douteuse dans la grande oolithe.

Ce n'est, en effet, qu'avec hésitation qu'on peut associer à ce groupe l'*A. hecticus*, Rein., d'Orb., 152, espèce anomale qui a souvent une carène divisée en tubercules comme les pulchelli, et d'autres fois une carène entière. Cette même espèce passe au terrain kellowien et probablement au terrain oxfordien.

Le terrain kellowien est également peu riche en ammonites falciferi.

On y trouve outre l'*A. hecticus*, Rein., que je viens de citer, l'*A. lunula*, Zieten, d'Orb., 157, qui n'en est peut-être elle-même qu'une variété, et qui offre aussi des apparences très diverses.

Les espèces de ce groupe paraissent ne pas dépasser les terrains oxfordiens.

Une des plus fréquentes est l'*A. canaliculatus*, Münster, d'Orb., 199, caractérisée par un sillon, qui partage les flancs parallèlement à l'enroulement.

Les *A. Henrici*, d'Orb., 198, et *Eucharis*, id., en sont à peine distinctes, mais le sillon et les côtes s'y effacent plus ou moins.

M. d'Orbigny indique encore dans le *Prodrome*, quelques espèces qui paraissent appartenir à ce groupe, mais qui n'ont été ni figurées ni décrites.

3° Groupe. — Les CRISTATI, d'Orb., sont ornés de côtes infléchies en avant, non coudées, qui diffèrent de celles des groupes précédents, en ce qu'elles sont le plus souvent bifurquées, ou inégales. Le lobe siphonal est ordinairement très long et la selle externe est médiocre. Toutes les espèces appartiennent aux terrains crétacés.

Exemple : *Ammonites inflatus*, Sow. (Atlas, pl. LIII, fig. 4).

Ce groupe est bien moins distinct des précédents qu'on ne l'a cru pendant longtemps, et les ammonites à quille du terrain crétacé ne peuvent guère être distinguées par leurs formes d'une manière certaine et constante de celles des terrains liasiques et jurassiques. J'ai déjà dit plus haut que quelques falciferi ont des tubercules ombilicaux placés sur la bifurcation des côtes, et que chez quelques unes aussi la selle externe perd de son importance. Nous trouvons dans les cristati des variations inverses qui augmentent encore les transitions.

Quelques espèces (telles que l'*A. Roissyanus* et l'*A. Mirapelianus*, etc.) ont des côtes simples, arquées, sans tubercules, comme la plupart des falciferi. Chez d'autres, le lobe siphonal s'élargit et reste plus court que le latéral supérieur : l'*A. Hugardianus*, d'Orbigny, par exemple, présente par ses lobes et ses côtes les caractères de plusieurs espèces que nous avons placées dans le groupe précédent.

Plusieurs espèces cependant, groupées autour de l'*A. inflatus*, ont des caractères bien tranchés et forment un type tout à fait spécial à l'époque crétacée.

Les ammonites cristati ne sont pas nombreuses dans le terrain néocomien.

On cite dans le néocomien inférieur l'*A. cultratus*, d'Orb., 46, du ravin de Saint-Martin (Var).

Il faut peut-être lui ajouter l'*A. Aonis*, d'Orb. (*Prodr.*), espèce non encore figurée.

On a trouvé dans le terrain néocomien supérieur (urgonien) l'*A. Ixion*, d'Orbigny, 56.

Le plus grand développement de ce groupe a eu lieu pendant l'époque du gault (¹) (terr. albien).

Une des plus anciennement connues est l'*Ammonites inflatus*, Sowerby, d'Orbigny, 90, répandue dans toute l'Europe et passant au terrain cénomanien.

L'*A. Candollianus*, Pictet, réunie à tort, suivant nous, à la précédente par M. d'Orbigny, a le lobe dorsal plus court que le latéral supérieur et commence la série des transitions aux falciferi.

L'*A. Balmatianus*, Pictet, est plus voisine de l'*inflatus*.

L'*A. Hugardianus*, d'Orbigny, 85, est celle de toutes qui, par ses lobes et ses ornements, se rapproche le plus des falciferi. Elle est voisine aussi de l'*A. Candollianus*, et lui est liée par des transitions nombreuses.

(¹) Je renvoie pour les espèces du gault des environs de Genève à ma *Descr. des Mollusques des grès verts*. Genève, 1847, in-4°, 1ᵉ livraison.

L'*A. cristatus*, Deluc, d'Orb., 88, est aussi une espèce bien connue et abondante. Elle se lie de près d'un côté avec l'*A. cornutus*, Pictet, et l'*A. Delaruei*, d'Orb., 87, etc., espèces remarquables par leurs côtes, et de l'autre avec une série d'espèces plus comprimées, qui commencent à l'*A. Bouchardianus*, d'Orb., 88, pour finir aux *A. Roissyanus*, d'Orb., 89, et *Mirapelianus*, d'Orb. (*Prodrome*).

L'*A. caricosus*, Sow., d'Orb., 87, perd ordinairement sa carène avec l'âge, et finit souvent par ressembler à quelques capricorni.

L'*A. Toilofianus*, Pictet, est remarquable par son dos en toit et ses côtes très arquées.

Les craies marneuses et les craies chloritées (terrains cénomanien et turonien) renferment moins d'ammonites cristati que le gault.

Outre l'*A. inflatus*, Sow., citée plus haut, le terrain cénomanien renferme l'*A. varians*, Sow., d'Orb., 92, espèce très répandue et bien connue.

L'*A. Goodhalli*, Sowerby, 255, de Blackdown, est une grande espèce comprimée.

L'*A. Bravaisianus*, d'Orb., 91, a été découverte dans le terrain turonien d'Uchaux.

L'*A. Goupilianus*, d'Orb., 94, a les caractères externes des cristati, mais le lobe dorsal court.

Les ammonites de ce groupe arrivent jusqu'aux terrains crétacés supérieurs (terrain sénonien).

L'*A. subtricarinatus*, d'Orb., 91, est une espèce remarquable qui rappelle les arietes par sa carène et son mode d'enroulement, mais non par ses lobes, ni par ses côtes.

Je ne connais pas les *A. Nouelianus* et *Bourgeoisianus*, d'Orb. (*Prodrome*), espèces non encore décrites, qui paraissent appartenir à ce groupe.

2ᵉ Section. — AMMONITES A QUILLE DENTELÉE OU TUBERCULEUSE.

Je comprends dans cette section toutes les espèces dans lesquelles sur la ligne siphonale s'élève une quille distincte dentelée, ou une série de tubercules médians, et celles aussi dans lesquelles la région siphonale est comprimée, tranchante et dentelée sans former de quille distincte.

4ᵉ Groupe. — Les AMALTHEI, de Buch, sont caractérisés par leur ligne siphonale dentelée, les dentelures résultant ordinairement des côtes qui arrivent obliques sur cette ligne, dirigées en avant et qui se rencontrent avec celles de l'autre côté en formant une partie saillante. Il arrive souvent aussi que les tubercules de la carène sont plus nombreux que les côtes et ne leur sont pas directement liés. Le lobe dorsal est plus court que le latéral supérieur.

Exemples : *A. cordatus*, Sow. (Atlas, pl. LIII, fig. 5), comme type de l'état normal, et *A. margaritus*, Sow. (Atlas, pl. LIII, fig. 6), comme type des espèces où les tubercules sont plus nombreux que les côtes.

Les ammonites amalthei appartiennent exclusivement à l'époque jurassique.

On ne peut guère en effet leur associer l'*Am. Layeri*, de Hauer, d'Aussée (terrain salifèrien), qui a des selles et des lobes très différents, et une denteiure tout à fait spéciale. Cette espèce appartient à un type particulier.

Les amalthei du lias sont bien caractérisés, mais pas très nombreux.

Je n'en connais pas du lias inférieur, car je ne puis pas rapporter à ce groupe, avec M. Giebel, l'*A. Collenoti*, d'Orb., que j'ai placé plus haut dans les falciferi, ni l'*A. angulatus*, Schlot., qui n'a pas le dos tranchant.

Au lias moyen appartiennent deux espèces très connues et bien caractéristiques. Ce sont :

L'*A. spinatus*, Brug., d'Orb., 52, espèce qui a la carène dentelée des amalthei, mais qui rappelle les arietes par son large dos et ses sillons latéraux.

L'*A. margaritatus*, Montfort, d'Orb., 67 et 68 (*foliaceus*, Giebel, *Stokesi*, Sow., 194, *amaltheus*, Schl.), espèce très variable.

Ce même lias moyen renferme quelques espèces moins répandues.

On peut citer, en particulier, l'*A. Lynx*, d'Orb., 87, à laquelle M. Giebel réunit l'*A. Coynarti*, d'Orb., id. Ces deux ammonites ont les lobes des clypeiformi, et si leur association doit être admise, elles forment une transition remarquable entre ce groupe et celui des amalthei, car la première a une carène dentelée et la seconde est tranchante et lisse.

Le lias supérieur ne contient pas de véritables amalthei. Je ne puis pas placer dans ce groupe, avec M. Giebel, les *A. insignis*, d'Orb., et *sternalis*, de Buch, dont j'ai parlé en terminant l'histoire des falciferi du lias supérieur, non plus que l'*A. Grenoughii*, Sow., 112.

L'oolithe inférieure et la grande oolithe n'en renferment pas, mais on en trouve plusieurs dans les terrains kellowiens et oxfordiens.

L'*A. Lamberti*, Sow., d'Orb., 177, est une espèce commune ; elle forme, avec l'*A. Sutherlandiæ*, Murch., d'Orb., id., et l'*A. Mariæ*, d'Orb., 179, un groupe caractéristique de l'époque des argiles de Dives.

Les *A. funiferus*, Phillips (*Gualdrinus*, d'Orb., 156), et l'*A. lenticularis*, Phill. (*Chamusetti*, d'Orb., 155), appartiennent à un type différent qui se rapproche un peu de quelques espèces oolithiques dont nous parlerons en traitant des clypeiformi (*A. sternalis*, etc.). La première a été trouvée avec les précédentes ; la seconde caractérise le terrain kellowien inférieur (oolithe ferrugineuse du mont du Chat, etc.).

Dans le terrain oxfordien proprement dit on trouve une espèce bien connue, très commune et fort caractéristique, malgré ses variations, l'*A. cordatus*, Sow., d'Orb., 194, qui, à l'état adulte, se rapproche beaucoup des deux précédentes.

5ᵉ Groupe. — Les PULCHELLI, d'Orbigny, n'ont pas de carène proprement dite, mais leur ligne siphonale est occupée par une série de tubercules plus ou moins isolés et indépendants. Il me paraît impossible de les séparer des *Rhotomagenses* de M. d'Orbigny, quoique ces derniers aient en général des côtes tuberculeuses et les premiers des côtes simples. Ces tubercules disparaissent dans certaines variétés et ne peuvent pas être caractéristiques. C'est ainsi que l'*Amm. Lyelli*, qui a des côtes très tuberculeuses dans l'état normal, a une variété à côtes simples, etc.

Exemples : *A. Brottianus*, d'Orb. (Atlas, pl. LIII, fig. 7), et *A. crenatus*, Brug. (Atlas, pl. LIII, fig. 8).

Les pulchelli ont apparu à l'époque jurassique, mais sont surtout abondants pendant l'époque crétacée.

Dans la première de ces époques ils n'ont encore été cités que dans les terrains kellowiens et oxfordiens.

Je rapporte à ce groupe des espèces du terrain kellowien qui ont des formes un peu exceptionnelles et qui font une transition aux amalthei. Je cite en particulier les *A. cristo-galli*, d'Orb., 153, et *pustulatus*, d'Orb., 154.

Les tubercules sont mieux marqués dans les espèces de l'époque oxfordienne.

L'*A. oculatus*, Bean, d'Orb., 200 et 201, dont l'extrême variabilité a fait faire de nombreuses espèces, se trouve dans tous les terrains oxfordiens, et a dans son état normal tous les caractères du groupe des pulchelli.

L'*A. crenatus*, Brug., d'Orb., 197 (*dentatus*, Rein.), remarquable par sa compression et ses grandes dents sur la ligne siphonale, est plus anomale et a peut-être autant de rapports avec les amalthei; elle est commune aussi dans les marnes oxfordiennes.

Depuis cette époque on ne retrouve aucune ammonite de ce groupe jusqu'aux terrains néocomiens.

L'*A. Dumasianus*, d'Orb. (*pulchellus*, id.), a été trouvée dans les terrains néocomiens supérieurs (urgoniens) de France.

Le terrain du gault (albien) en renferme quelques espèces.

L'*A. Brottianus*, d'Orb., 39, et l'*A. Itierianus*, d'Orb., 112, appartiennent au véritable type des pulchelli.

L'*A. Lyelli*, Leym., d'Orb., 74, a, dans son état le plus fréquent des côtes tuberculeuses.

L'*A. Hubérianus*, Pictet, doit lui être réunie, ainsi, comme je l'ai dit plus haut, qu'une variété inédite à côtes simples.

Dans les terrains crétacés supérieurs au gault les espèces sont en général plus tuberculeuses et assez renflées. Elles forment alors le type des RHOTOMAGENSES.

On en cite plusieurs de l'étage cénomanien.

La plus connue est l'*A. Rhotomagensis*, Lamk, d'Orb., 105 et 106, fréquente en France et en Angleterre.

L'*A. Mantelli*, Sow., d'Orb., 103 et 104, n'est pas moins commune. Elle avait été d'abord décrite par M. d'Orbigny comme extraordinairement variable; mais ce paléontologiste a plus tard lui-même reconnu que les diverses formes qu'il avait réunies devaient former des espèces distinctes (*A. Couloni*, d'Orb., *navicularis*, Sow.).

On peut ajouter à ces espèces les *A. Renauxianus*, d'Orbigny, *triserialis*, Sowerby, etc.

Le terrain turonien en contient aussi.

On trouvera dans la *Paléontologie française* de M. d'Orbigny la description des *A. Woolgari*, Mantell (*Carolinus*, d'Orb., 91), *Fleuriausianus*, d'Orb., 107, *Vielbancii*, d'Orb., 108, *Papalis*, d'Orb., 109, *Deverianus*, d'Orb., 110, *rusticus*, d'Orb. 111, etc.

Les espèces se continuent jusqu'au terrain sénonien.

On a découvert dans ces terrains les *A. Verneuillianus*, d'Orb. 98, *Paillateanus*, d'Orb., 102, *polyopsis*, Dujardin, etc.

3ᵉ Section. —AMMONITES SANS QUILLE, COMPRIMÉES ET TRANCHANTES.

Je comprends dans cette section les ammonites dont les flancs, ordinairement comprimés, se réunissent sur la ligne du siphon en formant un angle très aigu, en sorte que leur région siphonale est tranchante. Ces coquilles n'ont cependant pas de quille et elles diffèrent en cela de celles de la première section. La courbure est faible et uniforme depuis la ligne siphonale jusqu'aux flancs, tandis que dans les falciferi la quille est mince et repose sur une partie de la coquille plus élargie.

6ᵉ Groupe. — Les CLYPEIFORMI, d'Orb., forment le seul groupe compris dans cette section. Ils sont en général lisses et dépourvus d'ornements, sauf quelques côtes ou rides peu marquées et s'effaçant avec l'âge. Les cloisons sont divisées en un grand nombre de lobes et de selles. Le lobe siphonal est plus court que le latéral supérieur.

Exemple : *Amm. Requienianus*, d'Orb. (Atlas, pl. LIII, fig. 9).

Ce groupe se lie de très près avec les falciferi ; surtout par ses espèces jurassiques qui ont encore souvent le caractère de la très grande selle externe et des lobes impairs. Les espèces crétacées ont en général une selle externe médiocre et des lobes pairs ; sauf quelques exceptions, leurs autres caractères sont identiques avec ceux des espèces jurassiques. On pourrait, si l'on voulait séparer ces deux divisions, réunir ceux des terrains jurassiques sous le nom de DISCI.

Ce groupe est à peine représenté dans le lias.

On peut cependant citer, outre quelques espèces intermédiaires entre ce groupe et les autres, l'*A. Engelhardti*, d'Orb., 66, du lias moyen, qui a des côtes longitudinales et une forme comprimée ; l'*A. serrodens*, Quenstedt, du lias supérieur d'Allemagne, qui est lisse et comprimée, et qui a bien les caractères des clypeiformi.

La grande oolithe renferme aussi quelques espèces qui sont pour quelques auteurs des falciferi, mais qui, d'après les caractères que j'ai adoptés, sont des disci ou clypeiformi à lobes impairs. Ce sont :

L'*A. discus*, Sow., d'Orb., 131 ; l'*A. subdiscus*, d'Orb., 146 ; l'*A. biflexuosus*, d'Orb., 147, et l'*A. helveticus*, Giebel [1].

[1] Giebel, *Fauna der Vorwelt*, t. III, p. 501.

Ces mêmes terrains jurassiques fournissent quelques espèces d'ammonites qui se rangent plus ou moins parmi les disci, et qui font une transition au groupe des amalthei. Ce sont des ammonites quelquefois comprimées comme les vrais clypeiformi, quelquefois renflées à bord siphonal tranchant, et ornées de petites côtes fines qui arrivent sur la ligne siphonale en formant des dentelures imperceptibles.

L'*A. sternalis*, de Buch, d'Orb., 111, du lias supérieur, est une espèce renflée très anomale, intermédiaire entre ces deux groupes.

Ainsi l'*A. catenulatus*, Fischer [1], de l'oxfordien de Russie, a la forme des clypeiformi, des côtes fines, mais le lobe siphonal plus long que le latéral supérieur.

L'*A. yo*, d'Orb., 210, du terrain kimméridgien, commence au contraire à prendre tout à fait les caractères de formes et de lobes des véritables clypeiformi.

Les clypeiformi proprement dits, spéciaux aux terrains crétacés, sont mieux caractérisés.

Le terrain néocomien inférieur renferme l'*A. clypeiformis*, d'Orb., 42, et l'*A. Gevrilianus*, d'Orb., 43. Cette dernière espèce a des petits lobes impairs.

On trouve dans le néocomien supérieur (urgonien) l'*A. difficilis*, d'Orb., qui fait une transition aux ligati.

Le terrain aptien renferme l'*A. bicurvatus*, Michelin, d'Orb., 84, fig. 1 et 2, et l'*A. nisus*, d'Orb., 55.

On cite dans le gault une espèce confondue d'abord avec la précédente, l'*A. Cleon*, d'Orb. (*A. bicurvatus*, olim, 84, fig. 3).

L'*A. Requienianus*, d'Orb., 93, du terrain turonien, appartient aussi à ce groupe.

4e Section.— AMMONITES A BORD SIPHONAL EXCAVÉ.

Je comprends dans cette section toutes les espèces dans lesquelles la ligne médiane externe, dépourvue d'ornements, est plus basse que les parties qui la bordent.

7e Groupe. — Les DENTATI (*Dentati* et *Ornati*, de Buch) ont des côtes simples ou bifurquées qui se terminent en saillies de chaque côté de l'excavation de la ligne siphonale. Ces côtes ont souvent en outre un tubercule au pourtour de l'ombilic. Les lobes sont impairs et les selles ordinairement paires. Le lobe siphonal est égal au latéral supérieur ou plus court que lui.

[1] D'Orbigny dans de Verneuil, *Pal. de la Russie*, pl. 34, fig. 8 à 12.

Exemples : *Ammonites denarius*, Sow. (Atlas, pl. LIII, fig. 10), et *A. Jason* (pl. LIII, fig. 11).

Ces ammonites se trouvent dans les terrains jurassiques et crétacés.

Les espèces du lias que l'on peut le mieux rapporter à ce groupe sont comprimées et ont la région siphonale plate, bordée par des tubercules plus ou moins prononcés et manquent de tubercules latéraux. On est forcé de leur associer des espèces où les tubercules qui bordent la ligne siphonale sont tout à fait effacés et où la région qui leur correspond s'arrondit comme dans les ligati et les planulati. Les lobes auxiliaires obliques de quelques unes d'entre elles semblent indiquer une analogie de plus avec ce dernier groupe. Il est probable qu'elles devront former un petit groupe spécial.

Ce sont l'*A. Laignelletti*, d'Orb., 92, à côtes courtes et à tubercules ombilicaux et externes; l'*A. Morganus*, d'Orb., 93, à côtes courtes, à tubercules externes et sans tubercules ombilicaux; l'*A. catenatus*, d'Orb., 94, à côtes régulières et sans tubercules; l'*A. Charmasset*, d'Orb., 92, à côtes effacées et à ligne siphonale presque tranchante.

Dans le lias moyen on cite l'*A. Taylori*, d'Orb., 84 (sous le nom de *lamellosus*), de France, d'Allemagne et d'Angleterre, qui commence à prendre les caractères du type des ornati, dont je parlerai plus bas.

Le lias supérieur ne paraît pas en renfermer, si ce n'est la petite espèce décrite par Buchmann sous le nom d'*A. lacunatus* [1].

Quelques espèces appartiennent à l'oolithe inférieure.

On cite dans ce terrain l'*A. Parkinsoni*, d'Orb., 122, nom trop généralement admis pour qu'il y ait avantage à lui substituer le nom d'*A. interruptus*, Brug., employé par tous les auteurs pour une espèce du gault.

L'*A. Garantianus*, d'Orb., 123, s'en distingue à peine; l'*A. Niortensis*, d'Orb., 121, est une jolie espèce bien caractérisée.

L'*A. Caumonti*, d'Orb., 138, a l'excavation siphonale très petite et fait une transition aux coronarii.

La grande oolithe et les terrains kellowiens et oxfordiens renferment des espèces élégantes qui sont souvent munies d'un dou-

[1] Murchison, *Cheltenham*, pl. 11, fig. 4, 5; Quenstedt, *Petref. Wurtemb.* pl. 11, fig. 13.

ble ou d'un triple rang de tubercules; le plus constant borde la région siphonale, un second règne au milieu des flancs, et un troisième borde quelquefois l'ombilic. Ces ammonites ont été désignées sous le nom d'ORNATI par M. de Buch, qui en a fait un groupe spécial en le caractérisant par les tubercules des flancs (pl. LIII, fig. 11), et réservant le nom de DENTATI à ceux qui n'ont que des tubercules ombilicaux. Cette distinction ne cadre pas, comme on l'a cru, avec la distribution géographique, et l'on ne peut pas dire que tous les ornati soient jurassiques et les dentati crétacés.

Plusieurs espèces jurassiques (A. *callowiensis*, etc.) n'ont que des tubercules ombilicaux. Plusieurs espèces crétacées (A. *regularis*, etc., n'ont de tubercules que sur les flancs). Il est donc nécessaire de réunir ces deux groupes dont les caractères des lobes sont d'ailleurs les mêmes.

La grande oolithe a fourni l'*A. contrarius*, d'Orb., 145, et l'*A. Julii*, id., remarquables par leurs côtes coudées en avant.

On trouve dans le terrain kellowien, surtout dans sa partie supérieure (*Ornatien Thon* des Allemands), plusieurs de ces espèces.

L'*A. Jason*, Zieten, d'Orb., 159 et 160, espèce très commune, très variable, et qui a été, par conséquent, décrite sous plusieurs noms.

L'*A. Duncani*, Sow., d'Orb., 161 et 162, n'est pas moins variable. L'une et l'autre ont été, à diverses reprises, désignées sous le nom d'*A. ornatus*.

L'*A. Callowiensis*, Sow., d'Orb., 162, est plus simple.

L'*A. bipartitus*, Zieten, d'Orb., 158, et *Baugieri*, d'Orb., id., ont de fortes pointes périphériques et des flancs simples. La première est anormale en ce qu'elle a une petite carène.

L'*A. Kirghisensis*, d'Orb. [1], des terrains oxfordiens de Russie, a les formes normales des dentati.

Le terrain kimméridgien en renferme quelques espèces qui rappellent celles de l'oolithe inférieure, et en particulier l'*A. Parkinsoni*. Ce sont les *A. Callisto*, d'Orb., 213, *Eudoxus*, id., et *mutabilis*, d'Orb., 214. Cette dernière fait une transition aux planulati.

Ce groupe devient abondant dans les terrains crétacés, où il fournit des espèces moins ornées qu'une partie des précédentes. Elles ont toutes des côtes transversales, formant ordinairement un tubercule vers la région siphonale. Quelques-unes ont des tubercules ombilicaux, plus rarement des tubercules sur les flancs. Les côtes sont simples ou fourchues.

[1] De Verneuil, *Pal. de la Russie*, pl. 33, fig. 6 à 8.

Le terrain néocomien en renferme quelques-unes.

L'*A. neocomiensis*, d'Orb., 59, est une espèce très répandue dans le terrain néocomien inférieur, où l'on trouve aussi les *A. sinuosus*, d'Orb., 60, *asperrimus*, id., *verrucosus*, d'Orb., 58, etc. Ces deux dernières espèces ont les caractères externes des ornati ; les deux premières appartiennent au type normal.

Le terrain aptien en a fourni un petit nombre.

L'*A. Dufrenoyi*, d'Orb., 33, a les formes des dentati.

L'*A. pretiosus*, d'Orb., 58, a au contraire les tubercules des ornati.

Le gault ou terrain albien est de tous les terrains celui qui renferme le plus grand nombre d'ammonites dentati.

Les unes ont des côtes fourchues, partant de tubercules ombilicaux. Ce sont : les *A. Deluci*, Brong. [1] (*denarius*, Sow.); *interruptus*, Brug.; *splendens*, Sow., d'Orb., 64 ; *Pictelianus*, d'Orb.; *Raulinianus*, d'Orb., 67 et 68 ; *auritus*, Sow., d'Orb., 65, etc.

D'autres ont des côtes simples, régulières et égales. Ce sont : les *A. regularis*, Brug., d'Orb., 71 ; *tardefurcatus*, Leym., d'Orb., 71 ; *Camatteanus*, d'Orb., 69 ; *Senebierianus*, Pictet ; *Archiacianus*, d'Orb., 70 ; *Michelinianus*, id., 69, etc.

Quelques unes ont les côtes tuberculeuses égales ou inégales. Telles sont les *A. mamillatus*, Sch. (*mamite*, Sow.), d'Orb., 72 et 73 ; l'*A. undoso-costatus*, d'Orb., 73, et une espèce de la Nouvelle-Grenade, que M. d'Orbigny vient de décrire sous le nom d'*A. Solitæ*.

On trouve dans ce même gisement des ammonites dont la ligne siphonale est creusée par un canal plus ou moins profond. M. d'Orbigny en a fait le groupe des TUBERCULATI, mais ces espèces se lient insensiblement aux vrais dentati, et il est impossible de trouver une limite fixe, car le canal s'évase peu à peu [2].

Les deux espèces les plus remarquables sont les *A. lautus*, Parkins., d'Orb. 64, et *tuberculatus*, Sow., d'Orb. 66. Cette dernière ressemble aux ornati par ses tubercules des flancs.

[1] M. d'Orbigny n'est pas d'accord avec moi sur la synonymie des *A. Deluci* et *interruptus*. J'ai vérifié sur la collection Deluc que l'*A. Deluci* est la même que l'*A. denarius*, Sow., et tout à fait différente de l'*A. interruptus*. M. d'Orbigny donne le nom de *Deluci* à l'*interruptus*, et conserve l'*A. denarius* comme espèce distincte. Quant à la conservation du nom d'*interruptus*, je renvoie à ce que j'ai dit page 682, au sujet de l'*A. Parkinsoni*.

[2] *Journ. de conch.*, de Petit de la Saussaye, Paris, 1853.

[3] L'*A. auritus*, en particulier, est placée dans les dentati par M. d'Orbigny et ne peut pas être séparée de quelques variétés de l'*A. Raulinianus*.

Les terrains crétacés supérieurs au gault ne renferment que bien peu d'ammonites dentati.

On peut cependant encore citer dans le terrain cénomanien l'*A. falcatus*, Mantell, d'Orb., 99, qui a le canal profond des tuberculati.

8e Groupe. — Les Gemmati, Pictet. Je forme ce groupe nouveau pour des ammonites très voisines des dentati, et qui ont comme elles des côtes qui se terminent par un tubercule avant la ligne siphonale qui est excavée. Ces côtes sont souvent très tuberculeuses et exagèrent sous ce point de vue ce qu'on voit chez l'*Amm. mamillaris;* elles sont aussi en général plus serrées et plus nombreuses que chez les dentati. La différence essentielle entre ces deux groupes réside dans leurs cloisons : celle des gemmati sont tout à fait anomales ; les lobes sont impairs, pointus, très angulaires et obliques.

Exemple : *Ammonites Aon.* (Atlas, pl. LIII, fig. 12).

Les espèces appartiennent exclusivement à l'époque saliférienne.

L'*Ammonites Aon* [1], Münster, est une espèce commune à Saint-Cassian et assez variable dans sa forme. On doit lui réunir plusieurs variétés érigées en espèces par le comte de Münster et par M. Klipstein. L'*A. Ruppelli*, Klipstein, en diffère à peine.

L'*A. armato-angulatus*, Klipstein [2], en est encore très voisine, mais a des côtes plus grosses et plus irrégulières.

Dans l'*A. Mandelslohi*, Klipstein [3], les côtes sont minces, écartées et peu tuberculeuses. Ces deux espèces proviennent aussi de Saint-Cassian.

L'*A. bicrenatus*, Hauer [4], a été trouvé à Hallstadt.

5e Section. — Ammonites a bord siphonal aplati.

Ce groupe, qui correspond aux *espèces à dos carré* de M. d'Orbigny, renferme toutes celles dont la face siphonale est à peu près

[1] Münster, *Beitr.*, t. IV, p. 136, pl. 15, fig. 27. M. d'Orbigny lui réunit les *A. Brothæus*, Münster, *Humboldtii*, Klipst., *Credneri*, id., *nodulosocostatus*, id., *æquinodosus*, id., *Decheni*, id., *Veltheimi*, id., *spinulosocostatus*, id.

[2] *Geol. der Oestlich. Alpen*, pl. 7, fig. 10.

[3] *Idem*, pl. 6, fig. 2.

[4] *Ceph. Salz.*, pl. 9, fig. 6-8.

plate, perpendiculaire au plan médian, séparée des flancs par des angles droits ou obtus, et bordée ou non de tubercules.

9ᵉ Groupe.—Les FLEXUOSI, de Buch, ont le dos un peu carré ou formant une large saillie, une rangée de tubercules au pourtour de l'ombilic, une autre sur les côtés du dos, et ordinairement des côtes infléchies en avant. Les lobes sont impairs et les selles paires. Le lobe dorsal est court et le latéral supérieur très large. Toutes les espèces sont du terrain néocomien.

Exemple : *A. radiatus*, Brug. (Atlas, pl. LIV, fig. 1).

On trouve dans le terrain néocomien inférieur quelques espèces qui acquièrent une grande taille.

L'*A. radiatus*, Brug. (*asper*, Merian), d'Orb., 20, est une espèce très caractéristique, fréquente dans le terrain néocomien inférieur de France et de Suisse.

L'*A. Leopoldinus*, d'Orb., 22 et 23, et l'*A. cryptoceras*, id., 24, sont aussi fréquentes.

Le terrain néocomien supérieur (urgonien) en renferme quelques espèces moins caractérisées et plus petites.

On cite en particulier les *A. heliacus*, d'Orb., 25, et *Castellanensis*, id.

10ᵉ Groupe.—Les COMPRESSI, d'Orb., ont le dos étroit et comme coupé carrément; la coquille très comprimée, à spire embrassante, et des côtes ou stries qui forment des tubercules sur les côtés du dos. Les lobes sont nombreux et impairs, les selles souvent paires; le lobe dorsal est très grand. Cette division est spéciale aux terrains crétacés.

Exemple : *A. Beaumontianus*, d'Orb. (Atlas, pl. LIV, fig. 2).

On en trouve quelques espèces dans le terrain néocomien supérieur (urgonien).

L'*A. compressissimus*, d'Orb., 61, et l'*A. Didayanus*, d'Orb., 108, ont été découverts dans le midi de la France.

Le gault en renferme peu.

On ne cite guère que l'*A. quercifolius*, d'Orb., 83.

Les espèces augmentent de nombre dans le terrain cénomanien.

On a trouvé en France les *E. Largilliertianus*, d'Orb., 95, *Geslianus*, d'Orb., 97, et *Beaumontianus*, d'Orb., 98. L'*A. complanatus*, Mantell, Sow., 569, de Hamsey, appartient aussi probablement à cette division.

Ce groupe continue jusqu'au terrain sénonien.

L'*A. Lafresnayanus*, d'Orb., 97, a été trouvée à Fréville (Manche).

L'*A. bidorsatus*, Roemer [1], provient de la craie d'Allemagne.

11ᵉ Groupe. — Les Aʀᴍᴀᴛɪ, de Buch, ont le dos large, carré et se joignant à angle droit avec les flancs, une rangée de tubercules saillants sur les côtes et une ou plusieurs autres sur les flancs. Les lobes sont impairs et les selles paires ; le lobe latéral, égal au dorsal ou plus petit, est étroit et placé au milieu des flancs.

Exemple : *A. perarmatus*, Sow., (Atlas, pl. LIV, fig. 3).

Ce groupe est spécial aux terrains jurassiques moyens et supérieurs.

Les espèces commencent avec l'époque kellowienne.

L'*A. athleta*, Phillips, d'Orb., 163 et 164, est une espèce très répandue et bien caractérisée.

L'*A. Babeanus*, d'Orbigny, 181, ressemble beaucoup à l'*Amm. perarmatus*.

Les terrains oxfordiens en renferment plusieurs.

La plus connue et le type le mieux caractérisé de ce groupe est l'*A. perarmatus*, Sow., d'Orb., 184.

L'*A. Edwardsianus*, d'Orb., 188, en est très voisine.

L'*A. Eugenii*, Raspail, d'Orb., 187, est une espèce très anomale qui, dans son jeune âge, appartiendrait plutôt au groupe des planulati, et qui, en prenant des tubercules avec l'âge adulte, ressemble aux armati, avec cette exception que la région siphonale est presque celle des dentati.

Les terrains jurassiques supérieurs ont quelques espèces qui continuent le type du *perarmatus*.

Le terrain corallien renferme l'*A. Rupellensis*, d'Orb., 205, remarquable par ses très longues épines.

On trouve dans les terrains kimméridgiens et portlandiens l'*A. longispinus*, Sow., Orb., 209 (*bispinosus*, Zieten).

12ᵉ Groupe. — Les Aɴɢᴜʟɪᴄᴏsᴛᴀᴛɪ, d'Orb., ont le dos plus étroit que les flancs et des côtes élevées, alternes, qui passent d'un côté

<hr>

[1] Roemer, *Kreidegeb.*, p. 88, pl. 13, fig. 5.

à l'autre, et qui, à l'angle du dos, font une légère saillie de manière à le faire paraître carré. Les lobes sont impairs et les selles ordinairement impaires. Le lobe siphonal est plus court que le latéral supérieur ; les lobes auxiliaires sont obliques vers l'ombilic.

Exemple : *A. Milletianus.* (Atlas, pl. LIV, fig. 4).

Ce groupe est en général caractéristique des terrains crétacés. Il faut cependant observer que les espèces armées d'épines ou de tubercules ressemblent beaucoup aux armati, et qu'il est impossible de séparer quelques espèces jurassiques des angulicostati des terrains crétacés.

Ainsi l'*A. Meyendorfii*, d'Orb. [1], du terrain oxfordien de Russie, appartient évidemment au même type que l'*A. Cornuelianus*, et doit être rangée dans le même groupe.

Ainsi encore l'*A. Arduennensis*, d'Orb., 186, et l'*A. Toucasianus*, d'Orb., 190, de l'oxfordien de France, ont tout à fait les caractères de ce groupe, et paraissent devoir y entraîner l'*A. Constantii*, d'Orb., 186, du même terrain, qui n'est peut-être qu'une simple variété de la première, mais qui, par ses tubercules qui bordent la région siphonale, rappelle plutôt les capricorni de la première division. Les lobes auxiliaires de ces deux espèces sont obliques.

Les terrains néocomiens et aptiens en renferment quelques espèces.

L'*A. angulicostatus*, d'Orb., 46, et l'*A. Feraudianus*, d'Orb., 96, du terrain néocomien supérieur (urgonien), appartiennent au type normal du groupe.

L'*A. crassicostatus*, d'Orb., 59, et l'*A. fissicostatus*, Phillips (*Deshayesi*, Leym.), du terrain aptien, ont également des côtes simples et une région siphonale plate.

L'*A. Gargagensis*, d'Orb., 59, du même terrain, a de petits tubercules le long de la région siphonale.

Les *A. Martinii*, d'Orb., 58, et *Cornuelianus*, d'Orb., 112, prennent des tubercules latéraux, qui les rapprochent des armati. Elles appartiennent également au terrain aptien.

L'*A. Hambronii*, Forbes [2], du lower green sand, est une espèce à dos presque rond, mais qui, par ses côtes et ses tubercules ombilicaux, rappelle plusieurs angulicostati du gault.

[1] De Verneuil, *Pal. de la Russie*, pl. 32, fig. 4, 5.
[2] *Quart. Journ. of the geol. Soc.*, t. I, p. 354, pl. 5, fig. 4.

Les angulicostati du gault sont les derniers représentants de ce groupe.

L'*A. Milletianus*, d'Orb., 77, est le type le plus normal. L'*A. Dutempleanus*, d'Orb. (*fissicostatus*, d'Orb., 76), a les côtes bifurquées, des tubercules vers l'ombilic, et la région siphonale plus ronde. L'*A. Puzosianus*, d'Orb., 78, a aussi des côtes bifurquées et des tubercules ombilicaux ; mais la région siphonale est aplatie.

6ᵉ Section. — AMMONITES À RÉGION SIPHONALE ARRONDIE.

Cette section, la plus nombreuse de toutes, est caractérisée par l'arrondissement régulier de ses tours, du côté externe ou opposé à l'enroulement. Elle se lie de près à la précédente, car il y a des passages nombreux entre les bords aplatis et les bords arrondis.

13ᵉ Groupe.—Les CAPRICORNI, de Buch, font un de ces passages ; ils rappellent souvent les angulicostati par leurs formes, mais leurs tours sont plus arrondis et leurs côtes, droites, simples, passent sur la ligne médiane externe sans s'abaisser. Quelquefois, dans chaque tour, la région siphonale est plus développée que les flancs. Les lobes sont impairs et les selles paires. Le lobe dorsal est le plus long et les latéraux sont larges.

Ils sont très voisins des armati et leur région siphonale arrondie les en distingue mal. On les reconnaîtra surtout à l'absence de tubercules sur les flancs ; ceux qui bordent la région siphonale sont souvent très développés.

Quelques espèces rappellent aussi les coronarii, sauf en ce que les côtes sont simples, tandis que dans ces dernières, elles se bifurquent aux tubercules.

Exemples : *A. planicosta* (Atlas, pl. LIV, fig. 5), comme représentant des capricorni sans épines, et *A. armatus* (Atlas, pl. LIV, fig. 6), pour les capricorni à épines.

Toutes les espèces appartiennent au lias.

Quelques unes ont des tubercules ou épines le long de la région siphonale. On peut citer parmi elles :

Dans le lias inférieur : les *A. Birchii*, d'Orb., 86, *Æduensis*, d'Orb. (*Prodrome*), et *Sauzeanus*, d'Orb., 95.

Dans le lias moyen : les *A. Maugenestii*, d'Orb., 70, *Valdani*, id., 71, *natrix*, Zieten, *armatus*, Sow., d'Orb., 78, *brevispina*, Sow., d'Orb., 79, *muticus*, d'Orb., 80, *Davœi*, Sow., d'Orb., 81.

L'*A. Regnardi*, d'Orb., 72, fait une sorte de passage entre les deux subdivisions de ce groupe.

Dans le lias supérieur : l'*A. capricornus*, Schlot. (*Dudressieri*, d'Orbigny, 103).

Les autres espèces s'éloignent davantage des armati et ont des côtes simples, passant sur la région siphonale sans tubercules. Nous citerons :

Dans le lias inférieur : l'*A. carusensis*, d'Orb., 84.

Dans le lias moyen : les *A. planicosta*, Sow., d'Orb., 65, *Jamesoni*, Sow., 555, *latæcosta*, Sow., 556, et peut-être aussi l'*A. Boblayei*, d'Orb., 69.

14ᵉ Groupe. — Les HETEROPHYLLI, d'Orb., ont le bord siphonal peu large et convexe, la spire plus ou moins embrassante, et les lobes très ramifiés, composés de parties impaires. Les selles, le plus souvent paires, ont à leur partie supérieure des feuilles larges et plus ou moins arrondies, en massue, d'un aspect particulier. La coquille est lisse ou ornée de côtes fines et rapprochées.

Exemple : *A. Guettardi*, Rasp. (Atlas, pl. LIV, fig. 7 et 8).

On devrait faire dater leur apparition de l'époque saliférienne, si les cloisons des espèces trouvées dans les terrains de cette période n'avaient pas quelque chose de très anomal, qui engagerait plutôt à en faire un petit groupe à part. Les principales espèces sont les suivantes :

L'*A. neojurensis*, Quenstedt [1], d'Hallstadt, est lisse, avec des selles ramifiées d'une manière assez spéciale, à feuilles bien claviformes.

L'*A. Morloti*, Hauer [2], du même gisement, en est très voisine.

On peut ajouter l'*A. Simonyi*, Hauer (*monophyllus*, Quenstedt), du même gisement ; l'*A. amœnus*, Hauer (*respondens*, Quenst.), de Hallein et Hornstein ; et l'*A. sphærophyllus*, Hauer, des Alpes vénitiennes.

L'*A. jarbas*, Münster, est une petite espèce à feuilles simples et peu développées, de Saint-Cassian.

Ce n'est que depuis l'époque du lias que les espèces prennent leurs formes normales.

Le lias moyen renferme les *A. Loscombi*, Sow., d'Orb., 75, et *Bucigneri*, d'Orb., 74. Je dois faire remarquer que cette dernière espèce a les feuilles bien plus petites et bien moins en massue que les vrais *Heterophylli*, et qu'elle appartient plutôt au groupe des *Ligati*.

[1] Quenstedt, *Petref. Wurt.*, pl. 19, fig. 8 ; Hauer, *Ceph. Salz.*, pl. 3, fig. 2 à 4.

[2] Haidinger, *Abhandl.*, t. III, pl. 2, fig. 12-14.

Dans le lias supérieur on trouve l'*A. heterophyllus*, Sow., d'Orb., 109, qui, suivant M. Bayle (¹), passe aux terrains oolithiques et oxfordiens; l'*A. mimatensis*, id., et l'*A. zetes*, d'Orb. (*Heterophyllus Amalthœus*, Quenstedt).

Plusieurs espèces ont été indiquées dans les terrains kelloviens et oxfordiens.

La plus répandue et la plus connue est l'*A. tatricus*, Pusch., d'Orb. 180, fréquente dans le kellowien et passant à l'oxfordien; elle daterait même du lias supérieur, si, comme cela paraît probable, il faut lui réunir l'*A. Calypso*, d'Orb., 119.

L'*A. Zignodianus*, d'Orb., 182, du terrain kellowien, a les sillons plus anguleux.

Il faut ajouter les *A. viator*, d'Orb., 172, et *Honnairei*, id., 173, du même terrain, et l'*A. tortisulcatus*, d'Orb., 189, du terrain oxfordien.

Les terrains crétacés en renferment plusieurs espèces bien caractérisées.

On cite dans le terrain néocomien inférieur :

Les *A. semisulcatus*, d'Orb., 53, *incertus*, d'Orb., 30, *Tethys* (*Tethis* et *semistriatus*), d'Orb., 39 et 41, et *Terverii*, d'Orb., 54.

Le terrain néocomien supérieur (urgonien) renferme, l'*A. Roujanus*, d'Orb. (olim *infundibulum*, pl. 39 et 110), espèce très voisine de l'*A. viator*, du kellowien.

Le terrain aptien en contient aussi.

On cite les *A. picturatus*, d'Orb., 54, *Carlavantii*, d'Orb. (*Prodrome*), et *Guettardi*, Rasp., d'Orb., 53.

Ce groupe se continue et se termine dans le gault.

On y trouve l'*A. Velledæ*, Michelin, d'Orb., 82, et l'*A. alpinus*, d'Orb., 83, qui en est à peine distincte.

15ᵉ Groupe. — Les Ligati, d'Orb., ressemblent aux précédents par leur forme et par leur défaut d'ornements, mais les selles ne présentent jamais de feuilles en massue, comme les heterophylli. Le lobe dorsal est court, les derniers auxiliaires sont quelquefois obliques vers l'ombilic. La coquille est le plus souvent marquée de sillons ou de côtes, anciens points d'arrêt des bouches temporaires.

Exemple : *A. Mayorianus*, d'Orb. (Atlas, pl. LIV, fig. 9).

Quoique quelques espèces des terrains jurassiques montrent des formes à peu près analogues, telles que l'*A. Erato*, d'Orb., 201, on peut dire que les ligati sont caractéristiques de l'époque crétacée, car les espèces jurassiques n'en ont jamais tous les caractères réunis.

(¹) *Bull. Soc. géol.*, 2ᵉ série, 1848, t. VI, p. 451.

On en trouve plusieurs dans le terrain néocomien.

Les *A. Grasianus*, d'Orb., 44, *Seranonis*, d'Orb., 109, et *Carteroni*, d'Orb., 61, caractérisent le néocomien inférieur.

On trouve dans le terrain néocomien supérieur (urgonien), les *A. bigotus*, d'Orb., 38, *intermedius*, id., *cassidea*, d'Orb., 39, et *Charrierianus*, d'Orbigny [1].

Les espèces sont abondantes dans le terrain aptien.

L'*A. inornatus*, d'Orb., 55, est une petite espèce très commune.

L'*A. Matheroni*, d'Orb., 48 et 81, appartient au type de l'*A. Mayorianus*.

Il faut ajouter les *A. raresulcatus*, d'Orb., 85, *Royerianus*, d'Orb., 112, *Emerici*, d'Orb., 51, *impressus*, d'Orb., 52, *Belus*, d'Orb., id., *rotula*, Sow., 570, etc.

Le gault (terrain albien) en renferme une série considérable.

L'*A. Mayorianus*, d'Orb., 79, est une espèce fréquente à la perte du Rhône; elle passe en France au terrain cénomanien.

Les *A. Parandieri*, d'Orb., 38, et *Dupinianus*, d'Orb., 81, ont la même forme et des bouches provisoires nombreuses.

Les *A. latidorsatus*, Michelin, d'Orb., 80, *Timotheanus*, Pictet [2], *Jurinianus*, id., et *Bourritianus*, id., sont épaisses. La première seule a des bouches provisoires.

L'*A. Agassizianus*, Pictet, est remarquable par de gros tubercules et des stries très fines.

L'*A. Boudanti*, Brongniart, d'Orb., 33, est comprimée et rappelle un peu les clypeiformi.

L'*A. Bonnetianus*, Pictet, a des côtes nombreuses et régulières, et des tubercules ombilicaux.

Ce groupe se continue, en diminuant, dans les terrains crétacés supérieurs au gault.

L'*A. Mayorianus*, d'Orb., 79, et l'*A. latidorsatus*, Michelin, d'Orb., 80, citées plus haut, se retrouvent dans le terrain cénomanien.

On cite dans le même terrain l'*A. catillus*, Sow. [*dispar*, d'Orb., 45].

Les *A. peramplus*, Mantell, d'Orb., 100, *Prosperianus*, id., et *Lewesiensis*, Sow., 80, non d'Orb., du terrain turonien, s'éloignent un peu des formes normales du groupe.

[1] Cette ammonite a été décrite par Quenstedt, *Petref. Wurtemb.*, pl. 17, fig. 7, sous le nom de *Parandieri*; mais ce n'est pas l'*A. Parandieri*, d'Orbigny.

[2] Voyez pour ces espèces, et pour plusieurs des suivantes, Pictet, *Moll. foss. des grès verts*, 1re livraison.

Il en est de même de l'*A. Gollevillensis*, d'Orb. (olim *Lewesiensis*, 101 et 102), du terrain sénonien.

J'ai dit plus haut que quelques espèces jurassiques rappelaient les ligati dans une partie de leurs caractères. On en pourrait former un groupe spécial, si elles ne passaient pas d'un autre côté aux formes des planulati.

On peut citer parmi ces espèces, l'*A. Sabaudianus*, d'Orb., 174, des terrains kellowiens, qui a les bouches provisoires des ligati ; l'*A. Altenensis*, d'Orb., 201, et l'*A. Radisensis*, id., 203, du terrain corallien, qui ont les stries des ligati et non les côtes des planulati.

L'*A. Lallierianus*, d'Orb., 208, du terrain kimméridgien, espèce lisse, est remarquable par ses singuliers tubercules ombilicaux, dirigés en dedans, exagération en quelque sorte de ceux de l'*A. peramplus*, Mantell.

L'*A. orthocera*, d'Orb., 218, du même terrain, striée aussi et non costée, a des tubercules énormes, mais dirigés, comme c'est le cas le plus fréquent, perpendiculairement aux flancs.

16° Groupe.—Les PLANULATI, de Buch, ont une coquille discoïdale à tours plus ou moins cylindriques, ornée de côtes fourchues et sans aucune pointe. Les lobes sont toujours impairs, les auxiliaires sont fortement obliques en arrière, les selles sont le plus souvent paires.

Exemple : *A. biplex*, Sow. (Atlas, pl. LIV, fig. 10 et 11).

Ce groupe appartient à l'époque jurassique et renferme un grand nombre d'espèces.

Il manque au lias inférieur et moyen, et se trouve dans le lias supérieur.

L'*A. communis*, Sow., d'Orb., 108, est répandue partout et connue de tous les paléontologistes.

On cite en outre l'*A. annulatus*, Sow., d'Orb., 76, et l'*A. Holandrei*, d'Orbigny, 105.

L'oolithe inférieure en renferme quelques espèces.

L'*A. polymorphus*, d'Orb., 124, varie beaucoup dans son enroulement.

L'*A. Martinsii*, d'Orb., 125, en est voisine, ainsi que l'*A. Defrancii*, d'Orb., 129.

Dans la grande oolithe on en cite également un petit nombre qui sont :

L'*A. arbustigerus*, d'Orb., 143, et l'*A. planula*, Hell., d'Orb., 144, espèces qui paraissent devoir être réunies.

L'*A. sub-Bakeriæ*, d'Orb., 148 (non 149), qui passe au terrain kellowien.

Les terrains kellowien et oxfordien en ont fourni également.

On cite dans le terrain kellowien, outre l'espèce précédente, l'*A. Bakeriæ* [1], Sow., d'Orb., 149, confondue d'abord avec elle.

Le terrain oxfordien est caractérisé presque partout par une espèce très commune, l'*A. biplex*, Sow., 293 (*plicatilis*, d'Orb., 101) [2]. Cette espèce varie beaucoup. Je pense, avec M. d'Orbigny, que l'on peut lui réunir celles que M. Quenstedt figure sous les noms de l'*A. polygyratus*, Kruger, et l'*A. colubrinus*, Rein.

On peut en distinguer quelques espèces d'Allemagne [3], comme l'*A. involutus*, Quenstedt. La Russie [4] en a également fourni quelques unes. La plus remarquable est l'*A. virgatus*, de Buch.

Les espèces se continuent dans le terrain corallien.

L'*A. Achilles*, d'Orb., 206, est la plus commune, elle a des cloisons très compliquées et les formes externes de l'*A. biplex*.

L'*A. Cymodoce*, d'Orb., 202, est presque lisse à l'âge adulte, et pourrait bien, suivant M. Giebel, n'être que la véritable *A. plicatilis*, Sow., 166.

Les terrains kimméridgien et portlandien renferment les plus récentes.

On trouve, dans les premiers, outre l'*A. Cymodoce*, qui passe du corallien, les *A. decipiens*, Sow., d'Orb., 211, *Erinus*, d'Orb., 212 et 215 (*Hector*), *Eumelus*, d'Orb., 216, *Eupalus*, d'Orb., 217, etc., qui ont de très grands rapports ensemble.

Les *A. giganteus*, Sow., 126, d'Orb., 221, *gigas*, Zieten, d'Orb., 220, *Gravesianus*, d'Orb., 219, du portlandien, etc., sont réunis au *bifidus* par M. Giebel, mais par une association qui me paraît forcée.

L'*A. suprajurensis*, d'Orb., 223, du même terrain, est plus distincte.

[1] Je ne puis ici, comme je l'ai déjà dit, discuter la synonymie des ammonites. Il s'agit ici de l'*A. Bakeriæ* telle que l'admet M. d'Orbigny, et non de l'*A. Bakeriæ* interprétée par M. Quenstedt, qui est l'*A. perarmatus*. Malheureusement la discussion repose sur la figure 570, 1 et 2, de Sowerby, qui est très mauvaise.

[2] Il n'y a aucune série d'espèces sur lesquelles les paléontologistes soient moins d'accord que sur les *Amm. planulati* des terrains oxfordiens et coralliens. Celle dont je veux parler ici est l'*A. biplex*, Sow., qui est probablement l'*A. bifidus*, Brug. M. d'Orbigny lui réunit, je crois à tort, l'*A. plicatilis*, Sow., 166.

[3] Voyez surtout pour ces espèces difficiles, Quenstedt, *Petref. Wurtemb.*, et Giebel, *Fauna der Vorwelt*, t. III.

[4] Voyez d'Orbigny, dans l'ouvrage de MM. de Verneuil, Murchison et Keys., *Pal. de la Russie*, pl. 31, etc.; Keyserling, *Petschora Land*, etc.

17ᵉ Groupe. — Les Coronarii, de Buch, ne diffèrent des planulati que par un tubercule au point de bifurcation des côtes ou stries. Ces tubercules sont placés entre le lobe latéral supérieur et le latéral inférieur ; les auxiliaires sont obliques.

Exemple : *A. Humphriesianus* (Atlas, pl. LV, fig. 1).

De nombreuses transitions unissent ce groupe avec le précédent, ainsi qu'avec le suivant. On pourrait citer des espèces dont le type normal appartiendrait à un des groupes, et des variétés incontestables à un des autres.

Les espèces caractérisent le lias supérieur et les terrains jurassiques inférieurs.

Dans le lias ce groupe est représenté par quelques espèces qui appartiennent au type normal, et par d'autres qui ont les tubercules beaucoup plus marginaux, formant ainsi une transition aux capricorni.

Parmi les coronarii normaux on peut citer l'*A. Baquinianus*, d'Orb., 106, et l'*A. Desplacei*, d'Orb., 107, du lias supérieur, et probablement l'*A. acanthus*, d'Orb., du lias moyen.

Dans le type des *Coronarii* à tubercules marginaux, qu'on pourrait nommer *Mucronati*, on cite :

Dans le lias moyen l'*A. subarmatus*, Young, d'Orb., 77, l'*A. centaurus*, d'Orb., 76.

Dans le lias supérieur, les *A. mucronatus*, d'Orb., 104, *Braunianus*, d'Orb., id., et *A. acanthopis*, d'Orb. (*Prodrome*).

Les ammonites coronarii de l'oolithe inférieure et de la grande oolithe ont en général les tubercules latéraux.

On cite dans l'oolithe inférieure :

L'*A. Humphriesianus*, d'Orb., 133 et 134, espèce très variable dans son enroulement, fréquente et caractéristique.

Les *A. Blagdeni*, Sow., d'Orb., 132, *Braikenridgii*, Sow., d'Orb., 135, et *Deslongchampsianus*, d'Orb., 138, appartiennent tout à fait au même type.

L'*A. zigzag*, d'Orb., 129, est plus anomale.

La grande oolithe renferme l'*A. linguiferus*, d'Orb., 136, très voisine de l'*A. Humphriesianus*.

Les espèces les plus récentes se trouvent dans le terrain kellowien et y sont assez abondantes.

Les deux plus connues et les plus caractéristiques sont l'*A. anceps*, Rein., d'Orb., 166 et 167, et l'*A. coronatus*, Brug., d'Orb., 168 et 169, très communes dans l'oolithe ferrugineuse qui forme la partie inférieure du terrain kellowien.

On peut ajouter l'*A. modiolaris*, Luid., d'Orb., 170, l'*A. arthriticus*, Sow., d'Orb., 224, etc.

18° Groupe. — Les MACROCEPHALI, de Buch, ressemblent aux coronarii, mais sont ordinairement plus renflés. Le tubercule est plus près de l'ombilic, et est situé en dedans des deux lobes latéraux supérieur et inférieur.

Exemple : *A. microstoma* d'Orb., (Atlas, pl. LV, fig. 2).

Les espèces de ce groupe caractérisent en général les mêmes terrains que les coronarii, mais quelques unes ont apparu plus tard, et l'on trouve jusque dans le terrain néocomien des espèces qui en ont la plupart des caractères essentiels.

On en connaît quelques du lias.

On cite en particulier dans le lias moyen, l'*A. Bechei*, Sow., d'Orb., 82, et l'*A. Henleyi*, Sow., id., 83 ; si toutefois ces deux espèces sont distinctes ; ainsi que l'*A. hybridus*, d'Orb., 83, et l'*A. Grenouillouxi*, d'Orb., 96 (*Pettos*, Quenstedt).

L'oolithe inférieure et la grande oolithe en renferment un assez grand nombre.

On cite dans la première, les *A. Brongniarti*, Sow., d'Orb., 137, *Sauzei*, d'Orb., 139, *Gervillei*, Sow., d'Orb., 140, et *dimorphus*, d'Orb., 141.

On trouve dans la grande oolithe, l'*A. macrocephalus*, Schlot., d'Orb., 151, et l'*A. Herveyi*, Sow., d'Orb., 150, espèces à peine distinctes l'une de l'autre, et qui passent toutes deux au terrain kellowien.

L'*A. bullatus*, d'Orb., 142, l'*A. microstoma*, id., remarquables par l'extrême rétrécissement de leur bouche, plus étroite que le tour qui la précède.

Les espèces se continuent nombreuses dans le terrain kellowien.

Outre les deux espèces précitées qui passent de la grande oolithe (*A. macrocephalus* et *Herveyi*), on cite l'*A. tumidus*, Zieten, d'Orb., 171, l'*A. Lalandeanus*, d'Orb., 175, l'*A. refractus*, Haan, d'Orb., 172, et l'*A. Christolii*, Beaudoin [1], espèce très remarquable par son dernier tour qui perd tout à fait la forme spirale, etc.

Le terrain oxfordien en renferme également.

L'*A. Goliathus*, d'Orb., 195, arrive à un grand évasement.

L'*A. aux*, d'Orb., reproduit les formes de l'*A. microstoma*.

Les *A. Panderi*, Eichw., *Okaensis*, id., *Tscheffkini*, d'Orb., *Frearsii*, id.,

[1] *Bull. Soc. géol.*, 2° série, t. VIII, p. 596.

Uralensis, id., *polyptychus*, Keyserl., etc., caractérisent le terrain oxfordien de Russie (1).

Les terrains crétacés inférieurs en renferment, comme je l'ai dit, quelques espèces. Elles ont les caractères essentiels des macrocephali jurassiques, mais sont en général plus comprimées.

On cite dans le terrain néocomien inférieur, les *A. Astierianus*, d'Orb., 28, commune en France et en Suisse; l'*A. Jeannotti*, d'Orb., 56, et l'*A. bidichotomus*, Leym., d'Orb., 57.

L'*A. fascicularis*, d'Orb., 29, caractérise le terrain néocomien supérieur (urgonien).

Quelques espèces plus récentes ont les formes renflées des macrocephali, avec des côtes simples ou nulles; mais elles sont encore trop mal connues pour pouvoir être classées.

Je citerai parmi elles (2) l'*A. Michelianus*, d'Orb. (*Prodr.*), du gault, et l'*A. Santonensis*, id., du terrain sénonien.

19e Groupe. — Les GLOBOSI, Giebel, ont une coquille très enroulée, globuleuse, quelquefois anguleuse, à ombilic étroit, semblable sous ces points de vue, aux espèces les plus globuleuses du groupe précédent; mais leur surface est lisse, ou faiblement striée, dépourvue de côtes et de tubercules. Les lobes sont petits et bien découpés, les auxiliaires varient ordinairement de deux à quatre, et dépassent quelquefois ce nombre.

Exemple : *A. globus* (Atlas, pl. LV, fig. 3).

Ce groupe est spécial au terrain salifèrien (3).

On trouve à Hallstadt l'*A. globus*, Quenstedt (*angustilobatus*, Hauer).

Les *A. Gaytani*, Klipst., *subumbilicatus*, de Hauer, *Johannis Austriæ*, Klipst., *Maximiliani Leuchtembergensis*, id., etc., ont été trouvées à Saint-Cassian, à Aussée, etc.

On peut ajouter les *A. Ramsaueri*, Quenstedt, *tornatus*, Brown, *subgaleatus*, d'Orb., etc., d'Hallstadt et d'Aussée, et les *A. latilabiatus*, Klipst., *Goldfussii*, id., *Meyeri*, id., etc., de Saint-Cassian.

20e Groupe : Les FIMBRIATI, d'Orb., ont une coquille discoïdale,

(1) Voyez d'Orbigny, de Verneuil et Murchison, *Pal. de la Russie*; de Keyserling, *Petschora Land*, etc.

(2) D'Orbigny, *Prodrome*, t. II, p. 124 et 212.

(3) Voyez, pour ce groupe des *Globosi*, Giebel, *Fauna der Vorwelt*, t. III, p. 442; Quenstedt, *Petref. Wurtemb.*, pl. 18 et 19; Klipstein, Münster, de Hauer, *loc. cit.*

formée de tours cylindriques, contigus sans se recouvrir, et présentant des traces de bourbes temporaires. Leur bouche est circulaire. Les lobes et les selles sont pairs, élargis à leur extrémité et rétrécis à leur base; le lobe dorsal est souvent le plus long.

Exemple : *A. subfimbriatus*, d'Orb. (Atlas, pl. LV, fig. 4).

Les espèces se trouvent peut-être déjà dans les terrains salifériens.

L'*Amm. Aeis*, Münster [1], et l'*A. Wengensis*, Klipstein, de Saint-Cassian, paraissent appartenir à ce type, autant du moins qu'on en peut juger sur des figures très imparfaites.

Elles augmentent de nombre et d'importance dans les terrains jurassiques.

On en cite plusieurs du lias.

Celles du lias inférieur sont encore petites et peu caractérisées. On cite les *A. Phillipsii*, Sow., d'Orb., 97, *articulatus*, Sow., d'Orb., id., et *Hagenowi*, H. de Meyer [2].

Le lias moyen renferme une belle espèce bien connue, l'*A. fimbriatus*, Sow., d'Orb., 98.

Le lias supérieur a fourni l'*A. cornucopiæ*, Young, d'Orb., 99, espèce assez répandue et caractéristique, ainsi que les *A. Jurensis*, Zieten, d'Orb., 100, et *lineatus*, Schlot. L'*A. hircinus*, Schlot., d'Orb., 101, ressemble au moins autant aux *ligati* qu'aux *fimbriati*.

L'oolithe inférieure en renferme quelques unes.

L'*A. Eudesanus*, d'Orb., 128, est une belle espèce bien caractérisée. On peut ajouter l'*A. pygmæus*, d'Orb., 129, l'*A. Linnæanus*, d'Orb., 127, etc.

L'*A. Pictaviensis*, d'Orb., 126, reproduit les ornements de l'*A. cornucopiæ*.

Le terrain kellowien en renferme quelques unes.

L'*A. Adelæ*, d'Orb., 183, paraît appartenir à ce groupe.

L'*A. tripartitus*, Raspail, d'Orb. 197, (*polygonius*, Quenstedt), caractérise le kellowien en France, et se trouve en Allemagne avec l'*A. Murchisoni*.

Les terrains crétacés n'ont pas moins d'ammonites fimbriati que les jurassiques.

Le terrain néocomien est celui qui en contient le plus.

On cite dans le néocomien inférieur les *A. subfimbriatus*, d'Orb., 35, espèce

[1] Münster, *Beitr.*, t. IV, pl. 15, fig. 32; Klipstein, *Geol. de Deutsch. Alpen*, pl. 6, fig. 11.

[2] *Palæontographica*, t. 1, pl. 13, fig. 22, et pl. 17, fig. 2.

très caractéristique et fort répandue en Suisse, *Juilleti*, d'Orb., 171, et *strangulatus*, d'Orb., 49.

Les *A. inæqualicostatus*, d'Orb., 29, *Honoratianus*, d'Orb., 37, *recticostatus*, d'Orb., 40, *lepidus*, d'Orb., 48, etc., caractérisent le néocomien supérieur (urgonien).

Quelques espèces se continuent dans le terrain aptien.

On cite l'*A. striatisulcatus*, d'Orb., 49, et l'*A. Duvalianus*, d'Orb., 50.

Le gault n'en renferme qu'une seule.

C'est l'*A. Jallabertianus*, Pictet, très voisine de l'*A. Duvalianus*, et réunie à tort par M. d'Orbigny à l'*A. inflatus*.

L'espèce la plus récente a été trouvée dans le terrain cénomanien.

C'est l'*A. Cassisianus*, d'Orb. (*Prodrome*), qui n'a encore été ni figurée ni décrite.

Cette énumération, quelque longue qu'elle soit, ne comprend pas absolument toutes les formes d'ammonites.

Quelques unes, principalement parmi les espèces des terrains salifériens, semblent trop anomales pour rentrer dans les groupes connus.

Telles sont [1] l'*A. mirabilis*, Klipstein, de Saint-Cassian, l'*A. larva*, id., du même gisement, etc.

Je n'ai jusqu'à présent parlé que des ammonites des terrains d'Europe. Ce genre a eu cependant une distribution géographique assez étendue, et on l'a retrouvé dans l'Amérique septentrionale et méridionale, et dans les Indes orientales.

Les espèces de l'Amérique septentrionale sont connues [2] par divers mémoires de MM. Morton, Dekay, etc.

L'étage du terrain crétacé des États-Unis, qui paraît correspondre à la craie blanche d'Europe (terrain sénonien), renferme des espèces dont les principales sont les *A. placenta*, Dekay, *Delawariensis*, Morton, *Vanuxemi*, Morton, *telifer*, id., *syrtalis*, id., *vespertinus*, id., *Mandanensis*, id., *Abyssinus*, id., *Nicoleti*, id., etc.

M. Roemer en a fait connaître quelques unes du terrain crétacé du Texas.

[1] Klipstein, *Geol. der Oestlich. Alpen*, pl. 5, fig. 2, et pl. 7, fig. 9.

[2] *Journ. Acad. Phil.*, t. VI, p. 88, et t. VIII, 2ᵉ partie, p. 208 (1842) *Ann. du Lyc. de New-York*, t. II, p. 277, etc.

Les espèces de l'Amérique méridionale ont été décrites [1] par MM. Léopold de Buch, d'Orbigny, Hopkins, Coquand et Bayle.

Les espèces décrites par M. de Buch sont les *A. Peruvianus, galeatus, æquatorialis*, etc. Elles paraissent appartenir au terrain néocomien supérieur (urgonien).

Les espèces recueillies par M. d'Orbigny dans les terrains crétacés de l'Amérique méridionale sont, outre l'*A. galeatus*, Humb., les *A. Boussingaulti, Dumasianus, Santafecinus, alternatus, planidorsatus, Alexandrinus et Columbianus*.

M. Hopkins en a fait connaître plusieurs de Santa-Fé de Bogota (*A. Hopkinsi, Inca, Buchiana, Loxi, Bogotensis*).

MM. Coquand et Bayle ont décrit les *A. Domeykus et pustulifer*, de Coquimbo (Chili), et les ont rapportées aux terrains jurassiques inférieurs.

Les espèces des Indes orientales ont surtout été recueillies dans les terrains crétacés supérieurs [2].

Les plus anciennement connues ont été trouvées par le capitaine Smee, puis décrites par Sowerby, etc. Plus récemment M. Ed. Forbes en a fait connaître un très grand nombre.

Les CRIOCERAS, Léveillé (*Topœum*, Sowerby), — Atlas, pl. LV, fig. 5,

ont tous les caractères essentiels des ammonites, sauf que les tours de spire ne sont pas contigus les uns aux autres. La spire toutefois reste régulière. Les cloisons sont régulièrement divisées en six lobes presque toujours impairs, et en selles paires. Le lobe latéral supérieur est plus long que le dorsal. Les lobes et les selles sont étroits à leur base, et fortement élargis à leur extrémité.

Ces mollusques paraissent spéciaux à la période crétacée, mais seulement aux étages inférieurs et moyens. Ils se trouvent depuis les terrains néocomiens jusqu'au gault.

Les crioceras sont, comme nous le verrons plus bas, tout à fait semblables au premier enroulement des ancyloceras, de sorte qu'un de ces derniers, s'il est fracturé et privé de sa crosse, a tous les caractères des premiers. Il en est résulté que l'on a sou-

[1] De Buch, *Pétrif. recueill, par Humboldt*, Berlin, 1839, in-folio; d'Orbigny, *Voyage dans l'Amér. mérid.*; Roemer, *Texas*, in-4°; Hopkins, *Quart. Journ. of the geol. Soc.*, t. I, p. 176; Coquand et Bayle, *Bull. Soc. géol.*, 2° série, t. VII, p. 232, etc.

[2] Voyez *Journ. de Madras*, et *Proceedings of the geol. Soc.*, t. II, p. 77; Forbes, *Trans. of the geol. Soc.*, t. VII, p. 99, etc.

vent rapporté au genre qui nous occupe des ancyloceras incomplets.

M. Astier ([1]) va plus loin, et affirme que ces deux genres n'en forment qu'un. Ce paléontologiste zélé a trouvé plusieurs prétendus crioceras projetés en crosses, et il en a conclu que tous prennent cette forme à l'âge adulte, d'autant plus qu'on ne trouve pas de crioceras terminés par une bouche qui indique leur forme complète.

Cette opinion de M. Astier est possible, mais comme il y a plusieurs espèces qu'on n'a jamais trouvées encore qu'à l'état de crioceras, j'ai provisoirement conservé ce genre. Des découvertes nouvelles pourront transporter une partie des espèces (ou toutes) dans le genre des ancyloceras.

Les espèces les plus anciennes appartiennent, comme je l'ai dit, au terrain néocomien.

Le *C. Cornuelianus*, d'Orb., 115, a été trouvé à Wassy, à Cheiron et à Anglès.

Le *C. Puzosianus*, d'Orb., 115, provient d'Anglès et de Barrême.

Le *C. cristatus*, d'Orb., 115, se trouve à Escragnolles et à la Doire (Var).

Le *C. alpinus*, d'Orb. (*Prodrome*), a été découvert à Anglès.

Le terrain aptien paraît n'en renfermer qu'une espèce.

C'est le *C. plicatilis*, d'Orbigny (*Hamites plicatilis*, Phillips), de l'argile de Speeton.

Les espèces se continuent dans le gault.

Le *C. Astierianus*, d'Orb., 115 bis, a été trouvé à la collette de Clar, près Escragnolles.

J'ai décrit ([2]) le *C. Vaucherianus*, Pict., du gault de la perte du Rhône.

Les SCAPHITES, Parkinson, — Atlas, pl. LV, fig. 6 à 8,

ont dans leur jeune âge un enroulement semblable à celui des ammonites, avec les tours en contact ou se recouvrant les uns les autres. A un certain âge la coquille se redresse et se projette en une crosse dont l'extrémité forme un fer à cheval.

Les scaphites sont spéciaux à la formation crétacée. Ils com-

[1] *Catal. descr. des ancyloceras de l'étage néoc. d'Escragnolles*, extrait des *Mém. de la Soc. d'agric. de Lyon*, et à part, Lyon, 1851, in-8.

[2] *Descr. des Moll. foss. des grès verts des envir. de Genève*, p. 141, pl. 12, fig. 1.

mencent avec l'époque néocomienne, et s'éteignent avec celle de la craie blanche.

Les espèces les plus anciennes ont les tours peu recouverts et la spire visible.

On cite en particulier, dans le terrain néocomien supérieur (urgonien) de Barrême, une espèce remarquable sous ce point de vue, le *Scaphites Ivanii*, Puzos, d'Orb., 128 (Atlas, pl. LV, fig. 6).

M. d'Orbigny indique dans le même terrain une espèce nouvelle, le *S. alpinus*, d'Orb. (*Prodrome*).

Les terrains aptiens d'Angleterre en renferment deux espèces.

M. d'Orbigny rapporte à ce genre le *Crioceratites Bowerbankii* [1], Sow., de l'île de Wight, et le *Hamites Phillipsii*, Dean [2], de l'argile de Speeton.

Le gault en a fourni aussi deux espèces.

Le *S. Astierianus*, d'Orb., de Clar, est une espèce très distincte (Atlas, pl. LV, fig. 7).

Le *S. Hugardianus*, d'Orb., a été trouvé dans le gault de la Savoie et de la perte du Rhône (fig. 8).

Le terrain cénomanien en contient aussi quelques-unes.

Le *S. æqualis*, Sow., d'Orb., 129, est commun à Rouen, à Uchaux, etc.

Le *S. obliquus*, Sow., 53, provient de Rouen.

Le *S. Rochatianus*, d'Orb. (*Prodrome*), d'Uchaux, rappelle le mode d'enroulement des scaphites néocomiens.

Les craies supérieures (terrain sénonien) en ont fourni un plus grand nombre.

M. d'Orbigny a décrit le *S. compressus*, d'Orb., 128, et le *S. constrictus*, d'Orb., 129, de France et d'Allemagne.

Les paléontologistes allemands, et en particulier M. Roemer [3], en ont fait connaître plusieurs des terrains crétacés supérieurs d'Allemagne. Tels sont le *S. Geinitzii*, d'Orb. (*æqualis*, Geinitz, non Sow.), et les *S. inflatus*, Roemer, *binodosus*, id., *compressus*, id. (non Sow., *Roemeri*, d'Orb.), *plicatellus*, Roemer, *pulcherrimus*, id., *ornatus*, id.

Quelques espèces ont été trouvées dans les mêmes terrains en Amérique.

[1] Sowerby, *Trans. of the geol. Soc.*, 2e série, t. V, p. 410, pl. 34, fig. 1; *Quart. Journ. of the geol. Soc.*, t. III, p. 393.

[2] Phillips, *Geol. of Yorkshire*, p. 95, pl. 1, fig. 29.

[3] Roemer, *Norddeutsch. Kreidegeb.*, p. 90, pl. 13 et 14; Geinitz *Characht.*, etc.

On cite en particulier (¹) le *S. Curieri*, Morton (*Amm. hyppocrepis*, Dekay), et le *S. Conradi*, d'Orbigny (*Amm. Conradi, angulosus* et *petechialis*, Morton).

Les ANCYLOCERAS, d'Orb., — Atlas, pl. LVI, fig. 9 à 11,

ont une coquille enroulée d'abord en spire disjointe, comme les crioceras (²), puis se projetant en une longue crosse. Ils sont donc à ces mollusques ce que les scaphites sont aux ammonites. La crosse est toujours sans cloisons. Il est probable qu'à toutes les époques de sa vie, l'animal était logé dans un prolongement de cette nature, qu'il détruisait au fur et à mesure de son accroissement. Sans cela il faudrait admettre, ce qui est peu probable, des différences de formes entre l'animal adulte et le jeune.

Ces mollusques ont apparu pour la première fois dans l'oolithe inférieure, et n'ont pas survécu à l'époque crétacée.

Plusieurs espèces ont été citées dans les terrains jurassiques.

L'*A. annulatus*, d'Orb., **225**, de Caen et de Niort, et l'*A. bispinatus*, Baugier et Sauzé (³), des environs de Niort, caractérisent l'oolithe inférieure.

L'*A. tenuis* (*Toxoceras tenuis*, Baugier et Sauzé), l'*A. spinatus*, id. (⁴), et l'*A. Agassizii*, d'Orb. (*Prodr.*), appartiennent à la grande oolithe.

L'*A. Calloviensis*, Morris (⁵), l'*A. distans*, Baugier et Sauzé (⁶), et l'*A. tuberculatus* (*Toxoceras tuberculatus*, B. et S.), ont été trouvés dans les terrains kellowiens.

Ils augmentent de nombre dans les terrains crétacés.

On en cite en particulier plusieurs dans les terrains néocomiens.

M. d'Orbigny a décrit l'*A. dilatatus*, d'Orb., **121**, du néocomien inférieur de Gigondas, et l'*A. pulcherrimus*, id., du même terrain, de Sisteron et de Cheiron.

Il énumère parmi les espèces du terrain néocomien supérieur (urgonien), l'*A. furcatus*, d'Orb., **127**, de Robion et Cheiron, l'*A. Puzosianus*, id., de

(¹) Morton, *Synopsis*, p. 39 et 41, et *Journ. Acad. Phil.*, t. VI, p. 109.

(²) Je renvoie à ce que j'ai dit plus haut, p. 701, sur les liaisons des crioceras et des ancyloceras, et sur la possibilité que ces deux genres doivent être réunis en un seul.

(³) *Not. sur quelq. coq.*, etc., p. 12, pl. 3 et 4.

(⁴) *Idem*, pl. 4.

(⁵) *Ann. and mag. of nat. hist.*, t. V, p. 32, pl. 6. C'est l'espèce figurée dans l'Atlas, pl. LV, fig. 11.

(⁶) *Loc. cit.*, pl. 3 et 4. Voyez aussi pour toutes ces espèces, d'Orb., *Pal. fr., Terr. jur.*, et *Prodrome*, t. I.

Robion et d'Escragnolles ; l'*A. brevis*, id., de Cassis ; l'*A. cinctus*, d'Orb., 125, de Cheiron ; l'*A. Ducalianus*, d'Orb., 124, de la Bedoule et du Vicentin ; l'*A. Emerci*, d'Orb., 114 (olim, *Crioceras Emerici*, d'Orb., *C. Darii*, Zigno, *C. Fourneli*, Duval), commun à Escragnolles, Barrême, Anglès, etc. Il cite dans le même terrain trois espèces nouvelles, les *A. Perezianus*, d'Orb., de Nice, *Astierianus*, id., d'Escragnolles, et *ornatus*, id., de Cheiron.

M. Astier [1] en a ajouté un très grand nombre. Il a décrit l'*A. Binelli*, Ast., de Cheiron et d'Anglès ; les *A. Koechlini*, Astier, *Moutoni*, id., *Thiollierei*, id., *Tabarelli*, id., *Van den Heckii*, id., *Jourdani*, id., et *Jauberti*, id., d'Anglès. Ce dernier est figuré dans l'Atlas, pl. LV, fig. 12.

Les *A. Sablieri*, Astier, *Mulsanti*, id., *Fourneti*, id., *Andouli*, id., *Terverti*, id., *Sartousii*, id., et *Seringei*, id., ont été trouvés à Cheiron.

L'*A. Pugnairei*, Astier, provient du ravin de Saint-Martin, près Escragnolles.

Les espèces se continuent dans les terrains aptiens.

L'*A. gigas* (*H. gigas*, Sow., *Scaphites gigas*, Forbes, *A. Renaurianus*, d'Orb., 123), a été trouvé à la Bedoule, à Apt et dans l'Ile de Wight.

M. d'Orbigny a décrit en outre les *A. Matheronianus*, d'Orb., 122 (*A. varians*, id., 126), de Barrême et de la Bedoule ; l'*A. simplex*, d'Orb., 125, de la Bedoule ; l'*A. Cornuelianus* (*Toxoceras Cornuelianus*, d'Orb., 119), de Gargas, etc. Le premier est figuré dans l'Atlas, pl. LV, fig. 10.

M. Matheron [2] a fait connaître l'*A. Orbignyanus*, de la Bedoule.

Il faut, suivant M. d'Orbigny, considérer aussi comme des ancyloceras l'*H. Beanii*, Young and Bird [3], de l'argile de Speeton ; l'*H. intermedius*, Phillips [4], du même gisement ; l'*H. grandis*, Sow., 593, de Folkstone, etc., et l'*H. Hillsii*, Sow. [5], des mêmes terrains.

L'*A. sexnodosus*, d'Orb. (*H. sexnodosus*, Roemer) [6], a été découvert dans le hilsthon du nord de l'Allemagne.

Elles deviennent moins nombreuses dans le gault.

M. d'Orbigny place dans ce genre l'*Hamites spiniger*, Sow., 216, en y réunissant les *H. nodosus* et *tuberculatus*, du même auteur. Ils ont été trouvés à Folkstone.

J'ai décrit [7] sous le nom de *Hamites Saussureanus*, une belle

---

[1] *Catal. descr. des ancyloceras*, Lyon, 1851, in-8° (extr. des *Mém. de la Soc. agric. de Lyon*).

[2] *Catal. corps org.*, etc., p. 265, pl. 41, fig. 1 et 2.

[3] Phillips, *Geol. of Yorkshire*, p. 95, pl. 1, fig. 28.

[4] *Idem*, pl. 1, fig. 22.

[5] *Trans. of the geol. Soc.*, 2ᵉ série, t. IV, pl. 15, fig. 1 et 2.

[6] *Norddeutsch. Kreideg.*, p. 94, pl. 14, fig. 10.

[7] *Descr. Moll. des grès verts*, p. 118, pl. 13, fig. 4 à 7.

espèce que M. d'Orbigny considère comme un ancyloceras, et qui pourrait peut-être former un genre nouveau. Je n'aurais pas hésité à établir ce genre si j'avais pu trouver un échantillon complet ; mais je n'ai pu que recomposer la forme probable au moyen de fragments. Il est vrai que le nombre de ces fragments est assez considérable et leur forme assez constante pour laisser bien peu de doute. Le nom de ANISOCERAS pourrait être donné à ce nouveau genre (Atlas, pl. LVI, fig. 12).

Il paraît caractérisé par une forme plus irrégulière que chez aucun autre céphalopode. La coquille dans le jeune âge est sinueuse, formant une spirale irrégulière héliciforme, à tours disjoints, ayant tous une double courbure, et ne pouvant pas être compris dans un plan. Plus tard elle se redresse et s'infléchit en crosse comme les ancyloceras.

Ce genre mérite peut-être mieux que tout autre la qualification que M. d'Orbigny donne aux heteroceras, de présenter le maximum de dévergondage de formes parmi les céphalopodes. Il est le plus irrégulier de tous.

La seule espèce connue deviendrait l'*Anisoceras Saussureanus*, Pictet, du gault des environs de Genève.

Le terrain cénomanien a fourni quelques ancyloceras.

M. d'Orbigny [1] indique deux espèces nouvelles de Montblainville (Meuse), les *A. Morinusianus*, et *Arduennensis*, d'Orb., et rapporte à ce genre l'*Hamites armatus*, Sow. ; mais je ne connais aucune preuve qui justifie cette manière de voir.

L'*Ancyl. ellipticus*, Mantell, a été trouvé à Middleham.

On a trouvé aussi quelques ancyloceras hors d'Europe.

Les *A. Humboldtianus*, Forbes, et *Buchianus*, d'Orb. (*Am. Rhotomagensis*, de Buch), proviennent du terrain néocomien supérieur de Santa-Fé de Bogota [2].

L'*A. tenuisulcatus*, d'Orb. (*Hamites tenuisulcatus*, Forbes, *Hamites Indicus*, d'Orb., *Astrol.*), a été découvert dans les terrains crétacés supérieurs de Pondichéry [3].

[1] *Prodrome*, t. II, p. 147.
[2] Forbes, *Quart. Journ. of the geol. Soc*, t. I, p. 171 ; de Buch, *Pétrif. recueill. par Humboldt*, p. 7, pl. 1, fig. 15 ; d'Orb., *Prodrome*, t. II, p. 101.
[3] Forbes, *Trans. of the geol. Soc.*, 2ᵉ série, t. VII, p. 116, pl. 10 et 11 ; d'Orbigny, *Voy. de l'Astrolabe*, pl. 1, fig. 13 et 14, et *Prodrome*, t. II, p. 211.

Les Toxoceras, d'Orb., — Atlas, pl. LV, fig. 12 à 14, ont, avec les caractères essentiels de tous les genres précédents, une coquille en forme de corne oblique, plus ou moins arquée et jamais en spirale. Elle croit en formant une courbure régulière depuis le commencement jusqu'à la fin.

Ce genre se confond facilement avec celui des ancyloceras, lorsqu'on ne connaît que des fragments de la coquille. Je crois même par certains faits que j'ai pu observer dans les fossiles de la Suisse et de la Savoie, que quelques espèces ont une croissance assez variable pour être tantôt semblables aux toxoceras, tantôt assez enroulées pour mériter le nom d'ancyloceras. Je dois ajouter que dans un très grand nombre de cas la distinction entre ces deux genres paraît plus justifiée et plus facile.

Les toxoceras ont à peu près la même histoire paléontologique que les ancyloceras.

Quelques espèces ont été trouvées dans les terrains jurassiques.

MM. Baugier et Sauzé [1] ont décrit les *T. Orbignyci, æqualicostatus* et *rarispinus*, de l'oolithe inférieure du département des Deux-Sèvres. La belle collection de M. Ooster renferme des *T. Orbignyci*, de la chaîne du Stockhorn, qui s'enroulent comme des ancyloceras.

MM. Baugier et Sauzé ont décrit aussi le *T. Garanti*, de la grande oolithe du même département.

Les espèces sont abondantes dans les terrains néocomiens.

M. d'Orbigny, cite comme trouvés dans le terrain néocomien inférieur : le *T. bituberculatus*, d'Orb., 116, de Castellane ; le *T. Duvalianus*, d'Orb., 117, de Castellane et d'Escragnolles ; ainsi que les *T. elegans*, d'Orb., 117, *annularis*, d'Orb., 118, et *Asterianus*, d'Orb., (*Prodr.*), trouvés à Cheiron.

Parmi les espèces du terrain néocomien supérieur (argonien), il a décrit les *T. Emericianus*, d'Orb., 120, *Honoratianus*, d'Orb., 119, et *obliquatus*, d'Orb., 120, de Barrême et de Saint-Martin, et le *T. Requienianus*, d'Orb., 110, d'Escragnolles, etc. Dans le *Prodrome* il ajoute quelques espèces nouvelles d'Escragnolles, les *T. plicatilis, Montonianus, Joubertianus* et *Varusensis*.

L'espèce connue la plus récente appartient au terrain aptien.

C'est le *T. Royerianus*, d'Orb., 118, du département de Vaucluse, etc.

[1] *Not. sur quelq. coq.*, etc., pl. 1-3.

On en cite aussi hors d'Europe.

Le *T. nodosus*, d'Orb. (*Prodr.*), caractérise le terrain néocomien supérieur de Santa-Fé de Bogota, etc.

Les Hamites, Parkinson, — Atlas, pl. LVI, fig. 1 à 4,

ont une coquille qui forme une spire irrégulière, très elliptique, formée de coudes placés aux extrémités du grand axe de l'ellipse et d'intervalles droits ou plus ou moins arqués. La bouche est ronde et a été en général considérée comme simple. J'ai montré que dans quelques cas du moins [1] elle était modifiée par un bourrelet (pl. LVI, fig. 4).

Il est très rare de trouver la coquille entière, et ce n'est que sur un très petit nombre d'échantillons que l'on a pu constater l'existence de deux crosses. Parmi eux on peut citer celui que nous avons reproduit dans l'Atlas, pl. LV, fig. 1, qui a été figuré dans le mémoire de Fitton. Pour beaucoup d'espèces ce n'est que par une hypothèse probable qu'on les considère comme ayant une forme analogue. Les fragments paraissent pouvoir s'associer de même.

M. d'Orbigny avait cru pouvoir établir [2] que tous les hamites du terrain néocomien n'ont qu'une crosse, et il en avait fait le genre Hamulina, laissant le nom d'Hamites à ceux des terrains crétacés moyens et supérieurs. Il s'en faut de beaucoup que les faits connus soient assez nombreux pour justifier cette distribution des espèces, et M. d'Orbigny paraît y avoir renoncé lui-même [3].

Les hamites paraissent spéciaux à l'époque crétacée et se trouvent dans tous les étages dans lesquels elle se subdivise.

Quelques espèces caractérisent les terrains néocomiens.

M. d'Orbigny rapporte aux terrains néocomiens inférieurs : l'*H. incertus*, d'Orb., 130, de Cheiron, et l'*H. Emericianus*, id., de Castellane.

Il décrit comme trouvés dans les terrains néocomiens supérieurs : les *H. dissimilis*, d'Orb., 130, *Astierianus*, d'Orb. (*Prodr.*), *cinctus*, d'Orb., 125, *alpinus*, d'Orb. (*Prodr.*), d'Angles ; les *H. subundulatus*, d'Orb., *subcylindricus*, id., et *Varusensis*, id., d'Escragnolles.

[1] *Descr. des Moll. des grès verts*, p. 135, pl. 14, fig. 9.
[2] *Prodrome*, t. II, p. 66.
[3] *Cours élément.*, 1re partie, p. 291.

L'*H. hamus*, Quenstedt [1], a été trouvé à Castellane et à Anglès.

Deux espèces ont été trouvées dans les terrains aptiens.

L'*H. Royerianus*, d'Orb., 131, a été découvert dans les départements de l'Aube et de l'Yonne.

L'*H. varicostatus*, Phillips [2], provient de l'argile de Speeton.

Les espèces augmentent beaucoup de nombre dans le gault.

Parmi les plus répandues et les plus anciennement connues, on peut citer l'*H. rotundus*, Sow., 61, d'Orb., 132, et l'*H. attenuatus*, Sow., 61, d'Orb., 131 (*tenuis* et *compressus*, Sow., *funatus*, Brongniart).

L'*H. virgulatus*, Brongniart [3], se trouve dans le gault des Alpes.

M. d'Orbigny a fait connaître l'*H. punctatus*, d'Orb., 131, de Clansayes, etc.; l'*H. flexuosus*, id., de Wissant, de la perte du Rhône, etc.; l'*H. Bouchardianus*, d'Orb., 132, l'*H. elegans*, d'Orb., 123, l'*H. Sablieri*, id., l'*H. Raulinianus*, d'Orb., 134, l'*H. Neptuni*, d'Orb. (*Prodrome*), l'*H. Astieri*, id., l'*H. Leloni*, id., etc. Ces dernières espèces ont principalement été trouvées dans le département du Var.

M. Leymerie [4] a décrit l'*H. alterno-tuberculatus* (*alternatus*, Phill., *spiniger*, Fitton, *tuberculatus*, Michelin), de Gerauder, Escragnolles, etc.

Il faut ajouter l'*H. armatus*, Sow. [5].

J'en ai décrit moi-même [6] plusieurs espèces du gault des environs de Genève, et en particulier :

Parmi les hamites à tubercules, l'*H. Favrinus*, Pictet, et l'*H. Desorianus*, id.

Parmi les hamites sans tubercules, l'*H. Charpentieri*, Pictet, l'*H. Venetzianus*, id., et l'*H. Studerianus*, id.

Les espèces se continuent dans les craies chloritées, les craies marneuses et les grès verts supérieurs.

On cite dans le terrain cénomanien de Rouen l'*H. simplex*, d'Orb., 134, et dans le même étage de la Malle (Var), l'*H. dubius*, d'Orb. (*Pods*).

L'*H. biplicatus*, Roemer [7], a été trouvé dans le quader d'Osnabrück.

---

[1] *Petref. Wurtemb.*, pl. 21, fig. 3 et 4.
[2] *Geol. of Yorkshire*, p. 93, pl. 1, fig. 23.
[3] Dans Cuvier, *Ossem. foss.*, 1e édit., pl. O, fig. 6.
[4] *Mém. Soc. géol.*, t. V, pl. 17, fig. 21.
[5] Voyez l'observation, p. 706.
[6] *Descr. Moll. des grès verts*, p. 115, pl. 12, 14 et 15.
[7] *Norddeutsch. Kreidegeb.*, p. 93, pl. 14, fig. 11.

L'*H. gracilis* (*Toxoceras gracilis*, d'Orb., 120) caractérise le terrain turonien d'Uchaux.

Le terrain sénonien en renferme aussi.

M. d'Orbigny indique dans son *Prodrome* l'*H. Carolinus*, d'Orb., espèce non encore décrite, de Meudon.

L'*H. cylindraceus*, Defrance, d'Orb., 136, provient de Sainte-Colombe (Manche) et de Maëstricht.

M. Geinitz [1] en a décrit plusieurs de la craie de Strehlen, mais avec des erreurs de détermination. Ce sont les *H. Geinitzii*, d'Orb. (*ellipticus*, Geinitz, non Mantell), *strangulatus*, d'Orb. (*intermedius*, Gein., non Sow.), *consobrinus*, d'Orb. (*rotundus*, Gein., non Sow.), et *alternans*, Geinitz.

M. Reuss [2] a fait connaître une espèce de Bohême, sous le nom de *plicatilis*, qui n'est pas le *plicatilis*, Sow.; M. d'Orbigny le nomme *H. Reussianus*.

Les terrains crétacés supérieurs d'Amérique et de l'Inde ont aussi fourni des hamites.

M. Morton [3] a décrit les *H. columna* (sous le nom de baculites), *arculus*, *torquatus* et *trabeatus*, des États-Unis.

M. d'Orbigny [4] a fait connaître l'*H. constrictus*, de Pondichéry.

M. Forbes [5] a décrit les *H. Indicus* et *subcompressus*, du même pays.

L'Amérique en a aussi fourni qui appartiennent au terrain néocomien supérieur (urgonien).

On cite en particulier [6] les *H. Degenhardtii*, de Buch, et l'*H. Orbignyanus*, Forbes, de Santa-Fé de Bogota.

Les PTYCHOCERAS, d'Orb., — Atlas, pl. LVI, fig. 5,

sont des hamites dont les branches sont encore plus serrées; car elles se touchent ensemble dans toute leur longueur, formant ainsi une sorte de siphon. Ce genre est propre aux terrains crétacés.

On en connaît deux espèces du terrain néocomien.

M. d'Orbigny a décrit le *P. Emericianus*, d'Orb., 137, du néocomien infé-

[1] *Characht.*, p. 41, pl. 12 et 13.
[2] *Bohm. Kreidef.*, p. 23, pl. 7, fig. 5 et 6.
[3] *Synopsis*, p. 44, pl. 15 et 19.
[4] *Voyage de l'Astrolabe*, pl. 3, fig. 7 et 8.
[5] *Trans. of the geol. Soc. of London*, 2ᵉ série, t. VII, p. 116, pl. 11.
[6] De Buch, *Pétrif. recueill. par Humboldt*, fig. 23 à 25; Ed. Forbes, *Quart. journ. of the geol. Soc.*, t. I, p. 175.

rieur de Lioux et de Vergons, et le *P. Puzosianus*, id., du néocomien supérieur de Barrême et d'Anglès.

Le terrain aptien en a fourni un : c'est le *P. lævis*, Matheron [1], de Cassis et de Gargas.

Les espèces augmentent de nombre dans le gault.

J'ai décrit [2] le *P. gaultinus*, Pictet (*P. Puzosianus*, Quenstedt), du gault des environs de Genève.

M. d'Orbigny [3] indique le *P. adpressus*, d'Orb. (*Hamites adpressus*, Sow.), d'Escragnolles et du gault d'Angleterre, et le *P. Astierianus*, d'Orb., de Clar.

Les terrains crétacés supérieurs de l'Inde en renferment aussi.

M. Forbes [4] a fait connaître le *P. sipho*, de Pondichéry.

Les Baculites, Lamarck, — Atlas, pl. LVI, fig. 6,

ont une coquille conique, ronde, comprimée ou anguleuse, qui diffère de celle de tous les genres précédents parce qu'elle est parfaitement droite et sans courbure. La dernière cavité qui renfermait l'animal est très grande. La bouche a une languette dorsale comme quelques ammonites et une échancrure profonde de chaque côté. Les lobes, au nombre de quatre ou de six, sont pairs, sauf le ventral, qui est souvent très petit et toujours impair. Il faut réunir à ce genre les Homalocératites de Hüpsch, ainsi que les Tiranites de Montfort, et une partie des Rhabdites de de Haan. Les baculites sont spéciales aux terrains crétacés.

Elles sont rares dans les terrains crétacés inférieurs. On n'en connaît qu'une seule du terrain néocomien et point du gault.

La *B. neocomiensis*, d'Orb., 138, a été trouvée dans le néocomien inférieur des Basses-Alpes.

Les craies chloritées, les craies marneuses et les grès verts supérieurs en ont fourni quelques espèces.

La *B. baculoides*, d'Orb., 138, se trouve dans le terrain cénomanien de Rouen, Cassis, Uchaux, etc.

---

[1] *Catal. des corps org.*, etc., p. 266, pl. 41, fig. 3.
[2] *Desor, Moll. des grès verts*, p. 139, pl. 13, fig. 5 et 6.
[3] *Pal. fr., Ter. crét.*, p. 553, et *Prodrome*, t. II, p. 123.
[4] *Trans. of the geol. Soc.*, 2ᵉ série, t. VII, p. 118, pl. 11, fig. 5.

La *B. undulatus*, d'Orb. (*Prodrome*), a été découverte à Uchaux, où elle caractérise, suivant M. d'Orbigny, le terrain turonien.

Les espèces augmentent de nombre dans le terrain sénonien.

La *B. incurvatus*, Dujardin, d'Orb., 139, a été trouvée à Tours, à Quedlimbourg, etc.

La *B. anceps*, Lamk., d'Orb., 139, se trouve en Angleterre, en Suède, en France, etc.

La *B. Faujasii*, Lamk, Sow., 632, est répandue aussi en Angleterre, en Bohême, etc., et se trouve aussi dans le terrain danien de Faxoe et de Maëstricht.

Les terrains crétacés supérieurs d'Amérique et de l'Inde en contiennent également.

La *B. anceps*, ci-dessus indiquée, se trouve aussi dans les uns et les autres.

On peut ajouter pour l'Amérique quelques espèces décrites par MM. Say et Morton [1] (*B. ovatus*, Say, *asper*, Morton), et pour les Indes orientales, celles qu'a fait connaître M. Ed. Forbes [2] (*B. vagina*, Forbes, *teres*, id., de Pondichéry).

Les TURRILITES, Lamarck (*Cornes d'Ammon turbinées* [3], etc.). — Atlas, pl. LVI, fig. 7,

diffèrent de tous les genres précédents, par leur coquille qui s'enroule obliquement et qui est turriculée. Cette coquille forme une hélice de tours apparents, arrondis ou anguleux, en contact ou s'entamant légèrement, et laissant entre eux un ombilic perforé. La bouche est entourée d'un bourrelet ou d'un capuchon. Les lobes, au nombre de six, sont pairs ou impairs, les selles sont paires. La forme de ces coquilles pourrait les faire confondre avec les gastéropodes, mais leurs cloisons les en distinguent facilement.

M. d'Orbigny leur a associé [4] des ammonitides du lias infé-

[1] *Journ. Acad. Phil.*, t. VI, p. 89, t. VIII, p. 211, 221, etc.; Morton, *Synopsis*; d'Orbigny, *Voyage de l'Astrolabe*, etc.

[2] *Trans. of the geol. Soc.*, 2ᵉ série, t. VII, p. 114, pl. 10; *Madras Journ.*, 1840, t. II, p. 39.

[3] Le nom de ce genre a été quelquefois écrit TURRILITHES, et changé par M. de Haan en TURRATES.

[4] D'Orbigny, *Pal. fr.*, *Terr. jur.*, t. I, p. 178, pl. 41 et 42. Les espèces décrites sont les *T. Bollayei*, d'Orb., *Va'dani*, id., et *Coynarti*, id. Elles proviennent toutes d'Auzy-sur-Aubois.

rieur (terrain sinémurien) qui ne présentent qu'une très légère déviation dans leur enroulement, et qui sont presque aussi planes que les ammonites normales. Il m'est impossible d'y voir de véritables turrilites, et ces coquilles doivent, ou former un genre nouveau, ou, ce qui me paraît plus probable, ne peuvent être considérées que comme une modification peu importante des ammonites proprement dites (Atlas, pl. LVI, fig. 8).

Les véritables turrilites sont spéciales aux terrains crétacés.

Elles manquent à l'époque néocomienne, mais sont abondantes dans le gault.

M. Al. Brongniart a décrit depuis longtemps [1] la *T. Bergeri*, du gault des Alpes. Cette espèce se trouve aussi à la perte du Rhône.

M. d'Orbigny en a fait connaître plusieurs, les *T. catenatus*, d'Orb., 140, *Mayorianus*, id., et *elegans*, id., de la perte du Rhône ; les *T. Astierianus*, d'Orb., 141, *Senequierianus*, id., *bituberculatus*, id., *Moutonianus*, d'Orb., 142, et *Vibrayeanus*, d'Orb., 148, d'Escragnolles et de Clar (Var); la *T. Puzosianus*, d'Orb., 143, de Savoie et de France ; la *T. Hugardianus*, d'Orb., 147, des Fiz.

J'ai décrit moi-même [2] la *T. Escherianus*, Pictet, du gault de Savoie.

Le terrain cénomanien en renferme aussi plusieurs.

La *T. Bergeri*, ci-dessus indiquée, s'y retrouve quelquefois [3].

La *T. costatus*, Lamarck, d'Orb., 145, est connue depuis longtemps et répandue en Angleterre, etc.

La *T. tuberculatus*, Bosc, d'Orb., 144, est aussi une espèce fréquente et caractéristique.

La *T. Scheuchzerianus*, Bosc, d'Orb., 146, se trouve à Rouen et dans les Alpes.

M. d'Orbigny a ajouté les *T. Gravesianus*, d'Orb., 144, *Desnoyersi*, d'Orb., 146, *ornatus*, d'Orb., 147, *bifrons*, id., et *alpinus*, d'Orb., (*Prodr.*).

La *T. carcitanensis*, Matheron [4], a été trouvée à Cassis.

La *T. Essensis*, Geinitz [5], provient d'Allemagne.

[1] Dans Cuvier, *Ossem. foss.*, 4e édit. pl. Q., fig. 3 a.

[2] *Deser. Moll. foss. des grès verts*, p. 154, pl. 15, fig. 11.

[3] Quelques dépôts des Alpes renferment des turrilites associées un peu différemment qu'elles ne le sont en France. On trouve les *T. Bergeri*, *Puzosianus*, *Hugardianus*, etc., avec d'autres fossiles du gault, et avec les *T. Desnoyersi*, *tuberculatus*, etc.

[4] *Catal. corps org. foss.*, p. 267, pl. 41, fig. 4.

[5] *Quadersandstein*, pl. 4, fig. 1 et 2.

On en trouve également dans le terrain sénonien.

M. d'Orbigny a fait connaître les *T. plicatus*, d'Orb., 143, et *acuticostatus* d'Orb., 147, de Soulage (Aude), la *T. Archiacianus*, d'Orb., 148, de Royan, et la *T. Germanica*, d'Orb. (*Prodr.*), d'Haldheim.

Il rapporte au même genre, sous le nom de *T. plicatilis*, l'*Hamites plicatilis*, Roemer [1], de Strehlen, etc.

M. Geinitz [2] a décrit sous le nom erroné de *T. undulatus*, Sow., une espèce de Strehlen (*T. Geinitzii*, d'Orb.)

M. Reuss [3] a nommé à tort *T. Astierianus* une espèce de Bohême dont M. d'Orbigny fait le *T. Reussii*.

Les **Helicoceras**, d'Orbigny, — Atlas, pl. LVI, fig. 9 et 10,

sont des turrilites à bords disjoints et tout à fait séparés les uns des autres. Ces coquilles diffèrent donc des turrilites au même titre que les criocératites diffèrent des ammonites.

On en connaît une espèce des terrains jurassiques.

L'*H. Teilleuxi*, Baugier et Sauzé [4], a été recueilli dans l'oolithe inférieure du département des Deux-Sèvres.

Toutes les autres appartiennent à l'époque crétacée.

On en connaît deux des terrains néocomiens.

L'*H. Varusensis*, d'Orb. (*Prodrome*), et l'*H. interruptus*, id., ont été trouvés dans les terrains néocomiens supérieurs du département du Var.

Le gault en renferme plusieurs.

Des échantillons plus complets que ceux que l'on possédait m'ont montré que la *Turrilites Robertianus*, d'Orb., 142, de la perte du Rhône et de Clar, est un véritable helicoceras, qui ressemble, il est vrai, davantage aux turrilites que les espèces à tours minces. Elle est figurée dans l'Atlas, pl. LVI, fig. 10.

M. d'Orbigny a décrit les *H. annulatus*, d'Orb., 148, d'Escragnolles, et *gracilis*, id., de Dienville.

Dans son *Prodrome*, il indique sept espèces nouvelles.

Les espèces paraissent se continuer dans le terrain sénonien.

M. d'Orbigny attribue à ce genre l'*Hamites armatus*, Geinitz (non Sow.), de Strehlen, et le *Turrilites polyplocus*, Geinitz, du même gisement [5].

---

[1] *Norddeutsch. Kreideg.*, p. 94, pl. 14, fig. 7.

[2] *Charachter.*, pl. 13, fig. 3.

[3] *Böhm. Kreidef.*, p. 24, pl. 7, fig. 7.

[4] *Notice sur quelques coquilles*, p. 13, pl. 3, fig. 11 à 16.

[5] Geinitz, *Characht. supp.*, pl. 5 ; d'Orbigny, *Prodrome*, t. II, p. 216.

Les Heteroceras, d'Orb., — Atlas, pl. LVI, fig. 11,

sont pendant leur jeune âge enroulés comme des turrilites, avec les tours en contact, puis se projettent en une crosse qui rappelle celle des ancyloceras.

Ces curieux mollusques sont aussi spéciaux aux terrains crétacés.

On en connaît quatre espèces de l'époque néocomienne [1].

L'*H. Emericianus*, d'Orb. (olim *Turrilites Emericianus*, d'Orb., 141), du terrain urgonien du Var, des Basses-Alpes et de Nice.

L'*H. Astierianus*, d'Orb., et l'*H. bifurcatum*, du terrain néocomien supérieur de Barrême.

L'*H. Abichianum*, d'Orb., des terrains néocomiens du Caucase.

Une espèce appartient aux terrains crétacés supérieurs. C'est :

L'*H. polyplocus*, d'Orb. (*Turrilites polyplocus*, Roemer) [2], du kreide mergel et du plaener d'Allemagne.

APPENDICE.

BECS FOSSILES DE CÉPHALOPODES.

Les céphalopodes ont, comme je l'ai dit plus haut, la bouche armée de deux mâchoires pointues, calcaires, qui constituent un bec puissant, propre à entamer les corps dont ils font leur nourriture. Des becs analogues à ceux des céphalopodes vivants ont été trouvés fossiles dans divers terrains [3].

Les uns ressemblent tout à fait aux Nautiles actuels, et comme ils se trouvent dans des terrains qui renferment des coquilles fossiles de ce genre, il n'y a aucun motif pour leur attribuer d'autres noms génériques. Ce sont des becs calcaires ayant une sorte de capuchon comme ceux des espèces vivantes, et une dimension

[1] Voyez surtout le mémoire de M. d'Orbigny, dans le *Journ. de conch.*, de M. Petit de la Saussaye, 1851, p. 217, pl. 3 et 4.

[2] *Norddeutsch. Kreideg.*, p. 92, pl. 11, fig. 1 et 2.

[3] Ces becs ont été désignés par Faure Biguet, sous le nom de *Rhyncholithus*, qui doit être abandonné comme s'appliquant à la fois à tous, tant à ceux des nautiles qu'aux *Conchorhynchus*, etc.

qui convient tout à fait à celle des coquilles fossiles avec lesquelles on les trouve (Atlas, pl. LVI, fig. 13).

On en a trouvé deux espèces dans les terrains jurassiques.

M. d'Orbigny [1] les rapporte aux *N. giganteus*, d'Orb., du terrain oxfordien de la Rochelle, etc., et *N. lineatus*, Sow., de l'oolithe inférieure des Moutiers.

Les terrains crétacés en contiennent également.

Le terrain néocomien inférieur du mont Salève renferme quelques becs qui appartiennent probablement au *N. neocomiensis*, d'Orb., ou au *N. pseudo-elegans*, id., les seules espèces qu'on ait trouvées dans ce gisement.

Les autres ne peuvent se rapporter à aucun genre connu. Ils peuvent appartenir à des céphalopodes acétabulifères et aussi bien à quelqu'un des genres que nous avons énumérés ci-dessus, qu'à des types perdus. On les a désignés sous des noms génériques provisoires.

Les CONCHORHYNCHUS, Blainv., — Atlas, pl. LVI, fig. 14,

sont des becs triangulaires, concaves en dessous et convexes en dessus. La surface dentaire est costulée dans sa partie antérieure et inférieure. On n'en connaît que dans l'époque triasique.

Le muschelkalk en a fourni deux.

Le *C. avirostris*, Bronn [2], se trouve à Lunéville, à Laineck, etc.

Le *C. duplicatus* (*Rh. duplicatus*, Münster) [3], est considéré par M. d'Orbigny comme une espèce distincte et par plusieurs auteurs comme devant être réuni à la précédente.

On en a trouvé une espèce dans le terrain salifèrien.

C'est le *C. Cassianus*, H. de Meyer [4], de Saint-Cassian.

[1] D'Orbigny, *Ann. sc. nat.*, 1825, t. V, pl. 6, fig. 1; *Pal. fr., Ter. jur.*, t. I, p. 145, et pl. 39 et 40.

[2] Bronn, *Lethæa*, pl. 11, fig. 16; Münster, *Beitr. zur Petref.*, t. I, p. 49, pl. 5, fig. 2 et 3. Cette espèce a été décrite par Blumenbach sous le nom de *Sepia rostrum*, et par Schlotheim, *Petref.*, t. I, p. 169, pl. 29, fig. 10, sous celui de *Lepadites avirostris*. C'est le *Rhyncholithes Gaillardoti*, d'Orb., *Ann. sc. nat.*, t. V, p. 219, et *Moll. viv. et foss.*, p. 589; et le *Conchorhynchus ornatus*, Blainville, *Bélemnites*, p. 115, pl. 4, fig. 12.

[3] *Beitr. zur Petref.*, t. I, pl. 5, fig. 5; d'Orbigny, *loc. cit.*

[4] Klipstein, *Beitr. zur Kent., Oestlich. Alpen*, p. 145, pl. 9, fig. 7.

Les Rhynchoteuthis, d'Orb., — Atlas, pl. LVI, fig. 15,

sont aussi triangulaires et convexes en dessus, mais ils ne sont pas concaves en dessous. Ils sont formés de deux parties, l'une antérieure et aiguë, l'autre postérieure, munie d'ailes latérales.

On en connaît plusieurs espèces des terrains jurassiques et crétacés (1).

Les plus abondants se trouvent dans les terrains kellowiens.

M. d'Orbigny en cite quatre espèces : le *R. Honoratianus*, d'Orb., de Chaudon (Basses-Alpes); le *R. Emerici*, id., des Basses-Alpes et du Var ; le *R. larus*, id., des Basses-Alpes et de Vaucluse; et le *R. antiquatus*, id., de Crimée.

On en connaît une des terrains oxfordiens.

C'est le *R. Coquandianus*, d'Orb., de Rians.

Les terrains crétacés en ont jusqu'à présent fourni trois.

Le *R. alatus*, d'Orb., a été trouvé dans le néocomien inférieur des Basses-Alpes.

Le *R. Astierianus*, d'Orb., provient du terrain aptien du midi de la France. C'est l'espèce figurée dans l'Atlas.

Le *R. Dutemplei*, d'Orb., caractérise le terrain sénonien, et a été trouvé à Chavot (Marne).

Les Palæoteuthis, d'Orb.,

ressemblent aux rhynchoteuthis, mais sont plus pointus, plus étroits, lancéolés en avant et dépourvus d'ailes latérales. Ils ont seulement un talon postérieur plus large que le reste.

On n'en connaît qu'une espèce, le *R. Honoratianus*, d'Orb. (2), du terrain kellowien de Chaudon (Basses-Alpes).

(1) Voyez surtout d'Orbigny, *Moll. viv. et foss.*, p. 593, et *Prodrome*, t. I et II. Les planches citées par cet auteur, et destinées à figurer les espèces, n'ont pas encore été publiées.

(2) D'Orbigny, *Prodrome*, t. I, p. 327.

FIN DU TOME DEUXIÈME.

TABLE DES MATIÈRES

DU TOME DEUXIÈME.

FIN DE LA TABLE DES MATIÈRES.